PARIS. — IMPRIMERIE DE E. MARTINET, RUE MIGNON, 2

NOUVEAU DICTIONNAIRE

DES FALSIFICATIONS ET DES ALTÉRATIONS

DES ALIMENTS, DES MÉDICAMENTS

ET DE QUELQUES PRODUITS EMPLOYÉS DANS LES ARTS, L'INDUSTRIE
ET L'ÉCONOMIE DOMESTIQUE

EXPOSÉ DES MOYENS SCIENTIFIQUES ET PRATIQUES
D'EN RECONNAITRE LE DEGRÉ DE PURETÉ, L'ÉTAT DE CONSERVATION,
DE CONSTATER LES FRAUDES DONT ILS SONT L'OBJET

PAR

J. LÉON SOUBEIRAN

PROFESSEUR A L'ÉCOLE SUPÉRIEURE DE PHARMACIE DE MONTPELLIER

Ouvrage accompagné de 218 figures intercalées dans le texte

PARIS

LIBRAIRIE J.-B. BAILLIÈRE ET FILS

Rue Hautefeuille, 19, près le boulevard Saint-Germain

1874

NOUVEAU ·DICTIONNAIRE
DE MÉDECINE ET DE CHIRURGIE
PRATIQUES
ILLUSTRÉ DE FIGURES INTERCALÉES DANS LE TEXTE
Directeur de la Rédaction : le Dr JACCOUD
Liste des Collaborateurs avec l'indication des principaux articles qu'ils ont rédigés

ABADIE. Glaucome, Héméralopie, Iris.

ANGER (B.). Bras.

BAILLY (Émile). Bassin, Crochet, Éclampsie, Ergot de seigle, Fœtus.

BARRALLIER. Bouton d'Alep, Camphre, Charbon, Chlore, Cuivre, Cyanogène et Composés, Dysenterie, Éléphantiasis, Éthers, Glycérine, Goudron, Iode, Jaune (fièvre), Lotion, Mercure, etc.

BENI-BARDE. Hydrothérapie, Inhalation.

BERGERON (G.) Argent, Calculs, Cantharides, Caoutchouc.

BERNUTZ. Abdomen, Aménorrhée, Artériel (canal), Constitutions médicales, Esthiomène, Hématocèle, Hystérie.

BERT. Absorption, Asphyxie, Chaleur animale, Curare, Défécation, Digestion.

BOECKEL (Eug.) Aisselle, Anatomie pathologique et Anatomie chirurgicale, Cartilage, Connectif (tissu), Dégénérescence, Érectiles (appareils et mouvements), Érectiles (tumeurs) Fibro-plastique, Hypertrophie, Larynx.

BOECKEL (J.). Larynx.

BUIGNET. Atropine, Carbonates, Carbone et Composés, Chaleur, Chaux, Chlore, Chrome, Citrique (acide), Cyanogène et Composés, Eau, Eaux médicinales, Eaux minérales, Électricité, Fer, Formuler (art de), Glycose, Iode, Lithium, Lithine, Mercure et Mercuriaux, Opium.

CHAUVEL (J.) Jambe (médecine opér.).

CUSCO. Choroïdite, Glaucome.

DEMARQUAY. Avant-bras, Bec de lièvre, Carbonique (acide) Chaleur animale, Côtes, Exophthalmie, Langue, Orbite.

DENUCÉ (de Bordeaux). Abdomen, Ankylose, Atloïde occipitale et axoïdienne, Coude, Furoncle.

DESNOS. Acrodynie, Amygdales, Angines, Choléra, Coryza, Ergotisme, Gravelle, Intercostale (névralgie), Lumbago.

DESORMEAUX. Bras, Bougie, Cathéter, Fistules, Incontinence.

DESPRÉS (A). Diaphragme, Enchanthis, Étranglement, Froid, Hémorrhagies, Hémostasie, Iliaque (fosse et région), Intestins, Mâchoires, Mastoïdienne (région).

DEVILLIERS, Avortement, Coqueluche, Délivrance, Galactorrhée.

DIEULAFOY (G.) Douleur, Médiastin.

DUQUESNEL (H.). Lait.

DUVAL (Mathias). Génération, Goût, Greffe animale, Histologie, Hypnotisme, Mastication, Microscope, Muscle, Nerveux (système), Ouïe.

FERNET (Charles). Bouche, Convalescence, Diaphragme, Dysphagie, Hémoptysie, Métastase.

FOURNIER (Alfred). Adhérence, Alcoolisme, Balanite, Blennorrhagie, Bubon, Chancre, Inoculation.

FOVILLE. Convulsions, Délire, Démence, Dipsomanie, Folie, Hypochondrie, Lypémanie, Idiotie, Manie.

GALLARD (T.). Chauffage, Consanguinité, Contagion, Éclairage.

GAUCHET. Magnésie, Malt, Mauve, Mélisse, Ményanthe, Métallothérapie, Moxa, Ozone.

GINTRAC (Henri). Ascite, Bismuth, Bronches, Camphre, Cyanose, Face, Grippe, Hémophilie.

GIRALDÈS. Acupressure, Anesthésiques, Anus.

GOMBAULT. Choléra, Croissance, Diarrhée.

GOSSELIN. Anus, Blépharite, Conjonctivite, Crurales (région et hernie), Érysipèle, Ophthalmies, Os.

GUÉRIN (Alph.). Amputation, Anthrax, Autoplastie.

HALLOPEAU. Encéphale, Mélanémie.

HARDY (A.). Acné, Cheveu, Chromhidrose, Dartre, Ecthyma, Eczema, Érythème, Exanthèmes, Favus, Gale, Icthyose, Impetigo, Intertrigo, Kéloïde, Lèpre, Lichen, Lupus, Molluscum.

HEBERT (L.). Boissons.

HÉRAUD. Emplâtres, Étain, Gélatine, Ipécacuanha, Limonade, Miel, Mucilage, etc.

HEURTAUX (de Nantes). Cancer, Cancroïde, Chondrome, Engelure, Fibreux (tissu), Fibromes, Inflammation, Kystes, Mélanose.

HIRTZ. Aconit, Antimoine, Arsenic, Belladone, Chaleur dans l'état de maladie, Crise, Datura (thér.), Diète, Diététique, Digitale (thér.), Embolie, Expectation, Fer, Fièvre, Hectique (fièvre), Intermittente (fièvre).

JACCOUD. Agonie, Albuminurie, Amyloïde, Angine de poitrine, Apoplexie, Bile, Bronzée (maladie), Diabète, Électricité, Encéphale, Endocarde, Endocardite, Goutte, Méninges, Moelle épinière.

JACQUEMET. Emphysème traumatique.

JAVAL. Emmétropie, Lunettes.

JEANNEL. Copahu, Cubèbe, Dépuratif, Embaumement, Émollients, Éthers, Extraits, Falsifications, Fécule, Ferment, Fumigation, Gelée, Gomme, Huiles, Liniment, Macération, Onguent, etc.

KŒBERLÉ. Aine, Bourses séreuses, Ovaires, Ovariotomie.

LABADIE-LAGRAVE. Goutte, Hydrophobie, Leucocythémie, Méninges, Moelle épinière.

LABAT. Marienbad, Mont-Dor, Manheim, Néris, Niederbronn, Orezza.

LANNELONGUE. Cornée, Gencives, Hématocèle du scrotum, Hémorrhoïdes, Lacrymales (voies) Mamelles.

LAUGIER (St.). Abcès, Anus contre nature, Brûlure, Commotion, Contusion, Cuisse, Encéphale.

LAUGIER (Maurice). Fesse, Hermaphrodisme, Hyoïde (os), Hypopyon, Lèvres, Nævus.

LE DENTU, Caves (veines), Effort, Face, Hernies, Lymphatique (système), Main, Ongle.

LÉPINE (R.). Diphthérie, Inanition.

LIEBREICH. Accommodation, Amaurose, Astigmatisme, Cataracte.

LONGUET. Lymphatique (système) [avec LE DENTU], Os [avec GOSSELIN].

LORAIN (P.). Accouchement (médecine légale), Age, Allaitement, Anémie, Chlorose, Choléra, Diphthérie, Endémie, Épidémie.

LUTON (de Reims). Aorte, Auscultation, Biliaires (voies), Catarrhe, Circulation, Cœur (anat. physiol.), Congestions, Dérivatifs, Dérivations, Dyspepsie, Entozoaires (pathologie), Estomac, Goître, Hématémèse, Indigestion, Intestin, Œsophage.

LUNIER. Crâne, Crétinisme, Folie.

MARCHAND (L.). Baumes, Belladone, Café, Champignons, etc.

MARTINEAU. Aphthes, Céphalalgie, Colique, Coma, Constipation, Crachats, Dermalgie, Émaciation, Épistaxis, Obésité, etc.

MICHEA. Démonomanie, Dynamomètre, Dynamoscopie, Extase.

MOTET. Cauchemar, Hallucinations, Illusions.

NÉLATON (A.). Artères.

OLLIVIER (Aug). Aphonie, Calculs, Cantharides, Caoutchouc.

ORÉ. Aliment, Bains, Bégaiement, Bronches, Déglutition, Moelle épinière, Nasales (fosses), Nerfs (path. chir.), Olfaction.

PAIN (A.). Asiles (asiles d'aliénés, asiles de convalescents, salles d'asile), Douche.

PANAS. Articulations, Cicatrices, Cicatrisation, Épaule, Genou.

POINSOT (de Bordeaux). Nasales (fosses) [avec ORÉ]. Olfaction.

PONCET (F.), Jambe, Lit, Nyctalopie, Ophthalmoscope.

RANVIER. Capillaires (vaisseaux), Épithélium.

RAYNAUD (Maurice). Albinisme, Artères (maladies), Azygos (veine), Cachexies, Caves (veines), Cœur (anomalies, pathologie), Diathèse, Érysipèle [avec GOSSELIN], Gangrène, Hématidrose, Maladie.

REY (H.). Géographie médicale, Mal de mer, Marais, Nostalgie.

RICHET. Anévrysmes, Carotides, Clavicule.

RICORD. Antiaphrodisiaques, Aphrodisiaques.

RIGAL (A.). Exutoires, Habitus extérieur, Langue, Mensuration, Oreillon.

ROCHARD (J.). Acclimatement, Air marin, Béribéri, Climat, Dengue, Drainage chirurgical.

ROUSSIN (Z.). Arsenic, Catalyse, Champignons, Cuivre, Désinfectants, Digitale, Empoisonnement.

SAINT-GERMAIN (L.-A.). Amygdales, Charpie, Circoncision, Crâne, Électricité, Encéphalocèle, Éponge, Hydrocèle, Ombilic.

SARAZIN (Ch.). Ambulances, Appareil, Atrophie, Bandages, Caoutchouc, Caustique, Cautère, Cautérisation, Compression, Compresseur, Cou, Dent, Dentition, Hôpital, Inguinale (région), Injection, Irrigation, Ligature, Oreille.

SÉE (Germain), Asthme.

SIMON (Jules). Atrophie musculaire progressive, Chorée, Contracture, Croup, Foie, Ictère, Muguet.

SIREDEY. Dysménorrhée, Emménagogue, Impuissance, Menstruation.

STOLTZ. Accouchement, Césarienne (opération), Couches, Dystocie, Grossesse, Leucorrhée.

STRAUSS (I.). Hydropisie, Lait, Muqueuses (membranes).

TARDIEU (Amb.). Air, Arsenic, Asphyxie, Avortement, Blessures, Digitale, Eaux minérales, Empoisonnement, Exhumation, Fœtus, Folie, Hermaphrodisme, Identité, Infanticide, Inhumation, Mort, Morve et farcin.

TARNIER (S.). Céphalématome, Cordon ombilical, Embryotomie, Forceps.

TROUSSEAU. Ataxie locomotrice progressive.

VAILLANT (L.). Entozoaires, Éponge, Limaçon, Musc.

VALETTE. Coxalgie, Cystite, Cystocèle, Écrasement linéaire, Fractures, Hanche, Luxation.

VERJON. Eaux minérales, etc.

VOISIN (Aug. Amnésie, Aphasie, Curare, Épilepsie, Hérédité.

Envoi FRANCO par la poste contre un mandat.

VOLUMES SONT EN VENTE.

VOICI LE BUT, L'ESPRIT ET LA FORME DU *NOUVEAU DICTIONNAIRE*

Son but. C'est de rendre service à tous les praticiens qui ne peuvent se livrer à de longues recherches, faute de temps ou faute de livres, et qui ont besoin de trouver réunis et comme élaborés tous les faits qu'il leur importe de connaître bien ; c'est de leur offrir, sous un nombre de vingt-huit à trente volumes, une exposition, une description détaillée et proportionnée à la nature du sujet et à son rang légitime dans l'ensemble et la subordination des sciences médicales.

Son esprit et sa forme. Le *Nouveau Dictionnaire* est une analyse des travaux des maîtres français et étrangers, empreinte d'un esprit de critique éclairé et élevé ; c'est souvent un livre neuf, par la publication de matériaux inédits qui, mis en œuvre par des hommes spéciaux, ajoutent une certaine originalité à la valeur encyclopédique de l'ouvrage ; enfin c'est surtout un livre pratique. Les auteurs ont présent à l'esprit qu'ils écrivent pour des praticiens, en profitant de ce que l'observation a pu recueillir de véritablement utile et applicable : tout ce qui tient à la pratique de l'art, tout ce qui peut contribuer à rendre les opérations de la thérapeutique médicale et chirurgicale plus sûres et plus faciles, y est l'objet de développements étendus et y occupe la plus large place. Aucune des branches des connaissances médicales n'est négligée dans ce Dictionnaire, mais elles n'y sont utilisées que pour le diagnostic et le traitement des maladies. C'est dans cet esprit pratique qu'y sont présentées des notions indispensables de physiologie et de pharmacologie.

Nous avons adopté, toutes les fois du moins que le sujet nous a paru l'exiger, le système des monographies, et nous avons exposé dans un seul chapitre, divisé en plusieurs articles, les diverses parties d'une même question, sans nous préoccuper de l'ordre alphabétique. Nous avons décrit au mot cœur, au mot estomac, au mot foie presque toutes les maladies dont ces organes sont le siége ; nous avons rapporté au mot sensibilité toutes les altérations morbides de cette fonction, et nous avons réservé pour le mot fièvre, non-seulement l'étude de la fièvre en général, mais aussi celle des diverses espèces de pyrexies. C'est ainsi qu'à propos d'un organe ou d'une région, l'auteur décrit sommairement l'anatomie chirurgicale, les anomalies anatomiques de cet organe ou de cette région et prépare le lecteur à lire avec fruit l'exposé des diverses lésions. A propos d'un médicament, il en donne l'histoire naturelle, la composition chimique, le mode de préparation, l'action physiologique et les effets thérapeutiques.

Ce qui constitue une innovation importante, c'est l'addition de figures dessinées et gravées sur bois et intercalées dans le texte : premier exemple de l'iconographie appliquée à un répertoire encyclopédique des connaissances médicales. L'utilité des représentations figurées dans l'étude des sciences est évidente : la description la plus complète d'un objet ne saurait valoir le commentaire lumineux de son image, qui simplifie et facilite l'exposition, qu'il s'agisse de médecine opératoire, d'anatomie chirurgicale, d'anatomie pathologique, d'appareils, d'instruments, de physiologie, etc.

J.-B. BAILLIÈRE et FILS

Août 1854.

ANNALES
D'HYGIÈNE PUBLIQUE

ET

DE MÉDECINE LÉGALE

PAR MM.

ANDRAL, BEAUGRAND, BERGERON,
BRIERRE DE BOISMONT, CHEVALLIER, DELPECH, DEVERGIE, FONSSAGRIVES,
GALLARD, GAULTIER DE CLAUBRY, GUÉRARD, MICHEL LÉVY,
PIETRA SANTA, ROUSSIN, AMB. TARDIEU,
VERNOIS,

AVEC UNE REVUE DES TRAVAUX FRANÇAIS ET ÉTRANGERS
PAR O. DUMESNIL ET STROHL.

Ce n'est pas aux médecins et aux administrateurs qu'il est nécessaire de démontrer l'importance toujours croissante que prend l'hygiène dans notre vie de tous les jours et dans nos institutions sociales ; privée ou publique, sous une double dénomination elle tend à un même but, et ce but commun c'est le bien-être de l'homme.

Les *Annales d'hygiène et de médecine légale*, dont la publication compte quarante années d'existence, par les nombreuses questions qu'elles se sont efforcées de résoudre, ont eu une heureuse influence sur la marche progressive de cette science, sur le mouvement des esprits et des institutions.

Travaux immenses exécutés dans les grands centres pour donner de l'Air et de l'Eau aux populations qui en étaient pour ainsi dire déshéritées ; multiplication des Établissements de Bienfaisance : de la Crèche à la Salle d'asile, des Sociétés de secours mutuels à l'administration des secours à domicile ; création des Conseils d'hygiène dans tous les arrondissements de l'Empire ; des Commissions de statistique dans les divers cantons : telles sont les questions du plus haut intérêt qui trouvent leur place naturelle dans les *Annales*.

La *médecine légale*, profitant des acquisitions récentes faites dans les sciences physiques, chimiques et naturelles, et d'une analyse plus rigoureuse des phénomènes de l'intelligence, fournit chaque jour aux médecins appelés devant les tribunaux des modes d'investigation plus précis et des renseignements plus certains pour la juste application des lois.

L'adjonction de nouveaux collaborateurs assure une variété plus grande et une impulsion plus active à la rédaction de ce recueil. Une *Revue des travaux d'hygiène* est consacrée à l'analyse de tout ce qui se publie en France et à l'étranger concernant la santé publique.

Parvenus au *cinquantième volume* de cette publication, nous avons cru utile de commencer une nouvelle série avec l'année 1854.

Nous ferons remarquer que chaque série constitue une collection complète, à peu près distincte de celles qui la précèdent ou la suivent. Par là nous facilitons le moyen de s'abonner à beaucoup de personnes qui, n'ayant pas les premières années, hésitaient à prendre un recueil dont elles ne pouvaient avoir la collection.

ENVOI FRANCO CONTRE UN MANDAT SUR LA POSTE.

NOUVEAU DICTIONNAIRE

DES FALSIFICATIONS ET DES ALTÉRATIONS

DES ALIMENTS, DES MÉDICAMENTS

Et de quelques produits employés dans les arts, l'industrie et l'économie domestique

A

M. LE BARON OSCAR DE WATTEVILLE

Hommage d'affectueuse reconnaissance.

J. LÉON SOUBEIRAN

AVANT-PROPOS

« Il serait à souhaiter que l'art de tromper fût parfaitement ignoré des hommes, dans toutes sortes de professions. Mais puisque l'avidité insatiable du gain engage une partie des hommes à mettre cet art en pratique d'une infinité de manières différentes, il est de la prudence de chercher à connaître ces sortes de fraudes, pour s'en garantir. » (GEOFFROY l'aîné, *Des supercheries concernant la pierre philosophale*, 1722.)

La falsification des aliments et des médicaments simples et composés a été pratiquée de tout temps et dans tous les pays : aussi l'origine de cette manœuvre déloyale se perd dans la nuit des temps. Mais si la fraude est connue depuis l'origine du commerce, jamais elle n'avait été aussi évidente ni aussi répandue qu'à l'époque actuelle. Sans doute, les circonstances politiques ont exercé une influence manifeste sur cet état de choses, et le blocus continental qui isolait, au commencement de ce siècle, la France du reste du monde, a forcé à chercher autour de nous des succédanés pour remplacer les produits qui faisaient défaut, et par suite a mis le commerce sur la voie de la fraude plus que par le passé ; mais il est juste de constater que le fléau de la falsification ne sévit pas avec moins d'intensité dans d'autres contrées, en Angleterre par exemple, qui n'ont pas la même excuse.

Que doit-on entendre par *falsification ?* Pour nous, elle existe chaque fois qu'on introduit volontairement dans un produit d'autres substances, nuisibles ou sans action, qui sont autres que ce produit lui-même. Les mélanges ou substitutions accidentels qui peuvent se présenter, soit par inadvertance, soit par suite d'un défaut dans la fabrication, ne sont, quels que soient d'ailleurs les dangers qu'ils font courir à la santé publique, pas des falsifications.

On a cherché à excuser la pratique des falsifications, mais les raisons qu'on a alléguées sont toutes insuffisantes et non acceptables. Le public, a-t-on dit, ne met aucun obstacle à la falsification et recherche même certains produits qui sont sophistiqués. Mais, quand même ce serait vrai, quand même le consommateur donnerait la préférence à ces produits, sous prétexte qu'il trouve leur couleur, ou leur saveur plus agréables, ce ne serait pas une raison pour satisfaire à son caprice, et d'ailleurs il n'est jamais prévenu de la sophistication par le vendeur, et ne soupçonne même pas les dangers qu'il peut courir en faisant usage de pareilles substitutions ou mixtures.

On a prétendu aussi que les mélanges donnaient des produits supérieurs en qualité, en un mot, qu'on améliorait ainsi les produits. Cette assertion est des plus contestables, et de quel droit le marchand fournit-il des produits mélangés, et ne laisse-t-il pas le consommateur faire lui-même les mélanges qu'il désire? N'est-ce pas le désir exagéré du lucre qui guide le marchand dans ses agissements, plutôt que l'intérêt du consommateur? et serait-il aussi disposé à satisfaire aux prétendues exigences du public, s'il n'y trouvait son compte?

On s'est aussi retranché sur la nécessité de vendre à bon marché, que réclame surtout le public; mais est-ce là une raison pour livrer autre chose que ce qui est demandé et tromper sur la nature de la marchandise vendue? D'ailleurs, le bon marché dans ces conditions n'est que fictif, puisque toujours on sophistique les produits avec des substances moins chères et qu'on les vend au taux du produit demandé, taux qui est toujours supérieur. On a aussi donné pour excuse que les substances introduites n'offraient rien de nuisible, et qu'elles ne servaient qu'à augmenter le poids ou le volume; il n'y aurait donc dans la pratique de la falsification qu'un tort fait à la bourse. Outre que les substances adultérantes sont souvent dangereuses pour la santé, peut-on croire qu'il soit indifférent de remplacer une partie d'un aliment, par exemple, par une matière non nuisible mais non alimentaire; car, comme l'a fait observer Millon : » 5 pour 100 d'eau ajoutée chaque jour au pain représentent, à » la fin de l'année, une disette de dix-huit jours, et peuvent changer, » pour l'ouvrier malheureux, une année d'abondance en une année de » disette. »

En tous cas, la falsification, qui est surtout le résultat de la concurrence effrénée, est coupable et doit être réprimée sévèrement, qu'elle soit le fait du fabricant ou du marchand au détail, et c'est une honte pour le commerce, si haut placé qu'il soit, de s'abaisser à de telles manœuvres.

Longtemps, malgré les plaintes qui s'élevaient contre la sophistication et qui émanaient des hommes les plus autorisés dans la science, les Garnier, les Chevallier, etc., les lois ne sévissaient guère avec rigueur que sur les falsifications qui peuvent porter atteinte immédiatement à la santé publique, lorsqu'elles ont pour objet les boissons et les substances alimentaires, et ce n'est que dans ces derniers temps que les gouvernements de France, d'Angleterre, de Belgique, de Suisse et d'Italie, etc., ont promulgué des lois qui atteignent sévèrement toutes les falsifications quelles qu'elles soient.

Nous avons pensé faire œuvre utile en donnant comme appendice à ce Dictionnaire la législation et les règlements de police en vigueur dans ces pays.

Si malgré les peines sévères édictées par les lois l'art de la falsification a continué à prendre de l'extension, en mettant à profit les progrès faits par la chimie, il faut que la science, et elle le peut, pareille à la lance d'Achille, guérisse les maux qu'elle a causés. Elle donne, en effet, les moyens les plus efficaces de découvrir la fraude et de déceler ses manœuvres; elle permet de traquer impitoyablement le fraudeur jusque dans ses pratiques les plus occultes, et elle le forcera à renoncer à son œuvre ténébreuse quand il aura acquis la certitude que, si habile soit-il pour donner l'apparence de produits de bonne qualité à des substances de qualité inférieure ou nuisibles, il trouvera toujours plus habile que lui pour mettre au jour sa coupable industrie.

On le voit, la science a un rôle important à remplir, et elle est à la hauteur de sa tâche : dévoiler hautement tout trafic qui compromet la santé du consommateur par la falsification des substances alimentaires solides ou liquides, et qui, ce qui est peut-être plus grave encore, compromet sa vie par la sophistication des médicaments qui devraient lui rendre la santé.

Longtemps le danger que la sophistication fait courir à la santé publique n'a guère préoccupé que des hommes de science, dont plusieurs ont consacré une vie de travail à lui faire une guerre acharnée; longtemps les Chevallier, les Payen, les Bussy, les Favre, les Garnier, les Hassall, ont insisté pour réclamer la répression de la fraude sans que leur voix ait eu un écho parmi les législateurs, ni parmi le public. Aujourd'hui la grandeur du dommage n'échappe à personne, et nous avons pensé qu'il était utile, nous inspirant des travaux de nos savants devanciers, dont nous nous sommes fait un devoir de rappeler les noms chaque fois que nous avons étudié une des questions élucidées par leurs recherches, de faire connaître les nombreuses falsifications qui se font journellement et d'indiquer les moyens de les reconnaître aussi bien que les altérations auxquelles les aliments et médicaments sont sujets.

Non-seulement nous avons demandé à la chimie tous les moyens qu'elle peut donner pour la recherche et la découverte des falsifications ; mais, sans nier, en quoi que ce soit, la grandeur des ressources qu'elle fournit dans une œuvre de ce genre, et pour laquelle elle a long-temps seule fourni des armes (elle est encore aujourd'hui d'une absolue nécessité dans quelques cas), nous avons pensé qu'il ne fallait pas non plus négliger les ressources que donnent les sciences physiques et naturelles, et nous avons, en particulier, insisté sur les caractères indiqués par l'étude microscopique de la structure intime des substances. Pour rendre plus faciles des recherches avec lesquelles beaucoup de personnes ne sont pas encore bien familiarisées, malgré les progrès de la science micrographique (1), nous avons intercalé dans le texte de nombreuses figures empruntées pour la plupart aux excellents travaux de Hassall.

Comme il arrive souvent que, dans la recherche des falsifications, on doit avoir recours à des procédés délicats d'analyse, dont nous ne pouvions donner qu'un résumé, nous avons pris soin de faire suivre l'article, toutes les fois que le cas s'est présenté, d'un index bibliographique qui permet au lecteur de remonter facilement aux sources, et pour le former, nous avons dépouillé avec soin diverses publications françaises et étrangères, telles que les *Annales d'hygiène publique et de médecine légale*, le *Journal de pharmacie et de chimie*, le *Journal de chimie médicale*, l'*Union pharmaceutique*, le *Pharmaceutical Journal and Transactions*, etc.

En vue de faciliter les recherches, nous avons pensé qu'il valait mieux adopter l'ordre alphabétique ; une classification raisonnée d'ail-

---

(1) Voy. Bouis, *Traité élémentaire de chimie légale, dans lequel sont exposées les applications de l'analyse chimique et du microscope*, in Briand et Chaudé, *Médecine légale*, 9ᵉ édit., 1874 ; — Ch. Robin, *Du microscope*, Paris, 1871, in-8° avec 317 figures.

leurs n'eût été que difficilement établie pour des substances de natures si diverses, et n'eût rien ajouté à l'utilité de l'ouvrage.

Bien que nous eussions en vue spécialement les falsifications et altérations des matières alimentaires et médicamenteuses, nous n'avons pas cru devoir passer complétement sous silence quelques sujets d'une grande importance, tels que les bouteilles, cartes de visite, charbons, dentelles, dorure et argenture, engrais, étoffes, guano, houille, monnaies, papier, noir d'engrais, parfums, savons, etc.

Nous livrons avec confiance notre œuvre au jugement bienveillant de tous ceux qui, comme nous, s'intéressent aux grandes questions d'hygiène, de salubrité et de police sanitaire, en même temps qu'ils ont souci de l'honneur et de la prospérité du négoce français.

Puisse la science, en éclairant le commerce sur la valeur des produits les plus divers, développer chez tous l'esprit de loyauté, de droiture et contribuer à rehausser le revenu de la France dans les échanges qu'elle fait journellement avec le monde entier !

J. Léon Soubeiran.

Juillet 1874.

LISTE BIBLIOGRAPHIQUE DES DIVERS OUVRAGES PUBLIÉS SOIT EN FRANCE SOIT A L'ÉTRANGER, SUR LES FALSIFICATIONS.

Acar (F.-L.). Traité des falsifications des substances médicamenteuses et alimentaires, et des moyens de les reconnaître. Anvers, 1848, in-8º, IV, 308 p.

Accum (Fred.). Death on the pot. London. — A Treatise on Adulterations of Food and Culinary Poisons. London, 1820.

Analytical Sanitary Commission (the Lancet, 1851, t. I, p. 23, 24, 25, 172, 591 ; t. II, p. 15, 42, 90, 112, 210, 322, 352, 398, 420, 445, 540. — 1852, t. I, p. 163, 504, 572 ; t. II, p. 19, 63, 137, 158, 290, 202, 203, 204, 449, 527. — 1853, t. II, p 23, 35, 85, 103, 124, 149, 276, 443, 445, 532. — 1854, t. I, 10, 51, 77, 107, 165, 174, 519 ; t. II, 108, 131, 152, 277, 471, 464, 492, 536.

Aschoff (E.-F.). Anweisung zur Prüfung der Arzneimittel auf ihre Gute, Aechtheit, und Verfälschung. 3. Auflage, Lemgo. 1854, gr. in-8º, t. XII, p. 203. Meyer.

Atcherley (Rowland). Adulteration of food with short processes for their detection. London, 1874.

Beck (Lewis C.). Adulterations of various substances used in medicine and the means of detecting them : intended as a manual for the Physician, the Apothicary and the Artikan. New-York, 1847, in-8º, 346 pages.

Bell (J.). On the detection and estimation of adulteration on food and drinks (Chemic. Society, 19 février 1874).

Benoit (E.). Traité élémentaire et pratique des manipulations chimiques et de l'emploi du chalumeau, suivi d'un Dictionnaire descriptif des produits de l'industrie susceptibles d'être analysés. Paris, 1858, in-8, J.-B. Baillière et fils.

Bertin (G.). Sophistication des substances alimentaires et moyens de les reconnaître. Nantes, 1846, in-8º.

Brum (Franz). Hilfsbuch bei Untersuchungen der Nahrungsmittel und Getränke wie deren Echtheit erkannt und ihre Verfälschungen entdeckt werden können. Wien, 1842, in-8º, Gerold.

Bussy et Boutron-Charlard. Traité des moyens de reconnaître les falsifications des drogues simples et composées et d'en constater le degré de pureté. Paris, 1829. 1 vol. in-8º.

Byrn (L.-M.). On Adulteration of Food and Drink. Philadelphia, Lippincott, Grambo and Cº.

Chevallier (A.). Dictionnaire des altérations et falsifications des substances alimentaires, médicamenteuses et commerciales, avec l'indication des moyens pour les reconnaître. 1850-1852, 2 vol.; 3e édition, 1857-1858.

Dangivillé (Émile). Traité des falsifications des substances alimentaires et des moyens de les reconnaître. Paris, 1850, in-8º. Goldschmidt.

Desmarest. Traité des falsifications ou exposé des diverses manières de constater la pureté des substances employées en médecine, dans les arts et dans l'économie domestique. Paris, 1827, in-12. Malher et Cie.

EBERMAYER (Ch.). Manuel des pharmaciens et des droguistes, ou Traité des caractères distinctifs des altérations et sophistications des médicaments. Traduction par J.-B. Kapeler et J.-B. Caventou. Paris, 1821. 2 vol. in-8º.

FAVRE (A.-P.). De la sophistication des substances médicamenteuses et des moyens de la reconnaître. Paris, 1812, in-8º.

G. N. Guida per riconescere le alterazioni e per scoprire le falsificazioni delle principali sostanze alimentarie (Giornale di farmacia, di chimica et di scienze affini, 1868, t. XVII).

GARNIER (J.) et HAREL (Ch.). Des falsifications des substances alimentaires et des moyens chimiques de les reconnaître. Paris, 1844.

GELLÉE (A.). Précis d'analyses pour la recherche des altérations et falsifications des produits chimiques et pharmaceutiques. Paris, 1860, in-8º, 180 pages.

GILLE (Norbert). Falsifications et autres défectuosités des principales substances médicamenteuses et alimentaires. Bruxelles, 1862, in-12, 376 pages.

HASSALL (Arthur Hill). Food and its adulterations. London, 1855. — Adulterations detected or plain Instructions for the discovery of frauds in food and medicine. London, 1861, 2ᵈ édition, in-12. With engravings. Longman.

HUREAUX, Histoire des falsifications des substances alimentaires et médicamenteuses. Paris, 1855, in-8º.

JEANNEL. Article Falsifications, du Nouveau dictionnaire de médecine et de chirurgie pratiques.

MITCHELL (J.). Treatise on the adulteration of Food. London, 1848, in-12. Hipp. Baillière.

NORMANDY (Dr). Commercial Handbook of chemical analysis. London, 1850 ; new edition, London, 1864, post 8º. Lockwood.

PAYEN. Des substances alimentaires et des moyens de les améliorer et d'en reconnaître les altérations. 3ᵉ édition. Paris, 1856.

PEDRONI (P.-M.). Nouveau manuel complet des falsifications des drogues simples et composées. Paris, 1848, in-18. Roret.

PEIRCE. Examinations of Drugs, Medicines, chemicals, etc., as to their purity and adulterations. Cambridge, Massachusetts (U. S.), 1852, in-12.

POCKLINGTON (Henry). The Microscope in Pharmacy (Pharm. Journ. and Transactions, 1872).

RICHTER. Die Verfälschung der Nahrungsmittel und anderer Lebensbedürfnisse, nebst einer deutlichen Anweisung die Aechtheit derselben erkennen und ihre Verfälschung entdecken zu können. 2. Ausgabe, Gotha, 1843, in-8º. Verlags Comptoir.

SQUILLIER (J.). Des subsistances militaires, de leur qualité, de leur falsification, de leur manutention et de leur conservation. Anvers, 1858, in-8º, 734 pages. Imp. Schotmans.

TARDIEU (Ambroise). Dictionnaire d'hygiène publique et de salubrité ou Répertoire de toutes les questions relatives à la santé publique, considérées dans leurs rapports avec les subsistances, les épidémies, les professions, les établissements et institutions d'hygiène et de salubrité, complété par le texte des lois, décrets, arrêtés, ordonnances et instructions qui s'y rattachent. 2ᵉ édition. Paris, 1862. 4 vol. in-8°. J.-B. Baillière et fils.

> Résume les données les plus précises sur les falsifications des principaux objets de consommation.

TAUBER (Isidor). Verfälschungen der Nahrungsstoffe und Arzneimittel. Wien, 1851, in-8°, 140 pages. A. Pichlers Wwe u. Sohn.

WALCHNER (F.-H.). Darstellung der wichtigsten im bürgerlichen Leben vorkommenden Verfälschungen der Nahrungsmittel und Getränke, nebst den Angaben, wie dieselben schnell und sicher entdeckt werden können. Carlsruhe, 1840, in-12, 120 pages. Creuzbauer. — Darstellung der wichtigsten, bis jetzt erkannten Verfälschungen der Arzneimittel und Droguen. Karlsruhe, 1841, in-8°. Macklot.

VAN DEN SANDE (J.-B.), La falsification des médicaments dévoilée. La Haye, 1784.

FIN DE LA LISTE BIBLIOGRAPHIQUE.

NOUVEAU DICTIONNAIRE

DES

FALSIFICATIONS ET ALTÉRATIONS

DES ALIMENTS ET DES MÉDICAMENTS

DES

DIVERS MOYENS DE RECONNAITRE LES FALSIFICATIONS

Les falsifications, qui se pratiquent aujourd'hui plus nombreuses que par le passé, et dont on découvre chaque jour de nouvelles, peuvent heureusement être dévoilées par les divers moyens que la science met à notre disposition. Mais dans cette guerre contre la fraude, il faut que l'arsenal de l'analyste soit aussi complet que possible, et qu'il emprunte ses armes aussi bien à la physique et à l'histoire naturelle qu'à la chimie.

Pendant longtemps cette dernière science a été presque seule employée pour rechercher les sophistications et en donner la preuve. On négligeait les indications, souvent très-nettes, que peuvent fournir d'autres sciences. Aujourd'hui on est revenu, au moins en grande partie, de la prévention qu'on avait de l'emploi du microscope, par exemple, et l'on trouve de précieuses indications dans l'étude de la structure intime des corps ; en effet, c'est par l'examen microscopique de tourteaux de colza, qui avaient causé la mort de bestiaux, qu'on a pu reconnaître qu'ils contenaient des épispermes de moutarde, et déterminer ainsi sûrement la cause d'accidents que les recherches chimiques et anatomiques n'avaient pu indiquer.

Dans le cas où l'on désire s'assurer de la sophistication d'une substance, on devra donc attribuer aux recherches chimiques une large part; et employer pour obtenir plus de certitude dans les résultats, soit le microscope, soit différents instruments de physique.

Tout d'abord il ne faut pas négliger les caractères extérieurs, forme, couleur, consistance, etc., qui donnent des indications qui permettent

de soupçonner la fraude, mais qui ne fourniss
signes assurés sur la nature, et à plus forte raison que jamais des
substance adultérante. quantité de la

On devra ensuite avoir recours à divers procédés gén dont nous
donnerons ici la rapide indication, pour éviter des redite tiles dans
les divers articles du Dictionnaire. Nous n'avons pour but, agissant
ainsi, que d'indiquer la voie à suivre aux personnes qui ne som s habituées aux recherches scientifiques, et pour les détails on devra ourir
aux traités spéciaux d'analyses.

La plupart des instruments nécessaires pour l'analyse chimique es
substances falsifiées se trouvent dans tous les laboratoires ; c'est ain

Fig. 1. — Appareil à dessiccation.

qu'on aura à se servir de *capsules* plus ou moins grandes, d'*entonnoirs*
et de *filtres*, de *mortiers*, de *cornues*, de *récipients*, de *creusets de terre*
ou de *platine*, etc.

Une bonne *balance*, pouvant donner le poids à un demi-milligramme
près, sera nécessaire aussi ; car souvent on doit prendre le poids exact
de la matière soumise à l'analyse pour le comparer à celui des précipités
obtenus.

Le plus souvent les matières à examiner ont absorbé plus ou moins
d'humidité dont il faut les débarrasser avant d'en faire l'analyse. Pour
cela, dans quelques cas, on laissera la matière pendant un certain temps
dans un milieu confiné, sous une cloche, avec un corps très-hygromé-
trique, tel que du chlorure de calcium qui absorbe l'humidité exhalée
par le produit qu'on examine (fig. 1); d'autres fois il faut chauffer,
quoiqu'à une température modérée, mais constante, et dans ce cas on

trouvera à employer l'étuve à air chaud de Coulier (fig. 2), qui
consiste en boîte de fer-blanc ou de cuivre, divisée par quatre à cinq
compartiments incomplets en plusieurs étages, qui sont parcourus par un
rapide courant d'air chaud circulant de bas en haut d'une manière
sinueuse et horizontale. Elle porte deux orifices circulaires : le premier,
situé à la partie inférieure et dans lequel on engage l'extrémité supérieure d'une lampe ordinaire modérateur allumée ; le second, placé à la
partie supérieure et muni d'une clef ou registre analogue à la clef des
tuyaux de poêle ordinaires ; en baissant plus ou moins la mèche

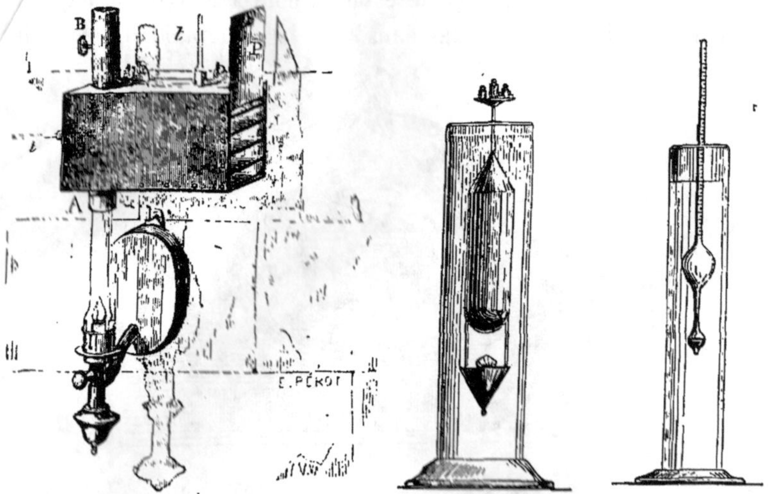

Fig. 2. — Étuve à air chaud de Coulier   Fig. 3. — Aréomètre   Fig. 4. — Aréomètre
pour la dessiccation des précipités (*).   de Nicholson.   à poids constant et
à volume variable.

de la lampe, fermant ou ouvrant plus ou moins la clef, on obtient toutes
les températures comprises entre + 30° et + 150° (Tardieu et Roussin).

Pour reconnaître la densité on a recours à l'emploi des *aréomètres*,
soit à poids variable et à volume constant, aréomètre de Nicholson
(fig. 3), soit à poids constant et à volume variable, pèse-acide (fig. 4).
On fait aussi usage, pour connaître la densité des liquides, de la méthode
des flacons. Dans ce cas on emploie un petit flacon de verre mince et
léger ayant un bouchon bien rodé et foré, ou offrant une simple rainure
creusée à la lime, qu'on pèse d'abord, puis remplit d'eau distillée dont
on connaît alors le poids : on remplace alors l'eau par le liquide qu'on

(*) A, ouverture dans laquelle on engage le verre de la lampe ; — B, cheminée de dégagement pour
l'air chaud ; — t, thermomètre servant à constater la température.

veut examiner, et l'on pèse de nouveau pour avoir la densité par la proportion $p : p' :: 1000 : x$.

Quand on opère sur des liquides on se sert avec avantage de *flacons
gradués* (fig. 5 et 6) dont la capacité est de 1000 ou de 500 centimètres
cubes et qui portent sur le col un trait indiquant le point où le liquide
doit affleurer. On les remplace quelquefois par un flacon bouché à l'émeri
ou par une fiole à col étroit sur le col de la-
quelle on a tracé un trait, ce qui permet
d'avoir des volumes égaux à la condition
d'opérer toujours à la même température,
soit $+ 15°$ centigr.

On a souvent aussi recours pour mesurer
les liquides à des *éprouvettes graduées*
(fig. 7), et dont l'échelle indique ordinairement des décilitres et des centilitres ; mais il
est nécessaire d'en vérifier la graduation, quand

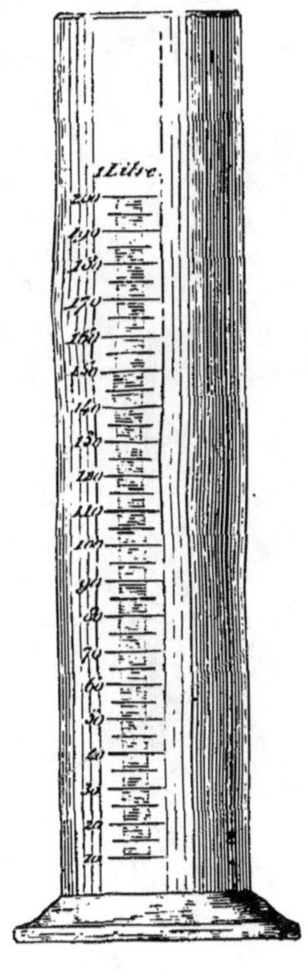

FIG. 5 et 6. — Flacons gradués.   FIG. 7. — Éprouvette graduée.

on prend ces instruments dans le commerce, pour être assuré de leur
exactitude. On doit compter la hauteur du bas de la courbe du liquide
et non de la ligne supérieure.

Quand on doit verser les liquides goutte à goutte, comme dans les
essais alcalimétriques, chlorométriques, etc., on se sert avec avantage
de *burettes graduées* (fig. 8 et 9), c'est-à-dire de tubes gradués de haut
en bas et portant sur le côté un petit tube recourbé à son extrémité supérieure ; elles sont divisées en demi-centimètres cubes ou en centimètres

cubes, et quelquefois subdivisées en dixièmes de centimètre cube. Dans quelques cas, au lieu de burettes ainsi disposées on fait usage de tubes (fig. 10) à l'extrémité supérieure desquels on a soudé un tube étroit formant bec, mais ils ont l'inconvénient d'obliger à les tenir horizontalement pour faire écouler tout le liquide qu'ils contiennent. On a proposé aussi de faire usage de burettes munies d'un robinet à leur

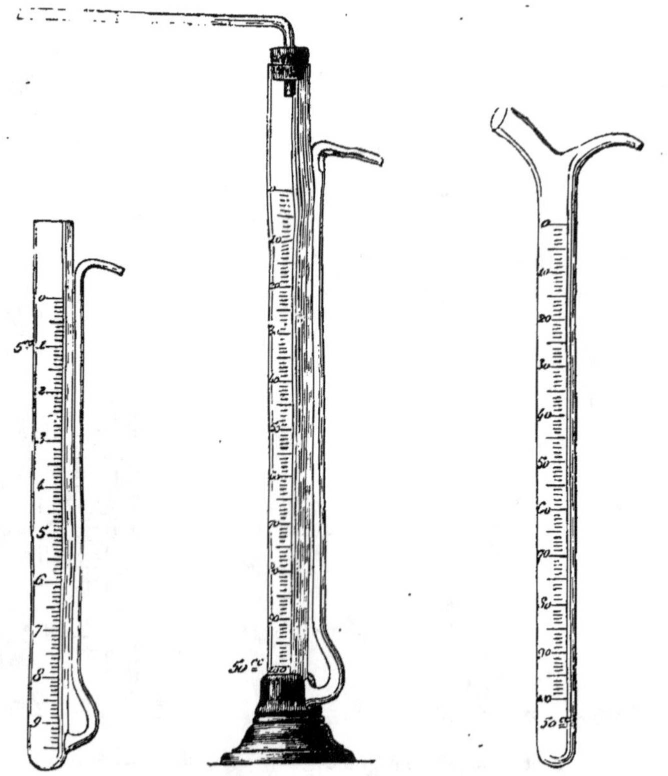

FIG. 8 et 9. — Burettes graduées.   FIG. 10. — Burette graduée.

partie inférieure, mais leur prix élevé en restreint beaucoup l'usage, et d'autre part la matière du robinet peut être attaquée par les divers réactifs.

Les *pipettes* (fig. 11 et 12) qui ne sont que très-rarement graduées, et dont on fait un fréquent usage pour puiser les liquides, offrent des formes assez variées et sont souvent munies d'un renflement qui sert de réservoir ; on les remplit par aspiration, on tient l'extrémité supérieure bouchée avec le doigt et on laisse écouler le liquide en levant ensuite le doigt.

Pour opérer l'évaporation on fait usage du *bain-marie, de bains d'huile* ou de *bains de sable* suivant le degré de température nécessaire ; car il y a souvent inconvénient à chauffer à feu nu, ce qui ne permet pas de régler la température et peut amener, soit des projections de matière, soit la décomposition au moins partielle ; une précaution utile consiste à recouvrir les capsules, de façon à éviter que des poussières ne viennent salir le résidu de l'évaporation.

Dans un certain nombre de circonstances, il est nécessaire d'incinérer les substances, et l'on opère dans des *creusets de terre* ou de

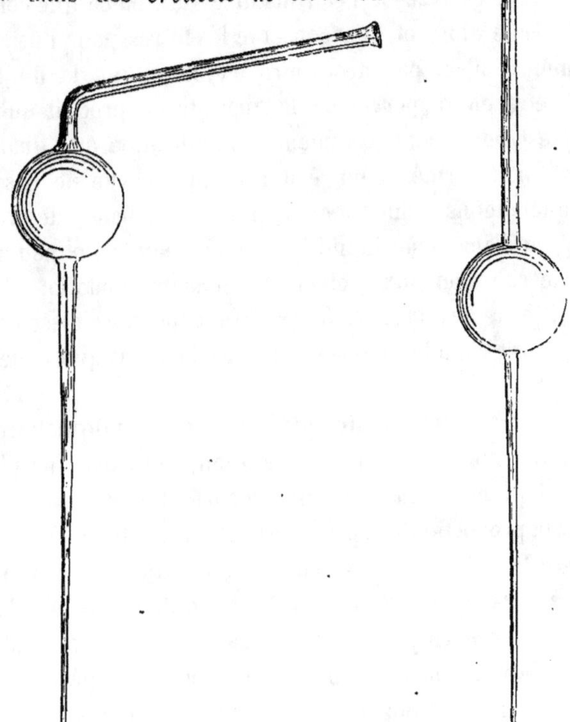

FIG. 11 et 12. — Pipettes.

platine, mais souvent il suffit de déposer un peu de matière sur une *lame de platine* et de chauffer ensuite à la flamme d'une lampe à alcool pour obtenir le résidu de cendres.

Pour la distillation, on fait usage soit de *cornues,* soit d'*alambics,* de façon à séparer les produits fixes des substances volatiles. Comme le degré auquel se fait l'ébullition peut souvent donner des indications utiles, il est bon de plonger un thermomètre dans le liquide qui distille.

Lorsqu'on a obtenu par les réactions la formation de précipités, il est nécessaire de les séparer, soit par filtration, soit par décantation ; dans le premier cas, on doit faire usage de filtres assez serrés pour que le précipité ne les traverse pas, et dont le papier ne contienne que peu de matières minérales ; aussi prend-on la précaution de laver le papier avec de l'acide chlorhydrique pur étendu de trois parties d'eau, puis on chasse l'acide qui serait resté dans le papier par des lavages répétés avec de l'eau distillée jusqu'à ce que celle-ci passe pure ; on sèche alors et l'on conserve les filtres pour l'usage dans un bocal fermé. Il n'est pas nécessaire d'ajouter que la dimension des filtres doit être en rapport avec la quantité de produit qu'ils doivent retenir. Il est bon de ne commencer la filtration que quand le précipité s'est bien formé, pour éviter qu'une partie ne passe avec le liquide ; quelquefois pour donner plus de densité au précipité, on ajoute un peu d'alcool au liquide, ou l'on chauffe un peu pour donner plus de cohésion aux molécules. Si la précipitation s'est opérée à chaud, il y a avantage à filtrer avant le refroidissement, parce que les liqueurs chaudes passent plus rapidement que celles qui sont froides.

La décantation ne doit se faire que quand le dépôt de matière insoluble s'est effectué entièrement ; cette opération, qui exige une plus grande quantité de liquide que la filtration, est surtout en usage quand on veut rechercher la proportion des principes solubles obtenus.

Essai par la voie sèche. — Dans la généralité des cas, après avoir constaté les caractères extérieurs et la quantité d'eau, on devra commencer les recherches par des essais par *voie sèche*, et l'on se servira alors avec avantage du *chalumeau*, qui permet d'opérer sur de très-petites parcelles et donne des indications très-nettes pour les divers corps, surtout si l'on emploie en même temps quelques réactifs, tels que le *borax*, le *carbonate de soude*, le *nitre* et le *phosphate double d'ammoniaque et de soude*.

Pour faire usage du chalumeau, qui est un tube effilé à son extrémité et recourbé, souvent muni d'un réservoir destiné à condenser l'humidité de l'haleine, on opère à la flamme d'une bougie ou d'une lampe, ou sur un charbon. Suivant qu'on veut produire l'*oxydation* ou la *réduc-*

tion, on modifie l'ouverture du chalumeau, qui devra être assez volumineuse dans le premier cas, et fine au contraire dans le second. La désoxydation se fait dans la partie brillante de la flamme qu'on doit diriger sur la pièce d'essai, de manière qu'elle l'environne également de tous côtés, et la mette à l'abri du contact de l'air. Pour obtenir l'oxydation, il faut chauffer devant la pointe extrême de la flamme, et toutes les parties combustibles sont bientôt saturées d'oxygène : il faut autant que possible pour l'oxydation se maintenir au rouge naissant. La nature des globules ou perles obtenues par l'emploi des réactifs susindiqués permet de reconnaître facilement l'existence de divers métaux, tels que : fer, manganèse, nickel, cobalt, cuivre, etc.

ESSAI AU CHALUMEAU

1.	La flamme est colorée extérieurement	2.
	— n'est pas colorée	5.
2.	La coloration est rouge	3.
	— est jaune	4.
3.	La coloration est violacée (à moins qu'il n'y ait de la soude)	POTASSE.
	La coloration est pourpre ou carmin	STRONTIANE.
4.	Le jaune est intense	SOUDE.
	— est verdâtre	BARYTE.
	— est rougeâtre	CHAUX.
5.	Il y a volatilisation	6.
	Il n'y a pas volatilisation	10.
6	Il y a production de vapeurs ou fumées	7.
	Il n'y a pas de fumées	8.
7.	Les vapeurs sont blanches et ont une odeur arsenicale.	ARSENIC.
	— — antimoniale.	ANTIMOINE.
8.	Il y a production d'odeur	9.
	Il ne se dégage pas d'odeur	MERCURE.
9.	L'odeur est sulfureuse	SOUFRE.
	— est ammoniacale	AMMONIAQUE.
10.	La calcination se fait sur un charbon	11.
	— ne se fait pas	20.
11.	Avec des sels { Nitrate de cobalt	12.
	Avec le borax ou le sel de phosphore..	13.
	Soude	15.
12.	On obtient un composé rouge pâle	MAGNÉSIE.
	— bleu foncé	ALUMINE.
	— vert fixe	ZINC.

13..	Avec le borax ou le sel de phosphore on obtient des perles	bleues	COBALT.
		vertes	14.
		jaune rougeâtre se décolorant dans la flamme intérieure	NICKEL.
		rouge-améthyste dans la flamme extérieure et incolores dans l'intérieure	MANGANÈSE.
14.		La perle est vert-émeraude	CHROME.
		La perle est verte dans la flamme intérieure et rouge dans l'extérieure	FER.
		La perle est verte dans la flamme extérieure et brun rouge dans l'intérieure	CUIVRE.
15.		Réduction en poudre métallique	COBALT.
		— en globules métalliques	16.
16.		Globules mous et malléables	17.
		— non mous	18.
17.		Avec un enduit d'oxyde	PLOMB.
		Sans enduit d'oxyde	ÉTAIN.
18.		Globule ductile brillant	ARGENT.
		— cassant	19.
19.		Avec enduit jaune	BISMUTH.
		— blanc	ANTIMOINE.
20.		Le chalumeau ne donne pas de réaction	MÉTAUX autres.

Essai par la voie humide. — Si les essais par la voie sèche donnent
de bonnes indications, le plus souvent il faut les compléter par des recherches par *voie humide* et reconnaître la présence de divers corps,
que contiennent les substances qu'on examine, au moyen de précipités
différant par leur couleur et leur aspect.

Mais comme dans un grand nombre de cas on a affaire à des corps
insolubles, il est nécessaire d'avoir recours d'abord à la dissolution de
ces corps au moyen de divers réactifs tels que l'acide chlorhydrique,
l'acide nitrique ou l'eau régale ; ce qui, du reste, peut déjà fournir
d'utiles renseignements. En effet, l'effervescence fera, dès ce moment,
connaître la présence de l'acide carbonique, l'odeur d'œufs pourris indiquera les sulfures, etc.

Les principaux réactifs qui devront être utilisés pour la constatation
des falsifications sont : acides acétique, chlorhydrique, nitrique, sulfhydrique et sulfurique ; potasse ; ammoniaque ; carbonate de potasse ;
oxalate d'ammoniaque ; sulfhydrate d'ammoniaque ; sulfate de soude ;
nitrate d'argent ; chromate de potasse ; chlorure de baryum ; chlorure
de platine ; iodure de potassium ; cyanures jaune et rouge ; eau iodée ;
eau amidonnée chlorée ; infusion de noix de galle ; gélatine ; tournesol ;
curcuma, etc.

On devra aussi se munir d'un *appareil de Marsh* pour la recherche de l'arsenic, et l'on pourra faire indifféremment usage de l'appareil d'Orfila (fig. 13), qui consiste en un flacon à deux tubulures, fermées par des bouchons de liége qui reçoivent, l'un un tube droit plongeant dans le liquide, l'autre un tube recourbé et effilé à une de ses extrémités, par lequel sort le gaz hydrogène; on se servira aussi avec avantage de l'appareil de Chevallier (fig. 14), qui est constitué par une éprouvette bouchée par une broche de liége à travers laquelle passent deux tubes,

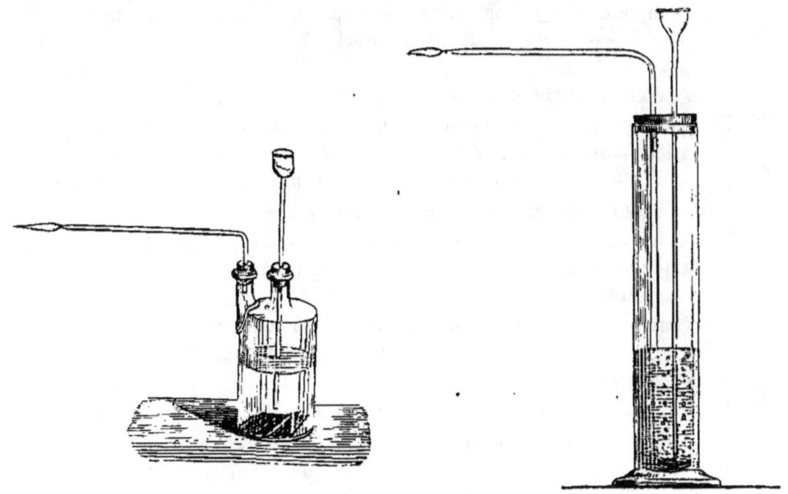

Fig. 13. — Appareil de Marsh,
modifié par Orfila.

Fig. 14. — Appareil de Marsh,
modifié par Chevallier.

l'un droit qui sert à introduire le liquide, l'autre coudé qui laisse dégager le gaz hydrogène.

Nous ne pouvons donner ici qu'un aperçu des réactions qui peuvent se présenter dans la recherche des falsifications, et nous renverrons pour leur étude aux ouvrages spéciaux de chimie, tels que le *Manuel de chimie médicale*, de Riche; les *Leçons élémentaires de chimie moderne*, de Wurtz; l'*Abrégé de chimie*, de Pelouze et Fremy; le *Traité d'analyse chimique*, de Poggiale, etc. Mais, pour guider les personnes qui ne sont pas familiarisées avec les manipulations chimiques, nous croyons utile de présenter sous une forme succincte le tableau des principaux caractères des sels, de façon à éviter dans le cours de notre ouvrage des répétitions fastidieuses.

DÉTERMINATION DES BASES

1.	Les sels sont précipités par le sulfhydrate d'ammoniaque	8.
	Les sels ne sont pas précipités	2.
2.	Le carbonate de soude donne un précipité	6.
	— ne donne pas de précipité	3.
3.	La potasse caustique donne des vapeurs ammoniacales.	AMMONIAQUE.
	— ne donne pas de vapeurs ammoniacales.	4.
4.	L'acide tartrique en excès donne un précipité blanc...	POTASSE.
	— ne donne pas de précipité....	SOUDE.
5.	Le sulfate de potasse ne donne pas de précipité	MAGNÉSIE.
	— donne un précipité	CHAUX, BARYTE, STRONTIANE.
6.	Le sulfate de chaux donne un précipité	7.
	— ne donne pas de précipité	CHAUX.
7	L'acide fluosilicique donne un précipité	BARYTE.
	— ne donne pas de précipité	STRONTIANE.
8.	L'acide sulfhydrique donne un précipité dans les liqueurs acides	14.
	L'acide sulfhydrique ne donne pas de précipité dans les liqueurs acides	9.
9.	La ferrocyanure de potassium précipite immédiatement...	11.
	— ne précipite pas immédiatement.	10.
10.	Les dissolutions sont incolores	ALUMINE.
	— sont colorées en vert ou en violet	CHROME.
11.	Le benzoate d'ammoniaque donne un précipité	FER.
	— ne donne pas de précipité..	12.
12.	Traité par le sulfhydrate d'ammoniaque, puis par l'acide acétique, on obtient { une liqueur qui précipite par la potasse..	MANGANÈSE.
	{ un résidu	13.
13.	Le résidu traité par l'acide chlorhydrique, puis bouilli avec un excès de potasse, donne par l'acide sulfhydrique un précipité	ZINC.
	Le résidu bouilli avec un excès de cyanure et traité par l'acide chlorhydrique	14.
14.	Donne un précipité	NICKEL.
	Ne donne pas de précipité	COBALT.
15.	Le sulfhydrate d'ammoniaque dissout le précipité	22.
	— ne dissout pas le précipité.	16.
16.	L'acide chlorhydrique donne un précipité	17.
	— ne donne pas de précipité	19.
17.	Le précipité est soluble dans l'ammoniaque	ARGENT.
	— est insoluble dans l'ammoniaque	18.
18.	Le précipité est blanc et reste blanc	PLOMB.
	— et devient noir.	MERCURE au minimum.

19. { L'ammoniaque en excès donne un précipité.......... 20.
    {   —   ne donne pas de précipité..... 21.

20. (L'iodure de potassium donne un précipité rouge-cinnabre. MERCURE au
    (.   maximum.
    (—   brun......... BISMUTH.

21. { La liqueur devient bleue...................... CUIVRE.
    {   —   reste incolore...................... CADMIUM.

22. { Le précipité par l'acide sulfhydrique est noir........... 23.
    { Le précipité par l'acide sulfhydrique est brun ; la solution
    {   précipite en blanc par le bichlorure de mercure..... ÉTAIN au minim.
    { Le précipité par l'acide sulfhydrique est jaune ; la solution
    {   précipite en jaune par le bichlorure de mercure..... 24.

23. { La solution primitive précipite en brun par le sulfate
    {   ferreux.. OR.
    { La solution primitive précipite en jaune par le chlorure
    {   de potassium.............................. PLATINE.

24. { Le précipité est jaune et soluble dans l'acide chlor-
    {   hydrique............................... ÉTAIN au maxim.
    { Le précipité est jaune et presque insoluble ; soluble dans
    {   l'ammoniaque.............................. ARSENIC.
    { Le précipité est orange et soluble dans l'acide chlor-
    {   hydrique............................... ANTIMOINE.

DÉTERMINATION DES ACIDES

1. { Les sels charbonnent par la calcination.............. 18.
   {   —   ne charbonnent pas...................... 2.

2. { Leur solution neutre précipite par le chlorure de baryum... 3.
   {   —   ne précipite pas................. 13.

3. { Leur solution fait effervescence par les acides......... CARBONATES.
   {   —   ne fait pas effervescence par les acides... 5.

4. { L'effervescence se fait sans odeur.................... CARBONATES.
   {   —   se fait avec odeur d'œufs pourris........ SULFURES.

5. { Leur solution donne un dépôt gélatineux.............. SILICATES.
   {   —   ne donne pas de dépôt gélatineux....... 6.

6. { Le chlorure de baryum donne un précipité insoluble dans
   {   l'acide chlorhydrique......................... SULFATES.
   { Le chlorure de baryum ne donne pas de précipité inso-
   {   luble dans l'acide chlorhydrique................. 7.

7. { Les liqueurs acides ne se décomposent pas par l'acide
   {   sulfhydrique................................ 8
   { Les liqueurs acides se décomposent par l'acide sulf-
   {   hydrique................................ 11.

8. { Le nitrate d'argent détermine un précipité........... 9.
   {   —   ne détermine pas de précipité...... FLUORURES.

9. { Le précipité est jaune pâle et soluble dans l'acide acétique. PHOSPHATES.
   {   —   est blanc et insoluble dans l'acide acétique... 10.

10.	Le précipité est insoluble dans un excès d'eau et dans l'acide acétique ; il est soluble dans l'acide azotique..	OXALATES.
	Le précipité est soluble dans un excès d'eau. Le sel mélangé d'acide sulfurique et arrosé d'alcool, il y a flamme verte.	BORATES.
11.	Les liqueurs sont incolores.........................	12.
	Les liqueurs sont colorées en jaune ou en brun ; elles précipitent en jaune par le nitrate de plomb........	CHROMATES.
12.	Le nitrate d'argent donne un précipité rouge-brique....	ARSÉNIATES.
	— donne un précipité jaune.........	ARSÉNITES.
13.	Le nitrate d'argent donne un précipité..............	14.
	— ne donne pas de précipité.........	17.
14.	Le précipité est soluble dans l'ammoniaque..........	15.
	— est presque insoluble dans l'ammoniaque...	IODURES.
15.	La liqueur précipite en bleu par le sulfate ferro-ferrique.	CYANURES.
	— ne précipite pas par le sulfate ferro-ferrique..	16.
16.	L'eau de chlore ne change pas la couleur...........	CHLORURES.
	— jaunit et brunit la liqueur...........	BROMURES.
17	Fusent sur les charbons ardents et donnent des vapeurs rutilantes au contact du cuivre et de l'acide sulfurique.	NITRATES.
	Fusent sur les charbons ardents, ne donnent pas de vapeurs rutilantes ; précipitent par le nitrate d'argent...	CHLORATES.
18.	Le chlorure de calcium précipite...................	19.
	— ne précipite pas..............	21.
19.	Le précipité se fait à froid ; il est soluble dans l'ammoniaque	TARTRATES.
	Le précipité ne se fait pas à froid.................	20.
20.	Le précipité se fait à chaud, il y a d'abord un trouble......	CITRATES.
	— ne se fait pas à chaud, mais par addition d'alcool.	MALATES.
21.	Le deutochlorure de fer précipite	22.
	— ne précipite pas.............	23.
22.	L'acide chlorhydrique donne un précipité d'acide benzoïque..	BENZOATES.
	L'acide chlorhydrique ne donne pas de précipité ; acide succinique soluble.............................	SUCCINATES.
23.	Le deutochlorure de mercure donne à l'ébullition un précipité gris..	FORMIATES.
	Le deutochlorure de mercure ne donne pas de précipité.	ACÉTATES.

SÉPARATION ET DOSAGE DES SELS

ACÉTATES. — Généralement solubles dans l'eau, ils sont tous décomposés par la chaleur, plus ou moins facilement. Traités par un acide, ils donnent une odeur piquante caractéristique. Leurs dissolutions bouillies avec du deutochlorure de mercure ne donnent pas de précipité de mercure métallique.

ARSÉNIATES. — Ceux qui sont insolubles se dissolvent facilement dans un excès d'acide ; ils donnent avec le nitrate d'argent un précipité rouge-brique, aisément soluble dans un excès d'acide. Chauffés dans un tube d'essai avec de l'acide borique et du charbon, les arséniates donnent un sublimé d'arsenic qui se condense vers le haut du tube en un anneau métallique. Pour les doser on les transforme en arsénites au moyen de l'acide sulfureux, puis on les précipite par un courant d'acide sulfhydrique en sulfure arsénieux dont le poids et la composition donnent la proportion d'arsenic et d'arséniate, en tenant compte de la perte résultant de leur transformation.

ARSÉNITES. — Leurs solutions neutres précipitent en jaune le nitrate d'argent et en vert les sels de cuivre ; ces précipités se dissolvent aisément dans un excès d'acide. Par l'hydrogène sulfuré ils donnent un précipité jaune abondant, insoluble dans un excès d'acide, mais facilement soluble dans l'ammoniaque. Le poids du sulfure obtenu permet de connaître le poids de l'arsenic et de l'arsénite.

AZOTATES. — Presque tous solubles dans l'eau, ils se décomposent par la chaleur et déflagrent sur les charbons ardents. Chauffés avec de l'acide sulfurique, ils dégagent des vapeurs d'acide azotique, ou, si l'on y a ajouté un peu de tournure de cuivre, des vapeurs rutilantes formées au contact de l'air par le deutoxyde d'azote produit. On peut les doser en opérant la fusion et la calcination d'un poids donné de matière avec du borax ; le poids du résidu donne la proportion de l'acide azotique qui s'est volatilisé.

BENZOATES. — Ils sont décomposés par l'acide chlorhydrique, et il se fait un dépôt d'acide benzoïque, dont le poids peut être pris directement.

BORATES. — Calcinés, ils fondent et donnent des verres incolores ou colorés, suivant que leurs bases sont incolores ou colorées. Leurs solutions concentrées sont précipitées par l'acide sulfurique, et l'acide borique mis en liberté forme de petites paillettes ; celui-ci donne à l'alcool la propriété de brûler avec une flamme verte. On les dose en prenant le poids du précipité obtenu.

BROMURES. — Traités par un mélange d'acide sulfurique et de peroxyde de manganèse, ils dégagent du brome. Leur dissolution donne avec le nitrate d'argent un précipité blanc jaunâtre, insoluble dans un excès d'acide, soluble dans l'ammoniaque, noircissant à la lumière, mais sans offrir d'abord une teinte violette. Leur solution traitée par le chlore est décomposée et la liqueur se colore en brun. On les dose comme les chlorures.

CARBONATES. — Ils se décomposent à une très-haute température au contact du charbon ; par les acides, ils donnent une effervescence vive, due au dégagement de l'acide carbonique. La calcination des carbonates décomposables par la chaleur indique par la perte de poids la proportion de l'acide carbonique. On peut encore calciner avec un poids donné de borax, qui élimine l'acide carbonique de toutes ses combinaisons anhydres.

CHLORATES. — Décomposés par la chaleur, ils fusent sur les charbons ardents ; ils donnent, par l'acide sulfurique ou l'acide chlorhydrique, un gaz jaune d'odeur particulière. Le produit de la calcination donne par le nitrate d'argent un précipité de chlorure d'argent, blanc, mais devenant violet à la lumière et soluble dans l'ammoniaque. Le poids de chlorure donne la proportion d'acide chlorique et du chlorate.

CHLORURES. — Leurs dissolutions dans l'eau donnent avec le nitrate d'argent un précipité blanc qui devient d'abord violet, puis noircit à la lumière du jour, est insoluble dans les acides et est soluble dans l'ammoniaque. Le poids du chlorure d'argent obtenu donne le moyen de les doser.

CHROMATES. — Ils sont tous colorés ; leurs solutions précipitent les sels de plomb en jaune, les sels de mercure en rouge clair, les sels d'argent en rouge foncé ; chauffés avec l'acide chlorhydrique, ils donnent une dissolution verte de sesquichlorure de chrome. Pour les doser on les traite successivement par l'acide chlorhydrique et l'alcool, on porte à l'ébullition, et quand la liqueur est devenue verte, on la traite encore chaude par l'ammoniaque en excès qui détermine la précipitation d'oxyde chromique, dont le poids permet de déduire celui de l'acide chromique et du chromate.

CITRATES. — Ils se décomposent par la chaleur ; le chlorure de chaux n'agit pas à froid sur eux, mais à chaud il les trouble d'abord et finit par les précipiter.

CYANURES. — Traités par l'acide sulfurique, ils dégagent de l'acide cyanhydrique, dont l'odeur est caractéristique. Au contact des sels ferreux, ils donnent un précipité blanc qui bleuit promptement à l'air. On les dose comme les chlorures, mais il faut ne pas dessécher le cyanure d'argent à une trop haute température, car il se décomposerait.

FLUORURES. — Leurs dissolutions ne précipitent pas par l'azotate d'argent. Traités par l'acide sulfurique concentré, ils dégagent de l'acide fluorhydrique dont les vapeurs corrodent le verre. On les dosera en traitant les solutions par du chlorure de calcium, pour obtenir du fluorure de calcium.

FORMIATES. — Au contact du deutochlorure de mercure, leurs dissolutions laissent dégager du gaz acide carbonique et donnent un précipité gris de mercure métallique.

IODURES. — Traités par l'acide sulfurique concentré, ils donnent aussitôt un dépôt d'iode, ou, si l'on chauffe, des vapeurs violettes très-intenses. Ils sont décomposés par le chlore, et l'iode mis en liberté colore en bleu l'empois d'amidon ; le mieux est de se servir d'eau chlorée amidonnée. Ils se dosent comme les chlorures.

MALATES. — Ils se décomposent par la chaleur. Ils sont précipités par le chlorure de chaux avec le concours d'une addition d'alcool.

OXALATES. — Les oxalates solubles, additionnés de chlorure de calcium, donnent un précipité blanc, insoluble dans l'eau et dans l'acide acétique, mais soluble dans l'acide chlorhydrique. Chauffés dans un tube d'essai ils se décomposent et donnent un dégagement d'oxyde de carbone et un résidu formé par un carbonate.

PHOSPHATES. — Ils ne sont pas tous solubles dans l'eau, mais ils se dissolvent facilement dans les liqueurs acides. Ils donnent avec les sels de baryte un précipité qui se dissout dans les acides nitrique ou chlorhydrique. Leur solution, rendue alcaline par l'addition d'ammoniaque et traitée par le sulfate de magnésie, donne un précipité de phosphate-ammoniaco-magnésien; en calcinant celui-ci, on dégage l'ammoniaque et il ne reste que le phosphate de magnésie, dont le poids donne, ses éléments étant connus, le poids de l'acide phosphorique et du phosphate.

SILICATES. — On les rend solubles par la calcination avec trois ou quatre fois leur poids de carbonate de soude. Leur solution donne par les acides un dépôt gélatineux transparent et incolore, qui, évaporé, à siccité et fortement calciné, est insoluble dans l'acide chlorhydrique. Pour le dosage, on calcine la silice déposée et bien lavée et l'on en prend le poids, en tenant compte de la quantité de cendres fournie par le filtre.

SUCCINATES. — Ils sont décomposés par l'acide chlorhydrique, mais l'acide succinique, mis en liberté, reste en dissolution. Pour le doser on le précipite par un sel de baryte.

SULFATES. — Décomposés par le charbon, sous l'influence de la chaleur, ils donnent, si l'on y a ajouté un peu de carbonate de potasse, un sulfure alcalin que les acides décomposent en déterminant un dégagement d'hydrogène sulfuré. Leur solution acide, traitée par le chlorure de baryum, donne un précipité caractéristique de sulfate de baryte blanc, insoluble dans l'eau et dans les acides. En pesant ce précipité, on aura, par les proportions connues des éléments du sel obtenu, le poids de l'acide sulfurique ou du sulfate qui existait dans la solution.

SULFURES. — Chauffés avec un mélange de carbonate et d'azotate de potasse ils se transforment en sulfates alcalins. Au contact de l'acide sulfurique, leur solution donne un dégagement d'acide sulfhydrique, et quelquefois en même temps un dépôt de soufre. Pour les doser, on les transforme en sulfate, qu'on précipite ensuite par un sel de baryte.

TARTRATES. — Ils sont décomposés par la chaleur ; ils donnent à froid, par le chlorure de chaux, un précipité qui est soluble dans le sel ammoniac.

ALUMINE. — Les sels d'alumine sont précipités par l'ammoniaque, même en présence d'un sel ammoniacal : par la potasse et la soude caustique, mais l'excès de ces réactifs redissout immédiatement le précipité ; ils sont précipités aussi par les carbonates alcalins et d'ammoniaque, ainsi que par les sulfhydrates : il se dépose de l'alumine hydratée. Additionnée de sulfate de potasse, leur solution chaude et concentrée donne par le refroidissement des cristaux octaédriques d'alun. Chauffés au chalumeau avec un peu de nitrate de cobalt, ils donnent une perle d'un beau bleu. On les dose à l'état d'oxyde.

AMMONIAQUE. — Ses sels sont solubles dans l'eau ; le perchlorure de platine y détermine un précipité cristallin jaune qui, par la chaleur, donne du platine métallique et du chlorhydrate d'ammoniaque volatil, de telle sorte que le résidu ne contient plus de chlorure ; chauffé avec un hydrate alcalin, le chlorure double dégage de l'ammoniaque. Le poids du platine permet de connaître la proportion du sel ammoniacal.

ANTIMOINE. — La potasse et la soude donnent des précipités blancs qui se dissolvent dans un excès d'alcali ; le précipité donné par l'ammoniaque ne se dissout pas. L'hydrogène sulfuré donne un précipité jaune orangé.

L'antimoine se dose au moyen d'une lame d'étain qu'on plonge dans la dissolution acidifiée par l'acide chlorhydrique étendu et chaud ; il se précipite sous forme d'une poudre noire qu'on recueille sur un filtre et pèse.

Argent. — Les sels d'argent noircissent à la lumière solaire, qui les décompose ; ils précipitent en brun par la potasse et la soude, sans que le produit se redissolve ; l'ammoniaque, qui précipite aussi en brun, redissout le précipité. L'acide sulfhydrique et les sulfhydrates donnent un précipité noir. Le cyanoferrure jaune donne un précipité blanc, le prussiate rouge un précipité rouge brun. L'acide chlorhydrique et les chlorures solubles donnent un dépôt blanc caillebotté, qui devient violet puis noir à la lumière : il est insoluble dans un excès d'acide azotique et se dissout facilement dans l'ammoniaque. Les iodures solubles donnent un dépôt d'iodure blanc jaunâtre difficilement soluble.

L'argent se dose à l'état métallique, après la coupellation ; ou à l'état de chlorure qu'on recueille par décantation, sèche, fond et pèse.

Baryte. — Ses sels ne sont pas précipités par l'ammoniaque pure, mais ils le sont par les carbonates d'ammoniaque et alcalins. L'acide sulfurique et les sulfates donnent dans leurs dissolutions un précipité blanc, insoluble dans l'eau et dans les acides chlorhydrique et nitrique étendus. Ils précipitent en jaune par le chromate de potasse. Ils colorent la flamme de l'alcool en jaune verdâtre. On les dose à l'état de sulfate.

Bismuth. — Ses sels se décomposent au contact de l'eau en sous-sels qui se précipitent et en sels acides qui se dissolvent. Ils donnent avec les alcalis caustiques et les carbonates alcalins des précipités blancs insolubles dans un excès de réactif. L'acide sulfhydrique et les hydrosulfates donnent un précipité noir.

On les dose à l'état d'oxyde obtenu par la calcination du carbonate.

Cadmium. — Les sels de cadmium incolores donnent avec les alcalis fixes un précipité gélatineux qui ne se redissout pas dans un excès de réactif. L'ammoniaque donne le même précipité, mais elle le redissout aisément. Les carbonates alcalins donnent un précipité d'un beau jaune. Une lame de zinc plongée dans leur dissolution se couvre de paillettes de cadmium. On les dose à l'état d'oxyde de cadmium calciné.

Chaux. — Les sels de chaux ne sont pas précipités par l'ammoniaque ; ils sont précipités par les carbonates alcalins. L'acide sulfurique et les sulfates ne donnent pas de précipité dans les liqueurs très-étendues, mais si celles-ci sont concentrées, il se fait un précipité de sulfate de chaux hydraté qui, abandonné à lui-même, prend une structure cristalline. L'acide oxalique et les oxalates donnent un précipité grenu, à peu près insoluble dans l'eau et difficilement soluble dans un excès d'acide. Les sels de chaux colorent la flamme de l'alcool en jaune rougeâtre. Pour les doser, on calcine l'oxalate formé, qui se transforme ainsi en carbonate.

Chrome. — Ils sont colorés en vert ou en violet, précipitent par la soude et la potasse, qui les dissolvent en donnant une liqueur verte qui se décolore par l'ébullition et laisse alors l'oxyde hydraté se déposer de nouveau ; ils sont précipités par les sulfhydrates. Au chalumeau, avec le borax, ils donnent un verre vert-émeraude. On les dose à l'état d'oxyde vert en transformant le chrome en chlorure, précipitant à chaud par l'ammoniaque, lavant le précipité gélatineux et calcinant dans un creuset de platine fermé.

Cobalt. — Les sels de cobalt ont des dissolutions rouge-groseille, bleues quand elles sont concentrées ; ils donnent avec la potasse et la soude des précipités bleus ; les carbonates alcalins donnent un précipité rose ; les phosphates et arséniates précipitent en couleur fleur de pêcher ; le cyanoferrure jaune les précipite en vert sale : les sulfhydrates alcalins, en noir. On dose le cobalt à l'état métallique après l'avoir chauffé dans un courant de gaz hydrogène.

Cuivre. — Les sels de cuivre sont bleus ou verts quand ils contiennent de l'eau de cristallisation ; ils précipitent en bleu gris, devenant brun par l'ébullition, lorsqu'on les traite par la soude et la potasse caustique ; le précipité ne se redissout que dans les solutions alcalines concentrées. L'ammoniaque donne le même précipité, mais elle le redissout et donne une liqueur d'un beau bleu. Le ferrocyanure jaune donne un précipité brun marron.

On dose le cuivre à l'état de bioxyde, obtenu par précipitation dans un liquide bouillant.

Étain (sels de protoxyde). — Ils se dissolvent dans une petite quantité d'eau et se décomposent dans une plus grande quantité en laissant déposer un sous-sel blanc. Les alcalis caustiques donnent un précipité blanc, soluble dans un excès de réactif, ce qui n'a pas lieu avec l'ammoniaque. L'acide sulfhydrique donne un précipité brun foncé ; le cyanure jaune précipite en blanc ; avec les sels de mercure, ils donnent un précipité gris de mercure très-divisé ; le chloruré d'or donne un précipité pourpre dans leurs dissolutions très-étendues, brun quand elles sont concentrées.

Étain (sels de peroxyde). — Ils se décomposent dans l'eau en excès ; le cyanure jaune donne un précipité blanc qui se forme lentement. L'hydrogène sulfuré donne un précipité jaune sale non immédiat. Le chlorure d'or ne donne pas de précipité, non plus que les sels de mercure.

L'étain se dose toujours à l'état d'acide stannique calciné.

Fer (sels de protoxyde). — Ils sont vert clair quand ils sont hydratés et deviennent incolores en perdant leur eau ; leur saveur est astringente. Ils donnent avec la potasse et la soude un précipité blanc, qui verdit immédiatement à l'air et devient plus tard ocreux. Les sulfhydrates donnent un précipité noir ; le cyanoferrure jaune donne un précipité blanc qui bleuit au contact de l'air, le cyanoferrure rouge donne immédiatement un précipité bleu. Ils ne sont pas précipités par le benzoate et le succinate d'ammoniaque. Le tannin noircit les liqueurs, mais ne donne pas de précipité.

Fer (sels de sesquioxyde). — Leurs dissolutions sont jaunes ou brunes ; elles sont précipitées par les alcalis fixes, l'ammoniaque et les carbonates alcalins. Ils sont précipités en bleu par le cyanoferrure jaune, et ne sont pas précipités par le ferrocyanure rouge ; ils sont précipités en brun par le benzoate et le succinate d'ammoniaque.

On transforme toujours les sels de fer en sels ferriques, pour les doser, et l'on opère sur l'oxyde ferrique obtenu par les réactifs.

Magnésie. — Les sels de magnésie donnent des précipités gélatineux blancs avec les carbonates alcalins ; ils précipitent par l'ammoniaque pure, quand ils ne contiennent pas un excès d'acide ni un sel ammonical. Ils sont précipités par l'eau de chaux ; ils ne précipitent pas par les sulfates alcalins, à moins d'être extrêmement concentrés ; chauffés au chalumeau avec un peu de nitrate de cobalt, ils donnent un résidu de couleur rose. Traités par le phosphate de soude en présence du chlorhydrate d'ammoniaque, ils donnent un précipité de phosphate ammoniaco-magnésien ; celui-ci, calciné après avoir été desséché, laisse du pyrophosphate de magnésie, qui permet de doser la magnésie.

Manganèse (sels de protoxyde). — Ils sont blanc rosé ou améthyste ; leur dissolution, traitée par la potasse ou la soude caustique, donne un précipité blanc, qui brunit rapidement à l'air sans passer par la teinte verte. Ils donnent, avec les carbonates de potasse, de soude et d'ammoniaque un précipité blanc sale, et avec le ferrocyanure de potassium, un précipité rosé ; l'hydrogène sulfuré précipite seulement les liqueurs non acides : les sulfhydrates donnent un précipité jaune rougeâtre.

Manganèse (sels de sesquioxyde). — Peu stables, ils sont décomposés immédiatement par les corps avides d'oxygène, et la liqueur est décolorée.

On dose les sels de manganèse à l'état de sulfate.

Mercure (sels au minimum). — Ils donnent, avec l'ammoniaque et les alcalis caustiques, un précipité noir, insoluble dans un excès de réactif ; les carbonates alcalins donnent des précipités jaune sale ; l'acide sulfhydrique les précipite en noir ; l'iodure de potassium donne un précipité jaune verdâtre soluble dans un excès de réactif. Ils donnent un précipité blanc par l'acide chlorhydrique et les chlorures solubles.

Mercure (sels de protoxyde). — La potasse et la soude caustique en excès donnent des précipités jaunes ; l'ammoniaque donne un précipité blanc. Les phosphates et arséniates forment des précipités blancs, solubles dans un excès d'acide. L'iodure de potassium donne un précipité d'un beau rouge, soluble dans un excès d'iodure et dans un excès de sel mercuriel ; ils ne précipitent pas par l'acide chlorhydrique à moins d'être très-concentrés.

Les sels de mercure se dosent à l'état de sels de protoxyde, après avoir été transformés en sulfure, qu'on recueille sur un filtre, lave et dessèche à + 100° c. avant de le peser.

Nickel. — Les sels de nickel ont des dissolutions vert-émeraude ; les alcalis fixes donnent un précipité gélatineux vert-pomme. Les carbonates alcalins précipitent en vert clair ; les phosphates et arséniates alcalins donnent des précipités vert pâle ; le cyanoferrure jaune les précipite en vert pâle, les sulfhydrates alcalins en noir. Le dosage se fait sur le métal obtenu par la réduction de l'oxyde chauffé dans un courant de gaz hydrogène.

OR — L'or se dose toujours à l'état métallique ; la dissolution acide de ses sels donne par l'acide sulfhydrique un précipité noir que l'acide chlorhydrique concentré et bouillant ne dissout pas ; le sulfate ferreux précipite les sels d'or en noir.

PLATINE. — On le dose toujours à l'état métallique. La dissolution acide de ses sels donne par l'acide sulfhydrique un précipité noir, insoluble dans l'acide chlorhydrique concentré et bouillant. Le chlorure ammonique précipite les sels de platine en jaune.

PLOMB. — Les sels de plomb solubles ont une saveur sucrée ; la potasse et la soude caustique donnent à froid des précipités blancs, solubles dans un excès de réactif ; les carbonates alcalins précipitent en blanc, mais l'excès ne redissout pas. L'acide sulfhydrique et les sulfures alcalins précipitent en noir. Les sulfates donnent un précipité blanc insoluble dans l'eau, mais qui noircit par l'hydrogène sulfuré. L'acide chlorhydrique ou les chlorures donnent, dans les dissolutions concentrées et chaudes, un précipité blanc qui prend l'aspect lamelleux par le refroidissement. L'iodure de potassium et le chromate de potasse donnent des précipités jaunes.

Le plomb se dose à l'état de sulfate ou de chlorure précipité dans une liqueur alcoolique, ou à l'état de carbonate ou d'oxalate que l'on calcine. On peut aussi employer le sulfure qu'on recueille sur un filtre et qu'on dessèche à + 100°.

POTASSE. — Ses sels sont solubles dans l'eau ; ils forment avec l'acide tartrique un sel peu soluble dans l'eau et donnent par conséquent un précipité quand leur solution est concentrée. Ils précipitent en jaune par le perchlorure de platine, quand leurs dissolutions ne sont pas très-étendues. La précipitation est facilitée par l'addition d'un peu d'alcool. Soumis à la chaleur rouge, le chlorure double de potassium et de platine se décompose, et il reste du platine métallique et du chlorure de potassium. L'acide hydrofluosilicique donne avec les sels de potasse un précipité gélatineux de fluorure double, lequel se dépose lentement et est presque transparent. On peut doser par le sel de platine, dont on prend le poids après l'avoir lavé à l'alcool et desséché.

SOUDE. — Les sels de soude sont solubles dans l'eau ; ils ne précipitent pas par le perchlorure de platine, par l'acide tartrique, ni par l'acide perchlorique.

STRONTIANE. — Les sels de strontiane ne sont pas précipités par l'ammoniaque pure ; ils sont précipités par les carbonates alcalins, l'acide sulfurique et les sulfates ; ils ne sont pas précipités par le chromate de potasse, ni par l'acide hydrofluosilicique ; le chlorure de strontium se dissout dans l'alcool. Ils colorent en rouge pourpre la flamme des corps en combustion. On les dose à l'état de sulfate.

ZINC. — Les sels de zinc donnent avec la potasse, la soude et l'ammoniaque, des précipités blancs solubles dans un excès de réactif ; les carbonates alcalins, le cyanure jaune, les phosphates et arséniates alcalins les précipitent en blanc, de même que les sulfhydrates. On dose les sels de zinc à l'état d'oxyde après calcination.

Les recherches sur les matières organiques exigent des moyens d'analyse spéciaux, mais dans l'étude des falsifications on n'a presque jamais besoin de recourir à la détermination des éléments primitifs : on se contente le plus souvent de séparer les principes immédiats définis qui servent à les reconnaître.

Des traitements successifs par l'eau, l'alcool, l'éther, etc., aidés d'une température plus ou moins élevée, donnent la dissolution des principes immédiats ; on évapore les menstrues et l'on obtient ainsi des résidus, qui sont souvent caractéristiques.

On agit alors sur ces résidus en employant des liqueurs acides ou des bases, ce qui permet de séparer les acides ou les alcaloïdes souvent cristallisables qu'ils contenaient à l'état de sels.

Souvent on traite les liqueurs par des corps acides, basiques ou salins, qui déterminent des séparations par précipitation des principes immédiats, et sont d'un grand secours dans leur recherche. C'est dans ce but qu'on emploie fréquemment l'acide sulfhydrique, le tannin, l'ammoniaque, la magnésie, l'alumine, la chaux, et surtout les acétates de plomb.

Il suffit de chauffer pour obtenir certains principes immédiats qui sont volatils, et on peut les retirer, soit par l'action de la chaleur seule, soit par la distillation, soit en faisant traverser la matière par un courant de vapeurs aqueuses.

Le *microscope* peut donner aussi des indications précieuses dans la recherche des falsifications, surtout lorsqu'il s'agit de matières organiques : en effet, presque toujours ces matières offrent des caractères de structure qui sont assez nets pour déceler certains mélanges, et qui ne sont pas entièrement détruits par la pulvérisation, la cuisson ou le grillage. C'est ainsi que le café et la chicorée torréfiés n'ont éprouvé que de très-légères modifications, abstraction faite du changement de couleur, et pouvant être facilement reconnues par l'observation microscopique. La faible proportion de matière introduite n'est pas un obstacle à la découverte de la fraude, et nous n'en voulons pas de meilleure preuve que le fait cité par Hassall, d'un échantillon de moutarde qu'on avait fait examiner comme pur et dans lequel on constata la présence d'une petite quantité de curcuma. Or, le fabricant avoua qu'en vue de donner une plus belle couleur à son produit, il avait ajouté deux onces de curcuma à cinquante-six livres de moutarde. C'est au moyen de l'examen microscopique seul que la nature des diverses fécules, qui ont été employées comme adultérant, pourra être précisée, alors que le chimie aura pu seulement indiquer la présence d'une matière amylacée.

On a longtemps négligé d'appliquer le microscope à la recherche des falsifications, mais aujourd'hui l'emploi de cet instrument est généralement répandu, et il y aurait de graves inconvénients à se priver d'un moyen d'investigation aussi utile. Le microscope peut, dans quelques cas, donner seul satisfaction dans l'étude des falsifications, mais presque toujours il augmentera la certitude des résultats obtenus.

Pour les recherches qui nous occupent, il n'est pas nécessaire d'avoir un de ces microscopes puissants qui ne peuvent être acquis par tout le monde, mais un microscope d'un prix raisonnable, donnant des grossissements qui ne dépassent pas deux à trois cents diamètres, est parfaitement suffisant, au moins dans la grande majorité des cas. Le microscope petit modèle de Nachet (fig. 15) sera très-utilement employé.

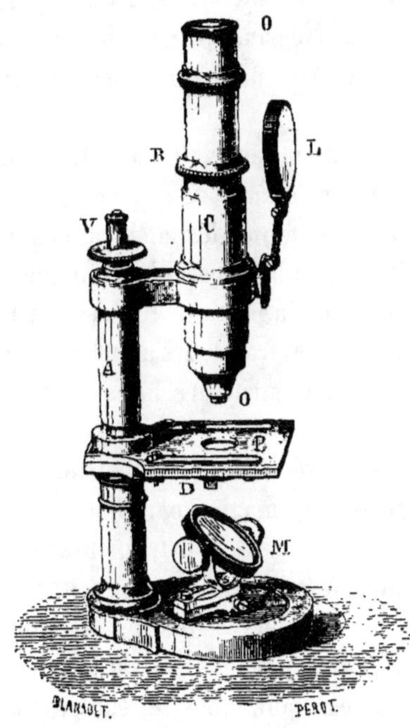

Fig. 15. — Microscope petit modèle de Nachet (*).

L'examen des substances au microscope demande que de minces sections soient faites au moyen d'un instrument bien tranchant, tel qu'un

(*) Il est formé d'une base solide supportant une colonne contenant la vis micrométrique servant à faire mouvoir la partie optique. Les lentilles sont reçues par le pas de vis O qui termine le tube B à l'autre extrémité duquel on place l'oculaire O, le bouton molleté V faisant fonction d'écrou mobile sur la vis micrométrique fait monter ou descendre très-lentement le bras transversal qui porte cette partie optique qui d'ailleurs peut glisser plus rapidement dans le tube C pour la mise au point approximative des objets placés sur la platine P ; ces objets généralement déposés sur une lame de verre, sont maintenus en place par des ressorts de cuivre. Le miroir M disposé sous le plateau est monté sur des articulations lui permettant de s'écarter en dehors de l'axe optique, ce qui est quelquefois utile pour produire des effets d'ombre ou de lumière sur certaines surfaces ; lorsqu'on examine des corps opaques, le miroir inférieur devenant inutile on emploie la lentille L, qui se rabattant au-devant de la lumière envoie un faisceau lumineux sur la surface à examiner.

rasoir, et placées sur un verre dans une goutte ou deux de liquide, qu'on recouvre ensuite d'une lame de verre mince, et l'on porte ensuite sous le champ de l'instrument. Les matières pulvérulentes seront simplement délayées dans une petite quantité de liquide, et recouvertes d'un verre mince. Dans quelques cas, pour obtenir une transparence plus parfaite, on pourra substituer à l'eau, la glycérine qui est plus réfringente, ou quelque autre liquide approprié à la nature de la substance examinée.

Pour les poudres, il sera bon d'avoir, comme terme de comparaison, un échantillon de la pureté duquel on sera assuré et qui servira de type. Il est évident que pour pouvoir affirmer toutes les falsifications, il faudrait connaître la structure de toutes les substances qui pourraient être employées comme adultérants ; mais dans la pratique il n'en est pas ainsi, car dans le plus grand nombre des cas les fraudeurs n'ont recours qu'à un nombre assez limité de corps, dont la structure nous est bien connue.

Dans quelques circonstances on se servira avec avantage d'instruments de physique et principalement du *polarimètre*, imaginé par Biot, et qui a été perfectionné depuis par divers physiciens et constructeurs. Cet instrument donne en particulier un moyen rapide de reconnaître la présence du sucre et des diverses espèces de sucre dans des liqueurs qu'on aura pris soin de décolorer. Déjà les pharmaciens en font un assez fréquent usage pour l'analyse des urines des diabétiques, et son emploi ne peut que se généraliser de plus en plus.

Le *saccharimètre* de Soleil (fig. 16) est un polarimètre qui est composé de deux parties tubulaires A B ; la lumière pénètre en *o* par une ouverture circulaire d'environ $0^m,003$ de diamètre ; elle traverse d'abord dans la partie *A* un prisme polarisateur C' placé en *p*, puis en *p'* une plaque de quartz C'', composée de deux demi-disques qui ont des pouvoirs rotatoires inverses, c'est-à-dire qu'ils dévient le plan de polarisation, l'un *g*, de droite à gauche, l'autre *d*, de gauche à droite.

La lumière rencontre dans la partie *B* en *p''* une plaque de quartz à rotation simple, puis deux lames prismatiques *ll'* également en quartz, ayant le même pouvoir rotatoire, mais de signe contraire à celui de la plaque précédente. Ces deux lames D sont ajustées dans une coulisse de manière à pouvoir glisser l'une devant l'autre. On fait varier à volonté leur épaisseur sur le trajet du rayon de lumière polarisée à raison de leur forme et de leur opposition de base à sommet. Ce mouvement des lames s'opère à l'aide d'une crémaillère, taillée sur les montures en cuivre dont elles sont garnies, et d'un pignon correspondant au bouton *b*.

La lumière traverse en *a* un prisme bi-réfringent appelé *analyseur ;* ce prisme laisse voir deux images de l'ouverture *o* ; il peut tourner librement sur lui-même

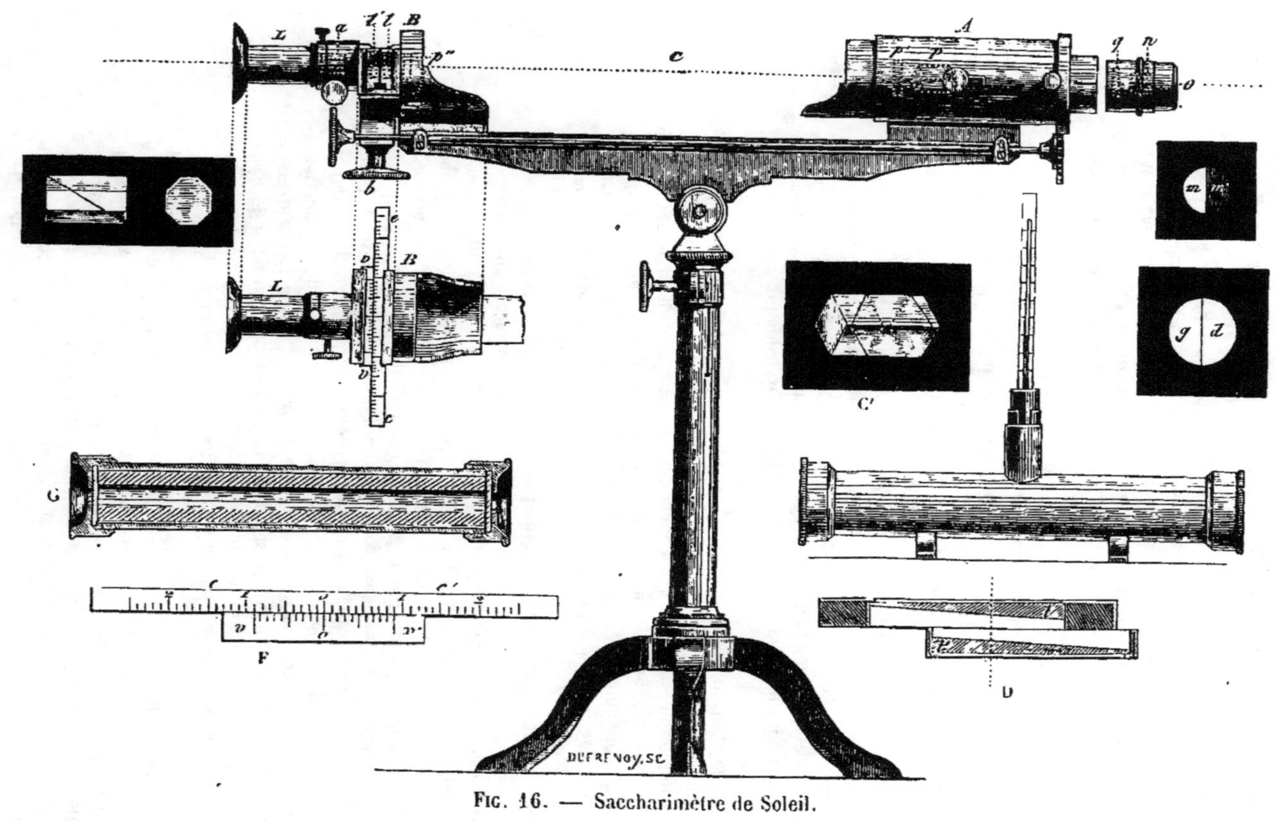

Fig. 16. — Saccharimètre de Soleil.

dans le collier qui le maintient, et recevoir ainsi une direction voulue, et enfin il peut y être arrêté dans une position fixe.

L'instrument se termine par une petite lunette L, qui est destinée à rendre, au moyen de son pointé, la vision parfaitement distincte.

Lorsqu'on place l'œil près de l'oculaire de la lunette, on voit un disque lumineux traversé par une ligne médiane et verticale, produite par la position de deux quartz placés en p' et qui composent la plaque à double rotation. Dans l'état normal de l'instrument, les deux moitiés du disque ont une coloration uniforme.

Mais si l'on interpose en c un tube en cristal recouvert d'un cylindre de cuivre contenant un liquide doué également d'un pouvoir rotatoire sur la lumière polarisée, l'uniformité de coloration entre les deux moitiés du disque lumineux est détruite, et il arrive par exemple qu'une moitié est rouge et l'autre bleue (E). On cherche à rendre de nouveau aux deux moitiés du disque leur teinte première et uniforme, en tournant le bouton b de gauche à droite ou de droite à gauche, suivant le pouvoir rotatoire du liquide. On reconnaît le sens de la déviation et l'épaisseur du quartz employé pour neutraliser l'effet du liquide à l'aide d'une échelle ee' (F) à double graduation inverse, partant du même 0 et d'un double vernier vv', qui sont tracés sur les montures métalliques des lames et éprouvent un déplacement respectif, qui suit celui des lames et indique l'augmentation ou la diminution de la somme de leur épaisseur sur le trajet du rayon.

Les tubes dans lesquels on place le liquide sont simples, de $0^m,01$ de diamètre (G) et ont $0^m,20$ ou $0^m,22$ de longueur.

Pour rendre les différences de nuances plus sensibles, M. Soleil a ajouté à son appareil en n un prisme de Nichol J et en q une lame de quartz taillée perpendiculairement à l'axe de cristallisation. Ce système est mis en mouvement au moyen d'un engrenage correspondant par une tige à un bouton b : on arrive aussi à trouver une couleur qui neutralise à peu près la teinte du liquide et met l'opérateur dans les conditions d'un liquide incolore et d'une lumière blanche.

Pour vérifier si l'appareil est bien réglé, on place en C un tube rempli d'eau et on fait coïncider le 0 du vernier avec celui de l'échelle, et l'on s'assure si les deux moitiés du disque coloré présentent la même teinte : sinon, on tourne le bouton a jusqu'à ce qu'on ait obtenu l'uniformité de teinte.

La liqueur normale proposée par Clerget s'obtient par la dissolution de 16 gr. 471 dans l'eau pour obtenir 100 centimètres cubes de dissolution. Mise dans le tube de $0^m,20$, cette dissolution détermine une déviation compensée par $0^m,001$ de quartz, ce qui correspond au déplacement de 100 divisions du vernier. Une fois ce résultat type obtenu, on devra lui reporter l'observation d'une substance saccharine quelconque. La quantité de sucre sera proportionnelle au nombre des divisions de l'échelle, c'est-à-dire qu'elle sera égale à $0^m,30$ s'il a fallu imprimer à l'instrument une marche de 30 divisions.

On peut opérer directement avec les solutions parfaitement décolorées quand elles ne contiennent pas d'autres substances susceptibles de dévier le plan de polarisation. Dans le cas contraire il faut *intervertir* le sucre, c'est-à-dire le transformer en sucre incristallisable, qui a un pouvoir rotatoire de droite à gauche. Pour cela on examine d'abord la liqueur au saccharimètre, puis on la verse dans un petit matras (fig. 17), marqué de deux traits indiquant, l'un, 50 C. C., l'autre un volume de 55 C. C., et on remplit jusqu'à la première ligne ; on ajoute ensuite jusqu'au second trait de l'acide chlorhydrique fumant. On chauffe ensuite le matras, muni d'un thermomètre, (fig. 18) à $+$ 68° pendant dix minutes; on laisse refroidir et l'on observe dans un un tube de 0^{m},22. On voit alors que pour rétablir l'égalité de teinte, il faut faire

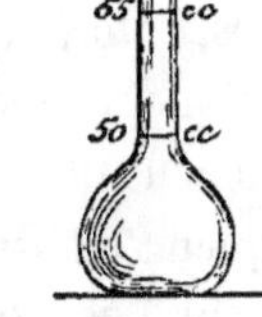

FIG. 17. — Matras pour l'inversion
des liqueurs sucrées.

FIG. 18. — Bain-marie pour l'inversion
des liqueurs sucrées.

avancer le 0 du vernier vers la droite, et la distance parcourue vers l'index mesure la somme de l'action du sucre cristallisable avant l'inversion, et de celle du sucre incristallisable qui s'est produit par l'action de l'acide. (Poggiale.)

ABSINTHE (Grande). L'absinthe, *Artemisia Absinthium*, L., Composées (fig. 19), a une tige droite, un peu pubescente; ses feuilles sont pennées, à segments ovales, lancéolés, soyeux; ses capitules sont jaunâtres, petits, pédonculés et à grappes axillaires. Son odeur est forte et désagréable, sa saveur très-amère. Elle renferme environ 0,9 d'huile essentielle vert foncé, à laquelle elle doit en grande partie ses propriétés et 1,4 de matière résiniforme extrêmement amère.

On lui substitue quelquefois l'*Absinthe maritime* (*Artemisia maritima*, L.), qui s'en distingue par la petitesse de ses feuilles, couvertes sur les deux faces d'un duvet blanchâtre, et qui a une odeur moins marquée et une amertume moins prononcée.

L'*Armoise vulgaire* (*Artemisia vulgaris*, L.) (fig. 20), beaucoup moins odorante et moins amère, se reconnaît à ses feuilles vertes en dessus, blanches et cotonneuses en dessous, pinnatifides et grossièrement dentées.

ABSINTHE (Liqueur d'). La liqueur d'absinthe se prépare avec les sommités d'absinthe, le *Calamus aromaticus*, la badiane, des feuilles de dictame qu'on fait macérer pendant huit jours environ sur des alcools à 40° centigr. pour l'absinthe commune, et sur des alcools à 60° centigr., 70° centigr. et 72° centigr. pour l'absinthe suisse. Du reste, chaque distillateur a sa recette particulière.

On la colore en général avec les feuilles ou le suc de quelques plantes, telles que l'ache, les orties, etc., qui ne lui communiquent aucune propriété fâcheuse.

La liqueur d'absinthe, dont l'action sur l'économie est si désastreuse, est souvent fabri-

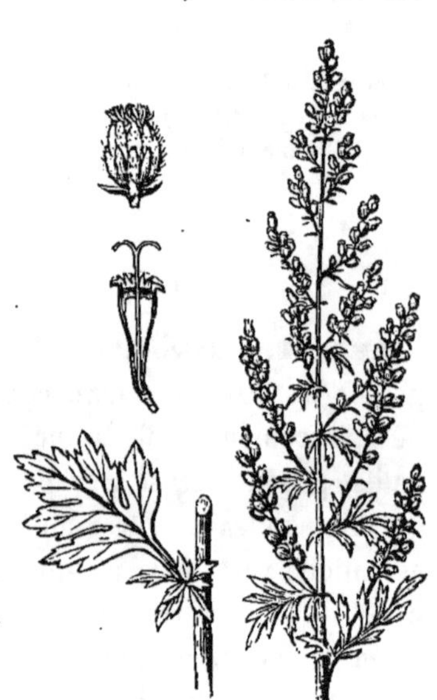

FIG. 19. — Grande absinthe.   FIG. 20. — Armoise vulgaire.

quée avec des éléments de qualité inférieure; mais il arrive souvent qu'on la fabrique de toutes pièces et que tout, jusqu'à sa couleur, est factice. On lui donne en particulier quelquefois sa coloration par un mélange d'indigo sulfurique avec la couleur jaune du curcuma ou de l'acide picrique (Deschamps).

On lui a quelquefois aussi donné sa couleur au moyen de *sels de cuivre* et surtout du sulfate ; pour s'en assurer, on fait évaporer la liqueur en consistance sèche, on incinère et l'on traite les cendres par un acide ; le soluté acidulé donne au contact du cyanure jaune un précipité brun marron ; par l'ammoniaque, il prend une coloration bleue. Une lame de fer décapée, mise dans le liquide, se couvre d'une couche de cuivre métallique.

ADRIAN, *Rapport sur l'absinthe* (*Journ. pharm. et chim.*, 4ᵉ série, 1872, t. XVI, p. 222). — ROUSSEL (Th.), *Lettre sur l'essence d'absinthe* (*Journ. pharm. et chim.*, 4ᵉ série, 1872, t. XVI, p. 341).

ACACIA (Suc d'). Le suc d'acacia (*Acacia vera.* Vesl.), Légumineuses) est solide, pesant, fragile, brun rougeâtre ; sa saveur est douceâtre puis astringente ; il est soluble imparfaitement dans l'eau, et donne une liqueur qui rougit le papier de tournesol et précipite abondamment en bleu noir avec les sels de fer, il donne avec la gélatine un précipité tenace et élastique. On lui a substitué pendant longtemps le suc d'*Acacia nostras*, fourni par le *Prunus spinosa*, L. (Rosacées), qui est noir ou brun rouge, très-dur, peu soluble dans l'eau et l'alcool, qui a une saveur de pruneaux d'abord puis très-âcre, et qui ne donne pas des précipités identiques avec les sels de fer et la gélatine. Le suc d'acacia ne se trouve du reste qu'en petites quantités dans le commerce.

ACÉTATE D'AMMONIAQUE. — Voy. AMMONIAQUE (ACÉTATE D').

ACÉTATE DE CUIVRE. — Voy. CUIVRE (ACÉTATES DE).

ACÉTATE DE PLOMB. — Voy. PLOMB (ACÉTATES DE).

ACÉTATE DE POTASSE. — Voy. POTASSE (ACÉTATE DE).

ACÉTATE DE SOUDE. — Voy. SOUDE (ACÉTATE DE).

ACHE. L'ache, *Apium graveolens*, L. (Ombellifères), a des racines blanches fusiformes, très-rameuses, à parenchyme charnu, blanc, solide et marqué de veines après une courte exposition à l'air. Son odeur est forte et aromatique, sa saveur douceâtre et aromatique.

On lui substitue, ou tout au moins on lui mélange les racines de livèche, *Levisticum officinale*, Koch, qui est noirâtre en dehors, jaunâtre en dedans, a une texture spongieuse, une odeur parfumée et une saveur un peu sucrée, mais un peu âcre (Guibourt).

ACIDE ACÉTIQUE. L'acide acétique, qui forme la base de tous les vinaigres, est blanc ; il a une odeur très-forte, mais agréable quand il est étendu ; il est volatil et bout à + 120°, il se solidifie vers + 170 ; il est soluble dans l'eau et dans l'alcool en toutes proportions. Sa pesanteur spécifique est de 1,0630 à + 13°.

L'acide acétique du commerce qui provient de la distillation du bois doit avoir une odeur franche non empyreumatique, même après avoir été étendu d'eau ; évaporé, il ne doit pas laisser de résidu ; il ne doit pas donner de précipité par l'oxalate d'ammoniaque ou par le nitrate de baryte, ni se colorer en noir par l'acide sulfhydrique.

L'acide sulfureux peut s'y trouver mélangé quand on l'a préparé au moyen de l'acétate de plomb et de l'acide sulfurique, et souvent l'odorat seul l'indique ; on peut s'en assurer en colorant avec du sulfate d'indigo et en versant peu à peu de l'hypochlorite de soude ; la décoloration ne se fera pas immédiatement, mais seulement quand l'acide sulfureux aura été détruit. (Voy. VINAIGRE.)

ACIDE ARSÉNIEUX. L'acide arsénieux (*arsenic, oxyde blanc d'arsenic*) est blanc, âcre, nauséeux, très-vénéneux. Transparent quand il a été récemment préparé, il devient opaque avec le temps, il est plus soluble quand il est transparent que quand il est opaque (Bussy).

L'acide arsénieux peut être mélangé avec de la craie, du sulfate de chaux, du sulfate de baryte. Mais comme il est volatil, par la sublimation on aura un résidu dans le cas d'adultération ; on reconnaîtra encore le *sulfate de baryte* dans le résidu, par le traitement dans l'eau bouillante qui dissout l'acide arsénieux ; on pourra aussi le déceler par la calcination avec du charbon pour former du sulfure de baryum, lequel traité par un acide donnera un dégagement d'acide sulfhydrique. L'eau bouillante dissoudra, au moins en partie, le *sulfate de chaux* et la liqueur, traitée par l'oxalate d'ammoniaque ou un sel de baryte soluble, donnera un précipité blanc. Le *carbonate de chaux* sera indiqué par l'effervescence que déterminera un acide étendu. L'iode colorera en bleu la *farine* qui aurait été mélangée à l'acide arsénieux en poudre.

ACIDE AZOTIQUE. — Voy. ACIDE NITRIQUE.

ACIDE BENZOIQUE. L'acide benzoïque (*fleurs de benjoin*) est blanc, cristallisé en longues aiguilles, acidule et âcre, fusible à $+120°$ et $150°$. Il est inodore quand il est pur, et a une odeur agréable quand il est mélangé d'huile essentielle : il est peu soluble dans l'eau, et beaucoup plus soluble dans l'alcool et l'essence de térébenthine ; la solution alcoolique devient laiteuse par l'addition d'eau. L'acide benzoïque est inattaquable par l'acide nitrique.

L'acide benzoïque pur doit se vaporiser en entier par la chaleur et se dissoudre complétement dans l'alcool. Il peut être falsifié avec de l'*as-*

beste, du *carbonate de chaux* et du *sulfate de chaux*, de l'*acide hippu-rique*, du *sel ammoniac* et du *sucre;* mais les premiers de ces corps, ainsi que le sucre, ne sont pas volatils. Le mélange d'acide benzoïque et d'acide hippurique rougit par l'action de la chaleur ; l'acide nitrique agira seulement sur l'acide hippurique qui, étant évaporé à siccité avec un peu d'ammoniaque, prendra une belle coloration pourpre. La présence du sucre est décelée par l'acide sulfurique qui donne une coloration brune.

L'*acide cinnamique*, qui se trouve dans l'acide benzoïque, se reconnaît par l'odeur d'amandes amères qui se dégage par la distillation de l'acide benzoïque avec un mélange d'acide sulfurique étendu et de bichromate de potasse.

Lorsqu'il reste dans l'acide benzoïque de l'huile essentielle, celui-ci brunit par l'action de l'acide sulfurique concentré. L'acide sulfurique, qui peut se trouver par suite d'une mauvaise préparation, sera indiqué par le chlorure de baryum, tandis que l'acide chlorhydrique est décelé par le nitrate d'argent.

ACIDE BORIQUE. L'acide borique est blanc, en petites paillettes nacrées, onctueuses au toucher, inodore, peu sapide, fusible et fixe. Il est soluble dans l'eau et dans l'alcool ; sa solution alcoolique brûle avec une flamme verte.

Celui du commerce est toujours impur, mais on le débarrasse des matières étrangères par des dissolutions et cristallisations successives, jusqu'à ce que la dissolution ne donne plus aucun résidu.

Quand il est imprégné d'*acide sulfurique*, il est humide par suite de l'hygrométricité que lui communique cet acide. Traité par le chlorure de baryum il se fait un précipité de borate et de sulfate de baryte, mais ce dernier sel est insoluble dans l'acide nitrique.

On reconnaît son mélange avec du *sulfate de soude* à ce qu'il est efflorescent. Il donne aussi un précipité blanc, insoluble dans l'acide nitrique par le chlorure de baryum ; mais on pourra le séparer de l'acide borique au moyen de l'alcool, qui ne dissout pas le sel de soude.

L'*acide chlorhydrique* sera indiqué par le nitrate d'argent ; il y aura production d'un précipité blanc caillebotté, insoluble dans les acides et soluble dans l'ammoniaque.

La présence du *cuivre* se reconnaît par l'ammoniaque (la liqueur prendra une coloration bleue) ou par une lame de fer décapée qui se recouvrira d'une couche de cuivre métallique.

Comme on purifie souvent l'acide borique au moyen de l'albumine, il pourra contenir aussi des *matières animales ;* dans ce cas l'acide, soumis à l'action du feu, laissera un résidu charbonneux.

ACIDE CHLORHYDRIQUE. L'*acide chlorhydrique, acide muria-tique,* pur est gazeux, incolore, transparent ; sa saveur est âcre et caustique, et son odeur très-pénétrante. Il est extrêmement soluble dans l'eau qui en absorbe à + 10° 0,77 de son poids. La solution de gaz acide chlorhydrique est incolore, quand l'acide est pur, et répand à l'air des vapeurs blanches, épaisses, fortement odorantes. Sa densité est variable suivant le degré de concentration de la solution, mais elle est en moyenne 2,6 1/2 Baumé. L'acide chlorhydrique précipite les sels solubles d'argent en un précipité blanc, épais, caillebotté, devenant violet à la lumière, insoluble dans l'acide nitrique, mais soluble dans l'ammoniaque.

Edm. Davy a indiqué dans une table la quantité d'acide réel contenu dans l'acide liquide à divers degrés de densité pour une température de + 7°,22 et sous une pression de 0ᵐ,76 :

Degrés à l'aréomètre Beaumé.	Densité.	Quantité d'acide réel dans 100 parties d'acide liquide.
26,5	1,21	42,43
24,5	1,19	38,38
22,0	1,17	34,34
20,0	1,15	30,30
17,5	1,13	26,26
15,0	1,11	22,22
13,0	1,09	18,18
10,0	1,07	14,14
7,5	1,05	10,10

L'acide chlorhydrique peut contenir :

1° De l'*acide sulfurique,* qui sera indiqué par le chlorure de baryum ou par l'eau de baryte ; il se fera un précipité blanc de sulfate de baryte insoluble dans l'acide nitrique ; on devra agir sur l'acide chlorhydrique étendu.

2° L'*acide sulfureux* donnera, avec les mêmes réactifs, un précipité blanc de sulfite de baryte qui, soumis à l'action de la chaleur, se dédoublera en soufre et en sulfate de baryte ; on pourra aussi obtenir le dégagement de l'acide sulfureux en mettant le sulfite en contact avec de l'acide sulfurique hydraté.

On peut encore reconnaître l'acide sulfureux dans l'acide chlorhydrique, en saturant celui-ci par du carbonate de potasse, et en y versant de la solution d'amidon et quelques gouttes d'un iodate alcalin ; on détermine alors la réaction de l'acide sulfureux sur l'acide iodique par une petite quantité d'acide sulfurique concentré, l'iode est mis à nu et bleuit la liqueur (Lambert).

On reconnaît la présence de l'acide sulfureux dans l'acide chlorhydrique, privé préalablement de tout acide sulfurique, en faisant bouillir l'acide chlorhydrique avec de l'acide arsénique, ce qui donne lieu à la formation d'acide sulfurique et d'acide arsénieux. Le chlorure de baryum donnera un précipité de sulfate de baryte (Larroque).

3° L'*acide nitrique* se reconnaît dans l'acide chlorhydrique, en neutralisant au moyen d'un alcali, évaporant à siccité, reprenant par l'eau ; on projette dans le liquide de la tournure de cuivre et l'on ajoute quelques gouttes d'acide sulfurique ; il y a alors dégagement de vapeurs rutilantes et coloration en bleu de la liqueur par du nitrate de cuivre.

4° Le *fer* sera décelé dans l'acide chlorhydrique par évaporation de l'acide ; on reprend le résidu par l'eau et l'on verse dans la solution du cyanure jaune de potasse qui détermine un précipité bleu.

5° Le *plomb* se trouve dans le résidu de l'évaporation sous forme de chlorure écailleux, nacré, soluble dans l'eau bouillante. Repris par l'eau, il sera précipité en jaune par l'iodure de potassium, en blanc par le sulfate de soude et en noir par l'hydrogène sulfuré.

6° L'*étain*, par l'action de l'acide sulfhydrique, se précipite sous forme de sulfure brun jaunâtre. Celui-ci traité par l'acide nitrique formera de l'acide stannique insoluble.

7° Le *cuivre* donnera une coloration bleue, si l'on verse de l'ammoniaque dans l'acide chlorhydrique, et un précipité brun marron par le cyanure jaune.

8° L'*arsenic* se reconnaît au moyen de l'appareil de Marsh, qui permet d'obtenir des taches d'arsenic sur une soucoupe, ou un anneau dans le tube chauffé au moyen d'une lampe à esprit-de-vin.

9° Le *chlore* est indiqué par son action sur une feuille d'or et par son action décolorante sur l'indigo.

10° L'*acide bromhydrique* sera décelé par la saturation de l'acide par le carbonate de potasse, et ensuite par l'action du chlore sur le bromure formé, qui sera décomposé et le brome sera mis en liberté.

11° L'*acide iodhydrique* est indiqué par l'addition de quelques gouttes de chlore qui met l'iode en liberté, et par un peu de fécule qui prendra une couleur bleue.

12° Les *corps fixes* contenus dans l'acide chlorhydrique se retrouvent par la distillation, car il ne doit pas donner de résidu. On aura ainsi les matières salines.

ACIDE CITRIQUE. L'acide citrique est en cristaux prismatiques, rhomboïdaux, inaltérables à l'air ; il se dissout très-bien dans l'eau froide, encore mieux dans l'eau chaude ; il est soluble dans l'alcool ; sa saveur est très-acide ; au feu il fond et se boursoufle, et ne laisse que très-peu de charbon.

Il peut contenir par vice de préparation de l'*acide sulfurique* et des sels de plomb, mais le premier de ces corps donnera avec le chlorure de baryum un précipité blanc de sulfate de baryte, et communiquera aux cristaux d'acide citrique une plus grande hygrométricité. Les *sels de plomb* donneront une coloration noire par l'acide sulfhydrique et un précipité jaune par l'iodure de potassium.

L'acide citrique peut contenir par fraude de l'*acide oxalique*, mais traité par le chlorure de potassium ou le carbonate de potasse, il se fera un précipité d'oxalate de potasse.

La falsification la plus fréquente de l'acide citrique consiste dans son mélange avec l'*acide tartrique*, mais comme la forme cristalline est assez différente pour dévoiler la fraude, on a le soin de dissoudre les deux acides et de les faire cristalliser ensemble (Hureaux), ou bien on mélange leur poudre ; mais ce mélange se reconnaît en dissolvant l'acide suspecté dans une petite quantité d'eau et en y ajoutant avec précaution une solution de carbonate de potasse, en ayant soin que l'acide soit en excès ; s'il y a de l'acide tartrique, il se fait un précipité blanc de bitartrate. La combustion développerait une odeur de caramel.

L'acide citrique, avec le permanganate de potasse en dissolution alcaline, donne un liquide vert, tandis que les tartrates se détruisent avec un dépôt de peroxyde de manganèse.(Chapmann et Smith, *Zeitschr. für Chem.*, 415, 1867.)

L'acide tartrique est encore décelé au moyen de l'hydrate de sesquioxyde de fer ; on met dans un tube d'essai et l'on porte lentement à l'ébullition : on laisse déposer l'excès d'oxyde de fer, et ayant décanté le liquide qui surnage, on l'évapore en consistance sirupeuse ; s'il y a de l'acide tartrique (même 0,01) il se fait un dépôt pulvérulent de tartrate de fer. (*Zeitschr. für Chem. und Pharm.*, V, 383, 1862.)

On dissout 4 grammes de potasse caustique fondue dans 60 centimètres cubes d'alcool à 60°, on verse dans des assiettes de verre à fond plat, placées sur un fond noir, de manière à avoir une couche liquide d'une épaisseur de $0^m,006$; on y dépose quelques cristaux qu'on espace un peu : après deux à trois heures les cristaux d'acide citrique se sont dissous en laissant un très-faible dépôt pulvérulent, tandis que les cristaux d'acide citrique ont peu diminué, sont devenus opaques et se sont entourés d'une masse cristalline blanche. (Hager.)

Barbet (de Bordeaux) a indiqué de répandre sur une plaque de verre placée horizontalement une légère couche d'un soluté de potasse caustique et d'y projeter une petite quantité de l'acide suspecté. Après quelques secondes les cristaux d'acide tartrique blanchissent et deviennent entièrement opaques, par formation de petits cristaux de bitartrate de potasse, tandis que les cristaux d'acide tartrique restent diaphanes en se dissolvant en partie dans le liquide alcalin.

La présence des *sels calcaires* sera indiquée par l'ammoniaque qui neutralisera l'acide, et l'on traitera une partie du liquide par l'oxalate d'ammoniaque qui indiquera la présence de la chaux. Si l'on obtient aussi un précipité par le chlorure de baryum, on en conclura à la présence du sulfate de chaux,

L'acide citrique peut contenir du *plomb* provenant sans doute des bassines dans lesquelles on l'a préparé. (Pennes.)

L'acide citrique renferme quelquefois du *cuivre* qui paraît également dû à un défaut de fabrication, et à ce que dans certaines fabriques on a remplacé les chaudrons de plomb par des vases de cuivre (J. Risler).

BARBET, *Moyen facile de reconnaître un mélange d'acide citrique et d'acide tartrique* (*Journ. chim. médic.*, 4ᵉ série, 1858, t. IV, p. 710). — HAGER, *Sur la recherche de l'acide tartrique dans l'acide citrique du commerce* (*Journ. de pharm. d'Anvers* ; *Journ. pharm. et chim.*, 4ᵉ série, 1872, t. XVI, p. 366). — PENNES, *Acide citrique contenant du plomb* (*Journ. chim. médic.*, 3ᵉ série, 1849, t. VI, p. 612). — RISLER (J.), *Sur la présence du cuivre dans l'acide citrique* (*Journ. chim. médic.*, 4ᵉ série, 1855, t. I, p. 309).

ACIDE CYANHYDRIQUE. L'*acide cyanhydrique, acide prussique,* est un liquide incolore, ayant une odeur forte qui rappelle celle des amandes amères ; sa saveur est âcre, mais il faut le goûter avec précaution par suite de ses propriétés extrêmement toxiques. Il est peu soluble dans l'eau, très-soluble dans l'alcool et dans l'éther. Il se décompose quelquefois spontanément en quelques heures, et prend alors une couleur brune plus ou moins foncée.

Il peut contenir des matières étrangères, telles que du *mercure* ou du *plomb*, qui donneront un précipité noirâtre avec le sulfure de potasse et le sulfhydrate d'ammoniaque. On pourra déceler le mercure en mêlant l'acide cyanhydrique à son volume d'acide nitrique et en versant quelques gouttes sur une lame de cuivre décapée qui, étant chauffée et frottée, deviendra blanche au point touché par l'acide.

La présence des *acides sulfurique, chlorhydrique* ou *tartrique* se reconnaît au moyen d'un sel double de bioxyde de mercure et d'iodure de potassium mis en contact avec l'acide ; il y aura décomposition de l'iodure et coloration rouge par le bioxyde de mercure mis en liberté. (Geoghegan.)

L'*acide formique* se reconnaîtra au moyen du bioxyde de mercure qui donnera un précipité grisâtre.

La substitution de l'*eau concentrée d'amandes amères* est indiquée en chauffant dans une fiole au bain-marie le liquide suspect ; la vapeur qui se dégage ne colore pas un papier de tournesol placé au-dessus du goulot de la bouteille. (G. Ruspini.)

ACIDE NITRIQUE. L'*acide nitrique, acide azotique*, du commerce n'est jamais pur : c'est un liquide incolore, transparent, d'une odeur désagréable, répandant de légères fumées blanches au contact de l'air ; il est très-sapide et très-corrosif ; il attaque fortement les tissus organiques, même à la température ordinaire, et colore en jaune les matières animales. Il se congèle à — 50° centigr., il bout à + 86° en donnant des vapeurs blanches un peu colorées par de l'acide hyponitrique, et son point d'ébullition s'élève et se fixe entre + 125° et 128°. Il est soluble dans l'eau en toutes proportions, et sa densité diminue avec la quantité d'eau, bien qu'il y ait contraction des deux liquides. Thenard a dressé le tableau suivant qui indique le rapport entre la densité et les degrés de l'aréomètre :

Densité de l'acide.	Degrés correspondant de l'aréomètre.	Acide anhydre dans 100 parties.
1,51	48,1/2	85,75
1,50	48	79,70
1,45	45	67,74
1,42	43	60,16
1,40	41,1/2	56,19
1,35	38	48,22
1,30	34	40,25
1,15	15	21,92

L'acide nitrique cesse de fumer dès qu'il contient moitié de son poids d'eau.

Il se décompose en partie sous l'action de la lumière solaire en acide hyponitrique et en oxygène, et il prend alors une couleur jaune orangée.

Chauffé avec du charbon pulvérisé, l'acide nitrique donne des vapeurs rutilantes. Il colore en rouge de sang un mélange de narcotine et d'acide sulfurique. Il donne avec la potasse un sel qui fuse sur les charbons ardents et est facile à reconnaître.

L'acide nitrique du commerce n'est jamais pur; il peut contenir de *l'acide sulfurique* que le chlorure de baryum décèlera en donnant un précipité blanc insoluble dans les acides.

L'*acide chlorhydrique* est indiqué par le nitrate d'argent qui détermine un précipité blanc caillebotté, soluble dans l'ammoniaque et insoluble dans l'acide nitrique.

Le *chlore* est indiqué par l'emploi d'une feuille d'or qui se dissoudra complétement avec l'aide de la chaleur.

L'*acide hyponitrique*, dont on peut soupçonner la présence si l'acide nitrique est teint en jaune orangé, se révélera par la coloration rouge de sang qu'il donne à la narcotine et par la coloration verte qu'il donne au bichromate de potasse.

Le *fer* se retrouve dans le résidu de l'évaporation de l'acide et donne un précipité bleu par le cyanure jaune, et couleur de rouille par l'ammoniaque.

Le *cuivre*, qui forme aussi un résidu après l'évaporation de l'acide, se reconnaît à la couleur bleue que donne l'ammoniaque et au précipité brun marron que détermine le cyanure jaune.

L'*iode* se retrouve dans l'acide saturé par la potasse ou un alcali, additionné d'un peu d'empois et de quelques gouttes d'acide sulfurique : il se produira une couleur bleue caractéristique.

L'*arsenic* est décelé dans l'acide saturé par la potasse évaporée à siccité : on décompose le sel de potasse par l'alcool sulfurique pur et la liqueur, qui contient alors de l'acide arsénique, mise dans un appareil de Marsh, fournit des taches d'arsenic métallique.

Les *sels fixes, sulfates de potasse* et de *soude* forment un résidu après l'évaporation de l'acide.

L'addition de *nitrate de potasse et de soude*, qui est faite quelquefois en vue d'augmenter la densité de l'acide nitrique, est reconnue par l'évaporation à siccité de l'acide suspect; le résidu formé par les sels, traité par l'eau, prend une coloration bleue et dégage des vapeurs rutilantes quand on l'additionne d'un peu de tournure de cuivre et d'acide sulfurique. La liqueur, traitée par le chlorure de platine, précipite en jaune-serin.

Le *nitrate de zinc*, qu'on ajoute quelquefois à l'acide nitrique en vue de le décolorer, se reconnaîtra par le même traitement, mais la liqueur traitée par le chlorure de platine donnera un précipité blanc soluble dans la potasse et l'ammoniaque et, si elle est neutre, un précipité blanc par l'acide sulfhydrique.

ACIDE OXALIQUE. L'*acide oxalique* est en longs prismes blancs et transparents; il rougit fortement le papier de tournesol, est soluble dans l'eau, plus à chaud qu'à froid; il est soluble aussi dans l'alcool. Il précipite la chaux de ses dissolutions et réduit le chlorure d'or.

Les cristaux d'acide oxalique du commerce sont quelquefois salis par de l'*acide nitrique*, et alors ils communiquent une couleur jaune au bouchon du bocal qui les contient, et ont une odeur faible. En faisant bouillir cet acide oxalique avec une faible solution de sulfate d'indigo, la couleur disparaît.

L'acide oxalique contaminé par l'acide nitrique donnera, s'il y en a une quantité notable, par l'acide sulfurique, un dégagement de vapeurs rutilantes; mais, s'il y a trop peu d'acide azotique pour que ce phénomène se présente, il faut dissoudre l'acide oxalique dans l'eau : on saturera par l'ammoniaque, puis on précipitera l'oxalate d'ammoniaque au moyen de l'acétate de chaux : la liqueur contiendra de l'acétate d'ammoniaque, du nitrate de chaux et l'excès d'acétate de chaux; on évaporera à siccité, pour chasser le sel ammoniacal, on reprendra par l'eau et l'on traitera par l'acide sulfurique pur et une solution saturée de sulfate de fer pur; on obtiendra une solution couleur fleur de pêcher plus ou moins foncée, non stable par la chaleur, due à la dissolution du deutoxyde d'azote dans le sel ferreux.

Quand il contient de l'*oxalate de potasse*, on le reconnaît à ce qu'incinéré il laisse un résidu de carbonate de potasse.

L'introduction des *sulfates de potasse* et de *magnésie* est indiquée par leur insolubilité dans l'alcool.

La présence de l'*alun* se reconnaît en traitant la solution suspecte par du chlorure de baryum qui déterminera la formation d'un précipité de sulfate de baryte insoluble dans l'acide nitrique : le précipité blanc d'oxalate de baryte que donne l'acide oxalique pur se dissout dans l'acide nitrique.

L'*acide sulfurique* donne, par le chlorure de baryum, un précipité blanc, insoluble dans l'acide nitrique, qui se déposera dans la solution aqueuse d'acide oxalique.

L'acide oxalique peut contenir du *fer*, du *plomb*, du *cuivre*, mais le fer précipitera en bleu par le cyanure jaune, le plomb en noir par l'acide sulfhydrique et en jaune par l'iodure de potassium, et le cuivre en brun marron par le cyanure jaune.

L'*acide tartrique* sera indiqué par une solution de carbonate de potasse, qui déterminera un précipité cristallin de crème de tartre, lequel, projeté sur des charbons ardents, donnera une odeur de sucre brûlé.

ACIDE PICRIQUE. L'acide picrique est d'une belle couleur jaune-paille, cristallisé en lamelles ou petits cristaux prismatiques à base rhombe, soluble dans l'eau; il a une saveur amère et insupportable; il se dissout facilement dans l'alcool, l'éther et la benzine.

L'acide picrique, par suite de vice de fabrication, peut contenir des composés nitreux étrangers qui se distinguent par leur insolubilité dans l'eau : il peut encore contenir des acides nitrophéniques, qui donneront en teinture des teintes moins vives et moins franches : de l'eau, de l'acide nitrique, de l'acide sulfurique, de l'acide chlorhydrique, ou plus rarement de l'acide oxalique.

On a trouvé aussi dans l'acide picrique, mais paraissant y avoir été ajoutées, des quantités notables de sulfate de soude, de nitrate de soude, de chlorure de sodium, d'alun, etc.

Pour reconnaître la pureté de l'acide picrique, J. Casthelaz a imaginé un appareil, *picromètre*, basé sur la solubilité beaucoup plus grande de l'acide picrique dans l'éther et la benzine que celle des impuretés signalées. Il consiste en un tube gradué resserré à sa partie inférieure : l'espace resserré contient environ 1 gramme d'acide picrique; le tube qui est au-dessus de l'espace resserré est divisé en quatre parties pouvant contenir chacune 5 grammes d'éther; le tube est bouché à l'émeri pour éviter l'évaporation de l'éther ou de la benzine. L'éther dissout l'acide picrique, et les impuretés insolubles se réunissent dans la partie inférieure du tube. La benzine devra être préférée quand on voudra constater la présence de l'eau, de l'acide nitrique, ou de l'acide oxalique.

Casthelaz (John), *Sur les acides picriques du commerce; moyen d'en reconnaître la pureté (Journ. chim. médic.*, 5ᵉ série, 1867, t. III, p. 9).

ACIDE PRUSSIQUE. — Voy. Acide cyanhydrique.

ACIDE SUCCINIQUE. L'acide succinique est blanc, cristallisé en prismes rectangulaires nacrés ou brillants, inodore, âcre et volatil. Il n'est presque jamais pur, mais se trouve mélangé d'huile pyrogénée.

Il n'est pas rare de trouver dans le commerce l'acide succinique additionné de fortes proportions de *sulfate de potasse*, de *crème de tartre* et même de *sulfate de baryte;* mais l'acide succinique pur doit se volatiliser sans résidu, et être facilement soluble dans l'eau et dans l'alcool. Si l'on y avait mélangé du *chlorhydrate d'ammoniaque*, qui est aussi volatil sans résidu et soluble dans l'eau, il suffirait d'y incorporer un peu de chaux éteinte et il se fera, même à froid, un dégagement caractéristique d'ammoniaque.

L'acide sulfurique se reconnaîtra au précipité blanc formé par le chlorure de baryum ; le *sulfate acide de potasse*, au précipité jaune-serin que donnera le chlorure de platine.

L'acide oxalique et l'*oxalate de potasse* précipiteront en blanc par un sel de chaux ; l'oxalate, de plus, en jaune-serin par le chlorure de platine.

L'acide borique restera dans le résidu de la calcination.

La *crème de tartre*, dont on a trouvé jusqu'à près de 0,50 mêlé à l'acide succinique, donnera par la calcination une odeur particulière et un résidu qui se dissoudra avec effervescence dans les acides, et dont la solution étendue précipitera en jaune-serin par le chlorure de platine.

On a rencontré dans le commerce de prétendus acides succiniques qui n'étaient qu'un mélange d'*acide tartrique* et d'*huile de succin* (Wackenroder). D'autres fois l'acide succinique était formé par du *sel ammoniac* ou du *bisulfate de potasse*, enduits d'un peu d'*huile de succin.*

ACIDE SULFURIQUE. L'*acide sulfurique, huile de vitriol*, est un liquide incolore, inodore, de consistance oléagineuse, très-acide ; il corrode et carbonise les tissus. A son plus grand état de concentration, il a une densité de 1,845 à $+15°$ C. et pèse 66° à l'aréomètre de Baumé. Il se solidifie à $— 34°$C. S'il marque 62° à l'aréomètre, et alors il contient 0,29 d'eau, il se congèle à $— 4°$C. Soluble dans l'eau en toutes proportions, il se combine avec elle avec dégagement considérable de chaleur et contraction de volume. Sa densité diminue d'autant plus qu'il est mélangé avec une plus grande quantité d'eau, et en même temps son point d'ébullition s'abaisse de $+ 325°$ C. jusque vers $+ 100°$ C., mais sans jamais descendre jusqu'à ce dernier point.

Violette, pour l'essai de l'acide sulfurique, emploie le saccharate de chaux qu'il prépare en dissolvant 100 grammes de sucre dans un litre d'eau, et en ajoutant ensuite 50 grammes de chaux caustique éteinte et en poudre : 50 centimètres cubes de cette liqueur saturent 10 centimètres cubes d'acide sulfurique normal, c'est-à-dire 1 gramme d'acide sulfurique monohydraté. On prend, au moyen d'une pipette graduée (fig. 21) 10 cc. d'acide sulfurique normal à $+ 15°$ C. et on le verse

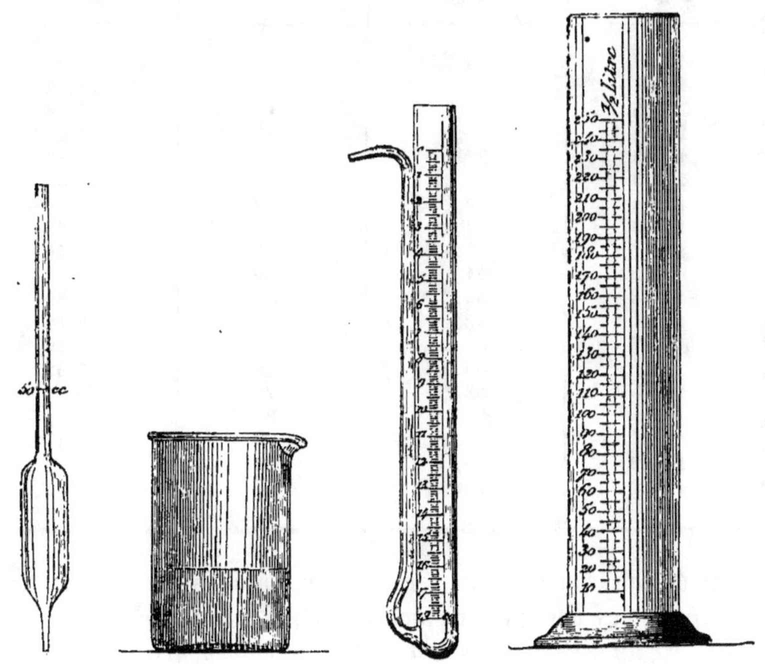

Fig. 21.   Fig. 22.   Fig. 23.   Fig. 24.
Pipette graduée.   Vase pour la réaction.   Burette graduée.   Éprouvette graduée.

dans un vase (fig. 22) en y ajoutant quelques gouttes de teinture de tournesol. On verse alors goutte à goutte, en agitant continuellement le vase, la liqueur normale contenue dans une burette graduée en demi-centimètres (fig. 23) jusqu'à ce que la liqueur prenne une coloration bleue; alors on lit sur la burette le nombre des divisions employées. On prend alors 50 grammes de l'acide sulfurique à essayer, qu'on verse dans une éprouvette à pied d'une contenance de 500 cc. (fig. 24), puis on ajoute de l'eau pour compléter les 500 centimètres. Quand le liquide s'est refroidi, on prend 10 cc. de la liqueur, et l'on opère comme pour l'acide normal.

Les bons acides du commerce contiennent en général 0,05 d'eau. On doit à M. Bineau, de Lyon, un tableau, très-commode pour l'usage, qui donne la richesse des dissolutions aqueuses d'acide sulfurique suivant leur densité.

DENSITÉ DES MÉLANGES à + 15° C.	DEGRÉS A L'ARÉOMÈTRE de Beaumé.	ACIDE MONOHYDRATÉ sur 100.	ACIDE COMMERCIAL ORDINAIRE sur 100.
1,032	4,5	5	5,26
1,068	9,2	10	10,52
1,106	13,9	15	15,78
1,144	18,1	20	21,04
1,182	22,2	25	26,30
1,223	28,2	30	31,57
1'264	30,1	35	36,84
1,306	33,8	40	42,08
1,351	37,5	45	47,36
1,398	41,1	50	52,60
1,448	44,7	55	57,89
1,501	48,2	60	63,14
1,557	51,6	65	68,42
1,615	55,0	70	73,68
1,675	58,2	75	78,94
1,734	61,1	80	84,16
1,786	63,5	85	89,47
1,822	65,1	90	94,72
1,838	65,8	95	100,00

L'acide sulfurique du commerce contient ordinairement des matières étrangères : les unes plus ou moins volatiles, *composés nitreux, acide sulfureux, arsenic,* et des traces *d'acide. chlorhydrique* et *fluorhydrique ;* les autres fixes, surtout du *sulfate de plomb* et quelques autres *sels métalliques.*

La présence de l'*acide nitrique* et des *composés nitreux* peut être indiquée par divers procédés :

1° On verse sur un globule de mercure l'acide suspect ; il se fait aussitôt un dégagement de petites bulles gazeuses autour du globule ; si l'acide est pur il ne se produit rien de semblable. (Darcet.)

2° On ajoute 10 gouttes de solution de sulfate de fer sur le mélange refroidi de 50 grammes d'acide et de 35 grammes d'eau distillée, et l'on agite lentement. L'acide prend une coloration rose tendre ou pourpre s'il contient de l'acide nitrique, et une coloration bleue violacée ou violette s'il renferme de l'acide hyponitrique. (Jacquelain.)

La présence de l'*acide azotique* peut être indiquée au moyen du sulfate d'aniline. On met dans un verre de montre 0,01 C. d'acide sulfurique concentré et pur, auquel on ajoute goutte à goutte 0,005 C. de sulfate d'aniline préparé avec 10 gouttes de sulfate d'aniline du commerce versées dans 0^m,50 C. d'acide sulfurique étendu de six parties d'eau. On trempe dans le liquide qu'on veut examiner une baguette de verre et on la promène à la surface du liquide anilique, et l'on y voit des franges rouges d'autant plus prononcées qu'il y a plus d'acide nitrique. (Braun, *Zeitschr. Anal. Chem.*, 71, 1867.)

Quand l'acide sulfurique contient de l'*acide chlorhydrique*, il suffit, après l'avoir étendu d'eau, d'y verser du nitrate d'argent pour avoir un précipité blanc, caillebotté, soluble dans l'ammoniaque et insoluble dans les acides.

L'*arsenic*, qui se rencontre surtout dans l'acide sulfurique fabriqué avec les pyrites, sera indiqué au moyen de l'appareil de Marsh; ou par l'acide sulfhydrique, qui donnera un précipité jaune. S'il y avait en même temps de l'*étain*, l'acide sulfhydrique déterminerait un précipité brun jaunâtre.

L'*étain* est précipité de l'acide sulfurique par un courant d'hydrogène sulfuré sous forme d'un dépôt brun : Celui-ci, traité par l'acide nitrique, laisse un précipité blanc insoluble dans l'eau et soluble dans l'eau régale, d'où l'ammoniaque le séparera sous forme d'un précipité blanc d'acide stannique.

Le *fer* est indiqué, dans la solution par l'eau du résidu de l'acide évaporé, au moyen du cyanure jaune, qui donnera un précipité blanc ou blanc bleuâtre.

Le *cuivre*, par le traitement indiqué pour le fer, donnera avec le cyanure jaune un précipité brun marron; sa solution additionnée d'ammoniaque prendra la coloration bleue.

Le *sulfate de plomb* donne, par l'addition d'eau à l'acide, un trouble et un précipité blanc. On pourra aussi obtenir un précipité noir au moyen d'un courant d'acide sulfhydrique à travers l'acide saturé par la potasse ou l'ammoniaque. Ce corps, qui souille presque toujours l'acide sulfurique du commerce, en est séparé par la distillation, qui doit être opérée avec précaution pour éviter que la cornue ne se brise.

L'acide sulfurique a été quelquefois maintenu au degré de 66° par la dissolution de *sulfates, sulfate de soude* par exemple; mais il suffit d'évaporer 10 grammes d'acide à siccité pour trouver le sel (Fleischer,

Monit. scientif., 1869). Souvent il arrive qu'un acide ainsi adultéré marque 70° au lieu de 66° ; cet acide ne perd pas de sa densité au contact de l'air humide.

BLONDLOT, *Purification de l'acide sulfurique* (*Journ. pharm. et chim.*, 3e série, 1864, t. XLVI, p. 252). — BUSSY et BUIGNET, *Purification de l'acide sulfurique concentré* (*Journ. pharm. et chim.*, 3e série, 1863, t. XLIV, p. 177). — FILHOL et LACASSIN, *Note sur les quantités d'arsenic contenues dans les acides du commerce* (*Journ. de pharm. de Toulouse*, 1862). — FLEISCHER, *Nouvelle falsification de l'acide sulfurique* (*Journ. pharm. chim.*, 4e série, 1869, t. X, p. 286). — VIOLETTE, *Essai des acides du commerce* (*Journ. pharm. et chim.*, 3e série, 1861, t. XXXIX, p. 173).

ACIDE TANNIQUE. — Voy. TANNIN.

ACIDE TARTRIQUE. L'acide tartrique est blanc, solide et cristallisé en prismes hexagonaux terminés par une base oblique modifiée par de petites facettes latérales. Il est inaltérable à l'air ; il se dissout dans l'eau et dans l'alcool ; il précipite la chaux des sels végétaux solubles, mais non des sels minéraux, ce qui le distingue de l'acide oxalique.

Il peut contenir, par suite de vices de préparation, de l'*acide sulfurique*, qui sera décelé au moyen du chlorure de baryum. (C'est, du reste, un caractère de l'acide tartrique de ne précipiter ni les sels de baryte, ni ceux de chaux à base minérale ; le cas échéant, on devra supposer la présence de l'acide sulfurique libre) : il se fera un précipité blanc de sulfate de baryte : du *sulfate* et du *tartrate de chaux*, qui sont insolubles dans l'alcool ; du *plomb*, qui précipitera en noir par l'hydrogène sulfuré ; du *cuivre* donnera un dépôt brun marron par le cyanure jaune de potassium.

On mêle quelquefois à sa poudre du *bitartrate de potasse*, mais, en en faisant une solution, on trouve un dépôt de sel, dû à sa faible solubilité, et qu'on peut reconnaître aisément à ses réactions. Incinéré, il donnera un résidu de carbonate de potasse.

Le *bisulfate de potasse* est indiqué par l'alcool qui ne dissout que l'acide tartrique, ou par la calcination qui laisse le sulfate pour résidu ; il se fait un précipité abondant par le nitrate de baryte.

Le mélange de *chaux* se reconnaît par l'incinération qui laisse un résidu de carbonate de chaux.

Vincent a signalé de l'acide tartrique qui contenait par kilogramme 12 à 15 grammes de *plomb laminé*, qui avait dû sans doute servir de test aux fils plongés dans la liqueur saturée d'acide tartrique pour favoriser la cristallisation.

VINCENT, *Examen d'un acide tartrique contenant du plomb* (*Journ. chim. médic.*, 4e série, 1858, t. IV, p. 354).

ACONIT. L'aconit (*Aconitum Napellus*, L. Renonculacées), a des feuilles amples presque rondes, très-profondément découpées, alternes, pétiolées, glabres, d'un vert foncé en-dessus, plus pâles en-dessous; leurs lobes sont cunéiformes, à laciniures mucronées; ses fleurs sont d'un beau bleu violet. Sa racine est renflée, napiforme, munie d'un grand nombre de petites radicules et de deux ou trois tubercules fusiformes.

L'aconit tue-loup (*Aconitum lycoctonum*, L.) a des feuilles d'un vert triste noirâtre, larges, à 3-5 lobes pointus, couvertes de poils, ce qui les distingue de celles de l'aconit napel : ses fleurs sont d'un jaune livide.

On a quelquefois substitué aux feuilles d'aconit les feuilles moins énergiques du *Delphinium elatum*, L. (Renonculacées) qui sont moins profondément découpées que celles de l'aconit et plutôt palmées que digitées.

Les racines d'aconit sont napiformes à fibrilles entrecroisées, longues de 3 à 5 pouces et grosses comme une plume; elles ont été quelquefois mélangées avec celles de l'*ellébore*. Mais la couleur brune de celles-ci, leur volume plus considérable, égal à celui du doigt, leurs anneaux circulaires et les débris nombreux d'écailles qu'elles offrent, permettent de distinguer les deux plantes.

On a cité un cas d'empoisonnement par la racine d'aconit napel, employé par erreur à la place du raifort, *Cochlearia armoracia*, L., dont les racines sont cylindriques, blanc jaunâtre en dehors, très-blanches en dedans, longues de 8 à 10 pouces, et souvent plus grosses que le pouce.

ACORE VRAI. L'acore vrai, *Acorus Calamus*, L. (Aroïdées) est formé par un rhizome gros comme le doigt, spongieux, un peu aplati, souvent muni de son épiderme; sa couleur est fauve en dehors et blanche ou rosée en dedans; il offre des nœuds irréguliers, traces de l'attache des feuilles; sa saveur est âcre et amère, son odeur aromatique.

On a quelquefois substitué à l'acore vrai les rhizomes de l'*Iris pseudo-Acorus* L., qui est inodore, très-développé et devient rougeâtre à l'intérieur par la dessiccation.

On l'a confondu aussi avec le *Calamus aromaticus* des anciens, plante mal connue des modernes et qui paraît être un *Andropogon*.

ADIPOCIRE. — Voy. Blanc de baleine.

AGARIC BLANC. L'agaric blanc (*Boletus Laricis* L. Champignons) est en morceaux spongieux, légers, d'un blanc sale, inodore; sa saveur est douceâtre d'abord, puis amère et très-âcre.

On l'a quelquefois mêlé de *carbonate de chaux*, mais alors il fait

effervescence par les acides et donne des cendres en quantité plus considérable, jusqu'à 0,08 au lieu de 0,03.

ALBUMINE. L'albumine est souvent sophitisquée avec de la *gomme*,
de la *dextrine* et de la *fécule*. Pour reconnaître ces mélanges, il faut
dissoudre 30 grammes de l'échantillon dans l'eau tiède; après quelque
temps la masse est remuée. Si le liquide renferme beaucoup de grumeaux blancs, l'albumine est de qualité inférieure, par suite de l'élévation trop grande de température à laquelle on est arrivé pendant sa
dessiccation. La solution est mêlée avec de l'acide acétique et l'on traite
le liquide surnageant par l'alcool, qui précipitera la gomme. L'addition
de fécule sera indiquée par l'iode, et celle du *sucre* par l'emploi du
réactif de Fehling. (A. Herburger, *Chem. News Lond.* Juillet 1873.)

ALCALOÏDES. Fréquemment adultérés, en raison même de leur
prix élevé, les alcaloïdes peuvent en outre contenir des matières étran-

RÉACTION DES ALCALOIDES LES PLUS USITÉS			
	ACIDE NITRIQUE	TEINTURE D'IODE	PERCHLORURE DE FER
Morphine ...	Jaune, puis rouge.	Précipité brun.	Coloration bleue.
Narcotine....	Rose à froid, jaune à chaud.	—	—
Strychnine...	Jaunit très-peu.	—	—
Brucine.....	Rose, puis rapide-ment rouge de sang.	—	—
Vératrine....	Se contracte, colora-tion arrivant au rouge.	—	—
Quinine	Rose à froid; à chaud jaune brun noir.	Liqueur blanche sans précipité.	—
Cinchonine ..	id.	id.	—

gères qui y sont entrées pendant leur extraction ou leur purification.
(*Sulfates, phosphates, carbonates de chaux*, de *baryte* ou de *magnésie*),
ou pendant leur décoloration (*phosphate de chaux*); d'autres fois ils
sont mélangés d'autres alcaloïdes, plus ou moins actifs, qui n'en ont pas
été séparés parfaitement par suite d'un vice dans la purification ou dans

le mode d'extraction (*morphine* avec *narcotine; strychnine* avec *brucine*) (voyez le tableau p. 45). Enfin les alcaloïdes peuvent renfermer des matières organiques ou inorganiques fixes ou volatiles qui y ont été ajoutées frauduleusement.

Les matières inorganiques se reconnaîtront facilement par l'incinération, puisque presque tous les alcaloïdes purs se détruisent sans résidu; la calcination ne doit pas même laisser un résidu charbonneux.

ALCOOLS. Les alcools sont le produit de la distillation du vin, des autres boissons ou de diverses matières sucrées ayant subi la fermentation alcoolique, et ont reçu divers noms suivant leur degré de spirituosité. On donne le nom d'*eau-de-vie* aux produits de la distillation marquant de 16 à 20° à l'aréomètre de Cartier; les *esprits* sont les alcools qui marquent plus de 22°, et les noms qu'on leur donne dans le commerce indiquent la proportion d'eau qu'il faut ajouter à chaque partie d'esprit pour le ramener à l'état d'eau-de-vie ordinaire à 19°; *trois-cinq* est un alcool marquant 29° 1/2; le *trois-six* est de l'alcool à 33°; le *trois-sept* est de l'alcool à 35°, et le *trois-huit* est de l'alcool à 37° 1/2, pour chacun desquels il faut ajouter à trois volumes d'esprit, 2, 3, 4 et 5 volumes d'eau pour obtenir 5, 6, 7 et 8 volumes d'eau-de-vie. L'alcool à 36° porte le nom d'*esprit rectifié;* quant à l'alcool tout à fait pur, qui marque 44°,19, il prend le nom d'*alcool absolu.*

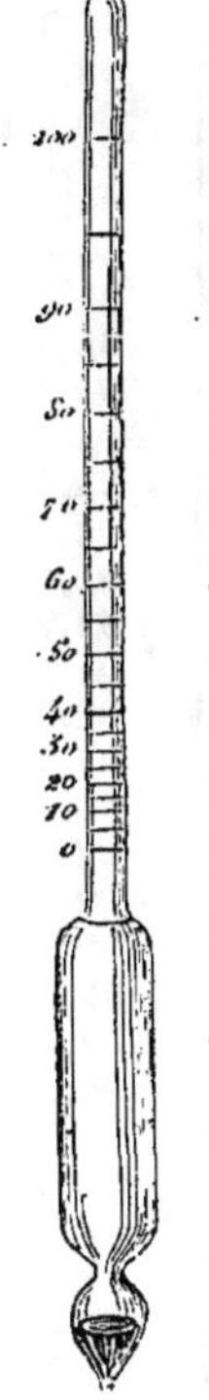

FIG. 25. Alcoomètre centésimal.

Les diverses liqueurs fermentées dont on fait usage en Europe sont les *eaux-de-vie,* le *genièvre,* le *kirsch,* le *rhum,* etc. (Voyez ces mots.)

L'alcool est un liquide transparent, incolore, très-mobile, neutre, volatil sans décomposition, d'une saveur chaude et pénétrante, d'une odeur agréable.

La force de concentration de l'alcool peut être prise au moyen de divers appareils. Les *aréomètres* de *Baumé* et de *Cartier* ont l'inconvénient de ne donner aucun rapport simple entre les degrés qu'ils indiquent et la quantité d'alcool réelle.

On leur substitue avantageusement l'*alcoomètre centésimal* de Gay-Lussac (fig. 25), qui donne les valeurs relatives des divers mélanges et qui a été adopté par l'administration des contributions indirectes et par l'octroi. Comme cet instrument a été gradué à la température de $+ 15°$ C., il est nécessaire d'opérer à cette température, ou tout au moins d'avoir recours aux tables de correction, lesquelles font connaître immédiatement quelle erreur est due à la différence de température.

Voici pour les degrés de l'alcool les plus usités en pharmacie une table indicative des corrections à faire :

TEMPÉRATURE	DEGRÉS ALCOOMÉTRIQUES CORRESPONDANT AUX TEMPÉRATURES				
	56 centigr.	80 centigr.	85 centigr.	86 centigr.	94 centigr.
0	61,2	84,3	88,9	89,9	97,1
1	60,9	84,	88,7	89,6	96,9
2	60,5	83,7	88,5	89,4	96,7
3	60,2	83,5	88,2	89,2	96,5
4	59,8	83,2	87,9	88,9	96,3
5	59,5	82,9	87,7	88,6	96,1
6	59,1	82,6	87,4	88,4	95,9
7	58,8	82,3	87,2	88,1	95,7
8	58,5	82,	86,9	87,9	95,5
9	58,1	81,7	86,6	87,6	95,3
10	57,8	81,5	86,4	87,4	95,1
11	57,4	81,2	86,1	87,1	94,9
12	57,	80,9	85,8	86,8	94,7
13	56,7	80,6	85,5	86,5	94,4
14	56,3	80,3	85,3	86,3	94,2
15	56,	80,	85,	86,	94,
16	55,6	79,7	84,7	85,7	93,8
17	55,3	79,4	84,4	85,4	93,6
18	54,9	79,1	84,1	85,2	93,3
19	54,6	78,1	83,9	84,9	93,1
20	54,2	78,5	83,6	84,6	92,9
21	53,9	78,2	83,3	84,3	92,6
22	53,5	77,9	83,	84,	92,4
23	53,1	77,6	82,7	83,8	92,1
24	52,8	77,3	82,4	83,5	91,9
25	52,4	77,	82,1	83,2	91,6
26	52,	76,7	81,8	82,9	91,4
27	51,7	76,3	81,5	82,6	91,1
28	51,3	76,	81,2	82,3	90,9
29	51,	75,7	80,9	82,	90,6
30	50,6	75,4	80,6	81,7	90,4

Dans l'alcoomètre centésimal le 0 correspond à l'eau pure et le 100 à l'alcool absolu ; comme l'instrument a été gradué par son immersion dans des mélanges en quantités connues d'alcool et d'eau, et comme ces mélanges se font avec des contractions différentes du liquide, il en résulte que les divers degrés ne sont pas tous égaux en longueur ; mais en constatant le degré auquel s'enfonce l'alcoomètre dans l'alcool, on connaît directement la proportion d'eau et d'alcool absolu dans celui-ci : s'il s'enfonce jusqu'au degré 60, cela indique que le mélange est de 60 parties d'alcool pour 40 d'eau.

En Angleterre on fait usage de l'*hydromètre* de Clarke ou de Sike, instrument métallique à tige graduée dont le zéro correspond au point d'affleurement dans l'alcool de 82,5 à + 60 Fahr. : on obtient l'immersion de l'hydromètre dans les liqueurs plus denses au moyen de poids additionnels, et en ajoutant au chiffre de ces poids celui qui se lit sur la tige au point d'affleurement, on obtient un nombre auquel correspond dans une table dressée *ad hoc* la production d'alcool d'épreuve (alcool à 0,02307 à + 15° C.) qui est contenue dans le mélange.

On peut aussi faire usage de l'*ébullioscope* de l'abbé Brossard Vidal, du *thermomètre alcoométrique* de Conaty et du *dilatomètre alcoométrique* de Silbermann, appareils qui sont tous basés sur l'inégalité de dilatation de l'eau et de l'alcool soumis à une même température. L'ébullioscope, dont le point d'ébullition est d'autant plus élevé que la liqueur est plus pauvre en alcool, a l'avantage de pouvoir donner des indications non sensiblement altérées par la présence dans le liquide de sels ou de sucre. Il consiste en une bouilloire dans laquelle on plonge un thermomètre à échelle mobile graduée de façon que le zéro qui est à la partie supérieure corresponde au point de l'ébullition de l'eau, et le n° 100 à celui de l'ébullition de l'alcool absolu (+ 78°,5) : chaque division correspond à une division de l'alcoomètre centésimal. Pour se servir de l'instrument, on fait d'abord bouillir l'eau et l'on fixe le 0 au point où s'arrête la colonne de mercure du thermomètre : on remplace alors l'eau par le vin, on fait bouillir et on lit le point où le mercure s'arrête.

Le *dilatomètre alcoométrique* mesure les proportions d'alcools par les variations de dilatabilité du liquide, et est basé sur la dilatation trois fois plus grande de l'alcool que celle de l'eau sous des accroissements égaux de température composé entre 0 et + 78° C. : les vins sont d'autant plus riches que leur ascension se rapproche plus de celle de l'alcool pur. (Voy. VINS.)

L'alcool peut être additionné d'une quantité plus ou moins considérable d'*eau*, mais l'alcoomètre centésimal donnera un moyen assuré de reconnaître la proportion d'alcool. Dans quelques cas, on ajoute du *chlorure de calcium* à l'alcool pour augmenter la densité : dans ce cas les indications de l'alcoomètre sont faussées. Un tel mélange se reconnaîtra par l'évaporation de l'alcool qui laissera un résidu plus ou moins abondant :

celui-ci dissous dans l'eau précipitera en blanc par le nitrate d'argent et l'oxalate d'ammoniaque.

On a trouvé des alcools contenant des *sels de plomb*, de *cuivre* ou de *zinc* qui provenaient de ce qu'on avait fait usage de vases mal étamés, ou de ce que les appareils distillatoires étaient en mauvais état et munis de serpentins fabriqués avec de l'alliage de plomb et d'étain.

Les alcools autres que celui du vin renferment tous des *huiles essentielles* ou d'autres produits étrangers qui préexistaient dans la plante ou dans l'organe qui les a fournis, ou qui se sont développés pendant la fermentation : il est extrèmement difficile de débarrasser les alcools de ces produits étrangers qui leur communiquent une odeur et un goût plus ou moins désagréables.

En frottant les mains où l'on a versé quelques gouttes d'alcool, après que celles-ci se sont évaporées, on reconnaît l'odeur particulière de chaque alcool ; on peut aussi en verser quelques gouttes sur du papier Joseph, faire évaporer en agitant le papier dans l'air et l'on finira par percevoir l'odeur de l'huile essentielle.

Quelquefois il suffit d'étendre d'eau l'alcool d'autre source que le vin (quand il n'a pas été suffisamment purifié) pour mettre en évidence l'odeur et surtout la saveur que donnent à l'alcool les substances volatiles essentielles.

Un procédé plus sûr, dû à Mollnar, consiste à additionner l'alcool suspect de 20 à 30 grammes de potasse, à évaporer ensuite au bain-marie jusqu'au huitième du volume primitif, puis après refroidissement complet à saturer la potasse au moyen d'acide sulfurique, moyennement étendu ; les huiles essentielles qui s'étaient combinées avec la potasse étant ainsi mises en liberté développent leur odeur d'autant plus marquée que la liqueur a été concentrée et qu'elle n'est plus masquée par celle de l'alcool.

L'alcool peut renfermer une quantité variable d'*alcool amylique* qui se reconnaîtra : 1° par l'odeur désagréable du résidu de l'évaporation ; 2° par la coloration rosée (plus prononcée par le refroidissement) que prend au contact de l'acide sulfurique concentré le résidu évaporé à siccité de 10 parties d'alcool mélangées à une partie d'acétate de soude ayant subi la fusion ignée ; 3° par l'odeur très-agréable de fraise ou de poire (éther amylacétique) qui se dégage de la masse au moment où se produit la coloration (Cazali).

La présence de l'huile de pommes de terre est décelée dans l'eau-de-vie en y ajoutant un peu d'eau tiède qui développe l'odeur de l'huile essentielle. Ce phénomène est encore plus marqué en humectant du chlorure de calcium en petits morceaux avec l'eau-de-vie suspecte : l'odeur de betterave ou d'huile de pommes de terre se manifeste et devient surtout marquée après quelques heures. (Stein, *Polytech.Journ.*, CLV, 159, 1860.)

L'alcool amylique se reconnaît rapidement dans les alcools en mêlant d'abord un volume donné d'alcool avec une quantité égale d'éther rectifié pur, et ensuite avec la même quantité d'eau : on agite et l'éther qui se sépare entraîne avec lui l'alcool amylique ; lorsqu'on a fait évaporer l'éther, il reste l'alcool amylique caractérisé par son odeur repoussante. (*Chemical News ; Scientif. Opinion*, 30 mars 1870.)

L'alcool de betterave (3 p.) au contact de l'acide sulfurique (1 p.) prend une coloration rosée, persistante, tandis que l'alcool de vin pur devient peu à peu de couleur ambrée (Cabasse).

Berquier et Limousin, *Alcoomètre-œnomètre* (*Union pharm.*, 1870, t. X, p. 152). — Cabasse, *Réactif propre à faire reconnaître l'alcool de betteraves* (*Journ. pharm. et chim.*, 3e série, 1862, t. XLII, p. 403). — Casali, *Recherche de l'alcool amylique dans l'esprit-de-vin* (*Giornale della Academia di Torino*, 1867 ; *Union pharm.*, 1867, t. VIII, p. 116). — Dubroca, *L'alcoomètre doloscope révélateur des fraudes sur les eaux-de-vie* (*Assoc. franç. pour l'avanc. des sciences*, 1873, t. I, p. 332). — Stein, *Procédé pour reconnaître dans l'alcool la présence de l'huile de pommes de terre* (*Ann. der Chem. und Pharm.*, t. CXV, p. 1 ; *Journ. pharm. et chim.*, 3e série, 1860, t. XXXVIII, p. 237).

Voy. Vin.

ALIMENTS. Les diverses matières alimentaires sont sujettes à éprouver des altérations qui les rendent impropres à l'alimentation, et qui, dans quelques cas, leur communiquent des propriétés toxiques. Elles sont en outre souvent l'objet de la cupidité des marchands qui, pour se procurer des bénéfices illicites, ne se font aucun scrupule d'avoir recours à la fraude et les additionnent de substances dont le moindre défaut est de ne renfermer aucun principe alibile.

La sophistication des aliments est une plaie de notre époque et mérite de fixer toute l'attention de l'autorité qui d'ailleurs ne cesse pas une surveillance incessante.

Les indications relatives à ces adultérations ne peuvent être réunies dans un article général, et nous renverrons leur étude à chacun des articles spéciaux. — Voy. Charcuterie, Confiture, Lait, Pain, Patés, etc.

Barruel, *Note sur les inconvénients des vases de cuivre et de plomb em-*

*ployés dans la préparation des aliments (Ann. d'hyg. et de méd. lég.,
1835, t. XIV, p. 131).* — BOUTIGNY, *Lettre sur l'empoisonnement par les viandes
altérées (Ann. d'hyg. et de méd. lég., 1844, t. XXI, p. 234).* — CHEVALLIER, *Falsification des aliments (Ann. d'hyg. et de méd. lég., 1834, t. XII, p. 171).* —
*Note sur l'altération des viandes et sur les accidents qui peuvent en résulter
(Journ. chim. méd., 1832, t. VIII, p. 726).* — DELPECH, *Les trichines et la trichinose chez l'homme et chez les animaux (Ann. d'hyg. et de méd. légale, 2° série,
1841, t. XXVI, p. 21).* — *De l'empoisonnement par certains poissons (Journ. chim.
médic., 3° série, 1849, t. VI, p. 510).* — GAULTIER DE CLAUBRY, *Emploi des vases
de zinc dans l'usage domestique (Ann. d'hyg. et de méd. lég., 1838, t. XLVII,
p. 347).* — GIRARDIN et BARRUEL, *Oxydes de plomb et de cuivre dans une andouille
(Ann. d'hyg. et de mél. lég., 1833, t. X, p. 84).* — KERNER, *Nouvelles observations sur les empoisonnements si fréquemment produits dans le Wurtemberg par
l'usage des saucisses fumées.* Tubingen, 1820, in-8°. — MAUMENÉ, *Empoisonnement
par l'arsenic de compagnies de perdreaux trouvés morts sur le territoire de La-
vannes, près Reims (Journ. chim. méd., 3° série, 1849, t. VI, p. 139).* —
A. MIOLAS, *Empoisonnement dû à l'usage de conserves de bœuf altérées (Arch.
méd., t. VIII, p. 468).* — OLLIVIER (d'Angers), *Mémoire et consultation médico-
légale sur l'empoisonnement causé par les viandes altérées (Ann. d'hyg. et de méd.
lég., 1838, t. XX, p. 407).* — *Observation sur les effets délétères produits par
certaines viandes altérées (Arch. gén. de méd., 1830, t. XXII, p. 191).* — WEISS,
Des empoisonnements les plus récents par des saucisses gâtées. Carlsruhe, 1821,
in-8°.

ALOÈS. L'*aloès*, fourni par les feuilles de diverses espèces d'*aloès*,
constitue diverses sortes commerciales qu'on a désignées sous les noms
d'*aloès socotrin, aloès hépatique, aloès du Cap, aloès des Barbades.*

L'aspect assez différent de ces divers aloès est dû à leur production
par des espèces diverses et aussi à des variations dans le mode d'obtention du suc.

On a trouvé l'aloès mélangé avec de la *colophane,* de l'*ocre,* de la
poix-résine, de la *gomme arabique,* des *os calcinés,* de l'*extrait de réglisse.* L'eau ne dissout ni la colophane, ni la poix-résine, ni l'ocre. La
calcination laissera l'ocre pour résidu. Si l'on traverse l'aloès avec une
tige métallique incandescente, l'odeur de la poix-résine sera bientôt
perçue.

La gomme et l'extrait de réglisse ne sont pas solubles dans l'alcool,
qui dissout l'aloès.

Les os calcinés se trouveront dans le produit de l'incinération de
l'aloès, qui traité par l'acide chlorhydrique fera effervescence et donnera
un liquide qui précipitera en blanc par l'ammoniaque et l'oxalate d'ammoniaque.

Chevallier a signalé un cas dans lequel l'aloès avait été sophistiqué
par des cailloux enrobés dans la résine dans la proportion de 0,31.

Pour reconnaître le mélange avec d'autres résines, M. Norbert Gille indique de dissoudre l'aloès dans une solution iodique à 0,02 ou 0,03 en chauffant avec soin sans laisser l'aloès adhérer au fond du vase ; la liqueur refroidie se trouble, s'il y a d'autres résines.

CHEVALLIER, *Sur une nouvelle falsification de l'aloès* (*Journ. chim. médic.*, 3e série, 1854, t. X p. 169). — NORBERT-GILLE, *Note sur les falsifications des aloès* (*Journ. chim. médec.*, 3e série, 1854, t. X, p. 291).

ALUMINE (Acétate. d'). L'acétate d'alumine, employé dans la teinturerie des indiennes sous le nom de *mordant de rouge*, est obtenu quelquefois par l'action de l'alun sur le pyrolignite de chaux à défaut de sel de Saturne ou de pyrolignite de plomb ; mais alors il contient du *sulfate de chaux* et par suite les nuances qu'il produit sont ternes (Girardin).

ALUMINE (Sulfate d'). Le *sulfate d'alumine*, qui est fréquemment employé dans l'industrie pour remplacer l'alun, contient souvent de l'acide sulfurique libre, ce qui peut être reconnu au moyen de l'alcool absolu dans lequel le sulfate est insoluble, ce qui permet de distinguer l'acide libre ; on peut encore avoir recours à la solution de campêche qui devient immédiatement violet rougeâtre foncé au contact de l'alun ou du sulfate d'alumine neutre, et qui prend une coloration d'un brun jaunâtre si le sel n'est pas absolument neutre. (Giseke.)

GISEKE, *Essai commercial du sulfate d'aluminium* (*Union pharmac.*, 1867, t. VIII, p. 143).

ALUN. L'*alun* ou *sulfate double de potasse et d'alumine* est en cristaux octaédriques réguliers, incolores, transparents et un peu efflorescents. Sa saveur est acide et astringente ; il est soluble dans l'eau plus à chaud qu'à froid ; il est insoluble dans l'alcool. Par la chaleur, il fond d'abord dans son eau de cristallisation, mais il perd cette eau et donne un résidu blanc et boursouflé, l'*alun calciné*, difficile à dissoudre dans l'eau. L'alun est quelquefois mélangé de *sulfate d'ammoniaque*, mais alors il dégage l'ammoniaque si on l'additionne d'une petite quantité de potasse, et il se fait un dépôt d'alumine.

Qand l'alun contient du *fer*, il donne avec le cyanure jaune une teinte bleue et un peu plus tard un précipité. On peut encore traiter par la potasse qui précipitera l'alumine et le fer, mais dont un excès redissoudra l'alumine pour ne laisser que l'oxyde de fer.

La présence du *cuivre* est indiquée par le cyanure jaune qui détermine un précipité brun marron, ou par l'ammoniaque qui donne une coloration bleue.

On donne quelquefois l'aspect d'alun de Rome à d'autres aluns plus communs en les roulant dans du tripoli, mais un simple lavage suffit pour enlever cette poudre.

AMANDES. Les *amandes* ou semences de l'*Amygdalus communis*, L., Rosacées, peuvent être produites par deux variétés de cette espèce, et donner, soit des *amandes douces*, soit des *amandes amères*.

Les amandes sont tantôt à coques dures, tantôt à coques tendres; ces dernières sont vendues dans le commerce avec leurs coques, tandis que les autres en sont dépouillées et sont employées surtout par la pharmacie.

De grosseur variable, de formes plus ou moins ovales, aplaties ou larges, elles constituent des variétés auxquelles on a donné des dénominations différentes.

Les amandes amères sont difficiles à distinguer des amandes douces à la seule inspection; elles sont cependant généralement plus longues, plus étroites et plus irrégulières.

Les amandes doivent être rejetées comme altérées quand elles sont molles, rongées ou vermoulues, jaunâtres en dedans et quand leur saveur indique qu'elles sont rancies.

AMANDES AMÈRES. (ESSENCE D'). L'huile d'amandes amères donne avec l'acide sulfurique une solution claire, colorée en brun rouge, ne paraissant pas offrir de décomposition; elle dissout en partie l'iode; le chromate de potasse n'a pas d'action sur elle; elle a une réaction sensiblement acide; elle s'épaissit au contact de l'ammoniaque et de l'acide chlorhydrique (Galler).

L'essence d'amandes amères varie de densité, sans que pour cela on soit en droit de conclure à une sophistication.

L'essence d'amandes amères est le plus communément fraudée par l'addition d'*alcool*, qui n'en modifie pas sensiblement les qualités, mais en augmente le volume.

M. Redwood a proposé l'emploi de l'acide nitrique; il mélange une partie d'essence avec deux d'acide : après deux à trois jours de contact il commence à se former des cristaux d'acide benzoïque, et peu à peu la masse devient d'un beau vert-émeraude, si l'essence était pure. Dans le cas où elle contient de l'alcool (0,08 à 0,10), il se fait immédiatement une forte effervescence avec dégagement de vapeurs nitreuses. Si l'on fait usage d'acide nitrique concentré de 1,5, on pourra reconnaître rapidement la présence de 0,02 à 0,03 d'alcool. Le procédé de de M. Redwood n'est pas aussi probant que l'indique cet auteur, car plusieurs huiles essentielles de qualité inférieure déterminent des phénomènes analogues avec l'acide azotique.

L'essence d'amandes amères a été aussi mélangée avec l'oléoptène des feuilles de *laurier cerise*, du *pêcher*, et des graines de diverses drupacées.

Une falsification plus fréquente est celle par la *nitrobenzine*. L'essence d'amandes amères se distingue facilement de la nitrobenzine à l'état de pureté et de non-mélange. La densité de l'essence est de 1,04 ou au plus 1,075, celle de la nitrobenzine est de 1,20 à 1,29, ce qui a permis à Wagner de baser sur cette différence la recherche de la quantité de nitrobenzine ajoutée à l'essence d'amandes amères; d'autre part, l'essence d'amandes amères est entièrement soluble dans le bisulfate de potasse, tandis que la nitrobenzine y est complétement insoluble. (Wagner.)

Fluckiger, pour reconnaître la présence de la nitrobenzine dans l'essence d'amandes amères, verse sur du zinc granulé de l'acide sulfurique dilué, y ajoute l'essence à vérifier, agite fréquemment et filtre à travers un filtre mouillé. Si le liquide filtré contient de la nitrobenzine, il prend une couleur violette par l'addition d'une petite quantité de chlorate de potasse; la coloration est bleue pour le chromate de potasse, et rouge avec le sesquichlorure de fer; la réaction par le chlorate est cependant la plus sensible et décèle la présence de 1 pour 100 de nitrobenzine. (*Arch. de pharm.*, nov. 1870.)

Maisch a indiqué la sophistication très-fréquente en Amérique de l'essence d'amandes amères par la nitrobenzine, et a proposé le moyen suivant basé sur la différence d'action de la potasse sur ces deux liquides: on dissout 1 gramme d'essence dans douze fois son volume d'alcool, on ajoute $0^{gr},75$ de potasse caustique fondue, on chauffe de manière à faire fondre la potasse et volatiliser la majeure partie de l'alcool, de façon à diminuer la liqueur environ d'un tiers; on laisse refroidir; si l'essence est pure, elle brunit légèrement, ne cristallise pas et se dissout en entier dans l'eau en restant un peu trouble. S'il y a de la nitrobenzine, il se fait un résidu cristallin, brun, et insoluble dans l'eau d'azoxybenzide $C^{24}H^{16}AzO^2$. (*Buchner's Report*, VII, 125.)

Dragendorff, pour reconnaître la présence de 0,10 à 0,30 de nitrobenzine dans l'essence d'amandes amères, en mélange 10 à 15 gouttes avec 4 à 5 gouttes d'alcool, puis y ajoute du sodium qui se couvre immédiatement de flocons jaunes ou bruns suivant la proportion de nitrobenzine ; si celle-ci s'élève de 0,30 à 0,50, toute la liqueur, après une minute, est brun foncé et épaisse. L'essence d'amandes amères pure ne donne que des flocons blancs (1865).

Bourgoin traite, dans un tube à essai, 1 gramme d'essence par moitié de son poids environ de potasse caustique pure, et agite pour aider l'action de l'alcali ; si l'essence est pure, elle prend une coloration jaunâtre ; s'il y a de la nitrobenzine, la teinte devient bientôt jaune rougeâtre et, au bout d'une minute, elle devient verte. Si l'on ajoute un peu d'eau, le mélange se sépare en deux couches dont l'inférieure est jaune et la supérieure verte ; celle-ci devient rouge du jour au lendemain.

Bourgoin, *Falsification de l'essence d'amandes amères par la nitrobenzine* (*Journ. pharm. et chim.*, 4ᵉ série, 1872, t. XV, p. 281). — Dragendorff, *Moyen de distinguer l'essence d'amandes amères de la nitrobenzine* (*Journ. pharm. et chim.*, 3ᵉ série, 1864, t. XLVI, p. 74). — F. A. Fluckiger, *Testing of Bitter almond oil and oil of glover* (*Pharm. Journ.*, oct. 1870, p. 321). — Maisch, *Falsification de l'essence d'amandes amères* (*Journ. pharm. et chim.*, 3ᵉ série, 1858, t. XXXIV, p. 75). — Redwood, *Moyen de reconnaître la pureté de l'essence d'amandes amères* (*Journ. pharm. et chim.*, 3ᵉ série, 1852, t. XXII, p. 116). — Van den Corput, *Sur la falsification de l'essence d'amandes amères* (*Journ. chim médic.*, 4ᵉ série, 1855, t. I, p. 515). — Zeller, *Pureté et sophistication de l'essence d'amandes amères* (*Journ. pharm. et chim.*, 3ᵉ série, 1850, t. XVIII, p. 269).

AMANDES DOUCES (Huile d'). L'huile d'amandes douces est très-fluide, d'un blanc verdâtre, d'une saveur douce et agréable, sans odeur ; elle se congèle entre — 10° et — 12°. Elle se dissout facilement dans l'éther et ne se dissout qu'en partie (1/24) dans l'alcool. Elle rancit facilement, surtout quand elle provient des amandes douces mondées. Elle marque 9,180 à l'oléomètre Lefebvre.

L'huile d'amandes douces est falsifiée avec les *huiles d'œillette*, de *noyaux de pêches*, de *sésame*, d'*arachide*, etc.

La falsification par l'*huile d'œillette* peut être indiquée par la saveur âcre et prenant à la gorge que présente alors l'huile d'amandes. D'autre part le point de congélation sera changé, l'huile d'œillette se solidifiant entre — 4° et — 6°. La densité de l'huile est très-augmentée. Elle demandera, pour se solidifier par l'action de l'acide hyponitrique, un temps beaucoup plus long que si l'huile était pure.

Le chlorure de chaux (1 partie et 1 partie d'eau) agité avec 8 parties d'eau, le mélange de 1/8 d'huile d'œillette et d'huile d'amandes donne

un savon qui reste attaché aux parois du vase, tandis que l'huile d'a-
mandes pure donne deux couches, une d'huile claire et blanchie par
le chlorure, et l'autre formée par un mélange opaque d'huile et de
chlorure (Lipowitz). L'ammoniaque donnera une pâte molle et grumelée
avec le mélange des deux huiles.

Le mélange d'*huile de pavot* ou d'autre *huile siccative* se reconnaît
au moyen de l'acide nitreux, résultant de l'action de l'acide nitrique
sur la limaille de fer; on fait passer le gaz acide dans de l'eau
sur laquelle surnage l'huile; les huiles de pavot restent liquides,
celles d'amande et d'olive sont transformées en élaïdine cristallisée.
(Vimmec.)

L'huile d'amande pure agitée avec 0,25 d'acide nitrique dans un tube
ne se colore pas, ou prend tout au plus une légère teinte rougeâtre après
plusieurs heures de contact ou par l'action d'une température de
$+ 60$ C.

L'huile de *noyau de pêche* devient au contraire jaune, et se fonçant
passe au jaune rougeâtre. Le mélange des deux huiles, même s'il n'y a
qu'une petite quantité d'huile de pêche, prend la couleur jaune rougeâtre au bout d'une heure. Le mélange d'autres huiles avec l'huile
d'amandes se reconnaît par l'action de 5 à 6 gouttes d'acide sulfurique
pur sur 10 gouttes d'huile versées dans une soucoupe; l'huile d'amandes
pure rougit et conserve cette teinte; les autres huiles prennent d'abord
une coloration jaune, puis verte, vert jaunâtre, et brune. (Hager, *Central
Halle; Yearbook of Pharmacy*, 66, 1870.)

L'*huile de sésame* sera indiquée par la coloration rouge du mélange
traité par l'acide sulfurique, l'*huile d'arachide* par la congélation plus
facile.

AMBRE GRIS. L'ambre gris, produit par le *Physeter macrocephalus*
(Cétacés), dont il paraît être une concrétion morbide, est de consistance
cireuse, gris clair, plus foncé en dehors qu'en dedans et présente des
stries ou des points jaunâtres ou rougeâtres; son odeur est agréable,
suave et expansive; sa cassure est généralement lamelleuse; insoluble
dans l'eau; il n'a presque pas de saveur; il est soluble dans l'alcool à
chaud; il est fusible à la chaleur d'une bougie, et est presque entièrement volatil.

La *cire* et les *résines odorantes* y sont quelquefois mêlées, mais la
cassure est peu ou point écailleuse, et l'ambre ne présente pas dans sa
cassure diverses nuances de gris mêlées de points jaunes, noirs et

blancs. Percé par une tige de fer incandescente, il exhale alors une odeur résineuse et peu agréable.

Calciné, l'ambre gris, qui a été sophistiqué par la cire et les résines, laisse un charbon volumineux et assez lourd.

On a fait un *ambre factice* avec un mélange de musc, de bois d'aloès, de styrax et de labdanum, mais cette imitation était trop grossière pour pouvoir avoir du succès.

AMBRE JAUNE. L'*ambre jaune* (*succin*) est une résine fossile qu'on trouve en morceaux jaunâtres, transparents, vitreux, insipides, inodores, mais exhalant quand on les brûle une odeur agréable et très-pénétrante. Insoluble dans l'eau et dans les acides étendus, l'ambre jaune ne se dissout qu'en partie dans l'alcool, l'éther et les huiles fixes et volatiles.

On a imité l'ambre jaune avec du *verre coloré*, mais c'est là une fraude bien facile à déceler.

C'est surtout sur le succin pulvérisé qu'a porté la fraude, et l'on y a mélangé de la *colophane* plus ou moins impure, et remplie de *débris pierreux* ou *ligneux;* mais la colophane est soluble dans l'alcool et, projetée sur une plaque de fer incandescente, elle dégage des vapeurs résineuses.

AMBROISINE. L'ambroisine, *Chenopodium ambrosoides*, L. (Chénopodées) dont les feuilles ont été employées sous le nom de *thé du Mexique*, a quelquefois été sophistiquée avec le *Chenopodium Botrys*, L. Mais ses feuilles sont sessiles, lancéolées, dentées, glabres et d'un vert jaunâtre quand elles sont sèches, tandis que celles du botrys sont allongées, profondément échancrées et garnies de poils courts; d'autre part sa saveur, qui rappelle celle du cumin, est beaucoup plus suave.

AMIDON. L'amidon de froment, *Triticum sativum*, L. (Graminées), est en poudre ou en aiguilles, d'aspect prismatique, peu résistantes; il est blanc, insipide, inodore, et fait entendre une sorte de craquement sous les doigts qui le compriment; ses grains ont une forme caractéristique (voy. BLÉ); exposé à la vapeur d'iode, il prend une couleur violacée.

La fraude la plus commune consiste à saturer l'amidon d'*humidité*, de telle sorte qu'il en renferme plus de 12 p. 100; elle est facile à déceler par la dessiccation à l'étuve ou au bain-marie.

La sophistication par le *sulfate de chaux* peut se reconnaître au moyen de la pesée comparative d'un volume donné d'amidon pur ou normal et d'amidon suspect; le poids sera d'autant plus grand qu'il y aura plus de sulfate; on a reconnu qu'une boîte qui pèse 13^{gr},40 remplie d'amidon pur, pèsera 10,90 avec un mélange de 10 p. 100 de sulfate, et 15,95 si le mélange est de 50 p. 100. (Ch. Pressoir.)

L'amidon contient aussi quelquefois du *carbonate de chaux*, mais alors les acides y déterminent une effervescence. (Voy. FÉCULES.)

AMMONIAQUE. L'*ammoniaque liquide, alcali volatil fluor*, est la dissolution du gaz ammoniac dans l'eau, et offre les propriétés alcalines de l'ammoniaque gazeuse. Elle a une odeur insupportable et une saveur caustique.

Sa densité est 0,92, et elle marque 22° de l'aréomètre de Baumé, mais au contact de l'air elle laisse continuellement échapper du gaz et, par suite, perd de sa pesanteur spécifique.

L'ammoniaque du commerce renferme souvent des *produits empyreumatiques* provenant de sa fabrication, car elle est un des produits de la distillation de la houille, aussi a-t-elle souvent une teinte jaunâtre; elle donnera, après saturation par l'acide sulfurique ou l'acide nitrique, une odeur empyreumatique, et la solution des sels formés ne sera jamais incolore. L'acide sulfurique versé goutte à goutte en excès détermine la carbonisation des matières organiques.

L'ammoniaque liquide a été additionnée d'*alcool*, ce qui modifie sa densité et ne permet pas d'avoir un moyen de reconnaître sa richesse en gaz dissous au moyen de l'aréomètre; on sait d'ailleurs que des différences considérables de richesse en gaz ne correspondent qu'à des écarts assez peu sensibles de densité; il faut donc avoir recours à une liqueur acide titrée pour saturer l'alcali, et l'on déterminera la richesse de l'ammoniaque par la quantité d'acide employée. Mais, comme il arrive quelquefois qu'on a additionné l'ammoniaque d'une certaine quantité d'alcali fixe, il faut reconnaître par évaporation s'il y a ou non résidu fixe.

La présence de l'alcool dans l'ammoniaque a été reconnue en préparant de l'acétate d'ammoniaque, qui, distillé, fournissait un liquide ayant l'odeur et la saveur de l'alcool et brûlant avec une flamme bleue. Cette ammoniaque saturée par l'acide sulfurique et distillée donnait un liquide ayant l'odeur très-prononcée d'éther. (Womberg.)

L'*acide hydrochlorique* se trouve quelquefois, par suite d'une mauvaise préparation, dans l'ammoniaque, mais on s'en assure en saturant l'alcali par de l'acide nitrique pur et en additionnant ensuite de nitrate d'argent, qui donne un précipité blanc caillebotté, à la condition que toute l'ammoniaque a été bien saturée.

La présence de *l'acide sulfurique* sera indiquée par le chlorure de baryum dans l'ammoniaque saturée préalablement par l'acide nitrique.

AMMONIAQUE (Acétate d'). L'acétate d'ammoniaque est blanc, inodore ; il cristallise en longues aiguilles ; sa saveur est âcre et fraîche ; il est très-soluble dans l'eau et dans l'alcool. Sa solution doit peser 5° Baumé, être neutre, et 31 grammes de liqueur doivent donner par évaporation 2^{gr},30 d'acétate cristallisé.

L'acétate à réaction acide, ce qui a lieu avec le temps, doit être additionné d'une petite quantité d'ammoniaque et de carbonate d'ammoniaque, jusqu'à ce que la liqueur soit redevenue neutre.

Il peut contenir un *sel de cuivre*, ce qui est indiqué par une lame de fer qu'on plonge dans la liqueur acidulée et qui se couvre d'une couche de cuivre ; ou au moyen de l'acide sulfhydrique, qui déterminera la formation d'un précipité brun de sulfure de cuivre.

La présence d'un *sel de plomb* se reconnaît par l'acide sulfhydrique, qui détermine la formation d'un précipité noir de sulfure de plomb.

On mélange quelquefois à l'acétate d'ammoniaque du *chlorhydrate d'ammoniaque*, mais la liqueur acidulée par l'acide nitrique donne avec le nitrate d'argent un précipité blanc caillebotté de chlorure d'argent.

L'introduction du *sulfate d'ammoniaque* est décelée par le chlorure de baryum, qui donne un précipité blanc de sulfate de baryte, insoluble dans l'acide nitrique.

L'acétate d'ammoniaque, obtenu par le traitement de la potasse du commerce par le vinaigre ordinaire, donne après évaporation et calcination un résidu qui fait effervescence avec les acides et qui donne un sel précipitant en jaune par le chlorure de platine. La chaux hydratée ne donne pas, avec ce résidu, lieu à un dégagement de gaz ammoniac. (Ebermayer.)

AMMONIAQUE (Carbonate d'). Le *carbonate d'ammoniaque, sel volatil d'Angleterre, alcali volatil concret*, est blanc, translucide, et dégage une odeur fortement ammoniacale. Soluble dans l'eau, il a une saveur âcre et urineuse ; il se volatilise même à l'air et se transforme en bicarbonate en dégageant de l'ammoniaque ; il verdit fortement le sirop de violettes.

Le carbonate d'ammoniaque peut contenir du *chlorure de sodium*, qui reste comme résidu si l'on emploie la chaleur, ou qui déterminera la formation d'un précipité blanc par le nitrate d'argent. On devra saturer d'abord la liqueur par l'acide nitrique, sans quoi le précipité se redissoudrait à mesure de sa formation.

Le *chlorhydrate d'ammoniaque* donnera un précipité par le nitrate d'argent; mais bien que volatil, il l'est moins que le carbonate.

Le mélange de *potasse* et de *chlorhydrate d'ammoniaque* est indiqué par la sublimation qui laisse un résidu donnant un précipité blanc caillebotté avec le nitrate d'argent et un précipité jaune-serin avec le chlorure de platine.

Le *plomb*, qui provient presque toujours des vases dans lesquels le carbonate d'ammoniaque a été préparé, et qui se trouve à l'état de carbonate, forme un résidu insoluble dans l'eau, qui fait effervescence avec les acides, prend la coloration noire avec l'acide sulfhydrique et précipite en jaune par l'iodure de potassium et le chromate de plomb.

AMMONIAQUE (**Chlorhydrate d'**). Le *chlorhydrate d'ammoniaque*, *sel ammoniac*, est blanc; il cristallise en cubes ou en octaèdres, qui prennent souvent la disposition pennée; il est inodore, soluble dans l'eau, il a une saveur piquante, âcre et urineuse. Il se sublime par la chaleur, et le commerce en forme des pains blancs ou grisâtres; il faut les choisir très-blancs.

Il peut contenir : 1° du *sulfate d'ammoniaque* qui précipite en blanc par le chlorure de baryum;

2° Du *sulfate de chaux* et du *chlorure de sodium* qu'on séparera par l'action de la chaleur.

3° Du *fer*, qui lui donne une teinte jaune rougeâtre, précipite en bleu par le cyanure jaune, et en noir par le tannin;

4° Du *cuivre*, qui donnera un précipité brun marron par le cyanure jaune.

MORSON, *Falsification du chlorhydrate d'ammoniaque* (*Journ. pharm. et chim.*, 3° série, 1850, t. XVIII, p. 53).

ANDROPOGON (**Essence d'**). Obtenue par la distillation de l'*Andropogon Pachnodes*, Trin (Graminées), de l'Inde, cette essence sert principalement à falsifier l'essence de roses : elle se congèle à 0°; elle n'a pas d'action sur le polarimètre; son emploi exige l'addition d'essence de rose de spermaceti ou de paraffine, en vue de ne pas trop modifier le point de congélation de celle-ci. (Baur, *Pharm. Journ.*, 1867.)

ANETH. Les fruits d'aneth *Anethum graveolens*, L. (Ombellifères), ont des méricarpes elliptiques, comprimés, glabres, à cinq côtes, dont les trois moyennes sont médiocrement saillantes, tandis que les latérales forment une marge membraneuse ; les méricarpes sont portés sur une columelle bipartite ; leur couleur est gris jaunâtre, leur odeur aromatique et persistante (fig. 26).

On leur substitue ou on leur mélange les fruits de la *livèche*, *Levisticum officinale*, Koch, dont les méricarpes sont ovales oblongs, à cinq

FIG. 26. — Aneth.   FIG. 27. — Livèche.

côtes ailées, dont les latérales sont deux fois plus larges ; les méricarpes sont portés par une columelle bipartite ; leur couleur est blanchâtre, leur odeur est un peu térébinthacée ; leur volume est plus considérable (fig. 27).

Les fruits d'*angélique*, *Angelica archangelica*, L., qu'on trouve aussi mélangés à ceux d'*aneth*, sont blanchâtres, plus développés que ceux de l'aneth, comprimés, elliptiques, avec cinq côtes dont les trois dorsales sont élevées et les deux marginales élargies ; leur odeur d'angélique est caractéristique.

ANGÉLIQUE. L'angélique, *Angelica archangelica*, L. (Ombellifères), a des fruits ovales, obtus, de couleur pâle cendrée, plans et marqués d'un sillon longitudinal sur un des côtés, convexes de l'autre et offrant trois angles égaux.

La racine d'angélique (fig. 28) est grise à l'extérieur et très-ridée ; elle est formée d'un pivot et de grosses fibres cylindriques descendantes : le parenchyme est blanc et spongieux ; elle a une odeur forte, aromatique et agréable ; sa saveur est chaude, aromatique, douceâtre d'abord, puis amère.

On substitue quelquefois à la racine d'angélique celle de l'*Angelica sylvestris*, qui lui ressemble beaucoup, mais qui est moins odorante et moins sapide ; celle de la *livèche*, *Levisticum officinale*, Koch, moins odorante, ayant un arome différent, et ayant un parenchyme jaunâtre ; et celle de l'*impératoire*, *Imperatoria Ostruthium*, L., qui en diffère par son odeur piquante, différente, et par son parenchyme jaune verdâtre.

La racine d'angélique est très-fréquemment attaquée par les vers, sans qu'elle perde beaucoup de son odeur, les insectes ne détruisant que le ligneux et l'amidon.

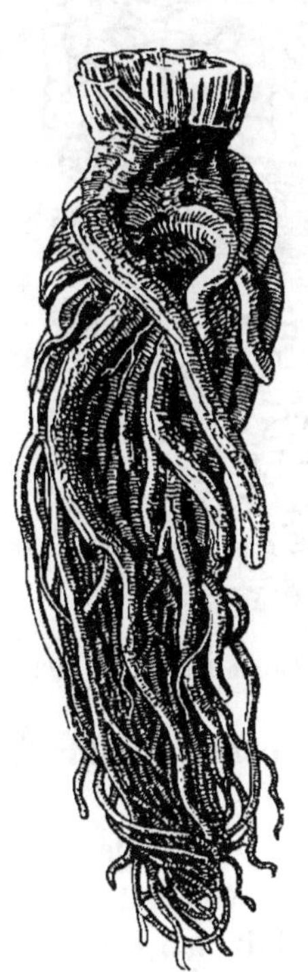

FIG. 28. — Racine d'angélique.

ANGUSTURE (Écorce d'). *L'écorce d'angusture* vraie fournie par le *Galipea officinalis*, Hanc. (Diosmées), est en morceaux plats ou enroulés, peu épais, à bords toujours taillés en biseau se dirigeant de dedans en dehors sur l'un des bords et de dehors en dedans sur l'autre ; elle est brune, dure, compacte, et est recouverte d'un périderme gris jaunâtre, mince et peu rugueux, ou blanchâtre, épais et fongueux ; sa face interne est lisse, fauve ou rosée. Sa saveur est amère, mordicante, son odeur désagréable.

Au microscope, elle se montre composée de trois couches distinctes *subéreuse, parenchymateuse* et *libérienne* (fig. 29).

L'usage de l'angusture vraie a presque complétement cessé, malgré ses propriétés utiles, par suite de la confusion qui peut s'établir entre elle et la *fausse angusture*, ou écorce du *Strychnos nux vomica*. Celle-ci est en morceaux, lourds, à demi roulés, compactes, très-durs, comme

racornis, gris blanchâtre ou quelquefois foncé à l'intérieur; leur surface externe est grise avec de nombreux petits tubercules blancs, ou
couverte d'un périderme épais, fongueux et rouge-orange; l'odeur de la
fausse angusture est nulle, sa saveur est amère, non mordicante; ses
bords ne sont jamais taillés en biseau.

La structure de la fausse angusture diffère complétement de celle de

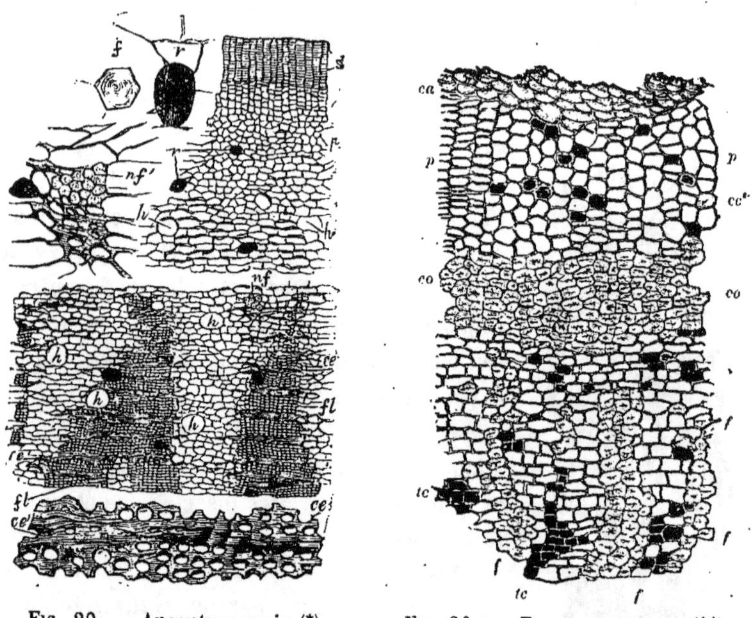

FIG. 29. — Angusture vraie (*).   FIG. 30. — Fausse angusture (**).

l'angusture vraie, ce qui permet de constater facilement la substitution
des écorces (fig. 30).

La fausse angusture entière ou en poudre prend par l'action de l'acide
nitrique une coloration rouge, due à la brucine qu'elle contient : si l'on
ajoute un peu de protochlorure d'étain, il se produit une coloration
violette intense (Jacquemin). Tout récemment Mash a reconnu une

(*) Coupe transversale de l'écorce d'angusture vraie (30/1) : s) Suber. — p). Parenchyme cortical.
— r) Cellules à raphides. — h) Cellules à huile volatile (Oelzellen). — nf) Noyau fibreux. — fi) Faisceaux libériens. — ce) Cellules épaissies, disposées en séries linéaires tangentielles, dans les faisceaux
libériens. — ce') Les mêmes grossies (190/1). — r') Cellules à raphides grossies (300/1). — nf') Noyau
fibreux et les cellules épaisses voisines grossies (190/1). — f) Fibre du noyau fibreux (300/1).

(**) Coupe transversale d'angusture fausse (60/1) (la portion interne de la couche libérienne
manque) : ca) Tissu cellulaire amorphe (Suber ?). — p) Parenchyme cortical. — ce') Cellules épaisses.
— co) Couche libérienne primitive. — f,f) Fibres libériennes. — tc) Tissu cribreux (?).

Nota. — La forme des cellules au parenchyme cortical n'a pas été bien rendue, mais l'aspect
général du dessin est d'une exactitude rigoureuse.

nouvelle sophistication de l'écorce d'angusture, dont il n'a pu préciser encore l'origine botanique ; mais l'écorce dont il s'agit se distingue facilement de l'angusture vraie et de l'angusture fausse connue depuis longtemps : en effet, elle a une surface interne brun foncé, tandis que l'extérieur est orangé et offre par places une écorce grisâtre ; sa structure est très-fibreuse, comme on s'en assure à la cassure. Elle consiste principalement en couches externes de l'écorce ; la couche subéreuse montre de nombreuses petites verrues plus ou moins confluentes latéralement et formant des sortes de pustules élevées, et donnant dans la direction de l'axe des sillons courts, très-irréguliers et longitudinaux. Le liége est très-mou, comme farineux, gris brunâtre à l'extérieur et rouge orangé en dessous ; cette couleur orangée se voit aisément en raison de la facile destruction de la couche externe, mais la teinte n'est bien différente de celle de l'écorce du *Strychnos*. L'écorce externe est formée d'un parenchyme brun foncé, parcouru par des fibres ligneuses grossières disposées en rayons interrompus ; sa surface interne est brun noir et striée grossièrement par les fibres ; on y trouve adhérents quelques débris de bois mou et quelquefois coloré en vert de cuivre. La saveur de cette écorce est purement amère. (*Amer. J. of Pharm.*, 4ᵉ série, IV, 50, 1874).

VINCENT (E.), *Notes sur les angustures du commerce* (*Journ. chim. méd.*, 3ᵉ série, 1854, t. X, p. 390).

ANILINE. Les couleurs d'aniline ont été l'objet de fraudes assez nombreuses ; c'est ainsi qu'on a trouvé de la fuchsine composée entièrement de *sucre* cristallisé, saturé par la matière colorante. L'aspect seul des cristaux rhomboédriques indiquait la présence du sucre, et par une simple digestion dans l'alcool ou l'éther on a disssous la fuchsine et obtenu d'autre part les cristaux de sucre. Ce même procédé permet de séparer les *fibres ligneuses* ajoutées à la fuchsine. (Wahl.)

W. H. WAHL, *Adulteration of aniline Colours* (*Franklin Instit. Journ.* March, 1872 ; *Amer. Journ. pharm*, 1872, 4ᵉ série, t. II, p. 173).

ANIS. Les fruits de l'anis, *Pimpinella anisum*, L. (Ombellifères), ont des méricapes linéaires-oblongs, à cinq côtes filiformes très-peu saillantes, pubescents, blanchâtres ou grisâtres et portés par une columelle bifide ; leur odeur est suave, aromatique et particulière, leur saveur aromatique, chaude et agréable.

Il n'est pas rare de trouver l'anis mélangé avec du *sable* ou de petites *pierres*, ainsi qu'avec des fragments de *terre argileuse* jusqu'à un quart du poids total (Ebermayer), mais en projetant l'anis dans l'eau on le sépare promptement des matières mélangées qui se déposent au fond et sont faciles à reconnaître à l'œil nu ou à la loupe. Un mélange plus dangereux pour la santé a été signalé par Chevallier, qui a fait connaître un cas d'empoisonnement résultant du mélange à des fruits d'anis de fruits de *grande ciguë* : ces derniers ont des méricarpes globuleux, à cinq côtes saillantes et ondulées, portés sur une columelle bifide ou bipartite.

On a trouvé aussi les fruits d'anis mélangés de fruits de *fenouil* et avec les semences jaunâtres d'une variété de *nigelle*. (*Amer. Pharm. assoc.*, 276, 1872).

Quelquefois l'anis est récolté avant sa maturité ; il s'échauffe alors dans les ballots, brunit, perd de son odeur, et finit par pourrir.

CHEVALLIER, *Accidents causés par des semences de ciguë mêlées à de l'anis* (*Journ. chim. médic.*, 3ᵉ série, t. XI, p. 703 ; *Journ. pharm. et chim.*, 3ᵉ série, 1842, t. I, p. 350). — DIETERICH, *Note sur la falsification des semences d'anis* (*Journ. chim. médic.*, 3ᵉ série, 1847, t. IV, p. 214).

ANIS (Essence d'). L'essence d'anis, *Pimpinella Anisum*, L. (Ombellifères), est incolore ou un peu jaunâtre ; sa saveur est douceâtre, suave et aromatique ; elle se dissout en toutes proportions dans l'alcool anhydre et dans l'alcool à 96° centigr. ; elle se liquéfie à $+ 17°$ et se concrète entièrement à $+ 7°$; lorsqu'elle s'est solidifiée elle ne se liquéfie pas de nouveau au-dessous de $+ 20°$ centigr., ce qui la distingue de l'essence de badiane qu'on lui substitue quelquefois et qui reste fluide jusqu'à $+ 3°$. Elle acquiert par l'acide sulfurique une belle couleur pourpre et se prend promptement en une masse solide. L'iode la transforme rapidement en une masse solide, dure, avec élévation sensible de température et production de vapeurs grises et rouge jaunâtre. (Qeller.)

L'essence d'anis pure, liquéfiée et refroidie dans un flacon non bouché, prend une structure cristalline : dans le cas contraire, elle reste liquide, mais la projection d'une petite quantité d'essence cristallisée détermine immédiatement la prise en masse de toute l'essence. (Stan. Martin, *Bull. thérap.*, mars 1866.)

L'essence d'anis, mélangée d'alcool à 96° jusqu'à volume égal, se solidifie par l'abaissement de la température, sans que l'aspect cristallin diffère sensiblement de celui que présente l'essence pure, mais la température nécessaire est d'autant plus basse que le mélange est plus alcoolique ; d'autre part, ces mélanges se liquéfient plus tôt. Si le mélange est fondu avec de l'alcool d'un titre inférieur à 90° centigr. par exemple, on peut obtenir la solidification, mais quand l'essence est reliquéfiée, le liquide se sépare en deux couches de densités différentes. Il y a donc nécessité de ne pas s'en tenir simplement au caractère de la cristallisation, mais avoir recours aux deux procédés en usage pour déceler la présence de l'alcool dans les huiles volatiles. (Voy. ESSENCES.)

On y ajoute quelquefois du *spermaceti*, qui est insoluble dans l'alcool, ou du *savon* qui est soluble dans l'eau ; on y a trouvé jusqu'à 0,20 d'essence de savon.

Le *camphre*, qui y est quelquefois mêlé, donne à l'essence une odeur particulière qui permet de distinguer la sophistication.

W. Procter a trouvé dans le commerce américain de l'essence d'anis qui contenait 5/6 d'alcool sans que l'essence eût perdu de sa bonne apparence et sans que son odeur fût sensiblement atténuée ; le simple mélange dans un tube gradué avec l'eau a permis de reconnaître la sophistication et même la proportion d'alcool.

BOUTTEREAU (L.), *Falsification de l'essence d'anis* (*Journ. chim. médic.*, 5ᵉ série, 1866, t. II, p. 553). — PROCTER (W.), *Essence d'anis falsifiée par l'alcool* (*Journ. pharm. et chim.*, 3ᵉ série, 1856, t. XXIX, p. 218).

ANTIMOINE. L'antimoine pur est d'un blanc argentin, d'un éclat très-vif, lamelleux, et à très-petits grains s'il a été refroidi brusquement, et en lames larges s'il a été refroidi lentement.

L'antimoine peut contenir du *fer*, du *plomb* et du *cuivre;* mais on le reconnaîtra en traitant par l'acide nitrique bouillant ; il se fera de l'acide antimonieux, insoluble dans l'eau et des azotates solubles. Le fer donnera alors avec le cyanure jaune un précipité de bleu de Prusse, et avec l'ammoniaque un précipité rouge d'oxyde ferrique. Le cuivre sera indiqué par la coloration bleue de la liqueur par l'ammoniaque et par le précipité brun marron que déterminera le cyanure jaune. Le plomb, sera indiqué par un précipité jaune avec l'iodure de potassium, et noir par l'acide sulfhydrique. Le cuivre, le fer, sont aussi indiqués en projetant par petites parties dans un creuset chauffé au rouge un mélange du métal suspect (une partie) avec du nitre (trois parties) : le résidu sera blanc si l'antimoine était pur ; il sera chamois s'il contenait du fer, bleuâtre ou noirâtre s'il contenait du cuivre.

L'*arsenic*, qui existe fréquemment dans l'antimoine du commerce, sera indiqué en calcinant la poudre du métal avec un excès de nitrate de potasse et en traitant ensuite par l'eau pour obtenir une liqueur qui sera placée dans un appareil de Marsh. L'arsenic se reconnaît facilement dans l'antimoine par l'odeur alliacée plus ou moins prononcée qui se développe quand on chauffe un fragment du métal sur un charbon et au chalumeau.

On peut encore s'assurer de la présence de l'arsenic dans l'antimoine en mélangeant l'antimoine finement pulvérisé à du tartre, et calcinant dans un creuset couvert ; il se fait un alliage de potassium et d'antimoine qui décompose l'eau et dégage de l'hydrogène ; ce gaz sera arsénié si l'antimoine était arsenical et sa combustion dans une cloche donnera lieu à un dépôt d'arsenic sur les parois. (Scrullas.)

Le *soufre*, que contient l'antimoine, se reconnaît aussi par la calcination avec le nitrate de potasse, ce qui donne du sulfate de potasse dont on déterminera la présence au moyen d'un sel de baryte.

ANTIMOINE (Oxyde. d'). L'oxyde d'antimoine peut être cristallisé, *fleurs argentines d'antimoine*, et alors il se présente sous forme d'aiguilles longues, aplaties, et d'un brillant nacré, ou non cristallisé, *oxyde d'antimoine par précipitation*, insipide, inodore, insoluble dans l'eau, fusible à la chaleur rouge sans décomposition et n'ayant aucune action sur la teinture de tournesol.

La falsification par le *carbonate de chaux* se reconnaît par l'acide nitrique qui détermine une vive effervescence ; la liqueur étendue d'eau précipite en blanc par l'oxalate d'ammoniaque ; on a trouvé jusqu'à 0,30 de carbonate de chaux dans de l'oxyde d'antimoine du commerce. (W. Hodgson.)

Le *sulfate de chaux* donne par le chlorure de baryum, après la dissolution de l'oxyde suspect dans l'acide nitrique, un précipité blanc, insoluble dans l'acide nitrique.

Le *phosphate de chaux* serait indiqué par l'ammoniaque qui déterminerait dans la liqueur, après traitement par l'acide nitrique, un précipité blanc gélatineux.

Le mélange de l'*acide antimonieux* à l'oxyde d'antimoine est indiqué par l'acide chlorhydrique qui ne dissout que l'oxyde.

Calloud, *Adultération de l'oxyde d'antimoine* (*Journ. pharm. et chim.*, 3ᵉ série, 1849, t. XVI, p. 57).

ANTIMOINE (Oxydosulfure d'). L'*oxydosulfure d'antimoine, foie d'antimoine*, est un corps opaque, comme vitreux, qui donne une poudre jaune connue sous le nom de *crocus metallorum*.

Le *foie d'antimoine*, très-employé en poudre par les vétérinaires, se dissout sans résidu dans l'acide chlorhydrique.

On le trouve souvent mélangé de *brique pilée* ou de *terre d'ombre*, mais alors il laisse un résidu quand on le traite par l'acide chlorhydrique. On peut encore le calciner avec un peu de nitrate et de tartrate de potasse : s'il est pur, on aura un culot qui sera recouvert seulement de scories et de cendres ; s'il est impur, le culot présentera, à sa surface, une couche rouge plus ou moins pâle.

ANTIMOINE (Sulfure d'). Le *sulfure d'antimoine, antimoine cru,* est gris, avec un éclat métallique et se présente sous forme de longues aiguilles prismatiques ; il fond même à la flamme d'une bougie.

Le sulfate d'antimoine du commerce n'est presque jamais pur, mais, par la fusion, on le débarrasse des *sulfures de fer* et de *plomb*, du *quartz*, du *sulfate de baryte* et des *matières terreuses* qui l'accompagnent.

On enlève l'*arsenic* en traitant le sulfure d'antimoine par l'ammoniaque qui, au bout de plusieurs jours, dissout le sulfure d'arsenic. On reconnaît la présence de l'arsenic au moyen de l'appareil de Marsh.

On distingue le sulfure d'antimoine du *peroxyde de manganèse* au moyen de l'acide chlorhydrique qui donne de l'hydrogène sulfuré avec le sulfure, et du chlore avec le peroxyde. Le sulfure est très-facilement fusible, tandis que le peroxyde ne l'est pas.

On a vendu, dans le commerce, du sulfure d'antimoine mélangé de fragments de *schistes ardoisiers*, mais cette substance restera comme résidu si l'on soumet le sulfure à l'action de la chaleur.

ANTIMONIATE DE POTASSE. — Voy. POTASSE (ANTIMONIATE DE).

APPRÊTS ET ENCOLLAGES. Les *apprêts* des toiles, composés le plus souvent d'un léger empois d'amidon, d'alun et d'azur de cobalt, et quelquefois de fécule, de dextrine blanche, de gomme, de blanc de baleine, etc., sont additionnés, dans certaines fabriques, de *terre de pipe*, de *terre à porcelaine*, de *plâtre fin* et blanc, qui obstruent les trous de la toile, et lui donnent une apparence trompeuse de finesse et de qualité, déception qui ne manque pas d'être révélée au premier lavage.

Il a été constaté, par la Chambre de commerce de Manchester, en 1866, qu'une cause fréquente des avaries des tissus de coton expédiés aux Indes est due à l'emploi d'apprêts chimiques (savons) qui donnent naissance à des productions fongoïdes qui se développent et se propagent aux dépens du corps de l'étoffe.

Les encollages et apprêts peuvent contenir du *plomb*, et Chevreul a observé que des étoffes de laine avaient pris une teinte brune au contact de la vapeur d'eau, parce que la gélatine, qui avait servi d'encollage, contenait du plomb. Il a reconnu aussi que des taches brunes, développées lors du passage à la lessive, sur des toiles de coton, étaient dues à la présence du *sulfate de plomb* dans l'apprêt et sur lequel agissaient les sulfures alcalins de la solution alcaline.

ARGENT. L'*argent* est un métal d'un blanc très-pur, inaltérable au contact de l'air, très-malléable et très-ductile, très-sonore et attaquable par l'acide nitrique avec décomposition partielle de l'acide.

Comme l'argent est très-rarement pur, on en fait l'essai, soit par la *voie sèche* ou *coupellation*, soit par la *voie humide* au moyen de solutions titrées de chlorure de sodium.

L'argent peut contenir du *plomb*, mais on s'en assurera en traitant à chaud le métal par l'acide nitrique pur, et la liqueur donnera un précipité blanc par le sulfate de soude.

L'acide chlorhydrique donnera un précipité des deux métaux, mais l'eau bouillante dissoudra le chlorure de plomb, tandis que le chlorure d'argent sera insoluble. La liqueur, chargée de plomb, noircira par l'acide sulfhydrique.

Le *cuivre* donnera à la solution nitrique une teinte verdâtre et celle-ci deviendra bleue par l'addition d'ammoniaque.

L'*étain* laissera un précipité blanc (acide stannique) par le traitement de l'argent par l'acide nitrique.

L'*or* donnera un résidu noir violet dans la dissolution de l'argent par l'acide nitrique : si l'on a agi par l'eau régale, l'or sera dissous, mais il donnera un précipité pourpre avec le chlorure d'étain.

Le *platine* ne sera pas dissous par l'acide nitrique, et se déposera sous forme d'une poudre noir violet : il se dissoudra dans l'eau régale, mais l'ammoniaque l'en précipitera sous forme d'une poudre jaune.

ARGENT (**Azotate** ou **Nitrate d'**). Le *nitrate d'argent fondu*, ou *pierre infernale*, se présente sous la forme de cylindres blanchâtres ou quelquefois colorés en gris, parce qu'une petite partie d'argent s'est réduite au contact de la matière grasse dont on a enduit les parois de la lingotière.

L'excès d'humidité rend la pierre infernale fragile, et modifie sa cristallisation qui n'est plus radiée ; en outre, elle lui donne la propriété de mouiller le papier non collé.

Le nitrate d'argent contient souvent du *nitrate de cuivre*, mais l'ammo-

niaque précipite l'argent et donne une coloration bleue à la liqueur;
l'acide sulfhydrique précipite le cuivre sous forme d'un dépôt brun
marron, et une lame de fer bien décapée se recouvre d'une couche de
cuivre métallique.

L'azotate d'argent fondu est souvent, en Amérique, falsifié avec du
nitrate de potasse ou d'autres sels peu coûteux. On s'en assure en dissolvant un peu du sel, imbibant un papier de cette dissolution, séchant,
tortillant et brûlant. Il reste comme résidu de l'argent métallique insipide, si le sel était pur, mais, pour peu qu'il renfermât de matière étrangère,
le résidu a une saveur alcaline (Landerer, Squibb.). On peut encore dissoudre le sel et traiter par une quantité suffisante d'acide chlorhydrique
pour précipiter l'argent : on filtre, on évapore et l'on obtient le nitrate
de potasse. Pollacci chauffe au rouge un gramme de nitrate suspect, lave le résidu refroidi avec un peu d'eau, et si la liqueur est
alcaline au papier réactif, il en conclut à la présence du nitrate de
potasse.

Le nitrate d'argent du commerce contient souvent du *nitrate de zinc :*
on s'en assure facilement en dissolvant la pierre infernale dans l'eau
distillée, puis en précipitant l'argent par l'acide chlorhydrique pur ;
on filtre et l'on décèle la présence du zinc dans la liqueur filtrée par les
réactifs de ce métal. (Landerer.)

Le nitrate d'argent des pharmacies américaines contient du *chlorure
d'argent,* mais celui-ci ne se dissout pas dans l'eau distillée et forme un
dépôt soluble immédiatement dans l'ammoniaque. (Landerer.)

On a quelquefois ajouté, au nitrate d'argent fondu, des matières insolubles, telles que du *peroxyde de manganèse, ardoise pilée, plombagine,
oxyde de zinc,* mais alors la solution laisse un résidu.

Le *nitrate de plomb* donnera, avec un chlorure soluble, un précipité
qui ne se dissoudra pas dans l'ammoniaque, mais sera soluble dans
l'eau bouillante.

LANDERER, *Sur quelques sophistications du nitrate d'argent et moyens de les reconnaître (Journ. chim. méd.,* 4ᵉ série, 1862, t. VIII, p. 464). — MILLER, *Falsification de l'azotate d'argent (Journ. pharm. et chim.,* 3ᵉ série, 1860, t. XXXVII,
p. 123). — POLLACCI, *Recherche du nitrate de potasse dans le nitrate d'argent
(Bollet. farmac.; Pharm. journ.,* 3ᵉ série, 1871, t. III, p. 758). — SQUIBB, *Essai
facile de la pureté de l'azotate d'argent (Amer. Journ. of pharm.,* t. XXXI, p. 48
et 228; *Union pharm.,* 1864, t. III, p. 758).

ARISTOLOCHE RONDE. L'aristoloche ronde, *Aristolochia rotunda,*
L. (Aristolochiées), a des racines charnues, arrondies, assez grosses,

. pesantes, ridées, grisâtres et jaunâtres à l'extérieur, leur odeur est désagréable et leur saveur amère.

On leur a substitué les tubercules du *Corydalis bulbosa* (Fumariacées) qui sont durs, bruns extérieurement, jaune verdâtre en dedans, ont une odeur nauséabonde fade et une saveur âcre et amère.

ARISTOLOCHE SERPENTAIRE. Les racines de *serpentaire de Virginie, Aristolochia serpentaria*, L., sont composées d'un corps long et menu, entouré de nombreuses fibrilles radicales, minces, entrelacées, longues de quelques pouces, grises et jaunâtres à l'extérieur et blanchâtres en dedans ; elles portent souvent à leur collet des débris de tiges ; leur odeur est pénétrante et a quelque chose de celle de la valériane et du camphre ; leur saveur est chaude et amère.

Elles sont quelquefois mélangées avec les racines de l'*Asarum virginicum*, L., qui sont noires et n'ont ni l'odeur ni la forme des racines de serpentaire. Maisch a aussi signalé la falsification de la serpentaire par les rhizomes du *Cypripedium pubescens*, L., qui se distinguent par leur volume plus considérable, l'absence de tiges persistantes qui sont remplacées par des cicatrices profondes et cupulaires et surtout par leur structure qui est celle des plantes monocotylédones. (*Amer. Journ. of Pharm.*, 4e série, 1874, t. IV, p. 106.)

Guibourt a indiqué aussi une *fausse serpentaire* à radicules moins nombreuses, plus grosses et offrant à peine d'odeur et de saveur.

ARNICA. Les capitules d'*Arnica montana*, L. (Composées) sont terminaux, solitaires, pédonculés, jaunes, très-grands et offrent des fleurons ligulés, lancéolés, trois fois plus longs que l'involucre, étalés et à limbe tridenté. Ils sont odorants et ont une saveur âcre et un peu amère.

Ils sont assez facilement attaqués par les insectes, et perdent, avec le temps et leur odeur : leur couleur devient sombre.

La falsification de l'arnica, par les fleurs du *Tussilago Farfara*, L., se reconnaît à la nervure des pédoncules chargés d'écailles qui accompagnent les fleurs et par les capitules plus petits ; d'autre part, les poils des aigrettes sont scabres et plus fins ; les involucres de l'arnica ont leurs bractées sur deux rangs, les extérieures vertes et les intérieures blanches. (Gille.)

On trouve quelquefois mêlées aux fleurs d'arnica celles des *Inula dysenterica* et *salicina*, L., ainsi que celles de l'*Hypochœris maculata*, L., qui se reconnaissent facilement à leurs caractères botaniques. Les *Inula dysenterica* et *salicina* ont des demi-fleurons en entonnoirs, à cinq divisions : leur couleur est d'un jaune plus pâle, leur saveur est moins âcre.

Les fleurons d'*Hypochæris* sont languiformes, à cinq divisions; leur odeur et leur saveur diffèrent de celles de l'arnica.

On a substitué aux fleurs d'*arnica* celles du *Senecio Doronicum,* L., dont les calathides sont plus petites, et munies d'un involucre blanc, tomenteux ou farineux, à folioles sur un seul rang, linéaires, lancéolées; les fleurons de la circonférence sont en languette étroite et plus courte; ceux du disque ont des stigmates tronqués et velus au sommet, au lieu d'être épaissis et surmontés d'une petite pointe conique et pubescente; ses akènes sont glabres et plus courts que l'aigrette qui est formée de plusieurs rangs de poils superposés. (Timbal-Lagrave.)

Gille, *Sur la falsification de l'Arnica montana (Journ. chim. médic.,* 4ᵉ série, 1864, t. X, p. 645). — Timbal-Lagrave, *Substitution du Senecio Doronicum à l'Arnica montana (Journ. de méd. de Toulouse,* 1862, p. 49).

ARRÊTE-BŒUF. Les racines d'*arrête-bœuf,* ou *bugrane, Ononis spinosa,* L. (Légumineuses), sont longues de 0ᵐ,40 à 0ᵐ,50, cylindriques, grosses comme une plume de cygne, flexibles, ligneuses et tenaces; leur odeur est faible, mais désagréable; leur saveur est douce et a quelque chose de celle de la réglisse. Sèches, leur cassure est rayonnée du centre à la circonférence.

On les a quelquefois mélangées à la *salsepareille,* mais elle sont plus petites.

ARSENIC (Sulfures d'). Les deux sulfures d'arsenic, *réalgar* et *orpiment,* sont fournis par le commerce, soit *natifs,* soit *artificiels :* dans ce dernier cas, ils contiennent toujours des quantités assez considérables d'*acide arsénieux,* et, par conséquent, sont très-toxiques.

Le *réalgar* natif est en cristaux transparents, d'un rouge écarlate, très-friables; celui qui est préparé par l'industrie est en masses à demi opaques, un peu transparentes sur les bords, volumineuses, d'un rouge violacé brunâtre, à cassure conchoïdale brillante, non lamelleuse.

L'*orpiment* natif est d'un jaune-citron éclatant, presque toujours en masses lamelleuses, à lamelles flexibles, élastiques, translucides, offrant des reflets dorés. L'orpiment artificiel est en masses opaques, ternes et formant des couches superposées et différemment colorées. Sa couleur générale est jaune, avec des nuances de jaune orangé et de jaune-serin.

ARROW-ROOT. Sous le nom d'*arrow-root,* on trouve, dans le commerce, des fécules produites par des plantes très-diverses et qui sont facilement caractérisées d'après l'examen microscopique. La majeure partie des arrow-root vrais est fournie par des plantes de la famille des

Amomées, *Maranta arundinacea*, L., *Curcuma angustifolia*, Roxb., *Canna edulis*, L.

Ils se présentent sous forme de poudre blanche, ressemblant beaucoup à l'amidon, mais moins blanche, plus fine et plus douce au toucher. Pressés dans la main, ils font entendre un craquement particulier, conservent l'impression des doigts ; ils sont légèrement solubles dans l'eau froide. A la température ordinaire, ils ne sont pas modifiés par une liqueur acide formée de deux parties d'acide chlorhydrique et d'une partie d'eau. (Albers.)

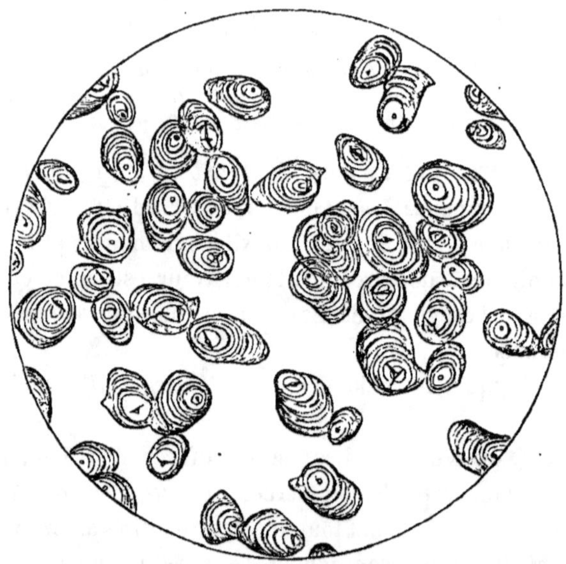

Fig. 31 — Arrow-root de maranta. Grossissement 200 diamètres. (Hassall.)

L'*arrow-root de la Jamaïque*, fourni par le *Maranta arundinacea*, L., forme une poudre opaque, moins blanche que l'amidon, faisant entendre un craquement particulier sous les doigts : elle donne avec environ le double de son poids d'acide chlorhydrique concentré une pâte opaque.

Examinée au microscope, elle paraît être constituée par des grains assez volumineux dont le diamètre varie entre $0^{mm},02$ à $0^{mm},03$ sur $0^{mm},06$ à $0^{mm},07$. Leur forme est ovoïde, plus ou moins irrégulière et tend, dans quelques cas, à devenir triangulaire. En général, les grains les plus petits sont globuleux. Les plus gros sont marqués de lignes concentriques nombreuses et fines et présentent, à leur extrémité large et épaisse, un hile bien net, souvent circulaire, mais plus souvent linéaire (fig. 31).

Par l'eau bouillante, les corpuscules prennent des dimensions vingt
et trente fois plus considérables, deviennent plus ou moins arrondis, et
ne présentent plus ni hile ni couches concentriques. Une solution de
potasse à 0,04 modifie aussi leur forme, les gonfle beaucoup, et leur
donne une apparence sphérique ou ovoïde, dont le centre, plus foncé,
est entouré par une zone plus claire qui occupe toute la périphérie.
Le hile devient plus apparent et les couches concentriques ne se voient
plus que sur quelques grains. (J.-L. Soubeiran.)

L'*arrow-root de l'Inde*, fourni par le *Curcuma angustifolia*, Roxb.,

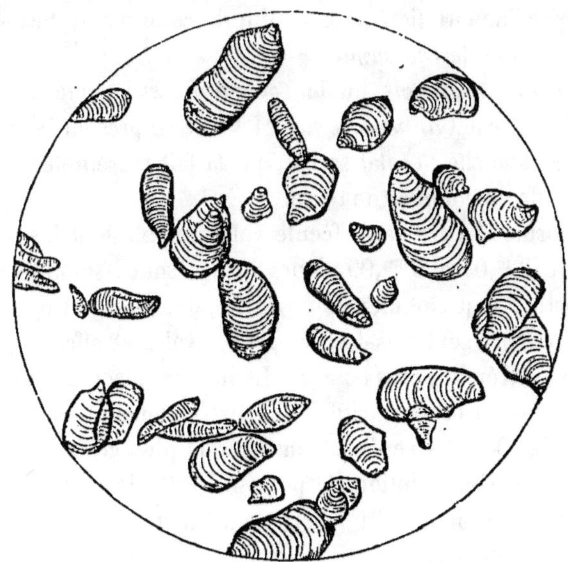

FIG. 32. — Arrow-root de curcuma. Grossissement 240 diamètres. (Hassall.)

forme une poudre blanche qui, pressée entre les doigts, résiste moins et
ne crépite pas autant entre les doigts que la fécule du *Maranta*. On en
trouve quelquefois une sorte colorée en brun clair, mais de qualité
inférieure.

Au microscope, il paraît constitué par des grains allongés, triangulaires, ou irrégulièrement ovales, aplatis et presque transparents, dont
le diamètre varie de 0^{mm},02 à 0^{mm},03 sur 0^{mm},06 ; mais beaucoup sont
plus volumineux que ceux du *Maranta*. Ils offrent tous des couches
concentriques moyennement distinctes et formant des segments de
cercle ; le hile est peu distinct et se trouve à l'extrémité étroite des
grains (fig. 32).

La chaleur ou une solution potassique à 0,02 déforment les grains d'une manière assez irrégulière. (J.-L. Soubeiran.)

On rapporte à cette sorte un autre arrow-root de l'Inde, qu'on désigne sous le nom de *fécule de Travancore*, mais qui n'est certainement pas produite par le *Curcuma angustifolia* : en effet, ses grains sont presque tous triangulaires, allongés et atténués en pointe vers une de leurs extrémités ; ils sont remarquablement minces et ont une tendance singulière à s'empiler comme les globules du sang. (J.-L. Soubeiran.)

Il arrive dans le commerce depuis quelques années de l'arrow-root de l'Inde, qui contient une notable proportion de fécule de *Maranta*, ce qui s'explique par l'importation qu'on a faite de cette plante beaucoup plus riche en fécule que le *Curcuma*.

La *fécule de tous les mois*, ou de *Tolomane*, est fournie par le *Canna edulis*, L., ou par le *Canna coccinea*, L. Elle se présente sous la forme d'une poudre blanche, à éclat satiné, qui la fait ressembler, à première vue, à la fécule de pommes de terre.

Elle est formée de grains de fécule volumineux, dont les dimensions varient entre $0^{mm},04$ et $0^{mm},09$: leurs formes sont assez différentes ; les uns, très-petits, sont globuleux ou ovoïdes, d'autres sont pyriformes, le plus grand nombre sont très-larges, plats, ovales et offrent quelquefois une de leurs extrémités plus pointue. Le hile est placé à cette extrémité étroite et les couches concentriques sont extrêmement minces, régulières et serrées (fig. 33). Ils se dissolvent avec la plus grande facilité dans l'eau bouillante. Une solution de potasse à 0,02 les gonfle rapidement et double ou triple leur volume en donnant une netteté remarquable aux couches concentriques.

On ne pourrait guère confondre la fécule de Tolomane qu'avec celle de pommes de terre, mais elle s'en distingue en ce que les granules sont plats, plus grands, et les stries en sont beaucoup plus régulières et nombreuses ; examinés à la lumière polarisée, ils offrent des croix plus régulières que la fécule de pommes de terre.

L'*arrow-root de Taïti*, qu'on extrait des *Tacca oceanica* et *pinnatifida*, Forst. (Taccacées), forme une fécule blanche, ayant souvent une odeur légère de moisi. Ses grains (fig. 34), d'un volume qui varie entre trois et quatre centièmes de millimètre (quelques-uns n'offrent qu'un centième de millimètre), ont la forme d'ellipses ou de sphères, qui, le plus souvent, sont coupées brusquement par un plan perpendiculaire à l'axe ou par deux plans qui se rencontrent. Quelquefois une sorte de rétrécissement leur donne une apparence subpyriforme. Presque tous les grains

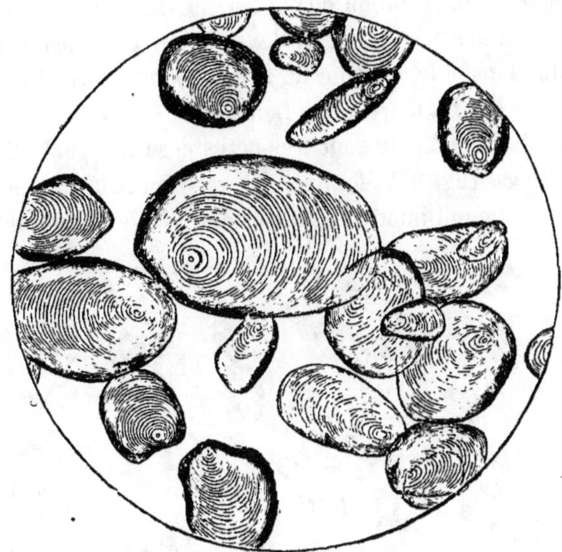

Fig. 33. — Fécule de Tolomane. Grossissement 225 diamètres. (Hassall.)

portent un hile bien développé, qui peut être étoilé. La fécule de *Tacca*

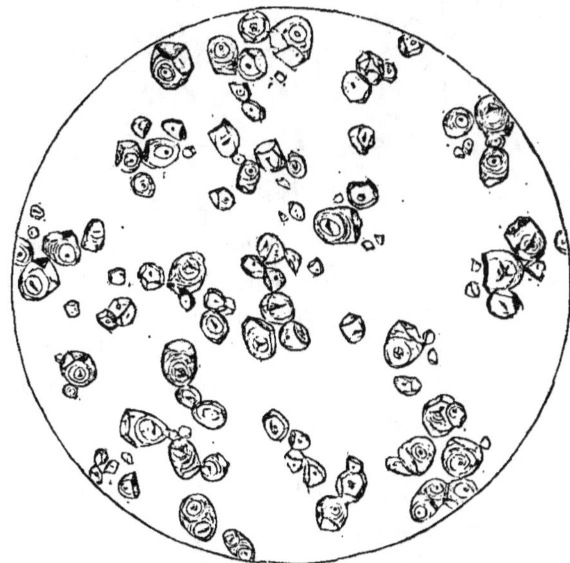

Fig. 34. — Arrow-root de Taïti. Grossissement de 220 diamètres. (Hassall.)

se gonfle par la chaleur; les bords des grains deviennent transparents,

mais le hile reste bien net, à moins qu'on n'ait prolongé assez longtemps
l'action de la température. Les grains ne se développent que lentement
sous l'influence d'une solution de potasse. (J.-L. Soubeiran.)

Sous le nom d'*arrow-root de Portland*, on désigne une fécule blanche
pulvérulente et insipide, extraite de l'*Arum maculatum*, L. (Aroïdées),
et qui se trouve sur les marchés de Londres.

Les grains de cette fécule sont très-petits et se rapprochent beaucoup
de ceux du *Tacca* (fig. 35) : leur volume varie entre un demi-centième et
deux centièmes de millimètre ; tous portent un hile étoilé et des couches

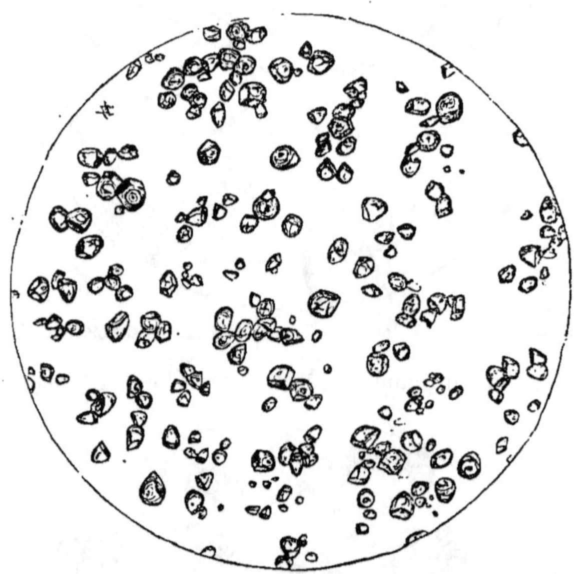

FIG 35. — Arrow-root de Portland. Grossissement 240 diamètres. (Hassall.

concentriques distinctes ; ils sont globuleux ou ovoïdes, ou triangulaires
irréguliers ; ces formes ne sont jamais nettement accusées. Par la chaleur,
les grains de fécule d'*Arum* doublent et triplent rapidement de volume,
et leur hile ainsi que les couches concentriques paraissent plus distinctement. Ils se développent aussi avec une grande rapidité avec une solution
de potasse, mais ils ne prennent pas des dimensions très-fortes.
(J.-L. Soubeiran.)

On trouve aussi quelquefois, dans le commerce, sous le nom d'*arrow-
root indigène*, un aliment féculent qui est exclusivement constitué par
de la fécule de pommes de terre. (Voy. FÉCULE.)

Les *arrow-root* sont fréquemment sophistiqués par le mélange des diverses sortes commerciales ou au moyen de diverses fécules parmi lesquelles nous citerons surtout la *fécule de pommes de terre*, le *sagou* et le *tapioca*. Mais le microscope donne un moyen facile de reconnaître ces mélanges, les grains de ces diverses fécules ayant des caractères très-tranchés.

L'addition de *farine* ou de *fécule* sera indiqué par le contact de la liqueur acide chlorhydrique qui donnera promptement une masse gélatineuse composée de dextrine. (Albers.)

L'action de la dissolution de potasse caustique à 0,25 donnera aussi un moyen de distinguer les diverses fécules. (Voy. Fécule.)

Scharling, *Falsifications de l'arrow-root et de la farine de riz* (*Journ. pharm. et chim.*, 3e série, 1856, t. II, p. 246). — Aalers, *Méthode pour essayer la pureté, de l'arrow-root* (*Archiv. der Pharm.*; *Journ. Pharm. et chim.*, 4e série, 1866, t. III, p. 217).

ASA FŒTIDA. L'*asa fœtida*, ou *assa fœtida*, est la gomme-résine fournie par le *Scorodosma fœtidum*, Bunge (Ombellifères). Elle a une consistance cireuse, se ramollit dans la main, a une odeur repoussante et alliacée, et une saveur amère, âcre et nauséeuse. Au contact de l'air, elle rougit et prend une teinte plus foncée. Elle se présente en *larmes* et en *masses* composées de grains jaunes ou bruns.

Très-souvent mélangée d'impuretés, l'*asa fœtida* est falsifiée avec des gommes et des résines de qualité inférieure.

On a fabriqué de la fausse *asa fœtida* avec un mélange de *poix blanche*, de *suc d'ail* et d'un peu de vraie gomme-résine, mais le produit est plus dense que l'*asa fœtida* et a une couleur plus foncée.

ASARUM. La racine d'*Asarum Europæum*, L. (Aristolochiées), est une petite souche, grise, du volume d'une plume d'oie, quadrangulaire, noueuse, contournée et munie le plus souvent à chaque nodosité de fibrilles blanchâtres ; son odeur est poivrée et devient plus forte par la cassure ; sa saveur est âcre et prend à la gorge.

Presque toute la racine d'*Asarum* du commerce arrive plus ou moins mélangée avec diverses autres racines et notamment avec celle de la *valériane*. Ce mélange tient à ce que l'*Asarum* ne végétant presque jamais isolé, ses racines sont recueillies sans grand soin avec celles des plantes voisines.

ASPIC (Essence d'). L'essence d'aspic, *Lavandula Spica*, L. (Labiées), est fluide, de couleur citrine, souvent verte, et offre de grands rapports avec l'essence de lavande, mais elle a une odeur moins agréable.

Elle est souvent mélangée d'*essences de térébenthine* et de *romarin*, mais l'odeur permet le plus souvent de dénoter la falsification, et d'autre part elle est susceptible de se combiner avec l'iode assez énergiquement pour qu'il y ait une explosion.

ATROPINE (Sulfate d'). Le sulfate d'atropine est soluble dans l'eau, l'alcool faible et l'alcool concentré; il est insoluble dans l'éther et le chloroforme, à moins que ces liquides ne renferment un quart ou moitié de leur volume d'alcool.

Baudrimont a cité un cas dans lequel il a constaté que le sulfate d'atropine était falsifié par du *sulfate de morphine.* L'acide azotique colorait en rouge quelques parties du mélange; ces mêmes parties étaient colorées en bleu par le sesquichlorure de fer, l'acide iodique et l'eau amidonnée, colorations caractéristiques de la morphine.

Le sulfate d'atropine est quelquefois tacheté de bleu ou de violet; dans ce cas, la solution se colore en brun par le nitrate d'argent, par dépôt d'argent métallique; traitée à chaud par une dissolution alcaline de cuivre, elle donne un dépôt d'oxydule rouge de cuivre. Tout sulfate d'atropine, coloré ou non, qui donne ces réactions, doit être rejeté comme impur. (Hager.)

BAUDRIMONT (E.), *Note sur une falsification du sulfate d'atropine par le sulfate de morphine* (*Journ. chim. méd.*, 4ᵉ série, 1857, t. III, p. 427). — HAGER, *Sur le sulfate d'atropine coloré* (*Journ. de pharm. de Bruxelles ; Journ. pharm. et chim.*, 4ᵉ série, 1872, t. XV, p. 454). — LANEAU (J.), *Réflexions sur la falsification du sulfate d'atropine par du sulfate de morphine* (*Journ. chim. médic.*, 4ᵉ série, 1863, t. IX, p. 195).

AVOINE. L'avoine, *Avena sativa*, L., est un caryopse cylindrique couvert d'une enveloppe noire ou blanche, lisse, barbue au sommet, et à parenchyme blanc et amylacé.

Le grain d'avoine offre à l'extérieur deux couches de cellules longitudinales, larges et bien distinctes, à parois assez fines et ondulées, qui présentent sur divers points, surtout vers la partie supérieure, un filament simple, long, pointu et dirigé vers le sommet du grain.

Il existe une seule couche de cellules transverses, moins bien définies et à peine plus longues que larges. Les cellules de la surface de la graine forment une couche unique et sont plus petites que celles du blé (fig. 36).

La fécule d'avoine a des grains plus petits que ceux du blé, de dimensions presque égales, polygonaux, sans hile, ni couches concentriques visibles, mais avec une dépression centrale et des parois épaisses.

Le caractère distinctif de cette fécule, c'est que beaucoup de grains
adhèrent ensemble pour former des corps arrondis ou ovales, à surface
réticulée (fig. 37) ; ces corps se trouvent souvent séparés de l'enveloppe
de la cellule dans laquelle ils étaient renfermés. Les grains amylacés de
l'avoine ne présentent pas de croix à la lumière polarisée (Hassall).

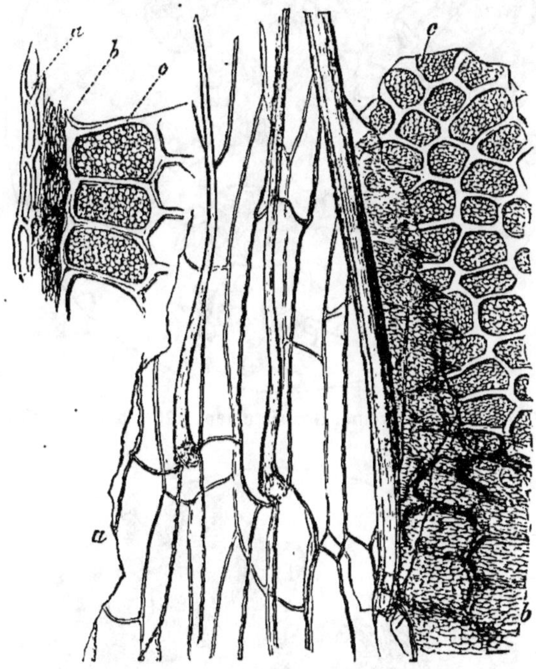

FIG. 36. — Enveloppes de l'avoine (*).

AXONGE. L'*axonge* ou *graisse de porc, saindoux*, fournie par le *Sus
scrofa*, L. (Mammifères Pachydermes), est blanche, molle, presque sans
odeur, sa saveur est fade ; elle se dissout dans l'alcool et mieux dans
l'éther. Elle fond entre + 26° et + 31° ; sa densité est 0,938 à +15°.
Elle rancit avec facilité au contact de l'air.

L'axonge, mélangée de *graisses inférieures*, a une couleur moins
blanche et une saveur moins douce ; quand elle renferme du *flambart*
(graisse recueillie à la surface des vases de cuisson des viandes de charcuterie), elle devient grisâtre, a une consistance molle et une saveur
désagréable et légèrement salée.

(*) *aa*, tunique externe ; *bb*, tunique moyenne ; *cc*, tunique interne. Grossissement 200 diamètres.
(Hassall.)

L'axonge est quelquefois mélangée de *sous-carbonate de soude,*

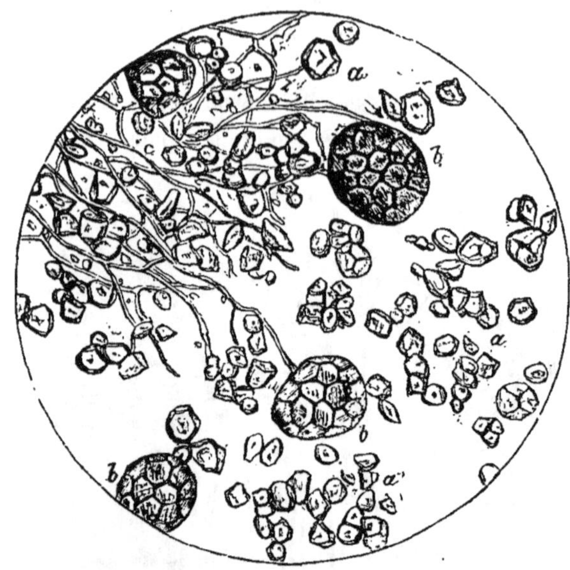

FIG. 37.— Fécule d'avoine. Grossissement 420 diamètres (Hassall).

FIG. 38: — Graisse adultérée par de la fécule de pommes de terre.
Grossissement 240 diamètres.

ce qui permet d'y incorporer une notable proportion d'eau.

L'incorporation d'*eau* à l'axonge se reconnaîtra par la fusion. L'addition du *sel marin* se prouvera par l'eau distillée qu'on additionnera, après filtration, d'un peu de nitrate d'argent.

Il est ordinaire aux États-Unis de mêler à l'axonge 2 à 5 p. 100 de *lait de chaux;* il se fait ainsi un savon blanc de perle, qui, outre qu'il blanchit la graisse, permet d'y incorporer pendant qu'elle se refroidit près de 25 p. 100 d'eau. (O. B. Schuttleworth. *Canad. pharm. Journ.,* 1870.)

Astaix, de Limoges, a signalé la sophistication d'une grande quantité de graisse de porc par le mélange d'une matière mucilagineuse végétale, rapportée avec doute au *carragaheen* (38).

Au contact des vases de cuivre, l'axonge peut se charger d'un peu de *cuivre,* mais par l'ammoniaque la graisse prendra une belle couleur bleue. On peut encore reprendre par l'acide nitrique les produits de l'incinération du corps gras, et y démontrer la présence du cuivre par l'ammoniaque ou le cyanure jaune.

ASTAIX, *Recherches sur la sophistication de la graisse de porc* (*Bull. de la Soc. de médec. et de pharm. de la Haute-Vienne ; — Ann. d'hyg. et de médec. lég.,* 2ᵉ série, t. V, p. 452 ; — *Journ. pharm. et chim.,* 3ᵉ série, t. XXVII, p. 453). — PIERS, *Axonge falsifiée par l'eau avec l'intermède du carbonate sodique* (*Journ. chim. médic.,* 4ᵉ série, 1859, t. V, p. 455). — VIDAL, *Sur la falsification de l'axonge par le carbonate de soude* (*Journ. chim. médec.,* 5ᵉ série, 1867, t. III, p. 355).

AZOTATE D'ARGENT. — Voy. ARGENT (AZOTATE D').

AZOTATE DE BISMUTH BASIQUE. — Voy. BISMUTH (SOUS-AZOTATE DE).

AZUR. L'*azur,* *bleu de cobalt,* est un verre bleu pulvérisé, silicate double de potasse et de cobalt mêlé à quelques oxydes terreux et métalliques. On donne les noms d'*azurs de premier,* de *second,* de *troisième* et *quatrième feu,* aux produits plus ou moins fins obtenus par la pulvérisation et la lévigation.

Assez fréquemment les azurs sont *arsénifères* et même par un simple lavage on peut leur enlever leur arsenic.

On leur a substitué quelquefois de la *fécule* colorée en bleu.

BADIANE (Essence de). L'essence de badiane fournie par l'*Illicium anisatum* L. (Magnoliacées), est incolore ou jaune pâle, elle exhale une odeur prononcée d'anis et a une saveur chaude et douceâtre; elle se solidifie à + 10°.

L'essence de badiane se combine avec l'iode et forme une masse résineuse solide; l'acide sulfurique l'épaissit en une masse solide rouge de sang foncé. Elle est difficilement soluble dans cinq ou six parties d'alcool et dans la solution alcoolique de potasse caustique (Qeller).

L'essence de badiane pure liquéfiée, puis refroidie, se prend en masse cristalline dans un flacon non bouché; elle reste, au contraire, liquide dans un flacon bouché, à moins qu'on n'y projette 0,05 d'essence cristallisée, auquel cas toute l'essence se prend immédiatement en masse. (Stan. Martin, *Bull. thérap.*, mars 1866.)

BALEINE. Les *fanons* de la baleine, *Balæna mysticetus* L. (Mammifères Cétacés), sont formés par une matière cornée fibreuse, brune, élastique et résistante, qu'on emploie à divers usages dans l'industrie.

On a substitué à la baleine (fanons) du caoutchouc vulcanisé; ces produits cassaient net comme du verre (Stan. Martin).

MARTIN (Stan.), *Sur la falsification des fanons de baleine* (*Journ. chim. méd.*, 4e série, 1857, t. III, p. 431).

BARYTE. La baryte est solide, poreuse, grise, âcre, très-caustique; elle a des réactions alcalines prononcées. Elle absorbe l'humidité et l'acide carbonique de l'air; elle précipite de ses solutions en blanc par l'acide carbonique, et par l'acide sulfurique.

La baryte, au contact de verres à base de plomb, peut se charger d'une certaine proportion d'oxyde de plomb; mais alors elle prend une teinte brune par l'hydrogène sulfuré. On distinguera la baryte de la strontiane qui peut être confondue avec elle par la couleur de la flamme de l'alcool mis en contact avec l'échantillon à essayer; la flamme sera jaune pour la baryte pure et pourpre pour la strontiane.

BARYTE (Sulfate de). Le *sulfate de baryte, spath pesant*, est très-pesant, insoluble dans l'eau, les acides nitrique et chlorhydrique et soluble dans un excès d'acide sulfurique concentré et bouillant; il est mélangé quelquefois dans la nature avec des minerais de *cuivre*, de *fer* et de *manganèse*.

Le *cuivre*, qui donne quelquefois au spath pesant une nuance verdâtre ou bleuâtre, est indiqué au moyen de l'ammoniaque ou du cyanure jaune dans la liqueur qui résulte de l'action de l'acide nitrique sur le sulfate de baryte pulvérisé.

Le *fer* communique au sulfate de baryte une teinte ocreuse; on le sépare au moyen de l'acide chlorhydrique qui le dissout et donne une liqueur que le cyanure jaune colore en bleu, et la teinture de noix de galle en noir.

L'oxyde de manganèse colore le sulfate de baryte en brun, mais cette coloration disparaît par les acides.

Malgré son bas prix, le sulfate de baryte a été falsifié par du *carbonate de chaux*, qui fait effervescence par les acides et se retrouve dans la liqueur obtenue par l'acide chlorhydrique; il en est précipité par l'oxalate d'ammoniaque.

L'acide chlorhydrique étendu d'eau et chauffé séparera le *sulfate de chaux* du sulfate de baryte; par le refroidissement, il se fera un dépôt au fond du vase.

La *fluorure de calcium* donne, au contact de l'acide sulfurique concentré, des vapeurs d'acide fluorique, blanches, suffocantes et corrodant le verre.

Le *sulfate de plomb*, qui a été mélangé au sulfate de baryte en raison de sa grande densité, en est séparé par l'action des carbonates alcalins; il se fait un dépôt de carbonate de plomb.

BARYUM (Chlorure de). Le chlorure de baryum est blanc, inodore, âcre, cristallisé en prismes quadrangulaires, très-aplatis; il est soluble dans l'eau et insoluble dans l'alcool.

Il peut contenir du *plomb* qui est précipité en noir par l'acide sulfhydrique et en jaune par l'iodure de potassium; du *cuivre*, qui donnera une coloration bleue avec l'ammoniaque; du *fer*, qui précipitera en bleu par le cyanure jaune et en noir par la noix de galle; de *l'arsenic* qui précipitera en jaune orangé par l'acide sulfhydrique; des *chlorures d'aluminium*, de *calcium* et de *magnésium*, qui ne seront pas solubles dans l'alcool et formeront un résidu. On séparera l'alumine par l'ammoniaque, la chaux par l'oxalate d'ammoniaque et la magnésie par le phosphate de soude ammoniacal; le *chlorure de sodium* se retrouvera sous forme de sulfate de soude dans la solution aqueuse qu'on aura privée du baryum par l'acide sulfurique; le *chlorure de strontium* donne à la solution alcoolique la propriété de brûler avec une flamme pourpre; le *chlorure de manganèse* donnera, par l'ammoniaque, un précipité blanc, devenant brun à l'air.

BAUME DE COPAHU. Le baume de copahu, ou mieux la térébenthine de copahu, provient d'incisions pratiquées sur les troncs des *Copaifera officinalis*, Jacq., *Cop. multijuga*, Hayne, *Cop. Langsdorfii*, Desf., *Cop. coriacea*, Martius, et diverses autres espèces du même genre de Légumineuses. C'est un liquide résineux, transparent, jaunâtre, à odeur forte, à saveur âcre et amère, soluble dans l'alcool concentré, mais laissant à la solution un aspect laiteux.

On en connaît deux sortes principales : le *copahu du Brésil,* très-fluide, jaune clair ; il n'offre pas de dépôt ; le *copahu de Colombie,* ou de *Maracaïbo,* jaunâtre, et offrant toujours un dépôt abondant d'une résine cristallisée.

Le baume de copahu doit être transparent, sans odeur de térébenthine quand on le chauffe, soluble dans deux parties d'alcool ; il dissout le quart de son poids de carbonate de magnésie avec l'aide d'une douce chaleur et devient translucide.

Le mélange avec la magnésie, proposé par Blondeau (*Journ. de chim. méd.,* t. I, p. 560 ; t. II, p. 41), devient en quelques heures translucide et prend la consistance d'un mucilage épais de gomme arabique, mais ce procédé n'est pas absolument exact, car l'effet n'est produit que si la magnésie ou le baume contiennent une petite quantité d'eau. (Roussin.)

Le baume de copahu obtenu par décoction des branches, plus épais et presque exclusivement composé de résine, donne un copahu d'un aspect laiteux, d'une consistance plus grande et d'une saveur plus désagréable.

La *térébenthine,* qui paraît n'être que rarement employée comme falsifiant, donne au copahu une consistance plus grande et visqueuse ; elle se reconnaît aisément en versant sur du papier buvard trois à quatre gouttes de baume qu'on chauffe légèrement de façon à ne pas développer de vapeurs visibles ; l'essence de térébenthine s'évapore la première et se reconnaît à son odeur. Ce procédé ne donne pas de résultats satisfaisants, si l'on a employé la térébenthine de Venise comme adultérant : dans ce cas, Hager mêle 5 à 6 gouttes d'eau et 5 à 7 cc. de baume dans une capsule avec quantité suffisante de litharge pour former une masse épaisse demi-liquide, à une température de $+ 20°$ à $+ 25°$: le mélange exhale une odeur bien marquée de térébenthine si le baume renferme 10 pour 100 de térébenthine, et même s'il en renferme seulement 5 pour 100. On peut encore employer le procédé suivant : on prend 5 grammes de baume, 8 à 10 gouttes d'eau et 15 grammes de litharge, on chauffe environ un quart d'heure sur un bain de sable, ou quelques heures au bain-marie ; après refroidissement, la masse durcie est pulvérisée et bouillie avec de la benzine ; on évapore la liqueur et le résidu est mis en macération avec 90 pour 100 d'alcool pendant plusieurs heures. La liqueur alcoolique est évaporée et donne 0,2 à 0,3 de résine, qui, traitée par la potasse, donne un liquide à peine coloré par le sulfure d'ammonium, tandis que, dans le cas de falsification par la térébenthine, il se fait dans le liquide un précipité abondant et brun noir. Le composé de plomb et de résine de la térébenthine est soluble dans la benzine et l'alcool, celui du copahu ne l'est pas. (*Pharm. Centr. Halle*, 1870 p. 296.)

On peut reconnaître aussi le mélange avec la térébenthine à ce que le baume reste adhérent à la paroi des vases, en raison de la viscosité qu'il a prise. Reveil a indiqué la solidification immédiate de l'ammoniaque. On a donné aussi comme procédé permettant de déceler le mélange, de remplir aux deux tiers un flacon avec le baume suspect et d'agiter : si le baume est pur, il s'écoulera tranquillement et sans interruption, tandis que, s'il est adultéré, il se fera, le long des parois, aussitôt qu'on cessera d'agiter, des stries fort apparentes.

La présence des *huiles fixes*, telles que l'*huile de ricin* ou de *lin*, se décèle en versant une goutte du baume sur du papier à filtre et en le chauffant légèrement à la flamme d'une lampe pour en chasser l'essence ; il se fait une marque transparente bien délimitée si le baume est pur ; la tache est au contraire entourée d'une auréole huileuse, si le baume a été adultéré. (Chevallier, *Journ. chim. médic.*, t. IV, p. 619.)

Planche a recommandé l'emploi de l'ammoniaque pour déceler le mélange d'huile de ricin : on agite pendant quelque temps le baume avec la solution d'ammoniaque, le mélange devient clair et transparent en quelques minutes si le baume est pur, et reste trouble et laiteux s'il y a de l'huile de ricin. (*Journ. de pharm.*, t. XI, p. 228.)

Le baume de copahu est soumis à l'ébullition dans l'eau assez longtemps pour chasser toute l'huile volatile ; s'il est pur, le résidu est une résine qui se dessèche en se refroidissant ; tandis qu'il reste mou quand il y a eu mélange d'huile fixe. Celle-ci sera dissoute par l'alcool à 95°, à moins que ce soit de l'huile de ricin. (Henry et Delondre.)

H. Hager a trouvé le baume de copahu falsifié par de l'*huile de sassafras*. Ayant mêlé 1 cc. de baume et 2 cc. d'acide sulfurique concentré, il laisse refroidir le mélange et ajoute 20 cc. d'alcool, chauffe jusqu'à ébullition et laisse reposer. Si le baume est pur, après l'addition de l'alcool on a un liquide laiteux gris jaunâtre ou rougeâtre pâle, qui, par l'ébullition, devient jaune, clair et trasparent, tandis qu'un dépôt résineux se fait au fond. Dans le cas de mélange avec l'huile de sassafras, l'addition de l'alcool produit une coloration foncée brun rouge qui se fonce davantage par l'ébullition, prend une teinte violette semblable à celle du jus de merise.

HAGER (H.). *Detection of adulteration in copaïva balsam* (*Pharm. Centr. Halle,* 296 ; *Pharm, Journ.,* 3ᵉ série, 1870, t. I, p. 425). — ROUSSIN, *Étude sur les causes de la solidification du copahu par la chaux et la magnésie* (*Journ. pharm. et chim.*). — VIVIER (F.). *Falsification du copahu par la colophane* (*Journ. chim. médec.,* 3ᵉ série, 1853, t. IX, p. 310).

BAUME DE LA MECQUE. Le *baume de la Mecque, baume de Giléad, baume de Judée,* fourni par le *Balsamodendron Gileadense,* Kunth (Burséracées), forme un liquide épais, visqueux, opaque, gris jaunâtre, odorant, qui se sépare par le repos en deux couches : l'une supérieure est liquide, mobile et presque transparente ; l'autre inférieure est opaque, épaisse et glutineuse (Guibourt). Si l'on projette une goutte de baume liquide sur l'eau, elle s'étend à la surface en une couche très-mince qu'on peut facilement enlever au moyen d'un poinçon. Le baume de la Mecque ne pénètre pas le papier collé et ne le rend pas translucide. Il ne se solidifie pas avec un huitième de magnésie, est incomplète-ment soluble dans l'alcool à 0,90 et donne à la liqueur un aspect lactescent. Il se solidifie promptement à l'air par évaporation de l'es-sence.

Fréquemment adultéré, le baume de la Mecque du commerce contient souvent des résines ou des huiles et on lui substitue quelquefois de la *térébenthine de Chio* ou du *baume du Canada* aromatisés avec de l'essence de citron ; mais, par la distillation, on obtient alors un résidu résineux sec.

On a trouvé, dans le commerce, un *baume factice* composé de : benjoin, deux parties ; storax liquide, une partie et demie ; baume de tolu, une partie, et térébenthine du Canada, douze parties : on lui avait donné l'odeur avec des essences de citron, de cassia, de romarin, de muscade et de vanille. Quelquefois même on a fait un simple mélange de benjoin, deux parties, et baume du Canada, seize parties, qu'on aromatise. (*The Phar-macist,* Chicago, 1873.)

BAUME DE MUSCADE. — Voy. MUSCADE (BEURRE DE).

BAUME DU PÉROU. Le *baume du Pérou,* fourni par une variété du *Myroxylon toluiferum,* A. Rich. (Légumineuses), est un liquide épais, brun foncé, odorant, amer et âcre. Il est complétement soluble dans l'alcool ou miscible à ce liquide (ce qui n'a pas lieu s'il est mélangé d'huiles fixes) ; il ne diminue pas de volume quand il est mélangé à l'eau (ce qui prouve qu'on n'y a pas ajouté d'alcool). Pur, 1000 parties sont saturées par 75 parties de carbonate pur de potasse. (Th. Martius, *Pharmakognosie*.)

Ulex a indiqué, pour reconnaître le mélange avec l'*huile de ricin*, l'addition d'acide sulfurique concentré, deux parties, puis d'eau, quand il s'est formé une résine, cassante si le baume est pur, plus ou moins molle quand l'huile existe. (*Arch. der Pharm.*, janvier 1853.)

M. R. Wagner a indiqué le procédé suivant pour reconnaître la présence de l'huile de ricin : on distille environ 10 grammes de baume suspect dans une cornue jusqu'à ce que le résidu ne forme plus que la moitié du volume employé : à ce moment, on arrête et l'on opère sur les produits de la distillation qui forment deux couches ; on enlève les acides au moyen de l'eau de baryte, et l'on retire avec une pipette la couche huileuse surnageante et l'on agite avec une solution de bisulfite de soude : s'il y a eu fraude, elle se prend en masse cristalline, résultant de la combinaison du sel avec l'œnanthol, qui est produit par la distillation sèche de l'huile de ricin.

Les *huiles fixes*, autres que l'huile de ricin, sont indiquées par l'alcool qui dissout le baume et n'a qu'une action nulle ou très-faible sur les huiles fixes.

La falsification du baume du Pérou par le *copahu* est très-difficile à reconnaître ; cependant, en en distillant quelques gouttes dans un tube, on obtient, à 374° Fahr. (190°,C.), un liquide huileux acide formé d'acide cinnamique, dont les cristaux flottent dans l'essence de copahu et qui se solidifie complétement quand le baume du Pérou est pur (Ulex). On peut aussi déceler la présence du copahu en distillant quelques gouttes du baume suspect et en ajoutant ensuite de l'acide qui détermine dans ce cas une explosion. (*Pharmac. Journ.*, t. XII, p. 549.)

Jenks dit qu'en mettant sur la langue une goutte de baume du Pérou on a la sensation d'un liquide quand celui-ci est pur, et que, dans les cas où il est adultéré par des résines, celles-ci se déposent sur les dents et les gencives. Les résines, d'ailleurs, donnent en brûlant une fumée odorante et résineuse caractéristique. Le *benjoin* donne au baume du Pérou une coloration très-foncée et une odeur suave mais moins pénétrante que celle du baume pur.

Si l'on mêle le baume du Pérou, 2 à 3 centimètres cubes à 5 à 6 centimètres cubes d'essence de naphte, le mélange se sépare, après repos, en deux couches, une d'un brun noir, l'autre, limpide et incolore ou légèrement jaunâtre. Si le baume est falsifié, cette dernière couche est trouble et colorée, tandis que le résidu visqueux est plus fluide, ce qui qui rend la décantation plus difficile ; quelquefois le résidu brun est pulvérulent. (Hager.)

H. Schweikert a trouvé du baume du Pérou sophistiqué avec du *storax*, et il conseille d'employer la benzine pour découvrir la fraude. Celle-ci donne une solution claire avec le baume du Pérou pur et donne un liquide trouble avec le storax. Ce baume avait une densité de 1,12 seulement, mais il donnait, comme le baume pur, une résine sèche avec l'acide sulfurique concentré, et ne dégageait pas d'odeur étrangère en étant chauffé ; ayant été distillé avec une solution de sel marin, il a donné quelques gouttes d'un liquide huileux ayant une forte odeur de storax.

Le mélange d'*alcool* au baume du Pérou est indiqué par la contraction du liquide au contact de l'eau, contraction due à la dissolution de l'alcool dans l'eau et qui est toujours en rapport avec la quantité d'alcool.

HAGER (H.), *Test for balsam of Peru* (*Year book of pharmacy for* 1873, 1874, p. 57). — SCHWEIKERT (H.), *Balsam of Peru adulterated with storax* (*Archiv. der. pharm.*, 33, juillet 1873 ; *Amer. journ. of pharm.*, 10° série, 1873, t. III, p. 447). — WAGNER (R.), *Falsification du baume du Pérou* (Buchner, *New. repert. für Pharm.*, t. VII, p. 279 ; *Journ. pharm. chim.*, 3° série, 1858, t. XXXIV, p. 160).

BAUME DE TOLU. Le baume de Tolu, fourni par le *Myrospermum toluiferum*, A. Rich. (Légumineuses), est d'abord un liquide visqueux ayant la *consistance d'une térébenthine grasse*, puis il se solidifie, devient grenu, de couleur fauve ; son odeur est alors très-suave, sa saveur douce et parfumée ; une longue exposition à l'air le rend de plus en plus friable et fonce sa coloration ; il est susceptible de se ramollir à la chaleur de la main et devient à demi fluide ; dans ce cas, son odeur est moins prononcée et sa saveur est un peu âcre. Il est soluble dans l'alcool et l'éther, mais non dans les corps gras.

La présence de la résine d'*Abies*, dans le baume de Tolu, se reconnaît au moyen de la benzine qui laisse le baume intact.

La *colophane* est indiquée en chauffant le baume mélangé avec de l'acide sulfurique ; il se produit une substance noirâtre avec un grand dégagement d'acide sulfureux : le baume pur se dissout en une liqueur rouge-cerise et sans dégagement d'acide sulfureux. (Ulex, *Arch. der Pharm.*, janvier 1855 ; — *Pharm. Journ.*, t. XIII, p. 530.)

BAUME TRANQUILLE. Le baume tranquille est formé par de l'huile chargée de principes narcotiques et d'huiles essentielles fournies par la belladone, la jusquiame, la morelle, la lavande, le thym, la sauge, etc.

Le baume tranquille récent est vert par réflexion et rouge par réfraction. Il doit être conservé à l'abri de la lumière, autrement il prend une couleur jaunâtre.

Le baume tranquille a été quelquefois remplacé par des *huiles d'olive* ou *d'œillette colorées* en vert au moyen de l'acétate de cuivre, ou par un mélange de curcuma et d'indigo ou de bleu de Prusse. Dans le premier cas, un papier imprégné de baume tranquille brûlera avec une flamme verte qui indiquera la présence du cuivre ; l'ammoniaque donnera un savon de couleur bleue. Le curcuma sera indiqué par la couleur brune que prendra le savon ammoniacal. Quant au bleu de Prusse, il sera indiqué par l'existence d'oxyde de fer dans les cendres résultant de l'incinération du baume.

BDELLIUM. Le *bdellium*, fourni par *Heudelotia africana*, A. Rich. (Burséracées), est une résine en larmes arrondies demi-transparentes, d'une couleur jaunâtre ou rougeâtre, dont la surface est recouverte d'une sorte de poussière blanchâtre ; sa cassure est terne et cireuse ; son odeur est faible, sa saveur âcre et amère ; il adhère aux dents pendant la mastication ; il se ramollit au feu et brûle au contact d'un corps en ignition avec une odeur balsamique.

On leur substitue quelquefois le *bdellium de l'Inde*, que le commerce désigne sous le nom de myrrhe de l'Inde et qui est fourni par les *Balsamodendron Mukul*, Hook. et *pubescens*, Stocks. Cette résine est en morceaux arrondis, rouge foncé sale, un peu mous et non cassants, se ramollissant à la chaleur de la main ; sa saveur est âcre et amère, son odeur peu agréable. Elle est souvent mélangée de terre, de débris d'écorce et de tige.

Le bdellium est fréquemment falsifié avec de la vieille *myrrhe* impure ou avec une *gomme* brune qui paraît provenir des mêmes contrées que le bdellium. Traité par l'eau, il forme alors un mucilage qui laissera percevoir plus aisément l'odeur spéciale de la myrrhe.

BELLADONE. La belladone, *Atropa Belladona*, L. (Solanées), est une plante très-vénéneuse, à feuilles alternes, longues de 3 à 6 pouces, ovales, aiguës, entières, molles, dont les supérieures sont souvent réunies par paires et inégales. Leur saveur est un peu amère et acidulée, leur odeur est nauséeuse, surtout quand on les froisse. La racine se présente en morceaux longs de 1 à 2 pieds, épais d'environ 2 pouces, ramifiés et sillonnés, d'un blanc sale. Cette plante doit ses propriétés à l'atropine.

On lui a substitué quelquefois les feuilles de la *morelle, Solanum nigrum*, L., qui sont moins grandes, ovales, sinueuses, anguleuses, dentées, et non lancéolées.

D'autres fois on a remplacé la belladone par la *jusquiame, Hyoscyamus niger*, L., bien que les feuilles soient tout à fait distinctes. En effet, elles sont sessiles, molles, couvertes de poils longs et visqueux, ovales, incisées et lobées.

L'huile de belladone, quelquefois employée en pharmacie, a été remplacée par de l'huile d'olives ou d'œillettes colorée par de la poudre de *curcuma;* mais cette substitution est indiquée par l'ammoniaque, qui lui donne une teinte brune, tandis que l'huile véritable prend une apparence bleu verdâtre. (Lepage.)

BENJOIN. Le benjoin est un baume qui provient des incisions faites à l'écorce du *Styrax Benjoin*, D. C. (Styracacées). Il se présente sous forme de morceaux brunâtres formés par des larmes agglutinées blanchâtres, ou en masses brun rougeâtre ; sa saveur est faible, mais son odeur est parfumée et agréable ; chauffé, il donne des vapeurs d'acide benzoïque ; il est soluble dans l'alcool et dans une solution de potasse.

Il est souvent mélangé de *sable*, de *terre*, de *fragments de végétaux*, qu'on peut en séparer au moyen de l'alcool.

On trouve quelquefois, dans le commerce, du benjoin qui a été privé d'une partie de son acide benzoïque par ébullition dans l'eau ordinaire et dans l'eau de chaux. Mais, dans ce cas, son odeur est très-affaiblie, sa saveur est aussi amoindrie et d'autre part on n'y trouve plus de traces de larmes amygdaloïdes.

BENOITE. La benoîte, *Geum Urbanum*, L. (Rosacées), fournit à la matière médicale sa souche, qui est du volume d'une forte plume, rougeâtre, garnie de radicelles nombreuses d'un rouge foncé ; sa saveur est amère et astringente et son odeur rappelle celle du girofle.

On lui a substitué la souche du *Geum rivale*, L., qui est beaucoup moins active, a une odeur moins prononcée, et a une pulpe blanche.

BERGAMOTE (Essence de). L'essence de bergamote, *Citrus Limetta*, Risso (Aurantiacées), est incolore, mais elle devient avec le temps jaunâtre et même brunâtre, et laisse déposer dans les flacons des flocons de stéaroptène. Elle a une odeur très-suave, qui est intermédiaire à celles du citron et de l'orange. Sa densité est 0,880.

Elle est souvent mélangée d'*alcool*, mais on sépare ce corps en agitant l'essence suspecte avec un peu d'huile d'olives ou d'amandes douces.

BEURRE. Le *beurre*, ou partie grasse du lait, est formé de margarine, d'oléine principalement, et de butyrine, de caprine et caproïne, en très-petite quantité. Le meilleur beurre à une teinte jaune riche, une saveur et une odeur douces, agréables et aromatiques, qu'on a comparées à celles de la noisette. Sa consistance est moyenne ; il a la pâte fine et se tranche nettement en lames minces ; il ne doit pas contenir encore une proportion notable de lait de beurre, car alors il rancit avec la plus grande facilité. Il est facile de constater si le beurre n'a pas été bien délaité quand, en coupant avec un couteau une tranche mince de l'intérieur d'un pain de beurre, on voit exsuder de cette tranche de petites gouttelettes blanchâtres.

Comme le beurre d'hiver n'a jamais la couleur du beurre d'été, on le colore, malgré les anciennes ordonnances datant de 1396, et comme les beurres jaune-safran sont ceux qui sont les plus recherchés sur les marchés, naturellement on cherche à leur donner la coloration voulue, et dans ce but on fait usage de safran, de fleurs de souci, de jus de carotte, de rocou, de curcuma.

Le rocou n'a pas de stabilité ; le curcuma employé seul donne une teinte verdâtre qu'il faudrait corriger par du rouge, mais il ne produira jamais une nuance aussi plaisante au consommateur que celle fournie par les fleurs du *Calendula arvensis*, L. (Composées), cultivé expressément dans les environs de Gournay, pour faire la teinture du beurre ou *merliton*. (Bidard.)

Il n'est pas rare de trouver sur les marchés du beurre *fourré*, c'est-à-dire dans lequel du beurre de qualité inférieure est enveloppé d'une couche de beurre de qualité supérieure.

Il faut prendre garde à la facilité avec laquelle les corps gras dissolvent les sels de cuivre, et avoir bien soin de ne pas fondre ni laisser refroidir le beurre dans des vases de cuivre. La présence du cuivre, du reste, serait indiquée par le cyanure jaune qui donnera au beurre une teinte cramoisie.

Une des sophistications les plus communes du beurre est l'incorporation de l'*eau* en grande quantité. Pour l'obtenir, on amène le beurre au point de fusion et l'on y mélange de l'eau un peu salée qu'on bat jusqu'à refroidissement. Le docteur Crace Calvert dit avoir reconnu dans des beurres ainsi travaillés de 0,02 à 0,14 de sel, et de 0,10 à 0,12 d'eau. Les beurres salés surtout sont additionnés d'une grande quantité d'eau : certaines sortes inférieures en contiennnent jusqu'à un tiers de leur poids.

On peut reconnaître la quantité d'eau que renferme un beurre en le mettant dans une bouteille qu'on tient près du feu pendant environ une heure et demie ; l'eau et le sel se séparent ; cette eau est blanchâtre et laiteuse par le mélange d'un peu de lait de beurre, et forme quelquefois le quart de la masse entière. On peut encore prendre un poids déterminé de beurre, et on le chauffe dans une capsule pour faire évaporer l'eau ; la perte du poids indique la quantité d'eau. On reconnaîtra, dans l'eau séparée par fusion, la proportion'de lait de beurre par la détermination de la quantité de sucre de lait ; 1000 grains de lait de beurre donnent environ 60 grains de sucre de lait. (Hassall.)

Dans les qualités inférieures de beurre, on a quelquefois trouvé de la *fécule*, de la *pulpe de pommes de terre*, du *lait durci* au feu, de la *farine de blé*, mais en mettant le beurre à fondre dans un tube avec dix fois son poids d'eau, on séparera toutes ces matières qui se précipiteront au fond du tube et dont on prendra le poids. On séparera le caséum du lait par l'ammoniaque ; la fécule, la farine et la pulpe de pommes de terre se reconnaîtront à leurs caractères microscopiques et à la coloration bleue par l'iode. On peut, du reste, soupçonner la présence des matières amylacées, quand le beurre prend au contact de l'eau iodée une coloration bleue plus ou moins sale au lieu d'une belle teinte jaune orangée.

On peut reconnaître la fécule au microscope en examinant des couches très-minces de beurre, mais il est plus facile de faire fondre le beurre avec de l'eau, de traiter la solution par l'éther pour enlever toute matière grasse, et d'examiner le résidu.

Quand le beurre est d'un prix élevé, on l'additionne assez souvent de *graisses animales* et surtout de *graisse de veau*, mais dans ce cas il a une odeur particulière, qu'on peut rendre plus sensible en le mélangeant avec une solution de potasse caustique ; il fond vers $+40°$ d'après Francqui, entre $+65°$ et $+70°$ d'après Chevallier.

D'autre part, le microscope permet d'y reconnaître les cristaux d'acides margarique et stéarique. On a signalé un beurre vendu sous le nom de *beurre des Alpes*, et qui consistait en un mélange de 0,50 de beurre de Bavière, 0,35 de graisse de porc, 0,15 de graisse de bœuf, fondus et colorés par une substance jaune.

On a trouvé du beurre renfermant du *carbonate* et de *l'acétate de plomb* ; le produit de l'incinération traité par l'acide nitrique, donne un liquide qui précipite en jaune par l'iodure de potassium et le chromate de potasse, et en noir par l'hydrogène sulfuré.

Le *sel* se retrouve dans les cendres et est facilement reconnu au moyen du nitrate d'argent.

Fréd. Weill a indiqué la vente à Paris d'une pâte destinée à colorer le beurre et composée de chromate de plomb 35,370 ; sulfate de plomb 5,710, et matière grasse et rocou 58,920.

Poggiale a trouvé une autre pâte formée de beurre rance, de chromate de plomb, de curcuma, de chlorure de sodium et de toutes les matières salines que renferme le sel marin.

Hoorn a indiqué le procédé suivant pour reconnaître si le beurre est ou non falsifié : Le beurre (10 gr.), fondu à une douce température, est placé dans une éprouvette terminée en pointe, longue de $0^m,20$ et large de $0^m,025$ dans les deux tiers supérieurs ; la partie inférieure est divisée en dix parties égales ; on y verse $0^m,30$ d'éther de pétrole (au poids moyen de 0,69 à $+15°$ et bouillant à $+80$-110) ; on agite fortement et on laisse reposer. On transvase l'éther et le remplace par une nouvelle quantité, et on laisse reposer deux heures ; l'eau mise en liberté donne une colonne qu'on évalue : dans un bon beurre elle est de 0,10 à 0,14 ; on en trouve jusqu'à 0,40 dans le beurre falsifié ; l'éther de pétrole dans les proportions indiquées est évaporé et donne la matière grasse, toute celle du beurre, mais si celui-ci est fraudé avec des graisses de veau, de bœuf, de porc, plus de 0,10, elles ne sont pas complétement dissoutes. — Voy. LAIT.

BIDARD, *Note sur la coloration artificielle du beurre* (Soc. d'agric. de la Seine-Inférieure, 1865, cah. 447, p. 173). — CHEVALLIER, *Coloration artificielle du beurre* (Journ. chim. médic., 4ᵉ série, 1863, t. IX, p. 683). — FRANCQUI (J.-B.), *Sur l'analyse du beurre* (L'art médic., 1866 ; Journ. chim. médic., 5ᵉ série, 1866, t II, p. 151, 218). — HASSALL, *Report on the adulteration of Butter* (Lancet, 1853). — HOORN (Journ. de méd. chirur. et de pharmac. de Bruxelles, 1871, p. 162 ; Ann. d'hygiène et de médec. lég., 2ᵉ série, 1874, t. XLI, p. 460). — MARCHAND, *Dosage du beurre dans le lait* (Journ. pharm. et chim. 3ᵉ série, 1854, t XXVI, p. 344). — POGGIALE. *Coloration du beurre par le chromate de plomb* (Journ. chim. et pharm., 3ᵉ série, 1863, t. XLIV, p. 3917). — TIDY

(Dr Meymott), *The adulteration of Butter* (Soc. of medic. officers of Health, 1874; *Pharmac. Journ.*, 3ᵉ série, n° 193, 1874, p. 725). — WEILL (Fréd.), *Coloration du beurre en jaune par un composé toxique* (*Journ. chim. médic.*, 4ᵉ série, 1863, t. IX, p. 685).

BEURRE DE CACAO. — Voy. CACAO (BEURRE DE).

BEURRE DE MUSCADE. — Voy. MUSCADE (BEURRE DE).

BIÈRE. La bière est une boisson fermentée qu'on obtient au moyen de l'orge germée et du houblon et dont les qualités différentes sont dues à ce qu'on a employé des proportions variables de malt et de houblon, à ce qu'on a opéré à des températures différentes, ou à diverses modifications dans les procédés de fabrication. C'est ainsi que pour obtenir le *porter* ou bière brune des Anglais, on fait usage d'orge qui a été soumise à une plus haute température dans le four, et de houblons cueillis à un degré plus avancé de maturité, tandis que pour les bières faiblement colorées on prend soin de prévenir la torréfaction des enveloppes de l'orge et de leur conserver une nuance jaune pâle et qu'on ne se sert autant que possible que de houblons dont la récolte a été hâtive. La manière dont s'effectue la fermentation joue aussi un rôle important sur les propriétés extérieures et propres de la bière. Le mode de clarification de la bière a aussi une influence sur la qualité des produits.

Bien qu'il semble que la bière soit moins sujette à être sophistiquée que d'autres boissons, en raison des difficultés qu'il y a à apporter des modifications notables à sa fabrication, sans que le goût en soit altéré au point de déceler immédiatement la fraude au consommateur, on n'en a pas moins signalé un certain nombre de sophistications.

Par suite de vices de préparation on a trouvé dans la bière du *plomb* et du *cuivre* qui provenaient des appareils employés, et quelquefois de glycose qu'on avait substitué en partie à l'orge germée. Dans d'autres circonstances la présence du plomb a été expliquée par l'emploi pour la clarification de la bière de *colle au minium* ou *à la litharge;* c'est à cette cause qu'on a dû attribuer de nombreux cas d'intoxication saturnine observés dans le département du Nord (Meurein). On reconnaîtra la présence du plomb au moyen, soit du sulfate de soude, qui donnera un précipité blanc, soit du chromate de potasse ou de l'iodure de potassium, qui détermineront un précipité jaune, soit enfin par l'hydrogène sulfuré, qui noircira le liquide par suite de la formation de sulfure de plomb.

Le cuivre doit être recherché dans les cendres de la bière évaporée jusqu'à siccité et incinérée, qu'on traite par l'acide nitrique pour obtenir une liqueur à laquelle l'ammoniaque donnera une belle couleur bleue et dans laquelle le cyanure jaune déterminera un précipité brun marron.

Les *sels calcaires* provenant des eaux employées ou de ce qu'on aurait fait usage de glycose, donneront un précipité blanc par l'oxalate d'ammoniaque et le chlorure de baryum.

Pour rendre la bière aigrie potable, on y ajoute quelquefois de la potasse, de la craie, de la magnésie, mais on n'est jamais parvenu à masquer complétement ainsi la saveur désagréable de la boisson. L'auteur du *Brewing malt liquors* recommande dans ce cas l'emploi des coquilles d'huîtres calcinées.

Les brasseurs anglais ajoutent de l'alun au porter pour lui donner l'aspect des produits déjà anciens. (Morris.)

Pour donner à la bière une coloration plus grande, et cela souvent en vue de masquer l'addition d'eau dans les bières fortes, on a quelquefois fait usage de caramel ; mais cette fraude se reconnaît facilement au moyen d'une solution de tannin, qui ne modifie en rien la couleur d'une bière colorée au caramel tandis qu'elle décolore une bière loyale. (Dr P. Schuster.)

L'addition d'eau à la bière ayant diminué sa saveur, on cherche souvent à remonter celle-ci avec du *sel commun*, et la quantité en est quelquefois assez grande pour donner un goût salé au porter.

Fréquemment on remplace un partie du malt par du sirop de fécule, qui peut être la cause de la présence du cuivre dans le liquide, et qui y introduit aussi une certaine proportion de sels calcaires provenant de sa fabrication, et qui viennent augmenter le volume du résidu laissé par l'évaporation.

Diverses substances ont aussi été employées pour être substituées au houblon, des feuilles et de l'écorce de *buis*, des feuilles de *minyanthe*, de la racine de *gentiane* ou de *quassia*, des *graines de paradis*, de l'*aloès*, de l'*acide picrique*, de la *coque du Levant*, de la *strychnine*, des *matières résineuses*, etc.

On a proposé en Angleterre de substituer au houblon, dans la fabrication de la bière, des *matières résineuses* traitées par deux parties d'acide nitrique et débarrassées de l'excès d'acide par le lavage, quand la masse est devenue bien homogène.

La présence de l'*aloès* dans la bière a été reconnue en prenant le dépôt formé au fond du tonneau, le lavant sur un filtre et le traitant ensuite par l'alcool ; on a ainsi une teinture qui donne par simple évaporation un résidu de la partie constituante de l'aloès, facile à reconnaître à ses caractères physiques et organoleptiques. (Rauwez.)

On a proposé de remplacer le houblon par de l'*acide picrique* (Dumoulin, *Comptes rendus*, 1851). Pohl a proposé, pour en déceler la présence, de faire bouillir pendant six à dix minutes dans la bière suspecte de la laine très-blanche à laquelle on n'a pas ajouté de mordant et qu'on lave ensuite ; la laine est colorée en jaune canari plus ou moins intense ; ce procédé indique jusqu'à un huit-millionième d'acide. (*Journ. d'Anvers, Journ. de Pharm.*, 3ᵉ série, XXIX, 465.)

Lassaigne a conseillé de décolorer la bière par le sous-acétate de plomb, qui en précipite presque toutes les matières colorantes, mais qui laisse l'acide picrique qui colore en jaune clair la bière, pour peu que celle-ci en contienne un douze-millième. Si la proportion d'acide picrique était moindre, il faudrait la réduire par évaporation jusqu'à ce que la couleur jaune-citron ait apparu. Ce procédé, qui peut s'appliquer facilement aux bières faibles et pâles, paraît devoir être plus difficilement utilisé pour les bières foncées et alcooliques, comme le porter et le *stout*, que le sous-acétate de plomb ne décolore pas complétement. (Hassall.)

Les *graines de paradis* sont employées en grande quantité (200 à 300 tonnes annuellement) en Angleterre, pour donner du montant à la bière et aux boissons alcooliques. (P. L. Simmonds.)

Séput a signalé la falsification de la bière, faite à Saint-Pétersbourg, au moyen de la *picrotoxine;* pour s'en assurer on décolore la bière avec du charbon, on concentre au tiers de son volume et l'on traite le liquide restant par l'éther amylique, qui dissout la picrotoxine. Il résulte aussi d'une discussion qui a eu lieu en 1872 et 1873, à l'Académie de médecine de Belgique, que l'usage de la coque du Levant par les brasseurs, en vue d'économiser en même temps le malt et le houblon, est devenu assez fréquent en Belgique. La raison de cette addition dangereuse serait qu'elle rend la bière plus enivrante, et les 250 tonnes de coque du Levant, qui constituent l'importation annuelle moyenne en Angleterre, sont presque exclusivement employées par les brasseurs. (P. L. Simmonds.)

Pour s'assurer de la présence de la coque du Levant dans la bière, il faut y rechercher la picrotoxine, qui en est le principe actif ; et le docteur Herapathe propose le procédé suivant : Verser dans la bière un excès d'acétate de plomb qui élimine toute la gomme et la matière colorante. On filtre et précipite l'excès de sel de plomb par un courant d'hydrogène sulfuré, puis on chauffe pour chasser l'hydrogène sulfuré qui se trouve dans la liqueur à l'état libre. On évapore la liqueur à une douce température jusqu'en consistance sirupeuse, et l'on mêle à une petite quantité de noir animal ; après quelque temps de contact on jette sur un filtre, lave la matière avec une petite quantité d'eau et dessèche le filtre au bain-marie. Le noir animal a retenu la picrotoxine, qu'on sépare au moyen d'une petite quantité d'alcool ; on filtre et l'on dessèche par évaporation dans un petit récipient de verre, où la picrotoxine forme des cristaux aciculaires disposés en houppes plumeuses (Hassall). On peut aussi reconnaître les effets toxiques de la picrotoxine en administrant sa solution alcoolique à quelque animal.

M. Payen avait annoncé qu'on avait fait usage de *strychnine* pour donner de l'amertume à certaines bières anglaises, mais il a été démontré par MM. Graham et Hoffmann, que la quantité d'alcaloïde qui serait nécessaire était d'un grain par gallon (environ 3 litres 1/2), de telle sorte que les symptômes caractéristiques de l'empoisonnement par cet alcaloïde se manifesteraient par l'ingurgitation d'une seule pinte. (*Quart. Journ. for the Chem. Soc.*, 173.)

On a constaté dans la bière la présence de l'*acide tartrique*, provenant de ce qu'on avait fait usage de colle de poisson traitée par un mélange de vinaigre et d'acide tartrique ; on reconnaît la présence de ce dernier acide en évaporant à siccité la bière suspecte et reprenant le résidu par l'eau ; la potasse déterminera un précipité cristallin dans la solution.

Le *porter* est fréquemment sophistiqué et contient quelques-unes des substances que nous avons énumérées plus haut, et la remarque a été faite que les débitants de Londres qui vendent cette boisson moins cher qu'ils ne l'achètent aux brasseurs, ce qui donne une évidence plus forte à la certitude qu'ils *manipulent* leurs produits, exercent leur industrie sur une échelle bien plus considérable pendant la nuit du samedi au dimanche. (P.-L. Simmonds.)

Pour reconnaître les falsifications du porter et du stout, il faut vérifier leur pesanteur spécifique et la quantité d'alcool, qui varie de 0,0715 à 0,453 pour le stout et de 0,0397 à 1,81 pour le porter ; il faut aussi reconnaître leur degré d'acidité au moyen d'une solution titrée de carbonate de soude, puis rechercher la quantité de gomme et de sucre, et les sels (chlorure de sodium, sels de fer) qui peuvent exister.

L'*ale* est l'objet de sophistications semblables à celles du porter, et, de plus, on a indiqué qu'elle était plus fréquemment adultérée par de la strychnine, mais les recherches de MM. Graham et Hoffmann ne leur ont pas permis de trouver trace de ce dangereux principe dans les produits qu'ils ont examinés, et, d'autre part, ils ont constaté que la quantité qui serait nécessaire pour donner à la bière une amertume suffisante, serait telle que des accidents se manifesteraient chez les consommateurs pour peu qu'ils eussent bu une pinte du liquide; et l'on sait que cette quantité est, le plus souvent, largement dépassée sans accidents. (Hassall.)

Analytic report on Dublin, XXX porter (*Medic. Press and Circul.* 15 décembre 1869). — Barruel, *Analyse d'une bière qu'on croyait falsifiée* (*Ann. d'hyg. et de médec. lég.*, 1833, t. X, p. 74). — Blas, *Recherche de la picrotoxine dans la bière* (*Bull. Acad. de médec. de Belgique*, 1869, p. 1232). — Bonnewyn, *Note sur la picrotoxine* (*Bull. Acad. de médec. de Belgique*, 1869, p. 837). — Brunaer, *Présence de l'acide picrique dans la bière* (*Journ. pharm. et chim.*, 4e série, 1873, t. XVIII, p. 247). — Lassaigne (J.-L.), *Note sur le moyen de constater et de démontrer la présence de l'acide picrique introduit dans la bière* (*Journ. chim. médic.*, 3e série, 1863, t. IX, p. 495). — Meurein (V.), *Recherches chimiques sur les bières plombifères* (*Journ. chim. médic.*, 3e série, 1863, t. IX, p. 595). — Mulder, *Des falsifications de la bière* (*Ann. d'hyg. et de médec. lég.*, 2e série, 1861, t. XVI, p. 33, 430). — Pohl, *Moyen de déceler l'acide picrique dans la bière* (*Journ. pharm. et chim.*, 3e série, 1856, t. XXIX, p. 465). — Rauwez (J.-V.), *Moyen simple de reconnaître une bière à l'aloès* (*Journ. chim. médic.*, 4e série, 1864, t. X, p. 233). — Schmidt, *Bière falsifiée avec de la picrotoxine* (*Journ. pharm. et chim.*, 3e série, 1863, t. XLIII, p. 170).

BISCUITS. Comme on emploie souvent le carbonate d'ammoniaque pour faire lever davantage la pâte, et comme ce sel contient quelquefois du *chlorhydrate d'ammoniaque* et du *carbonate de plomb*, provenant de sa fabrication industrielle, il en est résulté quelques accidents. L'eau de macération de ces biscuits précipite en blanc par le nitrate d'argent.

Girardin a reconnu, dans des biscuits *façon* de Reims 0,01 d'alun, ou de 0,001 à 0,002 de carbonate de soude; ces biscuits sont ordinairement très-volumineux et paraissent boursouflés : ils ont, en général, un arrière-goût désagréable prononcé.

Pour reconnaître le *bicarbonate de soude*, il suffira de délayer la pâte des biscuits dans de l'eau et d'y verser quelques gouttes d'acide qui y déterminera une effervescence. Il en sera de même si la pâte contient du *carbonate d'ammoniaque* et du *carbonate de plomb* : ce dernier donnera en outre un précipité jaune par l'iodure de potassium et le chromate de potasse, ou une coloration noire par l'acide sulfhydrique.

BISMUTH. Le bismuth est un métal blanc avec reflet rougeâtre, cassant, à texture cristalline et lamelleuse, qu'on peut obtenir par fusion cristallisé en trémies cubiques. Sa densité est 9,85 ; il est fusible à $+$ 246° et volatil à une température très-élevée.

Souvent le bismuth, surtout celui qui vient d'Allemagne, est mélangé de *fer*, de *cuivre*, d'*antimoine* et de *plomb* : pour reconnaître la présence de ces corps, on dissout le métal dans l'acide nitrique, en ayant soin de ne projeter que par petites portions, pour éviter la formation d'un nitrate basique difficilement soluble ; quand tout l'acide nitrique est saturé, on étend la dissolution dans vingt fois son volume d'eau, où il se fait un précipité de nitrate basique : la liqueur contiendra du nitrate acide, et les nitrates de fer, de cuivre et de plomb. L'addition d'acide sulfurique étendu ou d'un sulfate déterminera la précipitation du sulfate de plomb ; on filtrera de nouveau, et l'on traitera par un excès d'ammoniaque pour obtenir un précipité brun rougeâtre de fer hydroxydé, tandis que la liqueur sera colorée en bleu par le cuivre.

La présence de l'*arsenic* se reconnaîtra au moyen du chalumeau sur un charbon : on ne tardera pas à percevoir une odeur alliacée très-prononcée : on peut aussi faire usage de l'appareil de Marsh.

Le *soufre* que contient fréquemment le bismuth se reconnaît par l'action de l'eau bouillante sur le résidu de la purification du bismuth fondu à deux reprises différentes avec 0,5 de son poids de nitrate de potasse et par l'addition de chlorure de baryum qui détermine la formation d'un précipité blanc.

BISMUTH (Carbonate de). Le carbonate de bismuth est un sel qui s'obtient en versant du nitrate de bismuth dans une solution de carbonate de soude en excès et en lavant le précipité qu'on dessèche ensuite.

Rarement pur, le carbonate de bismuth renferme presque toujours du *sous-nitrate de bismuth* en proportions variables. (Umney.)

Umney (C.), *Carbonate de bismuth du commerce* (*Union pharm.*, 1865, t. IV, p. 170).

BISMUTH (Sous-nitrate de). Le sous-nitrate de bismuth, *blanc de fard*, est pulvérulent, blanc, insipide, inodore et très-peu soluble dans l'eau.

Il peut contenir, et cela est assez fréquent, de l'*arsenic*, qui se reconnaît en calcinant une petite quantité qu'on met ensuite en contact avec une

minime proportion d'acétate de potasse et de soude : on chauffe de nouveau et il se développe une odeur alliacée qui dénote la présence de
l'arsenic. (Glénard.) Le sous-nitrate de bismuth du commerce anglais
contient presque toujours des proportions sensibles d'arsenic et en même
temps de l'oxychlorure jusqu'à 0,72. (Moreland.)

Pour reconnaître l'arsenic dans le sous-nitrate de bismuth, on calcine
dans un tube ou sur une lame de platine une très-petite quantité du sel
pour chasser l'acide nitrique ; on ajoute sur la poudre une très-minime
quantité d'acétate de potasse ou de soude et l'on chauffe modérément, en
flairant de temps à autre ; s'il y a de l'arsenic, on perçoit une odeur
alliacée ; sinon, on n'a que l'odeur acétique. (Glénard.)

On a constaté également que le sous-nitrate de bismuth du commerce
retient souvent une notable quantité d'*acide nitrique*. (Herbelin.)

Le *sulfate de chaux* rend le sous-nitrate de bismuth incomplétement
soluble dans l'acide nitrique ; en traitant par la chaleur au contact du
charbon et acidulant avec de l'acide chlorhydrique, on aura une odeur
hépatique due à la formation de sulfure de calcium.

Le *carbonate de chaux* donnera, avec l'acide nitrique étendu, une
effervescence qui accompagnera la dissolution du sous-nitrate de
bismuth impur : la liqueur donnera, par l'oxalate d'ammoniaque, un
précipité blanc d'oxalate de chaux. (Capdevielle.)

Le *carbonate de plomb* se trouve quelquefois ajouté au sous-nitrate de
bismuth, employé comme blanc de fard, et lui communique des propriétés
nuisibles pour l'économie : il sera indiqué par l'effervescence au contact
de l'acide nitrique étendu et par les précipités que donneront dans la
liqueur l'iodure de potassium et l'acide sulfhydrique.

La présence de la *fécule* dans le blanc de fard, non préjudiciable à
la santé, est indiquée par l'eau iodée qui donne une coloration bleue.
Au contact de l'acide nitrique, la fécule détermine des vapeurs rutilantes.

L'*oxychlorure de bismuth* est décelé par la dissolution du blanc de
fard dans l'acide nitrique et par le nitrate d'argent qu'on verse goutte à
goutte ; il se fait un précipité blanc caillebotté, insoluble dans un excès
d'acide et soluble dans l'ammoniaque : on doit avoir soin de séparer
le précipité avant de le soumettre à l'action de l'alcali, car celui-ci
précipiterait le nitrate de bismuth dissous dans la liqueur, et, par suite,
son action dissolvante sur le chlorure d'argent ne serait pas aussi
manifeste.

La quantité d'oxychlorure, qui est due à ce que l'acide nitrique du commerce contient presque toujours de l'acide chlorhydrique, est quelquefois assez considérable et dépasse 0,05. Ce mélange se rencontre assez fréquemment dans les sous-nitrates du commerce. (Lemoine.)

Le sous-nitrate de bismuth peut quelquefois retenir un peu de *sel ammoniacal*, quand il a été insuffisamment lavé. (Boullay.)

On adultère fréquemment le sous-nitrate de bismuth au moyen du *phosphate de chaux*. Redwood a reconnu que certains sous-nitrates en contenaient de 0,11 à 0,40. Roussin, qui a trouvé jusqu'à 0,28 de phosphate, a indiqué de faire dissoudre 1 gramme du sel suspect dans une petite quantité d'acide nitrique ou chlorhydrique, et d'y ajouter de l'acide tartrique ; puis de verser dans la liqueur, restée limpide, une solution de potasse caustique qui donne un précipité dans le cas où il y a un phosphate. Il a aussi reconnu le mélange du phosphate de chaux en opérant la dissolution de 5 grammes de sous-nitrate dans l'acide nitrique et en y faisant passer un courant d'hydrogène sulfuré. Le précipité fut lavé avec soin sur un filtre, et les liqueurs filtrées furent réunies et évaporées ; elles ont donné un précipité blanc abondant de phosphate de chaux (0,28).

En traitant par le carbonate de potasse la solution acide du bismuth on obtient un précipité insoluble dans un excès de carbonate, si le sous-nitrate est pur, et insoluble s'il y a du phosphate de chaux, même 0,01.

La présence du phosphate de chaux dans le sous-nitrate de bismuth peut être décelée par le mélange de 0,50 du sel suspect dans 1 gramme d'acide sulfurique concentré étendu de 60 grammes d'eau : on laisse déposer et, après repos, on sursature la liqueur filtrée par l'ammoniaque ; elle se trouble et l'on dissout le dépôt dans une quantité suffisante d'acide nitrique : cette nouvelle dissolution précipite par l'oxalate d'ammoniaque, s'il y avait du phosphate de chaux. (Lepage.)

On a aussi constaté, en Angleterre, la présence, dans le sous-nitrate de bismuth, de quantités notables d'*argent* : on s'en est assuré en traitant par l'acide nitrique pour dissoudre le sous-nitrate ; lavant le précipité par l'acide nitrique étendu, puis par de l'eau, puis par l'ammoniaque ; le résidu exposé à la lumière noircit, est soluble dans l'ammoniaque et donne un précipité jaune avec l'iodure de potassium. (Ch. Ekin.)

L'existence du *cuivre* dans presque tous les échantillons du sous-nitrate de bismuth provenant d'Australie, ce qui est dû à une purification incomplète, a été signalée par Redwood.

BOUILLAY, *Présence de l'ammoniaque dans le sous-nitrate de bismuth* (*Union pharm.*, 1865, t. VI, p. 271). — BRIEKA, *Sous-nitrate de bismuth* (*Thèse de Strasbourg*, 1864). — CAPDEVIELLE, *Falsification du sous-nitrate par le carbonate de chaux* (*Journ. chim. médic.*, 4e série, 1856, t. II, p. 291). — EKIN (Ch.), *The presence of silver in commercial subnitrate of bismuth* (*Pharm. journ.*, 16 nov 1870). — EKIN (Ch.), *Note in the occurence of silver in the pharmacopeia preparation of bismuth* (*Pharm. journ.*, 28 déc. 1872). — GLÉNARD, *Procédé pour rechercher et doser l'arsenic dans le sous-nitrate de bismuth* (*Journ. pharm. et chim.*, 4e série, 1865, t. I, p. 217). — HERBELIN, *Sur le sous-nitrate de bismuth* (*Journ. pharm. et chim.*, 5e série, 1867, t. VI, p 449). — LASSAIGNE, *Observation sur la présence de l'arsenic dans le sous-nitrate de bismuth, livré au commerce comme produit pharmaceutique* (*Journ. chim. médic.*, 3e série, 1851, t. VII, p. 582). — LEMOINE (P.), *Sur la présence de l'oxychlorure de bismuth dans le sous-azotate de bismuth du commerce* (*Journ. pharm. et chim.*, 4e série, 1846, t. IX, p. 357). — MORELAND, *Présence de l'arsenic dans le sous-nitrate de bismuth* (*Pharm. Journ.* t. I, p. 356; *Journ. pharm. et chim.*, 3e série, 1860, t. XXXVII, p. 472). — REDWOOD, *Sur une nouvelle falsification du sous-nitrate de bismuth* (*Journ. pharm. et chim.*, 4e série, t. X, p. 359; *Pharm. journ.*, mai 1869). — RENOULEAU (E.), *Quelques considérations sur le bismuth et le sous-azotate de bismuth* (*Thèse de pharm.*, 1874). — ROUSSIN, *Falsification du sous-nitrate de bismuth par le phosphate de chaux; moyen de la reconnaître* (*Journ. pharm. et chim.*, 4e série, 1845, t. VII, p. 180).

BITUME. Le *bitume* ou *asphalte*, produit naturel qui offre un grand nombre de variétés, est une substance noire, généralement solide, sèche ou plus ou moins molle, odorante, fusible, qui brûle avec flamme et ne laisse en général qu'un très-petit résidu.

On a quelquefois remplacé le bitume, désigné sous le nom de *bitume de Judée*, par un mélange avec des produits empyreumatiques provenant de la distillation du benjoin et du succin, et le résidu charbonneux que laisse cette même distillation ; mais on reconnaît aisément ce produit à son odeur et même encore par sa calcination, qui laisse un résidu beaucoup plus abondant que l'asphalte naturel.

BLANC DE BALEINE. Le *blanc de baleine, adipocire, spermaceti, céline,* est une matière grasse qui se trouve à l'état de dissolution dans les cavités du crâne du cachalot, *Physeter macrocephalus* (Mammifères Cétacés). Il est en masses blanches et nacrées, lamelleuses, à lamelles brillantes et onctueuses. Il est fusible à $+44°$; il est soluble dans l'alcool, dans l'éther, les huiles fixes et les essences. A l'air il jaunit et devient acide et rance ; il brûle avec un belle flamme blanche ; sa densité est 0,943.

Le mélange avec la *cire,* qui se fait quelquefois dans de fortes proportions, lui donne une blancheur mate et lui communique de l'odeur. Son point de fusion se trouve très-retardé, la cire n'étant fusible qu'à $+70°$; comme la cire n'est soluble ni dans l'alcool ni dans l'éther, on a un moyen facile de reconnaître sa présence ; le mélange de cire ou de *stéarine* tache le papier, et de plus ces deux corps forment avec les alcalis un savon soluble dans l'eau.

L'*acide margarique* donne au blanc de baleine une teinte jaunâtre, le rend moins onctueux au toucher ; on l'en sépare au moyen de l'alcool chaud à 80°, ou par la saponification par les alcalis ou les carbonates alcalins.

On a quelquefois additionné le blanc de baleine de *gras de cadavre*, mais en triturant avec de la potasse, il se fait alors un dégagement de vapeurs ammoniacales, au contact des acides nitrique ou acétique ; le point de fusion se trouve entre $+28°$ C et $+30°$ C.

On a vendu un blanc de baleine blanc mat un peu jaunâtre, compacte et friable, peu gras au toucher, peu odorant et presque insipide, formé de cristaux rayonnés, minces, longs, flexibles, brillants, fusibles à $+55°$, solubles en toutes proportions dans l'alcool à chaud, ayant une réaction acide, et solubles dans les alcalis et les carbonates alcalins. M. Ulex, qui a signalé ce blanc de baleine de provenance américaine, a pensé qu'il était constitué par de l'*acide margarique*.

MARTIUS (Th.), *Sur les propriétés comparées de la cire de Chine et du spermaceti* (*Journ. pharm. et chim.*, 3ᵉ série, 1854, t. XXVI, p. 365).

BLANC DE FARD. Voy. BISMUTH (SOUS-NITRATE DE).

BLANC DE PLOMB. Voy. PLOMB (CARBONATE DE).

BLÉ. Le *blé* ou *froment*, *Triticum sativum*, L. (Graminées), est le caryopse, qui se présente sous forme de grains ovales et mousses aux deux extrémités. On distingue plusieurs sortes de blés : Les *blés durs* demi-transparents dans toute l'épaisseur du grain, consistants, durs, d'aspect corné ; ils donnent des farines riches en gluten, abondantes (jusqu'à 0,88 à 0,90), jaunâtres et s'altérant difficilement ; les *blés demi-durs*, offrant de la transparence vers l'enveloppe, à partie interne blanche opaque et farineuse, donnant 0,70 à 0,80 de farine blanche et 0,20 à 0,28 de son et de remoulage ; les *blés tendres*, complétement opaques, farineux, blancs, d'une mouture facile, donnant des farines très-blanches et fines, mais moins riches en gluten et par conséquent moins nutritives.

Les semences de blé sont toujours plus ou moins mélangées de graines étrangères dont les espèces varient, comme on devait le préjuger, sui-

vant les localités, et qui ont quelquefois pour résultat de modifier sensiblement les caractères et les propriétés des farines (voy. FARINES);

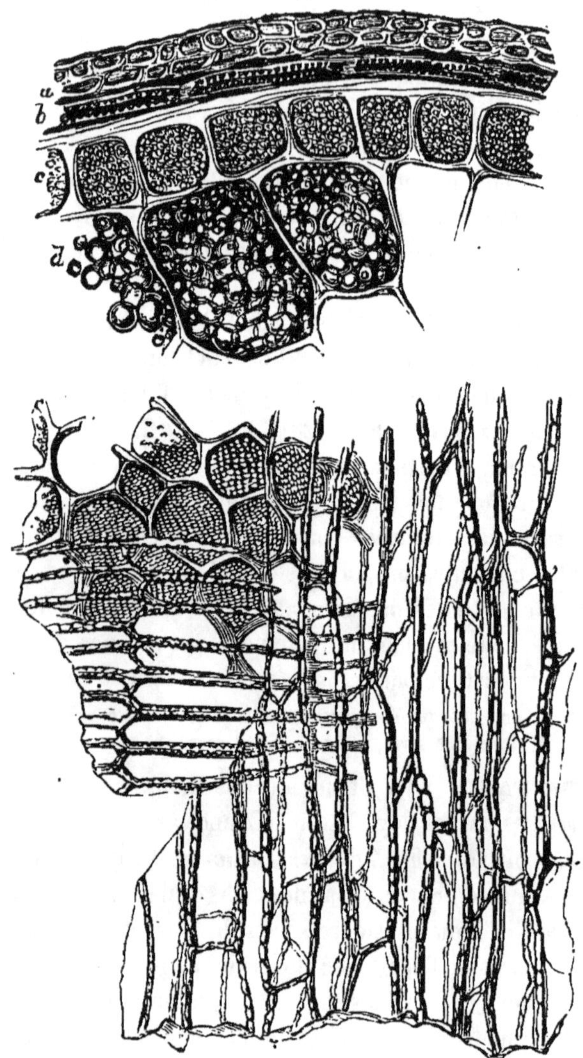

FIG. 39. — Testa et substance du fruit de blé ; sections transversale et verticale.
Grossissement, 200 diamètres (*).

dans quelques cas mêmes ces graines introduisent des éléments toxiques
dans la matière alimentaire, telles sont les graines de nielle, *Agrostemma*

(*) *aa*, membrane externe ; *bb*, membrane moyenne ; *cc*, membrane interne ou surface propre de la
graine. (Hassall.)

githago, d'ivraie, *Lolium temulentum*, de *Muscari comosum*, etc.

Le blé peut être avarié par les charançons, *Calandra granaria, C. orizæ, Apate lingulus, Margus ferrugineus*, etc.

Les blés sont quelquefois graissés pour leur donner une plus belle apparence, les rendre *coulants* et leur *donner plus de main*, au moyen d'une à deux cuillerées d'huile d'amandes versées sur la pelle avec laquelle on remue les blés durs et humides. Ce blé s'altère, sent mauvais et ne se garde pas. C'est là une des fraudes communes du commerce des blés.

Les grains de froment offrent à l'extérieur l'enveloppe, qui est enlevée au moins en grande partie pendant la préparation de la farine. Cette enveloppe est constituée par trois couches de cellules, dont deux sont disposées longitudinalement par rapport à l'axe de la graine, et l'autre transversalement. Les cellules longitudinales sont larges et ont leurs bords arrondis, surtout les extérieures; les cellules transverses sont moins ponctuées (fig. 39). Les cellules de la surface des graines sont larges et anguleuses, et en recouvrent de plus larges encore. Dans chacune d'elles se trouve une grande quantité de grains de fécule plus petits dans la région extérieure que dans la région moyenne.

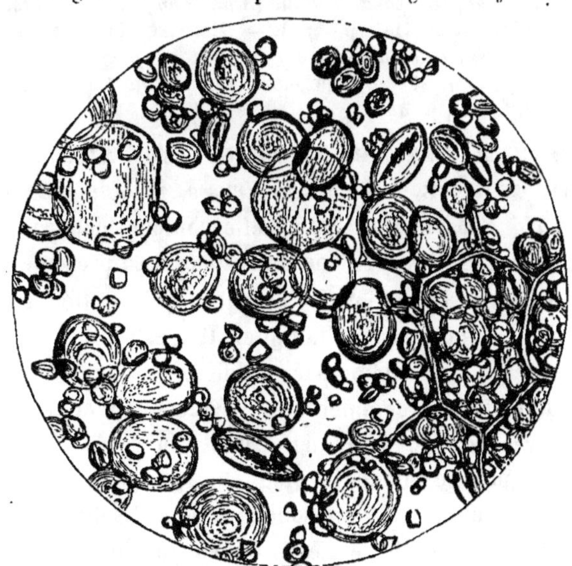

FIG. 40. — Fécule et tissu cellulaire de la farine de blé.
Grossissement, 420 diamètres. (Hassall.)

La fécule de froment (fig. 40) est formée de grains, les uns petits les

autres volumineux, mais dont très-peu offrent des dimensions intermé
diaires. Les petits grains sont arrondis, rarement ovales, ou aplatis en
meule, et sont presque tous munis d'un hile central. On ne trouve pas de
trace bien apparente de hile ni de couches concentriques sur les plus gros
disques, mais on voit sur quelques-uns un tubercule central et quelques
anneaux indistincts. Quelques grains amylacés étant plus ou moins
contournés offrent l'apparence d'un sillon longitudinal qu'on a pris à
tort pour le hile. Un très-petit nombre de grains atteignent des dimensions très-considérables ; ils sont moins régulièrement circulaires, présentent une très-petite épaisseur ; leurs bords offrent quelques lignes
radiées peu apparentes ; au polariscope ils sont marqués d'une croix
bien marquée. (Hassall.)

FILHOL (E.) et TIMBAL-LAGRAVE, *Note sur les caractères physiques et la composition
chimique de certaines semences, qui se trouvent quelquefois mêlées au blé* (Soc. de
pharm. de la Haute-Garonne, 1861, p. 30). — LEGRIP, *Mémoire sur la présence de
la nielle dans le blé et des moyens de la déterminer* (Journ. chim. médic., 4e série,
1855, t. I, p. 210). — MÉNIGAULT, *Recherches et expériences sur les causes qui
altèrent le blé et sur les moyens de le conserver* (Journ. pharm. et chim., 2e série,
1857, t. XXXII, p. 185). — MILLON, *De la proportion d'eau et de ligneux contenue
dans le blé et dans ses principaux produits* (Ann. d'hyg. et de médec. lég., 1849,
t. XLI, p. 451; 1849, t. XLII, p. 664). — MONTANÉ, *Sur les semences qui se
trouvent dans les blés; leur influence sur le goût du pain* (Journ. chim. méd.,
4e série, 1857, t. III, p. 370). — PELIGOT, *Analyse du blé* (Ann. d'hyg. et de
méd. lég., 1849, t. XLI, p. 447).

BLEU D'AZUR. BLEU DE COBALT. —Voy. AZUR.

BLEU DE PRUSSE. Le *bleu de Prusse, prussiate de fer, ferrocyanure ferrique,* est solide, d'une belle couleur bleue, insipide, inodore, insoluble dans l'eau, l'alcool et l'éther. Il se présente sous forme
de petits morceaux irréguliers ou cubiques qui, frottés avec l'ongle,
prennent une teinte cuivrée métallique. Il n'est pas décoloré par le
chlore, et sa teinte n'est même pas modifiée.

Le bleu de Prusse du commerce est fréquemment altéré par l'addition de matières étrangères qui augmentent son poids et qui y ont été
introduites en poudre quand le bleu était en pâte. Le plus souvent
c'est de l'*amidon* qui sert à cette sophistication. Il suffit de faire bouillir
le bleu avec de l'eau, de filtrer, et la liqueur incolore qui a filtré prend
une nuance bleue par l'iode.

Les *sels calcaires, carbonate* ou *sulfate,* se reconnaissent en faisant
bouillir le bleu avec de l'acide sulfurique étendu de trois à quatre
parties d'eau ; on filtre et l'on verse dans la liqueur un grand excès de

potasse pour précipiter la chaux. On peut aussi obtenir par la calcination un résidu dans lequel il sera facile de retrouver *l'oxyde de fer*, *l'alumine*, la chaux et le sulfate de chaux.

Mais il ne faut pas se baser sur la proportion du résidu de l'incinération pour juger de la bonté d'un bleu de Prusse, car on trouve dans le commerce des bleus superfins des premiers numéros, qui fournissent un résidu quatre à cinq fois plus considérable que les bleus les plus communs. (J. Girardin.)

BOISSONS. Les divers liquides, qui servent de boissons à l'homme, sont sujets à des altérations spontanées qui peuvent les rendre préjudiciables à la santé; ces altérations peuvent tenir, soit aux conditions dans lesquelles les boissons ont été fabriquées, soit à ce qu'elles ont été en contact avec des vases dont la matière a réagi sur leurs éléments constitutifs, soit encore à leur conservation trop prolongée. Une autre cause, non moins fréquente, de la détérioration des boissons, consiste dans l'introduction de matières étrangères, souvent vénéneuses, qui y ont été ajoutées, soit pour leur donner certaines qualités, soit pour masquer certains défauts. L'étude des altérations et des falsifications des boissons a une importance extrême et sera faite pour chacune d'elles aux articles spéciaux qui leur sont consacrés. (Voy. ALCOOLS, BIÈRE, CIDRE, EAU DE VIE, VIN, etc.)

ROCHOUX, *Causes qui peuvent rendre insalubres les boissons; moyens de reconnaître cette insalubrité et d'y remédier (Thèse de concours.* Paris, 1838).

BONBONS. Les *bonbons* de diverses sortes, dragées, pralines, pastilles, etc., sont essentiellement composés de sucre aromatisé avec des substances qui ne peuvent exercer aucune influence fâcheuse sur l'économie; mais il est arrivé fréquemment qu'on a observé des accidents très-graves par suite de l'emploi qui avait été fait de substances toxiques pour les colorer.

Les accidents résultant de ces bonbons insalubres, pour ne pas dire toxiques, sont devenus extrêmement rares à Paris, grâce aux mesures prises par la Préfecture de police; mais dans de nombreux pays on n'a pas encore réglementé le commerce de la confiserie pour l'emploi des substances colorantes.

Il résulte des nombreuses analyses faites à Londres, par Hassall, que les bonbons sont fréquemment colorés dans les diverses teintes de jaune par du chromate de plomb et de la gomme-gutte : les rouges sont obtenus quelquefois avec la cochenille et le carmin, mais trop

souvent avec du minium et du cinnabre ; les bruns sont dus à des ocres ;
le pourpre à des mélanges de bleu de Prusse et de carmin ; les bleus à
l'indigo, au bleu de Prusse ou à l'outremer d'Allemagne ; les verts au
vert de Brunswick, à un mélange de bleu de Prusse et de chromate de
plomb, à du vert-de-gris, à de l'arsénite de cuivre ; les blancs à de la
craie ou à du carbonate de plomb. On a trouvé encore dans les bonbons
du plâtre, de la fécule de diverses sortes, de la terre de pipe, mais ce
sont surtout les ornements et enjolivements des bonbons qui ont présenté le plus souvent des matières toxiques. Ajoutons que pour aromatiser les sucreries, les Anglais font un usage fréquent de *fusel-oil* (éther
amylique), d'essence d'amandes amères et de solutions d'acide prussique. (Hassall.) En outre, l'emploi de papiers plus ou moins historiés,
mais contenant des substances vénéneuses est très-fréquent en Angleterre, ce qui est une nouvelle source d'accidents. Aussi Hassall
émet-il le vœu qu'on puisse mettre en vigueur dans son pays des règlements analogues à ceux qui ont été promulgués à Paris, en Belgique et
en Suisse, en vue de prévenir des errements aussi préjudiciables à la
santé publique. Il a insisté aussi sur l'utilité qu'il y aurait à exiger
de tous les marchands l'obligation d'inscrire leur nom sur leurs produits, de telle sorte qu'on pourrait les rendre responsables des accidents
occasionnés par leurs bonbons. (Hassall.)

Les heureux résultats obtenus à Paris de l'obligation imposée aux
marchands de bonbons d'obéir à ces conditions, par les ordonnances
de police du 22 septembre 1841, du 28 février 1853 et du 15 juin 1862,
témoignent en effet de la justesse des désirs exprimés par l'honorable
auteur anglais. On sait que la première de ces ordonnances est accompagnée de la liste des couleurs dont l'emploi est prohibé et de celles
qui sont autorisées, et que nous résumons ici :

LISTE DES COULEURS DONT L'EMPLOI EST PERMIS.	LISTE DES COULEURS DONT L'EMPLOI EST PROHIBÉ.
	Toutes les couleurs minérales à l'exception du bleu de Prusse et du bleu d'outremer.
JAUNES.	
Safran.	Gomme-gutte.
Curcuma.	Chromate de plomb.
Graine d'Avignon et de Perse.	Massicot.
Quercitron.	Orpiment.
Fustet.	Iodure de plomb.

COULEURS DONT L'EMPLOI EST PERMIS.	COULEURS DONT L'EMPLOI EST PROHIBÉ.
	JAUNES.
Pastel et leurs laques alumineuses.	Jaune de Naples (sulfure d'antimoine).
	Ocre jaune.
	ROUGES.
Cochenille et ses laques.	Minium et massicot.
Carmin et ses laques.	Vermillon.
Bois de Brésil et sa laque.	Réalgar.
Orseille.	Iodure de mercure.
	Ocres rouges ferrugineuses.
	BRUNS.
	Brun de Van Dyck.
	Terre d'ombre.
	POURPRES.
Pourpre de garance.	Tous les pourpres provenant du mélange
Campêche et indigo.	des bleus et des rouges prohibés.
Laques d'indigo et d'orseille.	
	BLEUS.
Indigo.	Bleu de cobalt.
Outremer pur.	Sesquicarbonate de cuivre.
Bleu de Prusse, ou de Berlin.	Cendres bleues.
Tournesol.	Outremer artificiel.
	Aconit napel.
	VERTS.
Laque de graine d'Avignon et d'indigo.	Vert de Schweinfurth (vert métis, vert de Scheele).
Suc de *Rhamnus catharticus.*	Vert-de-gris.
	Sous-carbonate de cuivre.
	Verts de Brunswick (oxychlorure de cuivre).
	Faux verts de Brunswick (mélanges de chromate de plomb et d'indigo).
	Faux vert-de-gris (mélanges de sulfate de cuivre et de chaux).
	BLANC.
	Carbonate de plomb (blanc de plomb, blanc d'argent).
	Les bronzes d'argent, d'or ou de cuivre qui sont des alliages de zinc et de cuivre.

Nous croyons utile de donner ici la partie de l'ordonnance du 15 juin 1862, concernant la fabrication et la vente des sucreries colorées, etc.

ORDONNANCE DE POLICE DU 15 JUIN 1862, CONCERNANT LES SUCRERIES COLORÉES, ETC.

TITRE PREMIER

I. — Il est expressément défendu de se servir d'aucune substance minérale, excepté le bleu de Prusse, l'outremer, la craie (carbonate de chaux) et les ocres pour colorer les bonbons, dragées, pastillages, les liqueurs et toute espèce de sucreries et pâtisseries.

Il est également défendu d'employer, pour colorer les bonbons, liqueurs, etc., des substances nuisibles à la santé, notamment la gomme gutte et l'aconit.

Les mêmes défenses s'appliquent aux substances employées à la clarification des sirops et des liqueurs.

II. — Il est défendu d'envelopper ou de couler des sucreries dans des papiers blancs lissés ou colorés avec des substances minérales, excepté le bleu de Prusse, l'outremer, les ocres et la craie.

Il est défendu de placer des bonbons et fruits confits dans des boîtes garnies à l'intérieur ou à l'extérieur de papiers colorés avec des substances prohibées par la présente ordonnance et de les recouvrir avec des découpures de ces papiers.

Il en sera de même des fleurs ou autres objets artificiels servant à la décoration des bonbons.

III. — Il est défendu de faire entrer aucune préparation fulminante dans la composition des enveloppes de bonbons.

Il est également défendu de se servir de fils métalliques comme supports de fleurs, de fruits et autres objets en sucre et en pastillage.

IV. — Les bonbons enveloppés porteront le nom et l'adresse du fabricant ou marchand ; il en sera de même des sacs dans lesquels les bonbons ou sucreries seront livrés au public.

Les flacons contenant des liqueurs colorées devront porter les mêmes indications.

V. — Il est interdit d'introduire, dans l'intérieur des bonbons et pastillages, des objets de métal ou d'alliage métallique, de nature à former des composés nuisibles à la santé.

Les feuilles métalliques appliquées sur les bonbons ne devront également être qu'en or ou en argent fin.

Les feuilles métalliques introduites dans les liqueurs devront également être en or ou en argent fin.

VI. — Les sirops qui contiendront de la *glycose* (sirop de fécule, sirop de froment) devront porter, pour éviter toute confusion, les dénominations communes de *sirops de glycose;* outre cette indication, les bouteilles porteront l'étiquette suivante : *Liqueur de fantaisie à l'orgeat, à la groseille,* etc., etc.

VII. — Il sera fait annuellement et plus souvent, s'il y a lieu, des visites chez les fabricants et les détaillants à l'effet de constater si les dispositions prescrites par la présente ordonnance sont observées.

Le Préfet de police, BOITELLE.

La recherche des matières colorantes des bonbons a une importance incontestable, mais comme le nombre de ces matières est assez considérable, il est nécessaire de suivre un certain ordre pour arriver à la connaissance exacte de leur nature.

« Les matières colorantes des bonbons peuvent être solubles dans l'eau, et ce sont presque toujours des couleurs végétales, ou insolubles dans ce véhicule, ce qui est le cas des substances minérales. Le plus souvent on ne trouve qu'une seule matière colorante employée et quand elle est seulement appliquée à la surface, il est très-aisé de la séparer par le grattage ou par le lavage à l'eau distillée : si elle est insoluble, la matière se précipite bientôt au fond du vase, et en la desséchant on peut facilement avoir son poids. Quand, au contraire, la matière colorante est répartie dans toute la substance du bonbon, on le fait fondre et on sépare ainsi tout ce qui a résisté à l'action de l'eau. On peut aussi rechercher les sels métalliques dans le résidu de l'incinération du bonbon. (Hassall.)

» La coloration rouge ou rose, due à une matière végétale, à la *cochenille* où à la *carmine,* se reconnaîtra par l'immersion dans la potasse caustique qui lui donnera une coloration pourpre et dans l'acide acétique qui avivera la teinte rouge. Si la couleur n'est pas modifiée, on aura lieu de croire à la présence d'une substance minérale. Le *minium* sera obtenu par le lavage du bonbon ou par son incinération : on constatera sa présence en le dissolvant au moyen de l'acide nitrique et en précipitant le plomb, soit à l'état de sulfure noir au moyen de l'hydrogène sulfuré, soit à celui d'iodure jaune par l'iodure de potassium. Si le bonbon renfermait en même temps du *sulfate de chaux,* comme il se serait fait du sulfate de plomb pendant l'incinération, il faut traiter le résidu par du nitre ou du bisulfate de potasse et déterminer la fusion : puis on traite par du tartrate d'ammoniaque alcalin, qui dissout le sulfate de plomb et l'on précipite ensuite par l'hydrogène sulfuré. Le *vermillon* ou cinnabre, qui peut être séparé par le lavage, sera dissous dans l'eau régale et l'on déterminera la présence du mercure dans le liquide par la potasse qui donnera un précipité jaune, ou par l'iodure de potassium qui donnera un précipité rouge vif (Hassall). Il brûle avec une flamme bleue pâle et produit l'odeur de soufre en combustion.

» Le jaune peut être dû à des couleurs végétales, mais, le plus souvent, ce seront des sels métalliques. La donne *gomme-gutte,* avec l'eau distillée une émulsion jaune opaque, sans aucun précipité ; on dessèche l'émulsion et l'on traite par l'alcool qui dissout la gomme-gutte, laquelle est précipitée par l'eau de cette solution ; l'ammoniaque ou la potasse la redissoudra en une liqueur rouge de sang, où l'acide nitrique formera un précipité jaune pâle. Le curcuma ne se distingue guère de la gomme-gutte que parce qu'il ne s'émulsionne pas avec l'eau. (Hassall.) »

Si l'on a affaire à des jaunes minéraux, *chromate de plomb, massicot*, il faut avoir recours aux procédés indiqués plus haut pour s'assurer de la présence du plomb ; l'acide chromique sera reconnu en faisant fondre le résidu de l'incinération avec du nitre et du bisulfate de potasse, en lavant avec de l'eau, filtrant la solution, l'évaporant et traitant par l'acide chlorhydrique, et quand la liqueur est bouillante, par l'alcool : la liqueur, qui aura une couleur verte, donnera de l'oxyde de chrome par l'ammoniaque.

Le *jaune de Naples*, ou sulfure d'antimoine, est décelé par le procédé suivant : Dissoudre dans l'acide chlorhydrique, ajouter à la liqueur une solution d'acide tartrique et traiter par l'hydrogène sulfuré qui donnera un précipité orangé rouge. (Hassall.)

Les bleus végétaux sont l'*indigo* et l'*orseille*. L'indigo se sublime en donnant des vapeurs d'un beau violet, se dissout dans l'acide sulfurique et ne change pas de couleur par les alcalis. L'orseille rougit au contact des acides faibles : si l'on constate sa présence, il est bon de s'assurer s'il n'y a pas d'arsenic ni de peroxyde de mercure, Andral ayant constaté que quelquefois l'orseille contient ces corps, qui y ont été ajoutés par les fabricants.

Les bleus minéraux sont le *bleu de Prusse*, le *bleu de cobalt* et l'*outremer artificiel*. Le bleu de Prusse perd immédiatement sa couleur par les alcalis caustiques, qui en précipitent le fer à l'état d'oxyde : il perd aussi sa couleur par l'incinération en donnant un résidu de colcothar.

Le bleu de cobalt et l'outremer résistent au feu, et donnent, avec le borax, un verre bleu et des teintes plus vives. L'outremer artificiel, séparé par le lavage et traité par l'acide chlorhydrique donne lieu à un dégagement sulfhydrique. (Hassall.)

Les *cendres bleues* donnent avec l'ammoniaque une liqueur bleue.

L'*outremer pur* ne colore pas l'ammoniaque, à moins qu'il n'ait été falsifié par le carbonate hydrate de cuivre.

Les verts sont presque tous métalliques : le seul vert, d'origine végétale, qui est tiré des fruits du *Rhamnus catharticus*, se décolore par le chlore : il a l'inconvénient d'être souvent sophistiqué avec des verts métalliques contenant du cuivre ou de l'arsenic. Les verts métalliques qu'on peut rencontrer sont l'*acétate de cuivre basique* ou vert-de-gris, l'*arsénite de cuivre*, le vert de Scheele; mais on reconnaît aisément la présence, soit du cuivre, soit de l'arsenic. Quand la coloration est due à un mélange de bleu et de jaune, le plus souvent elle est due à des mélanges de bleu de Prusse et de chromate de plomb, mais, en touchant le bonbon avec de l'ammoniaque ou de la potasse, on détruit le bleu de Prusse et la couleur jaune apparaît seule : si l'on met en contact avec de l'acide chlorhydrique, le sel de plomb étant détruit, la couleur bleue seule apparaît. (Hassall.)

Les bruns contiennent tous du fer, qu'on retrouve dans les cendres ou dans les résidus de lavage.

Les pourpres sont dus à des mélanges de bleu de Prusse avec des rouges généralement végétaux qu'il sera facile de reconnaître.

Les bonbons, sur lesquels on aura appliqué des feuilles de cuivre métallique, chrysocale, touchés avec l'acide nitrique, laisseront voir une teinte bleuâtre de nitrate de cuivre, et la liqueur obtenue par l'acide nitrique étendu d'eau donne une liqueur bleue par l'ammoniaque.

Les bonbons, outre les substances colorantes que nous avons passées en revue, peuvent renfermer du *plâtre*, qu'on trouve surtout dans les pastillages et les ornements des produits de confiserie, de la *craie*, de la *terre de pipe*, etc., toutes substances qu'on séparera par l'action de l'eau et qu'il sera facile de déterminer. (Hassall.)

La *fécule* se rencontre aussi fréquemment dans les bonbons de qualité inférieure ; mais elle se colore en bleu par l'iode, et, d'autre part, l'examen au microscope du dépôt laissé par la solution dans l'eau, donnera la preuve de son existence. (Hassall.)

Les papiers, qui servent à envelopper les bonbons, ont fréquemment été la cause d'accidents graves; car ils ont été préparés avec des matières minérales très-dangereuses. (Voy. PAPIER.)

ANDRAL, *Rapport sur le danger qui peut résulter de bonbons colorés et dispositions à prendre pour faire disparaître ces bonbons du commerce* (Ann. d'hyg. et de méd. lég., 1830, t. IV, p. 48). — BARRUEL, *Des dangers que l'on court en mangeant certains bonbons colorés* (Ann. d'hyg. et de méd. lég., 1829, t. I, p. 410). — CAMERON, *On coloured sugar confectionery* (Dublin quart. journ. of medic. science, 1871, t. CI, p. 155). — CHEVALLIER (A.), *De la vente des sucreries coloriées*

et des dangers qu'elles présentent (Ann. d'hyg. et de méd. lég., 2ᵉ série, 1837,
t. XXVII, p. 344). — CHEVALLIER (A.) et HUBERT (DE DAMBLIN), *De la nécessité d'indiquer légalement aux confiseurs, pastilleurs, qui habitent les départements, etc.,
les matières colorantes qu'ils doivent employer pour colorer leurs produits (Ann.
d'hyg. et de médec. lég.,* 1842, t. XXVIII, p. 55). — GAULTIER DE CLAUDRY, *Rapport
au préfet de police sur une visite faite chez les confiseurs, distillateurs, etc. (Ann.
d'hyg. et de méd. lég.,* 1832, t. VII, p. 114). — GIRARDIN, *Bonbons colorés par
des substances vénéneuses (Ann. d'hyg. et de méd. lég.,* 1833, t. X, p. 183). —
GIRARDIN, *Rapport au conseil général de salubrité de la Seine-Inférieure (Ann.
d'hyg. et de méd. lég.,* 1833, t. X, p. 184). — *Ordonnance de police concernant
le pastillage, les liqueurs et les sucreries coloriées* du 10 déc. 1830 (*Ann. d'hyg
et de méd. lég.,* 1831, t. V, p. 238). — *Ordonnance rendue par le préfet de la
Seine-Inférieure concernant la vente des sucreries et des liqueurs colorées (Ann.
d'hyg. et de méd. lég.,* 1833, t. X, p. 184). — *Ordonnance de police sur les pastillages, liqueurs et sucreries colorées* du 11 août 1832 (*Ann. d'hyg. et de méd.
lég.,* 1837, t. XVII, p. 475). — *Ordonnance de police concernant les liqueurs,
sucreries, dragées et pastillages coloriés* du 22 septembre 1841 (*Ann. d'hyg. et de
méd. lég.,* 1839, t. XXIX, p. 359). — O'SHAUGHNESSY (Dʳ), *On coloured sugar confectionery (Lancet,* 1833). — TARDIEU, *Dictionnaire d'hygiène.* Paris, 1862, t. I,
p. 254, art. BONBONS. — ROUSSIN, *Nouveau dictionnaire de médecine et de chirurgie pratiques.* Paris, 1866, t. V, art. BONBONS.

BORAX. — Voy. SOUDE (BORATE DE).

BOUGIES. Les bougies stéariques, qui sont aujourd'hui le plus
communément employées, sont sujettes à diverses altérations qui résultent de vices de préparation et sont en outre l'objet de falsifications
importantes à connaître.

Les fabricants de stéarine introduisent quelquefois la *paraffine* dans
la stéarine jusque dans la proportion de 0,20, et les fabricants de
paraffine ont soin de l'additionner d'une certaine quantité de stéarine en vue de lui donner quelques qualités pour la fabrication des
bougies.

Pour reconnaître ces mélanges, on ne peut se baser sur l'observation
du point de fusion et de la pesanteur spécifique, la stéarine et la paraffine du commerce n'étant jamais chimiquement pures.

Un bon procédé est celui de R. Wagner, qui consiste à traiter une
solution alcoolique bouillante de paraffine par une solution alcoolique
d'acétate neutre de potasse, et à constater, si elle renferme de la stéarine, la formation d'un précipité abondant et floconneux. On peut encore
traiter 5 à 6 grammes de la matière d'une bougie par une solution
chaude d'hydrate de potasse peu concentrée ; il se forme avec l'acide
stéarique un savon ; tandis que la paraffine n'est pas attaquée ; on verse
dans la solution du chlorure de sodium, qui détermine la production
d'un savon sodique et entraîne avec lui la paraffine. On recueille le

savon obtenu sur un filtre, on le lave d'abord avec de l'eau froide, pour le débarrasser de l'excès de chlorure de sodium, puis avec de l'alcool très-étendu qui dissout et entraîne le savon tandis que la paraffine reste sur le filtre ; on dessèche celle-ci à une température au-dessous de $+35°$ C. pour éviter qu'elle ne se fonde ; on traite alors la paraffine à plusieurs reprises par l'éther, et ayant fait évaporer avec soin la liqueur obtenue au bain-marie, on pèse le résidu, ce qui donne le poids de la paraffine et par différence celui de la stéarine. (Hock.)

On a ajouté de l'*acide arsénieux* aux bougies dans le but de les rendre plus combustibles et de combattre la tendance de la stéarine à la cristallisation, ce qui a été cause de plusieurs accidents ; aussi cette pratique a-t-elle été interdite par l'autorité. On reconnaîtra la présence de l'acide arsénieux en faisant bouillir une bougie dans de l'eau distillée et en soumettant à l'appareil de Marsh le liquide filtré et concentré par l'évaporation.

La présence de la *fécule* se reconnaît par la fusion et le repos. Celle du *suif* est indiquée par l'abaissement du point de fusion, et par la production, pendant la distillation, d'acide sébacique qui se dissout dans l'eau et en est précipité par le sous-acétate de plomb. La présence du gras de cadavres, signalée par Chevreul, est indiquée par le point de fusion qui est de 28° à 30° C. et par la trituration avec la potasse qui donne lieu à un dégagement d'ammoniaque au contact de l'acide acétique.

On a quelquefois vendu, sous le nom de bougies stéariques, des bougies d'un blanc mat et non translucide, qui étaient composées d'une matière plus fusible que l'acide stéarique ; ces bougies, qui exhalaient une forte odeur de suif, brûlaient avec une flamme jaune et qu'il fallait moucher, n'étaient que des chandelles. On a eu aussi l'idée d'enrober le suif dans une enveloppe d'acide stéarique, de telle sorte que l'aspect extérieur est celui des bougies de bonne qualité.

HOCK, *Detection and estimation of paraffin in Stearin Candles (Dingler's polytechn. Journ.*, 1872, t. CCIII, p. 313. — *Pharm. Journ.*, 3ᵉ série, 1872).

BOUILLON BLANC. Le bouillon blanc, *Verbascum thapsus*, L., (Scrofularinées), fournit à la matière médicale ses feuilles larges, blanchâtres, cotonneuses, oblongues, elliptiques, crénelées, et ses fleurs gamopétales, jaunes, à étamines, dont les trois supérieures sont munies de poils cunéiformes.

On lui substitue quelquefois, mais sans grand inconvénient, les feuilles du *Verbascum cuneiforme* qui sont blanc grisâtre en dessous, vert clair en dessus, sillonnées et tronquées à l'extrémité : ou celles du *Verbascum nigrum*, qui sont d'un vert foncé en dessus, blanchâtres et velues en dessous ; les fleurs de ces deux espèces et de quelques autres *Verbascum* sont souvent substituées ou mélangées à celles du *Verbascum thapsus :* elles en diffèrent par leur teinte, leur odeur moindre, etc.

BOULES DE GOMME. Les boules de gomme ont été fabriquées au moyen de *glycose* et de *gélatine* au lieu de gomme ; elles sont blanches et sans aucune teinte, avec le milieu consistant et terne, et couvertes de sucre cristallisé, quelquefois peu adhérent à leur surface. Mises dans l'eau, elles ne se dissolvent pas complétement, même après plusieurs jours de contact, et laissent au fond de l'eau une masse gélatineuse qui reste arrondie et se divise avec peine par l'agitation. La solution est troublée immédiatement par le tannin. D'autre part, ces boules mâchées s'attachent fortement aux dents. (Stan. Martin.)

CHEVALLIER, *Sur la falsification des boules de gomme* (*Journ. chim. méd.*, 1858 ; *Journ. pharm. et chim.*, 4ᵉ série, 1868, t. VIII, p. 362). — MARTIN (Stan.), *Composition des boules de gomme chez certains confiseurs* (*Journ. pharm. et chim.*, 4ᵉ série, 1868, t. VIII, p. 144).

BOURDAINE. La *bourdaine* ou *aune noir, Rhamnus frangula*, L., (Rhamnées), a un bois qui sert à la fabrication de la poudre à canon ; son écorce est jaune quand elle est fraîche et rouge quand elle est ancienne, sa saveur est amère et son odeur désagréable ; elle teint la salive en jaune, et jouit de propriétés purgatives. On lui a substitué quelquefois l'écorce du *prunier à grappes, Prunus Padus*, L. (Rosacées), qui est moins amère et ne teint pas la salive en jaune.

BOURRACHE. Les fleurs de bourrache, *Borrago officinalis*, L., (Borraginées), sont bleues, quelquefois roses ou blanches, à corolle rotacée et à tube fermé à la gorge par cinq écailles.

On leur substitue quelquefois les fleurs de la *vipérine, Echium vulgare*, L., qui ont la corolle tubuleuse et la gorge nue.

BOUTEILLES. Les bouteilles sont des vases de verre destinés à contenir des liquides, mais elles ne sont presque jamais de contenance bien déterminée, de telle sorte que la fraude par déficit de la quantité du contenu s'opère journellement.

Elles offrent en outre l'inconvénient d'être quelquefois composées de verre attaquable par les liquides qu'elles contiennent ; c'est ainsi que les verres à base de chaux et de soude, de potasse, sont altérés assez facilement par l'eau bouillante. Il est arrivé quelquefois que, dans un but d'économie, les verriers ont forcé la proportion d'alcali dans le mélange des éléments du verre, ce qui détermine leur fusion à une température moins élevée ; mais les produits de cette fabrication ont été attaqués par les liquides, tels que le vin, et leur ont communiqué des propriétés fâcheuses. Dans ce cas, on observe que le verre a perdu en grande partie sa transparence.

On fait fréquemment usage, pour nettoyer les bouteilles, de grains de plomb de chasse, mais comme ce plomb est conservé dans des pots et toujours humide, il se forme du *carbonate de plomb* qui peut se fixer sur les parois du verre et être la cause d'accidents (Séput). On a en outre à craindre que quelque grain de plomb ne soit resté dans la bouteille et ne détermine par sa carbonatation l'introduction dans le liquide d'un principe toxique ; aussi devrait-on adopter l'usage de rincer les bouteilles avec de la grenaille de fonte ou des chaînettes de fer.

Séput, *Observation sur l'emploi du plomb de chasse pour laver les bouteilles* (*Journ. chim. méd.*, 4ᵉ série, 1863, t. IX, p. 610).

BROME. Le brome est liquide à la température ordinaire, rouge noirâtre quand on le voit en masse, rouge-hyacinthe quand on l'examine par transparence en couches minces. Il jouit d'une odeur forte et désagréable rappelant celle du chlore ; sa saveur est très-forte ; il tache la peau en jaune, mais la coloration disparaît par son évaporation ; sa densité est 2,966 ; il se solidifie à — 37°, il répand dans l'air des vapeurs rutilantes très-foncées.

Le mélange de brome et d'*eau*, qui peut exister en proportion variable, se reconnaîtra à son point d'ébullition, qui se fera à un degré supérieur à +45° ; il ne se solidifiera pas à — 20°. On pourra d'ailleurs constater la pureté du brome par le même procédé que pour l'iode.

Quand le brome contient du *chlore*, on le dissout dans l'eau et l'on traite par la limaille de zinc, puis on distille avec de l'acide sulfurique étendu d'eau, en recevant les vapeurs dans de l'eau de baryte ; on se débarrasse de l'excès de baryte au moyen du gaz acide carbonique, puis on traite la liqueur par l'alcool absolu, qui dissout le bromure de baryum et laisse un résidu de chlorure.

La présence de *bromure de carbone* (0,08 environ) a été reconnue par la distillation, qui laisse un résidu charbonneux.

BROMURE DE POTASSIUM. Voy. Potassium (Bromure de).

BUGLOSSE. Les fleurs de la buglosse, *Anchusa italica*, Retz (Borraginées), ont leur calice à cinq divisions, leur corolle en entonnoir à tube droit, à cinq lobes obtus et à gorge fermée par des écailles.

On leur substitue quelquefois les fleurs de *vipérine, Echium vulgare*, L., qui s'en distinguent par leur corolle tubuleuse et à gorge nue.

BUSSEROLE. La busserole, *Arctostaphylos uva-ursi*, Spreng. (Éricacées), a des feuilles entières, obovées, oblongues, glabres, luisantes, fermes, épaisses, à bord non réfléchi; les nervures transversales sont assez apparentes sur la page supérieure, qui est comme chagrinée; elles sont vertes en dessus et plus pâles en dessous. Leur saveur est astringente et leur odeur désagréable. Leur infusion précipite en bleu noir par le perchlorure de fer.

On peut les confondre avec les feuilles de l'*airelle* ou avec celles du *buis.*

Les feuilles d'*airelle* (*Vaccinium vitis idæa*, L.) sont brunâtres, à bord replié en dessous, moins consistantes; elles offrent des nervures transversales très-apparentes; leur face inférieure est blanchâtre, unie et marquée de points noirs; leur macération devient verdâtre par le sulfate de fer, et donne un précipité de même couleur. (Braconnot; Bouillon-Lagrange.)

Les feuilles de *buis* (*Buxus sempervirens*, L.), sont ovales, obtuses, lisses et coriaces, vert foncé en dessus, plus claires en dessous, et un peu concaves; leur nervure longitudinale est très-saillante; leur saveur est amère, non astringente et nauséabonde, et leur odeur désagréable; leur macération donne avec le sulfate de fer un léger précipité gris verdâtre.

CACAO. Le cacao est la graine du *Theobroma Cacao*, L. (Buttnériacées), ovoïde, comprimée, lisse, brunâtre, du volume d'une fève; il est composé d'une enveloppe solide et cassante, fauve, et d'une amande brun violacé, lisse et amère.

On distingue dans le commerce diverses sortes de cacaos; les uns, dits *cacaos terrés,* ont été enfouis dans la terre, où ils ont subi un commencement de fermentation, leur épiderme est brun, terne et adhère peu à l'amande (*cacao caraque* et *cacao trinité*); les autres, *cacaos non terrés,* ont été desséchés aussitôt après leur extraction du fruit, ils ont un épiderme plus rouge non poudreux et adhérent; ils sont plus riches en beurre de cacao, mais moins estimés pour la fabrication du chocolat.

« La graine de cacao offre une structure assez complexe mais cependant caractéristique. On doit examiner séparément l'enveloppe et l'amande. L'enveloppe présente à la surface, en plus ou moins grande quantité, des fibres tubulaires de grandes dimensions et renfermant une matière granuleuse et de petits corpuscules (fig. 41) ; ces fibres ne se trouvent pas toujours en quantité égale dans les diverses graines et paraissent appartenir moins aux graines elles-mêmes qu'à une matière spongieuse qui les enveloppe. La plupart d'entre elles sont disposées

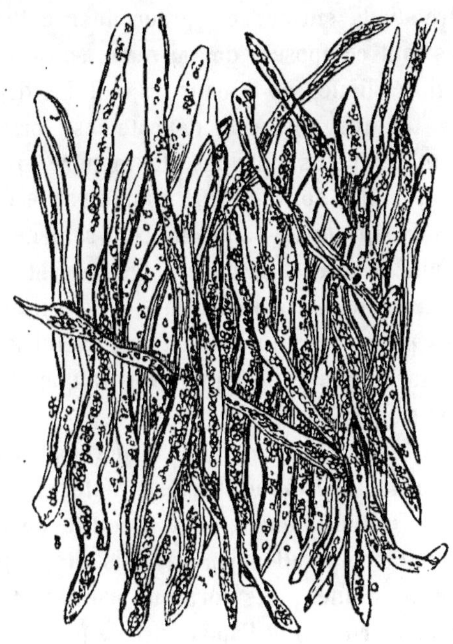

FIG. 41. — Fibres en tubes de la surface de l'amande de cacao.
Grossissement, 100 diamètres. (A. Hassall.)

parallèlement les unes par rapport aux autres, dans le sens du grand axe de la graine. (Hassall.)

» L'enveloppe proprement dite se partage en trois ou quatre tuniques ; la plus extérieure est formée de cellules allongées, soudées les unes aux autres, formant une couche unique, et disposées de telle sorte que leur grand diamètre est transversal à l'axe de la graine.

» La seconde tunique est composée de cellules larges, anguleuses et formant plusieurs couches intimement réunies ; vers le centre de la tunique les cellules augmentent progressivement de volume, leurs parois deviennent fines et transparentes et leur cavité est remplie d'une matière mucilagineuse qui paraît abondante dans les graines ayant séjourné quelque temps dans l'eau. A mesure qu'on observe ces cellules plus près de la face interne, elles deviennent plus petites, perdent de leur caractère mucilagineux et se rapprochent davantage par leur aspect des cellules les plus extérieures. Cette seconde tunique forme la majeure partie de l'enveloppe.

» On observe en outre, dans l'enveloppe externe de la graine, des lignes proéminentes de fibres partant du point d'insertion de la graine pour se répandre sur la surface et se terminer à l'extrémité de la graine. Ces fibres sont composées de vaisseaux spiraux qui sont enveloppés dans des fibres ligneuses et dans les cellules décrites ci-dessus

» La troisième tunique, mince et délicate, est formée de cellules petites, renfermant de petits globules de matière grasse ; quand on enlève l'enveloppe, le plus souvent, une grande partie de cette tunique reste adhérente à la surface de l'amande. Non-seulement elle recouvre l'amande, mais elle pénètre entre les cotylédons et en garnit la face interne ; elle est cependant plus marquée à la surface externe. Ses cellules incolores passent graduellement aux cellules colorées de la graine, de telle sorte que cette tunique paraît appartenir plutôt à l'amande elle-même qu'à l'enveloppe.

» Entre les lobes de l'amande on trouve une quatrième couche, qui est soudée à la troisième ; hyaline et transparente, elle a une structure fibreuse et montre toujours une grande quantité de petits cristaux ; ainsi que beaucoup de corps allongés, arrondis aux deux extrémités et divisés en plusieurs cellules ; ces corps ne paraissent pas soudés à la tunique qui les supporte et ont l'apparence de productions fongoïdes ; on les trouve cependant dans toutes les graines qu'on examine (fig. 42).

» L'amande, débarrassée de son enveloppe, paraît composée de plusieurs lobes angulaires, irréguliers de forme et de volume ; par la pression, on les sépare complètement les uns des autres et l'amande se partage en plusieurs morceaux. Les lobes sont composés d'un grand nombre de petites cellules arrondies et remplies de grains de fécule et de matière grasse (fig. 43). A la surface de la graine ces cellules sont devenues anguleuses par pression et sont d'une couleur rouge foncé ; leur teinte cependant varie beaucoup, et est quelquefois piquetée de pourpre et de bleu sur plusieurs points. Chaque cellule contient un grand nombre de grains de fécule. (Hassall.)

» Les grains de fécule de cacao sont parfaitement sphériques et d'un

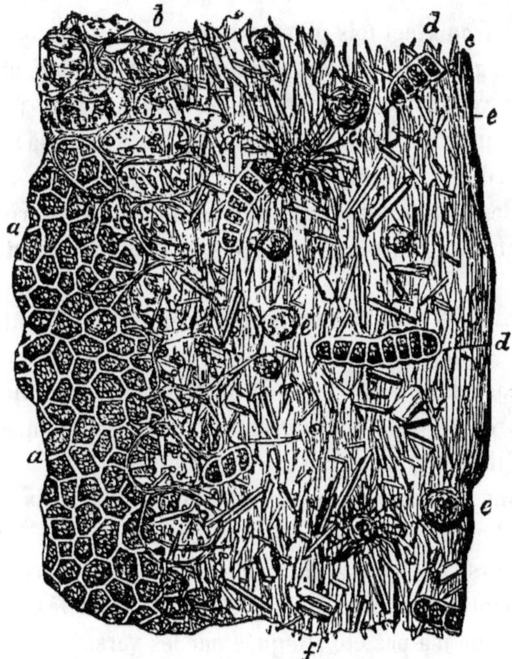

FIG. 42. — Structure de la graine de cacao. — *a*, Troisième membrane ; *b*, cellules
arrondies, provenant de la seconde membrane, et pénétrant jusqu'à la quatrième ; *c*, quatrième membrane fibreuse ; *d*, corps allongés ; *e*, matière grasse
cristalline en masses arrondies ; *f*, cristaux de margarine. (Hassall.)

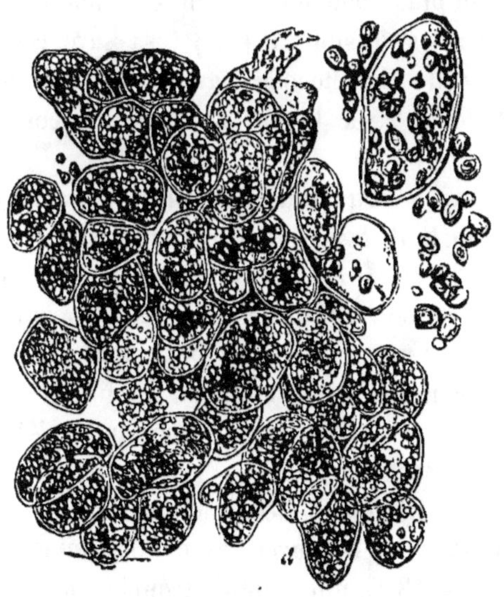

FIG. 43. — Cellules de l'amande de cacao, en A, grossissement, 320 diamètres ;
en B, grossissement, 500 diamètres. (Hassall.)

diamètre environ vingt fois plus petit que celui de la fécule de pommes
de terre. Ces granules, qui sont munis souvent d'un hile obscur, rayonné
en étoile, se voient très-bien avec une coloration bleu foncé quand on
traite un fragment de cacao en tranche très-mince par la teinture éthérée
d'iode (Girardin et Bidard).

» A une des extrémités de la graine est l'enveloppe formée de cellules
qui contiennent beaucoup de corpuscules amylacés et des globules
huileux.

» Dans les bons chocolats on ne trouve que les éléments anatomiques
de l'amande et de la membrane la plus interne. L'embryon est le plus
souvent séparé dans la préparation du chocolat, mais comme il contient
de la fécule et de la matière grasse il n'y a pas d'inconvénient à le
conserver. (Hassall.)

» La graine de cacao de bonne qualité doit avoir la peau brune et
assez lisse ; l'amande doit en remplir tout l'intérieur, être lisse, jaune
brun en dehors et rougeâtre en dedans, inodore, amère et astringente
sans cependant que sa saveur ait quelque chose de désagréable. On doit
s'assurer qu'elle n'a pas été attaquée par les vers.

GIRARDIN et BIDARD, *Sur la fécule de cacao* (*Journ. pharm. et chim.*, 2ᵉ série,
1852, t. XXXVIII, p. 266).

CACAO (Beurre de). Le beurre de cacao est d'un blanc un peu
jaunâtre, d'autant plus blanc qu'il est plus ancien, solide à la température ordinaire ; il est fusible à + 33° ; sa saveur est douce et son
odeur, qui est celle du chocolat, agréable ; il ne rancit que difficilement. Pur, il donne avec l'éther une solution complétement transparente.

Le beurre de cacao est quelquefois sophistiqué avec de la *graisse de
veau* ou de la *moelle de bœuf ;* il offre alors généralement une consistance moindre et sa cassure présente des nuances marbrées ou d'opacité différente, sa couleur tire plutôt vers le grisâtre que vers le jaunâtre.
Il donne avec l'éther une solution trouble quand il renferme du suif ou
de la graisse, et généralement son point de fusion est modifié ; avec
l'huile d'amande douce, le beurre de cacao fond à + 23°, avec les suifs
il fond à + 26° à 28°.

Le docteur G. A. Björkland a constaté que 50 grammes de beurre de
cacao introduits dans une éprouvette avec 100 grammes d'éther, donnent
par l'agitation à + 18° C. une solution trouble s'il y a de la cire ou du
suif de bœuf. Si la liqueur reste claire, on place l'éprouvette dans de

l'eau à 0° et l'on constate le nombre de minutes nécessaire pour que la liqueur devienne laiteuse et laisse déposer des flocons : s'il faut plus de dix minutes, le beurre de cacao est falsifié.

On peut aussi faire un liniment ; ce qui exige environ 8 grammes si le beurre est pur ; pour 5 grammes d'huile d'*amandes douces*, la proportion de cette huile nécessaire pour obtenir un produit de consistance ordinaire sera diminuée.

BJORKLAND, *Moyen de reconnaître la falsification du beurre de cacao avec du sang de bœuf et de la cire* (*Journ. chim. méd.*, 3° série, 1869, t. V, p. 147).

CACHOU. Le cachou est un extrait gommo-résineux qu'on obtient par la décoction de bois et de jeunes rameaux de l'*Acacia catechu*, L. (Légumineuses), ou des fruits non mûris de l'*Areca catechu*, R. (Palmiers).

Le cachou se présente sous l'aspect d'une matière brune, solide, infusible, très-acerbe, soluble dans l'eau, l'alcool et le vinaigre. Sa densité varie entre 1,28 et 1,29. Il brûle avec un résidu très-peu considérable.

Le nombre de sortes de cachou que présente le commerce est très-grand, mais celui qui est le plus commun est le cachou du Pégu, qui est assez pur et paraît provenir de l'*Acacia catechu*.

Très-souvent adultéré par le mélange des diverses qualités, le cachou contient fréquemment de l'*amidon*, de l'*argile* rougeâtre ou brune, du *sang* desséché, etc. ; il adhère alors à la langue et ne fond pas dans la bouche. Ces falsifications offrent des inconvénients marqués pour les diverses opérations de teinture ; d'après M. Tissandier, le cachou pur, épuisé par l'alcool, perd 53 pour 100 de son poids, et après dessiccation le residu pèse 47 pour 100. Un mélange de cachou et d'*alun* donne un précipité blanc avec l'acide nitrique et le chlorure de baryum (*Pharm. Journ.*, 366, 1870).

Le meilleur procédé pour constater la falsification du cachou consiste à le traiter, à plusieurs reprises, par l'éther, qui enlève à un cachou de bonne qualité 0,53 de son poids (de Meyer).

La *fécule*, quand on traite successivement le cachou par l'eau et l'alcool à froid, forme un résidu qui bleuit par l'iode.

MEYER (DE), *Sur la falsification du cachou* (*Journ. pharm. et chim.*, 4° série, 1870, t. XII, p. 139).

CADMIE. Voy. ZINC (OXYDE DE).

CAFÉ. Le *café*, graine du *Coffea arabica*, L. (Rubiacées), est lisse, convexe du côté externe, plane et avec un sillon longitudinal profond du côté interne, et entourée d'une pellicule extrèmement fine et adhérente. Sa couleur est jaune clair ou verdâtre, son odeur, quand elle est crue, est faible, mais elle devient toute différente, aromatique et parfumée, par la torréfaction.

On en distingue diverses sortes dans le commerce, qu'on peut diviser en deux groupes, les *cafés jaunâtres* ou *vert jaunâtres*, d'origine indienne, *Moka, Bourbon, Ceylan, Java*, etc., et les *cafés verts*, d'origine américaine, *Martinique, Guadeloupe, Haïti, Brésil*, etc.

« L'enveloppe du grain de café offre une structure très-caractéris-

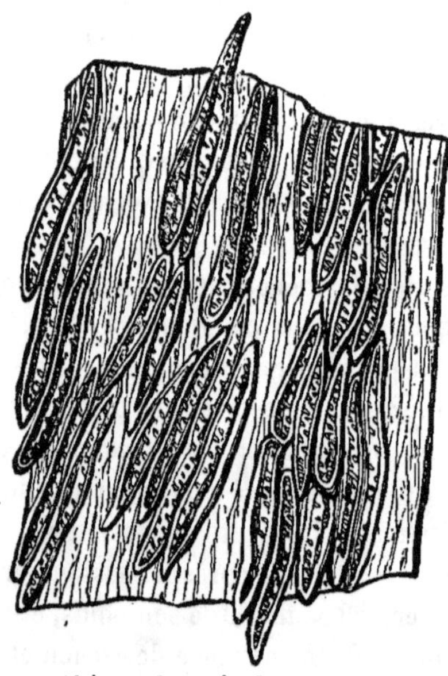

Fig. 44. — Enveloppe extérieure du grain de café. Grossissement 140 diamètres. (A. Hassall.)

tique, elle est formée surtout de cellules allongées et adhérentes, formant une couche simple et portant des marques obliques sur leurs surfaces ; ces cellules sont postées sur une membrane fixe qui a une structure fibreuse indistincte (fig. 44).

» Le grain de café est sec et rude, même après avoir été trempé dans l'eau, ce qui le distingue des matières qui auraient pu y être mélangée ; cette sécheresse persiste même dans le café qui a été brûlé, et ce caractère seul peut permettre de distinguer les fragments du café moulu de ceux de la chicorée. Le grain de café est formé de cellules anguleuses assez intimement soudées pour se briser plutôt que de se séparer et de s'isoler les unes des autres ; leur intérieur contient, sous forme de gouttelettes, une grande quantité d'huile volatile.

» Entre le grain et l'enveloppe, on trouve en général une certaine quantité d'huile essentielle.

» Dans le sillon de chaque grain on trouve quelques petits vaisseaux, formés chacun d'un fil spiral simple et continu, et différents de ceux qu'on rencontre dans certains autres tissus végétaux.

» L'opération de rôtir le café ne change pas cette structure, et bien que les tissus soient carbonisés en partie, ils n'en conservent pas moins leurs caractères distinctifs ; l'huile essentielle ne se trouve plus sous forme de gouttelettes ; une partie a été dissipée par la chaleur et le reste est plus généralement répandu dans les cavités. On a la preuve que toute l'huile essentielle n'a pas été détruite par la chaleur, car du café grillé étant versé dans une petite quantité d'eau, on trouve des quantités de cette huile formant des taches plus ou moins grandes et de formes irrégulières. (Hassall.)

Le café vert arrive souvent dans le commerce fortement mélangé de corps étrangers, tels que des *pierres* : les sortes qui en renferment le plus sont les cafés de Ceylan et d'Haïti ; celles qui en contiennent le moins sont celles de Java et de la Martinique. Il est nécessaire d'opérer un triage des balles de café pour en séparer les corps étrangers et les graines avariées.

Dans quelques cas on a coloré, à l'aide de la *plombagine* et du *talc*, des cafés Martinique avariés ; mais, en opérant le lavage des grains, on sépare ces matières qu'on peut recueillir en filtrant l'eau de lavage.

Le café, *avarié par l'eau de mer*, peut être coloré en vert par des moisissures ; il contient une forte quantité de chlorure de sodium, et, par suite, ses cendres donnent, avec le nitrate d'argent, un précipité blanc, caillebotté, soluble dans l'ammoniaque.

Ce café est quelquefois brun noirâtre en dehors et verdâtre en dedans ; il a une odeur de moisi, une odeur comme savonneuse ; torréfié, il reste sec et terne : il ne contient plus de caféine. (Girardin.)

Peu de substances ont été plus souvent falsifiées que le café torréfié et l'on peut dire que la difficulté est grande de trouver du café parfaitement pur. Le plus grand nombre de ces adultérations se fait sur le café réduit en poudre, mais, cependant, le café en grains n'a pas été exempt des manœuvres des fraudeurs. C'est ainsi qu'on a fabriqué avec de la *chicorée*, au moyen d'appareils à mouler, de faux grains de café ; mais si l'on fait macérer dans l'eau ces grains faux, ils s'y délayent promptement et donnent une solution qui est rapidement colorée en brun, tandis que les grains véritables restent résistants et ne colorent l'eau qu'avec une extrême lenteur.

On a été jusqu'à fabriquer, particulièrement à Lyon, du *café factice* avec une pâte de substances amylacées qu'on moule de manière à imiter les grains de café et qu'on torréfie avant de les livrer au commerce de détail pour être mêlées au café exotique. Certains fraudeurs ont modifié la formule et fabriqué du café avec une pâte de farine, de terre glaise, de marc épuisé de café et divisée en grains ayant la forme du café auquel on les mélangeait : ces grains n'ont pas, ou ont à peine de saveur et se délayent dans l'eau sans la moindre pression du doigt, pour peu qu'on les ait laissés macérer.

On a signalé, dans le commerce d'Anvers, le mélange de café avec 0,40 de semences de *ricin* dont quelques-unes étaient colorées en brun noirâtre par la torréfaction auquel le produit avait été soumis. (Orman.)

Les cafés torréfiées sont additionnés, sur la fin de la torréfaction, de matières sucrées, telles que *mélasse, miel, sucre brut,* pour avoir un produit qui colore davantage l'infusion. Quelquefois, on y ajoute un peu de *beurre* pour prévenir la *transpiration* du café, c'est-à-dire la perte de ses aromes et lui donner l'aspect huileux qu'offre le vrai café torréfié. Le caramel a l'avantage de donner de la couleur et de l'amertume aux cafés avariés.

Le commerce offre fréquemment des cafés *enrobés* de sucre, mais peu à peu, au lieu d'employer 0,04 à 0,05 de sucre, on en est arrivé à faire usage de mélasses impures, jusque dans la proportion de 0,20 ; et l'on s'est servi de cet enrobage pour dissimuler des cafés avariés. L'administration tolère l'enrobage au 0,06, à moins qu'une indication spéciale ne fasse connaître la proportion exacte du caramel. L'enrobage peut être indiqué par la proportion du résidu desséché que laisse l'épuisement par l'eau d'un poids donné de café, et qui donne, par différence, la quantité des matières solubles enlevées au café et qui auraient constitué l'extrait. Il faut remarquer que la quantité de ces matières n'est pas la même pour les divers cafés, et que des cafés purs peuvent donner jusqu'à 0,24 à 0,28 d'extrait. (Chevallier.)

Le café en poudre, livré par le commerce de détail, n'est, le plus souvent, fourni que par les sortes les plus inférieures ou par des cafés avariés, et, par conséquent, sa valeur est des plus médiocres.

Assez souvent il est constitué par des cafés épuisés ou par du *marc* ayant déjà servi et pulvérisé ; mais comme il ne donnerait pas à la liqueur une coloration suffisamment intense, on prend soin de l'additionner de 0,10 à 0,15 de caramel.

La falsification du café par la *chicorée* est peut-être la plus commune, et il arrive parfois qu'on trouve de prétendus cafés qui sont uniquement composés de chicorée. Faire moudre son café devant soi ne donne pas l'assurance qu'il sera pur, car souvent l'épicier sait projeter adroitement et sans être pris sur le fait, quelques parties de chicorée dans le moulin.

On a été jusqu'à imaginer des machines propres à donner à la chicorée la forme de grains de café, et la preuve en est dans un brevet pris en 1850 par MM. Duckworth (de Liverpool).

On a, il est vrai, prétendu que le café additionné de chicorée était meilleur, ce qui est très-contestable ; mais, quand même cela serait vrai, il n'y a pas moins fraude à vendre un produit pour un autre et à donner de la chicorée à celui qui demande du café. Chacun peut faire, pour son propre usage, le mélange qu'il désire, mais le marchand est coupable, qui ne livre pas uniquement le produit qui lui est demandé.

On mêle souvent aussi au café du *blé*, des *pois* ou des *haricots* décortiqués et torréfiés. C'est ainsi qu'on a vendu, en 1851, en Angleterre, sous le nom de *coffina*, un produit qu'on indiquait comme une graine provenant de Turquie et qu'on employait à falsifier le café ; l'examen microscopique démontra que ce produit était formé par des graines de Légumineuses rôties, et, depuis, on a acquis la certitude que ce *coffina* était formé par des graine de *lupin*, dont on avait importé, à cette époque, cent tonnes dans le but de les employer à la falsification du café. A la même époque, on proposait, sur le marché anglais, cinquante tonnes de *glands* de chène, destinés au même usage. (Hassall.)

On a aussi trouvé, dans les cafés en poudre, de la *sciure de bois d'acajou*, du *rouge de Venise* ou d'autres préparations ferrugineuses destinées à leur donner de la couleur. (Pereira.)

Mais là ne s'est pas arrêté le génie inventif des fraudeurs, et l'auteur anglais d'un petit volume intitulé, *Du café ; ce qu'il est, ce qu'il devrait être,* signale la falsification suivante comme se pratiquant communément à Londres : certains individus font cuire les foies des bœufs et surtout ceux des chevaux pour en faire une poudre qu'ils vendent aux débitants de café à bas prix. Il ajoute qu'on reconnaît cette poudre en laissant refroidir tranquillement l'infusion : il se forme à la surface une pellicule épaisse. (Hassall.)

Pour reconnaître les falsifications du café, on peut avoir recours : 1° à certains caractères physiques et extérieurs ; 2° au microscope ; 3° à la chimie.

La première série de caractères est non scientifique, mais elle donne de bons résultats :

Du café qui se prend en masse dans le papier qui le renferme, ou quand on le presse entre les doigts, est le plus souvent falsifié et probablement avec de la chicorée.

Du café, dont une pincée, projetée dans l'eau, offre une partie qui flotte et une autre qui plonge vers le fond, est probablement falsifié, soit avec de la chicorée, soit avec des glands rôtis, ou d'autres substances analogues. Le café pur flotte à la surface de l'eau et ne s'imbibe pas, au moins immédiatement. Il faut observer toutefois qu'il paraît exister des sortes de cafés qui se précipitent immédiatement au fond de l'eau (Dessault).

Si l'eau froide, dans laquelle on a précipité du café, se colore rapidement et fortement, c'est une preuve que celui-ci contient quelque matière végétale rôtie ou du caramel ; car le café pur ne colore l'eau qu'après un certain laps de temps et ne lui donne qu'une teinte faible. Si, d'une pincée de café mouillée dans un verre on peut, avec la pointe d'une aiguille, séparer des fragments mous, le café est certainement falsifié, car les fragments de cette graine sont secs et durs et restent tels, même après une immersion prolongée. (Hassall.)

Draper a imaginé un appareil qu'il nomme *caféomètre* et qui lui permet de distinguer les falsifications : il consiste en tubes longs de $0^m,20$, terminés en bas par un tube plus étroit et gradué : on remplit ces tubes d'eau distillée et bouillie et l'on y verse $0^m,01$ c. de café moulu : on observe si la poudre s'enfonce lentement ou avec rapidité : comment la couleur se répartit dans le liquide ; l'espace occupé au fond par le dépôt, le changement de couleur de la poudre et son tassement plus ou moins considérable. (*Pharm. Journ.*, 1867.)

L'examen microscopique fournit les meilleurs moyens de reconnaître les falsifications du café. Car les moyens chimiques permettent bien, il est vrai, de reconnaître s'il y a falsification de café, mais non pas d'en déterminer la nature, même pour la chicorée. La falsification, ainsi que

l'ont démontré Graham, Stenhouse et Campbell, pourra être indiquée d'une manière générale par la couleur plus ou moins foncée de
l'infusion, par sa densité, par la quantité de sucre ou par la composition des cendres. La quantité de silice que renferment les cendres
étant très-minime, ces auteurs ont conclu que la présence de 1 pour 100
ou plus de ce corps est une preuve de falsification : la proportion de
silice sera plus forte quand le café contiendra de l'orge ou de l'avoine,
moindre avec la chicorée et le pissenlit, moindre encore avec le seigle
et le blé, et très-faible avec les carottes et les turneps. (Hassall.)

La quantité de *sucre*, que contient le café grillé, excède rarement 1,12·

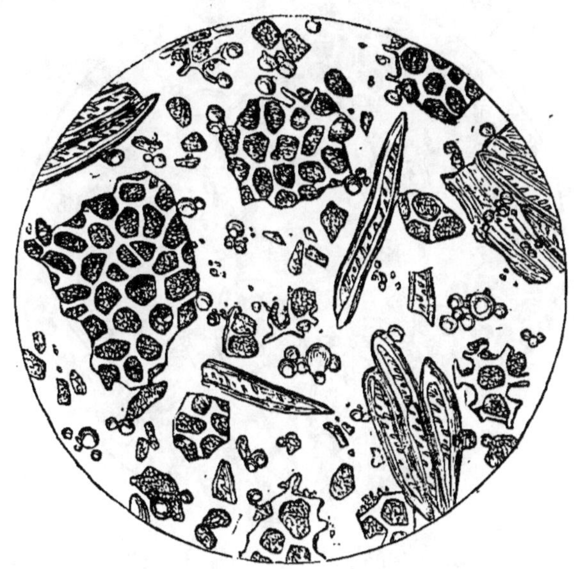

FIG. 45. — Café pur moulu. (Hassall.)

pour 100, tandis que dans les racines torréfiées de chicorée, de carotte,
de betterave, elle est de 9 à 12 pour 100. Le meilleur procédé pour
déterminer la présence du sucre dans un café adultéré consiste à faire
fermenter l'infusion avec un peu de levûre et à recueillir par distillation
l'alcool formé. (Hassall.)

La présence de la *chicorée* dans le café est très-difficile à démontrer
par des procédés chimiques, mais l'examen microscopique donne le
moyen très-simple et certain de la déceler (Sir Charles Wood) (fig. 45, 46).
La forme arrondie des cellules de la chicorée, leur facile disjonction, la
présence des vaisseaux ponctués et des vaisseaux laticifères, tels sont

les caractères qui permettent aisément de reconnaître la présence de
cette racine. (Voy. Chicorée.)

John Horsley a indiqué, pour distinguer le café et la chicorée, de
traiter les infusions très-étendues par une solution de bichromate de
potasse, qui ne modifie pas la couleur de l'infusion de chicorée, mais
brunit immédiatement celle du café. Dans le cas de mélange, on traite
l'infusion par le bichromate ; on fait bouillir : on ajoute quelques grains
de sulfate de cuivre et l'on fait bouillir de nouveau. Il se fait un précipité
floconneux, d'un brun d'autant plus foncé que la quantité de café est

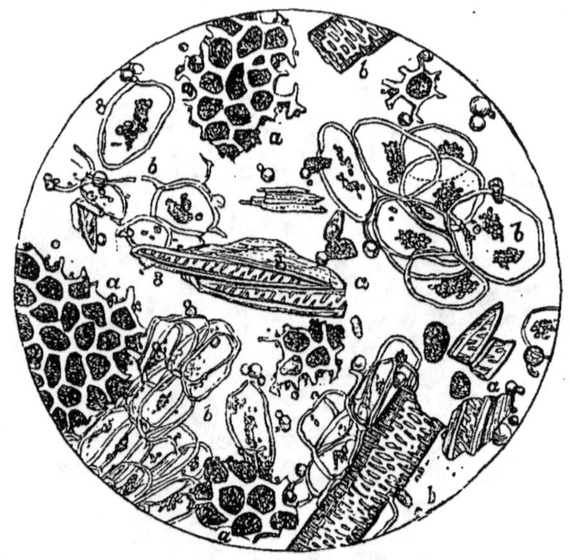

Fig. 46. — Café falsifié par la chicorée (Hassall). — *aa*, café ;
b, *b*, chicorée. (Hassall.)

plus grande et la comparaison des nuances permet d'indiquer, au moins
approximativement, la quantité du mélange. (*Journ. Pharm.*, 3ᵉ série,
t. XXIX, p. 286.)

La betterave a des cellules beaucoup plus grandés que celles de la
chicorée et n'offre pas de vaisseaux laticifères.

Les *grains rôtis* de Graminées, les *glands*, ou toute autre substance
contenant de la *fécule*, ne donnent pas toujours, quoi qu'on en ait dit, de
coloration bleue quand on traite l'infusion froide par l'iode. Hassall a
remarqué que l'infusion de café falsifié avec des glands prenait, par
l'iode, une coloration noire avec une teinte brune ou olive, ce qui tient

à l'action de la matière colorante de la chicorée qu'on ajoute toujours simultanément avec les glands. Si l'iode ne donne pas toujours une coloration bleue, il n'en est pas moins un réactif qui peut utilement être employé, car la nuance foncée qu'il détermine est très-nette. Mais l'examen microscopique permettra toujours de reconnaître la présence des grains de fécule, qui ne peuvent être confondus avec les cellules, soit du café, soit de la chicorée.

La *farine de haricot* peut se reconnaître facilement à sa structure celluleuse et surtout à ses grains de fécule pour la plupart ovales avec une fente centrale et émettant des fentes rayonnées.

Les *glands* grillés et réduits en poudre se reconnaissent à la forme et au

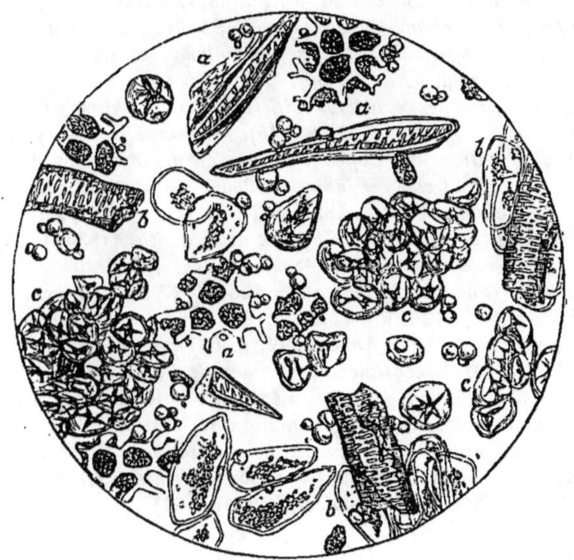

Fig. 47. — Café falsifié par la poudre de gland. — *aa*, café ; *bb*, chicorée ; *cc*, gland. (Hassall.)

volume des grains de fécule qu'ils renferment en grande quantité (fig. 47).

La *sciure*, et surtout celle d'acajou, est très-facile à déceler, car il suffit de mouiller le café, de séparer les fibres ligneuses et. d'en examiner la structure qui est caractéristique. Il faut ne pas oublier, dans cette recherche, que les diverses matières qui servent à falsifier le café contiennent quelques fibres ligneuses et ne pas les confondre avec celles de la sciure de bois.

Le *caramel* peut être indiqué en faisant à l'eau froide une infusion d'un poids déterminé de café : on évapore au bain-marie jusqu'à siccité et l'on goûte : si l'extrait est très-foncé en couleur, cassant, et a le goût amer du caramel, il n'y a pas à douter de la présence de cette substance. On n'a pas de moyen de préciser la quantité de caramel introduite.

Le *rouge de Venise* se reconnaît quelquefois à l'œil nu, mais c'est le cas le plus rare : pour le découvrir, il faut avoir soin d'incinérer l'échantillon suspect et la couleur rouge ou jaunâtre des cendres permettra d'avoir une certitude.

BOUCHARDAT, *Falsification du café (Union pharm.*, 1873, t. IV). — CHEVALLIER (A.), *Café indigène (Ann. d'hyg. et de méd. lég.*, 1853, t. XLIX, p. 408). — *Sur l'enrobage des cafés (Journ. chim. médic.*, 4ᵉ série, 1869, t. IX, p. 259). — *Du café, son historique, son usage, son utilité, ses altérations, ses succédanés, les falsifications qu'on lui fait subir (Ann. d'hyg. et de méd. lég.*, 2ᵉ série, 1862, t. XVII, p. 5). — DESSAULT, *Sur les caractères différentiels de la chicorée et du café (Journ. chim. médic.*, 5ᵉ série, 1866, t. II, p. 435). — DRAPER, *On an apparatus for the detection of adulterations on Coffee (Pharm. Journ.*, 3ᵉ série, t. IX, p. 142). — J. GIRARDIN, *Rapport adressé au maire de Rouen sur un café avarié par l'eau de mer (Ann. d'hyg. et de méd. lég.*, 1834, t. XI, p. 87). — *Rapport sur une poudre destinée à remplacer le café (Ann. d'hyg. et de méd. lég.*, 1834, t. XI, p. 96). — HORTLEY (J.), *Nouvelle méthode pour reconnaître les falsifications ou mélanges de café et de chicorée (Pharmac. Journ.*, déc. 1855, t. XV, nᵒ 6; *Journ. chim. médic.*, 4ᵉ série, 1857, t. III, p. 430). — LABICHE (E.), *Sur le café recouvert de caramel (Journ. chim. médic.*, 4ᵉ série, 1858, t. IV, p. 627). — LASSAIGNE (J.-L.), *Observations sur les moyens de constater la présence de l'infusion de chicorée torréfiée dans l'infusion de café (Journ. chim. médic.*, 3ᵉ série, 1853, t. IX, p. 365). — LEPAGE (H.), *Sur un faux café (Journ. chim. méd.*, 3ᵉ série, 1853, t. IX, p. 618). — ORMAN (V.), *Falsification du café moka avec la semence de ricin (Journ. chim. méd.*, 3ᵉ série, 1852, t. VIII, p. 50). — *Sophistication du café (Mercantile Miscellanies; — Ann. de l'Agric. des colonies*, 1860, p. 191).

CAFÉ-CHICORÉE. — Voy. CHICORÉE.

CAJEPUT (Essence de). L'essence de cajeput, *Melaleuca Leucadendron*, L. (Myrtacées), est liquide, très-mobile, transparente, souvent de couleur verte; elle exhale une odeur agréable, camphrée et térébenthinée; elle a une saveur fraîche et pénétrante; sa pesanteur spécifique est de 0,916 à 0,919; elle est entièrement soluble dans l'alcool.

On a vendu, sous le nom d'*essence de cajeput*, un mélange d'essence de romarin et de cardamomes avec du camphre, auquel on avait donné artificiellement la couleur verte. (Pereira.)

On lui substitue souvent d'autres *essences* ou des *huiles grasses* qu'on colore au moyen d'un sel de cuivre ou d'une teinture alcoolique de plante riche en chlorophylle.

On y a ajouté quelquefois du *camphre,* mais celui-ci se sépare par l'addition d'eau et forme des flocons qui surnagent.

Les *huiles grasses* se reconnaîtront au moyen de la distillation qui en sépare l'essence, ou par la combustion qui ne donne aucun résidu si l'essence est pure.

La présence du *cuivre* sera décelée par l'agitation avec une solution de potasse caustique, qui donnera un liquide limpide et un dépôt de bioxyde de cuivre. On pourra aussi le retrouver dans le résidu de l'incinération, qui sera repris par l'acide nitrique et l'ammoniaque ; la liqueur prendra une belle coloration bleue.

Guibourt a trouvé plusieurs fois, dans l'essence de cajeput, de l'oxyde de cuivre en solution ; il l'a reconnu facilement en agitant l'essence avec une solution de cyanoferrure de potassium, qui donne un précipité rouge de ferrocyanure de cuivre. (*Journ. Chim. médic.*, t. VIII, p. 612.)

CALAMINE. — Voy. ZINC (CARBONATE DE).

CALOMEL. — Voy. MERCURE (PROTOCHLORURE DE).

CAMOMILLE ROMAINE. Les fleurs (calathides) de la camomille romaine, *Anthemis nobilis,* L. (Composées) (fig. 48), sont radiées, à réceptacle presque plat et toujours muni d'écailles concaves ; leur couleur est blanc roussâtre ; plus larges que longues, elles

FIG. 48. — Camomille romaine.

ont une odeur franche, légère, caractéristique ; l'involucre est à folioles inégales, velues, scarieuses sur les bords ; les fleurons de la circonférence et les trois quarts de ceux du centre sont longuement ligulés, obtus au sommet, réfléchis ; au centre sont quelques fleurons tubulés, à tube très-élargi à la base. Le plus souvent on fait usage des fleurs de la camomille cultivée, dont les calathides sont plus grosses et presque sphériques.

On substitue souvent, ou on mélange à la camomille les calathides
(fig. 49) du *Chrysanthemum Parthenium*, Pers., à fleurs doubles, plus
petites, aussi longues que larges; leur odeur est forte, pénétrante,
désagréable; le péricline est formé de folioles inégales, mais munies sur
le dos d'une côte saillante qui persiste sur le sec; les extérieures sont
scarieuses sur les bords et entières au sommet, tandis que les intérieures
sont lacérées au sommet. Les fleurons de la circonférence sont ligulés,

FIG. 49. — Matricaire.   FIG. 50. — Camomille commune.

ovales, non réfléchis; ceux du centre sont longuement tubuleux; le
réceptacle est à paillettes glabrescentes, lancéolées, caduques. On
emploie aussi quelquefois le *Matricaria parthenoides*, Desf., qui ressemble beaucoup, par ses calathides, au *Matricaria Parthenium* et qui
ne s'en distingue guère que par ses feuilles. (Timbal-Lagrave.)

On substitue quelquefois aussi à la camomille, la *camomille des
champs* (fig. 50), *Anthemis arvensis*, L., dont les calathides sont

inodores et le réceptacle garni de poils soyeux, et l'*Anthemis cotula*, L., dont les calathides ont une odeur fétide.

TIMBAL-LAGRAVE, *Note sur la camomille romaine du commerce* (*Journ. chim. méd.*, 4ᵉ série, 1859, t. V, p. 503).

CAMPHRE. Le camphre, produit du *Camphora officinarum*, Nées (Laurinées), est une essence concrète blanche, cristalline, très-odorante et à saveur amère et aromatique. Plus léger que l'eau ; il fond à + 175° ; il se volatilise même à l'air libre ; il est très-combustible. Peu soluble dans l'eau, il se dissout très-facilement dans l'alcool, l'éther et dans les huiles fixes ou volatiles ; il est soluble aussi dans l'acide nitrique.

Le *camphre artificiel*, $C^{20} H^{16} H Cl$, chlorhydrate de camphène blanc, transparent, qu'on obtient par l'action de l'acide chlorhydrique sur l'essence de térébenthine, se distingue du camphre véritable en ce qu'il laisse dégager beaucoup de vapeurs blanches d'acide chlorhydrique quand on le volatilise, et en ce qu'il brûle à l'air avec une flamme verte ; si l'on éteint la flamme, il exhale une odeur de térébenthine. Placé sur un verre, en petits fragments et dissous avec un peu d'alcool, il donne une nouvelle cristallisation par évaporation, et celle-ci, examinée au microscope au moyen de la lumière polarisée, n'offre aucune coloration des cristaux, tandis que cette coloration existe pour le camphre véritable (Bailly, *Silliman's Journal*, mai 1851).

Le camphre a été falsifié avec du *sel ammoniac*, mais celui-ci est insoluble dans l'alcool et soluble dans l'eau, tandis que le camphre offre les caractères opposés. Le mélange trituré avec un peu de chaux ou de soude laisse dégager du gaz ammoniac.

CANNELLE. — On distingue dans le commerce deux sortes principales de cannelle, l'une dite *cannelle de Ceylan* et fournie par le *Cinnamomum Zeylanicum*, Breyn (Laurinées), et l'autre dite *cannelle de Chine* et provenant du *Cinnamomum Cassia*, Blume (fig. 51).

La cannelle de Ceylan, beaucoup plus estimée pour sa saveur aromatique, chaude, piquante et sucrée, et son odeur suave, est formée d'écorces très-minces, cassantes, enroulées et emboîtées les unes dans les autres, de couleur blonde ; elles viennent dans le commerce en faisceaux.

La cannelle de Chine est formée d'écorces épaisses, en tubes isolés, de couleur fauve ; son odeur est forte et peu agréable, sa saveur est chaude, piquante, et a quelque chose de déplaisant.

« La section longitudinale de la cannelle de Ceylan laisse voir à l'exté-

rieur de nombreuses cellules étoilées, facilement séparables les unes
des autres; ces cellules forment plusieurs couches et occupent la majeure partie de l'épaisseur de l'écorce; elles remplissent les intervalles
entre les fibres ligneuses; elles sont quadrangulaires et ovales, et ont,
en général, leur grand axe transversalement disposé à l'écorce, elles -
sont plus longues que larges; quelle que soit leur position, on distingue

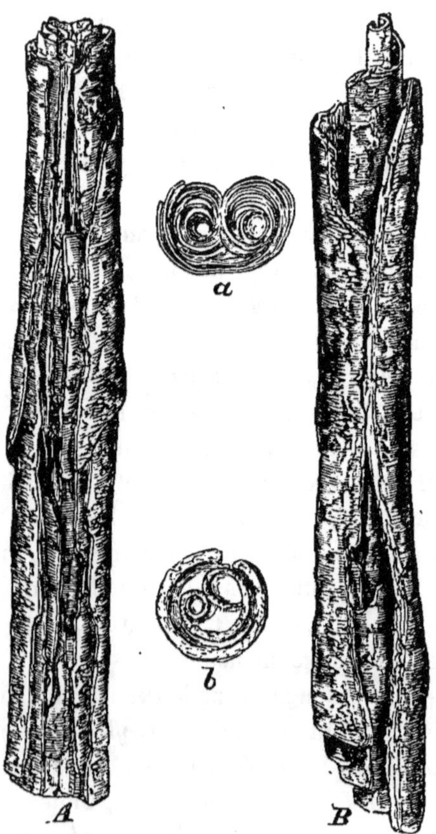

Fig. 51. — Écorces de cannelle (de grandeur naturelle). — *A*, Cannelle de Ceylan;
a, coupe transversale. — *B*, Cannelle de Chine; *b*, coupe transversale.

toujours la cavité centrale et les canaux qui en émanent; quelquefois,
mais rarement, on trouve dans leur intérieur quelques grains amylacés.
En dessous des cellules étoilées, on en trouve d'autres qui n'ont pas
de canalicules, dont les parois sont minces et qui adhèrent fortement
les unes aux autres; ces cellules, qui forment plusieurs couches et
constituent le reste de l'épaisseur de l'écorce, contiennent quelques

grains de fécule. Interposées entre les deux sortes de cellules, sont de
nombreuses fibres ligneuses, assez courtes, pointues à chaque extrémité et munies d'un canal central : ce sont ces fibres qui donnent à la
cannelle le caractère de sa cassure. Les grains de fécule sont petits,
plus ou moins globuleux, isolés ou soudés deux à deux, et ont un hile
distinct, qui a l'apparence d'une dépression centrale ; la cannelle contient si peu de fécule que sa décoction ne bleuit pas par l'addition
d'iode. Enfin on observe dans les cavités des plus extérieures des cellules non étoilées des masses granuleuses de couleur cannelle foncée
(fig. 52). (Hassall.)

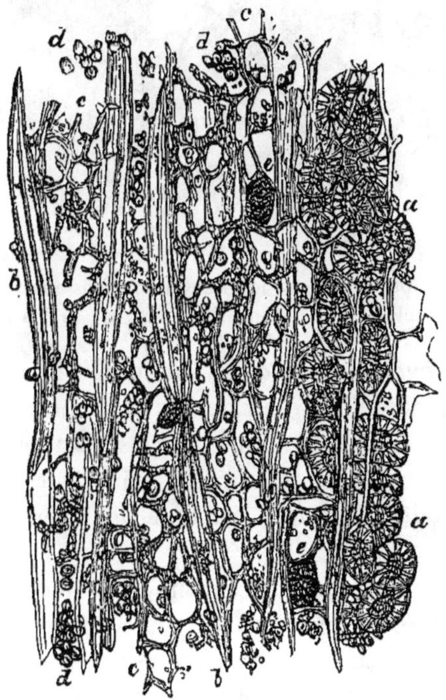

FIG. 52. — Coupe longitudinale de l'écorce de cannelle de Ceylan.
Grossissement 140 diamètres (*). (Hassall.)

La poudre de cannelle offre ces divers éléments désunis et plus ou
moins mélangés ; les cellules étoilées sont isolées, ou réunies par
groupes de deux à trois ou quatre ; les fibres ligneuses sont séparées et
offrent l'apparence de poils ; les grains de fécules sont en dehors des

(*) *aa*, cellules étoilées ; *bb*, fibres ligneuses ; *cc*, cellules à fécule ; *dd*, grains de fécule ; *ee*,
masses granulaires colorées.

cellules, et sur plusieurs points on trouve les masses de couleur cannelle foncée (fig. 53). (Hassall.)

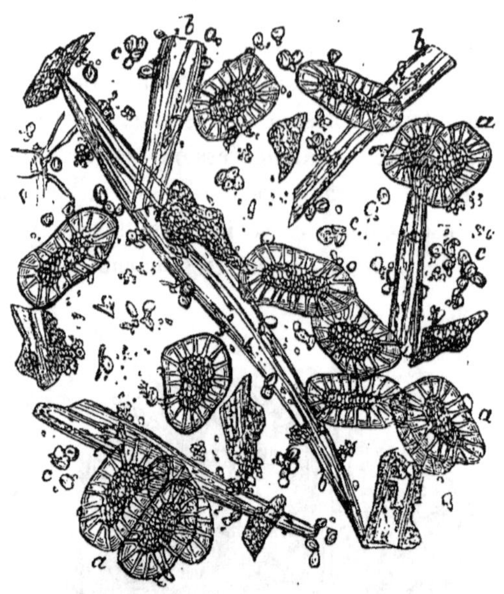

FIG. 53. — Poudre pure de cannelle de Ceylan. Grossissement, 220 diamètres. *aa*, cellules étoilées ; *bb*, fibres ligneuses ; *cc*, grains de fécule.

L'écorce du *Cinnamomum Cassia*, qui fournit la cannelle de Chine, se distingue de celle du *Cinnamomum Zeylanicum*, parce qu'elle est plus épaisse, a une cassure courte et sans échardes ; sa couleur est plus rouge et plus claire ; sa saveur est moins douce, plus marquée et suivie d'une certaine amertume. Sa décoction bleuit par la teinture d'iode.

Examinée au microscope, la cannelle de Chine offre une grande analogie de structure avec celle de Ceylan, ce qui n'a rien d'étonnant, puisque toutes deux sont fournies par des plantes de même genre ; mais on remarque cependant quelques caractères qui permettent d'en faire la distinction. Les cellules étoilées qui forment la couche extérieure sont remplies de granules amylacés bien formés ; les cellules plus externes sont en quelque sorte *bondées* de grains de fécule, deux à trois fois plus grands et deux à trois fois plus nombreux que ceux de la cannelle de Ceylan ; les fibres ligneuses ne sont pas sensiblement différentes.

Un quart seulement de l'épaisseur de l'écorce est formée par les cellules étoilées, le reste étant constitué par les cellules féculifères (fig. 54). (Hassall.)

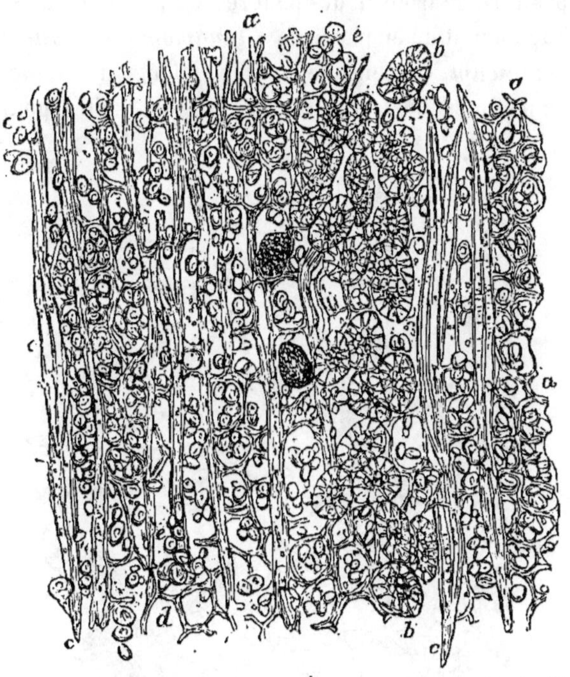

FIG. 54. — Coupe longitudinale de l'écorce de cannelle de Chine.
Grossissement 140 diamètres (*). (Hassall.)

La poudre de cannelle de Chine offre moins de cellules étoilées et de fibres ligneuses et beaucoup plus de grains de fécule d'un volume plus considérable (fig. 55).

La cannelle de Ceylan a été remplacée en tout ou en partie par des écorces, provenant des divers pays où l'on a introduit la culture du *Cinnamomum Zeylanicum*, mais leur saveur et leur odeur sont moins prononcées et moins suaves, et leur épaisseur est plus considérable. On a essayé aussi de leur substituer les écorces d'espèces voisines, mais, outre qu'elles sont aussi moins suaves (souvent même elles ont une saveur âcre ou tout à fait différente), elles se distinguent par des différences de texture ou de couleur qui ne permettent pas la confusion pour toute personne un peu attentive.

On a trouvé aussi des parties de cannelle qui avaient été mélangées

(*) *aa*, cellules de l'épiderme ; *bb*, cellules étoilées ; *cc*, cellules à fécule ; *dd*, grains de fécule ; *ee*, masses granulaires colorées.

avec des écorces épuisées de leur essence par distillation, mais leur odeur et leur saveur presque annihilées permettent de reconnaître cette fraude.

Il n'est pas rare de trouver des poudres de cannelle dans lesquelles on a substitué en tout ou en partie le *Cinnamomum Cassia* au *Cinnamomum Zeylanicum*. On constate aussi le mélange de *farine*, de *sagou*, de *fécule* de pommes de terre, le plus souvent cuites pour que leur

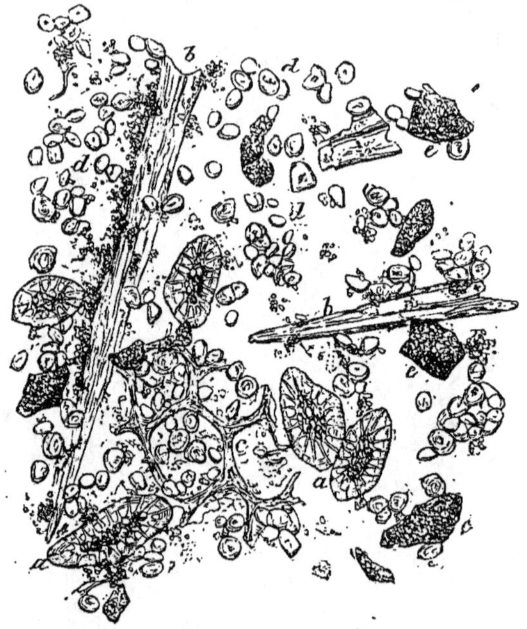

Fig. 55. — Poudre pure de cannelle de Chine. Grossissement de 220 diamètres. (Hassall.) (*).

apparence se rapproche plus de celle de la poudre de cannelle. On emploie souvent de la cannelle qui a été privée de son essence.

On a reconnu dans la poudre de cannelle des mélanges de matières végétales sans aucune valeur, telles que des *coques d'amandes* fragiles; mais en faisant infuser pendant douze heures cette poudre dans un peu d'eau froide, elle donne une infusion qui rougit le papier de tournesol et le sirop de violettes. (Stan. Martin.)

L'emploi du microscope permettra, dans le plus grand nombre des cas, de reconnaître ces sophistications. L'action de l'iode sur la décoction donnerait un moyen de reconnaître la substitution d'une cannelle

(*) *aa*, cellules étoilées; *bb*, fibres ligneuses; *cc*, cellules à fécule; *dd*, grains de fécule; *ee*, masses granulaires colorées.

à l'autre; le mélange avec des écorces préalablement privées de leur essence peut être indiqué en faisant bouillir la cannelle suspecte dans de l'eau distillée et en séparant l'essence par distillation, et en comparant le produit obtenu, avec celui que donne une cannelle pure. Il sera plus expéditif d'examiner au microscope la cannelle; si elle a été soumise à l'action de l'eau bouillante, ses grains de fécule auront pris un volume plus considérable et se seront déformés : ils manqueront même dans certains cas, si l'action de l'eau bouillante a été suffisamment prolongée. (Hassall.)

CANNELLE (Essence de). On doit distinguer l'essence de cannelle de Ceylan, *Cinnamomum Zeylanicum* (Laurinées), de celle de cannelle de Chine, *Cinnamomum Cassia.*

L'essence de cannelle de Ceylan est jaune doré, très-suave, d'une saveur sucrée et brûlante; sa pesanteur spécifique varie de 1,05 à 1,09.

L'essence de cannelle de Chine s'en distingue par son odeur désagréable et sa saveur moins parfumée.

Les essences de cannelle prennent à l'air une couleur rouge brun, et laissent un dépôt d'acide cinnamique; elles sont très-solubles dans l'alcool.

On mélange souvent les deux essences, ou on les additionne d'une essence préparée avec les feuilles et les débris plus ou moins altérés du cannellier.

CANTHARIDES. La *cantharide, Cantharis vesicatoria,* Fab. (Insectes Coléoptères), est d'un vert métallique, d'une odeur forte et désagréable.

Les cantharides sont sujettes à s'altérer avec le temps, surtout si on ne les a pas conservées dans un lieu sec. En vue de prévenir la détérioration de ces insectes, on a proposé divers moyens : placer un peu de mercure au fond des vases qui les contiennent; y verser de l'essence de romarin ou de lavande (Piette), du chloroforme (Lutrand), de l'éther sulfurique (Stan. Martin). Enfin Montané a proposé de dessécher les cantharides dans une cheminée, la fumée les imprégnant de principes empyreumatiques, qui assurent leur conservation.

Les cantharides sont sujettes à la *vermoulure,* et l'on a discuté pour savoir si, dans ce cas, elles étaient plus actives ou si elles avaient perdu de leurs propriétés vésicantes. Il paraît qu'elles perdent de leur valeur quand elles ont été conservées à l'air ou exposées à l'humidité.

Les divers animaux, qui attaquent les cantharides et qui ont été bien étudiés par Fumouze, ont été rapportés à des Arachnides Sarcoptidés,

Tyroglyphus longior et *siculus*, *Glycyphagus cursor* et *spinipes;* à des Cheylitides, *Cheylitidus eruditus*, et à des insectes *Anthrœmius varius* et *Anobium paniceum*.

On a sophistiqué les cantharides en les plongeant dans l'*huile froide*, et en les égouttant ensuite. Cette falsification se reconnaît à ce que les insectes tachent le papier, ou au moyen de l'éther qui dissout l'huile.

On a vendu des *cantharides épuisées* qu'on a mélangées avec des cantharides intactes, mais la proportion de cantharidine est très-diminuée.

Les cantharides ont été *mouillées*, mais la perte de poids par la dessiccation fait reconnaître cette fraude.

Les cantharides ont été aussi mélangées avec d'autres insectes de même couleur, et l'on a signalé le *Cetonia aurata*, le *Callichroma moschata*, et le *Chrysomela fastuosa;* mais les formes, très-différentes de ces insectes, ne permettent pas de méconnaître la sophistication.

La poudre de cantharides a été mélangée de *gomme d'euphorbe;* mais on décèle facilement la fraude en traitant la poudre par l'alcool à 56° bouillant; on filtre à chaud, et par le refroidissement on a un dépôt de la gomme-résine. (Stan. Martin.)

Emanuel, *Falsification of cantharides* (*Amer. J. of pharm.*, 1851, t. XVII, p. 181. — Emmel, *Falsification des cantharides* (*Journ. pharm. et chim.*, 3e série, 1850, t. XVIII, p. 380).

CARBONATE (Sous-) D'AMMONIAQUE. — Voy. Ammoniaque (Sous-Carbonate d').

CARBONATE DE BISMUTH. — Voy. Bismuth (Carbonate de).

CARBONATE DE PLOMB. — Voy. Plomb (Carbonate de).

CARBONATE DE POTASSE. — Voy. Potasse (Carbonate de).

CARBONATE DE SOUDE. — Voy. Soude (Carbonate de).

CARMIN. Le carmin est constitué par la matière colorante de la cochenille additionnée d'une matière animale, albumine d'œuf ou gélatine, et d'un acide. Il forme une poudre légère et insipide ; placé sur une lame de fer rougie au feu, il se charbonne avec odeur de corne brûlée.

Le carmin est très-fréquemment additionné d'*alumine*, qu'on y ajoute au moment de sa préparation, ou de *vermillon* qu'on y ajoute après ; en traitant la carmine par l'ammoniaque, on en sépare ces matières qui ne sont pas dissoutes.

L'*alumine* est indiquée par la coloration bleue que prend le résidu de la carmine incinérée avec du nitrate de cobalt.

Le *vermillon* sera reconnu dans le résidu du traitement par l'ammoniaque, qui formera avec l'acide nitrique du nitrate de bioxyde de mercure, lequel précipitera en rouge vif (biiodure) par l'iodure de potassium.

La *fécule* est décelée par l'eau iodée qui lui donne une coloration bleue.

CARRAGAHEN. Le *Carragahen, Chondrus polymorphus*, Lam. (Algues), est en touffes serrées, de consistance cornée, de couleur jaune pâle ou rougeâtre ; ses frondes sont longues de 0^m,04 à 0,05, grêles, cylindriques, et portant trois à quatre branches quelquefois ramifiées ; son odeur est marine, sa saveur mucilagineuse et saumâtre.

On le trouve, dans le commerce, souvent mélangé de *Gigartina acicularis*, Lam., autre Algue, qui s'en distingue par ses frondes cylindriques, cartilagineuses, subdichotomes et flexueuses, avec des divisions acuminées très-fréquemment bifurquées, et offrant sur les côtés des branches horizontales épineuses. Les conceptacles sont sphériques, sessiles et minces. Le mélange, qui peut s'élever jusqu'à 0,40, est décelé par la teinte brune claire des pédicelles, qui donnent à la masse une coloration moins uniforme que celle du carragahen loyal (J. Dalmon).

CARTES DE VISITE. Les cartes de visites, dites *porcelaine*, sont faites presque toujours avec de la céruse ; aussi peut-il être dangereux de les laisser à la portée des enfants.

On fait, en imprégnant des feuilles de papier carton d'une dissolution concentrée d'acétate de plomb, des cartes à aspect moiré métallique, très-éclatant et faisant entendre un léger craquement quand on les plie. Ces cartes sont toxiques et une seule suffit pour empoisonner un enfant. (Wittstein, *Moniteur scientif.*, juillet 1868.)

CASCARILLE. L'écorce de cascarille, *Croton Elutheria*, Swartz (Euphorbiacées), est en fragments roulés de 0,04 à 0,05 de longueur, gros comme une plume ou comme le petit doigt, compactes, à cassure résineuse. Sa surface est tantôt recouverte d'une croûte blanche et fendillée, tantôt nue et brun obscur. Son odeur est aromatique un peu musquée, agréable, et s'exalte par la chaleur ; sa saveur est aromatique, amère et âcre ; elle donne une poudre brune,

On a quelquefois substitué à la cascarille brune et à écorce non fendillée :

1° De la cascarille blanche (*Croton*), dont l'épiderme est beaucoup plus blanc, et qui donne une poudre blanche ;

2° De la cascarille térébenthacée (*Croton*), qui est en fragments plus gros et qui a une odeur térébenthinée et donne une poudre rose ;

3° L'écorce de copalchi, *Croton pseudo-china*, Schlecht, qui est en tuyaux droits roulés les uns dans les autres, peu odorante en fragments, mais ayant une odeur térébenthacée quand elle est pulvérisée ;

4° Des écorces de quinquina gris, que distinguent leur couleur grise et leur saveur amère non aromatique.

CASSE. La casse est le fruit du *Cassia Fistula*, L. (Légumineuses) ; c'est une gousse siliquiforme, longue de $0^m,15$ à $0^m,50$, épaisse de $0^m,02$ à $0^m,03$, noire, lisse, glabre, avec deux sutures longitudinales larges et marquées de sillons annulaires peu apparents ; elle est indéhiscente et est divisée à l'extérieur par des cloisons transversales en loges nombreuses, qui contiennent chacune une graine et de la pulpe noirâtre sucrée et acidule. Le commerce offre quelquefois, sous le nom de *petite casse d'Amérique*, les fruits du *Cassia moschata*, H. B. K. ; ils sont formés par une gousse cylindrique, droite, longue d'un pied et demi, ligneuse, dure, lisse, pointue et même mucronée à l'extrémité ; sa surface est cendrée ; elle offre de nombreuses cloisons transversales, et une pulpe fauve, acerbe, astringente et peu sucrée.

On rencontre quelquefois aussi les gousses du *Cassia Brasiliana*, Lam., plus grandes, recourbées en sabre, à surface ligneuse, rugueuse et marquée de fortes nervures, mais dont la pulpe est amère et désagréable.

La pulpe de casse est noirâtre, elle a une saveur douce et sucrée. Avec le temps elle fermente et noircit ; d'autres fois elle se dessèche, se racornit, et alors les gousses plus légères font *le grelot* quand on les agite, parce que les semences séparées de la pulpe choquent les parois de la gousse. Si la casse a été trempée dans l'eau pour faire gonfler la pulpe, celle-ci fermente souvent et noircit. Aussi est-il nécessaire d'ouvrir les gousses pour s'assurer qu'elles sont en bon état de conservation.

CASSONADE. — Voy. SUCRE.

CASTORÉUM. Le *castoréum* est une matière onctueuse et odorante que sécrètent les glandes préputiales du *Castor fiber*, L. (Mammifères Rongeurs). Ces glandes sont par paires, pyriformes, longues d'environ trois pouces, pesantes, brunes ou brun grisâtre et contiennent une substance résinoïde d'un brun rougeâtre, en grande partie soluble dans l'alcool et l'éther.

On distingue le castoréum de Sibérie de celui du Canada à ce que sa saveur est plus prononcée, ce qui est dû à ce qu'il contient 0,046 de castorine, tandis que celui du Canada n'en donne que 0,0198, comme l'indique le traitement par la benzine pure.

Le produit du traitement du castoréum par le chloroforme est une résine brune, assez sèche et ayant une odeur franche pour le produit du Canada, ayant une plus grande viscosité et une odeur plus forte pour celui de Sibérie. L'acide chlorhydrique étendu donne, en dix à vingt heures, un liquide jaune ou brun clair avec le castoréum du Canada, et brun foncé avec celui de Sibérie, lorsqu'on le met en contact avec de la poudre préalablement humectée d'alcool. La poudre donne, dans une solution ammoniacale, un liquide plus foncé pour le castoréum de Sibérie. La teinture alcoolique étendue d'eau est laiteuse, et, si elle est faite avec du castoréum de Sibérie, elle s'éclaircit par l'addition d'ammoniaque. (Häger.)

Les principales falsifications du castoréum consistent en addition de *résines, galbanum, sagapenum, gomme ammoniaque, cire, carbonate de chaux, sable, balles de plomb ;* mais, comme ces matières ne peuvent être introduites que par des incisions pratiquées à la poche, il faudra vérifier si le castoréum est intact : la lacération ou l'absence des cloisons internes éveillera aussi l'attention sur la sophistication.

On imite le castoréum : mais les *fausses poches*, faites avec des vésicules biliaires de mouton, ou avec des scrotums de jeunes boucs ne présentent pas de cloisons membraneuses blanchâtres ; elles sont plus volumineuses et plus pleines ; la matière qu'elles contiennent est molle ou cassante, demi-transparente, jaune rougeâtre et faiblement odorante : sa poudre est moins foncée que celle de la matière naturelle : en outre, elle est presque complétement soluble dans l'alcool et dans l'éther.

HAGER, *Procédé pour déterminer la qualité du castoréum* (*Journ. pharm. et chim.*, 4ᵉ série, 1871, t. XIV, p. 273).

CÉRAT. Le cérat est un médicament composé d'huile et de cire blanche, et aromatisé à l'eau de rose.

Quand, en vue de blanchir le cérat on y a ajouté du *carbonate de chaux* ou de *magnésie*, on obtient ces sels, qui sont insolubles, par l'action de l'eau qui les sépare sous forme d'une poudre blanche. Le *carbonate de potasse*, qui se dissout, fait effervescence par l'acide sulfurique et donne alors une liqueur qui précipite en jaune-serin par le chlorure de platine.

Le cérat, fabriqué avec de la *stéarine* en place de cire, donnera, avec la chaux, du stéarate de chaux et de la glycérine, et l'on pourra ensuite, par l'acide sulfurique, séparer l'acide stéarique.

On a signalé un cas d'empoisonnement par un cérat qui avait été fabriqué avec des restes de cierges et dont l'acide stéarique contenait de l'acide arsénieux (Ebrard). Dans ce cas, le cérat, traité à chaud par l'acide chlorhydrique, donne un liquide où l'on retrouve l'arsenic au moyen de l'appareil de Marsh.

EBRARD, *Empoisonnement par l'acide arsénieux et le cérat (Journ. pharm. chim.,* 3e série, 1842, t. II, p. 542).

CÉRUSE. — Voy. PLOMB (CARBONATE DE).

CHANVRE. — Voy. ÉTOFFES.

CHARBON ANIMAL. Le *charbon animal, noir animal, noir d'os*, est préparé avec les os qu'on calcine dans des marmites de fonte et qu'on réduit, après refroidissement, en poudre ou en grains, suivant l'usage auquel on le destine. Il contient jusqu'à 0,90 de matières inorganiques salines ou autres et 0,10 de charbon : aussi laisse-t-il des cendres abondantes

On le falsifie souvent avec le *charbon* provenant de la décomposition des matières animales; mais alors ses propriétés décolorantes n'ont pas la même énergie, et l'on y trouve une proportion plus ou moins considérable d'oxyde de fer sous forme de concrétions jaunâtres : traité par l'acide chlorhydrique étendu, il donne une solution jaune qui précipite en bleu par le cyanure jaune.

Le mélange de *cendres pyriteuses* donne au noir animal une cendre rougeâtre ; sa solution aqueuse est acide et rougit fortement le papier bleu de tournesol ; l'acide chlorhydrique en sépare le fer, qu'on peut précipiter en bleu par le cyanure jaune.

On trouve souvent aussi, dans le noir animal, des *scories*, du *sable*, des *pierres*, de la *terre*, de la *tourbe*, etc., mais, dans ce cas, la quantité du résidu laissé par l'incinération est beaucoup plus grande que pour le noir pur. (Voy. NOIR D'ENGRAIS.)

CHARBON DE BOIS. Le charbon de bois, produit par la carbonisation du bois de diverses espèces de végétaux, chêne, charme, hêtre, châtaignier, offre des qualités fort différentes suivant qu'il a été obtenu de telle ou telle nature de bois ou par tel ou tel mode de carbonisation : si l'opération a été conduite lentement, on a un charbon compacte, dense, qui brûle assez lentement, tandis que, si l'on a opéré rapidement la carbonisation, le charbon est plus léger, occupe un plus grand volume, s'allume plus facilement et brûle plus vite. Comme chez nous on vend le charbon à la mesure, c'est cette dernière sorte que fournissent presque toujours les charbonniers. Notons, en passant, que trop souvent ils ont soin, en outre, de ne pas livrer la mesure exacte, malgré la surveillance sévère à laquelle ils sont soumis.

CHARBON DE TERRE. — Voy. HOUILLE.

CHARCUTERIE. La viande de porc, qui forme la base du commerce de la charcuterie et dont une grande partie de la population parisienne se nourrit, est fréquemment altérée et présente alors des dangers pour la santé de ceux qui en font usage. On sait que le porc est sujet à la ladrerie, maladie produite par la présence des cysticerques, *Cysticercus cellulosœ*, Rud., qui est l'état de *scolex* du ténia, et, par conséquent, l'usage de sa chair, si elle n'a pas été cuite suffisamment, peut offrir des inconvénients sérieux.

Nous en dirons autant de la trichine, *Trichina spiralis*, qui a occasionné des accidents très-graves, surtout en Allemagne où l'on a l'habitude de consommer la viande de porc fumée et à peine cuite. La chair de porc est encore susceptible, comme celle d'autres animaux, de subir une altération qui y développe un poison dont la nature n'a pu encore être précisée, mais dont on a reconnu l'existence à plusieurs reprises dans le porc fumé et les boudins.

Par défaut de soins dans la préparation, la charcuterie peut contenir du *cuivre* qu'on retrouvera en en incinérant une partie, reprenant le résidu par l'acide nitrique étendu, évaporant à siccité pour traiter ensuite par l'eau : on obtiendra une liqueur qui donnera, par le cyanure jaune, un précipité brun marron.

La présence du *plomb* serait indiquée par le même traitement, mais on devrait agir sur la solution aqueuse par l'acide sulfhydrique ou l'iodure de potassium.

On a constaté, dans quelques cas, que des charcuteries avaient été décorées avec des graisses colorées et que la couleur verte était due à du *vert de Schweinfurth* (arsénite de cuivre) : pour s'assurer de la présence de ce poison, on dissout la graisse par l'éther sulfurique et l'on a un résidu de matière verte ; celle-ci donnera, par l'appareil de Marsh, des taches arsenicales.

DELPECH, *Les trichines et la trichinose chez l'homme et chez les animaux* (*Ann. d'hyg. et de méd. lég.*, 2ᵉ série, 1866, t. XXVI, p. 21). — KERNER, *Nouvelles observations sur les empoisonnements si fréquemment produits dans le Wurtemberg par l'usage des saucisses fumées.* Tubingen, 1821. — WEISS, *Des empoisonnements les plus récents par des saucisses gâtées.* Carlsruhe, 1821.

CHAUX. La *chaux vive* est blanche, inodore, très-âcre, très-avide d'eau, mais peu soluble dans ce véhicule. A l'air, elle se délite en absorbant l'humidité de l'air et se combine avec l'acide carbonique. Mise en contact avec l'eau, elle s'échauffe en l'absorbant, foisonne et se réduit en une poudre blanche. Ses propriétés sont alcalines prononcées.

Elle peut contenir du *carbonate de chaux* par suite d'une mauvaise préparation, mais alors elle fait effervescence par les acides.

Si, dans sa préparation, elle s'est trouvée en contact avec les cendres du bois qui a servi à sa calcination, la chaux vive peut contenir de la *potasse ;* pour s'en assurer, on dissout la chaux dans l'acide chlorhydrique, et l'on se débarrasse de la chaux par l'oxalate d'ammoniaque ; on filtre la liqueur, et l'on y verse du chlorure de platine qui donnera un précipité jaune-serin, ou de l'acide tartrique qui donnera un précipité grenu, s'il y a de la potasse.

La *silice*, qui peut provenir des minerais employés pour obtenir la chaux, restera indissoute par le traitement par l'acide chlorhydrique.

La *magnésie*, qui a la même origine, se retrouve dans la liqueur filtrée par le phosphate de soude ammoniacal, qui donne un précipité blanc de phosphate ammoniaco-magnésien.

Le *fer* serait précipité de la liqueur par l'ammoniaque sous forme d'oxyde de fer.

CHAUX (Phosphate de). Le *phosphate de chaux* médicinal est blanc, insipide, inodore, à peine soluble dans l'eau, soluble dans les liqueurs acides.

Il est quelquefois mélangé d'une notable proportion de *sulfate de chaux :* on le reconnaît au moyen de l'acide sulfurique qui ne dissout pas le sulfate, ou par l'incinération avec le charbon, qui donne un produit laissant dégager de l'acide sulfhydrique au contact d'un acide étendu.

CHAUX (Sulfate de), Le *sulfate de chaux, plâtre,* ayant été calciné et privé ainsi de l'eau qu'il renfermait à l'état de *chaux sulfatée* ou *sélénite,* absorbe l'humidité de l'air et finit par perdre ainsi en partie la propriété de prendre en masse quand on le *gâche* pour l'usage.

On l'a quelquefois additionné de *carbonate de chaux* ou *craie,* mais alors il fait une vive effervescence avec les acides, tels que l'acide acétique, ou les acides chlorhydrique et nitrique étendus d'eau. Comme il arrive fréquemment que la pierre à plâtre est accompagnée de chaux carbonatée, il faut avoir soin de vérifier la provenance du plâtre qu'on examine et faire un examen comparatif avec du plâtre de la même localité et de la pureté commerciale duquel on se sera bien assuré.

CHÈNEVIS (Huile de). L'*huile de chènevis* est extraite des semences du *Cannabis indica*, L. (Cannabinées) : elle est jaune verdâtre quand elle est récente et prend une teinte jaune en vieillissant ; elle a une odeur et une saveur désagréables. Sa densité est 9,270. Elle se congèle à — 27°,5 c.

On la mélange fréquemment d'*huile de lin*, jusqu'à 0,80 ; cette sophistication est indiquée par l'oléomètre Lefebvre, l'huile de lin ayant une densité de 9,350 (voy. HUILES). Le mélange est ordinairement coloré en vert par l'*indigo*.

CHICORÉE. La racine de chicorée, *Cichorium Intybus*, L. (Composées), est employée après torréfaction pour faire le *café-chicorée* du commerce.

« La racine de chicorée crue offre quatre parties dont on peut sans peine reconnaître la structure, les cellules, les vaisseaux ponctués, les vaisseaux laticifères et les fibres ligneuses. Lorsque le falsificateur brûle et réduit en poudre la chicorée qu'il emploiera à adultérer le café, et l'on peut dire qu'il en est de même des glands et des autres produits qu'il y incorpore, il ne se doute probablement pas que ses soins pour dénaturer ces agents de fraude ne pourront jamais lui donner un résultat complet, et que leur structure intime persistera toujours assez caractéristique pour dévoiler ses manœuvres coupables. En effet, les éléments présentent la même structure dans la racine de chicorée, qu'elle soit crue ou torréfiée.

» Les cellules de la chicorée sont arrondies, ou quelquefois étroites et allongées, ces dernières se trouvant surtout au voisinage des vaisseaux. Les vaisseaux ponctués, abondants surtout dans les parties centrales et dures de la racine, qu'ils traversent réunis en faisceaux, sont cylindriques, non ramifiés, apointis à leurs extrémités et marqués de ponctuations élégamment disposées en spirales (fig. 56). Les vaisseaux laticifères sont ramifiés et fréquemment anastomosés ; leur diamètre est plus petit que celui des vaisseaux ponctués et leurs parois membraneuses sont lisses : leur présence fournit un des bons caractères qui permettent de reconnaître la présence de la chicorée dans le café. Quant aux fibres ligneuses de la racine de chicorée, elles n'ont, jusqu'à présent, fourni aucun caractère distinctif qui puisse aider à reconnaître les falsifications. » (Hassall.)

Le principal usage de la chicorée est de falsifier le café, mais, elle, aussi, est souvent sophistiquée. Le nombre des matières qu'on substitue ou mêle à la chicorée est presque incalculable, et presque toutes se retrouvent dans le café adultéré. On y a trouvé des *glands*, de la *farine*

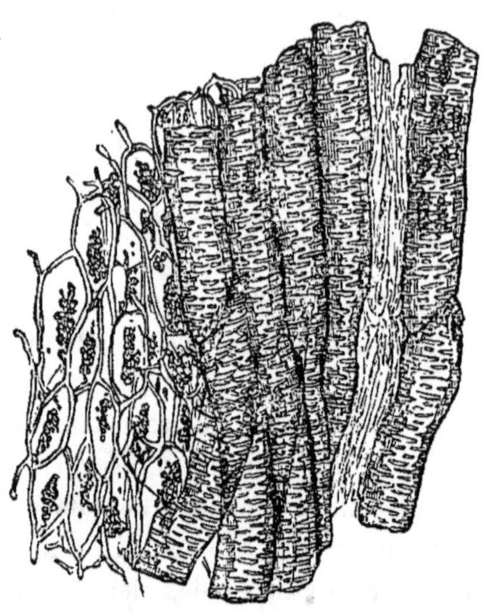

Fig. 56. — Fragment de racine de chicorée, pris dans un café falsifié et montrant la structure des cellules et des fibres ponctuées. Grossissement, 140 diamètres. (Hassall.)

(fig. 57), du *seigle*, des *haricots*, de la *carotte*, de la *betterave*, de la *sciure*, du *foie cuit*, du *caramel*, de l'*ocre*, ou du *colcothar*, etc. La quantité de ces produits, qui entre dans le commerce, est considérable et peut être évaluée à des centaines de tonnes. On a aussi employé, en Angleterre, pour falsifier la chicorée, du *tan* épuisé (fig. 58), du *bois de Campêche* et de la *sciure d'acajou*. (Pereira.)

La chicorée du commerce a été mélangée à du vieux *marc de café* des cafés et restaurants, qu'on avait soumis de nouveau au brûloir.

Plus souvent encore on y ajoute des cossettes de *betterave*, qui retiennent une plus grande quantité d'humidité et augmentent d'autant le poids de la chicorée.

On fraude aussi la chicorée avec de la *brique* pilée, de l'*ocre rouge*, qu'on désigne quelquefois sous le nom de *petit rouge de Bruxelles*.

« Pour reconnaître la falsification de la chicorée, le meilleur moyen est l'emploi du microscope, les procédés chimiques ne donnant que difficilement des résultats et souvent même échouant.

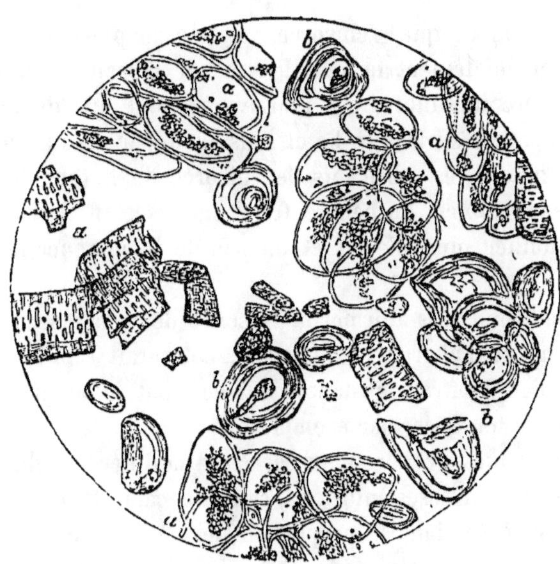

FIG. 57. — Chicorée falsifiée avec de la farine de blé torréfié. (Hassall.) — *a, a*, Cellules de la chicorée; *b, b*, grains de fécule de blé. (On ne trouve rien d'analogue dans la chicorée pure.)

FIG. 58. — Chicorée falsifiée avec du *tan* pulvérisé. Grossissement, 140 diamètres (Hassall); cellules rayonnées, fibres ligneuses et tissu cellulaire.

» Bien qu'on ait dit que la chicorée, projetée par pincées sur l'eau, se précipitait immédiatement au fond du vase en colorant l'eau, cela n'est pas un caractère infaillible, car il arrive souvent que de la chicorée reste longtemps à la surface sèche et sans s'imbiber d'eau : cela est dû à l'habitude qu'ont les fabricants de chicorée de la torréfier en ajoutant, dans les brûloirs, du beurre (de la graisse, en Angleterre), en vue de lui donner plus d'éclat et un peu de l'apparence huileuse du café.

» On ne peut non plus affirmer la présence de la chicorée dans une poudre qui, ayant d'abord été humectée, colorerait rapidement l'eau; car il existe bien d'autres substances qui donnent le même caractère, le blé, la carotte torréfiés, par exemple.

» On a voulu aussi prendre pour caractère la différence de coloration et de densité des diverses infusions, celle du café étant moindre que celle de la chicorée dans la proportion de 1 à 3; mais la carotte, la betterave, le maïs, le seigle, donnent des infusions dont la densité n'est pas sensiblement différente de celle de la chicorée.

» Les chimistes, et en particulier Graham, Stenhouse et Campbell, ont cherché quelques réactions qui permissent de reconnaître la chicorée, mais ils n'ont pas réussi à obtenir des procédés ayant une précision suffisante. Ils ont pensé que la proportion de la glycose, qui n'est au plus que de 1 pour 100 pour le café, et qui s'élève de 9 à près de 12 pour 100 dans la chicorée, pourrait indiquer la présence de la chicorée dans une poudre; mais les carottes, les betteraves, le pissenlit, etc., sont aussi riches en glycose que la chicorée, et, d'autre part, on emploie quelquefois le sucre pour adultérer le café torréfié. Les mêmes chimistes ont pensé trouver dans la quantité de silice qui existe dans les cendres un caractère distinctif : le café en renferme en général 0,25 pour 100, tandis que la chicorée en contient de 10 à 35, 85 pour 100. Mais, comme le pissenlit torréfié, ainsi que la carotte et le navet, donne une quantité de silice presque égale à celle de la chicorée, la proportion considérable de silice ne peut donc pas suffire à prouver la présence de la chicorée; d'autre part, les céréales, d'après les recherches de Ogston et Way, renferment aussi beaucoup de silice; tout ceci ne permet donc pas de tirer un caractère distinctif de la falsification du café, d'autant plus qu'il peut arriver qu'il y ait eu un mélange accidentel de sable dans le café. La composition différente des cendres du café et de la chicorée donne le moyen de reconnaître l'adultération probable

du café, puisque Graham et Stenhouse ont trouvé les compositions
suivantes :

	Cendres de café.	Cendres de chicorée.	
Silice et sable.........	»	10,69 à 35,85	
Acide carbonique	14,92	1,77	8,19
Sexquioxyde de fér.....	0,44 à 0,98	3,13	5.32
Chlore	0.26 1,11	3,28	4,93

mais un certain nombre des substances, employées pour adultérer le
café, renferment une proportion de ces divers éléments qui ne diffère
pas sensiblement de ce que donnent la chicorée ou le café. C'est ainsi que
la carotte, la betterave, le panais, les glands, fournissent à peu près la
même quantité d'acide carbonique que le café : que le fer est très-abondant dans le pissenlit et la betterave, et est en petite quantité dans la
carotte et le panais, d'où il résulte qu'il est difficile de trouver des caractères suffisants dans la nature et la quantité des éléments des cendres.

» On a pensé trouver un caractère distinctif dans l'acide phosphorique ; le café en contient environ 10 pour 100, la chicorée de 6,85 à
11,27, le lupin 25, et le maïs 44 pour 100.

» La quantité d'azote ne donne pas non plus un caractère assuré, bien
que le café en contienne moins que la chicorée, mais la différence n'est
pas assez considérable pour permettre d'établir une distinction certaine :
on peut cependant avoir de fortes présomptions qu'un café est falsifié,
quand on y trouve moins de 2 pour 100 d'azote.

» De tout ceci, il résulte que c'est à l'examen microscopique qu'il sera
préférable de demander le moyen de reconnaître, d'une manière précise,
les falsifications de la chicorée. » (Hassall.) Comme les adultérants de
la chicorée sont les mêmes que ceux du café, nous renverrons, pour
la manière de les rechercher, à l'article CAFÉ.

L'incinération permet de retrouver l'*ocre rouge*, la *brique* pilée et la
terre, en donnant un poids plus considérable de cendres (au delà de 0,10)
qui ne seront pas blanches. Elle ne donnerait que des indications incer-
taines pour la présence du *pain*, des *graines de graminées*, des résidus
de *semoule* ou de *vermicelle* parce que la différence, dans les poids des
cendres obtenues, serait très-petite. Il en serait de même pour le mélange
avec des *haricots*, des *fèves* ou des *pois* torréfiés. L'incinération peut
être appliquée à la recherche de l'addition de *betteraves :* on agit sur
200 grammes de chicorée suspecte et l'on prend 5 grammes de cendres
qu'on épuise par l'eau froide jusqu'à ce qu'elles ne bleuissent plus le

papier de tournesol rougi ; puis on recherche, dans le liquide, la teneur en potasse : celle-ci ne dépasse-t-elle pas 7 degrés de l'alcalimètre Descroizilles, on peut considérer la chicorée comme pure ; dépasse-t-elle 12, celle-ci doit contenir des betteraves. (E. Chevallier.)

On pourra reconnaître la présence de l'*ocre*, de la *brique* et de la *terre*, en humectant un certain poids de chicorée avec de l'eau pure, laissant imbiber et projetant sur un verre d'eau : on verra bientôt se séparer des parties plus lourdes qui se précipiteront au fond du vase et dont la nature inorganique sera facile à constater.

La présence du *pain*, des *graines de graminées*, des résidus de *semoule* et de *vermicelle* dans la chicorée, pourra être indiquée par l'action de l'eau bouillante qui dissoudra l'amidon ; lorsque le liquide sera refroidi, il prendra une coloration bleue par l'iode.

Les *haricots*, *fèves* et *pois* torréfiés seront indiqués dans la chicorée par l'action de l'eau bouillante ; elle donnera une solution qui sera filtrée, refroidie et étendue d'eau. Le liquide obtenu sera traité, partie par l'eau iodée et devra prendre une coloration violette, et partie par le persulfate de fer qui donnera une coloration brun foncé, due à la présence du tannin dans ces graines.

L'addition de *marcs de café* à la chicorée se reconnaît par le traitement des cendres par l'eau aiguisée d'acide chlorhydrique : il y aura alors une effervescence très-vive que ne donnent pas les cendres de chicorée pure.

CHEVALLIER (A.), *Note sur la chicorée torréfiée, dite café chicorée* (*Ann. d'hyg. et de méd. lég.*, 1849, t. XLI, p. 354). — CHEVALLIER (E.), *De la chicorée, dite café-chicorée* (*Journ. chim. méd.*, 3ᵉ série, 1864, t. X, p. 561). — HORSLEY, *Falsifications du café-chicorée* (*Journ. de pharm. et chim.*, 3ᵉ série, 1856, t. XXIX, p. 286). — LASSAIGNE (J.-L.), *Observations sur la nature et les] proportions de cendres que laissent les racines de chicorée employées à la fabrication du café, dit chicorée* (*Journ. chim. médic.*, 3ᵉ série, 1854, t. X, p. 424). — MOREL (Dʳ J.), *On the adulteration of chicory or succory* (*Journ. of applied sciences*, 1874, t. V, p. 72).

CHIRAIJTA. L'*Ophelia chiretta*, Roxb. (Gentianées), a une racine épaisse, rameuse, une tige brune unie, des feuilles sessiles, amplexicaules et opposées, et une saveur franchement amère.

D'après Webb, ou mêle quelquefois au chiraijta des tiges de *Rubia cordifolia*, qui se reconnaît à ses rhizomes gros comme une plume, et émettant des radicules par intervalle ; elle est rouge sale à l'extérieur, plus claire en dedans ; les tiges sont longues, quadrangulaires et couvertes de petites épines recourbées ; les feuilles sont verticillées à chaque nœud, à bord entier ou denté. (*Pharm. Journ.*, 1870, 3° série, t. I, p. 367.)

CHLORAL (Hydrate de). Pour reconnaître la valeur de l'hydrate de chloral, il faut en mêler un poids donné à un excès de lessive de soude titrée, ce qui le décompose en formiate : puis on titre de nouveau avec une liqueur normale acide l'excès de soude. La différence représente la soude saturée par l'hydrate de chloral. (Meyer, *Schweizerische Wochenschrift*, p. 167, 1873.)

CHLORATE DE POTASSE. — Voy. POTASSE (CHLORATE DE).

CHLORHYDRATE D'AMMONIAQUE. — Voy. AMMONIAQUE (CHLORHYDRATE D').

CHLORHYDRATE DE MORPHINE. — Voy. MORPHINE (CHLORHYDRATE DE).

CHLOROFORME. Le chloroforme, découvert en 1831 par Soubeiran en France, et par Liebig en Allemagne, est un liquide incolore, très-fluide, volatil, ayant une odeur suave et agréable et une saveur piquante et sucrée ; il est difficilement inflammable ; sa densité est de 1,48 ; il bout à + 61° ; il est peu soluble dans l'eau, mais très-soluble dans l'alcool et l'éther.

Le chloroforme peut s'altérer spontanément (Dorvault, Morson), et contenir alors de l'*acide chlorhydrique*, du *chlore* et de l'*acide hypochloreux*. On le purifie, dans ce cas, en le laissant quelque temps en contact avec du chlorure de calcium et en distillant ensuite sur de l'acide sulfurique concentré.

Le chloroforme peut contenir de l'*alcool*, qui résulte d'une purification incomplète ou d'une addition frauduleuse. Le mélange d'alcool dans le chloroforme se reconnaît par l'agitation dans un tube avec de l'huile d'amandes douces ; s'il y a de l'alcool, le mélange devient plus ou moins laiteux, à la condition qu'il n'y ait pas moins de 0,05 à 0,06 d'alcool. (E. Soubeiran.)

Roussin a proposé le binitrosulfure de fer, dont il met quelques centigrammes dans un flacon bouché à l'émeri avec quelques grammes de chloroforme : pour peu que le chloroforme contienne de l'alcool, il se produit une coloration brune plus ou moins foncée. Lepage a constaté depuis que la présence de l'éther, de l'aldéhyde et l'alcool amylique détermine la même coloration brune.

La présence de l'alcool dans le chloroforme se reconnaît en y projetant une pastille de potasse caustique : on agite et l'on retire la pastille sans la briser; on ajoute au chloroforme six volumes d'eau et quelques gouttes de solution de sulfate de cuivre : il se fait bientôt un précipité plus ou moins abondant d'hydrate d'oxyde de cuivre, si le chloroforme était alcoolisé (A. Blacher). Le chloroforme, qui n'est pas inflammable, brûle avec une flamme verte lorsqu'il contient de l'alcool.

En projetant un cristal de fuchsine dans le chloroforme, le cristal devient rose tendre dans le chloroforme pur, et ses angles sont d'un beau bleu s'il y a de l'alcool; d'autre part le chloroforme prend une couleur rouge d'autant plus intense qu'il y a plus d'alcool dissolvant la fuchsine. (Stædeler, 1867.)

En mettant le chloroforme en contact avec du sodium desséché au papier sans colle, on a un dégagement d'hydrogène sulfuré s'il y a un mélange d'alcool ou d'éther. (Hardy.)

Le chloroforme mélangé d'*éther* donne avec l'iode une couleur vineuse ou rouge, tandis que pur il prend une belle couleur violette. (Rabourdin.)

Pour constater la pureté du chloroforme, Berthé a indiqué d'ajouter un peu de potasse qui transforme le chlorure d'élaïle en chlorure d'acétyle à odeur infecte. Le bichromate de potasse, broyé avec un peu de chloroforme pur, donne un précipité rouge brun d'acide chromique, tandis que si le chloroforme contient de l'alcool, il se fait un dépôt vert de sesquioxyde de chrome.

Sous le nom de chloroforme anglais, on trouve dans le commerce allemand un chloroforme préparé au moyen du chloral et ayant une densité de 1,485 : ce chloroforme ne se colore pas au contact de l'acide sulfurique pur, et, évaporé, il conserve son odeur agréable jusqu'à la dernière goutte (Hager).

Berthé, *Moyen de constater la pureté du chloroforme* (Journ. chim. méd., 4e série, 1858, t. V, p. 604). — Blacher, *Nouveau procédé pour reconnaître la présence de l'alcool dans le chloroforme* (Journ. de pharm. et chim., 4e série, 1869, t. IX, p. 289. — Hardy, *Moyen de reconnaître la pureté du chloroforme* (Journ. de pharm. et chim., 3e série, 1863, t. XLIV, p. 197). — Lepage, *Présence de l'alcool dans le chloroforme* (Journ. de pharm. et chim., 3e série, 1860, t XXXVIII, p. 93). — Rabourdin, *Sophistication du chloroforme par l'éther* (Journ. chim. méd. 2e série, 1854, t. VII, p. 364)

CHLORURE DE BARYUM. — Voy. Baryum (Chlorure de).

CHLORURES DE MERCURE. — Voy. Mercure (Chlorures de).

CHLORURE D'OR. — Voy. Or (Chlorure d').

CHLORURE D'OR ET DE SODIUM. — Voy. Or et Sodium (Chlorure d').

CHLORURE DE SODIUM. — Voy. Sodium (Chlorure de).

CHLORURE DE ZINC. — Voy. Zinc (Chlorure de).

CHOCOLAT. Le chocolat est l'objet de fraudes nombreuses, et par suite, renferme souvent des matières autres que le cacao, le sucre et les aromates, qui en sont les véritables éléments; les chocolats à la farine, à la dextrine, à l'huile d'amandes douces, à la chicorée, etc., sont des chocolats falsifiés, car on se garde bien de faire connaître à l'acheteur la nature des substances qu'on y a introduites sous divers prétextes.

Comme le cacao forme la partie constituante la plus importante du chocolat, il est évident qu'on devra rencontrer dans le chocolat les divers produits qui auraient servi à adultérer le *cacao*. (Voyez ce mot.)

Le chocolat peut être préparé avec des cacaos plus ou moins avariés, avec des cacaos dont on a extrait la plus grande partie du beurre, et auxquels on ajoute, pour suppléer au manque de cette matière grasse, de *l'huile d'amandes douces*, de *l'huile de coco*, des *graisses de veau* et de *mouton*. On y introduit des *coques de cacao* pulvérisées, des *farines de blé*, de *riz*, de *pois*, de *lentilles*, de l'*amidon*, de la *fécule de pommes de terre*, de la *dextrine*, de la *sciure de bois*, de l'*ocre rouge*, du *minium*, du *cinabre*, du *plâtre*, de la *craie*, de la *brique*, du *rocou*. (Normandy, Mitchell.)

De toutes ces falsifications, la plus fréquente est celle qui consiste à additionner le chocolat de *farine* ou de *fécule*. Dans ce cas, le chocolat a, en général, une cassure graveleuse (1), ne laisse pas une saveur fraîche dans la bouche, devient épais et pâteux dans l'eau chaude, et se prend en masse gélatineuse par le refroidissement. (Mitchell.)

Le cacao contient naturellement une petite quantité de fécule, mais elle est facile à distinguer des autres fécules en ce que ses grains sont très-petits, arrondis, et ont un hile étoilé; d'autre part, ils sont presque toujours renfermés dans les cellules du cacao ou enveloppés dans le beurre.

La *farine de blé* se reconnaît à la forme de ses grains de fécule qui sont arrondis, aplatis et de volumes variables. (Voyez Chicorée, fig. 57.)

____

(1) On ne doit pas conclure de ce qu'un chocolat a une cassure graveleuse qu'il est falsifié, car cet aspect tient à un changement dans l'arrangement symétrique des molécules sous l'influence des variations de la température.

La *fécule de pommes de terre* est caractérisée par les dimensions grandes de ses grains ovales, avec des couches concentriques marquées et par leur hile petit, mais très-distinct à la plus petite extrémité de chaque grain. (Voyez FÉCULE DE POMMES DE TERRE.)

Le *sagou* offre des grains plus petits que ceux de la fécule de pommes de terre, mais cependant assez grands; ils sont caractérisés par la troncature d'une de leurs extrémités. (Voyez SAGOU.)

On reconnaît la quantité de fécule contenue dans le chocolat, en traitant par déplacement un poids donné du chocolat par l'éther et l'eau alcoolisée dans un petit tube muni d'un obturateur : on dessèche le résidu et on le place sous le microscope pour évaluer approximativement le nombre de grains de fécule. (Barbet.)

On pourra encore s'assurer de la présence de la fécule dans le chocolat en en plaçant une petite quantité finement pulvérisée, et en versant deux à trois gouttes d'une solution de potasse caustique : si la fécule existe, la masse se prend en masse comme de l'empois, caractère que ne donne pas le chocolat pur. On indique ainsi 0,01 de fécule. (Briois.)

A. Poirier indique de mettre 10 grammes de chocolat finement pulvérisé en contact dans un matras, avec 20 à 30 grammes d'éther sulfurique, et de verser sur un filtre; puis on lessive le magma sur le filtre jusqu'à ce que l'éther passe sans lui rien enlever. On fait alors une nouvelle lixiviation avec de l'alcool à 20° pour enlever le sucre au chocholat; quand celui-ci est épuisé, on dessèche la masse sur le filtre dans une étuve chauffée à environ + 40°. Quand la masse est bien sèche, on la mêle avec de l'eau distillée, on porte à l'ébullition et on lessive le résidu jusqu'à ce que l'eau qui sert au lavage ne bleuisse plus par l'iode. On décolore la liqueur avec un peu de noir animal, on filtre et l'on traite par l'alcool à 40° qui précipite la fécule : on recueille sur un filtre taré, on lave à l'alcool, on dessèche à l'étuve et l'on prend le poids, qui donne la quantité de fécule contenue dans 10 grammes de chocolat.

Une partie de chocolat est réduite en poudre et mêlée à dix parties d'eau bouillante; on fait bouillir une minute environ, on laisse refroidir et l'on passe au filtre de papier. Le chocolat qui a été falsifié par de la fécule ou de la farine de froment, donne un liquide épais, difficile à filtrer, et peu agréable au goût. (Reinsch.)

La *dextrine* se reconnaîtra facilement par la solution iodée : on prend 5 grammes de chocolat suspecté, et on les fait bouillir dans 200 grammes d'eau pendant environ un quart d'heure; on filtre et l'on traite la liqueur par l'eau iodée qui doit lui donner une couleur lie-de-vin ou marron très-nette; le chocolat pur n'offre rien de pareil. (Chevallier.)

Les chocolats qui contiennent des *cassonades* ont, en général, un goût rappelant celui de la mélasse, et laissent, quand on les a préparés, un sédiment sableux, qui est dû à ce que les cassonades sont toujours mélangées d'impuretés.

Dans quelques circonstances, on a employé des cacaos qui avaient été préalablement privés de la majeure partie du beurre qu'ils contenaient; ces cacaos donnent des chocolats secs, ne se ramollissant pas par la chaleur de la main, et n'ayant pas à la bouche le *fondant* des bons chocolats. Cette fraude se reconnaît par la constatation de la quantité du beurre de cacao que contient le chocolat. On prend 2 grammes de chocolat réduit en poudre fine, et l'on traite par l'éther dans un tube à essai jusqu'à ce que l'éther n'enlève plus rien au chocolat, ce qui se reconnaît à ce qu'il ne laisse aucune tache sur le papier Joseph; on évapore alors les liqueurs et l'on pèse le résidu sec et bien fondu qui est du beurre de cacao.

Des cacaos purs contiennent environ 0,50 de beurre de cacao (Maragnan, 0,55; Caraque, 0,50; Maracaïbo, 0,50, d'après Pommier). Les cacaos qui ont été dépouillés de leur beurre donnent des chiffres bien inférieurs.

On a dit que, pour compenser cette matière grasse, on avait pris soin dans quelques cas d'ajouter au chocolat des *graisses de mouton*, de *veau*, des *huiles de coco*, d'*amandes douces*, etc. Mais il est facile de reconnaître cette fraude en traitant par l'éther qui enlèvera la matière grasse quelle qu'elle soit, et en déterminant le point de fusion : le beurre de cacao est fusible entre $+ 24°$ et $+ 25°$, tandis que les graisses animales retardent son point de fusion jusqu'à $+ 26$ à $+ 28°$ (Chevallier).

On a aussi falsifié le chocolat avec de la *chicorée* et avec les *coques* broyées de l'amande du cacao (Hassall), mais ces mélanges sont beaucoup plus rares en France qu'en Angleterre. Les enveloppes du cacao sont très-employées en Irlande pour faire une boisson alimentaire : on en fait aussi usage en Italie et aux environs de Trieste, sous le nom de *misérable* (Hassall).

On a aussi mélangé au chocolat des matières fixes : du *carbonate de chaux*, qui faisait effervescence par l'immersion directe du chocolat dans l'acide chlorhydrique étendu, et qui se retrouvait dans les résidus de l'incinération :

De l'*ocre rouge* qui se reconnaît en délayant le chocolat dans une quantité suffisante d'eau et qui forme un précipité plus ou moins abondant :

Du *cinabre*, qui se déposera si l'on a délayé le chocolat dans de l'eau, et qu'on reconnaîtra en traitant par l'acide nitrique en excès, et en recherchant, dans la liqueur évaporée d'abord et reprise par l'eau, les caractères des sels de mercure.

BARBET, *Procédé pour reconnaître la quantité de fécule contenue dans les chocolats* (*Journ. chim. médic.*, 4° série, 1857, t. III, p. 121). — BRIOIS, *Essai sur la recherche et le dosage de la fécule dans le chocolat* (*Journ. chim. médic.*, 4° série, 1856, t. II, p. 497). — CHEVALLIER (A), *Mémoire sur le chocolat, sa préparation, ses usages, les falsifications qu'on lui fait subir, les moyens de les reconnaître* (*Ann. d'hyg. et de méd. lég.*, 2° série, 1846, t. XXXVI, p. 241). — LETELLIER, *Falsification des chocolats* (*Journ. de pharm. et chim.*, 3° série, 1854, t. XXV, p. 362). — POIRIER, *Sur le dosage des matières amylacées ajoutées frauduleusement au chocolat* (*Journ. chim. méd.*, 4° série, 1858, t. IX, p 297).

CHROMATE DE PLOMB — Voy. PLOMB (CHROMATE DE).

CHROMATE DE POTASSE. — Voy. POTASSE (CHROMATE DE).

CIDRE. Le cidre est une boisson fermentée, préparée avec des pommes et qui est d'un grand usage dans plusieurs de nos départements.

Le cidre est sujet à plusieurs maladies :

1° La *pousse*, fermentation qui se développe au printemps à l'époque de l'ascension de la séve, surtout dans les cidres faibles, et qu'on arrête en collant le cidre et en le mettant dans un tonneau soufré.

2° La *graisse*, caractérisée par une odeur putride et une viscosité huileuse : le cidre *file*, dit-on ; elle est due à une proportion insuffisante de tannin : on la traite par cet acide ou au moyen du cachou ; on peut encore la détruire par une addition d'alcool, qui précipite la gliadine.

3° L'*aigre* ou *acidité* (cidre *paré*), dû à ce qu'il se fait de la fermentation acétique dans les tonneaux, où le cidre est en vidange. On ne peut y remédier qu'en ajoutant de la matière sucrée au cidre pour qu'il puisse se refaire de l'alcool ; les palliatifs qu'on a proposés sont de vraies falsifications comme nous le verrons plus loin. On peut prévenir cet état avec une petite quantité d'huile d'olive qui, couvrant constamment la surface du liquide, s'oppose à l'acétification du liquide (Girardin).

4° Le cidre qui *se tue*, c'est-à-dire qui passe rapidement, après avoir été tiré, a une couleur brune ou noire, est plat, sans montant : ce défaut, qui est dû à l'eau qu'on emploie ou à la malpropreté des barriques, peut être corrigé par quelques grammes d'acide tartrique, qui fait disparaître l'alcalinité du liquide. (Girardin.)

Les falsifications du cidre se font, les unes dans le pays de production, les autres dans les villes.

La coloration artificielle du cidre se fait au moyen du *caramel*, du *coquelicot* et de la *cochenille*.

Le caramel est indiqué par la gélatine et le tannin : il se fait un précipité rose et la liqueur conserve sa couleur ambrée ; tandis que le cidre, coloré naturellement, devient incolore, en même temps qu'il se fait un précipité rose pâle. La cochenille et le coquelicot sont décelés par le réactif de Nées d'Esenbeck qui donne, avec la première, un précipité d'un beau rouge carmin soluble dans un excès d'alcali, et, avec le second, un précipité brunâtre, qui passe au bleu au contact de l'air et d'un alcali. (Féron.)

L'*acide acétique*, qui se développe dans le cidre, est saturé par de la chaux, de la soude, ou des cendres.

Chevallier a indiqué de décolorer le cidre par le charbon animal et d'évaporer à siccité ; le résidu est privé des acétates par l'alcool, qu'on évapore ensuite, pour avoir l'acétate dont on détermine la nature au moyen des réactifs ordinaires.

Les cidres de Paris sont faits, pour la plupart, avec des *pommes tapées* et séchées et du *sirop de fécule*, marquant 4 à 5 degrés, et généralement de qualité inférieure.

Pour donner du montant au cidre, les marchands l'additionnent d'une certaine quantité d'*eau-de-vie*, ce que le docteur Champouillon a démontré avoir une influence des plus fâcheuses sur l'économie. Mais cette addition est extrêmement difficile à déceler.

On a ajouté quelquefois de la *litharge* ou de la *céruse* pour en corriger l'acidité. Dans quelques cas, la présence du plomb a été due à ce que le cidre avait séjourné dans des vases de ce métal, ce qui lui avait donné des propriétés toxiques (Chevallier et Ollivier d'Angers). La présence du plomb sera indiquée par l'évaporation à siccité du cidre, l'incinération du résidu, le traitement par l'acide nitrique et les réactifs du plomb.

On a aussi quelquefois observé du cidre contenant du *cuivre* et du *zinc*, par suite de son séjour dans des vases de ce métaux.

CHEVALLIER et OLLIVIER, *Recherches chimiques et médico-légales sur plusieurs cas d'empoisonnement déterminé par l'usage du cidre contenant du plomb en dissolution (Ann. d'hyg. et de méd. lég., 1842, t. XXVII, p. 104). — Sur les accidents causés par l'usage du cidre et des boissons clarifiées ou adoucies au moyen des préparations de plomb (Ann. d'hyg. et de méd. lég., 1853, t. XLXX, p. 69). — FÉRON, Du cidre, de sa préparation et de sa conservation, de ses falsifications et du moyen de les reconnaître (Thèse de pharmacie, 1855). — RABOT (LUD.), Du cidre, de son analyse, de sa préparation, de sa conservation et des falsifications qn'on lui fait subir, thèse soutenue à l'École de pharmacie, 1861, reprod. in Ann. d'hyg. publ., 1861, t. XVI, p. 111).*

CIGUE. La *petite ciguë, Æthusa cynapium* (fig. 59) L. (Ombellifères), peut être confondue avec le *persil* ordinaire, *Petroselinum sativum* Hoffm. (fig. 60), mais elle s'en distingue par sa tige violacée ou rou-

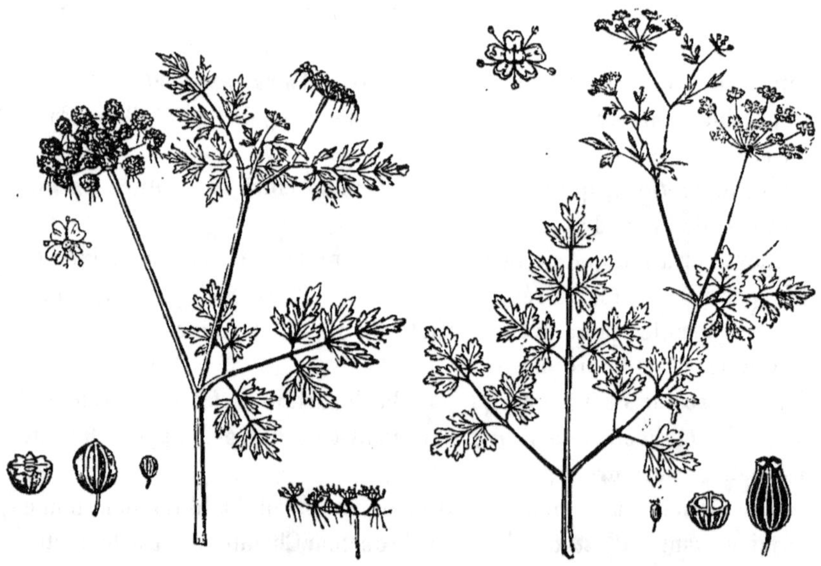

FIG. 59. — Petite ciguë.   FIG. 60. — Persil.

geàtre à la base, ses feuilles d'un vert foncé, tripinnées, à segments nombreux, étroits, aigus, incisés, à l'absence d'involucre, à ses involucelles à trois folioles déjetées vers le bord extérieur de l'ombellule, à ses fruits, ovoïdes, arrondis, à côtes épaisses et saillantes, et à ses fleurs blanches.

On a constaté, dans les fruits de la ciguë officinale, *Conium maculatum*, un mélange de fruits d'un *Caucalis*, voisin du *microcarpa*, munis d'épines recourbées. (Th. Green.)

L'huile de ciguë a été falsifiée par de l'*huile d'olive* ou *d'œillette* colorée avec le curcuma et l'indigo, mais, dans ce cas, l'ammoniaque lui donne une teinte brune au lieu d'un aspect blanc opaque (Lepage).

GREEN (Thom.), *Spurious specimen of Hemlock fruit* (*Pharm. Journ.*, 1871, p. 428).

CINABRE. — Voy. MERCURE (SULFURE DE).

CIRE D'ABEILLES. La cire d'abeilles, produite par l'*Apis mellifica*, L. (Insectes Hyménoptères), est une matière jaune quand on la retire directement des ruches, solide, sèche, non grasse au toucher, tenace, et cependant cassante, à cassure nette et un peu grenue. Son odeur est aromatique et miellée, sa saveur presque nulle ; elle fond à + 62°, sa densité est 0,972 ; elle brûle sans résidu ; elle est insoluble dans l'eau, soluble dans l'alcool et l'éther bouillants et dans les huiles fixes.

Sous le nom de *cire blanche,* le commerce présente de la cire d'abeilles qui a été privée de sa matière colorante, soit par l'exposition à l'air, soit par l'action de l'acide sulfureux.

On a falsifié la cire en faisant des *pains fourrés,* c'est-à-dire formés d'une couche extérieure de cire de belle qualité, tandis que l'intérieur était constitué par de la cire de qualité inférieure.

La cire jaune a été mélangée à de la *fleur de soufre ;* projetée sur une pelle rouge, elle exhale une odeur marquée d'acide sulfureux.

La cire jaune, falsifiée par l'*ocre,* fondue sur de l'eau chaude, laisse un précipité jaune qui, traité par l'acide chlorhydrique, donne une solution ayant tous les caractères chimiques des sels de fer. On peut encore dissoudre la cire dans l'essence de térébenthine, l'éther ou la benzine.

Le mélange de *poudre d'os* calcinés se reconnaît, soit par la fusion, soit par la dissolution de la cire ; on a un résidu qui se dissout dans l'acide chlorhydrique et donne les réactions de l'acide phosphorique et de la chaux.

L'addition des *résines,* galipot ou poix de Bourgogne, donne à la cire une cassure plus nette et plus serrée et la propriété de s'attacher aux dents quand on la mâche ; la saveur est résineuse. L'alcool dissout la résine, qu'on retrouve dans le produit de son évaporation.

La cire liquéfiée acquiert, par l'addition de quelques gouttes d'acide sulfurique, une coloration rouge vif ; en se refroidissant, elle prend un ton violacé.

Le mélange avec de la *cire du Japon* se reconnaît en ce que celle-ci se dissout dans une solution de borax, qui laisse la cire intacte. (*Amer. Drugg. Circ.*, t. VI, p. 7.)

La substitution de la cire du *Myrica cerifera*, L., est décelée par la fusion à + 43° ou au plus à + 49° et par la différence de lustre par le frottement.

Le mélange de cire végétale peut être indiqué par la densité, qui varie ordinairement de 0,988 à 0,990 et, d'autre part, en ce que la lessive de potasse caustique saponifie la cire végétale et n'a aucune action sur la cire d'abeilles pure (Roussin). On peut aussi traiter la cire par l'éther (50 parties), qui dissout la moitié de la cire d'abeilles et dissout presque complétement la cire végétale, sauf environ 0,05, et la constatation du poids du résidu permet de reconnaître le mélange et sa proportion. (Robineau.)

La *colophane*, qui ne peut servir à adultérer que la cire jaune, donne, si elle a été mélangée dans la proportion de 0,07 à 0,10, une couleur indécise ; on s'assure facilement de sa présence en faisant bouillir, dans un tube d'essai, un fragment de cire suspecte avec de l'acide nitrique concentré et l'on verse un peu d'eau froide sur la cire fondue qui surnage : celle-ci se solidifie et peut être aisément enlevée : la liqueur, s'il y a de la colophane, laisse déposer, au contact de l'eau, des flocons jaunes, que l'ammoniaque colore en brun rouge (Donath).

Pour reconnaître la présence du *suif*, Gottlieb a indiqué de faire bouillir 25 grammes de la cire suspecte dans une solution concentrée de potasse caustique ; on traite par l'acide sulfurique étendu et l'on sépare par filtration le liquide du pain de cire et d'acide gras ; on neutralise la liqueur filtrée par le carbonate de baryte, on filtre de nouveau et l'on évapore au bain-marie à une température en dessous de + 100° C. ; on reprend par l'alcool absolu et l'on évapore à une température qui ne dépasse pas + 80° C.

Si le résidu de cette dernière opération est incolore, on reconnaît la glycérine par la coloration bleue que donnera une goutte de sulfate de cuivre avec un léger excès de potasse. Si, ce qui arrive le plus souvent, le résidu est coloré, on le verse dans un tube d'essai avec une goutte de sulfate de cuivre ou de chlorure de fer, et un peu de solution concentrée de potasse ; on fait bouillir quelques minutes, on filtre, on acidule par l'acide chlorhydrique et l'on peut reconnaître la présence du cuivre et du fer par le cyanure jaune.

La *fécule* peut être indiquée par le procédé Delpech, en dissolvant la cire par l'essence de térébenthine, et en recueillant le résidu qui bleuit par l'iode. Cette cire est moins onctueuse et moins tenace, jaune terne, et se divise en petits fragments grumeleux.

La *sciure de bois* sera indiquée par la dissolution de la cire dans l'essence de térébenthine, et par l'examen du résidu. Celui-ci, traité par l'acide sulfurique, se transformera en glycose.

Le *suif* est fréquemment ajouté à la cire, et quelques personnes savent reconnaître cette sophistication au goût; mais le plus souvent il faut avoir recours à divers procédés, tels que la saponification au moyen des alcalis; on traite ensuite par l'acide chlorhydrique pour saturer l'excès d'alcali et précipiter le savon formé; on laisse refroidir, on dessèche le précipité et l'on extrait l'acide stéarique au moyen de l'alcool. La proportion de suif ne peut guère dépasser 0,05, car alors la cire est d'un blanc mat sans transparence, adhère aux doigts quand on la malaxe, et prend une saveur désagréable qui ne permet pas l'erreur; projetée sur les charbons ardents, elle dégage une odeur désagréable de chandelle mal éteinte, et répand des fumées plus épaisses que la cire pure (Robineau).

La distillation en vase clos donne un liquide contenant de l'acide sébacique et précipitant en blanc par l'acétate de plomb. On peut recueillir l'acroléine au moyen d'un petit flacon contenant de l'eau distillée et communiquant avec le récipient (Lepage).

La variation du point de fusion peut aussi donner de bonnes indications; Lepage a constaté les différences suivantes :

	Point de fusion. CIRE JAUNE.	Point de fusion. CIRE BLANCHE.
Cire pure.	64° centigr.	
— mélangée de son poids de suif.	59° à 60°	60° à 70° centigr.
— — 1/3 —	60°	64°
— — 1/4 —	61°	65°
— — 1/6 —	62°	66°
— — 1/8 —	63°	68°
— — 1/10 —	63° 64°	69°
— — 1/12 —	64°	69° 70°
— — 1/16 —	64°	69° 70°
— — 1/20 —	64°	69° 70°

Le mélange avec le suif peut aussi se reconnaître au moyen de la densité. Celle de la cire est de 0,962, celle du suif de 0,881. On prépare à + 150 deux liqueurs, l'une dont le poids d'un volume est égal au poids d'un volume de cire pure et marquant 29° à l'alcoomètre de

Gay-Lussac; l'autre, dont un volume égale un volume de suif pur, et marque 46° à l'alcoomètre (Legrip).

Geith a indiqué de mettre dans une cornue 4 grammes de cire et 60 grammes d'alcool à 80 c. ; on fait bouillir et l'on verse dans un vase sur 30 grammes d'alcool froid à 80 c.; on lave la cornue avec 30 grammes d'alcool bouillant; on laisse refroidir, on filtre et l'on ajoute 60 grammes d'alcool à 80 c. sur le résidu. On traite ensuite la cire dans une capsule par 4 grammes de carbonate de soude et 24 grammes d'eau distillée; on fait bouillir jusqu'à ce que le fond de la capsule commence à se couvrir de carbonate de soude. On ajoute alors 30 grammes d'alcool à 80 c. à la masse chaude, en remuant avec un pilon jusqu'à ce que toute la matière insoluble forme une poudre fine. Quand tout est refroidi, on ajoute 30 grammes d'alcool à 50 c., on filtre, on lave le résidu avec de l'alcool à 50 c., jusqu'à ce que la liqueur ne précipite plus par l'acétate de plomb. On introduit alors dans un flacon et l'on agite fortement. Si la cire est pure, il se fait une légère écume qui ne persiste pas : mais si peu qu'il y ait de suif ou d'acide stéarique, l'écume est très-abondante et persiste au moins une demi-heure. L'acide acétique, versé en excès dans la liqueur, donne à peine de l'opalescence au liquide s'il n'y a que de la cire, mais détermine un précipité floconneux plus ou moins abondant, s'il y a du suif. Vogel a conseillé de dissoudre la cire par le chloroforme qui en dissout 0,25; si la perte de poids est plus grande, c'est preuve qu'elle est falsifiée.

La présence de la *stéarine* rend la cire friable et cassante, et est indiquée par l'alcool à 80°, qui ne dissout pas la cire; on chauffe jusqu'à ébullition pendant quelques minutes, puis on laisse le vase refroidir pendant quelques heures dans l'eau froide pour laisser déposer la cire, qui s'est dissoute à la faveur de l'ébullition, et n'avoir plus en dissolution que l'acide stéarique; on filtre et l'on détermine la nature de la matière dissoute.

La *stéarine* se reconnaît, d'après Lebel, en faisant fondre une partie de la cire suspecte dans deux parties d'huile, en battant ce cérat avec son poids d'eau pure, et en y ajoutant quelques gouttes de sous-acétate de plomb liquide; il se fait immédiatement une masse solide par la formation de stéarate de plomb. On peut aussi la reconnaître par la saponification par les alcalis caustiques, qui n'attaquent pas la cire.

L'*acide stéarique*, dont le mélange a été indiqué par Locassin, se reconnaît au moyen de l'eau de chaux, avec laquelle on fait bouillir la cire coupée en lamelles très-minces; si la cire est falsifiée par l'acide stéarique, l'eau de chaux perd sa transparence et ne ramène plus au bleu le papier de tournesol rougi; il se fait un dépôt de stéarate de chaux, dont le poids indique celui de l'acide gras, si l'on a employé une eau de chaux d'un titre connu.

On peut aussi reconnaître la présence de l'acide stéarique en broyant dans un mortier de la cire avec de l'ammoniaque, qui se trouble par la formation de stéarate d'ammoniaque : mais pour cela il faut que la solution ne soit pas trop étendue. (Regnard.)

La cire bouillie avec l'alcool laisse dissoudre l'acide stéarique, qui rougira le tournesol, si la proportion est considérable; mais s'il n'y a qu'une petite quantité d'acide stéarique, on doit faire bouillir pendant une à deux minutes un poids donné de cire suspecte avec un excès d'une solution au cinquantième de carbonate de soude; s'il y a de l'acide stéarique, il se fait une écume avec dégagement d'acide carbonique, et le liquide alcalin prend par le refroidissement une consistance muqueuse, visqueuse ou gélatineuse, ou même se prend en masse solide suivant la proportion plus ou moins grande d'acide stéarique. Avec la cire pure, le liquide alcalin reste toujours fluide. (Overbeck.)

On incorpore quelquefois à la cire des quantités considérables d'*eau*, qui ne se sépare pas par le refroidissement. On reconnaît cette fraude en faisant fondre au bain-marie dans une capsule tarée un poids donné de cire; on maintient en fusion pendant quelques heures et l'on prend le poids; la différence observée indiquera la quantité d'eau contenue dans la cire, et qui est assez considérable souvent pour qu'on ait intérêt à la déterminer.

La présence du *blanc de baleine* peut être indiquée par l'éther, qui donne une dissolution laiteuse du spermacéti.

Pour reconnaître le mélange de *paraffine* avec l'acide, on a indiqué divers procédés. Landolt a conseillé l'emploi de l'acide sulfurique concentré, qui détruit la cire en formant un résidu charbonneux abondant qui est en suspension dans l'acide et n'attaque pas la paraffine; celle-ci surnage à la surface du liquide. Liès-Bodart traite 5 grammes de cire dans 50 cc. d'alcool amylique chauffés à 100° et par 100 cc. d'acide sulfurique fumant étendu de moitié de son volume d'eau; sous l'influence de l'alcool amylique, la cire se trouve plus facilement attaquée.

La solution par l'éther a été indiquée par Dublo dans le cas de sophistication par la paraffine ; si plus de 0,50 a été dissous, cela prouve l'existence de la paraffine, qui a été dissoute.

Wagner (*Soc. chim.*, 1867) a indiqué que la cire mélangée de paraffine surnage l'alcool (D. 0,961), tandis que la cire pure tombe au fond ; la densité de la cire est 0,965, celle de la paraffine varie entre 0,870 et 0,876. Hager a proposé les réactions par la potasse, la benzine et l'acétate de plomb pour déceler la paraffine. (*Amer. Journ. of pharm.*, p. 418, 1869.)

Mais le procédé qui paraît le meilleur et qui a été conseillé par Payen consiste à prendre le point de fusion : la cire pure fond à + 151,5, et celle qui contien 0,13 de paraffine à + 139°. Edw. Davies (*Year-book of Pharmacy*, p. 365, 1870) conseille de prendre plutôt le point de solidification de la cire que celui de la liquéfaction : il a constaté que la cire pure d'abeilles fond à + 151°,5 Fahr. (+ 66° C.) et jamais au-dessous de + 145° Farh. (+ 63° C.) que, quand elle contient de la paraffine, son point de solidification descend à + 139° Fahr. (+ 59° C.) pour 0,1336 de paraffine, à + 137°,5 Fahr. (+ 58° C.) pour 0,3660 de paraffine, et + 134° Fahr. (+ 57° C.) par 0,56 de paraffine.

Fehling a proposé, pour éprouver la pureté de la cire, et y reconnaître le mélange avec des corps gras, des acides gras ou des résines, de faire bouillir, pendant quatre à cinq minutes, une partie de cire avec vingt parties d'alcool en poids : on laisse refroidir complétement ; on filtre et l'on ajoute de l'eau : la solution se trouble à peine si la cire était pure ; il s'y fait au contraire des flocons, s'il y avait de la stéarine, et l'on peut vérifier ce dépôt avec 0,01 d'acide stéarique. La même méthode indiquera la présence des résines. Pour le suif, on doit faire bouillir, pendant deux à trois minutes, 2 grammes de cire avec 100 centimètres cubes d'une solution étendue de soude, contenant 0,4 d'hydrate de soude pure ; on sature la masse avec un acide faible et l'on chauffe : la cire se sépare et on la recueille quand le tout est refroidi ; on sèche sur du papier non collé et l'on traite par le procédé sus-indiqué. La réaction est très-nette, même quand la cire ne contient que 0,01 de suif. (Dr Marr, *Bull. de la Soc. d'encourag.*, 1858.)

Donath a indiqué le procédé suivant pour reconnaître la falsification de la cire : il prend gros comme une noix de cire qu'il fait bouillir pendant cinq minutes dans une solution concentrée de carbonate de soude. S'il se fait une émulsion persistante après refroidissement, la cire aura été mêlée de colophane, de suif, d'acide stéarique ou de cire du Japon.

Si, par le refroidissement, la cire forme une couche à la surface du liquide, qui est seulement un peu coloré en jaune, la cire est pure ou adultérée par de la paraffine. Dans le premier cas, un peu de cire sera bouillie avec une solution moyennement forte de potasse caustique et l'on ajoutera du sel commun : s'il se fait de larges flocons de savon, la cire pourra contenir de la colophane, du suif ou de l'acide stéarique. Si elle contenait de la cire du Japon, il se ferait un magma granuleux caractéristique. A ces essais, on doit, pour plus de certitude, rechercher la pesanteur spécifique des cires ; si la densité est d'environ 0,970, on peut conclure à la présence de la cire du Japon. On devra aussi avoir recours au procédé de Fehling pour reconnaître l'acide stéarique.

Le suif, s'il n'y a pas d'acide stéarique, se reconnaîtra par le procédé Gottlieb, ou au moyen de la glycérine, mais, comme on en ajoute rarement plus de 0,05, il faut avoir soin d'opérer au moins sur 25 grammes de matière suspecte.

Quant à la paraffine, elle sera indiquée par la pesanteur spécifique inférieure à 0,960. Car, ainsi que la démontre Wagner, la présence de 0,04 de paraffine suffit pour modifier, de trois à quatre unités la troisième décimale de la pesanteur spécifique.

Lécuyer a fait connaître une série de réactions que présentent la cire froide et la cire fondue et dont l'absence est la preuve de la falsification :

	CIRE JAUNE.	CIRE BLANCHE.
Acide sulfurique ..	Sur cire liquéfiée à basse température, coloration vert brunâtre devenant vert sale par l'agitation. La masse en se figeant devient enfin gris verdâtre.	Sur la cire liquéfiée, coloration rouge.
	A chaud, mais non fondue, on a la même coloration en malaxant la cire.	A froid, coloration jaune rougeâtre.
Chlorure de zinc.	Coloration jaune gomme-gutte.	Pas de coloration.
Bichlorure d'étain.	Coloration verte.	A froid, couleur jaune-orange. A chaud, coul^r terre de Sienne.
Nitrate acide de mercure	Pas de coloration.	Pas de coloration ; s'il y a résine, coloration jaune d'or de la masse.
Acide nitrique ...	Cire se décolore et prend teinte jaune pâle.	Coloration jaune pâle ; jaune-serin clair, s'il y a de la résine.

<table>
<tr><td></td><td style="text-align:center">CIRE JAUNE.</td><td style="text-align:center">CIRE BLANCHE.</td></tr>
<tr><td>Acide phosphori-
que.........</td><td>Décoloration de la cire fondue.</td><td>Pas de coloration; couleur jaune d'or, s'il y a de la résine.</td></tr>
</table>

DONATH, *Adultération et essai de la cire d'abeilles* (*Répert. de pharm.*, 1873, t. I, p. 6). — FEHLING, *Procédé pour éprouver la pureté de la cire* (*Journ. pharm. et chim.*, 3e série, 1858, t. XXXIV, p. 215). — LANDOLT, *Sur de la cire falsifiée avec de la paraffine* (*Journ. pharm. et chim.*, 3e série, 1861, t. XI, p. 318). — LEBEL, *Falsification de la cire par la stéarine* (*Journ. pharm. et chim.*, 3e série, 1869, t. XV, p. 302). — LECUYER (Paul), *Histoire chimique des cires* (Thèse de pharmacie, 1870). — OVERBECK, *Estimation et dosage de l'acide stéarique dans la cire d'abeilles* (*Journ. pharm. et chim.*, 3e série, 1852, t. XXI, p. 39). — PAYEN, *Sur un nouveau moyen de découvrir de la paraffine dans la cire d'abeilles* (*Journ. pharm. et chim.*, 4e série, 1865, t. II, p. 233). — HARDY, *Sur le moyen de reconnaître les falsifications de la cire par le suif à l'aide l'alcool* (*Journ. pharm. et chim.*, 4e série, 1872, t. XV, p. 218). — ROBINEAU, *De la falsification de la cire d'abeilles par la cire végétale* (*Journ. chim. méd.*, 4e série, 1860, t. VI, p. 681). — VOGEL, *Falsification de la cire* (*Journ. pharm. et chim.*, 3e série, 1850, t. XVII, p. 374).

CIRE DU JAPON. Elle contient souvent par fraude, 0,15 à 0,30 d'eau, ce qui la rend terne et friable : on sépare cette eau par simple fusion, ou par fusion dans de l'eau aiguisée d'acide sulfurique si l'on suppose qu'il y a un peu d'alcali dans l'eau de la falsification. (*Monit. scient.*, 1868.)

LANDOLT, *Falsification de la cire du Japon avec la paraffine* (*Journ. de pharm. et chim.*, 2e série, 1841, t. XL, p. 318).

CITRATE DE POTASSE. — Voy. POTASSE (CITRATE DE).

CITRONS (Suc de). Il est souvent sophistiqué, dans le commerce, par l'addition d'un acide minéral (*acide sulfurique* ou *chlorhydrique*) ou d'un acide végétal (*acide tartrique* ou *acétique*) ou par du *jus de verjus*, en vue d'en relever l'acidité. Comme il contient naturellement des traces de sulfates et de chlorures, il devient louche par les sels de baryte ou le nitrate d'argent. Mais s'il donne un précipité immédiat, on sera amené à conclure à l'addition frauduleuse d'acide sulfurique ou chlorhydrique : on pourrait aussi reconnaître ces acides par une distillation à une température modérée, car on les retrouvera dans le produit condensé.

L'*acide tartrique* sera indiqué par une solution concentrée d'un sel de potasse ; car il se fera un précipité cristallin : il se fera aussi un précipité à froid avec l'eau de chaux en excès.

Pour s'assurer de l'addition du *verjus*, on évapore le liquide jusqu'au sixième de son volume, on laisse refroidir, on ajoute de l'alcool et il se fait un précipité de crème de tartre.

L'*acide acétique* sera décelé par son odeur dans le produit de la distillation, ou en ajoutant au liquide de l'acide sulfurique et de l'alcool : il se fera de l'éther acétique caractérisé par son odeur pénétrante. On peut encore saturer le jus par de la chaux ou de la craie, filtrer et traiter par l'alcool, ou évaporer à siccité le produit de la saturation, puis reprendre par l'alcool : l'acétate de chaux sera dissous, tandis que le citrate restera insoluble ; cette dissolution alcoolique, filtrée et distillée avec de l'acide sulfurique, donnera de l'éther acétique.

Lascelles Scott a trouvé 0,04 à 0,07 d'*oxalate acide de potasse* dans le suc de citron.

Le suc de citron, ayant subi la fermentation vineuse paraît avoir perdu presque tout son acide citrique. (*Pharm. Journ.*, 1868.)

Le commerce a présenté quelquefois de simples solutions d'*acide citrique* pour du suc de citron, mais il est facile d'y constater l'absence du sucre. (J. Labiche.)

CITRON (Essence de). L'essence de citron, *Citrus Lemon*, L. (Aurantiacées), peut être obtenue par expression ou par distillation.

L'essence, obtenue par expression, est jaune, fluide et a une odeur de citron très-suave, mais elle n'est pas limpide et s'altère facilement. Sa pesanteur spécifique est 0,85.

L'essence obtenue par distillation est incolore, très-fluide, limpide, mais elle a une odeur moins suave.

L'essence de citron s'épaissit à l'air ; au contact de l'iode, elle donne une réaction très-vive avec explosion.

Elle a été falsifiée avec des *huiles fixes* dont elle renferme quelquefois jusqu'à 0,33, (Diehl, *Amer. Journ. Pharm.*, t. XV, p. 387) ; on l'a adultérée aussi avec de la *paraffine* (Diehl) et du *pétrole* (Maisch).

L'*essence de térébenthine*, qui sert le plus souvent à la sophistiquer, se reconnaît facilement en versant, dans la paume des mains, quelques gouttes de l'essence suspecte et en frottant les mains l'une contre l'autre ; l'odeur particulière de la térébenthine devient ainsi facilement appréciable.

CIVETTE. La *civette*, *Viverra Civetta*, L. (Mammifères Carnassiers), fournit une matière onctueuse, très-odorante, jaunâtre, qui brunit en vieillissant ; elle est employée surtout dans la parfumerie.

On mélange la civette avec du *miel*, de l'*axonge*, du *beurre rance* et autres corps gras, du *sable* et de la *terre*. Mais alors sa substance présente des grumeaux plus ou moins durs, n'est pas homogène dans toutes ses parties ; sa couleur est moins brune, sa consistance n'est plus demi-fluide et ne devient pas plus forte avec le temps.

PIESSE, *Des odeurs, des parfums et des cosmétiques*, édit. Reveil. Paris, 1865, p. 204.

COBALT MINÉRAL. On a vendu, pour du cobalt minéral, un mélange de *charbon* et d'*acide arsénieux*, pulvérisés, puis broyés en pâte. Il formait une matière amorphe d'un noir gris, en partie pulvérulente, en partie formée de petites masses amorphes, se pulvérisant facilement entre les doigts ; il ne laisse, pour ainsi dire, pas de résidu après le grillage. (Legrip.)

LEGRIP, *Falsification du cobalt minéral* (*Journ. chim. médic.*, 1849, t. VI, p. 96).

COCHENILLE. La cochenille, *Coccus cacti*, L. (Insecte Hémiptère-Homoptère), se recueille sur diverses espèces de cactus au Mexique et a été acclimatée dans plusieurs contrées, les Canaries, l'Algérie, Java, etc.

La cochenille du commerce est constituée par le corps des femelles desséché et donne à l'industrie une couleur des plus riches.

On en distingue trois sortes commerciales : la *grise* (*mestèque* ou *jaspée*), couverte d'un enduit grisâtre, donnant une poudre rouge peu foncée : la *noire*, rouge brun foncé avec des rides grisâtres, donnant une poudre cramoisie ; la *sylvestre*, rouge terne et donnant une poudre rouge vineux.

Pour donner à la cochenille l'aspect de la cochenille grise, on la recouvre de poudre de baryte très-ténue et obtenue par précipitation, et l'on a fixé cette poudre au moyen d'une matière glutineuse. Cette falsification peut être reconnue par l'incinération, car, dans ces cochenilles sophistiquées, la proportion de résidu s'élève de 0,015 à 0,12 et 0,25 (*Der Apoth.*, 1871, t. IX, p. 2). Ces cochenilles, qui ont été gonflées par l'action de la vapeur d'eau, contiennent toujours 0,11 d'humidité au lieu de 0,04 à 0,06 ; mises dans un tube avec de l'éther et agitées, elles laissent le sulfate de baryte se séparer de leurs anneaux et se déposer sous forme de poudre blanche. (E. Baudrimont.)

La cochenille grise, qui doit cet aspect à un enduit micacé qu'on a fixé sur son corps au moyen de la margarine, se reconnaît par la projection dans l'eau bouillante, qui fond le corps gras et laisse l'animal noir par suite de la chute de son enduit.

On a fait des imitations de cochenille en faisant, avec des substances rouges, soit avec des résidus de la fabrication du carmin, agglutinés au moyen d'une matière mucilagineuse et moulés pour leur donner l'aspect de la cochenille : souvent on a roulé ces grains dans de la poudre de *céruse*, du *talc*, de la *limaille de plomb*, du *sable* et même du *verre pilé*, ce qui ajoute à leur reflet et augmente en même temps leur poids.

D'autres fois, on a pris simplement des cochenilles privées d'une partie de leur matière colorante au moyen de l'ammoniaque ou de l'alcool, et on les a desséchées ensuite avec soin pour les mêler à des cochenilles intactes. Dans un grand nombre de cas, on a soin de tremper les cochenilles, déjà épuisées de leur matière colorante, dans du *jus de Brésil*, et on les *jaspe* ensuite à la manière ordinaire. En faisant une solution aqueuse de ces cochenilles passées au jus de Brésil, et en y versant de l'eau de chaux, on reconnaît la fraude, car, dans ce cas, le liquide conserve une teinte rouge au lieu d'être complétement décoloré.

La cochenille, placée dans un verre avec de l'eau tiède, ne se désagrége pas quand elle est vraie, tandis que celle qui est faite artificiellement au moyen de débris agglutinés se désagrégera : il suffira donc de jeter le tout sur un tamis suffisamment fin pour séparer les cochenilles vraies, qu'on peut en outre examiner à la loupe pour reconnaître leur forme.

Les cochenilles, déjà épuisées de leur matière colorante au moyen d'ammoniaque ou d'alcool et redesséchées ensuite, sont reconnues par l'examen comparatif de la coloration donnée par un échantillon de cochenille pure prise comme type et de celle de l'échantillon suspect.

L'emploi d'une eau chlorée, servant à décolorer les deux liquides, pourra donner des indications par la quantité différente qu'aura nécessitée la décoloration des deux liquides. On peut encore faire usage du colorimètre, c'est-à-dire prendre deux éprouvettes graduées et mettre, dans chacune d'elles, la décoction de cochenilles types et de cochenilles suspectées : on compare les nuances et l'on ajoute peu à peu à la solution la plus foncée de l'eau jusqu'à ce qu'on ait identité de nuance, la différence entre les pouvoirs colorants des deux échantillons sera en raison inverse des volumes des liquides (Houton de la Billardière).

Le meilleur moyen consistera à doser la carmine contenue dans la cochenille : pour cela, on fait bouillir, avec de l'eau, pendant six minutes, dans un vase étamé, un poids déterminé de cochenille pulvérisée : on ajoute ensuite un 1/16e d'alun et l'on fait bouillir une seconde fois pendant quelques minutes ; puis on laisse déposer pendant plusieurs jours, il se fait un premier dépôt qui est toujours le plus beau, et, quelques jours plus tard, il s'en sera formé un nouveau ; on réunira le tout et l'on pèsera exactement. Les premières qualités de cochenilles contiennent jusqu'à 0,18 de carmine, la sylvestre 0,11, celle de Saint-Domingue 0,08.

BAUDRIMONT (ERN.), *Sur une nouvelle falsification de la cochenille* (*Journ. de pharm. et chim.*, 4ᵉ série, 1870, t. XI, p. 116). — LETELLIER, *Falsification de la cochenille* (*Journ. de pharm. et chim.*, 3ᵉ série, 1844, t. VI, p. 423). — MOUTIERS, *Falsification de la cochenille* (*Journ. de pharm. et chim.*, 3ᵉ série, 1846, t. IX, p. 109).

COCHLÉARIA. Le *cochléaria*, *Cochlearia officinalis*, L. (Crucifères), se reconnaît à ses feuilles cordiformes, lisses, épaisses, un peu concaves, longuement pétiolées, à saveur âcre et amère.

On a quelquefois mélangé à cette plante des feuilles de *ficaire*, *Ficaria ranunculoïdes*, Mœnch (Renonculacées), qui sont ovales, cordées ou réniformes crénelées, et portées sur un pétiole dilaté inférieurement en une gaîne membraneuse assez ample.

CODÉINE. La codéine, découverte en 1833 par Robiquet père, est cristallisée en prismes rhomboïdaux droits, transparents, blancs ; sa saveur est amère ; elle est soluble dans l'eau, plus soluble dans l'alcool et dans l'éther ; insoluble dans les alcalis caustiques, elle ne décompose ni l'acide iodique, ni les persels de fer ; elle n'est pas colorée en rouge par l'acide nitrique.

Le mélange de *sucre* dans la codéine peut être décelé par l'action de l'acide sulfurique qui la colore en noir ou en brun. Lepage a proposé de broyer 0,10 de codéine suspectée dans un petit mortier de verre, de les introduire dans un tube avec 5 à 6 grammes d'éther rectifié à 62° ou de chloroforme, et d'agiter vivement à plusieurs reprises. Si la codéine est pure, elle se dissout complétement, tandis que si elle contient du sucre, celui-ci reste attaché aux parois du tube sous forme de petits points qui apparaissent comme déliquescents. Après avoir décanté l'éther et vaporisé ce qui en reste, on agit sur le résidu par l'eau distillée, puis par l'acide chlorhydrique concentré, et l'on fait bouillir une ou deux minutes ; puis on rend la liqueur alcaline avec un petit morceau de potasse caustique et l'on traite à l'ébullition par la liqueur de Barreswill. Le précipité rouge d'oxydule de cuivre donne la preuve qu'il y avait du sucre.

On pourrait aussi avoir recours, comme l'a proposé Edm. Robiquet, aux caractères optiques, la codéine déviant à gauche la lumière polarisée tandis que le sucre de canne la dévie à droite, mais ce procédé élégant exige l'emploi d'un polariscope que tous les pharmaciens ne possèdent pas encore.

On l'a falsifiée ou remplacée par du *chlorhydrate de morphine,* mais l'action des persels de fer, et de l'acide nitrique dévoile facilement la fraude ; d'autre part le nitrate d'argent y donne un précipité blanc caillebotté ; l'ammoniaque donne un précipité insoluble dans l'éther et l'ammoniaque, mais soluble dans un excès d'alcali (Duclos).

LEPAGE, *Essai de la codéine falsifiée avec le sucre candi* (*Journ. de pharm. et chim.,* 3ᵉ série, 1857, t. XXXI, p. 213). — ROBIQUET (EDM.), *Note sur l'action thérapeutique et les propriétés de la codéine* (*Journ. de pharm. et chim.,* 3ᵉ série, 1857, t. XXXI, p. 10).

COLLE FORTE. — Voy. GÉLATINE.

COLLE DE POISSON. La colle de poisson est la vessie natatoire de l'esturgeon, *Acipenser huso* (Poissons), qu'on prépare surtout en Russie sur les bords du Volga.

L'ichthyocolle examinée au microscope après avoir été ramollie dans l'eau froide montre une structure fibreuse, avec quelques vaisseaux, des cellules granuleuses et, çà et là, quelques noyaux.

C'est surtout avec de la *gélatine* qu'on sophistique la colle de poisson, soit à l'état de mélange, soit par incorporation. Plus souvent encore on lui substitue la gélatine ; on remplace l'ichthyocolle de Russie qui est la plus belle par des sortes inférieures, et principalement par celle du Brésil.

Placée dans un verre et ramollie au moyen de l'eau froide, la colle de poisson devient blanche, opaque, molle et gonflée ; elle se gonfle également dans tous les sens, et par suite, ses fragments paraissent cubiques ; elle se dissout dans l'eau bouillante presque sans résidu ; sa solution chaude a une odeur de poisson faible et non désagréable ; elle a une réaction neutre ou faiblement alcaline, rarement un peu acide. Les cendres de la bonne ichthyocolle de Russie sont rouge foncé et ne contiennent qu'une petite proportion de carbonate de chaux, jamais plus de 0,09 (Letheby).

La gélatine au contraire, mise dans l'eau froide, devient transparente et plus hyaline ; elle se gonfle irrégulièrement de façon à prendre l'aspect rubanné, elle ne se dissout pas en entier dans l'eau bouillante, et laisse un dépôt considérable au fond du verre; l'odeur de sa solution est forte et désagréable; elle a une réaction généralement très-acide, résultant de son mode de préparation; elle n'offre aucune structure au microscope, et ne laisse voir que les marques faites par l'instrument qui l'a divisée; sa solution durcit par l'acide acétique : enfin ses cendres sont blanches, et contiennent du carbonate de chaux, des chlorures et sulfates; leur proportion est de 0,23 à 0,26. (Letheby.)

Le mélange de l'ichthyocolle et de la gélatine est quelquefois difficile à reconnaître, mais le microscope donne un moyen assez bon : car si l'on trouve des fragments bordés, après immersion de quelques minutes dans l'eau froide, d'une bande épaisse et incolore, il est évident que ces fragments ont été imprégnés de gélatine.

Les sortes inférieures d'ichthyocolle, telles que celles du Brésil, peuvent être reconnues au moyen de la gelée, qui se fait par le contact de l'eau avec l'ichthyocolle ; la colle de Russie donne une gelée qui se dissout facilement, ne fournit presque aucun sédiment, et est ferme, pure, et transparente; la gelée de colle du Brésil laisse un dépôt de 0,20 à 0,30 de matière insoluble, se dissout moins facilement, est opalescente et laiteuse. Le mélange de la colle de Russie, et de celle du Brésil se reconnaîtra aux parties de cette dernière qui ne se dissolvent pas, d'ailleurs elle communiquera à la liqueur son odeur forte et quelque peu désagréable. (Hassall.)

SOUBEIRAN (J.-L.), *De la colle de poisson et de sa fabrication* (*Journ. pharm. et chim.*, 4ᵉ série, 1866, t. IV, p. 326).

COLOMBO. La racine de colombo, *Cocculus palmatus*, DC (Ménispermacées), est en rondelles larges de 0,03, environ, épaisses de 0,003, offrant une dépression centrale et plusieurs autres dépressions concentriques extérieures ; elles sont d'un blanc jaunâtre se fonçant un peu vers l'extérieur et offrent une écorce rugueuse brune, ou gris jaunâtre; elles ont une amertume très-grande et une odeur faible. Elles donnent une poudre gris verdâtre ; elles sont riches en fécule.

On lui substitue la racine de *bryone*, *Bryonia dioica*, L. (Cucurbitacées), qui est arrondie, d'un grand diamètre, marquée de stries concentriques, a une odeur désagréable et une saveur âcre et amère, qui la font aisément reconnaître.

Sous le nom de *faux colombo d'Amérique* ou de *colombo de Marietta*, on trouve quelquefois dans le commerce la racine du *Frasera Walteri*, Mich. (Gentianées), qui est en rondelles d'un pouce de diamètre, blan-

chàtres et ne contenant pas de fécule : aussi ne se colore-t-elle pas par
l'iode ; sa saveur est amère et sucrée ; on la reconnaîtra encore par les
caractères suivants que ne présente pas le colombo : traitée par l'eau,
elle donne une liqueur jaune-orange ; par l'alcool elle donne une liqueur
d'un jaune d'or ; son macéré aqueux rougit le sirop de violettes et le
tournesol, donne une coloration verte ou brune par le sulfate de fer,
précipite légèrement par la colle de poisson, et donne par la potasse une
odeur ammoniacale sensible.

COLOQUINTE. La coloquinte, *Cucumis Colocynthis*, L. (Cucurbita-

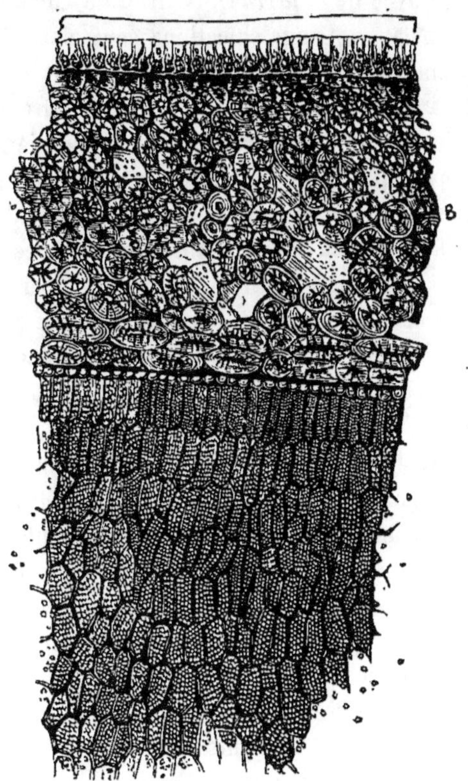

Fig. 61. — Coupe d'une graine de coloquinte. Grossissement 150 diamètres.
(Hassall.)

cées), fournit au commerce son fruit dépouillé de son écorce, globuleux,
gros comme une pomme, léger, sec, spongieux et possédant une amertume extrêmement prononcée.

Le fruit de coloquinte est composé de plusieurs couches celluleuses dont les plus intérieures sont très-larges, ovoïdes et laissent voir sur plusieurs points des faisceaux fibreux et des trachées.

Les graines, qui ne renferment pas le principe cathartique de la coloquinte, sont constituées par des cellules ovoïdes, remplies de matière huileuse, très-serrées et recouvertes par des enveloppes à structure caractéristique (fig. 61).

La poudre de coloquinte renferme souvent beaucoup de parties de *graines*, qui ne devraient jamais y entrer, puisque les formulaires prescrivent d'enlever complétement les graines. Hassall a aussi trouvé cette poudre adultérée avec de la *farine;* l'extrait de coloquinte lui a aussi offert le même mélange. Ces falsifications sont aisées à reconnaître au microscope, quand on connaît la structure du fruit et des graines.

COLS EN PAPIER. L'usage du papier pour faire des cols et des manchettes économiques s'est répandu dans ces derniers temps, et bien qu'il ne parût pas que cette nouvelle mode pût avoir une influence fâcheuse sur la santé, on a cependant observé des accidents ; c'est ainsi que l'emploi de faux cols en papier ayant déterminé des accidents graves chez un clergyman du Sussex, il a été reconnu, par l'incinération et l'analyse d'un de ces cols, qu'il contenait une grande quantité de carbonate de plomb, qui avait servi d'apprêt pour lui donner de l'épaisseur. Ces cols se vendent en Angleterre sous le nom de *cols Dickens* (**J.** *Applied Sciences*, juillet 1872).

CONDIMENTS. Les *condiments,* destinés à relever la saveur des aliments par leur goût relevé ou par leurs propriétés excitantes, sont employés par tous les peuples et sont extrêmement variés. Mais ces produits sont très-souvent adultérés, de telle sorte qu'ils peuvent exercer une influence fâcheuse sur l'économie et quelquefois leurs falsifications doivent inspirer le plus profond dégoût.

Un certain nombre de condiments sont constitués par des conserves de végétaux dans le vinaigre, *pickles, cornichons,* et, par conséquent, on peut y retrouver tous les éléments qui servent à frauder ce liquide (voy. VINAIGRE). D'autre part, comme l'action du liquide acide pur ne donne, aux organes végétaux qui y sont plongés, qu'une couleur jaune verdâtre peu appétissante, on a été amené à chercher les moyens de leur donner une coloration plus belle, et, dans ce but, un grand nombre des recettes publiées indiquent d'ajouter du cuivre, une pièce de billon, dans le vinaigre, ou d'opérer dans une bassine de cuivre et rendent ainsi les condiments toxiques.

Tout pickle, qui offrira une très-belle couleur verte, devra être suspect et l'on y recherchera la présence du cuivre en y enfonçant un morceau de fer décapé, qui se couvrira bientôt d'une couche de cuivre métallique. On pourra aussi incinérer le condiment après l'avoir coupé en tranches minces, traiter les cendres par l'acide nitrique pur, et ajouter de l'eau distillée : si l'on verse de l'ammoniaque dans la liqueur, celle-ci prendra une coloration bleue ; le cyanure jaune donnera un précipité brun marron.

Dans certaines sauces, employées surtout en Angleterre comme condiments, on trouve des mélanges de *mélasse*, de *sel*, de *bol d'Arménie*, d'espèces inférieures de *poissons* ou de *crustacés*. On en a vendu qui devaient leur couleur rouge à du *vermillon*.

Le *carry*, condiment indien composé d'un mélange en proportions diverses de curcuma, poivre noir, coriandre, poivre de Cayenne, fenugrec, cardamome, cumin, gingembre, piment de la Jamaïque et clous de girofle, est devenu un des condiments les plus habituels en Angleterre. On le trouve fréquemment adultéré avec de la *farine de riz*, de la *fécule de pommes de terre*, qui peuvent être aisément reconnues au moyen du microscope (voy. Riz, Fécule de pommes de terre). Comme le *carry* contient du poivre de Cayenne (voy. *ce mot*), on y retrouve toutes les substances qui servent à adultérer cette substance.

Le *Catsup* ou *Ketchup* (sauce de champignons) est un autre condiment anglais, également très-usité et qui se prépare en faisant fermenter des champignons, des tomates, des châtaignes et divers autres produits végétaux. Dans ces derniers temps, on a reconnu la sophistication de ce condiment par le liquide résultant de la putréfaction des foies de cheval et d'autres animaux. Atcherley, qui a signalé cette sophistication dégoûtante, a connu son existence par hasard : ayant été chargé d'examiner une matière proposée comme engrais, il l'a trouvée exclusivement composée de détritus de foies et apprit que c'était le résidu de la falsification du faux *Catsup* qu'on préparait en laissant putréfier les foies avec du vinaigre et du sel.

CONFITURES. Les confitures, qui donnent un moyen excellent de conserver, par le mélange avec une certaine quantité de sucre, les fruits très-aqueux et plus ou moins acides, sont souvent adultérées.

On leur a donné quelquefois de la consistance en y incorporant de la *gélatine;* mais l'incinération donne un moyen facile de dévoiler la fraude par l'odeur de corne que répand la gélatine en brûlant.

Assez souvent, les confitures contiennent du *cuivre* qui provient des vases dans lesquels on les a préparées et qu'on reconnaîtra facilement dans les produits de l'incinération, repris par l'acide nitrique, au moyen des réactifs de ce métal.

On a vendu, sous le nom de gelées, des confitures qui étaient colorées par du *suc de betterave rouge* en remplacement de la carmine ou de la cochenille. Dans certains cas, le fruit lui-même avait été remplacé par de la *pectine*, plus ou moins aromatisée avec du suc de fruits. (Stan. Martin.)

On a aussi donné de la coloration à des gelées et à des sirops avec de la *fuchsine*, mais on reconnaît la fraude par l'alcool amylique qui dissout la fuchsine et non les matières colorantes des fruits. (Romei.)

CONICINE. La *conicine, conine, cicutine*, fournie par le *Conium maculatum*, L. (Ombellifères), est un liquide d'apparence huileuse, jaunâtre, à saveur très-âcre, à odeur spéciale et désagréable ; sa densité est moindre que celle de l'eau, 0,89. Elle est très-soluble dans l'alcool. Elle s'altère au contact de l'air et se résinifie.

Il n'est pas rare de la trouver sophistiquée avec des *huiles essentielles;* mais, en versant quelques gouttes sur une petite quantité d'eau : sa densité étant 0,89, elle surnagera : si l'on ajoute quelques gouttes d'acide chlorhydrique, il se fera du chlorhydrate de conicine, et si l'alcaloïde est pur, toute trace de gouttelettes disparaîtra ; l'essence, au contraire, persistera même en présence d'un excès d'acide. Si la conicine est plus ou moins résinifiée, la partie oxydée n'entrera pas en dissolution et restera en suspension dans l'eau ; mais on la reconnaîtra à ce qu'elle est fortement rougie par les acides sulfurique et nitrique.

CONSERVES. Les conserves de fruits renferment fréquemment du *cuivre* qui provient de ce que, pour donner une teinte verte plus riche aux produits, on y introduit une certaine quantité de *sulfate de cuivre*, quantité qui, dans certaines fabriques, est évaluée à un demi-grain (0,03) par bouteille (Hassall). Ces fruits, piqués par une pointe de fer, y laissent un dépôt plus ou moins rapide de cuivre qu'on reconnaît à sa couleur. Incinérés, ces fruits donneront une cendre de couleur plus ou moins foncée, tandis que s'ils sont exempts de cuivre, ils laisseront une cendre blanche ou gris blanchâtre. On pourra d'ailleurs obtenir de ces cendres, traitées par l'acide nitrique, les réactions caractéristiques du cuivre au moyen de l'ammoniaque ou du cyanure jaune.

Moride, *Sur la coloration de certains condiments et de certains fruits (Journ. chim. médic.*, 3ᵉ série, 1853, t. IX, p. 726).

CONTRAYERVA. La souche du *Contrayerva, Dorstenia Brasiliensis*, Lam. (Morées), est pivotante, renflée et terminée, à sa partie inférieure, par une racine grêle, longue et courbée par en bas. Elle est rougeâtre à l'extérieur, blanche en dedans, est âcre et aromatique.

Cette souche, rarement employée aujourd'hui, a été quelquefois remplacée par celle du *Dorstenia Contrayerva*, L., qui en diffère par sa couleur noire et par son manque d'odeur.

COPAL (Résine). Sous le nom de *copal*, le commerce désigne plusieurs résines produites par des espèces végétales différentes et provenant de diverses contrées : leur principal usage est la fabrication des vernis.

Le *copal dur*, attribué à l'*Hymenœa verrucosa*, Lam. (Légumineuses), est recueillie sur la côte orientale d'Afrique et se présente sous forme de morceaux de formes différentes, d'un jaune plus ou moins clair, transparents, vitreux, inodores et insipides à froid, à surface polie et lisse, difficilement rayée par la pointe d'un couteau. On en connaît une seconde sorte qui, dit-on, a été recueillie dans le sable, et qui est beaucoup plus dure, plus pâle, à surface terne et chagrinée après qu'on l'a débarrassée d'une croûte blanchâtre, opaque et friable.

Le *copal tendre*, ou *copal d'Amérique*, attribué à l'*Hymenœa Courbaril*, L., est jaunâtre, transparent, difficile à dissoudre, et se laisse facilement entamer par la pointe du couteau.

On substitue assez fréquemment la seconde sorte à la première, et l'on y mélange quelquefois diverses autres résines, qui leur ressemblent par leur aspect général.

CORNE DE CERF. La *corne de cerf* ou *bois* du *Cervus Elaphus* (Mammifères Ruminants), entre dans le commerce sous forme de *cornichons*, qui sont les extrémités des *andouillers* et qu'on emploie calcinés, ou sous forme de *râpures* grises qui servent à faire des décoctions directement ou après avoir été calcinées.

On substitue souvent, à la râpure de corne grise, des râpures blanches qui proviennent d'*os*.

Quand elle est calcinée, la corne de cerf est souvent mélangée avec des *os calcinés* et du *carbonate de chaux*. Dans ce cas, la matière est d'un blanc plus ou moins pure au lieu d'être grise : les acides y déterminent une vive effervescence, et la quantité de phosphate dépasse 0,575 et celle de carbonate est supérieure à 0,04.

CORNICHONS. Les cornichons, fruits jeunes du *Cucumis sativus*, L.

(Cucurbitacées), conservés dans le vinaigre, sont un des condiments les plus fréquemment employés. Mais leur falsification est devenue, comme bien d'autres, l'objet de manipulations qui ont eu pour résultat de fournir au consommateur des produits de qualité inférieure et quelque fois même toxiques. C'est ainsi que le mode de préparation en grand des cornichons pour la consommation parisienne s'est transformé, et qu'au lieu de soumettre les fruits à l'action prolongée du vinaigre jusqu'au moment de l'emploi, on se contente aujourd'hui de les passer au vinaigre bouillant, et de les conserver ensuite dans de l'eau salée. Au moment de les livrer au commerce de détail, on recouvre les cornichons de vinaigre, mais celui-ci perd promptement de sa force, se couvre de *fleurs* (moisissures), et si le vinaigre n'est pas suffisamment renouvelé, la masse entière peut se détériorer. (A. Chevallier.)

Ils contiennent souvent du *cuivre*, par suite de l'habitude où sont les marchands de comestibles de les préparer dans des bassines de cuivre rouge non étamé en vue de leur donner une belle couleur verte. Il suffit d'y enfoncer une aiguille ou un clou (*pointe de Paris*) pour voir s'y déposer, au bout de quelque temps, une couche de cuivre métallique : on pourra aussi incinérer les cornichons, traiter les cendres par l'acide nitrique étendu, évaporer à siccité, reprendre par l'eau distillée et y reconnaitre la présence du sel de cuivre par l'ammoniaque, le cyanure jaune, ou par une lame de fer décapée.

Comme le vinaigre qui sert à leur préparation peut être adultéré, il en résulte qu'on y trouve quelquefois de l'*acide sulfurique*. On emploie fréquemment aussi, pour leur préparation, de l'*acide pyroligneux* qui laissera toujours une odeur faible de créosote.

COSMÉTIQUES. Les cosmétiques, dont la parfumerie offre un grand nombre de variétés, toutes ayant la prétention de restaurer les altérations de l'enveloppe cutanée, sont pour la plupart plus nuisibles qu'utiles : beaucoup sont dangereux, car ils contiennent des substances minérales toxiques. L'inconvénient des cosmétiques est d'autant plus grand qu'ils ont été préparés souvent sans aucun souci de la santé publique, et qu'à côté de fabricants consciencieux, il existe, ce qu'on peut nommer, avec Reveil, la parfumerie anonyme, qui ne vend que des produits mal préparés, sophistiqués ou contrefaits.

Certains cosmétiques ne renferment aucune substance qui puisse être préjudiciable à la santé, mais ils sont sujets à des altérations frauduleuses : c'est ainsi qu'on substitue l'*alcool de fécule* et le *vinaigre de bois* à l'alcool et au vinaigre de vin, qu'on remplace les graisses ou huile fines par des *corps gras* plus communs, les essences fines par de *essences* communes ou artificielles.

Souvent aussi on fabrique les cosmétiques avec des substances actives qui en rendent l'emploi dangereux : c'est ainsi que les fards sont le plus souvent constitués en grande partie par du *carbonate de plomb*, mélangé au sous-nitrate de bismuth ; on leur donne quelquefois leur coloration rouge au moyen du cinabre. C.-F. Chandler a reconnu, dans ces dernières années, que les cosmétiques, préconisés sous le nom d'*émail de la peau*, contenaient tous des sels de plomb et de l'oxyde de zinc. (*Amer. Journ. of Pharm.*, 1870.)

Les liqueurs, vendues sous le titre de *laits virginaux*, sont souvent *à base de plomb* ou de *sublimé corrosif*. Les lotions, destinées à la teinture des cheveux et de la barbe, sous quelque nom pompeux de fantaisie qu'on les présente, sont toutes constituées par des produits très-actifs et surtout par des *sels de plomb* ou d'*argent* qu'on traite par des solutions sulfureuses.

La poudre de savon a été fréquemment allongée de poudre de *talc* et d'*albâtre*.

Il n'est pas jusqu'à la poudre de riz, qu'on a additionnée d'acétate de plomb pour lui donner des qualités plus couvrantes. (Trébuchet.)

CHEVALLIER, *Note sur les cosmétiques, leur composition, les dangers qu'ils présentent* (*Ann. d'hyg. et de méd. lég.*, 2ᵉ série, 1868. t. XIII, p. 89, 342). — MARC et CHEVALLIER, *Coloration des cheveux; accidents qu'elle peut occasionner* (*Ann. d'hyg. et de méd. lég.*, 1832, t. VII, p. 324). — REVEIL, *Des cosmétiques au point de vue de l'hygiène et de la police médicale*, lu à l'Académie de médecine, en 1861 (*Annales d'hyg. et de méd. lég.*, 2ᵉ série, 1862, t. XVIII, p. 306 ; rapport à l'Académie, par Trébuchet (*Bull. de l'Acad. de méd.*, 1862, t. XXVII, p. 865 à 876). — PIESSE, *Des odeurs, des parfums et des cosmétiques*, édit. Reveil. Paris, 1865,

COTON. — Voy. ÉTOFFES.

COULEURS. Les couleurs, qui servent à la peinture à l'aquarelle, sont pour la plupart toxiques, et par conséquent peuvent occasionner des accidents, si l'on vient à les porter à la bouche ; aussi a-t-on proposé de les remplacer par d'autres matières végétales et non susceptibles d'action fâcheuse.

Les couleurs d'aniline ne sont pas toxiques par elles-mêmes, mais quand elles contiennent de l'*aniline* non décomposée et à l'état de mélange, elles le deviennent et c'est ainsi qu'on explique certains accidents produits par la rosaniline, l'azuléine, le rouge Magenta, la coralline et la fuchsine. Il faut remarquer encore que l'on emploie souvent comme mordants des *sels arsenicaux*, et que l'aniline est souvent combinée avec des acides toxiques, tels que les acides arsénieux, arsénique et picrique. C'est à la teinture en vert d'étoffes de laines par des *sels d'acide picrique* et *arsénique* qu'on explique les accidents observés sur des couturières de Saxe. (Eulenberg et Vohl.)

CHEVALLIER, *Empoisonnements causés par divers produits alimentaires colorés par l'aniline* (*Ann. d'hyg. et de méd. lég.*, 2e série, 1874, t. XLI, p. 371). — EULENBERG et VOHL, *Des propriétés nuisibles et toxiques des couleurs retirées du goudron* (*Union pharm.*, 1872, t. XIII, p. 337).

CRÈME DE TARTRE. — Voy. POTASSE (BITARTRATE DE).

CRÈME DE TARTRE SOLUBLE. Voy. POTASSE (TARTRO-BORATE DE).

CRÉOSOTE. La créosote est un liquide huileux, ayant la consistance de l'huile d'amandes douces, incolore, transparent, d'une odeur pénétrante et désagréable, d'une saveur très-caustique et brûlante. Un peu plus lourde que l'eau, elle a une densité de 1,057; Elle bout à $+ 203°$ C. et n'est pas congelée par un froid de $— 27°$ C.; elle tache le papier à la manière des huiles volatiles; à peine soluble dans l'eau, elle se dissout en toutes proportions dans l'alcool, l'éther, le sulfure de carbone et l'acide acétique. Elle coagule promptement l'albumine et colore en bleu une grande quantité d'eau, tenant en dissolution une trace d'un persel de fer.

Le mélange d'*alcool* diminue la densité de la créosote et peut être reconnu par l'alcoomètre, qui indiquera la différence. On peut aussi avoir recours à la distillation : l'alcool passera le premier.

En mêlant six parties d'huile d'amandes douces avec une partie de créosote, le mélange devient et reste opaque, à la condition qu'il y ait au moins 0,40 d'alcool. (Lepage.)

Les *huiles fixes* ou *volatiles*, qui diminueraient aussi la densité de la créosote, se reconnaîtront au moyen de l'acide acétique qui dissoudra la créosote seule. Le mélange, d'autre part, laisserait une tache huileuse sur le papier.

La créosote a été falsifiée par l'*acide phénique* : on le reconnaît au moyen de la glycérine à volume égal. Si la solution obtenue est claire, la substance expérimentée est de l'acide phénique, ou en contient une plus ou moins grande quantité. La créosote pure est complétement insoluble dans la glycérine. (Morson.)

CLARK, *Falsification de la créosote par l'acide phénique et moyen de recherche*

(*Répert. de pharm.*, 1873, t. I, p. 385). — Morson, *Falsification de la créosote par l'acide phénique* (*Répert. de pharm.*, 1873, t. I, p. 131).

CRESSON. Le *cresson de fontaine, Nasturtium officinale*, R. Br. (Crucifères), a des feuilles alternes, glabres, épaisses, imparipennées, à divisions inégales, ovales, dont la terminale est plus grande et cordiforme ; ses fleurs sont blanches, en grappes corymbiformes.

Il peut être confondu avec le *Sium nodiflorum*, L., Ombellifère vénéneuse ; mais il s'en distingue par ses folioles plus foncées, plus arrondies, la dernière surtout qui est impaire, plus large que les autres, et à bord un peu ondulé ; les fleurs sont surtout très-différentes.

CRINS. Les crins ou longs poils des chevaux et des bœufs sont d'un usage fréquent pour divers besoins de l'économie domestique, et en particulier pour les coussins, sommiers et matelas.

On fabrique dans plusieurs localités du crin végétal avec le *Tillandsia usneoides*, qu'on a teint en noir pour le mélanger au crin véritable.

On a substitué aussi au crin des *fanons de baleine* refendus, ou de la corne divisée.

Oudart, *Sur la falsification du crin* (*Journ. chim. médic.*, 4ᵉ série, 1857, t. III, p. 244).

CUBÈBE. Le *poivre cubèbe, Cubeba officinalis*, Miq. (Pipéracées), est en grains sphériques, munis de pédicelles, renflés, brun noirâtre, ridés ; son odeur est aromatique, sa saveur âcre, aromatique et amère. Il donne une poudre noirâtre et huileuse.

On a présenté dans le commerce un cubèbe de l'Inde hollandaise attribué par Grœnewegen au *Piper anisatum*, mais que Pas considère comme des fruits mûrs du *Cubeba officinalis ;* il se distingue du cubèbe par son volume presque égal à celui du piment, sa couleur gris cendré tirant sur le noir et sa surface moins profondément et plus régulièrement ridée que celle du vrai cubèbe ; son odeur est moins agréable, sa saveur moins brûlante, mais piquante ; mis dans l'eau, il tombe rapidement au fond, et la colore en brun foncé, au lieu de jaune clair ; il se pulvérise facilement et donne une poudre roux grisâtre à odeur térébenthinée.

Le cubèbe, qui a été épuisé par l'alcool, en vue d'en extraire les principes actifs, se reconnaît facilement à son odeur presque nulle et à son insipidité. (Guibourt.)

La poudre de cubèbe a été mélangée avec diverses substances végétales brunes, et en particulier avec une notable proportion de *chicorée torréfiée*. (Stan. Martin.)

Foy a signalé des accidents graves et se rapprochant de ceux que déterminent les Solanées vireuses, produits par une poudre qui avait été vendue sous le nom de poudre de cubèbe ; elle s'en distinguait par une ténuité plus prononcée, sa couleur jaune fauve, son apparence sèche et non huileuse ; elle ne graissait pas le papier, avait une odeur nauséabonde plutôt qu'aromatique, et une saveur âcre et amère.

Foy, *Note sur la falsification en général et sur la falsification de poudre de poivre cubèbe en particulier* (*Bull. de thérap.*, t. XII. p. 354).

CUIVRE (Acétates de). Il existe deux acétates de cuivre usités dans l'industrie, l'*acétate neutre* et le *sous-acétate*. Le premier, désigné sous les noms de *vert distillé*, *vert cristallisé*, *cristaux de Vénus*, est en gros cristaux rhomboédriques d'un vert foncé, très-solubles dans l'eau, et légèrement efflorescents ; sa saveur est métallique et désagréable.

Le second, *verdet* ou *vert-de-gris*, est en poussière grenue, d'un bleu verdâtre, presque insoluble dans l'eau, mais très-soluble dans l'acide acétique.

Le vert cristallisé et le verdet peuvent contenir du *sulfate de cuivre*, qui, par le chlorure de baryum donne un précipité de sulfate de baryte insoluble dans l'acide nitrique ; de l'*acétate de fer*, qu'on reconnaît par un excès d'ammoniaque : il se fait un précipité d'oxyde de fer, le précipité cuivrique, qui s'était fait d'abord, s'étant redissous dans l'alcali ; du *carbonate de chaux* qui fait effervescence par les acides ; du *sulfate de chaux* qu'on précipite par un excès d'ammoniaque. Ce dernier sel a été trouvé en grande proportion par Norbert Gille.

Fréquemment sophistiqué par son mélange avec des matières étrangères, le vert-de-gris doit se dissoudre sans résidu dans les acides acétique et nitrique, et cette solution, après avoir été traitée par l'hydrogène sulfuré et filtrée, ne doit plus rien renfermer de fixe. Dans le cas de mélange avec du *carbonate de cuivre*, il se serait fait une effervescence due au dégagement de l'acide carbonique.

Le vert-de-gris renferme souvent des *débris ligneux* et du *marc de raisin* provenant de sa préparation, mais il est facile de distinguer à l'œil ces mélanges impurs, et de les séparer, soit par le triage, soit par le tamisage.

CUIVRE (Sulfate de). Le *sulfate de cuivre, couperose bleue, vitriol bleu*, est en gros cristaux transparents, d'une belle couleur bleue d'azur ;

sa saveur est styptique très-prononcée, et excite la salivation, il s'effleurit à l'air et sa surface se recouvre d'une poussière blanche. La chaleur
portée à + 200° C. lui fait perdre son eau de cristallisation et sa couleur bleue, mais le produit blanc, ainsi obtenu, reprend sa couleur quand
on le redissout dans l'eau. Il est soluble dans quatre parties d'eau froide,
et dans deux parties d'eau bouillante, et sa solution rougit le tournesol.

On trouve dans le commerce du sulfate de cuivre presque pur, c'est
le *vitriol* de Chypre à cristaux d'un bleu pur. Le *vitriol de Salzbourg*
est un sulfate double de fer et de cuivre, d'un blanc verdâtre, s'effleurissant à l'air, et se couvrant alors d'une croûte jaunâtre ou ochracée.
Le *vitriol mixte de Chypre,* est un sulfate double de cuivre et de zinc,
d'un beau bleu clair, en cristaux humides, friables et ne se ternissant
pas à l'air.

La présence du *fer* se reconnaît en faisant bouillir la couperose dans
de l'eau acidulée par l'acide nitrique, et en traitant par un excès d'ammoniaque, qui redissout l'oxyde de cuivre précipité d'abord, et laisse un
dépôt rouge d'oxyde de fer.

Le *sulfate de zinc* est indiqué au moyen d'un excès de potasse, versé
dans la solution aqueuse de sulfate de cuivre : le fer, le cuivre, et la
magnésie sont précipités, et l'oxyde de zinc reste dans la liqueur à la
faveur de l'excès de potasse : on acidule la liqueur filtrée et l'on précipite le zinc par un excès de carbonate de soude.

Le *sulfate de magnésie* est décelé par l'emploi de l'hydrosulfate d'ammoniaque, qui précipite les divers métaux à l'état de sulfure et laisse la
magnésie dans la liqueur : on filtre, on fait bouillir, et l'on verse une
solution de phosphate de soude ammoniacal ; il se produit, mais lentement, un précipité cristallin de phosphate ammoniaco-magnésien.

CURCUMA. Le *curcuma* ou rhizome du *Curcuma tinctoria*, Guib.
(Amomées), est formé par une souche arrondie ou cylindrique, d'où partent de nombreux articles allongés et digités ; on le distingue en deux
sortes, le *Curcuma rond*, qui est jaunâtre en dehors, compacte et jaune
brun en dedans, et le *curcuma long* qui, grisâtre en dehors, est compacte
et rouge brun foncé en dedans. L'odeur du curcuma est aromatique, sa
saveur aromatique, chaude et amère.

Le *curcuma long* entre pour une grande part, sous forme de poudre,
dans les condiments employés par les Anglais. Cette poudre est formée
de masses larges, libres ou formant un tissu réticulaire, mais reconnais-
sables à leurs dimensions et à leur couleur jaune claire : les masses sont

composées de matière colorante et d'un grand nombre de grains de
fécule, analogues à ceux de l'arrow-root. Elles prennent par l'iode une
couleur bleue foncée, et par la potasse une teinte rougeâtre (fig. 62).
Le curcuma est quelquefois additionné d'*ocre jaune*, et le plus souvent
de carbonate de soude et de potasse, en vue d'en aviver la couleur (Hassall). L'ocre se reconnaît en incinérant, pour retrouver dans le résidu

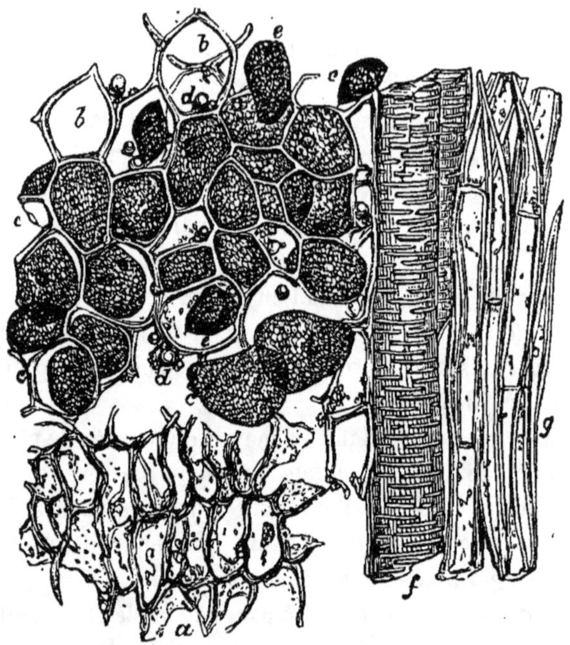

FIG. 62. — Coupe du rhizome de curcuma (*). (Hassall.)

l'oxyde de fer et la chaux qui la composent. Si au moment où l'on retire
le résidu du feu, la poudre prend une couleur verdâtre, plus ou moins
intense, on devra soupçonner qu'il y a eu addition d'alcali. Pour s'en
assurer on traite le résidu par l'eau distillée, on évapore en grande partie, et l'on chauffe avec un excès d'acide hydrochlorique : on étend la
solution et l'on précipite le chlore par le nitrate d'argent; le liquide obtenu
et évaporé à siccité donne avec le chalumeau une flamme jaune pour
la soude, et violette pour la potasse. (Hassall.)

La poudre de curcuma est fréquemment falsifiée; on peut s'en
assurer en plongeant une étoffe de soie dans une infusion faite avec la

(*) *aa*, épiderme ; *bb*, cellules transparentes ; *cc*, masses jaunes ; *dd*, globules d'huile ; *ee*, masses
résineuses ; *f*, vaisseaux ponctués ; *g*, cellules allongées du ligneux.

poudre : comme la curcumine se dépose sur l'étoffe, la liqueur est décolorée si la poudre était pure ; elle reste colorée dans le cas d'adultération.

CYANURE DE MERCURE. — Voy. MERCURE (CYANURE DE).

CYANURE DE POTASSIUM. — Voy. POTASSIUM (CYANURE DE).

CYANURE DE POTASSIUM ET DE FER. — Voy. POTASSIUM ET FER (CYANURE DE).

DATTES. Les *dattes*, fruits du *Phœnix dactilifera*, L. (Palmiers), sont ovoïdes, charnues et sucrées ; leur chair est solide, un peu translucide, et comme gélatineuse ; elles renferment une graine cornée, cylindrique, avec un sillon profond sur un côté : elle est recouverte d'un épisperme lâche, soyeux et blanc.

On doit faire attention que les dattes anciennes se déssèchent, perdent de leurs qualités et *se piquent :* quelquefois aussi elles prennent une saveur âcre et rance, ou font *la sonnette,* c'est-à-dire elles ne sont plus constituées guère que par la peau et le noyau. Elles doivent être bien sèches, car on les *robe* en les agitant dans un large sac, puis dans du sirop, pour leur donner l'aspect des dattes fraîches.

DAUCUS DE CRÈTE. Le *Daucus de Crète, Athamanta cretensis,* L. (Ombellifères), a un fruit cylindrique à styles persistants et offrant au sommet une couronne de poils rudes ; son odeur rappelle celle du panais, quand on le frotte ; sa saveur est forte, aromatique et agréable. On le trouve presque toujours mélangé des rayons brisés de l'ombelle.

Comme il est devenu rare dans le commerce, le daucus de Crète a été remplacé par les fruits de la *carotte, Daucus carotta,* L., dont les fruits sont à peine comprimés et couverts d'aiguillons très-longs.

DENTELLES. Les dentelles de Bruxelles véritables, ayant l'inconvénient de ne pouvoir être lavées, on leur redonne de la blancheur en les plaçant entre des feuilles de papier saupoudrées de *blanc de plomb* (carbonate de plomb) et l'on bat les paquets ainsi formés avec des maillets de bois. Cette fabrication a été cause d'accidents saturnins chez les ouvriers et l'on comprend que la présence du sel de plomb peut avoir des inconvénients. (*Ann. d'hyg. et de médec. lég.,* t. XXXVII, p. 111.)

Empoisonnement par les dentelles (*Journ. pharm. et chim.,* 1852, t. XXXIII, p. 155).

DIGITALE. Les feuilles du *Digitalis purpurea,* L. (Scrophularinées) (fig. 63), sont ovales, lancéolées, aiguës, roides, de couleur vert noirâtre, blanchâtres en dessus et tomenteuses en dessous ; le duvet de la face inférieure est formé par des poils courts nombreux et serrés ; les nervures, plus apparentes à la page inférieure, sont colorées en rouge ou en rose ; les feuilles sont assez longuement atténuées en pétioles et dentées à dents aiguës.

Les feuilles du *Conyza squarrosa* DC., (Composées) (fig. 64), qui ont servi quelquefois à sophistiquer la digitale, sont obovales, obtuses, molles, vertes, pubescentes sur les deux faces, mais moins à la face supérieure où les poils sont un peu plus rudes qu'à la face inférieure où ils

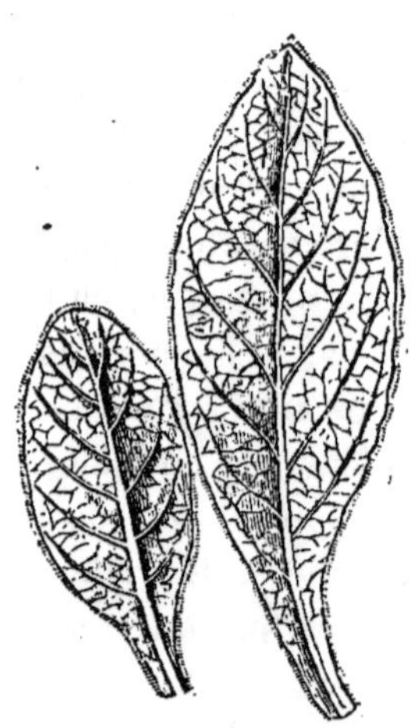

Fig. 63. — Feuilles de digitale
pourprée.

Fig. 64. — Feuilles de *Conyza
squarrosa*.

sont longs et peu serrés ; le limbe est largement crénelé à crénelure obtuse, les nervures sont blanchâtres ou verdâtres (Timbal-Lagrave). Elles peuvent aussi se distinguer des feuilles de digitale, quand on les froisse, par leur odeur forte, aromatique, suivant les uns, fétide, suivant les autres : de plus, elles sont plus rudes au toucher et sont moins divisées sur le bord (Pereira).

On a aussi substitué à la digitale les feuilles de la *grande consoude*, *Symphytum officinale*, L. (Borraginées), qui sont simples, entières, oblongues, couvertes de poils rudes, et ont une saveur mucilagineuse.

On reconnaîtrait les feuilles du *bouillon blanc, Verbascum Thapsus*, L.

(Scrophularinées), à ce qu'elles sont elliptiques, laineuses sur les deux faces, douces au toucher, blanchâtres et faiblement amères.

Timbal-Lagrave, *Sophistication des feuilles de digitale par le Conyza squarrosa* (*Journ. chim., méd.*, 4ᵉ série, t. IV, p. 478).

DIGITALINE. La digitaline est blanche, inodore, et peut être obtenue cristallisée ; elle a une amertume très-intense, mais se faisant sentir lentement en raison de sa faible solubilité dans l'eau.

On a vendu des granules de digitaline *sans digitaline*. Comparés à des granules de composition certaine, ces granules se distinguaient parce qu'ils n'avaient pas d'amertume, donnaient, avec l'acide chlorhydrique concentré et incolore, un liquide jaune-caramel limpide surnageant une matière imparfaitement dissoute, tandis que les *vrais* granules ont une amertume intense quand ils sont traités par l'alcool, et donnent, avec l'acide chlorhydrique concentré, une matière imparfaitement dissoute et un liquide surnageant trouble d'un vert ciguë intense (Homolle et Quevenne).

Homolle et Quévenne, *Granules de digitaline sans digitaline* (*Journ. de chim. médic.*, 3ᵉ série, 1852, t. VIII, p. 426).

DORURE. Les bijoux dorés sont recouverts d'une couche plus ou moins épaisse d'or, mais souvent la couche n'a pas l'épaisseur qu'elle devrait offrir. Pour reconnaître la quantité d'or qui a été déposée, il faut traiter le bijou par l'eau régale, évaporer ensuite l'excès d'acide, reprendre par l'eau, puis, après avoir filtré la liqueur, en précipiter l'or au moyen du sulfate de protoxyde de fer ; on recueille le précipité et l'on en prend le poids.

Souvent il arrive que l'or manque absolument et que les bijoux ont été formés simplement d'un alliage ayant la couleur de l'or. Cette fraude est facilement indiquée par le bichlorure de cuivre qui fait une tache brune à leur surface, tandis qu'il n'a aucune action si leur surface a été dorée.

L'insuffisance du dépôt d'argent dans les bijoux argentés est indiquée par l'action de l'acide nitrique ; on évapore l'excès d'acide, on reprend par l'eau distillée, on filtre et l'on précipite l'argent de la liqueur par l'acide chlorhydrique ou le chlorure de sodium. On pèse le précipité pour connaître le poids de chlorure, et, par suite, celui de l'argent, ou l'on recherche directement le poids de l'argent, après avoir réduit le chlorure.

EAU DE COLOGNE. L'eau de Cologne est un alcoolat de citron composé, incolore, diaphane, exhalant une odeur très-aromatique et employé surtout pour la toilette.

On a quelquefois fait usage, pour sa préparation, d'*alcools de bette raves*, de *grains* ou de *fécule*, ce qui lui enlève de son parfum et la rend moins agréable. On substitue quelquefois aussi diverses essences de valeur moindre à celles ordinairement employées, mais le produit est alors de qualité inférieure.

On a préparé de soi-disant eaux de Cologne avec des dissolutions de sel de Saturne parfumé à la lavande (Barreswill).

BARRESWILL, *Falsification de l'eau de Cologne* (*Journ. pharm. et chim.*, 3e série, 1851, t. XIX, p. 137).

EAUX DISTILLÉES. Elles sont toutes susceptibles d'altération, plus ou moins facile suivant les principes qu'elles contiennent. Les eaux inodores se décomposent plus facilement que celles qui renferment de l'huile volatile : il semble que l'essence agisse comme principe conservateur.

On fait des eaux distillées factices par le simple battage d'essence avec de l'eau ordinaire, en prenant soin de filtrer le liquide avant de le livrer au commerce. Ces fausses eaux distillées n'ont jamais exactement le parfum des eaux *pures ;* elles sont souvent troubles, quelquefois même lactescentes; elles se décomposent très-rapidement. Si l'on y verse une goutte de sous-acétate de plomb, elles deviennent immédiatement blanches. L'éther sulfurique, agité avec l'eau factice, en sépare l'essence, et forme une couche laiteuse, tandis que pour l'eau distillée vraie il offre une couche transparente. Pour reconnaître si une eau distillée a été préparée extemporanément, Ans. Duregazzi a indiqué d'y verser une solution aqueuse et titrée d'iode qui, en se combinant avec l'huile essentielle, en indique la proportion : d'après ses observations, les eaux distillées officinales contiennent environ un tiers de plus d'essence que les eaux préparées extemporanément. L'examen de diverses eaux distillées lui a donné, pour 30 grammes, les quantités suivantes d'iode neutralisées : Essence d'amandes amères, 0,11 ;—d'anis, 0,08 ;—d'oranger, 0,06 ; — de cannelle, 0,03 ; — de lavande, 0,09 ; — de laurier cerise, 0,22 ; — de menthe crépue, 0,24 ; — de menthe poivrée, 0,18 ; de rose, 0,12 ; — de sauge, 0,06.

Les eaux distillées peuvent quelquefois contenir du *plomb* provenant des vases qui ont servi à leur fabrication et qui sera décelé par l'acide sulfhydrique.

FLECH, *Présence de l'étain dans les eaux distillées* (*Journ. pharm. et méd.*, 3e série, 1860, t. XXXXII, p. 125).

EAU DE FLEURS D'ORANGER. — Voy. ORANGER (Eau de fleurs d').

EAU DE JAVELLE. — Voy. POTASSE (Hypochlorite de).

EAU DE LAURIER CERISE. — Voy. LAURIER CERISE (Eau de).

EAUX MINÉRALES. Toutes les eaux minérales peuvent s'altérer après un temps plus ou moins long. Celles qui renferment des matières organiques sont plus rapidement altérables et prennent en général une odeur sulfhydrique désagréable. C'est surtout dans les bouteilles d'eau laissées en vidange que des modifications considérables de la composition se manifestent.

EAUX-DE-VIE. Les eaux-de-vie vraies sont l'alcool obtenu par la distillation du vin; elles sont naturellement incolores, mais comme on les conserve dans les barils de bois de chêne, elles se chargent d'une partie de la matière colorante du bois et prennent une couleur jaune ambré. Comme cette couleur est exigée du consommateur, les fausses eaux-de-vie préparées par le coupage des *trois-six* avec de l'eau sont colorées avec du *caramel*, du *suc de réglisse*, du *cachou*, et aromatisées de diverses manières. Mais il n'est pas difficile de reconnaître ces falsifications. Le vrai cognac a toujours une réaction acide : l'imitation de cognac ne l'offre pas; d'autre part le faux cognac donne avec une faible solution de chlorure de fer un précipité de couleur douteuse, après un temps plus ou moins long, tandis que le cognac vrai devient noir foncé. (Wiederhold.)

Les eaux-de-vie sont souvent étendues d'eau, mais par l'alcoomètre centésimal on peut facilement connaître leur véritable valeur en alcool. On pourrait encore reconnaître l'addition d'eau en recherchant dans les eaux-de-vie la présence des sulfates : en effet, lorsque celles-ci sont pures, elles n'en contiennent pas de traces, mais lorsqu'elles ont été coupées d'eau, comme on emploie de l'eau ordinaire, il en résulte que l'on y introduit ainsi une petite quantité de sulfates, qui étaient à l'état de dissolution dans cette eau. Une solution de nitrate de baryte, qui n'aura aucune action sur une eau-de-vie franche, déterminera dans celle qui a été coupée d'eau un précipité blanc : il faudra s'assurer que l'eau-de-vie ne contient pas d'acide sulfurique libre et d'autre part qu'elle ne renferme pas d'alumine, ce qui a lieu quand elle a été clarifiée au moyen de l'alun.

L'eau-de-vie contient quelquefois du *plomb*, soit parce que les vases distillatoires étaient dans de mauvaises conditions, soit parce qu'on en a fait la clarification au moyen de l'acétate de plomb, ainsi que l'a reconnu Boutigny d'Évreux.

L'acide sulfurique a été fréquemment employé en faible proportion pour donner à l'eau-de-vie un bouquet artificiel par la formation d'une petite quantité d'éther : dans ce cas le liquide a une réaction acide, et rougit le papier de tournesol, précipite par les sels de baryte, et l'acide peut être ainsi séparé du mélange.

Pour donner plus de montant à l'eau-de-vie, on y ajoute souvent diverses matières âcres, telles que du *Capsicum*, de la *graine de Paradis* : pour reconnaître ces matières, on distille l'eau-de-vie de façon à avoir un résidu sirupeux, qui offre la saveur âcre spéciale du piment ou des cardamomes.

Les eaux-de-vie doivent être franches de goût, et pour s'en assurer il faut les étendre d'une quantité d'eau qui soit suffisante pour éteindre la saveur chaude de l'alcool et rendre ainsi possible la perception de sensations étouffées par l'alcool. Cette addition d'eau permet aussi à l'odeur spéciale des matières étrangères de se développer seule, et quelquefois elle indique par une opalescence plus ou moins marquée l'existence de corps qui étaient dissous et ne sont plus voilés par l'alcool moins dilué.

On peut aussi reconnaître l'odeur de certains mélanges en versant quelques gouttes du liquide dans le creux de la main, et en frottant vivement les deux mains pour activer l'évaporation ; l'alcool disparaît d'abord et laisse les huiles essentielles moins volatiles et dont l'odeur persiste.

L'eau-de-vie de grains, *wiskey*, a été falsifiée en Angleterre avec de l'*éther pyroligneux* (alcool méthylique) dont l'action narcotique et anti-émétique est très-énergique. Il paraît aussi qu'on y a mélangé du *chanvre indien*, de la *coque du Levant*, etc., et d'autres substances aussi dangereuses pour la santé ; le docteur Hodges (de Belfast) a reconnu le mélange d'alcool méthylique impur en forte proportion dans un wiskey qu'un buveur de profession n'avait pu supporter, et en outre il y a trouvé du *sulfate de cuivre*, de l'*acide sulfurique*, du *poivre de Cayenne*, destinés à donner plus de force au spiritueux (*Chemic. News*, 1873). (Voy. ALCOOLS.)

Adulterated Wiskey (*The Manufacturer and Builder*, 1874, p. 171). — BOUTIGNY (d'Évreux), *Rapport sur une eau-de-vie contenant de l'acétate de plomb* (*Ann. d'hyg. et de méd. lég.*, 1840, t. XXIV, p. 781). — COTTEREAU, *Des altérations et des falsifications du vin et des moyens physiques et chimiques employés pour les reconnaître* (Paris, 1851). — WIEDERHOLD, *Moyen de distinguer le cognac véritable du cognac de contrefaçon* (*Journ. de pharm. d'Anvers*, 1866).

ÉCAILLE. L'écaille est fournie par la partie dorsale de la dépouille de la tortue caret, *Chelonia imbricata*, Brong. (Chéloniens).

On imite souvent l'écaille avec de la *corne* préparée et dont on a modifié la couleur sur certains points, pour lui donner l'apparence de l'écaille, avec : 1° une dissolution d'or dans l'eau régale qui lui donne une teinte rouge ; 2° une dissolution de nitrate d'argent qui la colore en noir ; 3° une dissolution de nitrate de mercure qui donne à la corne une teinte brune.

L'écaille se reconnaît à ce qu'elle n'est pas fibreuse ; sa transparence est plus grande que celle de la corne et sa dureté plus considérable.

ÉCORCE D'ANGUSTURE. — Voy. ANGUSTURE (Écorce d').

ÉCORCE DE RACINE DE GRENADIER. — Voy. GRENADIER.

ÉCORCE DE WINTER. — Voy. WINTER (Écorce de).

ÉCUME DE MER. On imite l'écume de mer (*Meerschaum*) en mélangeant, à + 35°, 100 parties de silicate de soude, avec 60 parties de carbonate de magnésie et 80 parties d'alumine pure, ou de véritable écume de mer pulvérisée. On porphyrise avec grand soin, on tamise au tamis de soie très-serré, on ajoute de l'eau et l'on fait bouillir pendant dix minutes ; puis on coule dans des moules et on laisse égoutter l'eau. On obtient ainsi l'*écume de mer viennoise*. (Holdmann.)

ÉLÉMI (Résine). Sous ce nom, le commerce désigne diverses résines dont la principale est l'*élémi du Brésil*. Cette résine, rapportée à l'*Amyris ambrosiaca*, L. (Térébinthacées), est en masses plus ou moins volumineuses, molles, onctueuses, devenant sèches et cassantes par le froid ou la vétusté ; elle est d'un blanc jaunâtre, à demi transparente, et a une odeur forte et rappelant celle du fenouil ; sa saveur est parfumée, douce, puis amère. Elle est complétement soluble dans l'alcool bouillant, et laisse, par le refroidissement, se déposer une résine cristalline.

On lui a substitué diverses autres résines ; on a vendu du *faux élémi*, fabriqué avec du *galipot* et de l'*essence d'aspic* ; mais ce produit exhale sur les charbons ardents une odeur de térébenthine facile à reconnaître. (Chevallier.)

ELLÉBORE BLANC. L'ellébore blanc, *Veratrum album*, L. (Colchicacées) (fig. 65), est une souche conique, noirâtre et ridée à l'extérieur, blanche en dedans, à radicelles jaunâtres en dehors et blanches en dedans, moyennement longues. Elle est sans odeur, mais a une saveur douceâtre d'abord, puis amère, âcre et corrosive.

On l'a quelquefois mélangé avec la *racine d'asperge* (fig. 66), qui a quelque similitude avec lui, mais qui s'en distingue parce qu'elle n'est

FIG. 65. — Rhizome du *Veratrum album*.

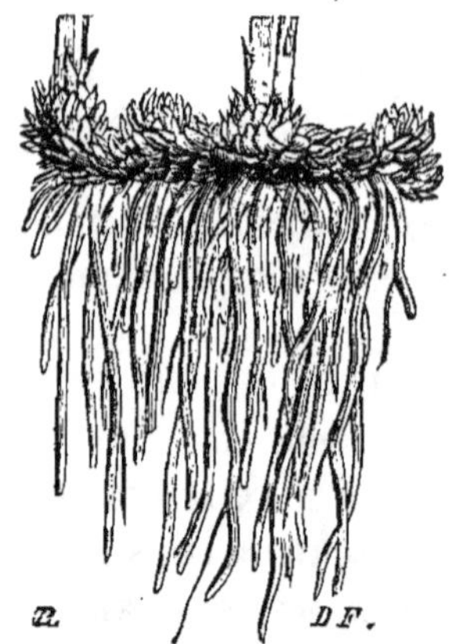

FIG. 66. — Rhizome d'asperge.

pas aussi conique, ni aussi compacte; elle offre d'ailleurs des radicelles beaucoup plus longues, et sa saveur est douce.

ELLÉBORE NOIR. L'ellébore noir, *Helleborus niger*, L. (Renonculacées) (fig. 67, a une souche noire au dehors, blanche en dedans, courte, munie de racines nombreuses, cylindriques et charnues; sa saveur est âcre, amère et nauséabonde.

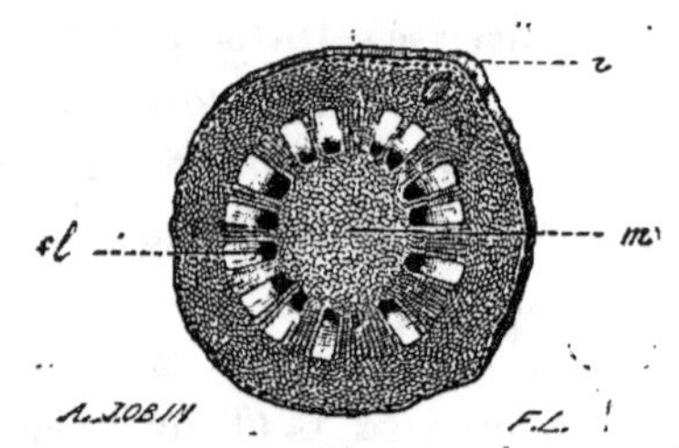

FIG. 67. — Coupe transversale de la coupe fraîche de l'*Helleborus niger* (*).

On lui substitue quelquefois ou l'on y mêle des souches d'*Hel-*

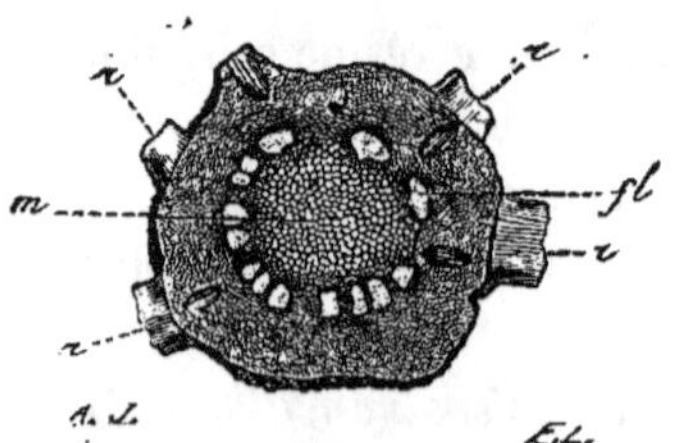

FIG. 68. — Coupe de la souche d'ellébore vert frais (**).

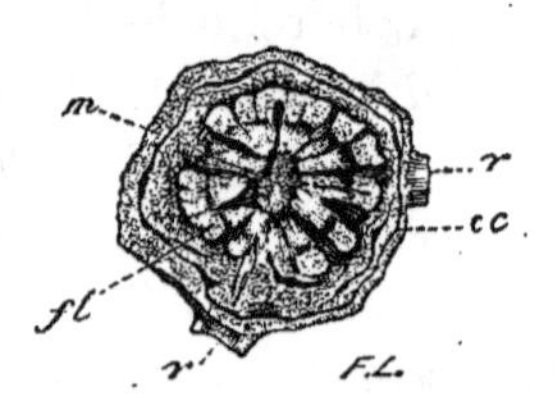

FIG. 69. — Ellébore vert sec. Coupe transversale (**).

leborus viridis, L. (fig. 68, 69), qui sont en tronçons noir grisâtres,

(*) *fl*, faisceaux ligneux; *m*, moelle; *r*, racine (Cauvet, *Histoire naturelle*).
(**) *cc*, écorce; *fl*, faisceaux ligneux; *m*, moelle; *r*, racine.

offrant des restes épineux de radicelles, avec des anneaux circulaires peu distincts, et quelquefois les restes d'une à deux feuilles.

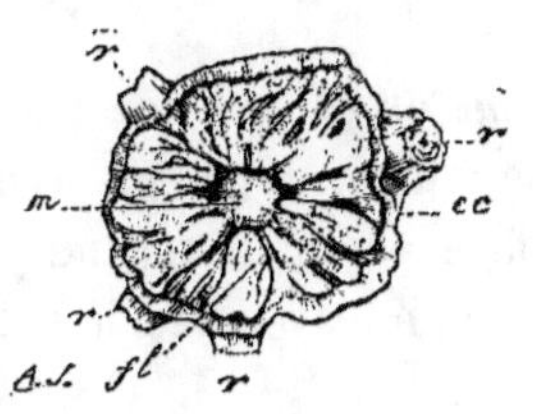

FIG. 70. — Faux ellébore noir. Coupe de la souche d'*Actea spicata* (*).

L'*Helleborus fœtidus*, L., se distingue par ses racines à écorce très-mince.

Les souches d'*Actœa spicata*, ou *faux ellébore noir* (fig. 70), ont aussi quelquefois été substituées à celles d'hellébore noir, mais elles sont noires et brunes en dehors, jaunâtres en dedans, tortueuses, très-dures, munies de racines noires dures et à trois ou cinq côtes saillantes, ou n'en offrant que des restes épineux.

BENTLEY (R.), *Sophistication de l'ellébore noir par l'Actœa spicata* (*Journ. chim. méd.*, 4e série, 1862, t. VIII, p. 463).

ÉMERIL. L'*émeril, émeri, corindon granulaire*, est en grains de couleur gris de fumée, gris bleuâtre ou brun foncé, très-durs. Réduit en poudre et lavé pour les usages du commerce, l'émeri est quelquefois remplacé par la poudre d'autres corindons moins durs.

Sous le nom d'*émeri de Belgique*, on vend un produit beaucoup moins dur que l'émeri vrai, et qui paraît être de la matière des laitiers du traitement du fer, plus ou moins mélangée d'oxyde de fer, qui donne à la masse une nuance rougeâtre.

ÉMÉTIQUE. L'*émétique, tartre stibié, tartrate de potasse et d'antimoine*, est incolore, inodore et cristallisé en octaèdres ou en tétraèdres ; il s'effleurit lentement à l'air ; il est peu soluble dans l'eau et a une saveur âcre et désagréable.

Pur, l'émétique ne précipite pas le chlorure de baryum, l'oxalate d'ammoniaque, l'acétate acide de plomb ou le nitrate d'argent.

L'émétique peut contenir de la *crème de tartre ;* on s'en assure au moyen de l'acétate acide de plomb (acétate de plomb, 8 parties, eau distillée, 32, acide acétique pur à 9°, 15 parties), qui détermine un précipité blanc et peut déceler 0,005 de crème de tartre.

L'émétique contient quelquefois un peu de *silice*, qui formera un précipité par le traitement par l'eau.

La présence de l'*oxyde d'antimoine* est indiquée par la dissolution

(*) *cc*, écorce ; *fl*, faisceaux ligneux ; *m*, moelle ; *r*, racine. (Cauvet, *Histoire naturelle*.)

de l'émétique dans l'acide chlorhydrique étendu, et au moyen d'une lame de zinc bien décapée sur laquelle l'antimoine métallique se précipite.

On reconnaît l'excès de *tartrate d'antimoine* en agitant une partie d'émétique dans cinquante parties d'eau; il se fait peu à peu un précipité blanc léger de tartrate d'antimoine qui, lavé et séché, répand par la calcination des vapeurs empyreumatiques et donne, avec l'acide sulfhydrique, du kermès minéral.

L'émétique peut contenir du *fer* provenant du vert d'antimoine, qui a servi à sa préparation; il est alors en cristaux jaune sale qui, dissous dans l'eau, laissent un résidu jaune ou verdâtre. Leur solution est précipitée en bleu par le cyanure jaune, et en noir par la teinture de noix de galle.

Le *cuivre*, provenant des vases de fabrication, sera indiqué par la calcination dans une capsule de porcelaine; le résidu, traité par l'ammoniaque, donnera une liqueur bleue; d'autre part, la solution d'émétique donnerait un précipité rouge marron par le cyanure jaune.

Quand l'émétique contient de l'*étain*, ce qui est dû à l'emploi de vases d'étain, sa solution donne un précipité pourpre avec un sel d'or, et laisse, par l'acide sulfhydrique, un dépôt jaune brunâtre de sulfure stannique soluble dans les alcalis purs.

L'émétique qui a été préparé avec la poudre d'Algaroth peut, si l'on n'a pas pris les précautions nécessaires, contenir de l'*acide chlorhydrique*, mais alors le nitrate d'argent y donnera immédiatement un précipité blanc caillebotté de chlorure d'argent.

Le *tartrate de chaux* peut rester dans l'émétique si la cristallisation n'a pas été opérée avec assez de soin.

Le mélange de *sulfate de potasse* donnera, avec les sels de baryte, un précipité blanc insoluble dans l'acide nitrique.

On a trouvé l'émétique mélangé de 0,50 de *carbonate de chaux*. (Mialhe).

MIALHE, *Falsification du bi-antimoniate de potasse* (*Bull. de thérap.*, 1843. — *Journ. pharm. et chim.*, 3ᵉ série, 1843, t. IV, p. 118).

EMPLATRES. Les emplâtres sont des médicaments externes ayant pour base les corps gras et offrant une consistance suffisante pour pouvoir adhérer à la peau sans se fondre. Les uns doivent cette consistance à la cire ou aux résines, et les autres à des oxydes métalliques.

Les emplâtres s'altèrent facilement avec le temps, changent de consistance, deviennent friables, plus durs et changent de couleur. On les a sophistiqués fréquemment aussi ; aussi est-il essentiel pour les pharmaciens de les préparer eux-mêmes et d'avoir soin de les tenir dans des vases hermétiquement fermés, car ils s'y conservent mieux qu'au contact de l'air.

L'emplâtre de *Vigo cum mercurio* ne contient pas toujours la quantité de mercure prescrite par le Codex. Plongé dans l'acide sulfurique à 43°, il doit s'enfoncer dans le liquide. On a signalé de l'emplâtre de Vigo dans lequel on avait introduit une certaine quantité de plombagine et d'indigo.

L'emplâtre de *diachylon gommé* renferme quelquefois une certaine quantité de carbonate de chaux, qui y a été ajouté pour remplacer la proportion normale d'emplâtre simple : dans ce cas, l'emplâtre trituré avec un peu d'acide acétique fait effervescence.

L'emplâtre de *ciguë* doit quelquefois sa couleur à un sel de cuivre ou à un mélange de curcuma et d'indigo ; en malaxant l'emplâtre dans l'eau tiède, on voit celui-ci prendre une coloration bleue. Le cuivre se reconnaît à la couleur verte que prend la flamme de l'emplâtre, lorsqu'on la brûle ; le résidu de l'incinération, traité par l'ammoniaque, prend une coloration bleue.

Fristo, *Arsenic dans un emplâtre* (*Ann. d'hyg. et de méd. lég.*, 1830, t. IV, p. 437).

ENCENS. L'*encens* ou *oliban de l'Inde*, fourni par le *Boswellia floribunda* Endl. (Burséracées), se présente sous forme de larmes rondes, oblongues ou ovales, à demi opaques, fragiles, jaune pâle, à saveur un peu aromatique et à odeur balsamique résineuse, surtout par l'action de la chaleur ; plongées dans l'alcool, elles deviennent opaques.

L'*encens d'Afrique*, attribué au *Boswellia serrata*, Endl., est en larmes jaunes, arrondies ou oblongues, petites, peu fragiles, non transparentes, et se ramollissant sous la dent. Quelquefois ces larmes sont mêlées de marrons ayant une odeur et une saveur plus fortes.

L'encens se dissout en partie dans l'eau et dans l'alcool.

Les marrons de l'encens d'Afrique sont toujours plus ou moins mélangés de petits cristaux de *chaux carbonatée* qui y ont été introduits, soit volontairement, soit d'une manière inconsciente.

ENGRAIS. Les engrais sont fréquemment sophistiqués et l'on a pu dire que l'industrie qui s'en occupe est l'art des mélanges faciles ; cela tient à deux causes : d'une part, les gros bénéfices que donne la fraude, et, d'autre part, l'amour du bon marché excessif qui caractérise le petit cultivateur, qui ne veut pas comprendre, malgré les enseignements les plus autorisés et les pertes qu'il subit constamment, qu'il paye plus cher en achetant bon marché des produits inférieurs que s'il donnait un prix raisonnable pour des engrais loyaux.

On mêle au *noir animal* des *tourbes* non animalisées et dont on a dissimulé les caractères par tous les moyens possibles, et, comme la vente se fait souvent au volume, à l'hectolitre, il en résulte que l'engrais ne donne pas ce qu'on était en droit d'en attendre. Quelquefois on remplace la tourbe divisée et animalisée par de la tourbe carbonisée, du charbon, du boghead, qui absorbent de grandes quantités d'eau : d'où il suit que la matière active est, dans ce cas encore, remplacée par des matières inertes.

La poudrette est presque toujours additionnée, et souvent en notable proportion, de *terreau* épuisé, qui n'est plus qu'une masse charbonneuse insoluble et incapable de favoriser, de concourir même au développement de la végétation. « Autrefois, on ajoutait un peu de terreau dans les » poudrettes, a dit, avec juste raison, Bobierre ; aujourd'hui, on » ajoute un peu de poudrette dans les terreaux. »

Le guano n'est pas moins sophistiqué, et l'on ne peut en faire l'achat sans avoir nécessairement pris le soin d'en faire faire l'analyse chimique, et encore des fraudes nombreuses s'opèrent presque journellement par substitution de produits frelatés à ceux qu'on avait présentés d'abord à l'acheteur.

Les phosphates de chaux sont fréquemment mélangés d'une quantité considérable de *minerai calcaire* ou siliceux, qui ne peut avoir aucune utilité pour le but que se proposent les agriculteurs (voy. Guano, Noir d'engrais).

F. Rohart, *Guide de la fabrication économique des engrais*, 1858, 1 vol. in-8°. — A. Bobierre, *L'atmosphère, le sol, les engrais*, 1863, 1 vol. in-12.

ÉPONGES. Les éponges, qui sont le squelette du *Spongia officinalis*, L., sont en masses plus ou moins volumineuses, arrondies ou en forme de coupe, douces, tenaces, élastiques, traversées par des pores de diverses dimensions, mais surtout larges en dessous. Leur couleur est d'un jaune plus ou moins clair.

On les trouve presque toujours *chargées* de *sable*, de *cailloux* destinés à leur donner un poids plus considérable, et, par suite, à augmenter leur valeur commerciale.

Les sortes, qui ont été blanchies par le *chlore*, sont toujours plus ou moins altérées et se déchirent très-facilement.

ERGOT DE SEIGLE. L'*ergot de seigle*, qui est le second état de développement du *Claviceps purpurea*, Tul. (Champignons), est un corps allongé, ayant 0,002 à 0,004 de diamètre sur 0,02 à 0,03 de longueur, angulaire, aminci aux extrémités, brun violacé, avec des fissures transversales ou longitudinales ; l'intérieur est blanchâtre, l'extérieur est de couleur vineuse : il exhale une odeur qui rappelle celle des champignons ; sa saveur nulle est bientôt âcre et strangulante.

Comme il s'altère facilement, on doit le conserver dans des lieux bien secs et dans des vases bien bouchés.

Lorsqu'il est ancien, l'ergot est quelquefois attaqué par un petit *Acarus*, un quart plus petit environ que l'acarus du fromage, et qui dévore tout l'intérieur, de telle sorte qu'il ne reste plus que la paroi, et l'ergot est remplacé par les excréments pulvérulents de l'arachnide (Quékett).

On lui a substitué quelquefois l'*ergot de blé*, qui est plus court, mais possède les mêmes propriétés et d'autres *ergots de graminées*.

ERYSIMUM VELAR. L'*Erysimum des pharmaciens, Sisymbrium officinale*, Scop. (Crucifères), est une plante à racine annuelle, à rosette de feuilles radicales du centre de laquelle pousse une ou plusieurs tiges roides de $0^m,3$ à $0^m,6$, rameuses au sommet, à rameaux horizontaux dont les inférieurs sont plus allongés ; ses fleurs sont jaunes, petites, en grappes au sommet des rameaux, ses siliques sont appliquées contre l'axe, à pédicelles courts, ses feuilles inférieures sont roncinées, les supérieures hastées.

On lui a substitué le *Raphanus landra*, L. Mor. (Crucifères), qui s'en distingue par sa racine vivace, ses tiges rameuses dès la base, et hérissées de poils roides insérés sur des glandes ; ses fleurs sont grandes, jaune soufré, veinées de violet ; ses siliques sont étalées, lisses à leur maturité, à bec un peu scabre, et renflées aux points correspondants aux graines. Les feuilles inférieures sont lyrées, à 9 ou 10 segments décroissant de haut en bas, ovales, obtus et entremêlés de petits lobes : les feuilles supérieures, généralement peu nombreuses, sont simples.

La scabieuse maritime, *Scabiosa maritima*, Vill.(Composées) se distingue par ses feuilles radicales oblongues, crénées, les supérieures bi-pinnatifides, à lobes linéaires, et très-entiers.

TIMBAL-LAGRAVE (*Journ. de méd. et de pharm. de Toulouse*, 1852). — *De l'aban-*

don des plantes médicinales indigènes à propos de deux sophistications de l'Erysi-
mum des pharmacies (Journ. chim. méd., 4ᵉ série, 1860, t. VI, d. 632, 699).

ESPRIT DE MINDERERUS. — Voy. AMMONIAQUE (Acétate d').

ESPRIT DE SEL. — Voy. ACIDE CHLORHYDRIQUE.

ESPRIT-DE-VIN. — Voy. ALCOOLS.

ESSENCES. Les *essences* ou *huiles volatiles, huiles essentielles,* sont des corps volatils contenus dans les plantes, et qu'on peut en extraire, quelquefois par expression, mais le plus souvent par la distillation avec de l'eau. Elles ont en général une odeur forte et âcre, et sont riches en carbone et en hydrogène ; leur composition chimique est souvent très-différente, mais elles ont cependant de grands rapports entre elles par quelques-unes de leurs propriétés. Elles sont peu solubles dans l'eau, mais très-solubles dans l'alcool.

Les essences sont, pour la plupart, un mélange de plusieurs huiles différentes, dont les unes qui sont liquides, sont dites *éléoptènes,* et les autres qui sont solides, sont nommées *stéaroptènes ;* les mélanges peuvent se faire de diverses manières, et il est quelquefois très-difficile d'opérer la séparation des diverses huiles réunies dans une même essence.

Le nombre des sophistications auxquelles sont sujettes les huiles essentielles est considérable ; mais les moyens de les découvrir sont au moins aussi nombreux. Les essences peuvent être mélangées :

1° Avec de l'*eau,* dont la présence est décelée par l'addition d'une assez forte quantité d'essence de pétrole, qui trouble le liquide et détermine la formation de gouttelettes. (Leusch.)

2° Avec l'*alcool,* surtout les essences d'Aurantiacées ; agitées dans l'eau, elles diminuent de volume ; mêlées à de l'huile d'olive, l'essence est dissoute et l'alcool reste séparé ; traitées par le chlorure de calcium fondu, elles restent indissoutes, tandis que l'alcool se dissout. (Borsarelli.)

Mélangées avec de l'eau ou avec de l'huile, elles deviennent laiteuses. (Ricker.) L'acétate de potasse donne aussi le moyen de déceler le mélange ; car il se dissout dans l'alcool, et la solution se sépare de l'essence ; si celle-ci est pure, le sel reste sec. (J.-J. Bernouilli et Wittstein.)

La fuchsine, qui se dissout dans l'alcool et ne se dissout pas dans les essences, permet de reconnaître la présence de 0,01 d'alcool. (Pusher.)

En plaçant dans un tube gradué partie égale de glycérine et de l'huile suspecte, les mélangeant par agitation, et laissant reposer jusqu'à ce que les deux couches soient bien séparées, on peut constater la présence de l'alcool. Celui-ci est, en effet, très-soluble dans la glycérine, et est séparé de l'essence qui y est complétement insoluble. (Boettger, *The Pharmacist*, Chicago, 1873.)

Le mélange avec de l'alcool en diverses proportions se pratique souvent. On pourra s'en assurer : 1° en constatant une diminution de densité pour les essences plus lourdes que l'eau ; 2° on pourra aussi agiter dans un tube gradué un volume déterminé d'essence avec un volume également déterminé d'eau distillée qui dissoudra l'alcool, et très-peu d'essence ; la différence de volume de l'essence donnera donc des indications ; il vaudra encore mieux employer de l'eau salée contenant 1/5 ou 1/6 de son poids de chlorure, qui dissoudra encore moins d'essence ; 3° en mettant dans un tube quelques morceaux de chlorure de calcium desséché, en les couvrant d'un volume suffisant d'essence et en tenant le tube plongé dans l'eau chaude, on constatera, s'il y a un peu d'alcool, que les arêtes de chlorure seront plus ou moins émoussées, ce sel étant complétement insoluble dans les essences, et étant particiellement soluble dans l'alcool ; 4° en versant sur une assiette de porcelaine quelques grammes d'huile essentielle, en mettant au-dessus une cupule ou un verre de montre contenant du noir de platine fraîchement préparé et un peu de papier tournesol bleu, on constatera, si l'on recouvre le tout d'une cloche, au bout d'un certain temps non déterminé, que le papier rougit par suite de la transformation de l'alcool en acide acétique au contact du corps poreux. On peut ainsi déceler la présence de 0,02 à 0,03 d'alcool dans une essence ; 5° l'essence, traitée à chaud par l'acide nitrique concentré, donnera, s'il y a de l'alcool, une coloration verte, puis un dégagement d'éther nitreux, reconnaissable à son odeur de pommes de reinette.

Pour reconnaître le mélange des huiles essentielles avec l'alcool, qui n'est pas rare, Hager préconise le procédé suivant : verser dans un tube cinq à dix gouttes d'huile avec un fragment gros comme un pois de tannin qu'on cherche à mouiller de tous côtés, en agitant doucement le tube. Si l'huile essentielle est pure, le tannin n'éprouve aucune modification, quelque prolongé que soit le contact ; mais si l'essence contient de l'alcool, le tannin s'en empare et forme, suivant sa quantité, dans un temps qui varie entre trois et quarante-huit heures, une masse plus ou moins translucide, épaisse, qui s'attache au fond et aux parois sans être influencée par les mouvements qu'on donne au tube. On essaye la consistance de la masse tannique au moyen d'une aiguille à tricoter. Le tannin ne peut être employé pour la recherche de l'alcool dans les essences d'amandes, de girofle et de cassia qui le dissolvent, à moins que ces essences n'aient été mêlées à deux fois leur volume d'essence de térébenthine ; mais l'expérience ne donne de résultats qu'après quarante-huit heures.

Hager indique aussi l'emploi du sodium, basé sur ce fait que les huiles hydrocarburées ne présentent ni changement ni réaction en présence de ce métal, tandis que celles qui contiennent en outre de l'oxygène donnent lieu, en sa présence, à un faible dégagement d'oxygène, réaction qui se fait doucement entre cinq et dix minutes ; s'il y a de l'alcool, il se fait dégagement brusque et violent d'hydrogène, et l'huile prend rapidement une teinte brune ou noire, et se solidifie plus ou moins. Cette méthode est moins sensible que celle par le tannin, car elle ne peut prouver avec certitude une falsification par 0,03 à 0,05 d'alcool. Le sodium ne donne pas de réactions, ou n'en donne que de très-faibles, avec les essences de copahu, de bergamotte, de citron, de lavande, de menthe crépue et poivrée, de petit grain, de poivre, de romarin, de térébenthine, et peut alors servir pour la recherche de l'adultération par l'alcool pour ces essences.

R. Boettger a indiqué de mélanger dans un tube d'essai gradué l'essence avec son volume de glycérine à pesanteur spécifique 1,25 ; on laisse reposer et il se fait deux couches : la glycérine se précipite rapidement au fond, et si l'essence contenait de l'alcool, comme elle l'a dissout, l'augmentation de son volume décèle le mélange.

3° L'*alcoolat de savon* donne à l'essence la propriété de mousser par l'agitation. En ajoutant un acide, il se précipite un corps graisseux, et la couche liquide, qui se rassemble sous l'huile, contient, outre l'acide ajouté, l'alcali enlevé au savon.

4° Les *huiles grasses* épaississent un peu les essences et facilitent la formation de bulles d'air lorsqu'on les agite. Les huiles grasses, excepté celle de ricin, se dissolvent dans l'alcool à 40° R.

Une goutte versée sur une feuille de papier laisse une tache grasse qui ne disparaît pas par la chaleur, si l'essence est adultérée par de l'huile fixe, tandis que la tache s'évapore sans laisser de traces pour l'essence pure. On pourrait encore mettre 3 grammes d'huile d'œillette dans un tube, et y ajouter l'essence : si celle-ci est pure, l'huile prend un aspect laiteux. On pourrait encore traiter l'huile volatile suspecte par un peu de soude caustique qui saponifiera l'huile fixe.

La falsification par les huiles fixes est fréquente pour les essences de marjolaine, de lavande, d'aspic, de sauge, de menthe et d'absinthe.

5° *Avec les résines,* mais si l'on évapore sur une feuille de papier, il reste sur celui-ci une tache qu'on peut faire disparaître par l'alcool; mais il ne faut pas oublier que certaines essences s'oxydent et se résinifient au contact de l'air.

6° Avec d'autres *essences* de valeur moindre, comme cela a lieu pour les diverses essences d'Aurantiacées entre elles et pour celles des Labiées avec l'essence de térébenthine et avec celle d'une petite proportion un peu de lavande. La sophistication est alors difficile à déceler.

Le mélange avec de l'*essence de térébenthine* se reconnaît en en versant quelques gouttes sur la main qu'on frotte rapidement ; l'odeur forte et caractéristique de l'essence de térébenthine est alors très-facilement perçue.

La présence de l'essence de térébenthine se reconnaît encore au moyen de l'huile d'œillette pure (3 gr.), à laquelle on ajoute une quantité égale d'essence ; on agite le mélange qui devient laiteux si l'essence est pure, et reste limpide s'il y a de l'essence de térébenthine. Ce procédé, dû à Méro, ne peut donner des résultats satisfaisants pour les essences de thym et de romarin.

Quand l'odorat ne donne pas le moyen de reconnaître le mélange des essences, et surtout avec les essences de conifères, Hager conseille d'essayer la solubilité dans l'alcool rectifié, à une température de $+15°$ à $+20°$. On verse cinq gouttes de l'essence dans un tube et l'on y ajoute un volume égal ou double d'alcool rectifié, on agite, et l'on doit avoir une solution claire. Un volume d'essence demande, pour être dissous, les quantités suivantes d'alcool rectifié.

		vol.				vol.
Essence	d'absinthe	1	Essence	de girofles.		1
—	amandes amères	1	—	lavande		1
—	anis	3,5	—	de menthe crépue		1
—	bergamotte	0,5	—	—	poivrée	1
—	cajeput	1	—	d'orange douce *		7
—	cannelle	1	—	de pin sylvestre *		9
—	copahu *	50	—	romarin		2
—	citron (écorce de) *	7	—	térébenthine		9
—	genièvre *	10	—	thym		1

Les essences marquées * se dissolvent, mais la solution n'est pas toujours claire. Ce procédé donne des indications assez précises.

Hager a aussi indiqué de faire l'essai par l'iode, en plaçant sur un verre de montre 1 à 2 grains d'iode en contact avec 4 à 6 gouttes d'essences :

a. Les essences d'absinthe, d'écorce d'oranges, de bergamotte, de citron, de lavande, de macis, d'origan, de pin, de sabine, d'aspic et de térébenthine offrent une réaction vive (détonation) avec élévation considérable de température et dégagement de vapeurs.

b. Aucun phénomène ne se manifeste avec les essences d'amandes amères, de copahu, de cajeput, de girofle, de cascarille, de cannelle, de menthe poivrée, de roses, de rue, de moutarde et de tanaisie.

c. Une légère élévation de température, et la production de quelques vapeurs se montrent avec les essences d'anis, de badiane, de camomille, de cubèbe, de fenouil, de menthe crispée, de romarin, de sassafras, de serpolet et de thym.

Une essence de la seconde série, présentant la réaction vive, a été adultérée avec une essence de la première série ; on pourra de même reconnaître les mélanges dans les essences de la troisième série.

d. Le *chloroforme* augmente beaucoup la densité des essences et Hager propose de le reconnaître par le procédé suivant : on verse ensemble dans un tube quinze gouttes d'essences avec 45 à 90 gouttes d'alcool rectifié, et 30 à 40 gouttes d'acide sulfurique dilué : on ajoute deux ou trois grenailles de zinc, et l'on chauffe jusqu'à ce qu'il y ait dégagement rapide d'hydrogène. On agite bien, et l'on chauffe de nouveau, lorsque le dégagement d'hydrogène commence à baisser. On répète à plusieurs reprises ce chauffage et l'agitation modérée ; après vingt à vingt-cinq minutes, on additionne d'un volume égal d'eau distillée froide le liquide bien agité d'abord, et l'on verse sur un filtre préalablement mouillé. On acidifie fortement la liqueur filtrée avec de l'acide nitrique et l'on essaye par le nitrate d'argent ; s'il y avait du chloroforme, il se fait un précipité ou un trouble dû à du chlorure d'argent. Pour l'essence d'amandes amères, on reconnaît le cyanure d'argent, en chauffant le précipité dans de l'eau distillée chargée d'acide sulfurique pur : le cyanure se dissout à l'ébullition et le chlorure d'argent reste.

Boettger (R), *Moyen de reconnaître la présence de l'alcool dans les essences* (*Union pharm.*, 1873, t, XIV, p. 173). — Bolley, *Sur l'essai des huiles volatiles au point de vue de leur falsification* (*Journ. pharm. et chim.*, 3e série, 1862, t. XLI,

p. 453). — H. S. Evans, *Adulterations of essential oils with turpenthine and its detection* (*Proceed. of the Brit. pharm. Confer.*, 1865, p. 68). — Frank, *Observations on the adulterations on the volatile oils* (*Neues Jahrb. d. Pharm.*, t. XXIV, p. 28). — Gladstone, *On essential oils* (*Journ. chem. Soc.*, 1864, t. I). — Hager (H.), *On the adulteration of essentials oils with alcool, chloroforme and the Cheap oils of pines* (*The Pharmacist*, Chicago, 1872, p. 228). — Leusch, *Sur la manière de reconnaître la présence de l'eau dans les essences* (*Journ. für prackt. Chemie; Journ. de pharm. d'Anvers*, 1874, t. XXX, p. 114). — Méro, *Falsification des essences* (*Journ. pharm. et chim.*, 3e série, 1845, t. VII, p. 302). — Oberdörffer, *Moyen de reconnaître l'alcool dans les huiles essentielles* (*Journ. pharm. et chim.*, 3e série, 1853, t. XXIV, p. 739). — Pusher, *Falsification des huiles essentielles par l'alcool* (*Union pharm.*, 1865, t. VI, p. 282). — Qeller (G.-H.), *Réactifs pour reconnaître la pureté des huiles volatiles* (*Journ. chim. méd.*, 3e série, 1853, t. IX, p. 776). — Silva, *Moyen de reconnaître l'alcool dans les huiles essentielles* (*Journ. pharm. et chim.*, 3e série, 1853, t. XXIII, p. 312).

ESSENCE D'ANDROPOGON. — Voy. Andropogon.

— **D'ANIS.** — Voy. Anis.

— **D'ASPIC.** — Voy. Aspic.

— **DE BADIANE.** — Voy. Badiane.

— **DE BERGAMOTTE.** — Voy. Bergamotte.

— **DE CAJEPUT.** — Voy. Cajeput.

— **DE CANNELLE.** — Voy. Cannelle (Essence de).

— **DE CITRON.** — Voy. Citron (Essence de).

— **D'EUCALYPTUS.** — Voy. Eucalyptus.

— **DE FLEURS D'ORANGER.** — Voy. Oranger (Fleurs d').

— **DE GENIÈVRE.** — Voy. Genièvre.

— **DE GÉRANIUM.** — Voy. Géranium.

— **DE LAVANDE.** — Voy. Lavande.

— **DE MÉLISSE.** — Voy. Mélisse.

— **DE MENTHE.** — Voy. Menthe.

— **DE MOUTARDE.** — Voy. Moutarde (Essence de).

— **DE ROMARIN.** — Voy. Romarin.

— **DE ROSE.** — Voy. Rose (Essence de).

— **DE SANTAL.** — Voy. Santal.

— **DE SASSAFRAS.** — Voy. Sassafras (Essence de).

— **DE THYM.** — Voy. Thym.

— **DE VERVEINE.** — Voy. Verveine.

— **DE WINTER GREEN.** — Voy. Winter green.

ESTAGNONS. Ces vases, qui servent au transport des eaux de fleurs d'oranger et des autres eaux distillées, sont le plus souvent faits en cuivre, et il arrive que, lorsque l'eau y a séjourné quelque temps, elle contient du plomb. Cela tient à ce que l'étamage est le plus ordinairement fait avec de la soudure de basse qualité, et non avec de l'étain fin, d'où il résulte que l'acide de l'eau de fleurs d'oranger attaque le plomb et s'en sature progressivement. La présence du métal sera indiquée par l'hydrogène sulfuré, qui noircira immédiatement l'eau. On a proposé de substituer aux estagnons de cuivre plus ou moins bien étamés, des estagnons en *fer battu*, étamés tant à l'intérieur qu'à l'extérieur par des trempages dans l'étain pur. Ce système de vase, proposé par Méro, donne de meilleurs résultats que l'ancien système ; il ne se fait, même dans les vases en fer battu, laissés en vidange plus d'une année, aucune dissolution du métal (E. Soubeiran), et d'ailleurs, s'il y avait quelque altération des vases, l'oxyde de fer produit ne pourrait jamais occasionner les inconvénients des sels de plomb ou de cuivre.

On a proposé aussi de ne se servir que de vases de verre, dits *sacoches*, clissés avec une garniture d'osier, mais leur fragilité et l'impossibilité de les retourner au fabricant d'eau distillée, n'ont pas permis d'en généraliser l'emploi. Les vases de grès n'ont pas eu plus de succès, en raison de leur poids considérable, qui influait d'une manière marquée sur les frais de transport. Voy. ORANGER (Eau de fleurs d').

GUILLAUMONT, *Note sur l'eau de fleurs d'oranger et sur les vases dans lesquels on doit la renfermer* (Journ. pharm. et chim., 1840, t. XXXVIII, p. 172). — *Instruction de l'École de pharmacie de Paris pour reconnaître dans l'eau de fleurs d'oranger la présence des sels métalliques* (Ann. d'hyg. et de méd. lég., 1848, t. XL, p. 469). — LABARRAQUE et PELLETIER, *Rapport fait au conseil de salubrité sur l'emploi des estagnons* (Ann. d'hyg. et de méd. lég., 1830, t. IV, p. 55.)

ÉTAIN. L'étain est un métal d'un blanc argentin, brillant, très-mou, et très-malléable, ayant par le frottement une odeur particulière, faisant entendre quand on le replie sur lui-même un bruit particulier, *cri de l'étain ;* sa densité est 7,29 ; il est fusible à 228°. A l'air il perd de son brillant et devient noirâtre.

L'étain du commerce renferme assez souvent du *plomb ;* mais par l'action de l'acide nitrique à chaud on déterminera la production d'acide stannique complétement insoluble dans l'acide nitrique, tandis que la liqueur renfermera à l'état de dissolution le nitrate de plomb formé. On peut encore s'assurer de la pureté de l'étain en le mêlant à du chlorure de mercure et en distillant dans une cornue : le chlorure de mercure étant décomposé par l'étain, il se fait du chlorure d'étain (liqueur de Libavius), volatil ainsi que le mercure métallique : il ne devra donc pas rester de résidu dans la cornue.

La présence du *cuivre* sera indiquée, ainsi que celle du *fer* et de l'*ar-senic* par l'action de l'acide nitrique et par l'emploi des réactifs sur la liqueur qui surnage l'acide stannique. Le cuivre se reconnaîtra au moyen de l'ammoniaque ou du cyanure jaune ; le fer, également, par ces deux réactifs. L'arsenic, qui se trouvera à l'état d'acide arsénique, donnera avec le nitrate d'argent un précipité rouge-brique d'arséniate d'argent. On pourra aussi s'assurer de la présence de l'arsenic en dissolvant lente-ment l'étain dans l'acide chlorhydrique pur ; il se fera un dépôt d'arsenic métallique sous forme de flocons brun noirâtre.

Baldock, *Présence du plomb dans l'étain en feuilles* (*Journ. pharm. et chim.*, 3ᵉ série, 1862, t. XLII, p. 501).

ÉTHER ACÉTIQUE. L'éther acétique est liquide, incolore, a une odeur suave qui tient de celle de l'éther et de celle de l'acide acétique ; sa densité est 0,86 ; il bout à + 74° ; pur, il se conserve longtemps, mais, quand il contient de l'eau, il s'acidifie et il se fait de l'alcool et de l'acide acétique.

L'*acide acétique* libre se reconnaît à l'effervescence qui s'établit au contact d'un carbonate alcalin.

Quand il a été préparé avec des alcools de mauvaise qualité, l'éther acétique laisse une odeur désagréable après évaporation sur la main.

ÉTHER NITREUX. L'éther nitreux est un liquide blanc jaunâtre, ayant une odeur forte de pommes de reinette, une saveur âcre et brûlante ; sa densité est 0,947. Il bout à + 16°,4, brûle avec une flamme blanche ; il est soluble dans l'eau, mais une partie s'y décompose rapidement : il s'acidifie en quelques jours, même dans des flacons bien bouchés.

Il peut contenir de l'*acide nitreux :* il se fait une effervescence avec le bicarbonate de soude.

La présence de l'*eau* et de l'*alcool* sera reconnue à la diminution de volume du liquide au contact du chlorure de calcium.

ÉTHER SULFURIQUE. L'éther sulfurique est un liquide très-fluide, incolore, ayant une odeur vive et suave, et une saveur chaude ; très-volatil, il bout à + 35,6. Il est soluble dans l'eau, dans l'alcool ; il dissout les huiles fixes et volatiles, le camphre, les résines. Il est très-inflammable.

L'éther médicinal, qui est toujours mélangé d'alcool, a une pesanteur spécifique 0,758 et marque 56° à l'aréomètre de Baumé.

Il doit avoir une odeur franche, et lorsqu'on en a vaporisé une petite quantité sur la main, il ne doit laisser après lui aucune odeur désagréable.

L'*alcool*, dans l'éther, peut être reconnu au moyen de la fuchsine, qui colorera l'éther en rouge en s'y dissolvant à la faveur de l'alcool (Stœdeler, 1867).

Thomas a indiqué de mêler, dans une éprouvette graduée, un volume donné d'éther avec un volume déterminé d'eau ; on agite l'éprouvette bouchée, et, après quelques instants de repos, on obtient une couche d'eau, distincte de l'éther et d'autant plus augmentée qu'il y avait plus d'alcool (*Bull. de la Soc. franç. de photogr.*, 1865).

L'*eau*, dans l'éther, se reconnaît à la dissociation du chlorure de calcium qu'on a mis en contact.

ÉTHIOPS MINÉRAL. — Voy. MERCURE (Sulfate noir de).

ÉTOFFES. Les étoffes, dont le principal usage est de servir à la confection de nos vêtements, sont formées par des fibres empruntées, les unes au règne végétal, *chanvre, lin, coton*, etc., les autres au règne animal, *laine, soie.*

Fréquemment, ces diverses matières sont mélangées et forment, les unes la *trame*, les autres la *chaîne* des étoffes, et le mélange existe quelquefois sans que l'acheteur soit prévenu, de telle sorte qu'on lui vend, pour des étoffes de pur fil, par exemple, des tissus dans lesquels il entre une forte proportion de coton. La fraude s'exerce sur une vaste échelle dans le commerce des tissus ; mais, heureusement, la science possède le moyen de dévoiler ces manœuvres et divers procédés ont été publiés qui permettent de reconnaître la nature exacte des fibres constituant les tissus. (Voy. LAINE, SOIE.)

On peut distinguer les fils animaux des fils végétaux, qu'ils soient tissés ou non, en les chauffant dans un tube d'essai à la flamme d'une lampe à alcool. Les *fils animaux* donnent des vapeurs ammoniacales qui ramènent au bleu le papier de tournesol rougi, placé au-dessus de l'ouverture du tube : les *fils végétaux* donnent des produits acides qui rougissent le papier bleu de tournesol. Les *fils animaux* se dissolvent dans une solution de potasse ou de soude au 0,05, tandis que les fils, d'*origine végétale*, ne sont pas dissous.

Le bichlorure d'étain colore en noir, avec l'aide de la chaleur, les fils de coton et de lin et laisse incolores la laine et la soie (Maumené).

Le deuto-nitrate de mercure, mis au contact, pendant un quart d'heure à l'ébullition, colore en rouge amarante les fils de soie et de

laine et ne change pas la teinte des fils de coton et de lin (Le Baillif et
Lassaigne).

L'acide nitrique colore, après ébullition, en jaune persistant les fils
animaux et surtout la laine, et laisse incolores les fils végétaux.

On peut encore immerger à froid, pendant environ un quart d'heure,
dans un mélange à parties égales d'acide nitrique monohydraté et d'acide
sulfurique à 66°, les fils dont on veut connaître la nature ; on lave
ensuite à grande eau jusqu'à ce qu'on ne sente plus de traces d'acide
au goût : on remarque alors que les fils de soie et de ceux de chèvre
sont simplement dissous, que les fils de laine ont pris une teinte jaune
citron ou brun foncé, et que les fils végétaux sont restés blancs. Si l'on
chauffe alors un peu le tissu, les fils végétaux brûlent avec la rapidité
du fulmicoton et il ne reste plus que les fils de laine. (Peltier fils.)

En dehors des procédés chimiques, on peut avoir recours aussi à
l'examen microscopique, qui peut donner de bonnes indications. En
effet, la structure des fibres qui constituent les étoffes diverses offre
des dispositions caractéristiques.

Le coton apparaît au microscope comme formé de longues cellules à
parois minces, qui se seraient aplaties par la dessiccation et prennent

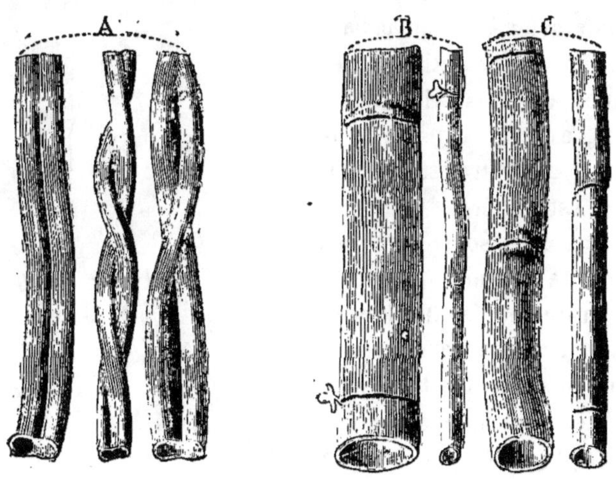

FIG. 71. — Fibres de lin et de coton. Grossissement 400 diamètres (*).

ainsi l'apparence d'un ruban plat à bords un peu épaissis, ce qui se voit
surtout quand les fibres sont contournées (fig. 71, A). Immergées dans

(*) A, fibres de coton préparées pour le tissage ; B, fibres de lin avant le tissage ; C, fibres de lin
provenant d'une étoffe, tissées et ayant été développées. (Parkes, *Hygiène*, London.)

l'huile et fortement comprimées ensuite, les fibres du coton restent
opaques tandis que celles du lin deviennent translucides (Leykauf).

Le lin est constitué par des fibres cylindriques, non aplaties, à cavité
intérieure marquée ; elles offrent, à des distances régulières, des étran-
glements et des manières de nœud. Lorsqu'elle a été tissée, la fibre de
lin conserve, après qu'elle a été développée, sa disposition à s'enrouler
(fig. 71 B, C.).

Le chanvre est composé de fibres plus grosses et moins lisses que
que celles du lin, fortement accolées les unes aux autres, et à extrémités élargies en spatules.

La soie, vue au microscope, paraît constituée par un corps cylindrique
lisse, uniforme, sans dépressions ni cavité intérieure et sans rétrécissement, et présente seulement çà et là, sur les deux côtés, une sorte de
bourrelet mince.

La laine est composée de fibres cylindriques d'une épaisseur égale,
transparentes ou légèrement opa-
ques ; toute leur surface paraît couverte d'écailles ou cellules épidermiques, qui offrent l'apparence d'une
série de cornets emboîtés les uns
dans les autres (fig. 72), dont la base
est figurée par de petites stries
transversales ; d'autres stries, moins
prononcées, existent dans le sens
longitudinal ; au centre est un canal
qui souvent est oblitéré.

Les fils de soie ne sont pas colorés
par le plombate de soude qui brunit
la laine : on trempe l'étoffe dans le
liquide et l'on expose pendant une
demi-heure au soleil. On traite ensuite par l'acide nitrique, qui jaunit
la soie et n'agit pas sur les fibres de
coton et du lin ; il faut avoir soin,
pour les étoffes teintes, de les débarrasser d'abord de l'excès de leur

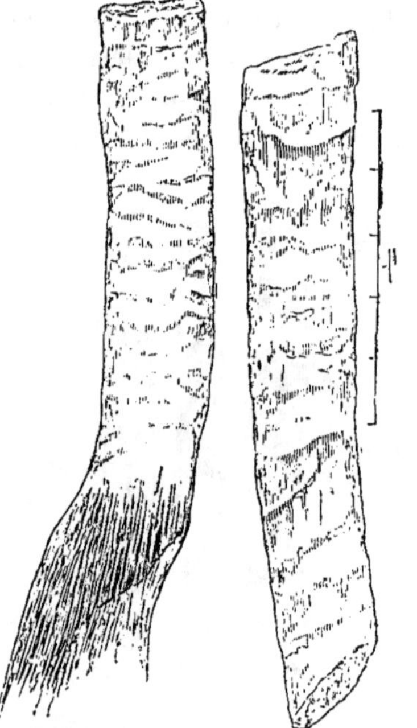

Fig. 72. — Fibres de laine.
Grossissement 285 diamètres. (E. Parkes.)

couleur au moyen de liqueurs acides et alcalines (Lassaigne).

Kindt a fait remarquer que l'acide sulfurique concentré dissout la cellulose du coton beaucoup plus rapidement que celle du chanvre et du lin : il propose de laisser l'étoffe plongée dans l'acide pendant une à deux minutes, et ensuite de la maintenir dans l'eau pour enlever la matière gommeuse qui s'est produite, et il suffit de compter les fils ainsi détruits en comparant la portion de toile attaquée à celle qui est restée intacte. Les fils de lin sont encore blancs et opaques, que déjà le coton est devenu diaphane (*Ann. de Poggend.*, LXX, 168).

Rud. Boettger, a reconnu que si l'on place dans un mélange à parties égales d'hydrate de potasse et d'eau, déjà porté à l'ébullition, un morceau de toile, qu'on y laisse pendant deux minutes, et si on l'exprime légèrement et superficiellement sans le laver d'abord avec de l'eau, entre plusieurs feuilles de papier non collé, on pourra reconnaitre les fils de coton qui sont à peine colorés, des fils de lin qui sont d'une couleur jaune foncé (*Annalen der Chemie und Pharmacie*, 1844, t. XLVII, p. 322).

Boettger, pour reconnaitre la présence du coton dans un tissu de lin, a indiqué encore de découper une bande de 5 à 6 centimètres de long sur 2 à 3 centimètres de large, d'effiler du côté de la chaîne et du côté de la trame, et de plonger en partie la bande dans une dissolution alcoolique faible de rouge d'aniline et de fuchsine : on retire ensuite, et on lave à grande eau, jusqu'à ce que le liquide laveur n'offre plus trace de coloration ; on plonge alors la bande humide dans une capsule contenant de l'ammoniaque ; les fils de coton sont décolorés, ceux de lin conservent une belle teinte rouge rosé.

Kuhlmann a reconnu que du coton écru, placé dans une solution froide et concentrée de potasse, prend une coloration gris clair, tandis que le lin passe au jaune orangé.

La liqueur de Schœnbein, ou ammoniure de cuivre, dissout le coton et la cellulose en quelques instants ; mais la soie n'est attaquée qu'au bout de plusieurs heures et exige une proportion plus considérable de réactif ; la laine au contraire est inattaquée, même après plusieurs jours de contact : aussi Ozanam a-t-il proposé l'emploi de l'ammoniure de cuivre pour distinguer le coton, la soie et la laine dans les étoffes.

Liebermann, ayant remarqué que l'acide picrique ne donne que des teintes claires, et par suite difficiles à distinguer, emploie une solution aqueuse de rosaniline, qu'il prépare en versant un alcali dans une dissolution de fuchsine, jusqu'à ce que celle-ci soit décolorée : il y trempe les tissus ou filés, et lave ensuite à grande eau : la soie et la laine prennent une couleur rouge foncé, tandis que le coton reste blanc.

Persoz fils a reconnu que le chlorure de zinc, en solution aqueuse à 66° et saturée en présence d'un oxyde de zinc, dissout la soie sans attaquer la laine, ni les fibres végétales. En faisant agir ensuite la potasse ou la soude caustique, on dissout la laine, et il ne reste plus après le lavage que les fibres végétales, dont on peut obtenir la dissolution dans l'oxyde de cuivre ammoniacal.

Boussingault a indiqué comme moyen de distinguer les fibres du *Phormium tenax* de celles du chanvre et du lin, l'action de l'acide nitrique à 36° chargé de vapeurs nitreuses, qui les colore en rouge. On peut aussi avoir recours au procédé de Vincent, qui donne aussi une couleur rouge aux fibres de *Phormium*, en employant une solution de chlore, et puis l'ammoniaque.

Les fibres d'*Agave*, d'*Hibiscus*, de *Lagetto*, de *Crotalaria*, de *Musa*, (*Abaca*) et de *Corchorus*, prennent une coloration rouge violacée, moins intense que le *Phormium*, par la solution de chlore et d'ammoniaque, mais ce réactif n'a aucun effet sur les fibres de *Bœhmeria* et d'*Asclepias*.

L'ammoniaque n'agit pas sur les *Agave americana* et *fœtida*, *Bœhmeria*, *Crotalaria*, *Corchorus* et *Asclepias*, et jaunit l'*Hibiscus*, le *Lagetto*, et l'*Abaca*.

L'iode bleuit sur quelques points le *Bœhmeria* et le *Lagetto*, et jaunit un peu presque toutes les fibres végétales : il donne une coloration bleue aux *chanvres* qui ont été préparés dans une eau courante, mais non à ceux qui ont été préparés dans les eaux stagnantes.

Le *Lagetto* et le *Crotalaria juncea* sont les seules fibres jaunies par l'acide chlorhydrique.

La potasse donne une teinte jaune à toutes ces fibres, excepté à celles d'*Asclepias gigantea* (Vincent).

Vétillard a ajouté à l'examen microscopique, qui lui a fourni d'excellents caractères distinctifs, l'emploi d'une réaction chimique fort simple et ne pouvant donner que deux indications tellement différentes l'une de l'autre, que la distinction s'en fait d'elle-même.

Selon la nature des fibres sur lesquelles il opère, il obtient, par l'acide sulfurique et l'iode une coloration *bleue* ou *jaune*. Préalablement, il a soin de tenir les fibres *écrues* pendant une demi-heure dans une eau légère de carbonate de soude, puis de les laver; les fibres *apprêtées* sont traitées par l'eau distillée, ou légèrement alcaline, bouillante ; les fibres *teintes* sont décolorées aussi complétement que possible.

Les faisceaux de fibres de 0^m,06 à 0^m,08 de longueur, sont isolés et disposés longitudinalement sous le microscope ; on les imbibe d'un liquide, glycérine, chlorure de calcium, etc., pour les rendre transparents, et on les recouvre avec un verre mince.

La préparation d'iode consiste en la dissolution d'une partie d'iodure de potassium dans cent parties d'eau distillée, à laquelle on ajoute de l'iode. On imbibe les filaments avec une goutte de liquide : on enlève celle-ci avec du papier à filtrer et l'on recouvre d'un verre mince ; on introduit d'un côté quelques gouttes d'acide sulfurique étendu d'eau et de glycérine, et l'on en absorbe l'excès, qui passe du côté opposé, par du papier à filtrer ; il faut chasser par ce moyen tout l'iode en excès.

Comme l'acide sulfurique trop concentré dissoudrait la cellulose en la gonflant, et déformerait aussi la préparation, et comme, trop étendue au contraire, son action serait nulle sur la cellulose, Vétillard a donné la composition suivante : « Mélangez dans un flacon deux volumes de » glycérine anglaise de Price et un volume d'eau distillée ; plongez le » flacon dans de l'eau froide jusqu'au niveau du liquide qu'il contient, » et ajoutez peu à peu avec précaution, et en agitant toujours le flacon, » trois volumes d'acide sulfurique du commerce à 66 degrés. On conti- » nue d'ajouter jusqu'à ce que le mélange soit complet, puis on laisse » refroidir. On abandonne ensuite au repos et l'on décante le liquide » clair dans des flacons bouchés à l'émeri. »

L'examen des fibres porte sur les fibres entières ou sur des coupes transversales minces, et l'on obtient les colorations suivantes pour les fibres textiles :

A. JAUNES.	**B. BLEUES OU VIOLETTES.**
a. Monocotylédones, Musacées, Liliacées, Palmiers, Pandanées, Aroïdées, etc.	*a. Monocotylédones*, Graminées, Broméliacées.
b. Dicotylédones, Malvacées, Tiliacées, Byttneriacées, Bombacées, Salicinées, etc.	*b. Dicotylédones*, Linées, Cannabinées, Urticées, Morées, Légumineuses, Asclépiadées, Artocarpées, etc.

Voici du reste les caractères qu'offrent à l'observation les fibres végétales les plus usitées :

Lin. — Filaments formés de fibres réunies en faisceaux et se séparant acilement au moyen d'une aiguille ; fibres longues de 0^m,01 à 0^m,06, d'un diamètre uniforme, pointues à l'extrémité ; à canal très-fin au centre, lisses, ou offrant aux plis de froissement des stries ordinairement croisées. Par le réactif, elles prennent une coloration bleue ou quelquefois lie de vin ; le canal se colore en jaune en raison des granules qu'il contient.

Les coupes transversales présentent des polygones peu cohérents entre eux ; elles se colorent en bleu et le centre en jaune.

Chanvre. — Fibres fortement agrégées, enveloppées chacune d'une couche mince de matière qui se colore en jaune par l'iode ; à peu près aussi longues que celles du lin, elles sont plus grosses et moins lisses, à extrémités grosses et courtes, spatulées ; elles prennent par le réactif une coloration bleue ou bleu verdâtre.

Coton. — Fibres toujours indépendantes les unes des autres, tordues en spirale, bordées d'un bourrelet arrondi et lisse, à canal central garni par endroits d'une matière grenue jaune : une des extrémités est terminée par une pointe mousse ou arrondie. Elles sont colorées en bleu par le réactif.

Les coupes transversales sont toujours isolées, arrondies ou réniformes ; elles se colorent en bleu avec des taches jaunes à l'intérieur et à l'extérieur. (Vétillard.)

Ch. Barreswill, *Note sur un moyen de reconnaître la présence de la soie en mélange avec la laine et d'en déterminer la proportion* (Journ. pharm. et chim., 3e série, 1857, t. XXXII, p. 123). — Boettger, *Nouveau moyen de reconnaître la présence du coton dans un tissu de lin* (Journ. chim. médic., 5e série, t. II, p. 95 ; Journ. pharm. et chim., 3e série, 1844, t. V, p. 106). — Th. Greenish, *The flax lints of commerce under the microscope* (Pharm. Journ., oct. 1870, p. 353). — Kindt, *Procédé pour découvrir le coton dans la toile* ((Journ. pharm. et chim., 3e série, 1847, t. XI, p. 324 ; Journ. chim. méd., 1847, t. IV, p. 344). — Liebermann, *Distinction de la laine et de la soie d'avec le coton dans les tissus et les filés* (Union pharmac., 1867, t. VIII, p. 57). — Maumené, *Moyen de distinguer dans les tissus blancs ou de couleur claire les fils de lin ou de coton de la laine et de la soie* (Journ. pharm. et chim., 3e série, 1850, t. XVII, p. 450). — Ozanam, *Des moyens de faire reconnaître si des étoffes sont en soie, en laine, en coton, et les mélanges de ces trois substances* (Journ. chim. méd., 4e. série, V, p. 8). — Peltier, *Moyen de distinguer les fils de diverse nature, laine, soie, poil de chien* (Journ. de chim. méd., 3e série, 1847, t. IV, p. 346). — Persoz fils, *Essai des tissus de soie et de laine* (Union pharm., 1862, t. III, p. 371). — Rouchas, *Moyens pour distinguer les tissus de laine de ceux du coton ou du fil, et apprécier la proportion de ces substances dans les tissus mélangés* (Journ. pharm. du Midi, t. IV, p. 214). — Roucher (C.), *Des filaments végétaux employés dans l'industrie* (Ann. d'hyg. et de méd. lég., 2e série, 1873, t. XL, p. 64). — Schutzenberger, *Sur les moyens de distinguer les fibres végétales entre elles* (Journ. pharm. et chim., 4e série, 1868, t. VII, p. 326). — Stefanelli, *Procédé pour reconnaître la présence du coton et de la laine dans les étoffes de soie* (Journ. pharm. et chim., 3e série, 1860, t. XXXVIII, p. 76). — Vincent (Ad.), *Procédé pour reconnaître la falsification des fibres du lin et du chanvre au moyen de celles du Phormium tenax* (Journ. chim. méd., 3e série, 1847, t. IV, p 345). — Wittstein, *On the detection of Silk, Wool, linen, and cotton fibers in textile fabrics* (Pharm. Journ., 3e série, oct. 1853).

EUCALYPTUS (Essence d'). Il n'y a encore que peu de temps que l'essence d'*Eucalyptus* est entrée dans le commerce, et déjà sa falsification a été signalée. On y ajoute : 1° de l'alcool qu'on peut séparer par l'eau, ou l'on traite par la fuchsine qui donnera sa teinte rouge, en se dissolvant dans le mélange; 2° de l'huile fixe; 3° de l'essence de térébenthine ; 4° de l'essence de copahu (Duquesnel).

Duquesnel, *Des falsifications de l'essence d'Eucalyptus globulus* (*Union pharm.*, 1869).

EXTRAITS. Les *extraits* sont des médicaments qui ont pour base l'extractif des plantes mélangé avec des principes non volatils très-divers. Leur consistance varie beaucoup ; les uns sont *mous* et cèdent à la pression du doigt, les autres sont *durs*, friables, et peuvent être pulvérisés. Ils sont hygrométriques, ce qui tient à ce qu'ils sont composés de matières végétales qui ont la propriété d'attirer l'humidité de l'air, et à ce qu'ils contiennent presque toujours des sels déliquescents : aussi doit-on les conserver dans des lieux parfaitement secs et dans des vases hermétiquement fermés.

Un bon extrait doit avoir une surface lisse et brillante, être soluble dans l'eau sans la troubler, et laisser une marque profonde quand on le presse avec le doigt, auquel il ne doit pas adhérer.

Quelques extraits ont une odeur qui est celle de la plante d'où ils proviennent, et qui est plus ou moins marquée ; on développe cette odeur en traitant leur solution aqueuse par 0,5 d'acide sulfurique étendu (Righini).

Le mélange d'extraits entre eux est souvent très-difficile à constater, même par comparaison avec un extrait pur.

La présence de la *fécule* dans les extraits sera indiquée par le traitement par l'eau froide, qui donne un dépôt qu'on reprend par l'eau bouillante, pour obtenir un empois que l'iode colorera en bleu. Mais, comme certains extraits contiennent naturellement de la fécule, la falsification ne sera reconnue que si le dépôt dans l'eau froide est très-abondant, si l'eau bouillante donne beaucoup d'empois et si la coloration bleue est très-intense ; on devra faire l'essai comparativement avec un extrait de la pureté duquel on sera assuré.

La présence du *cuivre métallique* sera reconnue, dans le dépôt laissé par l'eau froide, au moyen de l'acide nitrique, et ensuite de l'ammoniaque qui donnera une coloration bleue, du cyanure jaune qui donnera un précipité brun marron, ou d'une lame de fer qui se couvrira d'une couche de cuivre métallique.

L'*extrait de casse* noir foncé, à saveur sucrée et un peu amère, a été remplacé par la *pulpe de pruneaux,* qui est rougeâtre et est sucrée sans aucune amertume.

L'*extrait de genièvre* a une saveur douce et un peu amère ; mal préparé, il est granuleux, âcre, et exhale une odeur empyreumatique : ces défauts ne sont pas complétement dissimulés par l'addition de *miel* ou de *sucre ;* ceux-ci sont indiqués par leur saveur. L'addition de *suc de réglisse* est aussi décelée par la saveur. La *fécule* est obtenue sous forme de dépôt mélangé de résine par le traitement par l'eau ; on sépare la résine par l'alcool et la fécule est colorée par l'iode (Recluz).

L'*extrait de monésia* a été remplacé par des mélanges de *suc de réglisse* et de *ratanhia* (Stan. Martin), ou par l'*extrait de bois de Campêche* (Latour). Ce dernier colore la salive en violet et ne lui donne pas un état spumeux intense et persistant comme l'extrait de monésia. Tout récemment, on a constaté que de l'extrait de monésia, offert dans le commerce, était entièrement formé d'extrait de bois de Campêche. (*Proc. of the Amer. pharm. Ass.,* 479, 1874.)

L'*extrait de quassia,* brun jaunâtre et très-amer, a été mêlé de poudre de quassia qu'on retrouve au fond de la solution par l'eau, ou de *gentiane* qui lui donne une odeur et une saveur faciles à reconnaître.

L'*extrait sec de quinquina* très-amer, déliquescent, a une couleur hyacinthe clair ; lorsqu'il est mélangé d'extraits amers, tels que ceux de *gentiane,* de *saule,* il devient plus foncé et offre des amertumes particulières qui sont caractéristiques. On l'a souvent additionné de *fécule,* qu'on reconnaît au moyen de l'iode. Le mucilage de *gomme arabique* le rend sec et cassant, et sa solution, traitée par l'alcool, donne un précipité visqueux et abondant.

L'*extrait de ratanhia* est fréquemment allongé de *kino,* mais cette dernière substance, humectée légèrement, se colore en rouge brun foncé, tandis que l'extrait de ratanhia prend une belle couleur bronze. (Wahlberg.)

L'*extrait de rhubarbe* est jaune brunâtre et conserve l'odeur et la saveur de la rhubarbe ; avec le temps il prend une odeur de storax due à la formation d'une huile particulière, et se couvre de moisissures (Landerer, Reinsch).

On fait de l'extrait de rhubarbe avec des résidus de teintures ou de décoctions, auxquelles on ajoute un peu d'alcool et une petite quantité de carbonate alcalin ; mais cet extrait donne une solution aqueuse rouge brun, par suite de la présence de l'alcali, et fait effervescence par les acides.

Latour, *Note sur une substitution d'extrait de bois de Campêche à l'extrait de Monésia* (*Journ. chim. méd.*, 4ᵉ série, 1858, t. IV, p. 742).

EXTRAIT DE SATURNE. — Voy. Acétate de plomb (Sous-).

FARINES. Les farines les plus communément en usage dans nos pays sont celles du froment, et ce sont celles dont nous nous occuperons spécialement ici.

La farine de froment de bonne qualité est blanc jaunâtre, d'une odeur particulière, d'une saveur assez agréable ; elle est éclatante, non mélangée de points gris ou noirâtres ; elle est douce au toucher, sèche et pesante ; elle adhère aux doigts et *fait la pelote* quand on la comprime dans la main ; elle prend environ un tiers de son poids d'eau et forme une pâte longue, très-élastique, susceptible de s'étendre facilement en couches minces. La qualité de la farine est en rapport avec l'élasticité de la pâte, et est d'autant plus inférieure que la pâte est plus courte.

La farine de qualité moyenne est d'un blanc mat et plus riche en eau ; elle ne forme pas la pelote dans la main ; elle contient plus de son.

Pour connaître la qualité d'une farine, on peut avoir recours à la calcination d'un poids donné, et peser le résidu qui doit être moindre que 0,01.

Un bon procédé pour s'assurer de la valeur d'une farine consiste à y déterminer la quantité de gluten ; dans ce but, on prend un poids donné de la farine, 25 grammes, dont on forme une pâte consistante avec une petite quantité d'eau ; une demi-heure ou une heure après, suivant la saison, on commence à malaxer cette pâte sous un mince filet d'eau et au-dessus d'un tamis, de telle sorte que l'eau entraîne l'amidon et qu'il ne se fasse pas de grumeaux, jusqu'à ce qu'il ne reste plus dans la main que le gluten ; on réunit à la masse les parcelles entraînées pendant le lavage et restées sur le tamis, et l'on malaxe le tout dans l'eau froide jusqu'à ce que, la transparence de l'eau restant parfaite, on soit assuré d'avoir enlevé tout l'amidon. On prend alors exactement le poids du gluten en tenant compte de ce que 5 grammes de gluten humide représentent 3 grammes de gluten sec (Boland).

En vue de déterminer la quantité de gluten contenu dans la farine, Boland a proposé l'emploi d'un instrument auquel il a donné le nom d'*aleuromètre* (fig. 73, 74) ; il consiste en un cylindre de cuivre creux,

long de six pouces et de trois quarts de pouce à un pouce de diamètre ;
il est divisé en deux parties, l'une longue d'environ deux pouces, fermée
à une extrémité et formant une sorte de coupe qui contient environ
210 grains de gluten frais ; elle se visse sur le reste du cylindre.
Quand l'appareil est chargé de gluten, on le chauffe dans un bain
d'huile à environ 42°. Le gluten se boursoufle et suivant le point où
il s'élève dans le tube, ce qu'on reconnaît au moyen d'une tige graduée, on détermine sa qualité. Les bonnes fa-
rines donnent un gluten d'odeur agréable et qui
augmente de quatre à cinq fois de volume ; et les mauvaises farines fournissent un gluten qui ne se boursoufle pas, devient visqueux et presque fluide, adhère
aux bords du tube et exhale quelquefois une
odeur désagréable.

Les marchands de farine et les boulangers emploient
un procédé plus simple, en formant avec la farine et de

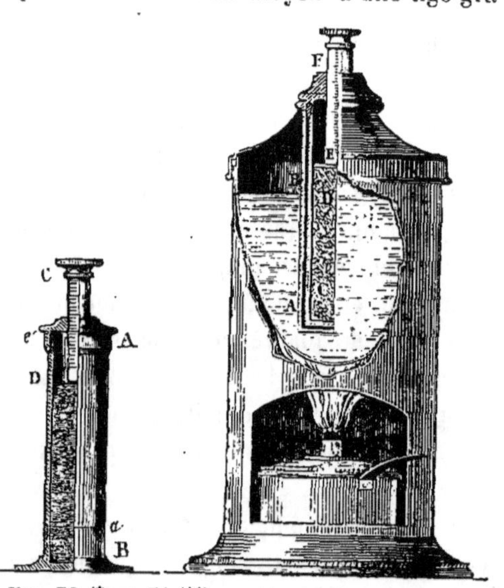

Fig. 73 (*) et 74 (**). — Aleuromètre de Boland.

l'eau une pâte dont ils apprécient la ténacité en l'étirant en fil, ou
en en faisant une couche mince.

L'appréciateur des farines de Robine est un aréomètre qui permet de
prendre la densité du liquide obtenu par la dissolution du gluten et de
l'albumine de la farine dans l'acide acétique faible, cet acide n'agissant pas sur la matière amylacée. On comprend que plus la proportion
de matière azotée sera considérable dans la farine examinée, plus le
liquide aura de densité, et, par conséquent, l'instrument, en y plongeant
plus ou moins, pourra servir à connaître le rendement de la farine. On
prend de l'acide acétique pur étendu d'eau de manière à marquer 93° à
l'appréciateur à + 15° ; on a, d'autre part, 24 grammes de farine si elle

(*) AB, corps du cylindre ; C, tige graduée ; a, hauteur du gluten humide ; D, hauteur du gluten
desséché ; e, couvercle. (Salleron.)
(**) AB, corps du cylindre ; CD, couche de gluten ; EF, tige mobile graduée. (Salleron.)

est belle, ou 32 grammes si elle est de seconde ou troisième qualité ; on divise dans un mortier et l'on verse sur la farine (183 grammes pour 24 grammes, ou 244 grammes pour 32 de farine) une partie de l'acide, et l'on délaye peu à peu le tout sans laisser des grumeaux se produire : on triture pendant cinq à six minutes pour favoriser la dissolution des principes azotés, et l'on verse le reste de l'acide acétique ; on verse dans un verre conique et l'on laisse déposer pendant une heure au frais ; on décante la liqueur dans une éprouvette et l'on y place l'aréomètre, et l'on constate à quel degré il affleure. Or, comme il a été gradué de telle sorte que chaque degré correspond à la quantité de pains de 2 kilogrammes que la farine doit donner par sac de 159 kilogrammes, il est facile de se rendre compte du rendement ; une farine de bonne qualité ordinaire doit donner de 101 à 104 à l'*appréciateur* (Garnier et Harel).

Pour reconnaître l'humidité normale d'une farine, on prend un poids déterminé de farine, et on le soumet à un courant d'air chauffé graduellement de $+50°$ à $+110°$, et quand on constate qu'il n'y a plus de perte de poids, on retire de l'étuve et l'on pèse pour connaître la perte, qui donnera la quantité d'humidité. Il est important de ne pas soumettre immédiatement la farine à une température trop élevée, sans quoi on risquerait de coaguler le gluten et de former des grumeaux, qui seraient un obstacle à l'évaporation de l'humidité. La quantité moyenne de l'humidité de la farine peut être évaluée à 0,17.

Une des causes les plus ordinaires d'altération des farines tient à ce qu'elles absorbent l'humidité de l'atmosphère et alors s'échauffent, fermentent, se pelotonnent et deviennent acides ; il s'y développe des moisissures et elles prennent une odeur désagréable ; dans ce cas elles donnent un gluten moins abondant, moins élastique, et le pain qu'on en fabrique *lève* mal, est lourd et grisâtre.

Quelquefois, par suite d'une mouture trop rapide, le gluten de la farine se trouve altéré, et celle-ci prend une odeur d'*échauffé* ou de *pierre à fusil.*

Il n'est pas rare de trouver des farines qui ont été fortement altérées par diverses productions végétales ou animales. C'est ainsi qu'on peut y trouver de l'*ergot, Claviceps purpurea,* Tul., plus commun dans la farine de seigle, bien que ce champignon ou des espèces très-voisines attaquent aussi les autres sortes de céréales. Dans ce cas, on trouvera mélangés à la farine des corps filamentaires, incolores, qui renferment

des spores et d'autres parties colorées en brun par des matières huileuses.

La farine ergotée se reconnaît en en prenant 10 grammes qu'on traite,
à deux reprises successives, par 30 grammes d'alcool bouillant ; on passe
à travers un linge, on exprime bien et l'on place le résidu dans un verre ;
on agite avec 10 grammes d'alcool et on laisse déposer ; le liquide surnageant doit être incolore, puis on l'acidule avec dix à vingt gouttes
d'acide sulfurique affaibli, on agite vivement et on laisse déposer ;
si la farine est ergotée, la solution surnageante est d'un rouge plus ou
moins foncé, suivant la proportion plus ou moins grande d'ergot
(Jacoby).

L'*Uredo Caries*, DC., attaque fréquemment aussi les grains de seigle,
et se reconnaîtra à ses sporanges larges et réticulés (fig. 75).

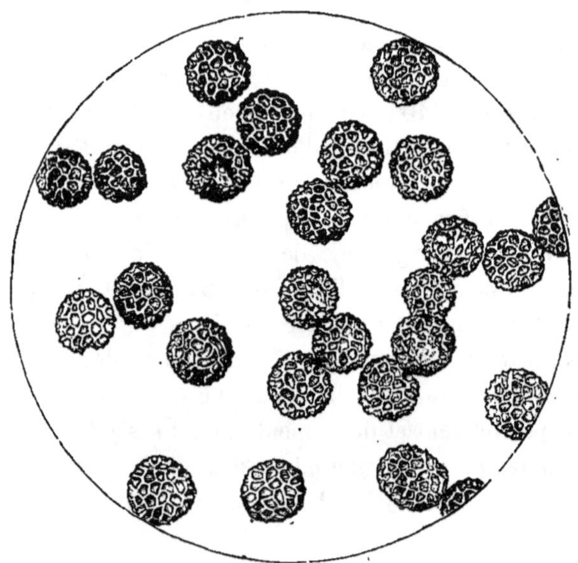

FIG. 75. — Spores de l'*Uredo Caries*. Grossissement, 140 diamètres. (Hassall.)

L'*Uredo segetum* DC., se rencontre plus fréquemment sur l'orge et
l'avoine que sur le blé, presque jamais sur le seigle ; il n'a pas l'odeur
désagréable de l'espèce précédente, et ses spores sont beaucoup plus
petites (fig. 76).

L'*Uredo Rubigo* et *linearis*, qui ne sont que le jeune état du *Puccinia
graminis*, ont des sporules de dimensions intermédiaires à celles des
Uredo Caries et *segetum* : arrondis d'abord, ils deviennent ovales et sont

attachés par un pédicule court, transparent et grêle à la surface sur

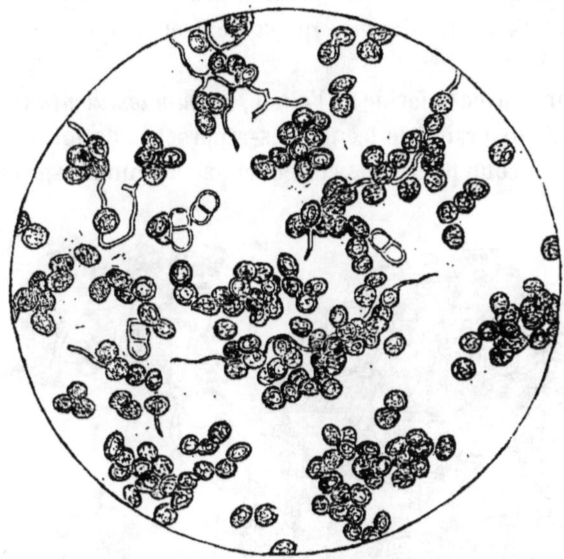

Fig 76. — Spores de l'*Uredo segetum*. Grossissement, 420 diamètres.

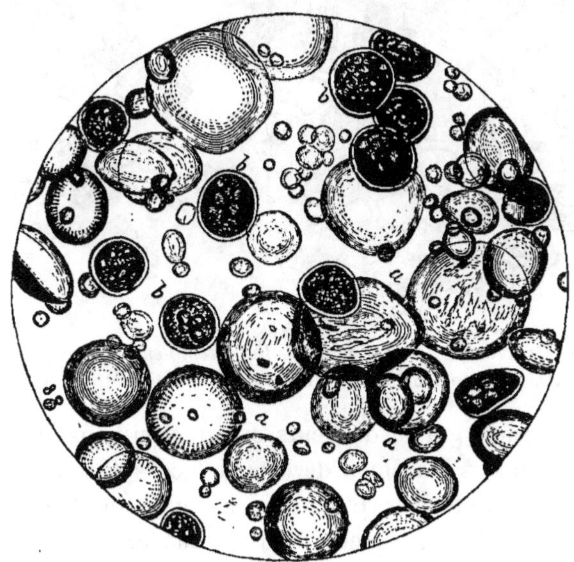

Fig. 77. — Farine de blé contenant du *Puccinia segetum* encore peu développé. Grossissement, 420 diamètres. (Hassall.)

laquelle ils sont développés ; plus tard ils deviennent libres (fig. 77).

Parmi les animaux qui attaquent les céréales, nous trouvons la *Cecidomya Tritici*, dont les larves occasionnent de graves dommages, des *vibrions* et l'*Acarus farinæ*, qu'on ne trouve que dans les farines endommagées.

Le mélange avec la farine de l'ivraie, *Lolium temulentum*, L., peut se reconnaître aux grains de fécule très-rapprochés de forme de ceux du riz, mais beaucoup plus petits et fréquemment réunis en groupes de cinq six grains.

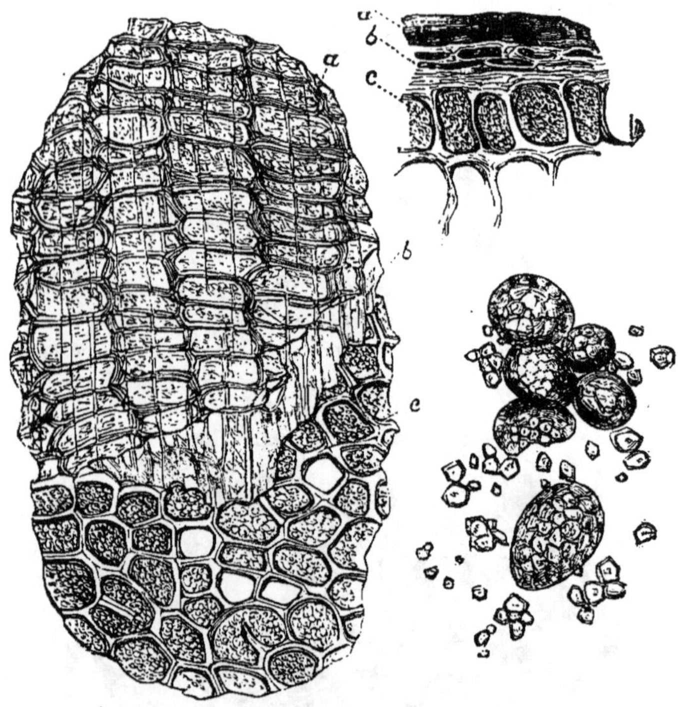

Fig. 78. — Structure de la graine du *Lolium temulentum*. Coupes transversale et verticale des enveloppes. Grossissement, 200 diamètres (*). (Hassall.)

La structure de la graine, d'ailleurs, est caractéristique : elle est formée de trois membranes ; la plus extérieure est constituée par une couche unique de cellules à long axe transversal, et deux à trois fois aussi longues que larges. Les cellules de la seconde membrane forment deux couches, et sont disposées longitudinalement. La troisième membrane, formée d'une couche unique, ne diffère pas par sa structure des céréales (fig. 78).

(*) *a*, enveloppe externe ; *b*, enveloppe interne ; *c*, cellules de la graine.

Le *Lolium temulentum* donne à la farine la propriété de colorer rapidement l'alcool à 35° en une couleur verdâtre qui se fonce peu à peu ; la saveur de la teinture est astringente et désagréable au point d'exciter le vomissement. Évaporée à siccité, cette teinture donne une résine jaune vert, qui offre ces caractères exagérés (*Journ. de Pharm.*, 1844, 3e série, t. V, p. 297).

Le mélange de farine de *Lathyrus Aphaca*, L., se reconnaît par l'action de l'acide nitrique et de l'ammoniaque : les vapeurs nitriques développent de nombreux points rouges violacés, que l'ammoniaque fait virer au bleu indigo, et qui se décolorent à l'air (Bala).

La farine de l'*Agrostemma Githago*, L., examinée au microscope, laisse voir de petites masses fusiformes qui bleuissent au contact de l'iode : ce ne sont pourtant pas des grains d'amidon, mais des cellules remplies de granules amylacés d'une ténuité extrême (Filhol et Timbal-Lagrave).

Les semences du *Sinapis arvensis*, L., donnent au pain une saveur âcre et des plus désagréables ; mais elles ne se rencontrent guère que dans les sortes les plus inférieures de farine. (Voy. MOUTARDE.)

Les graines d'*Adonis autumnalis*, L., et de *Bunias Erucago*, L., riches en matières grasses, donnent, par leur mélange à la farine, l'aspect que présenterait une farine qui contiendrait du maïs, et, par conséquent, elles pourraient induire en erreur ; mais leur présence est peu fréquente et leur quantité faible.

La farine de blé contient quelquefois de la graine de *Mélampyre*, *Melampyrum arvense*, L. (Scrophularinées). Dizé a indiqué de prendre une partie de farine et d'en faire une pâte molle avec de l'acide acétique étendu : on place la pâte dans une cuiller d'argent et l'on chauffe pour former un petit pain qui prend, si la farine contenait de la graine de mélampyre, une coloration rouge violette.

On peut reconnaître les mélanges de farine avec des graines étrangères au moyen d'une solution de potasse ou de soude, et, ensuite, par l'action de l'acide nitrique à 16° : on obtient les colorations suivantes :

Seigle ergoté, avec l'eau alcaline,	violet ; par l'acide azotique,	rose rougeâtre.
Froment	jaune-paille	disparaît.
Seigle	—	—
Riz	—	—
Nielle	jaune vert	—
Ivraie	brun verdâtre	—
Sinapis nigra	jaune	—

Seigle arvensis, avec l'eau alcaline.	vert pâle; par l'ac. azotique.	disparaît.
Bromus secalinus	brun verdâtre	—
Brassica oleracea campestris	vert jaunâtre	—
Linum usitatissimum	brun rougeâtre	—
Carduus arvensis	verdâtre	—
Rumex acetosella	brun sale	—
Polygonum aviculare	brun rougeâtre	—
Vicia sativa et Cracca	jaune pâle	—

On a ajouté à la farine de blé de la *farine de riz* dans le but avoué d'améliorer le pain et de lui donner plus de blancheur, mais qui a pour effet de faire absorber beaucoup plus d'eau au pain. La forme des grains de fécule du riz (voy. Riz) permet de reconnaître la présence de cette farine (Donny).

Le mélange de froment et de *seigle*, par parties égales, donne un gluten visqueux, noirâtre, non homogène, et ne se desséchant jamais complétement. (Voy. Seigle.)

Le mélange à parties égales de farine d'*orge* et de froment, fournit un gluten sec, blanc et comme vermiculé. La recherche de l'orge par le microscope est assez difficile, car les grains de fécule des deux farines sont très-peu différentes dans leur forme et leur volume; mais, si l'on trouve quelques fragments de l'enveloppe, la distinction devient très-facile. (Voy. Orge.)

Le mélange des farines de froment et d'*avoine*, à parties égales, donne un gluten jaune noirâtre, non homogène et un peu aromatique. (Voy. Avoine.)

Le mélange avec la farine de *maïs* peut être indiqué par l'examen microscopique (voy. Maïs). Il donne un gluten jaunâtre, non visqueux et ne s'étalant pas. Pour reconnaître un tel mélange, Besnou a indiqué la coloration en jaune de la farine de maïs sous l'influence des vapeurs ammoniacales, ou par le contact d'une dissolution de potasse ou de soude caustique, comme pouvant servir à la distinguer d'avec la farine de froment qui n'est pas colorée. Mais Saint-Pierre et Le Petit ont constaté que, si certaines farines de froment, d'orge, de seigle et de maïs prennent de la coloration jaune-citron, d'autres sont à peu près insensibles à l'action des réactifs.

Rodriguez a indiqué la distillation sèche des farines comme donnant le moyen de reconnaître les mélanges de farines diverses : le produit de la distillation du froment est neutre, tandis que, s'il y a des féveroles,

il est alcalin. Mais Bussy a reconnu que ce procédé manque d'exactitude, et que, d'ailleurs, certaines farines de céréales donnent, à la
distillation, un produit acide.

On a importé, il y a quelques années, en Angleterre, une grande
quantité de *Doura* (*Holcus Sorghum*, L.) d'Égypte pour servir à la
sophistication des farines; mais cette altération n'est pas difficile à
reconnaître au moyen du microscope. L'enveloppe du grain est formée
de trois membranes : la plus externe est composée de trois à quatre
couches de cellules à parois épaisses, finement ponctuées, assez petites,
environ trois fois plus longues que larges ; la membrane moyenne
est constituée par plusieurs couches de cellules à parois minces
et remplies de grains amylacés, petits et angulaires ; la troisième
tunique est formée d'une seule couche de cellules anguleuses, extrêmement petites. La graine est formée de cellules analogues à celles du
maïs, mais dont la fécule est plus volumineuse, plus anguleuse et offre le
caractère du hile étoilé (*the stellate chavacter of the hilum*) (Hassall).

Comme moyen de distinguer les diverses farines, Briois a indiqué
d'en mettre un gramme en contact avec un trente-deuxième de litre
d'eau contenant 0,01 de potasse caustique et a obtenu les colorations
suivantes :

Riz	incolore.
Froment	gris.
Maïs	gris jaunâtre.
Seigle	jaune-paille.
Orge	jaune.
Sarrazin	jaune foncé.

Si on prend **2** grammes d'un mélange de blé avec 0,30 des diverses
farines, et si on le mélange avec 0,25 d'eau distillée contenant 0,03 de
potasse caustique, on obtient :

Froment	presque incolore.
Riz	gris.
Maïs	jaune.
Sarrasin	jaune clair.
Orge	jaune foncé.
Seigle	jaune orangé.

Les *farines de légumineuses* ont été fréquemment additionnées aux
farines de froment de qualité inférieure, d'autant plus qu'elles donnent
la facilité de leur faire absorber une plus grande quantité d'eau.

Pour reconnaître la présence des farines de légumineuses, on peut

avoir recours à l'examen microscopique : la *farine de fève* (fig. 79) se
reconnaîtra à l'épaisseur des cloisons des cellules et à la forme ovale ou
réniforme des grains de fécule, qui offrent un hile allongé et ramifié.

Le Canu a indiqué, pour reconnaître la sophistication par les légumineuses, de former une pâte avec la farine suspecte, de la malaxer
dans un linge sous un filet d'eau, en tenant *compte de l'odeur, de l'aspect gras de la pâte*, de l'état savonneux ou non des eaux de lavage, et
du peu d'éclat, de ténacité et plasticité du résidu glutineux ; les eaux
de lavages agitées et passées à travers un tamis de soie seront partagées
en deux parties : l'une sera abandonnée a elle-même, à $+18$ C. à $+20$ C.,

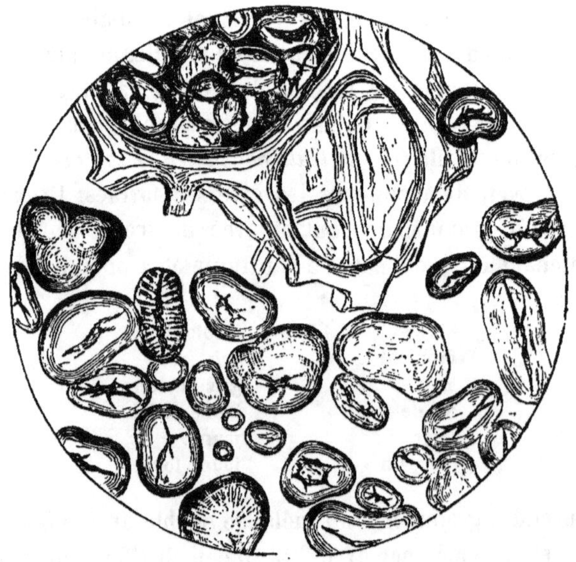

Fig. 79. — Farine de haricot. Grossissement, 420 diamètres.

pour reconnaître s'il y aura la fermentation putride, caractéristique des
eaux de lavage des légumineuses ; l'autre partie sera étendue d'eau, en
quantité suffisante pour pouvoir être filtrée plus tard, puis on laissera
reposer pour examiner à part le liquide et le dépôt. Le liquide, concentré à une douce chaleur, jusqu'à ce qu'il se forme à sa surface une pellicule, sera refroidi, filtré pour le débarrasser des flocons d'albumine,
et traité par l'acide acétique versé goutte à goutte : s'il y a de la légu-
mine, il se fera un précipité blanc, floconneux, inodore et insipide,
devenant dur et translucide comme de la corne, non coloré par l'iode,
insoluble dans l'eau froide ou bouillante et dans l'alcool, mais soluble

dans l'eau de potasse et l'ammoniaque liquide. Le dépôt sera examiné au microscope pour y chercher le tissu réticulé des légumineuses ; on y cherchera aussi les grains de fécule dont la forme est caractéristique, et qui offrent la cicatrice linéaire ou cruciale (*Journ. de Pharm.* 3ᵉ série XV, 241).

On a proposé d'autres procédés pour reconnaître la présence des légumineuses dans la farine.

1° Triturer dans un mortier de grès parties égales de farine et de grès pulvérisé ; ajouter de l'eau peu à peu et filtrer : la liqueur est trouble s'il y a du mélange de féveroles ; l'eau iodée donne une couleur chair, qui disparaît d'autant plus vite que la quantité de féveroles est plus grande. La coloration pour la farine pure est rose, et ardoisée pour les féveroles seules (Robine).

2° Exposer la farine suspecte aux vapeurs d'acide nitrique puis d'ammoniaque ; si la coloration est pourpre, il y a des féveroles ou de la vesce ; si elle est jaunàtre, non. D'autre part, l'examen microscopique laisse voir des fragments de tissu cellulaire réticulé, à mailles hexagonales et caractéristiques (Donny).

3° La farine pure donne avec les sels de fer une faible couleur jaune-paille ; la farine mélangée de haricots, ou de féverole, devient jaune orangé ou vert bouteille, par suite de la présence du tannin dans leurs enveloppes (Lassaigne).

La *fécule de pommes de terre* entre souvent à l'état de mélange dans la farine qui absorbe alors moins d'eau et par conséquent donne moins de pain ; s'il y a 25 0/0 de fécule, la farine est impropre à la panification :. en tous cas le pain perd beaucoup de ses propriétés nutritives.

L'examen microscopique permet de reconnaître la sophistication par la fécule de pomme de terre (voy. ce mot). De très-nombreux procédés ont du reste été indiqués pour reconnaître cette falsification, mais beaucoup d'entre eux ne sont pas facilement utilisables par des personnes peu habituées aux manipulations des laboratoires, et quelques-uns ne donnent pas de résultats suffisamment précis.

Le Canu a proposé pour reconnaître la sophistication par la fécule d'avoir recours au procédé de Boland modifié : on fait avec la farine suspecte, et 40 0/0 de son poids d'eau, une pâte bien liée, bien homogène ; on la malaxe sous un filet d'eau pour en séparer le gluten ; on recueille les eaux de lavage, qu'on agite pour remettre en suspension les particules déposées ; on passe à travers un tamis de soie, et l'on décante dans

un vase conique ; dès qu'un notable dépôt se sera formé, sans attendre
que l'eau qui le surnagera se soit éclaircie, on décante et l'on conserve
pour examiner plus tard. On reprend le dépôt pour le délayer dans de
nouvelle eau et on laisse reposer une seconde fois seulement le temps
suffisant pour qu'une partie se soit précipitée, et l'on recommencera ainsi
quatre à cinq fois. Les premiers dépôts seront composés de grains de
fécule, les derniers de grains d'amidon et des plus petits grains de
fécule. L'examen microscopique permettra d'en reconnaître aisément la
nature ; on devra aussi les traiter par trente fois leur volume d'eau de
potasse à 1,75 0/0 ; les grains de fécule donneront ainsi une gelée homogène d'une transparence parfaite : une plus grande quantité de solution les fera disparaître en entier. Ce procédé permet de retrouver
une centième de fécule de pommes de terre (*Journ. de Pharm.*, 3e série, XV, 241).

Puscher traite la farine par le mélange refroidi de 1 p. acide sulfurique, et eau 2 p.; ce qui déterminera le gonflement, mais en même
temps s'il y a de la fécule, il se dégage l'odeur de *fusel oil*, qui est
celle de l'alcool de betterave et des mauvaises eaux-de-vie de grain.

Mayet a indiqué de réagir sur l'amidon séparé du gluten, au moyen
d'une solution de potasse à la chaux au quart, qui déterminera la formation
d'un empois : s'il n'y a que de l'amidon, l'empois épais opaque peut facilement s'écouler par le goulot du flacon où l'on fait la réaction ; la fécule
donne un magma complétement gélatineux et qui ne peut sortir par le
goulot de la bouteille. Ce procédé permet de reconnaître 1/20 de fécule.

Martens fait broyer fortement la farine dans un mortier dur, mêle à
de l'eau froide et filtre après quelques instants de contact et additionne
d'eau iodée. S'il y a de la fécule la liqueur bleuit, sinon elle ne change
pas de couleur, ce qui est dû sans doute à ce que les grains d'amidon du
blé n'ont pas été rompus par la trituration. Ce procédé indique la présence de 0,05 de fécule.

Donny, se basant sur l'action différente qu'exerce une dissolution
faible de potasse sur la fécule et sur l'amidon, place sous le microscope
un peu de farine qu'il humecte avec de la solution alcaline à 0,015 0,02 ;
les grains de farine ne sont qu'à peine modifiés, tandis que les grains
de fécule se gonflent et forment de grandes plaques minces et transparentes. Ce changement est surtout très-facile à observer si l'on a pris la
précaution d'ajouter au mélange préalablement desséché une petite
quantité d'eau iodée.

L'emploi de la lumière polarisée, qui donne des caractères différents avec les grains de fécule d'origine diverse, a été indiqué par Rivet, et surtout par Moitessier, de Montpellier, qui en a obtenu de très-bons résultats. Pour éviter l'obstacle que présente la différence trop grande

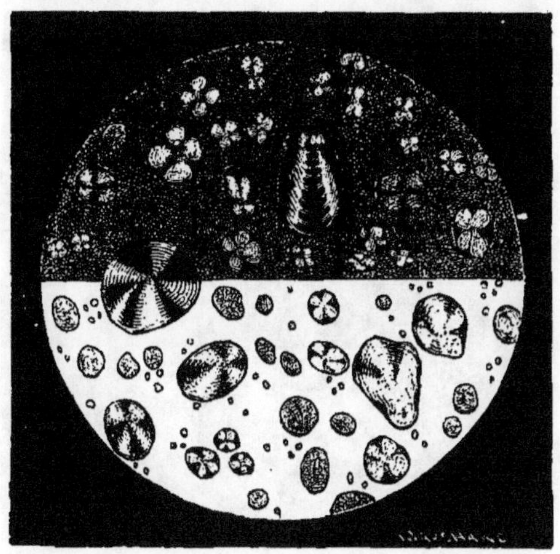

FIG. 80. — Mélange de farine de blé et de fécule de pommes de terre. (Moitessier.)

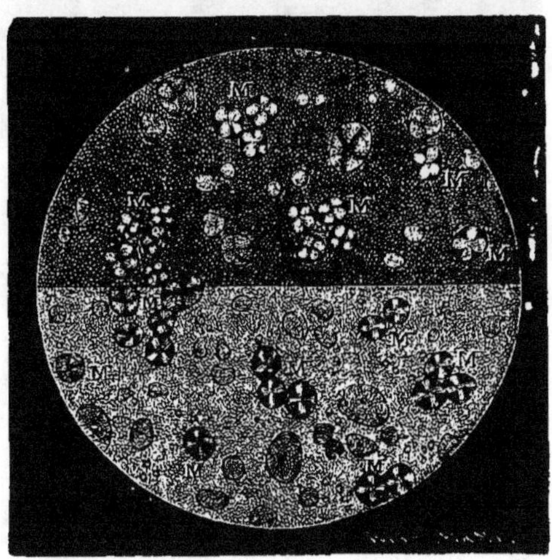

FIG. 81. — Mélange de farine de blé et de farine de maïs. (Moitessier.)

de réfringence entre les fécules et le liquide qui les baigne, il fait usage de glycérine étendue de son volume d'eau.

Les grains de l'amidon de blé ne présentent aucun phénomène appréciable à la lumière polarisée, tandis que les grains de fécule de

pommes de terre présentent une belle croix noire (fig. 80). Les granules
de maïs offrent une croix noire fort obscure dont les quatre branches
s'élargissent sur la circonférence (fig. 81). La farine de haricot offre constamment des points très-brillants, placés dans les quatre segments

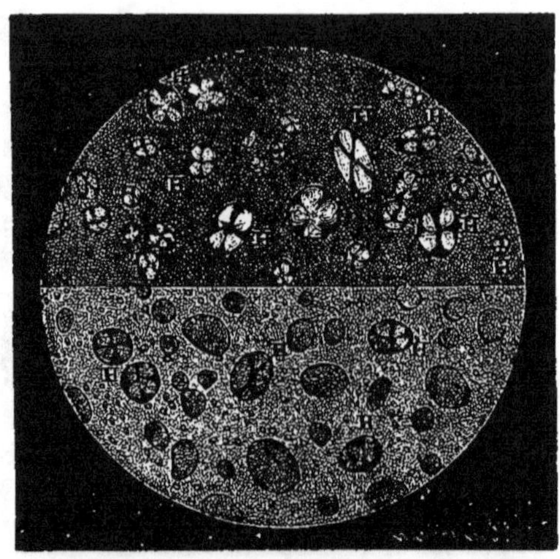

Fig. 82. — Mélange de blé et de farine de haricot. (Moitessier.)

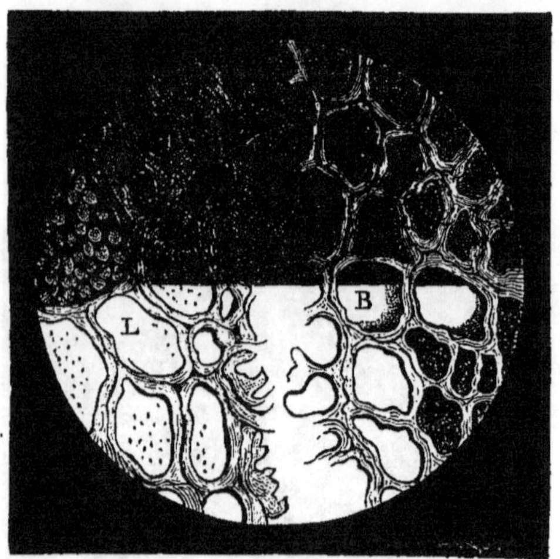

Fig. 83. — L, Tissu réticulé des légumineuses; B, quatrième enveloppe du blé.
(Moitessier.)

d'une croix obscure, et ces points lumineux ne subissent aucune altération si l'on fait rouler les grains, et les croix obscures restent toujours
très-apparentes (fig. 82.) D'autre part, le réseau cellulaire des Graminées (fig. 83) polarise vivement la lumière, tandis que celui des Légumi-

neuses est sans action appréciable et disparaît complétement quand le fond est obscur (Moitessier).

Les farines ont été mélangées de *craie* et de *phosphate de chaux* : la craie est indiquée par l'effervescence qu'y détermine l'acide chlorhydrique, et par le précipité que forme l'oxalate d'ammoniaque dans la liqueur filtrée sur du papier, qui ne contiendrait pas du carbonate calcaire.

Le phosphate de chaux se retrouve dans le résidu de l'incinération d'un poids donné de farine (10 grammes de farine pure ne donnent pas plus de 0,08 à 0,09 de résidu).

On a aussi mélangé aux farines une *terre* blanchâtre pulvérisée qui ne se reconnaissait ni au toucher, ni sous la dent, pourvu qu'on n'en eût pas forcé la dose, mais qui augmentait le résidu de l'incinération.

Les farines ont quelquefois aussi été additionnées de *plâtre* pulvérisé en assez grande quantité ; mais on le sépare par dépôt de l'eau amidonnée, après avoir retiré le gluten par malaxation. On se débarrasse de l'amidon, qui l'accompagne, en formant de l'empois avec une certaine quantité d'eau chaude.

La *poussière d'os* se reconnaîtra au microscope par la structure des cellules osseuses, qui, par l'action d'une solution de nitrate d'argent, prendront une couleur jaune d'or intense : on pourra aussi rechercher la proportion de phosphate de chaux par l'analyse chimique : on pèsera les cendres de la farine, et on les traitera par l'eau qui enlèvera les sels solubles; on ajoutera de l'acide acétique chaud pour séparer le phosphate : on précipitera l'acide phosphorique par l'acétate de plomb, et la chaux par l'oxalate d'ammoniaque ; on recueillera ces précipités, les pèsera et déterminera la quantité des éléments du phosphate.

La présence du *cuivre* a été indiquée dans quelques farines, il provenait sans doute de l'usure de quelques-unes des parties du mécanisme des moulins; mais il n'est pas difficile de reconnaître si une farine contient ou non des parties de ce métal.

L'*alun*, qu'on ajoute aux farines pour les rendre plus blanches, se reconnaît en triturant la farine dans un mortier avec de l'eau distillée ; la liqueur filtrée donne par le chlorure de baryum un précipité blanc insoluble dans l'acide nitrique, et par l'ammoniaque un précipité blanc floconneux, que la potasse en excès redissout. (Voy. PAIN.)

BALA, *Farine de blé adultérée par de la farine de Lathyrus* (*Union pharm.*, 1861, t. II, p. 151). — BIOT (W.), *Sur certains procédés proposés pour constater quelques falsifications des farines céréales* (*Journ. pharm. et chim.*, 3ᵉ série, 1852,

t. XXII, p. 184). — Biot-Wautlet, *Documents scientifiques sur la falsification des farines céréales*, Namur, 1852. — Boland, *Sur l'aleuromètre* (*Bull. de la Soc. d'encourag.*, 1836, p. 707). — Briois (C.-A.), *Sur le gluten et le mélange de différentes farines* (thèse de pharmacie, 1856). — Bussy, *Examen de diverses farines servant à la fabrication d'un pain de qualité inférieure* (*Ann. d'hyg. et de méd. lég.*, 1844, t. XXXII, p. 315). — Chevallier (A.), *Sophistication des farines* (*Ann. d'hyg. et de médec. lég.*, 1853, t. XLI, p. 198; t. XLIII, p. 171; t. XLIX, p. 402). — *Sur l'addition de la fécule dans la farine* (*Journ. pharm. et chim.*, 1829). — Chevallier, Lassaigne et Tardieu, *Accidents déterminés par des aliments de mauvaise qualité; farine mêlée de nielle* (*Ann. d'hyg. et de médec. lég.*, 1852, t. XLVII, p. 350). — Chezeau, *Sur la fécule de pommes de terre mêlée aux farines* (*Journ. pharm. et chim.*, 1829). — Clabaut, *Dissertation sur l'ivraie* (thèse de Paris, 1813; *Ann. d'hyg. et de médec. lég.*, 1853, t. L, p. 183). — Dizé, *Expériences sur la coloration du pain par la graine du Mélampyre et sur les moyens de constater sa présence dans la farine du blé* (*Mém. de l'Acad. de méd.* t. III, p. 341). — Donny, *Note sur le cuivre contenu dans les farines de froment* (*Journ. chim. médic.*, 4e série, 1857, t. V, p. 298). — Donny, Mareska, *Falsifications des farines* (*Journ. pharm. et chim.*, 3e série, 1848, t. XIII, p. 139). — Filhol et Timbal-Lagrave, *Note sur les caractères physiques et la composition chimique de certaines semences qui se trouvent quelquefois mêlées avec le blé* (*Union pharm.*, 1861, t. II, p. 117). — Gaultier de Claubry et Mareska, *Note sur les moyens de reconnaître dans la farine de froment le mélange de substances étrangères* (*Ann. d'hyg. et de méd., lég.*, 1847, t. XXXVIII, p. 151). — Gay-Lussac, *Note sur le mélange de la farine de froment avec d'autres farines* (*Ann. de chim. et phys.*, t. XLV). — Graeger, *Falsification des farines* (*Journ. pharm. et chim.*, 3e série, 1859, t. XXXVI, p. 238). — Irving (J.), *Notice on a form Paralysis of the lower extremities produced by the use of* Lathyrus sativus *as an article of food* (*Indian Ann. of med. scien.*, 1859, t. VI, p. 424). — *Report on a species of pulsy from the use of* Lathyrus sativus *as an article of food* (*Indian Ann. of med. scien.*, 1860, t. VII, p. 127). — Lacassin, *Falsification des farines et du pain* (*Union pharm.*, 1863, t. IV, p. 142), — Lassaigne, *Moyens de constater les propriétés panifiables des farines de froment* (*Ann. d'hyg. et de méd. lég.*, 2e série, 1855, t. IV, p. 84). — Louyet, *Falsification des céréales et recherches sur la proportion relative des éléments inorganiques de ces graines* (*Acad. roy. de méd. de Belgique*, t. XIV, p. 322, 383; *Journ. pharm. et chim.*, 3e série, 1848, t. XIV, p. 355). — Malapert et Bonneau, *Empoisonnement par la nielle des blés dû à la saponine* (*Ann. d'hyg. et de méd. lég.*, 1852, t. XLVII, p. 365). — Mareska, *Note sur les mélanges dans les farines* (*Ann. d'hyg. et de méd. lég.*, 1847, t. XXXVIII, p. 156). — Martens, *Falsification des farines* (*Journ. pharm. et chim.*, 3e série, 1847, t. XI, p. 322). — Maunoury et Salmon, *Coliques saturnines par des farines contenant du plomb* (*Ann. d'hyg. et de méd. lég.*, 2e série, 1863, t. XIX, p. 115). — Moitessier, *De l'emploi de la lumière polarisée dans l'examen microscopique des farines* (*Ann. d'hyg. et de méd. lég.*, 2e série, 1868, t. XXIX, p. 382). — Parisot et Robine, *Essai sur les falsifications que l'on fait subir au pain*, 1840. — Puscher, *Falsification de la farine et de l'amidon avec de la fécule* (*Journ. pharm. et chim.*, 3e série, 1860, t. XXXVII, p. 477). — Rivière, *Mémoire sur l'ivraie* (*Rec. de la Soc. des sc. de Montpellier*, 1729; *Ann. d'hyg. et de méd. lég.*, 1853, t. L, p. 178). — Rivot, *Note sur l'examen des farines et des pains* (*Ann. de chim. et phys.*, 1856; *Journ. pharm. et chim.*, 3e série, 1856, t. XXX, p. 202). — Rodriguez, *Sur le mélange de la farine de froment avec d'autres farines* (*Ann. d'hyg. et*

de méd. lég., 1831, t. VI, p. 199; *Ann. de chim. et phys.*, t. LV, p. 145). — Ruspini, *Moyen de reconnaître l'ivraie dans la farine de froment* (*Journ. pharm. et
chim.*, 3ᵉ série, 1844, t. V, p. 297). — Saint-Pierre et Lepetit, *Quelques faits
pour servir à l'histoire des farines et à celles de leurs falsifications* (*Journ. pharm.
et chim.*, 4ᵉ série, 1845, t. VIII, p. 184).

FARINE DE LIN. — Voy. Lin.

FARINE DE MAIS. — Voy. Maïs.

FARINE DE MOUTARDE. — Voy. Moutarde.

FARINE D'ORGE. — Voy. Orge.

FARINE DE SEIGLE. — Voy. Seigle.

FÉCULE. La *fécule*, ou matière amylacée des plantes, se trouve
surtout dans les semences et les racines, et quelquefois dans les tiges et
les fruits : elle constitue, en général, des poudres blanches ou de couleurs très-claires, qui sont formées par des grains plus ou moins volumineux, mais ne dépassant pas quelques centièmes de millimètres, de
formes variées, mais souvent identiques pour une même espèce. Dans
un certain nombre d'espèces, ces grains présentent des lignes concentriques et entourant un point foncé, le *hile*, qui peut être arrondi ou étoilé.

La fécule est insipide, inaltérable à l'air, insoluble dans l'alcool et
l'éther, inodore quand elle est sèche, prenant quelquefois un peu d'odeur
par la cuisson. Insoluble dans l'eau froide, elle prend, dans l'eau
chaude, une consistance gélatineuse et plus ou moins consistante par
suite de son gonflement et de son hydratation.

Les alcalis à froid exercent sur elle une action analogue, et cette
réaction, qui n'est pas identique pour toutes les sortes de fécule, a été
indiquée pour les différencier. Car la forme des grains modifiés offre
des différences aussi marquées que si l'on examinait les grains non altérés
par le réactif.

La distinction des fécules commerciales peut assez facilement se faire
au moyen du microscope, qui permet de reconnaître leurs formes
caractéristiques. (Voy. Arrow-root, Amidon, Blé, Fécule de pommes
de terre, Sagou, Tapioca, etc.)

Divers autres procédés ont été indiqués pour reconnaître les diverses
fécules entre elles, ainsi que leurs mélanges.

On doit à Gobley le procédé suivant, basé sur les colorations différentes
que prennent les fécules, soumises pendant vingt-quatre heures à
l'action de la vapeur d'iode : on place les fécules dans de petites capsules
sous une cloche avec une capsule contenant un peu d'iode qui se vapo-
rise dans cette atmosphère confinée : il est nécessaire, pour que la

réaction se fasse, que les fécules soient un peu humides. Gobley a obtenu les colorations suivantes :

Amidon	couleur violacée.
Fécule de pomme de terre	gris-tourterelle.
Arrow-root vrai	café au lait clair.
Tapioca vrai entier	tous les grains jaunâtres.
— pulvérisé	chamois.
Sagou blanc entier	quelques grains gris violacé, d'autres jaunâtres.
— pulvérisé	chamois.
Dextrine	pas de coloration.

Il a pu constater, par ce procédé, diverses falsifications : il a obtenu les couleurs suivantes :

Arrow-root vrai avec 1/4 amidon	lilas gris.
— factice	gris-tourterelle.
Tapioca vrai avec 1/4 amidon	violacé.
— factice entier	quelques-uns gris violacé, les autres jaunâtres.
— pulvérisé	chamois.
— avec 1/4 amidon	-violacé.
Sagou blanc avec 1/4 amidon	violacé.
— factice entier	quelques grains gris violacé, les autres jaunâtres.
— pulvérisé	chamois.
— avec 1/4 amidon	violacé.

Mayet a proposé d'avoir recours à l'action d'une dissolution de potasse caustique au 0,25 qui transforme les fécules en des gelées de consistance différente. La fécule de pommes de terre lui a donné une gelée très-épaisse, opaline, qui se solidifie au bout d'une demi-minute ; l'amidon de blé ne se prend en masse, complétement opaque et laiteuse, qu'après plus d'une demi-heure ; l'arrow-root reste liquide et transparent ; la farine de haricots donne un mucilage peu épais, jaune verdâtre et non transparent ; le tapioca donne un mucilage un peu plus épais que la farine de haricots, incomplétement opaque et montrant des parties gon-flées mais non dissoutes.

L'action de la dissolution alcaline, à des degrés divers de saturation, rend en général le hile et les couches concentriques plus distinctes, et a, de plus, pour effet de les faire ressortir dans diverses fécules où ils ne sont pas visibles sans son emploi ; elle peut donc aussi fournir un moyen de distinction utile entre les fécules qu'on classera en fécules montrant normalement le hile et les couches concentriques, fécules ne les indiquant que par l'action du réactif, et fécules chez lesquelles ne se manifeste aucun indice d'organisation (J.-L. Soubeiran).

Les fécules sont souvent chargées d'*humidité* par fraude ; Schleiber a indiqué, pour en reconnaître la proportion, d'en mettre une certaine quantité en contact prolongé (une heure environ) avec l'alcool et de faire vérifier ensuite la différence de densité de l'alcool qui a absorbé l'eau contenue dans la fécule.

Le *féculomètre* Bloch (fig. 84), destiné à évaluer la proportion d'eau contenue dans une fécule, est un tube de verre formé de deux parties de diamètres différents : l'une, inférieure, de 0^m,220 de longueur sur 0^m,016 de diamètre, est fermée par un bout et porte une échelle graduée ; la partie supérieure, de 0^m,180 de longueur sur 0^m,028 de diamètre, sert d'entonnoir, et est fermée par un bouchon de verre. On prend un poids donné de fécule, et l'on détermine par dessiccation la quantité d'humidité qu'elle contient ; puis on pèse 10 grammes de cette fécule, et on les introduit fortement dans le tube avec de l'eau ordinaire de source ou de rivière, on agite et on laisse reposer. Après le repos, on lit le nombre de divisions occupées par la fécule hydratée. Si ce nombre est égal à 76, par exemple, cela indique que la fécule est au titre de 0,76, c'est-à-dire qu'elle contient 0,24 d'eau ; une fécule parfaitement sèche occuperait toute la longueur de la graduation, c'est-à-dire 17^{cc},567 ; or, comme la longueur du tube qui correspond à ce volume a été divisée en cent parties égales, chaque division représente un centième de fécule sèche. La fécule avariée ou falsifiée ne donne pas un dépôt régulier, et alors l'instrument ne peut plus donner la proportion d'eau, mais il fait connaître que le produit essayé est impur ou altéré. (Bloch.)

A l'histoire des aliments féculents se rattache l'indication de divers produits qu'on trouve dans le commerce sous des noms plus ou moins pompeux et qui n'en constituent pas moins des fraudes condamnables, puisqu'ils ne sont, en réalité, composés que par des substances assez communes. C'est ainsi que, sous le nom d'*Ervalenta*, on vend un mélange de farine de lentilles et d'une farine qui a des caractères voisins de celle du maïs et paraît être de la farine d'*Holcus Sorghum*, et que la *Revalenta* n'est qu'un mélange de farines de lentille et d'orge, additionnées de sucre, de sel ou d'une substance ayant le goût de céleri (fig. 84 *bis*). (Hassall.)

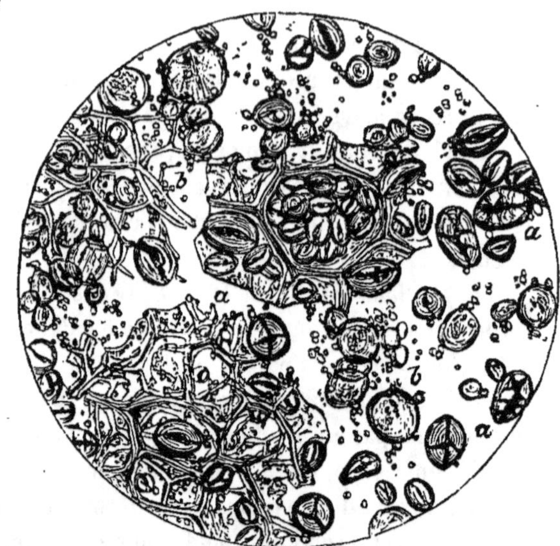

FIG. 84 *bis*. — *Revalenta*. (Hassall.)

BLOCH, *Sur le féculomètre* (*Bull. Soc. d'enc.; Journ. pharm. et chim.*, 4ᵉ série, 1874, t. XIX, p. 374). — GOBLEY, *Distinction des fécules par l'iode* (*Journ. pharm. et chim.*, 3ᵉ série, 1844, t. V, p. 299). — MAYET, *De l'action de la potasse caustique sur les fécules et de son emploi pour les distinguer entre elles et apprécier la proportion de leurs mélanges* (*Journ. pharm. et chim.*, 3ᵉ série, 1847, t. XI, p. 84). —PAYEN, *Note sur la falsification de la fécule* (*Journ. chim. médic.*, 3ᵉ série, 1863, t. VIII, p. 158). — SAUGÈRES, *Études sur les fécules les plus usitées et moyen de reconnaître leurs différentes altérations à l'aide du microscope*, Lille, 1858). — SCHLEIBER (C.), (*Berichte der Deutsch Chem. Ges. in Berlin*, 1869, nᵒ 8). — SOUBEIRAN (J.-L.), *Études micrographiques sur les fécules.* Thèse de pharmacie 1853 (*Journ. pharm. et chim.*, 3ᵉ série, t. 1854, XXV, p. 89, 175).

FÉCULE DE POMMES DE TERRE. La fécule de pommes de terre, extraite des tubercules du *Solanum tuberosum* L. (Solanées), se présente sous forme d'une poudre blanche, brillante et crépitant sous la pression des doigts. Traitée par l'acide chlorhydrique, elle forme une gelée transparente qui diffère de celle de l'arrow-root ; bouillie avec de l'eau et de l'acide sulfurique, elle exhale une odeur particulière et quelque peu désagréable : une solution au 1/4 de potasse à la chaux donne une gelée transparente opaline, très-épaisse et se solidifiant en moins d'une minute (Mayet). L'iode la colore en bleu, mais ses vapeurs lui donnent une teinte gris-tourterelle (Gobley).

L'alcool en sépare une huile désagréable, que ne donne pas l'arrow-root. La chaleur, la diastase et les acides la transforment en dextrine.

Les granules de la fécule de pommes de terre (fig. 85) sont de

FIG. 85. — Fécule de pommes de terre. Grossissement, 240 diamètres.
(Hassall.)

volume très-variable; quelques-uns sont très-petits et arrondis, d'autres sont larges, ovales ou rappelant, par leur forme, celle d'une huître; sur ces derniers on distingue de nombreuses couches concentriques bien distinctes et un hile petit, mais bien net, situé à l'extrémité étroite : on rencontre assez souvent des grains de fécule divisés par une ligne fine en deux parties dont chacune porte un hile, fait qu'on observe quelquefois dans les arrow-root et particulièrement dans la fécule de *Tacca* (Hassall).

La fécule de pommes de terre peut être plus ou moins chargée d'*humidité*, mais les observations de Louyet ont démontré que la fécule commerciale ne doit pas en renfermer plus de 0,18, tandis que la *fécule verte* en contient jusqu'à 0,45.

Quelquefois on a trouvé la fécule mélangée de *fibres broyées*, jusqu'à 0,50, ce qui la rend impropre à être employée dans les distilleries (Dietrich, *Chem. Gaz.*, 1844, t. II, p. 20).

La fécule de pommes de terre peut quelquefois être mélangée avec d'autres fécules, mais l'examen microscopique permet de s'en assurer facilement.

La fécule a été adultérée avec de l'*albâtre*, de la *craie*, de la *terre de pipe*; mais, dans ce cas, la quantité de résidu laissé par l'incinération, dépasse 0,014 et sa nature peut être aisément reconnue par les réactifs.

La fécule de pommes de terre forme la base de produits alimentaires désignés sous les noms d'*arrow-root indigène* et *anglais*.

PAYEN, *Note sur la falsification de la fécule* (*Journ. chim. médic.*, 1832, t. VIII, p. 158).

FER. Le fer est employé en médecine sous la forme de *limaille de fer*, de *fer porphyrisé* ou de *fer réduit par l'hydrogène*.

La limaille de fer, malgré son prix peu élevé, est quelquefois falsifiée, et une poursuite judiciaire a donné la preuve qu'elle avait été mélangée de 0,25 de *verre* et de poussière de *rouille*.

On a aussi constaté, dans le fer en poudre, l'addition d'une *matière* grasse, rance, et susceptible d'être enlevée par l'éther (Laneau).

Le fer en limaille peut contenir du *cuivre*, de l'*acier*, du *zinc*, de la *terre*, de la *sciure de bois*, du *sable*, etc. On en sépare le cuivre au moyen d'un barreau aimanté : mais cela n'est pas toujours possible, car le cuivre peut se trouver entraîné par le fer auquel il adhère. On reconnaîtra la présence du cuivre par l'ammoniaque qui, au contact de l'air, prendra une teinte bleuâtre, tandis que la liqueur restera incolore si le fer est pur. Il vaudra mieux traiter par l'acide nitrique étendu le fer suspecté, puis verser dans la liqueur filtrée un excès d'ammoniaque ; le liquide surnageant sera bleuâtre, pour peu qu'il y ait du cuivre.

La présence du zinc dans la limaille de fer sera indiquée par l'action successive de l'acide sulfurique et de l'acide sulfhydrique : il y aura formation d'un dépôt de sulfure de zinc.

La limaille d'*acier* se reconnaît par l'iode et l'eau : si le fer est pur, il y a dissolution complète sans résidu et formation d'un iodure incolore ; l'acier laissera un résidu composé de carbone et de silicium (Berthier). L'acide sulfurique très-étendu dissoudra tout le fer et laissera un dépôt de carbone et de silicium, s'il y a de l'acier (Boussingault).

Le fer réduit par l'oxygène a été mélangé de *plombagine* : gris noirâtre, étoilé de nombreux points brillants, il donne, dans ce cas, la sensation d'une poudre demi-fine, inégale ; il tache les doigts. L'acide

sulfurique, qui dissoudra le fer, laisse un dépôt de plombagine, 0,14
(Liénart).

LANEAU, *Sur une impureté du fer en poudre* (*Journ. chim. méd.*, 4ᵉ série, 1863,
t. IX, p. 7). — LIÉNART, *Falsification du fer réduit par l'hydrogène* (*Journ. chim.
médic.*, 4ᵉ série, 1859, t. V, p. 602).

FER (Lactate de). Le *lactate de fer*, *lactate ferreux*, est un sel blanc
légèrement verdâtre, cristallisant en cristaux très-petits, et soluble dans
l'eau en une solution qui s'altère promptement au contact de l'air,
tandis que le sel sec ne se modifie pas.

On y a introduit du *sulfate ferreux desséché*; on le lui a aussi substitué,
et Pelletier a indiqué un lactate de fer qui était composé de 0,25 de
sulfate ferreux et de 0,75 de sucre de lait. Le sulfate de fer est décelé
par le précipité blanc et insoluble dans l'acide nitrique, que détermine
dans la solution le chlorure de baryum, et par le précipité blanc verdâtre
(et non brun) qu'y donne l'ammoniaque.

Le *sucre de lait* donne, par l'action de l'acide nitrique, de l'acide
mucique qui forme une poudre blanche, cristalline, insoluble dans
l'alcool, et prenant une couleur rouge cramoisi par l'acide sulfurique
concentré (Louradour). On peut séparer, au moins en partie, le sucre de
lait du lactate au moyen de l'eau, par suite de sa solubilité moindre.

La *fécule* sera séparée au moyen de l'eau, et donnera au sel une teinte
bleue si l'on emploie la teinture d'iode.

FER (Oxydes de). Les oxydes de fer, employés en pharmacie, sont
l'*oxyde noir*, le *peroxyde de fer* et l'*hydrate de sesquioxyde de fer*.

L'*oxyde noir de fer*, *éthiops martial*, *oxyde ferroso-ferrique* est noir,
opaque, insipide, attirable à l'aimant; il contient presque toujours du
peroxyde de fer, qui le rend moins attirable à l'aimant, et qui lui donne
une couleur brun roux : traité par l'acide chlorhydrique, il forme alors,
non plus une solution jaune verdâtre, mais une solution jaune safranée.

On y a constaté la présence d'une certaine quantité d'*oxyde de cuivre*;
pour s'en assurer, il faut dissoudre l'oxyde suspect dans un acide, ajouter
du chlore pour peroxyder l'oxyde, puis verser un excès d'ammoniaque
qui précipite les oxydes de fer et de cuivre, mais redissout l'oxyde de
cuivre : on filtre et l'on recherche le cuivre, soit au moyen d'une lame de
fer décapé, soit par l'hydrogène sulfuré, soit par le cyanure jaune
(Chevallier).

Le *peroxyde de fer*, *oxyde rouge de fer*, *colcothar*, est en poudre
rouge dont la teinte varie suivant sa préparation et son mode d'agrégation,

insipide, inodore et non attirable à l'aimant; il donne avec l'acide chlorhydrique une solution jaune orangée, où les alcalis déterminent un précipité couleur de rouille.

Le peroxyde de fer a été falsifié avec de la *brique pilée*, qu'on reconnaît à son insolubilité dans l'acide chlorhydrique, où elle laisse un dépôt plus ou moins abondant.

L'hydrate de peroxyde de fer, hydrate ferrique, est jaune couleur de rouille ; on l'emploie, soit humide et en bouillie comme contre-poison de l'arsenic (on lui substitue avec avantage la magnésie), soit sec et pulvérulent, *safran de Mars apéritif*, poudre fine, insipide, d'une belle couleur rouge brun.

Il peut contenir de l'*arsenic* provenant de ce qu'on a fait usage, pour sa préparation, de sulfates de fer obtenus au moyen des pyrites.

Il renferme quelquefois du *carbonate de cuivre*, quand on l'a préparé avec du sulfate ferreux cuprifère ; la présence de ce sel se reconnaît en traitant par l'acide sulfurique pour le dissoudre, étendant la liqueur de 15 à 20 grammes d'eau ; on filtre et l'on plonge une lame de fer bien décapé dans le liquide un peu acide et le cuivre s'y dépose rapidement : un excès d'ammoniaque forme un précipité dans la liqueur et celle-ci filtrée conserve une teinte bleue.

Le mélange de *bol d'Arménie*, d'*ocre rouge*, qui se rencontre fréquemment dans le commerce, se reconnaît en chauffant 2 grammes de mélange, 8 à 10 grammes d'acide sulfurique du commerce et 8 à 10 grammes d'eau dans une capsule de porcelaine ; on fait bouillir jusqu'à réduction à moitié du liquide, qu'on verse alors dans 60 à 80 grammes d'eau ; on obtient, par le repos, le dépôt de la majeure partie des matières ajoutées, qui est toujours plus considérable que le faible résidu du produit officinal pur.

Le safran de Mars contient aussi quelquefois des *carbonates de magnésie, de chaux* et *de zinc*, qui proviennent des sulfates ferreux employés, mais qui ne s'y trouvent jamais qu'en faible proportion.

On y trouve aussi fréquemment une quantité plus ou moins grande de peroxyde de fer, jusqu'à 0,50 (Mialhe ; Norbert-Gille).

L'excès d'*eau* est indiqué par la dessiccation à l'étuve, à $+ 100°$, d'un poids déterminé de safran de Mars et par la pesée, faite alors qu'il ne perd plus de son poids.

Calloud, *Falsification du safran de Mars* (*Journ. pharm. et chim.*, 3e série, 1849, t. XVI, p. 57). — Chevallier, *Oxyde de fer contenant du cuivre* (*Journ.*

chim. médic., 4e série, 1855, t. I, p. 391). — NORBERT-GILLE, *Sur les altérations du safran de Mars apéritif* (*Journ. chim. médic.*, 4e série, 1855, t. I, p. 41).

FER (**Sulfate de**). Le *sulfate de protoxyde de fer* ou *couperose verte* est un sel blanc quand il est sec, vert bleuâtre quand il est cristallisé ; il se présente sous forme de prismes rhomboïdaux obliques ; il est soluble dans l'eau, et a une saveur atramentaire ; il est insoluble dans l'alcool.

Le commerce le fournit toujours impur et contenant un excès d'*acide,* du *sulfate ferrique,* de l'*alun,* et des sels de *magnésie,* de *chaux,* de *manganèse* et de *cuivre.* Les couperoses préparées de toutes pièces sont les moins impures.

Les couperoses qui contiennent une trop forte proportion d'*acide* mélangé perdent leur couleur : aussi les fabricants ont-ils l'habitude d'en foncer la teinte avec un peu de noix de galle ou de mélasse : d'où il suit que la teinte des couperoses ne permet pas de préjuger leur pureté.

Les couperoses *cuivreuses* se reconnaissent à ce qu'une lame de fer bien décapé s'y recouvre rapidement d'un enduit de cuivre métallique.

Le *sulfate de peroxyde de fer* détermine dans la solution un précipité de bleu de Prusse, si l'on y verse un peu de cyanure jaune ; du reste, il communique quelquefois une teinte ocreuse, au moins sur certains points, à la couperose verte.

Le *sulfate de zinc* est indiqué par l'ammoniaque en excès versée dans la dissolution de couperose ; on filtre et l'on chauffe pour dégager l'excès d'ammoniaque : il se fait alors un dépôt floconneux d'oxyde de zinc.

Le *sulfate d'alumine* est décelé par l'action de la potasse caustique qui précipite l'alumine de la dissolution, et redissout le précipité si l'on en ajoute un excès.

Le *sulfate de chaux* est précipité de la dissolution de couperose par l'oxalate d'ammoniaque. On s'assurera, après filtration, de l'existence de *sulfate de magnésie* dans la liqueur au moyen du phosphate de soude ammoniacal, qui fournira un précipité cristallin de phosphate ammoniaco-magnésien.

La présence de la *magnésie* se reconnaît par la calcination avec de la potasse caustique, qui donne lieu à la production de caméléon vert.

Comme les pyrites, qui sont employées à la préparation de la couperose verte, sont fréquemment arsénifères, il en résulte que celle-ci contient quelquefois de l'*arsenic*, qui sera nettement indiqué par l'emploi de l'appareil Marsh.

FOIE D'ANTIMOINE. — Voy. ANTIMOINE (Oxydosulfure d').

FOUGÈRE MALE. La fougère mâle, *Nephrodium Filix-mas*, Stremp., a un rhizome formé de plusieurs tubercules oblongs, portés par un axe commun central ; il a une écorce coriace et foliacée, brune, et recouverte d'écailles très-fines, soyeuses et d'un jaune doré; la partie interne, qui est verdâtre à l'état frais, est brune quand elle est désséchée ; son odeur est nauséabonde, sa saveur astringente et un peu amère. Elle donne une poudre verte astringente et un peu aromatique.

On a substitué à la fougère mâle le rhizome de la *fougère femelle*, *Athyrium Filix-fœmina*, Roth, qui n'a pas les mêmes propriétés et qui est plus gros, noir à l'extérieur, à écailles minces, sans matière charnue intérieure et a une saveur amère.

On lui a aussi substitué les rhizomes du *Nephrodium aculeatum*, Roth, dont la souche cespiteuse et les rachis sont chargés d'écailles roussâtres, et ceux de divers *Polypodium* (Timbal-Lagrave).

FRÊNE (Feuilles de). Les feuilles de frêne, *Fraxinus excelsior*, L. (Oléinées), sont composées de folioles glabres, ovales, lancéolées-aiguës, et régulièrement dentées à partir des trois quarts supérieurs.

On leur a substitué les feuilles du *vernis du Japon, Ailanthus glandulosa*, Desf., qui sont très-grandes, ondulées, ovales avec le sommet très-long, inégalement et grossièrement dentées.

On a aussi donné pour des folioles de frêne, les feuilles du *redoul, Coriaria myrtifolia*, L., qui sont ovales ou elliptiques entières avec trois nervures, une médiane et deux latérales, partant toutes trois de la base du limbe de la feuille.

Le plus souvent le commerce fournit les feuilles des *frênes cultivés* qui sont plus grandes, ovales, jamais exactement lancéolées, et dont quelques-unes sont glauques, blanchâtres ou pubérulentes en dessous (Timbal-Lagrave).

TIMBAL-LAGRAVE, *Falsifications des feuilles de frênes* (*Journ. de médecine de Toulouse*, 1854).

FROMAGE. Le fromage est susceptible de s'altérer après un temps plus ou moins long et peut, dans quelque cas, acquérir des propriétés malsaines. Mais il est surtout sujet à être attaqué par des *champignons*, des *acarus* ou des *insectes*. Les productions fongoïdes qui se développent sur le fromage appartiennent pour la plupart au *Penicillium* *glaucum* et lui donnent une couleur verte. On dit que, dans quelques cas, on a cherché à obtenir cette coloration en enfonçant dans la masse du fromage, des épingles pour y déterminer la production d'un sel de cuivre.

Les fromages sont souvent attaqués par la *mite du fromage, Acarus Siro*, L. (Arachnides), qui est quelquefois tellement abondante qu'elle forme une couche épaisse pulvérulente à la surface du fromage.

Il n'est pas rare non plus de trouver dans les fromages *avancés* les larves de la *mouche du fromage, Piophila casei* (Insectes Diptères) ; on a signalé des accidents graves qui avaient été produits par l'emploi d'une solution de *mort aux mouches* (arsenic), pour détruire les vers qui se développent dans les fromages : un fait de ce genre a été signalé aux environs de Montargis, en 1844. Des fromages ainsi *purifiés* donnaient avec l'appareil de Marsh des taches arsenicales.

Dans quelques pays (Auvergne) on a la coutume d'introduire dans la pâte des fromages de la *fécule* ou des *pommes de terre* mondées de leur pellicule, cuites à la vapeur, et incorporées à la masse caséeuse avant sa fermentation ; mais on reconnaît facilement cette addition en faisant bouillir le fromage dans l'eau et en traitant la liqueur par l'iode.

FRUITS. Les *fruits secs*, destinés à la préparation de boissons, ont été mouillés en vue d'en augmenter le poids ; ils perdaient à l'étuve 0,28 au lieu de 0,14 à 0,15.

On a vendu aussi des *figues* trempées dans l'eau, dont elles contenaient 0,15 à 0,20 et qu'on avait enrobées dans la farine pour leur rendre l'aspect marchand.

FULMINATE DE MERCURE. — Voy. MERCURE (Fulminate de).

GALANGA. Le *galanga, Alpinia officinarum*, Hance (Amomées), est formé par des rhizomes cylindriques ramifiés, brun rougeâtre et marqués de franges circulaires. Leur texture est fibreuse et compacte ; leur odeur est forte et aromatique, et leur saveur est chaude et âcre.

Le *grand galanga*, fourni par l'*Alpinia Galanga*, Willd, ne vient plus dans le commerce européen.

On a substitué au galanga le *galanga léger*, qui est moins gros, a une écorce lisse et luisante, d'un rouge jaunâtre et dont la texture est spongieuse ; son odeur est très-faible.

On a quelquefois remplacé le galanga par le *souchet long, Cyperus longus*, L., qui se reconnaît à sa couleur brun noir, l'absence des franges circulaires et sa saveur amère et astringente.

GALBANUM. Le *galbanum* est une gomme-résine fournie par l'exsudation des *Ferula erubescens*, Boiss. et *Schair*, Borc**z**, Ombellifères de la Perse ; il se présente sous forme de larmes agglutinées, molles, poisseuses, jaune verdâtre, très-odorantes, amères et âcres. Il est souvent falsifié avec d'autres matières gommo-résineuses d'un prix inférieur et surtout additionné de matières terreuses.

GARANCE. La *garance* ou *alizari* est la racine du *Rubia tinctorum*, L., (Rubiacées), longue, cylindrique, du volume d'une plume à écrire ; son épiderme est rougeâtre, et recouvre une écorce rouge brun foncé et un méditullium rouge jaunâtre ; sa saveur est amère et styptique.

Le commerce la présente quelquefois en racines entières sèches, et débarrassées de la terre et des impuretés, *garances en branches*, mais plus souvent sous forme d'une poudre de couleur rouge brun, plus ou moins foncée, plus ou moins fine, *alizari*.

La *garance* est l'objet de falsifications nombreuses, en raison de son prix élevé d'une part et de la facilité que présente l'addition à sa poudre de matières pulvérulentes, que l'œil ne peut reconnaître au premier abord. Pour sophistiquer la garance, on l'additionne de matières minérales, telles que de la *brique pilée*, de *l'ocre rouge* ou *jaune*, du *sable* ou de la *terre jaunâtre*, qu'on retrouve dans les résidus de l'incinération. La quantité normale de cendres fournie par des garances pures ne dépasse pas 0,05, et toute quantité supérieure devra être attribuée, soit à une mauvaise préparation, soit à la fraude ; mais dans ce dernier cas l'excès de poids des cendres sera toujours assez considérable et dépassera de beaucoup 0,04 à 0,05.

Quant aux matières végétales pulvérulentes qu'on peut trouver mêlées à la garance, le nombre en est considérable : ce sera de la *sciure de bois* de *chêne*, de *Campêche*, de *santal rouge*, de *Sapan*, de *Brésil*, d'*acajou*, des *coques d'amandes*, du *son*, etc. Un bon moyen de reconnaître ce genre de sophistication est un essai de teinture : pour cela on prend 6 grammes de bonne garance de même marque que la garance suspecte, et 6 grammes de celle-ci : on dessèche au même point les deux échantillons et l'on teint au moyen de chacune d'elles un échantilon de coton (0^m,10) imprimé en mordant de rouge et de noir et bien dégorgé dans un bain de bouse. On place dans un bain-marie des vases de verre dans lesquels on dépose le coton et la garance, pesée avec soin et 0,25 à 0,30 litre d'eau ordinaire à $+ 30°$; on chauffe lentement pour obtenir la température de $+ 75°$ au bout d'une heure et demie, mais sans alternatives de refroidissement : on ajoute alors un excès de sel marin et l'on fait bouillir pendant quinze minutes. On retire les échantillons, les rince à l'eau froide et les fait sécher. Chaque pièce de coton est partagée en deux ; un morceau est conservé tel quel, et l'autre est soumis aux avivages : 1° par un séjour de cinq minutes, dans un bain d'hypochlorite de chaux à 1/4 de degré et à + 35° : on lave avec soin ; 2° on passe dans deux eaux de savon (2^{gr},50 par litre) pendant cinq minutes, l'une à + 40°, l'autre à + 60°, et l'on rince ; 3° on passe dans une eau de savon légère, additionnée de quelques centigrammes de bichlorure d'étain ; 4° on repasse par un nouveau savonnage qu'on commence à + 60° et qu'on pousse jusqu'à l'ébullition. On lave, on rince, on sèche avec soin et l on compare : la garance sera d'autant meilleure qu'elle aura fourni une nuance plus rapprochée de celle donnée par la garance type. La nécessité des avivages est due à ce que les colorations qui seront fournies par des matières mêlées à la garance ne résistent pas, *lâchent* dans les bains de savon et de sel d'étain (J. Girardin).

Pernod (d'Avignon) indique le procédé suivant pour reconnaître les mélanges frauduleux dans les garances et les garancines : il plonge pendant une minute une feuille de papier blanc dans un bain faible de bichlorure d'étain, puis il la pose sur une lame de verre ou sur une assiette, et la saupoudre au moyen d'un tamis de la garance à essayer ; après une demi-heure le papier a pris une teinte légèrement jaune au contact des parcelles de garance, jaune foncé avec le bois de Cuba, violette avec le bois de Campêche, et rouge cramoisi avec le bois de Brésil, etc. Un papier imprégné d'une dissolution ancienne de sulfate de fer et, après dessiccation, d'alcool rectifié et saupoudré de garance, offrira une coloration rouille ou brun clair au contact des parcelles de garance, et des taches d'un bleu noir plus ou moins intense partout où se trouveront des parcelles végétales chargées de tannin (J. Girardin).

On a constaté, à plusieurs reprises, des falsifications opérées sur les garances et garancines en y mêlant des proportions variables d'alizaris déjà épuisés et des résidus de teinture ; mais cette fraude sera indiquée par la recherche de la valeur tinctoriale de la garance.

Thibierge a indiqué d'épuiser par déplacement la garance au moyen de l'alcool à 67° qui en enlève toute la partie soluble, et de traiter le liquide obtenu par l'acétate de plomb : il fait une liqueur titrée avec 1 gramme d'acétate de plomb neutre, dissous dans 200 grammes d'eau, et place cette liqueur filtrée dans une burette graduée de Gay-Lussac.

10 centimètres cubes de la liqueur alcoolique de garance sont traités par la solution plombique, jusqu'à ce qu'il se fasse un précipité dont le poids est proportionnel à la quantité de matière soluble de la garance.

Si la garance a été mélangée de matières étrangères, on peut le reconnaître au moyen d'une solution de 1 partie de protochlorure d'étain dans 100 parties d'eau distillée : on agit sur la solution de 1 partie de garance sur 100 d'alcool à 67°, et l'on obtient les réactions suivantes :

LIQUEUR DE GARANCE.	ACTION DU PROTOCHORURE D'ÉTAIN	
	Au bout de quinze minutes.	Au bout de douze heures.
Garance pure.	Liqueur jaune rougeâtre.	Précipité groseille clair.
75 Garance 25 son.	— orangé trouble.	— orangé.
— coques d'amandes.	— jaunâtre trouble.	— rouge orangé.
— safran.	— rouge groseille.	–- rouge groseillé
— santal.	— rouge clair.	— rouge cerise.
— sumac.	— jaune orangé.	— citron orange.
— quercitrin.	— jaune clair teinté de rouge.	— orange.
— tan.	— plus foncée que la précédente.	— —
— acajou.	— acajou.	— rouge teinté de jaune.
— campêche.	— rouge vineux.	— rouge sale (Thibierge).

On a employé aussi, pour reconnaître la valeur tinctoriale des garances et, par suite, leurs altérations et sophistications, le colorimètre de Houton-Labillardière : on prend deux éprouvettes graduées et remplies, l'une d'une solution de garance type, dont on connaît la richesse en principes tinctoriaux, et l'autre, de la solution de garance suspecte : on compare les nuances en plaçant les éprouvettes dans une boîte fermée et munie d'ouvertures par lesquelles arrivent directement les rayons lumineux et à l'autre extrémité de trous par lesquels on regarde. On compare les nuances et l'on ajoute peu à peu de l'eau à la solution la plus foncée jusqu'à ce qu'on ait obtenu identité complète de teinte : la différence entre les pouvoirs colorants de deux échantillons sera en raison inverse des volumes des liquides (voy. INDIGO).

J. GIRARDIN, *Falsification de l'alizari* (*Journ. pharm. et chim.*, 3° série, 1848, t. XIII, p. 334). — L. HERLAND, *Moyen de constater les altérations frauduleuses de la garance et de ses dérivés* (*Union pharm.*, 1868, t. IX, p. 187). — THIBIERGE, *Recherches sur l'alizarimétrie* (*Journ. chim. méd.*, 4° série, 1863, t. IX, p. 249).

GAYAC (Bois de). Le bois de gayac, *Guajacum officinale*, L. (Zygophyllées), est dur, pesant, avec un aubier jaune et un cœur brun verdâtre ; il a une odeur faible mais s'exaltant par la chaleur ; sa saveur est âcre et prend à la gorge ; il donne une râpure jaunâtre qui verdit à l'air, à la lumière ou par l'action des vapeurs nitreuses.

Ce n'est guère qu'à l'état de râpure que le bois de gayac peut être falsifié au moyen d'autres *bois;* mais, dans ce cas, il ne verdit pas à la lumière et, le plus souvent, sa saveur n'est pas amère. Traité par le chlorure de chaux, le gayac devient rapidement vert, tandis que les autres bois n'éprouvent aucun changement (*Pharm. Journ.*, t. XII, p. 450).

On substitue quelquefois au bois du *Guajacum officinale* celui du *Guajacum sanctum* L. qui est plus pâle, moins lourd et moins dur.

GAYAC (Résine de). La résine de gayac est en masses d'une couleur vert brun ou rougeâtre, ou en morceaux irréguliers jaune grisâtre terne ; elle se brise facilement et sa cassure est brillante. Elle donne une poudre jaune clair ou blanchâtre qui verdit à l'air et à la lumière. Son odeur est balsamique et s'exalte par la chaleur ; sa saveur est âcre, faiblement d'abord, mais prenant ensuite à la gorge. Elle se dissout facilement dans l'alcool et l'éther acétique ; elle est moins soluble dans l'éther sulfurique. Sa dissolution alcoolique est précipitée en blanc par l'eau, en bleu par le chlore et en vert par l'acide sulfurique. Un papier, imprégné de sa dissolution alcoolique, prend une coloration bleue si on l'expose aux vapeurs nitreuses : cette réaction est caractéristique de la résine de gayac. La résine de gayac est insoluble dans l'essence de térébenthine ; aussi l'essence, après avoir été mise en contact avec la résine, ne doit laisser aucune tache après son évaporation sur du papier.

La résine de gayac, qui sert fréquemment à la sophistication des autres résines, est quelquefois adultérée elle-même. On la trouve mélangée de *colophane;* mais l'ammoniaque, qui dissout la résine de gayac, laisse la colophane intacte. Sur un fer incandescent, le mélange donnera une fumée ayant une odeur prononcée de térébenthine.

La présence de la *térébenthine* peut être dévoilée par l'odeur spéciale qui se dégage par l'élévation de la température.

Un autre procédé consiste à ajouter de l'eau à une solution alcoolique du gayac suspecté et à verser, dans la liqueur, qui est devenue laiteuse, assez de solution de potasse caustique pour rendre la liqueur claire : si l'excès de potasse ne détermine pas de précipité, cela indique qu'il n'y a pas de térébenthine, car le guayacate de potasse est complétement soluble dans l'eau, tandis que le sel, formé par l'union de la potasse et de la résine, l'est incomplétement.

On a indiqué aussi le mélange de la résine de gayac avec le résidu de la préparation de l'acide benzoïque par distillation. Projetée sur une plaque de fer incandescente, cette résine exhale une odeur prononcée de benjoin. L'ammoniaque sépare les deux résines et laisse un résidu qui ne diffère pas sensiblement de celui que laisse le benjoin ayant servi à préparer l'acide benzoïque par distillation.

GAZ D'ÉCLAIRAGE. L'ordonnance royale du 27 janvier 1846 oblige les compagnies à livrer le gaz d'éclairage exempt d'hydrogène sulfuré et d'ammoniaque. On reconnaîtra la présence de l'*hydrogène sulfuré* en mettant, au-dessus d'un bec ouvert, un fragment de papier imprégné de sous-acétate de plomb : celui-ci n'aura pas dû prendre une coloration brune ou noire au bout d'une minute d'exposition.

Pour reconnaître l'*ammoniaque*, on opère de la même manière, mais avec une bande de papier imprégné de teinture jaune de curcuma ou de tournesol rougi. Le premier de ces papiers, moins sensible, prend, au contact de l'ammoniaque, une nuance rouge orangé : le papier de tournesol bleuit. Les réactions seront plus sensibles si les papiers ont été un peu humectés.

GÉLATINE. La gélatine est solide, incolore, transparente, inodore, insipide, plus dense que l'eau, dure comme de la corne, fragile quand elle très-sèche, mais flexible, élastique et très-tenace quand elle est humide. Sa solution dépend en général de son mode de préparation et varie du blanc au jaune noir. Sa transparence est variable aussi dans les diverses sortes.

La gélatine ne donne qu'un résidu très-faible par l'incinération, et forme d'abord un charbon très-difficile à incinérer ; comme elle contient quelquefois du *sel* en notables proportions, on retrouvera celui-ci dans les cendres.

Chevreul a signalé la présence de *céruse* dans quelques colles fortes, qui avaient servi d'apprêt à des étoffes de laine : celles-ci prenaient une couleur noire au contact de la vapeur d'eau. Pour s'assurer de la présence du plomb, le meilleur moyen consiste à incinérer la colle forte, traiter les cendres par l'acide nitrique étendu, évaporer à siccité et reprendre par l'eau : la liqueur précipitera en noir par l'acide sulfhydrique et en jaune par l'iodure de potassium et le chromate de potasse.

GENIÈVRE (Essence de). L'essence de genièvre, *Juniperus communis*, L. (Conifères), est blanche, très-fluide, mais elle jaunit un peu avec le temps et s'épaissit un peu : son odeur est térébenthinée ; elle est peu soluble dans l'alcool, et se dissout en toutes proportions dans l'éther anhydre ; sa pesanteur spécifique est 0,911.

Elle est fréquemment mélangée d'*essence de térébenthine* (voy. Es-SENCES), d'*essences d'aspic* et de *lavande*, mais l'odeur particulière de ces dernières essences permet de découvrir facilement la fraude.

GENIÈVRE (Liqueur de). Cette liqueur, qui se fabrique en Hollande avec le malt de seigle et l'orge distillés sur des baies de genièvre, est le plus souvent en Angleterre fabriquée avec un mélange de malt, d'orge, de cassonade qu'on aromatise, non plus avec des baies de genièvre, mais avec de la coriandre, du cardamome, du carvi, des graines de paradis, de la racine d'angélique, du calamus, de la réglisse et des écorces d'orange ; c'est le mélange en proportions variables de ces divers ingrédients qui donne au genièvre sa saveur.

Le genièvre est fréquemment coupé d'une grande quantité d'eau, mais comme cette addition le rend louche en précipitant les principes huileux et résineux que le genièvre contient à l'état de dissolution, les débitants emploient, pour lui rendre sa transparence, de l'alun, du carbonate de soude et quelquefois de l'acétate de plomb : ils versent d'abord la solution d'alun dans la liqueur *baptisée*, puis le sous-carbonate de soude, qui détermine la formation d'un précipité d'alumine; celui-ci, en se déposant, entraîne avec lui les matières en suspension qui donnaient un aspect opalin bleuâtre au genièvre.

On ajoute quelquefois de l'acide sulfurique au genièvre, ce qui lui donne la propriété de *faire la perle*, caractère que les consommateurs considèrent comme étant la preuve d'un genièvre fort.

On additionne souvent le genièvre, qui a été étendu d'eau, de sucre pour lui donner de la douceur, de teinture de poivre de Cayenne, ou de graines de paradis pour lui donner du ton et une apparence de force.

Souvent aussi on lui donne de l'arome au moyen de divers composés, dont la formule varie pour ainsi dire avec chaque distillateur.

Pour reconnaître la proportion d'*eau* dans le genièvre, on peut avoir recours à l'alcoomètre centésimal, à l'ébullioscope, ou dilatomètre alcoométrique, etc. (voy. ALCOOLS) : on peut encore rechercher la présence dans le genièvre des sulfates, qui proviennent des eaux employées à étendre l'alcool.

Le *sucre*, additionné au genièvre, se reconnaîtra par l'évaporation d'un poids donné de la liqueur, qui donnera un résidu de sucre cristallisé, dont il suffira de prendre le poids.

Le genièvre d'ailleurs est sujet aux mêmes fraudes que les eaux-de-vie; mais de plus, on a signalé l'emploi de la coque du Levant, *Cocculus indicus*, pour lui donner plus de montant. Ce principe pourrait être reconnu par la recherche de la picrotoxine (voy. Bière) ou simplement en évaporant une certaine quantité du genièvre, reprenant le résidu par quelques onces d'eau, et plaçant dans cette eau un petit poisson vivant, qui ne tarderait pas à manifester les symptômes de l'empoisonnement par cette substance (Hassall).

GENTIANE. La racine de gentiane, *Gentiana lutea*, L., est grosse comme le pouce, rugueuse, brun jaunâtre en dehors, jaune et spongieuse en dedans. Son odeur est forte et déplaisante, sa saveur très-amère.

Martius dit, dans sa *Pharmacognosie*, qu'on substitue fréquemment aux racines du *Gentiana lutea*, celles du *Gentiana purpurea*, à sillons longitudinaux très-marqués, sans rides transversales et d'une couleur plus foncée à l'intérieur; celles du *Gentiana pannonica*, qui ressemblent beaucoup à celles du *G. purpurea*, et celles du *Gentiana punctata*, qui sont plus jaunes.

On a substitué quelquefois à la gentiane la racine d'*aconit*, *Aconitum Napellus*, L., qui est noirâtre, pivotante et napiforme et a une extrême âcreté; la racine de *belladone*, *Atropa belladona*, L., qui est noirâtre; la racine de *patience*, *Rumex patientia*, L., qui est brune au dehors, jaune en dedans et a une saveur âpre et amère; la racine d'*ellébore blanc*, *Veratrum album*, L., qui est conique, noire en dehors, blanche en dedans et munie de nombreuses radicules, et qui a une saveur douceâtre et un peu amère d'abord, mais devenant bientôt très-âcre.

La poudre de gentiane a été falsifiée par l'*ocre jaune*, et l'on a trouvé jusqu'à 0,50 de cette matière étrangère. On y a aussi mélangé de la poudre de gayac (Houdbine).

HOUDBINE, *Sur la falsification de la gentiane* (*Journ. chim. méd.*, 3e série, 1851, t. VIII, p. 235).

GÉRANIUM (Essence de). L'*essence de géranium* extraite des *Pelargonium capitatum*, Ait., *roseum*, Willd., et *odoratissimum*, Willd., est concrète, cristallisable et odorante; son odeur rappelle celle de la rose, aussi l'a-t-on employée pour falsifier l'essence de rose, mais elle-même a été remplacée ou adultérée par l'essence obtenue par distillation d'une Graminée, *Andropogon pachnodes* de l'Inde. La majeure partie de l'*essence d'Andropogon* se vend dans l'Inde, sous le nom d'essence de rose ; et est elle-même presque toujours sophistiquée par de l'huile de sésame. [Voy. ROSES (Essence de)]. Elle contient quelquefois du *cuivre* ainsi que de l'*alcool* ou de l'huile grasse oxygénée ajoutés par fraude (Jacobsen).

JACOBSEN, *Recherches sur l'essence de géranium* (*Journ. pharm. et chim.*, 4° série, 1872, t. XV, p. 409).

GINGEMBRE. Le gingembre est le rhizome du *Zinziber officinale*, Rosc. (Amomées), qui se présente sous forme de morceaux allon-

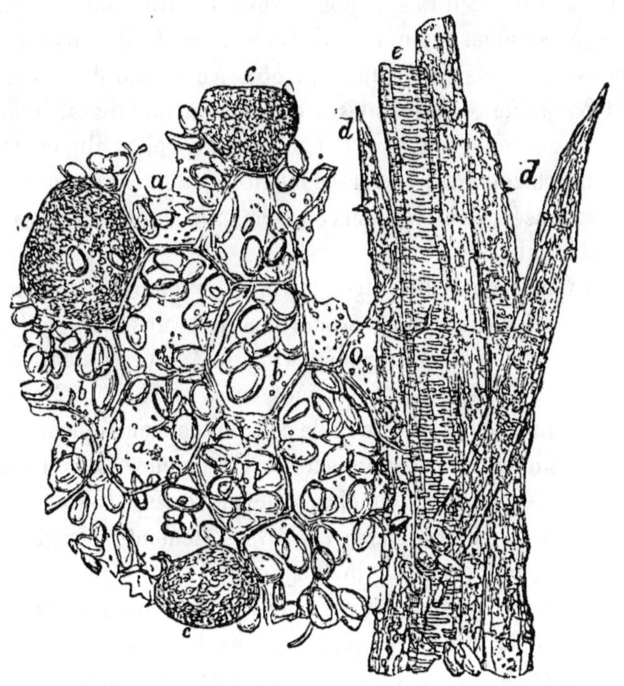

FIG. 86. — Coupe longitudinale du gingembre privé de son épiderme (*).
(Hassall.)

gés, plats, articulés, tantôt couverts d'un épiderme ridé, gris jaunâtre, et offrant sur les parties saillantes une couleur plus foncée, c'est alors le *gingembre* gris ; tantôt dépouillé de cet épiderme, et il est plus aplati, plus ramifié, blanc à l'extérieur comme en dedans, *gingembre*

(*) *aa*, Cellules à fécule ; *bb*, grains de fécule ; *cc*, cellules colorées analogues à celles du curcuma ; *dd*, fibres ligneuses ; *c*, vaisseau ponctué.

blanc. La saveur du gingembre est chaude et brûlante, son odeur forte et camphrée.

Examiné au microscope, le gingembre offre un épiderme constitué par plusieurs couches de cellules larges, anguleuses, transparentes, brunâtres, fortement adhérentes les unes aux autres, et formant une membrane qui, macérée dans l'eau, devient molle et comme gélatineuse. Au-dessous de cette membrane, et y étant disséminés, on trouve généralement des globules huileux de diverses grosseurs, jaune foncé, et quelques cellules également jaune foncé et plus ou moins remplies de matière colorante et de grains de fécule. Quant au rhizome lui-même, il offre surtout des cellules à cloisons minces, transparentes, finement ponctuées et soudées les unes aux autres ; ces fécules contiennent en abondance des grains de fécule (fig. 86). Au milieu d'elles sont d'autres cellules jaunes, semblables à celles déjà indiquées, mais d'une nuance plus claire et tout à fait analogues à celles du curcuma. La substance du rhizome est traversée longitudinalement par des faisceaux de fibres ligneuses, dans lesquels on rencontre deux ou trois vaisseaux ponctués. (Hassall.)

Les grains de fécule du gingembre sont arrondis ou ovoïdes, assez volumineux, mêlés d'une forte proportion de grains très-petits, globuleux, et de quelques-uns intermédiaires qui se présentent sous une forme allongée ; les dimensions varient entre entre $0^{mm},02$ et $0^{mm},06$; ils ne présentent trace ni de hile ni de couches concentriques. Ces grains se gonflent beaucoup sous l'influence de la chaleur, et montrent alors très-nettement le hile et les couches concentriques. (J.-L. Soubeiran.)

La poudre de gingembre offre ces divers éléments désagrégés, plus ou moins brisés, et formant un mélange variable.

Le gingembre est quelquefois passé au lait de chaux pour le blanchir, et, dit-on, pour le préserver des attaques des insectes ; quelquefois aussi, on badigeonne sa surface avec du chlorure de chaux, ou on l'expose aux vapeurs d'acide sulfureux pour le blanchir et lui donner ainsi une plus belle apparence.

La poudre de gingembre est fréquemment adultérée avec de la *farine de sagou,* du *tapioca,* de la *fécule de pommes de terre,* du *riz,* du *poivre de Cayenne,* de la *moutarde,* et du *curcuma ;* dans quelques cas même, le gingembre ne forme que la plus minime partie de la poudre.

Ces diverses sophistications ne sont pas difficiles à reconnaître au moyen du microscope qui montrera les différentes structures de chacune de ces substances. (Hassall.) Le seul cas, qui pourrait offrir quelques difficultés, est celui où l'on aurait employé la fécule du *Curcuma angustifolia*, qui ressemble à celle du gingembre. (Pereira).

GINSENG. Le *ginseng*, *Panax ginseng* (Araliacées), donne une racine très-estimée des Chinois, qui lui attribuent les propriétés réconfortantes les plus puissantes. Il ne vient presque jamais dans le commerce européen, ou on lui substitue presque toujours le *Panax quinquefolium*, plante de l'Amérique du Nord. Il est, du reste, l'objet de sophistications très-nombreuses, même en Chine, où on lui substitue un certain nombre de racines d'*Ombellifères* et de *Campanulacées*, qui s'en rapprochent par leur aspect. Une fraude, très-commune aussi en Chine, consiste à livrer au consommateur du ginseng qui a été desséché après avoir servi déjà.

Le vrai ginseng se présente sous formes de petites racines, longues de 0^m,05 à 0^m,06, opaques, grises ou blanches, à surface très-ridée et sillonnée, et souvent chargées d'une couche pulvérulente blanche ; il s'attaque très-facilement aux vers. Les sortes les plus estimées, celles de la Mandchourie, ont une couleur jaune ambrée, et sont à demi transparentes par suite de leur cuisson dans de l'eau de millet.

On trouve le plus souvent, dans le commerce européen, en place du ginseng, la racine du *Nin-sin*, *Sium Sisarum* (Ombellifères), qui n'est pas odorante, a une saveur moins amère et est moins régulière de forme.

GIROFLE. Le *clou de girofle* est la fleur non encore épanouie du *Caryophyllus aromaticus*, L. (Myrtacées), et récoltée avant la chute de la corolle, qui persiste au-dessus du calice et forme la *tête* du clou. Le commerce en reconnaît plusieurs sortes : le *girofle des Moluques*, d'un brun clair et comme cendré, gras, épais, à quatre angles assez marqués, à saveur âcre et très-aromatique ; le *girofle de Bourbon* plus petit, plus foncé et moins aromatique ; le *girofle de Cayenne*, sec, grêle, noirâtre, moins aromatique encore et de qualité inférieure.

« Le clou de girofle a une structure très-caractéristique : sa partie supérieure ou tête arrondie est formée par les pétales non étalés. Une coupe transversale d'un de ces pétales montre un tissu cellulaire avec de nombreuses lacunes remplies d'huile essentielle et répandues dans toute l'épaisseur de la membrane. La surface du pétale laisse apercevoir, mais d'une manière un peu obscure, les réceptacles, parce qu'ils sont recouverts par les cellules. Une coupe transversale du tube calicinal laisse voir dans le tiers externe de nombreuses et larges cavités, formées par des divisions de réceptacles; plus en dedans sont des faisceaux de fibres ligneuses qui constituent un cercle étroit; puis, plus intérieurement et jusque vers le centre, se voit un tissu formé de nombreuses cellules tubulaires, laissant entre elles de larges espaces. Dans les réceptacles, de même que dans les cellules tubuleuses et leurs lacunes, se trouve une grande quantité d'huile essentielle (fig. 87). Une coupe longitudinale donne une disposition presque semblable des éléments. Les clous de girofle ne contiennent pour ainsi dire pas de fécule.

Les *griffes* ne diffèrent guère des clous dans leur structure, si ce n'est qu'elles sont pourvues d'un épiderme de cellules étoilées. (Hassall.)

On trouve dans le commerce du girofle qui a été mêlé à du *girofle* ayant été *épuisé* de son huile essentielle par la distillation : ce girofle est ridé, peu huileux,

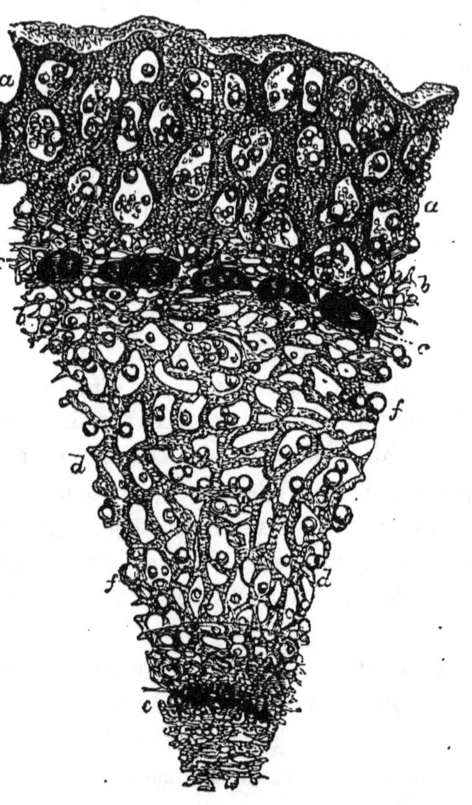

FIG. 87. — Coupe transversale du clou de girofle. Grossissement, 60 diamètres (*). (Hassall.)

se moisit facilement, a une odeur et une saveur presque nulles; il ne laisse plus exsuder de l'essence par la compression de l'ongle. Cette fraude se fait communément en Hollande, où l'on prend quelquefois le soin d'imprégner d'huile les clous de girofle pour leur donner l'aspect du girofle loyal.

Une fraude, qui n'est pas rare non plus, consiste à faire absorber aux clous de girofle, une notable proportion d'*humidité*.

(*) *aa*, Réceptacles d'huile essentielle ; *bb*, tissu cellulaire entourant les fibres ; *cc*, faisceaux de fibres ligneuses; *dd*, tissu lacunaire interne; *e*, partie centrale obscure; *ff*, gouttelettes d'huile.

La poudre de girofle est quelquefois additionnée de celle des *griffes*, mais l'examen microscopique permet de déceler facilement cette sophistication.

GIROFLE (Essence de). L'essence de girofle, obtenue par la distillation des clous de girofle, *Caryophyllus aromaticus*, L., est d'abord incolore et assez fluide, mais elle brunit peu à peu à l'air et prend un peu plus de consistance ; son odeur est pénétrante, sa saveur est âcre et caustique. Très-peu volatile, elle est encore liquide à — 18° ; sa densité varie de 1,055 à 1,060. Elle se colore en rouge par l'acide nitrique en donnant une masse solide brun rougeâtre ; elle se combine très-bien avec les alcalis et les oxydes, ce qui donne un moyen facile de reconnaître sa sophistication par d'autres essences. La solution de chromate de potasse la décompose en entier en flocons bruns et la couleur jaune de la solution est détruite. Elle dissout l'iode avec lequel elle forme un extrait liquide (Qeller).

Il n'est pas rare de recevoir de l'Inde de l'essence de girofle contenant près de moitié de son poids d'une *huile fixe* insipide, huile de sésame (M, Culloch) ; mais le traitement par l'alcool, qui dissout seulement l'essence, donne un moyen commode de reconnaître l'adultération.

Facile à reconnaître par sa composition, l'essence de girofle est, d'autre part, si bon marché, qu'elle n'a guère été falsifiée que par des *huiles fixes* ou par l'*acide carbolique*. Le mélange avec des corps gras, autres que l'huile de ricin, se reconnaît à la solubilité moindre dans l'alcool qui dissout l'essence pure en toutes proportions.

Traitée par six à dix fois son volume de benzine, l'essence pure donne une solution claire ; mais si elle contient de l'acide carbolique, le mélange devient trouble et se sépare : il est à remarquer, cependant, qu'un mélange à parties égales d'acide carbolique, d'essence de girofle et de benzine, donne un mélange clair (Hager). On pourrait séparer l'acide carbolique de l'essence en agitant avec de la glycérine diluée, mais cet effet ne s'obtient que lentement et par un long contact facilité par l'agitation et la chaleur.

Fluckiger indique d'agiter 2 à 10 grammes d'essence avec 500 à 1000 grammes d'eau chaude, laisser refroidir, évaporer à une basse température l'eau, ajouter une goutte d'ammoniaque, puis du chlorure de chaux : s'il y a de l'acide phénique, le liquide prendra une couleur verdâtre passant au bleu et qui sera fixe après plusieurs jours : l'essence pure ne donne pas ce caractère. Ce procédé est très-sensible quand on a pris soin d'évaporer le liquide à une chaleur modérée pour le réduire à un petit volume (*Schweiz. Wochensch. f. Pharm.*, 1870; *Amer. Journ. Pharm.*, nov. 1870).

GLYCÉRINE. La glycérine du commerce ne doit pas être ·modifiée par le nitrate d'argent, l'acide sulfurique, l'oxalate d'ammoniaque, ou par son exposition aux rayons solaires, et ne doit exhaler aucune odeur après ces essais (A.-H. Mason).

Elle est très-rarement pure; elle contient souvent des quantités considérables de *chlorures*, d'*ammoniaque*, d'*acide oxalique*, d'*acide sulfurique*, de *soude*, mais presque jamais la proportion de ces substances est assez forte pour empêcher qu'on emploie la glycérine aux usages médicaux.

Edw. Smith a trouvé dans une glycérine, donnée comme pure, une notable quantité d'un composé sulfuré, qui abandonnait de l'hydrogène sulfuré par la chaleur. (*The Pharmacist*, Chicago, 1872, p. 232.)

La glycérine possède quelquefois des propriétés irritantes, au lieu d'être adoucissantes; Hager a reconnu que, si la glycérine douce est mélangée à volume égal d'acide sulfurique rectifié, SO^5HO, il y a élévation de température et quelquefois, en même temps, une légère coloration brune : le mélange est clair et laisse tout au plus apercevoir quelques bulles d'air produites par l'agitation. Avec la glycérine piquante, il se produit, au moment du mélange avec l'acide sulfurique, un dégagement de gaz clair; ce dégagement recommence par l'agitation, après qu'on a laissé le mélange au repos. Il semble que la glycérine piquante renferme de l'acide formique (Hager).

La glycérine peut contenir de l'*acide formique*, qui s'est formé pendant la purification au moyen de l'acide oxalique et de l'hydrate d'oxyde de bismuth. On s'en assure au moyen d'une solution de nitrate d'argent qu'on chauffe un peu avec la glycérine; il se fait un dépôt d'argent sous forme de poudre noire; on peut encore verser quelques gouttes d'ammoniaque dans la glycérine, puis la solution de nitrate d'argent; le métal se dépose souvent alors sous forme d'une couche éclatante (Hager).

L'addition du *sucre de canne* à la glycérine se reconnaît en chauffant au bain-marie avec deux gouttes d'acide sulfurique concentré : il y aura coloration noire. La *glycose* donnera une coloration noire avec la potasse caustique (Palm., 1863).

La présence du sucre ou de la *glycose* se reconnaîtront en diluant, dans 100 à 120 gouttes d'eau, cinq gouttes de glycérine, et en y ajoutant une goutte d'acide nitrique et 3 à 4 centigrammes de molybdite d'ammonium ; on fait bouillir et, en moins de deux minutes, le liquide prend une couleur vert bleuâtre intense, pour peu qu'il y ait du sucre ou de la glycose (A.-H. Mason).

HAGER, *Glycérine impure* (*Pharm. Central Halle,* n° 13, 1865 ; *Journ. chim. médic.,* 5ᵉ série, 1867, t. III, p. 131). — *Sur la pureté ou l'impureté de la glycérine* (*Pharm. Central Halle,* n° 3, 1867 ; *Journ. chim. médec.,* 5ᵉ série, 1867, t. III, p. 473). — MASON (A.-H.), *Commercial glycerin* (*Pharm. Journ.,* 3ᵉ série, 1873, t. III, p. 813). — *Falsification de la glycérine* (*Journ. chim. médic.,* 3ᵉ série, 1843, t. XV, p. 405).

GOMME ADRAGANTHE. En raison de son prix élevé, la gomme adraganthe, fournie par les *Astragalus verus* et *creticus* (Légumineuses), est sujette à de nombreuses falsifications, et est souvent mélangée avec de la *gomme de Bassora,* de la *gomme de Sassa,* de la *gomme arabique,* ou de la *fécule.*

La *gomme de Bassora* ne se colore pas en violet comme le fait la gomme adraganthe ; d'autre part, si l'on a fait un mucilage d'un mélange de gomme de Bassora et de gomme adraganthe, et, si l'on y ajoute une plus grande quantité d'eau, on voit, après un léger repos, nager dans la masse liquide des particules gélatineuses de gomme de Bassora.

La gomme de *Sassa* est jaunâtre et prend une coloration bleu très-foncé avec l'eau iodée.

Chevallier a signalé l'existence, dans le commerce de Marseille, d'une *gomme adraganthe artificielle* qu'on avait fabriquée avec de la fécule cuite additionnée de farine et à laquelle on avait donné l'aspect de *filets,* en la pressant pour la faire passer à travers les masses d'un tissu ou les trous d'un cylindre ; au contact de l'eau, elle se réduisait en pâte et prenait une coloration bleu foncé par l'eau iodée.

La sophistication par la *fécule* ne peut être indiquée par l'iode qui bleuit également la gomme adraganthe, mais on la décèle par l'action de l'acide sulfurique étendu, à une température de $+ 80°$; il se dégage de l'huile de pommes de terre à odeur caractéristique.

Depuis quelques années on trouve dans le commerce, sous le nom d'*adraganthe d'Afrique,* l'exsudation du *Sterculia tragacantha,* Lindley (Sterculiacées), qui s'en distingue parce qu'elle est plus cassante, ne donne aucune trace d'amidon même avec la lumière polarisée : elle forme, avec l'eau, une gelée épaisse et sans saveur (Fluckiger).

Le mélange de poudre de gomme adraganthe et de gomme arabique donne avec l'eau un mélange beaucoup moins épais ; la solution additionnée de teinture de résine de gayac prend une coloration bleue. La solution aqueuse traitée par l'alcool à 33° présente une teinte opaline, et laisse déposer une masse blanche filamenteuse qui s'attache aux parois du vase. La solution de gomme adraganthe seule donne dans ce cas seulement quelques flocons blanchâtres.

GOMME AMMONIAQUE. La *gomme ammoniaque* est fournie par le *Dorema ammoniacum*, Don (Ombellifères) ; elle est en larmes ou en masses ; les larmes sont d'une couleur cannelle claire, et offrent une cassure unie, brillante, opaque et blanche. Les masses, constituées par des larmes agglutinées, sont dures et cassantes à froid, mais se ramollissent facilement par la chaleur. La gomme ammoniaque a une odeur forte et une saveur amère, âcre et nauséeuse. Elle forme une émulsion avec l'eau.

Il existe encore une autre sorte de gomme ammoniaque, provenant du Maroc et qu'on attribue au *Ferula tingitana*, L.; elle se présente sous forme de larmes d'un blanc de lait ou jaune verdâtre moins dures, moins opaques, peu odorantes et peu sapides. (Hanbury.)

On a trouvé la gomme ammoniaque additionnée de cailloux roulés, gros comme une amande et cassés ; ces cailloux étaient du quartz ménilite jaunâtre, ou rougeâtre, qui avait été englobé dans la masse gommo-résineuse (Ménière).

HANBURY (Dan.), *African ammoniacum, historical notice* (*Pharm. Journ.*, 3° série, 1873, t. III, p. 741). — LEARED (D^r), *Drugs from Morocco* (*Pharm. Journ.*, 3° série, 1873, t. III, p. 621, 684). — MÉNIÈRE, *Nouvelle falsification de la gomme ammoniaque avec les nodules de quartz résinite* (*Répert. de pharm.; Journ. pharm. et chim.*, 4° série, 1872, t. XVII, p. 138). — Moss (J.), *Chemical notes on African ammoniacum* (*Pharm. Journ.*, 3° série, 1873, t. III, p. 742).

GOMME ARABIQUE. La gomme arabique, produite par les exsudations de plusieurs *Acacia*, *A. vera*, Willd., *arabica*, Willd., *Senegal*, Willd., *Adansonii*, Guill. Perrot. (Légumineuses), se présente sous forme de larmes globuleuses, de volume variable, incolores, ou teintes de jaune plus ou moins foncé, à surface souvent opaque par de nombreuses fentes, à intérieur transparent ; la gomme est cassante, a une saveur mucilagineuse ; elle se dissout dans l'eau, et sa solution est précipitée par le tannin, le sous-acétate de plomb et l'alcool.

On substitue quelquefois à la gomme arabique diverses autres sortes, mais elles s'en distinguent aisément par leurs caractères.

La *gomme de Barbarie, Acacia gummifera*, Willd., est en larmes irrégulières, blanc terne ou verdâtre, imparfaitement transparente, ou en morceaux oblongs, elle est toujours salie par une poussière grise ; très-tenace sous la dent, elle se dissout imparfaitement dans l'eau ; elle donne 2,597 de cendres.

La *gomme de Djedda, Acacia tortilis*, Forsk., et *Acacia Ehrenbergii*, Hayne, est dure, tenace, diversement colorée, vitreuse ; elle se gonfle dans l'eau et n'y donne presque pas de mucilage ; elle donne 2,169 de cendres.

La *gomme de Bassora, Acacia leucophlœa*, Roxb., est irrégulièrement contournée, brune ou jaunâtre, médiocrement transparente, presque insoluble dans l'eau, où elle se gonfle beaucoup et forme une gelée non cohérente.

La *gomme nostras* (*Cerasus* et *Prunus*) est en morceaux agglutinés, luisants, transparents, très-colorés, rouges ordinairement, salis par des impuretés ; peu friable, elle se dissout imparfaitement dans l'eau et y forme un mucilage assez consistant.

La gomme arabique contient fréquemment du *Bdellium*, qui a une saveur amère et âcre : il est insoluble dans l'eau ; il se présente sous forme de larmes transparentes, recouvertes d'une poussière blanchâtre, et moins transparentes que la gomme ; sa cassure est terne et cireuse.

La *gomme de Caramanie* est en grains de grosseur variable, atteignant le volume d'une châtaigne ; sphérique ou vermiculée, elle est brun rouge, sans odeur, se gonfle beaucoup dans l'eau, et donne un mucilage peu cohérent.

La *gomme de l'Inde* est moins transparente que la gomme arabique, sa surface est moins fendillée, plus brillante et mamelonnée ; le mélange avec la gomme de l'Inde se reconnaît en mêlant 2 grammes de gomme avec 4,92 d'eau froide, et en abandonnant le mélange au repos : il se fait un magma épais, transparent, tenace et insoluble dans une grande quantité d'eau (Lebœuf et Duménil).

Le mélange de fécule à la gomme pulvérisée se reconnaît par l'eau qui dissout la gomme et laisse déposer la *fécule*, que l'on colore en bleu par l'iode.

Hager a observé une gomme arabique en petits grains, qui avait été sophistiquée avec de la *dextrine*. (*Pharm. Centr. Halle*, p. 101, 1873.)

La *craie*, le *sable* et la poussière qu'on y mélange quelquefois sont également insolubles et forment un résidu qui fait effervescence par les acides pour la première de ces substances.

Leboeuf et Duménil, *Note sur une gomme que l'on trouve dans le commerce et qui est vendue comme gomme arabique (Journ. pharm. et chim.*, 4ᵉ série, 1867, t. VI, p. 270).

GOMME-GUTTE. La gomme-gutte est le suc gommo-résineux du *Garcinia Morella* (Guttifères) ; elle forme des magdaléons cylindriques, brun jaunâtre au dehors, jaune rougeâtre en dedans, dont la cassure est nette, brillante, mais opaque. Elle est friable et donne une poudre d'un jaune pur ; elle a une saveur faible d'abord, puis très-âcre et strangulante ; elle s'émulsionne facilement avec l'eau, avec une couleur jaune magnifique ; elle ne renferme pas d'amidon ; elle est soluble dans l'éther, l'alcool et l'ammoniaque liquide.

On trouve aussi dans le commerce des gommes-guttes de qualité inférieure, dont la couleur est d'un jaune moins vif, et qui s'émulsionnent difficilement.

La gomme-gutte a été falsifiée avec de la *fécule*, qu'on reconnaît par la solution au moyen de l'éther, de façon à dissoudre la gomme-résine et à séparer le résidu qui prend une coloration bleue par l'iode.

Le mélange de la gomme-gutte avec diverses *résines* est indiquée par la difficulté ou l'impossibilité d'obtenir une émulsion avec l'eau.

GOMME KINO. — Voy. Kino.

GRAISSE DE PORC. — Voy. Axonge.

GRENADIER (Écorce de). L'écorce de la racine de grenadier, *Punica granatum*, L. (Granatées), est gris jaunâtre ou cendré en dehors, jaune en dedans, cassante, non fibreuse ; elle a une saveur astringente, sans amertume ; elle bleuit par le sulfate de fer ; son macéré est jaune brun et précipite abondamment par la gélatine ; mouillée, elle laisse une trace jaune sur le papier.

L'écorce du tronc, qu'on lui substitue quelquefois, s'en distingue par les lichens qu'elle porte à sa partie externe et qui sont bien visibles à la loupe.

L'écorce de grenadier, examinée au microscope (fig. 88), offre un périderme à cellules épaissies et irrégulières ; puis au-dessous une couche parenchymateuse d'épaisseur variable, formée de cellules polyédriques et à parois minces ; les plus internes de ces cellules contiennent de la fécule ; les autres paraissent vides. La zone libérienne, très-développée par rapport à la couche parenchymateuse, est formée de cellules

.polyédriques arrondies qui contiennent chacune une masse cristalline d'oxalate de chaux, et d'autres allongées, qui renferment de la fécule. Ces deux sortes de cellules sont disposées en assises alternantes. Le tissu libérien est parcouru par quelques rayons médullaires et offre de loin en loin des fibres isolées, très-épaisses, à lumen étroit et radié. (Cauvet.)

L'écorce de la racine a quelquefois été remplacée par l'écorce de *buis*, qui est amère, sans astringence, est blanche extérieurement, et ne donne pas de précipité par le sulfate de fer.

On lui a quelquefois aussi substitué l'écorce d'*épine-vinette*, *Berberis vulgaris*, L., qui est d'un jaune uniforme sur toutes ses faces, a une cassure fibreuse, une saveur amère, mais non austère, et qui colore la salive en jaune : elle ne précipite pas par la gélatine, ne noircit pas par le sulfate de fer et donne, avec l'acétate de plomb, d'abord un léger trouble, puis, plus tard, un précipité jaunâtre, sans que la liqueur soit décolorée.

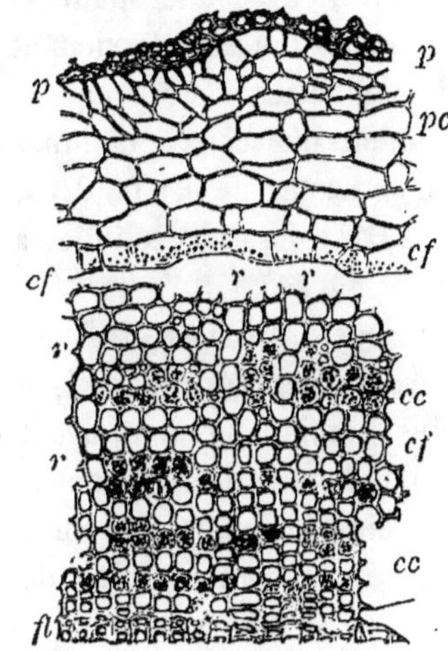

Fig. 88. — Coupe transversale de l'écorce de la racine de grenadier (*). (Cauvet.)

L'écorce du *mûrier*, *Morus nigra*, est jaune fauve, fibreuse, tenace, a une odeur nauséabonde et une saveur sucrée, puis fade et mucilagineuse ; son macéré précipite en gris par l'acétate de plomb, et en jaunâtre par le bichlorure de mercure (Rigaut-Verbert).

GRUAU. Le *gruau* est formé par des grains de céréales et surtout d'avoine, privés de leur partie corticale. Sa structure a été indiquée à l'article AVOINE.

Ce produit, d'un usage beaucoup plus fréquent en Angleterre que chez nous, est souvent mélangé des *débris* de l'enveloppe et contient même quelquefois du *son* provenant de la mouture des autres céréales.

On le trouve fréquemment aussi mélangé avec de l'*orge* aux époques où la valeur commerciale de cette céréale est moindre (Hassall). On y a aussi rencontré du *riz*, du *maïs* (Calvert).

(*) *p*, Périderme; *pc*, parenchyme cortical; *cf*, cellules à fécule; *cc*, cellules à cristaux; *r*, rayons médullaires; *fl*, fibres ligneuses.

GUANO. Le guano, formé par l'accumulation des excréments d'oiseaux qui ont vécu aux âges préhistoriques, forme des couches puissantes dans quelques îles de la côte péruvienne. Il se présente sous forme d'une poudre sèche, jaune grisâtre, tachetée de blanc, ayant une forte odeur ammoniacale ; quelquefois il est brun ou grisâtre, avec une odeur en quelque sorte musquée ou fétide. Au feu, le guano noircit en exhalant une fumée blanche et une odeur fortement ammoniacale. Sa composition est presque identique avec celle des excréments d'oiseaux aquatiques et de basse-cour : il est riche, non-seulement en azote, de 0,10 à 0,16, mais aussi en phosphates terreux, de 0,17 à 0,22, ce qui explique sa valeur comme engrais.

Le guano est l'objet de sophistications nombreuses, aussi est-il nécessaire de ne jamais en faire l'achat, sans l'avoir examiné et soumis à l'analyse chimique. On doit le choisir le moins humide possible, ayant une saveur piquante et salée très-prononcée : il doit offrir de nombreuses concrétions qui s'écrasent sous les doigts, noircir et exhaler une forte odeur ammoniacale quand on le chauffe et ne pas contenir plus de 0,02 de sable et de matières terreuses.

En raison même de la fréquence de ces sophistications, la Compagnie péruvienne a pris la coutume de marquer les sacs d'un plomb spécial, mais les fraudeurs ont imité ce plomb avec un art déplorable (Bobierre), et, par conséquent, il faut prendre le plus grand soin en vérifiant ce signe, qui devait être un garant de la pureté du produit.

L'excès d'*eau* modifie les propriétés physiques du guano ; il est cependant à remarquer qu'on paraît avoir constaté que les bons guanos, en poudre sèche, perdent généralement plus de leur poids, par la dessiccation au bain-marie, que les guanos falsifiés.

Le mélange de *sciure de bois*, qui ne se fait que très-rarement, se reconnaîtrait en projetant l'engrais dans de l'eau saturée de sel marin ou dans l'eau ordinaire : la sciure surnage et le guano se précipite au fond.

Le mélange du guano avec de la *craie*, du *plâtre*, du *sable*, ou des *coprolites*, est plus commun, mais, dans ce cas, le poids d'une quantité donnée est plus considérable que celui du guano pur : on estime qu'un litre de guano pur pèse de 624 à 778 grammes, soit en moyenne 696 grammes, tandis que le poids moyen des guanos falsifiés est de 792 grammes. D'autre part, les guanos purs brûlent avec flamme, se boursouflent un peu, restent cohérents, et ne donnent guère plus de

0,35 de résidu, tandis que les guanos falsifiés brûlent sans flamme ou avec une petite flamme, ne se boursouflent pas et donnent un résidu en quantité variable, mais toujours plus considérable que 0,35. La cendre du guano pur est jaune-serin au moment de l'incinération, mais elle devient blanche par le refroidissement : elle est cohérente, a une saveur salée, sans arrière-goût alcalin ; l'incinération, au rouge vif, est accompagnée de fumées.

On a vendu, sous le nom de *guano*, un mélange d'argile jaune, de poudre de guano péruvien et de grosses mottes de guano bien intactes destinées à ôter tout soupçon à l'agriculteur. L'analyse a démontré qu'il ne contenait qu'environ 0,08 d'azote (Bobierre).

On a proposé divers moyens pour reconnaître la valeur du guano, mais le meilleur consiste dans l'analyse chimique et dans le dosage de l'ammoniaque. (Voy. Noir d'engrais.)

On peut calciner un peu de guano dans un creuset de platine : on doit avoir environ 0,02 d'une cendre blanc nacré.

Le guano, pulvérisé et projeté sur une dissolution saturée de sel commun, laissera flotter, sur le liquide, les matières légères, *tourteaux* tamisés et *déchets de laine*, qui auront servi à le falsifier.

Nesbit a conseillé le moyen suivant : Remplir d'eau un flacon bouchant à l'émeri et d'une contenance d'environ 195 grammes et en prendre le poids avec une balance sensible, ou mieux lui faire contre-poids en plaçant sur l'autre plateau de la balance de la grenaille de plomb ou du sable ; vider le flacon et y verser 113 grammes du guano à essayer, ajouter de l'eau peu à peu, agiter, laisser reposer et chasser toute l'écume par une addition d'eau, boucher hermétiquement, bien essuyer le flacon et replacer sur le plateau de la balance ; ajouter 43 grammes sur l'autre plateau : si la bouteille est plus lourde, on peut soupçonner la falsification du guano ; si, après l'addition de 5 à 6 grammes, le flacon est plus lourd, il y a falsification certaine (Bobierre).

Le procédé de Melsens consiste à traiter un gramme de guano par un quart de litre de liqueur de chlorure de chaux. On place dans un flacon surmonté d'un tube qui plonge dans une cuve à eau au-dessous d'une cloche renversée pour recevoir les gaz qui s'échappent de l'appareil : quand le dégagement a cessé, on constate la quantité des gaz, et plus on obtient de gaz, plus le guano est riche.

GUIMAUVE (Racine de). La racine de guimauve, *Althæa officinalis*, L. (Malvacées), est offerte par le commerce dépouillée de son épiderme : elle est blanche, charnue, plus ou moins fibreuse, offre une odeur faible spéciale et a une saveur mucilagineuse, un peu sucrée.

On couvre quelquefois, dit-on, la racine de guimauve de *chaux* en poudre, en vue de la blanchir, mais l'alcali la jaunit. Aussi emploie-t-on plutôt, dans ce but, la *craie*, qu'on reconnaît par la macération dans l'acide acétique et en traitant la liqueur par l'oxalate d'ammoniaque.

HARICOTS. On donne, à l'automne, aux haricots vieux et qui n'ont plus de valeur, l'apparence de haricots frais, en les trempant dans l'eau tiède pendant toute une nuit, ce qui les fait gonfler : pour les rendre lisses, on les jette dans l'eau bouillante et on les y maintient quelque temps ; puis, avant qu'ils soient refroidis, on les plonge dans l'eau fraîche et on les ressuie dans des couvertures de laine. Ces haricots doivent être vendus dans la journée, car ils éprouvent rapidement une fermentation putride (*Ann. d'hgg. et de méd. lég.*, 1844, t. XXXII, p. 64).

HOUBLON. Les cônes de houblon, *Humulus Lupulus*, L. (Cannabinées), doivent leur propriété amère et tonique au *Lupulin*, qui se développe sur les ovaires et les écailles, et forme une poussière jaune. On trouve quelquefois dans le commerce des houblons qui ont été privés de la majeure partie de leur lupulin au moyen du tamisage, de façon à avoir d'une part la matière active et, d'autre part, les cônes devenus presque inertes : ces cônes sont vendus aux pharmaciens et herboristes (Stan. Martin).

On a aussi quelquefois rencontré des houblons déjà épuisés et provenant des brasseries : ces houblons sont saupoudrés avec de la fleur de soufre, sous le prétexte que cette addition est nécessaire à leur conservation, tandis qu'elle ne peut être qu'un inconvénient dans la fabrication de la bière, par l'acide sulfurique qui la contamine souvent (Desmigny).

On a constaté en Angleterre que les balles de houblon contenaient souvent des matières étrangères, telles que la *coque du levant*, des *graines de Paradis*, du *quassia*, du *chiraïta*, de la *gentiane*, et de la *camomille :* on y a même reconnu la présence de *tabac* épuisé (G. Philipps. Hassall).

STAN. MARTIN, *Houblon officinal, son altération* (*Bull. de thérap.*, t. XLVII, p. 288).

HOUILLE. La *houille*, fréquemment aussi nommée *charbon de* *terre,* est du charbon qui provient de la décomposition d'immenses amas de végétaux fossiles.

Elle est d'un noir brillant, quelquefois irisée, quelquefois grisâtre, opaque, insipide, et à cassure éclatante ; sa densité varie de 1,16 à 1,40. Elle donne par calcination en vases clos des produits gazeux et un résidu charbonneux qu'on nomme *coke,* et dont la qualité varie suivant les houilles.

Les houilles ont été distinguées en 1° *houilles sèches* (densité 1,892), de couleurs généralement plus claires que les houilles grasses, tirant sur le gris d'acier ; elles ont une cassure plutôt conchoïdale que feuilletée ; elles brûlent avec difficulté sans se gonfler, en ne s'agglutinant que très-peu, et en donnant un résidu abondant de coke fritté. Comme elles contiennent souvent des pyrites, elles exhalent alors en brûlant une odeur sulfureuse prononcée ; elles sont, dans ce cas, impropres au travail des hauts fourneaux, mais peuvent être employées dans les fourneaux à reverbère ; houilles de Mons, d'Anzin.

2° *Houilles maréchales* (densité 1,298) ayant un éclat particulier qu'on nomme *œil de perdrix;* leurs fragments se soudent pendant la combustion et forment la *voûte;* elles donnent un coke boursouflé, et par leur distillation une huile bitumineuse, *coal-tar;* houilles de New-castlle, de Saint-Étienne, d'Alais.

3° *Houilles grasses,* d'un noir vif (densité 1,279 à 1,335), généralement feuilletées, formées de petites couches, les unes très-éclatantes, spéculaires, à cassure conchoïdale, brûlant avec belle flamme et grande chaleur, les autres ternes, schisteuses, noires, tachant les doigts, et brûlant avec une petite flamme. La proportion de ces parties influe sur la qualité des houilles ; Flénu de Mons, houille du Staffordshire.

4° *Houilles maigres,* d'un noir moins vif que les houilles grasses, plus légères ; elles s'allument très-facilement et brûlent avec une flamme très-longue, sans agglutination et sans changement de forme des fragments : à la distillation elles donnent beaucoup de gaz, mais leur résidu noir et peu cohérent ne peut servir de coke. On les emploie surtout comme générateurs de vapeurs et pour les industries de grille, qui exigent de la flamme. Houilles de Blanzy, du Lancashire (Le Play.)

Une des fraudes auxquelles la houille est le plus sujette, comme le charbon de bois, s'exerce sur le *poids* et surtout sur le *mesurage,* de telle sorte que l'acheteur ne reçoit pas la quantité qu'il a payée. Les moyens les plus ingénieux sont du reste mis en pratique pour assurer le succès de la fraude.

Les houilles sont quelquefois *mouillées* avant livraison pour en augmenter le poids, et on peut leur faire absorber jusqu'à 0,10, et 0,50 de leur poids d'eau.

Le mélange de *pierres noires*, de *terre*, etc., se pratique aussi communément dans le commerce de la houille.

HUILES FIXES ou GRASSES. Les *huiles fixes* ou *grasses* sont extraites, pour la plupart, des végétaux, des graines plus ordinairement, par expression, soit à froid, soit à chaud : quelques-unes proviennent de divers organes des poissons et sont obtenues par expression ou par liquéfaction.

La consistance des huiles est très-variable ; les unes sont liquides, les autres solides ; elles sont en général constituées par de l'*oléine*, et de la *stéarine* ou de la *margarine* : il semble que lorsque l'oléine prédomine, la fluidité des huiles est plus grande. Souvent inodores, les huiles ont des saveurs généralement douces, mais différentes pour les diverses sortes et des couleurs très-variables. Leur pesanteur spécifique varie de 0,900 à 0,961, aussi surnagent-elles l'eau. Par l'abaissement de la température, les huiles se congèlent en masses plus ou moins solides ; si on les soumet à une élévation de température, elles ne sont pas modifiées, et commencent à bouillir vers $+ 300°$ à $+ 320°$ et alors elles commencent à se décomposer.

Les huiles sont insolubles dans l'eau, très-solubles dans l'éther : toutes, excepté les huiles de ricin, de ben et de Croton tiglium, sont insolubles dans l'alcool. Elles se mêlent bien aux essences et dissolvent les matières résineuses, le soufre, le phosphore et le camphre.

Comme les huiles sont très-dilatables par la chaleur, il en résulte que les quantités, fournies à la mesure par le débitant, peuvent être différentes suivant les variations de la température.

Les huiles fixes laissent sur le papier une tache qui le rend translucide et qui ne disparaît pas par la chaleur. Leur action sur le papier de tournesol est nulle.

On distingue les huiles : en *siccatives*, qui, par l'absorption de l'oxygène, deviennent épaisses, poisseuses et finissent par se solidifier en couches minces et transparentes (*huile d'œillette, huile de lin*), et en *huiles non siccatives* qui ne sèchent pas à l'air et rancissent sans se solidifier (*huile d'olive, huile d'amandes douces*).

Maumené a proposé de distinguer les huiles siccatives de celles qui ne le sont pas au moyen du dégagement de la chaleur produite par l'action de l'acide sulfurique : On verse dans un verre à expérience 50 grammes d'huile ; on plonge dans l'huile un thermomètre, et quand celui-ci a indiqué la température, on verse 10 centimètres cubes d'acide sulfurique à 66° R.; on mêle les liquides, en agitant le thermomètre et l'on constate l'élévation de la température : celle-ci est de 42° pour l'huile d'olive, de 74°,5 pour l'huile d'œillette. On pourra suspecter toute huile d'olive, pour laquelle on constatera une élévation de plus de 42°.

Les huiles siccatives mélangées aux huiles fixes sont indiquées en faisant arriver de l'acide nitreux dans l'eau sur laquelle on a placé l'huile à essayer : les huiles siccatives, telles que l'huile de pavot, forment des gouttelettes à la surface, tandis que les huiles non siccatives sont converties en élaïdine cristallisée (Wimmec). (Voy. PARFUMS.)

La distinction des huiles végétales et animales peut être donnée par l'action différente que le chlore exerce sur elles ; il peut déceler la présence des huiles animales dans les huiles d'œillette et de colza : en effet, si celles-ci ont été mélangées d'huile de poisson, elles prendront une coloration noire, si l'on y fait passer un courant de gaz chlore (Fauré). On peut aussi reconnaître ces mélanges par l'éther, qui dissout complétement les huiles végétales pures, et qui donnera une liqueur lactescente par solution incomplète, s'il s'y trouve des huiles animales.

Au contact de l'air, les huiles absorbent de l'oxygène et rancissent, aussi est-il nécessaire de les conserver dans des vases clos dans un lieu frais et à l'abri du contact de l'air.

Le *cuivre*, qui peut provenir des vases dans lesquels les huiles auraient séjourné, se reconnaît par l'agitation de l'huile avec deux fois son poids d'acide nitrique ; l'acide séparé donne par l'ammoniaque une belle couleur bleue :

Le *plomb*, qui est le plus souvent dû à ce que les huiles ont été conservées dans des vases de ce métal, se reconnaît aussi par l'action de l'acide nitrique : on neutralise la liqueur acide par la potasse, et l'on traite, soit par l'acide sulfhydrique, soit par l'iodure de potassium ou le chromate de potasse, qui donnent un précipité noir dans le premier cas, jaune pour les deux derniers réactifs.

Pour déceler les falsifications des huiles on a indiqué de nombreux procédés.

L'odeur, développée par l'évaporation de l'huile à la chaleur, peut donner de bonnes indications, mais n'est pas suffisante.

Le point de congélation pour les huiles liquides, celui de fusion pour les matières grasses solides, peuvent aussi guider pour reconnaître les mélanges; car les diverses huiles offrent ces phénomènes à une température fixe pour chacune d'elles. Les commerçants emploient ce procédé pour reconnaître le mélange d'huile d'œillette dans l'huile d'olive : en effet, cette dernière, plongée dans la glace pilée, se fige complétement; elle est incomplétement figée quand elle est mélangée d'un peu d'huile d'œillette, et elle ne se solidifie plus si elle renferme un tiers d'huile d'œillette : ce procédé ne donne pas des résultats bien précis. Le tableau suivant indique le point de congélation des corps gras les plus usités :

	POINTS DE CONGÉLATION.		POINTS DE CONGÉLATION.
Huile d'olive............	+ 2° C.	Beurre de coco........	+ 26°.
— de baleine........	+ 1° à + 2°.	Graisse de porc........	+ 26° à 31°.
— de navette.......	— 3°,25.	Huile de palme récente.	+ 27°.
— de colza.........	— 6°,75.	— — ancienne.	+ 32° + à 31°.
— d'arachide.......	— 7°.	— de laurier......	+ 30°.
— d'amandes douces.	— 10°.	Beurre de vache.....	+ 36°.
— de faîne.........	— 17°.	Suif de bœuf.........	+ 38°.
— de cameline.....	— 18°.	— de mouton.......	+ 46°.
— d'œillette.......	— 18°.	Beurre de cacao.....	+ 50°.
— de ricin........	— 18°.		
— de lin..........	— 27°,6.		
— de chènevis.....	— 26°,7.		

Pour reconnaître les mélanges d'huiles différentes, Donny a proposé de colorer, avec de l'orcanette, l'huile à essayer et d'en introduire une petite quantité, au moyen d'une pipette, dans une autre huile pure. Si l'huile colorée est plus dense, la goutte gagne le fond du vase; si la densité est égale, l'huile ne tend ni à monter ni à descendre; si elle est plus légère, la goutte monte à la surface.

Les différences de densité des huiles ont servi à en spécifier les diverses sortes et à reconnaître leurs mélanges, et plusieurs appareils ont été proposés dans ce but.

L'*élaïomètre Gobley* est un véritable aréomètre qui donne, à + 12,5, le degré 0 dans l'huile de pavots (D. 0,9288) et le degré 50 dans l'huile d'olive pure (D. 0,9153) : chaque division de l'instrument représente 1/50 d'huile d'olive pure : il faut donc diviser approximativement par

2 pour avoir les centièmes ; l'emploi de cet instrument donne d'assez bonnes indications pour le mélange de ces deux huiles. L'élaiomètre peut aussi être employé pour reconnaître les mélanges d'huile blanche avec l'huile d'amandes douces ; celle-ci marque 38° à l'instrument quand elle est pure ; comme l'huile d'olive et celle d'œillette, elle se dilate de 3°,06 par chaque degré centigrade au-dessous de 42°,5. (Salleron.)

L'*oléomètre Lefebvre* est un densimètre qu'on peut utiliser aussi pour prendre la densité à froid, c'est-à-dire à + 15°. Cet instrument est un aréomètre à réservoir cylindrique très-grand et à tige très-longue : celle-ci porte une échelle graduée qui indique les densités comprises entre 8000 et 9400, limites entre lesquelles sont renfermées les densités des diverses huiles du commerce. Comme, pour la facilité de la lecture des chiffres, on a supprimé le premier et le dernier des quatre chiffres, il faut, l'observation faite, faire précéder le chiffre lu de 9 et faire suivre d'un 0 ; ainsi l'huile de sésame, donnant 25, il faudra lire 9250 de densité, ce qui équivaut à 9^{kil},25 pour l'hectolitre ou 9^{hect},25 pour un litre. Sur le côté gauche de l'échelle et en face de la densité, on a tracé une ligne d'une couleur assez rapprochée de celle que prend chaque espèce d'huile sous l'influence de l'acide sulfurique concentré. Comme il est nécessaire d'opérer à + 15°, il faut faire une correction au chiffre obtenu à d'autres températures, et faire usage de tables dressées à cet effet.

Le tableau suivant, dressé par Lefebvre, à l'aide de son oléomètre, donne la densité à + 15° des huiles commerciales, celle de l'eau étant 10 000 :

HUILES.	DENSITÉ.	POIDS DE L'HECTOLITRE. kil.	POIDS DU LITRE. gr.
Huile du corps de cachalot.	8,840	88,40	884
— de suif ou oléine....	9,003	90,03	900,3
— de colza d'hiver.....	9,150	91,50	915
— de navette d'hiver...	7,154	91,54	915,4
— — d'été. ...	9,157	91,57	915,7
— de pieds de bœuf....	9,160	91,60	916
— de colza d'été.......	9,167	91,67	916,7
— d'arachide..........	9,170	91,70	917
— d'olive.	9,170	91,70	917
— d'amandes douces...	9,180	91,80	918
— de faîne..........	9,207	92,07	920,7
— de raisin..........	9,210	92,10	921
— de sésame........	9,235	92,35	923

HUILES	DENSITÉ.	POIDS DE L'HECTOLITRE.	POIDS DU LITRE.
		kil.	gr.
Huile de baleine filtrée....	9,240	92,40	924
— d'œillette..........	9,258	92,53	925,3
— de chènevis.........	9,270	92,70	927
— de foie de morue....	9,270	92,70	927
— — raie....	9,270	92,70	927
— de cameline........	9,282	92,82	928,2
— de coton..........	9,306	93,06	930,6
— de lin............	9,350	93,50	935

Le *diagomètre Rousseau* (fig. 89) peut aussi être employé avec avantage : il consiste en une petite pile sèche, formée de disques métalliques

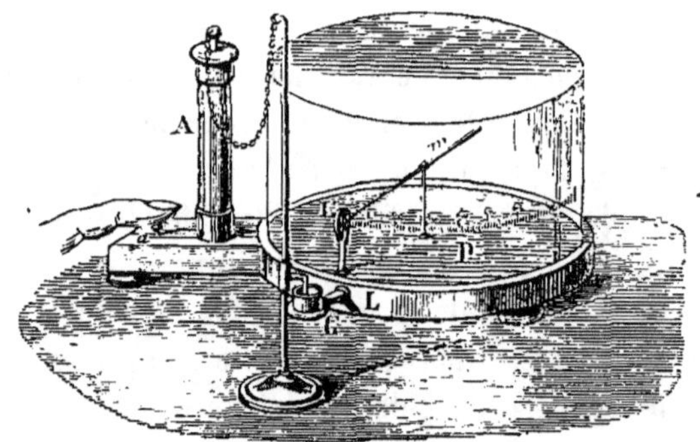

FIG. 89. — Diagomètre de Rousseau.

très-minces, cuivre et zinc, alternés avec des disques de papier : elle agit sur une aiguille aimantée, libre sur un pivot et placée sous une cloche en regard d'un cercle gradué dont le 0 répond au plan du méridien magnétique. Au repos, cette aiguille correspond donc au 0 ; mais, si on la met en contact avec la pile au moyen d'un disque de cuivre, l'aiguille se meut en raison de la force qui agit sur elle ; mais la déviation sera amoindrie par l'interposition entre l'aiguille et le disque d'un corps peu conducteur de l'électricité. Or, l'auteur de l'instrument a reconnu que l'huile d'olive conduit l'électricité 675 fois moins bien que les autres huiles végétales, et qu'il suffit d'ajouter 2 gouttes d'huile de faîne ou d'œillette à 10 grammes d'huile d'olive pour quadrupler son pouvoir conducteur. Mais cet instrument a l'inconvénient de ne fonctionner régulièrement que si la couche d'huile, traversée par le courant, a toujours la même profondeur et le même diamètre ; il faut aussi tenir

(*) P, Plateau circulaire ; *m*, aiguille aimantée ; LL', tige de laiton ; G, godet, A, pile sèche, *a*, bouton de communication du pôle négatif avec le sol.

compte de la quantité d'oléine renfermée dans l'huile d'olive, celle-ci conduit très-bien l'électricité et d'autant mieux qu'elle sera en plus grande quantité ; il y a aussi à considérer que l'huile d'olive non humide ne donne pas les mêmes indications que si elle contient de l'humidité. Or, on sait que les huiles offrent une grande variété dans leur constitution, et, par conséquent, le *diagomètre* ne peut pas toujours donner des indications suffisamment précises.

Le procédé de Calvert consiste à faire usage d'une solution de potasse caustique d'une densité de 1,340, dont il mêle un volume à cinq volumes d'huile, et à observer les différences de coloration et de fluidité. On examine aussi l'action de l'acide sulfurique aux diverses densités de 1,475, 1,530, 1,635 ; on observe ensuite l'action de l'acide nitrique aux densités de 1,180, 1,220 et 1,330 ; l'acide phosphorique sirupeux a donné à Calvert un réactif excellent des huiles de poissons, qui prennent une coloration rouge et passent rapidement au noir.

Le mélange d'acide sulfurique et d'acide nitrique brunit presque toutes les huiles, excepté celles d'œillette, d'olive et de noix. Par l'action successive de l'eau régale (composée de 25 part. acide chlorhydrique et 1 vol. acide nitrique) et d'une dissolution de soude caustique, Calvert a obtenu des réactions très-nettes, mais qui n'apparaissent guère qu'après l'application de la soude. Le tableau ci-contre fait connaître les réactions obtenues par le procédé Calvert.

La coloration des diverses huiles, sous l'influence de certains réactifs, a été utilisée pour les distinguer et peut fournir de bonnes indications, à la condition de bien saisir certaines nuances qui sont assez fugaces.

Sous l'influence de l'acide sulfurique concentré, les diverses huiles prennent des colorations différentes ; aussi Heydenrech et Lefebvre ont-ils proposé l'emploi de ce caractère pour reconnaître les substitutions des huiles ; on obtient avec :

Huile d'arachide.....	teinte jaune grisâtre.
— de cameline....	teinte jaune, puis orangée.
— de chènevis....	teinte émeraude marquée.
— de colza.......	auréole bleu verdâtre.
— de coton.......	teinte jaune avec des stries jaunes au centre.
— de faîne.......	auréole gris sale, puis verdâtre, avec des stries jaunes au centre.
— de lin.........	teinte rouge brun passant rapidement au brun noir.
— de navette......	teinte gris sale.
— d'olive........	teinte jaune prononcée, devenant progressivement verdâtre.
— de sésame......	teinte rouge vif.

Réactifs.	Olive.	Noix d'Inde.	Navette.	Pavot.	Noix.	Sésame.	Ricin.	Chanvre.	Lin.	Saindoux.	Pied de bœuf.	Baleine.	Huile de foie de morue.
Soude caustique à densité 1,340.	Jaune léger	Blanc léger.	Blanc jaunâtre sale.	Blanc jaunâtre sale.	Blanc jaunâtre sale.	Blanc jaunâtre sale.	Blanc.	Blanc jaunâtre solide.	Jaune liquide.	Blanc rosé.	Blanc jaunâtre sale.	Rouge foncé.	Rouge foncé.
Acide sulfurique à densité 1,475.	Teinte verte	id.	»	»	Brunâtre.	Teinte verte	»	Vert intense.	Vert.	Blanc sale.	Teinte jaune.	Rouge léger	Pourpre.
Acide sulfurique à densité 1,530.	Blanc verdâtre.	Blanc sale.	Œillet.	Blanc sale.	Gris.	Blanc verdâtre sale.	Blanc sale.	id.	Vert sale.	id.	Blanc brunâtre sale.	Rouge.	id.
Acide sulfurique à densité 1,635.	Vert léger.	Brun léger.	Brun.	»	Brun.	»	»	id.	Vert.	Blanc léger.	Brun.	Brun intense.	Brun intense.
Acide nitrique à densité 1,180.	Verdâtre.	id.	»	»	Jaune.	Jaune orangé.	»	Vert sale.	Jaune.	»	Jaune léger.	Jaune léger.	»
Acide nitrique à densité 1,220.	id.	id.	»	Jaune orangé.	Rouge.	Rouge.	»	Brun verdâtre.	id.	»	id.	»	»
Acide nitrique à densité 1,350.	id.	id.	»	Rouge.	Rouge foncé.	Rouge foncé.	»	Brun verdâtre sale.	Vert devenant brun.	Jaune très-léger.	Brun léger.	Rouge.	Rouge.
Soude caustique à densité 1,340.	Masse blanche liquide	Masse blanche solide.	Masse blanche liquide.	Masse rosée liquide.	Masse rouge solide.	Masse rouge liquide surnageant un liquide brun.	Masse blanche fibreuse.	Masse brune fibreuse	Masse jaune liquide.	Masse liquide.	Masse blanche fibreuse.	Masse liquide.	Masse liquide.
Acide phosphorique sirupeux.	Vert léger.	»	id.	»	Jaune brun.	»	»	Vert.	Vert brun jaunâtre.	»	»	Rouge foncé.	Rouge foncé.
Acides sulfurique et nitrique.	Jaune orangé.	Orange pâle	Brun foncé.	Jaune léger	Brun foncé.	Vert tirant sur le rouge.	Rouge brunâtre.	Vert devenant noir.	Vert devenant noir.	Brun.	Brun foncé.	Brun foncé.	Brun foncé.
Eau régale.	»	»	id.	»	Jaune.	Jaune.	»	Vert.	Jaune verdâtre.	»	Jaune léger	Jaune léger.	Jaune.
Soude caustique à densité 1,340.	Masse blanche liquide	Masse blanche solide.	Masse blanche jaunât. fibreuse.	Masse rose intense liquide.	Masse orangé fibreuse	Masse orangé liquide surnageant liquide brun.	Masse fibreuse rose pâle.	Masse fibreuse brunâtre.	Masse fluide orange.	Masse fluide œillet.	Masse fibreuse jaune brunâtre	Masse liquide jaune orangé.	Masse liquide jaune orangé.

Mais, comme ce procédé est sujet à ne pas donner toujours des nuances aussi tranchées par suite des différences que présentent les huiles suivant leur provenance, leur ancienneté, le mode d'extraction, il ne faut pas lui accorder une confiance absolue, surtout dans les cas de mélange. Aussi Marchand, Calvert, Maumené, ont-ils proposé d'autres procédés qui donnent de meilleurs résultats.

L'acide sulfurique, saturé de vapeurs nitreuses, a été aussi indiqué par Roth comme déterminant dans les diverses huiles commerciales et leurs mélanges des colorations très-caractéristiques (Schutzenberger).

L'action de l'acide hyponitrique a permis à F. Boudet de distinguer les diverses huiles par leurs diverses colorations et par le temps nécessaire à leur solidification :

	COLORATION IMMÉDIATE APRÈS LE CONTACT AVEC L'ACIDE.	TEMPS NÉCESSAIRE POUR LA SOLIDIFICATION.
Huiles d'olive	vert bleuâtre	73 minutes.
— d'amandes douces	blanc sale	160 —
— — amères	vert foncé	160 —
— de noisettes	vert bleuâtre	103 —
— de noix d'acajou	jaune soufre	43 —
— de ricin	jaune doré	603 —
— de colza	jaune brun	2,400 —
— d'œillette	un peu jaune	»
— de faîne	rose	»
— de noix	rose	»

Par l'action de l'acide hypoazotique, F. Boudet a pu aussi reconnaître les mélanges frauduleux de l'huile d'olive avec l'huile de pavot et l'huile de faîne. L'huile d'olive, 100 parties, est mélangée avec 3 parties d'acide hyponitrique à 35° et 1 partie d'acide azotique ; on note le moment du mélange, on agite bien, on laisse à une température de $+ 10°$, et l'on observe le moment où l'huile est assez épaissie pour qu'on puisse renverser le vase sans altérer le niveau de la surface : l'essai fait sur l'huile suspecte donnera la solidification quarante minutes plus tard, s'il y a 0,01 d'huile de pavot, quatre-vingt-dix minutes après, s'il y en a 0,255, beaucoup plus tard encore s'il y en a une plus forte proportion. Mais E. Soubeiran et Blondeau ont observé que les résultats varient avec chaque variété d'huile.

Le procédé Poutet par l'azotate de mercure est plus sûr : ce sel est préparé avec mercure, 8 parties, et acide nitrique à 38°, 7 parties 1/2 : 8 grammes du réactif et 96 grammes d'huile mélangés dans un flacon et agités de dix minutes en dix minutes pendant deux heures et demie, sont ensuite laissés en repos, à une température constante peu élevée. L'huile d'olive pure se concrète en trois à quatre heures en hiver, six à sept en été, et offre une surface lisse et blanche. Si la solidification ne se fait pas ou n'est pas complète après six à sept heures, c'est qu'il y a mélange : la surface congelée est en chou-fleur, quand il y a 0,04 d'huile de graine ; l'huile a la consistance mielleuse avec un mélange de 0,10 : si la proportion est plus forte, une quantité plus ou moins grande d'huile surnage. Il est nécessaire d'employer de l'azotate de mercure récemment préparé et d'attendre vingt-quatre heures avant de se prononcer sur la *qualité de l'huile.*

Behrens a reconnu qu'un mélange à poids égal d'acide sulfurique et d'acide nitrique du commerce colore un poids égal d'huile de sésame en vert-pré foncé, l'huile d'olive en jaune clair, l'huile d'amandes en rose fleur de pêcher, et modifie peu l'huile de ricin ; le mélange de 0,10 d'huile de sésame donne la coloration verte à toutes ces huiles (*J. Pharm. et Chim.*).

Fauré, de Bordeaux, a indiqué, pour reconnaître les diverses huiles, de les soumettre à l'action de l'ammoniaque liquide et de l'acide hyponitrique.

| | AMMONIAQUE | | ACIDE HYPONITRIQUE | |
	COULEUR	CONSISTANCE ET ASPECT	COULEUR	Temps nécessaire à la solidification.
Huile de ricin indigène	Blanc de lait	Peu épais, très-unis.	Jaune.	9 h. 45 m.
— exotique	id.	id.	id.	10 45
— d'amand. douces	Blanches.	Épais, très-unis.	Vert pâle.	2 48
— amères	id.	id.	id.	2 50
— de noisettes....	id.	id.	id.	2 52
— d'olive surfine...	Jaunâtre.	Épais, unis.	Blanc verdâtre	0 56
— ordinaire.	Jaune.	id.	id.	1 4
— d'œillette......	Jaune pâle.	Peu épais, grenus.	Jaune clair.	»
— de lin.........	Jaune foncé	Épais, unis.	Rose pâle.	»
— de noix	Blanc gris.	Épais, grenus.	Jaune clair.	»
— de chènevis	Jaune.	id.	Jaune.	11 36
— de colza.......	Blanche.	id.	Jaune pâle.	5 54
— de navette.....	id.	id.	id.	6 15
— de cameline....	Jaune.	Peu épais, grenus.	Jaune.	»
— de moutarde ...	id.	Épais unis.	Jaune foncé.	7 20
— de baleine	id.	id.	Jaune.	5 18
— de morue......	Jaune foncé	Épais, grenus.	Orange.	»
— de sardine.....	Orange.	id.	Orange foncé.	»

Pénot a proposé de faire usage d'une solution saturée à froid de bichromate de potasse dans l'acide sulfurique pour reconnaître les mélanges d'huiles, et a indiqué les diverses colorations des huiles par ce réactif.

Welz a indiqué l'emploi du perchlorure d'antimoine (densité 1,345), concentré au bain-marie en consistance sirupeuse, pour faire l'essai des huiles : Il met dans un tube d'essai $0^m,02$ à 0,03 c. d'huile, y ajoute quelques gouttes du réactif, et agite pour bien mêler. Les *huiles de navette*, d'*œillette*, le *suif* et le *blanc de baleine* prennent rapidement une teinte foncée, augmentent de consistance, et il se fait, au fond du tube, une couche de solution de chlorure de couleur jaune verdâtre. L'*huile d'olive* forme une émulsion blanchâtre qui prend bientôt à la lumière une coloration vert foncé : il n'y a pas d'élévation sensible de la température. L'*huile de coton* devient brun-chocolat avec production de beaucoup de chaleur : l'épaississement est assez considérable pour que le tube puisse être renversé sans que l'huile s'écoule. L'*huile de pieds de bœuf* prend une coloration rosée, puis elle se fonce, et s'épaissit avec élévation de température. Le chlorure, avec l'*essence de térébenthine*, donne lieu à une violente réaction et à un dépôt de masse résineuse jaune.

L'*acide oléique*, ou *huile de suif*, mélangé aux huiles, leur donne la propriété de rougir le papier de tournesol.

La présence des *acides gras* est indiquée par la rosaniline, dont un fragment ne colore pas l'huile neutre chauffée au bain-marie, mais donne, dès qu'il y a de l'acide oléique ou que l'huile est rance, une couleur rouge pâle dont la teinte est en rapport avec la rancidité ou la quantité d'acide oléique (Jacobsen).

L'hydrate de chaux détermine dans les huiles de ricin et d'abricot un coagulum plus ou moins épais, soluble dans les huiles grasses, mais s'en séparant par le refroidissement et qu'on peut retenir sur un filtre : ce qui permet de distinguer ces huiles de celles d'olive, d'arachide et d'amandes : on décèle ainsi 0,01 (S. Nicklès, *Bull. Soc. Industr.*, de *Mulhouse*, 1860).

Schneider a mélangé l'huile grasse suspectée de contenir de l'*huile de rave*, avec deux fois son volume d'éther, et y verse 20 à 30 gouttes d'une solution alcoolique concentrée de nitrate neutre d'argent : on porte à l'obscurité, après avoir fortement agité, et il se fait bientôt deux couches dont l'inférieure se colore en brun par suite de la production de sulfure d'argent.

La présence de l'*huile de résine* se reconnaît en agitant vivement
avec dix fois le volume d'alcool à 0,83, filtrant la couche blanche qui se
forme au-dessus de l'huile et évaporant dans une capsule ; l'alcool se
dégage et il reste l'huile de résine qui peut être pesée (Jungst).

BEHRENS, *Falsification des huiles* (*Journ. pharm. et chim.*, 3ᵉ série, 1852,
t. XXIV, p. 351). — CALVERT (CR.), *Sur la falsification des huiles* (*Journ. pharm.
et chim.*, 3ᵉ série, t. XXV, p. 448). — DONNY, *Essai des huiles* (*Journ. pharm. et
chim.*, 3ᵉ série, t. XLVI, p. 369 ; *Union pharm.*, 1864, t. V, p. 246). — FAURÉ,
Examen analytique et comparatif des huiles fixes (*Journ. chim. méd.*, 4ᵉ série,
1860, t. VI, p. 368). — GIRARDIN, PERSON et PREISSER, *Rapport sur l'oléomètre Laurot*
(*Journ. pharm. et chim.*, 3ᵉ série, 1842, t. II, p. 397). — GOBLEY, *Sur l'élaiomètre* (*Journ. pharm. et chim.*, 3ᵉ série, 1843, t. IV, p. 285 ; t. V, p. 67). —
HEIDENREICH, *Falsification des huiles du commerce* (*Rev. scient.*, 1842, p. 230). —
JACOBSEN, *Sur un moyen de reconnaître la présence des acides gras libres dans les
huiles* (*Journ. pharm. et chim.*, 4ᵉ série, 1845, t. VII, p. 33). — JUNGST, *Sur
les huiles grasses falsifiées avec l'huile de résine* (*Polytech. Journ.*, t. CLVI,
p. 388 ; *Journ. pharm. et chim.*, 2ᵉ série, 1862, t. XLI, p. 445). — LAPPARENT (DE),
Des moyens de constater la pureté des principales huiles fixes (*Mém. de la Soc.
imp. de Cherbourg*, t. III, p. 213). — LIPOWITZ, *Analyse de l'huile d'olive et de
l'huile d'amandes douces falsifiées avec l'huile de pavots* (*Journ. chim. méd.* 3ᵉ série, 1849, t. VI, p. 316). — MAILHO, *Moyen de reconnaître le mélange d'une huile
de semences de crucifères avec une autre huile de graines et de fruits* (*Journ. pharm.
et chim.*, 3ᵉ série, 1855, t. XXVIII, p. 111). — MARCHAND, *Essai des huiles comestibles* (*Journ. pharm. et chim.*, 3ᵉ série, 1853, t. XXIV, p. 267). — MASSIE, *Méthode pour reconnaître facilement les huiles grasses* (*Journ. pharm. et chim.*,
4ᵉ série, 1870, t. XII, p. 13). — MAUMENÉ, *Analyse des huiles au moyen du dégagement de chaleur produit par l'acide sulfurique* (*Journ. pharm. et chim.*, 3ᵉ série, 1854, t. XXV, p. 210). — J. NICKLÈS, *Sur la falsification de l'huile d'amandes
douces par l'huile d'abricots et sur les moyens de la reconnaître* (*Bull. de la Soc.
industr. de Mulhouse ; Journ. de pharm. et chim.*, 1868, t. VII, p. 343). —
PIERRE (IS.), *Élaiomètre Berjot* (*Soc. d'agric. et du comm. de Caen*, 1859). —
SCHNEIDER, *Moyen de reconnaître le mélange de raves dans les autres huiles grasses*
(*Bull. de la Soc. d'encourag.*, mai 1862 ; *Chem. Centralblatt*, 1861, p. 750 ;
Journ. pharm. et chim., 3ᵉ série, 1864, t. XLI, p. 96). — SCHUTZENBERGER, *Nouveau réactif pour l'essai des huiles commerciales* (*Union pharm.*, 1864, t. V, p. 187).
— WELZ (I.), *Essay of oils* (*Chem. Amer. ; The Chemist and Drugg*, déc. 1873,
p. 440). — WIMMEC, *Procédé pour découvrir l'huile de pavots ou d'autres huiles
siccatives dans l'huile d'amandes douces ou l'huile d'olive* (*Répert. de pharm.*,
1862, p. 287 ; *Journ. pharm. et chim.*, 3ᵉ série, 1862, t. XLII, p. 590).

HUILE DE BELLADONE. — Voy. BELLADONE.

HUILE DE CADE. L'huile de cade, fournie par la *Juniperus oxyce-
drus*, L. (Conifères), est fréquemment adultérée avec du *goudron* ordinaire et de l'*huile de genévrier ordinaire*.

HUILE DE CAMOMILLE. L'huile de camomille est souvent
remplacée dans les États de l'ouest de l'Amérique du Nord, par 0,10

d'essence de fleurs de *matricaire* dissoute dans l'huile d'olive (*Amer. Journ. of Pharm.*, 1872, p. 189.)

HUILE DE CHÈNEVIS. — Voy. CHÈNEVIS.

HUILE DE CIGUE. — Voy. CIGUE.

HUILE DE COLZA. — Voy. COLZA.

HUILE DE FOIE DE MORUE. — Voy. MORUE.

HUILE DE LAURIER. — Voy. LAURIER.

HUILE DE LIN. — Voy. LIN.

HUILE DE NAPHTE. — Voy. NAPHTE.

HUILE DE NAVETTE. — Voy. NAVETTE.

HUILE D'ŒUFS. — Voy. ŒUFS.

HUILE D'OLIVE. — Voy. OLIVES.

HUILE DE PALME. — Voy. PALME.

HUILE DE RICIN. — Voy. RICIN.

HUILE DE SÉSAME. — Voy. SÉSAME.

HUILE DE VITRIOL. — Voy. ACIDE SULFURIQUE.

HUÎTRES. — Les huîtres, *Ostrea edulis*, L., fréquemment employées comme aliments, ont quelquefois occasionné des accidents qui ont été rapportés à ce qu'elles avaient été consommées au moment de la *fraie*, ou à ce qu'elles contenaient une certaine quantité de cuivre.

On a observé, à Marennes, des huîtres provenant de Falmouth, où elles avaient été recueillies au voisinage d'une mine de cuivre, et qui renfermaient une notable proportion de *cuivre* (0^{gr},23 dans une douzaine d'huîtres). Les huîtres, dont le foie et les lobes du manteau offrent çà et là des teintes vert clair (vert malachite), sont tout au moins suspectes, tandis qu'on peut manger en toute sécurité celles dont la nuance est vert foncé ou vert bleuâtre (Cuzent). Quelquefois cependant il arrive que les huîtres ne sont pas vertes, bien qu'elles contiennent du cuivre ; mais lorsqu'elles restent exposées à l'air, elles se colorent superficiellement (Ferrand). La présence du cuivre peut être décelée par l'ammoniaque, ou au moyen d'une aiguille de fer introduite dans le corps de l'animal.

BIZIO, *De la présence du cuivre dans les huîtres* (*Journ. chim. méd.*, 4° série, 1856, t. II, p. 626). — CHEVALLIER (A.) et DUCHESNE, *Mémoire sur les empoisonnements par les huîtres, les moules, les crabes, et par certains poissons de mer et de rivière* (*Ann d'hyg. et de méd. lég*, 1851, t. XLV, p. 387). — CUZENT (G.), *Altéra-*

tion des huîtres (Comptes rendus Acad. des sc.; Ann. d'hyg. et de méd. lég.,
2ᵉ série, 1863, t. XIX, p. 456; *Journ. chim. méd.,* 4ᵉ série, 1863, t. IX, p. 294).
— FERRAND, *Ostréonomie, huîtres toxiques et huîtres comestibles diverses (Ann.*
d'hyg. et de méd. lég., 2ᵉ série, 1864, t. XXI, p. 219).

HYPOCHLORITES. Les *hypochlorites,* ou *chlorures d'oxyde,* très-employés comme désinfectants et comme décolorants, détruisent les couleurs végétales par leur chlore et leur oxygène qu'ils abandonnent très-facilement. On fait sutout usage de *l'hypochlorite de chaux* ou *chlorure de chaux,* poudre blanc grisâtre, d'une saveur âcre et désagréable, et exhalant l'odeur de chlore ; de *l'hypochlorite de soude,* ou *liqueur de Labarraque,* liquide, incolore, et exhalant une forte odeur de chlore, et d'*hypochlorite de potassse* ou *eau de Javelle,* liquide, généralement colorée en rose par du caméléon minéral.

Comme ces divers produits n'ont pas toujours un degré égal de force par suite de mauvaise préparation, de l'action du temps ou de sophistications, on est obligé de doser les hypochlorites, et plusieurs procédés ont été indiqués dans ce but.

Dès 1794, Descroizilles imagina un appareil qu'il nomma *Berthollimètre* (fig. 90) et au moyen duquel on peut évaluer la quantité de chlore en combinaison avec l'eau ou avec une base. Son procédé est fondé sur la propriété décolorante (sur l'indigo) du chlore libre ou uni à un alcali. Il employait une *liqueur d'épreuve* préparée avec 1 partie d'indigo dissoute dans 9 parties d'acide sulfurique concentré et étendue ensuite de 990 parties d'eau. Une dissolution est d'autant plus riche en chlore qu'elle décolore une plus grande quantité de la liqueur d'épreuve.

FIG. 90. — Berthollimètre de Descroizilles.

Le procédé Descroizilles a été très-perfectionné en 1824 par Gay-Lussac, qui a donné à son procédé le nom de *chlorométrie,* et qui l'a basé sur l'action oxygénante qu'exerce le chlorure sur l'acide arsénieux. Le chlorure est d'autant riche qu'il convertit une plus grande quantité d'acide arsénieux en acide arsénique. Sa *liqueur d'épreuve* est constituée par la dissolution de 4ᵍʳ,439 d'acide arsénieux pur et pulvérisé dans 32 grammes d'acide chlorhydrique à 220° pur, exempt d'acide ulfurique et étendu d'eau. La dissolution est versée tout entière dans une carafe d'un litre (fig. 91), ou portant un trait circulaire qui indique cette capacité et qu'on achève de remplir avec de l'eau.

La liqueur d'épreuve étant prête, on prend 10 grammes de chlorure (chlorure de chaux par exemple) qu'on délaye dans un mortier avec de l'eau pour en faire une bouillie qu'on verse en entier dans une éprouvette d'un litre, et l'on ajoute assez d'eau pour compléter le litre ; on agite pour obtenir un mélange exact et on laisse reposer pour que la chaux en excès dans le chlorure se dépose au fond de l'éprouvette.

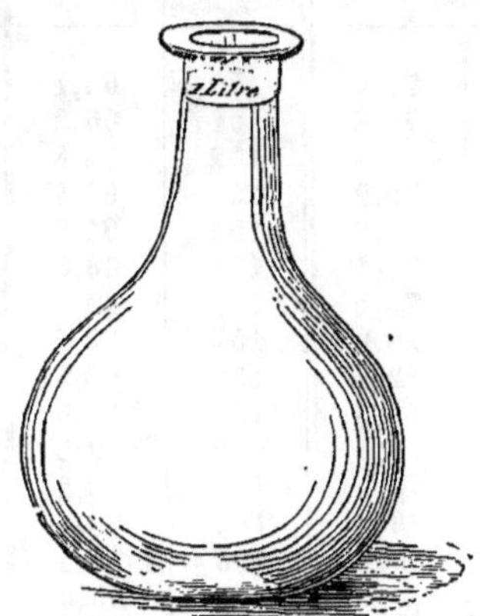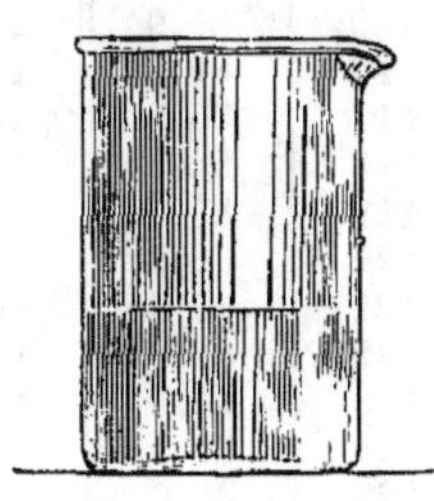

Fig. 91. — Flacon de Gay-Lussac pour la chlorométrie.　　Fig. 92. — Vase à chlorométrie de Gay-Lussac.　　Fig. 93. — Burette pour la chlorométrie de Gay-Lussac.

On prend alors 10 centimètres cubes de la liqueur d'épreuve au moyen d'une pipette, et l'on verse dans un vase (fig. 92) placé sur une feuille de papier blanc ; on colore la solution avec une goutte ou deux de sulfate d'indigo. On remplit alors de la solution claire de chlorure une burette cylindrique graduée et munie d'un tube latéral et recourbé en siphon (fig. 93) : 100 divisions de cette burette équivalent aux 10 centimètres cubes de la liqueur d'épreuve. On verse alors goutte à goutte le chlorure dans la liqueur d'épreuve en donnant à celle-ci un mouvement gyratoire continu. On ne cesse de verser le chlorure que lorsque la couleur bleue de la liqueur d'épreuve disparaît, et l'on note le nombre de divisions employées de la solution de chlorure. On recommence alors l'essai en mettant dans le vase 10 centimètres cubes de liqueur non colorée et d'un seul coup une quantité de solution de chlorure égale à celle qui avait été employée ; on verse alors une goutte d'indigo qui se décolore, mais une seconde goutte qui conservera sa nuance donnera la preuve qu'on avait employé suffisamment de chlorure pour transformer tout l'acide arsénieux en acide arsénique. On arrive ainsi à connaître le titre du chlorure qui sera en raison inverse du nombre de degrés employés, ce qui se trouve facilement au moyen de la table dressée par Gay-Lussac.

DEGRÉS trouvés au chloromèt.	TITRE RÉEL correspondant.	DEGRÉS au chloromèt.	TITRE RÉEL correspondant.	DEGRÉS trouvés au chloromèt.	TITRE RÉEL correspondant.	DEGRÉS trouvés au chloromèt.	TITRE RÉEL correspondant.
90	111	110	90,9	130	76,9	150	66,7
91	110	111	90,1	131	76,3	151	66,2
92	109	112	89,3	132	75,7	152	65,8
93	107	113	88,5	133	75,2	153	65,4
94	106	114	87,7	134	74,6	154	64,9
95	105	115	86,9	125	74,1	155	64,5
96	104	116	86,2	136	73,5	156	64,1
97	103	117	85,5	137	73,0	157	63,7
98	102	118	84,7	138	72,5	158	63,3
99	101	119	84,0	139	71,9	159	62,9
100	100	120	83,3	140	71,4	160	62,5
101	99	121	82,6	141	70,9	170	58,8
102	98	122	82,0	142	70,4	180	55,5
103	97,1	123	81,3	143	69,9	190	52,6
104	96,1	124	80,6	144	69,4	200	50,0
105	95,2	125	80,0	145	69,0	210	47,6
106	94,3	126	79,4	146	68,5	220	45,5
107	93,4	127	78,7	147	68,0	230	43,5
108	92,6	128	78,1	148	67,0	240	41,7
109	91,7	129	77,5	149	67,1	250	40,0

Les burettes Collardeau, d'ailleurs, portent inscrits les degrés chlorométriques à côté des divisions de l'instrument, ce qui évite tout calcul et dispense de recourir à une table.

L'opération doit se faire à l'abri des rayons du soleil, car, sous leur influence, la solution aqueuse du chlorure perd sa propriété de convertir l'acide arsénieux en acide arsénique (Vautier et Caron), l'hypochlorite s'étant transformé en hypochlorate (Gay-Lussac).

Divers autres procédés ont été proposés, pour le titrage des hypochlorites, dans lesquels on substitue, à l'acide arsénieux, diverses autres substances susceptibles d'absorber le chlore, mais leur usage n'a pas prévalu.

HYPOCISTE (Suc d'). Le suc d'hypociste, fourni par le *Cytinus hypocistis*, L. (Cytinées), est en masses d'environ un kilogramme, formées par la réunion de pains orbiculaires, du poids de 30 grammes environ, devenus anguleux par leur agglutination, et dont la surface grise tranche sur le noir du suc d'hypociste. La saveur en est aigrelette et astringente. Le suc d'hypociste est à peine employé aujourd'hui.

Il est souvent adultéré au moyen du *suc de réglisse*, mais alors sa saveur est douceâtre, au lieu d'être aigrelette et astringente.

INDIGO. L'indigo est une matière colorante bleue qu'on obtient par la macération des indigotiers, *Indigofera Anil*, L., *tinctoria*, L., etc. (Légumineuses). Il se présente en morceaux irréguliers, cubiques ou plats, dont la nuance varie, dans les cassures, du bleu foncé au violet cuivré, et passe par toutes les teintes intermédiaires.

Il est léger, friable, d'une cassure nette, mais non brillante ; il n'a pas de saveur, happe à la langue par suite de sa porosité et de sa sécheresse. Il n'a pas d'odeur, à moins qu'il ne soit en grandes masses, ou qu'on ne le chauffe. Frotté avec l'ongle, il prend une teinte cuivrée et, par suite, un aspect métallique d'autant plus marqué que l'indigo est de qualité supérieure. Inaltérable à l'air, il a une grande affinité pour l'oxygène et absorbe celui de l'atmosphère. Il est un peu soluble dans l'alcool bouillant ; il se dissout dans l'acide sulfurique concentré en une liqueur d'un beau bleu. Au contact des alcalis et d'un corps avide d'oxygène tel que le sulfate ferreux et les sulfures alcalins, il devient jaune par la perte de son oxygène et est alors soluble dans l'eau ; mais la solution reprend sa couleur bleue au contact de l'air dont il absorbe l'oxygène.

Par une forte chaleur, l'indigo émet des vapeurs pourpres qui peuvent se condenser en petites aiguilles brillantes pourpres et à éclat métallique et cuivré, et constituées par de l'*indigotine*.

Le commerce offre un grand nombre de sortes d'indigos, qu'on a divisés en trois grands groupes, *indigos de l'Inde, indigos d'Amérique* et *indigos d'Afrique*. On les classe dans le commerce d'après l'intensité de leur teinte, et l'on en indique les défauts par diverses expressions spéciales.

Les indigos offrent des variations considérables qui tiennent aux procédés de fabrication assez différents dans les divers pays, aux accidents qui se sont produits pendant leur préparation, et souvent aussi à des sophistications qui s'exercent sur une large échelle : aussi faut-il prendre de grands soins quand on achète cette matière tinctoriale, et ce n'est même que par une longue pratique que les courtiers arrivent à pouvoir évaluer rapidement chaque échantillon ; mais, pour avoir une certitude, il est nécessaire de recourir à des moyens chimiques qui, seuls, permettent d'affirmer la nature de l'altération ou de la fraude.

Une première opération consistera à calciner, dans une capsule, l'indigo pour reconnaître s'il renferme plus de 0,07 à 0,08 de cendres : s'il en donne davantage, on peut prévoir qu'il a été additionné de matières minérales. J. Lœventhal a trouvé jusqu'à 0,29 de cendres dans des indigos, et seulement 0,045 dans un indigo de première qualité. (*Zeitschr. für anal. Chem.*, 1872 ; *Amer. Journ. Pharm.*, 1872, p. 354.)

L'indigo peut être aussi évalué au moyen du *colorimètre*, en agissant sur un échantillon type de même marque et de même provenance en même temps que sur l'échantillon dont on veut connaître la richesse tinctoriale. Un gramme de chacun des deux indigos est dissous dans 20 grammes d'acide sulfurique de Saxe, et la liqueur est étendue d'eau de façon à obtenir trois litres : on laisse éclaircir par le repos et on verse dans les tubes du colorimètre, pour comparer les nuances obtenues : on ajoute peu à peu de l'eau à la dissolution la plus colorée jusqu'à ce qu'on ait établi l'égalité de nuance : la richesse des indigos comparés est proportionnelle au volume de leur dissolution avant et après l'addition d'eau (J. Girardin) (fig. 94).

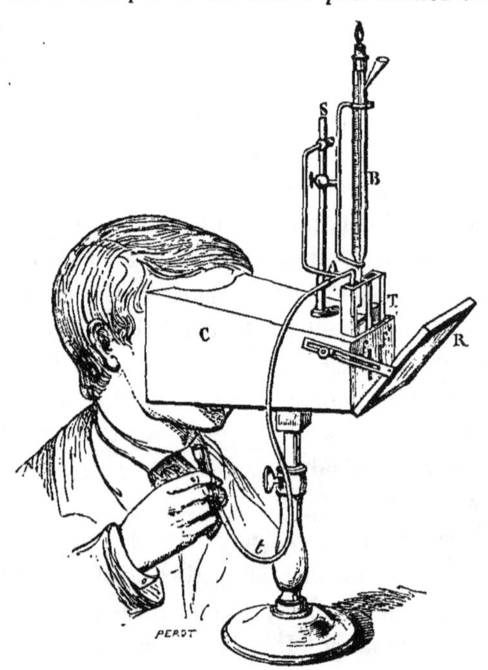

FIG. 94. — Colorimètre Houton de Labillardière (*).

(*) Le colorimètre Houton de Labillardière, modifié par J. Salleron, se compose d'une boîte C ayant la forme d'une pyramide tronquée, fixée par un de ses côtés sur un support qu'on peut élever ou abaisser à volonté. A sa partie postérieure, la boîte est découpée convenablement pour qu'on puisse y appliquer le visage sans être incommodé pendant l'observation par la lumière extérieure. A sa partie antérieure, cette même boîte est terminée par un diaphragme composé de deux plaques métalliques noircies, percées chacune de deux fentes verticales *ff'* parfaitement iden-

On peut aussi employer le procédé suivant : On décolore l'indigo par le chlorure de chaux, en versant une solution titrée de sulfate d'indigo, au moyen d'un tube gradué comme l'alcalimètre, dans une quantité donnée de chlorure de chaux jusqu'à ce que le chlorure ne décolore plus la liqueur indigotique. La richesse tinctoriale de l'indigo est en raison inverse de la quantité de sulfate employée dans l'essai. (Schlumberger).

Les matières minérales ajoutées, *sable, terre, poudre de plomb*, etc. se retrouvent dans le résidu de la calcination opérée dans un creuset de platine, et donnent un poids supérieur à celui du résidu des bons indigos, c'est-à-dire plus de 0,07 à 0,10. Les réactifs donnent un moyen facile de reconnaître la nature de ces résidus. Le sous-oxyde de plomb donnera, par la calcination dans un creuset, un culot de plomb métallique.

L'*eau* qui a été ajoutée frauduleusement se reconnaît par la dessiccation à l'étuve de l'indigo finement pulvérisé, ce qui permet de constater une perte de poids supérieure à 0,03 ou 0,06.

La présence de *matières résineuses* sera indiquée au moyen de l'alcool, qui les dissoudra en une solution troublée par l'addition d'eau.

Les *matières amylacées*, colorées ou non, donnent en général à l'indigo une teinte plus pâle et une friabilité plus grande. On peut s'assurer de leur présence en chauffant l'indigo pulvérisé avec une solution de potasse,

tiques. Les deux fentes de la première plaque correspondent à celles de la seconde. En avant de ces plaques se trouve un miroir opalin R, qui sert à réfléchir la lumière diffuse dans l'intérieur de l'instrument. On peut régler à volonté l'inclinaison du miroir par une charnière et une vis de pression. Dans l'espace compris entre les deux plaques métalliques s'engage une cuve de verre T, formée de deux glaces séparées par trois cloisons de verre de même épaisseur ; l'ensemble constitue donc deux tubes à faces parallèles fermés par le bas. A sa partie supérieure, la boîte C porte un support en cuivre S, sur lequel on fixe une burette divisée en dixièmes de centimètres cubes que l'on remplit d'eau. Au-dessous de la burette vient se fixer, sur le même support S, un tube de verre A servant d'agitateur et plongeant jusqu'au bas du tube T. Ce tube est fixé dans une armature métallique creuse, à l'extrémité de laquelle on adapte un tube de caoutchouc.

Pour rechercher le pouvoir colorant d'une matière tinctoriale. On prendra des poids égaux de la substance à essayer et d'un échantillon pris pour type et devant servir de terme de comparaison ; on dissoudra ces pesées dans des volumes égaux du dissolvant à employer suivant la nature de la substance (eau, alcool, éther, essences, etc.), et, s'il est besoin, on filtrera pour obtenir des dissolutions parfaitement limpides. Cela fait, on prendra 10 centimètres cubes de chacune de ces solutions, on les versera dans les tubes T, et l'on ramènera ensuite les teintes à la même intensité en ajoutant du dissolvant à la plus colorée au moyen de la burette graduée. (Salleron.)

filtrant et versant dans la liqueur de l'eau iodée qui donne une coloration bleue.

Persoz a proposé de traiter l'indigo par l'acide sulfurique étendu, à la température de $+ 70°$, de filtrer, de saturer l'acide par la craie *et de* reconnaître la quantité d'amidon (transformée en sucre) par la fermentation ; on constate la quantité d'acide carbonique formée en faisant passer les produits de la fermentation dans une solution de chlorure de baryum additionnée d'ammoniaque pure.

Pohl fait chauffer l'indigo suspect pulvérisé avec de l'acide nitrique étendu d'eau jusqu'à décoloration et essaye le liquide refroidi par une solution d'iodure de potassium.

L'emploi du *bois de Campêche* pour colorer préalablement la fécule ajoutée à l'indigo est indiqué en imprégnant un poids déterminé d'indigo avec une dissolution d'acide oxalique moyennement étendue et en chauffant modérément ; la pâte homogène qu'on obtiendra sera placée sur du papier brouillard, qui se colorera en rouge plus ou moins foncé si l'indigo renfermait de la matière colorante du campêche.

La *laque de Campêche* et l'*argile calcaire* donnent à l'indigo une couleur violacée, terne, sans reflet cuivré ; par l'acide sulfurique on a un liquide brun ou rosé, et il reste en solution du sulfate acide d'alumine, dont un excès d'ammoniaque précipite l'alumine ; calciné, l'indigo ainsi sophistiqué donne un résidu volumineux de silice et de chaux.

Le mélange de *bleu de Prusse* à l'indigo ou sa substitution sont indiqués par l'ébullition dans une solution de potasse caustique d'un poids déterminé d'indigo. Le cyanure ferroso-ferrique, se transformera en cyanoferrure de potassium et en oxyde ferrique brun, hydraté, insoluble : par la filtration de la liqueur, on y trouvera le cyanure jaune de potasse.

Le bleu de Prusse se distingue de l'indigo par ce qu'il n'est pas décoloré par le chlore et n'est pas dissous par l'acide sulfurique, qui le rend blanc, mais il redevient bleu par l'addition d'eau. La calcination donne avec l'indigo des vapeurs pourpres, qui se condensent en aiguilles rouge pourpre, tandis que le bleu de Prusse se décompose avec production d'odeur désagréable et d'un résidu de peroxyde de fer rouge.

Les couleurs à base d'indigo, vues en dissolution, paraissent d'un violet pourpre, tandis que les couleurs à base de bleu de Prusse ont leur nuance bleue virant tant soit peu au violet (Pohl).

POHL, *Procédé pratique pour distinguer les dissolutions d'indigo de celles du bleu de Prusse (Journ für prackt. Chem.,* t. LXXXI, p. 44; *Journ. pharm. et chim.,* 3e série, 1861, t. XXXIX, p. 239).

IODE. L'iode est solide, en lames amincies, avec un éclat métallique, une odeur forte, qui se rapproche de celle du chlore, et une saveur très-âcre et désagréable. Il est fusible à + 107°, et entre en ébullition à + 175° en donnant des vapeurs d'un violet magnifique. Il est peu soluble dans l'eau à laquelle il donne une couleur orangée; il est très-soluble dans l'alcool et l'éther. Il tache la peau en jaune, mais la coloration disparaît par l'évaporation de l'iode. L'iode pur ne mouille pas le papier dans lequel on le presse, il est complétement volatil sans résidu par la chaleur. L'eau qui a servi à le laver, évaporée à siccité, ne laisse aucun résidu. Quelquefois il contient des *chlorures* et exhale alors une odeur plus ou moins prononcée de chlore; il faut le purifier par de nouvelles sublimations.

Le professeur Wanklyn propose, pour reconnaître la pureté de l'iode du commerce, d'en dissoudre un poids déterminé dans une solution d'acide sulfureux, puis d'en opérer la précipitation au moyen d'une solution de nitrate d'argent, en présence d'un excès d'ammoniaque en vue de prévenir la précipitation du chlorure d'argent. D'après cet auteur, l'iode du commerce renferme : iode, 88,61 à 76,21 pour 100; chlorure, 0,52 à 0,81 pour 100; cendres, 0,72 à 1,11 pour 100; et eau, 10,15 à 11,80 pour 100.

On a trouvé l'iode contenant de l'*iodure de cyanogène* qui paraît dû à l'action, pendant la préparation de l'iode, de l'acide sulfurique sur le cyanure de potassium contenu dans les eaux mères de varechs. Un spécimen d'iode ainsi altéré présentait sur les lamelles d'iode de petits cristaux blancs aciculaires, visibles au moyen d'une loupe. L'acide sulfurique concentré, mis en contact avec cet iode, a donné lieu à la production d'un peu d'acide cyanhydrique; avec le nitrate d'argent on obtint un précipité de cyanure d'argent, et avec la potasse, l'acide chlorhydrique et un persel de fer, un précipité de bleu de Prusse (Meyer). Wittstein a aussi signalé un cas, dans lequel il a trouvé 0,2875 d'iodure de cyanogène dans de l'iode. (*The pharmacist,* Chicago, 1872, p. 43.)

L'iode du commerce est fréquemment adultéré par le mélange avec des matières étrangères, telles que du *charbon,* de l'*ardoise pilée,* du *peroxyde de manganèse,* de la *plombagine,* du *sulfure de plomb* etc., mais toutes ces substances ne se dissolvent ni dans l'alcool, ni dans une dissolution très-étendue de potasse. On peut aussi les séparer par la sublimation, qui ne volatilise que l'iode.

On reconnaîtra le mélange de l'iode avec des matières étrangères en le combinant avec un alcali, pour former des iodures et iodates solubles : si l'on a pris une quantité exactement proportionnelle d'alcali caustique (soit 1 gramme pour 4 grammes d'iode) la solution doit être incolore, tandis qu'un faible excès d'iode suffira pour la colorer en jaune. Comme il y a un petit excès d'iode dans la proportion sus-indiquée, la liqueur aura une coloration jaune; si l'iode renferme des matières étrangères, il n'existera plus en quantité suffisante, et la solution sera incolore; on conclura à l'addition d'eau, si l'iode s'est en entier volatilisé par la chaleur; les autres corps étrangers laisseront un résidu. Remington a trouvé dans un échantillon d'iode du commerce 0,25 de *sciure de bois;* ce qui provenait sans doute d'un accident plutôt que d'une fraude. (*Amer. Journ. Pharm.*, 1872, p. 278.)

L'iode est falsifié avec de l'*eau*, quelquefois jusqu'à 0,20; mais en le séchant entre deux feuilles de papier à filtre, on reconnaît la sophistication. Bolley a proposé de peser 1 gramme d'iode dans une capsule de porcelaine tarée, d'y ajouter 6 à 8 grammes de mercure, de triturer le tout avec soin et de chauffer au bain-marie jusqu'à ce qu'il n'y ait plus de perte de poids. Cette perte indique la quantité d'eau. On peut encore reconnaître la présence de l'eau dans l'iode en le dissolvant dans un petit tube gradué avec du sulfure de carbone; l'eau se sépare et forme une couche facile à distinguer.

Righini a trouvé dans l'iode jusqu'à 25 0/0 de *chlorure de calcium,* qui restait comme résidu quand on chauffait : la complète solubilité de l'iode dans l'alcool n'est donc pas un caractère suffisant de pureté. Du reste l'iode dans ce cas est dur, compacte et hygrométrique.

Herberger y a indiqué la présence du *sulfure d'antimoine*, et celle plus fréquente de la *plombagine,* jusqu'à 51 0/0 (*Jahrb. für prakt. Pharm.*, 1849).

Le docteur Herzog a reconnu dans l'iode la présence du *chlorure de magnésium;* en traitant par l'eau et volatilisant l'iode à l'aide de la chaleur, la solution donne les réactions du chlore et de la magnésie. On a aussi trouvé dans l'iode du *bitartrate de potasse,* que l'on sépare facilement grâce à son insolubilité dans l'alcool.

BOBIERRE, *Sur le titrage volumétrique de l'iode commercial* (*Journ. pharm. et chim.*, 4ᵉ série, 1869, t. IX, p. 5). — BOLLEY, *Method for detecting the presence*

of water in iodine (Schweitzerisohes Geeverbeblaṭt, n° 17, 1852 ; *Pharm. Journ.,*
1853, p. 181). — Herberger, *Falsification de l'iode (Journ. pharm. et chim.,*
3e série, 1849, t. XV, p. 206). — Righini, *Falsification de l'iode (Journ. pharm.
et chim.,* 3e série, 1846, t. IX, p. 273). — Wanklyn (Prof.), *Analysis of commercial iodine (Amer. Chemist.* Juin, 1872 ; *Proceed. of the Amer. Pharm. Assoc.,*
1874, p. 144.)

IODURES DE MERCURE. — Voy. Mercure (Iodures de).

IODURE DE POTASSIUM. — Voy. Potassium (Iodure de).

IPÉCACUANHA. L'*ipécacuanha officinal* ou *ipécacuanha annelé* est
fourni par le *Cephælis ipecacuanha,* Brot. (Rubiacées) (fig. 95) du Brésil,
et se présente sous la forme de racines grosses
comme une plume à écrire, irrégulièrement
contournées, simples ou rameuses, formant de
petits anneaux saillants, inégaux, très-rapprochés et séparés par des dépressions plus étroites.
Cette racine est formée de deux parties, une extérieure ou corticale et une interne, *meditullium,*
ligneuse, qui se séparent aisément quand elle est
sèche. Examinée au microscope, la partie corticale offre à l'extérieur des cellules brun foncé,
dont les plus extérieures n'ont pas de parois
distinctes et forment l'épiderme : en dessous sont
des cellules incolores, dont l'intérieur est rempli
de grains de fécule très-petits mais bien distincts ;
beaucoup de ces grains sont réunis par deux,
trois ou quatre, et, par conséquent, forment
des masses mamelonnées ; ces grains ont

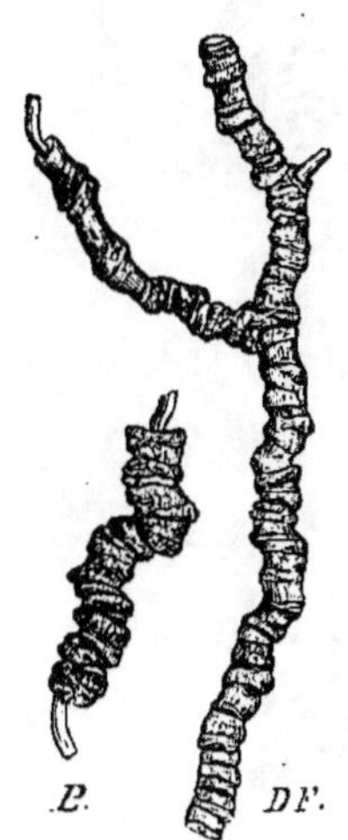

Fig. 95. — Ipéca-
cuanha annelé.

un hile bien marqué (fig. 96).

La partie centrale, coupée transversalement, paraît formée d'un
grand nombre de cellules légèrement anguleuses, rayonnantes, dont
les extérieures ainsi que celles du centre sont beaucoup plus petites que les intermédiaires : non-seulement ces dernières ont un
volume plus considérable, mais elles sont remplies de grains de
fécule semblables à ceux de l'écorce. La section longitudinale fait
voir que ce qui apparaissait comme des cellules dans la coupe transversale est en réalité constitué par des fibres ligneuses coupées en
travers : ces fibres, très-ponctuées, offrent ceci de remarquable
qu'elles renferment beaucoup de fécule, et le méditullium de l'ipé-

cacuanha est le seul exemple que nous ayons observé de cette disposition. (Hassall.)

La poudre d'ipéca pure montre la structure de l'écorce et du médi-

Fig. 96. — Section transversale de l'écorce d'ipécacuanha. Grossissement,
220 diamètres (*). (Hassall.)

tullium en fragments plus ou moins petits et plus ou moins brisés
(fig. 97).

Les seuls éléments chimiques intéressants pour le praticien sont la
matière grasse odorante et l'émétine.

La matière grasse, qu'on peut enlever par l'éther, a une odeur
très-forte, qui rappelle celle du raifort; mais, malgré cette odeur et
sa saveur âcre, elle n'a pas une action marquée sur l'estomac.

L'émétine est inodore, est légèrement amère ; elle fond à 122 Fahr.
(50° C) : elle est très-légèrement soluble dans l'eau froide, et un peu
plus dans l'eau chaude ; elle est très-soluble dans l'alcool, mais à peine

(*) *A*, fécule, grains à un grossissement de 420 diamètres, et cristaux qu'on y trouve mélangés
(*émétine ?*).

dans l'éther et les huiles ; elle forme des sels avec les acides, y compris le tannin, qui la précipite de ses dissolutions à l'état de tannate.

L'examen de nombreux échantillons d'ipécacuanha, provenant de diverses pharmacies à Londres, a prouvé à Hassàll, que plus de la moitié était falsifiée : il y a trouvé une fois une forte proportion d'*émétique* (0,14), d'autres fois du *carbonate de chaux*, de la *farine de froment*,

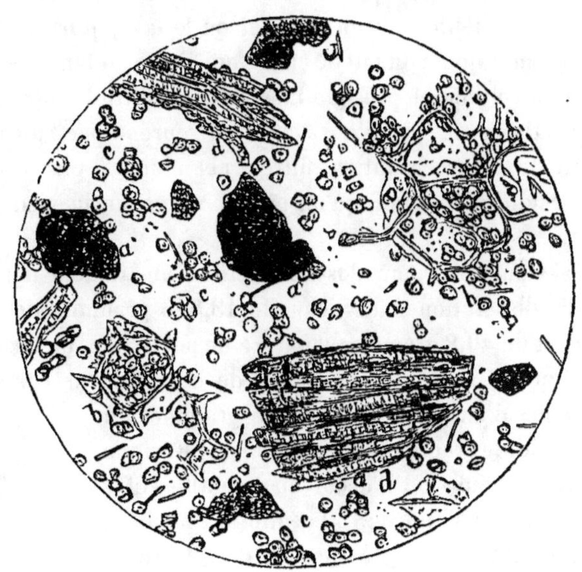

FIG. 97. — Poudre d'ipécacuanha. Grossissement, 420 diamètres (*).
(Hassall.)

du *ligneux* étranger provenant de plantes diverses. Cette dernière falsification est la plus fréquente.

Le microscope donne le moyen facile de reconnaître les falsifications par la *farine*, des *fibres ligneuses* et les autres *matières végétales*. Quant à la *chaux*, on la trouvera au moyen d'un acide qui déterminera une effervescence : le mieux sera d'incinérer un poids déterminé de poudre et de rechercher le calcaire par les moyens ordinaires. L'*émétique* sera décelé en traitant par l'eau distillée et en faisant passer à travers la solution, préalablement acidulée, un courant d'hydrogène sulfuré qui déterminera un précipité jaune de sulfure d'antimoine. (Hassall.)

(*) *aa*, fragments d'épiderme brun ; *bb*, cellules de l'écorce contenant de la fécule ; *cc*, grains de fécule et cristaux ; *dd*, fibres ligneuses du méditullium.

Le meilleur moyen de vérifier la qualité d'une racine d'ipéca est d'en
doser l'émétine. Pour cela, on fait une infusion ou un décocté concentré
avec un poids donné de racine grossièrement pulvérisée : on ajoute
avant l'ébullition quelques gouttes d'acide chlorhydrique, on filtre et l'on
traite le liquide filtré par une décoction de noix de galle ou une solution
de tannin ; il se fait un précipité de bitannate d'émétine insoluble, blanc
jaunâtre, on le recueille sur un filtre et on le lave, puis on le délaye
dans l'eau et l'on y ajoute du lait de chaux qui forme du tannate de chaux
et de l'émétine soluble et presque incolore ; on filtre la liqueur et l'on
évapore au bain-marie jusqu'à siccité : on reprend par l'alcool bouillant, et cette dernière solution filtrée abandonne, par son évaporation, le résidu d'émétine qu'on pèse pour avoir la richesse de la
racine.

O. Zenoffsky emploie, pour doser l'émétine, une liqueur normale obtenue par la dissolution dans l'eau de 13,546 grammes de chlorure
mercurique, et de 49,8 grammes d'iodure de potassium, de façon à avoir
un litre de liquide. Un centimètre cube de cette liqueur correspond à
0,0189 grammes d'émétine. Il prend 15 grammes de
racine, qu'il acidule avec 15 gouttes d'acide sulfurique
étendu, et il y ajoute de l'alcool en quantité suffisante pour avoir un volume de 150 centimètres cubes ;
après vingt-quatre heures de digestion, il filtre et
recueille 100 centimètres cubes du liquide, dont il
évapore l'alcool. Il verse alors de la liqueur normale
jusqu'à ce qu'il ne se fasse plus de trouble. Le nombre de centimètres cubes de liqueur employée est
multiplié par 0,0189 pour indiquer la quantité d'é-
métine dans 10 grammes de racine.

La racine d'ipécacuanha peut être mélangée avec
diverses autres racines : 1° celles de l'*ipécacuanha* Fig. 98. — Ipécacuanha strié.
strié ou *noir* (fig. 98), *Psychotria emetica*, Rich.
(Rubiacées), qui se distinguent parce qu'elles sont étranglées de
distance en distance, brun foncé, ridées ou striées longitudinalement, à écorce compacte, cornée, brune, peu odorantes et légèrement
âcres.

2° Celles de l'*ipécacuanha ondulé* ou *blanc*, *Richardsonia scabra*,
Kunth (Rubiacées), qui sont grosses comme une plume d'oie, gris
blanchâtre en dehors, d'un blanc mat, et farineuses en dedans,

flexueuses et comme ondulées, ayant une odeur de moisi et une saveur
peu âcre (fig. 99).

3° Diverses racines d'*Ionidium* (Violariées),
d'*Euphorbia*, etc., mais qui ne se trouvent presque jamais dans le commerce.

La poudre d'ipécacuanha a été trouvée additionnée de *farine d'amandes amères* en proportion variable. On reconnaît cette sophistication en faisant une pâte avec un peu d'eau
et de poudre et en plaçant la masse dans
un endroit chaud pendant une demi-heure :
l'adultération est indiquée par l'odeur marquée d'essence d'amandes amères. (J. Mercer,
Pharmac. Journ., 1874, 3ᵉ série, n° 189,
p. 569.)

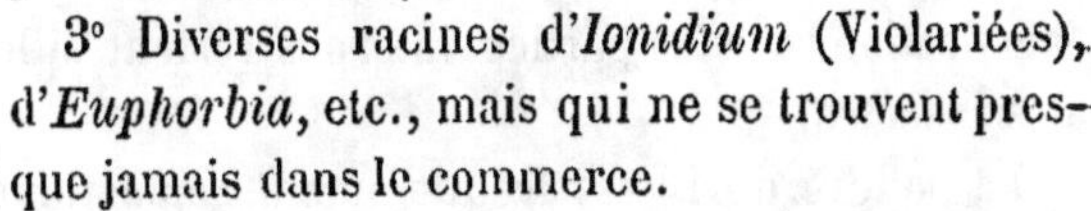

FIG. 99. — Ipécacuanha ondulé.

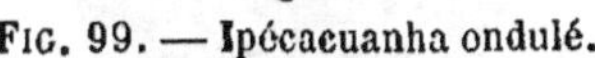

PLANCHON (G.), *Note sur l'ipécacuanha strié* (*Journ. pharm. et chim.*, 4° série,
t. XVI, p. 404 ; t. XVII, p. 19). — ZENOFFSKY (O.), *The estimation of emetin in ipecacuanha* (*Chem. and Drugg.*, 1872, p. 108 ; *Year book of Pharm.*, London, 1873,
p. 233).

IPÉCACUANHA (Pastilles d'). On a quelquefois remplacé l'ipécacuanha par l'*émétique*, mais alors les pastilles ou tablettes ne laissent,
après avoir été dissoutes dans l'eau, aucun dépôt de poudre d'ipécacuanha ; d'autre part, la solution se trouble et précipite en blanc par
l'eau de chaux et prend une coloration jaune orangé par l'acide
sulfhydrique.

IRIS DE FLORENCE. La souche, dite racine, de l'iris de Florence,
Iris Florentina, L. (Iridées), est grosse comme le pouce, géniculée,
compacte et pesante, blanché et marquée de points brunâtres qui indiquent la trace des radicelles. Sa saveur est âcre et amère, son odeur
rappelle beaucoup celle de la violette.

D'après H. Groves, on lui substitue souvent en Italie les souches de
l'*Iris pallida* et de l'*Iris germanica*.

La substitution ou le mélange de la racine d'*Iris germanica*, qui a une
odeur moins vive et moins agréable et une saveur très-âcre, sont facilités
par le soin que prennent les fraudeurs de laisser cette racine en contact
avec de la poudre d'iris de Florence.

Les racines, piquées aux vers, ont été quelquefois restaurées avec du mucilage mélangé de poudre d'iris ; mais la cassure démontre la falsification, car les parties internes restent sillonnées par les galeries des insectes.

La poudre d'iris est fréquemment sophistiquée ; et J.-H. Schulz y a trouvé de fortes proportions de *farine d'avoine*. (*The Pharmacist.*, Chicago, 1873, p. 69.)

JALAP. Le jalap est la racine de l'*Exogonium purga*, Benth. (*Ipomœa purga*, Choisy) (Convolvulacées) (fig. 100), qui est importée entière,

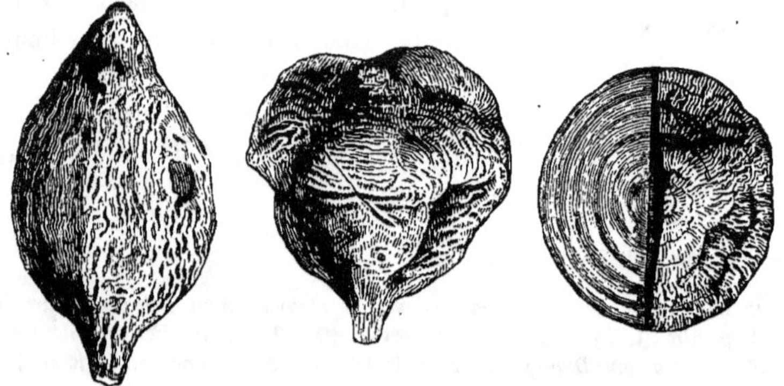

Fig. 100. — Racine de jalap, d'après Guibourt.

ovale, arrondie, rugueuse, ou coupée en tranches ou par deux moitiés longitudinales.

Les racines portent de fortes incisions, qui ont été pratiquées pour faciliter la dessiccation ; l'extérieur est brun sale, varié de noir, l'intérieur plus pâle ; la tranche offre des couches concentriques ; leur odeur est nauséabonde, leur saveur âcre et strangulante ; cette racine est dure et généralement pesante.

La structure intime du jalap est caractéristique : aussi doit-elle être connue des personnes qui veulent rechercher les falsifications de ce médicament.

L'épiderme est composé de cellules étoilées, allongées, mais qui ne persistent que rarement sur les tubercules secs. Les lamelles, résultant de sections transversales, sont composées surtout de cellules, avec quelques faisceaux de vaisseaux ponctués et de fibres ligneuses vers les bords. Ces cellules sont de plusieurs sortes : on en remarque un assez grand nombre, bien délimitées, foncées, presque anguleuses, se trouvant au milieu de la masse cellulaire et qui paraissent contenir la résine ; mais,

comme l'eau agit lentement sur elles, et les rend claires et transparentes,
d'opaques qu'elles étaient primitivement, il est évident qu'elles contiennent quelque matière soluble. Parmi les autres cellules, beaucoup
paraissent vides et se trouvent surtout vers l'extérieur du tubercule
(fig. 101) ; on observe encore des cellules remplies de corpuscules

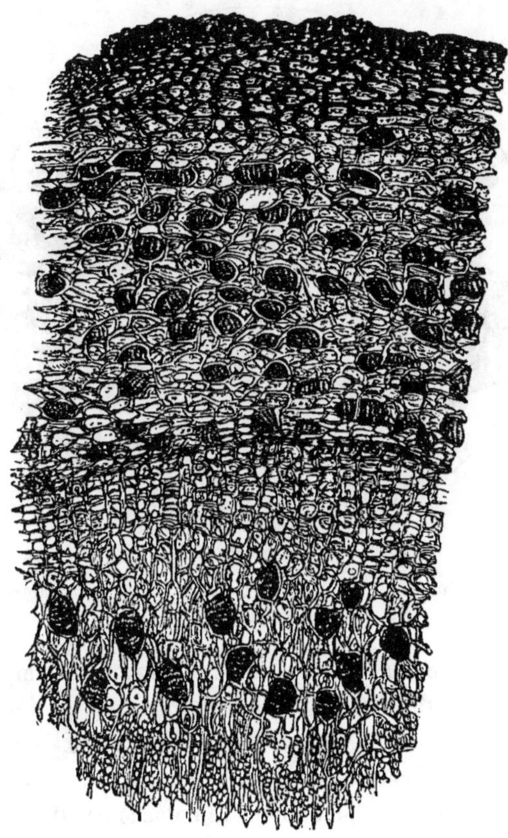

Fig. 101. — Coupe transversale d'un rhizome de jalap. Grossissement, 30 diamètres.
(Hassall.)

amylacés, qui abondent surtout dans les parties les plus centrales des
tubercules. Les cellules à résine sont réparties dans toute la substance
du tubercule et paraissent exister aussi bien au voisinage des cellules
vides que de celles remplies de fécule. La fécule du jalap est formée de
grains assez volumineux et bien caractérisés : quelques-uns de ces
grains sont arrondis, mais un peu aplatis, les autres ont la forme de
molettes ; ces derniers sont quelquefois réunis par deux, trois ou

quatre ; tous sont munis d'un hile distinct, autour duquel on distingue quelquefois une ou deux couches concentriques. (Hassall.)

Dans la poudre de jalap pure, on trouve tous les éléments signalés ci-dessus. Mais la présence de cellules isolées complétement remplies de fécule donne un excellent caractère distinctif (fig. 102) : il est bon

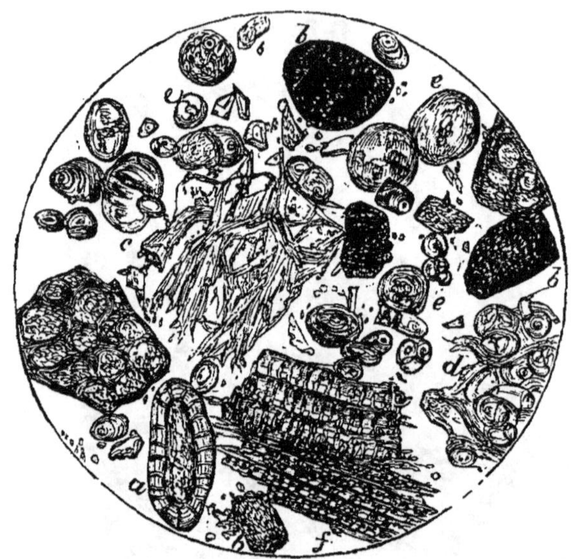

FIG. 102. — Poudre de jalap pure. Grossissement, 220 diamètres (*).
(Hassall.)

de se rappeler que le jalap est presque exclusivement composé de tissu cellulaire, avec un petit nombre de vaisseaux ponctués et une extrêmement petite quantité de fibres ligneuses, larges, grossières, ponctuées et ne se distinguant guère des vaisseaux que par leurs dimensions. (Hassall.)

La racine de jalap a été quelquefois remplacée par d'autres racines : telles sont les racines du *jalap mâle* ou *léger*, fournies par le *Convolvulus Orizabensis*, Pellet., qui est en rouelles larges de 0,05 à 0,09, noirâtres et rugueuses à l'extérieur, blanchâtres en dedans, ou en tronçons plus allongés et gris (fig. 103).

Le *jalap digité* de Guibourt est une sorte peu riche en résine formée d'un, de deux ou de trois tubercules arrondis, plus ou moins pointus, gris foncé, irrégulièrement sillonnés, bleus au centre et gris vers la

(*) *aa*, cellules étoilées ; *bb*, cellules à résine ; *c*, tissu cellulaire ; *d*, cellules à fécule ; *eee*, grains de fécules isolés et altérés par la chaleur ; *f*, fragment de vaisseau ponctué et de fibres ligneuses.

circonférence avec indices d'un ou deux cercles plus marqués (1864).

Reveil a fait connaître, en 1862, un faux jalap que Guibourt a rapporté à un *Agave*, voisin de l'*A. americana*.

On a mélangé aussi, ou substitué au jalap, la racine de *Mirabilis Jalapa*, celle de la *Bryone*, et diverses racines, d'origine mal connue encore, que Guibourt a décrites sous le nom de *faux jalap rouge, faux jalap à odeur de rose*, etc. Leur structure ne permet pas la confusion de ces faux jalaps, et leur aspect donne facilement à l'observateur soigneux le soupçon de la fraude.

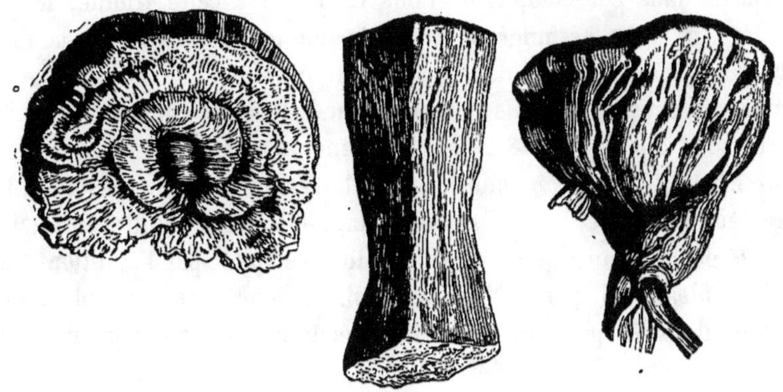

FIG. 103. — Jalap mâle ou léger.

Une substitution plus fâcheuse a eu lieu, il y a une dizaine d'années, à Constantinople, où le jalap a été confondu avec la racine de l'*Aconitum ferox*, Wall., de l'Inde, ce qui a occasionné des accidents fort graves. (Schroff, 1865.)

Le *jalap mâle*, les *tiges de jalap* et le *jalap à odeur de rose* diffèrent beaucoup par leurs caractères micrographiques du jalap vrai, et auss les uns des autres.

Le *jalap mâle* n'offre pas la résine incluse dans des cellules distinctes; mais elle est en masses de formes et de volumes irréguliers; elle est d'un jaune clair : les grains de fécule ont la même forme que dans le vrai jalap, mais ils sont plus petits et moins abondants.

Les *tiges de jalap* consistent surtout en vaisseaux ponctués, trèsnets, larges, et en fibres ponctuées : on y trouve une petite quantité de fécule, ayant le même aspect que celle du jalap fusiforme.

Le *jalap à odeur de rose* ne présente ni cellules résinifères, ni masses de résine, mais des veines ou raies de cellules colorées et paraissant vides, qui traversent le tubercule dont les tranches sont bigarrées par l'alternance des cellules colorées et incolores : on n'y a pas trouvé de grains de fécule. (Hassall.)

. On trouve dans le commerce du jalap qui a déjà été *épuisé* par une digestion prolongée dans l'alcool, et qui par conséquent donne une proportion moindre de résine ; mais il arrive souvent que les fraudeurs remplacent cette résine par une matière résineuse commune, en l'imprégnant au moyen d'une solution alcoolique, de *colophane* par exemple, et en faisant dessécher le jalap une dernière fois, après un séjour assez prolongé dans cette solution. Pour reconnaître cette fraude, il faut couper en tranches minces un poids donné de la racine, la faire macérer quelque temps dans l'eau pour éliminer les matières gommeuses et extractives, puis on épuise par l'alcool bouillant. Une partie de la solution alcoolique évaporée donne la proportion de résine ; le reste est traité par l'eau, qui précipite la résine dont on constatera les caractères : si c'est de la résine de jalap, elle se dissoudra en totalité dans la potasse caustique, et ne sera plus précipitée par l'addition d'un excès d'alcali, ni par celle d'acide même en excès. La colophane, soluble dans la potasse, donne un précipité abondant par un excès d'alcali.

Le jalap piqué par les vers a été restauré au moyen d'un mucilage de gomme chargé de poudre de jalap qui en bouche les trous, mais seulement à la surface, de telle sorte que la cassure permet de découvrir la supercherie.

Sur un grand nombre d'échantillons de jalap en poudre examinés par Hassall, il en a trouvé environ la moitié de falsifiés, et dans presque tous la sophistication consistait en une grande quantité, jusqu'à 1/3, de *bois* extrêmement divisé. L'examen microscopique de cette matière ligneuse n'a pas permis de s'assurer de son origine exacte : il y a cependant tout lieu de croire que, dans la majorité des cas, on falsifie le jalap surtout avec le bois de gayac. Scanlan a signalé la falsification, au moyen de copeaux de *gayac*, du jalap destiné à être pulvérisé.

La quantité de résine extraite ne peut pas servir à distinguer les fraudes, parce qu'elle varie beaucoup suivant les échantillons. En effet, l'examen de plusieurs échantillons de poudre de jalap a fourni à S.-H. Ambler, de New-York, des proportions de résine variant de 0,036 à 0,161. (*Proceed. Amer. Pharm. Assoc.*, 1874, p. 481.)

GUIBOURT, *Notice sur un faux jalap à odeur de rose* (*Journ. pharm. du Midi*, 1843,

p. 321). — *Note sur une nouvelle espèce de faux jalap* (*Journ. pharm. et chim.*, 3ᵉ série, 1864, t. XLV, p. 212). — LEPAGE, *Sur une falsification de la racine de jalap* (*Journ. pharm et chim.*, 4ᵉ série, 1868, t. VII, p. 366).

JALAP (Résine de). La résine de jalap est brune, odorante, âcre. et prenant à la gorge ; insufflée dans l'œil, elle détermine une cuisson douloureuse ; elle est insoluble dans l'eau et très-soluble dans l'alcool, et se partage en deux résines par l'éther. Elle est insoluble dans les huiles volatiles ; elle est soluble dans la potasse caustique et reste dissoute même dans un excès d'alcali (caractère qui lui est commun avec les résines de gayac et de scammonée, mais ces deux résines se dissolvent dans l'éther).

Le commerce vend souvent la résine de jalap falsifiée par de la *colophane,* qui se reconnaît au moyen de l'essence de térébenthine rectifiée ; on laisse tomber sur du papier quelques gouttes de la liqueur claire qui ne laissera pas de tache, s'il n'y a pas de colophane.

La falsification par la *résine de gayac* peut être dévoilée par plusieurs procédés. D'abord la résine de gayac donne à celle de jalap une couleur noire luisante avec des reflets verts ; une saveur âcre et aromatique qui rappelle celle du gayac ; elle est plus friable, et ses fragments sont plus transparents que ceux de la résine pure ; sa poudre fraîche ne tarde pas à verdir au contact de l'air. (Frosini Merletta.)

On peut reconnaître la présence de la résine de gayac :

1° En dissolvant par l'alcool ou le chloroforme, et en plaçant la liqueur sur du papier à filtrer. Par l'évaporation il se fait une tache qui, au contact de l'acide nitrique, prend une couleur rouge s'avivant beaucoup s'il y a du gayac.

2° En faisant agir l'acide nitrique sur la résine pulvérisée ; s'il y a du gayac, il se fait une dissolution rouge avec effervescence.

3° En faisant avec l'ammoniaque une solution qui sera très-mousseuse, s'il y a du gayac.

4° Blacher a reconnu que la résine pure de gayac (0,50) triturée dans un mortier de porcelaine avec de l'oxyde noir de cuivre (0,20) et une vingtaine de gouttes d'alcool et additionnée de 15 gouttes d'ammoniaque, donne en moins d'une minute une belle couleur verte, tandis que, si elle est mélangée à la résine de jalap, on n'obtient qu'une coloration brune.

5° L'acide sulfurique colore en rouge très-foncé la résine de gayac pure, et la coloration devient violette par l'addition d'eau distillée ;

mais s'il y a un mélange de la résine de jalap avec celle du gayac la coloration produite par l'acide sulfurique est rouge vineux et passe au verdâtre par l'addition d'eau distillée. (Henbard.)

Pasquier-Malines a proposé de reconnaître la présence de la résine de gayac dans la résine de jalap, en mêlant à la résine du chlorure mercurique et du savon amygdalin : la coloration bleue, qui se produit, indique la présence de la résine de gayac (*Journ. de Pharm.*, 3ᵉ série, XII, 119).

Gobley pense que le meilleur procédé pour déceler la résine de gayac dans la résine de jalap consiste à traiter par l'éther qui dissout la résine de gayac, et non celle de jalap (*Journal de Chimie médicale* 1843, p. 148).

La présence de la *résine d'aloès* dans la résine de jalap, jusqu'à 0,3, a été constatée à plusieurs reprises. Daenen en a signalé un exemple, formé par une résine brune, très-amère, friable et donnant une poudre gris jaunâtre. Elle était en grande partie soluble dans l'eau distillée, l'ammoniaque et dans une solution aqueuse de carbonate de soude, réactifs qui ne dissolvent pas la résine de jalap pure ; la liqueur aqueuse prenait, par la chaleur, après avoir été additionnée d'un peu d'acide nitrique, une belle couleur jaune.

BLACHER, *Sur un nouveau réactif pour reconnaître la présence de la résine de gayac dans la résine du jalap* (*Journ. pharm. et chim.*, 4ᵉ série, 1847, t. XII, p. 47). — DAENEN (E.), *Falsification de la résine du jalap par de l'aloès* (*Journ. chim. méd.*, 5ᵉ série, 1866, t. II, p. 217). — GOBLEY, *Falsification de la résine de jalap* (*Journ. pharm. et chim.*, 2ᵉ série, 1843, t. III, p. 461). — HENBARD (P.-J.-J.), *Moyen de reconnaître la falsification de la résine de jalap par celle de gayac* (*Journ. chim. méd.*, 3ᵉ série, 1849, t. VII, p. 355). — VÉE et POULLENC, *Rapport sur la falsification de la résine de jalap* (*Journ. pharm. et chim.*, 3ᵉ série, 1847, t. XII, p. 119).

JAUNE DE CHROME. — Voy. PLOMB (CHROMATE DE).

JUJUBES (Pâte de). La *pâte de jujubes* qui se prépare avec du sucre, de la gomme arabique et des jujubes, *Zizyphus vulgaris* (Rhamnées), renferme quelquefois de la *glycose*, qu'on a substitué au moins en partie au sucre, et qu'on reconnaît, au moyen du polarimètre, après avoir dissous la pâte et précipité la gomme par l'alcool. On peut aussi déceler la présence de la glycose par l'action d'une solution de potasse aidée de la chaleur (voy. SIROP DE GOMME). La substitution de la *gélatine* à la gomme, signalée par Stan. Martin, peut être reconnue par l'action de l'eau, qui dissout la pâte de jujubes faite avec de la gomme, mais non celle qui est adultérée, et celle-ci prend l'apparence de *couenne de lard* (Chevallier et Girard). La macération de la pâte adultérée fournit un liquide qui précipite par l'infusion de noix de galles.

KAMALA. Le kamala, fourni par le *Mallotus philippinensis* (Euphorbiacées), se présente sous forme d'une poudre fine, rouge-brique, veloutée, d'apparence organisée, à peu près inodore et insipide, et brûlant à la flamme d'une bougie.

Fluckiger en a fait connaître une autre sorte, produite certainement par une autre plante, et qui se distingue parce qu'elle prend à + 200 F. ou + 212 R. (94° C.), une couleur noire intense. (*Amer. Journ. Pharm.*, 1869, t. XL, p. 140.)

Le Dʳ R. Kemper a trouvé du *kamala* qui donnait à l'incinération de 0,207 à 0,544 de cendres, ce qui indiquait sa falsification ; car, d'après Anderson, quand il est pur, il ne doit pas donner plus de 0,0384 de cendres. (*Archiv. d. Pharm.*, 3ᵉ série, 1872, t. I, p. 119.)

KERMÈS ANIMAL. Le *kermès animal* ou *végétal*, désigné aussi sous le nom de *graine d'écarlate*, est le corps d'un insecte hémiptère, *Chermes Vermilio*, G.-Pl., autrefois employé dans la teinture et aussi dans la médecine. Il est en coques arrondies, lisses, luisantes, d'un brun rougeâtre, et offrant à peu près le volume d'un pois.

On en distingue deux sortes commerciales : 1° le *kermès de Provence* qui contient dans son intérieur une poussière rouge abondante, fait pâte sous le pilon, et est très-difficile à pulvériser ; 2° le *kermès d'Espagne*, en grains plus secs, plus aplatis, moins fournis de poussière (elle est jaunâtre ou blanchâtre) et assez faciles à pulvériser. La différence de prix entre ces deux sortes fait qu'elles sont très-souvent mélangées pour être vendues sous le nom de *kermès de Provence*.

KERMÈS MINÉRAL. Les kermès du commerce sont généralement préparés par fusion ; mais ils sont fréquemment mélangés de *soufre doré d'antimoine* et souvent aussi d'*ocres* et de *peroxyde de fer*. En 1850 et en 1851, on recueillit, à plusieurs reprises, dans le canal et dans la Seine, des paquets de kermès qui y avaient été jetés par des droguistes, comme on l'apprit plus tard, et qui n'étaient qu'un mélange de kermès et d'ocre rouge. L'oxyde rouge de fer se reconnaîtra par l'acide chlorhydrique au moyen duquel on dissoudra le kermès : on précipitera l'antimoine par l'eau : la liqueur surnageante, qui est jaune brun et contient le fer, bleuit par le cyanure jaune.

La présence de la *brique pilée* et très-divisée est indiquée par l'acide chlorhydrique qui dissout le kermès et laisse la brique intacte.

En chauffant dans un tube de verre du kermès contenant des matières végétales, telles que du *santal rouge*, on aura une odeur particulière, un peu d'huile empyreumatique et de l'acide carbonique.

Le mélange avec du *soufre doré d'antimoine* donne à l'ammoniaque à 20°, une teinte jaunâtre persistante, et la partie supérieure du dépôt offre une teinte jaunâtre qui pâlit de plus en plus, tandis que la couche inférieure offre la couleur du kermès.

Bussy, *Sur la falsification du kermès minéral* (Journ. pharm. et chim., 3ᵉ série, t. XVI, p. 272).

KINO. Le *kino* est le suc épaissi de diverses plantes qui croissent dans des contrées très-différentes ; il est formé principalement de tannin (acide kinotique), et est incomplétement soluble dans l'eau avec laquelle il donne une couleur rouge.

On en distingue plusieurs espèces :

1° Le *kino d'Amboine*, fourni par le *Pterocarpus Marsupium*, Roxb. (Légumineuses), qui se présente sous la forme de fragments petits, anguleux, cassants, éclatants, noir rougeâtre, translucides et rouge-rubis sur les bords, inodores, très-astringents ; il colore la salive en rouge.

2° Le *kino d'Afrique*, produit par le *Pterocarpus erinaceus*, Lam., qui est noir et opaque en masses, rouge foncé et transparent en lames minces, très-fragile, à cassure brillante, très-astringent et très-soluble dans l'eau.

3° Le *kino de la Jamaïque*, provenant du *Coccoloba uvifera*, L. (Polygonées), brun foncé et couvert d'une poussière rougeâtre, à cassure noire, brillante, inégale et offrant quelques cavités. Il est astringent et amer, peu soluble dans l'eau et l'alcool à froid.

4° Le *kino de la Colombie*, obtenu du tronc du *Rhizophora Mangle*, L., rougeâtre, transparent sur les bords, en fragments irréguliers, à cassure brune inégale brillante ; sa saveur est amère et très-astringente ; il se dissout assez bien dans l'eau froide et mieux dans l'eau chaude : il est presque entièrement soluble dans l'alcool et ses solutés sont d'un beau rouge.

5° Le *kino de la Nouvelle-Hollande*, qui exsude de l'*Eucalyptus resinifera*, Smith (Myrtacées), en fragments irréguliers, durs, compactes, formés par l'agglutination de petites larmes longues et contournées ; il est noir et opaque à la surface, vitreux et rouge foncé en dedans ; son astringence est médiocre ; il ne se dissout que peu dans l'eau froide, mais facilement dans l'eau chaude, d'où l'alcool le précipite.

Les diverses sortes de kino et surtout celui d'Amboine, qui est la sorte médicinale, sont souvent mélangées de matières étrangères, tels que du *sang-dragon* qui est insoluble dans l'eau ; de l'*asphalte* qui ne se dissout ni dans l'eau ni dans l'alcool, et qui fond à une température peu élevée ; de l'*extrait de ratanhia* qui ne se colore pas en rouge brun par la salive, mais prend une belle teinte bronze persistante (Wahlberg); du *cachou* qui donne un précipité rougeâtre par la gélatine, vert noirâtre par le sulfate de fer.

KIRSCHENWASSER. Le *kirschenwasser* ou *kirsch* est une liqueur obtenue par la fermentation et la distillation des merises, *Cerasus dulcis*, Gœrtn, var. *sylvestris* (Rosacées), et qui se fabrique en grande quantité dans l'Est de la France et dans la forêt Noire. Elle est fréquemment sophistiquée de la manière la plus fâcheuse. Le bon kirsch doit toujours être incolore et peser 50 à l'alcoomètre centésimal.

On a préparé, dans ces dernières années, du kirsch par le mélange à parties égales d'eau distillée de *laurier-cerise* et d'alcool à 85° : ce produit renfermait $0^{gr},022$ pour 100 d'acide cyanhydrique anhydre au lieu de 0,003 à 0,005, qui est la moyenne du kirsch naturel (F. Boudet).

Desaga a indiqué de mettre un peu de bois de gayac dans le kirsch, qui est rapidement coloré en beau bleu indigo, tandis que l'eau-de-vie de cerises ordinaire, ou les liqueurs préparées avec l'alcool et de l'essence d'amandes amères ou de laurier-cerise, ne prennent qu'une teinte jaunâtre : le phénomène ne dure guère qu'une heure. Quand il y a mélange de vrai kirsch avec de l'alcool ou un faux kirsch, la coloration est plus faible et moins durable.

F. Boudet, *Rapport sur la falsification du kirsch par l'eau distillée de laurier cerise* (*Ann. d'hyg. et de méd. lég.*, 2ᵉ série, 1865, t. XXVIII, p. 443). — Desaga, *Moyen de distinguer le vrai kirsch de ses imitations frauduleuses* (*Polytech. Journ.* de Dengler, 1868). — Gentilhomme, *Note sur les kirschs* (*Journ. pharm. et chim.*, 4ᵉ série, 1868, t. VII, p. 415). — Roehrig, *Note sur la falsification du kirsch* (*Bulletin de la Société des pharmaciens du Doubs*, 1870, p. 125).

LADANUM. Le ladanum ou *labdanum* est une gomme-résine, qui exsude spontanément des rameaux du *Cistus creticus*, L. (Cistinées). C'est une matière noir grisâtre, d'odeur balsamique très-suave, se ramollissant entre les doigts et y adhérant, presque entièrement soluble dans l'alcool. On le trouve aussi en morceaux roulés en spirale, très-lourds, grisâtres, cassants et renfermant beaucoup de sable et de terre.

Le ladanum est presque toujours mélangé de *sable*, de *cendre*, de *terre*; ces produits forment un dépôt par le traitement par l'alcool, ou se retrouvent par l'incinération.

LACTATE DE FER. — Voy. FER (Lactate de).

LAINE. La *laine* est la matière filamenteuse qui couvre la peau des moutons et de diverses autres espèces d'animaux. Le commerce en distingue de nombreuses qualités différentes sous le rapport de la finesse, de la longueur, de la couleur, de la force et de l'élasticité.

Au microscope, les filaments de laine apparaissent comme des tubes cylindriques à surface recouverte d'écailles irrégulières, un peu recourbées en dehors et portant des stries très-fines parallèles à l'axe.

Divers procédés ont été proposés pour reconnaître la présence de la laine dans les tissus (voy. ÉTOFFES). Nous indiquerons ici celui donné en 1859 par Overbeck (*Archiv. der Pharm.*, CXXXVII, 282).

On trempe dans un bain, composé de 1 partie d'alloxantine dans 10 parties d'eau, le tissu suspect préalablement blanchi : on sèche et l'on réitère deux fois l'opération, on expose à la vapeur d'ammoniaque sèche et on lave à l'eau distillée. Le murexide, qui s'est développé, laisse blanches les fibres du coton et colore en cramoisi la laine.

On a constaté dans des laines d'Afrique 0,06 à 0,07 de chlorure de sodium, ce qui provient de ce que pour leur donner du poids on a pris soin de laver les laines à l'eau de mer (Stan. Martin). D'autres fois on y mêle du sable, jusque dans la proportion de 0,40; pour fixer ce sable, on arrose la laine de lait, qui donne à la laine de la souplesse et du moelleux et agit en même temps comme corps glutineux (Stan. Martin). (Voy. ÉTOFFES.)

LAIT. Le lait, produit de la sécrétion des glandes mammaires des Mammifères, est un liquide blanc opaque, doué d'une odeur particulière, d'une saveur sucrée et agréable; sa densité est un peu plus grande que celle de l'eau. Sa nature varie suivant l'espèce animale qui le fournit, l'âge de l'animal, la saison, l'exercice, la nourriture, etc. Nous ne nous occuperons ici que du lait de vache, qui est celui dont on fait la plus grande consommation.

Le lait, abandonné à lui-même dans un lieu frais et tranquille, se couvre d'une couche plus ou moins épaisse, jaunâtre, onctueuse et épaisse, constituant la *crème* : le liquide sous-jacent, ou *lait écrémé*, est plus dense, moins consistant et offre d'ordinaire une couleur blanc bleuâtre. Le lait écrémé, chauffé et additionné de présure ou d'une

petite quantité d'acide, se coagule en une masse blanche, opaque et
solide, qui est dite *caséum, caillé, caséine*. Ce coagulum flotte dans un
liquide transparent et jaunâtre, dit *petit-lait* ou *sérum*.

La crème est constituée par des globules de matière grasse, qui sont
en suspension dans le liquide et tendent à surnager, par le repos, en
raison de leur pesanteur spécifique moindre. Le caséum, constitué
principalement par des éléments azotés, est également en suspension
dans le liquide. Le sérum, enfin, contient en dissolution des sels (principalement des chlorures de sodium et potassium, phosphates de potasse, de soude, de chaux, de magnésie, de fer, du sulfate de potasse,
des lactates, etc.), et de la *lactine* (*lactose* ou *sucre de lait*). C'est à la
transformation du sucre de lait en acide lactique qu'est due la coagulation du lait, coagulation dont on prévient la formation en mettant dans
le lait une petite quantité de carbonate alcalin. Les proportions de ces
parties *constituantes* du beurre ont été indiquées de la manière suivante par Doyère.

ÉLÉMENTS DU LAIT.	VACHE.	CHÈVRE.	BREBIS.	ANESSE.	JUMENT.
Caséine	4,20	4,85	5,70	2,15	2,18
Beurre	3,20	4,40	7,50	1,50	0,55
Lactine	4,30	3,10	4,30	6,40	5,50
Sels	0,70	0,35	0,90	0,32	0,40
Eau	87,60	87,30	84,60	89,63	91,37

Le lait, au moment où il vient d'être trait, est alcalin, mais par son
exposition à l'air il devient promptement acide par la transformation
d'une partie de la lactine en acide lactique, et alors il *se caille* ou se
coagule.

D'après Quevenne, le lait de vache a une densité qui varie de 1,029
à 1,033. La crème a une densité peu différente, ce qui explique la
lenteur avec laquelle elle se sépare par le repos.

Abandonné à lui-même, le lait, comme nous l'avons dit, devient
acide, d'autant plus vite que la température de l'air sera plus élevée,
et qu'il y aura plus d'électricité dans l'atmosphère. Il arrive souvent que
le lait, qui n'est pas très-frais, *tourne* à l'ébullition. Pour éviter cet
inconvénient, on ajoute au lait une petite quantité, environ 0,25, de
bicarbonate de soude, qui neutralise l'acide lactique au fur et à mesure
de sa formation, ou on a recours à l'ébullition du lait encore frais pour
coaguler le ferment qui, sans cela, réagirait sur la lactine.

Le lait bouilli laisse monter une crème moins volumineuse, bien qu'il y en ait la même quantité qu'avant l'ébullition. Ce lait se reconnaît à son odeur et à sa saveur particulière, ou au moyen de la présure. Celle-ci en détermine la coagulation plus lentement et moins complétement que pour le lait normal. Si au bout de douze heures le lait n'est pas pris en gelée ferme, ce que fera un lait pur pris pour servir de comparaison, on devra en conclure qu'il est de mauvaise qualité et anormal. (Quevenne.)

Le lait des vaches malades de la *cocotte* se conserve mal : examiné au microscope, il offre des globules agglutinés, muciformes ou muqueux et purulents (Donné). L'ammoniaque concentrée y détermine la formation de nombreux petits grumeaux au milieu d'une matière filante et visqueuse. (Donné.)

Certains laits, provenant de vaches malades, contiennent du *pus*, qu'on reconnaîtra, au moyen du microscope, à ses globules ayant des bords inégaux et marginés, et une surface pointillée : ces globules ne se dissolvent pas dans l'éther et sont solubles dans une solution de potasse caustique.

Le lait devient quelquefois bleu ou jaune par suite de la présence du *Vibrio cyanogenus* ou du *Vibrio xanthogenus* (Fuchs) ; cette modification se trouve dans le produit d'animaux qui paraissent sains.

On a trouvé aussi du lait rendu *rose* par le mélange de globules sanguins et provenant d'une vache qui ne paraissait pas malade. (Lepage.)

Les sophistications du lait sont nombreuses, et l'on peut dire que ce n'est qu'exceptionnellement qu'on trouve ce liquide pur. Mais parmi ces fraudes, il en est quelques-unes qui sont extrêmement rares : tels sont les mélanges avec de la *fécule,* de *l'émulsion d'amandes* ou de *chènevis,* de la *cervelle de veau,* de *mouton* ou de *cheval.* La plus fréquente de toutes est l'addition *d'eau* et, par suite, celle de quelques substances solubles pour masquer cette manœuvre : nous ne parlerons pas de la soustraction de la crème qui est, pour ainsi dire, la règle dans le commerce du lait.

L'importance qu'il y a à reconnaître la fraude, qui s'opère sur une substance d'une consommation aussi générale, n'a pas échappé aux chimistes et hygiénistes, et de nombreux procédés ont été proposés à ce sujet.

On a pensé à reconnaître la pureté et la qualité du lait au moyen de sa pesanteur spécifique, en tenant en même temps compte de la quantité de matière grasse ou beurre que renferme le lait; on peut, en effet, reconnaître la densité du lait au moyen d'un aréomètre ordinaire, mais on fait le plus souvent usage d'un instrument, spécialement gradué pour le lait, le *galactomètre*, et en particulier de celui de *Dinocourt* ou du *galactomètre centésimal*.

Le *galactomètre* de Chevallier et de Dinocourt est un aréomètre qui sert à prendre le degré du lait non écrémé, puis celui du lait écrémé, après qu'on a constaté la proportion de crème au moyen du crémomètre. Ces trois essais successifs permettront, dans les conditions ordinaires, de reconnaître si le lait est écrémé ou non, pur ou additionné d'eau.

On reconnaît le lait pur du lait écrémé au moyen du *crémomètre* (fig. 104), sorte d'éprouvette de 0^m,028 de diamètre intérieur et de 0^m,140 de hauteur, d'une contenance de 0^{litre},2. Elle est graduée de façon à indiquer les demi-décilitres, et porte, à la partie supérieure, une échelle graduée en centièmes, de 0° à 50°. Le lait, versé avec précaution, est abandonné à lui-même à une température de + 12 à + 15° pour laisser monter la crème : on lit alors la quantité de degrés ou centièmes qu'elle occupe et l'on a ainsi la valeur vénale du lait. Le lait pur doit donner, après vingt-quatre heures de repos, 0,10 à 0,14 de crème. Il faut prendre garde que, souvent, le lait a été additionné d'eau, ce qui fausse le résultat; mais on peut s'en assurer au moyen du lactomètre qui indiquera, la proportion de crème étant connue, le vrai rapport qui devrait exister entre le lait pur et le lait écrémé.

Ces moyens sont très-simples, mais les résultats qu'ils donnent n'ont qu'une précision problématique : en effet, ils ne donnent que les densités sans indiquer si le lait est falsifié ou non : d'autre part, les différents laits contiennent, en proportions variables, les divers principes et, en particulier, le beurre, d'où il résulte des variations considérables dans la densité même du lait naturel. Les différences, résultant des diverses

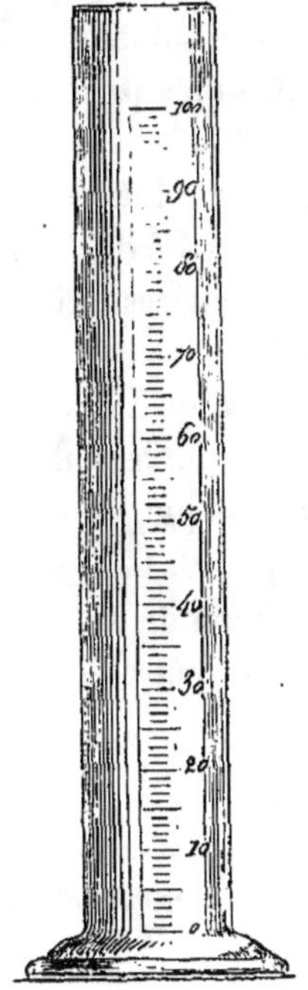

Fig. 104.
Crémomètre.

lempératures devront être corrigées au moyen de tables. Le crémomètre, d'autre part, ne donne pas toujours non plus des indications précises, car les divers globules du beurre ayant des dimensions différentes leur ascension ne se fait pas d'une manière égale, et, par cela même, le résultat de l'observation peut être faussé.

Il résulte encore des observations de Doyère, qu'une quantité plus ou moins grande de caséine en suspension dans le lait est entraînée par les globules du beurre, suivant l'état dans lequel elle se trouve; de telle sorte qu'on trouvera des crèmes de composition différente dans des laits qui, d'ailleurs, possèdent les mêmes proportions de beurre et de caséine.

On ne peut donc admettre que la richesse en beurre d'un lait soit absolument proportionnelle à la quantité de crème qui surnage après vingt-quatre heures. D'ailleurs les fraudeurs savent très-bien compenser la densité trop faible en ajoutant quelques substances solubles, telles que la glycose, et faire disparaître la teinte bleuâtre qu'a prise le lait avec des matières colorantes.

Le *lactodensimètre* de Quevenne est un aréomètre gradué de façon à donner les densités comprises entre 1014 et 1042 ; un côté de l'échelle est coloré en jaune et sert pour le lait pur : l'autre côté est teinté en bleu et donne les indications relatives au lait écrémé.

. Pour obvier à l'inconvénient qu'il y aurait à inscrire quatre chiffres sur l'échelle, on a supprimé les deux chiffres et l'on a conservé seulement le surplus de 1000 grammes. La série des accolades indique, de chaque côté, le lait pur, le mélange avec 0,10, 0,20, 0,30, 0,40, 0,50 d'eau : chaque dixième d'eau ajouté diminue la densité du lait pur de 3° environ, et celle du lait écrémé de 3 1/4. L'emploi du lactodensimètre donne en commençant par le bas de la tige :

LAIT PUR.			LAIT ÉCRÉMÉ.		
De 23 à 29.		lait pur.	De 36,5 à 32,5..		lait pur.
29	26.	lait avec 0,10 d'eau.	32,5	29 1/4.	lait avec 0,10 d'eau.
26	23.	0,20	29 1/4	26	0,20
23	20.	0,30	26	22 3/4.	0,30
20	17.	0,40	22 3/4	19 1/4.	0,40
17	14.	0,50	19 1/4	16 1/4.	0,50

Il est seulement nécessaire de ramener à la température de + 15°, ce qui se fait au moyen des tables de correction.

Les indications du lactodensimètre peuvent être contrôlées par l'emploi du *lactoscope Donné* (fig. 105), qui consiste en une sorte de lunette

FIG. 105. — Lactoscope de Donné.

formée de deux tubes concentriques, munis de deux verres parallèles qui se rapprochent jusqu'au contact ou s'éloignent au moyen d'un pas de vis très-fin : un petit entonnoir, placé à la partie supérieure, communique avec l'espace que les deux lames de verre peuvent laisser entre elles ; au côté opposé est adapté un manche qui sert à tenir l'instrument.

Pour faire l'essai, on introduit le lait dans l'entonnoir et l'on écarte les verres jusqu'à ce que le lait, entré dans la lunette, rende invisible la flamme d'une bougie distante d'un mètre ; l'écartement est indiqué par une graduation gravée dans le sens de la longueur du tube intérieur, et le double 0 correspond au contact des deux verres. Cet instrument est fondé sur la supposition que l'opacité du lait est proportionnelle à la quantité de matière grasse et de caséine qu'il contient : mais elle tient probablement aussi au diamètre des globules graisseux et à l'état de plus ou moins parfaite suspension de la caséine ; elle se rattache donc à des causes de nature variable et par suite les appréciations, basées sur le caractère de l'opacité, ne peuvent avoir aucun caractère de précision.

Le procédé Marchand (de Fécamp) est encore plus rapide : il est basé sur le dosage du beurre au moyen du *lacto-butyromètre* (fig. 106), tube de verre fermé à un bout, de 0,010 à 0,012 de diamètre intérieur, divisé

FIG. 106.
Lacto-butyromètre
de Marchand.

en trois capacités égales de 0,10, dont la supérieure est divisée en centièmes. On verse, dans le tube, un décimètre cube de lait de façon à
affleurer la première ligne de graduation et l'on ajoute une goutte de
potasse caustique pour tenir la caséine en dissolution.

On ajoute de l'éther en quantité égale à celle du lait et l'on agite ; puis
on verse un décimètre cube d'alcool, on agite de nouveau et l'on porte le
tube dans un bain-marie à $+40°$ et on l'y maintient vertical, jusqu'à ce
que la couche oléagineuse qui monte à la surface n'augmente plus. On
lit la quantité de cette couche et, au moyen de la table dressée à cet effet,
on connaît la quantité de beurre. Un litre de lait pur doit donner de
30gr,55 à 36gr,43 de beurre.

Le *lacto-butyromètre* de Salleron (fig. 107) ne diffère de celui de Marchand que parce qu'il porte un curseur gradué
qui donne directement la teneur en beurre du
lait : la première division du curseur porte, au
lieu de 0, 12,6 et correspond aux 12gr,60 de
beurre restés en dissolution. Le tube de fer-
blanc, qui contient l'appareil, sert de bain-
marie et offre à sa base une cupule où l'on fait
brûler de l'alcool.

Pour reconnaître avec certitude la richesse
d'un lait, il faut opérer le dosage pratique de
ses éléments, et plusieurs procédés ont été
indiqués dans ce but.

Haidlen, se basant sur la propriété qu'a le
sulfate de chaux de coaguler le lait à l'ébullition et de former, avec la caséine, du caséate
de chaux, a indiqué de verser le lait dans
une capsule tarée avec un cinquième de sulfate
de chaux hydraté séché à $+100°$: il chauffe dou-

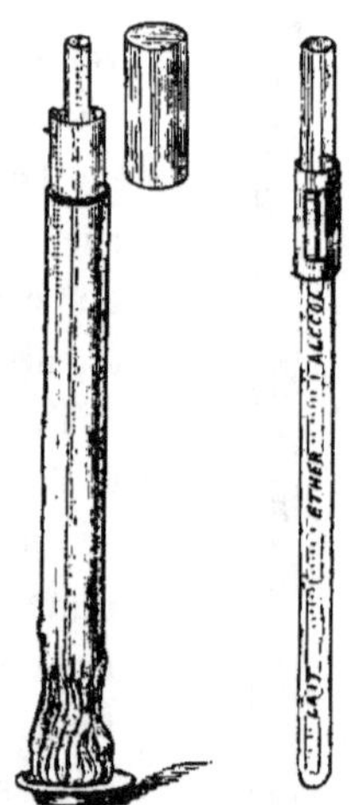

Fig. 107.
Lacto-burytomètre mo-
difié par Salleron.

cement pour que la coagulation se fasse bien, puis il évapore jusqu'à
siccité au bain-marie et l'augmentation de poids donne la somme des
matières solides du lait. Le résidu est pulvérisé, épuisé par l'éther
pour en séparer le beurre, puis par l'alcool étendu qui dissout le sucre
de lait et les sels sans toucher au caséum. Ce procédé a l'inconvénient
de ne pas donner exactement la quantité de beurre.

Doyère a donné une méthode assez compliquée, mais assez exacte.
Elle consiste dans les opérations suivantes : Pour doser le beurre, on

verse, sur 10 grammes de lait, 40 grammes d'acide acétique étendu de son volume d'eau ; on agite et l'on jette sur un filtre : on verse dans deux capsules tarées 10 grammes du mélange liquide avant la filtration et 10 grammes du même mélange filtré ; on dessèche à $+$ 110° ou $+$ 115° dans une petite étuve, et la différence de poids indique le beurre contenu dans le lait.

Pour doser la caséine, on prépare du petit-lait avec 1/50 d'acide acétique et l'on en dessèche 10 grammes à $+$ 115° ; le résidu, rapporté à 1 gramme de lait et soustrait du résidu laissé par une même quantité donne la quantité collective de la caséine et du beurre ; mais, comme de fait on connaît déjà ce dernier, on dose la caséine par différence.

L'albumine se reconnaît par le mélange de deux volumes d'alcool à 40° avec un volume de petit-lait : on évapore et l'on obtient un résidu qui ne diffère du précédent que par l'albumine en moins, aussi la différence des deux poids donnera la quantité d'albumine.

Le sucre de lait est donné, avec 0,002 de matières salines, par l'évaporation de l'alcool filtré qui a agi sur les produits de l'évaporation précédente.

Pour avoir les sels, on calcine, dans une capsule de platine, une certaine quantité de lait qu'on évapore d'abord.

Pour connaître l'eau, on évapore à l'étuve à $+$ 120° 5 grammes de lait, et la différence de poids entre le lait et le résidu, exprime la quantité d'eau.

Filhol et Joly ont donné un procédé qui nous paraît plus commode et plus exact. Pour déterminer les matières fixes, on fait évaporer 10 grammes de lait dans une étuve chauffée à $+$ 110° à $+$ 120°. Il est bon de mêler au lait desséché un peu de carbonate de soude pur et fondu avant de procéder à l'incinération. Le beurre se reconnaît en mettant 10 grammes de lait sur un triple filtre, et quand le sérum est écoulé on épuise par l'éther le filtre coupé en petits morceaux : on fait évaporer l'éther et l'on a le beurre.

La caséine s'obtient en traitant 10 grammes de lait par 60 CC. d'alcool à 80° : on filtre le coagulum (une partie du liquide filtré est mise à part pour la détermination du sucre au moyen du liquide de Barreswill) : on lave la caséine à l'alcool faible, on la dessèche incomplétement, on la sépare du beurre par un lavage à l'éther, puis on la dessèche complétement à $+$ 110° à $+$ 120°.

Poggiale a proposé de déterminer la richesse du lait par la connaissance de la proportion de sucre de lait. Il emploie une liqueur formée de bitartrate de potasse ajoutée à une solution de sulfate de cuivre ; on redissout par la potasse caustique le précipité qui se forme et l'on obtient après filtration un liquide limpide et d'un bleu intense ; on en fixe le titre en constatant la quantité de lait nécessaire pour en décolorer un volume connu. On coagule 50 à 60 grammes de lait par quelques gouttes d'acide acétique à une température de $+ 40°$ à $+ 50°$; on filtre et l'on verse la liqueur dans une burette graduée par cinquième de centimètre, et l'on verse goutte à goutte dans un ballon contenant 20 CC. de la liqueur d'épreuve ; on agite continuellement la liqueur et on la chauffe après chaque addition de petit-lait : quand la couleur bleue a disparu, on lit sur la burette la quantité de petit-lait employée et l'on détermine au moyen d'une proportion le poids du sucre contenu dans 1 kilogramme de petit-lait (le lait pur contient 58 grammes, celui du commerce de 38 à 46 grammes).

Poggiale a aussi indiqué de se servir du saccharimètre Soleil : le petit-lait est additionné d'acétate de plomb, filtré et mis dans le tube ; on cherche le nombre de degrés de déviation de la lumière polarisée et, au moyen d'une table, on transforme les degrés observés en grammes de sucre.

Brownen recommande le moyen suivant d'analyse du lait : Mêler deux volumes d'alcool (D. 833) avec un volume de lait ; séparer par filtration le beurre et la caséine ; la liqueur filtrée contient le sucre de lait et chaque accroissement de 0,04 au-dessus de la densité 905 du mélange d'alcool et d'eau, indique 0,01 de sucre de lait. La liqueur, évaporée en consistance sirupeuse, est étendue d'eau distillée et l'on détermine la quantité de sucre par le réactif cuivreux. On sépare le beurre de la caséine et l'on en recherche la quantité.

Baumhauer prend du sable blanc, lavé et calciné qu'il place sur un filtre et pèse le tout : il imbibe d'un poids connu de lait, maintient dans un courant d'air sec, puis à $+ 60°$ ou 70°, puis à $+ 105°$; on pèse de nouveau, et l'on a ainsi le poids du résidu fixe ; on lave avec l'éther et l'on sèche, ce qui donne le poids de la matière grasse ; on traite par l'eau pour avoir la quantité de sucre et de matières solubles : on peut rechercher la lactine dans la solution par les procédés ordinaires (1863).

Le procédé de Leconte, qui est très-rapide, consiste à mettre dans un tube gradué (fig. 108) 5 centimètres cubes de lait, puis 20 centimètres cubes d'acide acétique cristallisable ; boucher l'orifice supérieur du tube, agiter quelques minutes. La caséine qui s'était coagulée se dissout peu à peu, et le beurre surnage rapidement la liqueur sous forme de flocons blancs : on liquéfie le beurre au moyen de la flamme d'une lampe à alcool, et l'on obtient ainsi une couche liquide dont il est facile d'apprécier le volume au moyen de la graduation du tube. L'appareil se compose d'un tube de 0^m,025 environ de diamètre, fermé à une de ses extrémités et divisé en cinq parties offrant chacune une capacité de 5 centimètres cubes : à la partie supérieure de ce tube est soudé un autre tube de diamètre beaucoup plus étroit et divisé en vingtièmes de centimètres cubes ; puis à la partie supérieure de ce second tube, un troisième tube de même diamètre que le premier mais beaucoup plus court et non divisé, servant d'entonnoir et recevant les liquides, qui se dilatent pendant l'opération.

Le lait est, de toutes les substances alimentaires, celle qui a été soumise aux falsifications les plus nombreuses.

La sophistication du lait par l'*eau* se pratique sur une large échelle, et est la plus fréquemment mise en usage ; mais elle n'est pas la seule, et elle a amené les laitiers à en pratiquer d'autres en vue de voiler cette première adultération. Pour lui rendre l'aspect de lait pur, ils ajoutent de la mélasse qui lui donne de la douceur, du sel qui lui donne de la saveur et d'autres substances pour rétablir la densité : dans ce dernier but on y ajoute de la gomme adraganthe, de la dextrine.

La présence de l'eau additionnée se reconnaîtra, comme nous l'avons indiqué plus haut, au moyen du lactomètre, en en combinant l'usage avec celui du crémomètre.

FIG. 108.
Appareil
de Leconte.

La *fécule*, l'*amidon*, la *farine*, qui paraissent ne pas être employés aujourd'hui comme agents de sophistication, peuvent être reconnus aisément au moyen du microscope aidé de l'action de l'iode. Le mieux est de coaguler le lait par l'acide acétique et de rechercher la fécule dans le sérum refroidi.

Quand il y a une assez grande quantité de fécule, le lait brûle assez facilement sur le fond des vases ; ce caractère lui est commun avec le lait non falsifié, mais ayant subi un commencement d'altération. Le lait chargé de fécule laisse, sur les parois des vases où on le dépose après avoir bouilli, de nombreux petits grumeaux diaphanes.

La *dextrine,* qu'on n'ajoute que pour rendre au lait sa densité, est indiquée par la coloration bleue violacée plus ou moins marquée que donne l'eau iodée ; il vaut mieux agir sur le lait coagulé d'abord par l'acide acétique. On peut aussi transformer la dextrine en sucre au moyen de l'acide sulfurique, ou avoir recours au polarimètre : c'est ainsi qu'Adrian a constaté :

	DENSITÉ.	ROTATION A DROITE.
Lait pur	30,5	22
— 0,10 de solution de dextrine. . . .	32	32,25
— 0,20 d'eau, dont 0,10 dextrine.	29	30
— 0,15 d'eau, dont 0,10 dextrine.	30,5	31,5

Lamy a constaté que le sérum pur prend avec l'iode une coloration jaune clair ; mêlé de 0,39 dextrine une coloration bleu foncé ; avec 0,10, il est bleu violacé ; avec 0,01, il est rouge jaunâtre.

Le *sucre de canne* ne peut être ajouté en certaine proportion au lait pour lui donner de la densité, car celui-ci prend immédiatement une saveur trop sucrée.

Le *sucre de fécule* est plus fréquemment employé pour donner plus de densité au lait et masquer sa saveur fade : il suffit, pour le déceler, d'agir sur le lait, ou mieux sur le sérum au moyen d'un peu de levûre de bière, qui y détermine la fermentation alcoolique.

Si l'on verse dans du sérum du lait, additionné de glycose, quelques gouttes d'iodure de potassium ioduré, on a une coloration rouge par la dextrine que la glycose contient toujours.

La *gomme arabique,* qui n'est pas employée, car il en faudrait 90 grammes par litre pour donner au lait une densité de 10,30, ce qui coûterait aussi cher que le lait, se reconnaîtrait facilement au moyen de l'alcool à 90° qui forme de nombreux flocons opaques et blancs, faciles à distinguer des flocons de petit-lait.

La *gomme adraganthe,* indiquée par Lassaigne, se reconnaît par l'addition de l'alcool au sérum, où elle se précipite des flocons sous forme de traînées filandreuses.

La *gélatine* et l'*ichthyocolle,* dont le mélange a été reconnu à Rouen par Morin, donnent un précipité quand on traite le sérum par la noix de galle.

Les *blancs d'œufs* sont souvent ajoutés au lait pour le rendre mousseux ; mais en préparant le petit-lait à une température moindre de + 50°, et en faisant bouillir après, on observe des flocons nombreux.

On a beaucoup parlé de la falsification par les *émulsions d'amandes douces*, de graines de *chènevis*, etc.; mais le lait bouilli prend une saveur âcre et particulière et offre quelques gouttes huileuses ; d'autre part les acides donnent un coagulum moins abondant que pour le lait pur, et de plus ce coagulum graisse le papier et donne de l'huile par la pression entre les doigts. En outre, en ajoutant quelques centigrammes d'amygdaline en poudre à 2 à 3 grammes de lait, on aurait l'odeur d'essence d'amandes amères.

On a encore fait grand bruit de la falsification possible du lait au moyen d'une certaine quantité de *cervelle* de veau ou de mouton ; il ne

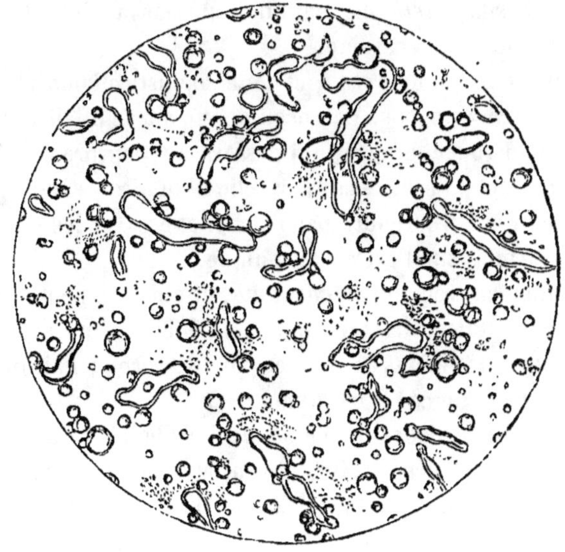

FIG. 109. — Lait adultéré avec la cervelle de mouton. (Hassall.)

paraît cependant pas prouvé qu'une mixture aussi dégoûtante ait été réellement faite. D'ailleurs, l'examen microscopique permettrait de reconnaître les débris de vaisseaux sanguins et les éléments de matière nerveuse (fig. 109).

On pourrait encore avoir recours au procédé suivant : on traite par l'éther sulfurique très-pur la partie crémeuse du lait ; on décante, filtre et évapore l'éther ; on fait bouillir le résidu de matières grasses dans de l'eau distillée, aiguisée de quelques gouttes d'acide sulfurique pur. On refroidit et filtre la solution, et l'on recherche l'acide phosphorique par l'eau de chaux, l'eau de baryte, le nitrate d'argent et les sels de magnésie et d'ammoniaque. (E. Soubeiran et O. Henry.)

Le microscope, qui ne peut donner d'indications utiles pour reconnaître la proportion des globules gras du lait, rend au contraire d'excellents services quand on observe du lait malade : car il fait voir les globules déformés, les globules semblables à ceux du pus, et les bactéries, etc.

Les *matières colorantes*, qui ont été quelquefois ajoutées au lait pour faire disparaître la teinte bleue qu'il prend quand il a été additionné d'eau, sont de diverses sortes.

Le suc de certaines racines, telles que la *carotte*, ou de diverses fleurs, *souci*, *safran*, *carthame*, sera indiqué par la teinte du petit-lait après la coagulation de la caséine.

On a aussi fait usage du *rocou*, et cette sophistication a été prouvée devant les tribunaux anglais. Le rocou donne au petit-lait une coloration rougeâtre ou rouge orangé, qui passera au pourpre par l'addition d'un peu d'acide, et au rouge clair par celle d'un alcali. On peut encore évaporer le petit-lait, reprendre par l'alcool et essayer les réactions du rocou (voyez ce mot) sur l'extrait alcoolique.

On a eu également recours au *curcuma*, et alors on peut quelquefois en retrouver les cellules caractéristiques, ou bien encore avoir recours au procédé que nous venons de donner pour le rocou ; l'alcali donnera une coloration brun foncé. (Voy. Curcuma.)

La présence du *bicarbonate de soude* dans le lait sera indiquée en coagulant le lait par l'alcool à 40°, filtrant et recueillant le sérum qui ramène au bleu le papier de tournesol rougi ; on évapore et le résidu fait effervescence par les acides.

Adrian (L.-A.), *Recherches sur le lait au point de vue de sa composition, de son analyse, de ses falsifications, et surtout de l'approvisionnement de Paris* (thèse de pharmacie, 1859). — *Adulteration of milk with borax (Report of the Commissioner of Patents for the year 1861*, 1862, p. 330). — Barruel, *Considérations hygiéniques sur le lait vendu à Paris comme substance alimentaire (Ann. d'hyg. et de méd. lég.*, 1829, t. I, p. 404). — Bouchardat et Quevenne, *Du lait*, 1er fascicule. Instruction sur l'essai et l'analyse du lait (*Mémoires de la Société d'agriculture*, 1856, et tirage à part.) — Braconnot, *Mémoire sur le lait*. Nancy, 1830. — Brownen (G.), *Cow's milk and best methods of detecting its adulterations (Pharm. Journ.*, 1872, p. 501). — Chevallier, *Moyen de reconnaitre le bicarbonate de soude dans le lait (Journ. pharm. et chim.*, 3e série, 1844, t. V, p. 137). — *Observations*

sur la vente du lait (Ann. d'hyg. et de méd. lég., 1ʳᵉ série, 1844, t. XXXI,
p. 463). — *De la nécessité de publier une instruction sur les moyens à mettre
en pratique pour connaître si le lait est ou non allongé d'eau (Ann. d'hyg. et
de méd. lég.*, 2ᵉ série, 1855, t. III, p. 306). — *Sur le commerce du lait pour
l'alimentation de la population parisienne (Ann. d'hyg. et de méd. lég.*, 2ᵉ série,
1856, t. VI. p. 359). — CHEVALLIER et HENRY, *Mémoire sur le lait (Journ. chim.
médic.*, t. XV, p. 206). — CHEVALLIER et REVEIL, *Notice sur le lait, falsifications,
moyen de les reconnaître, tables des laits écrémés, liqueur pour l'essai des laits
(Journ. chim. médic.*, 4ᵉ série, 1856, t. II, p. 342, 402). — DONNÉ, *Nouveaux instruments pour déterminer immédiatement la richesse en crème d'un lait quelconque (Comptes rendus*, t. XXI, p. 451; *Cours de microscopie*, Paris, 1844). —
DOYÈRE, *Étude du lait au point de vue physiologique et économique (Ann. de l'Institut agronomique*, 1849). — CH. EKIN, *Cow's milk and the best methods of detecting
its adulterations (Pharm. Journ.*, 1872, p. 881). — *Empoisonnement par le lait
d'une vache soumise à un traitement mercuriel (Ann. d'hyg. et de méd. lég.*,
1ʳᵉ série, 1848, t. XXXIX, p. 453). — FILHOL et JOLY, *Recherches sur le lait*,
1856. — GAULTIER DE CLAUBRY, *De la conservation du lait (Ann. d'hyg. et de méd.
lég.*, 1835, t. XIII, p. 81). — *Sur la sophistication du lait au moyen de la matière cérébrale (Ann. d'hyg. et de méd. lég.*, 1842, t. XXVII, p. 287). — GIRAR-
DIN, *Note pour servir à l'étude du lait (Journ. pharm. et chim.*, 3ᵉ série, 1853,
t. XXIII, p. 401). — HAIDLEN, *Sur les sels du lait de vache (Journ. pharm. et
chim.*, 3ᵉ série, 1843, t. III, p. 467). — O. HENRY, *Sur la sophistication du lait
au moyen de la matière cérébrale (Bull. de l'Acad. de méd.*, t. VII, p. 418). —
LE CANU, *Note concernant l'analyse du lait (Journ. pharm. et chim.*, 3ᵉ série,
1854, t. XXV, p. 201). — LECONTE, *Nouveau procédé d'analyse du lait (Journ.
chim. méd.*, 3ᵉ série, 1854, t. X, p. 577). — MACADAM (Dʳ Stevenson), *The qua-
lity of milk supplied to towns (Pharm. Journ.*, 3ᵉ série, 1874, p. 813, 832. —
MARCHAND (Eug.), (de Fécamp), *Nouvelle méthode de dosage du beurre dans le lait
(Journ. pharm. et chim.*, 3ᵉ série, 1854, t. XXVI, p. 344). — PELIGOT, *Sur les
altérations du lait (Journ. pharm. et chim.*, 3ᵉ série, 1846, t. I, p. 311). — POG-
GIALE, *Dosage de la lactine dans le lait (Journ. pharm. et chim.*, 3ᵉ série, 1858,
t. XXXIV, p. 130). — QUEVENNE, *Mémoire sur le lait ; Ann. d'hyg. et de méd. lég.*,
1ʳᵉ série, 1841, t. XXVI, p. 5, 257). — QUEVENNE et GAULTIER DE CLAUBRY, *Rapport sur le procédé du docteur Rosenthal propre à reconnaître la falsification du lait
(Journ. pharm. et chim.*, 3ᵉ série, 1854, t. XXVI, p. 214). — REISET. *Expériences
sur la composition du lait dans certaines phases de la traite et sur les avantages
de la traite fractionnée pour la fabrication du beurre (Ann. de chim. et phys.*,
3ᵉ série, t. XXV, p. 82), reproduit in *Recherches pratiques et expérimentales sur l'agronomie.* Paris, 1863, p. 1. — REVEIL, *Du lait* (thèse d'agrégation de médecine, 1856).
— ROSENTHAL, *Mémoire sur la falsification du lait (Journ. pharm. et chim.*, 3ᵉ série,
1854, t. XXVI, p. 214). — SOLEIL, *Dosage du sucre de lait au moyen du saccharimètre (Comptes rendus*, t. XXVII, p. 584). — SOUBEIRAN (E) et HENRY (O.),
Sur la cervelle dans le lait (Journ. pharm. et chim., 3ᵉ série, 1842, t. I, p. 222).
— VOELCKER (prof.), *On milk, its supply and adulteration (Pharm. Journ.*, 3ᵉ série,
1874). — J.-ALFR. WANKLYN, *Milk analysis by the Ammonia process (Pharm.
Journ.*, 1871, p. 123).

LAIT (Petit-). Le *petit-lait, sérum du lait,* qu'on prépare dans les
pharmacies en coagulant le lait à chaud au moyen d'une solution étendue
d'acide tartrique, ou avec l'acide acétique ou vinaigre, ou au moyen de

la présure, et qu'on clarifie au moyen de blanc d'œuf, est un liquide jaune verdâtre ou ambré, à saveur butyreuse, douce et sucrée, à odeur un peu fade, dont la densité moyenne est 1028; l'infusion de noix de galle le trouble et le précipite.

Préparé avec le vinaigre, il a toujours une saveur peu agréable qui tient aux matières fixes et aux substances odorantes que contient toujours le vinaigre.

Le petit-lait peut contenir du *cuivre* provenant des vases dans lesquels on l'a conservé; mais le cyanure jaune, en donnant un précipité marron, décélera cette altération.

On a fabriqué du petit-lait de toutes pièces avec du *sucre de lait*, quelques *sels* (*sel marin*, *alun*, *nitre*), un peu de *vinaigre* et du *sirop de nerprun*. Mais ce liquide n'est pas troublé par la noix de galle, et le résidu de l'évaporation donne des vapeurs acides et une odeur de caramel. (Chevallier.)

LAUDANUM DE ROUSSEAU. Le *laudanum de Rousseau* doit être brun foncé, peu visqueux, avoir une odeur d'opium très-prononcée; sa densité est 1046 à 1052. Il donne par l'ammoniaque un magma blanchâtre qui se dissout d'abord par l'agitation, mais qui reparaît par une addition d'eau. Il contient quelquefois du *miel*, qui y a été ajouté pour lui donner de la densité ; mais alors il ne précipite pas par l'ammoniaque.

LAUDANUM DE SYDENHAM. Le *laudanum de Sydenham* doit offrir les caractères suivants : avoir une couleur d'un brun jaune en masse, teignant la paroi des vases en jaune d'or persistant; offrir une odeur vireuse, où domine celle du safran ; sa densité doit être 1075 (10 degrés aréométriques); sa richesse alcoolique doit être 0,17 à 0,18 ; il doit donner comme résidu d'évaporation 0,20 ; étendue dans 50 000 parties d'eau, une partie de laudanum doit avoir encore une teinte jaune manifeste.

Le laudanum de Sydenham peut être préparé avec de l'eau alcoolisée et sucrée, ou avec des vins blancs sucrés; il n'a pas alors la densité voulue, et il laisse à l'évaporation un résidu de cristaux de sucre candi au lieu d'un magma plus ou moins grumelé.

Stan. Martin a indiqué de remplir du laudanum suspect une fiole allongée; on bouche l'orifice avec le doigt et l'on plonge dans un verre d'eau; si le laudanum a été fait avec de l'eau alcoolisée et du sucre ou avec du vin blanc ordinaire sucré, il se fait, par le repos, une séparation entre la matière sucrée et l'alcool qui monte à la partie supérieure ; rien de ce genre n'a lieu pour le laudanum préparé au malaga.

Quelquefois, le laudanum est fabriqué avec de l'opium de qualité inférieure et avec une solution de carthame pour remplacer le safran.

LAVANDE (Essence de). *L'essence de lavande,* fournie par la distillation des sommités fleuries du *Lavandula vera,* L. (Labiées), sur de l'eau salée, est vert jaunâtre, très-fluide, très-odorante ; sa saveur est âcre, aromatique et amère ; sa densité est 0,870 ; elle se dissout en toutes proportions dans l'alcool : elle détone légèrement avec l'iode en répandant des vapeurs jaunes.

On lui substitue quelquefois *l'essence d'aspic,* employée surtout par les peintres sur porcelaine et pour la fabrication des vernis pour artistes ; mais celle-ci est d'un vert plus foncé et a une odeur moins agréable.

On la falsifie souvent avec *l'essence de térébenthine,* mais cette fraude est décelée par l'odeur ou par les moyens indiqués à l'article ESSENCE.

Piesse dit que l'essence de lavande pure doit avoir une pesanteur spécifique de 0,870 à 0,880 et être complétement soluble dans cinq parties d'alcool de 0,894. Une solubilité moindre montre qu'elle contient de l'essence de térébenthine. Le même procédé a été indiqué d'abord par Hartung Schwarzkopft (*Central Blatt,* 1851, nº IV, p. 92).

PIESSE, *Des odeurs, des parfums et des cosmétiques* (édition Reveil, 1865, p. 129).

LEVURE DE BIÈRE. La levûre de bière est formée par le *Mycoderma cerevisiæ* et forme des masses blanc jaunâtre, quelquefois chamois, se brisant nettement et n'ayant pas d'odeur aigre.

Payen a signalé l'addition de *fécule* à la levûre, jusqu'à 0,35. On reconnaît cette falsification en délayant 20 grammes de levûre dans l'eau et en laissant reposer dans un entonnoir bouché par le bas : la fécule se dépose et on la recueille après l'avoir bien lavée, pour la peser et la reconnaître au moyen de l'iode et du microscope.

On a aussi trouvé dans la levûre de la *craie;* mais, traitée par l'acide chlorhydrique, elle fait effervescence.

Le docteur Letheby a trouvé des levûres importées de Hollande, qui contenaient jusqu'à un tiers ou moitié de leur poids de *terre de pipe* (1863).

LIMAILLE DE FER. — Voy. FER.

LIN. Le lin, *Linum usitatissimum*, L. (Linées), offre à l'industrie, ses graines et ses fibres.

La graine de lin (fig. 110) offre à l'extérieur une tunique, qui lui donne son aspect luisant et qui est formée d'une couche unique de cellules, larges, incolores et hexagonales : ce sont ces cellules qui renferment le mucilage. En dedans est une couche de cellules arrondies, à parois

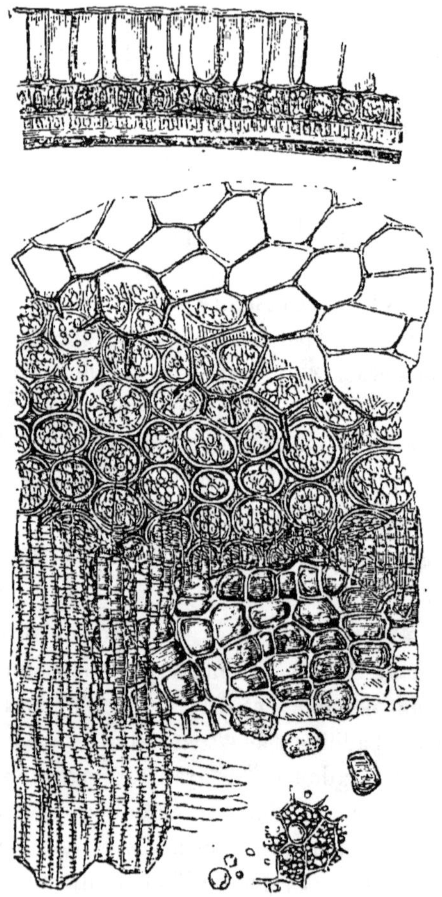

Fig. 110. — Graine de lin. Grossissement, 220 diamètres. (Hassall.)

épaisses et remplies d'une matière granuleuse. Plus en dedans est une membrane formée de cellules étroites, allongées en fibres, les unes longitudinales, les autres transverses, ce qui leur donne un aspect strié et très-caractéristique. Cette couche, forte et résistante, recouvre des cellules anguleuses, plus ou moins carrées, remplies d'une matière colorante, qui paraît résineuse et qui quelquefois sort des cellules. La graine elle-même est composée de cellules renfermant de l'huile et de la fécule : l'huile se trouve surtout dans les cellules les plus superficielles ou extérieures, ou elle forme des globules brillants et arrondis ; la fécule, plus abondante dans les cellules du centre, est formée de granules anguleux, petits, trois ou quatre fois plus grands que ceux du poivre.

La falsification de la farine de lin est fréquente, et se fait surtout avec du *petit son*, de la *farine de tourteaux de lin* ayant servi à la fabrication de l'huile, de la *sciure de bois*, ayant servi à filtrer les huiles d'éclairage.

On peut reconnaître ces falsifications par la proportion d'huile qui sera beaucoup moindre, 0,12 au lieu de 0,35 ; l'iode ne colore pas en bleu la farine de lin pure, et indiquera la présence du son ; l'éther sulfurique ou la benzine donneront la quantité d'huile, l'eau celle du mucilage ; la calcination enfin fera découvrir le mélange des matières minérales.

Le *tourteau de colza* en poudre grossière, mis dans un verre avec de l'eau chaude, mais en quantité suffisante pour ne pas former une liqueur épaisse, donne par le repos une couche inférieure formée par des pellicules brun noirâtre ou rougeâtre, une seconde couche de poudre de couleur jaune de pois, et au-dessus un liquide jaune clair. Cette dernière couche, additionnée d'eau de façon à faire disparaître la couleur, redevient jaune par quelques gouttes de lessive de soude ou de potasse. Le tourteau de lin, dans les mêmes conditions, ne donne qu'une seule couche surmontée par un liquide trouble et incolore, que l'action de la lessive ne modifie pas. (*Répert. de pharm.*, 1863,)

La farine de lin a été mélangée avec de la *sciure de bois de gayac*, mais cette sophistication se reconnaît en l'exposant à la vapeur d'acide nitreux ; la farine fraudée prend une teinte verdâtre, que ne présente pas la farine pure. On peut encore traiter le mélange par l'alcool et laisser en contact pendant une heure ; puis on imprègne d'alcool une feuille de papier non collé et on l'expose aux vapeurs nitreuses ; s'il y a du gayac, même 0,01, le papier prend une coloration vert bleuâtre, tandis qu'il n'y a pas de coloration pour la farine pure.

La farine de lin a été adultérée avec de la *terre de poélier*, terre calcaire, ferrugineuse et plus ou moins chargée d'argile.

Les fibres du lin peuvent être mélangées à d'autres fibres végétales, et divers moyens ont été donnés pour reconnaître cette fraude (voy. ÉTOFFES). On les a aussi additionnées de *pierres* et de *sable*. D'autres fois on les *mouille*, pour en augmenter le poids.

CHEVALLIER, *Vente de farine de lin allongée de recoupes* (*Journ. chim. médic.*, 3° série, 1851, t. VII, p. 39). — *Falsification de la farine de lin* (*Journ. chim. médic.*, 3° série, 1853, t. IX, p. 383). — *Falsification de la farine de graine de lin par la sciure de gayac* (*Bull. de thér.*, 1838, t. XV, p. 178). — A. TRÉBUCHET, *Falsification des farines de lin et de moutarde* (*Ann. d'hyg. et de méd. lég.*, 1843, t. XXIX, p. 50),

LIN (Huile de). L'huile de lin est toujours colorée, un peu visqueuse; elle a une odeur piquante et une saveur désagréable. Elle rancit vite et est siccative.

La pesanteur spécifique de l'huile de lin est d'environ 0,935.

L'huile de lin est le plus souvent sophistiquée avec de l'*huile de résine* dont la pesanteur spécifique est 0,989, et, dans ce cas, elle offre, elle-même, une pesanteur spécifique supérieure à 0,935. On reconnaît la fraude en versant, avec précaution, sur un échantillon d'huile suspecte préalablement introduite dans un flacon, une petite quantité d'huile de lin , dont on connaît la pureté : on mêle avec lenteur les deux liquides qui ne doivent pas montrer des stries apparentes. On peut encore verser sur une soucoupe de porcelaine 10 à 20 gouttes d'huile pure et, sur une autre partie de la soucoupe, la même quantité d'huile suspectée : on traite chaque échantillon par une goutte d'acide sulfurique : il se fait lentement une tache brune dans l'huile pure ; l'huile adultérée montre rapidement une tache rouge brun foncé, qui conserve longtemps une nuance rouge et est couverte d'écume (Blundell et Spence, *Proceed. of the Amer. Pharmac. Assoc.*, 1874, p. 482).

Une des sophistications les plus fréquemment mises en pratique a été le mélange à l'huile de lin d'*huile de morue* désinfectée. Pour la reconnaître, on met dix parties en poids d'huile dans un tube de verre avec environ trois parties d'acide nitrique pur, on mêle bien avec un agitateur et on laisse au repos : l'huile et l'acide se séparent bientôt pour former deux couches; s'il y a de l'huile de morue, après un temps assez long, la couche d'huile devient brun noir, tandis que l'acide est coloré en orangé clair ou jaune foncé. La teinte est plus ou moins foncée suivant l'intensité de la falsification ; il est facile de reconnaître moins de 0,03 d'huile de morue. L'huile de lin pure devient d'abord verte, puis jaune verdâtre, tandis que l'acide prend une couleur brillante jaune-clair. (Aug. Morell.)

Falsification de l'huile de lin avec l'huile de foie de morue (*Bull. des trav. de la*

Soc. de pharm. de Bordeaux, 1874, t. XXX, p. 104). — MORELL (AUG.), *The adulteration of Linseed oil with Cod oil* (*Pharm. Centr. für Deutschl.* oct. 1873, n° 40; *Pharm. Journ.*, nov. 1873).

LIQUEURS. Les matières colorantes, dont l'usage est permis dans la préparation des liqueurs, sont les mêmes que celles indiquées pour les bonbons (voy. *ce mot*) : on peut, en outre, employer pour le *curaçao de Hollande* le bois de Campêche ; pour les *liqueurs bleues*, l'indigo soluble (carmin d'indigo) ; pour l'*absinthe*, le safran mêlé avec le bleu d'indigo soluble.

L'emploi des substances minérales, en général, est interdit et notamment celui des composés de cuivre, des oxydes de plomb, du sulfure de mercure, du chromate de plomb, de l'arsénite de cuivre, du vert anglais, du carbonate de plomb et des feuilles de chrysocale (*Ordonnance de police* du 15 juin 1862) (Voy. ALCOOLS).

LITHARGE. — Voy. PLOMB (PROTOXYDE DE).

LITHINE (Carbonate de). M. Schlagdenhauffen a reconnu que le carbonate de lithine était fréquemment impur et s'est assuré qu'il contenait des *chlorures de sodium* et d'*ammonium*, du *sulfate de potasse*, et une notable quantité de *sucre de lait* : cette dernière substance ayant été évidemment ajoutée dans un but frauduleux.

SCHLAGDENHAUFFEN, *Impuretés du carbonate de lithine du commerce* (*Union pharmac.*, 1873, t. IV, p. 11).

LUZERNE (Graine de). La luzerne, *Medicago sativa*, L. (Légumineuses), doit avoir des graines jaunes, luisantes. Si les grains sont blancs, ils ne sont pas mûrs ; s'ils sont bruns, c'est qu'ils ont été trop fortement chauffés pour les séparer de leurs enveloppes.

On a quelquefois passé les graines à la *vapeur de soufre* après les avoir humectées, mais, dans ce cas, elles sont très-acides et leur eau de lavage précipite par les sels de baryte.

On a aussi imité les graines de *luzerne rouge* en les colorant avec de l'*indigo* et du *bois de Campêche*, additionné de *couperose verte*. Dans ce cas, elles laissent une trace bleue sur le papier, ou leur couleur rouge passe au violet par les alcalis et au jaune par les acides. (Chevallier.)

LYCOPODE. La *poudre de lycopode* est la poussière formée par les spores du *Lycopodium clavatum*, L. (Lycopodiacées) ; elle est très-fine, d'un jaune pâle et inflammable. Examinée au microscope (fig. 111), elle se présente sous forme de sections de sphères, formées par trois plans dirigés vers le centre ; la surface granuleuse présente, entre chaque granulation, un petit poil divisé en mèche à l'extrémité. Elle est insipide et inodore.

FIG. 111. — Lycopode.

La poudre de lycopode est l'objet de falsifications assez nombreuses.

La *poudre de bois* est fréquemment mélangée au lycopode, mais, par le tamisage sur un tamis de soie très-serré, le lycopode se sépare facilement et il ne reste bientôt plus sur le tamis que la poudre de bois. (E. Mouchon.)

Le *talc* se reconnaît à ce que, battue dans l'eau, la poudre laisse déposer le corps adultérant au fond du vase : on l'obtiendrait également par l'incinération.

Le *soufre* est facilement indiqué par l'odeur d'acide sulfureux que dégage le lycopode en brûlant et par l'odeur d'hydrogène que développe la lessive caustique de soude ou de potasse.

Janssen a signalé un lycopode qui contenait 0,09 de *sulfate de chaux*, 0,011 de *carbonate de chaux*, 0,11 de *talc*, 0,343 de *magnésie* et 0,02 d'*eau !*

L'*amidon* est décelé au moyen de l'iode, qui colore en bleu l'eau avec laquelle on a battu ou fait bouillir le lycopode.

On a trouvé aussi le lycopode falsifié par de la *dextrine*, qui lui donne la propriété de s'agglutiner en masses irrégulières par l'humidité et, dans ces conditions, la poudre exhale une odeur caractéristique. (Lillard.)

On a aussi fréquemment falsifié le lycopode avec les *pollens* de divers végétaux. Celui des *Conifères*, qui se reconnaît quelquefois par le frot-

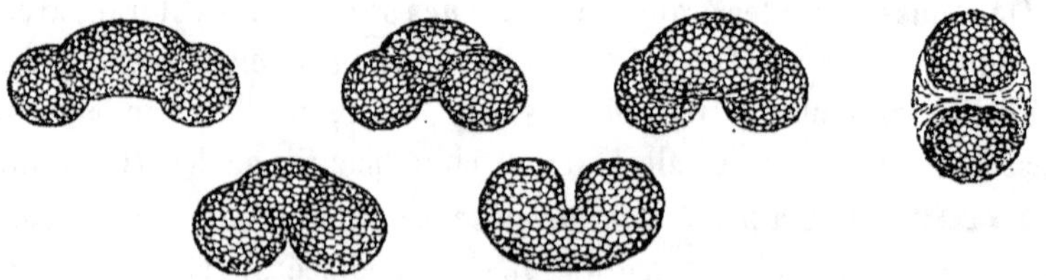

FIG. 112. — Pollen du cèdre.

tement entre les mains, ce qui développe une odeur résineuse, est facile à distinguer au microscope : en effet, il est formé de trois portions dont la médiane est un peu arquée, transparente et incolore et forme comme un pont entre les deux autres : celles-ci sont ovoïdes, jaunes et réticulées à la surface (fig. 112 et 113).

Récemment, Potyka a trouvé, dans le commerce, du lycopode provenant de la Galicie et qui était entièrement formé de pollen de *Pinus sylvestris*. Sa couleur était plus foncée que celle du lycopode véritable et il se mêlait facilement à l'eau (*Neu. Jahrb. Pharm.*, t. XXVIII, p. 94).

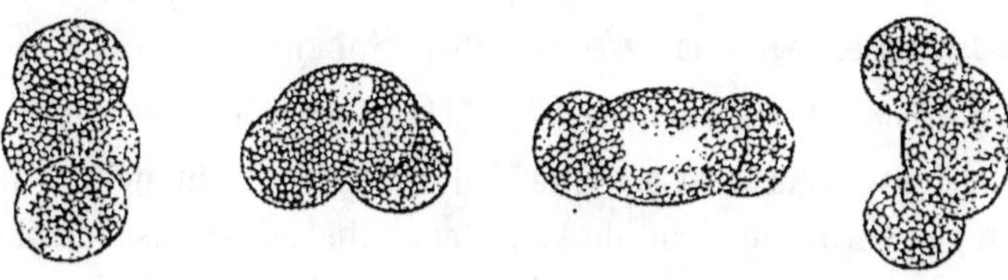

FIG. 113. — Pollen du pin.

Le pollen du *Typha latifolia*, qui n'est pas inflammable comme la poudre de lycopode, se distingue par sa couleur jaune foncé et par son aspect sous le microscope ; il est formé de quatre grains soudés, tantôt nus, tantôt encore contenus dans la cellule mère (fig. 114).

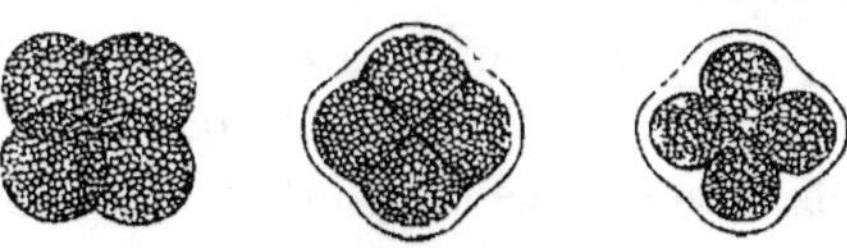

FIG. 114. — Pollen du typha.

CHEVALLIER, *Un mot sur la falsification du lycopode par le soufre* (*Bull. de thér.*, 1838, t. XIV, p. 241). — JANSSEN, *Sophistication du lycopode* (*Journ. chim. méd.*, 4ᵉ série, 1862, t. VIII, p. 237). — LEGRIP, *Falsification du lycopode* (*Journ. chim. médic.*, 3ᵉ série, 1854, t. X, p. 244). — BENJ. LILLARD, *Adulterated Lycopodium* (*The Pharmac.* Chicago, 1873, t. IV, p. 283). — MOUCHON (E.), *Sur la falsification du lycopode* (*Journ. de pharm. du Midi*, 1841, t. VII, p. 417).

MACARONS. L'emploi du bicarbonate de soude introduit dans la pâte des macarons, pour la faire lever, a été indiqué par Chevallier ; la macération de ces gâteaux donnera un liquide qui fera effervescence par les acides, ce qui indiquera la présence du carbonate de soude. Cette introduction n'est du reste pas dangereuse.

MACIS. — Voy. MUSCADE.

MACIS. (Essence de). On lui a substitué une teinture alcoolique de noix muscade ; mais la liqueur était jaune d'or, très-fluide, et se mélangeait parfaitement à l'eau en la rendant lactescente. En outre, traitée par deux à trois gouttes d'un mélange de bicarbonate de potasse et d'acide sulfurique, elle prenait immédiatement une belle couleur vert-foncé. (De Letter.)

DE LETTER, *Falsification de l'essence de macis* (*Journ. de la Soc. de pharm. de Bruxelles*, 1863 ; *Journ. chim. méd.*, 4ᵉ série, 1863, t. IX, p. 542).

MAGISTÈRE DE BISMUTH. — Voy. BISMUTH (Sous-nitrate de).

MAGISTÈRE DE SOUFRE. — Voy. SOUFRE.

MAGNÉSIE BLANCHE. — Voy. MAGNÉSIE (Carbonate de).

MAGNÉSIE CALCINÉE. Elle est en poudre blanche, insipide, infusible, et verdit le sirop de violettes. Elle doit se dissoudre entièrement et sans effervescence dans l'eau acidulée, et sa solution par l'acide chlorhydrique ne doit pas précipiter par le carbonate de soude, ce qui indiquerait la présence de la chaux. Elle ne doit pas s'échauffer par son mélange avec l'eau.

Le commerce présente quelquefois des magnésies d'origine marine, ce qui est démontré par la présence de *chlorures de sodium* et de *magnésium*. (Herbelin.)

La magnésie calcinée du commerce contient quelquefois de l'*acide silicique*, de la *chaux*, de l'*alumine*, de l'*eau* et de l'*acide sulfurique* à l'état de combinaison. L'acide chlorhydrique laisse intact l'acide silicique, qui forme un dépôt au fond du liquide ; l'ammoniaque liquide en excès détermine dans la solution un précipité abondant, gélatineux, d'alumine hydratée : on filtre et l'on précipite en blanc par l'acide oxalique qui sépare la chaux. (Morisse.)

La magnésie calcinée du commerce est souvent contaminée par du fer. (*Archiv. d. pharm.*, janv. 1872, p. 22.)

Lorsque la magnésie calcinée, mélangée avec l'eau, offre une élévation de température, on doit en conclure à la présence de la *chaux*, dont on affirmera la présence par l'oxalate d'ammoniaque. On reconnaîtra aussi la présence de la chaux, en traitant par le bicarbonate de soude la solution de magnésie calcinée, ou par l'acide chlorhydrique : dans ce cas, il y aurait un précipité blanc.

Si la magnésie calcinée contient du *carbonate de magnésie*, elle fait effervescence avec les acides.

Le *sulfate de magnésie* est indiqué par le chlorure de baryum, qui donne un précipité blanc insoluble dans l'acide nitrique.

HERBELIN, *Sur la magnésie du commerce* (*Journ. pharm. et chim.*, 4ᵉ série, 1867, t. VI, p. 449). — MORISSE, *Falsification de la magnésie* (*Journ. chim. méd.*, 3ᵉ série, 1852, t. VIII, p. 105).

MAGNÉSIE (Carbonate de). Le *carbonate de magnésie basique*, *magnésie blanche*, est en poudre blanche, insipide, inodore, inalté-rable, douce au toucher, à peine soluble dans l'eau ; il est soluble dans l'acide chlorhydrique avec effervescence ; la liqueur ne doit pas précipiter par l'oxalate d'ammoniaque, ce qui indiquerait la présence de la *chaux*.

Le mélange de *carbonate de chaux* se reconnait par l'acide chlorhydrique étendu qui dissout la chaux et la magnésie : l'oxalate d'ammoniaque précipite de la dissolution la chaux sous forme d'un précipité blanc.

L'*amidon* est indiqué par l'action de l'eau iodée sur le décoctum aqueux du carbonate.

La *silice* forme un résidu insoluble par le traitement par l'acide chlorhydrique ou l'acide nitrique.

L'*alumine* est précipitée par l'ammoniaque de la solution nitrique du sel de magnésie et forme un magma gélatineux ; si celui-ci est calciné avec du nitrate de cobalt, il prend une couleur bleue.

La présence du *fer*, provenant d'une préparation vicieuse, et qui souvent peut être suspectée par la coloration rose de la magnésie, se reconnaît dans la solution nitrique du sel au moyen du cyanure jaune, qui donne un précipité bleu. (*Archiv. d. Pharm.*, janv. 1872, p. 22.)

R.-V. Mattison a observé récemment une magnésie, dite *lourde*, qui était formée par un mélange de *sel de la Rochelle* avec de la magnésie. (*Amer. Journ. of Pharm.*, p. 13, 1873.)

S'il est resté du *sulfate de potasse*, on en aura la preuve par la précipitation en blanc des eaux de lavage de la magnésie par le chlorure de baryum et par le précipité blanc que détermine le chlorure de platine.

DALPIAZ, *Carbonate de magnésie falsifié* (*Journ. chim. médic.*, 3ᵉ série, 1851, t. VII, p. 297).

MAGNÉSIE (Citrate de). Le citrate de magnésie est un sel blanc à peine sapide, qui ne se dissout pas bien dans l'eau froide et qu'on emploie assez fréquemment comme purgatif.

On substitue fréquemment l'*acide tartrique* à l'acide citrique et la *soude* à la magnésie, et l'on a même vanté les avantages du tartrate de soude effervescent sur le citrate ; mais ce n'en est pas moins une fraude condamnable.

Bultot a observé des citrates de magnésie effervescents qui étaient presque complétement composés de tartrate de soude et de bicarbonate de soude, en granules de diverses dimensions, par suite, sans doute, du peu de soin apporté à leur préparation. (*Répert. de pharm.*, 1873, p. 135.)

MAGNÉSIE (Sulfate de). Le *sulfate de magnésie (sel de Sedlitz, sel d'Epsom)* est blanc, inodore, amer, cristallisé en prismes quadranguliaires terminés par un pointement à quatre faces ; il s'effleurit à l'air, à moins qu'il ne contienne un peu de chlorure de magnésium qui est déliquescent. Le commerce le présente presque toujours en petits prismes aiguillés, parce qu'on en a troublé la cristallisation.

Le mélange avec le *sulfate de soude* (on en trouve jusqu'à 0,30 à 0,40) se reconnaît en dissolvant 100 parties du sel dans l'eau, et en précipitant par la potasse la magnésie qu'on recueille sur un filtre ; on lave à grande eau et l'on calcine : on doit avoir 18 parties de magnésie caustique, si le sel est pur. On peut encore ajouter de l'alcool à la solution aqueuse, où il ne devra pas se faire de précipité. En traitant un poids connu de sulfate de magnésie suspect par l'eau de baryte en excès, on précipite la magnésie et il reste dans la liqueur, avec l'excès d'eau de baryte, de la soude caustique en liberté : cette liqueur additionnée d'acide sulfurique, ne devra plus contenir rien de fixe, si le sulfate de magnésie était pur, et donnera au contraire, par évaporation, s'il était impur, un résidu de sulfate de soude.

Le sulfate de magnésie, qui contient du *sulfate de manganèse*, donne une solution qui se colore en brun par l'eau chlorée et un peu de soude caustique et laisse déposer après quelque temps des flocons d'oxyde de manganèse. (Ulex.)

Le sulfate de magnésie du commerce peut renfermer du *fer ;* on l'en débarrasse en ajoutant à sa dissolution un peu d'hydrate de magnésie, et en faisant bouillir pendant environ un quart d'heure : on filtre et l'on fait cristalliser. Le fer se reconnaîtra au précipité d'oxyde de fer déterminé par l'ammoniaque et l'hydrate de magnésie.

Les *chlorures de magnésium* et de *calcium* sont séparés au moyen de l'alcool.

Laneau, *Sulfate de magnésie souillé de sulfate de fer* (*Journ. chim. médic.*, 4ᵉ série, 1859, t. V, p. 351). — Ulex, *Sulfate de magnésie contenant du sulfate de manganèse; moyens de le reconnaître* (*Journ. chim. méd.*, 3ᵉ série, 1854, t. X, p. 171).

MAÏS. Les cariopses du *Zea maïs*, L., sont irréguliers, globuleux, déprimés sur certains points, lisses, luisants, jaune doré, blanchâtres ou violacés et renferment beaucoup de fécule.

L'enveloppe du grain de maïs est formée de deux membranes, dont

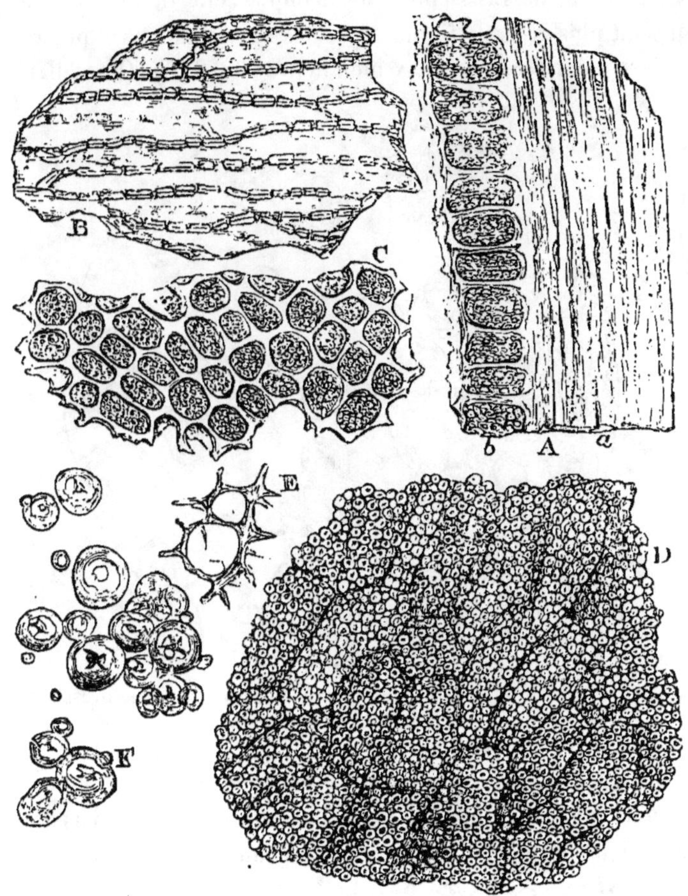

Fig. 115. — Maïs (*). (Hassall.)

(*) A, coupe transversale du testa. Grossissement, 100 diamètres; B, aspect longitudinal des cellules de la tunique externe du testa. Grossissement, 200 diamètres; C, cellules de la surface du grain. Grossissement, 200 diamètres; D, cellules de la substance du grain. Grossissement, 100 diamètres; E, blastème. Grossissement, 500 diamètres; F, granules de fécule. Grossissement, 500 diamètres.

l'extérieure consiste en sept à huit couches de cellules ayant toutes la
même direction, longues environ trois fois autant que larges, à parois
granulées mais non arrondies en dehors. La membrane interne consiste
en une couche unique de cellules qui ressemblent à celles des autres
céréales. Les cellules sont angulaires comme celles du riz, mais elles
offrent à l'intérieur de nombreuses cloisons qui tiennent isolé chaque
grain de fécule (fig. 115). (Hassall.)

La fécule de maïs ressemble beaucoup à celle de l'avoine, mais ses
grains sont plus gros, ne forment pas des agglutinations et présentent, à
la lumière polarisée, des croix bien nettes (fig. 116). (Hassall.)

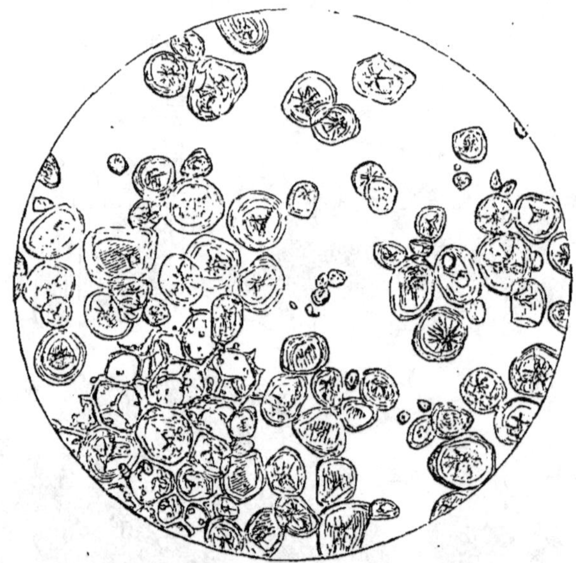

Fig. 116. — Structure de la fécule de maïs et tissu cellulaire. Grossissement,
420 diamètres. (Hassall.)

La farine de maïs est jaune-paille, et très-peu riche en gluten. Elle est
quelquefois mélangée de *fécule de pommes de terre*; mais l'examen
microscopique permet de reconnaître facilement la falsification.

MANGANÈSE (Peroxyde de). Le *peroxyde de manganèse* (*pyrolu-*
site) est souvent mélangé de sesquioxyde de manganèse hydraté, qui
donne une quantité moindre de chlore et a par conséquent une valeur
commerciale moindre. La distinction peut être faite en se basant sur les
caractères minéralogiques.

Mais il est plus prudent d'avoir recours à l'analyse chimique pour déterminer la proportion de manganèse contenu dans l'échantillon. Pour cela, on peut avoir recours au procédé Gay-Lussac, qui dégage directement la quantité de chlore que fournit un poids donné d'oxyde de manganèse ; ou bien rechercher la quantité d'oxygène, que fournit par calcination un poids donné d'oxyde de manganèse.

MANNE. La *manne* est une matière concrète et sucrée qui exsude par incisions du tronc de plusieurs espèces de *Frênes, Fraxinus Ornus*, L., et *Fraxinus rotundifolia*, L. (Jasminées). On en distingue dans le commerce trois sortes : la *manne en larmes*, qui est en fragments allongés d'un blanc jaunâtre ; la *manne en sortes*, formée de petites larmes agglutinées par de la manne molle et salie ; et la *manne grasse*, qui n'est que la manne vieille fermentée et ramollie. On faisait dans le commerce la distinction entre les *mannes de Sicile* et de *Calabre*, mais il résulte des observations de D. Hanbury que la récolte de ce produit a presque complétement cessé en Calabre.

On fait de la manne en larmes avec de la manne en sortes dissoute dans l'eau, qu'on purifie, et l'on concentre la liqueur pour faire déposer la manne sur des fils ou baguettes.

La manne est falsifiée avec de la *glycose*, du *sucre*, et de l'*amidon*. Quelquefois même on en a fabriqué de toutes pièces ; c'est ainsi qu'en 1843, plus d'une tonne de manne factice fut offerte pour vente à Paris : elle était presque entièrement formée de sucre de fécule : son aspect général, sa cassure granuleuse, sa saveur caramélisée et un peu amère, sa non-inflammabilité, sa fermentation plus facile et ne laissant pas de mannite dans la liqueur, la présence du sulfate de chaux et son action sur la lumière polarisée permirent de s'assurer de la fraude. (Ménier.) Les mannes factices d'ailleurs ne renferment pas de cristaux comme la manne véritable ; d'autre part leur saveur est différente et elles ne donnent pas de mannite par l'alcool à 36° bouillant.

Histed, en 1870, a reçu de Paris une manne artificielle qui ne contenait pas de cristaux de mannite dans sa cassure : elle était plus propre, plus claire, plus uniforme de teinte, et plus solide que la manne ordinaire ; elle était plus soluble dans l'eau, et donnait une solution claire, qui par l'agitation ne formait pas d'écume persistante : enfin elle ne contenait que 0,40 de mannite au lieu de 0,70.

La présence frauduleuse du *sucre* se reconnaît en faisant fermenter avec un peu de levûre de bière et de l'eau un poids donné de manne, qu'on place dans un ballon et en recevant les produits gazeux dans une solution de chlorure de baryum additionnée d'ammoniaque : l'acide carbonique se trouve précipité à l'état de carbonate de baryte, qui, lavé et desséché, est pesé pour donner la quantité de sucre transformé, déduction étant faite du sucre fermentescible contenu naturellement dans la manne. Le résidu évaporé, puis repris par l'alcool à 86° bouillant, filtré rapidement et laissé refroidir, donnera des aiguilles de mannite qu'on pèsera après les avoir desséchées.

Le mélange avec de la *fécule* ou de l'*amidon* se reconnaîtra parce que ces substances ne seront pas dissoutes par l'alcool bouillant; il sera d'ailleurs facile de s'assurer de la présence de ces corps par l'examen microscopique; on pourra aussi les déceler au moyen de la teinture d'iode.

L'addition de *résine purgative* sera indiquée parce que la solution alcoolique de la manne se troublera en y versant de l'eau.

Les sels *minéraux purgatifs*, qui auraient été ajoutés, se retrouveront dans les cendres; le *sulfate de soude* restera indissous par l'alcool.

HISTED (EDW.), *On artificial flake manna* (Pharm. Journ., 1870, p. 629). — MÉNIER, *Substitution d'un produit sucré à la manne* (Journ. pharm. et chim., 3e série, 1842, t. I, p. 58, 154).

MASTIC. La *résine mastic*, qui exsude du *Pistacia Lentiscus*, L. (Térébinthacées), se présente sous forme de larmes sphériques ou aplaties et irrégulières, de couleur jaune pâle, un peu pulvérulentes à la surface, à cassure vitreuse, à demi transparentes et comme opalines; sa saveur est aromatique, son odeur est agréable; au bout de quelques instants, elle se ramollit dans la bouche et devient ductile.

On lui a quelquefois substitué la *sandaraque* dont les larmes ovoïdes, jaune pâle, fragiles, n'ont pas de saveur et ne se ramollissent pas dans la bouche; elles se brisent sous la dent en une poudre sèche; la sandaraque est à peine soluble dans l'éther et pas du tout dans l'essence de térébenthine; le mastic est au contraire très-aisément soluble dans l'éther et dans l'essence de térébenthine.

Landerer a signalé une résine mastic, qui contenait 0,16 de *sel marin*, fraude qui était très-difficile à distinguer à première vue; on séparerait le sel par l'eau, et l'on en reconnaîtrait la nature au moyen du nitrate d'argent.

MÉCHOACAN. La racine de *méchoacan*, qu'on a rapportée, mais par erreur, au *Convolvulus mechoacanna*, Rœm. et Schultz, se présente sous forme de rouelles ou de morceaux privés d'écorce, un peu jaunâtres en dehors, avec des taches brunes, des restes de radicules blancs et farineux à l'extérieur, inodores, et à saveur un peu âcre.

On lui a quelquefois substitué la racine de *bryone*, qui est moins blanche, a une odeur désagréable, et une saveur amère, âcre et caustique.

MÉLILOT. Le *mélilot officinal* est fréquemment remplacé dans la droguerie par le mélilot des champs, bien que celui-ci ne soit pas aussi odorant, et soit fréquemment mêlé d'autres plantes étrangères. Le *Melilotus officinalis*, Willd, se trouve dans les prairies un peu humides et sur le bord des fossés et des bois; ses tiges sont droites et à rameaux dressés et roides; ses follicules sont étroits, allongés, presque linéaires, son ovaire est à demi ovale; ses fruits sont couverts de poils apprimés. Il se trouve dans le commerce en bottes longues de 0^m,30 à 0^m,35, formées de rameaux assez uniformes. Il est donc facile de le distinguer du *Melilotus arvensis*, Walr., qui croît dans les lieux secs, sur le bord des chemins et dans les champs incultes, quia des tiges étalées, diffuses, géniculées, à rameaux divergents, ténus et flexibles; ses follicules sont obovales ou oblongs; son ovaire contient de 6 à 8 ovules; ses fruits sont glabres. Le commerce le présente en bottes longues de 0^m,20 à 0^m,25, formées de rameaux de plusieurs grosseurs et mélangées d'un grand nombre de plantes étrangères. (Chatin.)

A. CHATIN, *Sur un faux mélilot officinal* (*Répert. de pharm.*, 1847, p. 377).

MELLITE DE ROSES ROUGES. Le miel rosat, additionné de quatre gouttes d'acide sulfurique pour 4 grammes, donnera, s'il est bien préparé, au bout de deux à trois minutes, une gelée consistante, limpide, de belle couleur framboise; sinon, il est falsifié ou ne contient pas la quantité de roses prescrites. (Patel.)

PATEL, *Du miel rosat et de sa falsification* (*Journ. pharm. et chim.*, 4e série, 1871, t. XIII, p· 309).

MENTHE (Essence de). L'*essence de menthe* est un des produits de la distillation de la *menthe poivrée, Mentha piperita*, L. (Labiées) et quelquefois aussi du *Mentha viridis*, L. Elle est d'un vert jaunâtre, a une odeur aromatique forte, et une saveur chaude, camphrée, très-énergique, laissant une sensation de fraîcheur dans la bouche, si on y laisse arriver de l'air. Sa pesanteur spécifique varie de 0,907 à 0,920. Avec le temps, elle laisse déposer un stéaroptène, que Proust a considéré comme identique avec le camphre. Gieseler pense que ce corps ne se dépose que quand l'essence a été préparée avec des plantes en fleurs et desséchées.

On distingue l'*essence de la menthe verte* à ce que, par l'âge, elle prend une couleur acajou, à ce qu'elle a une saveur moins agréable et moins pungente et à sa pesanteur spécifique qui varie de 0,934 à 0,9394, d'après Brandes.

Au contact de l'hydrate de chloral et de l'essence de menthe poivrée, il se développe bientôt une couleur rouge vif qui devient peu à peu rouge-cerise. Cette couleur se dissout facilement dans l'éther, l'alcool et le chloroforme, et n'est pas détruite par l'ébullition ; l'acide sulfurique augmente son intensité, et, si l'on ajoute alors du chloroforme, il se produit une coloration violette foncée. (Jehn.)

L'essence de menthe est fréquemment falsifiée, soit avec d'autres *essences*, soit avec l'*alcool* ou des *huiles fixes*.

« La fraude par l'*alcool* se reconnaît en agitant l'essence avec un peu » d'acétate de potasse. Ce sel, en se dissolvant par l'alcool, l'entraîne à » la partie inférieure du tube et l'essence surnage (1).

» Le mélange avec une *huile fixe* devient très-évident si l'essence » laisse sur le papier une tache huileuse (2) qui ne disparaît pas par la » chaleur et par l'agitation dans l'air. L'alcool à 40° ne dissout pas les » huiles fixes ; lorsqu'on l'agite avec un dixième de son poids d'une » essence huileuse, le corps gras trouble l'alcool et finit par s'en séparer, » tandis que l'alcool forme une dissolution limpide.

» Aucun des procédés cités par les auteurs, pour mettre en évidence » l'*essence de térébenthine*, ne donne des résultats satisfaisants, y compris » celui par l'huile d'œillette ; nous nous abstenons de les mentionner ; » ils ne peuvent faire naître que des erreurs (3).

» On peut bien, à l'aide de l'odorat, reconnaître, jusqu'à un certain

(1) Un procédé plus simple consiste à verser une portion de l'essence à essayer dans une éprouvette graduée ; on prend note de la hauteur et l'on verse environ la même quantité d'eau. Si l'essence contient de l'alcool, l'eau s'en empare, et l'on constate que la hauteur de la colonne d'essence a diminué. (Roze.)

(2) Il convient d'ajouter *et transparente*, car si le papier renferme la moindre trace de colle, celle-ci, se dissolvant dans l'essence, formerait une tache ou un cerne, même avec une huile essentielle parfaitement pure. (Roze.)

(3) On a aussi préconisé l'emploi d'un morceau de sous-acétate de cuivre cristallisé (verdet) qui, dit-on, plongé dans l'essence mise à l'essai, la troublerait si elle est mélangée de térébenthine, et la laisserait limpide si elle est pure. Ce procédé est défectueux comme le précédent.

Il en est de même d'un autre moyen qui repose sur la différence de solubilité dans l'alcool des essences de Labiées et de l'essence de térébenthine. (Roze.)

» point, ces mélanges d'essences en mettant à profit leur différence de
» volatilité. Ainsi, on fait tomber quelques gouttes de l'essence suspecte
» sur du papier ; on l'agite dans l'air, et, en flairant le papier à diverses
» reprises, on saisit dans les intervalles les odeurs étrangères à l'essence
» principale. Ce procédé, qui réside entièrement dans la délicatesse du
» sens olfactif, n'a rien de certain dans la conclusion qu'on en tire.
» On trouve des indices beaucoup plus certains dans une expérience
» très-simple fondée sur l'hydratation de l'essence de térébenthine par
» l'action de l'air humide. Si l'on souffle avec la bouche dans un flacon
» d'essence de térébenthine, rempli aux trois quarts, assez doucement
» pour ne pas agiter le liquide, il se condense un peu d'humidité sur
» l'essence et l'on voit se former des stries blanches, des nuages qui
» descendent dans le liquide. En répétant cette expérience sur de l'es-
» sence de lavande ou de menthe pure, l'humidité ne descend pas sous
» forme de nuages, mais comme des gouttes en chapelet, tandis qu'une
» essence mélangée de térébenthine se comporte comme la térébenthine
» elle-même. Les stries nuageuses deviennent d'autant plus évidentes
» que le mélange a été frauduleux. Ce phénomène se produit avec
» 5 pour 100 d'essence de térébenthine, et il y a très-peu d'essences du
» commerce qui résistent à cette épreuve. » (Barreswill et Aimé Girard,
Dictionnaire de chimie industrielle, p. 333.)

« Nous avons expérimenté plusieurs fois ce dernier procédé et nous
» le croyons infaillible ; il exige quelque habitude, mais on l'acquiert
» très-promptement. Pour en faciliter la pratique, il est bon que le
» liquide soit à une température plus basse que celle de la vapeur pro-
» duite par insufflation, et, à cet effet, on doit tenir le flacon dans l'eau
» fraîche pendant quelque temps avant l'expérience. Enfin, nous avons
» facilité encore ces essais en nous servant, au lieu de la bouche, d'un
» appareil qui n'est autre que l'éolipyle un peu modifié, avec lequel on
» peut projeter sur la surface de l'essence un mince filet de vapeur.
» Le phénomène se produit instantanément. » (L. Roze, *la Menthe
poivrée*, p. 40.)

La falsification de l'essence de menthe poivrée par l'*huile de ricin* et
l'*alcool* se fait sur une large échelle en Amérique, et Schuttleworth a pu
reconnaitre, dans une essence, la présence de l'huile de ricin et de
l'alcool, au moyen du papier à filtrer, qui reste graisseux après évaporation de l'essence et de l'eau ; celle-ci a séparé l'alcool en donnant au
mélange un aspect laiteux. C'est par une distillation soigneuse qu'il est

arrivé à déterminer la quantité des principes adultérants. Il a séparé ainsi de 55 livres d'essence, 21 livres d'huile de ricin et 26 livres d'alcool. Saunders a signalé également l'existence, sur le marché de New-York, d'une essence de menthe qui contenait 0,25 d'huile de ricin.

L'essence de menthe a été falsifiée avec de l'*essence de romarin*, mais l'odeur en est modifiée (*Pharm. Journ.*, 1, 263, 1844).

La falsification par l'*essence de copahu* se reconnaît en chauffant avec de l'acide azotique : on observe une perte de fluidité d'autant plus grande, après le refroidissement, qu'il y aura plus d'essence de copahu. (Stan. Martin.)

La quantité d'*Erigeron canadense*, qui se trouve dans les plantations de menthe en Amérique, permet d'expliquer comment l'essence américaine a si peu de succès en Europe. L'essence d'*Erigeron* donne, avec l'iode, les mêmes réactions que l'essence de menthe. (Maisch.) L'essence d'*Erigeron*, agitée avec un volume égal de liqueur de potasse prend, après quelques heures, une coloration rouge. L'acide nitrique lui communique une teinte brun uniforme, et donne en douze heures une matière brune résineuse, enveloppant un liquide limpide clair et recouvert d'une mince pellicule blanche. L'acide sulfurique noircit immédiatement l'essence d'*Erigeron*. (E.-G. Weeks, *Proceed. Amer. Pharm. Assoc.*, 1873, p. 242.)

Worlee a signalé l'introduction, en Europe, d'un prétendu stéaroptène de menthe chinois, qui consiste simplement en *sulfate de magnésie* parfumé d'essence de menthe (*Polytech. Notizblatt*, 1861, p. 96).

JEHN, *Coloration de l'hydrate de chloral par l'essence de menthe* (*Arch. der Pharm.*, août 1870 ; *Journ. pharm. et chim.*, 4ᵉ série, 1872, t. XVIII, p. 51). — MAISCH (G.-W.), *The weeds of western Peppermint plantations* (*Amer. Journ. of Pharm.*, 3ᵉ série, 1870, t. XVIII, p. 120). — MARTIN (STAN.), *Un mot sur la menthe poivrée et sur la falsification de son essence* (*Bull. de thér.*, t. LXXIII, p. 319). — ROZE (L.), *La menthe poivrée en France, ses produits, falsifications de l'essence et moyens de la reconnaître.* Paris, 1868, J.-B. Baillière. — SAUNDERS, *On the adulteration of Peppermint oil* (*Amer. Pharm. Assoc.*, sept. 1871, p. 221). — SHUTTLEWORTH (E.-B.), *On the adulteration of oil of Peppermint oil with Castor oil and alcool* (*Canada Pharm. Journ.*, 1872, t. V, p. 272 ; *Amer. Journ. Pharm.*, 4ᵉ série, 1872, t. II, p. 170).

MÉNYANTHE. Le *Ményanthe* ou *trèfle d'eau*, *Menyanthes trifoliata*, L. (Gentianées), a des feuilles longuement pétiolées, à folioles ovales, arrondies, obtuses, glabres.

On leur a substitué les feuilles du *Ranunculus acris*, L., qui sont d'un vert sombre, un peu poilues en dessus, et ont leurs folioles très-incisées et irrégulièrement dentées. (Montané.)

On a signalé aussi la substitution des feuilles du *Ranunculus bulbosus*, L., à celles du ményanthe; mais ces feuilles sont velues, triséquées, à segments linéaires entiers; le pétiole des feuilles radicales est dilaté à sa partie inférieure. (Massé.)

Massé, *Sur la substitution de la renoncule bulbeuse au trèfle d'eau dans la préparation du sirop antiscorbutique* (Journ. chim. méd., 5e série, 1865, t. I, p. 46).

MERCURE. Le mercure s'amalgame assez facilement; aussi n'est-il pas rare de trouver dans ce métal, à l'état de dissolution, des métaux étrangers (tels que l'*étain*, le *plomb*, le *zinc*, l'*argent*, le *cuivre*). Ce mélange est indiqué par l'aspect que prend le mercure projeté sur une surface unie bien propre : en effet, dans ce cas, il forme presque toujours des globules non circulaires et faisant *la queue;* mais il ne faut pas attribuer à ce caractère une valeur absolue : car du mercure pur donne ce caractère sur une plaque qui n'est pas bien propre, ou qui a été graissée. Il vaut beaucoup mieux avoir recours aux caractères chimiques; à cet effet, on constatera, par un contact prolongé, si le mercure est attaquable à froid par l'acide chlorhydrique ou par l'acide sulfurique, qui dissoudraient complétement le cuivre, le zinc et l'étain : l'acide chlorhydrique formerait du chlorure de plomb soluble, l'acide sulfurique du sulfate de plomb insoluble. L'argent donnera, dans les deux cas, un composé insoluble, et le mercure sera inattaqué. On peut encore transformer le mercure en nitrate et traiter par un courant d'hydrogène sulfuré qui précipitera le mercure, tandis que les autres sulfures seront dissous dans l'acide nitrique. On peut encore distiller le mercure qui, s'il est pur, ne laissera aucun résidu ; il pourrait cependant contenir, après la distillation, du *zinc* et de l'*arsenic* qui sont volatils : mais on s'en assurera par l'action du nitrate acide de mercure : après quelques jours de contact, les métaux étrangers seront oxydés et l'on s'en débarrassera par le lavage. Quant au sous-nitrate de mercure et à l'oxyde de ce métal, qui restent mélangés au mercure, on s'en débarrasse en versant le métal dans un entonnoir effilé et en laissant couler jusqu'à la dernière partie, qui contient les corps étrangers ; on arrête alors avec le doigt. (Bussy.)

Le mercure, sali par des matières étrangères, en sera débarrassé en le faisant passer à travers une peau de chamois.

On débarrasse le mercure des *matières grasses* en le mettant en contact pendant quelques heures avec une solution étendue de potasse ou de soude caustique, et en lavant ensuite avec de l'eau.

MERCURE (Bichlorure de). Le bichlorure de mercure, *sublimé corrosif*, est en pains hémisphériques, à cassure aiguillée, demi-transparents et se polarisant facilement. Ses cristaux sont des prismes rhomboïdaux, solubles dans l'eau et surtout dans l'alcool et l'éther; sa saveur est âcre et caustique.

Bultot, de Liége, a observé un échantillon du sublimé corrosif qui n'était pas entièrement soluble dans l'éther ou l'alcool : la solution dans ces deux derniers liquides avaient une teinte rougeâtre. Il pense que ce sel provenait des liqueurs-résidu de la fabrication de l'aniline. (*Journ. Pharm. Anvers*, juin 1873.)

MERCURE (Deutoiodure de). Le deutoiodure de mercure est d'une belle couleur rouge, insoluble dans l'eau, soluble dans l'alcool plus à chaud qu'à froid.

Le deutoiodure de mercure a été mélangé de *minium*, de *sulfate*, de *baryte* et de *cinabre;* mais il est soluble en entier dans l'iodure de potassium et, d'autre part, sa volatilité permet de le reconnaître.

MERCURE (Deutoxyde de). Le *deutoxyde de mercure, précipité rouge*, est de couleur rouge, quand il n'est pas hydraté; il est peu soluble dans l'eau, à laquelle il donne une saveur métallique; il se décompose par une chaleur un peu élevée, et il est volatil sans laisser de résidu.

Il peut contenir du *nitrate de mercure;* il donne alors au feu des vapeurs rutilantes d'acide hyponitreux; on peut en encore le chauffer dans un tube avec un peu d'acide sulfurique et de limaille de cuivre, pour déterminer la production des vapeurs rutilantes.

Le mélange avec l'*ocre*, de la *brique pilée*, ou le *minium*, se reconnaît en chauffant le produit suspecté : car l'oxyde de mercure disparaît en entier, en donnant de l'oxygène et des vapeurs mercurielles. Par l'acide nitrique, le minium donne un dépôt de poudre couleur puce; la brique pilée laissera un dépôt rouge, et le peroxyde de fer sera dissous en une liqueur jaune rougeâtre.

Le mélange avec des *poudres végétales* sera indiqué par l'agitation dans l'eau : l'oxyde de mercure se précipitera d'abord vers le fond, et les matières végétales surnageront plus ou moins longtemps. D'autre part, par la calcination, on aurait production d'acide carbonique et dépôt de cendres fixes.

MERCURE DOUX. — Voy. MERCURE (Protochlorure de).

MERCURE (Fulminate de). Le fulminate de mercure est une poudre détonante, d'un gris jaunâtre, soluble dans l'eau bouillante.

L'addition du *nitrate* et du *chlorate de potasse* sera reconnue par l'action de l'eau froide, qui laissera déposer le fulminate ; la liqueur surnageante précipitera en jaune-serin par le chlorure de platine et en blanc par l'acide tartrique.

On distingue le nitrate de potasse, en versant dans la liqueur de l'acide sulfurique et en y ajoutant un peu de limaille de cuivre : il y aura production de vapeurs rutilantes et coloration de la liqueur en bleu.

Le chlorate de potasse sera indiqué par l'action de l'acide chlorhydrique, qui déterminera la coloration de la liqueur en jaune.

Un courant d'acide sulfhydrique précipitera le fulminate à l'état de sulfure, et en évaporant la liqueur on aura le poids des sels de potasse. Si l'on calcine avec le charbon le résidu de l'évaporation et si l'on reprend par l'eau pour traiter par le nitrate d'argent, on aura un précipité de chlorure d'argent et de carbonate d'argent. On détruit ce dernier sel par l'acide nitrique et le poids du chlorure d'argent donnera la proportion du chlorate préexistant.

MERCURE (Protochlorure de). Le *protochlorure de mercure, calomel, mercure doux*, est blanc, inodore, insipide et cristallisé en prismes quadrangulaires, terminés par des pyramides à quatre faces. Il est volatil sans résidu ; il est insoluble dans l'eau et l'alcool, et est coloré en noir par les alcalis.

Il peut contenir du *bichlorure de mercure*, qui se dissoudra dans l'alcool chaud à 33° Baumé ; l'eau de chaux précipitera la liqueur en jaune, l'iodure de potassium en rouge. On peut aussi dissoudre le sublimé au moyen de l'éther.

Les sels fixes, *carbonate de plomb, sulfate* et *phosphate de chaux, os calcinés, sulfate de baryte, carbonate de chaux*, laisseront un résidu par la sublimation du calomel.

Les *carbonates* font effervescence par les acides ; celui de plomb sera indiqué par le précipité noir que donne l'acide sulfhydrique, et le précipité jaune que déterminent le chromate de potasse et l'iodure de potassium. Le carbonate de chaux précipitera en blanc par l'oxalate d'ammoniaque.

Les *sulfate* et *phosphate de chaux*, de même que les *os calcinés*, ne feront pas effervescence par les acides et donneront un précipité blanc par le chlorure de baryum et l'oxalate d'ammoniaque.

Le *sulfate de baryte* forme, par la calcination avec du charbon, un sulfure qui, dissous dans l'eau, dégagera de l'acide sulfhydrique et précipitera en blanc par l'acide sulfurique.

La *gomme* se dissout dans l'eau et est précipitée de sa dissolution par l'alcool.

L'*amidon* forme empois par l'eau bouillante et prend une coloration bleue par l'iode.

La calcination laisse un résidu charbonneux et noir, si le calomel contient de la gomme ou de l'amidon.

Le précipité blanc du commerce anglais est souvent falsifié avec du *carbonate de plomb* ou du *carbonate de chaux*; on a trouvé jusqu'à 0,94 de ce dernier corps. (Barnes.)

On substitue aussi quelquefois, au précipité blanc, qui est un amide, le protochlorure de mercure obtenu par précipitation. (Nicklès.)

BARNES (J.-B.), *Falsification du précipité blanc* (*Proceed. Brit. Pharm. Confer.*, 1867, p. 10; *Journ. pharm. et chim.*, 4ᵉ série, 1868, t. VIII, p. 399).

MERCURE (Sulfure de). Le *sulfure de mercure, cinabre*, est en masses plus ou moins volumineuses d'un rouge foncé, prenant, par la pulvérisation, une belle couleur rouge ; on lui donne alors le nom de *vermillon*. Il est inaltérable à l'air, insoluble dans l'eau, et doit se volatiliser en entier par l'action de la chaleur. Chauffé au contact de l'air, il se décompose et donne du mercure métallique et de l'acide sulfureux. Il ne doit rien céder à l'ammoniaque.

Le vermillon pur et de bonne qualité est d'un rouge vif, tandis que celui qui est falsifié a un aspect terne.

La présence du *mercure métallique* sera indiquée par l'examen à la loupe, ou au moyen d'une lame de cuivre qui sera ternie par le contact ou le frottement.

L'oxyde de fer, *colcothar*, que le cinabre contient quelquefois, se retrouvera dans la liqueur résultant du traitement par l'acide nitrique d'où il sera précipité par l'ammoniaque.

Le *minium*, qui aura été aussi dissous par l'acide nitrique, donnera un précipité blanc par l'ammoniaque et le sulfate de soude, et noir par l'acide sulfhydrique. Il sera aussi indiqué par l'acide sulfurique étendu qui donne une teinte brune et un dépôt brun de sulfate de plomb.

Le *réalgar* est soluble dans l'ammoniaque.

La *baryte sulfatée* colorée en rouge, la *brique* pilée, restent comme résidu de l'incinération et ne sont pas dissoutes par l'acide nitrique.

Le *sang-dragon* se dissout dans l'alcool et est ainsi séparé du cinabre.

Les vermillons du commerce sont le plus souvent falsifiés au moyen du *chromate de plomb bibasique*, qui reste après l'action de la chaleur, le vermillon s'étant volatilisé : ce résidu prend une couleur verte très-intense par l'acide chlorhydrique.

On trouve aussi des vermillons mélangés de *talc* et de sulfate de baryte. On a même ajouté au vermillon de la brique pilée, dans les produits allemands. (Tricard et Pommier.)

TRICARD et POMMIER, *Note sur la falsification du vermillon (Journ. chim. méd.,* 3ᶜ série, 1852, t. VIII, p. 556).

MERCURE (Sulfure noir de). Le *sulfure noir de mercure* ou *éthiops minéral*, est un mélange de sulfure de mercure et de soufre, noir, insoluble dans l'eau et soluble dans les sulfures alcalins.

On l'a mélangé avec la *plombagine*, le *charbon* en poudre, le *noir d'ivoire;* mais, comme aucune de ces substances n'est volatile, le sulfure noir de mercure falsifié serait rapidement reconnu.

MIEL. Le miel est produit par l'*Apis mellifica* L. (Insectes Hyménoptères), qui le dépose dans les rayons de ses ruches, où on le trouve à l'état liquide ; il est alors formé tout entier de sucre interverti, associé à une petite quantité de sucre de canne. (E. Soubeiran.)

Dans le commerce, il se présente en masses plus ou moins consistantes : il est alors formé de glycose et de sucre liquide et incristallisable. On en distingue plusieurs qualités qui correspondent aux pays de provenance et sont en rapport avec la nature des plantes sur lesquelles les abeilles ont été butiner pour en recueillir le nectar. Le miel de première qualité doit être blanc, très-sucré, d'une consistance grenue, d'une odeur douce et aromatique et d'une saveur agréable un peu piquante.

La partie solide du miel, examinée au microscope, paraît formée d'une myriade de cristaux réguliers, la plupart extrêmement minces, transparents et très-cassants ; aussi presque tous sont-ils plus ou moins brisés ; mais, dans leur état complet, ils se présentent sous la forme de prismes à six faces, qu'on ne peut distinguer facilement de ceux du

sucre de canne (voy. Sucre). Mélangés à ces cristaux, on trouve des
grains de pollen différents de formes, de dimensions et de structure,
souvent assez bien conservés pour qu'on puisse les rapporter aux
espèces végétales dont ils proviennent (fig. 117). On comprend facile-

Fig. 117. — Miel adultéré par le sucre de canne, et contenant quelques grains
de pollen. Grossissement, 200 diamètres. (Hassall.)

ment que les abeilles, en allant butiner sur les fleurs, transportent
avec elles, sur leur corps poilu, une certaine quantité de pollen, qui s'y
est attaché. (Hassall.)

Le miel peut contenir un peu de *cire*, qui peut être un inconvénient
dans la fabrication des sirops, s'il y en a une proportion assez forte. La
présence de la cire se reconnaît en dissolvant le miel dans l'eau distillée.

La présence de *couvain* et de *débris d'insectes* favorise la fermentation
du miel, et, par suite, le rend écumeux et lui donne une saveur
aigre.

Le miel est le plus souvent adultéré au moyen de diverses *fécules*.

non-seulement en vue d'en augmenter le poids et le volume, mais aussi pour dissimuler un goût désagréable et âcre que le miel est sujet à prendre quand il commence à s'altérer.

On y a aussi ajouté de la *glycose*, et quelquefois en assez forte proprotion pour que le miel soit devenu complétement solide. (Chevallier.)

Certains miels ont été additionnés de *sucre de canne*. D'autres fois le miel a été adultéré avec de la *craie*, du *plâtre* et de la *terre de pipe* (Mitchell et Normandy). On a fabriqué aussi du faux miel de Narbonne avec du miel blanc ordinaire, dans lequel on a laissé séjourner pendant quelques jours des branches de romarin; mais comme il y a toujours quelques feuilles qui se détachent en retirant ces branches, il n'est pas difficile de reconnaître la fraude. (Bertin.) On a aussi donné de la saveur au miel en le mettant en contact avec des fleurs de *Robinia pseudo-acacia* (*Proceed. Amer. Pharm. Assoc.*, 1874, p. 480).

Certaines des falsifications du miel sont très-faciles à déceler : d'autres, au contraire, sont très-difficiles, quelques-unes même impossibles à prouver.

Le microscope permettra de reconnaître facilement la présence des grains de *fécule* non bouillie et d'en déterminer la provenance; quelques gouttes de solution d'iode permettront d'ailleurs de s'assurer de la présence de la fécule, si l'on n'en trouvait pas sous le champ de l'instrument.

La dissolution du miel dans l'eau pourra donner lieu à des précipités qui pourront être de la *fécule*, caractérisée par l'observation microscopique ou par l'iode, du *calcaire* qui fera effervescence avec un acide, ou du *plâtre*, facile à reconnaître à ses caractères chimiques.

Il est plus difficile de reconnaître la falsification du miel par le *sucre de canne* ou par le *sucre de raisin*.

Le *sucre de canne* pourra être indiqué au moyen du microscope, qui fera distinguer ses cristaux beaucoup plus épais, plus larges, moins réguliers et à angles plus ou moins arrondis par l'action du liquide dans lequel ils baignent. On pourra aussi tirer un caractère, surtout s'il s'agit de sucre brun, de la présence d'*Acarus* du sucre. On pourrait également agir chimiquement pour séparer le sucre de raisin du sucre de canne.

Le *sucre de fécule* ne peut guère être indiqué que par induction : comme presque toujours, il contient une grande quantité de chaux, résultant de l'emploi de cette substance pour neutraliser l'acide sulfu rique qui a aidé à sa production, on sera amené à supposer qu'un miel, qui renferme beaucoup de sulfate de chaux, a été altéré avec du sucre de fécule.

Si la glycose a été faite au moyen de la diastase, il n'y a d'autre moyen que d'en explorer avec soin les caractères physiques. Il est nécessaire de ne filtrer le miel que sur des filtres de papier ayant été préalablement bien lavé à l'acide chlorhydrique, en raison de la facilité avec laquelle le miel dissout les sels calcaires (Guibourt). Le miel, ainsi falsifié, n'a pas une saveur franche ; il se conserve peu de temps et fermente facilement. (Stan. Martin.)

On a rencontré, à plusieurs reprises, dans le commerce aux États-Unis, du miel, additionné de sucre dans la proportion de 3 parties pour 4 de miel et 4 d'eau, et ramené à consistance convenable par la chaleur, et en outre aromatisé avec de la menthe. (Colby.)

Colby (Jervis W.), *Honey and its adulterations* (*Proceed. of the Amer. pharm. Assoc.*, 1867, p. 341). — Guibourt, *Falsification des miels par la glycose* (*Journ. pharm. chim.*, 3e série, 1843, t. XIII, p. 263). — Martin (Stan.), *Falsification du miel avec le sirop de dextrine* (*Bull. de thér.*, 1839, t. XVI).

MIEL ROSAT. — Voy. Mellite de roses rouges.

MINIUM. — Voy. Plomb (Deutoxyde de).

MONNAIES. Les monnaies d'or et d'argent ont été de tout temps l'objet de sophistications nombreuses, et l'on peut dire que l'industrie des faux monnayeurs a pris naissance du jour où les hommes ont eu recours, pour faciliter leurs échanges, à ce mode de transaction.

L'examen extérieur et des propriétés physiques des pièces peut servir à découvrir la fraude ; mais le plus souvent il ne fournit que des présomptions, et il est nécessaire d'avoir recours aux procédés chimiques pour connaître à la fois la réalité de la fraude, sa nature et ses proportions.

Les monnaies peuvent n'avoir pas le *titre légal*, c'est-à-dire contenir l'alliage en proportions plus grandes que celles que permet la loi.

La recherche des éléments, qui constituent les monnaies, est du domaine des *essayeurs* : c'est un art véritable qui reste le privilége des personnes préposées par la loi à ces recherches, et exige un outillage spécial et assez compliqué, surtout pour les pièces d'or. L'examen du titre de ces pièces se fait par *inquartation, coupellation* et *départs*, opérations qui consistent à combiner les alliages d'or avec une quantité donnée d'argent, en même temps qu'on les *coupelle*, et à traiter ensuite le bouton d'essai par l'acide nitrique. On dissout ainsi l'argent d'essai et celui qui fait partie de l'alliage, tandis que celui-ci aurait été très-difficilement attaqué au milieu des particules d'or qui l'enveloppent. On met dans la coupelle qui est à + 30° ou 32° du pyromètre de Wegdwood, 7 grammes de plomb pur, et, quand celui-ci est découvert, $0^{gr},50$ d'or et $1^{gr},35$ d'argent fin placés dans un cornet de papier. On chauffe jusqu'à ce que le bouton d'argent apparaisse bien brillant et métallique. On nettoie avec une brosse ce bouton, on l'aplatit au marteau et on le lamine de façon à avoir une lame qui n'ait que 0,37 de millimètre d'épaisseur ; on le recuit de nouveau, on le roule en cornet et on le fait bouillir avec environ 70 grammes d'acide nitrique, puis à 22° dans un petit ballon pyriforme ; après 22 minutes d'ébullition, on retire l'acide et l'on fait bouillir de nouveau pendant 10 à 12 minutes avec 30 à 36 grammes d'acide nitrique à 32° ; on décante le liquide, on lave à plusieurs reprises le cornet avec de l'eau distillée, et l'on fait sortir avec précaution le petit cornet du ballon, pour le dessécher d'abord sur des cendres chaudes, puis le faire rougir dans la moufle : on le laisse refroidir, et on le pèse.

Le commerce se contente souvent de l'usage de la *pierre de touche*, et de mouiller la trace qu'y a laissé la pièce d'or avec un liquide formé d'eau, 25 p., acide nitrique à 37°, 38 p., et acide chlorhydrique à 22°, 2 p. On dissout aussi le cuivre, et l'on examine la trace métallique. Une pièce d'or fausse laisse sur la pierre de touche un trait rouge que l'acide azotique pur fait disparaître ; mais si la pièce était couverte d'une feuille d'or véritable ou *fourrée,* cette indication ne serait pas exacte.

Le meilleur est de couper la pièce suspecte et d'en examiner la tranche, qui laissera voir la ligne de démarcation qui sépare la couche externe de l'intérieur. Si celui-ci est formé d'argent, il se dissoudra dans l'acide nitrique ; si c'est du platine, il faudra pour le dissoudre l'action de l'eau régale. Le platine est quelquefois associé à un peu d'argent, mais l'eau régale précipitera celui-ci à l'état de chlorure d'argent, tandis qu'il dissoudra l'or et le platine ; on sépare l'or au moyen du sulfate ferrique pulvérisé, qui le précipite à un état de division extrême ; mais par la calcination on lui rend l'aspect d'or mat. Le platine sera ensuite précipité par une solution de chlorhydrate d'ammoniaque ; le chlorure ammoniacal obtenu sera calciné au rouge et laissera de l'éponge de platine.

On a quelquefois doré des pièces d'argent ; dans ce cas, la pesanteur, le son, ne seront pas les mêmes, et d'autre part, il faudra examiner l'effigie qui est tournée en sens inverse pour les pièces d'or et d'argent, et ne pas oublier que les directions adoptées varient à chaque changement de règne.

Les fausses monnaies d'argent n'offrent presque jamais l'altération du titre, les fraudeurs trouvant qu'ils ont plus de profit à les fabriquer avec des métaux étrangers ; aussi peut-on trouver des moyens de distinction plus assurés dans les caractères physiques : la couleur, le son, la pesanteur des pièces étant presque toujours altérés. Il y a cependant des cas où ces caractères ne donnent aucune certitude, et le mieux est d'avoir recours à l'analyse chimique.

Une pièce d'argent fausse laisse sur la pierre de touche une trace blanc bleuâtre, qui disparaît par l'eau régale. Il vaut mieux placer la pièce dans une solution de 32 parties d'eau, 3 parties de chromate de potasse et 4 parties d'acide sulfurique ; les pièces fausses colorent à peine ou ne colorent pas du tout cette solution à laquelle la pièce d'argent pur donne une coloration pourpre caractéristique.

La détermination du *titre* de l'argent peut être faite par *voie sèche* au moyen de la coupellation, ou par *voie humide,* en dosant la quantité de chlorure d'argent précipitée au moyen d'une solution titrée de chlorure de sodium. Ce dernier procédé, inventé par Gay-Lussac en 1830, est adopté aujourd'hui par tous les hôtels des monnaies et bureaux de garantie.

Il est basé sur le fait qu'une même quantité d'argent pur ou allié demande pour être précipitée à l'état de chlorure une quantité constante de chlorure de sodium ; on a reconnu par expérience qu'on doit employer $0^{gr},5414$ de sel marin pur et fondu pour convertir en chlorure 1 gramme d'argent.

On prépare une *solution normale* de sel marin, telle que 1 décilitre, ou 100 centimètres cubes de cette solution, précipite exactement 1 gramme d'argent pur dissous dans l'acide azotique. On prépare en outre une liqueur, dite *liqueur décime salée,* en versant $0^l,10$ de liqueur normale dans un vase de 1 litre qu'on achève de remplacer avec de l'eau distillée, et une troisième, dite *liqueur décime d'argent* en faisant dissoudre 1 gramme d'argent parfaitement pur dans 5 à 6 grammes d'acide azotique pur et ajoutant à cette solution une quantité d'eau distillée suffisante pour compléter un litre.

Les deux liqueurs décimes de sel marin et d'argent sont préparées de sorte que, si on les mêle à volumes égaux, il ne reste plus dans le liquide ni azotate d'argent, ni sel marin, mais seulement de l'azotate de soude dissous et du chlorure d'argent précipité.

On pèse 5115 milligrammes de l'alliage à titrer ; on les dissout dans l'acide azotique, et l'on verse d'abord dans la liqueur 0^l,10 de solution normale mesurée au moyen d'une pipette, graduée en 100 centimètres cubes, dont chacun précipite 10 milligrammes d'argent : on agite vivement pendant une ou deux minutes le liquide résidu laiteux pour rassembler le précipité et éclaircir complétement le liquide, puis on termine la précipitation au moyen de la dissolution décime, mesurée au moyen d'une pipette graduée en centimètres cubes. On s'arrête lorsque le liquide n'est plus troublé par la dissolution. On a alors pour la quantité d'argent contenue dans la prise d'essai 1000 milligrammes de solution normale, plus, autant de milligrammes qu'on a ajouté de centimètres cubes de la solution décime. Une simple proportion donne alors le vrai titre de la matière d'argent.

Dans le cas où l'alliage, après avoir été précipité par 1 décilitre de liqueur normale, ne se troublerait plus par l'addition de 1 centimètre cube de liqueur décime salée, il faudrait neutraliser ce centimètre cube par un volume égal de liqueur d'argent, puis ajouter de cette dernière, par centimètres cubes, jusqu'à la complète précipitation du chlorure de sodium. Un calcul inverse donnera alors le titre de l'alliage.

On fait usage à la Monnaie de Paris de l'appareil suivant, dit de *Gay-Lussac*, (fig. 118). Il se compose d'un réservoir de cuivre A posé sur une console fixée au mur du laboratoire, et contenant 100 à 110 litres de solution normale ; il est formé à sa partie supérieure par un bouchon à vis, que traverse un tube plongeant presque jusqu'au fond et par lequel l'air entre dans le vase au fur et à mesure de l'écoulement sans pouvoir en sortir ; ce qui prévient toute évaporation. De la base du réservoir part un tube auquel s'adapte un autre tube droit de verre B, dans lequel est fixé un thermomètre destiné à faire connaître la température du liquide qui s'écoule ; au tube contenant un thermomètre est mastiqué un robinet d'argent c. Au robinet est adaptée une tubulure du même métal, disposée de telle sorte qu'elle permet l'échappement de l'air contenu dans la pipette D, quand on veut emplir cette dernière, et qui réciproquement permet la rentrée de l'air quand il s'agit de laisser écouler le liquide contenu dans la pipette.

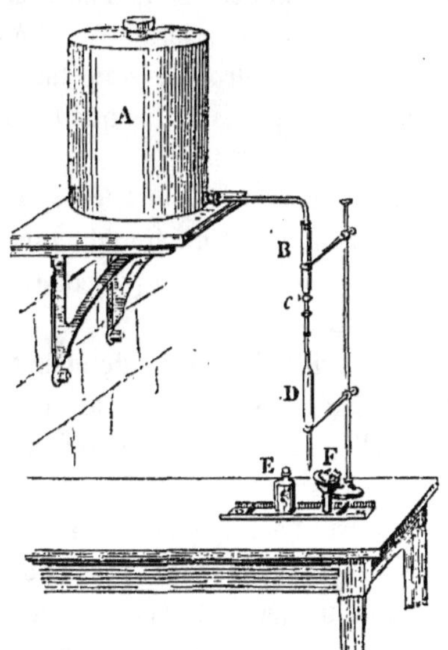

FIG. 118. — Appareil de Gay-Lussac pour les essais d'argent par la voie humide. (Salleron.)

La pipette D, graduée à 100 centimètres cubes est soutenue par les bras horizontaux d'un support.

Un flacon de 200 centimètres cubes E, renfermant la solution d'alliage, est placé dans un chariot, ce qui donne le moyen de l'amener sous le bec de la pipette. Le chariot porte d'autre part un *mouchoir* F (petite éponge contenue dans un tube de fer-blanc), qui vient toucher le bec de la pipette et absorber la goutte de liquide qui s'y trouve suspendue.

Il faut ramener les opérations à la température de $+ 15°$ C., au moyen des tables dressées à cet effet par Gay-Lussac.

La distinction des pièces de monnaies fausses et fabriquées avec d'autres métaux que l'argent peut se faire d'après les caractères physiques et chimiques.

L'*étain* est blanc bleuâtre, et exhale une odeur spéciale par le frottement entre les doigts. Il donne avec l'acide nitrique à 32° B. de l'acide stannique. Il forme avec l'acide chlorhydrique des persels qui précipitent en blanc par les alcalis et en jaune par l'acide sulfurique. Coupellé, il donne un oxyde très-blanc.

Le *plomb* donne des monnaies grises, qui se ternissent promptement à l'air, tachent les doigts et ne rendent presque aucun son. Il se dissout en entier dans l'acide nitrique, et forme un sel qui sera précipité en noir par l'acide sulfhydrique et en jaune par le chromate de potasse et l'iodure de potassium. Coupellé, il donne un oxyde jaunâtre que la coupelle absorbe complétement.

Le *mélange d'étain et de plomb* ou de *cuivre* donne par l'acide nitrique à 32° R. bouillant, un dépôt d'acide stannique et un liquide que le sulfate de soude précipite en blanc, et que l'ammoniaque colore en bleu. Il se dissout dans l'acide chlorhydrique.

L'*étain* et l'*antimoine*, traités par l'acide nitrique, donnent un précipité d'acides stannique et antimonieux; par l'appareil de Marsh, on aura des taches antimoniales. Cet alliage est blanc, brillant et un peu sonore; coupellé, il donne un oxyde gris mélangé de blanc.

L'*alliage d'étain* et de *bismuth* donne par l'acide nitrique un précipité d'acide stannique et du nitrate de bismuth, qui reste dissous dans l'acide. L'eau détermine dans la solution un dépôt de sous-nitrate de bismuth; la liqueur précipitera en noir par l'acide sulfhydrique, en blanc par l'ammoniaque et le carbonate d'ammoniaque. Coupellé, il donne un oxyde gris jaunâtre.

L'*étain*, uni au *zinc*, donne un alliage légèrement bleuâtre, qui laisse par l'acide nitrique un précipité d'acide stannique; la liqueur surnageante contient du nitrate de zinc, qui donnera par l'ammoniaque un précipité blanc, se redissolvant dans un excès d'alcali. Les carbonates alcalins donnent un précipité blanc, le cyanure jaune un précipité blanc, et le cyanure rouge un précipité rouge orangé. Coupellé, cet alliage s'enflamme et donne un oxyde verdâtre qui blanchit par le refroidissement.

L'*étain*, uni à l'*antimoine* et au *plomb*, traité par l'acide nitrique, dissout le plomb, et en sépare les acides stannique et antimonieux ; coupellé, il donne un oxyde mélangé de gris noirâtre, de blanc et de jaune.

Le *plomb* et l'*antimoine* se dissolvent en partie dans l'acide nitrique, et celui-ci laisse déposer l'acide antimonieux. La coupelle absorbe l'oxyde de plomb formé, tandis que l'oxyde d'antimoine se volatilise.

Le *maillechort*, *packfong*, *argentin*, qui est un alliage de cuivre, de zinc et de nickel, donne par l'acide nitrique un précipité d'acide stannique. On précipite le cuivre de la liqueur par l'acide sulfhydrique, le fer par l'ammoniaque, le zinc et le nickel par les carbonates alcalins. On redissout par l'acide acétique les carbonates de zinc et de nickel, et l'on fait passer un courant d'acide sulfhydrique qui précipite le zinc ; le nickel enfin est précipité de sa solution acétique par un excès de potasse.

MORPHINE. La morphine, découverte en 1816 par Sertuerner, cristallise en pyramides à quatre faces ; elle est blanche, brillante, inodore, inaltérable à l'air ; elle est soluble dans l'eau, plus à chaud qu'à froid, et a une saveur amère et persistante. Elle est soluble dans l'alcool à 85° et moins dans celui à 20° ; elle est très-peu soluble dans l'éther, mais elle se dissout bien dans les huiles grasses et essentielles ; ses dissolutions verdissent le sirop de violettes, ramènent au bleu le tournesol rougi, et rougissent le curcuma ; elles font dévier à gauche la lumière polarisée. La morphine se dissout dans les alcalis caustiques et un peu dans l'ammoniaque. Elle décompose l'acide iodique en dissolution et l'iode, mis en liberté, colore l'amidon en bleu. (Sérullas.)

Pure et chauffée sur une lame de platine, la morphine commencera par fondre, puis elle brûlera avec une flamme fuligineuse, et le charbon, qui se forme pendant cette combustion, disparaîtra complétement si l'on continue de chauffer. L'acide sulfurique concentré ne lui donne pas de coloration ; si elle prend une teinte grise, c'est qu'elle contient de la narcotine. L'acide nitrique lui donne une coloration jaune qui passe rapidement au rouge intense. Les sels ferriques bien neutres ou le chlorure d'or lui donnent une coloration bleue assez intense, qui pourra paraître verte par la couleur jaune du sel de fer ou d'or. (Pelletier.)

La morphine, chauffée doucement avec quelques gouttes d'acide sulfurique pur, et additionnée d'une très-petite quantité de perchlorate de potasse pure, prend une couleur brun foncé qui s'étend bientôt à tout l'acide ; on reconnaît ainsi la présence de 0,0001 de morphine. (L. Siebold, *Pharm. Journ.*, 1873, p. 309.)

R. Schneider indique, pour reconnaître la morphine, d'en mêler quelques milligrammes à 6 ou 8 parties de sucre de canne, et de mettre ce mélange en contact avec l'acide sulfurique concentré pur sur une soucoupe de porcelaine ; il se produit une belle couleur rouge pourpre, qui passe après environ une vingtaine de minutes au bleu violet, au brun sale, et enfin au jaune sale. L'eau ajoutée à la liqueur pourpre la décolore rapidement. On a une coloration intense avec 0^{gr},0001, elle est appréciable avec 0^{gr},000001. (*Ann. de Poggend.*, 1872.)

Le plus souvent le commerce fournit de la morphine mélangée de *narcotine ;* on la reconnaît en traitant par l'acide chlorhydrique étendu et en versant de la potasse caustique ; la morphine se dissout immédiatement dans l'excès d'alcali, tandis que la narcotine reste indissoute. (Liebig.)

MORPHINE (Acétate de). *L'acétate de morphine,* difficilement cristallisable, hygrométrique et très-soluble, forme une poudre à excès de base qui est plus difficilement soluble.

L'acétate de morphine est quelquefois coloré parce qu'il n'a pas été suffisamment purifié ; mais en exigeant qu'il soit blanc on se met en garde contre cette altération.

L'acétate de morphine peut contenir de l'*acétate* et du *phosphate de chaux,* du *chlorhydrate* ou du *sulfate de morphine.*

Les *sels de chaux,* qui proviennent de ce qu'on a employé pour la décoloration de la morphine du charbon animal mal lavé, se retrouvent dans les résidus de l'incinération ; on traitera ceux-ci par l'acide chlorhydrique pour dissoudre les sels de chaux, et l'on y aura un précipité par l'ammoniaque, au cas de phosphate de chaux ; l'oxalate d'ammoniaque sera le réactif de la chaux. On peut aussi directement traiter la solution aqueuse du sel suspecté par l'oxalate d'ammoniaque.

Le *chlorhydrate de morphine* sera reconnu par le nitrate d'argent, qui donne un précipité de chlorure d'argent.

La présence du *sulfate de morphine,* qui a été souvent mélangé, et quelquefois même substitué, est indiquée par le chlorure de baryum.

MORPHINE (Chlorhydrate de). On a trouvé ce sel adultéré par du *sucre*, jusqu'à 0,50, et Morson et Mac-Fartin ont eu recours pour déceler cette fraude à la détermination de l'alcool produit par la fermentation. Il y aurait plus d'avantages en pareil cas à faire usage du polarimètre.

MORSON, *Falsification du chlorhydrate de morphine par le sucre* (*Journ. chim. méd.*, 3e série, t. VI, p. 356).

MORPHINE (Sulfate de). Le sulfate de morphine est blanc, en aiguilles fasciculées, solubles dans l'eau et dans l'alcool.

On a offert, sur le marché des États-Unis, un sulfate de morphine qui ne contenait pas trace de morphine : placé sur une capsule chauffée au rouge, il ne perdait rien de son poids ; il était insoluble dans l'eau ; sa couleur est verdâtre. On a signalé aussi un cas dans lequel le flacon, qui avait la forme habituelle des flacons du sulfate de morphine et qui était étiqueté comme sulfate de morphine pur, ne contenait que du sulfate de quinine. La différence de solubilité permettait de reconnaître la substitution. (*Proceed. Amer. Pharm. Assoc.*, 1872, p. 345.)

MORUE (Huile de foie de). L'huile extraite des foies de *morue*, *Gadus Morrhua*, (Poissons), doit avoir une odeur franche, ne pas présenter d'arrière-goût âcre ou putride ; elle doit marquer 932 à l'aréomètre de Lefebvre.

L'huile de foie de morue pure, mise sur une lame de verre en contact avec l'acide sulfurique, offre une auréole d'un beau violet qui passe bientôt au cramoisi : quelques minutes seulement après, l'huile prend une teinte brune (Gobley); mais ce caractère, suffisant le plus souvent, n'est cependant pas assez précis pour permettre, étant employé seul, de décider dans une expertise sur la falsification par des huiles végétales (*Journ. de pharm.*, 3e série XXVIII, 121).

La réaction par l'acide nitrique pur et fumant paraît plus nette que celle par l'acide sulfurique : on verse goutte à goutte l'acide nitrique dans l'huile et l'on voit instantanément une auréole rosée circonscrire chaque goutte si l'huile de foie de morue est pure ; si l'huile est mélangée de son poids d'huile de poisson, il n'y a pas de coloration rose et la transparence de l'huile est légèrement troublée ; l'huile de poissons seule ne se colore ni ne se trouble par l'acide nitrique (Boudard).

L'huile de foie de morue neutre et fraîche n'est pas colorée par la rosaniline ; mais si elle est rance ou additionnée d'acides gras, elle prend une coloration rouge en rapport avec la quantité du mélange ou l'état de rancidité. Les huiles liquides de mammifères marins ne sont pas colorées : ce procédé a l'inconvénient de donner la même réaction avec l'acide oléique naturelle de l'huile de morue et l'acide oléique ajouté (Jacobsen, *Neues Jahrb. für Pharm.* 1867).

Le mélange d'huile de poisson donne des changements de densité d'odeur et de saveur. L'*huile de baleine,* qui pèse seulement 924, abaisse la densité : elle n'est pas soluble dans l'alcool bouillant.

Quand l'huile de foie de morue contient de l'*huile de graines,* elle donne, par distillation dans une petite cornue pour en retirer un tiers, un produit qui ne se solidifie pas, tandis que si l'huile est pure le produit distillé est solide et fusible.

Pour reconnaître la présence de résine, on traite par l'éther acétique dont il faut exactement quinze volumes, d'une densité 0,890, à une température de 63 3/4 Fahr. (12° C.) pour dissoudre un volume d'huile de foie de morue : on opère dans un tube gradué et après avoir bien agité, on laisse reposer en tenant compte de la température. L'observation a démontré que chaque volume d'éther en moins, nécessaire pour obtenir la solution, correspond à 0,05 de résine (*Chemist and Druggist,* 154, 1860).

BERTHÉ, *Falsification de l'huile de foie de morue (Bull. Acad. méd.,* 1855, t. XX, p. 875). — BOUDARD, *Moyen de reconnaître la pureté de l'huile de foie de morue (Journ. chim. méd.,* 1846, p. 695). — ROBINET, *Falsification de l'huile de foie de morue (Journ. pharm. et chim.,* 3e série, 1855, t. XXVIII, p. 121).

MOULES. Les moules, *Mitylus edulis,* L. (Mollusques Acéphales), servent à la nourriture de l'homme dans de nombreux pays ; mais on a quelquefois observé des accidents à la suite de leur ingestion, accidents qu'on a attribués à des causes diverses. Les uns, comme Burrows, attribuent leur action toxique à une maladie du foie des moules ; d'autres, avec Beunie, pensent que leur action tient à ce qu'elles se sont nourries avec du frai d'astéries ; d'autres pensent que les moules doivent leurs propriétés vénéneuses à leur séjour sur des rochers sous-marins métalliques ou à base de baryte : d'autres enfin ont été jusqu'à accuser de ce méfait un petit crabe bien innocent qu'on trouve quelquefois dans les coquilles de moules, le *Cancer Pinnotheres,* L.

Les moules peuvent dans quelques cas contenir une certaine quantité de *cuivre* qu'on a attribué à ce que ces mollusques auraient été recueillis sur le doublage en cuivre des navires (Bouchardat).

BOUCHARDAT, *Note sur l'empoisonnement par les moules* (*Ann. d'hyg. et de méd. lég.*, 1037, t. XVII, p. 358). — HECKEL, *Sur la moule commune ; étude zoologique et toxicologique*, thèse de pharm. de Montpellier, 1867. — OZENNE (CH.-M.-L.), *Essai sur les mollusques considérés comme aliments, médicaments et poisons*, thèse de médecine de Paris, 1858.

MOUTARDE. On fait usage des graines de deux espèces de moutarde, les *Sinapis nigra*, L. et *alba*, L. (Crucifères.)

La moutarde noire a des graines globuleuses très-petites, très-âcres, inodores, à surface chagrinée rouge brunâtre, et quelquefois recouverte d'un enduit blanchâtre.

La moutarde blanche a des graines jaunâtres, elliptiques, arrondies,

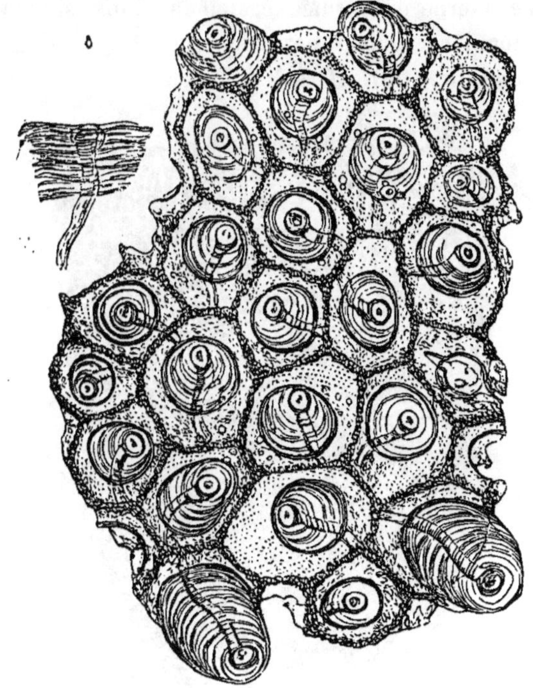

Fig. 119. — Membrane externe de la moutarde blanche. Grossissement, 280 diamètres. (Hassall.)

lisses, plus grosses que celles de la moutarde noire, et a une saveur piquante quand on l'écrase.

L'enveloppe de la graine de moutarde blanche est formée de trois membranes distinctes : la membrane la plus externe est transparente et est formée d'une couche de cellules de deux sortes : les unes sont hexagonales et réunies par leurs bords et à centre perforé ; les autres occupent les ouvertures des premières et sont elles-mêmes traversées par une sorte de tube infundibuliforme, qui paraît se terminer à la surface de la graine. Plongées dans l'eau, ces cellules se gonflent et augmentent plusieurs fois de volume, déterminent la rupture des cellules hexagonales et deviennent elles-mêmes plus plissées ou ridées, et l'extrémité des tubes paraît dans quelques cas partir de l'extrémité des cellules. Il est possible qu'il n'y ait là que deux parts distinctes d'une même cellule. Ce sont ces cellules qui fournissent le mucilage (fig. 119). (Hassall.)

La membrane moyenne consiste en une couche de très-petites cellules anguleuses, dont l'intérieur contient la matière colorante de l'enveloppe. La membrane interne est formée également d'une simple couche de membranes anguleuses, mais beaucoup plus grandes que celles de la couche moyenne (fig. 120). (Hassall.)

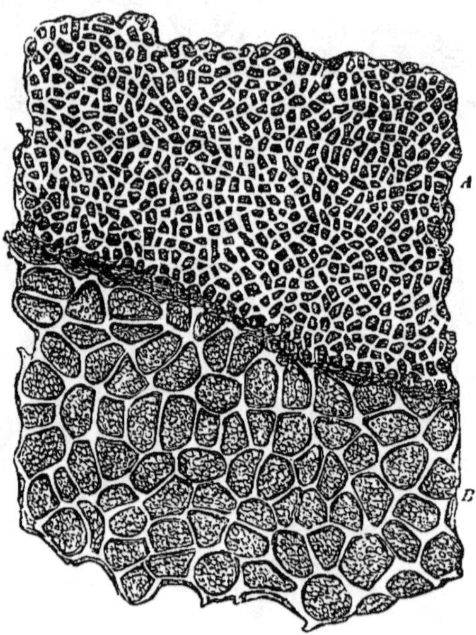

FIG. 120. — Membranes moyenne et interne de la graine de moutarde blanche. Grossissement, 220 diamètres (*). (Hassall.)

La graine elle-même est d'un jaune clair et a une consistance molle cireuse par suite de l'huile qu'elle contient ; elle est composée de très-

(*) A, portion de la membrane moyenne ; B, portion de la membrane interne.

nombreuses cellules petites, renfermant dans leur cavité l'huile et les autres principes actifs. (Hassall.)

Le *Sinapis nigra* présente à l'extérieur deux ou trois couches de larges cellules hexagonales transparentes, mais non perforées comme celles de la moutarde blanche ; toutes les autres parties ne diffèrent pas sensiblement de ce que nous avons décrit pour la moutarde blanche.

On falsifie la graine de moutarde avec celle du *Sinapis arvensis*, L., qui est sphérique, luisante, brun noirâtre et à peu près inerte. Sa saveur est moins forte que celle de la moutarde. On pourra la reconnaître aussi par sa structure en l'examinant au microscope : car l'enveloppe offre une couche extérieure de cellules à mucilage plus petites et plus délicates que celles de la moutarde blanche : elles sont perforées de la même manière, mais elles paraissent formées par l'agglomération d'un grand nombre de petites cellules fines et délicates. (Hassall.)

La graine de *navette*, *Brassica oleracea*, L., est plus grosse, sphérique, d'un noir terne, non chagrinée, et a le goût de navet. Elle présente une enveloppe composée de deux membranes, dont l'extérieure ressemble à la seconde membrane de la moutarde ; mais elle est composée de cellules plus larges à parois épaissies et bien définies et à cavités paraissant plus ou moins claires ; près de l'ombilic de la graine, les cellules sont disposées en lignes ; la membrane interne ne présente aucune particularité. (Hassall.)

La graine d'*œillette*, *Papaver somniferum*, L., sont très-petites, brunes ou noirâtres, presque arrondies, réniformes, rugueuses et réticulées à la surface.

Les mélanges de graines de Crucifères sont assez difficiles à distinguer de prime abord, ces graines se ressemblant beaucoup, et, d'ailleurs, celles d'une même espèce (même provenant d'un seul individu) offrant d'assez grandes variations de coloration. Timbal-Lagrave recommande de faire germer les graines suspectes dans un vase avec du bon terreau et d'examiner les feuilles primaires qui sortent de terre. Au bout de cinq à six jours, si la terre a été convenablement humectée, on voit poindre des feuilles arrondies, échancrées au sommet et vert sombre pour la *moutarde*, lancéolées, urticées et blanc jaunâtre pour le *pavot ;* Quant aux feuilles de *chou*, de *navet* et de *colza*, qui ont la même forme que celles de la moutarde, elles sont beaucoup plus grandes et jaunâtres.

La *farine de moutarde* (fig. 121) et la moutarde, préparée comme condiment, sont fréquemment falsifiées par le mélange des *farines* des plantes que nous avons indiquées plus haut, et l'examen microscopique permettra de reconnaître la sophistication.

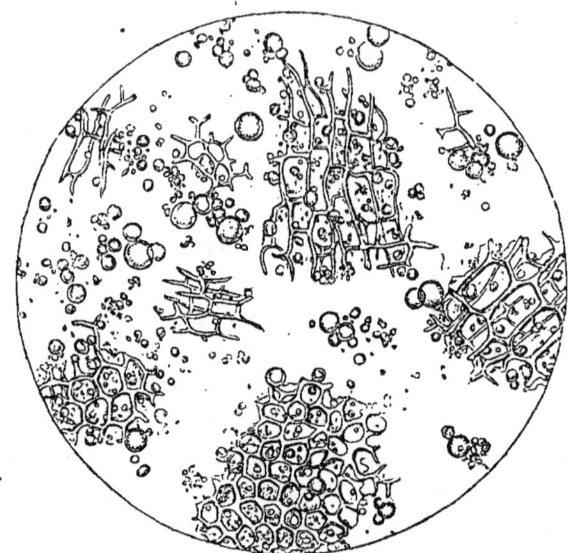

Fig. 121. — Farine de moutarde blanche. Grossissement, 220 diamètres. (Hassall.)

La présence de *farine de tourteaux* est indiquée par une proportion d'huile moindre ; on séparera celle-ci par l'éther ou la benzine.

La *fécule* peut être reconnue en faisant bouillir une petite quantité de la moutarde avec de l'eau et par l'action de l'iode, qui donnera une coloration bleue : la quantité de fécule, propre à la moutarde, est trop minime pour que l'iode donne une coloration à la solution. On pourra aussi avoir recours à l'examen microscopique qui permettra de distinguer les granules, surtout si ceux-ci ont été colorés par l'iode, et d'en déterminer l'espèce par leurs formes. On trouve surtout de la *farine de blé* et de la *fécule de pommes de terre*. Fréquemment la moutarde est additionnée de *farine de Légumineuses* et surtout de *pois*, ce que Jaillard a constaté pendant plusieurs années à Alger.

Le *poivre de Cayenne* ou *Capsicum frutescens*, qu'on ajoute quelquefois à la moutarde, se reconnaît à l'odeur âcre et irritante qui s'exhale de l'extrait chauffé, résultant de l'évaporation du produit obtenu par l'action de l'alcool. Le microscope fournit aussi des moyens de déceler la fraude (voy. Poivre de Cayenne). Il en sera de même de l'addition du *gingembre* (voy. *ce mot*).

La moutarde peut contenir du *curcuma* et quelquefois de la *gomme-gutte*, en vue de lui rendre sa couleur quand elle a été allongée de farine. On s'en assure en mélangeant à froid une demi-cuiller à thé de la moutarde avec deux ou trois fois son volume d'alcool méthylique; on filtre la liqueur et l'on évapore à siccité au bain-marie dans une capsule de porcelaine, dans laquelle on a placé un morceau de papier à filtre large comme un décime. Quand tout l'alcool est évaporé, on mouille le papier avec une forte solution d'acide borique et l'on dessèche complétement. S'il y a du curcuma, le papier prend une coloration rougeâtre ; si, de plus, on a ajouté une goutte de solution de potasse ou de soude caustique, il se produit une série de colorations très-belles, parmi lesquelles dominent le vert et le pourpre. Si l'on ajoute alors une goutte d'acide chlorhydrique, il se fait une coloration rouge-orange, qu'un excès d'alcali fait virer au vert et au bleu. La moutarde pure ne donne pas ces réactions. La gomme-gutte se reconnaît par le même procédé, mais la soude caustique y détermine une couleur rouge vif, et l'acide chlorhydrique fait virer le papier au jaune. (Allen.)

Le *plâtre* ou *sulfate de chaux* a été quelquefois ajouté à la moutarde ; il augmenterait la proportion des cendres de la moutarde, qui ne dépasse pas normalement 0,03.

Le *carbonate de chaux* ferait effervescence par les acides.

Allen (A.-H.), *Test for turmeric in mustard* (*Chemic. News*, t. XXVI, p. 84). — *Adulteration of mustard* (*American Artisan.*, 1874, p. 100). — *Alterazioni e falsificazi delle Senapa* (*Giorn. di farm. di chim. Torino*, 1868, t. XVII, p. 533). — *Falsification de la moutarde de table* (*Ann. d'hyg. et de méd. lég.*, 2ᵉ série, 1874, t. XII, p. 446). — Maisch, *Detection of turmeric in rhubarb and mustard* (*Amer. Journ. Pharm.*, 1871, p. 259).

MOUTARDE (Essence de). L'essence de moutarde est une huile incolore, d'une saveur âcre et d'une odeur extrêmement pénétrante qui excite le larmoiement. Sa pesanteur spécifique est 1,015 à $+$ 20° C. Elle est un peu soluble dans l'eau et se dissout en toutes proportions dans l'alcool et l'éther. Appliquée sur la peau, elle y détermine une forte vésication. Une goutte d'essence de moutarde pure donne une solution claire avec 4 gouttes d'eau et 16 gouttes d'alcool.

Pure et mélangée de 15 à 20 fois son volume d'acide sulfurique concentré, l'essence de moutarde donne un liquide à peine jaunâtre; si elle est *mélangée* avec une autre essence, elle prend une coloration rouge brun d'autant plus foncée que la proportion d'essence étrangère est plus forte. (Hager, *Central Halle*, 1869, n° 12.)

Le mélange avec de l'*huile de pétrole* non rectifiée sera indiqué par la même réaction ; mais celle-ci ne donne aucune indication si le pétrole a été rectifié.

Hager a trouvé l'essence de moutarde falsifiée avec de l'*huile de ricin* et de l'*essence de girofle*, et aussi avec le *sulfure de carbone* (*Centr. Halle*, 1869, n° 9).

Umney a reconnu la falsification de l'essence de moutarde par de l'*alcool :* sa pesanteur spécifique était seulement de 0,966, et par la distillation à + 100° C. il a pu en séparer l'alcool, l'essence de moutarde n'entrant en ébullition qu'à 298° Fahr. (112° C.). (*Pharm. Journ.*, 1867, t. IX, p. 25).

MUSC. Le musc est fourni par une sécrétion préputiale du *Moschus moschiferus*, L. (Mammifères Ruminants) ; il se présente sous forme de grains irréguliers, rouge brun, assez onctueux et ayant une odeur forte et très-diffusible, et une saveur aromatique amère.

Le commerce fournit encore le musc enfermé dans des poches arrondies ou ovales, d'environ 2 pouces de diamètre, couvertes à l'extérieur de poils grisâtres, et présentant un orifice central autour duquel les poils sont disposés en rayonnant.

Le musc des poches du commerce constitue trois espèces :

1° Le *musc de Tonkin* ou de la *Chine* (fig. 122), formé de poches

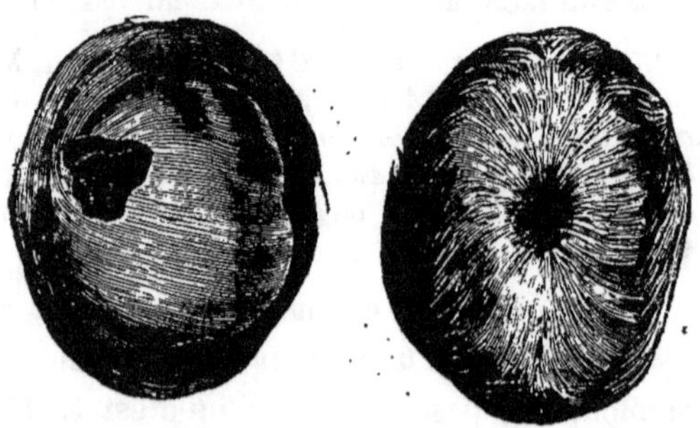

FIG. 122. — Poches du musc de la Chine vues par les deux faces.

rondes ou ovales, planes sur la partie qui adhérait au ventre, convexes et garnies sur l'autre face de poils s'arrondissant en forme de tourbillon, grisâtres, courts, grossiers et cassants. Le musc qu'il contient n'est jamais complétement desséché et subit une fermentation ammoniacale qui exalte son odeur.

2° Le *musc cabardin* ou *kabardin*, ou de *Tartarie* (fig. 123) est en poches plus petites, allongées d'arrière en avant, sèches, plates et marquées d'un sillon longitudinal apparent. Le poil extérieur est propre, blanchâtre, comme argenté ; la peau nue est parcheminée,

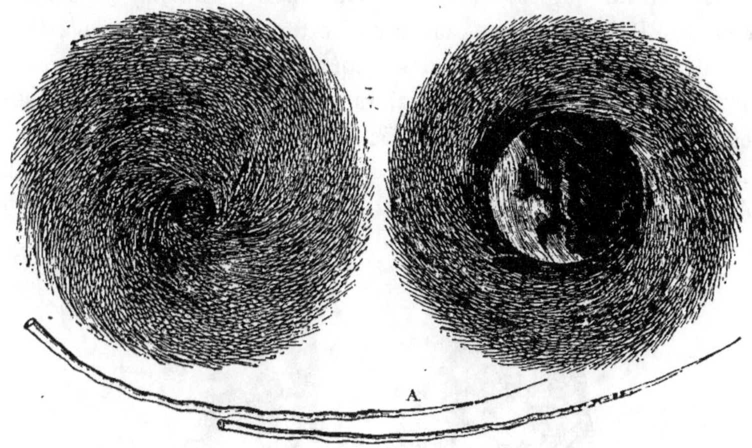

FIG. 123. — Musc Kabardin ou de Tartarie (*).

jaune brunâtre avec une légère fleur blanchâtre. Elles contiennent un musc sec, brun chocolat clair, non ammoniacal.

3° Le *musc d'Assam* ou du *Bengale* offre les formes les plus variées et les plus irrégulières ; il est en poches aplaties, quelquefois très-rétrécies par le haut ; quelquefois il est en poches arrondies (fig. 124 et 125), offrant une partie supérieure nue, tandis que la partie infé-

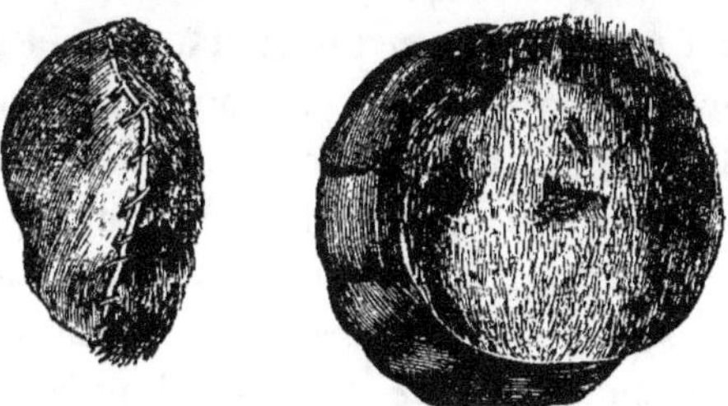

FIG. 124 et 125. — Musc du Bengale en poches vues par la face supérieure et par la face inférieure.

rieure est garnie de poils blanchâtres, longs de $0^m,06$ à $0^m,07$, disposés en tourbillons. Le musc est brunâtre, en grumeaux et d'odeur moins forte que le tonkin.

(*) A, Poils des poches à musc de grandeur naturelle.

Le musc est l'objet de falsifications nombreuses, aussi bien dans le pays d'origine qu'en Europe et, comme le fait remarquer Rump (*Apoth. Zeit.*, n° 38, 1872), la fraude est facilitée par l'état de fraîcheur des poches, dont les parois sont alors très-extensibles, et par l'orifice central qui est aisément dilatable. Les Chinois, en effet, ou même les Puharries, font sortir par cette ouverture une partie du produit et le remplacent par des matières étrangères, organiques ou inorganiques. Les poches sont alors scellées, quelquefois recousues avec soin quand elles ont été déchirées, et quelquefois munies de poils collés, qui reproduisent la disposition concentrique naturelle de ces organes. Quelquefois aussi ils fabriquent de *fausses poches* (fig. 126) au moyen d'un morceau de peau de porte-musc qu'ils rem-

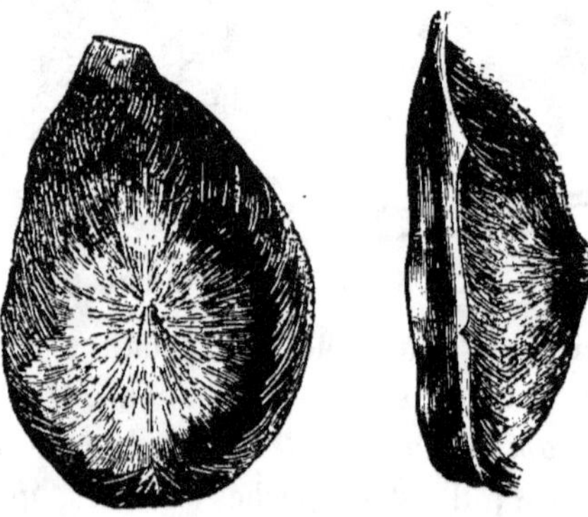

Fig. 126. — Fausses poches à musc.

plissent d'une matière quelconque ; mais on les reconnaît à ce que leurs poils ne sont pas disposés en cercle et à ce qu'il n'y a pas d'orifice central recouvert et caché par un pinceau de poils roux.

« Les substances qu'ils emploient ordinairement pour falsifier le » musc ou pour remplir les fausses poches sont du *sang* bouilli au feu, » séché, réduit en poussière, mis en pâte et façonné en forme de grains » ou de poudre grossière de manière à imiter du musc véritable : un » morceau du *foie* ou de la *rate* de l'animal préparé de la même » manière, de la *noix de galle sèche*, et une certaine quantité d'*écorce* » *d'abricotier* broyée et pétrie. Ils se servent aussi de la pâte, appelée » *passa*, d'où l'on extrait l'huile ordinaire ; ils en fourrent souvent des » paquets, sans autre préparation, dans une poche pour en augmenter » le poids. Parfois même ils ne prennent pas la peine de donner aux » substances qu'ils emploient l'apparence du musc. Un gentleman me

» montra un jour une poche que lui avait vendue un Puharrie à Mis-
» souri ; sur ce que je lui dis qu'elle était fausse, il l'ouvrit et la trouva
» pleine de *tabac* (*hookah tobacco*) (Markham, cité par Piesse, p. 220).

» Une grande quantité du musc, recueilli par les indigènes, et qui est
» invariablement sophistiqué, s'écoule dans le pays même et dans
» d'autres contrées. Ils coupent les jeunes poches, qui ne contiennent
» pas de musc du tout et les remplissent d'un mélange composé du *foie*,
» du *sang* de l'animal et du liquide jaune trouvé dans la poche avec un
» peu de musc véritable. Ainsi remplies, ils les cousent dans la peau et
» les font sécher sur la pierre chaude. Celles qui contiennent un drachme
» ou un demi-drachme (2 à 3 grammes), ils y introduisent le même
» mélange et les font sécher de la même manière.

» A l'une des ventes, faites par l'ordre du gouvernement, des présents
» apportés par les princes indigènes, il y avait un grand nombre de
» poches de musc très-belles en apparence et qui se trouvèrent sans
» valeur. Elles avaient évidemment été fabriquées, et ayant été gardées
» longtemps, le peu de musc véritable qu'elles contenaient s'était en
» grande partie évaporé.

» Il serait difficile à un indigène de résister à la tentation d'ajouter
» quelque chose, même aux plus belles poches, ou d'extraire le musc
» qui s'y trouve et de le remplacer avec le mélange de foie et de sang. »
(Peake, communication à la Société pharmaceutique de Londres, citée
par Piesse.)

Au lieu d'exportation, le musc est soumis à de nouvelles falsifications,
favorisées par le prix élevé que trouvent, à Londres, les poches vides : le
musc qu'on retire de ces poches, pour le vendre séparément, subit de
nouvelles additions qui le détériorent de plus en plus.

A poids égal, le musc renfermé dans les vessies membraneuses
donne presque deux fois plus de grains que celui des poches vendues
avec la peau et le poil. (Piesse, p. 224.)

Le *musc Tonkin* est le plus estimé, mais il est plus souvent frelaté
que les autres : le *musc Kabardin* n'est presque jamais sophistiqué,
mais sa mauvaise odeur fait que sa valeur est toujours très-inférieure.

Le *musc Tonkin*, au sortir des poches fraîches, est en masse onctueuse,
qui se contracte par la dessiccation en grains, dont le volume varie d'une
tête d'épingle à un pois ; il est foncé, brun noirâtre et traversé par
quelques membranes délicates que l'eau ne dissout pas, tandis que la
plus grande partie des grains s'y dissout : il est toujours ammoniacal et

à peine soluble dans l'alcool. Les membranes, formant le résidu du traitement du musc par l'eau donnent le meilleur caractère de sa pureté (*Proceed. of the Amer. Pharm. Assoc.*, 1874, p. 268).

Un musc de bonne qualité doit se dissoudre aux trois quarts dans l'eau bouillante et ne se dissoudre que faiblement dans l'alcool à 90°; le *fiel de bœuf* desséché est au contraire soluble dans l'alcool et lui communique sa saveur doucereuse et amère.

Les cendres qui proviennent de l'incinération ne doivent pas être rougeâtres, et, traitées par l'acide nitrique, elles donneront un liquide dans lequel il sera facile de reconnaître les *métaux* et les *terres* par l'emploi des réactifs appropriés.

La présence du *sang* sera indiquée par la macération prolongée dans l'eau froide, dans laquelle se dissoudront l'albumine et la matière colorante du sang : le liquide chauffé se troublera et laissera voir des filaments d'albumine coagulée.

MARKHAM (col. FRED.), *Journal of Sporting, Adventures and travel in Chinese Tartary of Thibet.* — MILNE EDWARDS (Alph.), *Recherches anatomiques, zoologiques et paléontologiques sur la famille des chevrotains*, thèse de pharmacie, 1854. — PIESSE, *Des odeurs, des parfums et des cosmétiques* (édition Reveil, 1865). — SOUBEIRAN (J.-L.), DABRY DE THIERSAINT, *Matière médicale des Chinois*, 1873.

MUSCADE. La *noix muscade* est la graine du *Myristica fragrans*, Houtt. (Myristicées) : elle se présente sous la forme d'amandes ovoïdes ou globuleuses, du volume d'une petite noix, couverte de sillons anastomosés ; elle est gris rougeâtre, dure mais facile à entamer au couteau ; son intérieur offre une coloration grise avec des marbrures brun rouge ; son odeur est forte, aromatique et agréable, sa saveur est chaude et âcre. Les marbrures sont dues à des replis, pénétrant dans l'intérieur de la graine, de la membrane externe de l'endoplèvre.

Examinées au microscope, les muscades offrent des particularités de structure qui permettent de les distinguer, même réduites en poudre, de presque toutes les autres substances végétales : une tranche mince paraît, sous un grossissement de 220 diamètres, formée de petites cellules anguleuses ; celles qui forment la partie blanche ou incolore de la noix ont, avant qu'on n'ait ajouté de l'eau, une apparence opalescente en raison de la quantité d'huile qu'elles renferment : leur cavité contient, en outre, une certaine quantité de fécule formée de grains petits mais distincts, presque tous arrondis, quelques-uns anguleux, mais tous déprimés au milieu. Les cellules, qui constituent les parties colorées ou veines de la muscade, diffèrent des autres cellules par leur couleur et

parce qu'elles ne renferment pas de fécule, et sont peu riches en huile
(fig. 127).

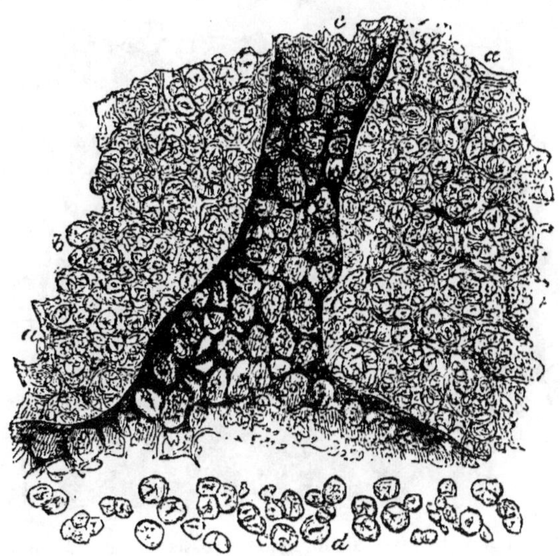

Fig. 127. — Coupe d'une muscade. Grossissement, 220 diamètres(*). (Hassall.)

La muscade est quelquefois *piquée* des vers, et l'on a cherché à cacher
ce défaut en bouchant les trous avec de la poudre mélangée avec du
beurre de muscade ; mais l'eau bouillante fait fondre le beurre et dénonce
la fraude.

Les muscades ne se vendant jamais en poudre n'ont pas autant été
falsifiées que les autres épices, mais elles n'en ont pas moins été le
sujet de diverses falsifications. Les muscades sauvages, fournies par
le *Myristica Malabarica*, qui n'ont presque ni saveur ni odeur, et
qui ressemblent, pour la forme et le volume, à une datte, sont assez
fréquemment mélangées aux vraies muscades.

On trouve aussi dans le commerce le fruit du *Myristica tomentosa*,
Thünb., *muscade sauvage*, qui est plus long et moins odorant, et
dont le macis est en bandes longitudinales.

La *muscade de Cayenne* est plus petite que la muscade ordinaire et
toujours enfermée dans une coque brun foncé et un peu brillante.

(*) *aa*, cellules formant les parties blanches ou claires de la noix, et remplies de fécule ; *bb*, grains
de fécule ; *c*, portion d'une veine foncée par le repli de l'endoplèvre, et constituée par des cellules
remplies seulement d'huile ; *d*, grains de fécule séparés, et vus à un grossissement de 420 diamètres.

Le *macis*, ou arillode de la muscade (fig. 128), est en lanières
étroites irrégulières, charnues, d'un jaune orangé, d'une odeur forte
et désagréable, et de saveur aromatique et chaude.

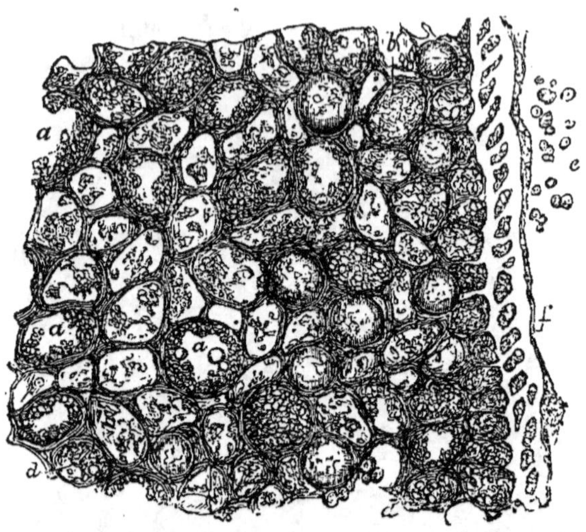

FIG. 128. — Coupe transversale du macis. Grossissement, 220 diamètres (*).
(Hassall.)

On trouve quelquefois dans le commerce, sous le nom de *macis
sauvage*, un macis rouge foncé, ayant une saveur forte et âcre, assez
différente de celle du macis ordinaire : il provient d'une espèce sauvage de *Myristica*. (Pereira.)

MUSCADE (Beurre de). Le *beurre de muscade*, tiré de la graine
de la muscade, est un corps gras, solide à la température ordinaire,
onctueux au toucher ; il est jaune rougeâtre et a une odeur aromatique
très-forte.

Un gramme de beurre de muscade récent, dissous dans 200 centimètres cubes d'éther, donne une liqueur encore sensiblement colorée.
(E. Soubeiran.)

Le beurre de muscade a été remplacé par un mélange de *cire jaune*,
de *suif* et de *poudre de curcuma*. Mais il suffit d'en projeter un peu
sur une pelle rougie au feu pour reconnaître la sophistication : le curcuma sera décelé par les alcalis qui le colorent en brun. En faisant
bouillir le beurre de muscade dans 5 parties d'alcool à 47° cent., lais-

(*) *aa*, Cellules remplies d'huile essentielle, et ayant été vidées par suite de la section ; *bb*, les
mêmes cellules entières et pleines de liquide ; *cc*, bulles d'air ; *dd*, cellules remplies de fécule ;
ee, grains de fécule isolés ; *f*, cellules de l'enveloppe fine de l'enveloppe du macis.

sant refroidir et filtrant, on aura un liquide incolore, si le beurre n'a pas été coloré artificiellement.

Playfair a signalé la falsification du beurre de muscade par de la *graisse animale*, bouillie avec des débris de muscade et aromatisée avec de l'essence de sassafras.

MYRRHE. La myrrhe, *Balsamodendron myrrha*, Ehr. (Burséracées), est en larmes irrégulières, de volume variable, un peu translucides, jaune rougeâtre ou rouge brun, à cassure irrégulière et comme huileuse, à odeur agréable et aromatique, et à saveur âcre et amère.

Il n'est pas rare de trouver, dans la myrrhe du commerce, de la *gomme nostras*, aromatisée avec de la teinture et roulée dans de la poudre de cette gomme-résine. Du reste, Hartung a signalé une falsification analogue par des larmes de *gomme du Cap* imprégnées avec de la teinture de myrrhe ; mais ce produit était facile à distinguer par sa couleur rouge trop claire.

On trouve aussi quelquefois, dans le commerce, sous le nom de *myrrhe*, les larmes du *Balsamodendron Mukul*, Hook. (Burséracées), d'un rouge sale foncé, plus molles que la myrrhe, moins cassantes mais se ramollissant dans la main ; leur odeur est moins agréable, leur saveur amère et âcre. (Waring.)

NAPHTE (Huile de). L'*huile de naphte*, *naphte*, ou *bitume naphte*, est un liquide diaphane, d'un blanc un peu jaunâtre, d'une odeur forte rappelant celle de l'essence de térébenthine, très-volatil et très-combustible sans résidu. Sa pesanteur spécifique est 0,8 ; elle surnage l'eau et la plupart des liquides. Elle se colore avec le temps, s'épaissit et se rapproche du pétrole. Elle est insoluble dans l'alcool rectifié.

Mélangée d'*essence de térébenthine*, l'huile de naphte se colore en brun par l'acide sulfurique et par l'acide nitrique qui n'ont pas d'action sur elle quand elle est pure. L'iodure de potassium, trituré avec l'huile suspecte, lui communique une couleur jaune ou jaune orangé, pour peu qu'elle contienne d'essence.

Bolley reconnaît ce mélange au moyen de l'acide chlorhydrique sec, qui forme un camphre artificiel avec l'essence de térébenthine et n'a aucune action sur le naphte.

Le docteur Ure a signalé, en 1844, un naphte prétendu qui n'était qu'un mélange d'*alcool* et d'*acide pyroligneux*. (Chevallier.)

BOLLEY, *Moyen de découvrir l'essence de térébenthine dans l'huile de naphte* (*Journ. pharm. et chim.*, 3° série, 1854, t. XXX, p. 356).

NAVETTE (Huile de). Fournie par les graines de *Brassica Rapa*, L., et *Napus*, L., l'*huile de navette* a une grande analogie avec l'huile de colza ; elle est jaune, visqueuse, a une saveur agréable et douce, et une odeur particulière ; elle se solidifie à — 3°,75 en une masse jaunâtre. Au contact de l'acide sulfurique à 66°, elle se comporte comme l'huile de colza.

Les huiles de Crucifères, de même que celles qui contiennent du soufre, se reconnaissent en faisant bouillir 25 grammes d'huile avec une dissolution aqueuse de 2 grammes de potasse caustique dans 20 grammes d'eau ; on verse sur un filtre préalablement mouillé, et le liquide qui passe noircit un papier trempé dans l'acétate de plomb ou le nitrate d'argent ; si l'on ajoute au liquide un peu d'acide chlorhydrique ou d'acide sulfurique, on a un dégagement d'hydrogène sulfuré. (Gréhant, *Drugg. Circul.* Juillet, 1870.)

On lui mélange souvent des huiles de *cameline*, de *moutarde*, d'*œillette*, de *lin*, de *baleine*, de l'*acide oléique*. Mais l'ammoniaque forme avec l'huile pure un savon mou blanc de lait, tandis que si l'huile est impure le savon a une teinte jaunâtre. L'essai par l'acide hyponitrique donne la solidification de l'huile pure, en huit heures, et beaucoup plus tard, dans le cas de mélanges.

La présence d'une *huile animale* sera décelée par le chlore gazeux, qui, dans ce cas, déterminera rapidement une coloration brune foncée.

L'*acide oléique* se reconnaît à son odeur, son action sur le papier de tournesol qu'il rougit, sa coloration en brun par l'acide sulfurique et par sa densité 0,900.

NÉROLI. — Voy. ORANGERS (Essence de fleurs d').

NERPRUN.. Les fruits du nerprun, *Rhamnus catharticus*, L., recueillis pour la teinture, sont noirs à maturité, et perdent alors une partie de leurs propriétés tinctoriales ; on préfère ceux qui sont verts, larges et charnus. Mais souvent ils sont mélangés de fruits à peine développés ou trop mûrs, et des fruits d'autres *Rhamnus*, qui ont l'inconvénient de contenir un principe jaune. (Stöckel, *Archiv. d. Pharm.* Juillet, 1872.)

Les fruits de nerprun ont été remplacés par ceux du *Rhamnus Frangula*, mais cette substitution peut se reconnaître parce que les fruits du nerprun sont noirs à maturité, ont la grosseur d'un pois, laissent exsuder, quand on les comprime, un suc pulpeux pourpre noirâtre, qui verdit en se desséchant, a une saveur amère et nauséeuse, et offrent presque toujours quatre graines brunes et grosses comme l'anis. Les fruits de la *Bourdaine* sont également noirs et gros comme un pois, mais le suc pourpre noirâtre qu'ils laissent exsuder par pression ne verdit pas par la dessiccation, et a une saveur douceâtre et styptique; ils contiennent seulement deux graines blanchâtres, rondes, aplaties; et du volume d'une lentille. (Molyn.)

Le suc de nerprun a été adultéré avec celui des baies de l'hièble, *Sambucus Ebulus.* Dans ce cas, les réactions par la potasse caustique, le sulfate d'ammoniaque, le carbonate de zinc et le carbonate de potasse sont modifiées. (Billot.)

BILLOT, *Note sur le suc de nerprun (Journ. chim. méd.,* 3ᵉ série, 1853, t. IX, p. 178). — MOLYN, *Note sur les caractères distinctifs des baies du Rhamnus catharticus et du Rhamnus Frangula (Journ. chim. méd.,* 3ᵉ série, 1848, t. VI, p. 165).

NITRATE D'ARGENT. — Voy. ARGENT (Nitrate d').

NITRATE DE BISMUTH. — Voy. BISMUTH (Sous-nitrate de).

NITRATE DE POTASSE. — Voy. POTASSE (Nitrate de).

NITRATE DE SOUDE. — Voy. SOUDE (Nitrate de).

NOIR ANIMAL. — Voy. CHARBON ANIMAL.

NOIR D'ENGRAIS. Le *noir d'engrais* est le résidu des raffineries, où le noir animal a été employé à la décoloration des sucres ; il contient du charbon azoté 0,10, des sels, et surtout du phosphate de chaux, 0,90, et après avoir servi il contient en outre du sang de bœuf coagulé, du sucre et des impuretés des cassonades ; c'est à ces dernières substances, surtout au sang, qu'il doit ses propriétés fertilisantes, et son action est bien supérieure à celle que donnerait cinq à six fois plus de sang liquide.

Les noirs de raffinerie se distinguent ; 1° en *gros grain,* provenant généralement de la Russie et de l'Amérique du Nord, en fragments irréguliers, quelquefois gros comme une petite aveline, et ternes ; peu chargés de matière organique.

2° Les *noirs grains,* expédiés du Nord et surtout de la Russie, très-noirs, très-secs, très-denses.

3° Les *noirs fins,* bien plus chargés de sang et par conséquent plus estimés.

Le commerce a établi un grand nombre de divisions en rapport avec les provenances dans les noirs d'engrais et distingue les noirs de *Nantes*, de *Bordeaux*, de *Marseille*, de *Hambourg*, de *Russie* etc., etc.

Moride et Bobierre ont analysé les noirs qui viennent de Nantes et ont indiqué leurs valeurs respectives dans le tableau suivant.

PROVENANCES DES NOIRS	AZOTE pour 100 de l'engrais sec.	CHARBON et matières organiques y compris azote sur 100 d'engrais sec.	SELS solubles dans l'eau.	PHOSPHATE de chaux.	CARBONATES de chaux et de magnésie.	SILICE alumine et oxyde de fer.
Nantes........	2,660	35,2	1,3	52,6	5,3	5,6
Marseille.....	1,353	17,1	1,8	63,2	11,8	6,1
Bordeaux.....	1,653	21,5	1,7	63,9	9,9	3,0
Valenciennes..	0,750	9,7	3,3	70,0	11,5	5,5
Dunkerque ...	1,020	11,0	1,3	56,0	8,7	10,0
Lille..........	1,010	11,2	1,6	55,0	21,0	10,6
Paris........	1,830	14,5	2,0	67,0	10,9	5,0
Orléans......	1,750	11,7	3,3	63,0	8,9	13,1
Hambourg....	1,730	20,5	1,7	55,8	5,4	16,6
Russie.......	1,085	11,7	1.5	68,7	10,1	7,0
Trieste.......	0,098	17,9	1,3	62,1	9,7	9,0
Venise.......	1,045	14,0	0,5	75,0	5,5	5,0

Les quantités d'*eau* contenues dans les noirs d'engrais varient beaucoup.

Les falsifications des noirs d'engrais sont nombreuses ; on y trouve du *charbon de bois*, de la *tourbe*, du *charbon de tourbe*, de la *houille*, du *calcaire noir* ou *noirci*, des *schistes*, des *scories*, du *terreau*, de l'*argile*, de la *terre*, du *sable*, des *lignites*, des *résidus de distilleries*, etc., etc.

Pour reconnaître toutes ces fraudes, il faut avoir recours à l'analyse chimique et suivre les phénomènes que présente la combustion du charbon avec le chlorate de potasse, qui y a été intimement mêlé et qu'on place dans un creuset de platine incliné pour faciliter la fusion des parties supérieures d'abord (Moride et Bobierre).

Le *charbon de bois* donne lieu à une combustion violente avec production de beaucoup de fumée et projection de la matière au dehors : on obtient une cendre noire, qui ne se dissout qu'en partie dans l'eau acidulée et abandonne du charbon léger.

La *tourbe* donne une projection violente de matières, une combustion très-vive, et une odeur forte : le résidu est mamelonné, rougeâtre, terreux et se dissout en partie dans l'eau acidulée en laissant déposer beaucoup de sable.

Le *charbon de tourbe* a une combustion vive avec fumées abondantes et projection de matières au dehors ; mais le résidu est salin, granulé, rougeâtre et traité par l'eau acidulée, il laisse un dépôt de sable.

La *houille* brûle avec flamme, fumée abondante, projection de matières et montre à la surface en fusion de petits sphéroïdes rouges de houille incandescente ; les cendres sont très-noires, et laissent des scories noires après avoir été traitées par l'eau acidulée.

Le *schiste* donne de la fumée sans scintillement, et il reste un résidu salin rougeâtre, tenant au creuset ; la densité du noir est très-grande, son aspect est très-mat.

Les *scories de forge* brûlent difficilement et sans scintiller, et laissent un résidu gris ou rougeâtre, parsemé de points noirs ; l'eau acidulée laisse un dépôt, où la scorie se reconnaît aisément à la loupe ou à l'œil nu.

Le *carbonate de chaux* donne une combustion lente avec un scintillement faible ; le résidu est mamelonné, noirâtre, soluble en entier dans l'acide chlorhydrique ; les cendres sont blanches et se combinent avec l'eau en faisant entendre un frémissement. Le noir animal ainsi adultéré tache les doigts et fait effervescence par les acides.

La *terre* de *marais*, le *terreau*, brûlent difficilement et donnent un résidu qui fournit par l'eau acidulée un précipité terreux abondant.

On fabrique avec les os provenant de l'Amérique méridionale et particulièrement de Buénos-Ayres et de Montévidéo, un noir animal très-estimé, parce que ces os ont été nettoyés de toutes matières organiques par leur exposition prolongée à l'air sous un climat chaud et humide. Mais ils ont l'inconvénient de donner souvent une forte proportion de sable siliceux fin ; ce sable se trouve surtout dans les petits os, correspondant aux phalanges, et paraît y avoir été introduit, indépendamment de toute volonté humaine, par le séjour de ces os sur les rivages des fleuves, où le sable en suspension dans l'eau pénètre dans l'intérieur des os jusque dans la région médullaire, au moyen des trous nourriciers. (Moride.)

Pour connaître la quantité d'azote, que fournit un noir animal, on prend de la *chaux sodée*, préparée en éteignant de la chaux vive à l'aide d'une lessive de soude caustique (environ 1 partie de soude pour 4 de chaux)) et en calcinant ensuite au rouge sombre ; d'autre part on prépare une *liqueur sulfurique normale*, en pesant très-exactement 61^{gr},650 d'acide sulfurique ayant récemment bouilli et qu'on mêle peu à peu avec de l'eau distillée dans une carafe jaugeant un litre : on laisse refroidir le mélange et, quand il est revenu à la température ordinaire, on complète le litre. 10 centimètres cubes de cette liqueur normale neutralisent exactement $0^{gr},175$ d'azote. On a enfin une solution de sucrate ou saccharate de chaux, faite avec 200 grammes de sucre blanc dissous dans un litre d'eau et qu'on mélange avec 20 grammes de chaux éteinte. On décompose la substance azotée dans un tube de fer étiré, bien soudé à une de ses extrémités, ayant un diamètre intérieur de $0^{m},015$ et une longueur de $0^{m},34$: ce tube est muni à l'orifice d'un bouchon recevant un petit tube coudé, qui plonge dans un flacon rempli en partie par 10 centimètres cubes de liqueur normale additionnée de son volume d'eau pure. On verse dans le tube chaud et sec 50 centigrammes d'acide oxalique, puis 4 à 5 centimètres cubes de chaux sodée pulvérulente et chaude, puis le mélange du noir à essayer avec de la chaux sodée ; l'espace restant vide, qui est de $0^{m},15$ au moins, est rempli avec de la chaux sodée en partie pulvérulente, et le tout est recouvert d'un tampon d'amiante ; on place le bouchon avec son tube coudé, qui pénètre dans le flacon à liqueur normale ; on chauffe au rouge d'abord la partie antérieure du tube, puis on chauffe la matière qui se décompose et dont les produits pyrogénés sont eux-mêmes décomposés par la chaux sodée sur laquelle ils passent, de telle sorte qu'il n'arrive que de l'ammoniaque dans la liqueur normale, qui l'absorbe en entier ; pour qu'il ne reste pas de gaz dans le tube, on termine l'opération par la décomposition de l'acide oxalique. Lorsqu'il ne passe plus de bulles dans le vase, on verse la liqueur dans un verre. On fait un premier essai avec 10 centimètres cubes de la liqueur normale teintée par quelques gouttes de tournesol, en y faisant tomber goutte à goutte le saccharate de chaux introduit dans une burette de Gay-Lussac, jusqu'à ce que le liquide ait repris sa teinte bleue. On a ainsi la puissance neutralisante des 10 centimètres cubes de la liqueur sulfurique exprimée en fonction du saccharate de chaux employé. On fait une opération identique sur le liquide en partie neutralisé par le dégagement d'ammoniaque et l'on obtient un résultat différent. Si nous supposons que la liqueur normale ait absorbé 81,5 divisions du saccharate de chaux, et que 10 centimètres cubes de la liqueur neutralisée en ait absorbé 64 divisions, nous aurons une différence de 17,5 divisions : on aura donc la proportion

$$81,5 : 10 :: 17,5 : x$$

d'où
$$x = \frac{10^{cc} \times 17,5}{81,5} = 2^{cc},14.$$

Mais comme 10 centimètres cubes d'acide normal représentent 0^{gr},175 d'azote, on peut poser la proportion

$$10cc : 0^{gr},175 :: 2^{cc},14 : x$$

d'où
$$x = \frac{0^{gr},175 \times 2^{cc},14}{10^{cc}} = 0^{gr},037$$

L'engrais renfermait donc 37 millièmes d'azote (Bobierre).

En vue de simplifier le dosage de l'azote dans le noir d'engrais et dans les autres engrais facilement décomposables, on se sert avec avantage de l'*ammonimètre* de Bobierre. Cet instrument (fig. 129) con-

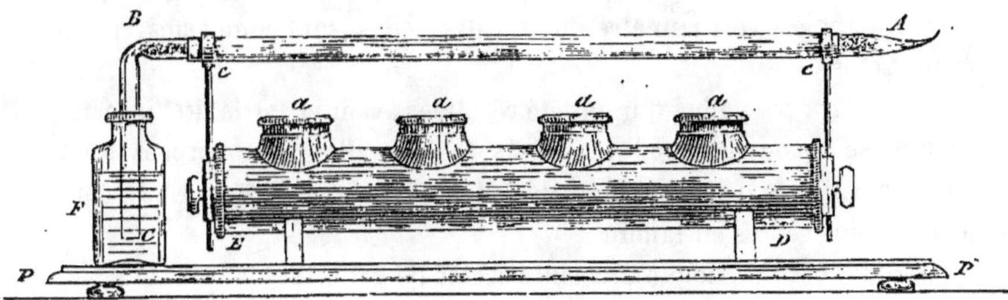

FIG. 129. — Ammonimètre de Bobierre.

siste en un tube de verre vert AB, de 0^{m},010 de diamètre et coudé avec un étranglement sensible de façon à présenter une petite branche, BC, de 0^{m},070, et une longue branche *cc*, de 0^{m},22, qu'on chauffera au moyen d'une lampe à alcool DE, à plusieurs becs *aa*, après avoir garni la longue branche d'un fourreau de cuivre gratté. Après avoir bien desséché le tube, on y introduit un peu d'amiante, destiné à arrêter les substances solides, tout en laissant passer les gaz ; on verse aussi de la chaux sodée en poudre grossière dans une longueur de 0^{m},03, puis le mélange de l'engrais à de la chaux sodée très-fine, de façon à avoir une colonne de 0^{m},10 environ ; on termine par l'introduction de chaux sodée pure et de quelques cristaux d'acide oxalique. On ferme alors le tube à l'extrémité de sa longue branche en l'étirant à la flamme d'une lampe, et l'on chauffe d'abord la partie antérieure du tube, puis le centre, pour décomposer l'engrais, et enfin la partie postérieure pour que les gaz résultant de la décomposition chassent tout l'ammoniaque. Dès qu'il ne se dégage plus de gaz, on casse la pointe effilée du tube pour éviter l'absorption. Le gaz ammoniac qui a été porté par la petite branche du tube dans un flacon F, rempli de liqueur normale sulfurique, est absorbé par cette liqueur, et l'on titre ensuite au moyen du saccharate de chaux. (Bobierre.)

BOBIERRE, *L'atmosphère, le sol et l'engrais*, 1 vol. in-12, 1863. — MORIDE, *Remarque curieuse au point de vue de l'étude des falsifications, os siliceux* (*Journ. chim. méd.*, 4° série, 1857, t. III, p. 669). — MORIDE et BOBIERRE, *Technologie des engrais de l'ouest de la France*, 1 vol. in-8.

NOIX DE GALLES. Les *noix de galles* résultent de la piqûre du *Cynips Gallæ-tinctoriæ*, L. (Insectes Hyménoptères), sur les jeunes bourgeons du *Quercus infectoria*, Willd. Elles sont globuleuses, du volume environ d'une cerise avec des aspérités à la surface qui est glauque ; leur couleur est vert jaunâtre ou noirâtre ; elles sont compactes, dures et pesantes.

On préfère les galles qui ont été récoltées avant la sortie de l'insecte, ce qui se reconnaît à ce que, dans ce cas, elles sont percées d'un trou rond, plus légères, plus pâles et moins astringentes. Elles sont aussi moins riches en tannin.

Le commerce distingue plusieurs sortes de galles :

1° La *galle d'Alep*, la plus estimée, et dont on distingue les variétés noires, vertes et blanches. Elle est grosse comme une cerise, offre à sa surface des aspérités et est compacte, dure et pesante. Quand l'insecte en est sorti, elle offre un trou rond, est plus pâle, plus légère et moins astringente.

2° La *galle de Smyrne*, plus grosse, moins colorée, plus légère.

3° La *galle couronnée d'Alep*, grosse comme un pois, pédicellée et munie vers le sommet d'un cercle de tubercules.

4° La *galle de Hongrie*, très-irrégulière.

5° La *galle de France*, parfaitement ronde, très-légère, unie à la surface, de couleur jaune pâle, presque toujours percée et facile à briser.

On mélange le plus souvent les qualités inférieures avec celles qui sont plus recherchées du commerce. Quelquefois on a cherché à donner une teinte plus foncée aux galles de France au moyen de dissolutions de sels de fer ; mais, touchées par une goutte d'acide chlorhydrique, elles redeviennent de teinte pâle.

On a quelquefois offert dans le commerce des galles d'Alep *piquées*, dont on avait eu soin de boucher les trous avec un peu de cire et auxquelles on avait redonné une teinte foncée au moyen de sels de fer. Mais par l'ébullition de l'eau, la cire fond et laisse visible le trou de la galle.

On dit qu'on a tenté autrefois d'introduire dans le commerce des *noix de galles artificielles*, fabriquées avec des terres argileuses, colorées par des sels de fer. Leur cassure ne ressemblerait en rien à celle des galles vraies; mises dans l'eau, elles se ramolliraient et céderaient alors sous le doigt.

Pour reconnaître la valeur des noix de galles, le meilleur moyen consiste à en déterminer la quantité de tannin. Pour cela, on traite par l'éther un poids donné de galles grossièrement pulvérisées dans un appareil à déplacement; on obtient ainsi la dissolution du tannin qui donne une couche liquide dense et brunâtre, au-dessous d'une autre couche très-fluide et verdâtre; on évapore à siccité la couche dense, qu'on a séparée par décantation, et l'on n'a plus qu'à déterminer le poids du tannin obtenu. (Voy. TANNIN.)

NOIX VOMIQUE. La *noix vomique*, ou semence du *Strychnos nux-vomica*, L. (Loganiacées), n'a pas été falsifiée, que nous sachions, mais sa poudre a été trouvée mélangée de *poudre de gayac*. (A. S. Taylor.)

NOYER (Feuilles de). Les feuilles du noyer, *Juglans regia*, L. (Juglandées), sont glabres, coriaces, à 7-9 folioles, ovales, aiguës, super-ficiellement sinuées, d'un vert sombre, noircissant par la dessiccation et aromatiques par le frottement.

Vrydag-Zyner a indiqué le mélange de feuilles étrangères, qu'il n'a pas nommées, craignant de fournir une indication aux fraudeurs, et qui se distinguent par leurs feuilles oblongues acuminées, pétiolées et dentées en scie. Ces feuilles ne donnent pas d'odeur, tandis que les feuilles du noyer en ont une caractéristique; leur infusion ne noircit pas le sulfate de peroxyde de fer. Un caractère important est donné par la présence à la partie postérieure de la feuille, entre la nervure médiane et les nervures primaires, de petits corps glanduleux, apparents seule-ment sur les feuilles de noyer sèches. (*Journ. chim. méd.*, 1846.)

ŒUFS (Huile d'). L'*huile d'œufs*, extraite des jaunes d'œufs, est liquide, inodore, incolore à l'état récent et de saveur très-douce. Elle est soluble en toutes proportions dans l'éther. Elle rancit, se colore et laisse alors un dépôt de stéarine.

On a offert, comme huile d'œufs, une *huile grasse* colorée par du *curcuma*; mais cette huile ne se solidifie pas à $+ 8°$, et prend une belle couleur rouge par le contact des alcalis; d'autre part, elle donne un savon mou avec la potasse ou la soude.

OIGNONS BRULÉS. Les *oignons brûlés*, dont on fait une consommation assez grande à Paris, pour donner de la couleur au bouillon, ont
été remplacés quelquefois par des rondelles de *carotte*, de *navet* ou de
betterave, qu'on torréfie comme on le fait pour l'oignon. (Caventou et Le
Canu.) La différence de structure permettra de reconnaître facilement
la substitution.

Quelquefois, pour donner du poids aux oignons brûlés, on les sature
de mauvaise *mélasse*.

OLIBAN. — Voy. ENCENS.

OLIVES. Les olives, fruits de l'*Olea europœa*, L., sont drupacées,
ovoïdes, lisses ; on les attendrit pour les rendre comestibles en les faisant macérer dans de la saumure, de la lessive ou de l'eau de chaux.

Les olives conservées sont souvent contaminées au plus haut degré
par du *cuivre*, bien que ce corps leur donne une couleur verte moins
bien marquée qu'aux autres fruits. En incinérant les olives, on aura,
si elles contiennent du cuivre, des cendres plus ou moins rougeâtres, et cette coloration ne se montrera pas seulement à la surface,
mais dans toute l'épaisseur. (Hassall.)

OLIVE (Huile d'). L'*huile d'olive* est obtenue par l'expression du
péricarpe du fruit de l'*Olea europœa*, L. On en distingue plusieurs
sortes dont la meilleure est celle produite par les fruits en parfaite maturité :

1° L'*huile vierge* ou *surfine*, obtenue par la première pression des
fruits, sans action de l'eau bouillante ; elle est d'un jaune verdâtre et a
le goût du fruit ;

2° L'*huile ordinaire*, provenant d'une seconde et plus forte pression,
après que la pâte a été soumise à l'action de l'eau bouillante : elle est
de couleur jaune et a plus de disposition à rancir que l'huile vierge.

3° L'*huile tournante, huile d'enfer*, qui est le résidu de l'extraction obtenu par l'action de l'eau bouillante et d'une dernière expression ; elle a
une odeur et une saveur désagréables ; aussi est-elle réservée pour
l'usage des savonneries et pour l'éclairage.

Les huiles d'olive obtenues par les presses de fer, aujourd'hui en
usage en Italie et en Espagne, sont plus pures et demandent moins de
temps pour se clarifier que celles extraites par l'ancien procédé, c'est-
à-dire au moyen de pressoirs de bois. (Stöckel, *N. Répert. Pharm.*,
1872, p. 562.)

La pesanteur spécifique de l'huile d'olive est 0,92 à + 15° C.

Luigi Moschini a reconnu que l'exposition au soleil, qui blanchit l'huile, n'en altère pas la densité. Si alors on la traite par l'acide sulfurique (D. 1,63), elle se colore en rouge et non en verdâtre. L'acide nitrique ou la soude caustique lui donnent une coloration blanchâtre, et non plus verte ou jaune clair. Après deux ou trois mois d'exposition au soleil, l'huile d'olive reste liquide sous l'action du nitrate de mercure saturé d'acide nitreux. Cette huile dissout aisément l'aniline et prend une teinte foncée. L'huile d'olive récente, qui contient de la matière colorante jaune, verdie par les acides et détruite par les rayons solaires, ne donne pas ces caractères ou les offre plus ou moins modifiés, ce qui peut être une cause d'erreur. (*Chem. Centr. Bl.*, 1872.)

A quelques degrés au-dessous de 0, l'huile d'olive commence à déposer de la stéarine, qui est plus abondante si l'huile a été préparée à chaud. Elle se conserve plus longtemps que les autres huiles sans devenir visqueuse. Elle se congèle à $+ 10°$ C. et se présente sous forme d'une masse grenue, d'autant plus ferme que la température est plus abaissée.

Agitée dans une fiole remplie aux deux tiers, l'huile d'olive forme des bulles qui montent en file à la surface et disparaissent alors : c'est ce qu'on a nommé le *chapelet*.

L'huile d'olive pure et non rance (8 gr.) mise en contact avec 2 gr. d'un mélange de 2 parties d'acide chromique au 8° et de 1 partie d'acide nitrique à 40°, commence à se concréter après quarante-huit heures; cette concrétion se termine en quelques jours, et l'huile prend une coloration bleue; ce caractère, que ne présentent pas les autres huiles grasses, ne se montre jamais dans l'huile d'olive sophistiquée. (Lailler.)

L'huile d'olive, plus chargée d'*acide oléique*, c'est-à-dire déjà *rancie*, peut devenir soluble dans l'éther; on peut encore reconnaître la présence de l'acide oléique, en mettant en contact avec l'huile une solution de soude à 0,015 à 0,02, on agite et la portion aqueuse est plus ou moins laiteuse, tandis que si l'huile est complétement pure, la solution est parfaitement claire.

Les falsifications de l'huile d'olive sont fréquentes en raison de son prix plus élevé que celui des autres huiles, mais c'est surtout avec l'*huile d'œillette* qu'on la sophistique.

Quelquefois la saveur peut indiquer le mélange avec une huile de qualité inférieure; mais le plus souvent la saveur ne donne aucun caractère sur lequel on puisse se baser.

2 grammes d'acide chlorhydrique à 1/8, mêlés à 8 grammes d'huile d'olive, donnent au liquide de l'opacité en vingt-quatre heures si l'huile est falsifiée.

Avec le *réactif Poutet*, l'huile d'olive prend la consistance la plus grande. Le mélange de 0,10 d'*huile de pavot* lui donne la consistance d'huile figée ; au delà de cette proportion, une proportion d'huile surnage, en quantité d'autant plus considérable que l'huile d'olive contenait plus de matière étrangère. On peut aussi faire du *réactif Boudet*, qui est l'acide hyponitrique étendu de 3 parties d'acide azotique ; il solidifie en cinq quarts d'heure l'huile d'olive pure. (Voy. HUILES.)

On peut aussi avoir recours à l'*élaiomètre Gobley* (voy. HUILES) pour reconnaître par la différence de densité, si l'huile d'olive est, ou non, sophistiquée.

On a proposé également l'emploi du *diagomètre Rousseau*, basé sur la non-conductiblité de l'électricité par l'huile d'olive, et la conductibilité des autres huiles ; mais cet instrument est abandonné aujourd'hui. (Voy. HUILES.)

10 grammes d'huile d'olive traitée par 2 grammes d'acide azoto-sulfurique donnent un liquide d'une nuance jaune clair faible ; mêlée d'*huile de sésame*, l'huile d'olive prend une couleur rouge vif foncé : mêlée d'*huile d'arachide*, la coloration est brun jaunâtre. (Roth.)

Codina-Langlois mêle 3 grammes d'huile à 1 gramme de réactif, composé de 3 parties d'acide nitrique pur à 40° et d'une partie d'eau distillée, et il chauffe au bain-marie. Si l'huile est pure, le mélange devient plus clair et prend une couleur jaune ; si l'huile est falsifiée par des *huiles de graines*, elle prend de la transparence, mais se colore en rouge ; avec 0,05 d'huile de graine, la coloration est caractéristique : avec 0,10 elle est décisive.

L'*huile d'œillette*, mélangée à l'huile d'olive, se reconnaît en agitant une fiole de verre remplie aux deux tiers du liquide ; il se forme de petites vésicules au-dessus, qui persistent pendant un certain temps. On peut aussi faire usage d'un morceau de glace qui fige l'huile d'olive seule. Il vaut mieux traiter par 3 parties d'acide nitrique à 35° et 1 d'acide hypoazotique 100 parties de l'huile suspecte : on agite bien ; si l'huile d'olive est pure, elle est complétement solidifiée à + 10° en cinq quarts d'heure ; la solidification se fait quarante minutes plus tard, si l'huile renferme 1/100 d'huile d'œillette ; quatre-vingt-dix minutes plus tard, s'il y en a 1/20, et beaucoup plus tard encore s'il y en a 1/10.

L'huile d'olive qui contient 0,10 d'*huile de sésame* prend une couleur verte caractéristique par. le mélange d'acide sulfurique et d'acide nitrique. (Flückiger.)

L'*huile d'arachide*, mélangée à l'huile d'olive, se reconnaît en saponifiant 10 grammes d'huile, décomposant le savon formé par l'acide chlorhydrique : on dissout les acides gras mis en liberté par 50 centimètres cubes d'alcool à 0,90. On précipite alors par l'acétate de plomb, on filtre et on lave avec l'éther à 66° pour enlever l'oléate de plomb. Le résidu est décomposé à chaud par l'acide chlorhydrique étendu ; on sépare par décantation les acides gras fondus dans 50 centimètres cubes d'alcool pur à 0,90 et, s'il y a de l'huile d'arachide, il se forme par le refroidissement des cristaux nombreux d'acide arachidique. On peut ainsi reconnaître la présence de 0,04 d'huile d'arachide. (Renard.)

L'huile d'olive est fréquemment, surtout en Angleterre et aux États-Unis, adultérée avec de l'*huile de coton;* mais dans ce cas, le nitrate de mercure donne un magma plus ou moins pâteux, tandis que l'huile d'olive seule produit une masse dure et friable. L'huile de coton, exportée des États-Unis, y est fréquemment réimportée comme huile d'olive et est vendue sous le nom d'*Union Salad Oil.*

CODINA-LANGLOIS, *Procédé pour connaitre la pureté des huiles d'olive* (*Journ. pharm. et chim.*, 4ᵉ série, 1870, t. XI, p. 57). — DONNY (Fr.), *Essai des huiles* (*Union pharm.*, 1865, t. VI, p. 246). — LAILLIER, *Faits pour servir à l'histoire de l'huile d'olive* (*Bull. Soc. chim.*, 1845 ; *Union pharm.*, 1865, t. VI, p. 123 ; *Annuaire pharmac.* de Réveil et Parisel, 4ᵉ année, 1866, p. 103). — RENARD (C.), *Recherche et dosage de l'huile d'arachide dans l'huile d'olive* (*Comptes rendus,* 4 déc. 1871 ; *Journ. pharm. et chim.*, 4ᵉ série, 1872, t. XV, p. 48). — ROUSSEAU, *Diagomètre* (*Ann. de l'industrie nation. et étrang.*, 1824, t. XV, p. 236 ; *Journ. pharm.*, 1825, t. IX, p. 587, t. X, p. 216). — SOUBEIRAN (E.) et BLONDEAU, *Note sur les moyens de reconnaitre la pureté de l'huile d'olive* (*Journ. pharm. et chim.*, 3ᵉ série, 1841, t. XXVII, p. 72).

ONGUENT CITRIN. L'*onguent citrin, pommade citrine,* est une pommade faite avec l'azotate de mercure, et qu'on emploie comme antipsorique. On lui a quelquefois substitué la *pommade oxygénée,* mais dans ce cas une lame de cuivre frottée avec la pommade ne change pas de couleur, l'ammoniaque ne modifie pas l'aspect de la pommade, tandis que la pommade citrine, qui contient du mercure, blanchit la lame de cuivre et noircit au contact de l'ammoniaque. On pourra encore, par l'usage des réactifs appropriés, déterminer la présence du mercure dans la pommade citrine et son absence dans la pommade oxygénée.

ONGUENT MERCURIEL. L'onguent mercuriel ne renferme pas toujours la proportion de mercure prescrite par le Codex : on peut s'en assurer au moyen de l'éther, qui dissout les matières grasses et les sépare du mercure. En général, on doit supposer que l'onguent ne renferme pas tout le mercure qu'il doit contenir, quand il ne s'enfonce pas dans le mélange refroidi de 4 parties d'acide sulfurique à 66° et d'une partie d'eau en poids.

On a signalé des onguents mercuriels dans lesquels on avait introduit de la *plombagine*, de la *poussière d'ardoise*, etc., mais ces matières forment un dépôt, quand on traite l'onguent par l'éther.

L'onguent mercuriel simple, quand il est bien préparé, va au fond de l'eau ordinaire.

ONGUENT POPULEUM. L'*onguent populeum* est d'une belle couleur verte, exhale une odeur très-aromatique de bourgeons de peuplier. Trituré avec un peu de soude caustique, il acquiert une belle coloration orangée. La chaleur le fond en un liquide transparent. Mélangé à de l'eau acidulée par l'acide nitrique et soumis à l'ébullition, il donne une solution qui ne bleuit pas par un excès d'ammoniaque, ce qui aurait lieu si l'onguent renfermait du *cuivre;* dans ce cas, on aurait un précipité brun marron par l'acide sulfhydrique. Le mélange de *curcuma* et d'indigo se reconnaîtrait à la coloration de l'eau dans laquelle aurait macéré l'onguent.

OPIUM. L'*opium* est le suc laiteux du *Papaver somniferum*, L. (Papavéracées), évaporé et épaissi par suite de son exposition à l'action de l'air et de la lumière, pendant laquelle il prend une couleur foncée et la consistance de gomme.

Le pavot à opium est une plante annuelle herbacée, qui atteint la hauteur de 4 à 6 pieds : il en existe deux variétés bien tranchées, que quelques botanistes considèrent même comme deux espèces distinctes, le *pavot blanc* et le *pavot noir :* c'est la variété blanche qui fournit la plus grande quantité de l'opium du commerce.

Le pavot à opium, *Papaver somniferum album*, croît spontanément en Asie et en Égypte, mais on le trouve quelquefois à l'état subspontané dans quelques parties de l'Angleterre, où il provient sans doute de semences échappées des jardins où on le cultive pour ses fleurs. On le cultive pour la fabrication de l'opium dans l'Indoustan, la Perse, l'Asie Mineure, la Turquie et l'Égypte.

La variété noire, *Papaver somniferum nigrum*, qui doit son nom à la couleur de ses graines, est cultivée, d'après Royle, dans les montagnes de l'Himalaya.

En Europe, on cultive sur une certaine échelle le pavot à opium, mais c'est pour l'emploi de ses capsules ou *têtes*, et de ses graines. (Voy. PAVOT.)

On trouve dans le commerce plusieurs sortes d'opium, dont les principales sont :

Opium de Smyrne ou du *Levant*. Cette sorte est en pains irréguliers, arrondis ou aplatis, de volumes divers, mais pesant rarement plus de deux livres, enveloppés dans des feuilles et avec des fruits de *Rumex* à leur surface ; quelquefois les pains plats n'offrent pas de ces fruits et ressemblent à l'opium de Constantinople. Quand il est récent, l'opium de Smyrne est mou, rouge brun, mais il devient sec et plus foncé ; sa cassure est cireuse, son odeur forte, sa saveur amère, âcre, nauséeuse et persistante. Guibourt dit que les pains sont faits de larmes ou grains agglutinés, et pense que c'est là un caractère de pureté. L'opium de Smyrne contient plus de morphine et d'acide méconique que l'opium de Constantinople et celui d'Égypte : la quantité de morphine qu'il renferme est environ 8 pour 100, et celle de la narcotine à peu près 4 pour 100. Merck, qui a examiné cinq sortes d'opium de Smyrne, a trouvé dans le plus mauvais 0,03 à 0,04 de morphine, et dans le meilleur 0,13 à 0,13,5.

Opium de Constantinople. Il se présente en pains, les uns gros, carrés et un peu coniques, pesant de 250 à 300 grammes, ou aplatis, déformés et pesant de 150 à 200 grammes. Ils sont tous enveloppés dans une feuille de pavot et ne présentent que quelques fruits de *Rumex ;* les autres sont en pains aplatis lenticulaires, du poids de 80 à 90 grammes, recouverts d'une feuille de pavot, dont la nervure les divise en deux parties égales (Guibourt). Il donne ordinairement de 0,05 à 0,10 de morphine, mais Merck y a trouvé souvent une quantité bien plus considérable d'alcaloïde.

Opium d'Égypte. Il est en pains arrondis et aplatis, d'environ trois pouces de diamètre, couverts avec des débris de feuilles. Il est généralement très-sec, rougeâtre et souvent de très-mauvaise qualité, bien que l'ancien opium d'Égypte, *opium thébaïque,* ait été estimé comme étant le meilleur ; il contient de 0,03 à 0,07 de morphine.

Opium de Perse. Il vient sous forme de baguettes couvertes de papier mou et résistant ; sa couleur est rougeâtre, son odeur plus forte que celle des opiums d'Égypte, mais moindre que celle de l'opium de Smyrne. L'opium de Perse contient toujours une notable quantité de *sucs sucrés*. On le trouve souvent constitué presque en entier par de l'*extrait de capsules* et graissant les mains, ce qui est dû sans doute à ce qu'on a négligé de séparer les graines avant de faire l'extrait.

Opium de l'Inde, dont la variété, dite *de Patna*, est la seule employée en médecine ; il est en pains carrés de 2 à 4 livres, séparés par du talc et recouverts d'une couche de cire brune ; il est solide, brun et a une odeur forte d'opium. Il contient 0,07 à 0,10 de morphine.

On a fait aussi de l'opium en Europe, sous le nom d'*opium indigène* ; il est peu employé.

Les opiums contiennent des quantités d'*eau* différentes, et Chevallier a trouvé dans 6 échantillons d'opium de Smyrne choisi les proportions d'eau suivantes : 0,335, 0,35, 0,405, 0,4225, 0,525 et 0,53. Le docteur O'Shaughnessy a trouvé de 0,21 à 0,25 d'eau dans l'opium de Betsar (Inde) et 0,13 dans celui de Patna. Le docteur Eatwell, qui était chargé de l'examen des opiums dans le district de Bénarès, a constaté que la proportion d'eau y varie de 0,30 à 0,45 (Hassall). E. Heintz a reconnu dans les opiums anglais toujours au moins 0,15 d'eau, souvent plus de 0,16 et une fois 0,21 (*Chem. Centr., Bl.*, n° 31, 1872).

Lors de la discussion qui s'est élevée à la Société de pharmacie de Paris en 1850, Mialhe a établi, et son assertion a été confirmée par E. Soubeiran, que la proportion de morphine varie de 0,01 à 0,10 dans l'opium du commerce. Guibourt, Caventou et Aubergier ont dit avoir trouvé des opiums de Smyrne contenant de 0,15 à 0,17 de morphine. Dublanc a affirmé que l'opium ne renferme pas de 0,14 de morphine et que le plus souvent on ne trouve pas plus de 0,12 à 0,03 d'alcaloïde. Guillemette pense aussi que 0,14 est la proportion la plus forte et qu'on doit considérer comme de bonnes sortes les opiums de 0,10 à 0,12. Reich accepte seulement comme limite 0,10 à 0,12.

O'Shaughnessy a retiré de l'opium de Betsar de 1,75 à 3,5 pour 100 de morphine, et 0,75 à 3,5 de narcotine : de l'opium d'Hazareebaugh 4,5 de morphine et 4,0 de narcotine ; de l'opium du jardin de Patna 10,5 de morphine et 6,0 de narcotine. Le docteur Eatwell a trouvé dans les opiums de Bénarès les proportions ci-après de morphine et de narcotine de 1845 à 1848 :

	MORPHINE.	NARCOTINE.
1845	2,48	5,26
1846	2,38	4,52
1847	2,20	5,68
1848	3,21	4,06

L'opium, comme l'ont démontré les travaux des nombreux chimistes qui se sont occupés de son étude, est une des substances végétales les plus complexes que nous connaissions. Sans vouloir donner ici le tableau complet des éléments constitutifs de l'opium et en nous bornant à indiquer les principales substances qu'il renferme, nous verrons que les chimistes ont reconnu et isolé dans l'opium les principes suivants : *Morphine, narcotine, codéine, narcéine, méconine, thébaïne, ou paramorphine, pseudomorphine?* acide méconique, extractif acide brun, acide sulfurique, résine, graisse, huile, matière gommeuse, caoutchouc, albumine, principe odorant* (huile volatile ?), et *ligneux*. A quoi il faut ajouter une autre substance que l'on n'a indiquée jusqu'ici, que nous sachions, dans aucune analyse d'opium, mais qui s'y trouve souvent en grande quantité, nous voulons dire la *glycose* ou *sucre de raisin* : mais la présence de ce corps ne doit pas étonner, car, comme on le verra plus loin, on emploie presque toujours pour falsifier l'opium les fruits de diverses plantes et en particulier les raisins. Parmi les principes actifs de l'opium, les plus importants sont des alcaloïdes, comme la morphine et la narcotine, qui jouent le rôle de base, tandis que les autres se combinent avec l'oxygène et agissent comme acides ; quelques-uns mêmes forment des combinaisons avec les alcaloïdes. (Hassall.)

L'opium a donné les résultats suivants à Mülder, Schnidler et Biltz (voy. p. 383 et 384).

Mais tous les principes de l'opium n'ont pas la même importance et, pour arriver à en reconnaître les falsifications, il suffit de connaître les propriétés de la *morphine*, de la *narcotine* et de l'*acide méconique*, ainsi que leurs procédés d'extraction.

La morphine existe dans l'opium, surtout à l'état de combinaison avec l'acide méconique et l'acide sulfurique. Pure, elle est sous la forme de cristaux transparents rhomboédriques et prismatiques. Elle a une réaction alcaline, comme le montrent le papier de curcuma et le papier de tournesol rougi ; elle est presque insoluble dans l'eau froide, à laquelle elle communique un peu d'amertume ; l'eau bouillante en dissout un peu plus d'un centième ; elle est soluble dans 40 parties d'alcool absolu froid, et dans 30 parties d'alcool bouillant, mais elle est insoluble ou

ANALYSE DE MULDER (1).

	OPIUM DE SMYRNE				
Morphine	10,842	4,106	9,852	2,842	3,800
Narcotine	6,808	8,150	9,360	7,702	6,546
Codéine	0,678	0,834	0,848	0,858	0,620
Narcéine	6,662	7,506	7,681	9,902	13,240
Méconine	0,804	0,846	0,340	0,380	0,608
Acide méconique	5,124	3,968	7,620	7,252	6,644
Gras	2,166	10,350	1,816	4,204	1,508
Caoutchouc	6,012	5,026	3,674	3,754	3,206
Extractif gommeux	3,582	2,028	4,112	2,208	1,834
Résine	25,200	31,470	21,834	22,606	25,740
Gomme	10,042	2,896	0,698	2,998	0,896
Mucus	19,086	17,098	21,068	18,496	18,022
Eau	9,846	12,226	11,422	13,044	14,022
Perte	2,148	2,496	0,568	2,754	3,332
	100,000	100,000	100,000	100,000	190,000

ANALYSE DE SCHLINDER (2)

	OPIUM de Smyrne.	OPIUM de Constantinople	OPIUM d'Égypte.
Morphine	10,20	4,50	7,00
Narcotine	1,30	3,47	2,68
Codéine	0,25	0,52	
Narcéine	0,71	0,42	
Méconine	0,08	0,30	
Acide méconique	4,70	4,38	
Résine	10,93	8,10	
Bassorine, caoutchouc, matières grasses et ligneuses	26,25	17,18	
Sels et persels volatils	3,60	3,60	90,32
Chaux et magnésie	0,47	0,42	
Alumine, oxyde de fer, silice et phosphate de chaux	0,24	0,22	
Acide brun soluble dans l'alcool et l'eau	1,04	0,40	
Acide brun soluble dans l'eau, gomme et perte	40,13	56,49	
	100,00	100,00	100,00

(1) *Pharm. Central Blatt*, 1837, p. 574.
(2) *Pharm. Central. Blatt*, 1834, p. 754.

ANALYSE DE BILTZ [1]

	OPIUM d'Orient.	INDIGÈNE	
		de pavot noir.	de pavot blanc.
Morphine	9,25	20,00	6,85
Narcotine:	7,50	6,25	33,00
Acide méconique impur.	13,75	18,00	15,30
Extractif amer.	22,00.	8,50	11,00
Dépôt	7,75	4,75	2,20
Albumine	20,00	17,50	13,00
Matières odorantes	6,25	7,65	6,80
Caoutchouc.	2,00	10,50	4,50
Gomme avec chaux.	1,25	0,85	1,10
Sulfate de potasse.	2,00	2,25	2,00
Chaux, fer, alumine et acide phospho-rique	1,50	1,85	1,15
Ligneux.	3,75	0,80	1,50
Ammoniaque, huile volatile et perte . . .	3,00	1,10	1,60
	100,00	100,00	100,00

presque insoluble dans l'éther. Les huiles fixes ou volatiles, les liqueurs de potasse ou de soude, la solution d'ammoniaque, dissolvent aussi la morphine, mais à un moindre degré. Enfin elle se dissout facilement dans les acides sulfurique, hydrochlorique et acétique.

La morphine peut être extraite par le procédé de Thiboumery : on prend un poids déterminé d'opium (1 kilogramme), qu'on divise autant que possible avec un couteau, et l'on fait quatre infusions successives en employant chaque fois un litre d'eau : on filtre chacune des infusions et l'on fait évaporer jusqu'en consistance d'extrait en commençant par le quatrième traitement pour finir par la première infusion ; on redissout l'extrait à froid dans un litre d'eau et l'on triture le résidu insoluble avec de l'eau tant que celle-ci est colorée : on réunit toutes les liqueurs et on les concentre jusqu'à ce qu'elles marquent 10° à l'aréomètre ; on les précipite bouillantes par l'ammoniaque et on laisse refroidir. Le précipité est jeté sur un filtre et lavé à l'eau froide jusqu'à ce que l'eau ne se colore plus ; on lave alors avec de l'alcool à 18° pour enlever la matière colorante ; on sèche le produit solide, et on le traite par l'alcool à 36° bouillant, en y mêlant un peu de charbon animal ; on filtre et l'on

(1) *Pharm. Central Blatt*, 1831, p. 757.

évapore par distillation pour retirer la moitié du véhicule : le résidu est mis à cristalliser dans une capsule et l'on retire les cristaux de morphine qu'on lave avec de l'alcool fort et froid pour séparer la matière résineuse : on jette sur un filtre, on laisse sécher et l'on pèse. Il y a à tenir compte de la morphine, que l'alcool des lavages et les eaux ammoniacales ont entraînée et que d'ailleurs on peut obtenir séparée.

Le procédé suivant, qui est une modification de celui de Thiboumery, est un des meilleurs pour obtenir la morphine pure : ajouter à l'infusion d'opium de l'ammoniaque, en ayant soin de ne pas en mettre en excès ; laver avec de l'eau et de l'alcool le précipité qui s'est formé, puis faire bouillir avec du charbon de bois et de l'alcool rectifié ; filtrer, puis évaporer la solution, pour obtenir des cristaux de morphine. La morphine que donne ce procédé n'est pas absolument pure, mais contient de la narcotine, dont on la débarrasse ainsi : après que le précipité a été lavé avec de l'eau, desséché et mêlé avec l'alcool, on y ajoute goutte à goutte de l'acide acétique, jusqu'à ce que la solution rougisse faiblement le papier de tournesol : on séparera ainsi la morphine de la narcotine, et l'on n'aura plus ensuite qu'à la précipiter de sa solution par l'ammoniaque.

Guilliermond (de Lyon) a indiqué de délayer 15 grammes d'opium dans 60 grammes d'alcool à 71°, de passer dans un linge en exprimant le marc qu'on reprend par 50 grammes du même alcool. On réunit les deux teintures dans un flacon à large ouverture, où l'on a pesé d'avance 4 grammes d'ammoniaque. Au bout de quarante-huit heures, la morphine et la narcotine ont cristallisé ; on lave les cristaux sur un linge avec un peu d'eau, puis on les délaye et l'on sépare par décantation la narcotine qui reste en suspension. On peut aussi sécher tout le dépôt cristallin, le pulvériser et le traiter par l'éther pur qui dissout la narcotine. L'alcool, d'où les alcaloïdes se sont précipités, en abandonne une nouvelle quantité après quelques jours d'exposition à l'air. Le procédé Guilliermond est expéditif, mais il ne donne que des résultats approximatifs.

Hager a donné un autre procédé, qui consiste à triturer 5 grammes d'opium pulvérisé et desséché avec 2 grammes de chaux éteinte sèche ; on chauffe pendant une heure le mélange avec 50 grammes d'eau distillée, puis on filtre et on lave le résidu avec de l'eau chaude jusqu'à ce que celle-ci ne soit presque plus colorée était donné environ 80 grammes de produit. On réduit à 50 grammes par évaporation, on verse le liquide encore chaud dans un flacon et l'on ajoute 0^{gr},15 d'éther et 6 gouttes de benzine pure : on agite et l'on ajoute 3^{gr},50 de chlorhydrate d'ammoniaque en poudre grossière, et, quand il est dissous, on continue à agiter ; on laisse ensuite reposer trois heures et toute la morphine est recueillie sur un filtre mouillé, lavée et desséchée à + 50° C. Ce procédé donne la morphine mélangée à environ 0,10 d'impuretés (*Central Halle*, t. IX, p. 1).

La morphine et ses sels sont rougis par l'acide nitrique, avec qui ils forment une solution rouge orangé, qu'on rend plus foncée par un excès d'ammoniaque, mais qui devient jaune après quelque temps. Le sesquichlorure de fer neutre, versé sur la morphine, la rend bleue, ainsi que ses sels concentrés ; si l'on ajoute à ce composé bleu, de l'eau en excès, des acides ou des alcalis, la couleur disparaît. Le réactif le plus délicat de la morphine est le chlorure d'or, dont quelques gouttes déterminent dans la solution la formation d'un précipité jaune qui se redissout par l'agitation ; si l'on ajoute alors un peu de solution de potasse, il devient d'abord verdâtre, puis violet bleuâtre, et enfin pourpre.

La *narcotine* existe, dit-on, pour la plus grande quantité à l'état libre dans l'opium et peut en être retirée par l'éther directement, sans avoir recours ni aux acides ni aux alcalis. Les propriétés de la narcotine ne paraissent pas avoir été déterminées jusqu'ici d'une manière complétement satisfaisante, mais on a quelque raison de croire que pure elle n'est que faiblement active ; le docteur Roots l'a administrée, en augmentant progressivement les doses jusqu'à un scrupule (1^{gr},295) sans aucun accident consécutif. (Hassall.)

La narcotine est dissoute par l'acide nitrique, et donne une solution de couleur orangée ; elle n'a pas d'action sur les couleurs végétales, ce qui la distingue facilement de la morphine ; elle ne se dissout pas dans l'eau froide, mais elle est soluble dans 400 parties d'eau bouillante ; l'alcool froid en dissout un peu, mais elle se dissout entièrement dans 24 parties d'alcool bouillant ; elle est également soluble dans l'éther et les huiles volatiles.

L'*acide méconique* s'obtient en général en faisant bouillir du méconate de chaux dans de l'eau chaude aiguisée d'acide chlorhydrique : par le refroidissement, il se dépose des cristaux d'acide méconique. Pur, il se présente sous forme d'écailles micacées, blanches, transparentes, solubles dans quatre fois leur poids d'eau bouillante, mais, à cette température, l'eau le décompose. L'eau froide en dissout de petites quantités ; l'alcool le dissout en entier.

L'acide méconique rougit les sels neutres de sesquioxyde de fer, en formant un méconate ; mais cette couleur rouge est détruite par les alcalis, le chlorure d'étain et l'acide nitrique aidé de la chaleur. Le sulfate ammoniacal de cuivre donne un précipité vert de méconate de cuivre : on obtient des précipités blancs, solubles dans l'acide nitrique, en traitant l'acide méconique par l'acétate de plomb, le nitrate d'argent et le chlorure de baryum. L'acide méconique n'est pas rougi par le chlorure d'or. Il est nécessaire de se rappeler que les acétates, les sulfocyanures et quelques autres substances jouissent, comme l'acide méconique, de la propriété de rougir les sesquisels de fer.

L'opium de bonne nature doit complétement se diviser dans l'eau froide, se dissoudre en partie et ne laisser comme dépôt que sa partie résinoïde. La liqueur qui surnage est d'abord trouble, mais elle doit s'éclaircir en peu de temps par le repos : sa teinte sera d'un brun plus ou moins foncé, suivant la richesse de l'opium en matière extractive et la quantité d'eau employée ; elle se mêle à l'alcool sans production de dépôt. Elle a une réaction acide ; elle doit donner, avec les sels ferriques, une coloration rouge vineux par suite de la formation de méconate ferrique ; avec le chlorure de chaux, un précipité blanc sale et abondant de méconate de chaux et de sulfate de chaux, la liqueur surnageante filtrée et évaporée doit se prendre en une masse cristalline et grenue de chlorhydrate de morphine ; avec l'ammoniaque, versée goutte à goutte, il se fait un précipité grenu et abondant de morphine brute, résine, narcotine et méconate de chaux. (Berthemot.)

Comme tous les produits ayant une valeur élevée, l'opium est l'objet de sophistications nombreuses qu'on peut reconnaître au moyen de l'examen microscopique ou par diverses opérations chimiques.

La première fraude que l'opium supporte, ont dit, avec juste raison, Pereira et Imphey, est le fait des paysans qui en font la récolte, car, en appuyant fortement la racloire sur la capsule, ils enlèvent ainsi une partie de l'épiderme de la capsule et augmentent le poids du produit.

Dans le courant de l'année 1872, on s'est plaint dans le commerce des États-Unis de ce que la majeure partie de l'opium était largement mêlé de portions de *capsules de pavots*, jusqu'à 0,27 et 0,295, mais le plus souvent environ 0,0833. (Rowland.)

On ajoute de plus à l'opium, sur les lieux de récolte, de la *boue*, du *sable*, de la *poudre de charbon*, de la *suie*, de la *bouse de vache*, des *pétales de pavot* broyés, etc.

On y incorpore aussi de la *farine*, du *goor* (sorte d'ail) écrasé, des *sucs* .
végétaux, des *extraits*, des *pulpes*, des *matières colorantes*, tels que le
suc épaissi du *Cactus Dillenii*, des *extraits de tabac*, de *Datura Stramo-*
nium, de *chanvre indien*. On ne se fait pas faute non plus d'y introduire
des *exsudations gommeuses*, du *cachou*, etc. (Eatwell), et, tout récemment, il a paru, dans le commerce anglais, un opium de très-belle apparence tant à l'intérieur qu'à l'extérieur, et dont l'inspection seule ne
permettait pas de soupçonner la fraude : il ne contenait que 0,02 de
morphine et était mélangé d'une forte proportion de *gomme adra-*
ganthe (*Pharm. Journ.*, 1872, 3ᵉ série, n° 183, p. 520).

G. Righini a reçu, comme étant le meilleur opium de Smyrne, des
petits pains d'environ 100 grammes, enveloppés avec soin dans des
feuilles et accusant une odeur forte et une consistance ferme. Cet opium,
qui n'a donné que 0,04 de morphine, contenait, dans l'intérieur,
de petits corps globuleux de couleur plus pâle, et des fragments de
feuilles vert foncé, environ 0,20, qu'on a reconnu être des feuilles
hachées de *tabac* (*Annali di Chimia*, 1872, p. 48; *Vierteljahrschrift*
für Pharm., 1872, p. 445; *Amer. Journ. Pharm.*, 1872, p. 392).

Landerer a fait connaître que, dans un opium reçu directement de
Smyrne, il avait reconnu la présence d'une grande quantité de poudre
de *salep*, et, depuis, il a appris que cette sophistication se faisait communément sur les lieux de production en vue de rendre l'opium plus
dur et d'activer sa dessiccation (Buchner, *Repert.*, VI, Heft. III, 349).
Le même auteur a indiqué aussi l'addition très-fréquente à l'opium de
Smyrne de l'*extrait* obtenu par l'ébullition du pavot (*Arch. der Pharm.*,
septembre 1850, p. 293).

Landerer a fait connaître également la substitution d'extrait de
Glaucium luteum à l'opium.

Une autre falsification, qui se pratique fréquemment en Asie et en
Égypte, consiste à introduire, dans l'opium encore frais, des *raisins*
bien écrasés et dont on a enlevé les pepins. A ces raisins, on ajoute
fréquemment les parois externes des capsules ratissées et des tiges du
pavot qu'on amène à l'état d'une pâte épaisse et cohérente au moyen du
blanc d'œuf. (Dʳ Normandy.)

On a trouvé dans l'opium de Macédoine de l'*argile*; dans celui
d'Angora, de la *cire*; d'Amasie, de la *gomme*; de Tauschan, du *jus de*
réglisse; de Belakhessar, de la *poix fondue*. On a même observé un opium
formé presque en entier d'*argile* et de *bouse de vache*. (Finckh.) Il a été

présenté récemment à la Société de pharmacie de Londres un échantillon d'opium, qui pesait 28 onces et qui contenait au centre une masse d'argile du poids de 2 onces 1/2.

On a reconnu dans de l'opium jusqu'à 0,05 de plomb métallique en petits fragments. (Dr Risk, *Cincinnati Medical Repertory*, juin 1869.)

J. T. King a trouvé dans un opium 8,14 de *fécule* humide, et quelquefois une poudre qui lui a paru être du *plâtre*; cet opium se dissout très-rapidement. Maisch a aussi fait connaître la falsification de poudre d'opium par l'addition de 0,20 de *savon* (*Proceed. Amer. Pharm. Assoc.*, 1872, p. 337.)

Sur 23 échantillons d'opium du commerce, qui ont été examinés

Fig. 130. — Opium d'Égypte adultéré avec de la gomme, du ligneux et une petite quantité de farine de blé. Grossissement 200 diamètres. (Hassall.)

par Hassall, 19 étaient falsifiés et 4 seulement étaient purs; quelques-uns de ces échantillons, comme l'a démontré l'examen microscopique, étaient adultérés au plus haut degré, surtout avec des débris de *capsules de pavot* ou de la *farine de blé* (fig. 130).

On peut dire, d'une manière générale, que la quantité des alcaloïdes fournis par les opiums varie de 0,14 à 0,027, c'est-à-dire dans la proportion de 1 à 5, d'où il résulte que leur valeur thérapeutique n'est pas égale : cela tient sans doute, pour la plupart des cas, aux falsifications ; mais ce peut être aussi la conséquence de diverses causes naturelles, telles que la différence du sol, du climat, et le mode de préparation. Il n'est donc pas toujours possible d'affirmer la fraude, en raison des résultats extrêmes donnés par l'analyse d'opiums dont la pureté était incontestable. Mais c'est certainement à une fraude volontaire qu'était due la composition d'opiums absolument privés de morphine, qu'on a trouvés dans le commerce, à de certaines époques, tels que celui qui fut offert en 1838 à la pharmacie centrale des hôpitaux de Paris. Cet opium était en pains sémi-orbiculaires recouverts de feuilles ; sa consistance était molle, sa couleur noirâtre, son odeur aible : l'ammoniaque ne précipitait rien de ses solutions aqueuses ou alcooliques. (Hassall.)

On a fait connaître aussi, à une époque plus récente, l'apparition sur le marché d'opium de Perse, qui était complétement privé de morphine. (*Journ. pharm. et chim.*, juillet 1873, p. 405.)

Le docteur Thomson a établi, dans sa déposition devant la Commission parlementaire anglaise, qu'il avait vu un extrait d'opium mélangé d'*extrait de séné* et de 0,50 à 0,60 d'*eau*. (Hassall.)

Si la falsification s'exerce sur une vaste échelle sur l'opium en nature, elle se pratique plus largement encore sur la poudre d'opium, dont on fait grand usage en Angleterre. Sur quarante échantillons examinés par Hassall, trente et un étaient falsifiés, surtout avec des *débris de capsules* et de la *farine ;* d'autres contenaient de la *sciure de bois*, dans la proportion de 0,023 à 0,12 ; quelques-uns paraissaient avoir été formés, au moins pour la plus grande partie, avec des opiums préalablement épuisés par l'action de l'alcool. Un seul était pur ! La poudre d'opium est fréquemment allongée de *poudre de réglisse* aux États-Unis

Les *débris de capsules* (fig. 131), ou les autres *matières végétales* peuvent facilement être reconnues par l'examen microscopique d'une petite quantité d'opium : on délayera d'abord dans l'eau un poids donné d'opium desséché pour en obtenir les parties solubles, et l'on séparera le résidu insoluble qu'on fera sécher et pesera pour en connaître la proportion. L'opium adultéré par de la farine devient promptement aigre

et offre une cassure particulière, courte, avec des portions sales, et
non rougeâtres et translucides comme elles devraient l'être ; pressé
dans la main après avoir été plongé dans l'eau, l'opium laisse exsuder
la fécule de sa surface : du reste, l'emploi de l'iode viendra confirmer
la sophistication par la farine, ou tout au moins par quelque matière
amylacée.

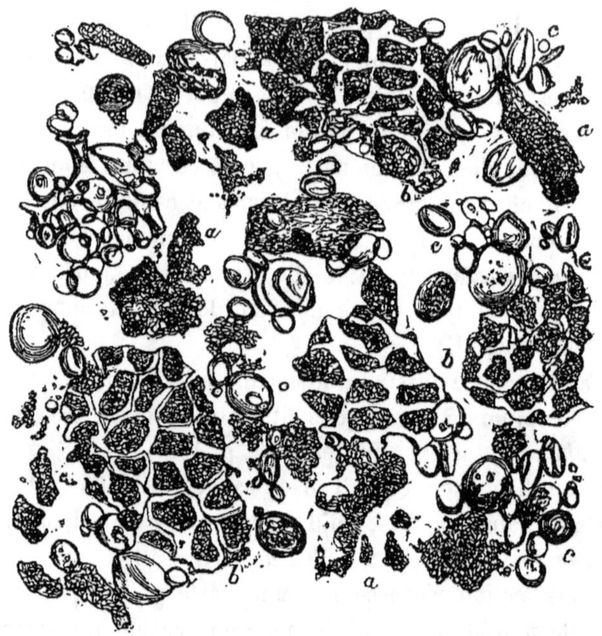

Fig. 131. — Opium sophistiqué avec des capsules de pavot et de la farine de blé.
Grossissement, 220 diamètres. (Hassall.)

Le *Goor* (ail), que les Indiens mélangent quelquefois à leur opium,
se reconnaîtra facilement à la consistance et à l'odeur particulière qu'il
communique à l'opium.

On pourra séparer de l'opium les substances qui y sont mélangées,
telles que *boue, sable, pétales de pavots broyés, bouse de vache*, etc.,
en brisant l'opium dans l'eau froide, retirant ce qui sera dissous en
même temps que les matières les plus légères qui sont restées en
suspension, et en examinant le résidu, dont il est en général facile de
reconnaître la nature à ses caractères physiques.

La *gomme* se retrouvera dans le traitement par l'eau de l'opium et
sera précipitée de sa dissolution aqueuse par l'alcool.

Enfin, comme les opiums sont toujours plus ou moins sophistiqués, et comme leur valeur thérapeutique dépend de la proportion d'alcaloïdes qu'ils contiennent, il est essentiel d'en déterminer toujours la richesse en alcaloïdes par un des procédés que nous avons indiqués plus haut.

CHEVALLIER, *Adultération des opiums* (*Journ. chim. méd.*, 4ᵉ série, 1855, t. I, p. 92). — EATWELL (Dʳ), *Report on opium of Benarès* (*Lancett*). — FIGARI BEY, *Sur la culture du pavot à opium et sur les falsifications de l'opium commercial en Égypte* (*Journ. pharm. et chim.*, 4ᵉ série, 1868, t. VII, p. 37). — FINCKH (C.), *Des opiums d'Orient* (*Buchner Repert.*, 1872, t. XVI, p. 749 ; *Journ. pharm. et chim.*, 4ᵉ série, 1869, t. X, p. 377). — GAULTIER DE CLAUBRY, *Rapport sur divers opiums livrés au commerce et suspects de falsification* (*Ann. d'hyg. et de méd. lég*, 1839, t. XXII, p. 374). — KING (J.-T.), *On an adulteration of opium* (*Amer. Journ. of Pharm.*, 3ᵉ série, 1869, t. XXVII, p. 1). — LANDERER, *Falsification de l'opium* (*Journ. pharm. et chim.*, 3ᵉ série, 1843, t. III, p. 145). — *Extrait de glaucium vendu pour opium* (*Journ. chim. méd.*, 3ᵉ série, 1849, t. VI). — *Adulteration of opium with salep powder* (*Amer. Journ. Pharm.*, 1851, t. XVII, p. 380). — MORSON, *On adulteration of opium* (*Pharm. Journ.*, 1872, t. IV, p. 503).

OPOPANAX. L'*Opopanax* est la gomme résine de l'*Opopanax Chironium*, Koch. (Ombellifères), qu'on trouve dans le commerce en petites larmes rougeâtres, jaunâtres ou marbrées, irrégulières, très-aromatiques, à saveur âcre et amère, très-légères et très-friables, ou en masses agglomérées.

On l'a mélangé de *galipot* et de *résine*, qui modifient son odeur, sa saveur et sa couleur, et par conséquent l'examen comparatif avec un opopanax normal permettra de s'assurer de la falsification. Le galipot donne, au contact d'un fer incandescent, une odeur térébenthinée caractéristique.

OR. L'*or* est d'un beau jaune, éclatant, métallique, très-ductile et très-malléable, d'une dureté moyenne, ce qui oblige de l'allier au cuivre et à l'argent pour la fabrication des monnaies et des bijoux. Il est inattaqué par l'acide nitrique, mais il se dissout dans l'eau régale.

Le mélange de l'or avec d'autres métaux peut être reconnu par l'eau régale qui dissoudra l'or et précipitera l'*argent* à l'état de chlorure ; le *cuivre* se déposera sur une lame de fer décapée, et donnera une coloration bleue à la liqueur additionnée d'ammoniaque. Le *zinc* se retrouvera dans le liquide donné par l'eau régale, dont on aura précipité l'or par un courant d'acide sulfhydrique ; on filtre ensuite et l'on précipite par un carbonate alcalin. (Voy. MONNAIES.)

OR (Bichlorure d'). Le *bichlorure d'or* qui est rouge brun foncé, déliquescent et très-soluble dans l'eau, l'alcool et l'éther, contient quelquefois du *sulfate de potasse,* du *chlorure de potassium* et du *chlorure de sodium* ; mais si on le calcine, il laisse un résidu qui pèsera plus de 65,18 pour 100 parties.

OR ET DE SODIUM (Bichlorure d'). Le *bichlorure d'or et de sodium,* qui cristallise en longs prismes quadrangulaires, jaune-orange, solubles dans l'eau et inaltérables à l'air, peut avoir été additionné de *chlorure de sodium;* mais la calcination donnera plus de 0,1468 de chlorure de sodium pour résidu.

OR (Bioxyde d'). Le *bioxyde d'or,* dont la couleur varie du jaune-serin au brun ocracé, est insoluble dans l'eau, presque insoluble dans les acides sulfurique et nitrique, et soluble dans l'acide chlorhydrique ; il a été mélangé d'*oxyde de fer* et d'*oxyde de cuivre ;* mais ceux-ci sont dissous par l'acide nitrique et l'acide sulfurique étendu.

ORANGER (Eau de fleurs d'). L'*eau de fleurs d'oranger,* provient de la distillation des fleurs du *Citrus aurantium.* (Aurantiacées) ; on préfère celle qui est fournie par l'oranger amer parce qu'elle est plus suave. Elle contient un peu d'acide acétique qui provient des fleurs et qui lui donne la propriété d'attaquer les vases métalliques dans lesquels le commerce la transporte. C'est ainsi qu'au contact des *estagnons* mal étamés (Voy. ce mot), elle se charge de *plomb,* dont on peut déceler facilement la présence par l'acide sulfhydrique, ou par le sulfhydrate d'ammoniaque. (Personne).

« Il est défendu de renfermer de l'eau de fleurs d'oranger ou toute » autre eau distillée dans des vases de cuivre, tels que les estagnons » de ce métal, à moins que ces vases ou ces estagnons ne soient étamés » à l'intérieur à l'étain fin.

» Il est également défendu de faire usage, dans le même but, de vases » de plomb, de zinc ou de fer galvanisé.

» On ne devra faire usage que d'estagnons en bon état. Ils seront » marqués d'une estampille indiquant le nom et l'adresse du fabricant » et garantissant l'étamage à l'étain fin. » (*Ordonnance du Préfet de Police du 15 juin* 1862).

L'eau de fleurs d'oranger devient quelquefois filante ; laissée vingt-quatre heures au contact d'un peu de magnésie calcinée, elle redevient limpide, tout en conservant son parfum primitif (Redeng, *Bull. de la Soc. de Pharm., de Bruxelles* 1867). Perret (*Union pharmac.,* 1868) conseille de mêler 1 à 2 parties de tannin à 1000 parties d'eau de fleurs d'oranger filante et d'agiter fortement pendant quelques minutes : il filtre ensuite sur une couche de sable fin parfaitement lavé et obtient la transparence parfaite par une ou plusieurs filtrations.

Pour reconnaître l'eau de fleurs d'oranger, qui a été fabriquée sans mélange d'eau des feuilles, on emploie le protosulfate de fer : 1 gramme dans 20 grammes d'eau ne la trouble pas sensiblement si elle est pure, et détermine un précipité floconneux jaunâtre quand il y a de l'eau de feuilles. L'acétate de plomb forme un précipité plus lent (1866). Gobley a constaté cette fraude en mettant l'eau de fleurs d'oranger en contact avec une liqueur formée de 10 p. acide sulfurique, 20 p. acide nitrique et 30 p. eau : il se produit aussitôt une coloration rosée ; avec avec l'eau de feuilles d'oranger, la coloration est feuille morte.

L'eau de fleur d'oranger, fabriquée avec le néroli, prend au bout de quelque temps une odeur infecte (Chevallier).

BARRUEL, *Note sur la formation de l'acide acétique dans l'eau de fleurs d'oranger* (Ann. d'hyg. et de méd. lég., 1830, t. IV, p. 60). — CHEVALLIER, *Eau de fleurs d'oranger artificielle préparée avec le néroli* (Journ. chim. médic., 4e série, 1855, t. I). — GOBLEY, *Eau de fleurs d'oranger et eau de feuilles d'oranger* (Journ. chim. médic., 4e série, 1860, t. VI). — LABARRAQUE et PELLETIER, *Rapport sur un sel de plomb contenu dans l'eau de fleurs d'oranger* (Ann. d'hyg. et de méd. lég., 1830, t. IV, p. 55). — PERSONNE, *Dosage du plomb dans l'eau de fleurs d'oranger* (Journ. pharm. et chim., 3e série, 1844, t. VI, p. 216).

ORANGER (Essence de fleurs d'). *L'essence de fleurs d'oranger* ou *néroli*, extraite des fleurs du *Citrus Bigaradia* (oranger amer), s'obtient par la distillation des fleurs avec de l'eau ; elle est plus suave que celle des fleurs de l'oranger doux ; le néroli de Paris, le plus estimé, a une densité de 0,876, celui de Grasse une densité de 0,871. Celui que donne l'oranger doux a pour poids spécifique 0,858 (E. Soubeiran).

Pour reconnaître la pureté de l'essence de fleurs d'oranger, on en dissout 3 gouttes dans 40 à 50 gouttes d'alcool très-rectifié ; après dissolution complète, on y ajoute un tiers d'acide sulfurique concentré (de 1,830) et l'on opère doucement le mélange : si l'essence est pure, il se fait une coloration brun foncé rougeâtre. Toutes les essences inférieures d'Aurantiacées donnent des mélanges clairs ocreux, rougeâtres ou rouges, et ce caractère se montre même dans leurs mélanges avec le néroli, aux proportions de 0,10, 0,15, et 0,20 (Hager). Si l'essence contient de l'*huile de ricin*, le plus souvent les mélanges prennent une coloration plus foncée.

On a vendu quelquefois pour du néroli de l'*essence de bergamotte* qu'on a laissée quelque temps en contact avec des fleurs d'oranger.

Le mélange d'*alcool* se reconnaît en versant dans un verre l'essence et en y laissant tomber un petit fragment de potassium, qui forme un globule, s'oxyde et disparaît en quelques instants, d'autant plus courts que la proportion d'alcool est plus considérable.

On y reconnaît l'essence de *petit grain* en y plongeant un morceau de sucre qu'on fait ensuite dissoudre dans l'eau, à laquelle l'huile communique de l'amertume si elle y est mélangée. On peut aussi déceler ce mélange, en en versant quelques gouttes sur une feuille de papier qu'on agite vivement; l'essence de néroli, se volatilise d'abord et il reste une odeur moins suave.

L'*essence de copahu* se reconnaît en versant quelques gouttes d'essence sur du coton avec de l'alcool et en enflammant : quand l'alcool est brûlé, on distingue l'odeur du copahu (Schramm, *Dingler Polyt. Journ.* CCI, 375).

HAGER, *Recherches sur la pureté de l'huile essentielle de fleurs d'oranger* (*Pharm. Central Halle; Journ. chim. médic.*, 5ᵉ série, 1866, t. II, p. 92).

ORCANETTE. La racine d'orcanette, *Anchusa tinctoria*, L. (Borraginées), est en fragments plus ou moins longs, gros comme le petit doigt, brun rougeâtre, insipides, inodores; elle sert à teindre en rouge, les huiles, les graisses, la cire, le spermacéti. Le commerce de la parfumerie l'emploie beaucoup. On lui substitue les racines de l'*Onosma echioides*, L., et celles de l'*Onosma tinctoria* (Maisch).

OREILLE DE JUDAS. L'oreille de Judas, *Exidia auricula Judæ*, Fries (Champignons), est un remède populaire contre l'hydropisie et les maux de gorge : elle se présente en morceaux minces, transparents, qui, trempés dans l'eau, deviennent flexibles, souples, et offrent un point central parlequel ils étaient fixés; sa forme est celle d'une coupe ondulée ayant de l'analogie avec le pavillon de l'oreille; sa surface supérieure est très-lisse, l'inférieure est tomenteuse, veloutée veinée surtout sur les bords et de couleur cendré olivâtre.

L'oreille de Judas est très-rare dans le commerce qui lui substitue, le plus souvent, des *Lichens*, tels que le *Larsalia punctata*, Mér., granulé en dessus et couvert de pustules noires, réticulé profondément, lacuneux et fauve en dessous; et l'*Umbilicaria glabra*, DC, qui est gris noirâtre et lisse des deux côtés. On lui substitue encore le *Polyporus versicolor*

Fries (Champignons) qui se présente en morceaux épais, opaques et rigides qui, après la macération, restent coriaces, rigides et horizontaux, et ont leur point d'insertion latéral; la surface supérieure est zonée, multicolore, avec quelques lignes concentriques poilues; l'inférieur offre des tubes très-courts, nombreux et adhérents à la chair; on trouve aussi le *Telephora reflexa*, DC, qui diffère du précédent par sa surface inférieure velue, papilleuse. (Malbranche.)

On a aussi remplacé l'oreille de Judas par les *Polyporus adustus*, Fries, *zonatus*, Fries, et *Dædalea unicolor*, Fries, autres espèces de Champignons qui s'en distinguent facilement en ce que, plongés dans l'eau, ils ne se ramollissent pas et ne prennent pas la consistance gélatineuse. (Martinez, *Encyklop. d. Naturalien u. Rohrwarenk*, 1, 911.)

MALBRANCHE, *Falsification de l'oreille de Judas* (*Journ. pharm. et chim.*, 3ᵉ série, 1854, t. XXV, p. 367).

ORGE. L'orge, *Hordeum vulgare*, L. (Graminées), est un caryopse sillonné enfermé dans sa glume qui est persistante, il est glabre, jaune paille, un peu anguleux, et marqué d'un sillon longitudinal.

Le grain d'orge diffère beaucoup de celui du froment, il offre quatre couches de cellules, plus petites que celles du froment; les cellules transversales, dont il existe trois couches, ne sont pas arrondies, mais les plus extérieures ont leurs parois ponctuées, ce qui n'existe pas toujours pour les couches internes et transverses (fig. 132 et 133). Les

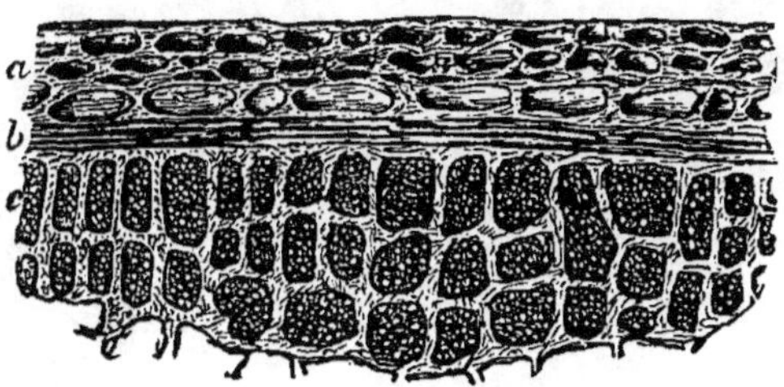

FIG. 132. — Coupe transversale de l'orge. Grossissement, 200 diamètres (*). (Hassall.)

cellules de la surface du grain ne sont pas aussi larges que celles du blé, et forment trois couches au lieu d'une; elles sont plus fines et offrent, quand elles sont remplies d'amidon, une apparence fibreuse.

La fécule d'orge (fig. 134), qui se rapproche par son aspect et sa structure de celle du blé, est composée surtout de grains gros et petits, avec

(*) *aa*, membrane externe; *bb*, membrane moyenne; *c*, cellules à fécule.

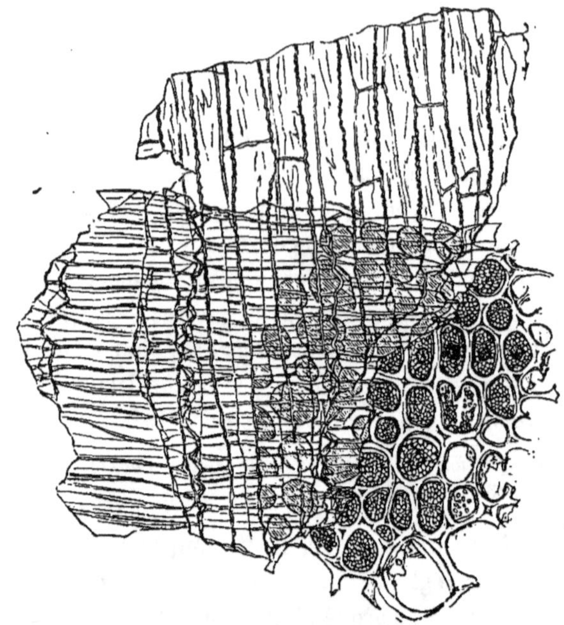

FIG. 133. — Testa et enveloppe de l'orge. Grossissement, 200 diamètres.
(Hassall.)

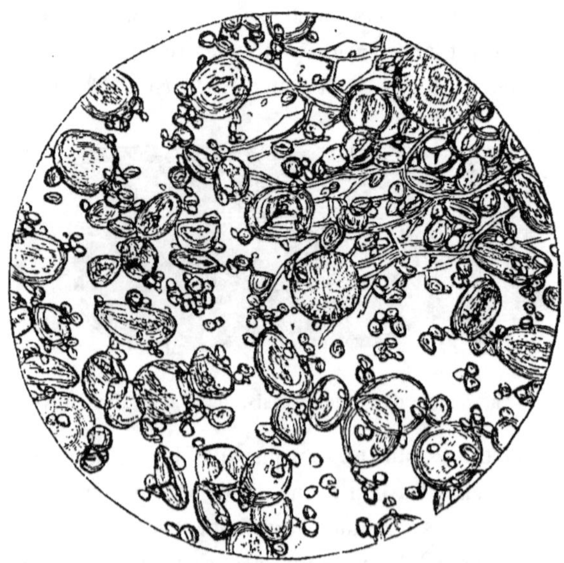

FIG. 134. — Fécule et tissu cellulaire de l'orge. Grossissement, 140 diamètres.
(Hassall.)

un petit nombre d'intermédiaires. Les petits grains sont trois ou quatre fois plus petits que ceux du blé : les gros grains offrent fréquemment des couches concentriques et présentent plus souvent que ceux du blé le sillon longitudinal. A la lumière polarisée, la croix n'est pas aussi marquée que dans le seigle.

La grande différence entre la farine d'orge et de blé consiste dans l'action de l'eau bouillante, qui laisse indissoute, même après une ébullition prolongée, une matière qu'on nomme *hordéine*. (Hassall.)

ORIGAN (Essence d'). L'essence d'origan fournie par l'*Origanum majorana*, L. (Labiées), est jaune pâle ou brunâtre, et possède une odeur et une saveur fortes et très-aromatiques. Sa densité est 0,867 ; elle bout à $+$ 354 Fahr. ($+$ 180° C.)

Cette essence se distingue de celle du thym par son odeur tout à fait différente et qui rappelle celle de la menthe poivrée et par sa couleur qui est jaune clair et non rougeâtre : la pesanteur spécifique ne peut donner que difficilement des caractères distinctifs, car celle de l'origan est de 0,8854, et celle du thym 0,8934. (Hanbury, *Pharmac. Journ.*, 1851, p. 324.)

On la remplace quelquefois par l'huile de l'*Origanum vulgare*, L., qui est de nuance plus rouge.

ORONGE. L'oronge vraie, *Agaricus aurantiacus*, Bull., se distingue de l'oronge fausse, *Agaricus muscarius*, L., qui est vénéneuse, en ce qu'elle ne porte pas sur le chapeau de débris du volva, formant des portions anguleuses blanches : d'autre part, la chair de l'oronge vraie est jaune, ainsi que les feuillets, la collerette et le pédicule. Son volva est complet.

OS CALCINÉS. Les *os calcinés* ou *phosphate de chaux des os* se trouvent sous forme de trochisques blancs, insipides, inodores, presque insolubles dans l'eau, mais se dissolvant facilement dans les acides.

On a vendu, comme os calcinés, des trochisques entièrement composés de *sulfate de chaux* finement pulvérisé ; ils n'étaient pas solubles dans les acides et ne faisaient pas effervescence à leur contact. Calcinés avec du charbon, ils ont donné une masse qui, délayée dans l'eau et traitée par un acide, donnait un dégagement d'hydrogène sulfuré. (Duval.)

OUTREMER. L'*outremer artificiel* est un silicate d'alumine et de soude sulfurée employé aujourd'hui par l'industrie.

On l'a sophistiqué par le *carbonate de cuivre, cendres bleues ;* mais alors il prend, au contact de l'ammoniaque, une coloration bleue dont l'intensité est en rapport avec la proportion de l'adultérant cuivreux.

L'outremer artificiel a été trouvé dans le commerce adultéré par 0,07 d'*amidon*; pour s'en assurer, on a traité l'outremer par l'eau chaude, et la solution refroidie a pris par l'iode une coloration bleue.

OXALATE ACIDE DE POTASSE. — Voy. POTASSE (Bioxalate de).

OXYDE D'ANTIMOINE. — Voy. ANTIMOINE (Oxyde d').

OXYDES DE FER. — Voy. FER (Oxydes de).

OXYDE DE MANGANÈSE. — Voy. MANGANÈSE (Peroxyde de).

OXYDE DE MERCURE. — Voy. MERCURE (Bioxyde de).

OXYDE D'OR. — Voy. OR (Oxyde d').

OXYDE DE ZINC. — Voy. ZINC (Oxyde de).

PAIN. On retrouve dans le pain toutes les substances qui ont servi à adultérer les farines, mais en outre il est sujet à diverses falsifications qui sont le fait des boulangers; ceux-ci du reste, dans quelques cas, répètent eux-mêmes quelques-unes des introductions qui avaient déjà été faites par les meuniers : quelques-unes de ces substances, telles que le riz et la pulpe de pommes de terre, permettant de faire absorber à la pâte une plus grande quantité d'eau, ce qui a en outre l'inconvénient de remplacer une partie de la matière alimentaire par une substance non nutritive.

L'addition d'*eau* en quantité plus ou moins grande se pratique sur une grande échelle et, comme l'a démontré Millon, on peut ainsi tirer des farines de 126^{kil},5 à 148^{kil},2 de pain. Il y a là, une manœuvre qui devrait être poursuivie, car, dit Millon, « 5 0/0 d'eau ajoutés chaque » jour au pain représentent, à la fin de l'année, une disette de dix-huit » jours, et peuvent changer, pour l'ouvrier malheureux, une année » d'abondance en une année de disette ». Malgré ce que l'hydratation du pain a de répréhensible, cette sophistication s'opère journellement, et en vue de la faciliter, on ajoute à la farine du *riz*, ou de la *farine de riz*, des *pommes de terre* cuites, substances moins riches en principes azotés, par conséquent moins nutritives. La pâte de pommes de terre peut se reconnaître au microscope (fig. 135), aussi bien que le riz.

Pour prévenir la perte d'une grande quantité de cette eau, les boulangers prennent quelquefois le soin de déposer les masses de pâte dans un four très-chaud, de façon à *saisir* la surface et à ce que la croûte ainsi formée fasse obstacle à la sortie de l'eau.

Pour reconnaître l'excès d'eau ajoutée au pain, on en prend un poids donné (environ 125 grammes) en ayant soin de couper une tranche qui aille du centre du pain jusqu'à la circonférence, et l'on sèche à l'étuve jusqu'à ce qu'il n'y ait plus de perte de poids : on pèse alors, et la perte de poids donne la quantité d'eau, qui s'élève en cas ordinaire à 0,22. Il sera préférable d'opérer en même temps sur deux morceaux coupés

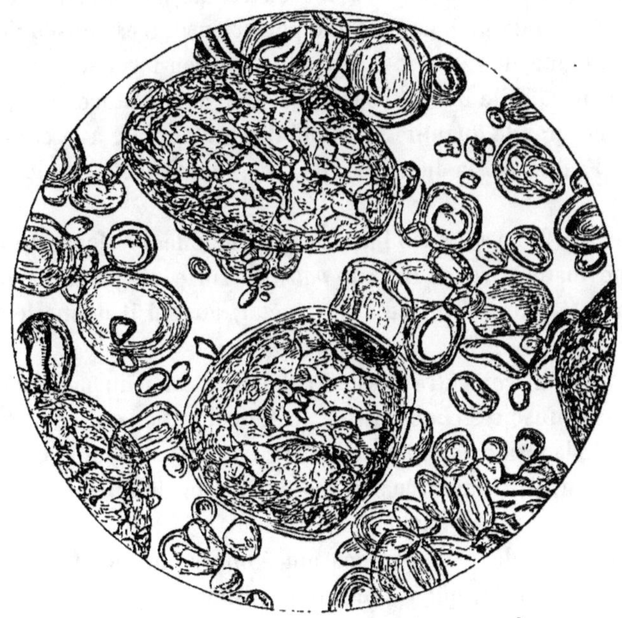

Fig. 135. — Pain de froment mélangé de pulpe de pommes de terre. Grossissement, 420 diamètres. (Hassall.)

aussi égaux que possible, et qu'on soumet à une température de $+$ 165 C. environ, en les chauffant dans deux flacons accolés et placés dans un bain d'huile. La comparaison des résultats donnés par chacun des morceaux de pain donne un contrôle de l'exactitude des chiffres obtenus (Millon). Chaque fois qu'on trouvera dans du pain du *riz*, ou de la *pomme de terre*, on devra avoir de fortes présomptions qu'on a forcé la quantité d'eau dans le pain.

On a quelquefois cherché des succédanés de pain, dans les années de disette, et l'on a proposé de faire du pain avec le *chiendent*, *Triticum repens*, L. (Graminées), la *farine de maïs*, etc., mais on n'a pas donné suite à ces projets.

L'*eau* qui, nous l'avons dit plus haut, est ajoutée en quantité considérable dans la fabrication du pain a l'inconvénient, outre celui de remplacer par une substance inerte de la matière alimentaire, de donner un pain lourd et de digestion difficile, surtout si la cuisson n'a pas été portée assez loin ; ce qui a toujours lieu, pour éviter que l'eau ne s'échappe au moins en partie.

Le pain mal cuit est sujet à se couvrir de *moisissures* dont l'influence sur la santé ne peut être que pernicieuse. C'est ainsi qu'en 1842 on a signalé une altération du pain de munition favorisée par l'humidité du pain et celle de l'atmosphère, une température de $+ 30^o$ à $+ 40^o$, une grande quantité de remoulage adhérente à la croûte inférieure et l'accès de la lumière (*Rapport au ministre de la guerre*, 1843).

Déjà en 1819, Bartolomeo Bizio avait signalé le développement anormal d'une matière rouge dans la *polenta* (sorte de gaude de maïs) et avait rapporté cette substance à un végétal, auquel il donna le nom de *Serratia*.

Poggiale a fait connaître aussi la coloration du pain de munition en noir par des infusoires (*Bacterium*) : cette coloration qui ne se manifestait qu'après la fermentation panaire, la cuisson et surtout le refroidissement du pain, s'est montrée sur des pains dans lesquels entraient des farines inférieures d'Afrique et de Salonique.

Les altérations du pain par des mucédinées ont été étudiées par le Dr Hubert Krassinski, qui y a reconnu plusieurs espèces différentes.

Dans les taches noires, il a rencontré surtout le *Rhizopus nigricans* (*Ehrenbergii*, ou *Mucor stolonifer*) (fig. 136), dont la présence rend le pain absolument indigestible.

Dans les taches blanches, ou moisissures, Krassinski indique le *Mucor mucedo*, et le *Botrytis grisea* (fig. 137).

Les taches rouge orangé sont constituées par le *Thamnidium* et par l'*Oidium aureum* (fig. 138). Ces deux espèces constituent ce que les auteurs avaient désigné sous le nom d'*Oidium aurantiacum*.

Du reste on trouve quelquefois développé dans le pain le *Penicillium glaucum* et de l'*Aspergillus glaucus*, qui forment les taches vertes ou bleues du pain (fig. 139). On y rencontre quelquefois aussi le *Mycoderma Cerevisiæ*. Le pain rassis offre fréquemment un autre champi-

gnon de couleur jaune clair, et qui peut être assez abondant pour
donner sa nuance à quelques parties du pain (fig. 140). Le ferment du
levain et souvent aussi celui des brasseurs sont employés pour faire

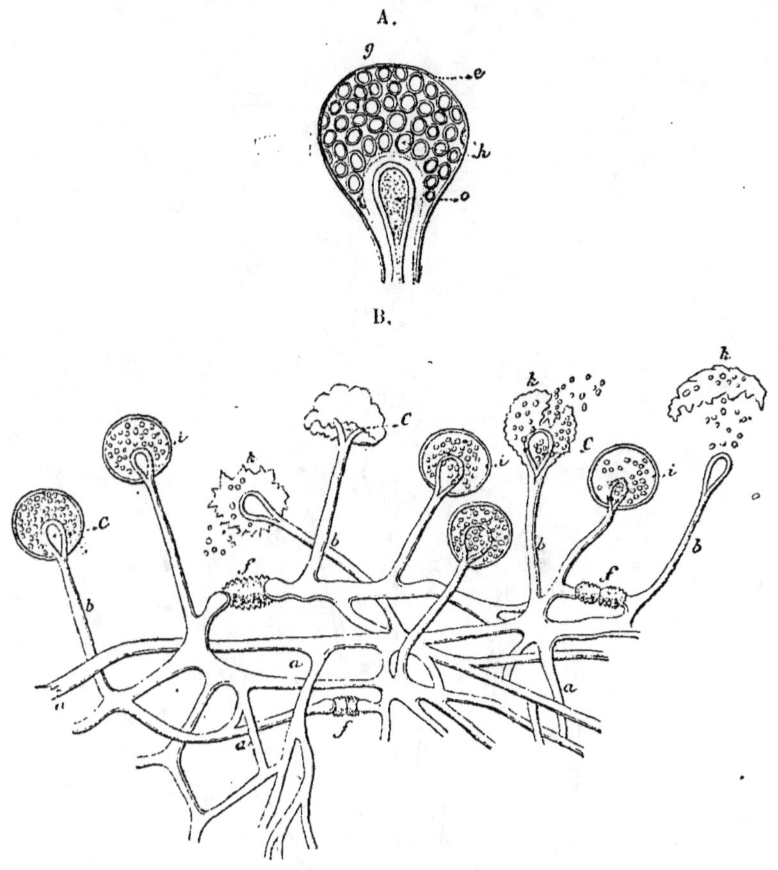

FIG. 136. — Végétations cryptogamiques du pain (*).

lever la pâte, bien qu'un certain nombre d'hygiénistes sont d'avis que
cette pratique est pernicieuse. (Hassall.)

On a fait usage pour lever la pâte du pain, sans employer de ferment,
de diverses substances : *carbonate d'ammoniaque, bicarbonate de soude*
avec de l'*acide chlorhydrique* ou *tartrique*. Quelques-unes des matières
qui ont été proposées dans ce but ont été trouvées colorées avec du
curcuma et du *chromate de plomb*. Si l'usage des premières de ces

(*) A, *Rhizopus nigricans* ; A, sporange très-fortement grossi ; *aa*, mycélium filamenteux ; *bb*, tiges
ou hyphes ; *cc*, ampoule attachée au sporange ; *h*, spores. (Rochard, d'après Krassinski.)

substances n'offre pas de danger, puisque le carbonate d'ammoniaque
est dégagé par la cuisson, tandis que l'emploi du bicarbonate de soude et

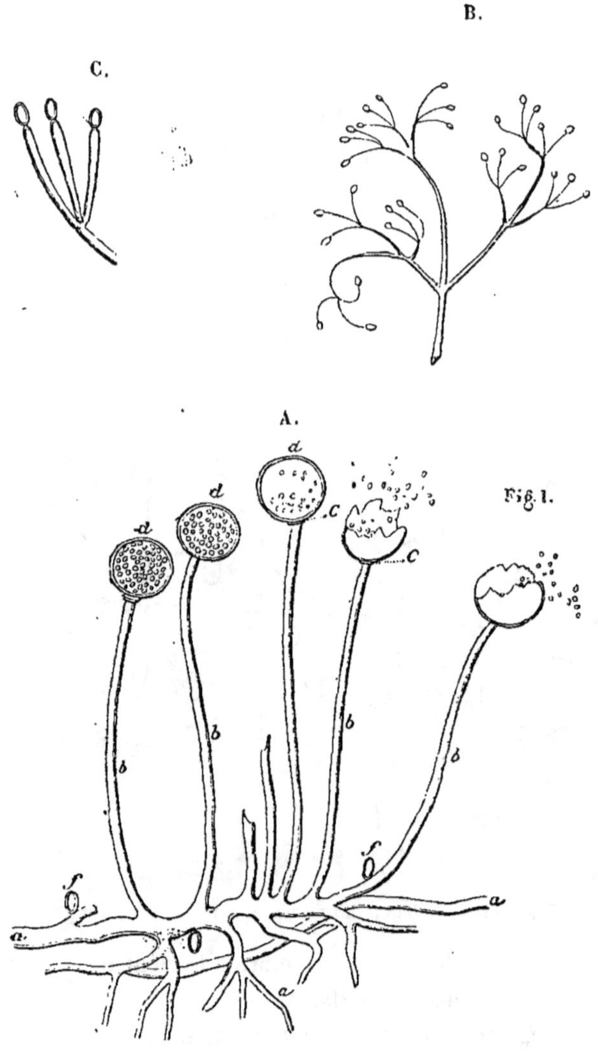

FIG. 137. — Végétations cryptogamiques du pain (*).

de l'acide hydrochlorique détermine la formation du sel commun, peut-
on dire qu'il soit indifférent d'introduire dans le pain du tartrate de

(*) A, *Mucor mucedo; aa*, mycélium; *bb*, tiges ou hyphes ; *c*, columelle; *d*, sporanges ; B, *Botrytis grisea ;* C, terminaison trichotomique du *Botrytis.* (Rochard, d'après Krassinski.)

de soude, ou des sels de plomb, et d'ailleurs ne sait-on pas que l'acide hydrochlorique du commerce est souvent contaminé par l'arsenic.

Le *sulfate de cuivre* a été depuis longtemps employé dans la boulangerie, parce qu'il permet d'utiliser des farines de qualité médiocre et mélangées, diminue la main-d'œuvre, facilite la panification, donne une

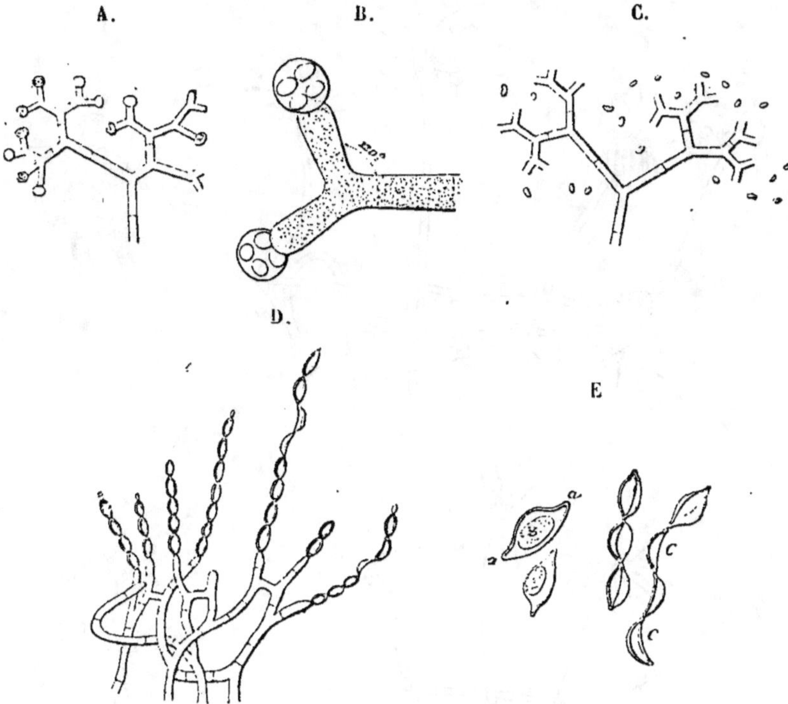

FIG. 138. — Végétations cryptogamiques du pain (*).

plus belle apparence au pain, et en outre permet d'y incorporer une proportion d'eau beaucoup plus considérable. On comprend les inconvénients qui peuvent résulter pour la santé publique de l'emploi d'une substance toxique, même introduite dans l'économie à doses très-minimes, mais successives. Kuhlmann, qui a publié un mémoire très-intéressant sur ce sujet, a constaté que la quantité nécessaire pour donner de la blancheur au pain est seulement de 1/70 000, mais le plus souvent la proportion est dépassée, et est devenue telle qu'on a trouvé des pains rendus

(*) ABC, tiges du *Thamnidium*; D, *Oidium aureum*; E, spores de l'*Oidium aureum*. (Rochard, d'après Krassinski.)

bleuâtres par la quantité de sel cuivreux qu'ils contenaient : on a même constaté plusieurs fois la présence du sulfate de cuivre en fragments.

Pour reconnaître la présence du cuivre dans le pain, Robine et Parizot ont conseillé de faire une pâte molle avec le pain délayé, de l'acidu-

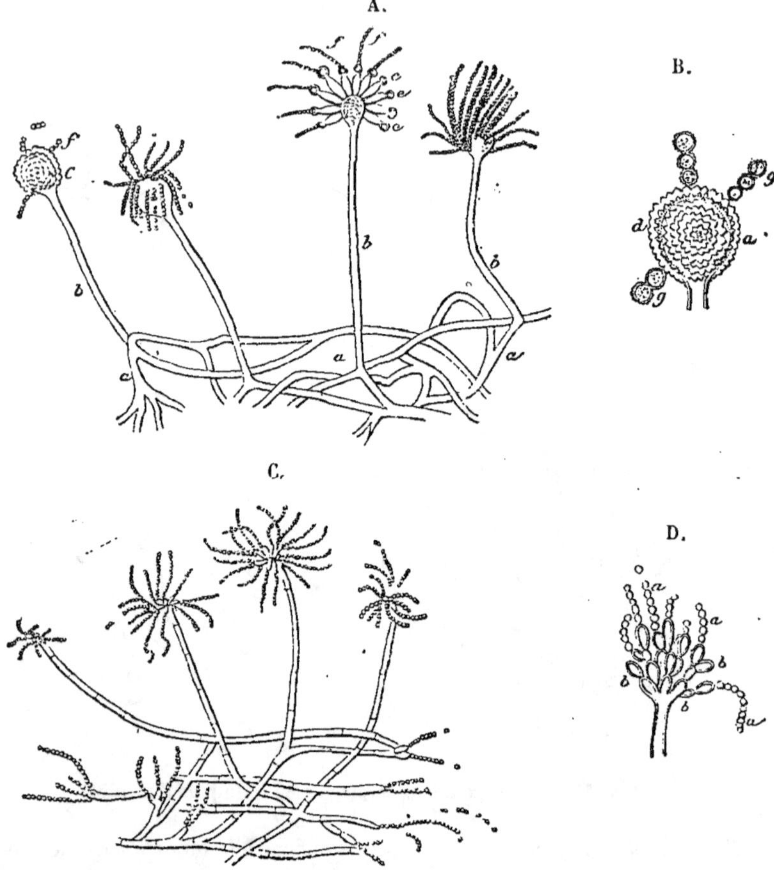

Fig. 139. — Végétations cryptogamiques du pain (*).

ler fortement par l'acide sulfurique et de placer dans cette pâte un cylindre de fer bien décapé : après un jour ou deux de contact, le cylindre sera recouvert d'une couche de cuivre métallique.

Kulhmann a fait usage d'un procédé plus délicat, qui lui a permis de constater la présence de 1/70 000 de sulfate de cuivre dans le pain.

(*) A, *Aspergillus glaucus;* aa, mycélium ; bb, t'ges ; B, éminences de la tête ; gg, spores vert bleuâtre ; C, *Penicillium glaucum* ou *Coroninum vulgare;* D, pinceau de spores en chapelets. (Rochard, d'après Krassinski.)

Pour obtenir ce résultat, il incinère dans une capsule de platine 200 grammes du pain suspecté, pulvérise finement le résidu, puis il le chauffe
dans une capsule de porcelaine avec 8 à 10 grammes d'acide nitrique
jusqu'à presque complète disparition de l'acide ; la pâte poisseuse qu'il
obtient est délayée dans près de 20 grammes d'eau avec l'aide de la
chaleur : il filtre et verse dans la liqueur un petit excès d'ammoniaque
liquide additionnée de quelques gouttes de carbonate d'ammoniaque : il
sépare en filtrant le précipité blanc qui s'est formé, chauffe le liquide
pour chasser l'excès d'ammoniaque, et réduit au quart du volume :
il acidule avec une goutte d'acide nitrique et agit sur une partie du

Fig. 140. — Champignon qui se trouve fréquemment dans le pain rassis.
(Hassall.)

liquide avec l'hydrogène sulfuré, qui forme un précipité brun marron,
et sur l'autre par le cyanure jaune, qui donne une coloration rose et
plus tard un précipité rouge.

L'emploi de l'*alun*, qui a pour effet de rendre le pain plus blanc, a,
d'autre part, l'inconvénient d'en durcir le gluten, et, par suite, comme la
remarqué Liebig, de rendre le pain moins facile à digérer.

Il permet au boulanger d'additionner sa farine d'une plus grande
quantité de riz et de pommes de terre, de farine de pois et de fèves,
ou de faire passer dans la consommation des farines avariées au lieu de
sortes supérieures. C'est, d'ailleurs, une grande erreur généralement

répandue dans le public, que le meilleur pain est celui qui est le plus blanc, et, comme celui-ci ne peut être fait qu'avec les qualités les plus fines de farine, à moins qu'on n'ait recours à l'alun, il s'ensuit que ce goût du public amène les boulangers, malgré la prohibition de la loi, à faire usage d'une substance qui ne peut que causer à la longue des désordres dans le tube digestif.

Liebig ayant indiqué l'usage d'un peu d'eau de chaux, au lieu d'alun, en vue d'obtenir du pain plus blanc, il a été signalé, lors de la session, à Glascow, de l'Association britannique, que ce liquide est aujourd'hui employé par beaucoup de boulangers en Écosse.

Robine et Parisot prennent 100 grammes de pain émietté, et les laissent macérer dans l'eau pendant deux à trois heures, puis ils passent avec légère expression dans un linge, filtrent le liquide, qu'ils font évaporer à siccité avec précaution dans une capsule de porcelaine; ils reprennent par l'eau après refroidissement et filtrent encore : l'ammoniaque détermine un précipité, même pour 1/5000 d'alun.

Le docteur Ure a déterminé la présence de l'alun dans le pain au moyen de la baryte. Kuhlmann a indiqué un procédé plus sûr : il incinère 200 grammes de pain, traite le résidu par l'acide nitrique, évapore à siccité, puis délaye dans 20 grammes d'eau : il verse un excès de potasse, chauffe et filtre : il précipite l'alumine par le sel ammoniac en faisant bouillir la liqueur.

Edw. Lawr. Cleavor calcine dans un creuset de platine jusqu'à ce qu'il ne se fasse plus de fumée, 1250 grains (75 grammes) de pain et pulvérise le charbon obtenu. Il traite celui-ci par 4 centimètres cubes d'acide sulfurique et 10 c.c. d'eau, couvre avec un verre pour éviter la projection de matière; lorsque la réaction a cessé, il évapore pour chasser l'acide sulfurique, laisse refroidir, ajoute de l'eau et fait bouillir pendant quinze minutes. Il verse alors dans une éprouvette graduée et quand le liquide est froid, remplit jusqu'au volume de 125 c.c. Il filtre sur un filtre sec pour obtenir 100 c.c. Il ajoute alors au liquide 16 c.c. d'une solution d'ammoniaque au dixième et une solution d'environ 20 grammes d'hyposulfite de soude : un quart d'heure après, pour donner le temps au fer, s'il y en a, de se désoxyder, il fait bouillir pendant une heure et demie : il laisse reposer ensuite quelques heures, filtre et lave le précipité jusqu'à ce que le liquide ne précipite plus par le nitrate de baryte, dessèche et incinère dans un creuset de porcelaine, et pèse le phosphate d'alumine ; 245 parties de phosphate correspondent à 907 parties d'alun ammoniacal ou 940 d'alun potassique.

Le *sous-carbonate de magnésie* a été aussi employé en mélange avec des farines de mauvaise qualité, pour donner le moyen de faire du pain de plus bel aspect (Edm. Davy). Ce pain incinéré donne des cendres plus blanches et plus volumineuses, qu'on pulvérise et traite par l'acide acétique : la solution est évaporée à siccité, et l'on reprend par une petite quantité d'eau : on verse dans la liqueur du bicarbonate de potasse, on filtre et l'on chauffe pour obtenir la précipitation de la magnésie.

On a aussi ajouté du *borax* au pain, surtout pour celui de deuxième qualité (Duvillé). Le pain est traité par l'eau et la solution est mise dans une bassine avec un blanc d'œuf battu dans de l'eau distillée ; on fait bouillir, on passe au blanchet et on ajoute peu à peu de l'acide sulfurique concentré en agitant avec un tube de verre ; on filtre, on laisse reposer vingt-quatre heures, on décante le liquide pour recueillir l'acide borique qui s'est déposé.

Le *sulfate de zinc*, qui, dit-on, rend le pain plus blanc et lui donne un aspect plus agréable, paraît avoir été employé quelquefois par des boulangers en Belgique, malgré ses propriétés toxiques. On reconnaît sa présence par lessivage ou par calcination, et l'on traite la liqueur par le chlorure de baryum qui donne un précipité blanc, par la potasse qui déterminera un précipité blanc d'oxyde de zinc, et enfin par le prussiate jaune qui forme un précipité jaune.

Le *sel marin* raffermit la pâte et augmente le poids du pain : on l'a quelquefois remplacé par du *sel de morue* ou *de charnier* : l'usage de ce dernier sel est absolument interdit par les règlements de police.

La *craie*, la *terre de pipe*, l'*albâtre*, le *plâtre* ont été aussi quelquefois employés pour augmenter le poids du pain et lui donner de la blancheur ; mais, pour peu que la proportion dépasse 0,02 à 0,03, le mélange ne se fait pas assez bien pour qu'il ne soit pas possible de trouver dans le pain des points blancs résultant de l'agglomération de leurs particules ; leur agglutination se fera surtout pendant la fermentation.

Un pain ainsi adultéré donnera à l'incinération un résidu qui pèserait plus de 1^{gr},01 à 1^{gr},50 pour 200 grammes de pain.

Le pain, additionné de farines de Légumineuses, se reconnaîtra à sa teinte rose vineux s'il contient de la farine de *féverolles*, à sa saveur amère et désagréable s'il renferme de la fécule de *haricots*. (Voy. FARINES.)

Le mélange de *tourteaux de lin* a déterminé des accidents, par suite de la présence d'une certaine quantité de cuivre qui provenait des vases ayant servi à exprimer l'huile de lin.

Le pain qui contient de l'*ergot de seigle* offre des taches violettes et a une saveur très-désagréable (voy. FARINES). On pourra reconnaître sa présence par l'action de la potasse caustique, qui développe son odeur ; mais il vaut mieux en décomposer la propylamine au moyen de l'hydrogène naissant et de l'acide cyanhydrique. (*Archiv der Pharm.*, 1868, p. 382.)

Le pain fait avec des *farines avariées*, dont le gluten est plus ou moins altéré, se reconnaît par la trituration d'un poids déterminé dans un mortier avec de l'eau, et par le mélange avec une solution brute de diastase d'orge germée. On chauffe au bain-marie à $+$ 60° C., on saccharifie ainsi toute la matière amylacée en quatre à cinq heures, et en filtrant on obtient le gluten dont on examine les caractères : il est, en général, alors mou et visqueux.

Les farines de certaines Légumineuses, telles que les *Lathyrus*, déterminent des accidents graves et l'on a constaté, aux Indes anglaises, des paralysies des membres inférieurs dues à l'emploi de pains qui contenaient de la farine de *Lathyrus cicera* (voy. FARINES). On a aussi signalé à diverses reprises en France des accidents produits, soit chez l'homme, soit chez les animaux par les graines de Légumineuses ; et il semble que le principe délétère soit de la saponine.

BARRUEL, *Sur une prétendue falsification du pain par les sulfates de cuivre et de zinc* (Ann. d'hyg. et de méd. lég., 1830, t. III, p. 342). — *Rapport sur un pain fait avec de la sciure de bois et la fécule de pommes de terre* (Ann. d'hyg. et de méd. lég., 1832, t. VII, p. 198). — BLONDLOT, *Note sur l'âcreté particulière communiquée au pain par la Vicia angustifolia* (Journ. chim. méd., 4ᵉ série, 1857, t. III, p. 59). — CHEVALLIER, *Sur l'influence de certains corps dans la panification* (Ann. d'hyg. et de méd. lég., 1840, t. XXIV, p. 82). — *Pain dans la fabrication duquel on a fait entrer du savon* (Ann. d'hyg. et de méd. lég., 1842, t. XXVII, p. 306). — *Le pain dans la confection duquel il entre de la farine des semences du Lathyrus cicera peut-il être nuisible à la santé ?* (Ann. d'hyg. et de méd. lég., 1841, t. XXVI, p. 126.) — *Note sur le pain moisi* (Ann. d'hyg. et de méd. lég., 1843, t. XXIX, p. 39). — *Pain fait avec de la farine de seigle contenant de l'ivraie ; accidents observés chez plus de quatre-vingts personnes* (Ann. d'hyg. et méd. lég., 1853, t. L, p. 147). — CLEAVOR (Edw.-Lauwr.), *A new method for the detection of alum in bread* (Pharm. Journ., 3ᵉ série, avril 1874, t. III, p. 851). — COMMAILLE, *Études sur les champignons rouges du pain* (Rec. mém. de méd. milit., 3ᵉ série, 1862, t. VIII, p. 383). — CROOKES, *The detection of alum in bread* (Chemical News, 1872, t. XXVIII, n° 70, p. 111). — GAY-LUSSAC, (Ann. de chim. et phys., t. XLV ; Ann. d'hyg. et de méd. lég., 1831, t. VI, p. 201). — GAULTIER DE CLAUBRY, *Note sur une altération particulière observée sur le pain* (Ann. d'hyg. et de méd.

lég., 1843, t. XXIX, p. 347). — *De l'altération du pain par diverses espèces de champignons* (*Bull. de l'Acad. de méd.*, 1871, t. XXVI, p. 729). — A. GUÉRARD, *Note sur une altération singulière du pain* (*Ann. d'hyg. et de méd. lég.*, 1843, t. XXIX, p. 35). — HADON, *Recherche de l'alun dans le pain* (*Journ. chim. médic.*, 3ᵉ série, 1858, p. 240). — KRASSINSKI (Hubert), *Note additionnelle au mémoire de Rochard* (*Ann. d'hyg. et de méd. lég.*, 2ᵉ série, t. XL, 1873, p. 103). — KUHLMANN, *Considérations sur l'emploi du sulfate de cuivre et de diverses matières salines dans la fabrication du pain* (*Ann. d'hyg. et de méd. lég.*, 1831, t. V, p. 339). — LIEBIG, *Lettres sur la chimie*, trad. par Gerhardt. — ORFILA, *Sulfate de cuivre dans le pain* (*Arch. gén. de méd.*, mars 1827 ; *Ann. d'hyg. et de mép. lég.*, 1829, t. I, p. 297). — PAYEN, *Altération du pain* (*Comptes rendus de l'Académie des sciences*, juillet 1848). — POGGIALE, *Sur une altération spéciale et extraordinaire du pain de munition* (*Bull. de l'Acad. de méd.*, 1871, t. XXVI, p. 657). — POIRIER (Abel), *Pain coloré en rouge violacé ; présence du Melampyrum arvense* (*Union pharm.*, 1861, t. II, p. 183). — ROCHARD (Félix), *Du parasitisme végétal dans les altérations du pain* (*Ann. d'hyg. et de méd. lég.*, 2ᵉ série, t. XI, p. 83). — RIVOT, *Sur l'examen des farines et du pain* (*Ann. des mines*, 5ᵉ série, 1856, t. X, p. 131). — RODRIGUEZ, *Sur le mélange de la farine de froment avec d'autres farines* (*Ann. d'hyg. et de méd. lég.*, 1831, t. VI, p. 199). — VILMORIN, *Note sur le danger de l'emploi dans le pain de la graine de jarrosse* (*Ann. d'hyg. et de méd. lég.*, 1847, t. XXXVII, p. 467.

PAINS A CACHETER. Les pains à cacheter sont faits avec une pâte de belle farine de froment qu'on fait cuire dans une gaufrière, souvent après les avoir colorés de diverses nuances.

On a fabriqué des pains à chanter et des hosties avec de la *fécule* au lieu de farine ; mais on reconnaît cette fraude en plongeant l'hostie dans l'eau froide : celle de *farine* pure, en s'épaississant peu à peu, conserve son opacité, tandis que celle, faite *avec la fécule*, qui est plus brillante et plus transparente, le devient encore plus par son immersion et semble se dissoudre en partie dans l'eau. L'examen microscopique permettra aussi d'y reconnaître les grains gibbeux de la fécule. L'eau bouillante dissout complétement l'hostie de fécule, et donne un liquide trouble et rempli de flocons blancs avec l'hostie de farine. L'acide chlorhydrique, mis en contact avec l'hostie de farine dans un tube bouché par un bout et chauffé de $+25°$ à $+40°$ au bain-marie, développe une belle nuance violet-améthyste ; il n'y a aucune coloration pour l'hostie de fécule. (Lassaigne.)

Les pains à cacheter devraient être toujours colorés avec des substances ne présentant aucun danger pour la santé ; mais tel n'est pas la coutume des fabricants qui font fréquemment usage de *gomme-gutte*, de *cinabre*, de *vert métis* (*arsénite de cuivre*), de *minium*, de *chromate de plomb*, etc. Il n'y a en quelque sorte que les pains à cacheter blancs et noirs qui ne soient pas vénéneux, et l'on ne doit pas oublier que certaines personnes sont très-sensibles à l'action toxique même de substances qui sont en très-petite quantité.

Les pains à la gélatine, qui sont additionnés d'un peu de sucre et aromatisés pour les rendre plus agréables au goût, sont souvent colorés avec des *sels de cuivre* et de *fer*.

BLONDLOT, *Coloration des pains à cacheter* (*Journ. pharm. et chim.*, 3e série, 1861, t. XXXIX, p. 339). — CHEVALLIER, *Note sur les pains à cacheter et sur les matières colorantes qu'on y fait entrer* (*Ann. d'hyg. et de méd. lég.*, 1841, t. XXVI, p. 395). — GIPPELSRODEN, *Pains à cacheter* (*Ann. d'hyg. et de méd. lég.*, 2e série, 1845, t. XXXIII, p. 256). — LASSAIGNE, *Note sur la substitution frauduleuse de la fécule à la farine dans la fabrication des pains à chanter* (*Journ. chim. méd.*, 3e série, 1852, t. VIII, p. 171). — VERNOIS (Max), *De la fabrication des pains à cacheter* (*Ann. d'hyg. et de méd. lég.*, 2e série, 1864, t. XXII, p. 36).

PALME (Huile de). L'huile de palme, *Elæis guineensis*, Jac. (Palmiers), est solide, de consistance butyreuse, jaune orangé, d'une saveur très-douce et ayant quelque chose de l'iris, et d'une odeur analogue. Elle rancit très-rapidement et perd alors sa couleur jaune pour devenir blanchâtre. Elle est fusible à $+ 29°$ C.; elle est peu soluble dans l'alcool, et se dissout en toutes proportions dans l'éther.

Elle contient souvent une grande quantité d'*eau*. J. Tissandier en a trouvé 0,50; Hager, 0,575, et Cameron jusqu'à 0,735; on la mélange quelquefois avec du *suif* ou de la *graisse de cheval*, colorés au moyen du rocou. (Cameron.)

Autrefois, quand l'huile de palme était rare, on l'a falsifiée avec de l'*axonge* aromatisée avec de l'*iris* et colorée par du *curcuma* : elle donnait, dans ce cas, un savon rouge, au lieu d'un jaune, comme est celui fourni par l'huile pure. (Guibourt.)

BRACONNOT, *Falsification de l'huile de palme* (*Journ. chim. méd.*, 3e série, 1849, t. VI, p. 28). — CAMERON (Ch.-A.), *The adulteration of palm oil* (*Pharm. Journ.*, 3e série, 1872, n° 121, p. 305).

PAPIER. Le *papier*, qui se fabrique surtout avec des fibres végétales, et quelquefois aussi avec des matières animales, telles que les chiffons de soie et de laine, est un objet dont la consommation est devenue immense, et tend cependant à s'accroître tous les jours : aussi a-t-on cherché à substituer aux éléments ordinaires de sa fabrication, qui commencent à faire défaut, d'autres produits dont la liste s'augmente sans cesse.

Parmi les pâtes succédanées du papier se trouve la *paille*, qui sert surtout à faire des papiers de pliage, et entre pour une portion notable dans le papier de nos journaux : on l'emploie rarement seule, parce qu'elle donne un papier trop sec, aussi l'adoucit-on par du chiffon ou du sparte.

Le sparte (*Stipa tenacissima*, Graminées), que l'on récolte en Algérie, est aujourd'hui employé en grande quantité dans la fabrication d'un papier qui est solide et plein sans avoir rien de la sécheresse ni de la sonorité criarde du papier que fournit la paille. En le mélangeant avec des proportions variables de chiffon, les fabricants anglais font d'admirables papiers d'impression.

Le *bois*, divisé et moulu par une meule, entre aujourd'hui dans la pâte des papiers communs, papiers de pliage ou papiers de journaux.

On fait aussi usage de bois, surtout du bois de pin et de tremble, débarrassé par des moyens chimiques des matières incrustantes, pour obtenir des papiers excellents et sans sécheresse. Ce n'est, à vrai dire, qu'une matière de remplissage composée de petites bûchettes longues de $0^m,001$ à $0^m,002$, sur 5/10 de millimètre de largeur, dans lesquelles les fibres du bois sont soudées, agglutinées entre elles, traversées par les rayons médullaires : elles ne sont donc pas susceptibles de remplacer les matières fibreuses propres à la fabrication du papier, car elles sont cassantes, n'ont aucune élasticité et ne sont utiles que pour *charger*. (Aimé Girard.)

La présence du *bois* dans le papier se reconnaît en touchant le papier avec de l'acide nitrique ordinaire de 36° R.; la fibre de bois se colore en brun, surtout à chaud. (Behrend.)

On a indiqué de verser deux gouttes d'aniline du commerce et quelques gouttes d'acide sulfurique étendu de cinq parties d'eau, puis de l'eau, et l'on chauffe : on laisse tomber dans le liquide une lanière du papier, qui prend une coloration jaune pour peu qu'il y ait du bois : l'examen à la loupe montre que le ligneux est seul coloré ainsi et que la pâte de coton ou de chiffon reste blanche. (Schapringer.)

On a trouvé souvent chez les confiseurs des papiers dont l'éclat était dû à de l'*acétate de plomb*, qui y existait en grande quantité (*Répert. de Pharm.*, 1867).

« Des accidents graves ont été causés par l'emploi des papiers peints
» et de feuilles artificielles dont se servent quelquefois les charcutiers,
» les bouchers, les fruitiers, les épiciers et autres marchands de comes-

» tibles pour envelopper les substances alimentaires, qu'ils livrent à la
» consommation.

» Les papiers les plus dangereux sous ce rapport sont les papiers peints
» ou teints en vert ou en bleu clair, qui sont ordinairement colorés
» avec des préparations toxiques ; viennent ensuite les papiers lissés
» blancs, oranges, jaunes et dorés faux : ces derniers sont faits avec du
» chrysocale, qui est un alliage de cuivre et de zinc. Ces papiers, mis
» en contact avec des substances alimentaires, molles et humides
» ou grasses, peuvent leur communiquer une portion de leur matière
» colorante ; il peut dès lors en résulter, suivant la proportion de
» matière colorante mêlée à l'aliment, des accidents plus ou moins
» graves.

» Il faut apporter beaucoup de soin dans le choix des papiers qui
» servent à envelopper les bonbons. Les papiers lissés blancs ou colo-
» rés sont souvent préparés avec des substances minérales très-dange-
» reuses.

» Ils ne doivent pas servir, même comme seconde enveloppe, à recou-
» vrir les bonbons, sucreries, fruits confits ou candis qui pourraient, en
» s'humectant, s'attacher au papier et donner lieu à des accidents, si on
» les portait à la bouche.

» Les papiers colorés avec des laques végétales n'ont en général au-
» cun inconvénient. » (*Instruction du Conseil d'hygiène et de salubrité
du département de la Seine*, 1862.) (Voy. BONBONS.)

Les papiers destinés à l'écriture sont *collés*, soit avec de la *fécule*,
papiers à la mécanique, soit avec de la *gélatine*, papiers à la main où à
la forme. Les premiers bleuissent au contact de l'eau iodée.

Presque toujours les papiers sont *azurés* pour faire disparaître leur
teinte naturelle jaunâtre, et on leur donne cette teinte au moyen du
bleu de cobalt, de l'*outremer* artificiel, du *bleu de Prusse*, ou de *sels de
cuivre*.

Les papiers, colorés au bleu de cobalt, ont en général une face plus
colorée que l'autre, par suite de la grande densité de ce corps : ils ne
sont décolorés ni par l'eau, ni par les acides, ni par les alcalis. Leur
cendre donne au chalumeau, quand elle a été mêlée de borax calciné, un
verre bleu.

La présence de l'outremer se reconnaît à la décoloration et au dégagement d'acide sulfhydrique, quand on met le papier en contact avec
l'acide sulfurique étendu.

Le bleu de Prusse donne une teinte bleue, que ne modifient pas les acides étendus, mais qui disparaît par l'action des alcalis.

Les papiers, azurés par des sels de cuivre, prennent une teinte pourprée avec le cyanure jaune, et leur cendre dissoute dans l'acide nitrique donne une coloration bleue par l'ammoniaque.

Les papiers colorés doivent leur teinte a des matières tinctoriales, qui sont mélangées dans la pâte avant que celle-ci soit employée.

Les papiers peints sont coloriés au moyen de planches, qui servent à appliquer des couleurs minérales ou des laques végétales détrempées à la colle. Ces couleurs sont souvent des matières toxiques telles que des sels de cuivre, de plomb, d'arsenic, etc., aussi a-t-on observé à plusieurs reprises des accidents résultant de l'usage de ces papiers comme tentures et aussi parce que ces papiers avaient servi à envelopper des marchandises.

Les enveloppes de lettres, dites opaques, doivent cette opacité à la teinte verte de leur face interne, qui est fréquemment enduite d'*arsénite de cuivre*. (Jeannel). On a observé également en Allemagne la coloration des enveloppes de lettre par le *vert de Schweinfurth*. (Buchner, *N. Repert.*, 1873, p. 166.) Les papiers à lettre, de couleur rose claire ou foncée, doivent souvent leur teinte à des résidus *arsenicaux* de fuchsine. (Wittstein, *Viertelj*, 1872, p. 425.)

Pour reconnaître si un papier contient du *plomb*, du *cuivre*, ou de *l'arsenic*, et si ce papier est de couleur claire, on y verse quelques gouttes d'acide sulfhydrique et la formation d'une tache brune ou noire indique l'existence de ces corps. Si le papier plombifère est de couleur foncée, il faut toucher le papier avec une barbe de plume trempée dans l'acide nitrique : on enlève l'excès d'acide avec un peu de papier non collé et l'on verse sur la partie blanchie du papier un peu d'iodure de potassium qui donne une coloration jaune d'iodure de plomb (Chevallier). Si le papier est cuprifère, on touche la partie blanchie du papier avec une goutte de ferrocyanure de potassium qui donne une belle couleur rose d'abord, qui se fonce ensuite et devient marron : on peut substituer au ferrocyanure une goutte d'ammoniaque, qui détermine une coloration bleue. (Chevallier.)

On a aussi constaté que la pâte du papier est souvent *chargée* par l'addition de matières blanches à bon marché, qui augmentent son poids et lui donnent une belle blancheur mate et opaque. On a employé à cet usage le *sulfate de chaux*, le *sulfate de plomb*, et surtout le *sulfate de baryte.* Le *kaolin* a été souvent aussi introduit dans la pâte à papier, dans la proportion de 0,30 ; mais on lui préfère le plâtre en poudre très-fine, dont on y ajoute jusqu'à 0,15 à 0,20, parce qu'il s'incorpore mieux que le kaolin (Perrens). Ces additions ont l'inconvénient de détruire rapidement les caractères d'imprimerie et de donner un papier flasque et incapable de résister au moindre frottement.

Le dosage de la *charge minérale* du papier est des plus simples : il suffit de peser d'abord la feuille de papier qu'on veut analyser, de la brûler dans une capsule de platine tarée et, après avoir réuni les cendres charbonneuses obtenues par cette combustion, de les chauffer dans la capsule mise dans un moufle, en remuant de temps en temps la matière, jusqu'à ce qu'il n'y ait plus que les cendres purement minérales : cette opération demande à peu près une demi-heure. On porte alors la capsule sur une balance et l'on en déduit le poids de la charge minérale.

Quant à la *charge végétale* qui est constituée par du bois mécanique, on ne peut, dans l'état actuel de la science, qu'en apprécier approximativement la proportion : pour cela, il faut se baser sur l'action différente que l'acide sulfurique exerce sur les fibres végétales composées de cellulose pure et sur le bois mécanique, c'est-à-dire sur la cellulose mélangée de matière incrustante : or, l'acide sulfurique ne colore pas la cellulose pure, tandis qu'il noircit presque instantanément la cellulose encore incrustée. Il suffit donc de mouiller d'acide sulfurique la feuille de papier qu'on soupçonne de contenir du bois mécanique et immédiatement on verra apparaître des taches noires, qui sont dues à l'action de l'acide sulfurique sur les bûchettes de bois, qui y avaient été incorporées. (Aimé Girard.)

La nature diverse des fibres qui ont servi à la confection du papier influe beaucoup sur la qualité du produit et en particulier sur sa solidité. Pour reconnaître la solidité relative du papier, Aimé Girard a imaginé un appareil fort simple constitué par deux rouleaux de bois, dont l'inférieur est armé d'un étrier portant un grand plateau de balance : on découpe le papier en bandes de $0^m,05$ de large sur $0^m,60$ de longueur et l'on en colle soigneusement les extrémités à la gélatine. On se sert des anneaux ainsi obtenus pour supporter le plateau, sur lequel on dispose des poids de plus en plus lourds, jusqu'à ce que la rupture du papier se produise : on doit tenir compte, dans l'évaluation du poids nécessaire pour amener la rupture, du poids de l'appareil lui-même. Un papier très-chargé de matière minérale se rompra sous le poids, par exemple de 7 à 8 kilogr. au plus, tandis qu'un papier de même force à peu près, mais non chargé, ne se rompra que sous l'influence de 18 kilogr. Certains papiers, fabriqués avec des mélanges de substances neuves, *papiers parcheminés*, pourront supporter, sans se rompre, 45 et même 70 kilogr. (Aimé Girard.)

Certains papiers conservent une partie du chlore, qui a servi à les blanchir, et par suite les machines étant attaquées il se produit une certaine quantité de sel de fer, qui forme sur le papier des taches jaunâtres. (Fordos et Gélis, *Journ. de Pharm.*, 3ᵉ série, XXXVI, 266.)

Le papier à filtrer est souvent plus ou moins chargé de matières étrangères, qui peuvent offrir des inconvénients dans son usage.

C'est ainsi que Gobley a eu occasion de reconnaître que du papier à filtrer contenait du *carbonate de plomb*. Un peu plus tard, Jacob (de Tonnerre) signalait du papier à filtre chargé de 0,14 de *carbonate de chaux*.

L'analyse de nombreux échantillons a démontré que le papier à filtrer contient presque toujours du *fer*, souvent beaucoup de *plomb*, souvent aussi de la *chaux*, quelquefois du *cuivre*. (Pommier.) Aussi est-il nécessaire de s'assurer de sa pureté avant de l'employer dans les recherches chimiques et dans les expertises.

BEHREND, *Procédé pour reconnaître le bois dans le papier* (*Polytechn. Notizbl.*, 288; *Journ. pharm. et chim.*, 4ᵉ série, 1867, t. V, p. 80). — BAUDÉT, *Influence toxique des papiers colorés en vert* (*Journ. pharm. et chim.*, 3ᵉ série, 1846, t. X, t. 35). — CESARECA (M.), *On a mode of distinguising paper made from Linen and Cotton* (*Amer. J. of Pharm.*, 1851, t. XVII, p. 178). — CHEVALLIER, *Sur les papiers colorés et coloriés par des produits toxiques* (*Journ. chim. médic.*, 4ᵉ série, 1862, t. VIII, 595). — CHEVALLIER et DUCHESNE, *Des dangers que présente l'emploi des papiers colorés avec des substances toxiques* (*Ann. d'hyg. et de méd. lég.*, 2ᵉ série, 1854, t. II, p. 66). — FORDOS et GÉLIS, *Altération particulière du papier* (*Journ. pharm. et chim.*, 3ᵉ série, 1859, t. XXXVI, p. 266). — GIRARD (Aimé), *Papier et papeterie* (*Exposition internationale de Londres, Rapport*, 1872). — GIRARD (Aimé), *Entretien sur la fabrication moderne du papier* (*Chron. du Journ. gén. de l'imprimerie et de la librairie* (2ᵉ série, 1874, n. 12, p. 73). — JEANNEL, *Enveloppes vertes* (*Journ. méd. Bordeaux*; *Ann. d'hyg. et de méd. lég.*, 2ᵉ série, 1870, t. XXXIII, p. 259). — PERRENS, *Note sur la falsification des papiers* (*Union pharmac.*, 1868, t. IX, p. 211). — POMMIER, *Note sur les papiers à filtrer* (*Journ. chim. méd.*, 3ᵉ série, 1852, t. VIII, p. 258). — SCHAPRINGER, *Procédé pour reconnaître la présence du bois dans la pâte à papier* (*Polyt. Notizbl.*, 1865, p. 167; *Journ. pharm. et chim.*, 4ᵉ série, 1865, t. II, p. 181). — SIMMONDS (P. L.), *China Clay and Farina in paper making* (*Journ. applied science*, avril 1874). — VARRENTRAPP, *Sur l'emploi du plâtre, dit Annaline, dans la fabrication du papier* (*Dingler's Polytechn. Journ.* — *Journ. chim. médic.*, 4ᵉ série, 1864, t. X, p. 54).

PAREIRA BRAVA. Le *Pareira brava* est fourni par le *Chondoden-dron tomentosum*, R. et Pav. (Ménispermacées), et formé par des por-tions d'une racine tortueuse, ramifiée avec des sillons longitudinaux et des fissures transversales ; elle est extérieurement d'un brun noir et intérieurement d'un brun jaunâtre clair. La section transversale offre une colonne centrale bien marquée et composée de rayons diver-gents d'un axe commun rarement excentrique ; autour se trouvent des couches concentriques, avec des rayons souvent irréguliers espacés et indistincts. (Hanbury.)

On lui substitue presque toujours, dans le commerce, la racine du *Cissampelos Pareira*, L., qui est beaucoup moins volumineuse, ne pré-sente pas de couches concentriques et a presque toujours la partie mé-dullaire en dehors de l'axe.

Tout récemment, John Moss a fait connaître le mélange aux racines du *Chondodendron tomentosum* des tiges de cette plante, qui se distinguent, par une plus grande légèreté, une nuance plus pâle et une structure moins compacte : on trouve la surface de l'écorce piquetée de petites taches blanches, dues à des lichens microscopiques, et munie sur plusieurs points de débris verts de mousses ; ces tiges ont une saveur douceâtre et un peu amère, mais beaucoup moins que la racine.

HANBURY (DAN.), *On Pareira brava* (*Pharmac. Journ.*, 3e série, 1873, p. 81, 102). — MOSS (John.), *Note on a sophistication of Pareira root* (*Pharmac. Journ.*, 3e série, 1874, p. 911). — SQIBB, *Cissampelos Pareira ; Pareira brava* (*Proceed. of the Amer. Pharm. assoc.*, 1872, 500).

PARFUMS. La parfumerie, de même que les autres branches du commerce, a beaucoup à souffrir de la falsification, et présente trop souvent des substitutions de produits de qualité inférieure aux matières d'un prix élevé. On a fréquemment aussi à constater que les parfumeurs *à bon marché* ne craignent pas de remplacer des substances inoffensives pour la santé par d'autres dont l'action peut être des plus dangereuses, pour peu qu'ils y voient une économie quelconque dans le prix de revient. La fraude, toujours coupable, quel que soit l'objet sur lequel elle porte, est la peste de la parfumerie comme de tout le commerce, et a été l'objet d'études importantes. Reveil en particulier, dans son édition de Piesse, *Des odeurs et parfums et des cosmétiques*, a consacré à ce sujet un chapitre entier auquel nous empruntons quelques détails :

En parfumerie, plus que dans toute autre industrie, il faut éviter l'emploi des sels de cuivre pour colorer en vert, et plus spécialement les *verts de*

Scheele ou de *Schweinfurth* (arsénite de cuivre mêlé d'acétate) qui sont des poisons violents. On fait quelquefois des savons verts avec le *chromate de potasse* et le *chromate de plomb*. Toutes ces substances étant dangereuses, les fabricants qui les emploient devraient être condamnés à l'amende. (Piesse.)

Il y a un moyen simple et cependant infaillible de reconnaître la présence d'une *huile fixe* quelconque, même de l'*huile de ricin*, dans une essence : il consiste à verser sur un papier blanc quelques gouttes de l'essence à essayer et à chauffer fortement le papier ; l'essence s'évapore et l'huile laisse une tache grasse et transparente.

Les essences de santal et de cèdre, et bien d'autres, sont généralement falsifiées avec l'*huile de copahu* mélangée, qui est assez difficile à reconnaître. (Voy. ESSENCES.)

J.-J. Bernouilli recommande, pour découvrir la présence de l'*alcool* dans les huiles essentielles, l'acétate de potasse. Quand, à une huile essentielle adultérée avec de l'alcool, on ajoute de l'acétate de potasse bien sec, ce sel se dissout dans l'alcool et forme une solution de laquelle l'huile volatile se sépare. S'il n'y a pas d'alcool dans l'huile, le sel y reste inattaqué.

Wittstein, qui vante ce procédé, indique comme étant meilleur le procédé d'application que voici : dans une éprouvette sèche d'environ 1 centimètre de diamètre et 12 à 15 centimètres de longueur, mettez au plus $0^{gr},52$ d'acétate de potasse sec en poudre ; remplissez ensuite les deux tiers du tube avec l'huile essentielle que vous voulez éprouver. Remuez bien avec une baguette de verre, en ayant soin de ne pas laisser monter le sel à la surface de l'huile ; laissez ensuite reposer un petit moment. Si le sel se retrouve solide au fond du tube, il est certain que l'huile ne contient pas d'alcool. Souvent, au lieu d'un sel sec, solide, on trouve en dessous de l'huile un liquide clair et sirupeux, qui n'est autre chose qu'une solution de ce sel dans l'alcool qui était mêlé à l'huile. Quand l'huile ne contient qu'une petite quantité d'esprit, on trouve sous la solution sirupeuse un peu de sel à l'état solide. Beaucoup d'huiles essentielles produisent souvent des traces d'eau ; mais cette eau ne contrarie pas l'expérience, car, bien qu'elle rende l'acétate de potasse humide, il n'en conserve pas moins sa forme pulvérulente.

Voici un autre procédé plus simple et tout aussi exact. Dans une éprouvette graduée, versez une quantité déterminée de l'essence à essayer ; ensuite versez de l'eau distillée en quantité au moins double, et agitez à plusieurs reprises. Laissez reposer et vous verrez si la quantité d'eau primitivement versée dans l'éprouvette a diminué. La quantité qui se trouve en moins indique la quantité d'alcool qui y était mélangée.

On peut encore obtenir un résultat plus certain par la distillation au bain-marie. Toutes les huiles essentielles qui, pour entrer en ébullition, exigent une température plus élevée que ne fait l'alcool, restent dans la cornue, tandis que celle-ci passe dans le récipient avec une simple trace de l'huile essentielle où le goût et l'odorat peuvent aisément reconnaître l'alcool. Mais s'il restait du doute, on n'aurait qu'à ajouter au produit de la distillation un peu d'acétate de potasse et d'acide sulfurique concentré, et faire chauffer le tout dans un tube fermé par un bout jusqu'à l'ébullition ; alors, s'il y a de l'alcool on sentira l'odeur caractéristique de l'éther acétique.

Les huiles essentielles hydrocarbonées, telles que celles que fournissent tous les fruits de la famille des Aurantiacées ou Hespéridées, conservent parfaitement le potassium et le sodium ; si elles étaient mélangées d'alcool, celui-ci contenant de l'oxygène, les métaux sont rapidement ternis et oxydés.

Pour découvrir l'*huile de pommes de terre* ou *alcool amylique* dans l'esprit-de-vin, mettez du chlorure de calcium en petits morceaux dans un verre ; versez dessus ce qu'il faut d'alcool suspect pour le mouiller, couvrez ensuite le gobelet avec une assiette de verre, et laissez le tout tranquille. Bientôt, s'il y a de l'huile de pommes de terre, l'odeur se fera sentir distinctement et deviendra de plus en plus forte au bout de quelques heures. On peut reconnaître ainsi la moindre trace d'huile de pommes de terre ; mais si la quantité est extrêmement petite, l'expérimentateur laissera le mélange se combiner plus longtemps avant de flairer, puis il approchera le nez à plusieurs reprises et à de courts intervalles.

L'impossibilité de reconnaître les petites quantités d'huile de pommes de terre vient de l'insensibilité du nerf olfactif causée par la vapeur de l'alcool.

Si l'on veut percevoir l'odeur de cette huile seule, il faut empêcher la vapeur de l'alcool de s'élever ; on en vient à bout en mêlant l'alcool avec le chlorure de calcium qui le fixe. L'huile de pommes de terre se combine aussi avec le chlorure de calcium, mais la combinaison n'est pas inodore, tandis que l'alcool est si bien fixé qu'il n'altère plus l'odeur de l'huile de pommes de terre.

On constate encore très-bien la présence de l'*alcool de fécule* dans celui du vin, en additionnant celui-ci de cinq ou six fois son volume d'eau ; l'essence de pommes de terre n'étant pas soluble dans l'eau, le mélange se trouble et l'odeur de l'essence devient très-sensible.

On sait qu'on peut distinguer l'oléine des *huiles siccatives* de celles qui restent grasses à l'air, parce que n'étant pas transformable en acide élaïdique, elle ne devient pas solide. Le professeur Wimmec a récemment proposé, pour obtenir l'élaïdine, une méthode qu'on peut employer à reconnaître l'altération des huiles d'amandes et des huiles d'olive par les huiles siccatives. Il produit de l'acide nitreux en mettant de la limaille de fer dans une bouteille de verre avec de l'acide nitrique. La vapeur d'acide nitreux est conduite au moyen d'un tube de verre dans de l'eau sur laquelle a été versée l'huile suspecte. Si l'huile d'amandes ou d'olive est pure, étant traitée de cette manière, elle se transforme entièrement en cristaux d'élaïdine, tandis que si elle contient une petite quantité d'*huile d'œillette*, celle-ci surnage à la surface.

Ce procédé est imité de celui de Poutet (de Marseille), qui emploie le nitrate acide de mercure, et de celui de Boudet, qui conseille l'acide nitrique ou nitreux. On peut encore reconnaître ces falsifications au moyen des oléomètres de Lefebvre ou de Gobley. (Piesse ; Reveil.) (Voy. ESSENCES, HUILES.)

PASTILLAGES. — Voy. BONBONS.

PASTILLES. Les *pastilles* ou *tablettes* pharmaceutiques sont sujettes à *se piquer*, c'est-à-dire à offrir de petites taches circulaires ou ovales et un peu déprimées à leur centre, quand elles ne sont pas placées dans de bonnes conditions de conservation. Ces parties ramollies sont dues à ce qu'il s'est formé de la glycose et peut-être aussi du sucre liquide. (Huraut.)

Greenish a indiqué des tablettes de gingembre dans lesquelles s'étaient développées des productions fongoïdes, qui coïncidaient avec l'adultération de ces tablettes par la fécule de pommes de terre.

On a vendu des *tablettes de guimauve* sans guimauve, mais, en versant sur une tablette une goutte d'alcali volatil, de potasse caustique ou d'un carbonate alcalin en solution, on a une belle couleur jaune si la guimauve ne fait pas défaut, et aucune coloration quand elle manque.

GREENISH, *Note on a decomposed lozenge* (*Pharmac. Journ.*, 3ᵉ série, 1874, n. 193, p. 709). — HURAUT, *Altérations des pastilles* (*Journ. pharm. et chim.*, 3ᵉ série, t. XXI, p. 112).

PASTILLES D'IPÉCACUANHA. — Voy. IPÉCACUANHA.

PASTILLES DE MENTHE. Les pastilles de menthe à la goutte, surtout celles qui sont vendues à bon marché, sont fréquemment fabriquées avec de l'essence à bas prix et plus ou moins adultérées avec de l'*essence de térébenthine*. — Voy. MENTHE (Essence de).

PATE DE GUIMAUVE. La pâte de guimauve est essentiellement composée de sucre et de gomme, et doit ses propriétés à ces principes ; du reste, depuis longtemps déjà elle ne contient plus de guimauve, qui n'ajoutait que bien peu à l'action du mélange de sucre et de gomme, et lui donnait une saveur moins agréable.

On y a trouvé du *cuivre* ; mais incinérée la pâte donne un résidu qui, repris par l'acide nitrique étendu et additionné d'ammoniaque, prend une coloration bleue. Le cyanure jaune déterminera la production d'un précipité brun marron. Une lame de fer décapée se recouvrira d'une couche de cuivre métallique.

PATE DE JUJUBES. Voy. JUJUBES (Pâte de).

PATISSERIES. Les *pâtisseries*, et surtout ce que l'on nomme les *pièces montées*, ont été quelquefois la cause d'accidents dus à ce qu'on y avait introduit des substances toxiques destinées à les colorier. Chevallier et Stanislas Martin ont signalé plusieurs cas de pâtisseries décorées avec une pâte contenant du *vert de Schweinfurth*.

Morin a fait connaître qu'il avait reconnu de l'*antimoine* dans des *pâtés de foie gras*, en très-petite proportion du reste, mais paraissant dû à l'habitude des éleveurs de volaille d'ajouter un peu de sulfure d'antimoine aux aliments des oies, pour favoriser leur engraissement.

Les pâtissiers anglais font un usage habituel de l'*essence d'amandes amères* pour aromatiser leurs gâteaux. (Voy. AMANDES AMÈRES.)

Barreswill a constaté, à Greenwich, l'emploi de feuilles de *cuivre jaune* pour dorer certains pains d'épice, *Ginger-Bread*.

On a observé quelquefois des accidents causés par des *pâtés*, dans lesquels l'analyse n'a pu démontrer l'existence de principes toxiques ; du reste, il résulte d'observations, faites par Boutron et Payen, que ces accidents peuvent être dus à la manière seule dont les pâtés sont refroidis, par suite de la production de petits champignons qui empêchent le jus de former gelée. Il est donc bon, dans le cas où l'on trouve un pâté froid, qui donne du jus quand on le coupe, de s'abstenir d'en faire usage.

Les *darioleurs* ou pâtissiers, qui fabriquent les brioches et gâteaux communs destinés à être vendus sur les promenades publiques, ont fréquemment ajouté à la pâte de leurs gâteaux du sulfate de cuivre destiné à leur permettre d'employer des farines inférieures au lieu de fleur de farine.

On a aussi signalé la présence dans les échaudés de l'*alun*, qui y avait été ajouté en vue de remplacer une partie des œufs nécessaires pour leur confection. (Garnier.)

PAVOT. Le pavot à opium, *Papaver somniferum*, L., est l'objet de cultures très-importantes, en Orient principalement, en vue du suc qu'il fournit (voy. OPIUM), mais en Europe on ne le cultive guère, sur une grande échelle, que dans le but de récolter ses capsules et ses graines ; ces dernières fournissent une huile douce, non vénéneuse et très-employée parce qu'elle a moins de tendance à rancir que les autres huiles.

Les capsules, *têtes de pavot*, sont plus ou moins globuleuses, ovales ou arrondies ; leur volume varie de celui d'un œuf à celui d'une orange ; leur texture est légère, spongieuse et papyracée ; elles n'offrent qu'une seule loge, formée par de nombreux carpelles enfermés dans une production membraneuse du thalamus, et garnie de placentas qui forment à l'intérieur de la capsule des cloisons correspondant avec le nombre et la position des carpelles.

Les têtes de *pavot noir* (fig. 141) sont arrondies et renferment des graines noirâtres et opaques ; leur déhiscence se fait par de petites ouvertures au-dessous du disque stigmatique.

Les têtes de *pavot blanc* (fig. 142) sont plus ovoïdes, indéhiscentes et renferment des graines blanchâtres, translucides, articulées. On trouve souvent dans le commerce des *têtes de pavot* blanc (fig. 143) très-déprimées et souvent plus larges que hautes.

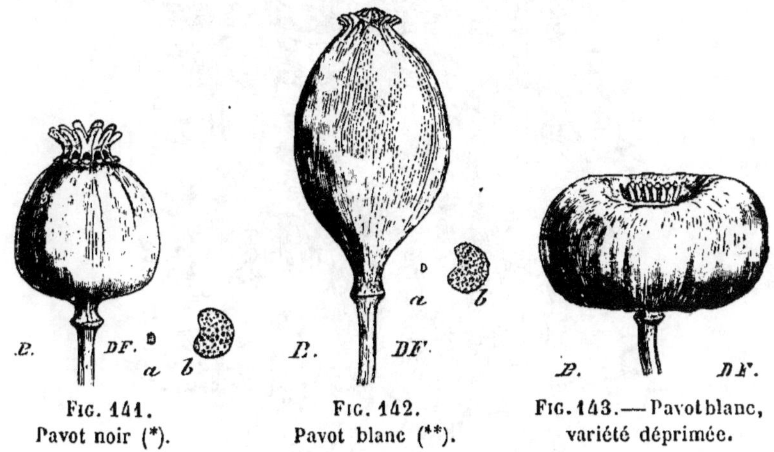

FIG. 141.   FIG. 142.   FIG. 143.— Pavot blanc,
Pavot noir (*).   Pavot blanc (**).   variété déprimée.

Les pharmacopées de Londres et de Dublin prescrivent de récolter les têtes de pavots presque mûres ; le collége d'Édimbourg veut au contraire qu'on les recueille un peu avant la maturité parce qu'alors elles sont plus actives.

L'examen microscopique des capsules de pavot offre un certain intérêt puisqu'il permet à l'observateur de reconnaître dans l'opium, parmi les tissus qu'on y rencontre fréquemment, ceux qu'on doit rapporter à des débris de capsule.

Des coupes minces de la surface externe de la capsule, examinées au microscope, paraissent composées de cellules petites, anguleuses, à parois ou cloisons très-marquées et larges ; et offrent çà et là quelques stomates arrondis. La structure de cette portion externe est d'autant plus intéressante à connaître, que c'est surtout la partie externe de la capsule qui sert dans la falsification de l'opium. La ressemblance de cette membrane avec les cellules de la membrane d'un grain de blé est tellement grande que la confusion peut s'en faire très-aisément.

(*) *a*, graine ; *b*, la même grossie.
(**) *a*, graine ; *b*, la même grossie.

La structure de la membrane qui tapisse l'intérieur de la capsule et qui existe entre les cloisons est très-différente ; elle consiste en cellules très-larges, allongées ou irrégulières, mais presque toujours plus étroites aux deux extrémités ; leurs parois sont très-épaisses et granuleuses ; on trouve aussi sur cette membrane quelques stomates anguleux.

Des coupes longitudinales, intéressant toute l'épaisseur de la capsule,

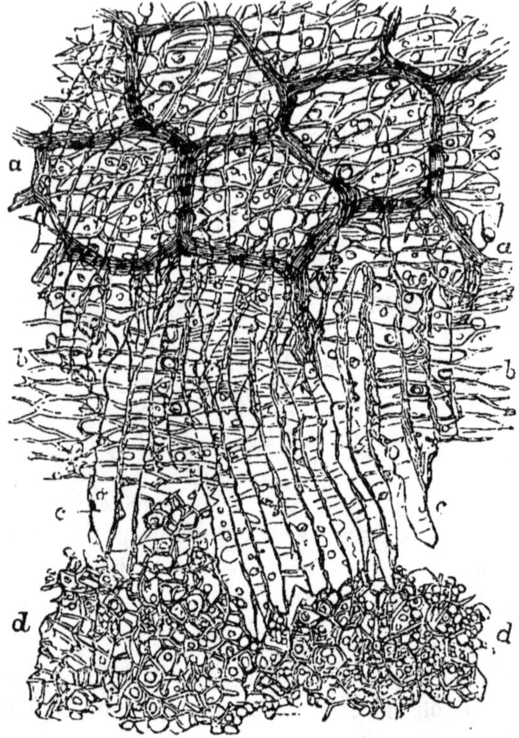

Fig. 144. — Coupe d'une graine de pavot. Grossissement, 100 diamètres (*).
(Hassall.)

laissent voir le côté des cellules des membranes externe et interne et l'espace intermédiaire composé d'un tissu cellulaire lâche auquel la capsule doit son état spongieux et qui est traversé çà et là, par des vaisseaux annulaires spiraux et des fibres ligneuses.

La structure des cloisons ou placentas est très-différente de celle de la paroi interne capsulaire : chaque cloison présente à sa surface, des deux côtés, de nombreux points ou taches noirs, qui consistent en petites sail-

(*) a, membrane externe de l'enveloppe ; b, membrane moyenne ; c, membrane interne ; d, parenchyme de la graine rempli d'huile.

lies spermophores, dont chacune supportait originairement une graine, car les graines en général se trouvent détachées dans les capsules mûres.

. Les parties des cloisons, intermédiaires aux spermophores, sont formées de cellules qui, bien qu'assez larges, le sont moins que les cellules de la membrane interne de la capsule ; elles sont quelque peu allongées et rétrécies à chaque extrémité ; leurs parois sont granuleuses ; il n'y a pas de stomates ; les spermophores ont une structure analogue.

La coupe transversale de la cloison observée avec une loupe laisse voir nettement les spermophores et la disposition des graines, ainsi que leur insertion. A un grossissement plus fort, on saisit bien la structure des cloisons : la partie centrale ou spongieuse, qui se gonfle beaucoup quand elle est plongée dans l'eau, consiste en cellules tubuleuses, dirigées en tous sens et laissant entre elles des intervalles considérables ou aréoles, avec des faisceaux de fibres ligneuses, de vaisseaux ; un de ces faisceaux passe à travers le centre de chaque spermophore. La figure 144 donne la structure des graines de pavot dont les cellules sont gorgées d'huile. (Hassall.)

PERSIL. Le persil, *Petroselinum sativum*, Hoffm. (Ombellifères), est

FIG. 145. — Persil.

quelquefois confondu avec la *petite ciguë* ou *faux persil*, *Æthusa cyna-pium*, L. On peut assez facilement les distinguer. En effet, le persil (fig. 145) a la tige complétement verte, sans coloration rouge ni taches, porte des feuilles bipennées à segments larges et formés de trois lobes cunéiformes et dentés; ses fleurs d'un jaune verdâtre sont accompagnées d'un involucre 6-8 foliolé et d'involucelles 8-10 foliolés dirigés circulairement; le fruit est ovoïde, allongé et porte des côtes peu saillantes; son odeur enfin est aromatique et agréable.

La petite ciguë (fig. 146) a la tige glauque rougeâtre à la base et un

FIG. 146. — Petite ciguë.

peu maculée de rouge foncé; ses feuilles sont tripennées, à segments nombreux, étroits, aigus, incisés et dentés; elle n'a pas d'involucre, mais seulement des involucelles 3 foliolés déjetés vers le bord extérieur de l'ombelle; ses fleurs sont blanches; ses fruits sont ovoïdes, arrondis et munis de côtes épaisses et saillantes; son odeur est vireuse et nauséabonde.

PETIT-LAIT. — Voy. LAIT (Petit-).

PÉTROLE (**Huile de**). L'*huile de pétrole* est liquide, mais moins que le naphte, de consistance oléagineuse et onctueuse au toucher, sa couleur est brun noirâtre ou rougeâtre; elle est presque opaque; son odeur est bitumineuse, très-forte et très-tenace. Sa pesanteur spécifique est 0,85. Moins combustible que le naphte, elle brûle en laissant un peu de résidu.

Elle contient divers produits de volatilité différente et par conséquent plus ou moins inflammables : il y a donc intérêt à la débarrasser de tous les principes qui sont volatils au-dessous de + 40° et de ne réserver pour l'usage que ceux qui sont volatils à une température plus haute que + 40° à + 45°.

Parmi les nombreuses falsifications de l'huile de pétrole, la principale consiste à y ajouter des huiles, dites de *paraffine*, qui portent sa densité de 0,750 à 0,800. Ces mélanges, qui ne diffèrent pas sensiblement de l'huile pure de pétrole, excepté par leur odeur plus forte, sont très-dangereux parce qu'ils sont beaucoup plus inflammables.

Le mélange avec les huiles de paraffine se reconnaît en mêlant dans un vase convenable un volume d'eau froide avec un volume de l'huile suspectée pour en former une couche mince. On approche une allumette enflammée, l'huile prend feu, pour peu qu'elle contienne 0,12 d'essence : une telle huile doit être rejetée pour l'usage en raison du danger d'explosion qu'elle présente. (*Dingler's Polytechn. Journ.*, 1867.)

PHOSPHATE DE CHAUX DES OS. — Voy. Os calcinés.

PHOSPHATE DE SOUDE. — Voy. Soude (Phosphate de).

PHOSPHORE. Le phosphore commercial peut contenir du *soufre* et de l'*arsenic*, pour s'en assurer il faut mettre dans une cornue 1 partie de phosphore et 12 parties d'acide nitrique : on laisse d'abord la réaction s'opérer à froid, puis on chauffe modérément et l'on amène peu à peu à l'ébullition : l'acide phosphorique formé sera reconnu être mêlé d'acide sulfurique en étendant d'eau et en versant du chlorure de baryum ; car s'il y a des traces d'acide sulfurique, il se fera un précipité insoluble dans la liqueur acide, tandis qu'il n'y aura pas de précipité dans l'acide phosphorique pur, le phosphate de baryte étant soluble dans la liqueur acide. Pour reconnaître la présence de l'arséniate, on fait passer dans la liqueur acide étendue d'eau et débarrassée de toutes vapeurs nitreuses, un courant d'acide sulfureux, puis un courant d'hydrogène sulfuré : si l'arséniate existait, il se fait un précipité jaune.

C.-J. Rademaker, en préparant de l'acide phosphorique par le procédé officinal, et en cherchant à le débarrasser par un courant d'acide sulfhydrique des substances qui pouvaient le contaminer, a toujours obtenu le précipité de sulfure d'arsenic et a constaté que 100 grammes de phosphore avaient fourni 0gr,95 de sulfure. (*Amer. Journ. Pharm.*, nov. 1870, t. XLVII, p. 507.)

PIERRE INFERNALE. — Voy Argent (Nitrate d').

PIERRES D'ÉCREVISSES. —Voy. Yeux d'écrevisses.

PIMENT DE LA JAMAIQUE. Le *piment de la Jamaïque, Pimenta officinalis*, Berg (Myrtacées), est une baie sèche, du volume d'un pois, arrondie, gris rougeâtre, couverte de petites glandes tuberculeuses et surmontée de quatre lobes calycinaux, ou quand ceux-ci ont disparu en partie, par un bourrelet blanchâtre; elle renferme deux loges monospermes; son odeur forte rappelle celle du girofle et de la cannelle; sa saveur est chaude et aromatique.

L'enveloppe est épaisse, et quand elle est desséchée, lisse et cassante;

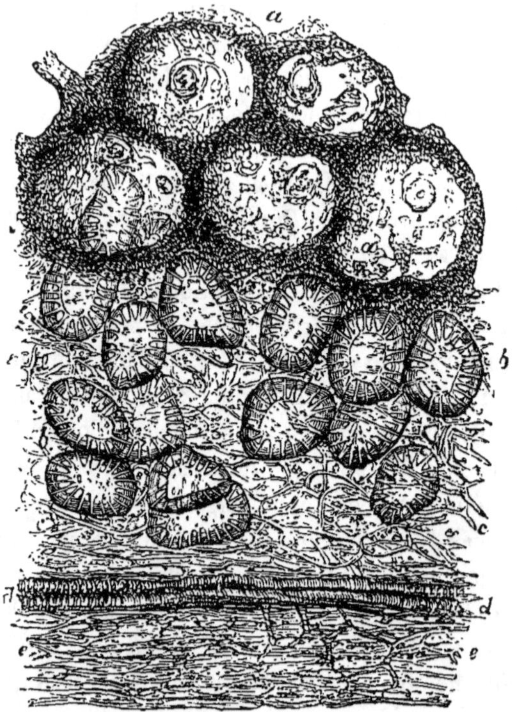

FIG. 147 — Coupe verticale de l'enveloppe du piment. Grossissement, 220 diamètres (*). (Hassall.)

elle émet de sa partie interne un prolongement formant cloison et qui divise l'intérieur en deux loges. Une coupe verticale fait voir à l'intérieur plusieurs larges cellules ou réceptacles pour l'huile essentielle; puis, plus en dedans, de nombreuses cellules étoilées incluses dans du tissu cellulaire; auprès se trouvent des faisceaux de fibres ligneuses et des trachées fines, et plus vers la partie interne, du tissu cellulaire (fig. 147).

(*) *aa*, réceptacles d'huile essentielle; *b*, cellules étoilées; *c*, parenchyme entourant les cellules étoilées; *d*, faisceaux de fibres ligneuses et de trachées; *e*, tissu cellulaire le plus interne.

Dans chacune des deux loges est une graine petite, aplatie, de couleur brun-chocolat : après macération, on peut en séparer, avec quelque difficulté, deux membranes dont la plus externe est mince et délicate et consiste en une couche unique de cellules allongées ou anguleuses ; la membrane interne est formée de plusieurs couches de cellules larges, chagrinées et colorées, qui donnent à la graine son aspect rugueux. La graine, proprement dite, offre à l'extérieur un rang unique de récep-tacles larges et séparés par des cellules anguleuses, transparentes et remplies de grains de fécule bien distincts. (Hassall.)

La poudre de piment pure présente tous les éléments décrits ci-dessus, disjoints et plus ou moins mélangés ; mais les cellules colorées qu'elle

Fig. 148. — Poudre de piment. Grossissement, 220 diamètres (*). (Hassall.)

renferme toujours en plus ou moins grande quantité lui donnent un aspect caractéristique (fig. 148).

Le piment en poudre a été sophistiqué avec des enveloppes de *moutarde;* mais le microscope donne le moyen aisé de reconnaître cette fraude. (Voy. Moutarde).

(*) *a*, fragments d'enveloppe du fruit ; *b*, cellules étoilées ; *c*, membrane externe ou tégument propre de la graine ; *d*, cellules rougeâtres formant la seconde enveloppe de la graine ; *e*, cellules de l'amande contenant de la fécule ; *f*, grains de fécule séparés.

PISSENLIT. La racine du *Taraxacum dens leonis*, L., a l'extérieur lisse, de couleur de tan et renferme ordinairement un suc laiteux ; quand elle porte des feuilles à son sommet, celles-ci sont lisses et dentées. On lui a substitué la racine d'*Apargia hispida*, Willd., dont la racine est plissée, pâle, coriace, difficile à rompre et rarement laiteuse et dont les feuilles sont velues. (Giles, *Pharm. Journ.*, 1862, t. XIII, p. 104.)

En Amérique, on substitue fréquemment à la racine de pissenlit celle de la *chicorée*, et Maisch a fait connaître que, dans certaines localités, celle-ci porte le nom de *racine de pissenlit cultivé.*(*Amer. Journ. Pharm.*, 1873, p. 86.)

PISTACHES. Les pistaches, *Pistacia vera*, L. (Térébinthacées), se présentent sous forme d'amandes vertes, grasses et de saveur douce et agréable, entourées d'une pellicule rougeâtre.

On a vendu, pour des pistaches, des fragments de noisettes ou d'amandes douces colorées avec du *vert de vessie*, additionné d'un peu de chaux pour lui donner une plus belle teinte. La fraude sera facilement découverte par le contact d'un petit excès d'acide, qui fera virer la couleur au violet. (E. Baudrimont.)

BAUDRIMONT (Ern.), *Sur une fabrication de fausses pistaches* (*Journ. chim. méd.*, 5ᵉ série, 1867, t. III, p. 92).

PLATRE. — Voy. CHAUX (Sulfate de).

PLOMB. Le *plomb* est d'un gris bleuâtre livide, éclatant sur ses surfaces fraîches, mais se ternissant promptement à l'air. Sa pesanteur spécifique est 11,445 ; il est malléable et ductile, mais mou et sans élasticité ; il laisse sur le papier des traces grises ; il est fusible à environ 335° C., non volatil et s'oxyde très-vite au contact de l'air ; il donne une odeur désagréable par le frottement.

Il peut contenir de l'*argent*, du *fer*, du *cuivre*, du *zinc*, de l'*étain*, de l'*antimoine* et de l'*arsenic*. On dissoudra le plomb par l'acide nitrique qui précipitera l'antimoine à l'état d'acide antimonieux et l'étain sous forme d'acide stannique. On traitera la liqueur acide par l'acide sulfurique, qui déterminera le dépôt du plomb sous forme de sulfate. La liqueur, dans laquelle on fera passer un courant d'acide sulfhydrique, laissera déposer le cuivre à l'état de sulfure ; un excès d'ammoniaque précipitera le peroxyde de fer, et la liqueur, évaporée alors à siccité, donnera pour résidu l'oxyde de zinc.

PLOMB (Acétates de). ACÉTATE NEUTRE DE PLOMB (*sel de Saturne,* *sucre de Saturne*). C'est un sel cristallisé en prismes quadrangulaires terminés par des sommets dièdres, blanc, s'effleurissant légèrement; il est très-soluble dans l'eau et a une saveur d'abord sucrée, puis styptique.

L'acétate de plomb qui contient de *l'acétate de fer* donne par le sulfate d'ammoniaque un précipité qui aura, non pas la couleur blanche, mais une couleur chamois. On peut encore, et plus sûrement, traiter le sel suspect par l'acide chlorhydrique et l'alcool : l'acétate de plomb sera précipité à l'état de chlorure insoluble dans ces conditions et la liqueur retiendra à l'état de dissolution les sels de fer et de cuivre.

A l'air, l'acétate de plomb se transforme en carbonate de plomb par absorption de l'acide carbonique, et devient opaque. Les acides y font alors effervescence, et d'autre part la solution dans l'eau laisse un résidu qui est d'autant plus abondant qu'il y a eu plus de carbonate formé.

Le commerce présente quelquefois un acétate de plomb plus ou moins jaune, en masses fibreuses et à odeur empyreumatique; ce sel est le résultat de la fabrication de l'acétate par l'acide pyroligneux, et est en général désigné sous le nom de *pyrolignite de plomb*.

L'acétate de plomb peut renfermer de *l'acétate de soude* par suite de sa préparation.

On a indiqué aussi le mélange de *nitrate de plomb;* mais s'il était projeté sur les charbons ardents, il y aurait scintillation du nitrate; traité par l'acide sulfurique et la limaille de cuivre, il donnerait des vapeurs rutilantes et il se formerait du nitrate de cuivre bleu verdâtre (Ebermayer). A. E. Ebert a aussi constaté le mélange du *sulfate de zinc* à l'acétate de plomb. (*Amer. Pharm. Assoc.*, 1872, p. 344.)

Le SOUS-ACÉTATE DE PLOMB est en lames opaques et blanches, ou en longues aiguilles soyeuses ; il est soluble dans l'eau et constitue alors ce qu'on nomme l'*extrait de Saturne, eau de Goulard*, qui doit marquer 30° Baumé.

L'extrait de Saturne est quelquefois jaunâtre par suite de sa préparation avec du vinaigre impur; d'autres fois il est bleuâtre par la présence du cuivre provenant, soit de la litharge employée, soit des vases dont on s'est servi. L'ammoniaque dissout l'oxyde de cuivre et donne une coloration bleue, en même temps qu'elle précipite l'oxyde de plomb; le cyanure jaune donne un précipité brun marron; une lame de fer bien décapée se recouvre d'une couche de cuivre. La présence du fer est indiquée par un courant d'hydrogène sulfuré dans la liqueur acidulée;

le cuivre et le plomb se précipitent et la liqueur qui surnage donne avec l'ammoniaque un précipité d'oxyde de fer.

PLOMB (**Carbonate de**). Le *carbonate de plomb, céruse, blanc de céruse, blanc de plomb,* se trouve dans le commerce sous forme d'une poudre blanche, peu cohérente, qui a été lavée et séchée dans des moules coniques.

La céruse du commerce est un mélange de *carbonate de plomb* et *d'hydrate* avec des traces d'*acétate de plomb*, mais on lui mélange souvent du *sulfate de plomb*, du *sulfate de baryte*, du *sulfate de chaux* ou de la *craie*, en vue de lui donner plus d'opacité et surtout parce que le prix de ces substances est beaucoup inférieur.

Le mélange avec la *craie* est reconnu par l'acide nitrique, qui détermine une effervescence et qui donne une liqueur tenant en dissolution les nitrates; on précipite le plomb par l'hydrogène sulfuré en excès; on filtre et l'on reconnaît la chaux au moyen du carbonate d'ammoniaque qui la précipite à l'état de carbonate. La présence du *gypse*, du *talc* et du *sulfate de baryte* est reconnue par l'action du vinaigre, qui dissout seulement la céruse, et par l'examen chimique du résidu. (Voy. Biart, *Leavenworth Journ. Pharm.*, oct. 1871.)

PLOMB (**Chromate de**). Le *chromate de plomb* est une poudre d'un beau jaune, insoluble dans l'eau, peu soluble dans les acides, soluble dans la potasse et l'acide azotique.

Il peut contenir de la *craie* qui fait effervescence par les acides, de la *céruse* qui fait également effervescence, mais qui donnera un précipité noir par un courant d'acide sulfhydrique dans la solution acide, tandis que la chaux sera précipitée en blanc par l'oxalate d'ammoniaque.

Le *sulfate de chaux* formera un résidu par l'acide nitrique, et celui-ci, calciné avec du charbon, donnera avec l'acide sulfurique un dégagement d'acide sulfhydrique.

L'*amidon* formera par l'eau bouillante une liqueur que l'iode colorera en bleu, ou développera à la calcination une odeur caractéristique.

Les chromates de plomb du commerce renferment toujours une certaine proportion de *sulfate de plomb*. Pour le reconnaître, on chauffe légèrement dans un ballon assez grand 1 partie de chromate de plomb, 2 à 3 parties d'acide nitrique à densité 1420, 1 à 2 parties d'eau distillée et un quart d'alcool : la réaction est très-vive, et l'on doit diminuer beaucoup le feu; puis on chauffe jusqu'à ce qu'il n'y ait plus de vapeurs nitreuses. Le ballon renferme un liquide violet, et un précipité blanc de nitrate de plomb qui peut contenir le sulfate : si l'on ajoute de l'eau et fait bouillir, tout se dissout excepté le sulfate de plomb. (E. Davillier.)

DAVILLIER (E.), *Recherche et dosage du sulfate de plomb contenu dans les chromates de plomb du commerce* (*Répert. de pharm.*, 1873, t. I, p. 359).

PLOMB (Deutoxyde de). Le *deutoxyde de plomb*, *minium*, est très-lourd, sablonneux, d'un rouge orangé, insoluble dans l'eau. Sa composition est variable suivant que le grillage a été plus ou moins prolongé.

Le minium étant complétement insoluble dans une solution d'acétate neutre de plomb, on a tiré parti de ce caractère pour y reconnaître la présence de la *litharge :* pour cela, on mêle le minium suspect avec de l'acétate neutre de plomb, on en fait avec de l'eau une bouillie qu'on laisse macérer plusieurs jours ; on étend d'eau distillée, on filtre et l'on traite par la gomme ; s'il se fait un précipité, il indique la présence d'acétate basique et, par suite, que l'acétate neutre a trouvé dans le minium de la litharge à dissoudre.

PLOMB (Protoxyde de). Le *protoxyde de plomb*, cristallisé par fusion ou *litharge*, est en lames ou paillettes, colorées en rouge par du minium, c'est la *litharge d'or*, ou plus pâles et d'un jaune blanchâtre et d'un brillant argenté, c'est la *litharge d'argent*.

La litharge peut, sans que ce soit une sophistication, contenir de la *silice* provenant des fours de calcination, du *minium* provenant d'une température un peu trop élevée, des *oxydes de fer* et de *cuivre ;* en outre, elle est souvent plus ou moins carbonatée, parce qu'elle absorbe l'acide carbonique de l'air.

Pure, la litharge doit se dissoudre entièrement et sans effervescence dans l'acide nitrique, et sa solution, précipitée à l'état de chlorure de plomb en présence de l'alcool, ne doit plus retenir en dissolution aucun composé fixe.

J. Laneau a indiqué dans une litharge anglaise 0,06 d'une *terre* rougeâtre, insoluble dans l'acide nitrique faible et impropre à la fabrication des emplâtres.

On a trouvé aussi quelquefois du *plomb métallique* dans la litharge, et, pour s'en assurer, il suffit de traiter par l'acide acétique. (Meyer.)

LANEAU, *Sur la falsification de la litharge* (*Journ. pharm. et chim.*, 3ᵉ série, 1860, t. XXXVIII, p. 171). — MEYER, *Sur la présence du plomb dans la litharge* (*Polytech. Journ.*, 1870 ; *Journ. pharm. et chim.*, 4ᵉ série, 1870, t. XII, p. 215).

POIS A CAUTÈRES. Le plus souvent fabriqués avec le rhizome d'iris, les pois à cautères sont quelquefois faits avec des *marrons d'Inde*, qu'on fait séjourner dans la poudre d'iris après les avoir trempés dans l'infusion d'iris ; mais ces pois sont assez mous, translucides, et, d'autre part, ils ne prennent pas dans une légère solution de zinc la belle couleur rouge qui se développe sur les pois d'iris. (Caventou.)

POIVRE. Le poivre est le fruit du *Piper nigrum*, L. (Pipéracées), en grains petits, globuleux, noirs, à surface ridée avec des réticulations, à saveur et odeur aromatiques et âcres.

Sous le nom de *poivre blanc* on désigne un poivre qui a été privé par macération de son épicarpe : il est en général constitué par les grains les plus gros et les plus jaunes.

Le poivre offre une partie extérieure noire ou rouge noirâtre, qui est

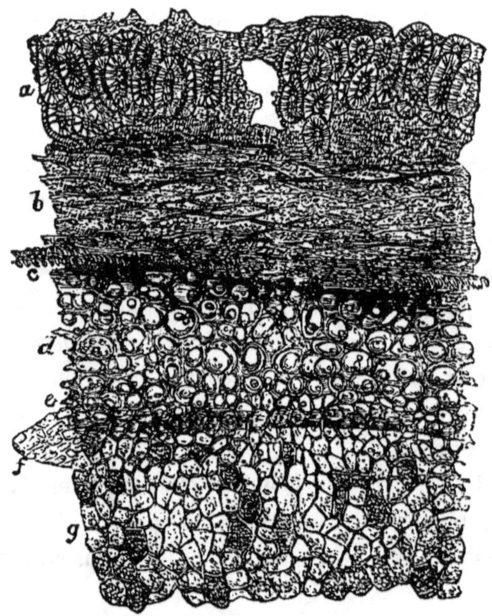

FIG. 149. — Coupe d'un grain de poivre. Grossissement, 80 diamètres (*).
(Hassall.)

constituée par plusieurs couches : à l'extérieur sont des cellules allongées, placées verticalement, munies d'une cavité centrale de laquelle partent, en irradiant, de petites lignes ou canaux ; ces cellules, vues latéralement, paraissent au moins deux fois plus longues que larges, et vues par le sommet, elles paraissent ovales et à peu près aussi larges que

(*) *a*, cellules étoilées ; *b*, cellules de la seconde couche ; *c*, fibres ligneuses et vaisseaux ; *d*, cellules larges formant la quatrième membrane ; *e*, cellules rouge foncé ; *f*, membrane interne ; *g*, cellules de la graine.

longues ; ces cellules se rapprochent par leur apparence de celles que
présente l'épiderme de la canne à sucre (fig. 149). Au-dessous se
trouvent des cellules petites, anguleuses, foncées en couleur, intimement liées à une couche plus interne qui n'en diffère que très-peu :
puis on observe une couche très-mince de fibres ligneuses avec quelques
vaisseaux spiraux à fil unique, et formant une ligne plus foncée.

En dessous est une couche formée de cellules nombreuses, d'autant
moins grandes qu'on se rapproche davantage du centre, et colorées en
rouge foncé : ces cellules sont riches en globules huileux et paraissent
renfermer surtout le principe actif du poivre. Plus en dedans encore
sont deux à trois couches de cellules, dont la plus interne est incolore,
comme réticulée (fig. 150) et forme une lamelle transparente qui se
sépare fréquemment comme une membrane distincte.

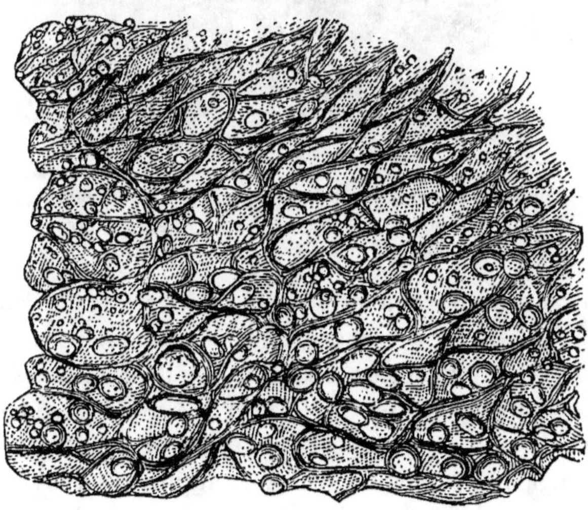

Fig. 150. — Enveloppe du poivre, quatrième membrane, montrant les gouttelettes
d'huiles dans les cavités des cellules. Grossissement, 200 diamètres. (Hassall.)

Le centre de la baie est formé par des cellules larges, irrégulières,
deux fois environ aussi longues que larges, radiées (fig. 151) : ces cellules sont soudées en une masse assez dure et résistante à l'extérieur,
tandis qu'au centre elles sont peu cohérentes et souvent forment une
poudre farineuse. De distance en distance, on trouve, au milieu de ces
cellules, d'autres cellules plus larges et colorées en jaune foncé, qui
sont sans doute le réceptacle du pipérin : l'alcool et l'acide nitrique
foncent leur teinte, et par l'acide sulfurique concentré elles prennent

une nuance rougeâtre, analogue à celle que cet acide communique
au pipérin lui-même. (Hassall.)

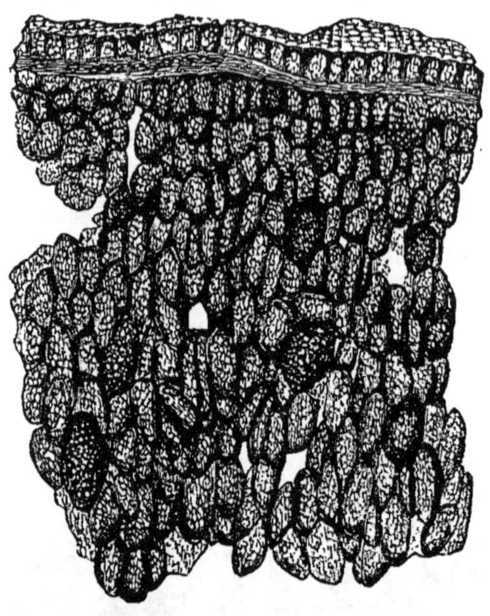

Fig. 151. — Coupe de la partie centrale d'un grain de poivre, montrant les cellules
colorées et incolores ainsi que leur rapport avec l'écorce. Grossissement,
120 diamètres. (Hassall.)

La fécule du poivre est d'un brun clair, un peu moins jaune que le
poivre que l'on sert sur nos tables. Examinée au microscope, elle paraît
formée de grains volumineux, anguleux, et dont quelques-uns sem-
blent offrir des fentes ou fissures. Chacun de ses grains, qui présentent
le plus ordinairement des formes polyédriques irrégulières et toujours
des angles aigus, ne permet de distinguer aucune trace de couches concentriques ou de hile; mais ils offrent un aspect chagriné spécial;
leurs dimensions varient entre un à deux centièmes de centimètre de
longueur sur un centième de largeur, et un centième de centimètre sur
une largeur égale. Ce ne sont pas là les vrais grains de fécule, mais des
assemblages de granules enfermés dans une membrane commune (paroi
cellulaire). Les véritables grains amylacés sont extrêmement ténus, environ un deux-centième de millimètre, ovoïdes, arrondis ou sphériques. L'iode a peu d'action sur ces granules, à moins qu'on n'ait réussi
à briser l'enveloppe celluleuse; celle-ci se colore en jaune, tandis que
les grains prennent la teinte violette ordinaire. (J.-L. Soubeiran.)

C'est à tort qu'on désigne, comme étant différents, le *poivre noir* et le *poivre blanc :* car ce dernier, qui a été décortiqué, contient toujours des restes de l'enveloppe plus ou moins colorés en rouge.

Le poivre noir pulvérisé laisse voir des fragments de toutes les parties décrites ci-dessus (fig. 152), tandis que le poivre blanc n'en présente que quelques-unes. Le poivre noir, projeté dans l'eau, laisse voir une poussière blanche formée des cellules de la graine, isolées, unies ou brisées, et renfermant des grains de fécule d'une petitesse extrême. A cette poudre se trouvent mêlés des fragments, les uns noirs, les autres rouges. Les parties noires sont des fragments de la partie externe de l'écorce ; les parties rouges sont formées par les éléments les plus internes de l'écorce. Les parties noires ne laissent pas observer, d'une

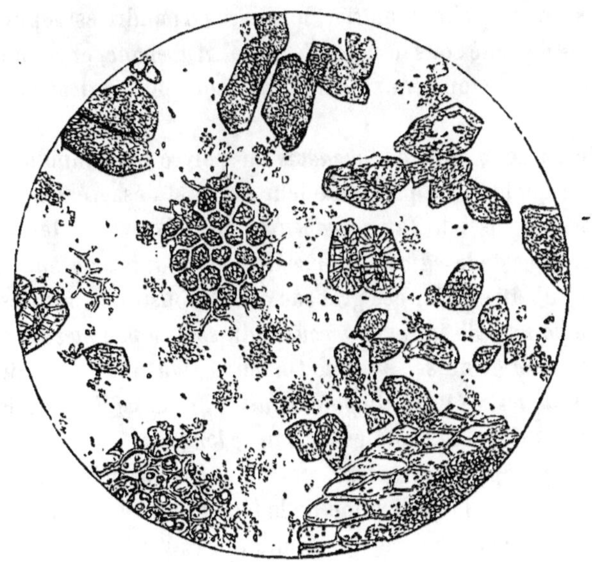

Fig. 152. — Poudre de poivre noir pure. Grossissement, 120 diamètres.
(Hassall.)

façon suffisante, leur structure, à moins qu'on ne les ait décolorées par l'action de l'iode et divisées en petits fragments au moyen d'aiguilles. (Hassall.)

La poudre de poivre blanc ne présente pas de particules noires, mais seulement de nombreux fragments rouge brun, qui adhèrent souvent à des cellules blanches du centre du fruit. Ces cellules blanches sont entières ou brisées, polygonales, dures, avec un aspect particulier gra-

nuleux tout à fait caractéristique. La quantité de fécule est si considérable que le poivre devient immédiatement bleu foncé par l'action
de l'iode. (Hassall.)

Le poivre est l'objet des sophistications les plus nombreuses, et peut
renfermer de la *graine de lin*, de la *moutarde*, de la *farine*, des *pois*,
du *sagou*, du *riz*, de la *poussière de poivre*, du *ligneux*, du *plâtre*, de
la *poussière d'os*, etc. : ces diverses substances peuvent être facilement
reconnues par l'examen microscopique.

On emploie beaucoup les *balayures de magasins* pour adultérer le
poivre, et, sous le nom de résidu de poivre, on vend souvent un mélange de *tourteaux* de colza ou de lin, de moutarde et de poivre de
Cayenne. (Hassall.)

Depuis un temps immémorial, le poivre en poudre est sophistiqué avec
un produit désigné sous le nom d'*épices d'Auvergne*, et composé de pain
de chènevis et de tourteaux de faîne, et souvent aussi avec de la terre
pourrie.

L'addition de *graine de chènevis* au poivre communique à celui-ci,
au bout de quelque temps, une odeur rance et désagréabble. (Bertin.)

On fabrique aussi de *faux grabeaux* de poivre avec les *résidus des
féculeries*, avec de la *chicorée torréfiée*, de la *farine de haricots*, et du
curcuma; d'autres fois, ces grabeaux sont constitués par des *pois torréfiés*, du *poivre*, de la *terre ocreuse*, du *son de pommes de terre*, de la
menthe poivrée et du *sel marin*. On en a fait aussi avec du *fleurage
de pommes de terre* (100), du *poivre pur* (12), du *seigle torréfié* et pulvérisé (10), du *sel marin* (10), et du *poivre long* (5).

Le *fleurage de pommes de terre*, formé par le parenchyme des pommes
de terre, résidu de la fabrication de la fécule, est réduit en poudre fine.
Il affaiblit l'odeur du poivre, lui donne une saveur douceâtre d'abord,
puis poivrée, mais moins intense que celle du poivre normal : la couleur
de la poudre est uniformément grisâtre, au lieu d'offrir des parties jaunâtres et noirâtres. La poudre de poivre mélangée surnage sur l'eau plus
longtemps que celle du poivre pur : avec l'iodure de potassium ioduré,
elle prend une coloration bleue plus foncée que le poivre normal.

On a fabriqué aussi du *poivre artificiel*, avec des tourteaux de lin, de
l'argile et du poivre de Cayenne, agglomérés, granulés en passant au
travers d'un tamis et roulés dans un tonneau. (Accum.)

On a fait de *faux grains* de poivre en enrobant de pâte des *grains de
moutarde*; ceux-ci deviennent plus tard mobiles, par le retrait de la

pâte et imitent exactement le creux qu'on remarque au centre des grains de poivre de l'Inde. La saveur, qui n'est pas exactement celle du poivre, et la macération, qui les rend mous et gluants, donnent un moyen facile de reconnaître la fraude. (Bertin.)

Roussin a indiqué un poivre falsifié avec des *grabeaux de poivre* et des *farines de seigle* et de *lin :* on en avait fait de petites masses globulaires irrégulières et chagrinées à la surface ; presque toutes avaient été attaquées par les insectes, tandis que le poivre vrai, qui y était mélangé, était intact. (*Journ. Pharm. et Chim.*, 1866.)

On a trouvé du poivre en grains mélangé à des fruits de *Rhamnus infectorius*, L., et peut-être aussi du *Rhamnus Alaternus*, L. : ces baies sont tri- ou quadriloculaires et contiennent, dans chaque loge, une petite graine rougeâtre. (Puel.)

On a, dit-on, roulé le poivre blanc dans une eau chargée de *gomme* et d'*amidon* et tenant en suspension de la *céruse,* pour lui donner de la blancheur et du poids ; mais, au contact d'une solution d'hydrogène sulfuré, ce poivre prend immédiatement une couleur noire. (Bertin.)

Le microscope fournira le moyen de reconnaître les sophistications du poivre, excepté lorsqu'elles sont faites avec les parties corticales du poivre. Cette adultération sera indiquée par la couleur foncée du poivre et par la quantité de particules d'écorce qu'on trouvera ; l'analyse chimique seule donnera la certitude de la fraude.

Le poivre artificiel sera reconnu par le séjour prolongé dans l'eau, qui le désagrégera : il faudra, en outre, avoir recours à l'examen microscopique et à l'analyse chimique.

BOUCHARDAT (A.), *Falsification du poivre* (*Union. pharm.*, 1873, t. XII, p. 497). — CHOULETTE, *Fabrication du poivre au moyen de semoule et de grabeaux de riz* (*Journ. chim. médic.*, 4ᵉ série, 1857, t. III, t. 441). — PUEL (L.), *Poivre mêlé à des semences de Rhamnus* (*Journ. chim. médic.*, 4ᵉ série, 1857, t. III, p, 739). — SOUBEIRAN (J.-L.), *Étude micrographique sur quelques fécules* (Thèse de pharmacie, 1852, p. 29).

POIVRE DE CAYENNE. Les capsules de *Capsicum annuum et frutescens* offrent un épiderme formé de cellules aplaties, tortueuses et angulaires, à parois nettement définies, épaisses, ponctuées çà et là, et à ponctuations se correspondant dans deux cellules voisines ; on y voit des gouttelettes d'huile rouge orange foncé, tantôt incluses, tantôt nageant dans le liquide qui baigne la préparation.

Le parenchyme est formé de cellules arrondies, à parois minces, et à cavité remplie d'un grand nombre de gouttelettes d'huile.

L'enveloppe de la graine est remarquable par sa structure ; elle est jaune clair et très-épaisse : les parois des cellules sont épaisses et flexueuses, les cavités foncées et déprimées ayant plutôt l'aspect d'ouvertures que de cavités cellulaires. Une coupe verticale donne une singulière apparence : il semblerait que l'enveloppe est formée de *productus* dentiformes, rayonnés en quelque sorte, séparés par des intervalles : le sommet du productus paraît se terminer par de très-petites épines en forme d'hameçon dont l'extrémité se perd dans une membrane mince qui forme l'enveloppe extérieure de la graine (fig. 153).

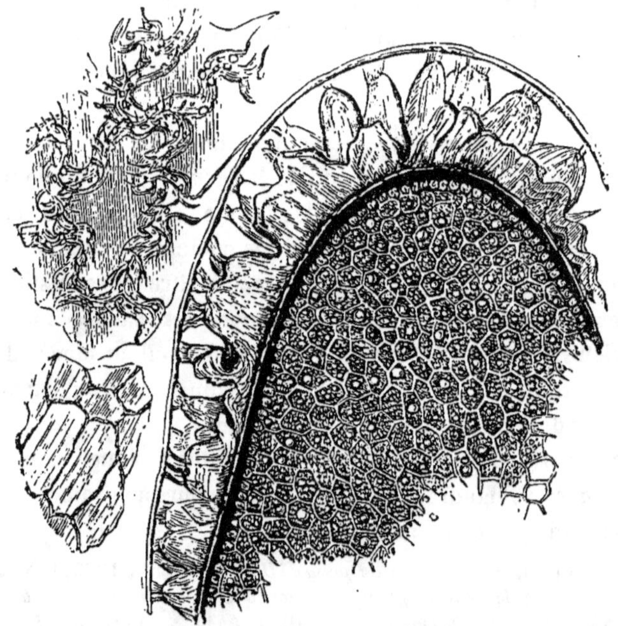

Fig. 153. — Coupe verticale de la graine de *Capsicum*. Grossissement, 100 diamètres. (Hassall.)

La graine proprement dite est formée de petites cellules anguleuses, à parois épaisses et incolores, et à cavités remplies de granules et de globules d'huile jaunâtre ou rougeâtre, mais sans fécule. (Hassall.)

Le poivre de Cayenne est sujet à des sophistications plus nombreuses encore que le poivre : on y trouve souvent des matières minérales colorantes, telles que du *minium*, des *ocres rouges*, du *cinabre*, du *sel ;* des *matières végétales*, telles que du *riz*, des enveloppes de *moutarde*.

Pour reconnaître la falsification du poivre de Cayenne, on peut avoir recours au microscope qui donne le moyen de distinguer la farine de riz, le curcuma et les enveloppes de moutarde. (Voy. ces mots.) Pour les autres mélanges, il est nécessaire d'avoir recours à l'analyse chimique, qui permet de vérifier l'existence des ocres, du minium et du cinabre. (Hassall.)

POIX DE BOURGOGNE. La *poix de Bourgogne, poix blanche*, fournie par l'*Abies excelsa*, D. C. (Conifères), ne se trouve plus dans le commerce, où on lui substitue aujourd'hui la résine purifiée du *Pinus maritima*, qui en diffère par plusieurs caractères. La poix de Bourgogne vraie a une couleur jaune brun sombre, une cassure brillante, conchoïdale, translucide ; elle a une odeur aromatique particulière ; elle se dissout en grande partie dans l'alcool à 83° et laisse un petit dépôt d'une poudre légère. Elle se dissout presque complétement dans son poids d'acide acétique glacial et laisse un résidu léger. La fausse poix de Bourgogne est d'une couleur plus brillante, plus homogène et moins foncée ; son odeur est faible et à peine aromatique ; elle est moins soluble dans l'alcool à 83° ; avec l'acide acétique glacial, elle donne un liquide trouble qui se sépare en deux couches, une supérieure épaisse, et une inférieure claire. (D. Hanbury, *Pharmac. Journ.*, 1867, t. IX, p. 162.)

On trouve aussi une poix artificielle amère et complétement soluble dans l'alcool, coulante et à cassure brillante. On a indiqué aussi une poix de Bourgogne à cassure mate et en quelque sorte pierreuse et qui contenait 0,20 de *sulfate de chaux*. (J. Laneau.)

HANBURY (D.), *Abies excelsa ; Burgundy Pitch (Proceed. British Pharm. Confer.*, 1867, p. 151). — LANEAU (J.), *Falsification de la poix blanche (Journ. pharm. et chim.*, 3ᵉ série, 1860, t. XXXVIII, p. 171).

POLYGALA DE VIRGINIE. La racine du *Polygala de Virginie, Polygala Senega*, L., (Polygalées), est irrégulièrement contournée et un peu rameuse, grosse à peine comme le petit doigt ; elle offre une côte saillante unilatérale ; elle a une écorce épaisse, rude, grisâtre ou gris jaunâtre, comme résineuse, et une partie ligneuse blanchâtre ; son odeur est faible et nauséeuse, sa saveur douceâtre, puis amère et âcre ; elle excite la salivation.

Oswald a indiqué le mélange des racines de Polygala de Virginie avec environ 0,01 de racines d'*Ellébore blanc ;* la distinction de ces racines est facile (voy. ELLÉBORE). Depuis, Flückiger a remarqué leur mélange avec les racines du *Cypripedium pubescens*, Willd., et *C. parviflorum*,

Salisb., qui portent des cicatrices cupulaires profondes, et présentent la structure des végétaux monocotylédonés.

PORCS. Il arrive quelquefois que les éleveurs ne pouvant donner aux truies, qu'ils veulent vendre, une alimentation propre à en faire des bêtes d'engrais, les font saillir, pour leur donner plus d'ampleur et une meilleure apparence. La viande de ces animaux, sans être malsaine, est cependant de qualité inférieure.

La chair de porc est sujette à des altérations spontanées, qui ont

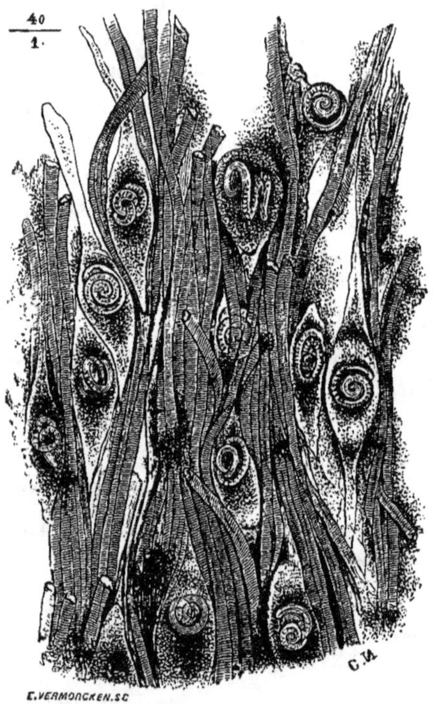

FIG. 154. — Trichines enkystées dans un fragment de muscle. Grossissement, 40 diamètres.

été souvent la cause d'accidents graves. Une des maladies parasitaires, auxquelles le porc est le plus sujet, est la *trichinose*,, caractérisée par la présence dans la chair de vers blancs, longs de 0^m,001 à 0^m,006 (fig. 154), roulés en spirale, le plus souvent isolés dans un kyste, ou quelquefois réunis par paires ; on les trouvera surtout dans l'intervalle des faisceaux striés des muscles, et plus fréquemment dans les muscles superficiels que dans les muscles profonds.

La chair du porc contient souvent aussi le *Cysticercus cellulosæ*, qui est le *scolex* (larve) du *Tænia solium* : tel est le cas qui se présente quand on examine les muscles de porcs *ladres*. Ces cysticerques (fig. 155) ont la forme d'ampoules et sont logés dans des kystes qui se trouvent dans l'épaisseur des organes : ils ont une dimension de $0^m,012$ à $0^m,020$ de longueur sur $0^m,005$ à $0^m,012$ de largeur. Les cysticerques

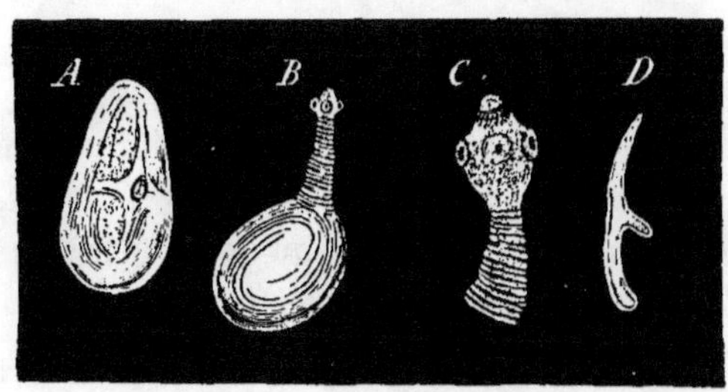

FIG. 155. — *Cysticercus cellulosæ* (*).

sont opalins, et présentent une tête formée par quatre tubercules, entourés d'un cercle de 18 à 24 crochets. (Voy. CHARCUTERIE.)

REYHER, *Accidents causés par de la viande de porc contenant des trichines* (*Ann. d'hyg. et de méd. lég.*, 2e série, 1863, t. XX).

POTASSES. Les *potasses* ou *perlasses, carbonate de potasse brut,* se trouvent dans les cendres des végétaux et principalement de ceux qui se développent dans l'intérieur des terres. On les obtient par le lavage des cendres, au moyen de l'eau qui dissout les sels solubles, carbonates de potasse et de soude, chlorures et sulfates, et laisse un résidu insoluble formé surtout de silicate d'alumine, de carbonate et de phosphate de chaux : on évapore la dissolution à siccité pour constituer le carbonate de potasse brut. Le résidu insoluble forme la *charrée*, dont l'agriculture tire parti pour amender certains terrains.

Le commerce présente un grand nombre d'espèces de potasses, qu'on distingue entre elles par les noms des contrées où elles ont été fabriquées :

Potasse d'Amérique, en morceaux volumineux blancs, gris, verts ou rouges, durs, à cassure nette ; elle se liquéfie à l'air, en une pâte jaunâtre. Elle est très-caustique. On en distingue trois qualités.

Perlasse d'Amérique, en petits morceaux irréguliers, très-blancs, ou

(*) A, animal retiré dans son ampoule ; B, animal développé ; C, tête et cou isolé ; D, un des crochets.

un peu azurés, perlés, très-durs ; elle se pulvérise assez facilement et est moins caustique que la précédente.

Potasse de Pologne, pulvérulente, comme du grès grossier, blanche, ou un peu azurée.

Potasse de Russie, en petits morceaux irréguliers, luisants, polis, blancs ou bleus.

Potasse de Riga, en petits grains arrondis, luisants et légèrement azurés, assez durs, très-hygrométriques.

Potasse de Toscane, en petites masses irrégulières ou en poudre assez fine, grise, blanche ou bleue.

Potasse factice; elle n'est en réalité qu'un composé de soude et de sels de soude ; elle est très-dure, très-rougeâtre et caustique.

Cendres gravelées, obtenues par calcination des lies de vin, etc.

Toutes les potasses ne contiennent pas une même quantité d'alcali, et comme leur valeur commerciale est en raison directe de la quantité d'alcali qu'elles renferment, on a cherché des moyens faciles de déterminer promptement les proportions qu'elles en contiennent, et d'en mesurer en quelque sorte la teneur en alcali.

L'*alcalimètre* de Descroizilles (fig. 156) est un tube de verre de $0^m,25$ sur $0^m,02$ de diamètre, et porté sur un pied qui lui permet de se tenir verticalement; le bord supérieur est renversé et enduit d'un peu de cire pour éviter l'adhérence des liquides. Il est gradué, à partir du haut, en cent divisions d'un demi-millimètre. On le remplit jusqu'au zéro de la *liqueur* acide *alcalimétrique* : celle-ci se prépare en mélangeant avec précaution 100 grammes d'acide sulfurique pur, à 66° d'abord, avec un demi-litre d'eau distillée, puis, après refroidissement du mélange, on ajoute assez d'eau pour faire exactement un litre, que l'on conserve dans un flacon bien bouché.

D'autre part, pour faire l'essai d'une potasse du commerce, on en prend exactement 10 grammes qu'on verse dans un vase cylin-

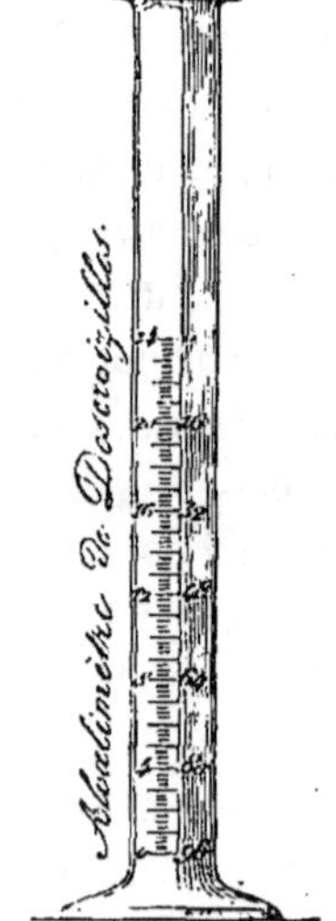

Fig. 156. — Alcalimètre de Descroizilles.

drique à bec avec environ un demi-décilitre d'eau distillée et l'on dissout en agitant, puis on ajoute encore un demi-décilitre d'eau qu'on mêle bien, et on laisse déposer. On mesure exactement un demi-décilitre de liqueur claire, qu'on verse dans un verre : on verse goutte à goutte la liqueur acide en agitant pour favoriser le dégagement de l'acide carbonique ; quand on constate que l'effervescence diminue, on verse la liqueur d'épreuve avec plus de précaution ; on agite continuellement, et l'on essaye de temps en temps si l'on approche du point de saturation, ce qu'on reconnaît en mettant une goutte de la liqueur à essayer en contact avec un peu de sirop de violettes ; tant qu'on n'est pas parvenu au point de saturation, le sirop de violettes verdit : on continue l'opération jusqu'à ce que le sirop rougisse. Souvent aussi on colore la solution alcaline avec un peu de teinture de tournesol, et l'on verse l'acide jusqu'à ce que la coloration soit *pelure d'oignon*. On relève alors l'*alcalimètre* et on lit sur l'échelle graduée la quantité de liquide acide employé, on a ainsi le degré alcalimétrique

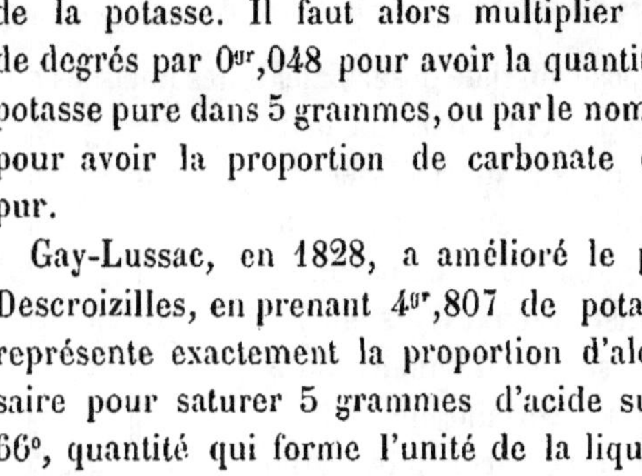

Fıc. 157. — Burette alcalimétrique de Gay-Lussac.

de la potasse. Il faut alors multiplier le nombre de degrés par $0^{gr},048$ pour avoir la quantité réelle de potasse pure dans 5 grammes, ou par le nombre 0,0704 pour avoir la proportion de carbonate de potasse pur.

Gay-Lussac, en 1828, a amélioré le procédé de Descroizilles, en prenant $4^{gr},807$ de potasse, ce qui représente exactement la proportion d'alcali nécessaire pour saturer 5 grammes d'acide sulfurique à 66°, quantité qui forme l'unité de la liqueur alcalimétrique : d'où il résulte qu'une potasse du commerce, qui saturerait tout l'acide, contiendrait exactement $4^{gr},807$ d'alcali, ou que, si elle renferme 0,40 de matières étrangères, elle demandera pour être saturée 90° degrés de la liqueur alcalimétrique. Pour faciliter les pesées, on prend dans dans la pratique $48^{gr},07$ de potasse qu'on dissout dans 500 centimètres cubes d'eau, qu'on filtre et dont on prend un dixième égalant 4,807, sur lequel on verse goutte à goutte l'acide sulfurique jusqu'à ce que la solution, qui a été colorée avec un peu de tournesol, ait pris une teinte rouge. La burette de Gay-Lussac (fig. 157) est un peu différente de forme de celle de Descroizilles et donne des gouttes sensiblement égales.

Les potasses du commerce donnent à l'alcalimètre les chiffres différents indiqués dans le tableau suivant :

Potasse d'Amérique, 1re sorte, marque à l'alcalimètre.	52°	à	63°

Potasse d'Amérique, 1re sorte, marque à l'alcalimètre.   52° à 63°
— 2e sorte .... 52° 56°
— 3e sorte .... 50° 55°
Potasse perlasse. 1re sorte .... 55° 60°
— 2e sorte .... 33° 45°
— 3e sorte .... 26° 40°
— de Pologne.................... 55° 60°
— de Russie.................... 54° 58°
— de Riga.................... 30° 50°
— de Toscane, blanche .... 50° 55°
— — grise.................... 55° 60°
— — bleue .... 50° 55°
— — violette.................... 60° 63°
— du Rhin.................... 45° 52°
— des Vosges.................... 40° 45°
Cendres gravelées.................... 30° 50°
Potasse de betteraves épurée.................... 56° 60°

On a proposé aussi de doser l'alcali des potasses en remplaçant l'acide sulfurique par l'acide tartrique, mais il est difficile de débarrasser ce acide de toute son eau de cristallisation, sans en enlever une partie de l'eau de constitution. (Wittstein.)

Les potasses contiennent naturellement une certaine quantité de soude, et d'autre part la falsification a quelquefois augmenté cette proportion, ce qui peut avoir des inconvénients pour certaines opérations, sans compter le préjudice causé par la différence de prix des deux alcalis. On doit à Pesier (fig. 158, 159) un procédé facile de reconnaître la proportion de soude contenue dans la potasse : il prend 50 grammes de la potasse à essayer et la dissout dans 200 grammes d'eau distillée ; il neutralise alors par l'acide sulfurique, laisse refroidir, filtre et lave

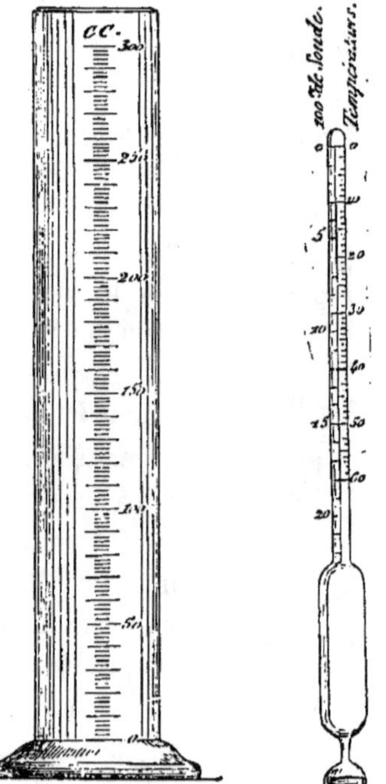

Fig. 158. — Éprouvette graduée.

Fig. 159.—Natromètre de Pésier.

avec une solution de sulfate de potasse pur de façon à compléter le volume de 300 centimètres cubes, indiqué par un trait sur une éprouvette ; il mêle les diverses couches et y plonge un aréomètre particulier, qu'il a nommé *natromètre*. Cet instrument porte une double échelle de graduation ; l'une, teinte en rose, donne pour chaque degré du thermomètre centigrade les points d'affleurement dans une solution saturée de sulfate de potasse pur ; l'autre, *échelle sodique*, indique des centièmes de soude : si la potasse est pure, l'instrument affleurera au degré de température auquel on fait l'expérience ; s'il y a de la soude, l'affleurement se fera à quelques degrés au-dessus dont le nombre, mis en regard de l'échelle sodique, donnera les centièmes d'oxyde de soude du mélange. Au moyen de tables dressées par l'auteur, on trouve le nombre des degrés alcalimétriques, les quotités de carbonate, de sulfate ou de chlorure correspondant à chaque centième de soude.

DEGRÉ alcalimétrique	CARBONATE de potasse.	DEGRÉ alcalimétrique	CARBONATE de potasse.	DEGRÉ alcalimétrique	CARBONATE de potasse.
repr.	ou	repr.	ou	repr.	ou
1	1,41	25	35,26	49	69,11
2	2,82	26	36,67	50	70,52
3	4,23	27	38,08	51	71,93
4	5,64	28	39,49	52	73,34
5	7,05	29	40,90	53	74,75
6	8,46	30	42,31	54	76,16
7	9,87	31	43,72	55	77,57
8	11,28	32	45,13	56	78,98
9	12,69	33	46,54	57	80,39
10	14,10	34	47,95	58	81,80
11	15,51	35	49,36	59	83,21
12	16,92	36	50,77	60	84,62
13	18,83	37	52,18	61	86,03
14	19,74	38	53,59	62	87,44
15	21,15	39	55,00	63	88,85
16	22,56	40	56,41	64	90,26
17	23,97	41	57,82	65	91,67
18	25,38	42	59,23	66	93,08
19	26,79	43	60,65	67	94,49
20	28,21	44	62,07	68	95,90
21	29,62	45	63,47	69	97,31
22	31,03	46	64,88	70	98,73
23	32,44	47	66,29	71	100,13
24	33,85	48	67,70		

Soude trouvée.	Degrés alcalimétriques du commerce.	Carbonate de soude sec.	Chlorure de sodium.	Sulfate de soude.	Soude trouvée.	Degrés alcalimétriques du commerce.	Carbonate de soude sec.	Chlorure de sodium.	Sulfate de soude.
repr.	ou	ou	ou	ou	repr.	ou	ou	ou	ou
1	1,57	1,70	1,97	2,28	30	47,09	51,21	56,29	68,46
2	3,40	3,41	3,75	4,56	31	48,65	52,92	58,17	70,74
3	4,71	5,12	5,63	6,84	32	50,22	54,63	60,05	73,02
4	6,28	6,83	7,50	9,13	33	51,79	56,34	61,92	75,31
5	7,85	8,53	9,38	11,41	34	53,36	58,05	63,80	77,59
6	9,42	10,24	11,26	13,69	35	54,93	59,75	65,67	79,87
7	10,99	11,95	13,13	15,97	36	56,60	61,46	67,55	82,15
8	12,55	13,66	15,01	18,25	37	58,07	63,17	69,43	84,44
9	14,12	15,36	16,89	20,54	38	59,64	64,88	71,30	86,72
10	15,69	17,07	18,76	22,82	39	61,21	66,58	73,18	89,00
11	17,26	18,78	20,64	25,10	40	62,78	68,29	75,06	91,28
12	18,83	20,49	22,55	27,38	41	74,35	70,00	76,93	93,56
13	20,40	22,19	24,39	29,66	42	65,92	71,70	78,81	95,85
14	21,97	23,90	26,27	31,95	43	67,49	73,41	80,69	98,13
15	23,54	25,61	28,15	34,23	44	69,06	75,12	82,56	100,41
16	25,11	27,32	30,03	36,59	45	70,63	76,83	84,44	»
17	26,68	29,02	31,91	38,79	46	72,20	78,53	86,32	»
18	28,25	30,73	33,77	41,08	47	73,77	80,24	88,19	»
19	29,82	32,44	35,65	43,36	48	75,34	81,95	90,07	»
20	31,39	34,14	37,53	45,64	49	76,91	83,66	91,95	»
21	32,96	35,85	39,40	47,92	50	78,48	85,36	93,82	»
22	34,53	37,56	41,28	50,20	51	80,05	87,07	95,70	»
23	36,10	39,27	43,16	52,49	52	81,62	88,78	97,58	»
24	37,67	40,96	45,03	54,77	53	83,19	90,49	99,45	»
25	39,24	42,68	46,91	57,05	54	84,76	92,19	»	»
26	40,81	44,39	48,79	59,33	55	86,33	93,80	»	»
27	42,38	46,09	50,66	61,63	56	87,89	95,61	»	»
28	43,95	47,80	52,54	63,90	57	89,46	97,31	»	»
29	45,52	49,51	54,42	66,18	58	91,03	99,02	»	»

ANTHON (E. F.), *Falsification de la potasse avec la soude* (*Repert. für. Pharm.*, 2ᶜ série, t. XXXI, p. 1 ; *Journ. pharm. et chim.*, 3ᵉ série, 1844, t. V, p. 169). — PESIER, *Falsification de la potasse par la soude* (*Mém. de la Soc. imp. d'agric. sc. et arts de Valenciennes*, t. V, p. 144 ; *Journ. pharm. et chim.*, 3ᵉ série, 1845, t. VI, p. 307).

POTASSE (Acétate de). L'acétate de potasse (*terre foliée de tartre*) est blanc, et cristallise en petits prismes aiguillés ; il a une saveur fraîche ; il est très-déliquescent et est très-soluble dans l'eau et dans l'alcool.

L'acétate de potasse peut présenter une coloration grise, quand il a été préparé avec du vinaigre impur ; mais plus souvent il renferme des matières étrangères, telles que du *sulfate de potasse* et du *chlorure de potassium*, quand il a été préparé avec la potasse du commerce. Il sera facile de s'en assurer au moyen du chlorure de baryum, qui donnera un précipité blanc de sulfate de baryte, et du nitrate d'argent, qui donnera un précipité blanc caillebotté de chlorure d'argent. Les *sels de fer* seront indiqués par le cyanure jaune, qui donnera un précipité bleu de cyanure de fer, par l'ammoniaque qui précipitera l'oxyde de fer, ou l'infusion de noix de galles qui donnera un précipité noir. S'il y a des *sels de cuivre* on les reconnaîtra au moyen d'une lame de fer bien décapée ou du cyanure jaune et de l'ammoniaque qui donnent, l'un un précipité brun marron, l'autre une coloration bleue. Les *sels de zinc* seront indiqués par le précipité blanc que donne le cyanure jaune, et le précipité rouge-orange que forme le cyanure rouge. Les *sels de plomb* se reconnaîtront par le précipité noir de sulfure de plomb formé par l'acide sulfhydrique, le précipité jaune d'iodure de plomb donné par l'iodure de potassium et le précipité blanc qui résulte de l'addition de sulfate de soude. L'*arsenic* sera décelé par l'appareil de Marsh ; la *potasse* libre par la coloration du papier de tournesol ou par celle du papier de curcuma.

Le mélange de *carbonate de potasse* est indiqué par l'effervescence que détermineront les acides ; l'*acétate de chaux* précipitera en blanc par l'oxalate d'ammoniaque. Le tartrate de potasse sera décelé par l'alcool qui ne dissoudra que l'acétate de potasse, par la formation de crème de tartre par les acides minéraux, et par l'odeur que donnera le sel suspecté si on le brûle. La substitution du *tartrate de potasse* à l'acétate se reconnaîtra à ce que, par l'acide sulfurique, on n'obtiendra pas d'acide acétique, et, d'autre part, à sa faible solubilité dans l'eau.

POTASSE (Antimoniate de). L'*antimoniate de potasse, antimoine diaphorétique*, est blanc, cristallin et insoluble dans l'eau.

Mialhe a trouvé le biantimoniate de potasse mélangé à 0,50 de *carbonate de chaux;* il faisait effervescence par les acides étendus et laissait une liqueur qui précipitait en blanc par l'oxalate d'ammoniaque.

E. Soubeiran y a trouvé 0,75 de *phosphate de chaux*, qui donne, avec l'ammoniaque, un précipité blanc gélatineux.

On y a aussi indiqué la présence du *carbonate de plomb*, qui, après avoir été dissous dans un acide, précipite en noir par l'acide sulfhydrique et en blanc par le sulfate de soude.

Mialhe, *Falsification du biantimoniate de potasse* (*Bull. thérap.*, 1843 ; *Journ. pharm. et chim.*, 3ᵉ série, 1843, t. IV, p. 118).

POTASSE (Azotate de). L'*azotate de potasse, nitrate de potasse, sel de nitre, salpêtre purifié*, est blanc, cristallisé en prismes hexagonaux, symétriques, terminés par un sommet dièdre, réunis souvent en prismes striés. Inaltérable à l'air, il est soluble dans l'eau et est doué d'une saveur fraîche.

Quelquefois il est mélangé de *sel marin;* mais alors il précipite par le nitrate d'argent et donne un précipité blanc caillebotté, insoluble dans l'acide nitrique et soluble dans l'ammoniaque.

Quand il contient des *sulfates*, il donne, par les sels de baryte, un précipité blanc insoluble dans l'acide nitrique.

Quelquefois, le nitrate de potasse contient du *nitrate de chaux*, provenant d'une purification incomplète, et dont la présence sera indiquée par l'oxalate d'ammoniaque : il se fait un précipité blanc d'oxalate de chaux.

Le *cuivre* se reconnaîtra par le cyanure jaune, qui donnera un précipité brun marron, ou au moyen d'une lame de fer décapée qui se couvrira d'une couche de cuivre métallique.

D'après Boettger, tous les salpêtres du commerce, même le salpêtre raffiné, renferment une quantité plus ou moins forte de *nitrite* de potasse, ce qui est dû sans doute à ce que le salpêtre du commerce est produit fréquemment avec le salpêtre du Chili (nitrate de soude), toujours plus ou moins chargé de nitrites.

POTASSE (Bicarbonate de). Le *bicarbonate de potasse* est blanc, cristallisé en prismes rhomboïdaux ; il est soluble dans l'eau et a une saveur alcaline sans âcreté.

Celui du commerce contient presque toujours du *sulfate de potasse*, du *chlorure de potassium* et du *carbonate neutre*. On reconnaît le premier par le nitrate de baryte, le second par le nitrate d'argent, et le troisième parce qu'il précipite à froid les sels de magnésie.

Laneau, *Falsification du bicarbonate de potasse* (*Journ. pharm. chim.*, 3ᵉ série, 1860, t. XXXVIII, p. 171).

POTASSE (Bioxalate de). Le *bioxalate de potasse, sel d'oseille*, est blanc, cristallisé en prismes rhomboïdaux, inaltérable à l'air ; il est soluble dans l'eau et a une saveur très-acide. Il est insoluble dans l'alcool.

Il peut contenir du *sulfate* et du *bisulfate de potasse*, qu'on reconnaîtra facilement au moyen du chlorure de baryum : le sulfate de baryte sera insoluble dans un excès d'acide sulfurique ou dans l'acide chlorhydrique, qui dissolvent le bioxalate de baryte.

La *crème de tartre* sera indiquée par l'incinération, car on aura un résidu noir, volumineux, charbonneux et donnant l'odeur de caramel.

POTASSE (Bitartrate de). Le *bitartrate de potasse, crème de tartre*, est un sel cristallisé en prismes confus et très-surchargés de facettes ; incolore, inodore, peu soluble dans l'eau froide et insoluble dans l'alcool ; sa saveur est âcre.

La crème de tartre contient toujours du *tartrate de chaux*, qui forme un dépôt dans la solution par l'eau bouillante, ou qu'on transforme en carbonate de chaux par la calcination.

On lui mélange souvent du *sable*, du *quartz*, de l'*argile*, qui forment un résidu quand on traite la crème de tartre par l'eau bouillante.

La *craie* et le *marbre concassé*, qui sont également insolubles dans l'eau, font effervescence par les acides.

Le *nitrate de potasse* déflagre, si l'on projette le sel sur des charbons ardents.

Le *sulfate de potasse* et l'*alun* donnent, par le chlorure de baryum, un précipité blanc, insoluble dans l'acide nitrique.

Le *chlorure de potassium* forme, par l'emploi du nitrate d'argent, un précipité blanc, caillebotté, et insoluble dans l'acide nitrique.

La présence du *fer* se reconnaît à la coloration noire que prend la crème de tartre par la noix de galles.

Le *cuivre* détermine, au contact de l'ammoniaque, une coloration bleue dans la solution du sel.

Le *plomb* donnera un précipité jaune par l'iodure de potassium et le chromate de potasse, et un précipité noir par l'acide sulfhydrique.

L'*arsenic* sera décelé au moyen de l'appareil de Marsh.

POTASSE (Carbonate de). Le *carbonate de potasse* du commerce est toujours impur (voy. POTASSES). Le *carbonate neutre pur* est blanc ; âcre, non caustique, très-déliquescent à l'air, et très-soluble dans l'eau. Il cristallise difficilement, aussi l'emploie-t-on à l'état sec.

Il ne doit précipiter ni par le nitrate acide de baryte, ni par le nitrate d'argent. L'oxalate d'ammoniaque le précipite à peine.

La présence du *carbonate de soude*, qu'on y introduit quelquefois frauduleusement, se reconnaît en chauffant au chalumeau une petite quantité du sel portée sur un fil de platine : pour peu qu'il y ait 0,03 à 0,04 de sel de soude, la flamme, au lieu d'être bleu violacé ou rougeâtre, prendra la teinte jaune propre aux sels de soude.

La richesse en alcali du carbonate de potasse doit être recherchée par le procédé alcalimétrique de Gay-Lussac, qui est basé sur la quantité d'acide sulfurique nécessaire pour saturer exactement un poids donné de cette potasse : il faut remarquer que, si ce procédé donne des résultats suffisamment exacts dans la majorité des cas, il n'a pas une exactitude absolue, l'acide sulfurique étant absorbé en partie par la potasse libre et par d'autres sels, sulfites, hyposulfites, sulfures et phosphates, qu'il décompose. (Voy. POTASSE.)

POTASSE (Chlorate de). Le *chlorate de potasse* est incolore ; il cristallise en lames rhomboïdales ; sa saveur est fraîche et acerbe ; il est soluble dans l'eau.

Le mélange de *sable* et de *mica* se reconnaît en dissolvant le sel suspecté ; car il se forme un résidu dont la nature sera aisément reconnue.

Quand il renferme du *chlorure de potassium*, il donne avec le nitrate d'argent un précipité blanc caillebotté. On peut le reconnaître à ce que le sel a une saveur amère et décrépite au feu ; s'il contient du *chlorure de sodium* sa saveur est salée. Le *chlorure de calcium* est indiqué par le nitrate d'argent d'une part, et par l'oxalate d'ammoniaque d'autre part. La présence du *nitrate de potasse* est décelée par l'action de l'acide sulfurique sur sa dissolution [au contact de tournure de cuivre : il se dégage des vapeurs rutilantes.

L'*acide borique* lui communique la propriété de faire brûler l'alcool avec une flamme verte.

Godeffroy a trouvé un chlorate de potasse pulvérisé (les cristaux sont toujours purs) qui contenait du *manganèse* et des traces de *fer* (*Zeit. OEst. Apoth. Ver.*, 1873, 297). G. Bruylants a rencontré un échantillon de chlorate, qui était mélangé de 0,15 de *bicarbonate de potasse* (*Journ. de pharm. belge*, nov., 1872).

POTASSE (Chromate de). Le *chromate de potasse* est cristallisé en prismes rhomboïdaux, inaltérables à l'air, d'un beau jaune, solubles dans l'eau et ayant une saveur fraîche, amère et désagréable ; il est insoluble dans l'alcool ; il bleuit le tournesol rougi, et rougit le curcuma.

On le rencontre souvent mélangé à 50 à 60 0/0 de *sulfate de potasse* ; mais par le nitrate de baryte, il se fait un précipité de chromate de baryte et de sulfate de baryte, et ce dernier n'est pas soluble dans l'acide nitrique.

POTASSE (Hydrate de). L'hydrate de potasse est blanc, inodore, très-soluble dans l'eau et l'alcool, et d'une saveur urineuse et très-caustique. Il est fusible au-dessous de la chaleur rouge et n'est pas décomposé par le feu ; à l'air, il attire l'humidité et tombe bientôt en déliquium.

Il doit être entièrement soluble dans l'eau et ne donner, après que sa solution a été acidulée par l'acide nitrique pur, de précipité ni par le nitrate d'argent, ni par le chlorure de sodium.

POTASSE (Hypochlorite de). L'*hypochlorite de potasse, eau de Javelle* du commerce est coloré en rose, par l'addition d'un sel de manganèse ; c'est un liquide ayant une odeur chlorée prononcée.

On reconnaîtra sa valeur par la chlorométrie (voy. HYPOCHLORITES). On lui substitue souvent le *chlorure de soude ;* mais alors il ne donne pas de précipité jaune-serin par le chlorure de platine.

POTASSE (Silicate de). Il doit, pour pouvoir se dessécher rapidement, être exempt de *silicate de soude.* On le reconnaît en prenant 0,01 cc. de silicate, l'étendant de 7 à 8 volumes d'eau distillée ; on sature l'acide par 0,01 cc. d'acide acétique du commerce, ce qui donne une solution transparente de silice. Cette liqueur acide additionnée d'un volume d'alcool à 85 ou 90° et de quelques fragments d'acide tartrique donne aussitôt un précipité grenu et cristallin de bitartrate de potasse. Si le sel est du silicate de soude, le précipité ne se fait qu'après un où deux jours. (J. Personne.)

PERSONNE (J.); *Essai du silicate de potasse* (*Journ. pharm. et chim.*, 4e série, 1871, t. XIII, p. 122).

POTASSE (Sulfate de). Le *sulfate de potasse, sel de Duobus* est blanc, inodore, en prismes hexagonaux courts terminés par un pointement à six faces ; il est soluble dans l'eau, et à une saveur amère et désagréable ; il est insoluble dans l'alcool.

Le sulfate de potasse du commerce contient quelquefois 0,10 de *sulfate de soude* et quelquefois même jusqu'à 0,20. On peut reconnaître ce mélange par le procédé de Pésier : on prend 100 grammes du sulfate suspect finement pulvérisé, on dissout dans l'eau, de façon à avoir une solution bien saturée à la température ambiante ; on filtre, et l'on ajoute à plusieurs reprises de l'eau pour avoir 300 centimètres cubes :

on plonge le natromètre (voy. Potasse), qui donne directement la quantité de soude.

Chevallier y a trouvé, en plusieurs occasions, du *sulfate de zinc*, du *sulfate de cuivre*, du *bichlorure de mercure*, du *bioxalate* et de *l'arséniate de potasse;* ces sels ne sont certainement pas des produits de sophistication, mais proviennent d'accidents dans la fabrication : il n'en est pas moins évident qu'on doit se tenir en garde contre la présence de ces sels dangereux. (*Bull. R. de pharm.*, sept., 1872.)

Périer (Edm.), *Sur la falsification du sulfate de potasse* (*Journ. chim. médic.*, 3e série, 1851. t. VII, p. 317).

POTASSE (Sulfure de). Le sulfure de potasse peut être sec ou liquide. Quand il est sec, *foie de soufre*, il est en masse jaune verdâtre, dur, fragile et vitreux dans sa cassure ; il est très-soluble dans l'eau, amer, âcre et caustique ; il est hygrométrique et s'altère au contact de l'air. Il doit être homogène dans sa masse et être presque en entier soluble dans l'eau.

Souvent, dans la préparation du foie de soufre, on substitue le *carbonate de soude* au carbonate de potasse ; mais comme cette substitution entraîne la nécessité d'une chaleur plus forte pour obtenir la fusion du produit, il en résulte que le foie du soufre renferme une grande quantité (jusqu'à 0,60) de sulfate de soude. (Adrian.)

Adrian, *Note sur la falsification du sulfure de potasse ou foie de soufre du commerce* (*Journ. pharm. et chim.*, 3e série, 1855, t. XXVII, p. 343).

POTASSE (Tartroborate de). Le *tartroborate de potasse, tartrate borico-potassique*, ou *crème de tartre* soluble, est un sel blanc, transparent, entièrement soluble dans l'eau froide où il ne doit pas donner de résidu : s'il y avait un dépôt, il serait constitué par du bitartrate de potasse ; sa saveur est franchement acide.

Le mélange d'*acide borique* et de *crème de tartre* se reconnaît au moyen de l'alcool froid, qui dissout l'acide borique et laisse un dépôt de bitartrate.

Magnes-Lahens, *Procédé pour distinguer la crème de tartre soluble du Codex de celle qui n'est qu'un mélange frauduleux* (*Journ. chim. médic.*, 3e série, 1852, t VIII, 678).

POTASSIUM (Bromure de). Le *bromure de potassium* est cristallisé en cubes ; très-soluble dans l'eau, il a une saveur âcre ; il est peu soluble dans l'alcool.

Le bromure de potassium granulaire est quelquefois chargé d'une grande quantité d'*eau* (A. E. Ebert.)

Il est souvent alcalin au lieu d'être neutre, ce qui offre des inconvénients pour son emploi médical, surtout si on le donne avec d'autres substances ; aussi est-il nécessaire de vérifier son état neutre. (Ch.-D. Chase, *Amer. Journ. Pharm.*, mai 1872.)

La présence d'*iodure* se reconnaît en ajoutant à sa solution de l'empois d'amidon et quelques gouttes d'acide azotique nitreux ; il se fait immédiatement une coloration bleue.

On verse sur la solution un excès de sulfate de cuivre, puis on fait passer un courant d'acide sulfureux et l'on filtre : l'iodure de cuivre précipité donne la proportion d'iode ; quant au bromure qui est resté dans le liquide, on en sépare le brome au moyen de l'eau chlorée. (J. Personne, 1867.)

Au moyen du nitrate d'argent, on précipite le bromure et l'iodure, et l'on séparera par l'ammoniaque l'iodure d'argent qui y est insoluble. (Bonnewyn, 1867.)

Au contact du sulfure de carbone et du chlore libre, l'iodure est décomposé d'abord : puis la liqueur se décolore avec un excès d'iode par la formation de quintichlorure d'iode, tandis que s'il y a du brome le sulfure de carbone conserve une couleur orangée. (Phipson, *Comptes rendus*, 1867 ; *Journ. pharm.*, 1868.)

Hager recommande, pour déceler la présence de l'iode dans le bromure, de pulvériser quelques cristaux et de dissoudre $0^{gr},10$ de cette poudre dans 10 cent. c. à 12 cent. c. de solution d'ammoniaque au dixième, et d'y ajouter une goutte de nitrate d'argent ; on agite bien : si le bromure est pur, le trouble disparaît, tandis qu'il persiste dans le cas où il y aurait de l'iode. Cette réaction est très-nette.

Le bromure de potassium dans lequel on a constaté l'absence de carbonates et d'iodures, de sulfates et de nitrates, peut renfermer des *chlorures :* Baudrimont et Falières, se basant sur la quantité différente de nitrate d'argent nécessaire pour décomposer les bromures ($1^{gr}, 427$, pour 1 gr. de bromure pur) et les chlorures ($2^{gr},299$ pour 1 gr. de chlorure pur), déterminent la quantité de chlorure par un titrage qui, donne la quantité de nitrate d'argent employée et qui sera d'autant plus forte que le sel contiendra plus de chlorure.

Pour reconnaître la présence des chlorures, Hager prend $0^{gr},10$ de

bromure de potassium dissous dans 3 cent. c. à 4 cent. c. d'eau, et d'autre
part, $0^{gr},26$ de nitrate d'argent dissous dans la même quantité d'eau ; il
mélange les deux liqueurs dans un tube d'essai, y ajoute 2 cent. c. d'acide
nitrique, et agite fortement ; il laisse se former le précipité qui est rapide,
décante la liqueur, lave le précipité avec de l'eau, puis avec une solution de carbonate d'ammoniaque et filtre. Le liquide filtré prend une
légère opalescence si le bromure est pur, et offre un aspect laiteux,
s'il y a des chlorures, par suite de la séparation du chlorure d'argent.
(*Pharm. Central. Halle*, 1872, n° 33.)

On a trouvé quelquefois dans le bromure de potassium du *nitrate de
soude.* La présence de *bromate de potasse* est indiquée par l'action
de l'acide chlorhydrique incolore, qui reste incolore si le bromure est
pur, et prend une teinte vert jaunâtre s'il y a du bromate. (*Pharm.
Central. Halle*, 1872, n° 32.)

FALIÈRES (E.), *Notes pour servir à l'essai du bromure de potassium* (*Union
pharmac.*, 1869, t. X, p. 136). — LEPAGE (H.), *Procédé pour reconnaître l'iode
dans le bromure de potassium* (*Union pharmac.*, 1869, t. X, p. 142). — PERSONNE,
Falsification de l'iodure de potassium (*Journ. pharm. et chim.*, 3ᵉ série, 1867,
t. IX, p. 255).— TANNER (Alf. E.), *The means of detecting and estimating Bromide
in Iodide of Potassium* (*Pharm. Journ.*, 1873, p. 1033). — VAN MELCKEBEKE,
Nouveau procédé de découvrir les bromures dans l'iodure de potassium (*Journ. de
pharm. d'Anvers*, XXVIII, 1872, p. 49).

POTASSIUM (Cyanure de). Comme tous les produits que le commerce présente à l'état amorphe, le *cyanure de potassium* est sujet à
des altérations nombreuses et est quelquefois tellement impur que le
cyanure en forme la moindre proportion ; aussi est-il nécessaire d'en
faire l'analyse, avant de l'employer, pour éviter de nombreux mé-
comptes soit dans l'industrie, soit en thérapeutique.

Pour arriver à la connaissance de la valeur exacte du cyanure,
Fordos et Gélis ont proposé le procédé suivant : Ils font usage
d'une liqueur normale constituée par la dissolution de 10 grammes
d'iode dans un litre d'alcool à 33° : 5 grammes de cyanure sont dissous
dans le vase d'un demi-litre employé pour les essais alcalimétriques
de façon à avoir exactement 50 centilitres de liqueur : on prend
50 centimètres cubes de cette liqueur représentant 0,5 de cyanure ;
on verse dans un ballon de verre de 2 litres, puis un litre et
demi d'eau et un décilitre d'eau de Seltz ; on fait tomber peu à peu
dans le ballon la liqueur normale d'iode jusqu'à ce que le liquide
prenne une coloration jaune persistante. La quantité de cyanure est

proportionnelle à celle de l'iode employé. Une table donne le calcul tout fait :

QUANTITÉ d'iode absorbée (grammes)	DEGRÉS	QUANTITÉ d'iode absorbée (grammes)	DEGRÉS	QUANTITÉ d'iode absorbée (grammes)	DEGRÉS	QUANTITÉ d'iode absorbée (grammes)	DEGRÉS
3,896	100	2,922	75	1,948	50	0,974	25
3,857	99	2,883	74	1,909	49	0,935	24
3,818	98	2,844	73	1,870	48	0,896	23
3,779	97	2,805	72	1,831	47	0,857	22
3,740	96	2,766	71	1,792	46	0,818	21
3,701	95	2,727	70	1,753	45	0,779	20
3,662	94	2,688	69	1,714	44	0,740	19
3,624	93	2,649	68	1,675	43	0,701	18
3,585	92	2,610	67	1,636	42	0,662	17
3,546	91	2,571	66	1,597	41	0,623	16
3,507	90	2,532	65	1,558	40	0,584	15
3,468	89	2,493	64	1,519	39	0,545	14
3,429	88	2,454	63	1,480	38	0,566	13
3,390	87	2,416	62	1,441	37	0,467	12
3,351	86	2,377	61	1,402	36	0,428	11
3,312	85	2,338	60	1,363	35	0,389	10
3,273	84	2,299	59	1,324	34	0,350	9
3,234	83	2,260	58	1,285	33	0,311	8
3,195	82	2,221	57	1,246	32	0,272	7
3,156	81	2,182	56	1,208	31	0,233	6
3,117	80	2,143	55	1,169	30	0,194	5
3,078	79	2,104	54	1,130	29	0,155	4
3,039	78	2,065	53	1,091	28	0,116	3
3,000	77	2,026	52	1,052	27	0,077	2
2,961	76	1,987	51	1,043	26	0,038	1

FORDOS et GÉLIS, *Note sur l'essai commercial du cyanure de potassium* (*Journ. chim. médic.*, 3° série, 1853, t. IX, p. 675).

POTASSIUM (Iodure de). L'*iodure de potassium* est blanc, cristallisé en cubes, âcre, déliquescent, très-soluble dans l'eau, et soluble dans l'alcool.

Il peut contenir des *chlorures de potassium* et de *sodium*, du *bromure de potassium*, des *iodates* et des *carbonates*.

La présence de *chlorures* pourra être soupçonnée, quand quatre parties d'iodure ne se dissoudront pas dans cinq parties d'eau : du reste en traitant une solution d'iodure par le nitrate d'argent, on aura un précipité insoluble dans l'ammoniaque en cas de pureté, et soluble en partie par ce réactif, s'il y a du chlorure ; le liquide précipitera de nouveau par une addition de nitrate d'argent.

Les *iodates* n'étant pas solubles ou n'étant que très-peu solubles dans

l'alcool, ce menstrue pourra servir à les décéler. En traitant par de
l'acide tartrique ou chlorhydrique étendu, on aura immédiatement une
coloration jaune, qui indiquera les iodates, même s'il n'en existe que
des traces. Schering préfère l'acide tartrique, dont il projette un cristal dans l'iodure, préalablement dissous dans· de l'eau bouillie; on
observe autour du cristal une zone jaune qui dénote la présence de
l'acide iodique. (*Archiv. d. Pharm.*, nov. 1870.)

Berthet indique de prendre 5 grammes d'iodure de potassium qu'on
dissout dans une éprouvette de 500 cent. c. (fig. 160); 100 cent. c. pris
au moyen d'une pipette (fig. 161) sont versés dans un petit ballon.
On remplit d'autre part une burette (fig. 162), avec une liqueur normale,

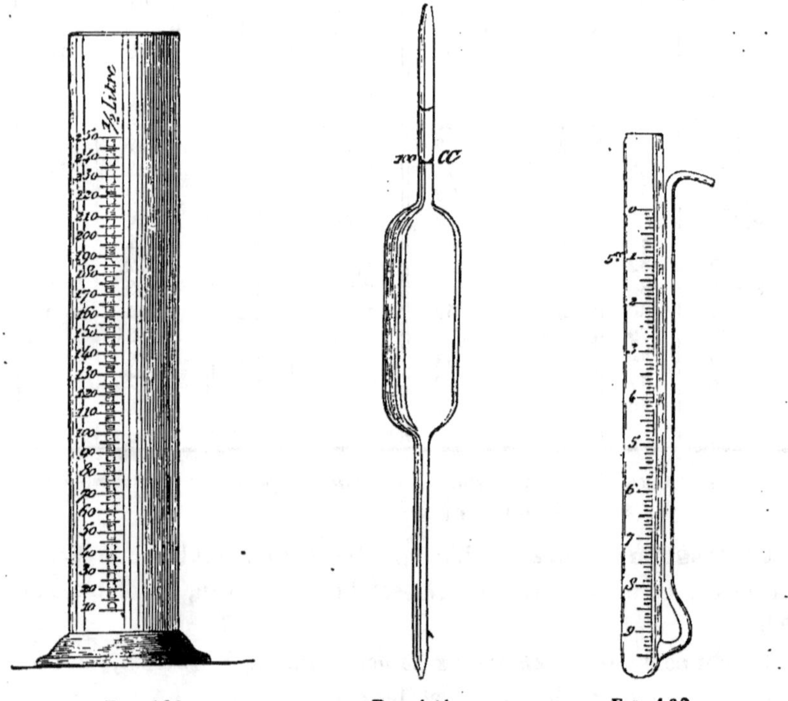

FIG. 160.   FIG. 161.   FIG. 162.

Éprouvette pour l'iodométrie.   Pipette pour l'iodométrie.   Burette pour l'iodométrie.

composée de 4^{gr},780 d'iodate de soude pur dans un litre d'eau acidulée
par 15 grammes d'acide sulfurique. On verse goutte à goutte en agitant
pour redissoudre le précipité, et quand on observe un léger trouble, on
note le nombre de divisions employées. On chauffe alors à ébullition
le ballon, pour volatiliser l'iode libre, et si en ajoutant goutte à goutte

la solution d'iodate, la liqueur reste claire, c'est que tout l'iodure a été décomposé. Le nombre des divisions employées indique en centièmes la quantité d'iodure de potassium réel.

· La présence du *bromure de potassium* se reconnaîtra en faisant passer dans la solution d'iodure un courant d'acide sulfureux ; après y avoir versé un excès de sulfate de cuivre, on filtre pour séparer l'iodure de cuivre formé et l'on traite le liquide surnageant par un peu d'eau chlorée qui sépare le brome, et détermine une coloration jaune du liquide. (Personne.)

Pour reconnaître la présence du bromure de potassium dans l'iodure, Edmond Van Melckebeke fait une solution saturée de bromure dans l'eau chaude, laisse refroidir et décante après cristallisation : il prend 10 centimètres cubes de cette solution et y ajoute 10 gouttes d'eau pure, puis il y verse par fraction 1 gramme de l'iodure suspecté, réduit en poudre grossière et agite chaque fois le tube d'essai. S'il n'y a pas de bromure, la dissolution sera rapide et complète ; dans le cas contraire il y aura un dépôt de bromure non dissous.

Lepage (de Gisors), se basant sur la solubilité du bibromure de mercure, ajoute à une certaine quantité d'iodure qui ne renferme ni chlorure, ni carbonate, ni iodate, une solution de bichlorure de mercure titrée, jusqu'à ce que tout l'iode soit précipité à l'état de biiodure de mercure. La différence entre la quantité de bichlorure employée et celle qui eût été nécessaire si l'iodure eût été pur, donne le moyen de reconnaître la quantité du bromure. On peut reconnaître ce sel en concentrant la liqueur qui surnage, faisant agir le chlore qui sépare le brome et recueillant celui-ci au moyen du sulfure de carbone.

Le *carbonate de potasse* existe presque toujours dans l'iodure, dans la proportion de 0,04 à 0,05, parce qu'il rend les cristaux opaques et moins altérables, et A. E. Ebert en a trouvé quelquefois une proportion considérable ; dans ce cas, le sel a tendance à adhérer aux parois du vase et à attirer l'humidité ; en traitant l'iodure par l'alcool, on séparera le carbonate, qui forme un liquide dense faisant une effervescence vive avec les acides.

Destouches et Paton, *Lettre sur la sophistication de l'iodure de potassium* (*Journ. pharm. et chim.*, 3e série, 1845, t. VII, p. 139). — Personne, *Falsification de l'iodure de potassium* (*Journ. pharm. et chim.*, 3e série, 1867, t. IX, p. 355). — Tanner (A. F.), *The means of detecting and estimating Bromide in Iodide of Potassium* (*Pharm. Journ.*, 111e série, 1873, p. 1033). — Van Melckebeke (Edm.), *New process for detecting Bromide in iodide of Potassium* (*Amer. Journ. pharm.*, juin 1872).

. **POUDRES.** Les poudres sont très-fréquemment sophistiquées et la liste de celles qu'on a trouvées mélangées de matières étrangères serait interminable, et il y a toujours grande utilité à examiner celles qu'on achète dans le commerce et à en faire attentivement la comparaison avec des échantillons de la pureté desquels on soit assuré.

Dans ces derniers temps T.-N. Janneson a fait connaître quelques détails qu'il devait à l'obligeance d'une personne parfaitement initiée aux manœuvres des pulvérisateurs.

La poudre de quinquina est falsifiée avec des *écorces épuisées;* le piment avec des *fécules* et de la *brique;* l'opium avec des *glands torréfiés;* la réglisse et le gingembre avec de la *farine;* l'écorce d'orme avec de la *farine d'avoine,* de la *gomme arabique* et de la *farine;* la crème de tartre avec de la *terre de pipe;* le poivre avec des *balayures* et des *résidus* de moulin; la cannelle avec des *écorces épuisées,* de la fécule; la moutarde avec de la *farine* et de la *gomme-gutte;* les cantharides avec des *glands rôtis;* la rhubarbe avec de la *farine* et de la *gomme-gutte;* etc.

Souvent encore on mêle des qualités inférieures aux produits de qualité supérieure et l'on fait passer par la pulvérisation tout ce qui est dans un état de détérioration tel qu'on ne peut plus l'offrir au commerce. (*Proceed. of the Amer. Pharmac. Assoc.,* 1874, 487.)

Ces fraudes, qu'on ne saurait excuser, ont souvent pour prétexte que la perte, accordée pour déchet d'opération, n'est pas assez élevée pour qu'il soit possible de ne fournir que des poudres pures et loyales. On conçoit en effet que le degré plus ou moins prononcé de sécheresse doit influer beaucoup sur le rendement; mais est-ce une raison pour sophistiquer ? Certainement non.

PRÉCIPITÉ BLANC. — Voy. MERCURE (Protochlorure de).

PRÉCIPITÉ ROUGE. — Voy. MERCURE (Deutoxyde de).

PRUNEAUX. Les *pruneaux* sont les fruits desséchés du *Prunus domestica,* L. (Amygdalées), desséchés au four et au soleil.

Le commerce a offert des pruneaux préparés avec des fruits recueillis avant la maturité, soumis à une simple immersion dans l'eau bouillante, et passés au four pour donner à la peau une cuisson superficielle. Ces fruits qui ont une belle apparence extérieure, étant restés verts à l'intérieur, ne sont pas susceptibles de conservation.

PYRÈTHRE. La racine de *pyrèthre, Anacyclus Pyrethrum,* DC., Composées (Sénéciodées), est longue, fusiforme, ou cylindrique, grise et ridée à l'extérieur et d'un blanc grisâtre en dedans. Elle est très-âcre, piquante et excite fortement la salivation.

On trouve quelquefois dans le commerce, sous le nom de *Pyrèthre d'Allemagne*, des racines moins grosses, en morceaux un peu plus longs, surmontées des bases des pétioles ou des tiges : cette sorte est rapportée à l'*Anacyclus officinarum*, Hayne.

On lui substitue aussi les racines du *Chrysanthemum frutescens*, L., qui sont dures, friables, et offrent vers la partie supérieure un grand nombre de filaments très-déliés en forme de barbe.

La racine du pyrèthre est quelquefois aussi mélangée des racines de l'*Achillea ptarmica*, L., à saveur âcre et mordicante, et à odeur alliacée et désagréable.

QUASSIA (Bois de). Le bois de *quassia*, *Quassia amara*, L. (Simaroubées), est en bûches cylindriques, très-légères, blanches, souvent dépouillées de leur écorce qui est mince, unie, blanchâtre et tachetée de gris ; leur diamètre est d'environ $0^m,06$. Le quassia est inodore et possède une amertume franche très-prononcée.

Le commerce a quelquefois donné le *Quassia excelsa*, Swartz, pour remplacer le *Quassia amara* : mais la substitution n'a pas grande importance, vu la grande affinité des deux espèces (Lamarck). On reconnaîtra le *Quassia excelsa* surtout à son amertume moindre et au volume plus considérable de ses bûches. On a remplacé aussi le *quassia* par le bois du *Rhus metopium*, L., qui est résineux, grisâtre et ponctué de taches noires, et dont le macéré aqueux précipite par le sulfate ferreux. (Ebermayer.)

On l'a aussi quelquefois remplacé par un bois insipide, que Fée a pensé être une espèce de *bouleau*.

Les falsifications sont surtout communes sur les râpures et poudres du *quassia* ; mais elles peuvent être facilement évitées en n'acceptant que le bois en bûches.

QUASSINE. On a vendu sous ce nom, en Italie, un médicament fébrifuge que de Luca a reconnu être composé de salicine, de quinine, d'extraits amers, de sulfate de magnésie, de sulfate de chaux, de crème de tartre, et de sels à base de soude et de potasse. (*Gaz. méd. ital.*, 1868.)

QUININE. La quinine est blanche, inodore, amère, peu soluble dans l'eau ; très-soluble dans l'alcool et dans l'éther, elle est facilement fusible.

Brûlée sur une lame de platine, elle ne donne pas de résidu : ce qui démontré qu'elle n'a pas été mêlée de matières inorganiques, de *mannite* ou de *sucre,* qui laisseraient un résidu charbonneux.

L'acide sulfurique à froid ne lui donne pas de coloration rouge, qui serait une preuve de la présence de la *salicine.*

Si la quinine est imparfaitement soluble dans l'éther, il y a lieu de supposer qu'elle contient de la *cinchonine;* ce qu'on reconnaîtra au moyen du tannin qui donne un précipité blanc avec la quinine, et n'en donne pas avec la cinchonine; la teinture d'iode donne un précipité brun orangé avec la quinine, non avec la cinchonine.

Le polysulfure de potassium en solution versé dans une solution bouillante d'un sel de quinine, en précipite la quinine en une masse rouge térébenthineuse qui durcit par le refroidissement et prend l'apparence d'une résine. La cinchonine se sépare sous forme d'une poudre blanche contenant du soufre. (Palm.)

La substitution aux sels de quinine de *sels de cinchonine,* de *quinidine,* paraît s'opérer sur une large échelle dans le commerce américain : il sera au moins prudent de s'assurer par l'analyse de la pureté de ces sels au moment de l'achat (*Proceed. Amer. Pharm. Assoc.,* 1874, t. 498).

PALM, *Nouveau caractère distinctif entre la quinine et la cinchonine* (*Pharm.* *Zeitschr. für Russland,* 1863, p. 342 ; *Journ. pharm. et chim.,*3e série, 1864, t. XLV, p. 459). — PELTIER, *Falsification de la quinine* (*Journ. pharm. et chim.,* 5e série, 1845, t. VII, p. 135).

QUININE (Chlorhydrate de). Le chlorhydrate de quinine est cristallisable en aiguilles nacrées et assez soluble dans l'eau.

On a rencontré du chlorhydrate de quinine contenant 0,06 de *sulfate de quinine.* (Th. Louis, *Proceed. Amer. Pharm. Assoc.,* 1874, p. 498) ; cette substitution paraît n'être pas rare sur le marché des États-Unis.

Hager a constaté un cas de mélange de *chlorhydrate de morphine* avec le chlorhydrate de quinine et a indiqué le mode d'investigation suivant : Traiter par une solution de ferricyanure de potassium dans 20, 25 centimètres cubes d'eau distillée et additionnée de 10 à 15 gouttes de perchlorure de fer et de 5 gouttes d'acide chlorhydrique pur, un gramme du sel suspect et agiter le tube d'essai : la morphine se reconnaît à la coloration bleue, qui se produit immédiatement, ou après quelques minutes de repos. Les autres substances qui exercent une action désoxydante sur l'oxyde de fer ont une action moins prompte. En tous cas, un sel de quinine qui donne une coloration bleue doit être rejeté.

On pourrait aussi reconnaître la présence de la morphine en laissant tomber, sur un échantillon du sel, une goutte de chlorure ferrique qui donnera immédiatement une couleur bleue, et, sur un second échan- tillon, une goutte d'acide nitrique qui déterminera une coloration rouge.

HAGER, *Examen des sels de quinine supposés contenir de la morphine* (*Pharm. central.*, 1872, t. II, p. 369 ; *Journ. pharm. et chim.*, 4ᵉ série, 1873, t. XVIII, p. 125).

QUININE (Lactate de). Le lactate de quinine est blanc, cristallisé en aiguilles soyeuses et très-soluble dans l'eau.

Le commerce a présenté, comme lactate de quinine, du *sulfate de quinine* effleuri et plus ou moins jaunâtre. (Vandenbroucke.)

VANDENBROUCKE, *Sur la falsification du lactate de quinine* (*Journ. chim., méd.*, 3ᵉ série, 1951, t. VIII, p. 239).

QUININE (Sulfate de). Le sulfate de quinine doit être très-blanc, bien cristallisé et d'un aspect bien homogène ; il ne se dissout à froid que dans 700 parties d'eau et à chaud dans 30 parties environ : sa solu- tion dans l'eau bouillante doit ramener au bleu le papier de tournesol rougi. Chauffé pendant deux heures environ à + 100°, il doit perdre 0,12 d'eau : il peut s'effleurir, mais incomplétement, dans un air sec à la température ordinaire.

Sa combustion à l'air, sur une lame de platine, donne un charbon qui finit par disparaître complétement, s'il ne contient pas de substances inorganiques ni de substances organiques incomplétement destructibles par la chaleur. Le sulfate de quinine ne se colore pas sensiblement, quand on le délaye à froid avec de l'acide sulfurique concentré.

L'excès d'eau de cristallisation sera indiqué par une dessiccation ménagée et comparative : la perte ne doit pas dépasser 0,10 à 0,12.

Le sulfate de quinine peut, par suite de purification incomplète, con- tenir des *sels de chaux* (*carbonate, sulfate, phosphate*).

Il a été aussi falsifié avec des matières inorganiques, telles que l'*acide borique*, le *sulfate de chaux*, et l'on a même trouvé, pendant quelque temps dans le commerce, une variété de plâtre à fibres très-fines, qui était spécialement employée à cet objet. Les matières inorganiques seront obtenues par l'incinération et reconnues par leurs caractères chimiques : la chaux sera indiquée par la précipitation que ferait, dans la solution du résidu par un acide, l'acide oxalique ; l'acide borique à la coloration verte qu'il donne à la flamme de l'alcool. Si l'on veut ne pas perdre de sulfate de quinine, on pourrait en séparer le sulfate de chaux par l'alcool à 85° chaud, qui ne dissoudrait pas ce dernier sel.

Lehmann a signalé un sulfate de quinine qui laissait un précipité considérable, à l'incinération ou par le traitement par l'alcool. Le corps adultérant était du *sulfate de soude* dans la proportion de 2 grammes 1/2 pour 10 grammes de sulfate de quinine. Depuis, I. Biel a fait connaître un autre sulfate, de provenance allemande, qui contenait 0,10 de sulfate de soude anhydre (*Chem. Centr. H.*, n° 40, 1872; *Pharm. Zeitschr. für Russland*, 1872, t. XI, p. 367).

Le *sucre* donne, par l'incinération, une odeur de caramel que ne présente pas le sulfate pur. On pourra encore avoir recours à l'eau de baryte, qui précipitera à la fois tout l'acide sulfurique et toute la quinine : on saturera ensuite avec précaution l'excès de baryte contenu dans la liqueur par un courant d'acide carbonique, et après avoir chauffé, filtré et évaporé en consistance convenable, on trouvera la saveur du sucre. On pourrait aussi avoir recours à la fermentation et constater la production de l'alcool.

L'eau bouillante indiquera la présence de la *stéarine* et de l'*acide stéarique* qui formeront, à la surface du liquide, une couche huileuse qui se solidifiera par le refroidissement.

L'*amidon*, par la même opération, formera de l'empois que l'iode colorera en bleu quand le liquide sera refroidi.

Ces corps, étant insolubles dans l'eau et les acides faibles, se reconnaîtront encore par l'eau aiguisée d'acide sulfurique qui dissoudra le sulfate de quinine, sans agir sur les corps gras ou l'amidon.

Le sulfate de quinine, contenant de la *salicine*, prendra immédiatement, au contact de l'acide sulfurique concentré, une couleur rouge de sang.

Pour s'en assurer, il faut aciduler une solution aqueuse du sel suspect saturée à l'ébullition, et continuer l'ébullition pendant quelque temps : la solution, qui sera claire si le sulfate de quinine est pur, donnera un précipité blanc de salicétine. En distillant dans une cornue 1 gramme de sulfate de quinine et 1 gramme de bichromate de potasse, additionnés de 20 grammes d'eau et de 2^{gr},50 d'acide sulfurique, la distillation donnera, pour peu qu'il y ait de la salicine, un résidu liquide vert, et comme produit condensé dans le récipient un liquide odorant, que surnagent quelques gouttelettes huileuses, donnant, avec les sels ferriques, une coloration violette intense. On découvre ainsi 0,005 de salicine. (Parrot.)

Le sulfate de quinine, additionné de salicine, traité par l'acide nitrique, donné, après dessiccation, une masse légèrement jaune, qui devient plus foncée au moyen de quelques gouttes d'ammoniaque, et peut teindre le papier et la peau; si le sel de quinine est pur, il ne se fait aucune coloration (*Journ. Pharm. et chim.*, 1869, t. X, p. 305).

Pour reconnaître la salicine dans le sulfate de quinine, on peut traiter le sulfate (1 gr.) par un mélange de bichromate de potasse (1 gr.) et d'acide sulfurique (2 gr.), une douce chaleur : il se fait aussitôt un dégagement d'acide salicineux facilement reconnaissable à son odeur : si le sulfate contient 0,10 de salicine, la réaction est très-prompte et détermine une sorte de petite explosion. Ce réactif est assez sensible pour déceler 0,005 de salicine. (Creuse.)

La présence de la *quinidine* sera indiquée au moyen de l'oxalate d'ammoniaque en excès, qui précipitera la quinine, et l'oxalate de quinidine sera dissous dans la liqueur à laquelle il donnera une saveur amère.

La présence du *sulfate de cinchonine* et des autres alcaloïdes du quinquina peut être indiquée par le procédé de Kerner. Il prend une ammoniaque ayant une densité de 0,920, et opère exactement à + 15°; il pèse 3 grammes du sulfate de quinine à essayer, le met à digérer dans 40 ou 50 grammes d'eau distillée à + 15°, agite le mélange pour avoir une solution saturée, filtre après une demi-heure et a ainsi une liqueur qui renferme 1,752 de sulfate de quinine, plus les sels qui y sont mélangés et qui sont plus solubles; il prend 5 cent. c. de cette liqueur qu'il introduit dans un tube, et il y verse avec précaution le long des parois 5 cent. c. d'ammoniaque titrée; il agite le mélange, en tenant l'extrémité ouverte du tube bouchée avec le doigt pour prévenir la déperdition de l'ammoniaque. Si le sulfate est pur, le mélange sera limpide et clair après repos, toute la quinine ayant été dissoute par l'excès d'ammoniaque; sinon il se fait un précipité plus ou moins abondant, la cinchonine et le quinidine mises en liberté n'étant pas solubles, même dans une proportion bien plus considérable d'ammoniaque. On peut reconnaître ainsi le mélange à un dixième pour cent de mélange ; si la proportion est moindre, la cinchonine peut rester en suspension dans la liqueur ammoniacale sous forme d'aiguilles transparentes, et l'on ne voit aucun trouble, mais au bout de trente minutes on distinguera le dépôt de ces aiguilles.

O. Henry a indiqué de traiter 10 grammes de sulfate de quinine par 4 grammes d'acétate de baryte, qu'on triture bien exactement dans un mortier de porcelaine avec 60 grammes d'eau aiguisée d'acide acétique. Il se fait en même temps une masse épaisse, soyeuse et aiguillée, occupant un volume très-considérable. On exprime légèrement cette masse sur une toile fine ou une flanelle fine, on filtre au papier le liquide trouble exprimé ; on l'étend du double de son volume d'alcool à 35°, après avoir mis un léger excès d'acide sulfurique, et filtre de nouveau. On ajoute un excès prononcé d'ammoniaque caustique, et l'on fait bouillir un moment : il se sépare à l'ébullition des flocons cristallisés et brillants, qui se déposent et sont formés de cinchonine pure. On laisse refroidir en partie la liqueur et l'on recueille le dépôt grenu de cinchonine sur un filtre taré, et après avoir desséché vite à une chaleur convenable, on pèse le précipité qui représente, à un septième ou un huitième près, le sulfate de cinchonine existant dans la quinine ; cette quantité ne doit pas dépasser 0,015 à 0,02.

On a signalé dans ces derniers temps, aux États-Unis, la substitution du *chlorhydrate de cinchonine* au sulfate de quinine (Stroehl, *The Pharmacist*, Chicago, 1870 ; Bullock, *Amer. Journ. of Pharm.*, 1671, p. 192), et, d'après le compte rendu du dernier congrès des pharmaciens américains à Richmond (Virginie), cette substitution s'opérerait aujourd'hui sur une très-grande échelle ; elle se fait surtout sur des produits importés, sans qu'on ait pu encore connaître le lieu où elle s'opère.

CREUSE (AUG.), *Note sur la falsification du sulfate de quinine par la salicine* (*Journ. chim. méd.*, 4ᵉ série, 1856, t. II, p. 473). — DELONDRE et HENRY, *Falsification et essai du sulfate de quinine* (*Journ. pharm. et chim.*, 3ᵉ série, 1852, t. XXI, p. 282). — GUIBOURT, *Expériences pour reconnaître la pureté du sulfate de quinine* (*Journ. pharm. et chim.*, 3ᵉ série, 1852, t. XXI, p. 47). — HENRY (O.), *Nouveau procédé pour déterminer et apprécier la proportion de sulfate de cinchonine qui existe dans le sulfate de quinine du commerce* (*Journ. chim. méd.*, 3ᵉ série, 1849, t. VI, p. 39). — *Instruction sur les moyens de reconnaître la pureté du sulfate de quinine*, 1854 (*Journ. chim. méd.*, 3ᵉ série, 1854, t. X, p. 29). — LEGRIP (V.), *Sur la falsification du sulfate de quinine, moyen de l'empêcher* (*Journ. chim. méd.*, 3ᵉ série, 1851, t. VII, p. 49). — LEHMANN (B.), *Falsification du sulfate de quinine par le sulfate de soude* (*Journ. chim. méd.*, 4ᵉ série, 1855, t. I, p. 106). — PARROT, *Sur l'essai du sulfate de quinine* (*Monit. Scientif.*, 1867, p. 234 ; *Journ. pharm. et chim.*, 4ᵉ série, 1867, t. VI, p. 450). — POIRIER (Ab.), *Sur l'emploi de l'acide sulfurique pour faire reconnaître la salicine dans le sulfate de quinine* (*Journ. chim. méd.*, 4ᵉ série, 1857, t. III, p. 54).

QUINQUINA. Les *quinquinas* sont les écorces fébrifuges de plusieurs espèces du genre *Cinchona* (Rubiacées), et l'on distingue plusieurs sortes qu'on peut reconnaître par leurs caractères extérieurs et par leur structure anatomique.

On les a divisés assez arbitrairement en *quinquinas jaunes,* qui sont les plus riches en quinine, *quinquinas rouges* et *quinquinas gris* ou *bruns.*

Les quinquinas jaunes sont formés de tubes ou de plaques jaunes à leur surface interne, dont la cassure est fibreuse, courte ; on en distingue plusieurs sortes :

Les *quinquinas calisayas,* fournis par le *Cinchona Calisaya,* Wedd.,

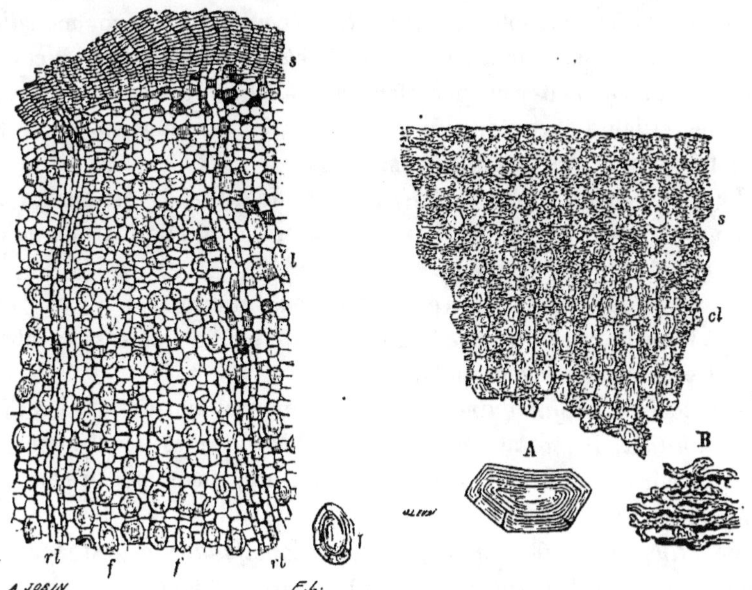

Fig. 163.—Quinquina calisaya plat.   Fig. 164.—Coupe transversale du quinquina
(Cauvet.) (*)   Calisaya roulé. (Cauvet.) (**)

se présentent en *plaques*, très-denses, assez épaisses, presque toujours sans périderme, portant à l'extérieur des sillons longitudinaux fibreux séparés par des arêtes ; elles sont d'un jaune fauve, ont une cassure fibreuse ; leur saveur est franchement amère. Examinée au microscope, une coupe transversale montre des fibres assez égales et réparties uniformément dans le tissu cellulaire qui est rempli de matières résineuses, surtout vers la partie subérienne dont on trouve quelquefois des traces persistantes (fig. 163).

(*), *s*, suber ; *l*, liber ; *rl*, rayons médullaires ; *ff*, fibres ; *f*, fibre grossie.
(**) *s*, suber ; *cl*, couche libérienne ; A, fibre isolée très-grossie ; B, cellules du suber très-grossies.

On trouve aussi les *calisayas roulés*, formés par les écorces des rameaux moyens, qui se sont roulées en tubes par la dessiccation et qui sont munies de leur périderme marqué de crevasses annulaires profondes et de crevasses longitudinales ; cette sorte a un liber jaune fauve, et sa cassure est fibreuse en dedans et résineuse en dehors. Les calisayas roulés présentent (fig. 164) un suber tabulaire brun et un liber assez développé à fibres généralement distantes et disposées en séries radiales autour d'un tissu cellulaire rempli de matières résineuses ; ils sont franchement amers (Cauvet).

Les calisayas sont souvent mélangés d'écorces, qu'on nomme *calisayas légers*, et sont fournies par le *Cinchona scrobiculata*, Wedd. : elles se distinguent par leur densité moindre, leurs sillons moins profonds et leurs fibres longues et flexibles ; leur couleur est brune en dehors et jaune orangé en dedans.

Le *quinquina carabaya*, *Cinchona elliptica*, Wedd., est encore un quinquina léger, d'un brun de rouille, avec ou sans périderme, qu'on trouve mélangé aux calisayas.

On rencontre aussi l'écorce du *Cinchona micrantha*, R. et Pav., parmi les calisayas légers ; elle est jaune orangé, a une cassure fibro-filandreuse et une saveur amère.

Les écorces de *quinquina huanuco jaune* sont fournies par les *Cinchona nitida*, R. et Pav., et *peruviana*, How. ; elles sont jaunes, à fibres courtes, à saveur amère et piquante, mais peu riches en quinine.

Le *quinquina jaune fibreux*, *Cinchona lancifolia*, Mut., est jaune ou orangé, il a un liber jaune d'ocre, une cassure à longs éclats et une couche subéreuse molle. On en connaît plusieurs sortes, dont les plus estimées portent le nom de *Colombia*, et les moins riches celui de *Carthagène*.

Le *quinquina pitayo*, *Cinchona pitayensis*, Wedd., est compacte, lourd, à cassure courte avec des éclats fins et offre un suber stratifié, spongieux.

Le *quinquina de Guayaquil*, *Cinchona pubescens*, Wedd., a le liber de couleur cannelle, une cassure à gros grains, un suber tabulaire, mince, mou, blanc jaunâtre et verruqueux.

Les *quinquinas rouges*, qu'on trouve en tubes plus ou moins complets ou en plaques d'un rouge foncé, sont fournis par le *Cinchona succirubra*, Pav. ; leur cassure est à longs éclats. Le *quinquina rouge verruqueux* se distingue par son suber mou, spongieux, verruqueux et rouge brun. Il est formé (fig. 165) par un périderme brun foncé, un liber à cellules irrégulières, des rayons médullaires plus larges vers la face interne, et des fibres plus nombreuses vers la face externe. Il contient une grande quantité d'acide cinchotannique, 0,12 à 0,15. (Howard.)

Les *quinquinas gris* sont en tubes plus ou moins roulés, à surface externe blanchâtre, grise ou brune et finement gercée;

FIG. 165.—Quinquina rouge verruqueux. (Cauvet.) (*)

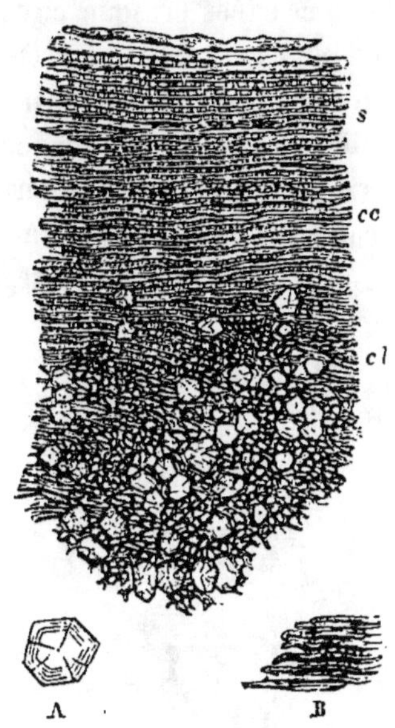

FIG. 166. — Quinquina huanuco. (Cauvet.) (**)

leur surface interne est rouge brun; leur cassure est égale en dehors et un peu fibreuse en dedans.

Les *quinquinas huanuco* ou de *Lima* sont fournis en partie par le *Cinchona micrantha*, R. et Pav., et surtout par le *Cinchona peruviana*, How. Ils sont en tubes blanchâtres en dehors, pourvus de sillons

(*) *s*, suber; *ch*, couche herbacée; *l*, liber; *rm*, rayons médullaires; *ff*, fibres; *f*, fibres plus grossies; *lp*, parenchyme libérien.

(**) *a*, suber; *cc*, couche herbacée; *cl*, couche libérienne; A, fibre très-grossie; B, portion de couche herbacée très-grossie.

longitudinaux, rouge brun en dedans, ont des bords coupés obliquement et ne portent pas l'*Hypocnus rubrocinctus* (ces deux caractères les distinguent du calisaya roulé) ; leur fracture est nette et résineuse, leur saveur amère, astringente et aromatique. Ils sont formés (fig. 166) d'un suber à cellules très-aplaties, brunes, en couches régulières, d'une couche herbacée orangée à cellules irrégulières, et d'un liber dont les fibres sont le plus souvent isolées au milieu d'un tissu cellulaire à utricules irréguliers. (Cauvet.)

Les *quinquinas de Loxa* sont fournis par plusieurs espèces de *Cinchona*, *C. officinalis*, var. *Uritusinga*, *C. crispa*, Taf., *C. macrocalyx*, Pav., etc. Ils sont en tubes gris en dehors, et pourvus de gerçures écartées presque circulaires ; leur cassure est peu fibreuse, leur odeur est spéciale et aromatique, mais quelquefois masquée par l'odeur de moisi. Ils sont formés (fig. 167) d'un périderme à éléments irréguliers, bruns et fongueux vers l'extérieur, d'un suber tabulaire, brun rougeâtre et gorgé de résine, d'un liber mince à cellules irrégulières

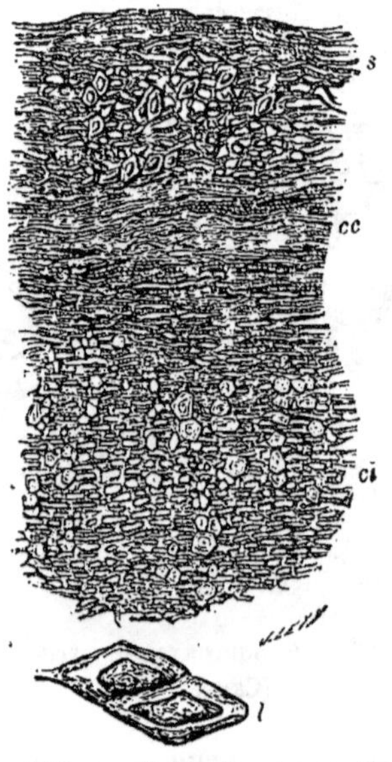

Fig. 167. — Coupe transversale du quinquina de Loxa. (Cauvet.) (*)

Fig. 168. — Quinquina huamalies. (Cauvet.) (**)

jaunâtres, et à fibres disséminées sans ordre apparent, ou réunies par petits groupes. (Cauvet.)

Les *quinquinas de Jaen* ou *pseudo-Loxa*, fournis par les *Cinchona Humboldtiana*, Lamb. et *pubescens*, Vahl., sont en écorces

(*) A, cellules subéreuses déformées ; B, suber ; C, fibre grossie ; *l*, liber.
(**) *s*, suber, *cc*, couche herbacée ; *cl*, couche libérienne. *l*, laticifères grossis.

roulées à sillons longitudinaux obliques, d'un brun cannelle en dedans, sans anneau résineux sous le périderme.

Les *quinquinas Huamalies* ou *Havane, Cinchona purpurea,* R. et Pav., sont en tubes d'un brun jaune, avec des sillons longitudinaux et des verrues subéreuses ; ils n'offrent pas d'anneau résineux sous le périderme. Ils sont formés (fig. 168) d'un suber à mailles affaissées, d'une couche herbacée à tissu très-irrégulier, et offrant çà et là de grandes ouvertures losangiques, et des fibres libériennes assez développées, inégales et réunies par groupes de trois à quatre. (Cauvet.)

Les diverses écorces de quinquina n'ont pas la même teneur en alcaloïdes et elle varie même avec les divers échantillons : on a trouvé que ces échantillons donnaient en moyenne par kilogramme :

QUINQUINAS	PROVENANCES	ALCALOÏDES	SULFATE de quinine.	SULFATE de cinchonine.	AUTRES ALCALOÏDES
		gr.	gr.	gr.	
Calisaya plat	Bolivie	36 à 40	20 à 32	6 à 8	»
Calisaya roulé sans épiderme	Bolivie	23 30	15 20	8 10	»
Calisaya léger	Pérou	16	4	12	»
Carabaya	Pérou	3 à 4 %	»	»	»
Huanuco jaune	Pérou	16	6	10	»
Jaune fibreux Colombia	Nouvelle-Grenade.	33 à 36	30 à 32	3 à 4	»
Carthagène	Nouvelle-Grenade.	16 20	16 20	»	»
Pitayo	Nouvelle-Grenade.	25 45	25 40	»	»
Jaune Guyaquil	Équateur	33 35	3 4	30	»
Rouge vrai	Équateur	40 50	20 25	10 à 15	Cinchonidine.
Huanuco	Pérou	10 12	2	8 40	»
Loxa	Équateur	10 14	2	10 12	»
Jaen	Pérou	20	»	»	Aricine.
Huamalies	Pérou	1 à 6	Traces	0 à 85	»

Les *faux quinquinas,* c'est-à-dire qui ne sont pas fournis par le genre *Cinchona,* ne contiennent ni quinine, ni cinchonine, ni même quinidine ou cinchonidine. Plusieurs sont fournis par des genres voisins des *Cinchona :* les *Cascarilla magnifolia,* Wedd., *faux quinquina rouge, quinquina nova : C. macrocarpa,* Wedd., *quinquina blanc,* de Mutis : *C. hexandra,* Wedd., *quinquina du Brésil :* les *Exostemma,* qui donnent le *quinquina Piton* ou *de Sainte-Lucie* (*E. floribundum,* Rœmer et Schultes), et le *quinquina caraïbe* (*E. caribœum,* Rœmer et Schultes), etc.

Pour distinguer les diverses écorces de *Cinchona* entre elles et d'avec celles de faux quinquinas, on fait usage des caractères physiques et extérieurs en prenant pour terme de comparaison des échantillons-types. On trouvera de bonnes indications pour l'examen de la structure microscopique, comme l'a indiqué, dès 1857, Pereira. L'examen chimique donnera des résultats très-importants, ainsi que le démontre le tableau suivant :

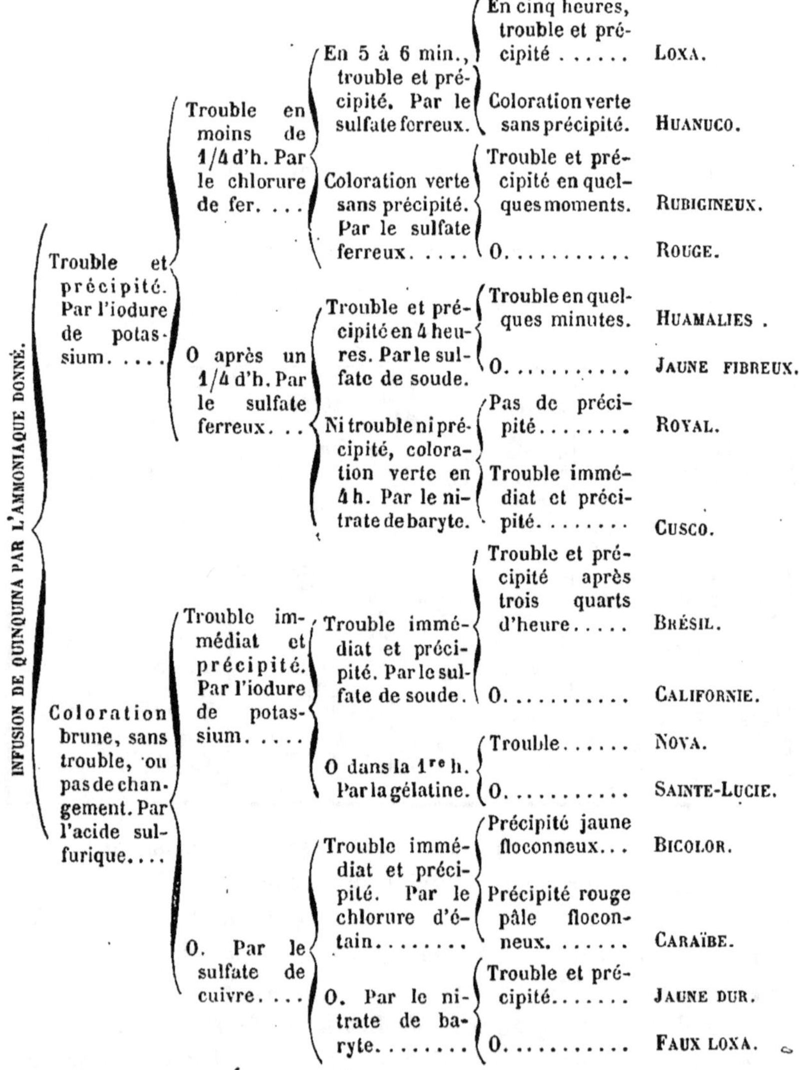

dressé par E.-F. Anthon (Buchner, *Repert.*, 1835, 2ᵉ série, t. IV, p. 43;

1836, t. VI, p. 29), qui a employé successivement, comme réactifs, l'ammoniaque pure ayant une densité de 0,990, la solution au 6e de l'iodure de potassium, l'acide sulfurique pur ayant une densité de 1,090, le perchlorure de fer au 8e, le sulfate ferreux en solution au 6e, la dissolution au 12e du sulfate de cuivre pur, la solution saturée de nitrate de baryte, la dissolution au 6e du sulfate de soude, la solution de gélatine au 12e et la solution de chlorure d'étain au 8e. Anthon versait dans l'eau distillée bouillante l'écorce bien concassée, laissait digérer douze heures et opérait immédiatement sur la liqueur, ayant observé que, s'il tardait, les résultats se trouvaient faussés.

Le meilleur moyen pour s'assurer de la qualité des quinquinas est de les *titrer*, et divers procédés peuvent être mis en usage à cet effet.

Rabourdin a indiqué de lessiver par l'eau acidulée jusqu'à épuisement 20 grammes de quinquina, de précipiter les alcaloïdes au moyen de la potasse caustique et de les reprendre par le chloroforme. La solution est lavée avec de l'eau et évaporée : mais ce procédé ne donne pas toujours la totalité des alcaloïdes, et il faut agir à plusieurs reprises par le chloroforme, ce qui nécessite plusieurs filtrages, et, par suite, occasionne des pertes.

Hager dose les alcaloïdes du quinquina à l'état de picrates : il prend 10 grammes de quinquina concassé, qu'il fait bouillir avec 130 grammes d'eau et 20 gouttes de potasse de 1,3 de densité ; il ajoute, après un quart d'heure d'ébullition, 15 grammes d'acide sulfurique de D. 1,115 et fait bouillir de nouveau un quart d'heure. Le liquide est refroidi et l'on y ajoute assez d'eau pour parfaire 100 grammes ; on verse, après avoir filtré, 50 grammes d'une solution saturée à froid d'acide picrique : on recueille le précipité après une demi-heure sur un filtre taré, on le lave et on le dessèche au bain-marie à $+$ 40° C. L'emploi de l'acide picrique avait été indiqué déjà en 1860 par Guilliermond, qui avait reconnu que les résultats obtenus n'étaient pas exacts.

Glénard et Guilliermond ont donné un procédé quinimétrique basé sur la méthode des volumes : il consiste dans le mélange du quinquina pulvérisé et humecté avec de la chaux : le mélange est ensuite desséché et traité par un volume donné d'éther pur. Quelque temps après, on agite par fractions déterminées avec de l'eau acidulée titrée ; puis un dosage acidimétrique indique par différence la quantité de quinine combinée avec l'acide et, partant, le titre quinimétrique de l'écorce. Les auteurs employaient d'abord l'acide sulfurique et l'ammoniaque ; depuis ils ont

indiqué de faire usage d'une solution d'acide oxalique et de potasse ou
de soude à l'alcool (fig. 169).

Rabourdin, en 1861, a donné
un autre procédé : Épuiser par
déplacement, au moyen de l'eau
acidulée, 10 grammes de quinquina pulvérisé; précipiter les
alcaloïdes par un excès léger
de soude, qui dissout les matières colorantes et résinoïdes ;
les alcaloïdes, recueillis sur un
filtre, sont lavés à l'eau acidulée, qui les sépare des impuretés; la liqueur, légèrement
acide, est précipitée par l'ammoniaque, et les alcaloïdes sont
recueillis sur un filtre taré et
pesés, quand ils sont secs.

Carles (de Bordeaux) a depuis fait connaître un autre
procédé qui lui a donné les

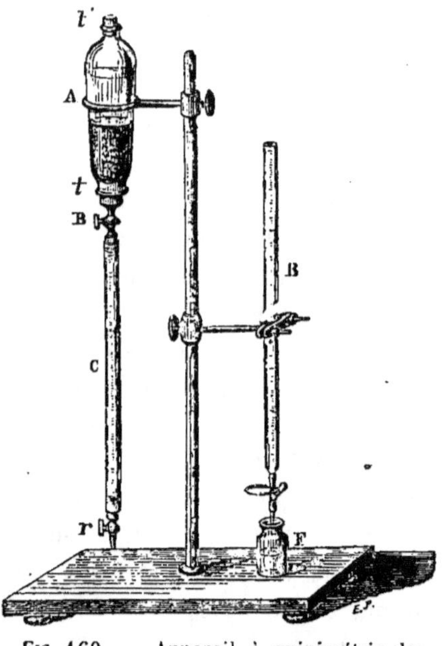

FIG. 169. — Appareil à quinimétrie de
Guilliermond. (*).

meilleurs résultats : 20 grammes d'écorce de quinquina tamisée sont
mêlés intimement dans un mortier avec 6 à 8 grammes de chaux
éteinte, délayée dans 25 grammes d'eau : on dessèche rapidement
le mélange au bain-marie; on le pulvérise, on tasse dans un appareil
à déplacement et l'on verse du chloroforme par affusions répétées : on
chasse par de l'eau le véhicule retenu dans le marc et l'on évapore au
bain-marie la solution chloroformique : le résidu est dissous dans une
petite quantité d'acide sulfurique au 10° ou à 1/10; on filtre sur un très-petit

(*) Se compose : 1° d'un tube digesteur A danslequel on soumet à l'action de l'ethér
la poudre de quinquina et de chaux. Ce tube se termine par une tubulure inférieure t, à une large ouverture, fermée par un bouchon de liége que traverse un
tube à robinet B : il existe à l'extrémité supérieure du tube B un petit entonnoir
en cuivre fermé par une rondelle de drap, faisant office de filtre. La tubulure
supérieure t', plus étroite, ferme au moyen d'un bouchon; 2° d'un tube gradué C,
ermé par en bas par un petit robinet r, et destiné à recevoir l'éther quininé!
3° d'un ballon gradué à 100 centimètres cubes pour mesurer l'éther qui sert à la
digestion; 4° d'une burette Mohr, B, d'une capacité de 10 cent. c. et divisée en
100 parties; 5° d'un support à deux branches pour recevoir le digesteur et la
burette; 6° d'une pipette de 10 cent. c.

filtre, pour avoir une liqueur incolore qu'on fait bouillir et qu'on traite par l'ammoniaque concentrée d'abord, puis étendue pour que la liqueur reste à peine acide. La quinine cristallise alors à l'état de sulfate et se prend en un gâteau solide par le refroidissement. On égoutte, on sèche entre deux papiers et l'on pèse. Les autres alcaloïdes, restés dans les eaux mères, en sont séparés par précipitation.

Les quinquinas qu'on trouve dans le commerce ont été quelquefois épuisés d'une partie de leurs principes actifs, soit par l'eau, et alors ils offrent une coloration à peine différente sur leurs deux faces, ont une saveur très-amoindrie et donnent moins d'extrait aqueux (Ebermayer); soit avec l'eau acidulée, mais dans ce cas leur couleur est brunie et leur saveur est salée : ils montrent aussi souvent des efflorescences à leur surface, renferment dans leurs fissures de petits cristaux de sulfate d'ammoniaque et retiennent une partie des acides employés, soit libres, soit combinés avec une base. Leur macéré, essayé par le chlorure de baryum ou le nitrate d'argent, donne un précipité blanc. (Chevallier.)

Guibourt a signalé la présence fréquente, dans le quinquina gris de Loxa, d'une écorce, qu'il attribue à un *Cinnamodendron* : elle est d'un blanc grisâtre en dehors, aromatique, non fendillée et d'une âcreté brûlante ; elle est fibreuse et remplie d'une huile volatile âcre, qui irrite fortement les fosses nasales.

Lemoine a indiqué un faux quinquina rouge à saveur désagréable, dense, compacte, brun, un peu moins foncé en dedans qu'en dehors : il se brise facilement et a une cassure nette avec des points brillants et résineux. D'après ces caractères, Lemoine pense que c'est l'écorce d'une *cascarille*.

Bernatzik a constaté, dans ces derniers temps, une nouvelle falsification des quinquinas : elle consiste à arroser des écorces sans valeur avec une solution alcoolique ou acétique de quinoïdine, de telle sorte que l'essai des alcaloïdes donne des résultats énormes, jusqu'à 0,0592 au lieu de 0,0124 à 0,0345.

Pour reconnaître cette falsification, on pèse 5 grammes de fragments d'écorces qu'on traite par le chloroforme, en laissant au contact pendant une demi-heure : on évapore la liqueur à siccité ; on mouille le résidu avec quelques gouttes d'acide chlorhydrique, et l'on triture avec un peu d'eau d'abord, puis avec 3 cent. c. à 4 cent. c. d'eau : on filtre et on lave le filtre avec de l'eau distillée.

La quinoïdine donne une coloration jaune brun à la liqueur ; on mêle la moitié du liquide avec de l'eau chlorée, on ajoute de l'ammoniaque et l'on voit apparaître la couleur verte des isomères de la quinine. Si l'on n'a pas obtenu de quinoïdine par le procédé précédent, on dessèche les fragments et l'on traite par l'eau froide, qui dissout les sels de quinoïdine en une liqueur colorée ; les écorces naturelles ne donneront qu'un liquide incolore. Si la falsification a été faite avec un sel insoluble, on traite un autre échantillon par 0,01 d'acide sulfurique ou chlorhydrique, qui dissolvent rapidement les sels adhérents à la surface : la soude donne alors un précipité de cinchonine isomère, incomplétement soluble dans l'éther.

Le quinquina en poudre a été fréquemment falsifié par l'addition de matières étrangères de nature très-variée.

Le quinquina rouge a été mélangé de poudre de *santal rouge ;* mais, dans ce cas, l'éther sulfurique et l'essence de térébenthine prennent, à son contact, une coloration rouge safranée plus ou moins intense.

BERNATZIK, *Nouvelle falsification du quinquina* (*Journ. pharm. et chim.*, 4ᵉ série, 1874, t. XIX, p. 49). — CARLES (P.-P.), *Étude sur les quinquinas*, thèse de pharmacie, Paris, 1871, J.-B. Baillière et fils. — FLUCKIGER, *Contributions to the Knowledge of the socalled false Cinchona bark* (*Yearbook of Pharm.*, London, 1872, p. 57 ; *Neues Jahrbuch für Pharm.*, 1871, p. 291, 302). — GUIBOURT, *Note sur une falsification du quinquina gris de Loxa* (*Journ. pharm. et chim.*, 4ᵉ série, 1865, t. II, p. 275). — GUILLIERMOND et GLÉNARD, *Sur la quinimétrie* (*Journ. pharm. et chim.*, 3ᵉ série, 1858, t. XXXVII, p. 5, et 1861, t. LXI, p. 40). — HAGER, *Nouvelle méthode pour déterminer la quantité d'alcaloïdes dans les écorces de quinquina* (*Journ. pharm. et chim.*, 4ᵉ série, 1871, t. XIII, p. 314). — JOLLY, *Falsification du quinquina rouge* (*Journ. pharm. et chim.*, 3ᵉ série, 1864, t. XLVI, p. 317). — LEMOINE (E.), *Note sur un faux quinquina rouge* (*Archives de médecine navale*, 1873, t. XIX, p. 221, et *Union pharm.*, 1873, t. XIV).

RAIFORT. Le *raifort, Cochlearia officinalis*, L. (Crucifères), a une racine cylindrique, blanche et charnue, longue de 0ᵐ,40 à 0ᵐ,60, épaisse de 0ᵐ,04, ayant une saveur âcre et brûlante.

Sa racine a été quelquefois confondue avec celle de *l'aconit,* bien qu'elle en soit différenciée nettement par ses caractères ; la racine d'aconit est napiforme et noirâtre à la surface et a une saveur d'une âcreté très-grande et strangulante.

RAISIN D'OURS. — Voy. BUSSEROLE.

RAISINS. Les vignerons ont la coutume, dans le voisinage des grandes villes, de répandre sur les raisins, au moment de leur maturité, du *lait de chaux* pour en prévenir le grappillage. Mais, dans certains cas, on a employé dans le même but un mélange de *sous-acétate* et de *sulfate de cuivre :* ce qui peut avoir des conséquences très-graves pour la santé. (Garnier et Harel.)

RATANHIA. — La *racine de ratanhia, Krameria triandra,* R. et Pav. (Polygalées), est formée par une souche d'où partent plusieurs racines rouge foncé en dehors et composées d'une écorce colorée et d'un corps ligneux blanc rougeâtre.

On lui a substitué le *ratanhia savanille, Krameria ixine,* L., qui est d'un brun violacé, et une racine d'origine inconnue, le *ratanhia de Para,* qui est gris brun.

Aux États-Unis on emploie, dit-on, souvent la racine du *Krameria lanceolata,* Torr. (Asa Gray.)

RATANHIA (Extrait de). L'extrait de ratanhia peut être confondu avec certains *kinos;* mais on peut les distinguer par leurs dissolutions, ou plus rapidement encore par le procédé du professeur. Walhberg : on humecte avec de l'eau ou de la salive un morceau, qui conserve sa belle couleur rouge brun foncé si c'est du kino, et prend une teinte bronzée persistante, si c'est de l'extrait du ratanhia.

Le docteur W. F. Gintle, qui a vu un exemple d'un soi-disant extrait de ratanhia qui n'en renfermait pas trace, pense que certains kinos, provenant de Dalbergiées, servent à la falsification de ce produit. -(*Zeitschr. der Œst. Apoth. Vereins,* 11, 1868.)

WALHBERG, *Moyen facile et sûr de distinguer le kino de l'extrait de ratanhia* (*Journ. chim, méd.,* 3ᵉ série, 1847).

RECOUPETTES. — Voy. SON.

RÉGLISSE. La *racine,* ou mieux le rhizome, *de réglisse, Glycyrhiza glabra,* L. (Légumineuses), offre une structure générale caractéristique. Les sections transversales montrent une zone linéaire, généralement située au tiers de l'épaisseur de la racine, en partant de la circonférence. La partie de la racine intérieure à cette zone est traversée par des faisceaux de fibres ligneuses, soudées par du tissu cellulaire ; a partie extérieure est traversée par de nombreux vaisseaux ponctués, ainsi que par des faisceaux de fibres ligneuses ; les cellules de la base de la racine sont remplies de grains amylacés. Ces grains sont ovales, petits, et beaucoup d'entre eux paraissent avoir une cavité centrale allongée. Les fibres ligneuses n'ont rien de remarquable, si ce n'est que leur cavité centrale est bien marquée. Les racines âgées montrent des rayons médullaires. La matière colorante jaune se trouve presque tout entière dans les faisceaux de fibres ligneuses ou dans les parois des vaisseaux ponctués (fig. 170 et 171). (Hassall.)

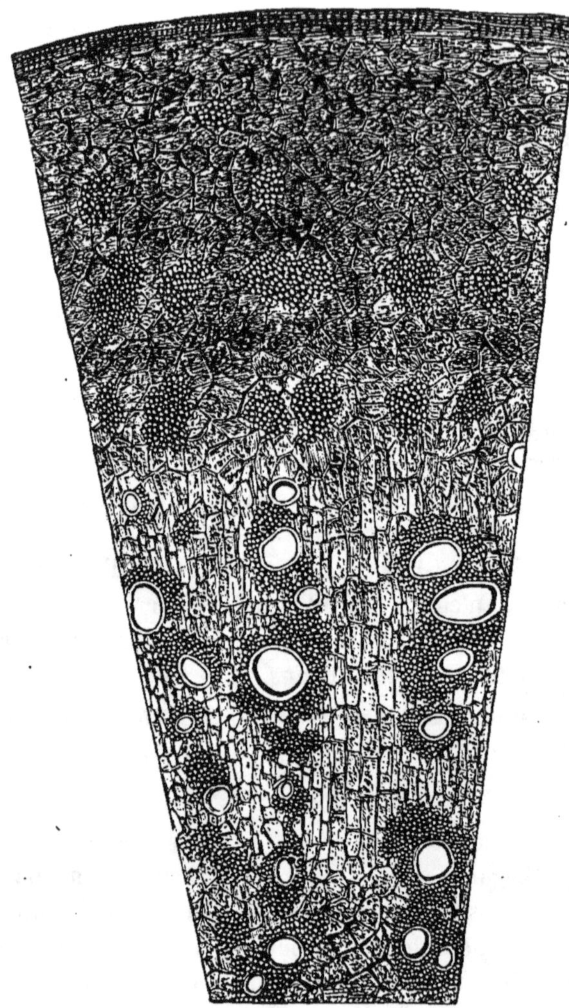

Fig. 170. — Coupe transversale de la racine de réglisse, montrant les vaisseaux ponctués, les faisceaux de fibres ligneuses et le tissu cellulaire environnant. Grossissement, 40 diamètres. (Hassall.)

La poudre de réglisse a été trouvée adultérée avec de la *farine*, de la *poussière de bois*, de la *fécule de pomme de terre*, du *sagou* ; plusieurs échantillons étaient colorés avec du *curcuma* : d'autres renfermaient du *sucre de canne.* Il est du reste démontré qu'en Angleterre quelques droguistes vendent sous le nom de poudre de réglisse composée des mélanges de poudres de *curcuma, gentiane, fenugrec, anis, cumin* et *aunée.* (Hassall.)

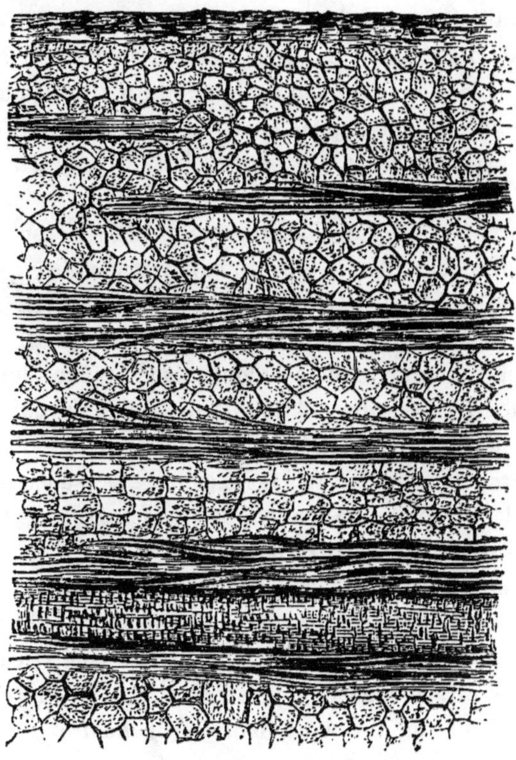

Fig. 171. — Coupe longitudinale de la racine de réglisse. Grossissement, 40 diamètres. (Hassall.)

On a aussi mêlé à la poudre de réglisse du *stil de grain ;* mais la poudre devient lourde et elle prend une odeur argileuse quand on l'humecte : projetée dans l'eau, elle laisse déposer le stil de grain qui fait effervescence par l'acide chlorhydrique. L'incinération laisserait un résidu terreux de chaux et d'alumine.

Le suc de réglisse n'est, souvent, d'après Accum (*Treatise*, 348), qu'un mélange des sortes les plus inférieures de *gomme arabique* (gomme de l'Inde ou de Barbarie), importées pour la fabrication du cirage, avec une solution de suc de réglisse pur : on en fait, quand la matière est arrivée à une consistance convenable, des rouleaux cylindriques, qu'on mêle avant qu'ils soient bien secs à des feuilles de laurier et qu'on empaquette de la même façon que le suc pur. Il arrive souvent, dit Brande, dans son *Dictionnaire de matière médicale et de pharmacie*, 1836, que le suc de réglisse fabriqué dans le midi de l'Europe est préparé sans soin, brûlé, et renferme du *cuivre* provenant des bassines où on l'a évaporé. D'après Chevallier, le suc de réglisse renferme souvent de la *fécule* et une grande quantité de poudres inertes ; on y mêle souvent aussi un *extrait* qui lui donne le goût de foin ; on n'y trouve le cuivre qu'à l'état métallique et non à l'état de sels, ainsi que l'ont démontré de nombreuses expériences de Villain. Pereira est arrivé à des résultats analogues.

Des nombreuses analyses faites par Hassall, il résulte que le suc de réglisse lui a présenté souvent de la *fécule* bouillie, qui lui a paru être du *riz*, de la *farine de blé*, de la *fécule de pomme de terre*. Il y a trouvé aussi de fortes proportions de *chaux*, et de *gélatine*. Cette dernière substance, lorsque le suc est plongé dans l'eau froide, se gonfle de telle sorte que le volume devient double ou triple. Hassall y a reconnu aussi à plusieurs reprises la présence du cuivre.

Le commerce offre quelquefois du suc de réglisse à bas prix, fabriqué avec de la gélatine commune fondue, du *suc de caroube*, et un peu de suc de réglisse qu'on roule en cylindres.

Le microscope fournit les moyens de reconnaître un certain nombre des falsifications de la réglisse, et en particulier celles qui ont été faites au moyen de la *fécule*, du *curcuma*, de l'*arrow-root*. Quant au *sucre de canne*, on en reconnaîtra la présence dans la poudre de réglisse par le procédé suivant : Ajoutez deux onces environ d'eau froide à 200 grains de poudre, filtrez, évaporez au bain-marie à une douce chaleur : s'il y a du sucre de canne, il cristallisera lorsqu'il ne restera plus qu'une petite quantité de liquide, et alors l'addition d'un peu d'acide sulfurique le noircira immédiatement : l'acide sulfurique ne carbonise pas la glycyrhizine, mais forme une combinaison avec elle. On peut du reste séparer le sucre de la glycyrhizine en traitant l'infusion concentrée de poudre de réglisse par un excès de sous-acétate de plomb ; on enlèvera le plomb par un courant d'hydrogène sulfuré, filtrera, évaporera au bain-marie et pèsera le résidu sec, qui est formé par du sucre de canne. (Hassall.)

RÉSINE COPAL. — Voy. COPAL (Résine).

RÉSINE ÉLÉMI. — Voy. ÉLÉMI (Résine).

RÉSINE DE GAYAC. — Voy. GAYAC (Résine de).

RÉSINE DE JALAP. — Voy. JALAP (Résine de).

RÉSINE MASTIC. — Voy. MASTIC.

RHUBARBES. Les *rhubarbes* sont fournies par diverses espèces de *Rheum* (Polygonées) et ont été divisées en rhubarbes *exotiques* et *indigènes*, qui se distinguent en ce que la portion employée est fournie ordinairement par l'axe aérien pour les premières et par l'axe souterrain ou racines pour les secondes, d'où il suit que leur structure est différente.

Les *rhubarbes exotiques* qui proviennent toutes, mais par des voies diverses, du plateau central de l'Asie, sont fournies par le *Rheum officinale*, Baill. On en distingue plusieurs sortes :

La *rhubarbe de Chine*, mondée ou demi-mondée, en morceaux arrondis ou coupés, percés d'un petit trou, d'un jaune sale à l'extérieur, d'un rouge brun à l'intérieur avec des marbrures blanches ; sa texture est compacte, son odeur forte et particulière ; elle croque sous la dent et colore la salive en jaune ; sa poudre est fauve claire. L'examen microscopique (fig. 172) montre des rayons jaune clair, qui vont du

FIG. 172. — Coupe transversale de la rhubarbe de Chine. (Cauvet.)

centre à la circonférence et qui, en s'anastomosant, forment des étoiles irrégulières dont les branches sont plus nombreuses du côté extérieur.

La *rhubarbe de Moscovie*, en morceaux plus petits, anguleux ou cylindriques, percés d'un trou plus grand et plus propre, paraissant avoir été élargi pendant le mondage : elle est jaune à l'extérieur et marbrée de blanc à l'intérieur, comme la rhubarbe de Chine, mais elle est moins compacte, et à cassure nette ; sa poudre est d'un beau jaune. L'examen microscopique (fig. 170) y montre des étoiles nombreuses.

La *rhubarbe de Perse* est mondée, en morceaux plats, de grosseur variable, légers, plus spongieux ; elle est d'un jaune pâle à l'extérieur, et rougeâtre et marbrée de blanc en dedans ; on n'y observe pas de trous.

Les *rhubarbes indigènes* sont fournies par les racines du *Rheum rhaponticum*, L., mêlées à celles de plusieurs autres espèces, *Rh. com-*

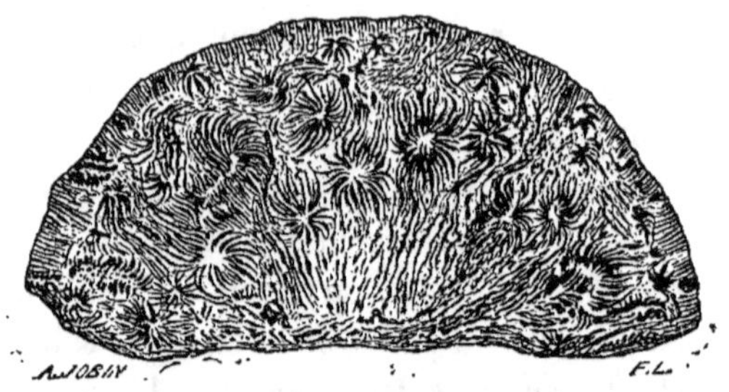

Fɪɢ. 173. — Coupe transversale de la rhubarbe de Moscovie. (Cauvet.)

pactum, Rh. undulatum, etc. Le *rhapontic* est en morceaux cylindriques ou plats, d'un jaune ocracé ou rougeâtre. Sa coupe transversale (fig. 174) montre un aspect rayonné, formé par des lignes alternativement blanches et jaunes qui vont du centre à la circonférence, et offre vers la péri- 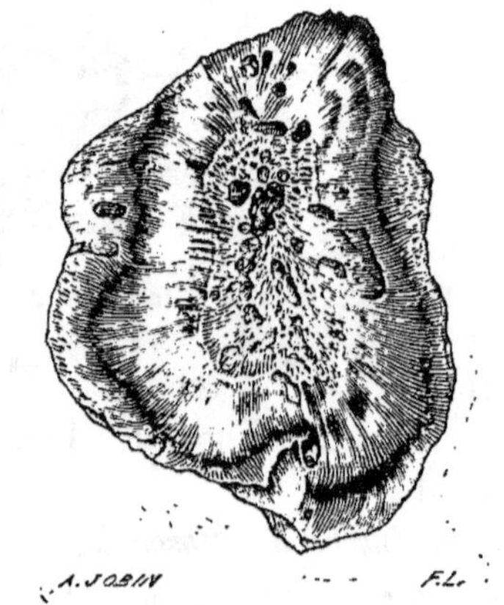
phérie une zone brune.

C'est à la présence d'oxalate de chaux que les rhubarbes doivent leur propriété de craquer sous la dent, et comme elles n'en contiennent pas toutes la même quantité, on a pensé que ce caractère pourrait servir à en distinguer les diverses sortes ; mais une rhubarbe indigène, qui aurait été saturée d'un sel de chaux, pour- rait être rapportée à une rhubarbe indigène.

Fɪɢ. 174. — Coupe transversale d'une rhubarbe indigène. (Cauvet.)

Le meilleur procédé de détermi- nation de la valeur de la rhubarbe consiste à reconnaître la quantité de *rhabarbarine* (*acide rhabarba- rique* ou *érythrose*). Pour cela, on traite la rhubarbe en poudre gros- sière (10 gr.) qu'on délaye dans 40 grammes d'acide nitrique du commerce ; il se fait un boursouflement considérable, qui donne un premier caractère distinctif entre les rhubarbes exotiques et les rhubarbes indigènes : de plus, les premières donnent une bouillie épaisse et homogène, tandis que les secondes surnagent en partie au bout de quelque temps. Au bout de vingt-quatre heures et à une température de $+$ 20°, il se fait un dégagement abondant de vapeurs nitreuses ; le lendemain on enlève l'acide en excès par des lavages successifs qu'on répète jusqu'à ce qu'il n'y ait plus aucune saveur ; le résidu est jaune orangé pour la rhubarbe exotique, jaune-chrome pour celle qui est indigène. Ce résidu (1 gr.), traité par l'acide chlorhydrique (0,50) et l'eau (5 gr.), est trituré dans un mortier et donne un liquide plus ou moins sirupeux, rouge plus ou moins foncé suivant la quantité d'érythrose existante. On peut aussi agir sur le résidu humide par 50 grammes d'ammoniaque, triturer, et l'on aura un produit rouge-amarante. Ces deux matières colorantes sont solubles dans l'eau, l'éther et l'alcool, et sont détruites par les acides.

La rhubarbe *se pique* facilement, et c'est une altération qui se propage rapidement dans les caisses, où les droguistes la conservent au contact de l'air. Cette altération, qu'on n'a encore observée que sur les rhubarbes de Chine, ne se manifeste jamais qu'en Europe après que les rhubarbes ont été tirées des caisses d'origine toutes doublées en zinc : elle est due à l'*Anobium paniceum*, Fabr. On la masque dans le commerce à l'aide d'une pâte, et l'on roule la rhubarbe ainsi corrigée dans de la poudre de rhubarbe. Mais ces morceaux sont, à la cassure, sillonnés dans leur intérieur par les ravages de l'insecte.

On trouve aussi, dans les drogueries, de la rhubarbe mal désséchée et noire à l'intérieur. Pour lui donner meilleur aspect, on la roule dans de la poudre de rhubarbe ; mais la cassure permet de reconnaître cette altération, qui ne se montre que rarement dans la rhubarbe plate. (Collin.)

On a signalé, dès les temps les plus anciens, une fraude qui consiste à faire bouillir dans l'eau la racine entière de rhubarbe, puis à la sécher pour la revendre : le liquide était évaporé en consistance convenable pour être mis en trochisques.

On a quelquefois substitué le *rhapontic* à la rhubarbe, mais la disposition des rayons médullaires permet aisément de reconnaître cette substitution.

G. Planchon a fait connaître tout récemment (*Société de pharmacie,*

1874) que le commerce offrait de *fausses rhubarbes de Chine* préparées
avec les tiges aériennes du *Rheum rhaponticum* : aussi présentent-elles
les étoiles qu'on avait données comme caractéristiques de la sorte de
Chine.

D'après Geiger, l'acide iodhydrique ioduré donne, avec les rhubarbes,
des colorations différentes et distinctives :

On obtient avec la rhubarbe de Moscovie une teinte verte.
　　　　　—　　　　　Chine　　　　—　　　brunâtre.
　　　　　—　　　　　anglaise　　　—　　　rouge foncé.
　　　　　—　　　　　France　　　—　　　bleue.

Thompson a observé que l'ichthyocolle donne, avec l'infusion de rhubarbe de Chine, un précipité plus abondant qu'avec celle de Moscovie :
l'infusion de quinquina donne, avec la rhubarbe russe, un précipité
verdâtre abondant, et, avec la rhubarbe de Chine, un précipité jaune
brillant moins considérable.

Rillot mélange parties égales de poudre de rhubarbe et de magnésie

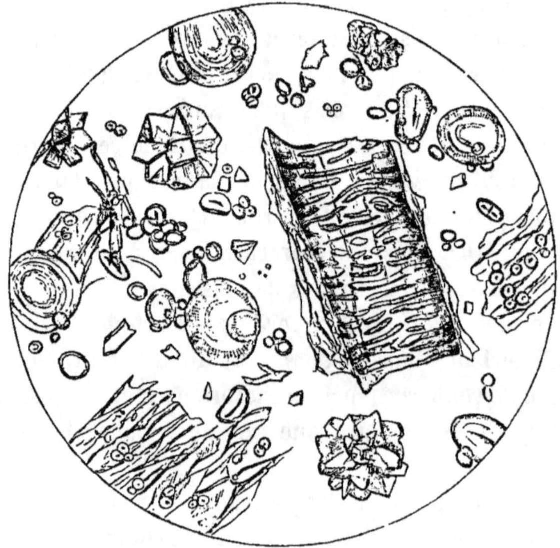

Fig. 175. — Poudre de rhubarbe contenant de la farine. Grossissement,
220 diamètres. (Hassall.)

et la soumet à l'action d'un peu d'essence d'anis ou de citron : la couleur ne change pas. S'il y a de la poudre de rhapontic, on obtient,
après cinq minutes de trituration, une couleur rouge-orange sau-

monée d'autant plus marquée que la proportion de rhapontic sera plus grande.

La rhubarbe qui a été attaquée par les insectes ou détériorée par l'humidité ou la chaleur est pulvérisée, et sa couleur est rehaussée par l'addition de *curcuma*. On reconnaît facilement cette falsification en traitant la rhubarbe par l'alcool fort et filtrant. L'acide chrysophanique étant peu soluble dans ce véhicule, la coloration de la liqueur filtrée est due aux principes résineux de la rhubarbe et est beaucoup plus claire quand il y a eu addition de curcuma. Le borax en solution concentrée colore les deux liquides en rouge brun foncé; si l'on ajoute un excès d'acide chlorhydrique pur, la teinture de rhubarbe pure devient immédiatement jaune clair, tandis que celle qui contient du curcuma est rouge brun. (Maisch, Opwyrda.)

On a trouvé, dans la poudre de rhubarbe, de grandes quantités de *farine* (fig. 175), et, d'autres fois, une notable proportion de poudre de *rhapontic*, ce qui donne des produits de valeur bien inférieure.

BAILLON (H.), *Sur l'organisation des Rheum et sur la rhubarbe officinale* (*Assoc. franç. pour l'avanc. des sciences*, 1873, t. I, p. 514). — COBB, *On the colouring matter obtainable from the deposit in tincture of Rhubarb.* (*Pharmac. Journ.*, 1850, 529). — COLLIN (E.), *Des rhubarbes* (Thèse de pharmacie, Paris, 1871). — GEIGER, *Acide iodhydrique ioduré pour reconnaître les Rhubarbes* (*Journ. chim. méd.*, 1830, p. 535). — MAISCH, *On the adulteration of Rhubarb.* (*Amer. Journ. pharm.*, 4ᵉ série, 1871, t. I, p. 259). — OPWYRDA, *Falsification de la poudre de rhubarbe* (*Pharm. Zeitschr. für Russland*, 1871, 15 août). — RILLOT, *Moyen de reconnaître les falsifications de la rhubarbe de Chine à l'aide des huiles essentielles* (*Journ. chim. méd.*, 4ᵉ série, t. VI, p. 354). — THOMPSON, *in Woodwille's Medical botany*, t. IV, p. 662).

RHUM. Le *rhum* est une eau-de-vie obtenue par la distillation des résidus de la fabrication du sucre de canne et surtout des mélasses; il possède une saveur et une odeur spéciales dues à une huile volatile particulière.

Le rhum est rarement consommé dans son état de pureté primitive. Le plus souvent on le coupe avec de l'eau ou de l'alcool étendu d'eau, mais plus fréquemment encore on vend comme rhum ordinaire ce que le commerce nomme *façons rhum*, c'est-à-dire un mélange d'eau, d'esprit-de-vin, et divers produits chimiques, destinés à lui donner le parfum, tels que l'éther acétique, l'éther butyrique, la teinture de suie, l'essence de vanille, etc.

Le rhum est fréquemment additionné d'*eau*, qui diminue sa force, inconvénient auquel on cherche à remédier par l'emploi du *poivre de*

Cayenne et même de la *coque du Levant :* pour lui donner de la couleur, et une certaine douceur, on y ajoute encore du *sucre* et un peu de *caramel.*

La présence du *poivre de Cayenne* se reconnaîtra par les moyens indiqués à l'article GENIÈVRE (voy. ce mot.).

L'emploi de la *coque du Levant* a occasionné des accidents très-graves, et même la mort à Liverpool (docteur Taylor) : on peut reconnaître la présence de cette matière dangereuse par le procédé indiqué à l'article BIÈRE (voy. ce mot), ou encore en évaporant à siccité un décilitre de rhum suspecté, puis on dissoudra le résidu dans quelques onces d'eau, on y placera un petit poisson vivant : si le liquide contenait de la *picrotoxine*; le poisson présentera bientôt les phénomènes caractéristiques de l'intoxication par cette substance. (Hassall.)

On a quelquefois trouvé du *plomb* dans le rhum, mais cela est presque toujours accidentel, et c'est surtout le rhum nouveau qui est sujet à cette altération. Le docteur Traill a remarqué que très-souvent, au moment où il vient d'être distillé, le rhum contient du plomb provenant des appareils de distillation ; mais que celui-ci disparaît après avoir séjourné quelque temps dans les barils, le métal ayant sans doute été précipité par le tannin des douves de chêne des barils. (Hassall.)

Le rhum est assez fréquemment remplacé par de l'*alcool* parfumé au moyen d'essence artificielle de fruits.

On fabrique, surtout en Allemagne, du *rhum artificiel* en distillant de bon esprit-de-vin avec de l'acide sulfurique et du peroxyde de manganèse ; quelquefois on mélange à l'esprit-de-vin une petite quantité d'éther acétique, d'éther tannique, d'éther butyrique, ou de teinture d'huile de bouleau; on colore avec du caramel. Si l'on ajoute à 0,10 c. de rhum 0,03 c. d'acide sulfurique anglais (D. 1,84) , l'odeur persiste après vingt-quatre heures pour le vrai rhum, tandis qu'elle a complétement disparu pour le rhum artificiel. (Wiederhold, *Zeitschr., der österr. Apoth. Vereins,* 10 février 1871.)

WIEDERHOLD, *Essai du rhum (Union pharm.,* 1864, t. V, p. 153).

RICIN (Huile de). L'*huile* des graines *de ricin, Ricinus communis,* L. (Euphorbiacées), est blanche ou peu colorée, peu fluide, visqueuse, presque inodore, insipide et sans âcreté : sa densité est 0,926 à $+ 12°$ C. Elle est soluble dans l'alcool et l'éther.

L'huile de ricin a été mélangée avec de l'*huile d'œillette, de pavot,* et d'autres *huiles fixes ;* mais ces huiles ne sont pas solubles dans l'alcool à 95°.

Une falsification plus coupable est celle qui consiste dans l'addition d'une petite quantité d'*huile de croton,* en vue d'en augmenter l'action, et Pereira dit avoir observé des accidents très-graves chez des femmes enceintes, qui s'étaient servi de capsules contenant ce mélange et qu'on leur avait vendues sous le nom d'*huile de ricin concentrée.* On reconnaîtrait cette fraude à ce que l'huile de croton, qui est soluble dans l'alcool, comme l'huile de ricin, a une saveur extrêmement·âcre, et une odeur caractéristique.

Le même auteur a aussi signalé la falsification de l'huile de ricin par l'*oléine* du lard, fraude qui serait décelée par l'action de l'alcool, qui ne dissoudra que l'huile de ricin.

On a reconnu dans une huile de ricin, offerte sur le marché de Chicago comme très-pure, la présence d'une grande quantité d'*huile de baleine* très-inférieure. Cette huile ne contenait pas plus de 0,05 d'huile de ricin. (*Proceed. Amer., Pharmac. Assoc.,* 1874, 482.)

On a aussi constaté, sur le même marché, que des vases métalliques qui renfermaient de l'huile de ricin, contenaient des morceaux d'*étain* dont le poids s'élevait à 6 onces. (*Idem,* p. 503).

RIZ. Le *riz, Oriza sativa,* L., est un caryopse blanc, dur, corné, terminé en pointe au sommet, à demi transparent quand il a été dépouillé de ses enveloppes.

La structure du riz, qui est difficile à examiner, se reconnaît aussi bien que possible après une immersion prolongée dans la glycérine ; la surface externe du grain est coupée par deux cannelures longitudinales et transversales qui laissent entre elles des·espaces carrés ; çà et là, sont des ouvertures de forme irrégulière, qui sont les stomates. L'enveloppe est formée de fibres étroites et courtes, cassantes, longitudinales ou transversales : en dessous de ces fibres est une fine membrane de cellules anguleuses, plus longues que larges, à long axe transverse (fig. 176).

Les grains de fécule sont petits, anguleux, avec une dépression centrale nette et des bords relevés ; ils sont beaucoup plus petits que ceux de l'avoine, et sont renfermés dans des cellules anguleuses qui les séparent les uns des autres (fig. 177).

On mélange quelquefois la fécule de riz aux autres fécules, et à la farine du pain.

Brou (C. de), *Accidents produits par la calandre du riz* (*Bull. Acad. de méd.,* 1860, n° 6 ; *Ann. d'hyg. et de méd. lég.,* 2° série, 1861, t. XV, p. 443).

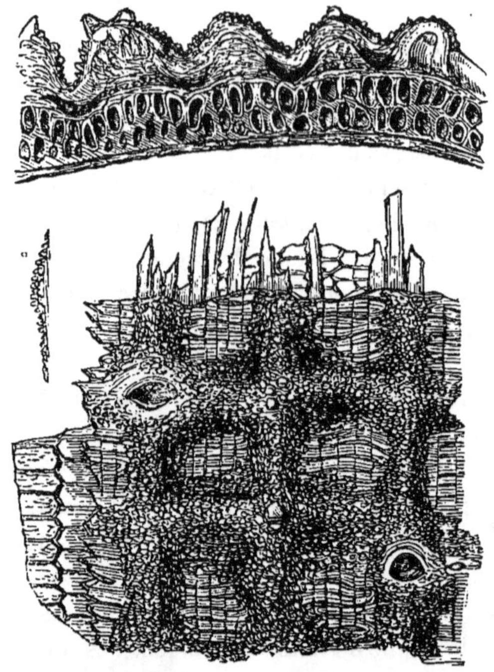

FIG. 176. — Enveloppe du riz; la figure supérieure donne la coupe transversale
Grossissement, 220 diamètres. (Hassall.)

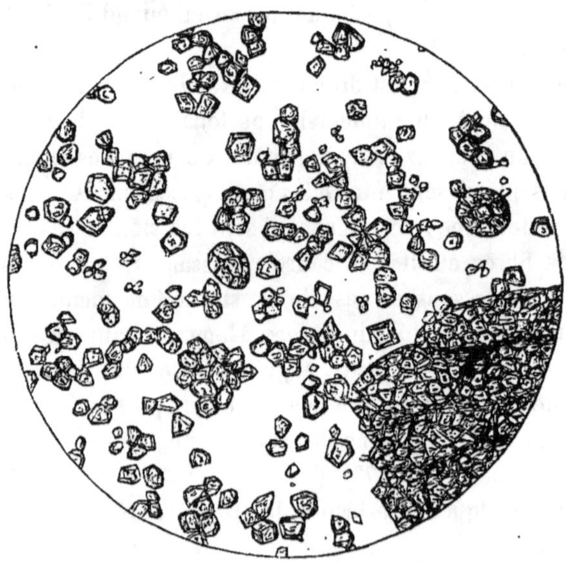

FIG. 177. — Fécule du riz et cellules qui la contiennent. Grossissement,
420 diamètres. (Hassall.)

ROCOU. Le *rocou* est une matière colorante qui paraît de nature résineuse, et que fournissent les graines du *Bixa orellana*, L. (Bixacées) ; il est de couleur rouge, presque insoluble dans l'eau, et soluble dans l'alcool, l'éther et les alcalis caustiques ; son odeur est forte et désagréable. Par l'acide sulfurique, il prend une couleur bleue magnifique.

Il se présente en pâte molle, ayant une consistance butyreuse ou en gâteaux aplatis et allongés, enveloppés de feuilles de monocotylédones (roseaux, bananier).

Un bon rocou ne doit pas contenir plus de 0,06 de feuilles. (Girardin.)

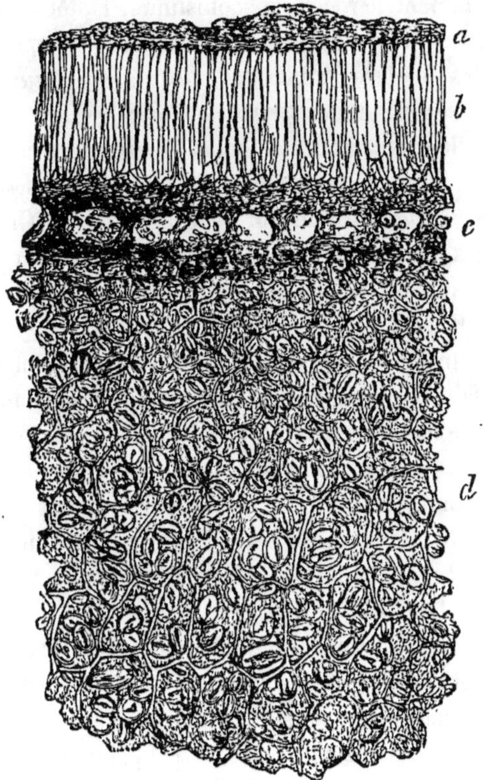

Fig. 178. — Coupe d'une graine de rocou (*). (Hassall.)

L'examen microscopique démontre que la partie extérieure des graines qui est rouge n'a aucune structure définie ; en dessous, on

(*) *a*, partie colorée ; *b*, cellules de l'enveloppe ; *c*, couches de cellules intermédiaires entre l'enveloppe et la graine ; *d*, cellules de la graine contenant de la fécule.

trouve des cellules allongées, étroites, disposées verticalement, qui en forment l'épisperme. Au-dessous est une couche de cellules présentant de larges lacunes, puis à l'intérieur des cellules polyédriques remplies d'une grande quantité d'amidon; celui-ci est formé de grains bien définis, d'un volume moyen, se rapprochant par leur forme et par leur hile allongé et étoilé des grains de fécule des pois et haricots (fig. 178). (Hassall.)

Le rocou pur du commerce ne présente que peu de caractères de structure; on y trouve cependant quelques traces du tissu cellulaire indiqué ci-dessus, et quelquefois des grains de fécule dans les spécimens qui n'ont point été soumis à l'action de l'eau bouillante.

Très-fréquemment, le rocou est sophistiqué, tantôt avec des matières organiques telles que du *curcuma*, du *seigle*, de l'*orge* et de la *farine*, tantôt avec des matières minérales, *sulfate de chaux*, *carbonate de chaux*, *sel*, du *savon?* et des *terres ferrugineuses*.

L'emploi de la *farine* et de la *chaux* en quantités considérables modifie la couleur du rocou et oblige à avoir recours au *sel*, aux *alcalis*, et aux *terres ferrugineuses* pour lui rendre sa teinte. On y ajoute aussi quelquefois des *sels de cuivre*, sans doute pour prévenir sa fermentation quand il a été sophistiqué avec la farine, et par suite la production de moisissures. (Hassall.)

Hassall, sur trente-quatre échantillons qu'il a examinés, n'en a trouvé que deux parfaitement purs; les autres étaient des mélanges en proportions variées de matières diverses, et le plus souvent ces matières formaient plus de la moitié et même des deux tiers du rocou.

Hassall, Accum, Mitchell, Bernays et Normandy ont aussi trouvé dans le rocou du *plomb* et du *vermillon*, sophistication qui peut avoir l'influence la plus fâcheuse, en raison de l'emploi fréquent du rocou pour colorer le beurre et le fromage.

La falsification du rocou est quelquefois faite avec si peu de soin qu'il est possible de séparer les diverses substances par masses ajoutées et de les reconnaître pour ainsi dire à l'œil nu.

Non-seulement ces falsifications sont coupables; mais elles ont pour effet de rendre le rocou plus facile à se détériorer, et si jamais on ne rencontre de rocou pur attaqué par les insectes, il n'est pas rare, au contraire, de trouver des rocous sophistiqués qui sont devenus la proie des vers et ont perdu toute valeur. A peine peut-être pourrait-on excuser l'addition d'alcalis, qui ont pour effet d'aviver la couleur du produit.

L'examen microscopique du rocou donne si peu de caractères de
structure qu'il est très-facile de découvrir les mélanges de produits
végétaux qu'on y ajoute. Le *curcuma* (fig. 179), sous l'influence des
sels et des alcalis que renferme presque toujours le rocou, a éprouvé
des modifications sensibles; il a perdu la majeure partie de sa matière
colorante, au point qu'il devient très-aisé de distinguer les grains de
fécule contenus dans les cellules; ceux de ces grains qui sont sortis des
cellules conservent leurs caractères distinctifs, et sont seulement d'un
volume plus considérable par suite de l'action de l'alcali. Il ne sera pas

Fig. 179. — Rocou adultéré avec du curcuma. Grossissement, 225 diamètres (*).
(Hassall.)

plus difficile de reconnaître la présence de l'*orge*, du *seigle*, de la *farine*)
et de la *fécule de sagou*. (Voy. *ces mots pour les caractères des fécules.*)

Les matières inorganiques sont indiquées par l'augmentation du
poids des cendres, par leur couleur, leur saveur. L'analyse démontrera
leur présence et leur nature; pour cela il faudra incinérer un poids
donné de rocou, pulvériser le résidu et traiter par l'eau pour séparer
les sels solubles, *chlorure de sodium* et *carbonate de soude* et de
potasse; prenant une partie de la solution, on y déterminera la pré-

<hr>

(*) *a*, partie externe de la graine; *b*, fécule; *cc*, cellules du curcuma; *d*, fécule de curcuma modifiée par l'alcali.

sence du chlorure au moyen du nitrate d'argent; dans le reste de la liqueur presque entièrement évaporée, on s'assure de la présence du sel alcalin par l'action de l'acide chlorhydrique et par les mêmes réactions que celles indiquées à l'article CURCUMA. Le résidu des cendres sera traité par l'eau régale, bien lavé, et la liqueur servira à rechercher le sulfate de chaux, et le carbonate, l'alumine, le fer, le plomb et le cuivre. Le résidu final sera composé de silice, de sable et de charbon non brûlé.

On a indiqué, pour reconnaître le mélange des matières minérales, de dessécher préalablement le rocou à + 100° C., car il renferme des proportions d'eau très-variables dans les divers échantillons; on en calcine un poids déterminé (5 grammes) dans un creuset de platine ou de porcelaine taré; il se décompose, répand des vapeurs empyreumatiques très-fortes et fuligineuses, noircit et s'enflamme au contact de l'air. Les bons rocous donnent 0,08 à 0,010 de cendres grisâtres ou jaunâtres; si elles sont rougeâtres, c'est un signe de sophistication.

La valeur tinctoriale du rocou peut être reconnue par la teinture de poids déterminés de coton ou de soie, qu'on plonge dans des bains de crème de tartre et de rocou desséché à + 100° et pulvérisé; on fait chauffer jusqu'à ébullition, on fait bouillir un quart d'heure et l'on retire du feu; après un repos d'une heure, on retire les écheveaux, on les tord, on les lave à grande eau et on les fait sécher à l'ombre.

On compare alors les nuances obtenues, et l'on constate leur rapprochement plus ou moins grand des nuances fournies par le rocou pris pour type. On peut aussi avoir recours au *colorimètre* (voy. INDIGO) en opérant sur des teintures alcooliques (350 grammes d'alcool à 82°,5, fractionnés en 7 parties, dépouillent 0gr,5 d'un bon rocou de toute sa matière colorante), et en étendant la teinture la plus foncée au moyen de l'alcool. (J. Girardin.)

GAYSNEV, *Sur la falsification du rocou* (*Journ. chim. méd.*, 3ᵉ série, 1853, t. IX, p. 44). — GIRARDIN (J.), *Mémoire sur les falsifications qu'on fait subir au rocou* (*Journ. pharm. et chim.*, 3ᵉ série, 1836, t. XXI, p. 174). — LAIRD, *On the adulteration of Annato* (*Pharm. Journ.*, sept. 1868). — RISLER (J.), *Note sur un rocou falsifié* (*Journ. chim. méd.*, 3ᵉ série, 1853, t. IX, p. 128).

ROMARIN (Essence de). L'essence de romarin, *Rosmarinus officinalis*, L. (Labiées), est très-limpide, très-odorante, aromatique et camphrée; sa pesanteur spécifique, bien que variable, ne dépasse pas 0,911.

On la falsifie fréquemment avec de l'*essence de térébenthine;* mais, en agitant le mélange avec un volume égal d'alcool absolu, on retrouve la térébenthine, qui ne se dissout pas.

La dissolution de *camphre* dans l'essence de romarin se reconnaît parce que celui-ci se dépose à la longue au fond du vase. (Stan. Martin.)

MARTIN (Stan.), *Falsification de l'essence de romarin officinal* (*Bull. de thérap.*, août 1866; *Journ. chim. méd.*, 5ᵉ série, 1867, t. III, p. 198).

ROSE (Essence de). L'essence de rose, qui est obtenue par la distillation des pétales des *Rosa damascena, centifolia, moschata,* etc., se présente en général sous forme de masses cristallines, formées de lames brillantes et transparentes, en suspension au milieu d'une portion restée liquide. L'essence liquéfiée est transparente, mobile et d'un blanc un peu verdâtre; elle a une odeur suave et une saveur aromatique; elle se dissout en entier dans l'alcool chaud, tandis que ce liquide à froid la sépare en une partie liquide et odorante, et une autre partie solide et inodore; sa pesanteur spécifique varie de 0,864 à 0,870 à $+$ 20°. Pure, l'essence de rose, mise dans un tube à $+$ 12°,5 C. se solidifie en moins de cinq minutes; avec l'acide sulfurique concentré, elle forme un produit résineux jaune brun, qui est complétement soluble dans l'alcool absolu. (Hager.)

L'odeur de l'essence de rose varie légèrement, suivant les différents districts d'où elle provient; quelques localités fournissent une essence, qui se solidifie plus promptement que d'autres; aussi la congélation de l'essence n'est-elle pas un indice certain de pureté, quoique beaucoup de personnes aient cette opinion.

« L'essence, obtenue par la distillation de la rose de Provence dans le sud de la France et à Nice, a un bouquet caractéristique, provenant, je crois, des abeilles qui transportent, dans les boutons de roses, le pollen des fleurs d'oranger, si abondantes dans cette contrée. L'essence française est plus riche en stéaroptène (essence concrète) que l'essence turque; 9 grammes se cristalliseront dans un litre d'alcool à la même température, qui veut 18 grammes d'essence turque pour produire le même effet. » (Piesse.)

Les falsifications de l'essence de rose sont nombreuses, en raison du prix élevé qu'elle atteint. On y a constaté le mélange d'*alcool,* d'*huiles fixes,* de *spermacéti,* de *gélatine* et de diverses *essences.*

La falsification, par l'*alcool,* se reconnaît par les moyens ordinaires (voy. ESSENCES).

Les *huiles fixes* seront indiquées par la saponification ou par les réactifs ordinaires (voy. ESSENCES).

Le *blanc de baleine* ou *spermacéti*, mélangé à l'essence de roses, se reconnaît à ce qu'il reste suspendu en masse cristalline écailleuse dans l'alcool absolu, après que le mélange a été traité par l'acide sulfurique. (Hager.) On peut aussi le reconnaître en plongeant un flacon d'essence dans de l'eau à $+25°$; il se fait deux couches, l'une solide qui est constituée par le spermacéti, l'autre fluide qui est formée d'essence pure : on peut encore avoir recours à la saponification du spermacéti par les alcalis.

La *gélatine* se reconnaît à ce qu'elle reste solide, tandis que l'essence se fluidifie par la chaleur de la main.

Les essences de *santal*, de *bois de Rhodes*, donnent à l'essence de rose une fluidité anormale.

L'essence de *géranium*, ou mieux de *pelargonium*, mélangée à l'essence de rose, se reconnaît à ce que le mélange, traité par l'acide sulfurique, laisse un dépôt dans l'alcool absolu. (Hager.)

Par l'action de la vapeur d'iode, l'essence de rose reste blanche, tandis que les essences de géranium et de bois de Rhodes prennent une nuance brune qui passe au noir foncé.

Les vapeurs rutilantes nitreuses donnent, en quelques instants, une couleur jaune foncé d'abord à l'essence de Rhodes, puis à l'essence de rose; l'essence de pélargonium devient vert-pomme et conserve longtemps cette couleur.

L'acide sulfurique, mélangé à parties égales avec les essences, leur donne une couleur brune; mais l'odeur de l'essence de rose n'est pas modifiée; tout au plus est-elle un peu affaiblie; l'essence de géranium prend une odeur forte et désagréable caractéristique; quant à l'essence de bois de Rhodes, son odeur est un peu plus forte et quelquefois se rapproche un peu de celle du cubèbe. (Guibourt.)

On a signalé encore l'introduction, dans le commerce, sous le nom d'*essence de rose*, d'un mélange d'essence de géranium avec du blanc de baleine et de l'*acide benzoïque*.

L'essence de rose a été, comme nous l'avons dit, sophistiquée avec de l'essence de *géranium*, mais celle-ci elle-même a été adultérée avec de l'essence d'*andropogon* (voy. ces mots).

AUDOUARD (V.), *Note sur une eau de roses contenant beaucoup de plomb, et sur une falsification de l'huile volatile de roses* (*Journ. de pharm. du Midi*, 1841, t. VIII, p. 409). — FLÜCKIGER (D^r), *Observations and Experiments on Rose Oil.*

(*Proceed. of the British Pharm. Confer.*, 1868, p. 19). — GUIBOURT, *Moyens de reconnaître la pureté de l'essence de roses* (*Journ. pharm. et chim.*, 3° série, 1849, t. XV, p. 345). — HAGER, *Test for otto of roses* (*Pharm. Journ.*, 1866). — *Zeitschr. für analyt. Chim.* 1866). — PIESSE, *Des odeurs, des parfums et des cosmétiques*, édit. Reveil. Paris, 1865.

SABINE. Le *genévrier sabine*, *Juniperus sabina*, L. (Conifères), offre des rameaux très-nombreux, divisés, grêles, portant des petites feuilles ovales, pointues, opposées, décurrentes, serrées contre les rameaux et paraissant imbriquées. Son odeur est fétide, très-forte et fatigante, sa saveur amère et désagréable.

On lui substitue quelquefois le *Juniperus Bermudiana*, L., qui en diffère par son odeur et par l'aspect jaune brunâtre de l'écorce. (Ebermayer.)

Aux États-Unis on emploie, en guise de sabine, le *Juniperus Virginiana*, L., qui lui ressemble beaucoup, mais n'a pas la même odeur ni la même saveur, et dont les feuilles, d'ailleurs, sont quelquefois ternées.

SAFRAN. Le *safran* est formé par les stigmates du *Crocus sativus*, L. (Iridées) ; ceux-ci sont au nombre de trois, plus larges à la partie supérieure, creusés en cornet, crénelés et portés sur un style filiforme allongé.

Il est d'une couleur rouge orangée, qui a pris dans le langage ordinaire le nom de la plante ; son odeur est forte et aromatique ; il abandonne à l'eau une matière colorante peu stable, teint la salive en jaune ; l'acide sulfurique fait passer sa couleur au bleu, puis au lilas ; l'acide nitrique lui donne une couleur vert-pré.

Le bon safran doit être en filaments longs, larges, épais, bien nourris, souples, élastiques, d'un rouge vif et sans filets jaunes ou blanchâtres. On estime moins le safran en masses pressées et d'un rouge brun. Par l'incinération, il ne doit pas laisser plus de 0,10 de cendres.

On distingue plusieurs sortes commerciales de safran : 1° *Safran d'Avignon* et d'*Angoulême* à filaments longs, peu nourris, d'un rouge vif et mélangé de nombreux filets jaunâtres.

2° *Safran du Gâtinais*, en filaments bien nourris, riches en matière colorante, très-odorants, toujours un peu humides et avec quelques filets jaunes.

3° *Safran d'Espagne* peu différent de celui du Gâtinais et contenant moins de filets jaunes. Il est plus sec et plus rouge.

Le safran est l'objet de falsifications nombreuses. Dans quelques cas, on le *mouille* pour lui faire acquérir plus de poids, soit en y versant directement une certaine quantité d'eau, soit en le plaçant dans des lieux humides ; ce safran subit bientôt une fermentation, qui lui donne une odeur aigrelette et qui en détermine la moisissure. On le reconnaît facilement à ce qu'il tache les doigts et le papier.

D'autres fois, on *huile* le safran en vue d'assurer sa conservation, disent les fraudeurs, mais réellement pour en augmenter le poids : il graisse alors le papier dans lequel on le presse.

Le safran *épuisé* de sa matière colorante est d'un rouge pâle terne, uniforme dans sa teinte ; son odeur est faible ; il colore à peine la salive et l'eau.

Sous le nom de *safran de Perse*, Hager a décrit un safran qui se présente sous forme de pains compactes, ayant une odeur *huileuse*, ne renfermant qu'une petite quantité de stigmates et presque entièrement composé de pétales imprégnés d'une huile fixe, épaisse : l'éther enlève cette huile, que l'auteur suppose être de l'huile d'olive colorée par du curcuma. On distinguera ce safran du véritable en ce qu'il cède à l'éther de pétrole sa matière colorante. (*Pharm. Central Halle*, 1870, n° 40, p. 364 ; *Proceed. of the Amer. Pharm. Assoc.*, 1874, p. 264.)

Le safran, surtout celui qui vient d'Espagne, est fréquemment falsifié avec du *miel*, qui, tout en lui donnant du poids, conserve au safran une certaine hygrométricité qui lui donne du moelleux sans adhérence à la main. Le miel a l'inconvénient en outre de rendre la dessiccation du safran plus difficile et de permettre à la poudre de se *masser* et de moisir, quand elle est conservée dans des bocaux bien bouchés et à l'abri de l'humidité. La présence du miel peut-être décelée de la manière suivante : on lave le safran avec de l'eau distillée sans exprimer le résidu, on évapore la colature au bain-marie jusqu'en consistance sirupeuse ; on ajoute un peu de levûre de bière pour déterminer la fermentation, et l'on constate la production d'alcool. On pourrait aussi reconnaître la présence du miel au moyen du polarimètre (Stan. Martin).

On a souvent aussi mélangé au safran des fleurs de diverses plantes, offrant une teinte analogue ou ayant été teintes : une des falsifications les plus communes consiste dans l'addition de fleurs de *carthame* ou *faux safran, Carthamus tinctorius* L. (Composées) ; ces fleurs, qui n'arrivent dans le commerce qu'après avoir été séparées des bractées involucrales, et avoir été foulées et séchées après macération dans l'eau, sont tubuleuses, à tube très-long, et d'un rouge de safran orangé.

Le professeur Maisch a appelé l'attention des pharmaciens sur un safran, dit *africain*, qui est tantôt constitué par des fleurons de *carthame* et quelquefois par les corolles du *Lyperia crocea*, Eckl. (Scrophularinées), plante du cap de Bonne-Espérance. Elles se présentent sous forme de fleurs tubuleuses, jaune foncé. (Jackson.)

Les fleurs du *souci*, *Calendula arvensis*, L. (Composées), d'*arnica* et de *saponaire*, coupées en languettes, huilées et colorées par le mélange avec le safran, ont servi aussi à sophistiquer celui-ci. C'est à une altération de te genre qu'on doit rapporter les fleurs de *Fuminella*, de couleur de rouille et provenant d'une Sénécioïdée, dont on a constaté la présence dans le safran du commerce (J.-L. Soubeiran). L'acide sulfurique peut être employé pour déceler la falsification par le carthame et le *Fuminella :* car il ne leur donne pas de coloration bleue.

Les étamines du *Crocus sativus* et surtout celles du *Crocus vernus*, L., se rencontrent assez souvent dans le safran ; elles ont été recueillies à part, teintes et tordues pour être mélangées au safran ; on en a trouvé jusqu'à 0,10 ; mais ce safran, mis dans l'eau, laisse tomber au fond les stigmates qui ne décolorent pas, tandis que les étamines surnagent et perdent leur couleur. (Guibourt.)

Caroz a signalé une nouvelle falsification du safran, qui consiste à prendre de jeunes pousses de *Carex* (probablement *Carex pulicaris* ou *Carex capillaris*), à les dessécher à les colorer par de la teinture de safran et sans doute aussi à les additionner de sucre, de miel ou de glycérine. Le microscope donne un moyen facile de dévoiler cette fraude. On a aussi falsifié le safran au moyen de débris de *bois de Campêche* et de *Rhus cotinus* ingénieusement mélangés et tortillés ensemble, et imprégnés d'un peu de sirop : l'imitation du vrai safran par ce *safran d'Allemagne* était si parfaite qu'un habile droguiste s'y est laissé prendre. (*Boston Journ. of chemistry*, 1873.)

On a aussi trouvé des safrans additionnés d'une certaine quantité de *calcaire*, colorés avec une matière végétale, mais d'une couleur plus terne que le safran. Cette poudre se séparait du safran, quand celui-ci était placé dans un endroit sec, il formait environ 0,20 du poids total (Blacher). Dans quelques échantillons on a constaté la présence de la *glycose* qui servait à maintenir la masse humide en même temps qu'à accroître le poids (*Deutsche Gewerbezeitung*, n° 22, 1869). Hanbury a également trouvé des safrans adultérés avec une matière pesante, *carbonate de chaux*, en quantité telle que l'incinération lui a fourni jusqu'à 0,28 de cendres, alors qu'un safran pur ne lui donnait que 0,059. Pour reconnaître cette fraude, il suffit de mouiller une petite quantité de safran dans un verre de montre en la pressant légèrement avec le doigt pour activer l'imprégnation. Si le safran est pur de toute matière terreuse, il donne immédiatement une solution limpide et d'un jaune clair : s'il contient du carbonate de chaux, celui-ci se sépare aussitôt et trouble l'eau ; de plus, une goutte d'acide chlorhydrique déterminera une vive effervescence.

P. Jaillard a indiqué la falsification du safran au moyen de la *glycérine*, qui permet de l'enrober avec du *carbonate de chaux ;* mais en précipitant dans un verre d'eau ordinaire une pincée de safran suspect, l'eau se teint, se trouble, et fait effervescence par l'acide chlorhydrique. (*Ann. d'hyg. et de méd. lég.*, 1874, 2ᵉ série XLI, 445.)

BIROTH (H.), *Notes on à Spanish Saffron* (*Amer. Journ. of Pharm.*, XXXIX, 1867, p. 807). — BLACHER (Am.), *Sur une nouvelle falsification du safran* (*Journ. pharm. et chim.*, 4ᵉ série, 1869, t. IX, p. 291). — CARON, *Falsification du safran* (*Journ. chim. méd.*, 5ᵉ série, 1868, t. IV, p. 202). — GUIBOURT, *Sur une falsification du safran* (*Journ. pharm. et chim.*, 3ᵉ série, 1864, t. XIV, p. 469). — HANBURY (Dan.), *The adulteration of Saffron* (*Pharm. Journ.*, 3ᵉ série, 1870, t. I, p. 241). — INGHAM (John), *The adulteration of Saffron* (*Pharm. Journ.*, 1871, 3ᵉ série, p. 624). — JACKSON (J.-R.), *The so called african Saffron* (*Pharm. Journ.*, 3ᵉ série, 1872). — DE LOBE, *Sur la falsification du safran* (*Journ. chim. méd.*, 5ᵉ série, 1866, t. II, p. 665). — MAISCH (J.-M.), *Adulteration of Saffron* (*Amer. Journ. Pharm.*, sept. 1870). — MAISCH (J.-M.), *The so called african Saffron* (*Amer. Journ. of Pharm.*, 1872, t. XLIV). — MARTIN (Stan.), *Falsification du safran* (*Journ. chim. méd.*, 5ᵉ série, 1867, t. III, p. 655). — MARTIN (Stan.), *Un mot sur une altération du safran* (*Journ. chim. méd.*, 1859, 4ᵉ série, t. V, p. 33). — PERRENS, *Sur une falsification du safran* (*Journ de pharm. de Bordeaux*, 1869 ; *Journ. pharm. et chim.*, 1869, t. IX, p. 199). — SOUBEIRAN (J.-L.), *Falsification du safran par les fleurs de Fuminella* (*Journ. pharm. et chim.*, 3ᵉ série, 1855, t. XXVII, p. 266). — WINCKLER et GRUNER, *Falsification du safran* (*Journ. pharm. et chim.*, 3ᵉ série, 1842, t. II, p. 131).

SAGAPENUM. Cette gomme-résine provient d'une Ombellifère de Perse encore mal connue et qu'on a dite être le *Ferula persica*, Willd. Elle a aujourd'hui disparu du commerce, où elle est remplacée par un mélange fabriqué avec les résidus des différentes sortes de gommes-résines.

SAGOU. Le *sagou* est la fécule extraite des troncs de plusieurs palmiers qui appartiennent surtout aux genres *Sagus* et *Saguerus,* tels que les *Sagus lœvis* et *genuina* et le *Saguerus saccharifer*.

Le sagou vient dans le commerce sous la forme de *farine*, plus ou moins mélangée de débris végétaux, par suite de lavages incomplets, ou de *fécule* plus pure et ayant été lixiviée avec plus de soin : on trouve aussi le *sagou granulé*, qui a été réduit en pâte, et granulé par un procédé analogue à celui de la fabrication des *nonpareilles :* on le dessèche sur des plaques chaudes, et par suite la fécule qui le constitue a été plus ou moins déformée par la chaleur unie à l'humidité. Mis dans l'eau chaude, il ne perd pas sa forme et devient transparent.

La fécule de sagou, examinée au microscope, paraît formée de grains d'un grand diamètre, allongés, arrondis à leur extrémité la plus large et tronqués à l'autre par pression réciproque : la facette est simple ou

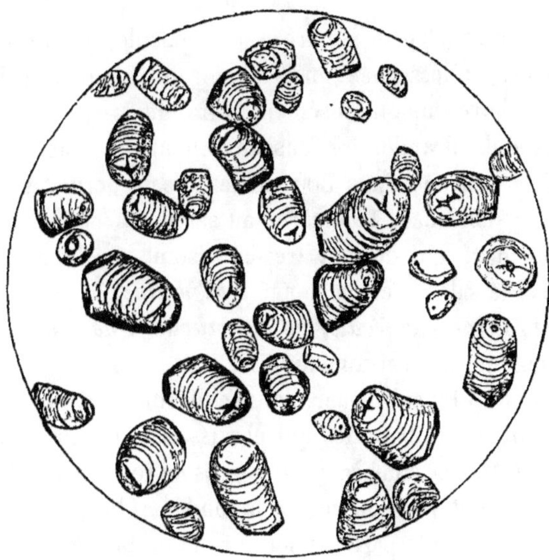

FIG. 180. — Fécule de sagou. Grossissement, 225 diamètres. (Hassall.)

double, suivant l'agglutination des grains ; le hile est circulaire, mais souvent il est linéaire, en croix ou en étoile : autour on distingue quelquefois un petit nombre de couches concentriques peu marquées. A la lumière polarisée, les grains montrent une croix noire dont le hile occupe le centre. (Hassall.) (fig. 180.)

La principale sophistication du sagou se fait au moyen de la *fécule de pommes de terre ;* elle sert même quelquefois à fabriquer un *faux sagou*, qui en est uniquement composé. Ce produit a été préparé en Allemagne et à la porte de Paris à Gentilly, où on le fabriquait soit blanc, soit coloré ;

pour lui donner l'apparence des sagous qui se trouvaient autrefois dans le commerce. Ce faux sagou, outre la structure de ses éléments, peut être reconnu à sa dureté moindre, et à ce qu'il se réduit en bouillie dans l'eau bouillante.

SAINDOUX. — Voy. Axonge.

SALEP. Le *salep* est la partie radiculaire renflée de plusieurs espèces d'*Orchis*, parmi lesquelles on indique surtout les *Orchis mascula* et *Morio*. Il se présente sous forme de corps ovoïdes, très-durs, cornés, gris jaunâtre, à cassure cornée et demi-transparente, légèrement odorants et à saveur mucilagineuse et un peu salée; quelquefois les tubercules de salep sont réunis en forme de chapelets au moyen d'une corde qui les traverse.

Ce n'est que le salep en poudre qui est falsifié, et on lui mélange de la *fécule* cuite et desséchée; mais l'iode, qui bleuit à peine le salep pur, permet de reconnaître aisément la fraude.

Le procédé de Brande, qui consiste à chauffer un mélange de salep et de magnésie calcinée dans 500 parties d'eau, permet de reconnaître l'addition de substances étrangères au salep. On obtient avec le salep pur un mucilage qui devient très-consistant par le refroidissement, tandis que si le salep a été mélangé d'*albumine*, de *gomme*, d'*amidon*, de *colle de poisson*, de *fécule*, ou de *mucilage de coings*, le mucilage conserve toujours une certaine fluidité.

On a cherché à lui substituer, dans ces dernières années, sous le nom de *salep royal*, des tubercules qui paraissent provenir d'une Tulipe de l'Afghanistan. Mais ces tubercules très-gros ne renferment pas de matière amylacée; ils sont plus ou moins arrondis, ridés par la dessiccation, terminés en pointe à la partie supérieure et portant une cicatrice circulaire à la base. Ils sont opaques et blanchâtres, ou translucides et jaunâtres. Durs, pesants, cornés, ils se gonflent beaucoup dans l'eau; leur coupe laisse voir un bourgeon central foliacé flétri. (D. Hanbury.)

HANBURY (D.), *On royal Salep* (*Pharmac. Journ.*, t. XVII, p. 419; *Journ. pharm. et chim.*, 3e série, 1858, t. XXXIII, p. 61).

SALICINE. La *salicine* est cristallisée en petites lames rectangulaires à bords taillés en biseau, nacrées; elle est inodore, elle se dissout dans l'eau beaucoup plus à chaud qu'à froid, et a une saveur très-amère. Elle est soluble dans l'alcool, insoluble dans l'éther et les essences.

On lui a mélangé du *sulfate de chaux* en cristaux aciculaires très-fins et comme neigenx. L'alcool bouillant dissoudra la salicine et laissera le sulfate se déposer.

SALICOQUES. Les *salicoques* sont des Crustacés Décapodes Macroures, qui appartiennent aux genres *Pénée, Alphée, Palémon* et *Crangon*, et qu'on pêche souvent en grande quantité sur nos côtes, pour servir à l'alimentation, comme les *crevettes*. Leur ingestion est quelquefois suivie d'accidents, dont la cause n'a pas encore été bien déterminée. Il n'en est pas de même de ceux, qui ont eu lieu par l'usage de salicoques qui avaient été colorées par du *minium* (Guérard), fait qui a été constaté en 1841 et 1861.

GUÉRARD, *Note sur des salicoques teintes au moyen du minium* (*Ann. d'hyg., et de méd. lég.*, 1841, t. XVI, t. 360).

SALPÊTRE. — Voy. POTASSE (Nitrate de).

SALSEPAREILLE. Sous le nom de *racines de Salsepareille*, on désigne dans le commerce les racines adventives de plusieurs espèces de *Smilax* (Liliacées, Asparaginées) ; mais la question d'origine n'a pas été jusqu'à présent assez bien élucidée, pour qu'on soit en droit de préciser toujours avec certitude à quelle espèce botanique on doit rapporter telle ou telle sorte commerciale.

Les Salsepareilles portent quelquefois une portion de *tige* unie aux racines ; elle est ronde et anguleuse, offre des nœuds et est quelquefois munie d'aiguillons ou épines. Les racines sont généralement longues de plusieurs pieds, grosses comme une plume, plus ou moins cannelées ou arrondies, et alors elles contiennent une notable quantité de fécule. Leur couleur varie du gris au rougeâtre et au brun ; leur saveur est mucilagineuse et un peu âcre. Elles présentent une écorce, du ligneux et une moelle ; elles offrent d'ailleurs d'assez grandes différences qui tiennent aux procédés de récolte, de conservation, etc.

Les Salsepareilles commerciales sont :

1° La *Salsepareille Caraque, Smilax syphilitica*, Humb. Bonpl., très-estimée ; elle a des racines moyennes, épaisses de $0^m,003$ à $0^m,007$, longues, gris jaunâtre ou brunes en dehors, cylindriques sans cannelures, et chevelues ; elle offre un cœur ligneux, mince, et de couleur fauve séparé par une *kernscheide* brun foncé de l'écorce qui est rosée ou jaunâtre, épaisse, friable et amylacée, et souvent privée d'une partie de son épiderme (fig. 181). La moelle est plus large que le bois. La salsepareille Caraque offre les cellules de la kernscheide presque carrées ou tangentielles et recouvertes d'un épibléma formé d'au moins trois rangées de cellules (fig. 182). Cette sorte est munie d'une partie de ses souches, et ses racines sont plusieurs fois repliées sur elles-mêmes.

2° La *Salsepareille Honduras*, rapportée par Guibourt au *Smilax Sarsaparilla*, L., mais qui provient probablement de plusieurs espèces différentes. Ses racines sont longues, anguleuses, cannelées, un peu

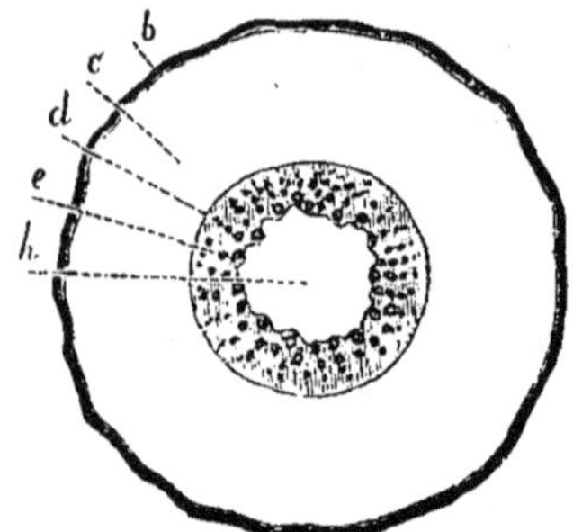

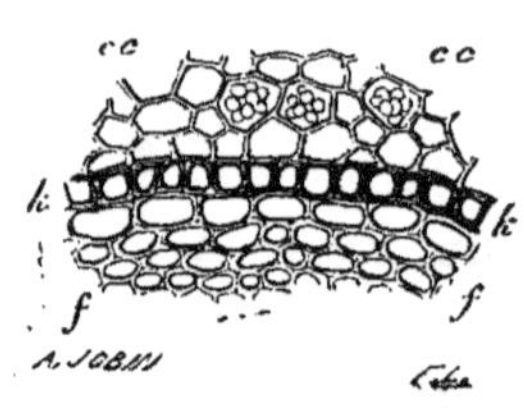

FIG. 181. — Salsepareille Caraque (*).
(O. Berg.)

FIG. 182. — Salsepareille Caraque
64/1 (**). (Cauvet.)

chevelues ; elles sont d'un gris foncé un peu rougeâtre ; elles sont munies de leurs souches, qui sont quelquefois fortement épineuses ; leur ligneux est moyennement développé (fig. 183), jaune-paille ; la moelle

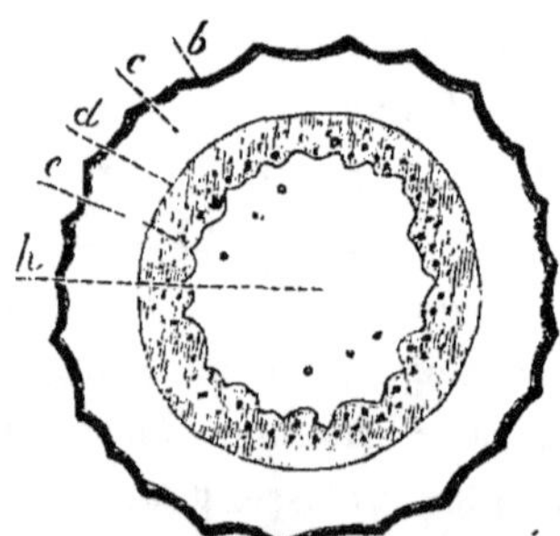

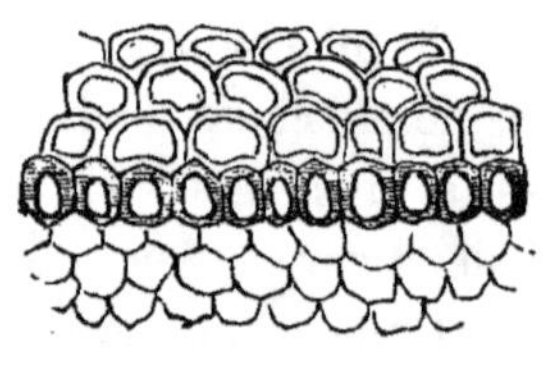

FIG. 183. — Salsepareille du Honduras
ou du Guatémala (***). (O. Berg.)

FIG. 184. — Salsepareille du Honduras
ou du Guatémala. (O. Berg.)

est à peu près aussi développée ; les cellules de la kernscheide sont jaune pâle, presque carrées ou allongées tangentiellement ; les cellules de l'épibléma sont sur deux ou trois rangées (fig. 184).

3° La *Salsepareille rouge* ou de la *Jamaïque*, dont la provenance est encore très-obscure, malgré son nom, a des racines plus minces que celles de la Salsepareille Honduras, plus longues, très-propres ; leur épiderme est rouge orangé et sans chevelure ; l'intérieur est d'un blanc sale. La zone ligneuse est beaucoup plus épaisse que l'écorce et presque toujours plus large que la moelle ; les cellules de la kernscheide sont allongées radialement, et l'épibléma est formé de deux ou trois rangées de cellules.

4° La *Salsepareille du Brésil*, produite par diverses espèces de *Smilax*, ce qui explique les différences qu'elle présente ; ses racines ressemblent à celles de la Salsepareille Caraque, mais sans souches ; elles sont consistantes, brunes ou rouge terne, très-grêles, un peu cannelées ; le ligneux en est très-mince ; la moelle est au moins aussi épaisse que le ligneux et l'écorce réunis, blanchâtre ou un peu rosée ; l'écorce est souvent rosée, peu féculente ; la kernscheide est à cellules quadrilatères allongées radialement, à cavité large et quadrangulaire ; l'épibléma est formé de deux ou trois rangées de cellules (fig. 185 et 186) ; leur saveur ·

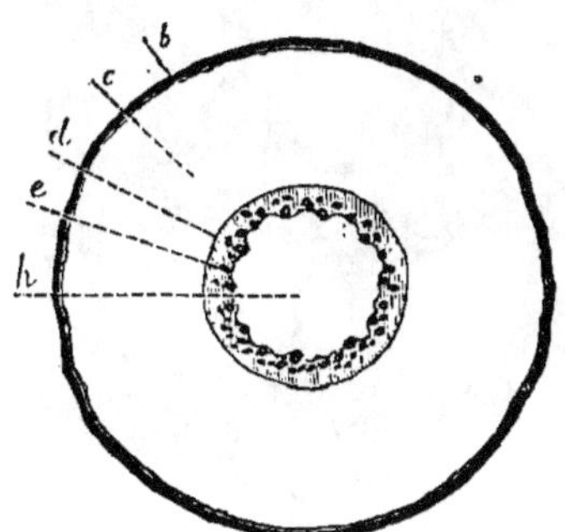
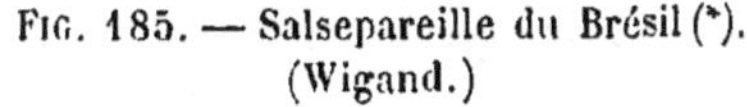
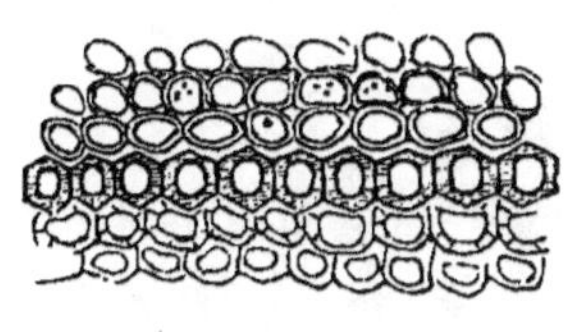

Fig. 185. — Salsepareille du Brésil (*).
(Wigand.)

Fig. 186. — Salsepareille du Brésil.
(Wigand.)

est amère ; cette Salsepareille vient en rouleaux de différents diamètres.

5° La *Salsepareille Tampico*, ressemblant à la Salsepareille Caraque, mais moins régulière ; ses racines sont minces, peu amylacées et très-chevelues ; les tronçons de tiges sont très-courts, gris pâle, à écorce peu épaisse, avec une teinte rosée ou noirâtre.

6° La *Salsepareille de la Vera-Cruz*, formée par le *Smilax medicæ*, Schlecht., ressemble assez à la Salsepareille du Honduras ; mais ses

(*) *b*, zone corticale extérieure ; *c*, zone corticale intérieure ; *d*, cellules à noyaux (*kernscheide*) ; *e*, zone ligneuse *h*, moelle.

racines sont plus grosses et plus chevelues ; quelques-unes ont le cœur amylacé, d'autres sont ligneuses, elles sont très-cannelées (fig. 187). Les souches sont formées de nodosités irrégulières, grisâtres, très-rapprochées ; l'écorce est grisâtre, un peu rosée ou grisâtre, quelquefois couverte de moisissures, et offrant quelquefois le mycélium violet d'un champignon non déterminé. (Flückiger.) La zone ligneuse est moins épaisse que le diamètre de la moelle ; les cellules de la kernscheide

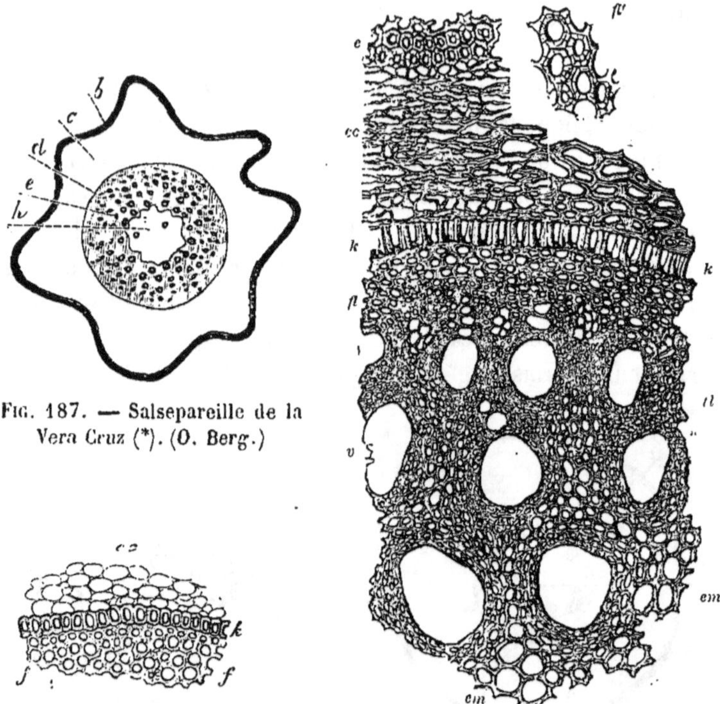

FIG. 187. — Salsepareille de la
Vera Cruz (*). (O. Berg.)

FIG. 188. — Salsepareille de la
Vera Cruz (**). (Cauvet.)

FIG. 189. —Salsepareille Jamaïque allemande.
Coupe transversale 34/1 (***). (Cauvet.)

sont allongées radialement, et l'épibléma est formé d'au moins trois rangées de cellules (fig. 188).

7° La *salsepareille jamaïque allemande* (fig. 189) offre les cellules de la kernscheide quadrilatères, très-allongées radialement ; les parois

(*) *b*, zone corticale externe ; *c*, zone corticale interne ; *d*, cellules à noyaux (*kernscheide*) ; *e*, zone ligneuse ; *h*, moelle.

(**) *cc*, cellules corticales ; *f*, fibres ligneuses ; *k*, kernscheide.

(***) *e*, épibléma ; *cc*, couche corticale ; *k*, kernscheide ; *fl*, fibres ligneuses ; *fl'*, fibres ligneuses grossies (190/1) ; *v*, vaisseaux ; *ll*, tissu ligneux ; *cm*, cellules médullaires pénétrant dans le bois et isolant presque un vaisseau.

latérales séparées des parois antérieure et postérieure par une ligne nettement définie, qui part des angles de la cavité médullaire. (Cauvet.) Ce n'est sans doute qu'une variété de la salsepareille de la Vera-Cruz.

Les Salsepareilles coupées en fragments, telles que les droguistes les livrent souvent au commerce de la pharmacie, sont souvent mêlées, en Angleterre, d'une grande quantité de parties de la tige, dont la structure diffère essentiellement de celle de la racine, ce qui permet de découvrir la fraude. (Pocklington.)

On a souvent substitué aux racines de Salsepareilles celles d'espèces voisines fournies par des *Smilax*, tels les *Smilax Japicanga*, Griseb., et *ingoides*, Griseb, ou par des genres voisins, *Herreria*. On a aussi introduit dans le commerce les racines de l'*Aralia nudicaulis*, L., du *Carex Arenaria*, L., de l'*Hemidesmus indicus*, R.-B., de l'*Agave cubensis*, Jacq. (Guibourt.)

Le *Smilax Japicanga* est accompagné de tiges cylindriques avec quelques épines; ses racines sont toutes fendues longitudinalement par la moitié, ont une écorce gris rougeâtre, très-mince et très-ridée, et un méditullium ligneux, développé et vide à l'intérieur. (Guibourt.)

La *salsepareille sauvage*, fourni par l'*Herreria Sarsaparilla*, Mart., se rapproche beaucoup par ses caractères extérieurs, couleur, dimensions, forme, de la racine de salsepareille; mais son écorce est ridée en tout sens, comme ratatinée; la moelle manque souvent et rend la racine fistuleuse; la tige est grosse comme une plume, lisse, jaune, à entre-nœuds très-longs, pourvus de quelques rares aiguillons courts et récurvés. (Vandercolme.)

La *Salsepareille d'Allemagne* est constituée par le rhizome du *Carex Arenaria*, L. (Cypéracées); il est gris rougeâtre en dehors, blanc et fibreux en dedans, a une saveur un peu amère et aromatique; son décocté ne mousse pas. On le reconnaîtra facilement à ses écailles (ou cicatrices) formant une gaine complète. Sa structure anatomique est très-différente de celles des salsepareilles : l'écorce est formée de deux zones réunies par des languettes étroites, s'irradiant, à des distances à peu près égales de la zone centrale à la zone périphérique, en formant les limites latérales de lacunes considérables disposées avec symétrie vers l'intérieur de la souche. (Vandercolme.)

La racine de l'*Hemidesmus indicus*, R. Br. (Asclépiadées), *Salsepareille grise de l'Inde*, est en morceaux de diverses longueurs, jaune brun, cylindriques, tortueux, sillonnés longitudinalement; l'écorce porte des fentes circulaires; son odeur est particulière, aromatique, et rappelle celle du petit muguet; sa saveur est faiblement amère et agréable. Elle se distingue facilement des salsepareilles par la sinuosité irrégulière et brusque de ses racines, par son épiderme gris brun, qui s'écaille ou porte des fissures transversales très-nettes, traversant toute l'épaisseur de l'écorce. Sa structure est celle de la racine d'une plante dicotylédone. (Vandercolme.)

La *salsepareille grise de Virginie* est la tige rampante de l'*Aralia nudicaulis*, L. à épiderme gris blanchâtre, écaillé, souvent luisant et comme vernissé. (Vandercolme.)

L'*Agave cubensis*, Jacq. (Amaryllidées), *fausse salsepareille rouge*, a une écorce papyracée, d'un rouge de garance, et le cœur ligneux et blanc ; sa racine est inodore et un peu astringente. Son écorce est formée de petites cellules régulièrement hexagonales, à parois très-épaisses, d'un rouge foncé, et à cavité centrale réduite à un simple point, d'où s'irradient en divers sens des prolongements linéaires. (Vandercolme.)

CARPENTIER, *Histoire naturelle des Smilacées au point de vue de la matière médicale; Études des racines de salsepareille du commerce* (Thèse de pharmacie, Paris, 1869). — CAUVET, *Des salsepareilles* (Rec. des mém. de méd., de chirurg. et de pharm. militaires*, 3e série, 1868, t. XI, p. 66). — VANDERCOLME (Ed.), *Histoire botanique et thérapeutique des salsepareilles* (Thèse de médecine, Paris, 1870. Baillière).

SANG-DRAGON. Le *sang-dragon* est un suc résineux qu'on obtient par incisions du tronc de plusieurs arbres de familles et de genres différents, *Pterocarpus Draco*, L., *Pterocarpus santalinus*, L. (Légumineuses), *Dracœna Draco*, L. (Asparaginées), et *Calamus Draco*, Willd. (Palmiers).

Le sang-dragon du commerce existe en *larmes* ou globules de $0^m,03$ d'épaisseur, enveloppées dans des feuilles de roseau et disposées en *chapelet*, en *baguettes* ou cylindres épais d'environ $0^m,01$ et renfermées dans des feuilles de palmier (*Licuala*), et en *masses* plus ou moins volumineuses et portant des traces de feuilles sur leur surface.

Opaque, ou quelquefois transparent quand il est en lames minces, le sang dragon est rouge brun foncé et donne une poussière rouge vermillon : il est fragile, à cassure conchoïdale, lisse et brillante ; son odeur est nulle ; il est insoluble dans l'eau, mais se dissout très-bien dans l'alcool qu'il colore en beau rouge.

Le sang-dragon le plus estimé est celui du *Pterocarpus Draco*, dont la solution alcoolique n'est pas précipitable par l'ammoniaque.

Le sang-dragon se rencontre dans le commerce adultéré par diverses matières colorantes, telles que le *santal rouge*, le *bois du Brésil*, le *rocou*, la *garance*, l'*orseille*, le *bois de Campêche*, etc., mélangées à de la *résine*. On y a aussi introduit de l'ocre *rouge*, du *bol d'Arménie*, de la *brique pilée*. (Guibourt.) Mais, en traitant le sang-dragon suspect par l'alcool, on en sépare facilement ces substances qui y sont insolubles ; d'autre part, ce faux sang dragon exhale une odeur résineuse prononcée, et offre des fragments dont la couleur n'est pas uniforme, mais est rouge ou blanchâtre sur divers points.

On a fait aussi du sang-dragon avec de la *gomme arabique* ou *de cerisier* colorée par du *bois de Fernambouc ;* mais ce produit se dissout dans l'eau, et ne se dissout qu'à peine dans l'alcool : il a une poudre rouge terne foncé, il brûle avec une odeur désagréable.

POMMIER, *Des falsifications du sang-dragon et des moyens de les reconnaître* (*Journ. chim. méd.*, 3ᵉ série, 1852, t. VII, p. 430).

SANGSUES. Les sangsues, *Hirudo* (Annélides Hirudinées) appar-

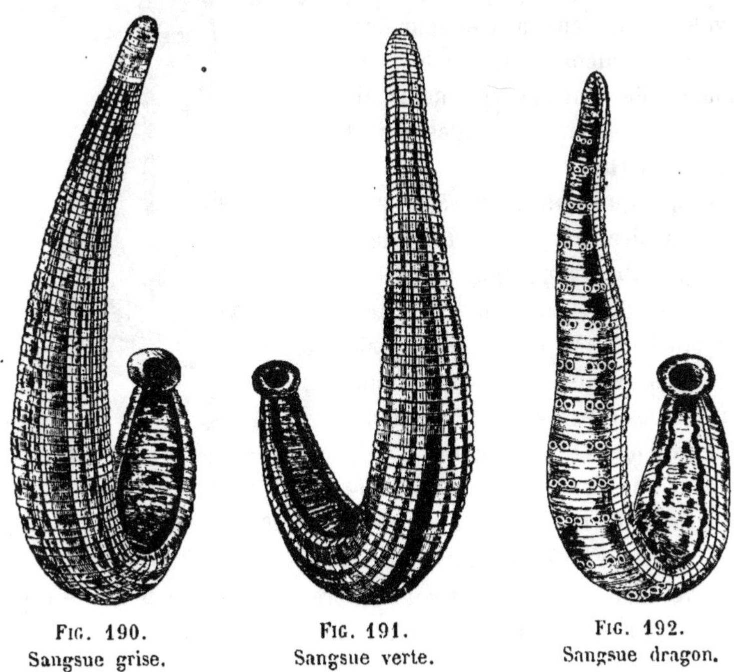

FIG. 190.   FIG. 191.   FIG. 192.
Sangsue grise.   Sangsue verte.   Sangsue dragon.

tiennent à plusieurs espèces qu'on distingue par leurs colorations différentes :

1° La *Sangsue grise*, *Hirudo medicinalis*, L., qui est de couleur olivâtre (fig. 190), et porte sur le dos six bandes rousses longitudinales : l'abdomen offre, de chaque côté, une bande longitudinale noirâtre, et dans la partie médiane des taches noires ; ses anneaux sont tuberculeux.

2° La *Sangsue verte*, *Hirudo officinalis*, Moq. (fig. 191), qui est verdâtre et porte sur le dos six bandes longitudinales, mais dont l'abdomen est olivâtre, ne porte pas de tache et est bordé de chaque côté par une ligne noire ; ses anneaux sont lisses.

3° La *Sangsue dragon*, *Hirudo troctina*, Johns. (fig.192), qui a le dos verdâtre, orangé sur les bords et porte six rangs longitudinaux de taches noires ou rousseâtres ; l'abdomen est vert jaunâtre, marqué ou non de macules et bordé par une bande en zigzag.

Les sangsues *gorgées* de sang laissent échapper du liquide rouge quand on les presse entre les doigts : cette fraude se pratique pour augmenter le volume des animaux et leur donner une valeur marchande plus grande ; elles ont le corps moins allongé que les sangsues vides et sont dans une sorte de torpeur.

On a quelquefois substitué à la sangsue ordinaire la *sangsue de cheval*, *Hæmopis sanguisuga*, Moq. (fig. 193), qui a le dos brun ou roussâtre, avec plusieurs (2, 4 ou 6) rangées de très-petits points noirs, ou offrant deux bandes rousses ; les bords sont à peine saillants et portent une bande étroite, orangée ou jaunâtre ; l'abdomen est noir mat ou grisâtre, rarement maculé. Elle ne se contracte pas en olive, mais reste flasque sous la pression des doigts. Cette espèce, ayant seulement des denticules peu nombreux et mousses sur les mâchoires, ne peut entamer la peau : elle pourrait diviser les muqueuses.

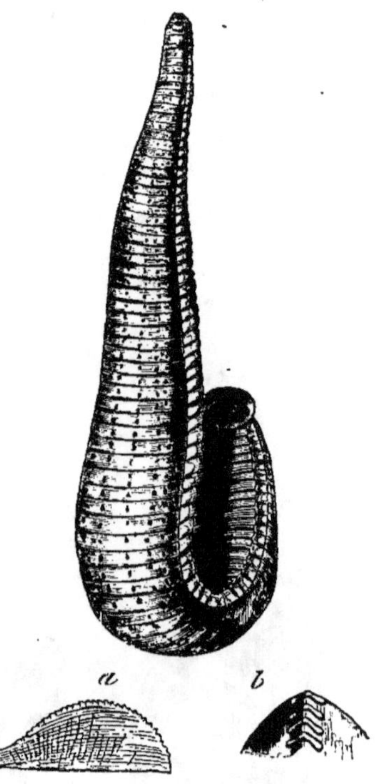

Fig. 193.—*Hæmopis sanguisuga* (*).
(Moquin-Tandon.)

(*) *a*, mâchoire vue de côté; *b*, vue de manière à montrer les chevrons denticulaires. (Moquin-Tandon *Hirudinées*.)

On a vendu, pour des sangsues médicinales, des *aulastomes*, Annélides qui ne peuvent entamer la peau humaine, leurs mâchoires étant réduites à de petits mamelons mousses. On peut les reconnaître à ce que leurs corps, toujours flasques, ne prennent pas de fermeté quand on les manie, à ce qu'ils ont le corps brunâtre sans lignes de taches régulières, ou n'offrant que quelques macules irrégulièrement disposées. La disposition de leur tube digestif est aussi très-différente de celle des sangsues vraies, car on n'y trouve pas d'appendices latéraux en cæcums, etc. (Huzard.)

CHEVALLIER, *Note sur le commerce des sangsues et sur les fraudes nuisibles pratiquées dans la vente de ces annélides* (Ann. d'hyg. et de méd. lég., 1845, t. XXXIV, p. 41). — HUZARD et CHEVALLIER, *Aulastomes vendus pour des sangsues* (Journ. chim. médic., 4e série, 1854, t. X, p. 626). — MOQUIN-TANDON, *Monographie de la famille des Hirudinées.* Paris, 1846, in-8° avec atlas. J.-B. Baillière.

SANTAL (Essence de). L'essence de santal, *Santalum album*, L., est remarquablement dense et paraît plus huileuse qu'aucune autre : quand elle est bonne, elle est d'une couleur paille foncée. (Piesse.)

Elle a été remplacée quelquefois, sur le marché de New-York, par un mélange d'*huile de ricin* avec de l'*essence de copahu* et de l'*essence de rose* (Amer. Pharm. Assoc., sept. 1871). Mais la présence de l'huile fixe n'est pas difficile à déceler. (Voy. ESSENCES.)

SANTONINE. La *santonine*, ou *santonin*, est en cristaux brillants incolores, formant des tables quadrilatères allongées, insipides, inodores et volatiles : elle est peu soluble dans l'eau et plus soluble dans l'alcool et l'éther; sa saveur est amère. Chauffée avec un alcali, de l'eau et de l'alcool, elle donne une liqueur rouge, où, par le refroidissement, se forment des cristaux aiguillés soyeux, rouges d'abord, mais blanchissant ensuite de haut en bas.

La santonine a été falsifiée par l'addition d'*acide borique* ou de *borax :* mais par l'incinération on observe d'abord une crépitation manifeste et l'on obtient une poudre blanche qui donne, si l'on y ajoute un peu d'acide sulfurique, dans le cas de la présence du borax, ou directement si le corps adultérant était l'acide borique, une coloration verte à la flamme de l'alcool. (J. Ruspini.)

La santonine a été trouvée, sur le marché de New-York, additionnée de *mica* pulvérisé ; cette fraude, facilitée par l'habitude générale de donner ce produit en poudre ou en cristaux, se reconnaît à l'incinération.

La santonine a été aussi mélangée à de la *crème de tartre soluble ;* ce

qu'on reconnaît en faisant une solution alcoolique, additionnée d'un peu
d'acide sulfurique : l'alcool brûle alors avec une flamme verte.

L'*acide stéarique* est indiqué en traitant dans un tube d'essai la santonine suspecte par une solution faible de potasse caustique, qui saponifie
l'acide sans toucher à la santonine. (Zuccarello Patti, 1868.)

On a constaté la présence de la *strychnine* dans la santonine :
2 grammes de santonine additionnés de 0,06 cubes d'eau, filtrés et mêlés
de 0^m,01 à 0^m,02 cubes de solution d'acide picrique saturée à froid,
précipiteront lentement, en déterminant un trouble dans la liqueur,
si la santonine renfermait seulement 0,001 de strychnine. (Hager.)

On a confondu la santonine avec l'*acide picrique* ; mais l'incinération
ne laissait aucune matière inorganique, et, d'autre part, toutes les réactions obtenues étaient celles de l'acide picrique. (Maisch, *Amer. Journ.
of Pharm.*, 1874, 4ᵉ série, t. IV, p. 52.)

HAGER, *Recherche de la strychnine dans la santonine* (*Journ. pharm. et chim.*,
4ᵉ série, 1871, t. XIII, p. 322).

SAPIN (Bourgeons de). Les bourgeons de sapin, *Abies excelsa*, Poir.
(fig. 194), sont réunis en faisceaux de trois à
quatre, dont un plus grand ; ils sont longs de
0^m,010 à 0^m,012, oblongs, cylindroïdes, un peu
pointus, couverts d'écailles étroites, subulées
en haut, lisses, rougeâtres et bordées de cils
longs, membraneux et blancs.

Le commerce remplace aujourd'hui les bourgeons de sapin par ceux du *Pinus sylvestris*,
qui leur ont été complétement substitués ;
ceux-ci portent fréquemment de petits cônes
réfléchis, à écailles arrondies, épaisses et

FIG. 197. — Bour-
geon de sapin.

très-rapprochées. En outre, ils sont fréquemment accompagnés de
gaînes écailleuses renfermant chacune deux feuilles linéaires. (E. Baudrimont.)

BAUDRIMONT (E.), *Note sur les bourgeons de sapin des pharmacies* (*Union pharm.*,
1873, t. XIV, p. 179 ; *Journ. pharm. et chim.*, 4ᵉ série, 1873, t. XVII, p. 458).

SAPONAIRE. La *racine de saponaire*, *Saponaria officinalis*, L. (Caryophyllées), est grosse comme un tuyau de plume, offre des nodosités
espacées, est ridée, et est d'une couleur rougeâtre au dehors, et jaune
en dedans. Sa saveur est douce et mucilagineuse, puis âcre et strangu-

lante. Elle donne à l'eau une apparence savonneuse et lui communique la propriété de mousser.

On lui substitue souvent la *saponaire d'Orient, Gypsophila Struthium*, L. (Caryophyllées), qui est grosse comme le bras, longue de 0^m,40 à 0^m,50, cylindrique, jaunâtre en dehors avec des lignes transversales blanches dues à la rupture de l'épiderme : elle a une écorce blanchâtre, et à l'intérieur un bois jaunâtre, dur, compacte et à texture rayonnée. Elle jouit des mêmes propriétés, mais plus marquées.

La racine du *Lychnis dioica*, L. (Caryophyllées), qui a été employée pour sophistiquer la saponaire, s'en distingue par sa couleur blanche et sa texture ligneuse.

SARRASIN. Le *Sarrasin Fagopyrum esculentum*, Moench (Polygonées), a un fruit ovale, anguleux, noirâtre, à peu près gros comme un grain de chènevis, à parenchyme blanc et amylacé ; l'embryon est placé au centre et les cotylédons sont plissés.

La fécule de sarrasin est formée par des grains polyédriques et très-souvent agglomérés.

SASSAFRAS. Le bois de la racine du *Sassafras officinalis*, Nées (Laurinées), est jaune-fauve, léger, poreux ; il a une odeur forte et agréable. Il est couvert d'une écorce couleur de rouille en dedans, grisâtre en dehors, et ayant une odeur plus forte que celle du bois.

Comme il vient en tronçons, qui ont souvent un volume plus considérable que celui de la cuisse d'un homme, on doit, pour en faire usage, le râper ou le raboter : mais dans cet état il perd rapidement à l'air son essence et par suite ses propriétés ; aussi doit-on le conserver dans des vases hermétiquement fermés.

On mélange souvent aux copeaux de sassafras ceux d'autres *bois*, et comme l'odeur du sassafras se communique à ce bois, il est essentiel d'en examiner la structure, sans tenir compte de l'odeur.

On a, dit-on, vendu pour du sassafras du *bois de pin*, bouilli dans une infusion de fenouil (Chevallier).

SASSAFRAS (Essence de). L'*essence de sassafras*, obtenue par la distillation de la racine ligneuse du *Sassafras officinalis*, Nées (Laurinées), est incolore quand elle est fraîchement préparée, mais elle jaunit ou rougit au bout de quelque temps ; elle a une odeur assez agréable, qui rappelle celle du fenouil ; elle a une saveur âcre et épicée ; exposée au froid, elle laisse déposer des cristaux volumineux de *sassafrol*. L'acide nitrique lui communique une riche couleur rouge nacarat, et forme de l'acide oxalique : l'acide fumant l'enflamme aisément : sa pesanteur spécifique (1,08) considérable et son peu de solubilité dans l'alcool permettent de reconnaître ses falsifications.

Elle a été falsifiée avec de *l'essence de lavande*, et de *l'essence de térébenthine;* mais comme elle est plus lourde que l'eau, on n'a qu'à verser l'essence goutte à goutte dans un verre d'eau, et l'on constate, dans le cas de mélange, que les gouttes diminuent de volume avant d'atteindre le fond, et qu'une partie d'essence vient surnager le liquide. (Bonastre, *J. Pharm. et Chim.*, XIV, 645, 1828.)

On a mélangé aussi à l'essence de sassafras les *essences de girofle* et de *térébenthine;* mais, par la distillation avec de l'eau chargée d'un tiers de son poids de soude caustique, on obtient à la surface l'essence de térébenthine qui surnage, tandis que l'essence de sassafras se précipite au fond, et que l'essence de girofle se combinant avec la soude à la suite de l'évaporation, forme des cristaux d'eugéniate de soude. (Bonastre).

SAVONS. Les *savons* sont des sels formés par les acides gras, stéarique, margarique et oléique avec des oxydes métalliques. On peut les diviser en *savons solubles* dans l'eau, qui sont produits par la potasse et la soude et *savons insolubles* ou *emplâtres*, qui sont formés par les autres oxydes métalliques.

L'industrie ne fait usage que des savons solubles qu'on distingue en *savons durs*, obtenus avec la soude et les huiles d'olive, d'amandes, d'arachide, de palme, de coco, le suif et les graisses : et *savons mous*, préparés avec la potasse et les graisses ou les huiles des graines.

Le commerce fournit aujourd'hui deux sortes de savons durs, les *savons blancs* et les *savons marbrés*. Le savon a toujours une saveur alcaline, mais plus ou moins prononcée : il se dissout dans l'eau, plus à chaud qu'à froid, en une solution opaline ; si l'eau renferme des principes calcaires, il s'y fait des grumeaux blancs qui résultent de la formation d'un savon calcaire insoluble. Le savon est soluble dans l'alcool plus à chaud qu'à froid, et forme la liqueur normale que Boutron et Boudet ont adoptée pour l'hydrotimétrie. Le bon savon blanc doit se dissoudre en entier dans l'alcool bouillant, tandis que le savon marbré laissera un dépôt qui ne doit pas excéder 0,05 et qui est dû à du savon alumino-ferrugineux noirâtre, qui était retenu dans la masse. La dessiccation doit lui faire perdre 0,45 si c'est du savon blanc, et 0,30 si c'est du savon marbré.

Les savons mous sont *verts*, quand ils ont été fabriqués avec des huiles jaunes, et quand on y ajoute vers la fin de la cuisson un peu de dissolution d'indigo ; ils sont *noirs* quand on les a préparés avec l'huile de chènevis ou quand on les a colorés artificiellement avec du sulfate de cuivre ou de fer, de la noix de galle et du campêche ; ils renferment toujours un excès d'alcali, toutes les impuretés des corps gras et de la glycérine : ils sont transparents ou translucides, mais on les rend opaques par l'addition de 0,10 de graisse. La dessiccation doit leur faire perdre 0,465 d'eau.

Les *savons de toilette* sont à base de soude ou de potasse, préparés avec soin de façon qu'ils ne contiennent ni les impuretés des huiles ni d'alcali en excès ; on combine en général la potasse avec les graisses et surtout l'axonge. On opère quelquefois à froid.

Le *savon médicinal* se fait à froid avec 10 parties de lessive de soude à 36° et 21 parties d'huile d'amandes douces, qu'on mélange peu à peu, en agitant jusqu'à ce que la masse soit bien homogène : on coule dans les moules, et on laisse le savon durcir pendant un mois ; il est alors très-blanc et non caustique.

Le savon est souvent allongé *d'eau*, et pour prévenir toute perte de poids par évaporation du liquide, on conserve ce savon dans des caves humides, dans des linges humectés d'eau salée et même dans de l'eau salée. Mais ces savons ont une pâte molle et blanche, et dans laquelle les doigts pénètrent avec la plus grande facilité. On peut évaluer la quantité d'eau qu'ils renferment, en prenant un poids déterminé de savon en raclures minces, qu'on fait dessécher rapidement à l'étuve à $+$ 100°, et en vérifiant le poids du produit séché. Cette fraude est surtout faite sur le savon blanc ; quant au savon marbré, dès qu'on dépasse une certaine proportion d'eau, la marbrure se dépose.

Le professeur Markoe a observé sur le marché de Boston un savon blanc à base d'huile de coco qui renfermait une énorme quantité d'eau et 25 pour 100 de *stéatite*, qui se précipitait de la solution (*Amer. pharm. assoc.*, sept. 1871).

Le savon étant soluble dans l'alcool, il devient facile de reconnaître dans celui du commerce le mélange de *matières pulvérulentes* qui y aurait été fait. C'est par l'action de l'alcool chaud sur le savon qu'on s'assure de la présence d'*amidon*, de *craie*, de *plâtre*, d'*argile*, etc. Le bon savon blanc ne doit pas laisser de résidu ; le savon marbré de Marseille ne doit pas donner plus de 0,05.

Le savon très-alcalin a l'inconvénient d'agir trop fortement sur la peau ; si le savon contient trop de matières grasses, il graisse la peau et fait que la poussière s'y attache facilement. Ce dernier défaut est celui qui produit l'impression la plus désagréable, aussi les savonniers préfèrent-ils tomber dans l'excès contraire. Quelquefois ils prennent soin d'ajouter au savon des matières siliceuses, provenant d'infusoires, par suite de l'idée populaire qu'on neutralise ainsi l'excès d'alcali ; mais c'est là une erreur, parce que si les matières organiques qui accompagnent les infusoires sont détruites par la potasse ou la soude, il reste cependant une partie siliceuse inattaquée : ce qui fait que ces savons sont de qualité inférieure (*the Manufacturer*, New-York, mars 1874).

Les savons mous, à base de potasse, sont fréquemment mélangés de *fécule* et en contiennent quelquefois de 0,20 à 0,25, sans que l'aspect soit changé et sans qu'il y ait apparence de granulations ; mais l'examen microscopique permet immédiatement de reconnaître la fraude ; on peut aussi dissoudre d'abord le savon dans l'alcool faible et séparer ainsi un résidu de fécule facile à reconnaître. (Z. Roussin.)

J.-B. Oster a reconnu que le microscope donne le meilleur moyen de déceler dans le savon la présence de l'*alumine*, des *silicates*, de l'*acide silicique* et de la *fécule* (*Pharmac. centr. Halle*, 1873, 190).

Pour faire l'essai du savon, Schulze prend une solution de 1^{gr},6 de chaux et d'un peu de soude caustique pour un litre d'eau, et, d'autre part, il dissout 5 grammes de savon dans l'eau bouillante, et ramène le liquide à 100 c. c. pour les savons mous, et 200 c. c. pour les savons durs. On verse 3 cent. cubes de la liqueur calcique dans 20 c. c. d'eau distillée, et l'on fait tomber peu à peu dans ce liquide, au moyen d'une burette graduée, la solution de savon ; il se fait d'abord un précipité calcaire sans mousse persistante, mais dès qu'on obtient une mousse persistante, on cesse de verser la solution de savon et l'on mesure la quantité employée ; le savon est d'autant plus pur que le volume employé aura été plus petit.

Pons a proposé, pour reconnaître la pureté des savons, d'employer une solution titrée de chlorure de sodium (1^{gr},074 de sel pour 1000 c. c. d'eau distillée) qu'on versera dans une solution alcoolique de savon desséché (10 grammes de savon pour 100 c. c. d'alcool à 85°) ; l'alcool sépare d'abord les matières insolubles, qu'on recueille sur un filtre et qu'on lave à l'alcool avant d'en prendre le poids ; on ajoute cet alcool au liquide qu'on additionne d'eau pour obtenir 1000 c. c. : on verse ce liquide dans une burette graduée en centimètres cubes et dixièmes de centimètre, goutte à goutte, jusqu'à ce qu'on obtienne une mousse persistante, et le nombre des degrés employés donne la richesse du savon.

Le docteur Alex. Muller propose la méthode suivante qui paraît donner des résultats plus prompts et plus exacts, par suite de la plus grande simplicité de manipulation. Elle est plus particulièrement utile pour les savons à base de soude, qui sont les plus communs, mais on peut aussi l'employer avec les modifications convenables pour ceux qui ont une autre base. Prenez 3 à 4 grammes de savon, faites-les dissoudre dans un verre taré d'environ 160 centimètres cubes de capacité avec 80 à 100 centimètres cubes d'eau, à la chaleur d'un bain-marie ; ajoutez autant d'acide sulfurique étendu qu'il en faut pour décomposer le savon, c'est-à-dire trois à quatre fois la même quantité ; agitez à plusieurs reprises, et quand les acides gras se seront séparés de la solution aqueuse en formant à sa surface une couche claire et transparente, laissez refroidir, puis versez sur un filtre que vous aurez d'abord eu soin de mouiller, puis de sécher à la température de 100° c., et enfin de peser ; lavez le contenu du filtre jusqu'à ce que toute réaction acide disparaisse. Pendant ce temps, mettez le verre dans une étuve de vapeur, de manière qu'étant déjà sec il puisse soutenir le filtre lavé et presque sec que vous placez sur la bouche du verre comme dans un entonnoir. Les acides gras passent bientôt à travers le papier, et la plus grande partie tombe enfin au fond du verre, dont l'augmentation de poids, quand il est refroidi, et déduction faite du poids du filtre, donne la quantité d'acides gras qui se trouvent dans le savon. Il est inutile de sécher et de peser une seconde fois, si sur les parois intérieures du verre refroidi on ne remarque aucune vapeur occasionnée par la présence d'un reste d'eau. Si la quantité d'oxyde de fer, ajoutée pour marbrer le savon est considérable, on peut aisément le retrouver en incinérant le filtre et en déterminant le poids du filtre.

Le liquide, qui coule des acides gras sur le filtre et qui, avec le lavage, a été recueilli dans un verre suffisamment grand, est coloré avec la teinture de tournesol et décomposé par une solution titrée jusqu'à ce que la couleur bleue se montre. La différence entre la quantité d'alcali voulue pour neutraliser l'acide sulfurique et la quantité d'acide sulfurique employée d'abord permet de calculer la quantité d'alcali réellement contenue dans le savon ; ainsi :

23,86 grammes de savon (savon d'huile de coco en partie).
17,95   —   acide gras avec le filtre.
 4,44   —   filtre.
______

13,51 grammes d'hydrates d'acides gras $= 56,62$ pour 100,
28,00 centimètres cubes d'acide sulfurique étendu employé pour décomposer

le savon dont 100 centimètres cubes représentent 2,982 grammes de carbonate de soude.

17,55 centimètres cubes de liquide alcalin employés pour saturer le susdit acide, et dont 100 centimètres cubes saturent une égale quantité de cet acide.

10,45 centimètres cubes d'acide sulfurique nécessaire pour l'alcali contenu dans le savon, représentant 1823 grammes de soude = 7,34 pour 100.

Une détermination de l'alcali, comme sulfate, a donné dans une autre portion de savon 9,57 pour 100 de soude, parce que le sulfate de soude et le chlorure de sodium, contenus dans le savon, avaient cédé leur alcali.

Le liquide alcalin que l'on emploie est une solution saccharine de chaux, qui peut être naturellement remplacée par une solution de soude et qui même doit l'être, si l'on veut déterminer de la manière suivante la quantité de chlorure de sodium et de sulfate de soude qui se trouve dans le savon.

Le fluide, exactement neutralisé par l'alcali, est vaporisé, et le résidu sec doucement chauffé jusqu'au rouge. Comme dans la manipulation ci-dessus, le liquide n'avait pas été chauffé jusqu'à l'ébullition, le chlorure originel de sodium et le sulfate de soude sont contenus dans le résidu pesé, outre la soude du savon et celle qui avait été ajoutée avec l'acide sulfurique formant sulfate de soude. Chauffé une seconde fois au rouge avec l'acide sulfurique, le résidu tout entier est transformé en sulfate de soude, et par l'augmentation du poids en comparant les équivalents de NaCl et de NaOSO³, on peut déterminer la quantité du premier. Suivant les équivalents fournis par Koppen en 1850, l'augmentation du poids est au chlorure de sodium comme 1 : 4,68. Le sulfate de soude primitif doit être enfin retrouvé en déduisant du résidu primitivement chauffé le même sel formé, plus le chlorure de sodium calculé. Dans la pratique, il est rarement nécessaire de déterminer le chlorure de sodium et le sulfate de soude, à moins qu'il ne s'agisse de savon à base d'huile de coco. On est certainement moins près de la vérité si, après la détermination ci-dessus des acides gras et de l'alcali effectif, la proportion d'eau est introduite dans l'évaluation, que si l'on complète l'eau qui n'est jamais isolée du savon, même quand il est fabriqué suivant les règles de l'art, et qu'on fait une autre *détermination* des acides gras ou alcali *en bloc*, des acides gras ou même des éléments alcalins.

La méthode qui vient d'être indiquée n'est pas absolument exempte des imperfections ordinaires. Les acides gras, aussi bien que le corps gras non saponifié, y sont estimés également, et l'hydrate ou le carbonate d'alcali mélangé aussi bien que l'alcali combiné. La présence du carbonate se peut aisément reconnaître au bouillonnement de la solution de savon quand on ajoute l'acide sulfurique. Mais ces imperfections sont de peu d'importance. » (Piesse, *des odeurs, des parfums*, p. 409 et suiv.)

La présence *d'alcali libre* dans le savon peut être reconnue en triturant avec du calomel une solution du savon suspect; car alors

il deviendra noir par suite de la formation de protoxyde de mercure.
(Stas.)

On substitue avec avantage au calomel le sublimé corrosif, qu'on
emploiera en solution versée directement sur le savon, sans qu'il soit
nécessaire de dissoudre celui-ci ; il suffit d'humecter une coupe fraîche
du savon avec la solution pour obtenir la production caractéristique
de bioxyde de mercure, pour peu qu'il y ait de l'alcali libre. Il faut
cependant remarquer que la présence d'une grande quantité de
chlorure de sodium peut gêner l'observateur par suite de la formation d'un précipité blanc. (W. Stein, *Chem. centr. Bl.; Pharm.
central Halle*, 1872, n° 26.)

Le savon vert est fabriqué avec de l'huile de chènevis, de lin, et
de navette en France et souvent avec des *huiles de poisson*, en
Écosse, Irlande et Allemagne ; dans ce dernier cas, il y a une
odeur de propylamine caractéristique ; souvent on lui donne de la
couleur au moyen d'indigo finement pulvérisé et bouilli dans l'eau ;
quelquefois on emploie pour le colorer du tannate de fer, qui le
noircit. Bien qu'il soit partout donné comme savon de potasse, il
n'est pas rare d'y trouver une notable proportion de soude, qui
permet de le fabriquer plus économiquement et de lui faire absorber
plus d'eau sans le trop ramollir. (Lehlbach.)

Le savon est-il fait avec de l'huile ou avec de la *graisse?* Pour s'en
assurer, on dissout dans un peu d'eau une partie du savon suspecté
et l'on y ajoute quelques gouttes d'acide sulfurique pour neutraliser
l'alcali : la liqueur se trouble immédiatement et l'huile surnage le
liquide si elle formait la base du savon, tandis que la graisse se fixe
autour de l'agitateur qui sert dans le mélange.

Darcet a indiqué d'ajouter 5 grammes de cire sèche et pure, qui, par
la chaleur, se fond et entraîne avec elle la matière grasse, dont le poids
est indiqué par celui du gâteau de cire dur obtenu par refroidissement,
déduction étant faite des 5 grammes de cire ajoutée.

Le mélange d'huile et de graisse donnera, avec la cire, un résidu
d'autant moins compacte que la proportion d'huile est plus grande.

Comme la consistance du gâteau de cire varie avec les diverses températures, il est essentiel de tenir compte de cette influence dans les
expériences.

La substitution de la *potasse*, en plus ou moins grande proportion, à
la soude dans les savons, se reconnaîtra par l'examen du produit de

l'incinération et la recherche des caractères différentiels de la soude et de la potasse (voy. POTASSE).

L'*huile de coco* se reconnaît dans le savon par l'action de l'acide sulfurique sur la dissolution du savon, qui exhale aussitôt une odeur caractéristique.

Le *savon médicinal*, qui renferme un *excès d'alcali*, a une saveur alcaline âcre et brunit le papier de curcuma; sec et broyé avec du protochlorure de mercure, il donne à celui-ci une coloration gris noir. (Planche.)

S'il a été fait avec de la graisse, il donne avec l'alcool une solution qui devient et reste gélatineuse. Il peut contenir du *fer*, du *cuivre* ou du *plomb*, provenant des vases dans lesquels il a été préparé.

LEHBACH (FRED.), *On Sapo viridis* (*Proceed. Amer. Pharm. Assoc.*, 1874, 604). — LIMOUZIN-LAMOTHE, *Falsification du savon* (*Journ. chim. médic.*, 3ᵉ série, 1851, t. VII, p. 237). — PIESSE, *Des odeurs, des parfums et des cosmétiques*, édit. Reveil, 1865. — PONS, *Titrage des savons par la méthode volumétrique* (*Mém. de méd. et de pharm. milit.*, 1865). — ROUSSIN (Z.), *Falsification des savons mous par la fécule* (*Journ. pharm. et chim.*, 4ᵉ série, 1859, t. V, 172). — SCHULZE (F.), *Essai des savons* (*Zeitsch. für analyt. Chem.*, t. III, p. 5; *Journ. pharm. et chim.*, 4ᵉ série, 1870, t. XII, p. 136). — VOHL, *Essai des savons mous* (*Archiv der Pharm.*, août 1872; *Journ. pharm. et chim.*, 4ᵉ série, 1873, t. XVII, p. 331).

SCAMMONÉE. La *Scammonée* est une gomme résine qu'on obtient par des incisions pratiquées sur la racine très-volumineuse du *Convolvolus Scammonia*, L. (Convolvulacées), qui croît dans les haies et au milieu des broussailles en Grèce et dans le Levant. Ces racines sont vivaces, tubéreuses, coniques, longues de trois à quatre pieds et contiennent un suc âcre, laiteux, qui, desséché, constitue la scammonée. Elle est légère, poreuse, friable, à cassure nette; sa couleur est grisâtre en dehors, et brune à l'intérieur; elle a une odeur faible de beurre fondu, qui se développe par le frottement. Elle s'émulsionne avec la salive : sa poudre est grisâtre; elle donne, avec l'alcool, une solution brun pâle. La quantité de résine qu'elle contient varie dans la proportion de 0,08 à 0,85. (Dublanc.) Cette différence, dans la quantité de résine fournie par les divers échantillons de scammonée s'explique facilement par les nombreuses sophistications auxquelles elle est soumise. Tout d'abord les paysans qui la recueillent y mêlent des *cendres*, de la *terre*, des *débris* de la plante, de la *cire*, de la *résine*, de la *fécule*, etc.; c'est alors que la scammonée, prétendue pure, est apportée à Smyrne à dos de chameaux et elle y subit encore divers mélanges que pratiquent des juifs, qu'on appelle *fabricants de scammonée ;* telle que le commerce nous la présente à son arrivée des pays d'origine, la scammonée est toujours très-altérée, surtout dans ce qu'on appelle *secondes* et *troisièmes* sortes : on y trouve souvent de grandes quantités de *calcaire* ou de *fécule,* soit isolément, soit simultanément. Elle est souvent encore mélangée avec des résines d'un prix moindre, telles que celles de *gayac* et de *jalap,* la *colophane.* Plus rarement, la scammonée a été adultérée avec de la *dextrine,* de la *gomme adraganthe,* de la *bassorine.* On y a aussi indiqué la présence de *sable,* de *sulfate de chaux* ou *plâtre.* Enfin, on a rencontré quelquefois, dans le commerce, des scammonées

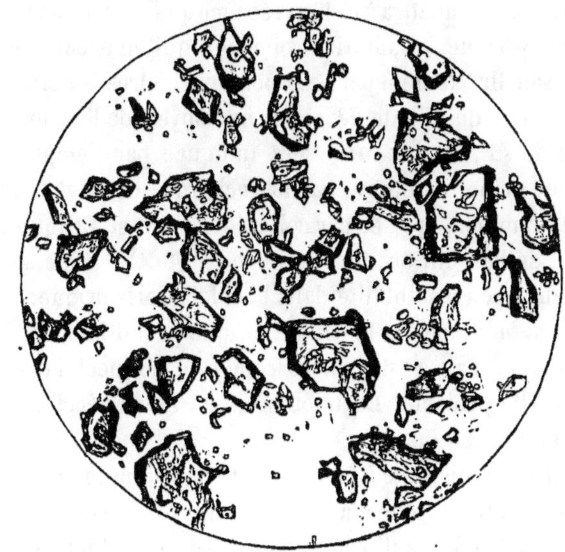

Fig. 195. — Résine de scammonée pure. Grossissement, 100 diamètres.
(Hassall.)

qui n'avaient guère de ce produit que le nom : c'est ainsi que Pereira a signalé, dans sa *Matière médicale* (t. II, part. 1, p. 604), des scammonées dont quelques-unes étaient constituées presque entièrement par du *carbonate de chaux,* plus ou moins mélangé de *fécule :* les autres étaient formées de *farine de froment* ou d'*orge ;* toutes ces scammonées ne contenaient pas plus de 0,30 à 0,40 de scammonée véritable. Quelques-unes même étaient tellement altérées par la sophistication qu'elles ne trouvèrent aucun acheteur à quelque prix que ce fût.

Hassall, sur treize échantillons qu'il a observés à Londres, n'en a trouvé qu'un seul pur : il renfermait 0,766 de résine. (fig. 195). Tous les autres étaient plus ou moins altérés, et contenaient de 0,132 à 0,72 de résine : la plupart de ces scammonées renfermaient surtout du *carbonate de chaux* et de la *farine de froment*, et, d'autres fois, du *sable* ou de la *terre*, de la *gomme* et beaucoup de *détritus végétaux*. Un des échantillons, examinés par cet auteur était de la scammonée purement artificielle : car il était composé de *résines* de *gayac* et de *jalap*, mélangées à beaucoup de *fibres ligneuses*, de tissu cellulaire et d'autres matières insolubles. Herring dit avoir constaté l'importation, en Angleterre, d'une scammonée qui contenait de 0,80 à 0,90 de *calcaire*.

Le *calcaire* se reconnaîtra à l'effervescence que détermine l'acide acétique ou chlorhydrique ; quant à la proportion qui en existe, on pourra la déterminer, soit directement par l'examen des cendres de scammonée, soit par la production de sulfate de chaux au moyen de l'acide sulfurique. La présence du *sulfate de chaux* sera indiquée par l'emploi de l'acide chlorhydrique qui le dissoudra, par la recherche de la chaux au moyen de l'oxalate d'ammoniaque et par celle de l'acide sulfurique au moyen du chlorure de baryum ou du nitrate de baryte. Le *sable* se reconnaît ordinairement à son insolubilité dans l'acide chlorhydrique.

La *fécule* est indiquée par la coloration que prend la décoction froide traitée par l'iode, mais c'est le microscope seul qui peut faire connaître l'espèce dont elle provient. Le microscope et l'iode décèlent également la présence de la *dextrine*.

La *colophane* est dissoute à la température ordinaire par l'essence de térébenthine, tandis qu'elle n'a qu'une action très-faible sur la résine de scammonée. L'acide sulfurique, versé sur la colophane, la rougit immédiatement, et n'a, au contraire, d'action sur la résine de scammonée qu'après quelques minutes, en lui donnant une teinte faible lie de vin (Thorel). On pourra encore s'assurer de la présence de la colophane, en triturant la scammonée suspecte dans un mortier : l'odeur, qui se développera indiquera la colophane.

La *résine de jalap* se distinguera par son insolubilité absolue dans l'éther sulfurique rectifié et l'essence de térébenthine, tandis que la résine de scammonée y est soluble presque en toute proportion ; d'autre part, elle prend une coloration rouge foncé par l'acide sulfurique. (Hassall.)

La *résine de gayac* se reconnaît à son odeur et surtout par l'action de l'acide nitrique qui colore en bleu un papier qui a été imbibé de sa teinture. On pourra aussi déceler sa présence par le mélange avec le savon et le sublimé corrosif, et par la qualité mousseuse de la dissolution additionnée d'ammoniaque. — Voy. JALAP (Résine de).

La poudre de scammonée est presque toujours altérée par des mélanges de *farine de froment,* chargée surtout de plus ou moins de *carbonate de chaux,* et quelquefois de *sable* ou de *matières terreuses.* (Hassall.)

MALTASS (Sidney), *De la production de la scammonée aux environs de Smyrne* (*Journ. des conn. méd. et pharm.,* 10 mars 1854, p. 230). — THOREL, *Moyens de reconnaître la présence des résines de jalap, de gayac et de colophane dans la résine de scammonée* (*Journ. chim. médic.,* 3ᵉ série, 1852, t. VIII, p. 48).

SCILLE MARITIME. La *Scille maritime, Scilla maritima,* L. (Liliacées), a des bulbes volumineux, arrondis, formés de tuniques nombreuses et serrées, dont les extérieures sont rougeâtres, sèches, minces et transparentes, les moyennes rosées, épaisses et succulentes, et les plus internes blanches et mucilagineuses. On en distingue deux variétés, une rouge (*scille mâle* des anciens) et une blanche (*scille femelle* des anciens). En France on donne la préférence à la scille rouge.

D'après Ebermayer on lui a substitué des bulbes n'ayant aucune des propriétés de la scille, et différant de ceux de la scille par leur volume variable, leur forme ovale allongée et leurs squames imbriqués.

Hassall a indiqué la sophistication de la poudre de scille par de la *farine de blé,* qui se reconnaît facilement au milieu des larges cellules, des trachées et des faisceaux de cristaux aiguillés caractéristiques des squames de la scille.

SEIGLE. Le seigle, *Secale cereale,* L., offre un caryopse très-allongé, divisé dans le sens de la longueur par un sillon assez prononcé ; il reste enveloppé dans sa glume jusqu'à maturité complète ; il a une texture moins compacte que le blé.

Le grain de seigle se distingue de celui du blé en ce que les cellules des première et seconde couches sont plus petites et plus délicatement arrondies ; celles de la troisième couche sont plus petites et un peu différentes d'apparence (fig. 196).

La fécule de seigle diffère de celle du blé, en ce que les grains les plus ténus sont plus petits, que les gros grains ont un hile à trois ou quatre branches, et en ce que la croix, observée au moyen de la lumière polarisée, est très-marquée (fig. 197). (Hassall.)

La présence du *seigle ergoté* dans la farine de seigle se reconnaît en

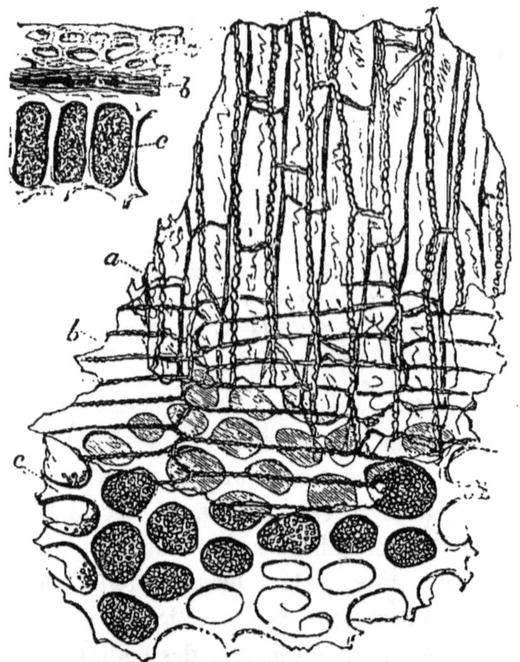

Fig. 196. — Enveloppe du seigle; coupes transversale et verticale. Grossissement, 200 diamètres (*). (Hassall.)

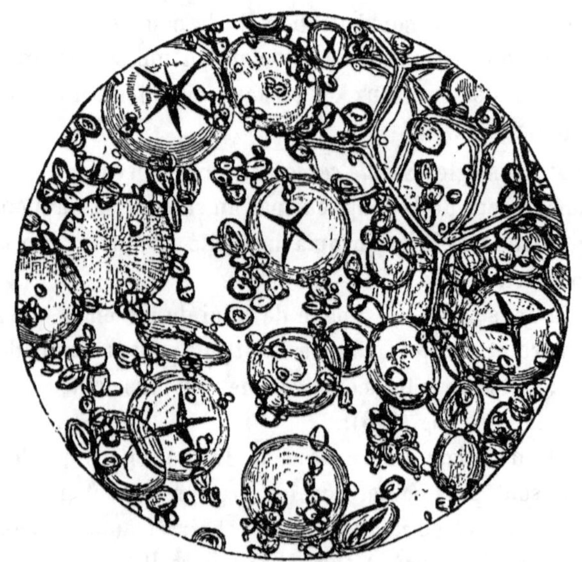

Fig. 197. — Fécule du seigle. Grossissement, 420 diamètres. (Hassall.)

(*) *aa*, membrane externe; *bb*, membrane moyenne; *cc*, membrane interne.

mêlant la farine avec son volume d'éther acétique, et en y ajoutant de l'acide oxalique; on chauffe pendant quelques minutes jusqu'à ébullition, et le liquide en se refroidissant prend une couleur rouge (Böttcher, *Zeitschr. der OEsterr. Apoth. Ver.*, 1871).

SEIGLE ERGOTÉ. — Voy. ERGOT DE SEIGLE.

SEL AMMONIAC. — Voy. AMMONIAQUE (Chlorhydrate d').

SEL COMMUN. Le *sel commun, chlorure de sodium, sel de cuisine, sel marin, sel gemme*, est facilement reconnaisable à sa saveur franchement salée; il a toujours une structure cristalline conduisant à sa forme primitive, le cube, et présente quelquefois la disposition en *trémies*, cristaux ayant la forme de pyramides creuses, constituées par des cristaux cubiques disposés en gradins, par suite du retrait des rangées les unes par rapport aux autres. Il est à peu près aussi soluble dans l'eau à chaud qu'à froid. Il est quelquefois hygrométrique par suite de la présence de *sels de calcium* et *de magnésium* déliquescents.

Le *sel gris*, qui doit sa coloration à un peu d'argile provenant des bassins dans lesquels s'est faite la concentration de l'eau, contient des *sels de magnésie* qui lui donnent une saveur amère, et du *chlorure de magnésium* qui lui communique la propriété de s'humecter à l'air; aussi est-on dans l'habitude de le *laver* dans de l'eau déjà saturée de sel, et qui dissout les sels étrangers et entraîne les matières insolubles. Les sels gris ne doivent pas laisser plus de 0,01 à 0,03 de résidu, quand on les dissout.

Les sels gris du Midi, Languedoc et Provence, diffèrent des sels de l'Ouest et des côtes de la Bretagne par leur aspect, la grosseur de leurs cristaux et surtout par leur pureté :

	SEL DU MIDI	SEL DE L'OUEST
Chlorure de sodium	95,11	87,97
— de magnésium	0,23	1,58
Sulfate de magnésie	1,30	0,50
— de chaux	0,91	1,65
Matières terreuses	0,10	0,80
Eau	2,35	7,50

Les sels gris sont en grains cubiques plus ou moins gris, décrépitant au feu parce qu'ils renferment entre leurs lamelles de l'eau-mère interposée.

Un préjugé généralement répandu dans un certain nombre de nos provinces, qui ont été longtemps approvisionnées avec les sels fabriqués

dans les marais de l'Ouest de la France, est que le sel blanc n'est pas du
sel véritable et ne sale pas. Ainsi pour faire accepter aux consommateurs
dans ces régions les sels provenant des salines de l'Est, a-t-on cherché
à fabriquer du sel gris, soit en mêlant ensemble des quantités déterminées de sel de l'Ouest ou du Midi avec des sels blancs, soit en intro-
duisant directement une certaine proportion d'argile dans les eaux
saturées ou dans le sel produit, environ 100 grammes par 100 kilogrammes de sel. Mais comme il y a là mélange de substance étrangère
au sel, ce que les règlements de police interdisent formellement, cette
pratique a été repoussée par l'administration.

Les *sels blancs* proviennent du *raffinage* des sels gris au moyen d'un
lait de chaux qui précipite la magnésie ; ils sont cristallisés en cubes
incolores, translucides, affectant quelquefois la forme de *trémies* ; ils
sont inodores et ont une saveur salée et un peu piquante, mais franche
et sans arrière-goût amer.

« Il est expressément défendu à tous les fabricants, raffineurs, mar-
» chands en gros, épiciers et autres, faisant le commerce de sel marin
» (sel de cuisine), de vendre et débiter comme sels de table et de cuisine
» du sel retiré de la fabrication du salpêtre, ou extrait des varechs, ou
» des sels provenant de diverses opérations chimiques.

» Il est également défendu de vendre du sel altéré par le mélange
» des sels sus-mentionnés ou par le mélange de toute autre substance
» étrangère. » (*Ordonnance de police* du 15 juin 1862, art. IX.)

Guibourt a signalé la présence de l'*arsenic* dans le sel commun ;
Latour et François en ont évalué la quantité à un quart de grain par
once (Barruel).

Le *sel brut* est fréquemment falsifié : on le *mouille* pour lui donner
plus de poids : mais ce sel, mis à l'étuve à $+ 100°$, éprouve une perte
de plus de 0,09 à 0,10.

Une fraude, qui s'exerce sur le sel, consiste à ajouter dans les chau-
dières au moment de la cristallisation, pour 15,000 kil. de chlorure de
sodium, une solution de 1500 grammes de carbonate de soude, et
50 grammes d'acide sulfurique ; il se fait un dégagement d'acide carbonique, qui trouble la cristallisation et paraît donner à la masse plus de
porosité ; les sels ainsi traités peuvent cristalliser avec 0,25 à 0,50 d'eau
interposée. (Reveil.)

On mélange le sel de *sablon*, de *plâtre cru*, etc., ce qui lui donne
plus de poids, le rend plus blanc et le fait paraître moins humide :

mais ces corps ne sont pas solubles dans l'eau et, par conséquent, la découverte de la fraude est facile.

Le *plâtre cru* pulvérisé a été vendu sous le nom de *poudre à méler au sel,* et a été additionné en diverses proportions, jusqu'à 0,10 : cette poudre donne au sel un aspect blanchâtre, quand il y en a une certaine quantité ; mais la dissolution dans l'eau donne un résidu qui permet de reconnaître l'adultération ; d'ailleurs ce n'est que rarement qu'on ajoute au sel des *matières solides* dont la présence est trop facile à reconnaître, et qui, d'autre part, lui donnent la propriété de craquer sous la dent.

On s'assure que le sel est falsifié au moyen du plâtre, en traitant le sel par quatre parties d'eau qui le dissolvent et qui laissent un résidu de plâtre. On le lave, on le fait sécher et on le pèse : 100 grammes de sel non falsifié contiennent à peine 1 gramme de matières insolubles, tandis que les sels mêlés de plâtre donnent ordinairement plus de 5 0/0 de résidu.

On peut séparer de la même manière le sablon et les matières insolubles qui ont été mêlés au sel marin. (*Instruction du conseil d'hygiène et de salubrité* du 4 février 1853.)

Le mélange avec du *sulfate de soude* se reconnaît en versant, dans la solution de sel faite avec l'eau distillée, du chlorure de baryum jusqu'à ce qu'il ne se fasse plus de précipité : on décante, on lave le précipité, on traite par l'acide nitrique étendu avec l'aide de la chaleur, on refiltre et l'on sèche pour avoir le poids du sulfate de baryte, et par suite celui du sulfate de soude : les sels sophistiqués donnent plus que 0,01 de résidu, en général 0,10 à 0,11 ; ils sont amers et efflorescents à l'air.

L'*alun* sera indiqué par le nitrate de baryte ou par l'ammoniaque, qui donnera un précipité gélatineux.

Le *chlorure de potassium,* dont Lassaigne a constaté la présence dans le sel commun, dans la proportion d'environ 0,24, formerait avec le chlorure de platine un précipité jaune-serin.

La falsification par le *sel des salpêtriers* se reconnaît par l'emploi de l'eau amidonnée chlorée : car ils contiennent toujours des iodures. Leur présence pourra aussi être indiquée par le chlorure de platine, car ils renferment toujours une notable proportion de sels de potasse.

D'autre part, le traitement du sel suspect par l'acide sulfurique étendu au contact de la limaille de cuivre, donnera lieu à une production de vapeurs nitreuses, dont la nature sera indiquée au moyen du papier imprégné de teinture de gayac et qui deviendra bleu.

Les *sels de varech* se reconnaissent au moyen d'une solution de chlore amidonnée, qu'on verse sur le sel soupçonné et qui y développe immédiatement la couleur violette en décomposant les iodures que contient le sel de varech. On peut encore déceler la présence des *bromures* et *iodures* par les vapeurs colorées, qui se dégagent quand on met le sel en contact avec l'acide sulfurique.

Pour reconnaître dans le sel marin la présence des sels de varech, on opère de la manière suivante : 1° On prend un gramme d'amidon en poudre et 50 grammes d'eau ; on fait bouillir et on laisse refroidir la solution. 2° On verse quelques grammes de cette solution amidonnée dans un verre contenant le sel à essayer, puis on ajoute 15 ou 20 gouttes d'acide nitrique jaune du commerce et l'on agite. Si le sel contient des sels de varech, on obtient une coloration qui varie du violet au bleu.

Le sel contenant des sels de salpêtre, traité par l'eau amidonnée et l'acide nitrique se colore en bleu, s'il contient des iodures. Si on le mêle dans un verre à expérience avec de la limaille de cuivre et qu'on y ajoute de l'acide sulfurique, on obtient assez souvent des vapeurs nitreuses rutilantes. Ces vapeurs donnent une teinte bleue au papier imprégné de teinture de gayac (*Instruction du Conseil d'hygiène et de salubrité*, 1853).

On mélange aussi fréquemment au sel les sels provenant de la salaison des morues et des viandes.

BARRUEL, *Arsenic dans le sel marin* (Ann. d'hyg. et de méd. lég., 1830, t. IV, p. 432). — CHEVALLIER, *Essai sur les falsifications qu'on fait subir au sel marin* (Ann. d'hyg. et de méd. lég., 1832, t. VIII, p. 251). — CHEVALLIER, *Rapport sur l'examen du sel vendu à Paris* (Ann. d'hyg. et de méd. lég., 1833, t. IX, p. 85). — CHEVALLIER, *Falsification du sel marin par la pierre à plâtre* (Journ. chim. méd., 3ᵉ série, 1849, t. VI, p. 410).

SEL DE NITRE. — Voy. POTASSE (Nitrate de).

SEL D'OSEILLE. — Voy. POTASSE (Bioxalate de).

SEL DE SATURNE. — Voy. PLOMB (Acétates de).

SEL DE SEIGNETTE. — Voy. POTASSE ET DE SOUDE (Tartrate de).

SEL DE SOUDE. — Voy. SOUDES.

SEL VOLATIL DE CORNE DE CERF. — Voy. AMMONIAQUE (Carbonate d').

SEMEN-CONTRA. La *semen-contra* est constitué par les capitules non épanouis de plusieurs *Artemisia* (Composées). Le commerce en distingue deux sortes : 1° le *semen-contra d'Alep*, fourni par l'*Artemisia cina*, Berg (fig. 198), et qui est formé de petits capitules d'un vert jaunâtre, ovoïdes allongés, et composés d'écailles imbriquées et scarieuses : on y trouve toujours une certaine quantité de pédoncules brisés et munis de capitules plus jaunes et globuleux ; sa saveur est amère et aromatique et son odeur très-forte.

2° Le *semen-contra de Barbarie* (fig. 199), fourni par l'*Artemisia*

FIG. 198. — Semen-contra d'Alep.   FIG. 199. — Semen-contra de Barbarie.

ramosa, Smith., dont les capitules forment de petits boutons globuleux réunis à l'extrémité d'un petit rameau ; ils sont couverts d'un duvet blanchâtre. Cette sorte, plus légère que le semen-contra d'Alep, a la même odeur et la même saveur.

Le semen-contra d'Alep est quelquefois mélangé avec le semen-contra de Barbarie ; d'autres fois, on le mêle à des capitules encore jeunes d'*armoise*, qui lui sont même substitués dans quelques cas, mais qu'on reconnaît facilement à leur couleur jaune clair, leur saveur amère et à leur odeur d'absinthe. Le semen-contra d'Alep vieux et décoloré est quelquefois teint en vert par les droguistes.

On a aussi mêlé au semen-contra des fruits de Tanaisie, *Tanacetum vulgare*, qui sont allongés, un peu courbes, sillonnés et couronnés par un rebord membraneux, et des fruits de *Pimpinella* et d'*Anethum*, qu'il est facile de reconnaître, au moindre examen, pour être des fruits d'Ombellifères.

SÉNÉ. Le *séné* provient de plusieurs arbrisseaux du genre *Cassia*, L. (Légumineuses), dont on recueille les folioles et quelquefois les légumes, dits *follicules*.

Le commerce en distingue plusieurs sortes :

1° Le *séné d'Alep* ou *de Syrie* (fig. 200), fourni par le *Cassia obovata* Coll. : il se présente en feuilles glabres, vert pâle, obovales, obtuses, presque échancrées au sommet, de saveur amère et nauséeuse et d'odeur forte. Ses follicules sont plats, minces, d'un gris perlé, rudes au toucher, presque réniformes et relevés en crête à l'intérieur sur la ligne occupée par les graines qui sont noires.

2° Le *séné d'Alexandrie* ou *de la Palthe*, composé d'un mélange des feuilles du *Cassia lenitiva*, Bisch. (fig. 201) et du *Cassia obovata*. Ses

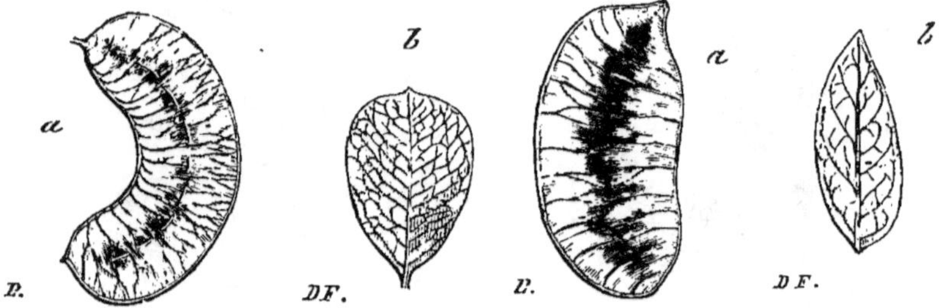

FIG. 200. — Cassia obovata (*).
FIG. 201. — Cassia lenitiva, var.
acutifolia (**).

folioles sont ovales, lancéolées, aiguës, douces au toucher, d'une odeur forte et nauséabonde ; ses follicules sont peu arqués, elliptiques, lisses, luisants, aplatis, d'un vert sombre et contiennent des graines blanchâtres.

Ce séné est mêlé de débris, *grabeaux*, et contient 2/10 de feuilles d'*Arguel* ; la proportion du séné d'Alep et de 3/10. On y ajoute encore, en Europe, des feuilles de *Baguenaudier* et de Redoul.

3° Le *séné de Tripoli*, formé par beaucoup de feuilles du *Cassia lenitiva* et une petite quantité de folioles du *Cassia obovata*, est formé de feuilles plus petites, moins aiguës, moins épaisses et plus brisées que le séné d'Alexandrie ; il contient toujours beaucoup de bûchettes ; ses folli-

(*) a, fruit ; b, foliole.
(**) a, fruit ; b, foliole.

cules sont aussi plus petits, vert jaunâtre et ont une odeur herbacée (fig. 202).

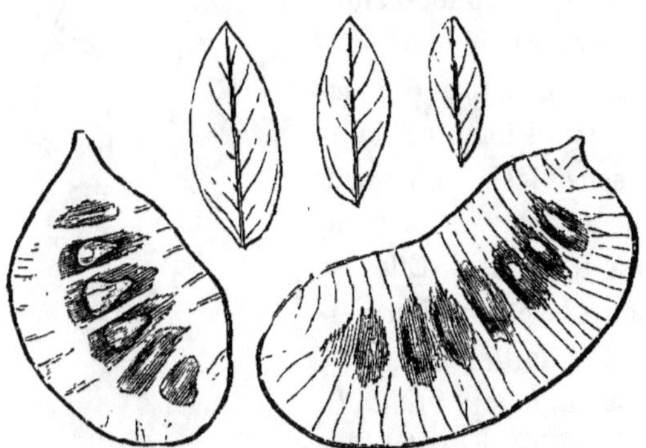

FIG. 202. — Séné de Tripoli, feuilles et follicules.

4° Le séné *Moka*, ou *de la Pique*, rapporté au *Cassia medicinalis*, Bisch ; il est constitué par des feuilles longues de 0^m,03 à 0^m,05, très-étroites, jaunâtres, d'une odeur forte et nauséabonde, et d'une saveur herbacée et un peu amère : ses folicules ressemblent à ceux du séné de la Palthe (fig. 203).

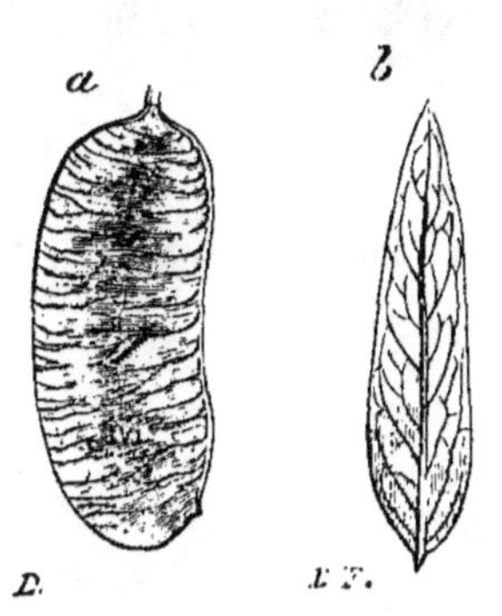

FIG. 203.
Cassia medicinalis (*).

5° Le *séné de l'Inde*, fourni par le *Cassia medicinalis* et dont on distingue deux sortes, le *séné ordinaire* et celui de *Tinnevelly*; elles sont peu estimées en France, où on ne les rencontre presque jamais.

Le séné arrive toujours mélangé d'impuretés nombreuses, *pierres*, *búchettes*, etc., dont on le sépare, avant de le livrer à la consommation sous le nom de *Séné mondé*.

Les falsifications du séné sont nombreuses.

La plus ancienne connue est celle faite par les feuilles du *Baguenaudier*, *Colutea arborescens*, L. (Légumineuses), qui sont elliptiques, régulières, obtuses, et même un peu échancrées au sommet, vertes, minces; leur saveur est amère et désagréable. On les mélange quelquefois au séné d'Alep.

Les feuilles d'*arguel*, *Solenostemma Arghel*, Hayne (Apocynées)

(*) *a*, fruit; *b*, foliole.

(fig. 204), sont fermes, simples, un peu glauques, lancéolées, légèrement chagrinées sur les deux faces et surtout à l'inférieure qui est pubescente ;
elles ont une nervure médiane prononcée en dessous, tandis que les
nervures secondaires longitudinales
ne sont pas sensibles : elles sont
d'un vert pâle tirant vers le bleu,
et régulières à leur base. Elles se
trouvent toujours en proportion marquée dans le séné de la Palthe.

Le *redoul, Coriaria myrtifolia*, L.
(Coriariées) (fig. 205), a des feuilles
ovales lancéolées, d'un vert grisâtre, trinerviées et offrent une côte
médiane saillante et deux nervures
latérales divergentes, saillantes en
dessus et creuses en dessous et dis-
paraissant vers le sommet : les deux
côtés de la feuille sont égaux ou
symétriques.

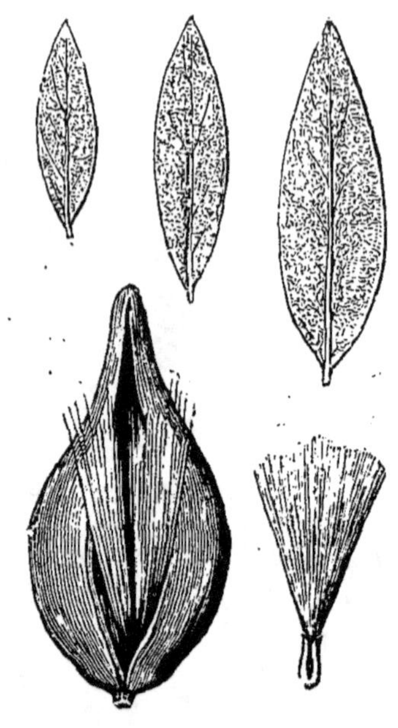

Fig. 204. — Arguel, feuilles et fruits.

Le redoul, qui est souvent mêlé au séné et surtout au séné de rebut,

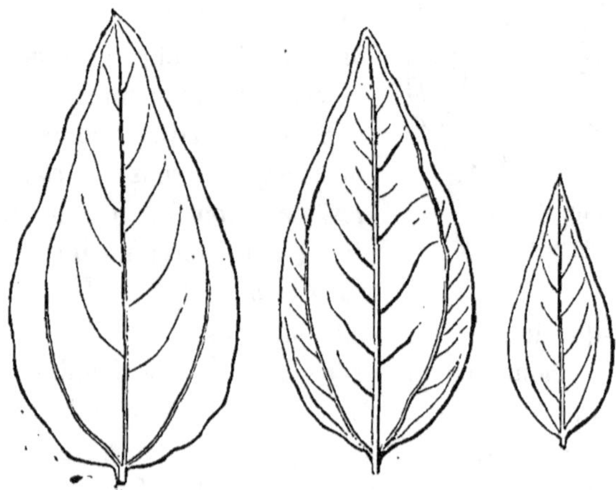

Fig. 205. — Feuilles de redoul.

dit *grabeaux*, donne un précipité blanc avec la gélatine et un précipité bleu abondant par le sulfate de fer : il précipite également par le sublimé corrosif, l'émétique et le chlorure de baryum (*Journ. Chim. médic.*, 1829, t. I, p. 284).

Les feuilles du *Globularia Alypum*, L. (Globulariées), sont spatulées, mais munies à leur extrémité d'une pointe courte et piquante ; elles sont brunâtres, épaisses, fermes, rudes au toucher ; leur saveur est âcre et très-amère ; elles n'ont pas d'odeur nauséeuse. Elles laissent voir au microscope des points blancs très-nombreux que Kosteletzky a pris pour des glandes. (C. Martius, *Pharm. Journ.*, 1856, t. XVI, p. 345.)

Les feuilles du *Tephrosia Apollinea*, D.C., *Galega Apollinea*, L. (Légumineuses), sont soyeuses, argentées, oblongues, ovales, quelquefois cunéiformes, émarginées, à bords unis, s'élargissant vers la base : elles sont généralement très-fendues longitudinalement et très-faciles à reconnaître.

Les feuilles d'*Airelle*, *Vaccinium vitis-idœa*, L., (Éricacées), sont d'un vert bleuâtre, épaisses, entières, à bords repliés en dessous, à nervures transversales très-apparentes ; la face inférieure est blanchâtre, unie, et offre des points nombreux. On les a trouvées mélangées dans la proportion de 0,15 à du séné de Tripoli. (Pedroni fils.)

LACROIX (Fr.). *Note sur la falsification du séné par les feuilles de la Globulaire Turbith* (*Journ. pharm. et chim.*, 4ᵉ série, 1865, t. I, p. 413.)—LECUYER (R.-E.), *Recherches sur les sénés* (Thèse de pharmacie, Paris, 1869) .— MARTIUS, *Sur le séné sauvage* (*Journ. pharm. et chim*, 3ᵉ série, 1852, t. XXXI, p. 450).

SERPENTAIRE DE VIRGINIE. — Voy. ARISTOLOCHE SERPENTAIRE.

SÉSAME (Huile de). L'huile de sésame, extraite des semences du *Sesamum orientale*, L. (Bignoniacées), est douce, non siccative : sa densité est 0,919 à + 15° ; son point de congélation est à — 5° c. On reconnaît sa présence dans l'huile d'olives ou d'amandes, par l'emploi du réactif de Behrens, consistant dans un mélange d'acide sulfurique et d'acide nitrique, qui lui donne une couleur verte temporaire, tandis que son mélange à l'huile blanche, l'huile d'abricot et l'huile d'arachide est indiqué par la coloration rouge que prennent ces huiles. (Flückiger.)

FLÜCKIGER, *Sur l'huile de sésame* (*Schweizer Wochenschrift für Pharmacie;* Schaffhausen 1866, n° 27; *Journ. pharm. et chim.*, 4ᵉ série, 1867, p. 157).

SIROPS. Les sirops sont des médicaments liquides qu'on amène au moyen du sucre à une consistance telle qu'ils coulent lentement ; ils peuvent avoir pour véhicule l'eau, le vin, des sucs et diverses solutions.

Les sirops, dont le type est le sirop de sucre, qui n'est qu'une simple dissolution du sucre dans l'eau, sont dits sirops simples. Les sirops composés contiennent, outre le sucre, d'autres substances.

Les sirops, que beaucoup de pharmaciens ont aujourd'hui la déplorable habitude d'acheter tout faits, sont souvent falsifiés ; et c'est principalement le *sirop de fécule* qui sert à cette sophistication, qu'on peut reconnaître assez facilement.

Le sirop de sucre de canne pur à 35° peut être reconnu à ce qu'il n'est pas précipité par l'alcool à 86°, et à ce qu'il ne se colore pas sensiblement quand on le fait chauffer et bouillir avec un peu de potasse caustique. Il ne prend pas une couleur rouge foncé quand en le mélange avec quelques gouttes d'iodure ioduré de potassium (1). Étendu de 9 volumes d'eau, il marque 52 à droite du saccharimètre ; chauffé au bain-marie à 1/10 de son volume d'acide chlorhydrique jusqu'à $+$ 68, il donne 76° à gauche. (E. Soubeiran.)

Le sirop fait avec du sucre de qualité inférieure ou ayant servi à confire des fruits, brunit par la potasse, mais il ne rougit pas par l'iodure ioduré de potassium et ne précipite pas par l'alcool. (E. Soubeiran.)

Le *sirop de sucre interverti* par l'action des acides ne précipite pas par l'alcool, et noircit par la potasse à l'ébullition. (E. Soubeiran.)

Le *sirop de fécule* est précipité par l'alcool et noircit par la potasse à l'ébullition en donnant une odeur de caramel ; il rougit par l'iodure ioduré de potassium, à moins que toute sa dextrine n'ait été complétement transformée ; il blanchit par l'alcool et donne un dépôt, qui se fait mal, d'un liquide sirupeux opaque et très-épais. (E. Soubeiran.)

On peut aussi avoir recours au saccharimètre de Soleil pour reconnaître la présence du sirop de fécule dans les sirops. On sait qu'un volume de sirop de sucre de canne ordinaire, marquant 35° à l'aréomètre, étendu de neuf volumes d'eau, donne à $+$ 15° c°, dans le tube de 0^m,20 du saccharimètre, une rotation à droite de 52° ⇒⟶. On intervertit ce sucre en le chauffant jusqu'à $+$ 68° au bain-marie avec 0,10 de son volume d'acide chlorhydrique concentré, qui le transforme en sucre de fruits. On l'observe quand il est revenu à la température de $+$ 15°

____

(1) Dissolvez 2^{gr},50 d'iodure de potassium dans 100 grammes d'eau ; ajoutez de l'iode jusqu'à ce qu'une partie de l'iode refuse de se dissoudre ; conservez sur l'excès d'iode.

et dans un tube d'un dixième plus long ; il marque alors 21°,3 ←—⊟ à gauche, en conséquence du pouvoir d'inversion déterminé par Biot, 38 ←—⊟ : 100 ⊟—→. Le sirop de sucre interverti, ayant la densité du sirop de sucre de canne, marque 20° à gauche. Le sirop de fécule possède toujours une rotation à droite plus grande que celle du sirop de sucre de canne, environ 100° à droite, et cette rotation n'est pas intervertie par les acides. La dextrine, qui se trouve toujours dans le sirop de fécule du commerce, agit comme la glycose au saccharimètre et par conséquent ne gêne pas les opérations.

Pour analyser un mélange de sirop de fécule et de sirop de canne à sucre, on l'étend de neuf volumes d'eau et l'on prend sa rotation à + 15° c. dans le tube de 0^m,20 ; puis on traite par l'acide chlorhydrique, comme nous l'avons indiqué plus haut, et l'on prend de nouveau la rotation à + 15° dans le tube de 0^m,22. Le sucre de fécule conserve son degré, mais le sucre de canne sera interverti de façon que 100° ←—⊟ deviendront 38 ⊟—→, lesquels neutraliseront 38° de sucre de fécule, de sorte que le degré restant se composera de la totalité du sucre de fécule, moins la portion qui se trouvera masquée par le sucre interverti. Comme on sait que le sirop de sucre donne, dans les conditions de l'expérience, 52° ←—⊟, le calcul fait connaître quelle est sa proportion dans le mélange : on connaît sa déviation par la multiplication de la fraction 100/138, et sa proportion en volume est indiquée en multipliant le produit de la précédente opération par 100/52. Plus simplement encore, on a la proportion en volume du sirop de sucre dans le mélange en multipliant par 1,4 la perte de degrés opérée par l'inversion. Il est bien entendu que si la rotation, après l'action de l'acide chlorhydrique se faisait à gauche, la perte serait représentée par la rotation à droite avant l'action de l'acide, plus l'excès de rotation à gauche, après cette action.

Le tableau suivant donne un exemple de ce genre de résultat :

SIROP	ROTATION	PERTE après l'inversion.	VOLUME DU SIROP DE SUCRE pour 100.
Sirop de sucre pur......	52° ⊟—→	72,60°	100
9 vol. sp. sucre 1 ——- fécule	56,8	64,68	90
8 vol. — sucre 2 ——- fécule	61,6	57,36	80
7 vol. — sucre 3 ——- fécule	66,4	50,2	70

SIROP	ROTATION	PERTE après l'inversion.	VOLUME DU SIROP DE SUCRE pour 100.
6 vol. sp. sucre 4 — — fécule	71,2	43	60
5 vol. — sucre 5 — — fécule	76	35,9	50
4 vol. — sucre 6 — — fécule	80,8	28,68	40
3 vol. — sucre 7 — — fécule	85,6	21,5	30
2 vol. — sucre 8 — — fécule	90,4	14,4	20
1 vol. — sucre 9 — — fécule	95,2	7,2	10

Ces indications ne seraient plus exactes, si l'on avait introduit dans le mélange un sirop de fécule ayant une rotation différente, telle que le sirop dit *sirop de blé.*

Les sirops acides ne sont pas aussi aisément reconnus des mélanges de sirop de fécule par cette méthode, ou tout au moins est-il plus difficile d'en indiquer les proportions; on pourra alors déceler la dextrine au moyen de l'alcool qui la précipitera, ou intervertir le sirop et mesurer sa rotation dans le tube de $0^m,22$. Il devra marquer de 19 à 20 ←, s'il a été fait avec du sucre de canne pur, et avoir une rotation plus faible à gauche et même une rotation à droite, s'il est entré dans sa composition du sucre de fécule. Avec le sirop de fécule marquant 100° →, l'interversion du sirop étendu à 9 volumes d'eau et 1 volume d'acide chlorhydrique serait, pour les sirops acides, toujours moins cuits que les autres sirops, s'ils ont été faits avec :

Sucre pur	17,7°	←
1/10 sirop de fécule	7,7	←
2/10 —	2,24	→
3/10 —	16,2	→
4/10 —	28,2	→
5/10 —	30,12	→
6/10 —	52,12	→
7/10 —	54,1	→
8/10 —	76	→
9/10 —	88	→ (E. Soubeiran.)

Hardy, se basant sur ce que les glycoses renferment toujours des proportions appréciables de sulfate de chaux, indique d'employer le chlorure de baryum pour déceler leur présence.

HARDY, *Sur la recherche du sucre de fécule dans les sirops de sucre de canne*

(*Journ. pharm. et chim.*, 4e série, 1871, t. XIII, p. 311). — SOUBEIRAN (E.), *Moyen de reconnaître le sirop de fécule dans les sirops du commerce* (*Journ. pharm. et chim.*, 3e série, 1850, t. XVIII, p. 328; 1851, t. XX, p. 401).

SIROP DE CAPILLAIRE. La quantité de capillaire indiquée par le Codex peut n'avoir pas été employée; d'autres fois on a complétement supprimé le capillaire et vendu simplement, sous le nom de sirop de capillaire, du *sirop de sucre coloré* avec un peu de *caramel*. Pour reconnaître ces altérations ou falsifications, Blacher a proposé de mettre dans un verre 10 grammes de sirop avec partie égale d'eau distillée : puis il ajoute 4 à 5 gouttes de perchlorure de fer et agite avec une baguette de verre. Si la préparation est parfaite, le mélange prend une belle coloration vert foncé; si la dose de capillaire n'a pas été conforme à la prescription du Codex, la coloration obtenue sera vert pâle; si l'on a supprimé tout le capillaire, le sirop ne passera pas au vert, mais deviendra brun noirâtre.

BLACHER (Am.), *Du sirop de capillaire, falsification* (*Journ. chim. méd.*, 5e série, 1867, t. III, p. 130).

SIROP DE FÉCULE. Sous l'influence de la potasse à l'ébullition il devient noir et répand une odeur de caramel; il reste transparent quand on l'agite avec son volume d'alcool à 85°; il se colore en rouge par l'iodure ioduré de potassium; il ne s'épaissit pas par le sulfate sesquiferrique. Sa rotation vers la droite est toujours plus forte que celle du sirop de sucre de canne, et elle ne change pas par l'action de l'acide chlorhydrique. (E. Soubeiran, *Journ. pharm. et chim.*, 3e série, 1851, t. XX, p. 403.)

SIROP DE FRUITS. Les sirops de fruits purs, groseille, cerise, etc., ne renferment pas de sulfates, tandis que les sirops *glycosés* en contiennent une certaine proportion qui est indiquée par le chlorure de baryum. (Hardy, *Journ. Pharm. Chim.*, 1871, t. XIII, p. 311.) — Voy. SIROP DE GROSEILLES.

On vend dans le commerce des sirops qui ne contiennent ni sirop de sucre ni sucs de fruits, mais qui sont faits de *sirop de glycose* additionné *d'acide tartrique* ou *citrique*, aromatisé avec des *essences* de groseilles ou framboises et coloré par de la *fuchsine* ou de la *rubine*. Ces sirops sont colorés en jaune-orange par les acides sulfurique, azotique et chlorhydrique, qui avivent la couleur rouge des sirops naturels. La potasse décolore les sirops artificiels et colore des sirops de suc de fruits en vert sale; le carbonate de potasse verdit le sirop naturel, il est sans action sur le sirop artificiel ; le sous-acétate de plomb donne un précipité rouge avec le sirop coloré par la fuchsine et un précipité verdâtre dans le sirop de fruit. (Vandevyvère.)

Vandevyvère, *Sirops colorés par des liqueurs d'aniline* (*Journ. pharm. et chim.*, 4e série, 1869, t. X, p. 456).

SIROP DE GOMME. Le sirop de gomme pur donne un précipité abondant par un volume égal d'alcool à 34° : ce précipité se redissout par l'agitation, mais il ne peut plus se redissoudre si l'on a ajouté encore un volume d'alcool. Il brunit par l'action de la potasse caustique, mais ne noircit pas s'il est récemment préparé ; il n'est pas coloré en rouge par l'iodure ioduré de potassium. Étendu de neuf fois son volume d'eau, il dévie vers la droite de 35° à 36° la lumière polarisée. (E. Soubeiran.)

Additionné d'une petite quantité de sulfate ferrique, le sirop de gomme donne un caillot gélatineux dense. (Lassaigne.)

Mélangé de sirop de fécule, le sirop de gomme noircit par la potasse après ébullition, rougit par l'iodure ioduré de potassium : il a une rotation à droite plus grande que celle du sirop de gomme et même que celle du sirop de sucre. La présence de la gomme sera indiquée par le sulfate ferrique, qui l'épaissit et le rend un peu gélatineux, ou en prenant un volume de sirop, deux volumes d'une solution d'acétate de plomb à 20° et deux volumes d'alcool ; il se fait un précipité s'il y a de la gomme. (E. Soubeiran).

On a même vendu du sirop de gomme sans gomme, précipitant avec l'alcool comme le sirop de gomme lui-même. Pour reconnaître cette fraude, Roussin traite 0,10 du sirop par 0,30 c. d'alcool à 56° ; il ajoute 4 gouttes de solution de perchlorure de fer à 30° et quelques décigrammes de craie pulvérisée ; il agite et filtre ; le liquide mélangé avec dix fois son volume d'alcool à 90° reste limpide, si le sirop de gomme est pur : il y aura au contraire un précipité plus ou moins abondant si le sirop contient de la glycose dextrinée. La quantité de gomme sera reconnue en pesant le magma resté sur le filtre.

Roussin (Z.), *Moyen de reconnaître et de doser un mélange de gomme et de dextrine ; application à l'analyse des sirops de gomme du commerce* (*Journ. pharm. et chim.*, 4e série, 1868, t. VII, p. 251). — Soubeiran (E.), *Moyen de reconnaître le sirop de fécule dans les sirops du commerce* (*Journ. pharm. et chim.*, 3e série, 1851, t. XX, p. 403).

SIROP DE GROSEILLES. Le commerce a offert quelquefois du sirop de groseilles artificiel. Fait avec un mélange de *vin*, de *sucre* et de *sirop de framboises*, ce sirop se trouble par l'addition d'une solution aqueuse de gélatine (E. Soubeiran, *Journ. de pharm.*, 3ᵉ série, t. XX, 403.)

Le mélange de *matières colorantes* est indiqué par les alcalis, qui font virer au vert ou au vert brunâtre la groseille, mais qui n'agissent pas ou donnent une teinte violacée aux autres matières colorantes.

La présence de l'*acide tartrique* se reconnaît au moyen du chlorure de potassium qui donne, après quelque temps, un dépôt cristallin de tartrate de potasse.

Les sirops de suc de groseille précipitent par l'alcool, tandis que les sirops artificiels ne précipitent pas. (Duroy.)

Reveil a trouvé de ces sirops qui étaient colorés par l'*orseille*, étaient faits avec du *sirop de blé* précipitable par l'alcool et contenaient de l'acide sulfurique libre provenant sans doute de la saccharification de l'amidon.

Boudet n'a trouvé que des mélanges de sirop de groseille et de sirop de blé sans addition d'acide.

Gaultier de Claubry s'est assuré qu'on avait employé les *pétales* de *pivoine* comme matière colorante.

GAULTIER DE CLAUBRY, *Moyens de reconnaître la coloration artificielle du sirop de groseilles, et la nature des sirops vendus sous ce nom et actuellement fabriqués* (*Journ. chim. médic.*, 4ᵉ série, 1861, t. VII, p. 416).

SIROP DE GUIMAUVE. Le sirop de guimauve a une saveur nette de racine de guimauve, donne un léger précipité par l'alcool, et prend une teinte jaune par les alcalis. (E. Soubeiran.)

SODIUM (Sulfure de). Le *sulfure de sodium*, *monosulfure de sodium*, est incolore, déliquescent, très-soluble dans l'eau, à peine soluble dans l'alcool; il s'altère rapidement au contact de l'air en passant à l'état d'hyposulfite.

On lui a substitué des cristaux de *carbonate de soude*, humectés de sulfure de sodium liquide; mais par le sous-acétate de plomb on obtient un précipité, que l'acide nitrique décompose en partie avec effervescence.

SOIES. Les soies sont fréquemment *enrobées de plomb* pour les rendre plus lourdes, ce qui en même temps les rend dangereuses; certaines soies noires sont chargées de sulfure, qui se sulfatise à l'air, et le docteur Eulenberg a constaté dans un cas jusqu'à 17,71 p. 100 du poids de la soie. Ces soies ont une saveur sucrée; trempées dans un tube avec un peu d'iodure de potassium, elles donnent des points brillants de couleur jaune. (Chevallier.)

Les soies anglaises sont plus souvent enrobées avec l'*acétate de plomb* qu'avec le sulfate, ce qui augmente encore le danger, l'acétate étant soluble. Le plomb est déposé sur les soies pendant les opérations de la teinture.

CHEVALLIER, *Enrobage des soies avec un produit toxique ; danger pour la santé de ceux qni font usage de ces soies (Journ. chim. médic.*, 4e série, 1857, t. III, p. 353). — *Enrobage de la soie par l'acétate de plomb (Ann. d'hyg. et de méd. lég.*, 3e série, 1855, t. IV, p. 317). — Dr EULENBERG, *Des soies chargées de plomb (Ann. d'hyg. et de méd. lég.*, 2e série, 1864, t. XX, p. 455 ; *Journ. chim. médic.*, 3e série, 1864, t. X, p. 162).

SON. Le *son* ou *recoupe, recoupette*, est la partie corticale des céréales qu'on sépare des farines par le blutage.

Il est susceptible d'altération lorsqu'on le conserve en tas ; car il s'échauffe et il s'y développe plus tard des moisissures.

On y a ajouté de la *sciure de bois* dans la proportion de 0,35 à 0,40 (Lesage Picou), des *criblures* des moulins, de la *terre*, du *sable* (Chevallier).

SOUCI. Les fleurons du souci, *Calendula officinalis*, L. (Composées), sont ligulés, d'un jaune safrané, et barbus à la base.

Bien qu'il soit surtout employé pour des falsifications, le souci a été falsifié lui-même, et Maisch l'a trouvé mélangé de fleurons du *Tagetes erecta*, L., ou *Souci d'Afrique*, dont les fleurons jaunes sont tous tubuleux. (*Amer. Journ. of Pharm.*, XXXIX, 306.)

SOUDE (Acétate de). L'acétate de soude (*terre foliée cristallisable*) est incolore et inodore ; il cristallise en longs prismes striés, sa saveur est amère et piquante ; il est soluble dans l'eau et l'alcool.

L'acétate de soude peut contenir du *tartrate de potasse* ; mais celui-ci ne se dissout pas dans l'alcool, et si l'on incinère, il y aura un charbon volumineux avec une odeur de caramel : le chlorure de platine donnera dans ce cas un précipité jaune.

Le *sulfate de potasse* déterminera avec le chlorure de baryum un précipité blanc de sulfate de baryte. Le *chlorure de potassium* donnera un précipité blanc caillebotté avec le nitrate d'argent.

L'*acétate de soude*, comme celui de potasse, peut être altéré par du *sulfate de soude*, du *chlorure de sodium*, des *sels de plomb*, de *fer*, de *cuivre* et de la *caséine*. La présence de ces deux corps ne reconnaîtra pas les mêmes réactions.

SOUDE (Bicarbonate de). Le *bicarbonate de soude* forme ordinairement des agglomérations opaques, résultant de la superposition de nombreux petits prismes transparents ; il est soluble dans l'eau, mais il se modifie par une ébullition prolongée.

Il peut contenir du *sulfate de soude*, qui est indiqué par le nitrate de baryte, du *chlorure de sodium* que décèle le nitrate d'argent, et du *carbonate neutre* qui lui donne la propriété de précipiter à froid les sels de magnésie.

SOUDE (Borate de). Le borax (borate de soude) est incolore et inodore ; il cristallise en prismes hexagonaux aplatis terminés par un pointement trièdre ; il s'effleurit légèrement à l'air ; il est soluble dans l'eau. Chauffé, il perd son eau de cristallisation (0,471) et entre en fusion ignée à $+ 300°$.

Le borax de l'Inde, désigné sous le nom de *Tinckal*, est très-impur, couvert d'une couche savonneuse gris jaunâtre et mêlé de chlorure de sodium et de sulfate de soude. On le purifie par des lavages à l'eau de soude et on le fait cristalliser. Aujourd'hui, la majeure partie du borax du commerce se prépare par l'action de l'acide borique de Toscane sur le carbonate de soude et il n'est pas savonneux comme le tinckal.

On le trouve quelquefois altéré par de l'*alun* qui le rend astringent, styptique et un peu acide : on s'en assure par le chlorure de baryum qui donne un précipité blanc de sulfate de baryte, ou par l'ammoniaque qui détermine un précipité gélatineux.

Le borax, mélangé de *sulfate de soude*, a une saveur amère et salée ; il précipite en blanc par le chlorure de baryum, mais non par l'ammoniaque.

Le *chlorure de sodium* lui communique sa saveur salée, et sera reconnu par le précipité blanc caillebotté que donne le nitrate d'argent.

On a trouvé du borax, qui contenait 0,20 de *phosphate de soude :* ce qui était facilement indiqué par le séjour dans une étuve, où le phosphate s'effleurissait ; d'ailleurs, l'essai par le nitrate d'argent donnait la preuve de la présence de ce sel.

SOUDE CARBONATÉE NEUTRE. Le *carbonate neutre de soude, sel de soude,* est en cristaux octaédriques, à base rhombe, tronqués au sommet : à l'air, il s'effleurit en perdant 0,75 de son eau de cristallisation, il est soluble dans l'eau et a une saveur âcre et urineuse.

Il peut contenir du *sulfate de soude* et du *sel marin :* alors il précipite par le nitrate d'argent et le chlorure de baryum.

Le *Journal de pharmacie d'Anvers*, 1870, p. 309, a fait connaître le mélange de *sulfate de soude* au carbonate de soude, mélange qui n'est pas apparent à première vue, bien que ces deux sels diffèrent essentiellement par leur cristallisation et leurs propriétés chimiques.

Chevallier, *Sur la falsification du carbonate de soude par le sulfate de cette base* (*Journ. chim. méd.; Journ. pharm. et chim.*, 3ᵉ série, t. XVIII, p. 124).

SOUDE (Hydrate de). L'hydrate de soude est blanc et a une saveur urineuse forte ; exposé à l'air, il se liquéfie d'abord, puis il s'effleurit en une poudre blanche de carbonate de soude.

Il est entièrement soluble dans l'eau, et sa solution, acidulée par l'acide azotique pur, ne précipite ni par le nitrate d'argent, ni par le chlorure de baryum, ni par l'oxalate d'ammoniaque.

Ses altérations sont les mêmes que celles de l'hydrate de potasse (voy. Potasse).

SOUDE (Phosphate de). Le phosphate de soude est incolore, inodore, cristallisé en prismes rhomboïdaux terminés par un pointement à quatre faces ; il s'effleurit à l'air ; insoluble dans l'alcool, il se dissout dans l'eau et a une saveur faible.

Il peut renfermer, par défauts dans la préparation : 1° du *sulfate de soude* qu'on reconnaîtra par les sels de baryte, car on aura un précipité blanc de sulfate de baryte insoluble dans l'acide nitrique, tandis que le phosphate est soluble dans un excès d'acide ; 2° du *carbonate de soude,* qui fait effervescence au contact d'un acide, et donne, par les sels de baryte, un précipité soluble dans l'acide nitrique, mais dont une partie sera dissoute avec effervescence.

SOUDE (Sulfovinate de). Le sulfovinate de soude du commerce contient presque toujours des proportions variable de *sulfates*. Il est d'ailleurs très-sujet à s'altérer, pour peu qu'il ne soit pas parfaitement sec. (Bussy, *Journ. Pharm. et Chim.*, 1873, 4ᵉ série, t. XVII, p. 312.)

SOUDES. Les *soudes* du commerce, *carbonate de soude brut,* proviennent, pour la plupart, de l'incinération des plantes qui croissent sur les bords de la mer ou sur les rivages des étangs salés. On distingue les soudes fournies par les varechs ou algues de celles fournies par les plantes du littoral : car leur composition est assez différente, les premières étant surtout riches en chlorures, tandis que, dans les autres, le carbonate de soude prédomine.

Le commerce distingue plusieurs soudes :

Soude d'Alicante, en masses sèches, pesantes, d'un gris cendré avec des cavités et des points brillants, *œil de perdrix.*

Soude de Carthagène, en masses volumineuses, pesantes, grises et marquées à l'intérieur de points blancs, quelquefois avec des parties noires ou verdâtres, ce qui est un défaut.

Soude de Ténériffe, en masses irrégulières, raboteuses, d'un gris très-foncé avec quelques morceaux blancs ou jaune verdâtre.

Soude de varech, en morceaux pesants irréguliers, raboteux avec beaucoup de petits trous chargés d'une matière blanchâtre d'apparence cireuse.

Soude factice, en morceaux plus ou moins volumineux, raboteux, pesants, assez compactes et percés de trous, violacés et renfermant des débris de charbon.

Ces diverses soudes ne sont pas également riches en alcali, aussi est-il nécessaire de les titrer (voy. POTASSES). Le tableau suivant indique leur valeur.

Soude d'Alicante	55° à	60°
Soude de Carthagène.	30°	32°
Soude de Ténériffe.	28°	32°
Soude de varech { brûlée...	4°	5°
{ raffinée..	2°	3°
Soude factice brûlée.	18°	34°

SOUFRE. Les fleurs de soufre renferment ordinairement de l'*acide sulfureux,* et quand celui-ci se trouve au contact de l'humidité, il se fait de l'acide sulfurique : aussi est-il nécessaire d'avoir soin de laver les fleurs de soufre avec de l'eau distillée, jusqu'à ce qu'elle passe sans réaction acide, avant de les employer pour l'usage interne.

Les fleurs de soufre ont été quelquefois mélangées de *gypse,* jusqu'à 0,50 ; il est facile de s'en assurer par l'action de la chaleur.

Le soufre en canons peut contenir de l'*arsenic :* pour s'en assurer, on mélange le soufre à trois fois son poids de nitre, et l'on projette par portion dans un creuset chauffé au rouge ; quand la combustion a cessé, on cesse de chauffer, et, pour décomposer le nitrite, qui peut s'y trouver et résulte de la décomposition de l'excès de nitrate employé, on traite par l'acide sulfurique qui dégage l'acide nitreux et décompose le reste du nitrate : on chauffe fortement de nouveau pour obtenir un départ complet des vapeurs nitreuses, on laisse refroidir, on étend d'eau, et l'on fait passer dans la solution un courant d'acide sulfureux, qui transforme l'arséniate de potasse en arsénite, et forme lui-même du sulfate par son oxydation ; on chasse l'excès d'acide sulfureux par la chaleur, et au moyen d'un courant d'hydrogène sulfuré qui détermine la précipitation du sulfure jaune d'arsenic.

SQUINE. La *squine*, que le plus grand nombre des auteurs rapporte au *Smilax China*, L. (Liliacées, Asparaginées), mais que le docteur Osc. Th. Sandahl croit être le *Smilax ferox*, Wallich, est en morceaux arrondis et tuberculeux, ou allongés et plats, rougeâtres, sans anneaux ni écailles ; elle ne présente pas de fibres ligneuses apparentes, et offre un tissu spongieux blanc rosé ou compacte et brunâtre ; son odeur est nulle, sa saveur fade et farineuse.

Elle a été remplacée quelquefois par une racine américaine, qu'on désigne sous le nom de *squine rouge*, et qu'on croit provenir du *Smilax pseudo-China*, Lerm., d'autres fois par des racines provenant du Brésil, *Smilax Brasiliensis* Griseb, *Smilax Japicanga*, Griseb, etc. (Voy. SALSEPAREILLE.)

Dans ces derniers temps, on a signalé la falsification de la squine par le *fou-lin*, *Pachyma cocos*, sorte d'excroissance maladive des racines du *Pinus sinensis*, qui ne renferme pas de traces de fécule. (Webb.)

WEBB (E.-A.), *False China root* (*Pharm. Journ.*, 4ᵉ série, 1873, t. III, p. 762).

STAPHYSAIGRE. La *staphysaigre*, *Delphinium Staphysagria*, L. (Renonculacées), a des graines trigones, comprimées, d'un gris noirâtre, réticulées et assez grosses ; leur odeur est désagréable, leur saveur est très-âcre et très-amère.

On a trouvé 0,40 de *Myrobolans indiens*, *Terminalia chebulia*, L., mélangés aux graines de staphysaigre, et caractérisés par leur forme analogue à celle des cynorrhodons, mais d'un volume beaucoup plus petit : ils sont noirs, ridés longitudinalement, durs, luisants, à cassure nette, à texture serrée et à saveur astringente. Comme ils donnent avec les sels de fer une coloration noire très-intense, tandis que la staphysaigre ne change pas de couleur, on pourrait reconnaître même le mélange dans la poudre. (Odeph.)

ODEPH (A.), *Falsification des semences de staphysaigre* (*Journ. chim. méd.*, 4ᵉ série, 1857, t. III, p. 189).

STRYCHNINE. La strychnine est cristallisée en octaèdres ou en prismes quadrangulaires blancs, terminés en pyramides et ordinairement très-petits ; sa saveur est des plus amères ; elle est un peu soluble dans l'eau ; elle ne se dissout pas dans l'alcool anhydre ; triturée avec un peu de peroxyde de plomb, elle donne, au contact d'une goutte d'acide sulfurique contenant 0,01 d'acide nitrique, une magnifique coloration bleue qui passe rapidement au violet, puis au rouge, et après quelques heures au jaune-serin (E. Marchand). On obtient le phénomène plus intense, si l'on ajoute à une solution de strychnine dans l'acide sulfurique un peu de bichromate de potasse.

Le mélange de strychnine et de *brucine* peut se reconnaître par l'alcool faible, qui dissout la brucine et laisse la strychnine. Robiquet a proposé de délayer la strychnine dans un peu d'eau chaude, et d'aciduler ; on porte à l'ébullition, et l'on traite alors par l'ammoniaque, qui donne un précipité granuleux, si la strychnine est pure, tandis que s'il y a de la brucine, le précipité est poisseux.

Le *sucre* se dissoudrait dans l'eau, ainsi que les *sels* solubles qui pourraient avoir été ajoutés à la strychnine.

Les *matières grasses* cristallisées ne se dissoudront pas dans l'eau acidulée, et tacheront le papier si l'on chauffe légèrement la strychnine suspecte.

Le *sulfate de chaux* et la *magnésie*, resteront dans le résidu que donnerait le strychnine dissoute dans l'alcool ordinaire bouillant, ou formeront un résidu si l'on incinère l'alcaloïde.

SUC D'ACACIA. — Voy. ACACIA (Suc d').

SUC DE CITRONS. — Voy. CITRONS (Suc de).

SUC D'HYPOCISTE. — Voy. HYPOCISTE (Suc d').

SUCCIN. — Voy. AMBRE JAUNE.

SUCRE. Le *sucre de canne,* qui est le seul dont nous ayons à nous occuper ici, se trouve abondamment dans la *canne à sucre, Saccharum officinarum*, L. (Graminées), et se rencontre aussi en notable quantité dans certaines tiges, érable, maïs, sorgho, et dans des racines, telles que celles de la betterave.

Le sucre pur est incolore, inodore et inaltérable à l'air ; sa saveur est douce et agréable ; il se dissout facilement dans l'eau, plus à chaud qu'à froid. Il se dissout difficilement dans l'alcool rectifié. Il cristallise en prismes à six faces terminés par des sommets dièdres. Sous l'influence des acides, il se transforme en sucre interverti, c'est-à-dire qu'au lieu de dévier vers la droite le plan de polarisation d'un rayon de lumière polarisée, il agit alors en sens opposé ; sa solution aqueuse décompose, avec l'aide de la chaleur, les sels de cuivre, de mercure, d'or et d'argent ; il favorise la dissolution de la chaux dans l'eau, et forme, avec l'oxyde de plomb, deux composés, l'un soluble, l'autre insoluble : il est fusible à $+356°$ Fahr. (180°), commence à se décomposer au-dessus de cette température, et finit par brunir et se transformer en *caramel*.

Le sucre de canne se distingue de la glycose par sa cristallisation, sa saveur plus douce et sa solubilité : il est carbonisé par l'acide sulfurique, n'est pas modifié par la potasse caustique : *il est caractérisé aussi par sa plus grande difficulté à réduire l'oxyde hydraté bleu de cuivre à l'état de sous-oxyde orangé.* Mais c'est surtout par sa propriété de dévier à droite la lumière polarisée que le sucre de canne se différencie nettement de la glycose.

Le tissu de la canne à sucre est pour la plus grande partie du parenchyme ou tissu cellulaire, formé par la réunion d'une infinité de cellules remplies de jus sucré : ces cellules sont ordinairement beaucoup plus longues que larges, de dimensions plus grandes°vers le centre que vers la périphérie, ou partie plus dure et plus compacte de la canne ; leurs parois sont toutes finement ponctuées, ce qui permet de les distinguer de beaucoup d'autres utricules.

Les fibres ligneuses, qui parcourent longitudinalement la canne, en y formant des faisceaux distincts, sont formées de cellules très-allongées plus ou moins ponctuées. Elles sont accompagnées par des vaisseaux spiraux, et à ponctuations disposées en spirales, cylindriques ou plus souvent polygonaux, par la pression qu'exercent sur eux les fibres qui les environnent. On trouve surtout les vaisseaux spiraux vers la périphérie ; ils sont formés d'un fil unique·remarquable par sa finesse et sa force (fig. 206).

L'épiderme ou cuticule est formé de cellules allongées, crénelées et offre çà et là des stomates : à moitié distance de [chaque entre-nœud, l'épiderme est recouvert d'une couche de cellules un peu plus longues que larges, plus ou moins arrondies ou ovales, avec leurs bords marqués de lignes courtes, bien nettes et radiées ; ces cellules dont l'apparence se rapproche de celle des parties osseuses du noyau des fruits, forment autour de la canne une zone polie, dure et épaisse d'un tiers de pouce environ (fig. 207). (Hassall.)

Le sucre se trouve dans le commerce sous forme de *sucre brut, cassonade* ou *moscouade*, de *sucre terré* et de *sucre raffiné*.

Les sucres bruts doivent être blonds ou gris, pâles, bien cristallisés,

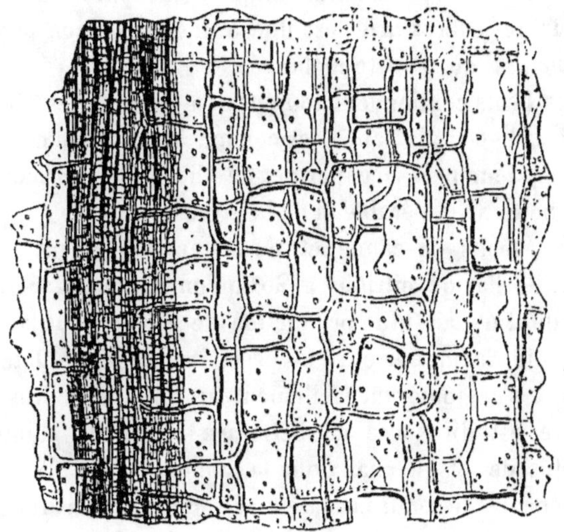

FIG. 206. — Coupe longitudinale d'une tige de canne à sucre; cellules du parenchyme et faisceau de fibres ligneuses. (Grossissement, 100 diamètres. (Hassall.)

brillants, durs, secs et le moins gras possible. Leur classification se fait

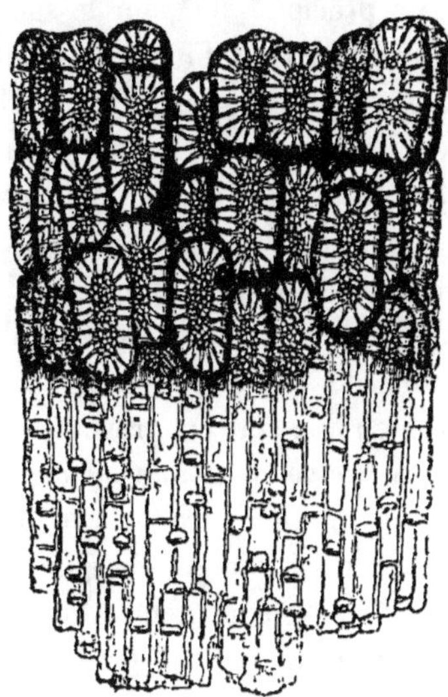

FIG. 207. — Épiderme de la canne à sucre; cellules de la surface et cellules des portions lisses. Grossissement, 200 diamètres. (Hassall.)

dans le commerce au moyen de *types*, ou points de comparaisons invariables, depuis les nuances les plus claires jusqu'aux plus foncées, et auxquels on rapporte les échantillons qui s'en rapprochent le plus.

La couleur des sucres bruts est due à une proportion plus ou moins grande de *mélasse* qui y reste mélangée.

Les sucres bruts contiennent toujours en quantité les éléments anatomiques de la tige de la canne, et comme la forme de ces organes est bien distincte, leur présence permet de distinguer le sucre de canne de celui de betterave, d'érable et de la glycose.

Les sucres bruts de canne et de betterave peuvent se distinguer par l'emploi de l'acide nitrique à 25° qu'on fait chauffer avec le sucre jusqu'à ce qu'il n'y ait plus production de vapeurs rutilantes. Quand, l'opération finie, la liqueur offre un précipité blanc (oxalate de chaux) pulvérulent et s'agglomérant facilement au fond du matras, on conclut que le sucre est du sucre de betterave ; car cette plante renferme beaucoup plus de sels de chaux que la canne.

On peut encore dissoudre la cassonade dans l'eau distillée et y verser quelques gouttes de sous-acétate de plomb, qui y déterminent un trouble beaucoup plus grand pour les sucres de betterave que pour ceux de canne, le sucre de betterave contenant une plus grande quantité de matières étrangères. La dissolution reste louche pour le sucre de canne et devient claire avec un précipité net pour le sucre de betterave.

Les sucres de betteraves bruts et raffinés contiennent presque toujours des proportions notables de glycose, de 0,002 à 0,012, qu'on peut doser avec la liqueur cupro-potassique de Trommer ; ces sucres sont acides, ce qui prouve que la glycose ne provient pas des procédés de fabrication connus sous le nom de *travail alcalin* (Dubrunfaut).

Autrefois, quand le sucre était d'un prix plus élevé, on le sophistiquait très-fréquemment avec du sucre résultant de l'action de l'acide sulfurique sur la fécule de pommes de terre. Aujourd'hui presque toutes les cassonades, bien que souvent très-impures, ne sont que rarement adultérées. On y trouve de nombreux *débris de canne à sucre*, des *spores* d'un champignon qui paraît s'être développé pendant la fermentation. On y trouve aussi une grande quantité de mites, *Acarus sacchari*, à divers états de développement. On peut aisément se procurer ces arachnides en dissolvant 2 à 3 grammes de sucre brut dans un verre d'eau tiède, et en laissant reposer environ une heure et demie ; alors on trouve quelques-uns de ces animaux flottant à la surface du liquide, d'autres adhérant aux parois du verre, et d'autres au fond, au milieu du dépôt formé par les débris de cannes, de fibres ligneuses, des grains de fécule et des impuretés.

L'œuf de l'*Acarus* est d'abord un corps arrondi, puis il grossit, s'allonge et devient cylindrique et à peu près deux fois aussi long que large ; après quelque temps, on voit apparaître à une extrémité de l'œuf, la trompe et les pattes. Parvenu à son entier développement, l'animal est visible à l'œil nu ; son corps est ovale ou ové ; il offre quatre soies longues et roides, disposées par paire de chaque côté, et autour huit à dix soies plus courtes insérées avec une certaine régularité autour de la circonférence du corps ; à la partie antérieure du corps est une trompe d'organisation complexe, et de la partie inférieure partent huit pattes, articulées et munies d'épines ou poils à chaque articulation : à la dernière articulation de chaque patte, on voit une épine longue, qui dépasse l'extrémité de la patte : celle-ci est terminée par un fort crochet. (Hassall.)

Beaucoup d'échantillons de sucre brut, presque tous pourrait-on dire, présentent de ces *Acarus*, soit morts, soit vivants, et à tous les états de développement. Est-ce à la présence de cet *Acarus*, si voisin de l'*Acarus scabiei*, qu'il faut attribuer l'affection cutanée désignée sous le nom de *gale des épiciers*, et qui attaque surtout ceux qui manipulent beaucoup de sucre ?

Les sporules de champignons sont surtout abondantes dans les sortes les plus communes de sucre, et principalement dans celles qui sont riches en *Acarus*. Ce sont des corpuscules extrêmement ténus, ordinairement ovales, qu'on trouve en suspension dans la solution de sucre, ou soudés les uns aux autres en filaments moniliformes. Ces sporules placées dans des conditions favorables, se développent et donnent des champignons parfaits. (Hassall.)

On trouve aussi dans les lavages de petits fragments ressemblant à de la sciure fine et dont l'origine n'est pas aisément explicable ; il est probable qu'ils proviennent des planches sur lesquelles on a manipulé le sucre. (Hassall.)

On rencontre aussi presque toujours dans les sucres bruts du *sable*, qu'on en sépare par la dissolution dans l'eau et qui forme rapidement un dépôt au fond des vases.

Quelquefois les cassonades ont été additionnées de *fécules*, qui forment lentement un précipité au fond de la dissolution, donnent au liquide un aspect trouble et se colorent en bleu par l'eau iodée.

Le *sulfate de potasse* se retrouve dans le résidu de la calcination et est indiqué par le précipité blanc que forme le chlorure de baryum, et le précipité jaune sera déterminé par le chlorure de platine.

Les *sucres terrés* sont ceux qui ont subi une première épuration par le terrage; ils doivent être blancs, avoir un grain brillant dur et croquant, une odeur douce et particulière et ne pas renfermer traces de *terre*, de *sable* ou de corps étrangers. Produits surtout dans les colonies françaises, ils constituent en grande partie les plus belles sortes des cassonades. On les classe aussi par nuances diverses suivant la place qu'ils ont occupée dans la forme pendant la fabrication. On les distingue par *première, seconde, troisième sorte basse, commune en tête*. Ce dernier produit, qui est la pointe du pain, est le plus inférieur.

Les *sucres raffinés* sont blanc opaque, plus ou moins sonores et durs; leur cassure est saccharoïde; ils ne doivent donner aucun résidu quand on les dissout dans l'eau. Quelques raffineurs ajoutent un peu d'*indigo* à leurs produits pour en rendre la blancheur plus éclatante; mais cette amélioration est plutôt nuisible qu'utile. La première qualité, parfaitement cristallisée, est dite *sucre royal*.

Les sucres dits *tapés* sont préparés avec du sucre humide, raclé et tassé dans des formes plus petites. Les *lumps* et les sucres *bâtards*, qui sont inférieurs, se fabriquent avec le sirop vert et subissent trois terrages successifs; des *pièces* sont des lumps en grains beaucoup plus gros. Les *vergeoises*, les plus impures, sont des sucres très-colorés, s'égrenant facilement, qu'on vend souvent égrenés et qui passent pour des cassonades.

Le sucre candi se fait avec des sirops très-cuits et qu'on fait évaporer très-lentement à l'étuve: provenant de sucre de canne, il a une odeur aromatique agréable, tandis que celui qui a pour origine la betterave a une odeur un peu désagréable. Ce caractère est surtout sensible pour les candis un peu colorés qui ont été préparés avec des sucres non complétement raffinés.

Le sucre de canne est sophistiqué avec du *sucre de fécule*, de la *fécule*, de la *gomme*, de la *dextrine*, du *marbre* finement pulvérisé, de la *craie*, du *sable*, de la *poussière d'os* et du *sel commun*.

La simple solution du sucre et l'examen du résidu permettra de s'assurer de la nature de quelques-unes de ces matières étrangères. Sur 100 échantillons examinés par Hassall, quatre seulement renfermaient un peu d'amidon: il n'y a jamais trouvé de sable.

La quantité de matière sucrée cristallisable que contiennent les sucres n'est pas toujours identique, et il est nécessaire de faire un essai saccharimétrique pour en connaître la teneur. Plusieurs procédés ont été indiqués à cet effet.

Payen faisait usage d'une liqueur saturée de sucre obtenue par la dissolution de 40 grammes de sucre en poudre dans 80 centilitres d'alcool à 85° préalablement mélangés avec 0,04 d'acide acétique. La liqueur devant toujours être saturée, quelles que soient les variations de la température, il faut maintenir dans le flacon environ 100 grammes de sucre candi en chapelet, et suspendu par un fil, de telle sorte qu'il se fasse sur le sucre un dépôt de cristaux en cas de sursaturation, ou qu'une partie se dissolve si la température du liquide s'élève. Payen prenait 15 grammes de sucre bien cristallisé et trituré avec soin, qu'il versait dans un tube gradué, contenant déjà $0^m,04$ c. c. d'alcool à 95°; puis, deux à trois minutes après, il y ajoutait $0^m,50$ c. c. de la liqueur d'épreuve. Après avoir agité à deux reprises différentes pendant une minute le tube bouché, il laissait reposer pendant deux ou trois minutes, et donnait de temps à autre de petites secousses qui facilitaient le dépôt; celui-ci occupe un certain nombre des divisions du tube, qui représentent $0^m,365$ c. c. divisés en 100 parties égales (volume correspondant à 15 grammes de sucre claircé sec) : le nombre des centièmes indiquera donc le titre de l'échantillon de sucre examiné.

Dans le cas où il y aurait de la *glycose*, du *sucre incristallisable* ou beaucoup de *matière colorante*, on les séparera par l'action réitérée de la liqueur d'épreuve, qui laissera tout le sucre cristallisable.

On pourra encore laver le sucre par 50 centil. d'alcool à 95°, filtrer, sécher le filtre et recueillir ainsi tout le sucre cristallisable à 0,005 près.

Péligot a proposé pour doser le sucre, qu'il soit solide ou dissous, le procédé suivant basé sur la différence d'action des alcalis sur le sucre cristallisable et sur le sucre incristallisable : il dissout 10 gram. de sucre brut dans $0^m,75$ c. c. d'eau, et il ajoute peu à peu 10 grammes de chaux éteinte et tamisée ; après avoir broyé pendant environ dix minutes, il filtre pour séparer la chaux non dissoute. Le saccharate dissous est étendu de dix fois son volume d'eau et coloré par quelques gouttes de tournesol : il sature alors exactement par une dissolution titrée d'acide sulfurique : 1 litre contenant 21 grammes d'acide à 66° et saturant la chaux dissoute par 50 grammes de sucre. Pour reconnaître la présence du sucre incristallisable, il faut chauffer pendant quelques instants au bain-marie, à $+100°$; il y aura alors coloration brune et, d'autre part, l'essai alcalimétrique démontrera la présence d'une quantité moindre de chaux, qui sera en rapport avec la quantité de sucre incristallisable. Le même procédé peut servir pour les liquides, mais ils doivent marquer 6° à 8° à l'aréomètre.

Le procédé Clerget est basé sur l'examen polarimétrique des liqueurs sucrées, et donne des indications très-précises : au point de vue pratique, le saccharimètre est un instrument très-simple et dont l'usage devrait être plus répandu (voy. p. 23).

Le saccharimètre a été, dans ces derniers temps, modifié très-avantageusement par Cornu (fig. 208).

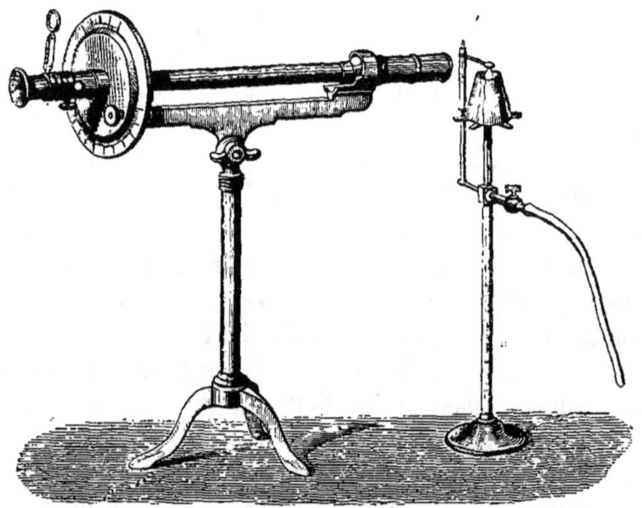

Fig. 208. — Saccharimètre à pénombres (*). (J. Duboscq.)

Pour faire usage du saccharimètre à pénombres, il faut avoir soin de mettre

(*) Il présente un avantage sur le saccharimètre Soleil pour les personnes qui ont de la difficulté à raccorder les deux couleurs. Cet appareil étant éclairé par une flamme monochromatique ne présente jamais qu'un disque gris lorsqu'il est à zéro ; il présente ensuite les moitiés de ce disque de deux nuances différentes. Lorsque le liquide est introduit dans l'appareil, la mesure consiste à déplacer angulairement le prisme analyseur pour raccorder les teintes ; l'angle parcouru donne la mesure de richesse du sucre, exactement comme dans l'ancien appareil de Biot, qui se rapporte à la teinte de passage. Si cette disposition est avantageuse pour quelques opérateurs, dont la vue est rebelle au raccordement des couleurs, ainsi que l'exige l'appareil Soleil, elle a le désavantage que, si la liqueur n'est pas complétement décolorée, on mesure très-difficilement : car alors la lumière est peu intense ; l'effort que doit faire l'opérateur pour voir est plus pénible qu'avec une lumière colorée, mais plus intense.

l'indicateur sur le zéro de la division et de bien s'assurer que les deux pénombres du disque d'observation sont bien de même obscurité, ce qui s'obtient en faisant tourner le bouton molleté placé sur le côté de la lunette, soit de gauche à droite ou de droite à gauche.

On ne doit opérer que sur la flamme d'une lampe à gaz brûlant à bleu ; on rend cette flamme jaune éclairante au moyen de sel (chlorure de sodium) que l'on brûle dans la petite corbeille de platine ; à cet effet, on fond du sel dans un creuset et on le coule ensuite en plaque sur un plan de fer, on casse des petits morceaux de sel fondu que l'on place un à un dans la corbeille (si l'on employait le sel en grain ordinaire, il ne resterait pas dans la flamme, il se projetterait en l'air).

On place ensuite le tube contenant le liquide décoloré ; on voit alors une des pénombres d'un gris clair, et la seconde d'un autre gris ; on tourne l'alidade, au moyen du bouton molleté à pignon, du côté du sucre cristallisable, on retrouve par ce mouvement une nouvelle égalité des pénombres, et le nombre de divisions parcourues indique, comme dans le saccharimètre Soleil, en centièmes, le sucre cristallisable.

Dans le cas où le gaz ferait défaut, on peut le remplacer par une lampe à esprit-de-vin. Exclure toute flamme lumineuse sans le secours du sel ; en un mot, il faut une flamme monochromatique. (Duboscq.)

Pour reconnaître les falsifications du sucre, on en dissoudra une partie et l'on examinera le résidu. Si celui-ci est terreux et jaunit par le nitrate d'argent, il y aura probabilité de mélange de *poussière d'os;* l'effervescence par un acide dénotera la présence de *calcaire;* on recherchera ensuite le *sulfate de chaux;* le *sable* se reconnaitra à l'inspection seule. L'analyse chimique permettra de reconnaître la proportion de ces substances.

Le *sel,* qu'on rencontre très-rarement, se retrouvera dans les cendres au moyen du nitrate d'argent, qui donnera un précipité de chlorure d'argent.

La *gomme,* dont la présence a été constatée quelquefois dans le sucre, est décelée par l'action de l'alcool qui dissout seulement le sucre.

Les *matières farineuses* se rencontrent surtout dans les sucres bruns, et quelquefois aussi dans les lumps, quelquefois en petite quantité, et alors on peut supposer qu'elles proviennent des matières employées dans la fabrication, d'autres fois en telle proportion qu'elles sont évidemment le fait de la falsification. Elles se retrouveront dans le résidu de la dissolution du sucre et pourront être décelées par le microscope et l'iode.

La *dextrine,* qui se trouve aussi assez souvent mélangée au sucre, est indiquée par l'action de l'iode sur la solution froide de sucre, qui prendra une teinte pourpre, et par les débris de grains amylacés qui y persistent toujours.

La présence du *sucre de fécule* dans le sucre se reconnaît à ce que le sucre est moins sucré, moins soluble dans l'eau et moins bien cristallisé ; on peut s'assurer de sa présence en lavant un poids donné du sucre suspect ou de la cassonade avec de l'alcool à 85°, acidulé avec 0,05 d'acide acétique et saturé de sucre candi ; le liquide dissout le sucre de fécule et le sucre incristallisable, et ne dissout aucune partie des cristaux de sucre de canne ou de betterave. On peut aussi avoir recours au saccharimètre de Biot, mais cet appareil ne se trouve encore qu'exceptionnellement dans les mains des pharmaciens.

Le sulfate d'indigo donne le moyen de distinguer l'existence de la glycose et de ses congénères ; car le sucre de fécule seul en présence d'un excès d'alcali le transforme en indigo blanc. Pour cela, on dissout une petite quantité de sulfate d'indigo qu'on sature par du carbonate de potasse ou de soude, et l'on y ajoute une dissolution de sucre ; si celle-ci est formée de sucre pur, il ne se fait pas de décoloration ; si au contraire il y a de la glycose ou du sucre incristallisable, celle-ci s'opère.

Le réactif Barreswill, tartrate de cuivre et de potasse, donne l'indication du sucre de fécule ; car celui-ci le décolore immédiatement à chaud, tandis que le sucre de canne n'a pas d'action sur lui, au moins avant une ébullition prolongée.

Le sucre de canne pur, chauffé avec la potasse caustique, ne se colore pas ; s'il y a de la glycose, la liqueur jaunit, puis noircit.

Le sucre de canne réduit le bichromate de potasse à l'état d'oxyde chromique, tandis que la glycose ne produit rien d'analogue. (Reich.)

Dumas, se basant sur ce qu'une solution saturée de sucre à une température donnée ne peut plus en dissoudre, mais est apte à dissoudre toute autre substance, telle que la glycose, le sucre incristallisable, a indiqué de faire macérer du sucre pendant un temps assez long avec un litre d'alcool à 85°, et 50 grammes d'acide acétique marquant 8° B. pour obtenir un liquide saturé à + 15°. On prend $0^{lit},1$ de cette liqueur dans lequel on délaye 50 grammes de sucre à essayer, préalablement pulvérisé ; on agite à plusieurs reprises, et, après un certain temps, on décante la solution alcoolique qui surnage : elle doit donner à l'alcoomètre centésimal 74°, s'il n'y a que du sucre pur, degré qu'elle indiquait déjà avant l'essai ; s'il y avait de la glycose, du sucre incristallisable ou des principes solubles provenant d'un raffinage incomplet, la liqueur aura pris une densité plus considérable et elle marquera moins de 74° : chaque degré au-dessous de 74° C. à $+$ 15° indique autant de 0,01 de principes autres que le sucre de canne.

L'iodure ioduré de potassium colore en rouge brun les solutions de la glycose : on opère par comparaison avec un verre rempli d'eau pure, un second rempli de solution de sucre pur, et un troisième rempli de la solution du sucre à essayer ; on verse dans chacun de ces verres une même quantité d'iodure ioduré de potassium ; l'eau pure sera à peine colorée, la solution de sucre pur aura une teinte bleuâtre, et la troisième liqueur, s'il y a de la glycose, prendra une coloration rouge brun foncé.

Le sucre brut, chargé *d'eau*, se reconnaîtra au papier d'enveloppe qui deviendra humide et mollasse après quelques heures de contact, et reste sec au contact du sucre non additionné d'eau. On pourra aussi rechercher la perte de poids d'une quantité déterminée de sucre placée dans une étuve.

Le sucre cristallisé est quelquefois infesté par des productions cryptogamiques, qui forment des lignes ou des marques arrondies et dentelées dans la substance du sucre, et se développent surtout à la base des pains ; ses productions sont rougeâtres ou grisâtres et ont été reconnues être des Mucédinées, auxquelles on a donné les noms de *Glycyphila erythrospora* et *G. elœospora*. (Payen.)

Le suc en poudre a été adultéré par de l'*albâtre* en poudre ; cette dernière substance, étant insoluble dans l'eau, on peut la séparer facilement du sucre et reconnaître la proportion du mélange. (Stan. Martin.)

DUBRUNFAUT, *Présence des glycoses dans les sucres bruts et raffinés de betteraves* (*Journ. pharm. et chim.*, 4° série, 1869, t. X, p. 54). — MARTIN (Stan.), *Falsification du sucre en poudre par l'albâtre en poudre* (*Journ. chim. méd.*, 4° série, 1858, t. IV, p. 237).

SUCRE DE LAIT. Le *sucre de lait*, *lactine*, est solide, inodore, en prismes réguliers blancs, demi-transparents ; il croque sous la dent et a une saveur faiblement sucrée ; il est soluble dans l'eau, moins que dans le lait. Il se transforme en acide lactique au contact des matières animales ; l'acide nitrique le convertit en acide mucique.

On l'a adultéré avec de l'*alun* et du *sel marin*. Il précipite alors par le chlorure de baryum, par l'ammoniaque, le chlorure de platine et le nitrate d'argent.

SUIF. — Voy. Axonge.

SULFATE DE CHAUX. — Voy. Chaux (Sulfate de).

SULFATE DE CUIVRE. — Voy. Cuivre (Sulfate de).

SULFATE DE FER. — Voy. Fer (Sulfate de).

SULFATE DE MAGNÉSIE. — Voy. Magnésie.(Sulfate de).

SULFATE DE MORPHINE. — Voy. Morphine (Sulfate de).

SULFATE DE POTASSE. — Voy. Potasse (Sulfate de).

SULFATE DE QUININE. — Voy. Quinine (Sulfate de).

SULFATE DE ZINC. — Voy. Zinc (Sulfate de).

SULFURE D'ANTIMOINE. — Voy. Antimoine (Sulfure d').

SULFURE D'ANTIMOINE HYDRATÉ. — Voy. Kermès minéral.

SULFURES D'ARSENIC. — Voy. Arsenic (Sulfures d').

SULFURE DE MERCURE. — Voy. Mercure (Sulfure de).

SULFURE DE POTASSE. — Voy. Potasse (Sulfure de).

SULFURE DE SODIUM CRISTALLISÉ. — Voy. Sodium (Sulfure de).

SULFURE DE SOUDE. — Voy. Soude (Sulfure de).

SUMAC. Le *sumac* est une poudre résultant de la trituration des feuilles et des jeunes branches du *Rhus coriaria* L. et du *Rhus toxicodendron* L. (Térébinthacées); elle est employée par la tannerie, la teinture et la médecine.

Il est souvent mélangé de *sable*, surtout celui de Sicile ; mais, en projetant sur l'eau une pincée de la poudre, le sumac surnage quelque temps, tandis que le sable tombe immédiatement au fond.

SUREAU. Les fleurs de sureau, *Sambucus nigra*, L., sont fréquemment mélangées de débris de pédoncules, ou restent adhérentes à des pédoncules assez longs, ce qui oblige à les monder (*Amer. Journ. of Pharm.*, t. XXXIX, p. 305). On leur substitue quelquefois les fleurs de l'hièble, *Sambucus Ebulus*, L., qui sont blanches, quelquefois rougeâtres en dehors, et ont une odeur d'amandes amères.

Le *rob de sureau* est quelquefois falsifié avec de la *pulpe de pruneaux*, ou de *poire;* mais il n'est plus brun noirâtre et prend une coloration rouge brun qu'on reconnaîtra surtout par comparaison. Il peut être noir quand il est *brûlé*, sa consistance est alors poisseuse. Il peut contenir du *cuivre* provenant des vases où on l'a préparé. (Chevallier.)

TABAC. Les feuilles du *tabac, Nicoliana tabacum*, L. (Solanées),
sont la seule partie employée, soit par les personnes qui fument et pri-
sent, soit par celles qui chiquent.

Les feuilles de tabac présentent quelques particularités de structure
qui permettent de les distinguer des feuilles de presque toutes les autres
plantes, même lorsqu'elles ont été travaillées; c'est le microscope seul qui
peut donner le moyen assuré de reconnaître les sophistications du tabac.
La surface supérieure d'une feuille de tabac, observée au microscope,
paraît composée de cellules réunies par des parois ondulées, avec
des stomates et des poils nombreux : ces poils sont glanduleux, c'est-
à-dire terminés par une partie plus grosse arrondie, qu'on reconnaît
même sur la feuille sèche ; ils sont de longueurs très-variables et quelquefois cloisonnés. La face inférieure ne se distingue guère que par le
nombre plus grand des stomates et une proportion moindre de poils.
Les nervures sont saillantes d'un côté et sillonnées de l'autre, caractère
qu'on ne retrouve que dans un petit nombre de végétaux, tels que le
datura et la jusquiame : elles offrent à l'extérieur une couche de cellules analogues à celles du parenchyme, au centre les sections des cellules allongées, des fibres ligneuses et des vaisseaux ponctués. La coupe
longitudinale des côtes permet quelquefois de constater la présence
dans les cellules, immédiatement en dehors du centre, de quelques
grains de fécule petits, mais bien formés (fig. 209).

Le tabac, réduit en poudre, offre tous ces éléments séparés et plus
ou moins altérés ; on y distingue peu de fibres ligneuses, ayant plutôt l'aspect de cellules allongées, mais courtes, à parois striées et tronquées aux extrémités (fig. 210). (Hassall.)

Le tabac est l'objet, dans les pays étrangers, de sophistications extrêmement nombreuses, et y a été trouvé mélangé·de *feuilles de rhubarbe*, de *chou*, de *chicorée*, de *varechs*, de *mousses*, de *racines de chicorée*, de matières sucrées, telles que *sucre, mélasse, miel, suc de réglisse,
résidus de betteraves;* de sels, tels que *nitre, sel ammoniac, sel commun, nitrate d'ammoniaque, potasse, soude, chaux, sulfates de soude
et de magnésie, ocre jaune, terre d'ombre, sulfate de fer*, etc. Mais
les sophistications les plus fréquentes ont pour base l'*eau*, la *mélasse* ou
le *sucre*, et les *sels* de divers sortes. (Hassall.)

On conçoit, du reste, qu'il en soit ainsi dans des contrées où le tabac
est livré à l'industrie et au commerce privé; mais il n'en est pas de
même en France, où la manufacture des tabacs est maintenue entre les

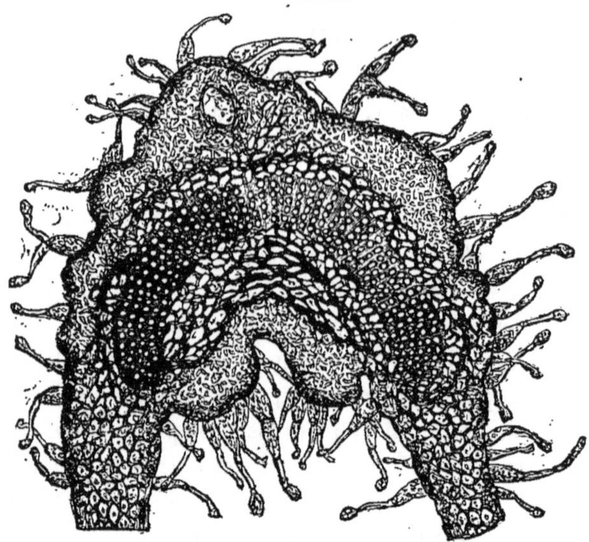

FIG. 209. — Coupe transversale de la côte médiane d'une feuille de tabac. Grossissement, 40 diamètres. (Hassall.)

FIG. 210. — Tabac haché à fumer pur. Grossissement, 40 diamètres. (Hassall.)

mains du gouvernement, à moins cependant qu'on n'examine les tabacs dits *de contrebande,* lesquels sont souvent loin de valoir ce qu'on croit.

Le *tabac à fumer* est celui qui offre le moins d'adultérations : il n'est le plus souvent que *mouillé,* soit par adjonction directe d'une certaine quantité d'eau, soit plus fréquemment en le maintenant dans un endroit humide : on en augmente ainsi le poids, mais il est aisé de reconnaître cette fraude en mettant dans une étuve un poids déterminé de tabac, et en constatant la perte après dessiccation.

C'est sous la forme de *cigares* que le tabac est le moins sujet à être sophistiqué : on a cependant constaté quelquefois leur adultération ; c'est ainsi qu'on a rencontré des cigares formés d'une feuille de papier fin, de couleur bistre, et contenant dans l'intérieur du *foin.* Dans d'autres, le foin était enveloppé dans une feuille de tabac roulé. La falsification la plus fréquente consiste à tremper les feuilles de tabac, destinés à former les cigares, dans divers *liquides sucrés* et *salins,* pour leur donner plus de poids. (Hassall.)

Les falsifications des cigares pourront être facilement reconnues par l'examen microscopique d'une tranche mince transversale du cigare, ce qui permettra de constater si l'intérieur contient les éléments des feuilles de tabac. D'autre part, par l'emploi de procédés chimiques, on s'assurera de la présence possible du *sucre* et des *sels* étrangers. (Hassall.)

Contrairement à l'opinion généralement reçue que les cigares *manille* contiennent de l'opium, Hassall ne croit pas qu'on y introduise ce narcotique ; car il n'en a jamais pu reconnaître la présence dans les spécimens qu'il a examinés.

Le *tabac à priser* est très-fréquemment adultéré par des matières . étrangères, telles que du *sel marin,* de la *silice* pulvérisée, de l'*ocre,* du *minium,* du *chromate de plomb,* des *poudres de feuilles* diverses, de la poudre de *mottes à brûler,* du *marc de café,* etc., etc.

Le *sel marin* existe souvent jusque dans la proportion de 0,10 à 0,128, et l'on ne doit guère admettre que les cendres de tabac pur en donnent plus de 0,01.

Les *ocres,* dont on trouve quelquefois jusqu'à 0,04 et 0,05, servent à augmenter le poids et à donner de la couleur.

Le *chromate de plomb,* dans la proportion de 0,04, a été reconnu plusieurs fois dans le tabac à priser. On le reconnaît en prenant le résidu du traitement des cendres par l'eau, et le calcinant avec du salpêtre et du bisulfate de potasse ; on reprend par l'eau, on filtre et évapore, et l'on traite par l'acide chlorhydrique, et quand la liqueur bout, par l'alcool ; il y a coloration verte, et l'on peut précipiter l'oxyde de chrome par l'ammoniaque. Le plomb se trouvera dans le premier résidu par les réactions ordinaires.

La *silice* pulvérisée a été souvent ajoutée en quantités (0,084) qui ne laissent pas de doute sur l'intention frauduleuse ; l'examen microscopique a présenté cette silice le plus souvent sous forme de particules brillantes, qui avaient toutes les apparences du verre réduit en poudre. Les cendres des tabacs à priser donnent d'ailleurs un résidu siliceux qui, après le traitement par les acides, ressemble beaucoup, par son aspect gélatineux, à la silice qui proviendrait d'un silicate, tel que le verre. (Hassall.)

Cameron, de Dublin, a trouvé, dans des tabacs à priser, de 0,10 à 0,50 de sels alcalins, et, d'autre part, il a constaté qu'on y introduit généralement, sous le nom de *returns*, la matière pulvérulente que laissait tomber la feuille de tabac manipulée, et qui est constituée par de la silice, de l'alumine et de l'oxyde de fer. (*Medic. Press and Circular*, 6 août 1870.)

On a trouvé du tabac à priser qui contenait de 0,16 à 0,20 de *minium*, et l'on a constaté que ce tabac, dit *macouba*, avait causé la mort d'un savant botaniste danois. Si l'on projette sur de l'eau un tabac ainsi adultéré, on voit tout de suite l'oxyde de plomb se précipiter ; on reconnaîtra encore mieux la falsification par la calcination, le traitement des cendres par l'acide nitrique faible, et l'emploi des réactifs du plomb.

On a constaté que le tabac en poudre ronge en peu de temps le plomb et l'étain, et, par suite, renferme des sels toxiques. Ce fait, signalé en 1831 par Chevallier, a été vérifié depuis par Otto, Lintner et Buchner. Chevallier a reconnu la présence des sels de plomb en épuisant le tabac par l'eau distillée, et en essayant la liqueur par l'iodure de potassium ou par le chromate de potasse, qui donnent un précipité jaune, si le plomb existait à l'état de sel. On peut encore incinérer le tabac et rechercher le plomb dans le résidu traité par l'acide nitrique.

Le *tabac à chiquer* est quelquefois rendu plus foncé et plus brillant par une ébullition dans une décoction concentrée de tabac à fumer, additionnée de *sulfate de fer* et de *sulfate de cuivre*.

Gunther (R. Biedermann), *De l'empoisonnement saturnin par le tabac à priser*, 1858. — Buchner, *Sur la présence du plomb dans le tabac* (*Neu Rep. der*

Pharm., t. VIII, p. 478 ; *Journ. pharm. et chim.*, 3ᵉ série, 1859, t. XXXVI, p. 881). — CHEVALLIER, *De la présence de divers sels de plomb dans le tabac* (*Journ. chim. méd.*, 1ʳᵉ série, 1831, t. VII, p. 242 ; *Ann. d'hyg. et de méd. lég.*, 1831, t. VI, p. 197). — CLARKE (Adam), *A dissertation on the use and abuse of tobacco.* — ERICHSEN, *Case of poisoning by Snuff containing Lead*, in Hassall, *Food and its adulterations*, 1855, p. 595). — HASSALL (Arth. Hill), *Tobacco and its adulterations*, 2ᵉ édit. London, 1861. — HOUSTEIN, *De l'emploi des feuilles de plomb pour envelopper le tabac de qualité supérieure et des inconvénients qui peuvent en résulter* (*Journ. chim. méd.*, 3ᵉ série, 1852, VIII, p. 117). — KING (Dan.), *Tobacco what it is and what it does.* New-York, 1867. — LEUTNER, *Présence du plomb et de l'étain dans du tabac* (*Journ. pharm. et chim.*, 3ᵉ série, 1859, t. XXXV, p. 80 ; *Rep. der Pharm.*, t. VII, p. 413). — MEYER, *Tabac contenant du plomb* (*Journ. pharm. et chim.*, 3ᵉ série, 1857, t. XXXII, p. 229). — OTTO, *Empoisonnement par le tabac en poudre contenant du plomb* (*Journ. pharm. et chim.*, 3ᵉ série, 1844, t. V, p. 82). — PRESCOTT (H.-P.) *Tobacco and its adulteration.* London, 1858. — *De quelques cas de paralysie saturnine résultant du tabac à priser contenant du plomb* (*Journ chim. méd.*, 4ᵉ série, 1867, t. III, p. 299). — *Poisoning by Snuff contaminated by Lead* (*Pharm. Journ.*, 3ᵒ série, 1871, t. I, p. 465).

TAMARIN. Le *tamarin*, fruit du *Tamarindus indica*, L. (Légumineuses), fournit au commerce sa *pulpe*, qui forme une pâte noir rougeâtre, acide, et plus ou moins mélangée de fibres ligneuses.

Souvent la pulpe, ayant été épaissie dans des vases de *cuivre*, contient une certaine quantité de ce métal : il est facile de s'en assurer en mettant la pulpe en contact avec une lame de fer qui se couvre, dans ce cas, d'une couche de cuivre métallique.

TANNIN. Le *tannin* est solide, spongieux, amorphe, incolore, ou coloré en vert pâle quand il retient un peu de chlorophylle ; il est inodore et très-astringent ; il est inaltérable à l'air sec.

Il peut contenir, par suite de sa décomposition à l'air humide, de *l'acide gallique* et de *l'acide ellagique*.

Pour doser le tannin dans les décoctions de noix de galle et les autres substances astringentes, on a proposé plusieurs procédés. Pedroni fils a imaginé un appareil qui permet de reconnaître le tannin au moyen des sels solubles d'antimoine, qui forment des tannates insolubles et n'ont aucune action sur les matières colorantes, gommes, etc. Le *tannomètre* est une burette de $0^m,50$ cent. cubes, divisée en 100 degrés, de telle sorte que chaque degré correspond à 0,01 de tannin, quand on emploie la liqueur normale fournie par la dissolution de $1^{gr},402$ d'émétique dans un litre d'eau. La solution normale précipite exactement 2 grammes de tannin. On prend 2 grammes de la substance à essayer, et on l'épuise par 200 grammes d'eau distillée bouillante.

On laisse refroidir cette infusion et on la porte au volume d'un litre. On verse alors peu à peu la liqueur d'épreuve, jusqu'à ce que l'addition d'une nouvelle goutte ne donne plus de trouble dans l'infusion. (Pedroni.)

A. Terreil emploie un tube de verre de $0^m,020$ de diamètre et d'environ 130 centimètres cubes de capacité, gradué en centimètres cubes : il se ferme à la partie supérieure avec un bouchon à l'émeri ; la partie inférieure est effilée et porte un robinet de verre ; entre ce robinet et le zéro de la graduation se trouve un espace de 20 centimètres cubes, dans lequel on introduit une solution alcaline de potasse caustique contenant le tiers de son poids de cet alcali. On réduit la matière astringente en poudre aussi fine que possible, et l'on pèse de $0^{gr},100$ à $0^{gr},200$, qu'on enveloppe dans un peu de papier non collé. On introduit par aspiration la liqueur alcaline dans le tube jusqu'au zéro et l'on ferme alors le robinet ; on enlève le tube et l'on fait glisser dans l'intérieur le papier contenant la poudre pesée ; on ferme l'appareil et on le redresse pour faire arriver la matière dans la dissolution alcaline ; on note la température et la pression, et l'on agite le tube, en le tenant par ses extrémités, pour éviter l'échauffement de l'air.

Le liquide prend immédiatement une couleur jaune brun ; on agite de nouveau à plusieurs reprises ; on plonge l'extrémité effilée du tube dans l'eau et l'on ouvre le robinet avec précaution ; il se produit une absorption ; on referme le robinet quand on voit le liquide coloré descendre par la pointe effilée.

Après vingt-quatre heures, l'opération est terminée ; on plonge l'appareil en entier dans l'eau pour l'amener à la température ambiante, puis on ouvre le robinet, sous l'eau, pour déterminer l'absorption finale ; quand celle-ci est complète, on ferme le robinet et on lit sur la graduation du tube la quantité d'oxygène absorbé, en tenant compte de la température et de la pression : sachant que $0^{gr},100$ de tannin absorbent $0^m,20$ cc. d'oxygène, il est facile alors d'apprécier la richesse en tannin de la matière analysée.

Quand la substance à essayer est liquide ou en dissolution, on la pèse dans un petit tube bouché que l'on introduit dans l'appareil en le faisant glisser sur la paroi inclinée ; il faut, dans ce cas, noter avec soin le volume que ce petit tube fait occuper au liquide alcalin, au-dessus du zéro, et en tenir compte dans l'observation de l'oxygène absorbé. (A. Terreil.)

Le tannin est employé pour prévenir la graisse des vins de Champagne : en 1847, il a été vendu à un négociant en vins de Champagne, sous le nom de *tannin blanc distillé*, une dissolution aqueuse d'*alun* à 0,52. (Chevallier.)

TERREIL (A.), *Nouvel appareil pour doser les tannins contenus dans les diverses matières astringentes employées dans la tannerie* (*Journ. pharm. et chim.*, 4ᵉ série, juin 1874, t. XIX).

TAPIOCA. Le *tapioca* est une fécule fournie par le *Manihot utilissima*, Pohl (Euphorbiacées), et qui a été desséchée sur des plaques chaudes. Le tapioca forme alors des grumeaux irréguliers, blancs ou peu rougeâtres, très-durs, assez élastiques et constitués par l'agglomération de grains de fécule ; le produit, qui est importé de Rio-Janeiro ; et qui est de beaucoup supérieur à celui de Bahia, se reconnaît à sa blancheur plus grande et son éclat perlé ; sa solution par l'eau est fortement bleuie par l'iode. Examinée au microscope, la fécule de manioc offre des grains de petites dimensions, pour la plupart isolés, mais quelquefois soudés par deux, trois ou quatre (fig. 211). Mais comme dans la préparation du tapioca on chauffe la fécule humide, il en résulte que les granules se gonflent, que quelques-uns éclatent et s'agglutinent entre eux. (fig. 212).

FIG. 211. — Fécule de manioc.

Le tapioca est falsifié avec du *sagou*, de la *fécule de pommes de terre* surtout, mais il est fréquemment employé lui-même à adultérer l'arrow-root. On reconnaîtra sa falsification par l'examen microscopique.

Le *tapioca factice*, fait avec de la fécule de pommes de terre, est moins irrégulier, arrondi, homogène, plus blanc, moins opaque et moins résistant sous la dent ; sa saveur est fade. Il peut contenir du cuivre, provenant des plaques sur lesquelles on l'a desséché, ce qu'on reconnaîtra en faisant une bouillie claire de tapioca, en acidulant et en traitant la liqueur filtrée par le cyanure jaune qui donnera une couleur brun marron.

Payen a proposé d'ajouter trois à quatre gouttes d'acide sulfurique au

tapioca, après l'avoir fait bouillir environ cinq minutes avec quantité d'eau suffisante pour obtenir une bouillie très-claire. On agite

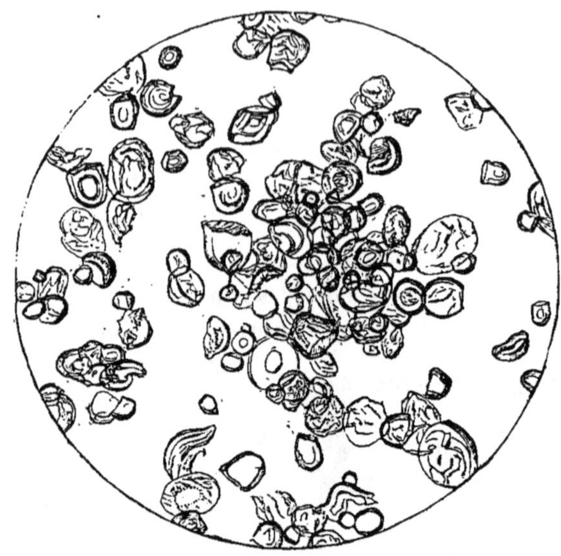

FIG. 212. — Grains de fécule de tapioca altérés par la chaleur employée
pendant la préparation. Grossissement, 225 diamètres. (Hassall.)

vivement, et l'on sent une odeur de colle aigrie en rapport avec la
quantité de fécule mélangée.

Empoisonnement par le tapioca falsifié (Journ. pharm. et chim., 3ᵉ série, 1843,
t. III, p. 81). — MARCHAND (E.), Mode d'essai du tapioca par l'iode (Journ. des
conn: méd., 4ᵉ série, 1864, t. X, p. 156; Journ. pharm. et chim., 3ᵉ série, 1864,
t. XLV, p. 308).

TEINTURES ÉTHÉRÉES. Elles ont l'inconvénient de s'altérer par
suite de la volatilisation d'une partie de l'éther et, d'autre part, par
la transformation d'une autre partie en acide acétique sous l'influence
de l'air. Dans certains cas, elles se décolorent avec le temps, et il s'y
fait, entre leurs éléments, diverses réactions qui peuvent en modifier la
nature.

ELLWOOD, Microscopic examination of extracts mode from tinctures (Pharm.
Journ., 3ᵉ série, 1871, t. 1, p. 414).

TÉRÉBENTHINES. Les térébenthines sont des oléo-résines, fournies par divers végétaux, et qui, liquides ou visqueuses d'abord, tendent
plus tard à se solidifier par volatilisation et, en partie, par résinification
de leur essence.

Les principales térébenthines du commerce sont : 1° Le *baume du Canada*, fourni par l'*Abris balsamea*, Mill., liquide, jaune clair, un peu nébuleux, à odeur suave et à saveur âcre et un peu amère, devenant plus jaune avec le temps et se desséchant à la surface. Il dévie à droite le plan de la lumière polarisée, 82 ⇒→.

2° La *térébenthine de Bourgogne* (*Abies excelsa*, DC.), épaisse, presque solide, opaque, à odeur de résine, non amère et imparfaitement soluble dans l'alcool.

3° La *térébenthine de Strasbourg* (*Abies pectinata*, DC.), limpide, peu colorée, ne se desséchant pas à l'air.

4° La *térébenthine de Venise* ou *au citron* (*Abies pectinata*, DC.), limpide, ayant une odeur suave et une saveur médiocrement âcre et amère, se desséchant à la surface, imparfaitement soluble dans l'alcool : elle dévie à gauche le plan de la lumière polarisé, 5 à 7 ←⟸.

5° La *térébenthine de la Caroline* (*Abies tœda*, L.), opaque, très-épaisse, très-odorante et ressemblant à du miel coulant. Elle dévie à gauche la lumière polarisée, 9 ←⟸.

6° La *térébenthine d'Amérique* (*Pinus palustris*, Lamb.), opaque, blanchâtre, coulante, à odeur forte, amère,

7° La *térébenthine de Bordeaux* (*Pinus Pinaster*, Lamb.), grenue, laissant un dépôt cristallisé et se desséchant à l'air.

Il n'est pas rare que ces diverses sortes soient substituées les unes aux autres.

On a quelquefois remplacé la térébenthine de Venise par un mélange de *colophane* et de *térébenthine ordinaire*, et cette falsification a été observée à plusieurs reprises en Angleterre et aux États-Unis.

TÉRÉBENTHINE (Essence de). L'essence de térébenthine, provenant de la distillation de la résine, qui exsude du *Pinus Pinaster* (*P. maritima*, DC.), (Conifères), doit être limpide, incolore, parfaitement fluide, ne pas laisser de poisseux sur les doigts ; elle doit marquer 78° à 78°,5 à l'aréomètre centésimal, bouillir entre + 159° et 160°, et s'évaporer sans laisser presque de résidu.

Avec le temps, elle se modifie et laisse alors un résidu résineux à l'évaporation. Quelquefois elle n'est pas limpide par suite d'une distillation vicieuse : dans ce cas, elle a quelquefois une teinte brune, qui est due à ce que des portions résineuses ont été entraînées pendant la distillation. Quelquefois elle a une teinte verte, due à ce que l'opération a été faite dans des vases de cuivre.

L'essence, qui contient plus de 0,01 de *colophane*, donne avec l'ammoniaque, après agitation et repos, des flocons blancs, ou même une masse grumeleuse et comme cristallisée. Si la proportion de colophane est de 0,10 ou plus, chaque goutte d'ammoniaque semble se solidifier en tombant dans le liquide et la masse se prend par l'agitation en un produit consistant demi-transparent, ou blanc grumelé comme cristallisé, suivant la proportion de colophane. Ces essences falsifiées ne marquent en général que 73° à 75° à l'aréomètre.

La falsification de l'essence par la *térébenthine* sera indiquée par l'ammoniaque, qui donne un mélange émulsif s'éclaircissant par le repos et ensuite un magma gélatineux demi-transparent, bleu fauve, que surnage un liquide incolore ; l'essence, dans ce cas, donne à l'aréomètre de 74° à 76°.

Si l'on a introduit de l'*huile pyrogénée* dans l'essence de térébenthine, l'ammoniaque donne une émulsion qui s'éclaircit rapidement, et l'ammoniaque, colorée en fauve, gagne le fond du vase ; l'aréomètre indique dans ce cas 74° à 76°.

En distillant 100 grammes d'essence suspecte dans une cornue tubulée et munie d'un thermomètre jusqu'à ce que celui-ci marque $+$ 180° à $+$ 190°, et en évaporant avec précaution le résidu dans une capsule tarée de platine, on obtient, pour une essence qui contenait 0,03 de térébenthine, un résidu de colophane sèche égal à trois parties : pour 0,10, un résidu de 6 parties : l'essence falsifiée par la colophane, donne un résidu de colophane sèche de 5 parties s'il y en avait 0,05, de 10 parties s'il y en avait 0,10.

Le mélange avec l'huile pyrogénée donne pour résidu cette huile. L'essence pure ne laisse pas de résidu, si elle est récente, et donne un léger résidu poisseux, si l'essence est ancienne. (Barbet.)

L'essence de térébenthine, contaminée par du *cuivre*, se reconnaît par le mélange avec une solution un peu concentrée de prussiate de potasse. (Lewis Dielh, *Amer. Journ. Pharm.*, t. XXXIX.)

Barbet, *Note sur l'essence de térébenthine, ses falsifications et les moyens de les reconnaitre* (*Journ. pharm. de Bordeaux*, 1860 ; *Journ. chim. méd.*, 4° série, 1860, t. VI, p. 47).

TERRE FOLIÉE MINÉRALE. — Voy. Soude (Acétate de).

TERRE FOLIÉE VÉGÉTALE. — Voy. Potasse (Acétate de).

THÉ. Le thé, formé par les jeunes feuilles desséchées du *Thea chinensis*, Sims. (Ternstrœmiacées), est l'objet d'un commerce important entre la Chine et l'Europe, et est, par conséquent, sujet à des sophistications nombreuses, dont les unes sont le fait des Chinois, les autres celui des Européens.

Les feuilles de thé, varient beaucoup de forme et de dimension suivant leur âge; très-jeunes, elles sont étroites, roulées et duveteuses; un peu plus âgées, leurs bords sont délicatement dentés en scie avec des nervures peu marquées; dans les feuilles plus grandes, les nervures sont bien apparentes et forment une série d'anses le long de chaque bord, les dentelures sont plus marquées, plus profondes et plus espacées.

Les cellules épidermiques varient de dimensions suivant l'âge : dans les feuilles moyennement développées, ces cellules sont petites et un

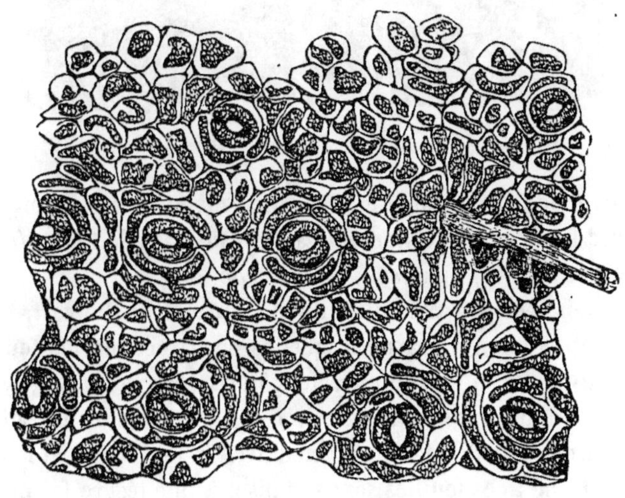

Fig. 213. — Face inférieure d'une feuille de thé, montrant les cellules, les stomates et la partie inférieure d'un poil. Grossissement, 350 diamètres. (Hassall.)

peu angulaires; elles sont beaucoup plus larges dans les vieilles feuilles où leurs parois sont plus distinctes. Les stomates, qu'on observe surtout à la face intérieure de la feuille, sont assez nombreux, petits et constitués par deux cellules réniformes, offrant entre elles une ouverture bien marquée. Les cellules épidermiques, qu'on observe autour des stomates, sont très-allongées et courbes comme celles du stomate lui-même (fig. 213). Les poils, qu'on observe surtout à la page inférieure de la feuille, sont courts, pointus et indivis, mais ils sont le plus souvent brisés : très-abondants sur les plus jeunes feuilles, ils sont plus rares sur les feuilles plus âgées, et manquent même quelquefois presque complétement. Les cellules du parenchyme n'offrent rien de particulier (fig. 214).

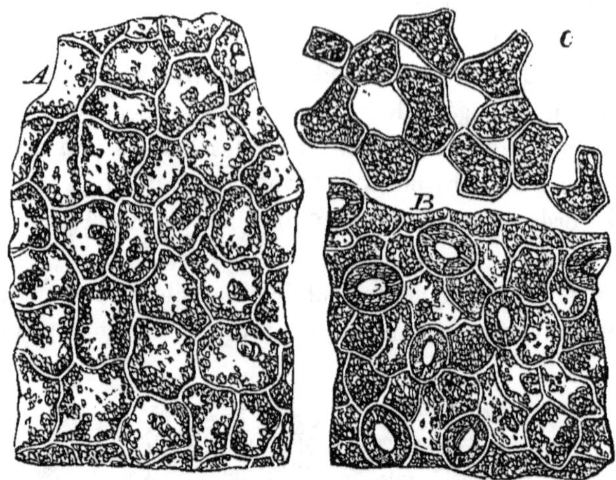

FIG. 214. — Feuille de thé (*).

Pour donner l'arome au thé, les Chinois le mêlent pendant quelque temps avec les fleurs du *Chloranthus inconspicuus*, de l'*Olea fragrans*, du *Gardenia florida*, du *Jasminum sambac*, etc.

Les Chinois mêlent aux feuilles du thé, surtout du thé vert, celles de diverses autres plantes, parmi lesquelles on a reconnu les feuilles du *Camellia sasanqua*, d'un *Prunus*, du *Chloranthus inconspicuus*, etc.

D'après Medhurst, on cultive, sur certains points de la Chine, des *saules* pour en recueillir les feuilles en avril et mai, dans le but de les mélanger au thé : ces feuilles sont soumises à une légère fermentation, puis traitées comme les feuilles du thé ; on en mêle 0,10 à 0,20 au thé naturel. Cette pratique a pris naissance à Shang Haï, il y a une dizaine d'années, et acquiert chaque année plus de développement : elle s'opère d'ailleurs ouvertement et sur des milliers de kilogrammes de feuilles. Il faut remarquer cependant que, dans les provinces où croît le thé, le gouvernement chinois veille très-exactement à ce que les feuilles de thé ne soient pas mélangées, et que ce n'est que vers la côte, après avoir subi la visite des inspecteurs impériaux, que la falsification s'opère, surtout sur les produits destinés aux Européens.

(*) A, cellules de la face supérieure ; B, cellules et stomates de le face inférieure ; C, cellules du parenchyme remplies de chlorophylle.

Les Chinois fabriquent aussi pour l'exportation ce que les Anglais nomment *lie tea* (*thé faux*), qui est principalement composé de débris de thé, de feuilles étrangères, et de sable, agglomérés en petites masses au moyen de fécule ou de gomme : ces masses peintes ou colorées ressemblent à ce qu'on nomme poudre à canon verte ou noire. Ce thé faux est largement employé par les Chinois, qui le mélangent aux diverses sortes de poudre à canon.

Un troisième mode de sophistication du thé consiste à colorer artificiellement les feuilles de thé. Dans ce but, les Chinois emploient du *graphite*, du *bleu de Prusse*, de l'*indigo*, du *curcuma*, de l'*argile*, etc., suivant la sorte de thé qu'ils veulent préparer. Mais, c'est surtout sur le thé vert que les Chinois exercent leur talent de fraude, et presque toutes les variétés de cette sorte sont colorées artificiellement : ils produisent les diverses teintes de vert ou de bleu par des mélanges en proportions différentes de bleu de Prusse, de curcuma et de kaolin : on roule les feuilles dont la surface a été humidifiée dans ces poudres jusqu'à ce qu'elles soient comme vernies. Les Chinois ont aussi employé à colorer le thé l'indigo et le plâtre. On a même annoncé qu'ils avaient mélangé le thé vert avec des *excréments de vers à soie*.

L'habitude que les Chinois ont de colorer artificiellement le thé vert est si généralement répandue, que Warrington pense que tout le thé vert importé en Europe est ainsi adultéré (*faced*), et que dans ces derniers temps, en Angleterre, on a émis l'opinion que tous les thés verts devraient être considérés comme falsifiés.

Ces sophistications s'opèrent principalement à Canton, qui est le grand entrepôt des thés, et dans le Ho-nan, et se font d'autant plus que les besoins de l'exportation sont devenus plus considérables. Du reste, les Chinois *préparent* les thés destinés au commerce, au vu et au su de tout le monde. Ils ont d'ailleurs bien soin de laisser aux étrangers l'emploi de ces thés adultérés.

En Europe, les falsificateurs ont aussi exercé leur ingéniosité sur le thé, auquel ils ont mélangé des feuilles de *prunellier*, de *peuplier*, de *saule*, de *platane*, de *chêne*, de *hêtre*, d'*orme*, d'*aubépine*, plus ou moins entières. En Angleterre, on a employé le *sumac !* Ils colorent aussi le thé ; mais les matières colorantes qu'ils emploient sont plus dangereuses encore que celles usitées par les Chinois ; ils ont en effet fait usage de *cachou*, *chromate de plomb*, *sulfate de fer*, *stéatite*, *carbonates de chaux*, de *magnésie*, de *soude*, *arséniate de cuivre*, *bleu de Prusse, indigo,* etc. En un mot le commerce anglais n'offre pas moins de falsificateurs que la Chine. (Hassall.)

Fréquemment le commerce présente du thé *refait* avec des feuilles ayant déjà servi et auxquelles on donne la couleur, l'astringence et le lustre au moyen de *sulfate de fer*, de *cachou* et de *gomme*. On vend ces feuilles, soit comme thé noir, soit comme thé vert, suivant la nuance qui leur a été donnée : ces thés se reconnaissent à l'analyse en ce qu'ils sont peu riches en tannin, et renferment au contraire une proportion exagérée de ligneux et de gomme. Les thés *refaits* entrent surtout dans les mélanges frauduleux, par lesquels on augmente la quantité des sortes supérieures.

Chevallier a observé un thé avarié par l'eau de mer et auquel on avait donné une belle couleur verte au moyen d'un mélange de *chromate de plomb*, *d'indigo* et de *talc*.

Fréquemment, surtout dans ces derniers temps, les experts anglais ont constaté la présence de *sable ferrugineux* dans le thé, ce qu'ils attribuent à la fraude ; mais les commerçants prétendent que c'est du sable titanifère, très-commun en Chine et mélangé accidentellement aux feuilles pendant les diverses opérations qu'elles subissent : la question est aujourd'hui controversée et l'application rigoureuse de la loi sur les falsifications en Angleterre aura eu tout au moins pour résultat d'élargir nos connaissances sur les matières alimentaires, en même temps qu'elle met un obstacle aux pratiques des fraudeurs, si souvent préjudiciables à la santé publique. Nous ferons remarquer qu'il y a déjà plusieurs années (1837) Sowerby avait signalé cette falsification du thé.

Pour reconnaître les falsifications du thé, on a cherché à constater la présence des matières colorantes : pour s'assurer si le thé a été coloré artificiellement, il faut d'abord rechercher avec une loupe si les feuilles ont été recouvertes d'une certaine quantité de matière : auquel cas, elles sont opaques, et les particules de ces matières réfléchissent la lumière, chacune avec une teinte qui lui est propre. On peut encore gratter légèrement la surface des feuilles et examiner si cette poudre est formée de parties opaques. Un autre procédé consiste à placer cinq à six feuilles dans un verre de montre avec quelques gouttes d'eau, et quand elles ont été bien imprégnées, on les comprime entre les doigts : on trouve alors dans l'eau la majeure partie des ingrédients employés. Si l'on agit sur une plus grande quantité de feuilles, on pourra obtenir dans l'eau la formation d'un sédiment, dans lequel on reconnaîtra les divers éléments. C'est surtout dans les débris de thé qu'on trouvera en plus grande quantité les substances qui ont servi à colorer le thé. (Hassall.)

Ayant reconnu la présence de ces matières, il s'agit d'en déterminer la nature :

Le *bleu de Prusse* se reconnaîtra dans le champ du microscope à la forme anguleuse de ses fragments et surtout à leur couleur bleue brillante et transparente : l'action de la solution de potasse, qui change sa couleur en rouge brun sale, donnera un caractère plus assuré ; la couleur bleue reparaîtra par l'action de l'acide sulfurique dilué. Ce procédé, qui permet de reconnaître de petites quantités de bleu de Prusse dans le champ du microscope, pourra être remplacé par le suivant : On prend une once de thé qu'on agite pendant quelques minutes dans l'eau chaude, on décante la liqueur et on la laisse au repos pour laisser déposer les matières colorantes ; on sépare ce résidu et on le dessèche : on reconnaît le bleu de Prusse à ce qu'il est insoluble dans l'eau, l'alcool et les acides étendus : l'acide sulfurique concentré forme avec lui une masse pâteuse blanche, qui réapparaît bleue par l'addition d'eau ; l'acide nitrique le décompose ; l'acide chlorhydrique concentré lui enlève une partie de son fer ; il n'est pas décoloré par le chlore ; les alcalis le transforment en ferrocyanates solubles, avec production d'un précipité d'oxyde de fer.

L'*indigo* se reconnaît au microscope à l'irrégularité de ses fragments, à leur texture granuleuse, à leur teinte bleu verdâtre et surtout à ce que la solution de potasse n'en change pas la couleur à la température ordinaire. D'autre part l'indigo est insoluble dans l'eau, les acides dilués, l'alcool et l'éther. Mélangé à la solution de potasse et soumis à la distillation, il change de couleur, et se décompose en un liquide brun jaunâtre ; traité par le chlorure de chaux, ce liquide prend une belle couleur bleu violet, l'indigo se dissout en une liqueur bleue dans l'acide sulfurique ; il est décoloré par le chlore ; chauffé dans un tube il forme des vapeurs d'un violet riche

La présence du *curcuma* est indiquée d'une manière précise seulement par l'examen au microscope, qui laisse voir ses cellules jaunes, larges et remplies de grains de fécule (voy. CURCUMA). L'action des alcalis qui lui donnent une couleur brune, celle de l'iode qui le brunit en agissant sur sa fécule, permettront aussi de le distinguer des autres matières colorantes jaunes, qui ne renferment pas de matière amylacée.

La *plombagine* se reconnaîtra à son aspect noir lustré et métallique :

au microscope, elle se présentera sous la forme de nombreuses particules *noires*; elle pourra aussi, si l'on agit sur une certaine quantité de
thé, donner au liquide une teinte noirâtre, et formera par le repos un
dépôt noir, brillant et facile à déterminer.

Le *kaolin* sera indiqué par l'incinération, qui détruira le curcuma et
le bleu de Prusse et laissera un résidu blanc, qu'on traitera par l'acide
chlorhydrique dilué pour dissoudre l'alumine et l'oxyde de fer et laisser
la silice inattaquée : l'alumine et l'oxyde de fer seront précipités de la
liqueur par l'ammoniaque.

Le *sulfate de chaux*, qu'on trouve surtout dans les thés d'Assam,
sera facile aussi à reconnaître par ses réactions.

Le *carbonate de chaux* et le *carbonate de magnésie* seront décelés
par leur effervescence et leurs réactifs spéciaux, en agissant sur les
cendres du thé.

La *stéatite* se retrouvera aussi par l'incinération et par l'action de
l'acide chlorhydrique, qui dissoudra la magnésie et laissera un dépôt
d'acide silicique. (Hassall.)

Le Dr Normandy a constaté dans le thé noir la présence d'*extrait de
campêche* pulvérisé. Cette falsification est immédiatement décelée en
mouillant un peu de thé suspect avec de l'eau, et en le frottant doucement dans une feuille de papier, qui prendra une teinte noir bleuâtre.
D'autre part, en projetant un peu de thé dans l'eau froide, celle-ci se
colorera rapidement en rose ou pourpré, et la nuance passera au rouge
par l'addition de quelques gouttes d'acide sulfurique ; si le thé noir
était pur, il teindrait l'eau en brun doré, et la coloration ne passerait
pas au rouge par l'acide sulfurique. (*Commercial handbook of Chemical Analysis.*)

Les feuilles de thé déjà employées et redesséchées servent à faire du
thé noir et du thé vert : la première de ces sophistications est plus aisée
à déceler. On reconnaît ces feuilles à ce qu'elles sont enroulées moins
régulièrement que les feuilles qui n'ont pas encore servi, les surfaces
des feuilles étant agglutinées et offrant par suite des parties aplaties.
Elles ont aussi un aspect lustré, dû à la gomme qu'on y a mélangée. On
pourra aussi, par l'analyse, reconnaître que la proportion de tannin est
très-diminuée, tandis que celle du ligneux et de la gomme est beaucoup
plus forte. En effet, au lieu de 0,30 à 0,40, on ne trouve plus que 0,007
à 0,0072 de tannin, tandis que la proportion de ligneux sera de 0,728 à
0,928, au lieu de 0,468 à 0,448, et que celle de la gomme sera de

0,116 à 0,205 au lieu de 0,059 à 0,063. Mais il faut prendre garde qu'on ajoute souvent au thé qui a déjà servi du cachou et du sulfate de fer, pour cacher le manque de tannin. (Hassall.)

Le *cachou* sera indiqué, quand on trouvera en même temps une grande proportion de tannin et de gomme, car il n'est presque jamais employé, sans qu'on ait fait usage en même temps de la gomme. Il y a lieu également de soupçonner sa présence, quand on trouve un grand excès de tannin, même s'il n'y a pas trop de gomme. Du reste le cachou donne au thé une certaine astringence et âpreté que ne possède pas le thé naturel.

Le *sulfate de fer*, qui est aussi ajouté au thé pour que l'infusion ait une teinte suffisamment foncée, donne à celle-ci une nuance noirâtre qui doit éveiller les soupçons, lesquels seront confirmés par l'addition de teinture de noix de galle.

La fabrication de thé vert avec les feuilles déjà employées et redesséchées, plus difficile à reconnaître que celle du thé noir, sera décelée par l'irrégularité des feuilles, et surtout par la recherche de la proportion du tannin et du ligneux. (Hassall.)

Le *lie tea* se reconnaîtra à l'irrégularité de ses masses et à leur poids plus considérable par suite de l'addition de sable : Projeté dans l'eau chaude, il ne se désagrégera pas d'abord et ne donnera pas des feuilles ou parties de feuilles étalées, mais il tombera au fond et, quand il se désagrégera, on n'y verra pas de feuilles mais un résidu lourd, graveleux et d'apparence sale : il donnera aussi sous la dent la sensation de graviers. L'incinération pourra aussi donner de bonnes indications, car Warrington a trouvé dans les thés purs de 0,05 à 0,065 de cendres, tandis que des échantillons de *lie tea* lui ont donné 0,375 à 0,455 quand ils étaient isolés, et de 0,110 à 0,225 dans les mélanges avec du thé pur et loyal. (Hassall.)

Alfred H. Allen, qui s'est beaucoup occupé de recherches sur les thés, en vue d'en reconnaître les falsifications, a reconnu que les trois principaux éléments à reconnaître sont le tannin, la gomme et le ligneux. Pour s'assurer de la quantité de tannin contenue dans le thé, il indique de prendre 20 grains (1^{gr},2) de thé, et de les faire bouillir une demi-heure dans un ballon avec 3 ou 4 onces d'eau distillée. On sépare les feuilles de l'infusion, et on les soumet à une nouvelle ébullition, avec un peu d'eau chaude, qu'on ajoute ensuite au premier liquide ; après refroidissement, on ramène le liquide à une quantité déterminée.

Un dixième du liquide, ce qui correspond à 2 grains de thé, est retiré au moyen d'une pipette, et placé dans une éprouvette avec quantité égale d'eau, et l'on y verse peu à peu une solution titrée de gélatine, en ayant soin d'agiter jusqu'à ce qu'on suppose approcher du terme de la précipitation ; alors on filtre un peu de la solution dans un tube, et l'on essaye si la gélatine précipite encore. Quand le liquide reste clair, on s'assure, au moyen d'une solution de tannin, que le point de saturation par la gélatine n'avait pas été dépassé. Lorsque l'opération est terminée, on note la quantité de solution de gélatine employée, et l'on répète l'opération, comme preuve, sur la moitié de la solution de thé, ce qui correspond à 10 grains de thé. L'erreur n'est pas d'un demi pour 100. La solution de gélatine se prépare en dissolvant 40 grains de belle gélatine dans 16 onces d'eau distillée, et en y ajoutant 15 grains d'alun pulvérisé. Elle ne se conserve pas au delà de quelques jours. La quantité moyenne de tannin contenue dans le thé noir pur est de 0,125, et dans le thé vert, de 0,19, ce qui se rapproche des chiffres des analyses de Mulder.

Pour connaître la proportion de *ligneux*, qui est plus ou moins mélangé de matière colorante et de matières albuminoïdes, Allen traite un poids déterminé de thé par l'eau bouillante jusqu'à ce que celle-ci ne se soit plus colorée, et il a constaté que la proportion était de 0,505 à 0,512 pour les thés verts, et de 0,587 à 0,608 pour les thés noirs.

La *gomme* se reconnaît de la façon suivante ; la solution de thé dans l'eau chaude, séparée de la matière insoluble, est évaporée en consistance de sirop, traitée alors par l'alcool, et le précipité qui se forme est bien lavé à l'alcool, desséché et pesé.

Un échantillon de thé noir supérieur, examiné d'abord, puis repris après avoir été épuisé par l'eau chaude, a donné les résultats suivants :

	THÉ PUR	THÉ ÉPUISÉ
Humidité..........................	9,2	11,1
Matières insolubles (ligneux).....	58,7	87,5
Gomme.............................	10,5	3,8
Tannin............................	15,2	3,3

Comme on le voit, dans le thé épuisé la matière insoluble se trouve augmentée presque dans la proportion de 0,30, tandis que la gomme et le tannin ont beaucoup diminué. Mais, comme les thés *refaits* avec des feuilles qui ont déjà servi sont toujours passés à la gomme, il en résulte

que leur examen donne pour résultat beaucoup de gomme en même
temps que beaucoup de ligneux. (Allen.)

ALLEN (A.-H.), *On the examination of Tea for the detection of adulteration* (*Pharm.
Journ.*, octobre 1873, p. 331). — BALL, *Account of the Cultivation and manufacture of Tea in China.* — DAVIS, *Sophistication du thé* (*Journ. pharm. et chim.*,
3e série, 1853, t. XXIV, p. 228). — FORTUNE (Robert), *Méthode chinoise de parfumer le thé* (*Répert. de pharm.*, 1856, t. VII, p. 117). — GUIBOURT, *Sur la coloration des thés* (*Journ. chim. méd.*, 2e série, 1844, t. X, p. 459). — LETHEBY (Dr),
Spurious Tea (*Medic. Press. and Circ.*, nov. 1871, p. 465). — *Reports to the Medical
officers of Health.* — MARCHAND (E.), *Essais sur des thés verdis par des substances
étrangères* (*Journ. chim. méd.*, 2e série, 1844, p. 24). — MEDHURST (Colonel),
Report on Tea (*Parlem. Papers*, 1871). — SIMMONDS (P.-L.), *False Teas* (*Journ.
Appl. Science*, janv. 1870). — *Chinese and other physic Teas* (*The Chemist and Druggist*, 15 nov. 1873, p. 384). — SOUBEIRAN (J.-L.) et DABRY DE THIERSANT, *Matière médicale des Chinois*, 1873, p. 231. — WARRINGTON, *On the artificial Colouring of green Tea* (*Chem. Soc.*, 1844). — *Observations on the Teas of commerce*
(*Proceed. of the Chem. Soc.*, juill. 1851). — WIGNER (G.-W.), *The ash and extrait of Teas* (*Pharm. Journ.*, 3e série, 1874, no 203, p. 909).

THRIDACE. La *thridace* est un extrait préparé avec le suc exprimé
des tiges non encore tout à fait fleuries du *Lactuca officinalis*, L. (Composées).

La thridace allongée de *gomme* est hygrométrique : elle donne, par
l'alcool, un précipité qui se redissout dans l'eau. On a aussi falsifié la
thridace avec l'*extrait de genièvre* et la *fécule*. (Stan. Martin.)

THYM (Essence de). L'essence du *Thymus vulgaris*, L. (Labiées),
d'un brun rouge (huile rouge de thym) devient pâle par redistillation,
et prend alors le nom d'huile blanche; elle contient beaucoup de
thymol et de thymène. Elle est souvent substituée à l'essence d'origan.

Sa faible réaction par l'iode permet de reconnaître son adultération
par l'*essence de térébenthine*. Le chromate de potasse permettra de s'assurer de son mélange avec d'autres *essences*. (Voy. ESSENCES.)

TILLEUL (Fleurs de). Les fleurs du Tilleul officinal, *Tilia micro-
phylla*, Vent., sont petites, d'un blanc sale un peu jaunâtre ; leur
calice est caduc, à sépales aigus concaves jaunâtres ; les lobes du stig-
mate sont plus ou moins étalés. Elles sont réunies en bouquets de trois
à huit fleurs sur un pédoncule rameux, nu dans son tiers inférieur et
adhérant à une bractée oblongue, spatulée, d'un vert jaunâtre pâle, et
membraneuse.

On leur a substitué quelquefois le *Tilia platyphylla*, Scop., qui se
distingue par ses fleurs plus grandes, solitaires ou réunies par deux

ou par trois, à pédoncule commun adhérant à la bractée dès la base, à lobes stigmatiques dressés.

On a remplacé également le tilleul officinal par le *Tilia argentea*, Desf., à fleurs plus grandes, d'une odeur suave quand elles sont fraîches ; les bractées sont plus larges, plus vertes, finement réticulées en dessus et munies en dessous de poils étoilés nombreux et serrés, qui se détachent par la dessiccation et forment une poudre laineuse irritante (*Pharm. Post*, 1874, n° 9 ; *Amer. J. Pharm.*, 4ᵉ série, juin 1874, t. IV, p.274.)

TISSUS. — Voy. ÉTOFFES.

TOURTEAUX. Les tourteaux qui servent à la nourriture du bétail ont été quelquefois additionnés de *craie :* ce qui est indiqué par l'effervescence qui se manifeste en plongeant un morceau de tourteau dans l'acide chlorhydrique étendu, tandis que les tourteaux purs ne présentent rien de semblable.

Les *tourteaux de colza* ou *de navette* ont quelquefois été substitués ou mélangés aux tourteaux de lin ; mais on peut reconnaître cette falsification en mêlant de la poudre grossière dans un verre avec de l'eau chaude en quantité suffisante pour avoir une liqueur qui n'est pas épaisse : si l'on agit sur du tourteau de colza, on observe un dépôt de pellicules brun noirâtre ou rouge brun foncé, et au-dessus une poudre jaune, et tout à fait au-dessus une liqueur d'un jaune clair. Cette liqueur, étendue d'eau en quantité suffisante pour que sa teinte disparaisse, la reprend par l'addition de quelques gouttes de potasse ou de soude caustique. Le tourteau de lin, traité de la même manière, ne donne qu'une seule couche de dépôt, formée par les pellicules brun jaunâtre pâle, et le liquide surnageant est trouble, épais, incolore et ne prend aucune coloration par la liqueur de potasse. Ce moyen permet de reconnaître la présence de 0,05 de tourteau de colza dans le tourteau de lin. (*Bull. de la Soc. pharm. de Bruxelles*, 1861.)

TRÈFLE. Le *trèfle incarnat, farouche, Trifolium incarnatum*, L., donne un fourrage vert, recherché par tous les bestiaux : aussi entre-t-il avec quelque avantage dans l'assolement.

Les graines du trèfle incarnat sont assez fréquemment adultérées dans le commerce : la graine récente est blanc jaunâtre, et a un aspect lisse et brillant, et au bout d'une année, elle a pris une nuance rouge brun qui doit éloigner les acheteurs, car alors elle donne moins de pieds, et les plantes qu'elle fournit sont moins vigoureuses. Aussi certains mar-

chands ont-ils eu l'idée de *blanchir les vieilles graines*, en les soumettant à une fumigation de soufre : ces graines ainsi apprêtées, n'ont
pas autant de *main;* elles sont d'un blanc plus mat, et ne lèvent que
très-imparfaitement ; mais il est très-difficile de reconnaître cette fraude,
car la vapeur du soufre produit son effet sans laisser de trace de son
emploi. Aussi est-il préférable de s'adresser à des marchands hon-
nêtes, et de payer le prix convenable. (J. Girardin.)

Les graines de *trèfle rouge, Trifolium pratense,* L., se trouvent fréquemment dans le commerce altérées par une dessiccation mal faite, et
par la fermentation. D'autres fois elles sont trop âgées et ont perdu
presque toutes leurs facultés germinatives. En général, il faut se défier
de toute graine qui est brune et terne, au lieu d'être d'un jaune clair
mêlé de bleu et luisante. Le mieux est de faire l'essai de la germination,
en plaçant quelques graines dans une soucoupe sur du coton mouillé
à $+ 25°$, et de vérifier quel est le nombre des graines qui ont germé
par rapport aux graines inertes.

On a mélangé, dans le midi de la France, quelquefois à la graine de
trèfle, du *sable,* dont on modifiait la teinte avec de l'huile. Mais, projeté
dans l'eau, ce trèfle laisse déposer immédiatement le sable, tandis que
les graines véritables surnagent.

TRUFFE. La truffe, *Tuber cibarium* L. (Champignons), est formé
par des tubérosités arrondies ou lobées, rugueuses, sans racines et
charnues, à chair noire marbrée de blanc.

Une pratique familière aux vendeurs de truffes consiste à faire des
truffes rondes, en remplissant de terre les anfractuosités des truffes
irrégulières, ou de faire de belles grosses truffes en réunissant ensemble plusieurs petits tubercules au moyen d'épines ou d'épingles et
d'argile. On substitue ou on mélange à la truffe noire la truffe rousse
(*Tuber rufum*), noire au dehors et en dedans presque autant que la
vraie truffe, mais à odeur forte, et à marbrure plus rare et plus grosse.
Les truffes gelées n'ont plus d'odeur, sont noir foncé, recèdent de
l'eau sous la pression du doigt, et se ramollissent vite. (Chatin.)

Puel (de Figeac) a signalé l'apparition sur le marché de truffes
artificielles, c'est-à-dire uniquement composées de terre roulée et
modelée en forme de tubercule ; on avait en outre glissé au milieu de
ces fausses truffes un certain nombre de *Lycoperdon* (truffe de cerf),
ou vesses de loups), couverts d'une couche de terre. On mêle fréquemment aussi aux vraies truffes une autre espèce, désignée par les

paysans du Périgord sous le nom de *truffe jeanninque* : celle-ci est blanche, sans parfum, offre des ciselures plus profondes que la truffe vraie et se récolte beaucoup plus tôt. On a quelquefois tenté de substituer la truffe de chien à la faveur de l'argile, mais celle-ci est lisse, fauve et a une mauvaise odeur. (Puel.)

On a été jusqu'à fabriquer des truffes de toutes pièces avec des pommes de terre avariées, découpées pour leur donner la forme de truffes, colorées en brun et entourées de terre extraite des truffières du Périgord. (Voiseux.)

A. Chatin, *La truffe; étude des conditions générales de la production truffière*, in-12, 1869. — Voiseux, *Fabrication des truffes de toutes pièces (Journ. chim. médic.*, 5ᵉ série, 1866, t. II, p. 264).

TURBITH VÉGÉTAL. Le *turbith végétal* est la racine du *Convolvolus Turpethum*, L.; il est en tronçons pleins ou creux, gris cendré ou rougeâtre en dehors, blancs en dedans, compactes, inodores, de saveur nauséeuse; ces tronçons sont formés par des faisceaux arrondis, très-rapprochés et dont la section offre des pores très-apparents; ils contiennent beaucoup de résine : ce qui les distingue, ainsi que la structure des tiges qui y sont souvent mêlées.

On lui a substitué la *racine de thapsia*, qui est blanchâtre, inodore et a une saveur très-âcre et caustique.

TURQUOISE. La turquoise est d'un bleu céleste, quelquefois simplement bleuâtre ou verdâtre, opaque ou translucide sur les bords.

Un lui a substitué assez souvent, sous le nom de *turquoises de nouvelle roche*, des *dents* de mammifères *fossiles*, colorées par du phosphate de fer; elles sont moins dures que les vraies turquoises, s'attaquent par les acides et répandent par la calcination une odeur animale.

TUTHIE. Voy. Zinc (Oxyde de).

URÉE. L'*urée* est blanche, inodore, et cristallisée en longs prismes quadrilatères aplatis et transparents; elle se dissout dans l'eau et dans l'alcool, et a une saveur fraîche et un peu piquante.

On a mélangé l'urée de *nitrate de potasse*, jusqu'à 0,75; mais celui-ci n'est pas soluble dans l'alcool froid. On peut aussi traiter l'urée suspecte par l'acide sulfurique concentré et contenant un peu de sulfate ferreux; elle se colore en rose violacé.

USTENSILES. Les divers ustensiles ou vases, qui servent à préparer les matières alimentaires, peuvent exercer une influence très-fâcheuse sur l'économie. En effet, le plomb qui entre dans l'étamage, le cuivre qui constitue un certain nombre des récipients que nous employons, peuvent être attaqués par les matières qui se trouvent à leur contact, et introduire ainsi dans les aliments des composés toxiques. Aussi les règlements de police n'ont-ils permis leur emploi que sous certaines conditions.

ORDONNANCE DE POLICE DU 15 JUIN 1862. — USTENSILES ET VASES DE CUIVRE
ET AUTRES MÉTAUX : ÉTAMAGES.

XIV. Les ustensiles et vases de cuivre ou d'alliage de ce métal dont se servent les marchands de vins, traiteurs, aubergistes, restaurateurs, pâtissiers, confiseurs, bouchers, fruitiers, épiciers, etc. devront être étamés à l'étain fin, et entretenus constamment en bon état d'étamage.

Sont exceptés de cette disposition les vases et ustensiles dits d'office et les balances, lesquels devront être entretenus en bon état de propreté.

XV. Il est enjoint aux chaudronniers, étameurs ambulants et autres, de n'employer que de l'étain fin du commerce pour l'étamage des vases de cuivre devant servir aux usages alimentaires ou à la préparation des boissons.

XVI. L'emploi du plomb, du zinc et du fer galvanisé est interdit dans la fabrication des vases destinés à préparer ou à contenir des substances alimentaires ou des boissons.

XVI. Il est défendu de renfermer de l'eau de fleurs d'oranger ou toute autre eau distillée dans des vases de cuivre, tels que les estagnons de ce métal, à moins que ces vases ou ces estagnons ne soient étamés à l'intérieur à l'étain fin.

Il est également défendu de faire usage, dans le même but, de vases de plomb, de zinc ou de fer galvanisé.

VALÉRIANATE DE ZINC. Voy. ZINC (Valérianate de).

VALÉRIANE. La *racine* de Valériane, *Valeriana officinalis*, L., est formée par une souche rugueuse, grise, composée de radicelles dures, un peu cornées, grises, et d'une odeur forte, surtout quand elle est sèche.

On a quelquefois confondu avec elle la racine du *Valeriana sambucifolia*, Mikan, qui est formée d'un collet écailleux, sans souche, composée de fibres d'un gris foncé, noirâtres, longues, fines et ridées, cannelées, et d'une odeur faible, peu désagréable même quand elle est desséchée. (Timbal-Lagrave.)

On lui substitue quelquefois la racine d'*Eupatorium cannabinum*, L., dont l'odeur rappelle celle de la carotte et tend à disparaître par la dessiccation ; des racines de *Ranunculus*, qui sont inodores et brunes ; de la racine de *Scabiosa succisa*, L., qui est plus courte, tronquée à la base, inodore, et porte des radicules peu rugueuses, à peine striées, très-fragiles et ayant une section blanche amylacée. (Reveil.)

CHATIN (Joh.), *Études botaniques, chimiques et médicales sur les valérianes*, 1872. — O. REVEIL, *Note sur la falsification de la racine de valériane du commerce par la racine de scabieuse* (*Journ. pharm. et chim.*, 3ᵉ série, 1854, t. XXVI, p. 208). — TIMBAL-LAGRAVE, *Un mot sur la valériane officinale* (*Journ. chim. méd.*, 5ᵉ série, 1867, t. III, p. 589).

VANILLE. La *vanille* est la capsule de l'*Epidendron Vanilla*, L. (*Vanilla aromática*, Swartz), Orchidées, et se présente sous la forme d'un fruit siliquiforme, lisse, long de 0ᵐ,15 à 0ᵐ,20, atténué à ses extrémités, déhiscent en trois valves, brun foncé et plus ou moins ridé longitudinalement ; elle renferme des graines nombreuses, arrondies, noires, lisses, et plongées dans un suc épais et brun foncé. Son odeur est agréable, sa saveur chaude et piquante ; elle est recouverte quelquefois de petits cristaux blancs, dits *givre*. On en distingue plusieurs sortes qui ont été rapportées à des espèces différentes de *Vanilla* : 1° la *vanille lec* (*Vanilla sativa*, Schiede), d'un brun rougeâtre foncé, un peu molle et visqueuse, suave et presque toujours givrée ; 2° la *vanille Simorona* (*Vanilla sylvestris*, Schiede) plus petite, plus sèche, rougeâtre et ne se givrant pas ; 3° la *vanille Pompona* ou *vanillon* (*Vanilla Pompona*, Schiede) presque noire, molle, visqueuse, souvent ouverte, plus courte et moins aromatique. (Guibourt.)

Les vanilles *altérées*, ou *récoltées trop tard*, alors qu'elles étaient déjà ouvertes et avaient laissé perdre la majeure partie de leurs graines et de leur principe balsamique, sont quelquefois intercalées au milieu des bottes de vanille : on a pris soin de les recoudre et de les parfumer, soit avec du baume du Pérou, soit avec du baume de Tolu, et de les additionner de mélasse pour leur donner de la souplesse et l'aspect gras et onctueux ; cette vanille est poisseuse, adhérente aux doigts et a une saveur sucrée.

Il n'est pas rare non plus de trouver le mélange des sortes inférieures avec celles de première qualité : le *vanillon* se reconnaîtra à ses fruits plus courts et beaucoup plus gros.

On donne quelquefois l'apparence givrée à la vanille au moyen de l'*acide benzoïque*, dans lequel on la roule ; mais les aiguilles d'acide sont appliquées sur la surface des capsules et non perpendiculaires, comme cela a lieu dans le givrage normal.

VASES. — Voy. USTENSILES.

VERDET. — Voy. CUIVRE (Acétate de).

VERMILLON. — Voy. CINABRE.

VERT-DE-GRIS. — Voy. CUIVRE (Acétate de).

VERVEINE (Essence de). Sous ce nom, la parfumerie fait un grand usage de l'essence de l'*Andropogon citratum*, DC. ; celle-ci est fréquemment altérée par des *huiles fixes* qu'on reconnaît par le moyen de l'alcool, où elles sont insolubles et auquel elles donnent un aspect laiteux (voy. ESSENCES).

VESCE. La graine de *vesce*, *Vicia sativa* (Légumineuses), de mauvaise qualité, est trempée dans une solution légère de colle forte, puis agitée humide dans des sacs avec du noir d'os, puis séchée à l'air. On lui donne ainsi une apparence qui peut tromper des cultivateurs peu clairvoyants. Cette fraude, qui s'est exercée sur une grande échelle à Rouen, se reconnaît en faisant tremper pendant quelques heures dans l'eau tiède les graines suspectes; on les frotte les unes contre les autres et l'on décante la liqueur trouble dans un verre conique. Il se dépose au fond du verre une poussière noire qui, séchée, brûle sans résidu. D'autre part, on peut constater que les graines ne sont pas pleines et sont peu résistantes à la pression. (J. Girardin.)

VÉSICATOIRES. Les emplâtres et les toiles vésicants perdent, avec le temps, leurs propriétés actives par la formation d'un vernis dur, sec, dû à la résinification d'une partie de la matière vésicante ; il apparaît quelquefois aussi à la surface des végétations de *Mycoderma atramenti*. On obvie à ces inconvénients en humectant de nouveau la surface des vésicatoires avec de la teinture de cantharide. (C. Ménière.)

MÉNIÈRE (E. Ch.), *Des moisissures sur les toiles vésicantes* (*Journ. pharm. et chim.*, 4e série, 1865, t. II, p. 159).

VÉTIVER. La racine du vétiver, fournie par l'*Andropogon muricatus*, Retz (Graminées), de l'Inde, formée de radicules jaunes, courtes, très-tortueuses, très-emmêlées et odorantes, est quelquefois remplacée par la racine d'autres *Andropogon* (*A. Iwarancura*, Roxb.), dont les radicules sont beaucoup plus longues, blanchâtres, peu tortueuses, faiblement emmêlées et peu odorantes (Guibourt), *Andropogon Nardus*, L., *A. Parancura*, Blum ; et *A. citratus*, DC. Stenhouse a reconnu que les essences extraites des *Andropogon muricatus, Nardus,* et *Iwa-rancura* étaient identiques ; elles sont plus légères que l'eau ; elles commencent à bouillir vers + 147°, et leur point d'ébullition s'élève ensuite vers + 160°, pour s'élever encore plus tard ; elles sont composées d'une essence oxygénée et d'hydrogène carboné. (Reveil.)

PIESSE, *Des odeurs, des parfums et des cosmétiques,* édit. Reveil, 1865, p. 189.

VIANDE. La chair des animaux, qui forme une partie essentielle de l'alimentation de l'homme, est susceptible de s'altérer par diverses causes ; elle peut devenir insalubre pour avoir été conservée trop long-temps, et alors elle prend une odeur caractéristique, une teinte ver-dâtre, une consistance plus molle, et conserve l'empreinte du doigt. La viande, conservée par la salaison ou par le boucanage, peut aussi se dé-composer ; mais il est quelquefois difficile de le constater, par suite de l'emploi qui aura été fait, pour pallier la mauvaise odeur, d'*acide pyro-ligneux,* d'*eau créosotée,* etc. Malgré ces précautions, on peut recon-naître la fraude à l'aspect rouge grisâtre des parties charnues, et à des moisissures qui se sont développées. Quelquefois on trouve dans la viande des larves d'insectes Diptères, telles que celles de la *mouche bleue* et de la *mouche grise.*

Dans quelques circonstances, la viande prend des propriétés nuisibles, parce qu'elle renferme des animaux parasites, tels que la *trichine,* les *cysticerques* (voy. ALIMENTS, CHARCUTERIE, PATÉS, PORCS).

La chair des animaux surmenés ou malades peut aussi déterminer des accidents chez l'homme ; mais il est souvent difficile de pouvoir re-connaître les altérations dont elle est le siége, surtout quand on ne peut examiner l'animal avant qu'il ait été dépecé.

VIN. Le *vin* est la liqueur acidule et alcoolique que fournit, par fer-mentation, à une température de + 20° C. à + 30° C., le raisin ou fruit de *Vitis vinifera,* L. (Ampélidées). Par extension, on a quelque-fois donné le nom de vin aux liqueurs fermentées d'autres fruits ou de sucs végétaux, tels que vin de cerises, d'érable, de cocotier ; mais ce nom ne s'applique véritablement qu'au vin de raisin.

Les qualités du vin dépendent de diverses circonstances, telles que la nature du sol, du climat, l'exposition, le mode de culture, la variété ou espèce du cépage, et la marche des saisons qui influent beaucoup sur la formation et la maturité du raisin.

On distingue les vins en trois grandes classes, qui sont :

1ᶜ Les *vins secs*, les plus employés, sont légers, limpides, un peu astringents, et ne laissent rien de pâteux dans la bouche.

2° Les *vins liquoreux* et *doux*, plus ou moins chargés de principes sucrés, ont une consistance presque sirupeuse et une saveur douce.

3° Les *vins gazeux* ou *mousseux*, généralement blancs, renferment de l'acide carbonique en dissolution, qui forme en se dégageant une effervescence vive d'abord, mais qui ne disparaît que lentement.

On peut aussi les diviser, d'après leur coloration, en :

1° *Vins rouges*, devant leur teinte à la matière colorante des pellicules des raisins noirs qui sont restées dans le moût pendant la fermentation ; ils offrent une certaine astringence par le tannin des rafles des raisins.

2° *Vins blancs*, fabriqués avec des raisins blancs, ou avec des raisins noirs en prenant la précaution de ne pas laisser séjourner les pellicules pendant la fermentation.

La composition des vins est, d'une manière générale, la même dans les diverses espèces ; ils sont constitués par des matières qui préexistaient dans les raisins, et par quelques autres qui se sont produites pendant la fermentation.

La matière colorante des vins est composée, d'après Fauré, de deux principes, un bleu (*œnocyanine*) et un jaune ; le principe bleu rougit par les acides, se dissout bien dans l'eau, moins bien dans l'alcool, et ne se dissout pas dans l'éther. Le principe jaune est soluble dans les trois liquides, et devient peu à peu rouge et même violet à l'air et au soleil. Le vin prend, sous l'influence des alcalis, une nuance qui tient aux quantités de bleu et de jaune ; il bleuit si le bleu domine : il verdit dans le cas contraire. Une dissolution de chlorure de chaux décolore le vin en détruisant d'abord la couleur bleue ; la jaune reste seule et se détruit ensuite. La matière colorante du vin est précipitée par l'addition de tannin d'abord, puis de gélatine, caractère dont Fauré a tiré parti pour déceler la fraude. (Maumené.)

D'après Batilliat, la matière colorante des vins rouges serait constituée par deux principes rouges tous deux, la *rosite* et la *pourprite*. La *rosite*, qui se trouve surtout en abondance dans la lie des vins nouveaux, est de couleur rosée, soluble dans l'eau et l'alcool, insoluble dans l'éther ; elle n'est précipitée ni par la gélatine, ni par l'albumine des œufs, et se dissout dans l'acide sulfurique sans se décomposer. La *pourprite*, qui abonde dans la lie du vin vieux, est d'un rouge très-foncé, astringente, insoluble dans l'eau et l'éther, soluble dans l'alcool, surtout dans celui à 85°; elle se dissout dans l'acide sulfurique concentré, et est précipitée de ses dissolutions par la gélatine. (Batilliat.) Mais les études ultérieures, faites par d'autres chimistes sur ce sujet difficile, font douter si les principes de Batilliat ne sont pas seulement des états de modification d'une même matière.

Les vins blancs doivent leur teinte ambrée à une matière jaune.

L'odeur vineuse proprement dite est due à la présence d'un éther, découvert par Deleschamps, et qu'on nomme *éther œnanthique*. Ce corps, produit pendant la fermentation, continue à se former à mesure que le vin vieillit, par suite de la réaction de l'acide œnanthique sur l'alcool.

Il existe en outre, dans les vins, un *bouquet* particulier, qui paraît être dû à une huile essentielle variant dans chaque espèce, mais qui a échappé jusqu'à ce jour aux recherches des chimistes. C'est ce bouquet qui donne leur parfum aux grands vins et que les dégustateurs émérites désignent par diverses appellations bizarres, telles que *goût de rose fanée, goût de fleur de saule, goût de pierre à fusil*, etc.

D'après Mulder, on emploie l'éther acétique, en Hollande, pour augmenter le bouquet des vins qui ont peu de richesse; il faut, d'après les expériences de Maumené, ajouter de fortes proportions de cet éther pour obtenir une amélioration marquée. Ces vins sont-ils bons? on peut en douter fortement. (Maumené.)

La quantité d'eau, que contiennent les vins, ne peut être déterminée directement; il faut avoir recours à l'évaporation au bain-marie d'une quantité déterminée de vin, jusqu'à ce qu'elle ait acquis la consistance pilulaire : on prend alors le poids, et l'on déduit du poids total du vin la somme des poids de cet extrait et de l'alcool; la différence donne le poids de l'eau. La moyenne d'extrait obtenu est à peu près 0,22.

La quantité d'*alcool* contenue dans les vins est variable suivant leur nature et leur provenance, et il y a souvent intérêt à la connaître. Elle peut être indiquée par la densité, qui est différente suivant la richesse en alcool, et la présence des matières salines dissoutes, sans que, cependant, il y ait de grandes variations pour les vins d'un même cru. On a proposé de se servir, pour la connaître, de l'alcoomètre centésimal, bien que cet instrument ne soit pas apte à donner l'évaluation directe des proportions d'alcool que contiennent les vins.

On a indiqué de séparer l'alcool du vin par la distillation au moyen,

soit de l'*appareil de Descroizilles*, soit de celui *de Gay-Lussac*, modifié
par Salleron (fig. 215).

Le procédé Descroizilles consiste à distiller environ 300 centimètres
cubes de vin dans un petit alambic, muni de son réfrigérant et chauffé
au moyen d'une lampe : on réduit le liquide jusqu'à ce qu'on ait obtenu
environ 100 c. c., car, alors, tout l'alcool a été distillé, on laisse refroidir
jusqu'à + 15°, puis on détermine le degré au moyen de l'*alcoomètre*
centésimal de Gay-Lussac. On obtient ainsi la richesse en alcool à
1/2 pour 100 près, ce qui est suffisant dans la plupart des cas.

Fig. 215. — Alambic de J. Salleron pour l'essai des vins (*).

Gay-Lussac a proposé de distiller, dans un petit ballon, chauffé à la
lampe et communiquant avec un récipient convenablement refroidi, un
mélange de 0^m,10 c. de vin et de 0,10 c. d'eau, de manière à en retirer
exactement 0^m,10 c. : on pèse avec soin le produit obtenu dont le poids
s'éloignera d'autant plus de 10 grammes que le vin essayé sera plus
alcoolique, et un calcul simple donnera, d'une manière rigoureuse, la
quantité d'alcool.

La méthode de l'*alcoomètre* est très-avantageuse pour faire connaître
rapidement la teneur du vin en volumes d'alcool, mais elle offre
l'inconvénient que souvent les instruments du commerce ne donnent
pas des indications exactes, soit parce que leur échelle en papier est
mal posée, soit par la difficulté de bien vérifier le point d'affleurement
du liquide (voy. ALCOOLS).

(*) A, lampe à esprit-de-vin ; B, ballon de verre ; C, réfrigérant contenant un serpentin ; D, tube
de caoutchouc ; E, bouchon de caoutchouc ; L, burette ; a, mesure du vin à distiller.

On a recours avec avantage à la méthode suivante, un peu plus longue peut-être, mais dont l'exactitude est très-grande. Au lieu de plonger l'alcoomètre dans le liquide distillé du vin, on verse ce liquide dans une fiole ou flacon à fond plat et l'on remplit cette fiole jusque dans son col, où l'on a marqué d'avance un trait. On prend alors le poids du liquide dont la capacité de la fiole est remplie et l'on compare ce poids à celui de l'eau pure qui remplissait la même capacité. Le plus simple est de choisir, pour ces expériences, une fiole de 100 centimètres cubes et d'y recueillir directement le produit de la distillation du vin. On sait que les 100 centimètres cubes représentent 100 grammes d'eau, et l'on n'a pas autre chose à faire que de peser le produit distillé pour pouvoir fixer sa richesse alcoolique, et, par suite, celle du vin. (Maumené.)

Le flacon de densité a servi aux observations de Filhol et de Fauré. Le premier de ces chimistes a obtenu 0,998 comme maximum, et 0,991 comme minimum pour les vins de la Haute-Garonne ; le second a trouvé que les vins de la Gironde ont une densité de 0,984 (vins rouges) et 0,996 (vins blancs).

La densité des vins, diminuant ou augmentant par suite de la quantité des principes du vin, et non par suite de la bonne ou de la mauvaise qualité de ces principes, ne peut servir, à aucun titre, pour apprécier les vins. (Maumené.)

De nombreux procédés ont été indiqués pour connaître la quantité d'alcool contenue dans les vins, mais aucun d'eux n'est supérieur à la méthode de Gay-Lussac.

Nous mentionnerons seulement ici l'*ébullioscope* de Brossard-Vidal, le *thermomètre alcoométrique* de Conaly et le *dilatomètre* de Silbermann (voy. ALCOOLS).

L'*œnomètre Tabarié* est un aréomètre portant des degrés très-étendus et divisés chacun en dix parties. Pour éviter l'inexactitude résultant de la présence de matières autres que l'alcool en dissolution dans le vin, l'auteur de cet instrument commence par prendre la densité du vin à essayer : puis il prend un volume donné de ce vin et le fait bouillir pour en chasser tout le vin ; il ajoute de l'eau au résidu en quantité suffisante pour rétablir le volume primitif ; il détermine alors la densité du liquide qui donne celle qu'aurait eu le vin sans alcool, et la différence de densité entre ce liquide et le vin lui-même, indique la richesse alcoolique de celui-ci. Ce procédé est aujourd'hui abandonné.

L'*œnomètre* Limousin et Berquier est basé sur les variations qu'éprouve le volume des gouttes d'un liquide suivant sa richesse en alcool indépendamment de toutes les substances qui peuvent s'y trouver en dissolution, et ces variations sont évaluées en volume, tandis que dans l'appareil Salleron elles sont évaluées en poids.

Le tableau suivant indique la quantité d'alcool contenue dans 100 parties de vin :

Vin de Banyuls. 17	Vin de l'Hermitage, rouge. . . 11,3
— Roussillon. 16	— Côte-rôtie. 11,3
— Collioure. 16	— Mâcon. 11
— Grenache. 16	— du Rhin, bonne qualité. 11
— Madère vieux. 16	— Orléans. 11
— Jurançon blanc. 15,2	— Volnay. 11
— Saint-Georges. 15	— l'Est. 10
— Malaga. 15	— Saumur. 9,7
— Sauterne blanc. 15	— commun du Midi. 9,8
— Jurançon rouge. 13,7	— Saint-Estèphe. 9,8
— Lunel. 13,7	— Tokay. 9,1
— Vauvert. 13,3	— Pouilly blanc. 9,0
— poids du Midi. 13	— au détail à Paris. 8,8
— Narbonne. 13	— blanc de Vendée. 8,8
— Champagne non mous-	— Château-Laffitte. 8,7
seux. 13	— Château-Margaux. 8,7
— Angers (Coteaux). 12,9	— du Cher. 8,7
— Beaune blanc. 12,2	— du Rhin. 8
— Barsac. 12	— Châtillon près Paris. . . 7,5
— Beaune blanc. 12	— Chablis. 7,3
— Frontignan. 11,8	— Bar. 6,9
— Champagne. 11,6	— Verrières, près Paris. . 6,2
— Saint-Pierre-du-Mont. 11,5	

Les vins renferment des matières salines très-nombreuses, mais pour la plupart fort peu abondantes : tartrate acide de potasse, tartrate de chaux, tartrate d'alumine, des racémates, des sulfates, des silicatés, des chlorures, bromures, iodures de potasse, de soude, de chaux, de magnésie, etc. D'après Mülder, les vins rouges contiendraient des phosphates, qu'on ne trouve pas dans les vins blancs.

De tous ces sels, celui qui nous intéresse le plus est le bitartrate de potasse.

Dans les vins, le tartre se dépose pendant longtemps ; ce dépôt est amélioré par le mouvement et la chaleur ; c'est ce qui explique l'amélioration des vins de Bordeaux par le transport sur mer et la réputation des *Bordeaux retour des Indes*. En même temps, le vin perd une partie de sa matière colorante et tend à prendre la teinte qu'on désigne par le nom de *pelure d'oignon*.

Le vin contient plusieurs acides libres, en dehors de toute altération, acides tartrique, citrique, malique, pectique, tannique, provenant tous du jus de raisin ou des pepins. On peut encore y trouver les acides sui-. vants, qui ont été produits par la fermentation, acides carbonique, acétique, lactique, butyrique, succinique et valérique. Ces acides ont une grande importance parce qu'ils servent à la production des éthers, principale origine du bouquet des vins. (Maumené.)

On peut reconnaître la qualité des vins par la proportion d'acide libre qu'ils renferment : plus le vin ou le moût est acide, moins il sera riche en alcool. Pour reconnaître cet acide, on peut employer le procédé Berthelot et Fleurieu, qui consiste à déterminer la quantité de crème de tartre. Pour cela, on prend $0^m,10$ c. du vin, y ajoutant $0^m,05$ d'une solution tartrique dont le titre acide soit double ou triple de celui du vin, puis $0,75$ c. d'un mélange à volumes égaux d'éther et d'alcool : on dose ensuite la crème de tartre précipitée par un essai alcalimétrique, et l'on trouve le poids de la potasse par une simple proportion ; à chaque équivalent d'acide libre, trouvé dans le dosage de crème de tartre, correspond un équivalent de potasse contenu dans le vin primitif. (Berthelot et Fleurieu.)

Le vin renferme quelquefois de l'acide acétique, qu'on peut reconnaître par le procédé de Frésénius, qui consiste à distiller le vin avec une petite quantité d'acide phosphorique et à doser directement l'acide dans le liquide distillé. (Kissel, *Apoth. Zeit.*, 1872, n° 31.)

Par le *soutirage*, on débarrasse les vins de la *lie* qui se dépose d'abord en abondance à la sortie des cuves, *grosse lie*, et plus tard de celle qui se développe avec le temps dans le vin débarrassé de la première et déjà clarifié. Cette opération doit se faire lorsque le vin ne contient plus d'acide carbonique, car alors la lie peut s'altérer et nuirait à la qualité du vin.

Comme les soutirages ne procurent pas le vin aussi clair qu'il pourrait l'être, on se débarrasse des parcelles de lie, restant dans le liquide et qui lui donnent une apparence nuageuse dès qu'on l'agite, au moyen du *collage*. Dans ce but, on fait usage de *gélatines* pures, d'*albumine* ou blanc d'œuf, de *sang*, de *crème*, etc. Les gélatines, dont la meilleure sorte est l'ichthyocolle, précipitent la lie, mécaniquement par leurs membranes, formant un réseau qui, en tombant au fond du tonneau, entraîne les matières en suspension, et chimiquement par la combinaison de leurs parties solubles avec le tannin du vin.

L'albumine, qu'il est aisé d'obtenir dans le plus grand état de fraîcheur, agit de la même manière que les gélatines.

. Le sang, desséché le plus souvent, donne de bons résultats ; mais comme il s'altère facilement, même en poudre, c'est une colle dangereuse à employer et dont il faut user avec le plus grand ménagement.

Diverses poudres composées sont aussi employées avec avantage pour le collage des vins ; on a aussi proposé de faire usage de diverses substances minérales, de la gelée d'*alumine* par exemple, qui a l'avantage de ne pas introduire dans le vin de matière soluble et surtout organique (Maumené).

Les vins offrent plusieurs défauts et sont sujets à plusieurs altérations spontanées, qui les dénaturent et peuvent même leur communiquer des propriétés malfaisantes.

L'*excès de couleur*, persistant malgré le temps, peut être corrigé par des collages successifs, ou par le mélange avec des vins vieux. On a employé le noir animal pour obvier à ce défaut ; mais pour peu que la qualité du noir ne soit pas excellente, le vin se trouve gâté et souvent même perdu (Maumené).

Le *défaut de couleur*, auquel on remédie par le mélange avec des gros vins, dits *vins teinturiers*. Trop souvent on substitue à ces vins, dont l'emploi est parfaitement licite, d'autres substances tinctoriales : mais alors il y a véritable falsification.

C'est ainsi qu'aux environs de Reims, à Fismes, on fabrique depuis plus d'un siècle (1744) une *teinte* composée de *baies de sureau* ou d'*hièble*, d'*alun* et d'*eau*, en proportions diverses, dont l'usage prolongé ne peut qu'avoir des conséquences funestes sur la santé, en raison de la présence de l'alun. Malheureusement la fabrication de cette *teinte* a été encouragée par une ordonnance royale de 1781 ; mais aujourd'hui le public lui-même proteste contre l'emploi d'une pareille mixture (Maumené).

Des analyses, qui ont été faites récemment par une commission du Comité consultatif d'hygiène publique de France, ont démontré que la liqueur de Fismes contenait par litre de 20^{gr},80 à 57^{gr},56 d'*alun :* or l'expérience a démontré que cet alun restait presque complétement dans le vin soumis au collage, soit par l'albumine de l'œuf, soit par l'ichthyocolle. Il y a donc véritable danger pour la santé publique dans l'emploi de la liqueur, dite *vin de teinte*, pour la coloration artificielle du vin, et il devrait être interdit et poursuivi par tous les moyens dont l'administration dispose. (G. Ville, *Rapport au Comité d'hygiène*, 1873.)

On fait usage, pour donner de la couleur aux vins, de presque tous les jus de végétaux rouges, *betteraves, mûres, tournesol, bois d'Inde*, de *Brésil*, de *Fernambouc*, etc. Nous étudierons plus loin les divers procédés indiqués pour reconnaître ces falsifications.

Vins troubles. Ce défaut qui se présente surtout dans les temps chauds et tient à un mouvement anormal de fermentation, est combattu par le soufrage des barriques, puis le collage du vin, et le soutirage au clair du vin, qu'on devra transporter dans un endroit frais. Souvent on remédie à ce défaut en modifiant le vin au moyen de l'addition d'acide tartrique.

L'*astringence* résulte le plus souvent de la fermentation de raisins, qui n'étaient pas parfaitement mûrs, ou de la prédominance des rafles. On la combat par des collages successifs au moyen de l'albumine.

L'*acidité* provient quelquefois de ce que le vin a été fabriqué avec des raisins qui n'étaient pas assez mûrs ; mais, le plus souvent, elle est le résultat d'une fermentation trop prompte ou de ce que la barrique contenait une certaine quantité d'air. Ce défaut peut être corrigé au moyen du tartrate neutre de potasse qui forme de l'acétate de potasse soluble et du bitartrate de potasse qui se dépose.

La *graisse, viscose*, qui est due à ce que les vins ne sont pas assez chargés de tannin, les rend visqueux et filants : elle se corrige par l'addition de tannin.

L'*amertume*, maladie propre aux vins très-vieux, est due à ce que tous les principes sucrés ont été détruits.

Les *vins tournés* ou *piqués* sont des vins devenus acides par suite de l'accès trop libre de l'air dans les barriques ; souvent ils offrent des *fleurs* ou moisissures.

Quelques-unes des altérations des vins pourront être rapportées aux vases qui les contiennent :

Le *goût de fût* tient à ce que des moisissures se sont développées dans les barriques et communiquent un mauvais goût au vin. On peut faire disparaître en partie ce goût, en transvasant le vin dans un tonneau propre et agitant le vin avec un litre d'huile d'olive par pièce de 230 litres (Pomier).

La nature du *bois* qui sert à faire les barriques n'est pas indifférente et l'on admet généralement que l'essence de chêne est préférable aux autres ; Fauré a indiqué que les bois d'Amérique n'ont pas d'action apparente, que ceux de Dantzick et Sttetin donnent une saveur agréable, que ceux de Lubeck et Riga donnent une légère astringence, et que les bois d'Angoulême, de Bayonne et de Bosnie altèrent le goût et la couleur des vins. C'est surtout par le tannin, l'acide gallique, la quercine et les matières extractives et colorantes qu'ils contiennent, que les bois exercent leur action.

D'après d'Armailhacq, le goût de fût est contracté plus facilement par les vins contenus dans des tonneaux, faits en bois flottés, ce qui serait contraire à l'opinion de Fauré, qui pense que les bois flottés ayant perdu par un trempage prolongé dans l'eau une certaine quantité d'extractif, doivent être plus avantageux que ceux qui n'ont pas flotté.

Les *bouchons* communiquent quelquefois une saveur désagréable au vin, lorsqu'ils sont altérés eux-mêmes ou se sont moisis par l'humidité de la cave.

Les *bouteilles* elles-mêmes, dans certaines circonstances, réagissent sur les vins et les altèrent ; c'est ce qui arrive quand le verre qui les constitue renferme une trop grande quantité d'alcalis, condition qui se rencontre pour les verres à bon marché, dans lesquels on a forcé la proportion des alcalis pour obtenir la fusion à un degré de température moindre.

Les bouteilles bleues et surtout irisées, ce dont on s'aperçoit très-facilement en les mouillant et en les regardant au soleil dans une position horizontale, ne sont pas propres à la conservation du vin. (Maumené.)

Les bouteilles dont le verre contient de la *magnésie* doivent être rejetées, de même que celles qui seraient chargées de *sulfures* alcalins ; car, par suite de l'action réciproque du vin et des sulfures, le vin se changerait en eau de Baréges. (Maumené.)

Le *plomb* peut se trouver dans les vins, sans qu'il y ait eu intention de l'y introduire ; il se rencontre surtout dans les vins vendus au détail, que les marchands de vin ont l'habitude de porter de la cave dans des brocs et dont ils laissent échapper quelques portions sur leurs comptoirs, recouverts d'une lame de plomb. Malgré les ordonnances de police qui prohibent de tels comptoirs, l'usage s'en est perpétué chez les marchands de vin. (Parent Duchatelet, *Annales d'hygiène*, t. VI.)

ORDONNANCE DE POLICE DU 15 JUIN 1862 CONCERNANT LES USTENSILES ET VASES DE CUIVRE ET AUTRES MÉTAUX

XIX. — Il est défendu aux marchands de vins et aux distillateurs d'avoir des comptoirs revêtus de lames de plomb..., de faire passer par des tuyaux ou appareils de cuivre, de plomb, ou d'autres métaux pouvant être nuisibles, les eaux gazeuses, la bière, le cidre ou le vin. Toutefois, les vases et ustensiles de cuivre dont il est question au présent article, pourront être employés s'ils sont étamés à l'étain fin.

XXI. — Il est défendu aux vinaigriers, épiciers, marchands de vins, traiteurs et autres, de préparer, de déposer, de transporter, de mesurer, de conserver dans des vases de plomb, de zinc, de fer galvanisé, de cuivre ou de ses alliages non étamés ou dans des vases faits avec un alliage dans lequel entrerait l'un des métaux désignés ci-dessus, aucun liquide et aucune substance alimentaire, susceptibles d'être altérés par le contact de ces métaux.

XXII. — La prohibition portée en l'article ci-dessus s'applique aux robinets fixés aux barils dans lesquels les vinaigriers, épiciers et autres marchands renferment le vinaigre.

XXIII. — Les vases d'étain employés pour contenir, déposer ou préparer des substances alimentaires ou des liquides, ainsi que les lames de même métal qui recouvrent les comptoirs des marchands de vins ou de liqueurs, ne devront contenir au plus que 10 pour 100 de plomb, ou des autres métaux qui se trouvent ordinairement alliés à l'étain du commerce.

XXIV. — Les lames métalliques recouvrant les comptoirs des marchands de vins ou de liqueurs, les balances, les vases et ustensiles en métaux et les alliages qui seraient trouvés chez les marchands et fabricants désignés dans les articles qui précèdent, seront saisis, et envoyés à la Préfecture de police avec les procès-verbaux constatant les contraventions.

XXV. — Les étamages prescrits par les articles qui précèdent devront toujours être faits à l'étain fin et être constamment entretenus en bon état.

Le préfet de police,   BOITELLE.

Le vin des *baquetures*, c'est-à-dire celui qui est recueilli au-dessous du comptoir, est généralement plombifère ; il pourrait en être de même si l'on avait, par négligence, laissé dans les bouteilles de la grenaille de plomb, ayant servi au rinçage de ces vases. Il est facile de dénoter la présence du plomb dans le vin au moyen de l'acide sulfhydrique qui détermine un précipité noir, et permet de déceler $0^{gr},002$ à $0,003$ du métal dans une pièce de vin. Lorsque les vins sont très-chargés de plomb, ils sont sucrés, styptiques et peu colorés, et laissent un arrière-goût de métal assez prononcé.

Le *cuivre*, qu'on trouve quelquefois dans les vins, provient du contact du liquide avec des vases ou des conduits métalliques, et de ce qu'on a viné avec des eaux-de-vie contenant du sulfate de cuivre en dissolution. Pour le reconnaître, on évapore le vin et l'on calcine le résidu, qu'on reprend par l'acide nitrique. On obtient ainsi un liquide qui précipite en brun marron par le cyanure jaune, en vert par l'arsénite de potasse, et que l'ammoniaque colore en bleu.

Le *zinc*, qui est dû à la conservation des liquides dans des vases de ce métal, se reconnaîtrait au moyen des réactifs ordinaires dans le résidu de l'incinération traité par l'acide nitrique.

Le *mutage* des vins, opération par laquelle on arrête la fermentation avant qu'elle soit complétement terminée, se pratique le plus ordinairement au moyen de l'acide sulfureux gazeux, en vue de prévenir la fermentation acétique ou d'autres altérations auxquelles ce liquide est exposé. On a pensé qu'il pouvait exercer une influence fâcheuse sur la santé. Le mutage, a-t-on dit, donne au vin une saveur désagréable, et même lui communique la propriété de monter à la tête. Mais, de nombreuses observations ont démontré le peu de fondement de ces assertions. Il faut cependant avoir grand soin de ne pas employer de *soufre arsénifère* ; car une partie de l'arsenic sulfuré pourrait être apportée dans le vin et lui donner des propriétés toxiques.

Les vins *marinés*, ou ayant été avariés par l'eau de mer, contiennent une proportion de chlorure de sodium plus grande que la quantité normale ; mais l'expérience a démontré que l'eau de mer est ajoutée frauduleusement, car des barriques, mises en contact incessant avec l'eau de mer, n'ont pas changé de composition. (Falières, *Bull. de la Soc. de pharm. de Bordeaux*, 1869.)

Le *coupage* consiste à ajouter à des vins peu colorés et peu alcoolisés une certaine proportion d'un vin naturel chargé en couleur et en alcool : cette opération, que la loi tolère, à la condition que les mélanges soient loyalement faits et incapables de nuire à la santé, peut donner des résultats satisfaisants, en dépit du dicton des vignerons : *Vin mélangé, mauvaise durée ;* et l'on peut dire qu'aujourd'hui tous les vins que nous buvons ont été soumis au coupage. Il faut faire attention qu'au moment du coupage les vins soient encore chargés d'acide carbonique, sans quoi l'aldéhyde qu'ils contiennent se change en acide acétique, et le mélange offre plus de piquant, plus d'acidité. Les réactions des divers éthers du vin les uns sur les autres peuvent aussi exercer des changements quelquefois très-avantageux, d'autres fois des

plus désagréables. Il faut aussi prendre garde aux doubles décomposi-
tions des sels, ou à celles des sels organiques par la grande quantité
d'eau. (Maumené.)

Les *vins cuvés* se préparent le plus souvent par le mélange en certaines proportions de vins blancs de l'île de Ré et de l'Entre-deux-Mers
avec les gros vins rouges appelés communément vins du Languedoc et
du Roussillon. Cette opération se pratique surtout à Rouen sur une
grande échelle.

Le *mouillage*, qui consiste à additionner le vin d'*eau*, est la fraude la
plus commune et la plus innocente ; mais cette opération, des plus
délicates, ne donne jamais un bon résultat. Cette falsification est reconnue par les dégustateurs expérimentés ; on peut aussi avoir recours
à la comparaison du résidu solide, laissé par 100 grammes de vin suspect, comparé à celui que donne la même quantité de vin normal ; à la
décoloration par le chlore d'un échantillon de vin normal et d'un échantillon de vin suspect ; à l'action comparée de l'oxalate d'ammoniaque
dans les deux vins, et à l'évaluation d'oxalate de chaux précipité. On
peut aussi constater la proportion d'alcool ou celle de la crème de tartre,
des carbonates alcalins ou des divers sels solubles ou insolubles que
renferment les cendres des vins suspects.

Ayant établi, par une longue série d'analyses, que les vins de Bordeaux donnent toujours une même quantité d'*extrait*, ou tout au moins
que la variation n'est que très-faible entre 20 grammes et 20^{gr},80 par
litre, et que la proportion d'alcool ne varie aussi que dans des proportions insignifiantes de 0,005 à 0,015 tout au plus, et peut être évaluée
en moyenne à 0,010, Girardin et Preisser sont arrivés à reconnaître l'addition d'eau dans les vins. Ils mesurent 10 centimètres cubes de vin
qu'ils placent dans une petite capsule tarée avec soin, et qu'ils font
évaporer jusqu'à siccité dans une étuve chauffée à + 100° C. ; ils en
prennent alors le poids. D'autre part, ils déterminent, au moyen
de l'alambic d'essai de Gay-Lussac, la *richesse du même vin en*
alcool absolu. Comme dans l'opération du vinage et du mouillage,
les marchands n'ont pas pris soin d'ajouter à leurs mélanges assez
de matières solides propres au vin, pour compenser la diminution
proportionnelle que ces mélanges éprouvent en extrait de vin par
l'addition de l'eau et de l'alcool, la différence des produits obtenus
permettra de reconnaître la fraude. Pour déterminer la quantité
de liquide ajoutée, ils établissent à quel volume de vin pur corres-

pond la quantité d'extrait de vin obtenue (soit 14^{gr},5) au moyen d'une proportion.

$$100 \text{ c. c.} : x :: 20,0 : 14,5$$

d'où
$$x = \frac{1000 \times 14,5 = 725^{cc},00}{20,0}$$

Ainsi, dans le vin suspect, il n'y a que 725 centigrammes par litre de vin pur loyal et marchand, ou 0,725 : le reste est donc de l'eau et de l'alcool ajoutés, soit 0,275. Pour savoir si le vin a été viné et en quelle proportion, Girardin et Preisser recherchent ce que 72,50 parties de vin renferment d'alcool absolu,

$$100 : 10 :: 72,50 : x$$

d'où
$$x = 7,25$$

En supposant que l'essai par l'alambic de Gay-Lussac ait donné 0,11 d'alcool absolu, on conclura qu'il y a eu 11 — 7,25, ou 3,75 p. 100 d'alcool ajouté. Ce procédé, qui n'est applicable qu'aux vins de Bordeaux de qualité ordinaire et nouveaux, paraît être exact, puisque nombre de fois les marchands qui étaient en discussion avec la régie, à Rouen, ont consenti à payer les droits sur les quantités d'eau et d'alcool que Girardin et Preisser avaient trouvées en excès dans leurs vins.

Bouchardat a indiqué : 1° de comparer le résidu de 100 grammes de vin normal (la moyenne est 0,22) à celui que donnera une même quantité de vin suspect ; 2° de décolorer par le chlore un échantillon de vin normal et un échantillon de vin soupçonné ; 3° de traiter par l'oxalate d'ammoniaque les deux vins, et évaluer l'oxalate de chaux précipité. Comme le plus souvent le mouillage se fait avec des eaux de puits, la quantité d'oxalate sera beaucoup plus forte pour le vin mouillé que pour le vin normal.

Plus récemment, Lejeune, pharmacien de la marine, a proposé, pour reconnaitre le mouillage, de substituer le poids au volume et l'emploi d'un *pèse-alcool* donnant les degrés pondéraux (fig. 216). Son instrument est identique avec celui de Gay-Lussac ; seulement il porte, en même temps que les graduations pondérale et volumétrique, les coefficients nécessaires pour corriger l'erreur relative à la température et désigner par K dans la formule $x = d \pm Kt$. Grâce à ces indications, on connait en quelques instants et sans tables la force réelle d'un alcool. De plus, elles permettent, au moyen de formules très-simples de calculer plus rapidement qu'on ne le fait avec l'alcoomètre centésimal, les quantités d'eau ou d'alcool faible qu'il faut prendre pour abaisser, dans une mesure déterminée, le titre de l'alcool concentré.

Le *vinage* ou *alcoolisage* des vins, opération qui consiste à rehausser les vins faits d'une certaine proportion d'alcool, se pratique en France et dans d'autres pays vinicoles depuis une époque très-reculée ; mais aujourd'hui elle s'est généralisée d'une manière excessive, et elle est devenue l'occasion, à plusieurs reprises, des discussions les plus vives, de polémiques véritables, par suite de l'ardeur avec laquelle ses défenseurs répondaient aux attaques de ses détracteurs. La conviction était égale de part et d'autre, et le sujet important, puisqu'il s'agit de décider si l'addition d'alcool au vin est préjudiable ou non à la santé du consommateur.

Il y a deux manières de *viner : à la cuve*, au moment où se fait le vin, ou *au tonneau*, après que le vin est fait.

Le vinage à la cuve se fait en ajoutant à la vendange, soit de l'alcool tout fait, soit de l'alcool à faire sous forme de sucre de canne ou de fécule. Recommandé dès le temps de Virgile (*Géorgi-*

(*) Le pèse-alcool Lejeune consiste en un tube de verrre long de 30 à 35 centimètres et d'un diamètre intérieur de 1 millimètre environ, dont une extrémité est étirée et courbée à angle droit, à la lampe, de façon à faire un bec de 2 millimètres de diamètre ayant une ouverture capillaire ; l'autre extrémité, courbée également à angle droit, mais en sens inverse, porte une petite ampoule de caoutchouc analogue à celle que portent les compte-gouttes ordinaires. Ce tube est fixé sur une planchette horizontale, et la boule de caoutchouc est enfermée dans une espèce de petite cage adhérente à cette planchette. Au moyen d'une vis micrométrique, transmettant son action à une plaque mobile, on peut agir sur la boule de caoutchouc et opérer à volonté un mouvement d'aspiration ou de sortie.

L'instrument porte deux échelles (fig. EE), dont l'une indique les degrés centésimaux de Gay-Lussac, et la seconde les proportions pour 100 en poids d'alcool absolu ou les degrés pondéraux.

La correction relative à la température se fait à l'aide de deux échelles supplémentaires formées de petits chiffres, 40, 38, 36,... inscrits en regard des degrés, et qu'il faut lire 0,40, 0,38, 0,36... Ces chiffres indiquent en centièmes de degrés alcoométriques la variation qu'éprouve le degré observé par un changement de température de 1 degré, la température normale étant supposée 15 degrés C. Les corrections relatives aux degrés pondéraux se font également à l'aide de la colonne de petits chiffres, considérés comme des centièmes. (Voyez ALCOOLS.)

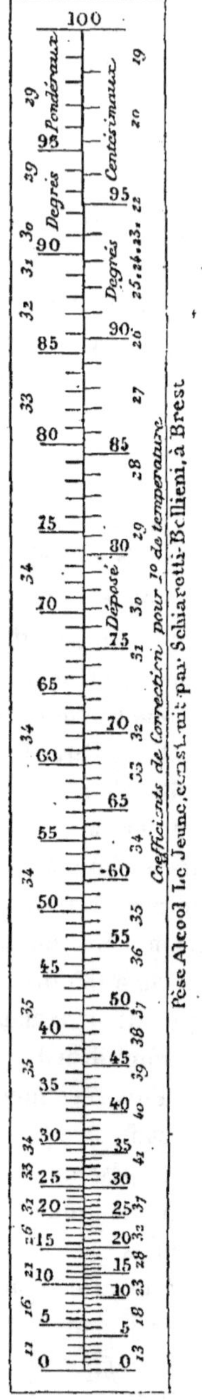

Fig. 216. — Pèsealcool Lejeune (*).

ques, IV) et depuis par Chaptal, d'où le nom de *chaptalisation* qui lui a été donné, le sucrage peut améliorer les vins, s'il a été pratiqué avec quelque attention. Si l'on a employé de la glycose, le vin pourra acquérir une saveur désagréable, et l'on a à craindre l'introduction des matières qui adultèrent souvent cette substance (alun, 0,01). On devrait faire le sucrage exclusivement avec du sucre de raisin véritable, ou tout au moins avec du sucre de canne ou de betterave bien pur. Dans ce cas, l'alcool ormé prend part aux réactions de la fermentation du moût et se mêle aux divers éléments du vin ; il se fait en quantité telle que le vin n'en renferme pas en excès, ce qui aurait l'inconvénient d'arrêter la fermentation dans la cuve. Il n'y a pas d'inconvénient à faire le vinage à la cuve, et beaucoup de viticulteurs se sont prononcés en faveur de cette opération, et leur opinion concorde avec celle de Berthelot, Pasteur, P. Thenard, etc. En est-il de même pour le vinage au tonneau ? Là les opinions divergent et la discussion s'engage.

Le *vin viné* est du vin, bien qu'en disent les adversaires de l'alcoolisage ; car la nature du liquide n'est pas changée ; elle n'est qu'améliorée, si la dose ajoutée n'est pas exagérée ; ces vins vinés sont employés surtout à redonner la richesse alcoolique aux vins plats de l'Orléanais, de la basse Bourgogne, etc., et depuis leur introduction sur le marché de Paris, on ne voit plus guère de procès pour fabrication de vins artificiels.

Le vin renforcé d'alcool est-il falsifié ? Poser la question, c'est la résoudre, puisqu'on sait qu'un vin contient toujours de l'alcool, et qu'on n'introduit dans le liquide aucun élément nouveau.

Les vins vinés sont-ils dangereux pour la santé ? il n'y a que mélange incomplet et mal fondu ; aussi, dit-on, le vinage donne aux vins une odeur et une saveur que peuvent reconnaître des personnes exercées.

Les eaux-de-vie qu'on emploie dans le vinage sont fréquemment des eaux-de-vie de grain, qui ont moins de tendance à se mélanger aux liquides du vin que les eaux-de-vie de vin ; aussi les vins ainsi vinés déterminent-ils une ivresse plus prompte et plus bruyante ; et comme l'eau est vite évacuée de l'estomac, il n'y reste bientôt plus que de l'alcool pur qui réagit d'une manière fâcheuse sur l'économie. (Docteur Champouillon.)

On pourrait reconnaître le vinage par la distillation qui donnerait d'abord de l'alcool, puis de l'eau, puis encore de l'alcool, tandis que le vin naturel fournirait d'abord de l'eau, puis de l'alcool. On a pro-

posé également le procédé suivant pour déceler le vinage : On verse
dans une capsule ordinaire une certaine quantité de vin, au-dessus
de laquelle on place une très-petite lampe de la capacité et du volume
d'un dé à coudre et munie de deux à trois becs : on chauffe la
capsule, et les vapeurs d'alcool non combiné ne tardent pas à s'en-
flammer au contact des mèches allumées. Ce n'est que plus tard
que l'alcool qui fait partie essentielle du vin se sépare de l'eau.
(Chevallier.)

Mais l'expérience ne confirme pas que l'alcool mélangé soit combiné
dans le vin ; c'est un simple mélange, comme l'ont démontré les
expériences de Gay-Lussac et de Maumené.

L'alcool en excès est nuisible ; mais s'il a été ajouté à petites doses,
avec discrétion, il ne peut rendre le vin viné dangereux ; il lui don
nera des qualités supérieures à celles des mêmes vins faibles, acides,
plats et à peine alcooliques.

L'alcool d'industrie peut, assurent quelques personnes, exercer une
action des plus fâcheuses, parce qu'il introduit une certaine quantité
d'huile empyreumatique. Or, Michaux et P. Thenard ont reconnu que
l'huile empyreumatique est retenue par la grappe, et par conséquent
ne peut nuire.

Les vins vinés sont l'objet d'une consommation considérable dans
les grandes villes, et en Angleterre surtout ; on les a employés à bord
des navires de l'État, et l'on n'a pas observé d'accidents qui puissent
faire renoncer à une pratique d'ancienne date déjà. Mais certaines
précautions doivent être prises : ajouter par fractions, et non d'un seul
jet, l'alcool de bonne qualité, et ne pas exagérer outre mesure la
richesse alcoolique des vins. Le vinage, dans ces conditions, est souvent
utile, et quelquefois indispensable à la conservation et au transport
d'un grand nombre de vins. (Lhéritier.)

Le docteur Bergeron, au nom d'une commission nommée par
l'Académie de médecine, a conclu :

1° *L'alcoolisation* des vins, plus généralement connue sous le nom de *vinage*,
est une opération que le mauvais choix des cépages et l'imperfection des procédés de culture et de vinification ont rendu jusqu'ici et rendront longtemps
encore nécessaire dans plusieurs contrées viticoles de la France.

2° Le vinage présente, en effet, dans les conditions actuelles de récolte et de
fabrication du vin, plusieurs avantages qu'on ne peut méconnaître ; il permet
de relever, pour le transport, les vins dont la force spiritueuse est inférieure à

10 pour 100, titre qui paraît être le plus convenable pour les vins de consommation générale; il peut atténuer, dans les années mauvaises, l'acidité de certains crus; enfin, il met à l'abri des fermentations secondaires les vins dans lesquels le travail de fermentation n'a pas développé une proportion d'alcool en rapport avec leur richesse saccharine.

3° Par contre, le vinage offre de sérieux inconvénients, parfois même des dangers. Il introduit, en effet, dans les vins, en leur faisant perdre tout droit à être vendus comme produits naturels, une proportion d'alcool qui, n'ayant pas été associée intimement aux autres principes des moûts par le travail de fermentation, s'y trouve, en quelque sorte, à l'état libre et agit sur l'organisme avec la même rapidité et la même énergie que l'alcool en nature dilué; il enlève donc aussi aux vins leur qualité de boisson tonique et salutaire, pour les transformer en un breuvage excitant d'abord, puis stupéfiant, dont l'emploi prolongé est évidemment nuisible. Un autre danger du vinage, au point de vue de l'hygiène publique, vient de ce qu'il fournit à la fraude un moyen facile de livrer à la consommation des liquides, qui n'ont du vin que le nom et qui ne sont, en réalité, que de l'alcool dilué.

4° Ces inconvénients et ces dangers pourraient être en partie conjurés par la mise en pratique des mesures qui suivent, savoir :

A. Le vinage à la cuve, ou au moins au tonneau, immédiatement après le soutirage, afin d'associer l'alcool versé sur les jus au travail de fermentation, et d'assurer ainsi sa combinaison intime avec les autres principes constituants du vin.

B. L'emploi pour le vinage d'eau-de-vie naturelle qui, par sa composition, se rapproche beaucoup plus que les 3/6 de celle du vin.

C. L'interdiction absolue des vinages dépassant 4 ou 5 pour 100 d'eau-de-vie (2 ou 2 1/2 pour 100 d'alcool absolu), proportion qui paraît répondre à toutes les nécessités de conservation des vins, même en vue des transports lointains, ou, au moins, l'imposition des droits dus par les alcools, appliqués à tous les vins de consommation générale dont la richesse alcoolique serait supérieure à 12 pour 100, pour la proportion d'alcool constatée au delà de ce titre.

D. Le maintien du droit commun relativement aux taxes à acquitter pour les eaux-de-vie employées au vinage.

E. La suppression des droits de circulation, d'entrée et d'octroi sur les vins et l'élévation de toutes les taxes sur les eaux-de-vie et les 3/6.

5° Les dangers du vinage s'accroissent, lorsqu'il est pratiqué avec les esprits rectifiés de grain, de betterave ou de mélasse, car la substitution de ces alcools à l'esprit-de-vin proprement dit et à l'eau-de-vie, présente ce double péril de nuire à la santé des consommateurs et de menacer le pays d'une véritable déchéance morale, parce que la production de ces alcools est, pour ainsi dire, sans limites, et qu'ils peuvent être livrés, sous forme d'eau-de-vie et de liqueurs, à des prix assez bas pour que les plus pauvres y puissent atteindre.

6° En présence d'une pareille situation, l'interdiction absolue de l'emploi des esprits rectifiés de grain et de betterave pour le vinage ou la fabrication des eaux-de-vie et des liqueurs, paraît être le seul moyen d'arrêter les progrès du mal.

7⁰ Que si le régime économique, appliqué aujourd'hui à l'industrie et au commerce, s'oppose absolument à cette interdiction et ne permet pas davantage d'élever les droits qu'acquittent ces alcools, à un taux qui les rende inabordables par le commerce des spiritueux, il ne reste plus à la France, en attendant que les progrès de l'instruction aient modifié les mœurs, il ne reste plus d'autre moyen d'enrayer les progrès de l'alcoolisme, que l'organisation d'urgence de Sociétés de tempérance, sur le modèle de celles qui, au même flot montant, ont opposé et opposent encore aujourd'hui, en Suède, en Angleterre et aux États-Unis, une digue assez puissante pour atténuer les effets désastreux de l'abus des alcools de grains.

On a fait longtemps, en Russie, du *vin de Porto* avec les matières suivantes : cidre, 3 kilog.; eau-de-vie, 1 kilog.; gomme Kino, 0,008 : du *vin vieux du Rhin* (*old hoch* des Anglais), avec cidre, 3 kilog.; eau-de-vie, 1 kilog.; éther azotique alcoolisé, 0,008. Ces préparations n'étaient pas exécutées dans l'ombre; elles sont extraites par Virey de la Pharmacopée militaire russe. (Maumené.)

L'addition au vin de *cidre, poiré*, ou de *suc fermenté de fruits*, peut être décelé par la dégustation, d'après Deyeux; mais il sera plus sûr d'employer le procédé suivant : on évapore au bain-marie, dans des capsules de verre de 3 à 4 kilogrammes de vin jusqu'à consistance de sirop clair : on éteint alors le feu, et l'on couvre les capsules; on y trouve, vingt-quatre heures après, des cristaux de tartre. On délaye la liqueur décantée avec un peu d'eau, et en évaporant au bain-marie on obtient de nouveaux cristaux; après une troisième opération, on enlève à peu près tout le tartre, et il ne reste plus qu'un sirop épais ayant une saveur bien marquée de poiré.

Pour reconnaître la présence du suc fermenté des fruits dans le vin, on évapore 350 grammes de vin, et on lave le résidu avec de l'alcool à 75°, jusqu'à ce que le liquide n'entraîne plus rien et coule incolore; on verse alors sur le résidu 12 grammes d'eau distillée; on agite quelque temps, et l'on filtre sur un filtre préalablement mouillé. On verse dans la liqueur filtrée quelques gouttes de chlorure de platine; la liqueur reste claire ou donne un léger précipité, qui se redissout immédiatement, si le vin est pur; si, au contraire, il contient du suc de fruits, il se fait un précipité de chlorure jaune de platine et de potassium. (Moraveck.)

Les vins mélangés de cidre ou de poiré pourront être reconnus par le dosage de la crème de tartre, qui se trouvera en bien plus petite quantité. On pourra aussi rechercher la présence de l'acide malique, en pro-

jetant sur une plaque métallique chauffée le vin évaporé en consistance
sirupeuse : on perçoit alors l'odeur de pomme ou de poire cuite.

Tuchschmidt indique, pour reconnaître les vins dans lesquels on a
fait entrer du *cidre* ou du *poiré*, de rechercher la proportion de carbonate de chaux qu'ils contiennent : les cidres et poirés donnent entre
0,11 et 0,40 de ce sel, tandis que le vin de raisin n'en contient jamais
plus de 0,049. (*Wittstein, Vierteljahrschr. f: Pharm.*, 1872; *Amer.
J. Pharm.*, 1872, p. 391.)

Les vins peuvent avoir été dépouillés de leur excès d'acidité :

1° Par l'addition de *potasse* ou de *soude;* on évaporera le vin à siccité, et l'on traitera le résidu par l'acide sulfurique, qui donnera lieu à
un développement d'odeur acétique.

2° Par la *chaux* ou la *craie*, qu'on reconnaîtra au moyen de l'oxalate
d'ammoniaque; la quantité du précipité obtenu ne devra pas dépasser 0,15.

3° Par l'*alun;* mais, par la potasse, on aura un précipité gris sale ;
on filtrera, et l'on traitera la liqueur par un sel de baryte. L'alun donne
aux vins plus de saveur et avive leur couleur. On le reconnaîtra en portant à l'ébullition; le vin se trouble et laisse un dépôt couleur fleur de
pêcher faible, tandis que le vin pur ne se trouble pas. Il est à remarquer que ce phénomène ne se montre pas, si l'on avait forcé la quantité
d'alun. (Lassaigne.)

4° Par du *miel*, du *sucre*, de la *mélasse* ou de la *glycose :* on s'en assurera par l'évaporation, qui laissera un résidu de tartre et de sucre mou
et visqueux, facile à reconnaître, après que le résidu aura été privé du
principe colorant par de l'alcool très-rectifié. On pourrait aussi avoir
recours à l'usage du saccharimètre, à la condition d'avoir préalablement décoloré complétement les liqueurs.

On a aussi tenté d'*adoucir* les vins par de la *litharge*, et cette pratique remonte à des temps déjà reculés : car d'anciennes ordonnances
indiquent cette manœuvre comme ayant été pratiquée par des vignerons d'Argenteuil, et ayant occasionné de graves accidents à Paris.

Cette falsification paraît être moins fréquente aujourd'hui que par le
passé, mais elle est facile à déceler. Il suffit, en effet, d'ajouter une solution d'acide sulfhydrique au vin pour qu'il s'y forme un précipité noir
floconneux de sulfure de plomb. On peut encore évaporer le vin, en
incinérer le résidu, et, après avoir traité les cendres par l'acide nitrique étendu, constater la présence du plomb par ses divers réactifs,
iodure de potassium, chromate de potasse, etc.

Dans un grand nombre de localités, on a la coutume de *plâtrer* les vins, pratique sur l'influence de laquelle les hygiénistes sont d'avis différents. Glénard (de Lyon) a déclaré que le vin renferme du plâtre pendant un certain temps après le plâtrage, et le laisse peu à peu disparaître par une double décomposition. (*Monit. industriel*, 28 février 1859.) D'où il résulterait que le plâtre peut nuire à ceux qui boivent de suite les vins plâtrés. (Maumené.) On doit conclure cependant des études, auxquelles s'est livrée une commission du *Comité consultatif d'hygiène publique de France* (t. II, p. 249, 1873), que rien n'autorise à considérer le vin dans la préparation duquel on fait entrer du plâtre, comme pouvant apporter un trouble appréciable dans la santé ; qu'il n'y a aucune raison, quant à présent, d'interdire la vente et la libre circulation de ce vin ; que le vin plâtré ne saurait être assimilé à une mixtion nuisible à la santé.

Poggiale a donné le procédé suivant de connaître si le plâtrage a été effectué ; il prend : chlorure de baryum, 124^{gr},58 ; acide chlorhydrique, 50 grammes ; et eau, quantité suffisante pour faire 1 litre de liqueur ; il remplit un tube d'une capacité de 4 centim. cubes, avec du vin qu'il verse dans un flacon, portant un trait qui indique 0,1 ; il y ajoute 4 centim. cubes de la liqueur, agite, filtre, et verse dans le produit de la filtration quelques gouttes de la liqueur d'essai : s'il ne se fait pas de trouble, c'est qu'il n'y avait pas dans le vin plus de 4 grammes de sulfate, limite que ne doivent pas dépasser les vins employés par l'administration de la guerre.

Pour *améliorer* des vins gâtés, des vignerons ont eu l'idée de les additionner de *sulfate de zinc :* cette sophistication se reconnaît en évaporant le vin en consistance d'extrait, et incinérant le résidu : on reprend les cendres par l'acide nitrique, et l'on porte à l'ébullition pendant un quart d'heure pour peroxyder le fer ; on filtre la liqueur refroidie, et l'on traite par l'ammoniaque, qui donne un précipité blanc sale, floconneux, soluble en partie dans un excès d'alcali : on filtre de nouveau pour séparer le sesquioxyde de fer qui s'est précipité, et l'on évapore pour chasser l'excès d'ammoniaque et précipiter l'oxyde de zinc, qu'on dessèche et qu'on pèse. (Odeph.)

On a cherché à rehausser la couleur des vins avec des matières colorantes artificielles, ou à colorer des vins blancs de valeur moindre pour les vendre comme vins rouges. Pour reconnaître la coloration artificielle des vins on a indiqué divers procédés :

1° Une solution de potasse fait virer au vert-bouteille ou au vert brunâtre la matière colorante naturelle rouge des vins encore jeunes, sans qu'il y ait précipitation de celle-ci ; on obtient les précipités suivants avec les vins colorés artificiellement :

Vin naturel............................	Précipité vert brunâtre.
— coloré par le bois d'Inde..............	— rouge violacé.
— — le bois de Fernambouc......	— rouge.
— — les baies d'hièble..........	— violâtre.
— — le tournesol en drapeaux....	— violet clair.
— — les mûres	— violâtre.
— — la betterave..............	— rouge.
— — le Phytolacca..............	— jaune.

(Chevallier.)

2° La gélatine en excès précipite la matière colorante des vins naturels et n'agit pas sur les matières colorantes étrangères (Fauré). On peut lui substituer avec avantage l'albumine d'œuf, qui donne des résultats plus nets (Carles).

3° On verse dans le vin un petit excès d'ammoniaque, puis quelques gouttes d'une solution concentrée de sulfhydrate d'ammoniaque ; par la filtration, on a un liquide coloré en vert, si le vin est pur ; il offre des nuances bleues ou rouges, si le vin a été coloré artificiellement (Filhol). Mais ce procédé ne donne pas de différences de nuances, si le vin a été coloré avec du sureau, des roses trémières où de l'acétate de rosaniline (Carles).

4° Nées d'Esenbeck ajoute au vin un volume égal d'une solution d'alun (alun 1 partie pour eau distillée 12 parties), puis y verse avec précaution et sans aller jusqu'à la décomposition complète de l'alun une solution au 8° de carbonate de potasse : il se précipite une laque d'un gris sale virant sur le rouge, soluble en partie dans un excès d'alcali et prenant alors une coloration gris cendré. Si le vin est nouveau, le précipité est vert, tandis que, pour le vin coloré artificiellement, la laque formée est rose, bleue ou violette.

5° Jacob, de Tonnerre, traite le vin par un poids égal d'une solution de sulfate d'alumine au 10° ; puis il y verse une quinzaine de gouttes de solution alcaline (carbonate d'ammoniaque 8 grammes, eau distillée 100 grammes). Il se produit une laque grisâtre peu colorée avec le vin naturel, et des précipités de couleurs variées, si le vin contient des matières colorantes étrangères. Comme quelques-uns de ces précipités se ressemblent beaucoup, Jacob a indiqué de faire usage du sous-acétate de plomb, qui donne les colorations différentes suivantes :

	SULFATE D'ALUMINE ET CARBONATE D'AMMONIAQUE.	SOUS-ACÉTATE DE PLOMB.
Vin naturel	Précipité grisâtre clair.	Précipité gris bleuâtre.
— et bois d'Inde....	— violet foncé......	— bleu gris foncé.
— et bois de Fernambouc......	— rose carmin......	— rouge carmin.
— et pétales de coquelicot	— gris-ardoise......	— gris sale.
— et baies d'hièble..	— violet clair......	— gris bleuâtre et liqueur surnageante violette.
— et baies de sureau.	— gris bleuâtre......	— vert sale peu prononcé.
— et tournesol......	— rose carmin......	— gris bleuâtre.

Un procédé bien simple, pour reconnaître si un vin est artificiellement coloré, consiste à humecter de vin une petite éponge bien douce et à la déposer sur une assiette renfermant quelques millimètres d'eau : si le vin est naturellement coloré, l'eau ne dissoudra pas immédiatement le principe colorant, et il faudra de quinze à trente minutes pour que le mélange soit complet ; si la matière colorante est d'origine étrangère, l'eau de l'assiette sera immédiatement colorée.

Le *raisin d'Amérique, Phytolacca decandra* L., dont on emploie les fruits, soit en nature, soit sous forme de rob, donne au vin une teinte très-vive et très-riche, mais dont la nuance violette est si prononcée qu'elle met le consommateur en garde contre la fraude. La soude et l'ammoniaque lui donnent une couleur jaune, qui se reconnaît même dans un mélange de 0,50 de vin rouge naturel. (Carles.)

Les baies de *myrtille, Vaccinium Vitis-Idœa*, L., rarement employées par suite de leur odeur particulière, du peu de solubilité de leur matière colorante, donnent un précipité quand on les mélange au vin. Leur solution étendue est rouge grenat, ne se décolore pas par l'albumine et et verdit par l'acétate d'alumine (Carles).

Les *roses trémières, Althœa rosea*, L., donnent au vin blanc une belle couleur qui ressemble à celle des beaux vins rouges, mais elle leur communique un parfum spécial qui n'échappe pas aux dégustateurs ; d'autre part, après quelques mois, les vins colorés par les roses trémières prennent un goût plat et désagréable, puis leur couleur se ternit. Pour reconnaître cette fraude, il faut coller le vin avec un excès d'albumine qui sépare le pigment artificiel de la couleur naturelle ;

on traite alors par l'acétate d'alumine liquide, saturé d'alumine, qui détermine immédiatement une coloration violette pure : comme cette même nuance s'obtient avec le sureau et aussi avec quelques vins au sortir de la cuve à fermentation, on ne pourra donc pas conclure immédiatement à la falsification par les roses trémières. (Carles.)

Le *bois d'Inde* ou de *Campêche,* dont l'usage pour colorer les vins paraît remonter à 1696, donne une teinte bleue violacée au papier Berzelius qui a été imbibé d'une solution concentrée d'acétate neutre de cuivre : il faut avoir soin de promener le long de la bandelette de papier la goutte qui restait suspendue à l'extrémité et de sécher rapidement (Lapeyrère).

Le *suc de betterave* colore le papier en rouge pâle, tandis que le vin naturel lui communique une teinte grise, ou tout au plus gris rosé. (Lapeyrère).

Les *baies de sureau, Sambucus nigra,* L., communique aux vins la propriété de verdir par l'addition d'une grande quantité d'eau, de bleuir par l'acétate d'alumine, de verdir franchement par l'ammoniaque, et de donner un précipité rosé par l'extrait de Saturne.

La *cochenille ammoniacale* donne au vin, dont on a versé 10 à 20 gouttes dans un pot de porcelaine de 250 grammes rempli d'eau potable, la propriété de virer au violet en quinze à vingt minutes, sous l'influence du bicarbonate de chaux de l'eau. On se débarrasse de la couleur naturelle du vin rouge par un excès d'albumine, et la liqueur filtrée donne avec les acides et les alcalis les mêmes réactions qu'une solution aqueuse de cochenille : il faut observer que quelques vins nouveaux donnent des réactions très-voisines. (Carles.)

On a aussi fait usage, pour colorer le vin, de préparations à base de *fuchsine,* et il paraît que cette pratique est très-répandue aujourd'hui dans le midi de la France. Or, si l'on peut, il est vrai, obtenir la fuchsine entièrement pure, tout en employant, pour une certaine phase de sa préparation, l'acide arsénieux, il n'en existe pas moins, dans le commerce, des fuchsines plus ou moins arsenicales et dont, par suite, l'introduction dans le vin ne peut être que très-dangereuse. Il y a donc nécessité, ainsi qu'en a conclu le Comité consultatif d'hygiène publique, d'interdir son emploi aux producteurs et négociants en vins. (Bergeron.)

Le *rouge d'aniline* donne au vin une nuance tellement vive, qu'il faut l'obscurcir par des matières colorantes jaunâtres ; mais on reconnaît cette fraude, d'autant plus dangereuse pour la santé du consommateur que cette couleur est toujours plus ou moins arsenicale, en versant dans une fiole de verre blanc de 130 centimètres cubes le vin suspecté et en le traitant par 10 grammes de sous-acétate de plomb, puis par 20 grammes d'alcool amylique : on agite vivement le mélange, qui se décolore si le vin est pur, par suite de la précipitation de la matière colorante naturelle ; si le vin contient de la fuchsine, la liqueur conserve une coloration rouge, celle-ci étant dissoute dans l'alcool amylique, qui ne peut séparer l'œno-line de sa combinaison avec le plomb. (Romei.) On peut encore verser 5 à 6 grammes de vin suspecté dans un flacon de 30 c. c., ajouter un excès d'alcali volatil, achever de remplir avec de l'éther pur, agiter et laisser reposer. La base incolore rosaniline se dissout dans l'éther sur-nageant, et, décantée dans un autre flacon, elle prendra une couleur rouge par l'addition de quelques gouttes d'acide acétique : si l'on a ajouté un peu d'eau, celle-ci recueillera toute la couleur et rendra la réaction plus nette. (Falières.)

Pour reconnaître la falsification des vins par des matières colorantes étrangères, Carles (de Bordeaux) remplit d'eau potable un vase à fond blanc d'une contenance de 150 à 250 centimètres cubes et y ajoute 2 à 5 grammes du vin à essayer. Si le vin est pur, la couleur rouge primitive persiste pendant plusieurs heures, tandis qu'on aura des indices de falsification s'il vire au vert ou au violet.

Les réactions ne sont pas aussi nettes, si l'on a affaire à un mélange de vin rouge et de vin blanc rougi artificiellement ; mais le problème sera ramené au premier cas, par l'artifice suivant, basé sur la propriété qu'à l'albumine de dépouiller le vin de sa couleur naturelle en respectant la plupart des pigments artificiels : 100 grammes environ de vin seront mélangés dans un verre avec un demi-blanc d'œuf qu'on aura préala-blement délayé dans son volume d'eau. Après mélange intime, ce magma sera jeté sur un filtre de papier ou abandonné au repos. Par la filtration, on aura immédiatement un liquide limpide, qui pourra être aussitôt utilisé ; par le repos, ce résultat ne sera obtenu qu'au bout d'une demi-heure à une heure.

Avec ce nouveau vin collé, on répétera donc l'expérience première en doublant ou triplant la quantité de vin, car il est utile de commu-niquer à l'eau une teinte sensible. Si le vin ainsi traité vire au vert ou au violet, on pourra attribuer avec certitude ce changement à la présence d'un pigment artificiel. Mais, s'il conserve la couleur rouge, on n'aura pas encore la certitude d'avoir un vin naturel : car le vin de phytolacca et de rosaniline conserve les allures du vin pur vis-à-vis de l'eau. Il sera facile néanmoins de caractériser ces deux substances; car, tandis que le vin pur, après le collage, verdit franchement par l'alcali volatil (les cristaux de soude, la lessive des cendres), le vin qui contient du *Phytolacca*, au contraire, prend une couleur jaune franc et le vin de rosaniline se décolore.

Si dans les essais avec l'eau potable le vin pur ou le vin fraudé sont devenus verts ou violets, on peut avoir quelquefois intérêt à connaître à laquelle de ces substances : sureau, myrtilles, rose trémière, cochenille, on doit l'attribuer. L'alcali volatil, l'acétate d'ammoniaque, l'extrait de Saturne, renseigneront sur ce point. Avec l'alcali, le vin, traité par l'albumine et filtré devient violet s'il contient de la cochenille ; vert pour le sureau et la rose, jaune verdâtre pour le myrtille. L'acétate d'alumine, au contraire, ne verdira que le myrtille ; tandis que, par l'extrait de Saturne, le vin de sureau précipitera en rose, et le vin de roses trémières en vert bleu.

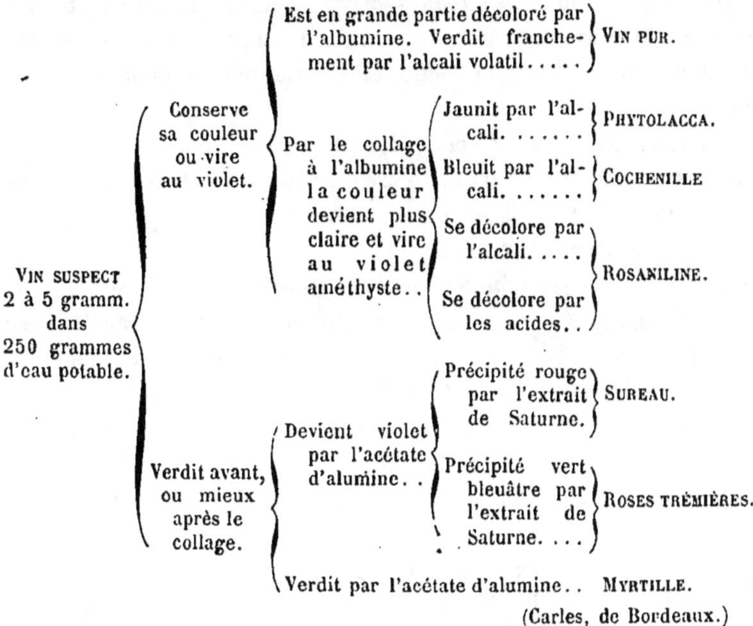

(Carles, de Bordeaux.)

Au lieu d'opérer sur le vin clarifié à l'albumine, on peut traiter les lies restées sur le filtre par l'alcool fort. Plus solubles dans ce dissolvant que la couleur propre du vin, les pigments artificiels s'en séparent quelquefois si nettement qu'on peut pressentir leur origine à leur seule teinte. Le tableau synoptique de la page 604 résume l'ensemble des réactions à obtenir.

E. Duclaux indique (*Comptes rendus*, mai 1874) le moyen suivant pour reconnaître la présence dans le vin de la *mauve*, du *Phytolacca* et du *carmin de cochenille*. La matière colorante de la *mauve*, sous l'action de l'oxygène, devient de plus en plus soluble dans l'eau, au contraire de celle du vin. Le spectroscope qui donne avec la *cochenille*, des bandes d'absorption absolument différentes de celles du vin, permet la distinction. L'hydrogène naissant ne décolore le vin que très-lentement, tandis qu'il décolore subitement le *Phytolacca*. Le mélange de cette dernière substance avec le vin, même s'il n'y a que 1/5, se reconnaît à ce que la décoloration du vin est singulièrement activée.

On a cherché à imiter le vin et à augmenter le rendement en faisant usage d'eau sucrée ajoutée à une partie de la récolte ; et l'on dit avoir obtenu ainsi des résultats très-satisfaisants en obtenant des fermentations successives sur un même poids de marcs. On pourrait reconnaître ces vins, qu'on a nommés *raisin-sucreux*, à ce qu'ils contiennent une proportion moindre de tartre et de tannin. Il ne paraît pas que ces produits puissent exercer une action fâcheuse sur l'économie. (Maumené.)

Les *imitations de vins*, ou *vins de fruits*, peuvent fournir des liquides agréables au goût et d'un très-bon usage ; mais ce n'est pas du vin et on les reconnaîtra à ce qu'ils ne contiennent que des acides malique et citrique et pas d'acide tartrique.

Les *vins artificiels* ou *factices* ont été faits de mille manières, mais ils ont eu un insuccès mérité. La répression sévère qui a été appliquée à ce genre de commerce l'a heureusement, pour ainsi dire, annihilé. C'étaient des liquides résultant de la fermentation dans de l'eau, de *pain de seigle*, de *baies de genièvre*, et d'autres fruits, colorés avec des bois de teinture, du sucre de betteraves, et aromatisés avec de l'essence de framboise, mixtures dont le goût seul indiquait qu'ils n'étaient pas du vin.

D'après Cadet, les Anglais préparaient, dans leurs colonies, du *vin de sucre*, avec sucre 240 livres, eau 2 muids et levûre 4 livres. Ils le coloraient avec le tournesol et l'aromatisaient avec une huile essentielle. Parmentier assure avoir fait un très-bon *muscat* en faisant fermenter :

sucre, 108 kilog., tartre, 5 kilog., fleurs de sureau, 40 kilog., et eau,
154 kilog. L'intérêt de tous ces essais est presque nul. (Maumené.)

Maumené a constaté qu'on avait vendu, en 1857, dans les Ardennes,
un prétendu *vin blanc* qui n'était qu'une simple dissolution de *glycose*
ou *sucre de fécule* sans addition d'alcool; sa densité était 1,0385, sa
richesse alcoolique $0^{gr},25$; le poids du résidu par litre était de
107 grammes.

Les vins, rendus mousseux artificiellement, abandonnent leur gaz
dès qu'ils se trouvent au contact de l'air, tandis que les vins gazeux
par suite de la fermentation, continuent pendant quelque temps à laisser dégager des bulles de gaz.

Analyse des vins falsifiés par le suc fermenté des fruits (*Bull. de la Soc. d'en-
cour.*, janv. 1863). — BATILLIAT, *Traité sur les vins de la France.* — BERGERON (E.),
Sur le vinage (*Ann. d'hyg. et de méd. lég.*, 2ᵉ série, 1870, t. XXXIV, p. 5).
— BERGERON, *Rapport sur le vinage* (*Bull. de l'Acad. de méd.*, 1870, t. XXXV,
p. 389). — *Emploi des couleurs d'aniline pour la coloration des vins* (*Bull. du
com. consult. d'hyg. publ. de France*, 1874, t. III, p. 370). — BERTHELOT et de FLEU-
RIEU, *Dosage de la potasse, de la crème de tartre et de l'acide tartrique dans les
vins* (*Journ. chim. médic.*, 3ᵉ série, 1864, t. XLVI, p. 92). — BLUME, *Sur les vins
rouges colorés artificiellement et le moyen de les reconnaître* (*Polytech. Journ.*,
t. CLXX, p. 240; *Union pharmac.*, 1864, t. V, p. 152; *Journ. pharm. et chim.*,
3ᵉ série, 1863, t. XLV, p. 108). — BUSSY, *Les vins mutés à l'acide sulfureux
sont-ils nuisibles à la santé* (*Recueil des travaux du com. consult. d'hyg. publ. de
France*, 1873, t. II, p. 264). — *Rapport sur les vins plâtrés* (*Recueil des travaux du com. consult. d'hyg. publ. de France*, 1873, t. II, p. 249). — BUSSY et
BOUTRON-CHARLARD, *Procès-verbal d'expertise pour l'examen d'un liquide vendu
comme du vin* (*Ann. d'hyg. et de méd. lég.*, 1837, t. XVII, p. 325). — CARLES (P.),
Sur la coloration artificielle des vins et sur quelques moyens de la déceler (*Bull.
de la Soc. de pharm. de Bordeaux,* — CHAMPOUILLON, *Vérification des qualités des
vins* (*Recueil des mém. de méd. milit.*, 1868, p. 488). — CHAPTAL, *De l'art de faire
le vin,* 1819. — CHEVALLIER, *Note sur la coloration artificielle des vins* (*Ann. d'hyg.
et de méd. lég.*, 2ᵉ série, 1856, t. V, p. 5). — *Sur l'examen chimique des vins
considéré sous le rapport judiciaire* (*Ann. d'hyg. et de méd. lég.*, 2ᵉ série, 1857,
t. VII, p. 374). — *Du plâtrage des vins et de ses effets sur l'économie* (*Ann. d'hyg.
et de méd. lég.*, 2ᵉ série, p. 79, 299). — *Examen d'un vin plâtré et coloré artificiellement* (*Ann. d'hyg. et de méd. lég.*, 2ᵉ série, 1870, t. XXXIII, p. 74). — COT-
TEREAU (E.), *Des altérations et des falsifications du vin et des moyens physiques et
chimiques pour les reconnaître,* 1851. — HAGER, *Reagents for natural and artificial colors of wines* (*Pharm. Central Halle*, 1872, nᵒ 27; *Proceed. Amer. Pharm.
Asocs.*, 1874, p. 238). — LAPEYRERE, *Détermination de la matière colorante du
bois de Campêche dans le vin par l'acétate de cuivre* (*Journ. pharm. et chim.*,
4ᵉ série, 1870, t. XI, p. 291). — LASSAIGNE, *Observations nouvelles sur les caractères physiques et chimiques que présentent les vins rouges additionnés d'alun* (*Ann.
d'hyg. et de méd. lég*, 2ᵉ série, 1831, t. V, p. 414). — LEJEUNE, *De l'alcoométrie,
nouveau pèse-alcool* (Thèse de pharmacie, Paris, 1872). — *Note sur un nouvel alcoomètre* (pèse-alcool Lejeune), (*Archives de médecine navale*, 1873, t. XIX,

p. 141). — Lhéritier, *Rapport sur le vinage* (*Bull. du com. consult. d'hyg. publ. de France*, 1873, t. II, p. 288). — Limousin et Berquier, *Note sur un nouvel alcoomètre-œnomètre* (*Journ. pharm. et chim.*, 3e série, 1868, t. VIII, p. 241). — Magnes-Lahens, *Présence de l'aldéhyde dans le vin, le vinaigre et l'eau-de-vie* (*Journ. pharm. et chim.*, 3e série, 1855, t. XXVII, p. 37). — Mahier, *Sur l'altération ou la falsification des vins blancs avec le cidre de poires ou de pommes* (*Union pharm.*, 1861, t. II, p. 243). — Maumené (E.-J.), *Traité théorique et pratique du travail des vins*, 2e édit., Paris, 1874. — Moraveck, *Sur le vin fraudé avec du cidre* (*Polytech. Journ.*, 1863, t. CLXIII, 160; *Journ. pharm. et chim.*, 3e série, 1863, t. XLI, p. 442). — Musculus, *Sur le liquomètre ou pèse-vin capillaire* (*Journ. de pharm. d'Alsace-Lorraine*, 1874, t. I, p. 59). — Odeph (Alp.), *Sur la falsification des vins* (*Journ. chim. méd.*, 4e série, 1860, t. VI, p. 163). — Poggiale, *Analyse et essai des vins plâtrés* (*Journ. pharm. et chim.*, 3e série, 1859, t. XXXVI, p. 164). — *Report on wine, its uses and adulteration* (*Medical Press and Circular*, 1867, p. 195, 241). Roussin (Z.), *Falsification des vins par l'alun* (*Ann. d'hyg. et de méd. lég.*, 2e série, 1861, t. XV, p. 393). — Van den Sande, *Lettre sur la sophistication des vins*, Amsterdam, in-8, 1784. — *Réponse à la lettre sur la sophistication des vins*, Amsterdam, 1785. — Ville (Georges), *Fabrication, usage et vente des vins de teinte employés pour colorer artificiellement* (*Bull. du com. consult. d'hyg. publ. de France*, 1873, t. II, p. 277). — Wollin, *De la falsification du vin par la litharge*, Altemburgh, 1778.

VINAIGRE. Le *vinaigre* est le produit de la fermentation d'un certain nombre de liqueurs alcooliques d'origine végétale et de nature très-variée : on utilise, pour la fabrication du vinaigre, les vins, les eaux-de-vie de mélasse, de grains, des matières susceptibles de donner des produits alcooliques, telles que les mélasses, les lies de vie, les baquetures, la bière, le cidre, le poiré, etc., etc. Aussi tous les vinaigres sont-ils loin de se ressembler : mais tous ont, pour caractère commun, de contenir de l'acide acétique. Leur poids spécifique est 1,0630.

L'*acide acétique* est blanc, d'une odeur très-forte et agréable quand il est étendu ; il est solide jusqu'à $+17°$ C, il est volatil et bout à $+100°$ C, et s'il est étendu d'eau, il se concentre, en fournissant d'abord à la distillation plus de vapeurs d'eau que de vapeurs d'acide : il est soluble dans l'eau et l'alcool.

L'acide acétique pur, obtenu par la décomposition des acétates provenant de l'acide pyroligneux, doit avoir une odeur franche, sans traces d'empyreume, s'évaporer sans aucun résidu, et marquer 8° à l'aréomètre. L'acide sulfhydrique ne doit pas le colorer, et ni l'oxalate d'ammoniaque ni le nitrate de baryte ne doivent le précipiter; sinon on reconnaîtrait qu'il a été contaminé par des sels étrangers ou des substances métalliques.

Il peut contenir de l'*acide sulfureux* qui lui donnera une odeur caractéristique pour peu qu'il y en ait une certaine proportion : on pourrait d'ailleurs s'en assurer en versant peu à peu, dans l'acide suspect et coloré par quelques gouttes de sulfate d'indigo, de l'hypochlorite de soude. Si l'acide acétique est pur, la décoloration est immédiate ; sinon elle ne se fait que lorsque l'acide sulfureux a été détruit.

Le *vinaigre radical* est obtenu par la distillation de l'acétate de cuivre cristallisé bien sec : c'est un liquide incolore, très-fluide, d'une densité de 1,079, qui bout à $+ 56°$ C et a une odeur particulière due à la présence d'acétone. Cette odeur spéciale distingue le vinaigre radical de l'acide acétique ordinaire.

Le *vinaigre* peut être considéré comme de l'acide acétique étendu d'eau et impur, car il contient toujours des matières organiques. On en distingue plusieurs sortes :

1° Le *vinaigre de vin*, qui est le meilleur et provient, soit du vin rouge, soit du vin blanc ; ce qui influe sur sa couleur, mais non sur ses autres caractères généraux. Le vinaigre de vin est de couleur jaunâtre ou rouge, a une odeur acide alcoolique, est limpide, a une saveur franche et restant agréable après qu'il a été étendu d'eau ; il laisse un extrait visqueux, jaune brunâtre, très-acide et contenant les sels du vin ; il se trouble peu par le nitrate de baryte, l'oxalate d'ammoniaque et le nitrate d'argent ; il donne un précipité blanc par le sous-acétate de plomb ; il sature 0,07 à 0,08 de carbonate de soude sec. Il doit renfermer environ $2^{gr},5$ de tartre par litre. Il marque $2°,50$ à $2°,75$ à l'aréomètre Baumé.

Le vinaigre rouge est peu employé à Paris ; il doit quelquefois sa coloration à du *vin de Fismes* ou du *suc d'hièble*.

2° Le *vinaigre de cidre* ou de *poiré* ne s'emploie que très-rarement à Paris ; il est jaunâtre, a une odeur de pommes, et laisse un extrait mucilagineux ayant une saveur de pomme cuite et astringente, et ne contenant pas de tartrate ; sa densité est 2,00 ; il donne avec le nitrate d'argent, l'oxalate d'ammoniaque et le chlorure de baryum, de légers précipités ; le sous-acétate de plomb y détermine un précipité gris jaunâtre. Il sature 0,035 de carbonate de soude sec.

3° Le *vinaigre de bière*, qu'on ne rencontre qu'exceptionnellement à Paris et qui paraît y être employé surtout dans la chapellerie et la fabrication du cirage ; il est jaunâtre, a l'odeur de bière aigrie et a une densité de 320 ; il ne contient pas de tartrate ; son extrait a une saveur acide un peu amère ; il donne un léger précipité par l'oxalate d'ammoniaque, et des précipités abondants par le nitrate d'argent et le chlorure de baryum. Il sature 0,25 de carbonate de soude sec.

4° Le *vinaigre de bois, acide pyroligneux* qu'on a quelquefois substitué au vinaigre de vin et qu'on y mélange très-fréquemment pour en augmenter la force : on le reconnaît à l'odeur d'empyreume qu'il donne après la saturation de l'acide. D'autre part, le vinaigre contient du *sulfate* et de l'*acétate de soude*.

5° Le *vinaigre de glycose*, qui n'est presque jamais complétement purifié et dans lequel on retrouve de la *glycose*, de la *dextrine*, du *sulfate de chaux* et quelquefois même de l'*acide sulfurique* libre.

Le vinaigre ordinaire est composé d'eau, d'acide acétique et de bitartrate de potasse ; il contient souvent aussi une petite quantité d'alcool, et toujours de la matière végéto-animale, ainsi que des principes colorants.

Un bon vinaigre de vin doit être limpide, d'un jaune fauve assez foncé, avoir une densité de 1018 à 1020 (2,50 à 2,75 au pèse-vinaigre de Baumé). Il doit être acide, mais non âcre et ne pas rendre les dents rugueuses ; il se trouble un peu par le nitrate de baryte et l'oxalate d'ammoniaque, et très-faiblement par le nitrate d'argent ; il sature de 0,06 de son poids de carbonate de soude desséché. Si le vinaigre est trouble, jaune très-pâle, faiblement acide, s'il sature moins de 0,06 de carbonate de soude : s'il est acide au point de corroder les dents, ou s'il précipite instantanément et abondamment par le nitrate de baryte ou d'argent : s'il a une saveur âcre et une odeur désagréable : s'il se colore en brun noirâtre par le sulfhydrate de potasse, ou en rouge par le cyanure ferroso-potassique : ce vinaigre devra être considéré comme suspect. (Guibourt, *Journ. pharm.*, 3ᵉ série, X, 407.)

Une goutte ou deux de vinaigre pur rougissent le papier de tournesol : mais si l'on dessèche celui-ci au feu, la couleur bleue reparaît (Mittchell) ; ce caractère n'est pas constant et, par conséquent, ne peut servir de preuve de la pureté du produit.

Comme la qualité du vinaigre est loin d'être toujours la même, on a dû chercher le moyen de la reconnaître ; on a proposé d'en rechercher la densité au moyen d'un *pèse-vinaigre* ou *acétimètre*, mais le plus souvent les acétimètres n'ont pas été construits avec tout le soin désirable et, d'autre part, ils ne donnent pas toujours des indications justes, la densité pouvant varier suivant que le vinaigre renferme plus ou moins de matières extractives, ou a été additionné d'acide sulfurique, de sel marin, etc. Chevallier s'est assuré, par des expériences comparatives, qu'on devait accorder peu de confiance au pèse-vinaigre, dont les indications sont souvent en contradiction avec celles que donne la saturation de l'acide par le sous-carbonate de soude. Guibourt pense cependant qu'on peut déterminer la qualité et la force des vinaigres par la connaissance de leur densité, et obtenir ainsi des résultats au moins approximatifs, en employant le densimètre de Collardeau, ou le pèse-vinaigre, portant les degrés de 0 à 8, divisés par dixièmes : les bons vinaigres d'Orléans ayant une densité de 1,018 à 1,020, ou marquant de 2°,50 à 2°,75 au pèse-vinaigre, on devra supposer qu'un vinaigre qui a seulement 1,014 ou 2° Baumé est inférieur et a été allongé d'eau.

Taylor frères ont donné les nombres suivants qui peuvent suffire *pour les transactions commerciales*, bien qu'ils ne donnent pas une certitude absolue :

Pesanteur spécifique	1,0085,	teneur en acide anhydre pour 100	5
—	1,0170	—	10
—	1,0257	—	15
—	1,0320	—	20
—	1,9470	—	30
—	1,0580	—	40

En Angleterre on détermine la force du vinaigre, non pas en pressant directement sa pesanteur spécifique, mais en constatant sa densité après qu'il a été saturé de chaux vive : on se base sur ce que la fraction décimale de la pesanteur spécifique de l'acétate de chaux est à très-peu près le double de celle du vinaigre pur qui lui correspond. Mais comme le vinaigre de malt contient toujours une très-forte proportion du mucilage ou du gluten, l'opération se trouve faussée, et par conséquent le procédé anglais ne doit pas être accepté.

La saturation de l'acide donne des résultats meilleurs, et diverses substances ont été indiquées comme pouvant servir à cette opération : la soude caustique, la craie, le carbonate de potasse, le carbonate de soude, l'ammoniaque. Il est bon de débarrasser préalablement le vinaigre des substances qu'il contient au moyen de la distillation presque jusqu'à siccité, pour obtenir l'acide acétique sous une forme plus concentrée ; mais le plus souvent on opère directement sur le vinaigre.

L'usage de la craie doit être abandonné, ce corps étant rarement pur ; le carbonate de potasse a l'inconvénient d'être trop hygrométrique, et d'acquérir, par absorption de l'eau, un poids supérieur qui sera une cause d'erreur (100 part. de vinaigre demandent, pour leur saturation, 10 part. de carbonate de potasse pur et sec) (Soubeiran). Le carbonate de soude paraît préférable (100 part. de vinaigre exigent, pour leur solution, 6 à 7 grammes de ce sel). Pour déterminer la saturation du vinaigre, on dissout dans 50 grammes d'eau pure 1^{gr},48 de carbonate de soude pur et sec, on place la liqueur dans un tube acétimètre gradué qu'on remplit jusqu'au n° 100 ; on a d'autre part 20 grammes de vinaigre dans une capsule, et l'on verse la liqueur alcaline jusqu'à ce que le vinaigre soit en entier saturé, ce qui est indiqué parce qu'il ne fait plus virer au rouge le papier de tournesol. On doit avoir soin, à la fin de l'expérience, de chauffer un peu le vinaigre pour chasser l'acide carbonique en dissolution, qui resterait libre dans la liqueur. Le nombre des divisions employées indiquera la force du vinaigre. Mais comme les vinaigres renferment des sels acides et des acides libres autres que l'acide acétique, le résultat n'est pas parfaitement exact ; il est toujours un peu trop fort. Aussi Lassaigne a-t-il indiqué de faire deux saturations successives avec la même liqueur alcaline d'épreuve, l'une sur un volume connu de vinaigre, l'autre sur le résidu de l'évaporation d'un même volume de vinaigre : il suffit de soustraire la proportion d'alcali donnée par la saturation de ce résidu de celle employée dans la première opération faite directement sur le vinaigre, pour connaître exactement l'alcali, saturé par l'acide acétique pur.

Ure donne la préférence, pour l'essai des vinaigres, à l'ammoniaque liquide ayant une pesanteur spécifique de 0,992, dont 65 grammes saturent 3,90 grammes d'acide acétique monohydraté. Comme le bon vinaigre contient 0,06 d'acide hydraté, il en résulte que 65 grammes de ce vinaigre doivent saturer 65 grammes d'ammoniaque.

Reveil sature le vinaigre par une liqueur alcaline, borate de soude (45 grammes pour un litre d'eau), additionnée d'un peu de soude caustique. On prend avec une pipette (fig. 217, 218) 4 centimètres cubes de vinaigre, qu'on laisse couler dans un tube de verre gradué *acétimètre* et qui vient affleurer au 0. On verse goutte à goutte la liqueur alcaline titrée jusqu'à ce que la teinte du tournesol qui la colore soit bleu violacé, et en lisant sur l'acétimètre la division, on a la quantité d'acide acétique pur. Comme l'instrument ne porte que 25 degrés, il faut, si le vinaigre est plus fort, le couper par 2 ou 3 volumes d'eau et multiplier par 2 ou 3 le degré observé.

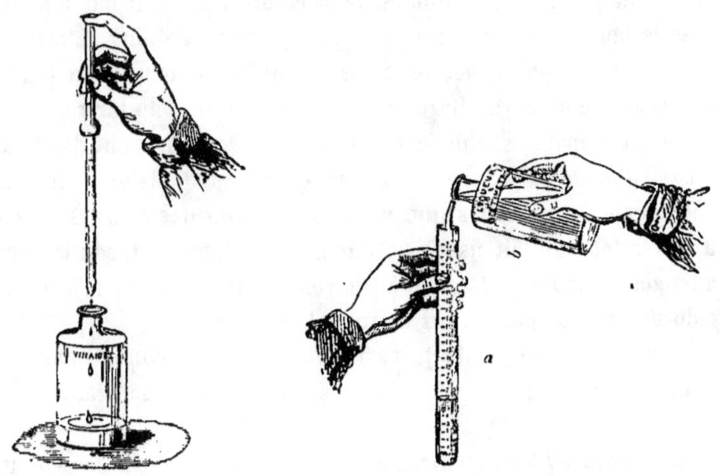

Fig. 217. — Acétimétrie.   Fig. 218. — Acétimétrie.

Le vinaigre, en raison de ses propriétés acides, peut attaquer les vases qui le contiennent, et, par suite, renfermer du *cuivre*, du *plomb*, du *zinc*, et surtout du *fer*, qu'on reconnaît, soit dans l'extrait, soit dans les résidus de la calcination, traités par l'acide nitrique étendu.

Le *cuivre* donne, avec le cyanure jaune, un précipité brun marron ; avec l'acide sulfhydrique, un précipité brun ou noir.

Le *plomb*, qu'on rencontre surtout dans les vinaigres fabriqués avec des baquetures, donnera un précipité jaune avec l'iodure de potassium, et un précipité noir par l'acide sulfhydrique.

Le *zinc* est précipité en blanc par le cyanoferrure de potassium.

Les *sels de chaux*, qu'on trouve quelquefois dans le vinaigre, proviennent de ce qu'on l'a décoloré par du charbon animal : il se fait quelquefois un dépôt spontané de *sulfate de chaux*, sous forme de poudre blanche et cristalline : l'ammoniaque précipite le phosphate de chaux, et le chlorure de baryum donne un précipité blanc.

Le vinaigre de vin est falsifié fréquemment ; on lui substitue quelquefois les *vinaigres de cidre, de poiré* et *de bière*, dont nous avons donné les caractères distinctifs au commencement de cet article. Quelquefois on le coupe avec du *vinaigre de glycose*, qui se reconnaît au précipité de flocons de dextrine qui se fait lorsqu'on le mêle au double de son volume d'alcool à 90° : on pourra encore le déceler en évaporant jusqu'à consistance sirupeuse, et traitant par l'alcool à 85° : la liqueur, décolorée par le noir animal lavé se colorera en noir par son ébullition avec la potasse, ou décomposera le liquide de Fehling. L'extrait du vinaigre, ainsi sophistiqué, ne se dissout qu'en petite quantité par l'alcool, et laisse une matière glutineuse intimement unie au tartre.

Les principales sophistications du vinaigre consistent dans l'addition *d'eau*, *d'acide sulfurique* et de *caramel*, auxquels on ajoute diverses substances âcres, telles que du *Capsicum* ou des *graines de paradis :* d'autres fois, on fait usage de l'*acide pyroligneux.* L'eau est destinée à allonger le vinaigre ; l'acide, à lui rendre de la force ; le caramel, à le colorer, et les épices à lui donner du parfum.

L'*eau*, qui diminue la force du vinaigre, se reconnaît par l'acétimétrie, soit au moyen du pèse-vinaigre, soit plutôt en saturant l'acide acétique.

Le *vinaigre blanc* ou *distillé* consiste le plus souvent dans un mélange d'eau et d'acide acétique, lequel n'a pas été distillé, malgré le nom qu'il porte.

L'addition de l'*acide sulfurique* se reconnaît par plusieurs procédés : le procédé Descroizilles consiste à verser sur du papier tournesol une goutte de vinaigre pur et une goutte de vinaigre falsifié par l'acide sulfurique : ce papier, étant exposé à l'air, perd de sa couleur rouge, et passe au bleu en se desséchant pour le vinaigre pur, ce qui n'a pas lieu pour le papier taché avec l'acide sulfurique. Ce procédé est impuissant, d'après Bussy et Boutron-Chalard.

Si le vinaigre contient 0,02 à 0,03 au moins d'acide sulfurique, un morceau de papier blanc qui y a été trempé et qu'on dessèche fortement noircit et se charbonne.

Le chlorure de baryum détermine la formation de sulfate de baryte ; mais il ne faut pas oublier que si le vinaigre renferme des sulfates, il y a également un précipité : le chlorure de baryum n'indique donc pas absolument la présence de l'acide sulfurique libre. Il vaut mieux évaporer un demi-litre de vinaigre suspect au bain-marie, jusqu'à concentration au 8ᵉ, laisser refroidir, ajouter 5 à 6 volumes d'alcool pur à 88° C., agiter avec une baguette de verre, filtrer, laver le filtre avec de l'alcool, puis étendre d'eau et précipiter par le chlorure de baryum, qui donnera une quantité de sel en rapport avec celle de l'acide sulfurique libre, puisque les sels auront été préalablement séparés par l'alcool.

La densité du vinaigre additionné d'acide sulfurique change : c'est ainsi que du vinaigre marquant 0,80, donne 1,60, 2,40 et 3,20, étant additionné de 0,01, 0,02 ou 0,03 d'acide sulfurique. (Chevallier et Gobley.)

Pelouze et Fremy ont indiqué l'ébullition pendant vingt à trente minutes du vinaigre additionné de fécule, et lorsque la liqueur est refroidie, on y ajoute de l'iodure de potassium : s'il y a de l'acide sulfurique, on n'obtient pas de coloration bleue. Mais il ne faut pas oublier que ces réactions sont données par les sulfates, de telle sorte qu'il y a là une source d'erreur. Si l'on emploie, comme l'avait proposé Payen, de l'iode au lieu d'iodure, ou si l'on acidule avec une goutte d'un mélange d'acide azotique 1 et acide sulfurique 10, qui décompose l'iodure, on a alors la coloration bleue. (Memminger, *Journ. Pharm. et Chim.*, 3ᵉ série, XXXIV, 212.)

Chevallier a proposé d'évaporer le vinaigre au 8ᵉ de son volume, de laisser refroidir et de traiter le résidu par cinq ou six fois son volume d'alcool très-rectifié : on filtre, on étend d'eau distillée, et l'on ajoute du chlorure de baryum, qui donne un précipité, s'il y a de l'acide sulfurique. Ce procédé a l'inconvénient qu'il se fait également un précipité si le vinaigre renferme du sulfate de potasse ou de chaux, mais l'action est moins rapide que s'il y a de l'acide sulfurique libre.

J.-T. King verse une once de vinaigre suspect dans une petite capsule de porcelaine qu'il chauffe au bain-marie jusqu'à ce que le liquide ait pris la consistance d'extrait ; il refroidit, ajoute une demi-fluid-once (24 grammes) d'alcool fort, et triture avec soin pour dissoudre l'acide sulfurique en laissant les sulfates. Après quelques heures de contact, il filtre, ajoute une fluid-once (48 grammes) d'eau distillée, et chasse l'alcool à une douce chaleur sur un bain de sable ; quand l'alcool a disparu, il laisse reposer de nouveau quelques heures, filtre, acidule avec de l'acide chlorhydrique, et verse quelques gouttes de chlorure de baryum, qui donne un précipité blanc, même s'il n'y a qu'un 500ᵉ d'acide sulfurique.

Les vinaigres de malt, qui sont ceux qu'on emploie le plus fréquemment en Angleterre, sont fréquemment additionnés d'*acide sulfurique*, et l'on a même admis qu'ils devaient normalement en contenir une certaine quantité, leur fabrication devenant impossible sans cette tolérance. L'expérience a démontré qu'on pouvait obtenir du vinaigre de malt pur de tout acide sulfurique. (Pereira.)

Comme l'acide sulfurique du commerce, surtout celui qui a été fabriqué avec des pyrites contient quelquefois de *l'arsenic*, il en résulte qu'on a parfois trouvé ce corps dans certains vinaigres.

Le vinaigre a été quelquefois mélangé d'*acide chlorhydrique*, ce qui ne modifie que peu sa densité. Pour reconnaître cette sophistication, il faut faire distiller le vinaigre et traiter le produit de la distillation par le nitrate d'argent, qui donnera alors un précipité de chlorure d'argent blanc, caillebotté, insoluble dans l'acide nitrique, et soluble dans l'ammoniaque.

En 1873, on a constaté à Liverpool un décès qu'on a attribué à l'usage d'un vinaigre, qui était fortement adultéré par l'acide chlorhydrique. (*Proceed. Amer. Pharm. Assoc.*, 1874, p. 488.)

L'addition de *l'acide nitrique* ne s'est faite que très-rarement ; mais par le traitement par le carbonate de potasse, on fera de l'acétate dans lequel il sera facile de reconnaître la présence du nitrate et par suite de dévoiler la sophistication.

On ajoute au vinaigre quelques gouttes de solution de sulfate d'indigo et l'on porte à l'ébullition ; si le liquide se décolore et passe ensuite au jaune brun, il contient de l'acide nitrique. Le vinaigre rouge se comporte comme le vinaigre blanc ; cependant il se trouble, fournit des flocons jaune rougeâtre qui se précipitent après un certain temps, et prend une nuance jaune clair. 1/25e d'acide azotique peut être reconnu par ce procédé. (Cauvet.)

L'acide tartrique a été quelquefois ajouté au vinaigre, mais ce mélange se reconnaît par l'évaporation au 3/4 du vinaigre : après refroidissement on verse une solution concentrée de chlorure de potassium, qui détermine la formation de cristaux de crème de tartre. On peut encore saturer le vinaigre par la potasse : puis l'addition d'un chlorure de baryum ou de calcium détermine la précipitation de tartrate de chaux ou de baryte.

Il vaut mieux évaporer le vinaigre en consistance d'extrait, reprendre cet extrait par l'alcool, filtrer, étendre d'eau, chauffer pour volatiliser l'alcool et traiter enfin le liquide aqueux par du chlorure de potassium ; la production d'un précipité de bitartrate de potasse décèle l'existence de l'acide tartrique libre. (Cauvet.)

L'acide oxalique augmente la densité du vinaigre et se reconnaît par
la saturation au moyen de l'ammoniaque ou du carbonate de soude et
par l'action du chlorure de calcium qui donne un précipité abondant,
insoluble dans le chlorhydrate d'ammoniaque.

La présence du *sulfate de chaux* est indiquée par le nitrate de baryte,
et l'oxalate d'ammoniaque. On peut en déterminer la proportion avec
une liqueur titrée de chlorure de baryum.

Le *carbonate de chaux*, qui s'est transformé en acétate, donne un
précipité abondant par l'oxalate d'ammoniaque.

Le *sulfate de soude*, qui est dû à l'addition au vinaigre de l'acide
pyroligneux impur, est indiqué par le précipité faible que détermine
l'oxalate d'ammoniaque et celui très-abondant que donne le chlorure de
baryum. On évapore le vinaigre en consistance d'extrait, on traite par
l'alcool à 85°, on reprend le résidu par l'eau distillée, on filtre et l'on traite
le liquide par l'antimoniate de potasse. (Cauvet.)

L'acétate de soude, qui se trouve aussi dans le vinaigre additionné
d'acide pyroligneux, se reconnaît par l'action du perchlorure de fer sur
la liqueur alcoolique : il se fait une coloration rouge foncé et le mélange
porté à l'ébullition se trouble et donne un précipité d'hydrate de peroxyde
de fer. On peut encore évaporer à siccité une partie de liquide alcoolique,
carboniser les matières organiques, et reprendre par l'eau distillée ;
le soluté est filtré et évaporé, et le résidu est chauffé dans un tube avec
un peu d'alcool et d'acide sulfurique ; il se dégagera un peu d'éther acétique reconnaissable à son odeur. (Cauvet.)

L'alun, qui provient le plus souvent de ce que les vins servant à la
fabrication du vinaigre ont été alunés, se reconnaît par le procédé indiqué
à l'article VIN.

Le *chlorure de sodium* et les autres *chlorures* sont indiqués par le
précipité blanc caillebotté abondant que le nitrate d'argent détermine :
d'autre part l'extrait, obtenu par l'évaporation du vinaigre, est en proportion considérable et a une saveur salée. Le sel augmente la densité
du vinaigre dans une proportion considérable : 0,03 de sel donnent
une densité de 5,10 à un vinaigre pur, qui marquait 2,40.

Il paraît qu'on a même ajouté au vinaigre du *sublimé corrosif*, sous
le nom de *Doctor*, pour lui donner de la force. C'est du moins ce qui
résulte d'une déposition faite en Angleterre devant la commission du
parlement sur les falsifications.

La *dextrine* forme un précipité floconneux dans le vinaigre additionné

d'alcool absolu : il faut traiter le vinaigre par deux fois son volume
d'alcool absolu. (Cauvet.)

La *glycose* se reconnaît en évaporant environ 50 grammes de vinaigre
en consistance sirupeuse, et reprenant le résidu par l'alcool à 85° ; le
soluté est filtré, décoloré par le charbon animal purifié, filtré de nouveau
et soumis à l'action de la liqueur de Fehling bouillante. L'abondance
relative de la réduction montre la proportion de glycose. (Cauvet.)

Le *vinaigre artificiel*, fait avec du vin et de l'acide, peut être indiqué
par l'ébullition du liquide : si à ce moment on approche une bougie
allumée les vapeurs s'enflamment, la totalité de l'alcool de vin étant
restée dans le liquide ; un vinaigre de bonne qualité ne brûle pas quand
on le chauffe (Cauvet). On peut encore saturer l'acide acétique avec du
carbonate de soude, distiller ensuite le liquide et prendre le degré alcoolique du produit de la distillation. Le degré obtenu, comparé à la quantité d'acide trouvée par le dosage acétimétrique, montrera dans quelles
proportions le mélange de vin et d'acide a été effectué. (Cauvet.)

Sous le nom de *vinaigre d'alcool* on a introduit dans le commerce un
vinaigre préparé avec l'alcool du seigle et acétifié ensuite au moyen des
cuves de graduation de Schutzenbach. Ce vinaigre offre les qualités
d'un bon vinaigre et peut être employé sans inconvénient pour la santé ;
aussi sa vente est-elle tolérée, à la condition qu'il soit vendu sous le nom
de *vinaigre d'alcool*. (*Conseil d'hyg. et de salubrité*, 1861.)

On ajoute souvent, et depuis de longues années déjà, des substances
âcres au vinaigre, telles que du *poivre*, du *pyrèthre*, des *graines de
paradis*, de la *moutarde*. Ces vinaigres ont une saveur âcre et particulière ; leur extrait à une saveur âcre, piquante, caustique, que ne donne
pas le vinaigre ordinaire.

BOETTGER, *Procédé pour reconnaître l'acide sulfurique dans le vinaigre* (*Journ.
pharm. et chim.*, 3ᵉ série, 1845, t. VIII, p. 113) — CAUVET, *Examen et analyse
des vinaigres* (*Ann. d'hyg. et de méd. lég.*, 2ᶜ série, 1874, t. XLI). — CHEVAL-
LIER, *Observations sur les qualités diverses du vinaigre et sur ses falsifications* (*Ann.
d'hyg. et de méd. lég.*, 1863, t. XXX, p. 455). — *Réponse à des questions relatives
aux vinaigres livrés dans le commerce* (*Ann. d'hyg. et de méd. lég.*, 2ᵉ série,
1839, t. XXI, p. 86). — CHEVALLIER, GOBLEY et JOURNEIL, *Essais sur le vinaigre,
ses falsifications, les moyens de les reconnaître, d'apprécier sa valeur* (*Ann. d'hyg.
et de méd. lég.*, 1843, t. XXIX, p. 55). — GAULTIER DE CLAUBRY, *Analyse d'un
vinaigre falsifié* (*Ann. d'hyg. et de méd. lég.*, 1841, t. XXVII, p. 36). — GUIBOURT,
Essai du vinaigre (*Journ. pharm. et chim.*, 3ᵉ série, 1846, t. X, p. 94). — GAIL-
LARD, *Nouveau procédé pour la détermination de la richesse acétique du vinaigre*
(*Journ. pharm. et chim.*, 3ᵉ série, 1862, t. XLVI, p. 419). — KING (J.-T.), *To de-
tect sulphuric acid in vinegar* (*The Pharmacist*, Chicago, 1872, t. V, p. 118). ·

KRELL (G.), *Determining the amount of methylalcool in commercial wood spirit. (Amer. Journ. Pharm.,* 4ᵉ série, juin 1874, t. IV, p. 278). — MAGNES-LAHENS, *Présence de l'aldéhyde dans le vin, le vinaigre et l'eau-de-vie (Journ. pharm. et chim.,* 3ᵉ série, 1855, t. XXVII, p. 37). — MARCHAND et MÉNARD, *Présence de l'aldéhyde dans le vinaigre (Journ. pharm. et chim.,* 3ᵉ série, 1855, t. XXVII, p. 183). — MEMMINGER, *Sur la falsification du vinaigre (Journ. pharm. et chim.,* 3ᵉ série, 1858, t. XXXIV, p. 212). — MORIDE, *Sur le titrage des vinaigres (Journ. chim. méd.,* 3ᵉ série, 1853, t. IX, p. 665). — PETIT, *Sur l'impureté des vinaigres (Journ. chim. méd.,* 4ᵉ série, 1863, t. IX, p. 358). — REMER, *Police judiciaire pharmaco-chimique; falsifications accidentelles du vinaigre.*

VIOLETTE. Les fleurs de violette, *Viola odorata,* L.(Violariées), sont d'un bleu foncé, et sont munies d'un éperon en sac obtus, à peine plus long que les appendices du calice.

On substitue fréquemment à la violette odorante la violette des quatre saisons, *Viola odorata,* L., var. *alpina,* dont les fleurs sont doubles et plus odorantes, ou la violette de Palma (improprement nommée violette de Parme), dont les fleurs sont d'un bleu très-pâle.

Les maisons de droguerie de Paris fournissent en général, en place du *Viola odorata,* le *Viola calcarea,* L., à fleurs grandes, foncées en couleur, à pétales ovales, arrondis, à éperon gros, conique et obtus, trois fois plus long que les appendices du calice : et le *Viola sudetica,* Willd, à fleurs grandes, moins colorées, surtout à la base des pétales, à éperon grêle, long et aigu, deux fois plus long que les appendices du calice. (E. Soubeiran.)

TIMBAL-LAGRAVE, *Études pour servir à l'histoire botanique et médicale du genre Viola (Mém. de la Soc. de méd. chir. et pharm. de Toulouse,* 1853).

VIOLETTES (Sirop de). Le sirop de violettes a été remplacé par les *sirops de chou rouge,* de *coquelicot* ou *d'airelle,* avivés par un peu de potasse (Ebermayer) ; mais ces sirops ne verdissent pas par les alcalis.

On a fait de prétendu sirop de violettes avec les fleurs de l'*Iris germanica,* celles du *Delphinium,* etc., mais la saveur en est âcre, et l'odeur n'est pas la même.

D'après Fr. Kendall, le commerce anglais fournit des sirops de violettes, qui n'ont de la violette que le nom. Certains de ces sirops ont été colorés par de l'*indigo* en poudre, ou par de l'indigo dissous dans l'acide sulfurique ; d'autres n'étaient que du *sirop de coquelicot,* du *sirop de chou rouge,* du *sirop de pensées,* etc.

KENDALL (Fr.), *Falsification du sirop de violettes en Angleterre (Pharm. Journ.; Journ. chim. médic.,* 3ᵉ série, 1853, t. IX, p. 535).

WINTER (Écorce de). L'écorce de winter vraie, fournie par le *Dri-*

mys Winteri, Forst. (Magnoliacées), ne se trouve pas dans le commerce, où elle est remplacée par une écorce, sur l'origine de laquelle on n'a pas encore de renseignements positifs. Celle-ci se présente sous la forme de fragments roulés et cintrés, à surface externe gris rose ou gris rougeâtre, avec des taches rouges ovales ou circulaires disposées en spirale. Sa face interne est brune ou noirâtre, lisse ou munie d'arêtes saillantes non continues et de longueur variable ; son odeur est aromatique, forte ; sa saveur, camphrée, amère et chaude.

On lui a substitué, dans le commerce, une écorce provenant de la Jamaïque, et rapportée au *Cinnamomum corticosum;* mais elle se distingue par sa saveur âcre. (Hanbury.)

WINTER-GREEN (Essence de). L'*essence de Winter-green* est fournie par le *Pyrola umbellata*, L. (Éricacées). Elle est souvent mélangée de *chloroforme,* ce qui se reconnaît par la recherche de la densité et par celle du point d'ébullition. L'essence de *Pyrola* véritable a une densité de 1,18, tandis que celle d'un échantillon sophistiqué était de 1,24. Le point d'ébullition était de 200° Fahr. (95° C.) alors que celui de l'essence pure est à 400° Fahr. (200° C.). On reconnaît d'ailleurs l'odeur du chloroforme en chauffant légèrement l'essence dans un tube et en secouant ensuite. On peut aussi séparer le chloroforme par des distillations fractionnées : ce dernier moyen donne aussi la preuve de l'addition d'*essence de sassafras,* fraude qui se fait souvent aussi. (Pile et Ch. Bullock.) On reconnaît aussi l'addition d'essence de sassafras par l'action à froid de l'acide nitrique du commerce, qui ne colore pas l'essence de winter-green pure, et qui détermine sur l'essence de sassafras la production d'une masse résineuse d'un rouge vif.

American Pharmaceutical Journal, 4ᵉ série, 1873, t. III, p. 521.

YEUX D'ÉCREVISSE. Les *yeux* ou *pierres d'écrevisse* sont des concrétions calcaires que l'on trouve de chaque côté de l'estomac de l'*Astacus fluviatilis*, L., avant l'époque de la mue ; ce sont des corps à peu près discoïdes, durs, blancs, bombés sur une face et creux du côté opposé, avec un rebord saillant. Ils sont formés de couches concentriques. Ils prennent une teinte rosée par l'eau bouillante.

Ils sont constitués par du carbonate de chaux et une petite quantité de matière gélatineuse; ils sont insolubles dans l'eau, ne happent pas à la langue.

On trouve dans le commerce des *yeux d'écrevisse artificiels* et fabriqués avec de l'*alumine* ou une *terre alumineuse* : on les reconnaît à ce qu'ils happent à la langue et se dilatent dans l'eau. On en fabrique aussi avec du *carbonate de chaux* et du *plâtre* agglutinés au moyen d'un liant quelconque ; mais si l'on traite par un acide, on n'obtiendra pas de squelette organique, comme pour les concrétions naturelles.

ZINC. Le zinc est un métal blanc, bleuâtre, lamelleux et cristallin quand il est coulé en plaques épaisses ; malléable et ductile entre $+100°$ et $+150°$, il devient cassant vers $+260°$; il est fusible à $+360°$, et peut fournir des vapeurs qui s'enflamment au contact de l'air et donnent un oxyde sous forme de flocons blancs et légers. Il se dissout à froid, avec dégagement d'hydrogène, dans les acides sulfurique et chlorhydrique étendus.

Le zinc est presque toujours *plombifère ;* mais il contient fréquemment aussi du *soufre*, du *cadmium*, de l'*étain*, du *fer*, du *cuivre :* le traitement par l'acide nitrique dissout les divers corps métalliques, à l'exception de l'étain, qui se dépose sous forme d'acide stannique.

Le zinc peut être *arsénifère :* dans ce cas, il est cassant et peu propre au laminage : il est facile de reconnaître la présence de l'arsenic dans le zinc au moyen de l'appareil de Marsh, avec la précaution de ne faire usage que de réactifs absolument purs.

ELLIOT et FRANK STORER, *Sur les impuretés du zinc du commerce* (*Chemic. Centralbl.*, n° 59, p. 932 ; *Journ. pharm. et chim.*, 3° série, 1861, t. XXXIX, p. 158). — RODWELL, *Substances insolubles contenues dans le zinc du commerce,* (*Chemic. News*, 1860, n° 57; *Journ. pharm. et chim.*, 3° série, 1861, t. XXXIX, p. 212). — SCHAUEFFELE, *Recherches sur l'arsenic des zincs du commerce* (*Journ. chim. méd.*, 3° série, 1849, t. VI, p. 173).

ZINC (Oxyde de). L'*oxyde de zinc, fleurs de zinc, blanc de zinc,* est blanc, insipide, inodore, jaune quand on le chauffe, mais redevient blanc par le refroidissement ; il est insoluble dans l'eau, mais se dissout facilement dans les acides. Celui qui provient du traitement métallurgique, et qu'on nomme *tuthie* ou *cadmie des fourneaux,* est impur et souvent *arsénifère.*

L'oxyde de zinc, surtout quand il a été préparé par voie humide, contient quelquefois de l'*oxyde de fer,* qu'on sépare par l'ammoniaque en excès, après avoir dissous l'oxyde dans l'acide nitrique ; l'oxyde de zinc, qui s'était précipité d'abord, se redissout dans un excès d'alcali.

L'oxyde de zinc, mélangé d'*amidon,* noircit et se boursoufle au feu ; traité par l'eau bouillante, il donne une liqueur qui bleuit par l'iode.

La présence de la *craie* se reconnaît à l'effervescence produite par les acides, et au précipité déterminé par l'oxalate d'ammoniaque.

On a aussi adultéré l'oxyde de zinc au moyen du *sulfate de baryte*, jusque dans la proportion de 0,45, mais on le reconnaît facilement par l'acide nitrique, qui dissout l'oxyde et laisse intact le sulfate.

On lui a aussi mélangé ou substitué la *céruse;* mais si l'on a dissous par l'acide nitrique, l'iodure de potassium donnera une coloration jaune-citron s'il y a 0,10 de céruse. Le sulfhydrate d'ammoniaque lui donnera une coloration qui variera du violet au noir suivant la proportion de carbonate de plomb ; il fera effervescence par les acides.

Laneau a signalé la présence dans l'oxyde de zinc de 0,0725 de *grenaille* de zinc fine.

Laneau (J.), *Falsification de l'oxyde de zinc* (*Journ. pharm. et chim.*, 3ᵉ série, 1860, t. XXXVII, p. 171).

ZINC (Sulfate de). Le *sulfate de zinc, vitriol blanc, couperose blanche,* est blanc, inodore, cristallisé, en prismes quadrangulaires terminés par un pointement à quatre faces. Il est soluble dans l'eau et a une saveur styptique.

Le sulfate de zinc du commerce peut contenir du *sulfate de fer ;* dans ce cas, les dissolutions se troublent au contact de l'air, et laissent se déposer une poudre ocreuse ; le ferrocyanure de potassium précipite en bleu clair le sulfate de zinc ferrugineux.

Le sulfate de zinc peut renfermer du *cadmium :* ce qu'on reconnaîtra au moyen de l'hydrogène sulfuré, qui déterminera dans ce cas la formation d'un précipité jaune. (Stromeyer.)

ZINC (Valérianate de). Le valérianate de zinc est en paillettes blanches nacrées, peu solubles dans l'eau, solubles dans l'alcool bouillant.

On lui a substitué du *butyrate de zinc,* qui offre la plus grande ressemblance avec lui au point de vue des propriétés physiques. Mais la réaction chimique différente de l'acide valérianique et de l'acide butyrique donne un bon caractère distinctif : l'acide butyrique forme immédiatement dans la solution d'acétate de cuivre un précipité blanc bleuâtre, tandis que l'acide valérianique n'y produit aucun changement visible ; mais, par l'agitation, il se fait des gouttelettes huileuses verdâtres de valérianate de cuivre anhydre. (Larocque et Huraut, *Journ. de pharm.,* 3ᵉ série, IX, 430.)

LÉGISLATION

I. — FRANCE

LOI TENDANT A LA RÉPRESSION PLUS EFFICACE DE CERTAINES FRAUDES DANS LA VENTE DES MARCHANDISES (des 10, 19 et 27 mars 1851).

L'Assemblée nationale a adopté la loi dont la teneur suit :

Art. 1er. Seront punis des peines portées par l'article 423 du Code pénal :

1° Ceux qui falsifieront des substances ou denrées alimentaires ou médicamenteuses destinées à être vendues.

2° Ceux qui vendront ou mettront en vente des substances ou denrées alimentaires ou médicamenteuses qu'ils sauront être falsifiées ou corrompues.

3° Ceux qui auront trompé ou tenté de tromper, sur la qualité des choses livrées, les personnes auxquelles ils vendent ou achètent, soit par l'usage de faux poids ou de fausses mesures, ou d'instruments inexacts servant au pesage ou mesurage, soit par des manœuvres ou procédés tendant à fausser l'opération du pesage ou mesurage, soit à augmenter frauduleusement le poids ou le volume de la marchandise, même avant cette opération ; soit, enfin, par des indications frauduleuses tendant à faire croire à un pesage ou mesurage antérieur et exact.

Art. 2. Si, dans les cas prévus par l'art. 423 du Code pénal ou par l'art. 1er de la présente loi, il s'agit d'une marchandise contenant des mixtions nuisibles à la santé, l'amende sera de 50 à 500 francs, à moins que le quart des restitutions et dommages-intérêts n'excède cette dernière somme ; l'emprisonnement sera de trois mois à deux ans.

Le présent article sera applicable même au cas où la falsification nuisible serait connue de l'acheteur ou consommateur.

Art. 3. Seront punis d'une amende de 16 à 25 francs et d'un emprisonnement de six à dix jours, ou de l'une de ces deux peines seulement, suivant les circonstances, ceux qui, sans motifs légitimes, auront dans leurs magasins, boutiques, ateliers ou maisons de commerce, ou dans les halles, foires, ou marchés, soit des poids ou mesures faux, ou autres appareils inexacts servant au pesage ou au mesurage, soit des substances alimentaires ou médicamenteuses qu'ils sauront être falsifiées ou corrompues. '

Si la substance falsifiée est nuisible à la santé, l'amende pourra être portée à 50 francs, et l'emprisonnement à quinze jours.

Art. 4. Lorsque le prévenu, convaincu de contravention à la présente loi ou à l'art. 423 du Code pénal, aura, dans les cinq années qui ont précédé le délit, été condamné pour infraction à la présente loi ou à l'art. 423, la peine pourra être élevée jusqu'au double du maximum. L'amende, prononcée par l'art. 423 et par les art. 1 et 2 de la présente loi, pourra même être portée jusqu'à

1000 francs, si la moitié des restitutions et dommages-intérêts n'excède pas cette somme; le tout, sans préjudice de l'application, s'il y a lieu, des art. 477 et 481 du Code pénal.

Art. 5. Les objets dont la vente, usage ou possession constitue le délit, seront confisqués, conformément à l'art. 423 et aux art. 477 et 481 du Code pénal.

S'ils sont propres à un usage alimentaire ou médical, le tribunal pourra les mettre à la disposition de l'Administration pour être attribués aux établissements de bienfaisance.

S'ils sont impropres à cet objet ou nuisibles, les objets seront détruits ou répandus aux frais du condamné. Le tribunal pourra ordonner que la destruction ou effusion aura lieu devant l'établissement ou domicile du condamné.

Art. 6. Le tribunal pourra ordonner l'affiche du jugement dans les lieux qu'il désignera et son insertion intégrale ou par extrait dans tous les journaux qu'il désignera, le tout aux frais du condamné.

Art. 7. L'art. 463 du Code pénal sera applicable aux délits prévus par la présente loi.

Art. 8. Les deux tiers du produit des amendes seront attribués aux communes dans lesquelles les délits auront été constatés.

Art. 9. Sont abrogés les art. 475, n° 14, et 479, n° 5, du Code pénal.

II. — ANGLETERRE

En Angleterre, dès 1855, la Chambre des Communes, justement préoccupée de l'extension de la falsification des aliments et des médicaments, chargea une commission parlementaire de faire une enquête sur l'état des choses et sur les moyens d'y mettre fin. Cette commission fonctionna pendant deux sessions du Parlement et constata que le commerce anglais était infesté par une fraude éhontée. A la suite de ses travaux, qui furent publiés dans les *Parlementary Papers*, S. M. la reine promulgua, le 6 août 1860, un *acte pour prévenir la falsification des aliments et boissons*, et, depuis, le 10 août 1872, un nouvel acte, qui est aujourd'hui appliqué dans toute l'étendue du Royaume-Uni.

ACTE POUR AMENDER LA LOI SUR LES FALSIFICATIONS DES ALIMENTS, BOISSONS ET MÉDICAMENTS, DU 10 AOUT 1872 (35 ET 36 VICT.)

CHAP. 74.

Considérant que la falsification des aliments, boissons et médicaments au détriment de la santé et au danger de la vie des sujets de S. M. doit être réprimée par des lois plus efficaces que celles actuellement en vigueur :

Il a été ordonné par S. M. la Reine, avec l'avis et le consentement des

Lords spirituels et temporels et de la Chambre des Communes, réunis actuellement en session et par leur autorité, que :

I

Toute personne, qui opérera, ou fera opérer sciemment par une ou plusieurs personnes, le mélange d'aucun aliment ou boisson avec quelque ingrédient ou produit nuisible ou vénéneux,

Toute personne, qui opérera, ou fera opérer le mélange d'aucune substance médicamenteuse avec quelque ingrédient ou produit pour la falsifier,

Sera passible à la première infraction d'une amende qui ne dépassera pas 50 livres (1250 francs), plus les frais de la poursuite, et, en cas de récidive, sera déclarée coupable de félonie (*misdemeanor*) et condamnée à la prison avec travail forcé (*hard labour*) pour un temps qui ne dépassera pas six mois.

II

Toute personne qui vendra un aliment ou une boisson, sachant qu'il y a été mélangé aucun ingrédient ou produit nuisible pour la santé du consommateur, et toute personne qui vendra comme non sophistiqué aucun aliment, boisson ou médicament falsifié,

Sera passible, pour chaque contravention prouvée devant deux juges de paix aux petites sessions (*petty sessions*) en Angleterre, ou devant deux juges de paix en Cour de paix (*Justice of peace Court*), ou devant le substitut du shériff du comté, ou devant aucun magistrat agissant en vertu de l'acte de police générale et locale en Écosse, ou devant les juges aux petites sessions (*petty sessions*) ou un juge divisionnaire (*divisional justice*) en Irlande, d'une amende qui ne dépassera pas 20 livres (500 fr.), plus les frais établis par les juges sus-indiqués.

En cas de récidive, les autorités judiciaires sus-mentionnées ordonneront la publication du nom du délinquant, son adresse et la nature de la contravention dans les journaux, ou de telle manière qu'elles jugeront convenable, le tout aux frais du délinquant.

III

Toute personne, qui vendra aucun aliment, boisson ou médicament, sachant qu'il a été mélangé de quelque autre substance en vue d'en augmenter le poids ou le volume, et qui n'aura pas déclaré ce mélange à l'acheteur avant de lui délivrer ce produit, sera considéré comme ayant vendu un aliment, boisson ou médicament falsifié, et sera passible des peines édictées par le présent acte.

IV

L'acte sur la pharmacie, de 1868, et les actes 23 et 24 Victoria, Chap. LXXXIV, contre la falsification des aliments et boissons, seront considérés comme faisant partie du présent acte; en tenant compte cependant de ce que, pour l'Irlande, l'acte sur la pharmacie, de 1868, sera remplacé par l'acte pour régulariser la vente des poisons en Irlande, promulgué pendant la session du Parlement, durant les trente-troisième et trente-quatrième années du règne de S. M. actuelle, CHAP. XXVI.

V

Dans la cité de Londres et ses libertés, les commissaires des égouts, et, dans le reste de la métropole, les chefs de paroisse et de districts;

En Angleterre, la cour des sessions trimestrielles de chaque comté, le conseil de ville de chaque bourg ayant une cour séparée de sessions trimestrielles, ou ayant un acte général ou local du Parlement, ou un établissement de police spécial;

En Irlande le grand jury de chaque comté, comté de cité ou comté de ville, et le conseil de ville de chaque bourg;

Et en Écosse les commissaires conseils des approvisionnements (*commissioners of supply*), dans leurs réunions ordinaires des comtés, les commissaires ou conseils de police (*boards*), ou lorsqu'il n'existe ni commissaires ni conseils (*boards*), les conseils de ville pour les bourgs, dans leurs juridictions, pourront et devront ou, s'ils en sont requis, en Angleterre par les conseils spéciaux pour la localité (*local government board*), ou par un des principaux secrétaires d'État de S. M. en Écosse, ou par le lord-lieutenant ou autre gouverneur en chef ou en Irlande, choisis et nommés dans leurs cités, districts, comtés ou bourgs, désigner une ou plusieurs personnes suffisamment instruites dans les sciences médicales, chimiques et microscopiques, pour être chargées de l'analyse de tous aliments, boissons ou médicaments, achetés dans ces cités, districts métropolitains, comtés ou bourgs, et payeront à ces analystes (*analysts*) tel salaire ou indemnité qu'ils jugeront nécessaire; mais ces appointements ou indemnités devront toujours être soumis, en Angleterre, à l'approbation du conseil spécial pour la localité (*local government board*), en Écosse à celle d'un des principaux secrétaires d'État de S. M., et en Irlande à celle du lord-lieutenant ou de quelque autre gouverneur en chef.

VI

L'inspecteur de la salubrité (*nuisance*), ou celui des poids et mesures, ou celui des marchés, un d'entre eux ou tous, suivant ce qu'aura décidé l'autorité qui les désigne dans chaque district, comté, cité ou bourg, devra procurer et soumettre aux experts nommés par cet acte des échantillons des aliments, boissons ou médicaments suspectés de falsification; il devra, sur le reçu d'un certificat que ces aliments, boissons ou médicaments sont falsifiés, intenter devant le juge de paix une action de contravention au présent acte, contre la personne qui aura vendu ou falsifié ces aliments, boissons ou médicaments. Le juge devra citer à comparaître devant deux juges de paix aux petites sessions (*Petty sessions*), ou deux juges en justice de paix (*Countr. peace*), ou devant tel substitut du shériff, ou devant un magistrat agissant d'après l'acte de police locale ou générale en Écosse, ou devant les juges des petites sessions ou les juges divisionnaires en Irlande, le vendeur ou falsificateur pour répondre à l'accusation portée ; la sommation se fera par le dépôt de la plainte ou d'une copie véritable, au lieu où les échantillons ont été reçus ou achetés ; les frais de poursuite seront à la charge de la partie poursuivante en vertu du présent acte, s'il n'a pas été ordonné qu'ils soient payés par l'inculpé.

<h3 style="text-align:center">VII</h3>

Les analystes (*analysts*) institués par le présent acte devront, tous les trois mois, faire connaître aux autorités qui les ont nommés le nombre des échantillons d'aliments, boissons ou médicaments qu'ils auront analysés, en vertu du présent acte, pendant le trimestre précédent, et spécifier la nature des falsifications qu'ils auront observées sur ces aliments, boissons ou médicaments ; ces rapports devront être lus aux séances des autorités qui les ont nommés.

<h3 style="text-align:center">VIII</h3>

Aux débats devant les juges, substituts de shériff, magistrats ou juges divisionnaires, relatifs à toute affaire appelée en vertu du présent acte dans aucun district, comté, cité ou bourg où des experts auront été nommés en vertu du présent acte, l'acheteur ou l'inspecteur de la salubrité, ou l'inspecteur des poids et mesures, ou l'inspecteur des marchés, suivant le cas, devra prouver d'une manière satisfaisante à ces juges, substituts de shériff, etc., que l'échantillon d'aliment, boisson ou médicament, suspecté d'être falsifié, a été remis à l'expert dans l'état de pureté ou d'impureté où il avait été reçu du vendeur.

<h3 style="text-align:center">IX</h3>

Toute personne qui aura acheté un aliment, boisson ou médicament dans les districts, comtés, etc., où il y a un expert nommé en vertu de cet acte pourra, en payant à l'inspecteur ou aux inspecteurs désignés par cet acte, une somme qui ne sera pas moindre de 2 shillings et 6 pence (3 francs 10 centimes), ni au-dessus de 10 shillings et 6 pence (13 francs 10 centimes), au profit de l'autorité locale ayant nommé ces inspecteurs, faire analyser cet article par l'expert du district, comté, etc., et recevra de cet expert un certificat du résultat de l'analyse, spécifiant si dans son opinion il y a falsification, et si c'est un aliment ou une boisson, s'il est falsifié de façon à être nuisible pour la santé du consommateur ; ce certificat, dûment signé par l'expert, devra, en l'absence de toute évidence contraire devant la cour, servir de preuve de l'exactitude de la fraude, et la somme ainsi dépensée pour l'obtention de ce certificat sera comprise dans les dépens.

<h3 style="text-align:center">X</h3>

Tout aliment, boisson ou médicament, qui devra être soumis à l'expert nommé en vertu du présent acte, devra être remis aux inspecteurs nommés à cet effet par les autorités locales, et une partie de l'échantillon, aliment, boisson ou médicament, sera mise à part et scellée par les inspecteurs en présence de l'expert, pour être conservée par eux et représentée au cas où les juges substituts de shériff, etc., ordonneraient une nouvelle analyse.

XI

Les dépenses occasionnées par l'exécution du présent acte seront imputées dans la cité de Londres et ses libertés sur les taxes consolidées recueillies par les commissaires des égouts de la cité de Londres et de ses libertés, et pour le reste de la métropole sur toutes taxes ou fonds applicables d'après l'acte du gouvernement local de la métropole, dans les comtés sur les taxes du comté, en Irlande sur les fonds du grand jury et sur les fonds des bourgs, et en Écosse sur les fonds de police des comtés ou des bourgs.

XII

Aucune des dispositions de cet acte ne pourra être appliquée contre la possibilité de poursuivre par acte d'accusation (*indictment*) ou pour dispenser d'aucune autre poursuite tout délinquant au présent acte.

Comme on peut le voir par la teneur de cet acte, la pénalité est assez sévère ; mais nous ferons remarquer qu'il serait bon d'imiter les dispositions qui instituent dans chaque comté, cité, ou bourg, des personnes (*Analysts*) chargées de vérifier la composition des produits qui leur sont remis, soit par les agents de la police sanitaire, soit par les particuliers qui désirent s'assurer de la pureté des produits qui leur ont été fournis. Cette possibilité facilite singulièrement l'application de la loi, et nous paraît devoir rendre les plus grands services pour la diminution, si ce n'est l'extinction de la fraude. Il est à regretter aussi qu'il ne soit pas possible à toutes personnes, en France, comme en Angleterre, de publier les noms des marchands chez lesquels on a trouvé des produits adultérés.

III. — BELGIQUE et HOLLANDE

En Belgique, le Code pénal, révisé en 1867, contient les dispositions suivantes sur les falsifications des denrées.

Les articles 454 à 457 (liv. II, tit. VIII, chap. VI, *De quelques autres délits contre les personnes*) prévoient les cas de falsifications au moyen de matières qui *sont de nature à donner la mort ou à altérer la santé*. Ils considèrent donc la falsification, dans ce cas, comme une espèce d'empoisonnement *sans intention de nuire à la santé* des individus.

Les articles 500 à 503 (liv. III, tit. IX, chap. I, *De l'escroquerie et de la tromperie*) prévoient les falsifications au moyen de substances qui ne sont pas rangées dans la classe des poisons, c'est-à-dire qui, au point de vue de la santé, sont inoffensives. C'est une espèce de fraude commerciale que la loi punit.

Ces dispositions abrogent la loi du 19 mai 1829 sur le mélange des substances vénéneuses aux denrées et celle du 17 mars 1856 sur les falsifications des denrées.

En outre, en vertu de l'autonomie communale, les conseils communaux peuvent promulguer des règlements sur la matière. C'est ainsi que la meunerie, le commerce du lait, la boucherie, les marchés, etc., sont soumis à des règlements particuliers dans chacune des principales villes, et qui ne sont pas identiques pour toutes ces villes. A Bruxelles, il existe en outre un bureau de vérification.

Art. 454 (Loi du 29 mai 1829, art. 1, 2). Celui qui aura mêlé ou fait mêler, soit à des comestibles ou des boissons, soit à des substances ou denrées alimentaires quelconques, destinés à être vendus ou débités, *des matières qui sont de nature à donner la mort ou à altérer gravement la santé*, sera puni d'un emprisonnement de six mois à cinq ans et d'une amende de 200 francs à 2000 francs.

Art. 455 (même loi, art. 3, 4). Sera puni des peines portées à l'article précédent :

Celui qui vendra, débitera ou exposera en vente des comestibles, boissons, substances ou denrées alimentaires quelconques, sachant qu'ils contiennent des matières de nature à donner la mort ou à altérer gravement la santé ;

Celui qui aura vendu ou procuré ces matières, sachant qu'elles devaient servir à falsifier des substances ou denrées alimentaires.

Art. 456. Sera puni d'un emprisonnement de trois mois à trois ans et d'une amende de 100 francs à 1000 francs, celui qui aura dans son magasin, sa boutique ou en tout autre lieu, des comestibles, boissons, denrées ou substances alimentaires, destinés à être vendus ou débités, sachant qu'ils contiennent des matières de nature à donner la mort ou à altérer gravement la santé.

Art. 457 (même loi, art. 1, 6, 7). Les comestibles, boissons, denrées ou substances alimentaires mélangés seront saisis, confisqués et mis hors d'usage.

La patente du coupable lui sera retirée ; il ne pourra en obtenir une autre pendant la durée de son emprisonnement.

Il pourra de plus être condamné à l'interdiction, conformément à l'art. 33.

Le tribunal ordonnera que le jugement soit affiché dans les lieux qu'il désignera et inséré en entier ou par extrait dans les journaux qu'il indiquera ; le tout aux frais du condamné.

Art. 500. Seront punis d'un emprisonnement de huit jours à un an et d'une amende de 50 francs à 1000 francs, ou d'une de ces peines seulement :

Ceux qui auront *falsifié ou fait falsifier des denrées ou boissons propres à l'alimentation*, et destinées à être vendues ou débitées ;

Ceux qui auront vendu, débité ou exposé en vente ces objets, sachant qu'ils étaient falsifiés ;

Ceux qui, par affiches ou par avis, imprimés ou non, auront méchamment ou frauduleusement propagé ou révélé des procédés de falsification de ces mêmes objets.

Art. 501. Sera puni d'un emprisonnement de huit jours à six mois et d'une amende de 26 francs à 500 francs, ou d'une de ces peines seulement, celui chez lequel seront trouvées *des denrées ou boissons propres à l'alimentation et destinées à être vendues ou débitées*, et qui sait qu'elles sont falsifiées.

Art. 502. Dans les cas prévus par les deux articles précédents, le tribunal pourra ordonner que le jugement soit affiché dans les lieux qu'il désignera et *inséré, en entier ou par extrait, dans les journaux qu'il indiquera* ; le tout aux frais du condamné.

Si le coupable est condamné à un emprisonnement d'au moins six mois, la patente lui sera retirée et il ne pourra en obtenir une autre pendant la durée de sa peine.

Art. 503. Les denrées alimentaires ou boissons falsifiées trouvées en la possession du coupable seront saisies et confisquées.

Si elles peuvent servir à un usage alimentaire, elles seront mises à la disposition de la commune où le délit aura été commis, avec charge de les remettre aux hospices ou au bureau de bienfaisance, selon les besoins de ces établissements ; dans le cas contraire, les objets saisis seront mis hors d'usage.

En Hollande, le Code pénal ne fait pas mention des falsifications des matières alimentaires. Probablement, comme cela avait lieu en Belgique avant 1867, cela est l'objet de lois spéciales que nous n'avons pu nous procurer. Si nous nous en rapportons à l'excellent recueil de police médicale de Ali Cohen, publié à Groningen en 1872, on doit croire qu'on suit encore dans ce cas la loi du 29 mai 1829, qui est la même que celle suivie en Belgique jusqu'en 1867. Les articles 454, 455 et 457 du Code pénal belge actuel constituent les articles 1, 2, 3, 4, 5, 6 et 7 de la loi du 29 mai 1829, dont Ali Cohen critique l'insuffisance dans son traité. D'autre part, le professeur Van Kerckhoff fait remarquer que la loi de 1820 n'est qu'une loi de répression et qu'elle ne s'occupe nullement des moyens de prévenir les empoisonnements ou autres actions nuisibles ; que, de plus, cette loi ne s'applique pas aux falsifications (des aliments ou boissons) qui ne sont pas précisément dues à des matières toxiques ou même nuisibles, mais qui n'en sont pas moins employées d'une manière frauduleuse au détriment de l'acheteur. La Hollande ne possède donc pas d'articles de loi analogues aux articles 500 à 503 du Code pénal belge, dont l'article 506 n'est également pas représenté dans la loi du 29 mai 1829.

IV. — ALLEMAGNE

CODE PÉNAL DE L'EMPIRE ALLEMAND (1)

(15 mai 1871.)

§ 324. Quiconque aura volontairement empoisonné des fontaines ou réservoirs d'eau servant à l'usage du public, ou bien encore des denrées destinées à la vente, ou y aura mélangé des substances qu'il sait être nuisibles à la santé publique, ainsi que tout individu qui, en connaissance, aura vendu, débité ou mis en circulation telles denrées empoisonnées ou mélangées de substances nuisibles, sera puni d'une réclusion dont la durée pourra aller jusqu'à dix ans; s'il en est résulté mort d'homme, la peine de la réclusion ne sera pas inférieure à dix ans et pourra être à perpétuité.

§ 325. Outre la peine de la réclusion édictée par le § 324, il pourra être prononcé la mise sous la surveillance de la police.

§ 326. Tout dommage occasionné par la négligence dans les faits spécifiés par le § 324 entraînera jusqu'à un an d'emprisonnement; et si mort d'homme s'en est suivie, la peine sera d'un mois à trois ans d'emprisonnement.

§ 367. Sera puni d'une amende qui pourra être portée à 50 thalers (187 fr. 50) ou de l'emprisonnement quiconque aura débité ou vendu des boissons falsifiées ou des comestibles gâtés et particulièrement des viandes trichinées.

Dans les cas du n° 7, indépendamment de l'amende et de la prison, on pourra ordonner la saisie des boissons falsifiées ou des comestibles gâtés, qu'ils appartiennent ou non au contrevenant.

V. — SUISSE

Chaque canton de la Suisse possède des lois et règlements contre la fabrication et la vente d'aliments et de médicaments falsifiés. Ces lois ne ressortent pas de la Confédération mais bien de la justice cantonale. En conséquence, chaque canton a ses lois pénales.

La loi en vigueur dans le canton de Genève doit être remaniée à la fin de cette année.

____

(1) A. Koller, *Archiv des Norddeuschen Landes und des Zollvereins*. Berlin, 1870, troisième livraison, t. IV, p. 68.

Nous donnerons seulement la législation des cantons de Bâle, Saint-Gall, Neuchâtel et Vaud.

LOIS PÉNALES DU CANTON DE BALE

(17 juin 1872.)

§ 170. *Empoisonnement des fontaines et des denrées publiques.*

Quiconque, au mépris du danger qui peut en résulter pour la santé publique, aura volontairement empoisonné des fontaines, ou des réservoirs d'eau, ou des denrées destinées à la vente ou à l'usage, ou encore aura sciemment mis en circulation telles denrées empoisonnées, sera puni d'une réclusion dont la durée pourra être de dix ans ; s'il en est résulté mort d'homme, la peine sera de la réclusion à perpétuité, et dans tous les cas ne pourra être abaissée au-dessous de dix ans.

En pareil cas toute négligence qui causera un dommage sera punie de l'amende ou d'un emprisonnement qui pourra être d'un an ; si mort s'en est suivie, la peine sera toujours de l'emprisonnement.

RÈGLEMENT DE POLICE DU CANTON DE BALE

(22 septembre 1872.)

§ 96. *Vente de denrées alimentaires gâtées.*

Quiconque aura vendu des boissons falsifiées ou des comestibles gâtés, et particulièrement des viandes malades et malsaines, sera puni d'une amende qui pourra être portée jusqu'à 200 fr. ou d'un emprisonnement qui pourra aller jusqu'à quatre semaines. Lesdites denrées alimentaires seront saisies.

§ 97. *Infractions relatives aux denrées alimentaires.*

Seront punis d'une amende qui pourra être de 50 fr. ou d'un emprisonnement dont la durée pourra être d'une semaine :

1º Ceux qui auront soustrait des denrées alimentaires ou des boissons destinées à la vente à l'inspection prescrite par les arrêtés et les règlements de police.

2º Ceux qui auront enfreint les dispositions des arrêtés et des règlements de police relatifs à la sauvegarde de la santé publique, concernant la préparation, la conservation, le mesurage et le pesage des denrées alimentaires et des boissons destinées à la vente.

RÈGLEMENT DE POLICE DU CANTON DE SAINT-GALL

CONCERNANT LA VENTE DE BOISSONS FALSIFIÉES, DE DENRÉES ALIMENTAIRES ET DE FRUITS
GATÉS OU MALSAINS

(24 décembre 1870.)

Nous, bailli et conseiller d'État du canton de Saint-Gall.

En exécution de l'arrêt du Grand-Conseil du 26 novembre 1872 et en application de l'art. 190 de la loi pénale sur l'infraction aux règlements généraux de police du 10 décembre 1808.

Arrêtons ce qui suit :

Art. 1er. Quiconque aura falsifié ou altéré de toute autre manière des denrées alimentaires ou des boissons destinées à la vente, en y ajoutant des substances qui déprécient leur qualité ou diminuent leur valeur, quiconque encore aura vendu ou débité telles denrées alimentaires ou boissons, sera passible des peines de police suivantes : d'une amende de 20 fr. à 75 fr. ou d'un emprisonnement qui pourra être de quinze jours, ou de l'une de ces deux peines seulement ou des deux à la fois.

Art. 2. Si en outre il est résulté un dommage de plus de 25 fr., il y aura lieu à instruction judiciaire et application des pénalités qui visent la fraude simple (art. 80, par extension art. 67, § 2 et suivants du code pénal du 11 juin 1857).

Art. 3. La vente et le débit de fruits non mûrs et de denrées alimentaires altérées par une trop longue conservation sont interdits sous peine d'une amende de police de 5 fr. à 75 fr. (art. 118 de la loi pénale sur les infractions aux règlements généraux de police du 10 décembre 1808).

Art. 4. L'allégation de l'ignorance des propriétés nuisibles des matières vendues ne constitue pas une excuse.

Art. 5. En cas de récidive dans les faits du domaine de la police il y aura lieu d'augmenter la peine (art. 8 de la loi pénale sur les infractions aux règlements généraux de police) ; dans les cas du domaine de l'autorité judiciaire on procédera conformément aux degrés établis par les pénalités du droit commun (art. 50 du code pénal du 11 juin 1857).

Art. 6. Les denrées alimentaires, les boissons et les fruits visés par ces règlements seront saisis par la police et spécialement par les préposés à ces recherches.

Art. 7. La répression et l'instruction relatives au trafic des denrées alimentaires des boissons nuisibles à la santé sont régies par les dispositions des pénalités du droit commun (art. 82, tit. *a*, § 1 et 2 du Code pénal du 11 juin 1857).

Art. 8. Ce règlement sera inséré au recueil des lois.

Saint-Gall, le 24 décembre 1873.

Le bailli, HUNGERBUKLER.

Pour le conseiller d'État, le chancelier, ZINGG.

ARRÊTÉ DU CONSEIL D'ÉTAT DE NEUCHATEL

Le Conseil d'État de la république et canton de Neuchâtel.

Vu un rapport de la Commission d'État de santé sur les falsifications et les altérations des vins ;

Entendu la Direction de l'intérieur et délibéré,

ARRÊTE :

I. Les administrations locales doivent veiller à ce que les boissons, ainsi que toutes denrées quelconques vendues au public, ne subissent aucune altération ou falsification de nature à nuire à la santé.

II. Les vins (ou autres boissons) suspectés d'être altérés ou falsifiés, doivent être soumis à une analyse, afin de faire constater l'altération ou la falsification.

III. Dans le cas où l'analyse aurait démontré que la marchandise a été altérée ou falsifiée, rapport doit en être fait au président du tribunal, pour que le délinquant soit poursuivi, et, cas échéant, puni conformément au livre deuxième du chapitre XI du Code pénal.

Neuchâtel, le 21 décembre 1869.

AU NOM DU CONSEIL D'ÉTAT

Le président, F.-A. MONNIER.

Le secrétaire-adjoint, Louis CLERC-LEUBA.

LOI SUR L'ORGANISATION SANITAIRE DU CANTON DE VAUD

TITRE III, CHAPITRE IV.

Art. 113. Le Conseil d'État, après avoir entendu le Conseil de santé, prescrit toutes les mesures de police qui sont jugées nécessaires, pour empêcher que l'on ne débite des viandes, des denrées, des comestibles et des boissons malsaines.

Art. 114. Le Conseil d'État, sur le préavis du Conseil de santé, détermine les conditions auxquelles les veaux peuvent être abattus et leur viande livrée à la consommation, les certificats et autres inscriptions, ainsi que les émoluments auxquels les mesures prescrites peuvent donner lieu. Il pourvoit à ce que les municipalités prennent à cet égard les mesures de police qui sont dans leur compétence.

Lausanne, le 1er février 1850.

VI. — ITALIE

RÈGLEMENT GOUVERNEMENTAL

POUR L'EXÉCUTION DE LA LOI DU 20 MARS 1865 SUR LA SANTÉ PUBLIQUE

Chapitre III. — Salubrité des aliments fournis par le commerce.

Art. 57. La surveillance de l'état salubre des aliments incombe particulièrement aux syndics qui exercent leur action par l'intermédiaire des commissions municipales de santé.

Art. 58. Sont compris sous le nom d'aliments non-seulement les comestibles, mais aussi les boissons.

Art. 59. Sont déclarés insalubres : 1° les fruits non mûrs ; 2° les aliments gâtés, tels que les chairs putrides, les céréales et légumes pourris, les poissons frais ou salés ayant subi un commencement de décomposition, et autres produits analogues ; 3° *les aliments adultérés avec des matières étrangères et nuisibles* ; 4° les aliments provenant d'animaux morts de maladie ; 5° *les boissons falsifiées par le mélange de substances nuisibles quelconques* qui y auront été ajoutées en vue de modifier la couleur ou la saveur.

Art. 60. L'emploi des aliments et boissons désignés ci-dessus devra être prohibé rigoureusement sans aucune exception, d'après des règlements spéciaux d'hygiène publique émanant des municipalités.

8 juillet 1865.

Le ministre de l'intérieur, G. LAINZA.

RÈGLEMENT DE POLICE MUNICIPALE DE LA COMMUNE DE FLORENCE

Art. 47. Les substances alimentaires trouvées dans le commerce par les agents de la police sanitaire avec le caractère d'insalubrité, tel qu'il est indiqué par l'art. 59 du règlement gouvernemental pour la loi sur la santé publique du 8 juin 1865, seront immédiatement saisies, et quand elles ne pourront pas être utilisées pour quelque autre usage sans inconvénient et remplissant toutes les conditions imposées par l'autorité municipale, elles seront détruites.

Toutes les fois que l'insalubrité des comestibles aura été causée par une adultération frauduleuse susceptible d'empoisonner, à la saisie on ajoutera la pénalité indiquée à l'art. 110.

Art. 110. Les contraventions aux art. 47, etc., seront punies d'un emprisonnement d'un jour au moins et de vingt jours au plus, et l'on appliquera les troisième et quatrième degrés de l'amende prononcée par l'art. 63 du code pénal.

15 juillet 1872.

Le syndic, UBALDINO PERUZZI.

FIN.

PARIS. — IMPRIMERIE DE E. MARTINET, RUE MIGNON, 2

2ᵉ SÉRIE, Nᵒ 24.   BULLETIN MENSUEL   AOUT 1874.

DE LA LIBRAIRIE J.-B. BAILLIÈRE ET FILS,

19, rue Hautefeuille, près le boulevard St-Germain, à Paris.

ÉLÉMENTS DE PHARMACIE

Par ANDOUARD

Professeur à l'École de médecine de Nantes.

1874, 1 vol. in-8 de 880 pages avec 120 fig. intercalées dans le texte. — 14 fr.

TRAITÉ DE CHIMIE HYDROLOGIQUE

COMPRENANT DES NOTIONS GÉNÉRALES D'HYDROLOGIE
ET L'ANALYSE CHIMIQUE DES EAUX DOUCES ET DES EAUX MINÉRALES

Par J. LEFORT

Membre de l'Académie de médecine, de la Société de pharmacie et de la Société d'hydrologie médicale.

Seconde édition, revue et augmentée.

1873, 1 vol. in-8 de 800 pages avec 50 figures et 1 pl. chromolithogr. — 12 fr.

AIDE-MÉMOIRE DE PHARMACIE

VADE-MECUM DU PHARMACIEN A L'OFFICINE ET AU LABORATOIRE

PAR E. FERRAND

Pharmacien à Paris, ex-interne lauréat des hôpitaux.

Paris, 1872, 1 vol. in-18 de 650 pages avec 159 figures. — Cartonné : 6 fr.

TRAITÉ D'ANALYSE CHIMIQUE

PAR LA MÉTHODE DES VOLUMES

**Comprenant l'analyse des gaz et des métaux, la Chlorométrie
la Sulfhydrométrie,
l'Acidimétrie, l'Alcalimétrie, la Saccharimétrie, etc.**

PAR A.-B. POGGIALE

Professeur de chimie à l'École de médecine militaire du Val-de-Grâce,
Pharmacien en chef de l'hôpital, membre de l'Académie de médecine, etc.

In-8 de 606 pages avec 171 figures. — 9 fr.

ANNUAIRE PHARMACEUTIQUE

EXPOSÉ ANALYTIQUE DES TRAVAUX
DE PHARMACIE, PHYSIQUE, HISTOIRE NATURELLE PHARMACEUTIQUE
HYGIÈNE, TOXICOLOGIE ET PHARMACIE LÉGALE

Fondé par O. RÉVEIL et L. PARISEL

CONTINUÉ PAR

MÉHU

Pharmacien en chef de l'hôpital Necker.

PARAÎT CHAQUE ANNÉE EN JANVIER

Douzième année, 1874

1 vol. in-18 de 336 pages. — 1 fr. 50

Déjà publié : 1863-1873, 11 vol. in-18 jésus de chacun 400 pages avec figures.
Prix de chaque volume. — 1 fr. 50

ENVOI FRANCO CONTRE UN MANDAT SUR LA POSTE.

BARRESWIL. Documents académiques et scientifiques sur le tannate de quinine. Paris, 1852, in-8 de 60 pages.............................. 75 c.

BAUDRIMONT (A.). Traité de chimie générale et expérimentale avec les applications aux arts, à la médecine, à la pharmacie, etc. 1844-46, 2 forts vol. in-8 avec 260 figures.. 10 fr.

BENOIT (E.). Traité élémentaire et pratique des manipulations chimiques, et de l'emploi du chalumeau, suivi d'un Dictionnaire descriptif des produits de l'industrie susceptibles d'être analysés. Paris, 1854, 1 vol. in-8, 444 pages. (8 fr.).. 3 fr.

BERZELIUS. Théorie des proportions chimiques, et table synoptique des poids atomiques des corps simples, et de leurs combinaisons. 2º édition. Paris, 1835, 1 vol. in-8.. 8 fr.

BOULLAY. Méthode de déplacement, par P.-F.-G. Boullay, membre de l'Académie de médecine. Paris, 1833, in-8 de 64 pages et 1 planche................. 2 fr.

BRUCKE. Des couleurs, au point de vue physique, physiologique, artistique et industriel, par Ernest Brucke, professeur à l'Université de Vienne, traduit de l'allemand, par P. Schutzenberger. Paris, 1866, in-18 jésus, avec 46 figures... 4 fr.

CAVENTOU (J.-B.). Recherches chimiques sur quelques matières animales saines et morbides. Paris, 1843, in-8 (1 fr.)........................... 25 c.

CHEVREUL (E.). Histoire des connaissances chimiques. Tome Ier, 1866, in-8 de 480 pages avec une planche....................................... 9 fr.

DUMAS. Chimie physiologique et médicale. 1846, in-4 de 439 pages.... 5 fr.

— **Essai de statistique chimique** des êtres organisés. Deuxième édition augmentée de documents numériques. 1842, in-8, 88 pages...................... 2 fr.

DUTROCHET (M.). Recherches physiques sur la force épipolique, 1842-1843, 2 parties formant ensemble 420 pages avec 2 planches comprenant 63 figures. 2 fr.

GUÉRARD. Mémoire sur la gélatine et les tissus organiques d'origine animale qui peuvent servir à la préparer, par le docteur Alph. Guérard, membre de l'Académie de médecine. Paris, 1871, in-8 de 130 pages........................... 2 fr. 50

HOEFER (F.). Nomenclature et classification chimiques, suivies d'un lexique historique et synonymique comprenant les noms anciens, les formules, les noms nouveaux, le nom et la date de la découverte des principaux produits de la chimie. Paris, 1845, in-12, avec tableaux (3 fr.)................................. 1 fr. 50

LEFRANC (E.). De l'acide atractylique et des Atractylates, Produits extraits de la racine d'*Atractylis cummifora*. Paris, 1869, gr. in-8 de 38 p., 3 planches. 2 fr.

LIEBIG (G.). Manuel pour l'analyse des substances organiques, suivi de l'examen critique des procédés et des résultats de l'analyse élémentaire des corps organiques, par F.-V. Raspail. Paris, 1838, in-8, figures. (3 fr. 50 c.).......... 1 fr.

LOW (David). An inquiry into the nature of the simple bodies of chemistry. 2e édition. London, 1848, 1 vol. in-8 de VIII-344 pages. Cartonné.......... 5 fr.

MICÉ (L.). Rapport méthodique sur les progrès de la chimie organique pure en 1868, avec quelques détails sur la marche de la chimie physiologique, par L. Micé, professeur à l'École de médecine de Bordeaux, etc. Paris, 1869, 1 vol. gr. in-8 de 446 pages.. 6 fr.

— **De la notation atomique** et de sa comparaison avec la notation en équivalents. Paris, 1871, 1 vol. gr. in-8 de 70 pages. .... 1 fr. 50

MILLON (E.). Éléments de chimie organique, comprenant les applications de cette science à la physiologie animale. Paris, 1845-1848, 2 vol. in-8 (6 fr.)...... 3 fr.

— **Recherches chimiques sur le mercure** et sur les constitutions salines. Paris, 1846, in-8 (2 fr. 50).................................... 50 c.

— **E. Millon, sa vie, ses travaux de chimie et ses études économiques et agricoles sur l'Algérie.** Paris, 1870, 1 vol. gr. in-8 de 327 pages, avec le portrait de Millon.. 7 fr.

MILLON (E.) ET REISET. Annuaire de chimie, comprenant les applications de cette science à la médecine et à la pharmacie, ou Répertoire des découvertes et des nouveaux travaux en chimie faits dans les diverses parties de l'Europe, par E. Millon et J. Reiset. Avec la collaboration de MM. F. Hoefer et J. Nicklès. Paris, 1845-1851, 7 vol. in-8 (52 fr. 50)....................................... 7 fr.

— Séparément les années 1845, 1846, 1847, chaque volume .... 1 fr. 50

MITSCHERLICH. **Éléments de chimie**, traduits par Valerius. Bruxelles, 1835-1837, 3 vol. in-8, fig.. 12 fr.
Séparément, les tomes I et II.................................... 6 fr.

MOITESSIER. **La photographie appliquée aux recherches micrographiques**, par A. Moitessier, professeur à la Faculté de médecine de Montpellier. Paris, 1866, in-18 de 366 p., avec 41 fig. et 3 planches photographiques............. 7 fr.

— **Recherches sur la salicine** et les composés salicyliques. Montpellier, 1864, in-4 de 78 pages.. 2 fr. 50

= **Recherches sur la dilatation du soufre.** Montpellier, 1864 , in-4 de 32 pages avec 1 planche.................................... 2 fr.

PERSOZ. **Introduction à l'étude de la chimie moléculaire.** Paris, 1839, 1 vol. in-8, fig. (12 fr.)................................... 3 fr.

PIESSE. **Des odeurs, des parfums et des cosmétiques**, histoire naturelle, composition chimique, préparation, recettes, industrie, effets physiologiques et hygiène des poudres, vinaigres, dentifrices, pommades, fards, savons, eaux aromatiques, essences, infusions, teintures, alcoolats, sachets, etc., par S. Piesse, chimiste parfumeur à Londres, édition française publiée avec le consentement et le concours de l'auteur, par O. Reveil, professeur agrégé à l'École de pharmacie. Paris, 1865, in-18 jésus de 527 pages, avec 86 figures.. 7 fr.

QUETELET (Ad.). **Anthropométrie** ou mesure des différentes facultés de l'homme. 1871, in-8 de 580 pages avec 2 planches........................... 12 fr.

— **Physique sociale** ou essai sur le développement des facultés de l'homme. Tome II, 1869, in-8 de 485 pages.. 10 fr.

RASPAIL. **Nouveau système de chimie organique**, fondé sur les nouvelles méthodes d'observations, précédé d'un Traité complet sur l'art d'observer et de manipuler en grand et en petit dans le laboratoire et sur le porte-objet du microscope, par F.-V. Raspail. 2e édition. Paris, 1838, 3 vol. in-8 et atlas in-4 de 20 planches........ 30 fr.

REISET (J.). **Recherches pratiques et expérimentales sur l'agronomie.** Paris, 1863, in-8, 252 p. avec 6 pl..... .... 6 fr.

ROBIN (Ch.) et VERDEIL. **Traité de chimie anatomique et physiologique** normale et pathologique, ou des principes immédiats normaux et morbides qui constituent le corps de l'homme et des mammifères, par Ch. Robin et F. Verdeil. Paris, 1853, 3 vol. in-8, avec atlas de 45 planches en partie coloriées.......... 36 fr.

ROBIN (Édouard). **Précis élémentaire de chimie générale** minérale et organique expérimentale et raisonnée. Paris, 1853-54, 2 parties in-18, formant ensemble 340 pages.. 4 fr. 50
— Séparément, Ire partie, in-18 de 164 pages..................... 2 fr.

THELMIER. **Des accidents dans les laboratoires de chimie**, par le docteur J.-A. Thelmier (Tholomier). Paris, 1866, in-8, 76 pages............... 2 fr.

THOMSON (Ch.). **Chemistry of organic bodies.** London, 1838, 1 vol. gr. in-8 de 1076 pages, cart. (30 fr.)..................................... 15 fr.

VIOLETTE. **Emploi des capsules** enfumées dans l'analyse chimique. Lille, 1857. in-8 de 6 pages avec 1 planche.................................. 50 c.

WURTZ. **Mémoire sur les ammoniaques composés.** Paris, 1851, in-4 de 68 pages.. 3 fr.

— **De l'insalubrité des résidus provenant des distilleries**, et sur les moyens proposés pour y remédier, par C.-A. Wurtz, professeur et doyen à la Faculté de médecine de Paris. Paris, 1859, in-8........................... 1 fr. 25

ZIEGLER (Martin). **Atonicité et zoïcité**, applications physiques, physiologiques et médicales. Paris, 1874, in-12 de 180 pages avec planches............ 3 fr. 50

NOUVEAUX ÉLÉMENTS D'HISTOIRE NATURELLE MÉDICALE
comprenant
DES NOTIONS GÉNÉRALES SUR LA ZOOLOGIE, LA BOTANIQUE ET LA MINÉRALOGIE,
L'HISTOIRE ET LES PROPRIÉTÉS DES ANIMAUX ET DES VÉGÉTAUX UTILES
OU NUISIBLES A L'HOMME,
SOIT PAR EUX-MÊMES, SOIT PAR LEURS PRODUITS,
Par D. CAUVET,
[Professeur à l'École supérieure de pharmacie de Nancy.

2 vol. in-18 jésus avec 790 figures. — 12 fr.

L'histoire des animaux, des végétaux et des minéraux utiles ou nuisibles à l'homme a été faite selon l'ordre des séries naturelles, en suivant les classifications le plus généralement adoptées ; les produits de ces différents êtres ont été étudiés soigneusement, au double point de vue de tous leurs caractères et de leurs propriétés médicinales. Pour les médecins, l'auteur fait connaître les propriétés physiologiques des médicaments simples les plus usités ; pour les pharmaciens, il donne les caractères distinctifs des drogues et les propriétés chimiques de leurs principes actifs.

Ce livre comprend les matières exigées pour le troisième examen de doctorat en médecine et le deuxième examen de maîtrise en pharmacie.

CODEX MEDICAMENTARIUS
PHARMACOPÉE FRANÇAISE
Rédigée par ordre du gouvernement
1 fort volume grand in-8 cartonné. — Prix : 9 fr. 50
Le même, franco par la poste. — Prix : 11 fr. 50

Les pharmaciens se conformeront, pour les préparations et compositions qu'ils devront exécuter et tenir dans leurs officines, aux formules insérées et décrites dans le *Codex* (loi contenant l'organisation des Écoles de pharmacie, 21 germinal an XI, art. 32). — Vu les articles 32 et 38 de la loi du 21 germinal an XI, le nouveau *Codex medicamentarius, Pharmaccpée française*, édition de 1866, sera et demeurera obligatoire, pour les pharmaciens, à partir du 1er janvier 1867 (décret du 5 décembre 1866).

COMMENTAIRES THÉRAPEUTIQUES
DU CODEX MEDICAMENTARIUS
OU HISTOIRE DE L'ACTION PHYSIOLOGIQUE ET DES EFFETS THÉRAPEUTIQUES
DES MÉDICAMENTS INSCRITS DANS
LA PHARMACOPÉE FRANÇAISE
Par Ad. GUBLER
Médecin de l'hôpital Beaujon, professeur de thérapeutique à la Faculté de médecine de Paris,
membre de l'Académie de médecine.

2e édition, Paris, 1874. 1 vol. gr. in-8 de XVIII-980 pages. — Cartonné, 15 fr.

BECLU. **Nouveau manuel de l'herboriste,** ou Traité des propriétés médicinales des plantes exotiques et indigènes du commerce, suivi d'un Dictionnaire pathologique, thérapeutique et pharmaceutique, par H. Beclu, élève en médecine de la Faculté de Paris. 1872, 1 vol. in-18 de XIV-256 pages avec 55 figures............ . 2 fr. 50

BOYMOND (M.). **De l'urée.** Physiologie, chimie, dosage. Paris, 1872, gr. in-8 de 167 pages avec 2 figures intercalées dans le texte...................... 3 fr.

CARLES (P.-P.). **Étude sur les quinquinas.** Paris, 1871, in-8 de 88 p.. 2 fr. 50
— **Sur la coloration artificielle des vins** et sur quelques moyens de la déceler, 1873, in-8.   75 cent.

DEBEAUX (J.-O.). **Essai sur la pharmacie et la matière médicale des Chinois.** Paris, 1865, in-8, 120 pages..... .... 3 fr. 50

DEFRESNE (TH.). **Mémoire sur la pancréatine,** étude de chimie physiologique. Paris, 1872, gr. in-8 de 40 pages................................. 1 fr. 50

ENVOI FRANCO CONTRE UN MANDAT SUR LA POSTE.

DUQUESNEL (H.). **De l'aconitine cristallisée** et des préparations d'aconit, étude chimique et pharmacologique. Paris, 1872, grand in-8 de 39 pages........ 1 fr. 50
GALTIER (C.-P.). **Traité de pharmacologie** et de l'art de formuler. Paris, 1841, 1 vol. in-8.. 4 fr. 50
— **Traité de matière médicale** et des indications thérapeutiques des médicaments. Paris, 1841, 2 vol. in-8.................................... 10 fr.
— **Traité de toxicologie** générale et spéciale, médicale, chimique et légale. Paris, 1855, 3 vol. in-8 (19 fr. 50 c.)................................ 10 fr.
— *Séparément.* Traité de toxicologie générale, in-8 : au lieu de 5 fr......... 3 fr.
GAY (J.-P.-J.). **Pharmacopée de Montpellier,** ou Traité spécial de pharmacie. Montpellier, 1845-1849, 3 vol. in-8 (22 fr.)............................ 15 fr.

HISTOIRE NATURELLE DES DROGUES SIMPLES
Par J.-B. GUIBOURT
Professeur à l'École de pharmacie, membre de l'Académie de médecine.
SIXIÈME ÉDITION, CORRIGÉE ET AUGMENTÉE
Par G. PLANCHON
Professeur à l'École supérieure de pharmacie de Paris.
1869-1870, 4 forts vol. in-8 avec 1024 figures. — 36 fr.

GUIBOURT (J.-B.). **Manuel légal des pharmaciens et des élèves en pharmacie,** ou Recueil des lois, arrêtés, règlements et instructions concernant l'enseignement, les études et l'exercice de la pharmacie. Paris, 1852, 1 vol. in-12 de 230 pages.. 2 fr.
GUIBOURT (J.-B.) et HENRY (N.-E.). **Pharmacopée raisonnée ou Traité de Pharmacie** pratique et théorique, 3ᵉ édition. Paris, 1847, in-8 de 800 pages à 2 col. avec 22 planches. 8 fr.
JEANNEL(J.). **Intendance, médecine et pharmacie militaires.** 1871, in-8. 30 c.
— **Application de l'engrais chimique** à l'horticulture d'ornement, in-8 de 16 pages.. 50 c.
JOURDAN. **Pharmacopée universelle,** ou Conspectus des pharmacopées. 2ᵉ édition, Paris, 1840. 2 vol. in-8 de chacun 800 pages, à deux colonnes. (25 fr)... 15 fr.
KALENICZENKO (JEAN DE). **Note sur la prophylamine** et les produits organiques qui la contiennent; huile et extrait de foie de morue et de leur utilité comparative en médecine. Paris, 1870, in-8 de 82 pages................................ 2 fr.
LANESSAN (J.-L. DE). **Mémoire sur le genre Garcinia** (Clusiacées) et sur l'origine et les propriétés de la gomme-gutte. Paris, 1872, grand in-8 de 114 pages avec 1 planche.. 2 fr.
PATON (CHARLES.). **Étude sur les quinquinas,** utilité de titrer les médicaments actifs à propos du *Codex medicamentarius* (1ᵉʳ janvier 1867). Paris, 1867, in-8, 16 p. 1 fr.
PLANCHON (GUST.). **Des quinquinas.** Paris, 1864, in-8 de 150 p........ 3 fr. 50
PLANCHON. (J.-E.). **La pharmacie à Montpellier,** depuis son origine jusqu'à la fondation des écoles spéciales. Montpellier, 1861, in-8, 40 pages....... 1 fr. 25
REVEIL (O). **Formulaire raisonné des médicaments nouveaux** et des médications nouvelles. 2ᵉ édit. Paris, 1865, 1 vol. in-18 jésus de XII-696 p., avec 48 fig. 6 fr.
ROUCHER. **Réflexions sur les rapports entre la pharmacie et la médecine militaires,** par le docteur C. Roucher, pharmacien principal de 1ʳᵉ classe. Paris, 1872, in-8 de 16 pages.. 50 c.
— **Du service de la pharmacie militaire,** son importance, sa situation actuelle; réformes à introduire dans son organisation. Paris, 1871, in-8 de 32 pages. 1 fr. 25
— **Du Corps des pharmaciens militaires,** son rôle dans les établissements hospitaliers aux armées actives et près de l'administr. supérieure de la guerre. 1873, in-8. 75 c.
ROZE (L.). **La menthe poivrée,** sa culture en France, ses produits, falsifications de l'essence et moyens de la reconnaître. Paris, 1868, in-12 de 48 pages. 1 fr. 50
VANDERCOLME (ED.). **Histoire botanique et thérapeutique des salseparcilles.** Paris, 1871, in-8 de 138 pages, avec 4 planches coloriées............ 3 fr. 50
WEDDELL (H.-A.). **Histoire naturelle des quinquinas.** Paris, 1849, 1 vol. in-folio avec une carte et 32 planches gravées, dont 3 coloriées .... 60 fr.

ENVOI FRANCO CONTRE UN MANDAT SUR LA POSTE.

DES COULEURS
ET DE LEURS APPLICATIONS AUX ARTS INDUSTRIELS
A L'AIDE DES CERCLES CHROMATIQUES
PAR E. CHEVREUL

Directeur des teintures à la manufacture des Gobelins, professeur au Muséum d'histoire naturelle de Paris, Membre de l'Institut.

Paris, 1864, in-fol. avec 27 planches coloriées. Cartonné. — 35 fr.

Table des planches. — Spectre (1). Gammes de tons bleus (1). Zones circulaires des couleurs (2). Cercles chromatiques (10). Gammes chromatiques (13).

TRAITÉ ÉLÉMENTAIRE
DE PHYSIQUE MÉDICALE
Par le docteur W. WUNDT,
Professeur à l'Université de Heidelberg.

TRADUIT AVEC DE NOMBREUSES ADDITIONS
Par le docteur Ferdinand MONOYER,
Professeur agrégé de physique médicale à la Faculté de médecine de Nancy.

1 vol. in-8 de 704 pages avec 396 figures, y compris 1 planche en chromolithographie. — 12 fr.

La démonstration des lois physiques et la description des instruments qui les vérifient l'exposé des caractères des corps et des procédés de préparation, toutes ces notions, indispensables au médecin, devraient être formulées à peu près comme des théorèmes de géométrie, et ne sauraient comporter de longs développements. Tout ce qui est superflu devrait être éloigné avec le plus grand soin comme étouffant ce qui est nécessaire. La mémoire humaine n'étant pas un réservoir d'une capacité indéfinie, le bon sens indique de la meubler méthodiquement de tout ce qui peut concourir à la meilleure pratique possible d'une profession déterminée.

L'auteur allemand était beaucoup trop exclusivement théorique, l'intelligent traducteur français a su donner à l'ouvrage le plus haut degré d'utilité pratique. On peut dire que ce livre, écrit dans le cabinet, M. Monoyer l'a fait sien dans son laboratoire, en y ajoutant les explications et les développements réclamés par les étudiants dont il dirigeait les manipulations. Il aurait pu, sans doute, en remaniant le texte original, et moyennant les additions que lui suggérait son expérience du professorat, il aurait pu nous offrir l'œuvre sous son propre nom ; il s'est modestement contenté du rôle de traducteur ; il a fait le contraire d'un plagiat ; mais il appartient à la critique de dévoiler l'excès de sa probité scientifique et de proclamer que les additions très-nombreuses et très-importantes dont il a enrichi l'ouvrage original dépassent de beaucoup ce qui eût été jugé suffisant pour en justifier, à son profit, l'expropriation. En vérité, je ne serais pas étonné que la traduction de M. Monoyer ne fût à son tour traduite en allemand, et qu'elle ne déplaçât la clientèle du professeur de Heidelberg.

Les planches intercalées dans le texte, au nombre de 396, réalisent tout ce que l'art de la gravure typographique a fait de mieux jusqu'à ce jour pour la vulgarisation des sciences. Après les schémas destinés à faire comprendre les théories et les principes, on trouve les appareils eux-mêmes, et l'on apprend à s'en servir. Un grand nombre de figures inédites ont été gravées exprès pour l'ouvrage. Toutes les gravures grossières et médiocres de l'ouvrage allemand ont été refaites. — (J. JEANNEL, *Union médicale,* 19 décembre 1871.)

PARIS. — IMPRIMERIE DE E. MARTINET, RUE MIGNON, 2

LIBRAIRIE
J.-B. BAILLIÈRE & FILS

HISTOIRE NATURELLE,
GÉOLOGIE, MINÉRALOGIE, PALÉONTOLOGIE,
BOTANIQUE, ZOOLOGIE,
ANATOMIE ET PHYSIOLOGIE COMPARÉES.

PARIS

RUE HAUTEFEUILLE, 19, PRÈS DU BOULEVARD SAINT-GERMAIN

Londres	**Madrid**
BAILLIÈRE, TYNDALL, AND COX,	CARLOS BAILLY-BAILLIÈRE.
King Williams Street, 20.	Plaza Topete, 8.

DERNIÈRES NOUVEAUTÉS

Éléments de géologie et de paléontologie, par CONTEJEAN, professeur à la Faculté des sciences de Poitiers. 1 vol. in-8 de 750 pages avec 467 fig. Cart.   16 fr.

Crania ethnica. Les crânes des races humaines décrits et figurés d'après les collections du Muséum d'histoire naturelle de Paris, de la Société d'anthropologie de Paris et les principales collections de la France et de l'étranger, par A. de QUATRE-FAGES, membre de l'Institut, professeur d'anthropologie au Muséum d'histoire naturelle, et E.-T. HAMY, aide-naturaliste au Muséum. Ouvrage accompagné de planches lithographiées d'après nature par H. Formant, et de figures. Livraisons 1 et 2, gr. in-4. Texte, feuilles 1 à 11, explication des planches, feuille 1 ; planches 1 à 20. Prix de chaque livraison.   14 fr.

Éléments d'anatomie comparée des animaux vertébrés, par Th. H. HUXLEY, membre de la Société royale de Londres, traduits de l'anglais par madame Brunet, revus par l'auteur et précédés d'une préface par Ch. Robin. 1 vol. in-18 j., VIII-530 p. avec 122 fig.   6 fr.

Anatomie et physiologie cellulaires ou *des cellules animales et végétales, du protoplasma et des éléments normaux et pathologiques qui en dérivent*, par Ch. ROBIN. 1 vol. in-8, 640 p. avec 83 fig. Cart.   16 fr.

La vie des animaux illustrée, ou description populaire du règne animal, par A. E. BREHM. Édition française, revue par Z. Gerbe. Caractères, mœurs, instincts, habitudes et régime, chasses, combats, captivité, domesticité, acclimatation, usages et produits.

Les Mammifères. Ouvrage complet, 2 vol. gr. in-8 avec 800 fig. et 40 pl.

Les Oiseaux. Ouvrage complet. 2 vol. grand in-8, avec 500 fig. et 40 pl.

Chaque volume se vend séparément :

Broché.	10 fr. 50
Cartonné en toile, doré sur tranches avec fers spéciaux.	14 fr.
Relié en demi maroquin, doré sur tranches.	15 fr.

Les Insectes. Traité élémentaire d'entomologie, comprenant l'histoire des espèces utiles et leurs produits, des espèces nuisibles et des moyens de les détruire, l'étude des métamorphoses et des mœurs, les procédés de chasse et de conservation, par Maurice GIRARD, président de la Société entomologique. *Introduction, Coléoptères.* 1 vol. in-8 de 500 pages, avec atlas de 60 pl. noires.   30 fr.
— Le même, fig. coloriées.   60 fr.

Traité de paléontologie végétale, ou la Flore du monde primitif dans ses rapports avec les formations géologiques et la flore du monde actuel, par W. P. SCHIMPER. Ouvrage complet. 3 vol. grand in-8, avec atlas de 110 pl. in-fol.   150 fr.

LIVRES DE FONDS.

AMYOT. Entomologie française. Rhyncotes. Paris, 1848, in-8 de 500 pages, avec 5 planches.   **8 fr.**

ARDISSONE. Le Floridee italiche Descritte et illustrate da Francesco ARDISSONE. Fascicolo 1. — Rivista delle Callittaniee italiche. 1874, gr. in-8 de 80 p.   **5 fr.**

AUBLET. Histoire des plantes de la Guyane française. Paris, 1775, 4 vol. in-4, avec 392 pl.   **40 fr.**

BARLA. Flore illustrée de Nice et des Alpes maritimes. Iconographie des Orchidées. Nice, 1868, in-4 de 32 pages, avec 63 pl. coloriées.   **80 fr.**

— **Les champignons de la province de Nice,** et principalement les espèces comestibles, suspectes ou vénéneuses. Nice, 1859, in-4, avec 48 pl. col.   **80 fr.**

BEAUMONT (Élie DE). Leçons de géologie pratique, par ÉLIE DE BEAUMONT, membre de l'Institut. Paris, 1845-1869, 2 vol. in-8, avec 13 planches.   **14 fr.**

— Séparément, tome II. Paris, 1869, 1 vol. in-8 de 291 pages avec 4 pl.   **5 fr.**

BÉCLU. Nouveau Manuel de l'herboriste, ou Traité des propriétés médicinales des plantes exotiques et indigènes du commerce, par H. BÉCLU. Paris, 1872. 1 vol. in-18 de XIV-256 pages, avec 55 figures.   **2 fr. 50**

BERNARDI (A.). Monographie des genres Galatea et Fischeria. Paris, 1860, in-4, 48 pages avec 9 planches (25 fr.).   **15 fr.**

— **Monographie du genre Conus.** Paris, 1862, in-4, 24 p. 2 pl. col. (6 fr.).   **4 fr.**

BESCHERELLE (E.). Florule bryologique, in-8.   **3 fr. 50**

BLAINVILLE (H. M. DUCROTAY DE). Ostéographie, ou Description iconographique comparée du squelette et du système dentaire des Mammifères récents et fossiles, pour servir de base à la zoologie et à la géologie, par M. H. M. DUCROTAY DE BLAINVILLE, membre de l'Institut (Académie des sciences), professeur d'anatomie comparée au Muséum d'histoire naturelle. *Ouvrage complet* en 26 livraisons, Paris, 1839-1863, formant 4 vol. grand in-4 de texte et 4 vol. grand in-folio d'atlas, contenant 323 planches. (961 fr.)   **700 fr.**

— Reliure, dos en toile des 4 vol. in-4 et des 4 vol. in-folio.   **40 fr.**

Voici le classement des monographies tel que l'avait établi M. de Blainville :
T. I. Avec atlas de 59 pl. Étude sur la vie et les travaux de M. de Blainville. — A. De l'ostéographie en général. — PRIMATES, B. g. Pithecus; C. g. Cebus; D. g. Lemur; E. Aye-Aye; F. Primates vivants et fossiles.—SECUNDATES. G. *Chéiroptères*, g. Vespertilio; H. *Insectivores*, g. Talpa, Sorex, Erinaceus.
T. II. Avec atlas de 117 pl. SECUNDATES, I. *Carnassiers*. généralités; J. g. Phoca; K. g. Ursus; L. g. Subursus; M. g. Mustella; N. g. Viverra; O. g. Felis; P. g. Canis; Q. g. Hyæna.
T. III. Avec atlas de 54 pl. QUATERNATES, R. *Gravigrades*, g. Elephas; S. g. Dinotherium; T. g. Manatus; U. *Ongulogrades*, g. Hyrax; V. g. Rhinocéros; X. g. Equus.
T. IV. Avec atlas de 95 pl. Y. g. Palæotherium Lophiodon, etc.; Z. g. Tapirus; AA. g. Hippopotamus; BB. g. Anoplotherium; CC. g. Camelus; DD. *Maldentes*. g. Bradypus; EE. Explication de 41 pl. table alphabétique des matières.

— **Mémoire sur les Bélemnites** considérées zoologiquement et géologiquement. Paris, 1825, in-4, 136 pages, avec 5 planches.   **6 fr.**

— **Manuel de Malacologie et de Conchyliologie.** Paris, 1827, in-8, et atlas de 109 pl. fig. noires, cart.   **40 fr.**

— Le même, fig. coloriées, cart.   **100 fr.**

— **Manuel d'actinologie et de Zoophytologie.** Paris, 1835, 1 vol. in-8 de 100 pl., fig. noires, cart.   **40 fr.**

— Le même, fig. col., cart.   **100 fr.**

— **De l'organisation des animaux,** ou Principes d'anatomie comparée. T. I, contenant la Morphologie et l'ostéologie. Paris, 1823, in-8.   **8 fr.**

— **Prodrome d'une monographie des Ammonites.** Paris, 1840, in-8, 31 p.   **1 fr. 50**

BLANCHARD (E.). Les Poissons des eaux douces de la France. Anatomie, Physiologie, Description des espèces, Mœurs, Instincts, Industrie, Commerce, Ressources alimentaires, Pisciculture, Législation concernant la pêche, par Émile BLANCHARD, professeur au Muséum d'histoire naturelle, membre de l'Institut (Académie des sciences). Paris, 1866, 1 vol. gr. in-8 de 800 pages, avec 151 fig. (20 fr.)   **12 fr.**

BOISDUVAL (J.-A.). Essais sur une monographie des Zygénides, suivi du tableau méthodique des Lépidoptères d'Europe. Paris, 1829, in-8, avec 8 pl. col.   6 fr.

BONAPARTE (Ch. L.). Iconographie des pigeons, non figurés par Mme Knip dans les deux volumes de MM. Temminck et Florent Prévost, par Ch. Lucien Bonaparte. Ouvrage servant d'illustration à son Histoire naturelle des Pigeons. Paris, 1857, 1 vol. in-folio, avec 55 planches contenant 66 fig. coloriées, cart. (225 fr.) 120 fr.

— **Iconographia della fauna italica.** Roma, 1832-1841. 3 vol. in-fol., avec 180 pl. noires, cartonné (300 fr.).   100 fr.

Le *même,* figures coloriées.   450 fr.

BONAPARTE (Ch. Lucien) ET SCHLÉGEL. Monographie des Loxiens. 1850, in-4, avec 54 pl. coloriées (80 fr.).   30 fr.

BONNET (G.). Mémoire sur la puce pénétrante ou chique. Paris, 1867, in-8, 102 p., 2 pl.   2 fr. 50

† **BOURGUIGNAT (J. R.). Les Spicilèges malacologiques.** Paris, 1 vol. in-8, avec 15 planches en partie coloriées.   25 fr.

Cet ouvrage comprend 15 monographies : 1° Choanomphalus ; catalogue des Paludinées recueillies en Sibérie et sur le territoire de l'Amour ; 3° Limaciens ; 4° Limaces algériennes ; 5° Parmacella ; 6° Testacella ; 7° Pyrgula ; 8° Gundlachia ; 9° Poeyia ; 10° Brondelia ; 11° Limaces d'Europe ; 12° Paludinées de l'Algérie ; 13° et 14° Vivipara ; 15° Ancylus.

BOURJOT SAINT-HILAIRE et SOUANCÉ. Histoire naturelle des Perroquets, par Bourjot Saint-Hilaire. Tome III, pour faire suite à la publication de Levaillant, contenant les espèces laissées inédites. Paris, 1837-38, 1 vol. in-folio jésus avec 111 pl. coloriées, cart. — **Iconographie des perroquets** non figurés dans les publications de Levaillant et de Bourjot Saint-Hilaire, par Ch. de Souancé (formant le tome IV). Paris, in-folio, 48 pl. col. avec un texte explicatif.   300 fr.

Le *même,* tomes III et IV, in-4.   220 fr.

Séparément, Souancé, *Iconographie des Perroquets,* in-fol.   100 fr.

— Le même, in-4.   70 fr.

BOWDICH (E.-E.). Excursions dans les îles de Madère et de Porto-Santo, traduit de l'anglais, avec notes de MM. Cuvier et de Humboldt. Paris, 1826, 1 vol. in-8, et atlas in-4 de 22 pl. (25 fr.).   10 fr.

BRARD (C. P.). Description historique d'une collection de minéralogie appliquée aux arts. In-8 (2 fr.).   1 fr.

BREHM. La vie des Animaux illustrée, ou description populaire du règne animal, par A.-E. Brehm. Édition française, revue par Z. Gerbe. Caractères, mœurs, instincts, habitudes et régime, chasses, combats, captivité, domesticité, acclimatation, usages et produits.

Les Mammifères, *Ouvrage complet,* 2 vol. grand in-8 avec 800 fig. et 40 pl.

Les Oiseaux, *Ouvrage complet,* 2 vol. gr. in-8, avec 500 fig. et 40 pl.

Chaque volume, broché.   10 fr. 50

—   Cartonné en toile, doré sur tranches, avec fers spéciaux.   14 fr.

—   Relié en demi-maroquin, doré sur tranches.   15 fr.

BREMER et GREY (W). Beitrage zur Schmetterlings fauna der nordlichen China. Petersburg, 1853, gr. in-8.   2 fr.

BREMSER. Traité zoologique et physiologique des vers intestinaux de l'homme, traduit de l'allemand. Paris, 1837, avec atlas in-4 de 15 planches (13 fr.).   7 fr.

BRESCHET (G.). Recherches anatomiques et physiologiques sur **l'organe de l'ouïe et sur l'audition dans l'homme et les animaux vertébrés.** Paris, 1836, in-4, *avec 13 planches.*   5 fr.

— Recherches anatomiques et physiologiques sur **l'organe de l'ouïe des poissons.** Paris, 1838, in-4, avec 17 planches.   5 fr.

BRONGNIART (Ad.). Enumération des genres de plantes cultivées au Muséum d'histoire naturelle de Paris, suivant l'ordre établi dans l'Ecole de botanique, par Ad. Brongniart, professeur au Muséum d'histoire naturelle, membre de l'Institut, etc. *Deuxième édition,* avec une *Table générale alphabétique.* Paris. 1850, in-12. 3 fr.

— **Essai d'une classification naturelle des Champignons.** Paris, 1825, in-8, 99 p. avec 8 planches.   4 fr.

BRONGNIART. (Alex.). Mémoire sur les terrains de sédiment supérieurs calcaréo-trappéens du Vicentin et sur quelques terrains d'Italie, de France, d'Allemagne, etc. Paris, 1823, in-4, avec 6 pl. (10 fr.)   3 fr.

BUREAU. Monographie des Bignoniacées, par E. BUREAU, professeur au Muséum. Paris, 1864, in-4 de 214 pages et 31 planches.   30 fr.

CAILLIAUD (Fr.). Mémoire sur les Mollusques perforants. Harlem, 1856, in-4, 58 p., avec 3 planches.   8 fr.

CANTENER (L. P.). Catalogue des Lépidoptères du département du Var. Paris. 1833, in-8, 29 pages.   1 fr. 50

CARUS (C. C.). Traité élémentaire d'anatomie comparée, traduit de l'allemand, par A. J. L. JOURDAN. Paris, 1835, 3 vol. in-8 avec *atlas de 31 pl. in-4* (34 fr.).   10 fr.

CASSINI (Henri). Opuscules phytologiques. Paris, 1826-1834, 3 vol. in-8, avec 12 planches (20 fr.).   15 fr.

CASTELNAU (F. D.). Essai sur le système silurien de l'Amérique septentrionale. 1 vol. in-4, avec 27 planches (25 fr.).   15 fr.

— **Mémoire sur les Poissons de l'Afrique australe.** Paris, 1861, in-8 de 80 pages.   3 fr. 50

CAUVET. Nouveaux Éléments d'histoire naturelle médicale, par D. CAUVET, professeur à l'École supérieure de pharmacie. Paris, 1869, 2 vol. in-18 jésus d'environ 600 pages, avec 800 figures.   12 fr.

CHATIN (G. A.). Anatomie comparée des végétaux, par G. A. CHATIN, membre de l'Académie des sciences, professeur de botanique à l'Ecole de pharmacie de Paris, 1856-1867. Livr. 1 à 13 composées de 48 pages et 10 planches gravées, grand in-8. Les livraisons 1, 2 traitent des *plantes aqua iques*. Les livraisons 3 à 13 traitent des *plantes parasites*. Prix de la livraison.   7 fr. 50

— **De l'Anthère.** Recherches sur le développement, la structure et les fonctions de ses tissus. Paris, 1870, gr. in-8 de 136 pages avec 36 pl.   25 fr.

— **Le Cresson.** Paris, 1866, in-12 de 128 pages.   2 fr.

CHATIN (J.). Études botaniques, chimiques et médicales sur les Valérianées, par le docteur Joannes CHATIN, licencié ès sciences naturelles. Paris, 1872, gr. in-8 de 148 p., avec 14 pl. gravées.   10 fr.

CHAUBARD et BORY DE SAINT-VINCENT. Nouvelle Flore du Péloponèse et des Cyclades. Paris, 1838, in-folio, 90 pages, avec 42 planches (75 fr.).   40 fr.

CHAUDOIR. Mémoires sur quelques genres et espèces de la famille des Carabiques. Moscou, 1837, 1838, 1842, 6 mémoires en 1 vol. in-8.   4 fr.

CHAUVEAU (A.). Traité d'anatomie comparée des animaux domestiques, par A. CHAUVEAU, professeur à l'école vétérinaire de Lyon. *Deuxième édition*, revue et augmentée avec la collaboration de S. ARLOING, professeur à l'École vétérinaire de Toulouse. Paris, 1871, 1 vol. gr. in-8 de 992 pages avec 368 fig.   20 fr.

COLIN (G.). Traité de physiologie comparée des animaux considérée dans ses rapports avec les sciences naturelles, la médecine, la zootechnie et l'économie rurale, par G. COLIN, professeur à l'Ecole vétérinaire d'Alfort. *Deuxième édition.* Paris, 1871-73, 2 vol. gr. in-8 avec 206 fig.   26 fr.

COLLADON. Histoire naturelle et médicale des Casses, et particulièrement de la casse et des sénés employés en médecine. Montpellier, 1816, in-4, avec 19 pl. 6 fr.

Congrès international d'anthropologie et d'archéologie préhistorique. Compte rendu de la cinquième session à Bologne, 1871, in-8 de 540 p. avec planches et figures intercalées dans le texte.   20 fr.

— 6e session tenue à Bruxelles, 1871, gr. in-8 de 600 p. avec 90 pl.   30 fr.

CONTEJEAN. Éléments de géologie et de paléontologie, par CONTEJEAN, professeur d'histoire naturelle à la Faculté des sciences de Poitiers. Paris, 1874. 1 vol. in-8 de 759 p. avec 467 fig. Cart.   16 fr.

COQUAND (H.). Monographie du genre ostrea. Terrain crétacé. Marseille, 1869, gr. in-8 de 215 pages et atlas de 75 planches gr. in-4.   80 fr.

— **Traité des roches.** Paris, 1857, 1 v. in-8 de 423 p. avec 72 fig.   7 fr.

† — **Description physique, géologique, paléontologique et minéralogique du département de la Charente.** Besançon, 1858.—Marseille, 1862, 2 vol. in-8, avec fig. et une carte col.   24 fr.

Séparément le tome II.   12 fr.

† — **Géologie et paléontologie de la région sud de la province de Constantine.** Marseille, 1862, 1 vol. in-8 de 343 p., avec 40 planches.   40 fr.

— **Monographie paléontologique de l'étage aptien** de l'Espagne. Marseille, 1866, in-8, 222 pages, avec atlas gr. in-8 de 28 pl. lith.   30 fr.

COSTE. De l'observation et de l'expérience en physiologie, du laboratoire, par M. COSTE, membre de l'Académie des sciences. Gr. in-8, 27 p.   1 fr.

— **Acclimatation des Poissons.** In-8, 6 p.   50 c.

— **De l'Aliénation des rivages** comme moyen de créer des richesses nouvelles. In-4, 10 p.   50 c.

COTTEAU (G.). Études sur les Echinides fossiles du département de l'Yonne; tome I, *Terrain jurassique*, 1849-1856. 1 vol. in-8, accompagné de 46 pl. 25 fr.

— Le tome II, *Terrain crétacé*. En vente, livr. 1 à 10. Prix de chacun. 75 c.

† **COTTEAU (G.) et TRIGER. Echinides du département de la Sarthe.** Paris, 1857-1869. 1 vol. gr. in-8 de 456 pages avec un atlas de 65 planches et 10 tableaux dont 2 coloriées.   67 fr. 50

— *Séparément*, livraison 9, in-8 avec pl. et tableaux.   7 fr. 50

COUTANCE. Histoire du chêne dans l'antiquité et dans la nature, ses applications à l'industrie, aux constructions navales, aux sciences et aux arts, etc., par A. COUTANCE, pharmacien, professeur de la marine, professeur à l'Ecole de médecine navale de Brest. Paris, 1873. In-8, 558 p. avec tableaux et cartes.   8 fr.

CUVIER (G.). Les Oiseaux, décrits et figurés d'après la classification de Georges CUVIER, mise au courant des progrès de la science. Paris, 1870, 1 vol. in-8 avec 72 planches contenant 464 fig. noires, 30 fr.   ·   Figures coloriées.   50 fr.

— **Les Insectes.** Voy. GIRARD.

— **Les Mollusques.** Paris, 1868, 1 vol. in-8 avec 36 pl. contenant 520 fig. noires. 15 fr. ; — fig. coloriées.   25 fr.

— **Les Vers et les Zoophytes.** Paris, 1869, 1 vol. in-8 avec 37 planches, contenant 550 figures noires, 15 fr.; — 1 fig. coloriées.   25 fr.

— **Recueil des éloges historiques.** Paris, 1819-1827, 3 vol. in-8 (18 fr.). 10 fr.

— **Iconographie du règne animal,** par F. F. GUÉRIN-MÉNEVILLE. Paris, 1829-1844. Ouvrage complet, publié en 50 livraisons (dont les 45 premières comprennent 450 planches, les 5 dernières comprennent le texte descriptif) relié en 3 vol. grand in-4. Fig. coloriées.   400 fr.

— Le même. 3 vol. gr. in-8. Fig. coloriées.   360 fr.

— Le même, texte seul (livr. 46 à 50). 2 vol. gr. in-8, ensemble 916 pages. 30 fr.

— Le même, texte seul, 2 vol. gr. in-4.   40 fr.

Les planches sont ainsi distribuées : Mammifères, 52 pl. — Oiseaux, 70 pl. — Reptiles, 30 pl. — Poissons, 70 pl. — Mollusques, 38 pl. — Crustacés, 36 pl. — Arachnides, 6 pl. — Annélides, 11 pl. — Zoophytes, 25 pl.

CUVIER (G.) et VALENCIENNES. Histoire naturelle des Poissons. Paris, 1829-1849. 22 vol. avec 3 volumes d'atlas contenant 650 pl. publiés en 35 livraisons de 15 à 20 pl. — Ouvrage complet, texte et pl. in-8, fig. noires (375 fr.) 180 fr.

— Le même, ouvrage complet, texte et pl. in-8, fig. col. (725 fr.) 350 fr.

— Le même, ouvrage complet, texte et pl. in-4, fig. col. (876 fr.) 450 fr.

Nous pourrons fournir des volumes séparés in-8 et in-4, planches noires ou coloriées au prix de : 1 vol. in-8 et 1 cahier de pl. in-8, noires (13 fr. 50).   6 fr.

1 vol. in-8 et 1 cahier de pl. in-8 col. (23 fr. 50).   10 fr.

1 vol. in-4 et 1 cahier de pl. in-4, col. (28 fr.)   15 fr.

Les cahiers supplémentaires de planches seront vendus en proportion.

DAVAINE (C.). Traité des entozoaires et des maladies vermineuses de l'homme et des animaux domestiques. *Ouvrage couronné par l'Institut de France.* Paris, 1860, 1 vol. in-8 de 950 pages, avec 88 fig.   12 fr.

DE CANDOLLE (A. P.). Collection de mémoires pour servir à l'histoire du règne végétal. Paris, 1828-1838, 10 parties en un vol. in-4, avec 99 planches. 30 fr.

Cette importante publication, servant de complément à quelques parties du *Prodromus regni vegetabilis,* comprend :

1° Mélastomacées, avec 10 pl.; — 2° Crassulacées, avec 13 pl.; — 3° et 4° Onagraires et Paronychiées, avec 9 pl.; — 5° Ombellifères, avec 19 pl.; — 6° Loranthacées, avec 12 pl.; — 7° Valérianées, avec 4 pl.; — 8° Cactées, avec 12 pl.; — 9° et 10° Composées, avec 19 planches.

Chacun des six derniers mémoires se vend séparément.   4 fr.

DEGLAND et GERBE (Z.). Ornithologie européenne, ou Catalogue descriptif, analytique et raisonné des oiseaux observés en Europe. *Deuxième édition* entièrement refondue. Paris, 1867, 2 vol. in-8.   24 fr.

DELILE. Fragments d'une flore de l'Arabie-Pétrée. Paris, 1833, in-4, 26 p. avec une planche double.   3 fr.

† DESFONTAINES. **Flora atlantica**, sive Historia plantarum quæ in Atlante, agro Tunetano et Algeriensi crescunt. Paris, an VII. 2 vol. in-4, avec 261 planches.   70 fr.

DESHAYES (G. P.). **Description des coquilles fossiles des environs de Paris.** Paris, 1824-1837, 3 vol. in-4, avec 166 pl.—**Description des Animaux sans vertèbres découverts dans le bassin de Paris,** pour servir de supplément à la Description des coquilles fossiles des environs de Paris, comprenant une revue générale de toutes les espèces actuellement connues. *Ouvrage complet* publié en 50 livraisons. Paris, 1857-1865, 3 v. in-4 de texte et 2 v. d'atlas, comprenant 196 pl. lith. Cart.   450 fr.
— Séparément, le supplément. **Description des animaux sans vertèbres.**   250 fr.
— **Conchyliologie de l'île de la Réunion** (Bourbon). Paris,   863, gr. in-8, 144 p., avec 14 planches coloriées.   10 fr.

† DICTIONNAIRE DES SCIENCES NATURELLES, par les professeurs du Muséum d'histoire naturelle de Paris, sous la direction de G. et de FR. CUVIER. 61 vol. in-8, avec atlas, 12 vol. in-8, contenant 1220 pl. figures noires (670 fr.).   175 fr.
— Avec atlas, figures coloriées (1200 fr.).   350 fr.

D'ORBIGNY (Alc.). **Coquilles et Echinodermes fossiles de Colombie** (Nouvelle-Grenade). Paris, 1842, in-4, 64 p., avec 6 planches (15 fr.).   7 fr. 50

DROUET (H.). **Énumération des mollusques** terrrestres et fluviatiles vivants de la France continentale. Liége, 1855, gr. in-8, 53 pages.   2 fr. 50

DUCHARTRE. **Éléments de Botanique** comprenant l'anatomie, l'organographie, la physiologie des plantes, les familles naturelles et la géographie botanique, par P. DUCHARTRE, membre de l'Institut (Académie des sciences), professeur à la Faculté des sciences de Paris. Paris, 1867, 1 vol. in-8 de 1088 pages, avec 510 fig. dessinées d'après nature par A. Riocreux, cart.   18 fr.
C'est un livre commode et instructif pour ceux qui abordent l'étude des plantes, indispensable aux élèves des lycées et aux étudiants qui se préparent aux examens du baccalauréat et de la licence, utile même, dans une certaine mesure, aux botanistes qui n'ont pas étudié les végétaux au point de vue de leur structure, de leur organisation et de leur vie, aussi attentivement qu'à celui de la détermination de leurs espèces et des caractères qui distinguent celles-ci.

DUFOUR (L.) et PERRIS (Ed). **Mémoire sur les insectes hyménoptères** qui nichent dans l'intérieur des tiges sèches de la ronce. Paris, 1839, in-8, 50 p. avec 3 pl.   1 fr. 50

DUGÈS (Ant.). **Mémoire sur la conformité organique dans l'échelle animale.** Paris, 1832, in-4, avec 6 planches.   4 fr.
— **Recherches sur l'ostéologie et la myologie des Batraciens.** Paris, 1834, in-4, avec 20 pl.   10 fr.

† DUMÉRIL (A. M. C.). **Entomologie analytique.** Histoire générale, classification naturelle et méthodique des Insectes. Paris, 1860, 2 vol. in-4, avec 500 fig.   25 fr.

DUPONT. **L'homme pendant les âges de la pierre,** dans les environs de Dinant-sur-Meuse, par E. Dupont. Bruxelles, 1872, 1 vol. gr. in-8 de 250 pages avec 41 gr., 4 pl. et 1 tableau synoptique.   7 fr. 50

DUTROCHET. **Mémoires** pour servir à l'histoire anatomique et physiologique des végétaux et des animaux, par H. DUTROCHET, membre de l'Institut. *Avec cette épigraphe :* « Je considère comme non avenu tout ce que j'ai publié précédemment sur ces matières qui ne se trouve point reproduit dans cette collection. » Paris, 1837, 2 forts vol. in-8, avec atlas de 30 planches gravées. (24 fr.)   6 fr.

DUVAL-JOUVE (J.). **Histoire naturelle des Equisetum de la France.** Paris, 1864, 1 vol. in-4, VIII-296 pages, avec 10 pl. en partie coloriées et 33 fig.   20 fr.
— **Étude anatomique de l'arête des graminées.** Paris, 1871, in-4 de 80 pages et 2 pl. col.   4 fr.
— **Des comparaisons histotaxiques et de leur importance** dans l'étude critique des espèces végétales. Paris, 1871, in-4 de 50 pages.   2 fr.
— **De quelques Juncus à feuilles cloisonnées,** et en particulier des *J. Lagenarius et Fontanesii, J. striatus,* Schsb, Paris, 1872, in-4, 33 pages et 2 planch.   2 fr. 50

ENGEL. **Les ferments alcooliques,** études morphologiques, par L. ENGEL, professeur à la Faculté de médecine de Nancy. Paris, 1872, gr. in-4 de 60 p., avec pl. 3 fr.

ESPARDELLA (P.). **Éléments de botanique.** Paris, 1872, 1 vol. in-18 jésus avec 20 pl. lith.   2 fr. 50

EXPÉDITION SCIENTIFIQUE EN MORÉE, par BORY DE SAINT-VINCENT.
— **Géologie et minéralogie.** In-4° avec atlas de 12 planches in-fol. (65 fr.). 30 fr.
— **Botanique.** In-4, 367 p. et atlas in-fol. de 38 pl., dont 2 col. (103 fr.).   50 fr.

FABRE. **Faune avignonaise.** 1er fascicule, Insectes coléoptères, par J.-H. FABRE, conservateur du Museum Requien. Avignon, 1870, in-8 de 164 pages. 1 fr. 50

FERRY. **Le Mâconnais préhistorique.** Mémoire sur les âges primitifs de la pierre, du bronze et du fer en Mâconnais et dans quelques contrées limitrophes, avec notes, additions et appendice, par A. ARCELIN, accompagné d'un supplément anthropologique, par le docteur PRUNER-BEY. Mâcon, 1870, in-4, 200 p. avec 48 pl. 12 fr.

FÉRUSSAC. **Mémoires géologiques sur les terrains formés sous l'eau douce** par les débris fossiles des mollusques vivant sur la terre ou dans l'eau non salée. Paris, 1814, in-4 de 76 pages. 2 fr. 50

— **Concordance systématique pour les mollusques terrestres** et fluviatiles de la Grande-Bretagne. Paris, 1820, in-4, 20 pages. 1 fr. 25

— **Notice sur les Éthéries** trouvées dans le Nil. Paris, 1823, in-4, 20 pages. 1 fr. 25

— **Monographie des espèces vivantes et fossiles du genre Ménalopside,** et observations géologiques à leur sujet. Paris, 1823, in-4, 36 pag., avec 2 pl. 2 fr.

— **Catalogue de la collection des Coquilles** formée par M. de Férussac. Paris, 1837, in-8, 24 p. 75 c.

† FÉRUSSAC et DESHAYES (G. P.). **Histoire naturelle générale et particulière des mollusques,** tant des espèces qu'on trouve aujourd'hui vivantes que des dépouilles fossiles de celles qui n'existent plus, classés d'après les caractères essentiels que présentent ces animaux et leurs coquilles. *Ouvrage complet* en 42 livraisons, chacune de 6 planches in-folio, gravées et coloriées d'après nature avec le plus grand soin. Paris, 1820-1851, 4 vol. in-folio, dont 2 volumes de chacun 400 pages de texte et 2 volumes contenant 247 planches gravées et coloriées. (1250 fr.) 490 fr.

— *Le même,* 4 vol. grand in-4, avec 247 planches noires. Au lieu de 600 fr. 200 fr.
Demi-reliure, dos de maroquin des 4 vol. in-fol., 40 fr. — Cartonnage. 24 fr.
—   des 4 vol. gr. in-4, 24 fr. — Cartonnage. 16 fr.
Les personnes auxquelles il manquerait des livraisons (jusques et y compris la 34e) pourront se les procurer séparément, savoir :
1° Les livraisons in-folio, figures coloriées, au lieu de 30 fr., à raison de 15 fr.
2° Les livraisons in-4, figures noires, au lieu de 15 fr., à raison de 6 fr.
Chacune des livraisons nouvelles (de 35 à 42) se compose : 1° de 72 pages de texte in-folio ; 2° de 6 planches gravées, imprimées en couleur et retouchées au pinceau avec le plus grand soin. Prix de chaque livraison. 30 fr.
Prix de chaque livraison in-4, avec les planches en noir. 15 fr.
M. Deshayes a publié les livraisons 29 à 42 ; elles comprennent :
1° 85 planches qui ont comblé les lacunes laissées par M. de Férussac dans l'ordre des numéros, complété plusieurs genres et fait connaître quelques espèces récentes ;
2° Le texte (T. 1er complet, 402 pages.—T. II, 1re partie, Nouvelles additions à la famille des Limaces, 24 pages.—Historique, p. 129 à 184,—T. II, 2e partie, 260 p.). Ce texte de M. Deshayes présente la description de toutes les espèces figurées dans l'ouvrage ;
3° Une table générale alphabétique de l'ouvrage ;
4° Une table de classification des 247 planches, à l'aide de laquelle tous les possesseurs de l'ouvrage pourront vérifier si leur exemplaire est complet ou ce qui lui manque.

† FÉRUSSAC et D'ORBIGNY (Alc.). **Histoire naturelle générale et particulière des céphalopodes** acétabulifères vivants et fossiles. Paris, 1836-1848. 2 vol. in-folio dont un de 144 planches coloriées, cartonnés. Prix, au lieu de 500 fr. 150 fr.

— *Le même ouvrage,* 2 vol. grand in-4, dont un de 144 pl. color., cartonnés. 80 fr.
Ce bel ouvrage est *complet;* il a été publié en 21 *livraisons.*

FLOURENS (P.). **Recherches expérimentales sur les fonctions et les propriétés du système nerveux.** *Deuxième édition.* Paris, 1842, in-8. (7 fr. 50.) 3 fr.

— **Mémoires d'anatomie et de physiologie comparées,** contenant des recherches sur 1° les lois de la symétrie dans le règne animal ; 2° le mécanisme de la rumination ; 3° le mécanisme de la respiration des poissons ; 4° les rapports des extrémités antérieures et postérieures de l'homme, les quadrupèdes et les oiseaux. Paris, 1844, 1 vol. grand in-4, avec 8 planches coloriées. (18 fr.) 9 fr.

— **Théorie expérimentale de la formation des os.** Paris, 1847, in-8, avec 7 planches gravées. (7 fr. 50) 3 fr.

FROMENTEL (E. DE). **Polypiers coralliens** des environs de Gray, considérés dans leurs rapports avec ceux des bassins coralliens de la France et dans leur développement. Caen, 1864, in-4, 38 pages, avec atlas de 15 pl. 10 fr.

— **Introduction à l'étude des polypiers fossiles.** Paris, 1858-61, in-8 de 360 pages. 5 fr.

FROMENTEL (E. de). **Monographie des polypiers jurassiques supérieurs** (1re partie, étage portlandien). Paris, 1862, in-4 de 60 pages et 7 planches.   6 fr.

— **Description des polypiers fossiles de l'étage néocomien.** Paris, 1857, in-8 de 80 pages et 10 pl.   5 fr.

† **GALL** (F.) et **SPURZHEIM. Anatomie et physiologie du système nerveux** en général et du cerveau en particulier. Paris, 1810-1819, 4 vol. in-folio de texte et atlas de 100 planches gravées, cartonnés. (800 fr.)   150 fr.

Le même, 4 vol. in-4 et atlas in-folio de 100 planches gravées. (400 fr.)   120 fr.

Il ne reste que très-peu d'exemplaires de cet important ouvrage, que nous offrons avec une réduction des trois quarts sur le prix de publication.

† **GAUBIL. Catalogue synonymique des Coléoptères d'Europe et d'Algérie.** Paris, 1849, 1 vol. in-8. (12 fr.)   6 fr.

GAUDICHAUD. Botanique du voyage autour du monde exécuté sur la corvette *la Bonite* (Amérique méridionale, Océanie, Chine) : 1° *Cryptogames cellulaires et vasculaires* (Lycopodiacés), par MM. Montagne, Leveillé et Spring. Paris, 1844-46, 1 vol. in-8, 356 pages; — 2° *Botanique*, par M. Gaudichaud. Paris, 1851, 2 vol. in-8; — 3° Atlas de 150 planches in-folio; — 4° *Explication et description des planches de l'Atlas*, par M. Ch. d'Alleizette. Paris, 1866, in-8, 186 pages. Prix réduit :   80 fr.

Séparément : l'Explication et description des planches. Paris, 1866, 1 vol. in-8.   6 fr.

GEOFFROY SAINT-HILAIRE (I.). Histoire générale et particulière des **Anomalies de l'organisation chez l'homme et les animaux**, ouvrage comprenant des recherches sur les caractères, la classification, l'influence physiologique et pathologique, les rapports généraux, les lois et causes des **Monstruosités**, des variétés et vices de conformation ou *Traité de tératologie*. Paris, 1832-1836. 3 vol. in-8 et atlas de 20 planches lithographiées.   27 fr.

— Séparément les tomes II et III.   16 fr.

GERBE (Z.). Voy. Brehm, Degland.

GERMAIN (de Saint-Pierre). **Nouveau Dictionnaire de botanique**, comprenant la description des familles naturelles, les propriétés médicales et les usages économiques des plantes, la morphologie et la biologie des végétaux (étude des organes et étude de la vie), par E. Germain (de Saint-Pierre), président de la Société botanique de France. Paris, 1870, 1 vol. in-8 de xvi-1388 pages avec 1640 fig.   25 fr.

GERVAIS (Paul). **Histoire naturelle des îles Canaries.** Reptiles. Paris, 1844, in-folio, 20 pages, avec 1 planche.   4 fr.

GERVAIS (P.) et **VAN BENEDEN. Zoologie médicale.** Exposé méthodique du règne animal, basé sur l'anatomie, l'embryogénie et la paléontologie, comprenant la description des espèces parasites employées en médecine, de celles qui sont venimeuses et de celles qui sont espèces de l'homme et des animaux, par Paul Gervais, professeur au Muséum d'histoire naturelle, et J. Van Beneden, professeur de l'Université de Louvain. Paris, 1859, 2 vol. in-8, avec figures.   15 fr.

GIRARD (M.). **Les Insectes, Traité élémentaire d'Entomologie**, comprenant l'histoire des espèces utiles et leurs produits, des espèces nuisibles et des moyens de les détruire, l'étude des métamorphoses et des mœurs, les procédés de chasse et de conservation, par Maurice Girard, président de la Société entomologique de France. Introduction. — Coléoptères. Paris, 1873, 1 vol. in-8 de 500 pages, avec atlas de 60 pl. coloriées.   60 fr.

Le même, fig. noires.   30 fr.

GODRON (D. A.). **De l'espèce et des races dans les êtres organisés**, et spécialement de l'unité de l'espèce humaine. 2e *édition*. Paris, 1872, 2 vol. in-8.   12 fr.

GORY (H.) et **PERCHERON** (A.). **Monographie des Cétoines et genres voisins.** Paris, 1832-1836, 15 livraisons formant un vol. in-8, avec 77 pl. coloriées.   60 fr.

GRIS (A.). **Note sur quelques cas remarquables de pélorie** dans le genre Zingiber. Grand in-8, avec 1 planche.   1 fr.

— **Sur la germination.** Paris, 1865, grand in-8, 16 pages.   1 fr.

GUERIN-MÉNEVILLE (F. E.) et **PERCHERON** (A.). **Genera des insectes**, ou Exposition détaillée de tous les caractères propres à chacun des genres de cette classe d'animaux. Paris, 1835-1838, in-8 avec 60 planches coloriées.   20 fr.

GUIBOURT. Histoire naturelle des drogues simples, ou Cours d'histoire naturelle professé à l'Ecole de pharmacie de Paris, par J. B. GUIBOURT, professeur à l'Ecole de pharmacie. *Sixième édition*, par G. PLANCHON, professeur à l'Ecole de pharmacie de Paris. Paris, 1869-70, 4 vol. in-8, avec 1024 fig. 36 fr.

HAMY. Voy. LYELL, QUATREFAGES.

HERMAN. Mémoire aptérologique, publié par Hammer. Strasbourg, 1804, in-fol. 144 p., 9 pl. coloriées. 6 fr.

HUMBOLDT. De distributione geographica plantarum, secundum cœli temperiem et altitudinem montium. Parisiis, 1817, in-8, avec carte coloriée. 6 fr.

HUXLEY (Th.). **La place de l'homme dans la nature**, par TH. HUXLEY, membre de la Société royale de Londres, traduit, annoté, précédé d'une introduction, et suivi d'un compte rendu des travaux anthropologiques du Congrès d'anthropologie et d'archéologie préhistoriques, par EUG. DALLY. Paris, 1868, 1 vol. in-8 avec 68 fig. 7 fr.

— **Eléments d'anatomie comparée** des animaux vertébrés, Traduit de l'anglais par madame Brunet, revu par l'auteur et précédé d'une préface, par Ch. Robin. Paris, 1875. 1 vol. in-18 de VIII-530 pages avec 122 fig. 6. fr.

JOBERT (de Lamballe). **Des appareils électriques des poissons électriques.** Paris, 1858, in-8, avec atlas grand in-folio de 11 pl. 10 fr.

JULIEN (Alph.). **Des phénomènes glaciaires** dans le plateau central de la France, en particulier dans le Puy-de-Dôme et le Cantal. Paris, 1869, in-8 de 104 pages avec 1 planche. 2 fr. 50

JUSSIEU. Principes de la méthode naturelle des végétaux, par A. L. de JUSSIEU. Paris, 1824, in-8, 51 p. 1 fr.

†**KIENER** (L. C.). **Species général et iconographie des Coquilles vivantes,** publiés par monographies, comprenant la collection du Muséum d'histoire naturelle de Paris, la collection de Lamarck, celle de M. B. Delessert, continués par M. P. FISCHER, aide-naturaliste au Muséum d'histoire naturelle. Livr. 1 à 140. Prix de chacune, de 6 pl. col., et 24 p. de texte, gr. in-8, fig. col. 6 fr. — In-4, fig. col. 12 fr.

Les livraisons 139 et 140, par M. P. Fischer, contiennent le texte complet du genre *Turbo*, rédigé par P. Fischer. 128 p. et 6 pl. nouvelles.

Les livraisons suivantes paraîtront régulièrement :

I. Famille des Enroulées (genres Porcelaine, 57 pl.; Ovule, 6 pl.; Tarière, 1 pl.; Ancillaire, 6 pl.; Cône, 111 pl.).

II. Famille des Columellaires (genres Mitre, 34 pl.; Volute, 52 pl.; Marginelle, 13 pl.).

III. Famille des Ailées (genres Rostellaire, 4 pl.; Ptérocère, 10 pl.; Strombe, 34 pl.).

IV. Famille des Canalifères, 1re partie (genres Cérite, 32 pl.; Pleurotome, 27 pl.; Fuseau, 31 pl.).

V. Famille des Canalifères, 2e partie (genres Pyrule, 15 pl.; Fasciolaire, 13 pl.; Turbinelle, 21 pl.; Cancellaire, 9 pl.).

VI. Famille des Canalifères, 3e partie (genres Rocher, 47 pl.; Triton, 18 pl.; Ranelle, 15 pl.).

VII. Famille des Purpurifères, 1re partie (genres Cassidaire, 2 pl.; Casque, 16 pl.; Tonne, 5 pl.; Harpe, 6 pl.; Pourpre, 40 pl.).

VIII. Famille des Purpurifères, 2e partie (genres Colombelle, 16 pl.; Buccin, 31 pl.; Éburne, 3 pl.; Struthiolaire, 2 pl.; Vis, 14 pl.).

IX. Famille des Turbinacées (genres Turritelle, 14 pl.; Scalaire, 7 pl.; Cadran, 4 pl.; Roulette, 3 pl.; Dauphinule, 4 pl.; Phasianelle, 5 pl.).

X. Famille des Plicaces (genres Tornatelle, 1 pl.; Pyramidelle, 2 pl.; Troque, 49 pl.; Turbo, 38 pl.).

XI. Famille des Myaires (genre Thracie, 2 pl.).

KIRSCHLEGER. Flore vogéso-rhénane ou Description des plantes qui croissent naturellement dans les Vosges et dans la vallée du Rhin, par Fréd. Kirschleger, professeur à l'École supérieure de pharmacie. Paris, 1870, 2 vol. in-18 jésus. 15 fr.

KONINCK (L. de). **Description des animaux fossiles** qui se trouvent dans le terrain carbonifère de Belgique. Liége, 1844. 2 vol. in-4 dont un de 69 planches. 60 fr.

— Supplément, 1851, in-4 de 76 pages, avec 5 planches. 8 fr.

Cet important ouvrage comprend : 1o les Polypiers, 2o les Radiaires, 3o les Annélides, 4o les Mollusques céphalés et acéphales, 5o les Crustacés, 6o les Poissons, divisés en 85 genres et 434 espèces. C'est un des ouvrages que l'on consultera avec le plus d'avantage pour l'étude comparée de la géologie et de la conchyliologie.

— **Recherches sur les animaux fossiles**, première partie, *Monographie des genres productus et chonectes*. Liége, 1847. 1 vol. in-4, XVII-246 p. avec 20 pl. 30 fr.

— Le même, deuxième partie, *Monographie des fossiles carbonisés de Bleiberg en Carinthie*. Liége, 1873, in-4 avec 4 pl. 10 fr.

LACAZE DU THIERS. Histoire naturelle du corail, organisation, reproduction, pêche en Algérie, industrie et commerce, par M. H. LACAZE DU THIERS, professeur à la Faculté des sciences de Paris. *Ouvrage couronné par l'Académie des sciences.* Paris, 1864, gr. in-8 de xxvi-372 pages, avec 20 pl. gravées et coloriées.   30 fr.

LA FRESNAYE. Contributions à l'Ornithologie, par le baron F. DE LA FRESNAYE. Paris, 1832-1855, 1 vol. in-8, avec planches.   6 fr.

LAMARCK (J. B. P. A.). Histoire naturelle des animaux sans vertèbres. *Deuxième édition*, par G. P. DESHAYES et H. MILNE EDWARDS. Paris, 1835-1845, 11 v. in-8.   88 fr.
Cet ouvrage est distribué ainsi : t. I, *Introduction, Infusoires;* t. II, *Polypiers ;* t. III, *Radiaires, Tuniciers, Vers, Organisation des insectes;* t. IV, *Insectes;* t. V, *Arachnides, Crustacés, Annélides, Cirrhipèdes;* t. VI, VII, VIII, IX, X, XI, *Histoire des Mollusques.*
Dans cette nouvelle édition, M. DESHAYES s'est chargé de revoir et de compléter l'*Introduction*, l'*Histoire des Mollusques* et des *Coquilles;* M. MILNE EDWARDS, les *Infusoires*, les *Polypiers*, les *Zoophytes*, l'organisation des *Insectes*, les *Arachnides*, les *Crustacés*, les *Annélides*, les *Cirrhipèdes;* M. F. DUJARDIN, les *Radiaires*, les *Échinodermes* et les *Tuniciers;* M. NORDMANN (de Berlin), les *Vers*, etc.
— Séparément, les tomes VI à XI, ou *Histoire naturelle des Mollusques*, 6 v. in-8.   48 fr.

LAMOTTE (Martial). Catalogue des plantes vasculaires de l'Europe centrale, comprenant la France, la Suisse, l'Allemagne. Paris, 1847, in-8 de 104 pages.   2 fr. 50

LANESSAN. Mémoire sur le genre Garcinia (Clusiacées), et sur l'origine et les propriétés de la gomme-gutte, par le docteur J.-L. LANESSAN. Paris, 1872, in-8 de 114 pages et 1 planche.   2 fr.

LARTET (Ed.) et CHRISTY (H.). Reliquiæ aquitanicæ, being contributions to the archæology and palæontology of Perigord and the adjoining provinces of southern France. Paris, 1866-1874, in-4 avec pl. lith. Parties I à XIII ; chaque part.   4 fr. 25
L'ouvrage doit former 20 livraisons composées chacune de 3 feuilles de texte et 6 pl.

LAURENT (J. L.). Zoophytologie du voyage autour du monde sur *la Bonite.* Paris, 1844, in-8, avec 6 pl. in-fol. coloriées.   14 fr.

LAURENT (P.). Études physiologiques sur les animalcules des infusions végétales, comparés aux organes élémentaires des végétaux. Nancy, 1854-1858, 2 vol. in-4 avec pl. lith. (40 fr.)   15 fr.
— Séparément, le tome II, 1858, in-4 avec 24 planches. (20 fr.)   9 fr.

LAVY (JEAN). Etat général des végétaux originaires, ou Moyen pour juger, même de son cabinet, de la salubrité de l'atmosphère, de la fertilité du sol et de la propriété des habitants dans toutes les localités de l'univers. Paris, 1830, in-8, 408 pag. 3 fr.

LECANU. Éléments de géologie, par L. R. LECANU, professeur à l'École supérieure de pharmacie de Paris. *Seconde édition.* Paris, 1857, 1 vol. in-18 jésus.   3 fr.

LECOQ (H.). Éléments de géographie physique et de météorologie, ou Résumé des notions acquises sur les grandes lois de la nature, servant d'introduction à l'Etude de la géologie. Paris, 1836, 1 vol. in-8, avec 4 planches gravées. (9 fr.)   3 fr.
— **Éléments de géologie et d'hydrographie**, ou Résumé des notions acquises sur les grandes lois de la nature, faisant suite et servant de complément aux Éléments de géographie physique et de météorologie. Paris, 1838, 2 volumes in-8, avec 8 planches (15 fr.).   5 fr.
— **Des Glaciers et des Climats**, ou des Causes atmosphériques en géologie, 1847, in-8, 556 pages (7 fr. 50).   4 fr.
— **Études sur la Géographie botanique de l'Europe**, et en particulier sur la végétation du plateau central de la France. Paris, 1854-58, 9 vol. gr. in-8, avec 3 planches coloriées. (72 fr.)   45 fr.
— **Les époques géologiques de l'Auvergne.** Paris, 1867, 5 vol. gr. in-8, avec 170 pl. ou fig. noires et coloriées et des autographes.   50 fr.
— **L'eau sur le plateau central de la France.** Paris, 1870, in-8, 391 pages et 6 planches.   6 fr.

LECOQ (H.) et JUILLET. Dictionnaire raisonné des termes de botanique et des familles naturelles, contenant l'étymologie et la description détaillée de tous les organes, leur synonymie et la définition des adjectifs qui servent à les décrire; suivi d'un vocabulaire des termes grecs et latins le plus généralement employés dans la glossologie botanique, par H. LECOQ et J. JUILLET. Paris, 1831, 1 vol. in-8. (9 fr.) 3 fr.

LEGRAND. Statistique botanique du Forez, par A. LEGRAND, membre de la Société botanique de France. 1 vol. in-8, 292 pages,   6 fr.

LEMAIRE (C). **Cactearum aliquot novarum** ac insuctarum in horto Monvilliano cultarum accurata descriptio. Lutetiæ Parisiorum, 1838. In-4, de xiv-40 pages, avec une planche. 1 fr.

LEOTAUD. Oiseaux de l'île de la Trinitad (Antilles), par A. LÉOTAUD, docteur en médecine de la Faculté de Paris. Port d'Espagne, 1866. 1 vol. gr. in-8 de 560 p. 10 fr. N'a jamais été mis dans le commerce. Tiré à petit nombre.

LEPELETIER DE SAINT-FARGEAU (Am.). Monographia Tenthredinetarum, synonymia extricata. Parisiis, 1823, in-8, xviii, 176 pages. 3 fr.

LESSON. Species des mammifères bimanes et quadrumanes, suivi d'un Mémoire sur les Oryctéropes. Paris, 1840, in-8. 3 fr.

— **Nouveau tableau du règne animal.** Mammifères. Paris, 1842, in-8. 3 fr.

LEURET et GRATIOLET. Anatomie comparée du système nerveux considéré dans ses rapports avec l'intelligence, par Fr. LEURET, médecin de l'hospice de Bicêtre, et P. GRATIOLET, professeur à la Faculté des sciences de Paris. *Ouvrage complet.* Paris, 1839-1857. 2 vol. in-8 et atlas de 32 pl. in-fol. Figures noires. 48 fr.
Le même, figures coloriées. 96 fr.
Tome I, par LEURET, comprend la description de l'encéphale et de la moelle rachidienne, le volume, le poids, la structure de ces organes chez les animaux vertébrés, l'histoire du système ganglionnaire des animaux articulés et des mollusques, et l'exposé de la relation qui existe entre la perfection progressive de ces centres nerveux et l'état des facultés instinctives, intellectuelles et morales.
Tome II, par GRATIOLET, comprend l'anatomie du cerveau de l'homme et des singes, des recherches nouvelles sur le développement du crâne et du cerveau, et une analyse comparée des fonctions de l'intelligence humaine.
Séparément le tome II. Paris, 1857, in-8 de 692 pages, avec atlas de 16 planches dessinées d'après nature, gravées. Figures noires. 24 fr.
Figures coloriées. 48 fr.

LEVEILLÉ. Iconographie des champignons, Voyez PAULET.

LEYMERIE (A.). Éléments de minéralogie et de géologie, *Deuxième édition*. Paris, 1866, 2 vol. in-18 jésus. 9 fr.
— **Cours de minéralogie** (histoire naturelle). *Deuxième édition*. Paris, 1867, 2 vol. in-8 avec figures. 12 fr.

LOCHE. Catalogue des mammifères et des Oiseaux observés en Algérie. Paris, 1858, in-8, 160 p. 2 fr.

LOISELEUR-DESLONCHAMPS (J. L. A.). Flora gallica. *Editio secunda.* Paris, 1828, 2 vol. in-8, Cum tabulis 31. (16 fr.) 4 fr. 50
— **Nouvel Herbier de l'amateur**, contenant la description, la culture, l'histoire et les propriétés des plantes rares et nouvelles cultivées dans les jardins de Paris. 1 vol. in-8, avec 52 pl. coloriées (81 fr.). 40 fr.
Le même, in-4. 50 fr.

LYELL. L'ancienneté de l'homme, prouvée par la géologie, et remarques sur les théories relatives à l'origine des espèces par variation, par sir Charles LYELL, membre de la Société royale de Londres, traduit par M. CHAPER. *Deuxième édition*, revue, corrigée et augmentée d'un Précis de paléontologie humaine, par E. HAMY. Paris, 1870, in-8 de xvi-960 pages avec 182 figures. 16 fr.
— *Séparément.* Précis de Paléontologie, par HAMY. In-8 de 372 pages, avec 114 fig. 7 fr.

LYONET. Recherches sur l'anatomie et les métamorphoses de différentes espèces d'insectes, par L. L. LYONET. Paris, 1832, 2 vol. in-4, avec 54 pl. 15 fr.

MARAVIGNA. Mémoire pour servir à l'histoire naturelle de la Sicile, comprenant : 1° Abrégé d'orictognosie etnéenne ; 2° Monographie du soufre de la Sicile ; 3° Monographie de la célestine de la Sicile ; 4° Catalogue des mollusques et des coquilles de la Sicile ; 5° Solution de la question proposée au congrès scientifique de la France sous les rapports qui existent entre le basalte et la téphrine de l'Etna. Paris, 1838, in-8, 87 p. avec 6 planches. 3 fr.

MARTIN-SAINT-ANGE. Mémoires sur l'organisation des Cirrhipèdes et sur leurs rapports naturels avec les animaux articulés. Paris, 1835, in-8, avec planches. 2 fr. 50

MARTINS. Du Spitzberg au Sahara. Étapes d'un naturaliste au Spitzberg, en Laponie, en Ecosse, en Suisse, en France, en Italie, en Orient, en Égypte et en Algérie, par Charles MARTINS, professeur d'histoire naturelle à la Faculté de médecine de Montpellier. Paris, 1866, in-8, xvi-620 pages. 8 fr.

MARTRIN-DONOS (V. de). Florule du Tarn. Paris, 1864, 2 vol. in-8. 5 fr.

MATTEUCCI (C.). Traité des phénomènes électro-physiologiques des animaux, suivi d'études anatomiques sur le système nerveux et sur l'organe électrique de la torpille, par P. Savi. Paris, 1844, in-8, avec 6 pl.   4 fr.

MÉNÉTRIES. Catalogue raisonné des objets de zoologie, recueillis dans un voyage au Caucase et jusqu'aux frontières actuelles de la Perse, par L. Ménétries, conservateur du musée zoologique de l'Académie impériale de Saint-Pétersbourg. Pétersbourg, 1832. In-4 de 272 pages, avec une distribution géographique des animaux cités dans le catalogue in-4, 33 pages, cartonné.   6 fr.

MICHELIN. Iconographie zoophytologique. Description par localités et terrains de Polypiers fossiles de France et des pays environnants. Paris, 1845. *Ouvrage complet.* 2 vol. gr. in-4 dont un de 79 planches lithographiées.   50 fr.

— *Séparément*, bassin parisien. *Groupe supracrétacé.* Paris, 1845, in-4 avec 4 pl. (5 fr.).   3 fr.

MOITESSIER. La photographie appliquée aux recherches micrographiques, par A. Moitessier, professeur à la Faculté de médecine de Montpellier. Paris, 1866, in-18 de 366 p., avec 41 fig. et 3 planches photographiques.   7 fr.

MONTAGNE (C.). Histoire naturelle des îles Canaries. Plantes cellulaires. Paris, 1840, in-folio, 208 pages, avec 9 planches coloriées.   10 fr.

— **Sylloge generum specierumque cryptogamarum.** Parisiis, 1856, in-8.   12 fr.

— Voyez Gaudichaud.

MONTANÉ. Étude anatomique du crâne chez les microcéphales, par Louis Montané (de la Havane), docteur en médecine de la Faculté de Paris. Paris, 1874, gr. in-8 de 80 p. avec 6 pl. lithographiées par Formant.   3 fr. 50

MOQUIN-TANDON. Histoire naturelle des Mollusques terrestres et fluviatiles de France, contenant des études générales sur leur anatomie et leur physiologie, et la description particulière des genres, des espèces, des variétés, par A. Moquin-Tandon, professeur d'histoire naturelle médicale à la Faculté de médecine de Paris, membre de l'Institut. *Ouvrage complet.* Paris, 1855, 2 vol. grand in-8 de 450 pages, avec atlas de 54 planches, figures noires.   42 fr.

— Figures coloriées.   66 fr.

— **Éléments de zoologie médicale,** contenant la description des animaux utiles à la médecine et des espèces nuisibles à l'homme, venimeuses ou parasites. *Seconde édition.* Paris, 1862, 1 volume in-18 jésus, avec 150 fig.   6 fr.

— **Éléments de botanique médicale,** contenant la description des végétaux utiles à la médecine et des espèces nuisibles à l'homme, vénéneuses ou parasites. *Seconde édition.* Paris, 1866, 1 vol. in-18 jésus, avec 133 fig.   6 fr.

— **Monographie de la famille des Hirudinées,** *nouvelle édition*, Paris, 1846, in-8 de 450 p. avec atlas de 14 pl. gravées et coloriées.   15 fr.

MORELET (Arthur). Description des Mollusques terrestres et fluviatiles du Portugal. Paris, 1845. 1 vol. grand in-8, de 116 p. avec 14 pl. gr. et color.   15 fr.

— **Notice sur l'Histoire naturelle des Açores,** suivie d'une description des mollusques terrestres de cet archipel. Paris, 1860, gr. in-8, 220 p. et 5 pl. col.   12 fr.

— **Mollusques terrestres et fluviatiles** du voyage de Fr. Welwitsch, dans les royaumes d'Angola et de Benguella. Paris, 1868, in-4, 102 p. 9 pl. col.   18 fr.

MOUSNIER (J.). Des champignons dans le département de la Charente-Inférieure. 1873, in-8 de 74 p. avec fig.   2 fr.

MULLER. Manuel de physiologie, par J. Muller, professeur à l'Université de Berlin, etc., traduit par A. J. L. Jourdan. *Deuxième édition*, par E. Littré, membre de l'Institut. Paris, 1851, 2 vol. in-8, avec 320 figures.   20 fr.

† **NYMAN (Carol.-Frider.). Sylloge floræ europeæ.** Œrebroæ, 1854-1855, 1 vol. gr. in-8 de 451 p., cart. — Supplementum. Œrebroæ, 1865, in-8.   25 fr.

— *Séparément*, Supplementum.   5 fr.

OMALIUS D'HALLOY. Des races humaines, ou éléments d'ethnographie. 1 volume in-8 (3 fr. 50).   2 fr.

PAULET (J. J.). Traité des Champignons. Paris, 1793, 2 vol. in-4.   10 fr.

† **PAULET (J. J.) et LÉVEILLÉ. Iconographie des Champignons,** de Paulet. Recueil de 217 planches dessinées d'après nature, accompagné d'un texte nouveau présentant la description des espèces figurées, leur synonymie, l'indication de leurs propriétés utiles ou vénéneuses, l'époque et les lieux où elles croissent, par J. H. Léveillé. Paris, 1855, in-folio de 135 pages, avec 217 pl. coloriées, cartonné.   170 fr.

Séparément le texte, par M. Léveillé, petit in-folio de 135 pages.   20 fr.
Séparément chacune des dernières planches in-folio coloriées.   1 fr.
PERCHERON. **Bibliographie entomologique.** Paris, 1837, 2 vol. in-8. (14 fr.)   4 fr.
PETIT (Ch.). **De la matière organique des eaux minérales** de Vichy. Paris, 1855, in-8, 31 pages.   1 fr.
PICOT DE LAPEYROUSE. **Histoire abrégée des plantes des Pyrénées**, et itinéraires des botanistes dans ces montagnes. Toulouse, 1818, 2 vol. in-8, avec 1 pl. 14 fr.
PICTET (F. J.). **Traité de paléontologie,** ou Histoire naturelle des animaux fossiles considérés dans leurs rapports zoologiques et géologiques, par F. J. Pictet, professeur de zoologie et d'anatomie comparée à l'Académie de Genève, etc. *Deuxième édition.* Paris, 1853-1857, 4 volumes in-8, avec atlas de 110 planches grand in-4.   80 fr.
Tome 1er. — 1re partie. Considérations générales sur la paléontologie, sur la manière dont les fossiles ont été déposés, leurs apparences diverses, l'exposition des méthodes qui doivent diriger dans la détermination et la classification des fossiles. — 2e partie. Histoire naturelle spéciale des animaux fossiles. — I. Vertébrés. 1° Mammifères; 2° Oiseaux; 3° Reptiles.
Tome II. — 3° Poissons. — II. Articulés ou Annélés. 1° Insectes; 2° Myriapodes; 3° Arachnides 4° Crustacés; 5° Annélides. — III. Mollusques. 1° Céphalopodes.
Tome III. — 2° Gastéropodes; 3° Acéphales.
Tome IV. — 4° Brachiopodes; 5° Bryozoaires. —IV. Zoophytes ou Rayonnés. 1° Echinodermes; 2° Acalèphes; 3° Polypes; 4° Foraminifères; 5° Infusoires; 6° Spongiaires. — 5° partie. Applications; de la paléontologie à l'histoire du globe. — Table alphabétique des quatre volumes.

† — **Matériaux pour la paléontologie suisse,** publiés par F. J. Pictet. Genève, 1854-1872. 1re *série*, 4 parties publiées en 11 livraisons, avec 64 pl., in-4.   95 fr.
2e *série*, 2 parties, publiées en 12 livraisons formant 2 vol. in-4, avec 55 pl., 4 coupes géologiques et atlas de 7 planches, in-fol.   125 fr.
3e *série*, publiée en 16 livraisons, in-4, avec planches.   136 fr.
4e *série*, publiée en 11 livraisons, in-4 avec planches.   95 fr.
5e *série*, livraison 1re à 5, in-4 avec pl. Prix de chaque.   8 fr. 50
— **Mélanges paléontologiques,** destinés à la publication de travaux monographiques qui, par leur nature, ne peuvent pas trouver place dans les matériaux pour la paléontologie suisse. Genève, 1863-1868, t. 1er publié en 4 livr. in-4, avec 44 pl.   58 fr. 50
PICTET (A. Ed.). **Synopsis des Névroptères d'Espagne.** Paris, 1865, in-8, 124 p. avec 14 pl. coloriées.   20 fr.
PLÉE (F.). *Glossologie botanique,* ou Vocabulaire donnant la définition des mots techniques usités dans l'enseignement. Paris, 1854, 1 vol. in-12.   1 fr. 25
POMEL. **Catalogue méthodique et descriptif des vertébrés fossiles** découverts dans le bassin hydrographique supérieur de la Loire, et surtout dans la vallée de son affluent principal, l'Allier. Paris, 1854, in-8.   3 fr.
POTIEZ et MICHAUD. **Galerie des mollusques,** ou Catalogue descriptif et raisonné des mollusques et coquilles du Muséum de Douai. Douai, 1838-1844, 2 vol. gr. in-8 et atlas de 70 pl.   12 fr.
POUCHET (F. A.). **Théorie positive de l'ovulation spontanée** et de la fécondation dans l'espèce humaine et les mammifères, basée sur l'observation de toute la série animale, par F. A. Pouchet, professeur au Muséum d'histoire naturelle de Rouen. Paris, 1847, 1 vol. in-8 de 600 pages, avec atlas in-4 de 20 pl. col.   36 fr.
Ouvrage qui a obtenu le grand prix de physiologie à l'Institut de France.
— **Recherches et expériences sur les animaux ressuscitants.** Paris, 1859, 1 vol. in-8 de 94 pages, avec figures.   2 fr.
PRICHARD. **Histoire naturelle de l'homme,** comprenant des recherches sur l'influence des agents physiques et moraux considérés comme cause des variétés qui distinguent entre elles les différentes races humaines, par J. C. Prichard, membre de la Société royale de Londres, traduit de l'anglais par F. D. Roulin. Paris, 1843, 2 vol. in-8, avec 40 planches coloriées, et 90 figures.   20 fr.
PUCHERAN. **Notices mammalogiques.** Paris, 1856-57, 2 parties, in-8, 92 p. avec 1 planche.   3 fr.
— **Documents relatifs à l'histoire du cerf** des Philippines. Paris, 1855-57, in-8, 2 parties, 20 pages, 1 pl. col.   1 fr. 25
— **Détermination des caractères généraux de la faune de la Nouvelle-Guinée** (Oiseaux). In-4, 10 pages.   50 c.
QUATREFAGES. **Physiologie comparée. Métamorphoses de l'homme et des animaux,** par A. de Quatrefages, membre de l'Institut, professeur au Muséum d'histoire naturelle. Paris, 1862, in-18 de 324 pages.   3 fr. 50

QUATREFAGES ET **HAMY. Crania ethnica. Les crânes des races humaines,** décrits et figurés d'après les collections du Muséum d'histoire naturelle de Paris, de la Société d'anthropologie de Paris et les principales collections de la France et de l'étranger, par MM. A. de QUATREFAGES, membre de l'Institut (Académie des sciences), professeur d'anthropologie au Muséum d'histoire naturelle, Ernest HAMY, aide-naturaliste d'anthropologie au Muséum d'histoire naturelle, ouvrage accompagné de planches lithographiées d'après nature, par Formant, et illustré de nombreuses figures intercalées dans le texte. En vente, livraisons 1 et 2, gr. in-4. Texte, feuilles 1 à 11.
— Explication des planches, feuille 1. — Planches 1 à 20. Prix de chaque liv. 14 fr.

QUELET (L.). **Les champignons du Jura et des Vosges.** Montbéliard, 1872-1873, in-8, 2 parties formant ensemble 424 pages, avec 2 atlas de 29 pl. col.   26 fr.

QUÉPAT. Ornithologie parisienne ou catalogue des oiseaux sédentaires et de passage qui vivent à l'état sauvage dans l'enceinte de la ville de Paris, par Nérée QUÉPAT, membre de la Société linéenne de Bordeaux. Paris, 1874, 1 v. in-12 de 68 p. 1 fr. 50

RANG (P. C. A. L. SANDER). **Histoire naturelle des Aplysiens.** Paris, 1828, 1 vol. gr. in-4, avec 25 pl., fig. noires.   10 fr.
— Le même, in-4, avec 25 planches coloriées.   18 fr.
— Le même, in-folio, avec 25 planches coloriées.   40 fr.

† **RANG** (SANDER) et **SOULEYET. Histoire naturelle des mollusques ptéropodes.** Paris, 1852, 1 vol. grand in-4, avec 15 planches coloriées.   25 fr.
— Le même ouvrage, 1 vol. in-folio cartonné.   40 fr.

RASPAIL. Nouveau système de physiologie végétale et botanique, fondé sur les méthodes d'observation développées dans le Nouveau système de chimie organique, par F. V. RASPAIL. Paris, 1837, 2 forts volumes in-8, et atlas de 60 planches contenant près de 1000 figures d'analyse, gravées.   30 fr.
— Le même ouvrage, avec planches coloriées.   50 fr.

RÉBOUL (HENRI). **Essai de géologie descriptive et historique.** Prolégomènes et période primaire. Paris, 1835. In-8 de 276 pages, avec une planche.   2 fr.
— **Géologie de la période quaternaire** et introduction à l'histoire ancienne. Paris, 1833. In-8 de 222 pages.   2 fr.

RÉQUIEN. Catalogue des végétaux ligneux qui croissent naturellement en Corse, ou qui y sont généralement cultivés; par M. Esprit RÉQUIEN, directeur du Musée d'histoire naturelle d'Avignon. *Deuxième édition.* Avignon, 1868, gr. in-8 de 22 pages.   1 fr.

RIVIÈRE (Émile). **Découverte d'un squelette humain de l'époque paléolithique** dans les cavernes de Baoussié-Roussé, dites grottes de Menton. Menton, 1873, in-4 de 64 p. et 2 photographies.   8 fr.

ROBIN. Anatomie et physiologie cellulaires, ou des cellules animales et végétales, du protoplasma et des éléments normaux et pathologiques qui en dérivent. Paris, 1873. 1 vol. in-8 de 640 pages avec 83 figures. Cart.   16 fr.
— **Histoire naturelle des végétaux parasites** qui croissent sur l'homme et sur les animaux vivants, par Ch. ROBIN, membre de l'Institut (Académie des sciences), professeur à la Faculté de médecine de Paris. Paris, 1853, 1 vol. in-8 de 700 p. avec atlas de 15 pl. grav., en partie color.   16 fr.
— **Traité du Microscope.** Son mode d'emploi; ses applications à l'étude des injections; à l'anatomie humaine et comparée; à la pathologie médico-chirurgicale; à l'histoire naturelle animale et végétale, et à l'économie agricole; par Ch. ROBIN. Paris, 1871, 1 vol. in-8 de 1020 pages, avec 317 fig. et 3 planches.   20 fr.
— **Mémoire sur les objets qui peuvent être conservés en préparations microscopiques,** transparentes et opaques, classés d'après les divisions naturelles des trois règnes de la nature. Paris, 1856, in-8.   2 fr.

ROUMEGUÈRE (Casimir). **Cryptogamie illustrée.**
— *Famille des lichens.* Paris, 1868, 1 vol. in-4 de 74 pages, avec 927 fig.   25 fr.
— *Famille des Champignons.* Paris, 1870, 1 vol. in-4 de 164 pages, avec 1700 fig., représentant, à ses différents âges, la plante de grandeur naturelle.   30 fr.

SAINT-HILAIRE. Plantes usuelles des Brésiliens, par A. SAINT-HILAIRE, membre de l'Institut de France. Paris, 1824-1828, in-4 avec 70 planches. Cartonné.   36 fr.

SCHIMPER. Traité de Paléontologie végétale, ou la flore du monde primitif dans ses rapports avec les formations géologiques et la flore du monde actuel, par W. P. SCHIMPER, professeur de géologie à la Faculté des sciences et directeur du

Musée d'histoire naturelle de Strasbourg. Paris, 1869-74, 3 vol. grand in-8, avec atlas de 110 pl. in-folio.   150 fr.

Le tome III, complém. de l'ouvr., avec tables, bibliog. Paris, 1874, 1 v. in-8, et atlas de 20 pl.   50 fr.

SERRES (E.). **Recherches d'anatomie transcendante et pathologique** ; théorie des formations et des déformations organiques, appliquée à l'anatomie de la duplicité monstrueuse, par E. SERRES, membre de l'Institut de France. Paris, 1832, in-4, avec atlas de 20 planches in-folio.   20 fr.

— **Anatomie comparée transcendante, Principes d'embryogénie**, de zoogénie et de tératogénie. Paris, 1859, 1 vol. in-4 de 942 p., avec 26 pl.   16 fr.

SOCIÉTÉ GÉOLOGIQUE DE FRANCE (Mémoires de la), 2° série, tomes I, II et III, publiés chacun en 2 parties, grand in-4, avec cartes, coupes et planches de fossiles, 1840-1850. Les 3 vol. (90 fr.).   36 fr.

Cette série contient d'importants travaux de MM. Rozet, Pila, Thorent, Cornuel, Viquesnel, Studer, Leymerie, d'Archiac, Samuel Peace, Pratt, Raulin, Delbos, J. Marcou, Boué, Saint-Ange de Boissy, Coquand, Rouault.

Chaque volume séparément (30 fr.).   15 fr.

SOUANCÉ. Iconographie des perroquets non figurés dans les publications de Levaillant et de M. Bourjot Saint-Hilaire, par M. Ch. de SOUANCÉ, avec la coopération de S. A. le prince BONAPARTE et de M. Émile BLANCHARD (de l'Institut), in-folio, 48 pl. coloriées avec un texte explicatif (192 fr.).   100 fr.

— Le même, 1 vol. in-4°, pl. coloriées, cart. (156 fr.).   70 fr.

Forme le tome IV de l'*Histoire naturelle des perroquets*. Voyez BOURJOT ST-HILAIRE.

SPINOLA (MAX.). **Essai sur les insectes hémiptères**, rhyngotes ou hétéroptères. Paris, 1840, in-8.   7 fr.

TARRADE (Adrien). **Des principaux champignons comestibles et vénéneux** de la flore limousine, suivi d'un précis des moyens à employer dans les cas d'empoisonnement par les champignons, par Adrien TARRADE, pharmacien, 2° édit. Paris, 1874, in-18 de 138 pages avec 6 planches chromolithographiées.   4 fr.

TEMMINCK (C.-J.). **Esquisses zoologiques sur la côte de Guinée.** Mammifères. Leiden, 1853. In-8, de 256 pages.   6 fr.

— **Monographies de mammalogie**, ou Description de quelques genres de mammifères, et dont les espèces ont été observées dans les différents musées de l'Europe. Paris et Leyde, 1827-1841, 2 vol. in-4 avec 70 pl.   50 fr.

Cet important ouvrage comprend dix-sept monographies, savoir : 1o genre Phalanger ; 2d genre Sarrigue ; 3o genres Dasyure, Thylacines et Phascogales ; 4o genre Chat ; 5o ordre des Chéiroptères ; 6o genre Molosse ; 7o genre Rongeurs ; 8o genre Rhinolophe ; 9o genre Nyctoclepte ; 10° genre Nyctophile ; 11o genre Chéiroptères frugivores ; 12o genre Singe ; 13o genre Chéiroptères vespertilionides ; 14o genre Taphien, queue en fourreau, queue cachée, queue bivalve ; 15o genres Arcticte et Paradoxure ; 16o genre Pédiculaire ; 17o genre Mégère.

— **Manuel d'ornithologie**, ou Tableau systématique des oiseaux qui se trouvent en Europe. *Deuxième édition.* Paris, 1840, 4 vol. in-8.   45 fr.

— *Séparément*, les tomes II, III et IV. Prix de chaque.   7 fr. 50

† **TEMMINCK** (C. J.) et **LAUGIER. Nouveau recueil de planches coloriées d'oiseaux**, pour servir de suite et de complément aux planches enluminées de Buffon, par MM. TEMMINCK, directeur du Musée de Leyde, et MEIFFREN-LAUGIER, de Paris. *Ouvrage complet* en 102 livraisons. Paris, 1822-1838, 5 vol. grand in-folio avec 600 pl. dessinées d'après nature par Prêtre et Huet, gravées et coloriées. 1000 fr.

Le même avec 600 planches grand in-4, figures coloriées.   750 fr.

Demi-reliure, dos de maroquin des 5 vol. grand in-folio.   90 fr.

—   des 5 vol. grand in-4.   60 fr.

Acquéreurs de cette grande et belle publication, l'une des plus importantes et l'un des ouvrages les plus parfaits pour l'étude de l'ornithologie, nous venons offrir le *Nouveau recueil de planches coloriées d'oiseaux* en souscription en baissant le prix d'un tiers.

Chaque livraison composée de 6 planches gravées et coloriées avec le plus grand soin, et le texte descriptif correspondant.

Prix de la livraison in-folio, figures coloriées, au lieu de 15 fr.   10 fr.

—   grand in-4, fig. coloriées, au lieu de 10 fr. 50   7 fr. 50 c.

La dernière livraison contient des tables scientifiques et méthodiques. Les personnes qui n'ont point retiré les dernières livraisons pourront se les procurer aux prix indiqués ci-dessus.

TENORE. Essai sur la géographie physique et botanique du royaume de Naples. Naples, 1827, 1 vol. in-8.   4 fr. 50

VALENCIENNES. Icthyologie des îles Canaries. Paris, in-4, 111 pages, et 26 planches.   15 fr.

VALLOT (J. N.). **Icthyologie française**, ou Histoire naturelle des poissons d'eau douce de la France, avec un supplément. Dijon, 1837-1850, 2 parties, in-8.   7 fr. 50

VAN DER COLME. Histoire botanique et thérapeutique des salseparellles.
Paris, 1870, in-8, avec 4 planches coloriées.   3 fr. 50

VERLOT (B.). Le Guide du botaniste herborisant, conseils sur la récolte des plantes,
préparation des herbiers, l'exploration des stations de plantes phanérogames et
cryptogames et les herborisations aux environs de Paris, dans les Ardennes, la
Bourgogne, la Provence, le Languedoc, les Pyrénées, les Alpes, l'Auvergne, les
Vosges, au bord de la Manche, de l'Océan et de la mer Méditerranée, par M. Bernard VERLOT, chef de l'École botanique au Muséum d'histoire naturelle, avec une
introduction, par M. Naudin, membre de l'Institut (Académie des sciences). Paris,
1865, in-18 de 600 p., avec fig. cart.   5 fr. 50

VERLOT (J.-B.) Catalogue raisonné des plantes vasculaires du Dauphiné,
par M. J.-B. VERLOT, jardinier en chef, directeur du jardin des Plantes de Grenoble, etc.
Grenoble, 1872, 1 vol. in-8 de VIII-408 pages.   12 fr.

VIMONT (J.). Traité de phrénologie humaine et comparée. Paris, 1835, 2 vol.
in-4 avec atlas in-folio de 134 pl. contenant plus de 700 fig. (450 fr.).   150 fr.

VIREY. Philosophie de l'histoire naturelle, ou Phénomènes de l'organisation des
animaux et des végétaux, par J. J. VIREY. Paris, 1835, in-8. (7 fr.)   3 fr.
— **De la physiologie** dans ses rapports avec la philosophie. Paris, 1844, in-8.
(7 fr.)   3 fr.

WATELET (Ad.). Description des plantes fossiles du bassin de Paris. Paris, 1866,
1 vol. in-4°, 264 p., avec atlas de 60 pl. lith. Ouvrage complet publié en 6 livraisons, cartonné.   60 fr.

WEBB (P. B.) et BERTHELOT (S.). Synopsis molluscorum terrestrium et fluviatilium quæ in itineribus per insulas Canarienses observarunt. Paris, 1833, in-8,
23 pages.   1 fr.
— **Histoire naturelle des îles Canaries. Ethnographie.** Paris, 1842, in-fol.,
avec 2 planches.   20 fr.

† **WEDDELL (H.-A.). Histoire naturelle des quinquinas.** Paris, 1849, 1 vol. in-folio
avec une carte et 32 planches gravées, dont 3 sont coloriées.   60 fr.
— **Voyage dans le Nord de la Bolivie,** et dans les parties voisines du Pérou, ou
visite au district aurifère de Tipuani. Paris, 1853, 1 vol. in-8, avec 4 figures et
une carte.   6 fr.

ZIMMERMANN. Anthropologie et ethnographie. L'homme, merveilles de la nature humaine, origine de l'homme, son développement de l'état sauvage à l'état de
civilisation, par le docteur W. F. A. ZIMMERMANN. *Nouvelle édition.* Paris, 1869,
1 vol. in-8 de 796 pages, avec figures et planches.   10 fr.
— Le même, relié, doré sur tranches, plats toile.   13 fr. 50

EN DISTRIBUTION.

CATALOGUES D'HISTOIRE NATURELLE :

Histoire naturelle générale (16 pages).
Zoologie (104 pages).
Botanique. 1872, in-8 (80 pages).
Géologie, minéralogie et paléontologie (Animaux et plantes fossiles). Mai 1874,
in-8 (48 pages).

Ces catalogues spéciaux seront envoyés *franco* à toute personne qui en fera la
demande par lettre affranchie.

NOTA. Une correspondance suivie avec l'Angleterre, l'Espagne, l'Allemagne et
l'Amérique, permet à MM. J.-B. BAILLIÈRE et FILS d'exécuter dans un bref délai
toutes les commissions de librairie qui leur seront confiées. (*Écrire franco.*)

Tous les ouvrages portés dans ce Catalogue sont expédiés par la poste, dans les
départements et en Algérie, *franco* et sans augmentation sur les prix désignés. —
Prière de joindre à la demande des *timbres-poste* ou un *mandat* sur Paris.

Paris. — Imprimerie de E. MARTINET, rue Mignon, 2.

LIBRAIRIE
J.-B. BAILLIÈRE & FILS

PHYSIQUE, CHIMIE
ARTS INDUSTRIELS, PHARMACIE

PARIS

RUE HAUTEFEUILLE, 19, PRÈS LE BOULEVARD SAINT-GERMAIN

Londres | **Madrid**
BAILLIÈRE, TINDALL AND COX, | CARLOS BAILLY-BAILLIÈRE.
King Williams Street, 20. | Plaza Topete, 8.

DERNIÈRES NOUVEAUTÉS

Traité de chimie hydrologique, comprenant des notions générales d'hydrologie et l'analyse chimique des eaux douces et des eaux minérales, par J. Lefort, membre de l'Académie de médecine. *Seconde édition.* 1 vol. in-8, 800 pages avec 50 fig. et 1 planche chromo-lithographiée.   12 fr.

Nouveau Dictionnaire des falsifications et des altérations des aliments, des médicaments et de quelques produits employés dans les arts, l'industrie et l'économie domestique, l'exposé des moyens scientifiques et pratiques, d'en reconnaître le degré de pureté, l'état de conservation, par J. Léon Soubeiran, professeur à l'École de pharmacie de Montpellier. 1 vol. gr. in-8, 640 pages avec 218 fig. cart.   14 fr.

Nouveaux éléments de pharmacie, par M. A. Andouard, professeur à l'École de médecine de Nantes. 1 vol. in-8, 880 p. avec 120 fig.   14 fr.

Aide-mémoire de pharmacie, Vade-mecum du pharmacien à l'officine et au laboratoire, par E. Ferrand, pharmacien à Paris. 1 vol. in-18 jésus, 650 pages avec 159 figures. Cartonné.   6 fr.

Traité du microscope, son mode d'emploi, ses applications à l'étude des injections, à l'anatomie humaine et comparée, à l'anatomie médico-chirurgicale, à l'histoire naturelle animale et végétale et à l'économie agricole, par Ch. Robin, professeur à la Faculté de médecine de Paris, membre de l'Institut. 1 vol. in-8, 1028 pages avec 317 figures et 3 planches. Cartonné.   20 fr.

Traité élémentaire de physique médicale, par W. Wundt, professeur à l'Université de Heidelberg. Traduit avec de nombreuses additions, par F. Monoyer, professeur agrégé à la faculté de médecine de Nancy. 1 vol. in-8, 704 p. avec 396 fig. y compris 1 pl. chromolithographiée.   12 fr.

ANDOUARD. **Nouveaux éléments de pharmacie**, par A. ANDOUARD, professeur à l'École de médecine de Nantes. Paris, 1874, 1 vol. in-8 de 880 pages avec 120 figures.   14 fr.

Annuaire pharmaceutique, exposé analytique des travaux de pharmacie, physique, histoire naturelle pharmaceutique, hygiène, toxicologie et pharmacie légale. Fondé par O. REVEIL et L. PARISEL, continué par MEHU, pharmacien en chef de l'hôpital Necker, paraît chaque année en janvier, douzième année, 1874. 1 vol. in-18 de 336 pages.   1 fr. 50

     Déjà publié : 1863-1873, 11 vol. in-18 jésus de chacun 400 pages avec figures. Prix de chaque volume.   1 fr. 50

BARRESWIL. **Documents académiques et scientifiques sur le tannate de quinine**. Paris, 1852, in-8 de 60 pages.   75 c.

BAUDRIMONT (A.). **Traité de chimie générale** et expérimentale avec les applications aux arts, à la médecine, à la pharmacie, etc. Paris, 1844-46, 2 vol. in-8 avec 260 figures.   10 fr.

BENOIT(E.). **Traité élémentaire et pratique des manipulations chimiques**, et de l'emploi du chalumeau, suivi d'un Dictionnaire descriptif des produits de l'industrie susceptibles d'être analysés. Paris, 1854, 1 vol. in-8, 444 pages. (8 fr.).   3 fr.

BERZELIUS. **Théorie des proportions chimiques**, et table synoptique des poids atomiques des corps simples, et de leurs combinaisons. 2ᵉ édition. Paris, 1835, 1 vol. in-8. (8 fr.).   3 fr.

BIOT. **Instructions pratiques sur l'observation et la mesure des propriétés optiques** appelées rotatoires. Paris, 1845, in-4, 75 p.   1 fr.

BOULLAY Méthode de déplacement, par P.-F.-G. BOULLAY, membre de l'Académie de médecine. Paris, 1833, in-8 de 64 pages et 1 pl.   2 fr.

BOURGOIN (Edme). **Chimie organique. Des alcalis organiques**. Paris, 1869, gr. in-8, 115 pages.   3 fr.

— **De l'isomérie**. Paris, 1866, in-4, 135 pages.   2 fr. 50

BOYMOND (M.). **De l'urée**. Physiologie, chimie, dosage. Paris, 1872, gr. in-8 de 167 pages avec 2 fig.   3 fr.

BRUCKE. **Des couleurs, au point de vue physique, physiologique, artistique et industriel**, par Ernest BRUCKE, professeur à l'Université de Vienne, traduit de l'allemand, par P. Schutzenberger. Paris, 1866, 1 vol. in-18 jésus, avec 46 fig.

BYASSON (H.). **Des matières amylacées et sucrées**, leur rôle dans l'économie. Paris, 1873, gr. in-8, 112 p.   2 fr. 50

CAILLOT (Amédée). **Histoire et appréciation des progrès de la chimie** au xixᵉ siècle. Strasbourg, 1838, in-4, 53 pages.   1 fr. 50

CAVENTOU (J.-B.). **Recherches chimiques sur quelques matières animales**, saines et morbides. Paris, 1843, in-8 (1 fr.)   25 c.

CHEVALIER (Charles). **Conseils aux artistes et aux amateurs sur l'application de la chambre claire** (*camera lucida*) à l'art du dessin, ou instruction théorique et pratique sur cet instrument, ses différentes formes et son utilité dans les arts et les sciences. Paris, 1838, gr. in-8. 48 pages, 1 planche.   2 fr.

CHEVREUL. Des couleurs et de leurs applications aux arts industriels à l'aide des cercles chromatiques, par E. CHEVREUL, directeur des teintures à la manufacture des Gobelins, professeur au Muséum d'histoire naturelle de Paris, membre de l'Institut. Paris, 1864, in-f° avec 27 planches colorées. Cartonné. 35 fr.

Table des planches. — Spectre (1). Gammes de tons bleus (1). Zones circulaires des couleurs (2). Cercles chromatiques (10). Gammes chromatiques (13).

— Histoire des connaissances chimiques. Tome Ier, 1866, in-8 de 480 p. avec une planche. 9 fr.

Codex medicamentarius, pharmacopée française, rédigée par ordre du gouvernement. 1 fort vol. gr. in-8 cartonné. 9 fr. 50

Le même, franco par la poste. 13 fr. 50

Les pharmaciens se conformeront, pour les préparations et compositions qu'ils devront exécuter et tenir dans leurs officines, aux formules insérées et décrites dans le *Codex* (loi contenant l'organisation des Écoles de pharmacie, 21 germinal an XI, art. 32). — Vu les articles 32 et 38 de la loi du 21 germinal an XI, le nouveau *Codex medicamentarius, Pharmacopée française*, édition de 1866, sera et demeurera obligatoire, pour les pharmaciens, à partir du 1er janvier 1867 (décret du 5 décembre 1866).

COLLADON. Relation d'une descente en mer dans la cloche dite des plongeurs. Paris, 1826, in-8 (1 fr.). 25 c.

CRIMOTEL. De l'épreuve galvanique, ou biscopie électrique, procédé pour reconnaître immédiatement la vie ou la mort. Paris, 1866, in-12 de 48 pages. 2 fr.

DE LA RIVE. Traité d'électricité théorique et pratique, par A. DE LA RIVE, membre correspondant de l'Institut de France, professeur émérite de l'Académie de Genève. Paris, 1854-1858, 3 vol. in-8 avec 450 figures. 27 fr.

Les nombreuses applications de l'électricité aux sciences et aux arts, les liens qui l'unissent à toutes les autres parties des sciences physiques, ont rendu son étude indispensable au chimiste aussi bien qu'au physicien, au géologue autant qu'au physiologiste, à l'ingénieur comme au médecin.

Séparément le tome III, Paris, 1858 : Rapports de l'électricité avec les phénomènes naturels ; applications de l'électricité. (*Applications physiques, chimiques, physiologiques et thérapeutiques.*) 9 fr.

DESLÉONET (F.). **Théorie générale** des instruments à vent. Paris, 1863, in-4, 80 pages. 1 fr. 50

DESROCHES. Traité de chimie et de physique, Paris, 1831, in-8 avec 15 pl. (8 fr.). 2 fr.

DIACON. Décomposition de la lumière. Montpellier, 1867, in-8, 136 p. 3 fr.

DUMAS. Chimie physiologique et médicale, par J. DUMAS, membre de l'Académie des sciences, professeur à la faculté de médecine. Paris, 1846, in-8 de 439 pages. 5 fr.

— Essai de statistique chimique des êtres organisés. 2e *édition* augmentée de documents numériques. 1842, in-8, 88 pages. 2 fr.

DUQUESNEL (H.). **De l'aconitine cristallisée** et des préparations d'aconit, étude chimique et pharmacologique. Paris, 1872, grand in-8 de 39 pages. 1 fr. 50

DUTROCHET (M.). **Recherches physiques sur la force épipolique,** 1842-1843, 2 parties formant ensemble 450 pages avec 2 pl. comprenant 63 figures.   2 fr.

FERRAND. Aide-mémoire de pharmacie, vade-mecum du pharmacien à l'officine et au laboratoire, par E. FERRAND, pharmacien à Paris, ex-interne lauréat des hôpitaux. Paris, 1872, 1 vol. in-18 de 650 pages avec 159 fig. Cartonné.   6 fr.

FOISSAC De la météorologie dans ses rapports avec la science de l'homme. Paris, 1854, 2 vol. in-8.   15 fr.

GALETTI et **JOUNIN. De l'électricité en général** et de ses applications en particulier; 1re partie. Paris, 1844, in-8.   1 fr. 25

GUÉRARD (A.). **Lois générales de la chaleur.** Paris, 1843, in-4 de 110 pages.   2 fr.

GUIBOURT (J.-B.) et **HENRY** (N.-E). **Pharmacopée raisonnée ou Traité de pharmacie** pratique et théorique, par N.-E. HENRY et J.-B. GUIBOURT, 3e *édition*, par J.-B. GUIBOURT. Paris, 1847, in-8 de 800 pages à 2 colonnes avec 22 planches.   8 fr.

HALDAT. Histoire du magnétisme dont les phénomènes sont rendus sensibles par le mouvement. Nancy, 1845, in-8.   2 fr.

— **Exposition de la doctrine magnétique** ou Traité physiologique, historique et critique du magnétisme. Paris, 1852, in-8, 320 pages avec 4 planches.   4 fr.

HAUSSMANN (N. V.) **Des subsistances de la France,** du blutage et du rendement des farines et de la composition du pain de munition. Paris, 1848, in-8, 76 p. (2 fr.).   75 c.

HÉBERT (L.). **De l'action de la chaleur** sur les composés organiques. Paris, 1869, in-8, 103 pages.   2 fr.

— **Des alcools.** Paris, 1863, in-4, 60 pages.   1 fr. 25

HOEFER (F.). **Nomenclature et classification chimiques,** suivie d'un lexique historique et synonymique comprenant les noms anciens, les formules, les noms nouveaux, le nom et la date de la découverte des principaux produits de la chimie. Paris, 1845, in-12, avec tableaux (3 fr.).
                                                                         1 fr. 50

JEANNEL (J.). **Application de l'engrais chimique** à l'horticulture d'ornement, in-8 de 16 pages.   50 c.

LECOQ (H.). **Géographie physique** et météorologique. Paris, 1836, in-8 avec 3 pl. (9 fr.).   3 fr.

LEFORT. Traité de chimie hydrologique comprenant des notions générales d'hydrologie et l'analyse chimique des eaux douces et des eaux minérales, par J. LEFORT, membre de l'Académie de médecine, de la Société de pharmacie et de la Société d'hydrologie médicale. 2e *édition*, revue et augmentée. Paris, 1873, 1 vol. in-8 de 800 pages avec 50 figures et une planche chromologique.   12 fr.

LEFRANC (E.). **De l'acide atractylique et des Atractylates,** produits extraits de la racine d'*Atractylis cummifora.* Paris, 1869, grand in-8 de 38 p., 3 planches.   2 fr.

LEREBOURS. Description des microscopes achromatiques simplifiés. Paris, in-8 de 86 p. avec 2 planches. 2 fr.

LIEBIG (G.). **Manuel pour l'analyse des substances organiques**, suivi de l'examen critique des procédés et des résultats de l'analyse élémentaire des corps organiques, par F.-V. RASPAIL. Paris, 1838, in-8, avec figures (3 fr. 50). 1 fr.

LONGCHAMP. Sur les produits de la combustion du soufre, sur les combinaisons de l'oxygène avec le radical du chlore. Paris, 1833, in-8, 36 pages. 1 fr. 25

LOW (David). **An inquiry into the nature** of the simple bodies of chemistry. 2e *édition*. London, 1848, 1 vol. in-8 de viii-344 pages. Cartonné. 5 fr.

MAISSIAT. Études de physique animale. Paris, 1843, in-8 de 276 pages avec 3 planches et un tableau. 10 fr.

MATTEUCCI (C.). **Traité des phénomènes électro-physiologiques des animaux**, suivi d'études anatomiques sur le système nerveux et sur l'organe électrique de la torpille, par P. SAVI. Paris, 1844, in-8 avec 6 planches. 4 fr.

MELLONI (Macédoine). **Rapport sur le daguerréotype.** Traduction de M. Al. DONNÉ. Paris, 1840, in-8, viii-111 pages. 2 fr.

MICÉ (L.). **Rapport méthodique sur les progrès de la chimie organique** en 1868, avec quelques détails sur la marche de la chimie physiologique, par L. MICÉ, professeur à l'École de médecine de Bordeaux, etc. Paris, 1869, 1 vol. gr. in-8 de 446 pages. 6 fr.

— **De la notation atomique** et de sa comparaison avec la notation en équivalents. Paris, 1871, 1 vol. gr. in-8 de 70 pages. 1 fr. 50

MILLON (E.). **Éléments de chimie organique**, comprenant les applications de cette science à la physiologie animale. Paris, 1845-1848, 2 vol. in-8 (15 fr.). 3 fr.

— **Recherches chimiques sur le mercure** et sur les constitutions salines. Paris, 1846, in-8 (2 fr. 50). 50 c.

— **Sa vie, ses travaux de chimie** et ses études économiques et agricoles sur l'Algérie. Paris, 1870, 1 vol. gr. in-8 de 327 pages, avec le portrait de Millon. 7 fr.

MILLON (E.) et **REISET. Annuaire de chimie**, comprenant les applications de cette science à la médecine et à la pharmacie, ou Répertoire des découvertes et des nouveaux travaux en chimie faits dans les diverses parties de l'Europe, par E. MILLON et J. REISET. Avec la collaboration de MM. HOEFER et J. NICKLÈS. Paris, 1845-1851, 7 vol. in-8 (52 fr. 50). 7 fr.
— Séparément les années 1845, 1846, 1847, chaque volume. 1 fr 50

MITSCHERLICH. Éléments de chimie, traduits par Valerius. Bruxelles, 1835-1837, tomes I et II, in-8 avec fig. (14 fr.). 3 fr.

MOITESSIER. La photographie appliquée aux recherches micrographiques, par A. MOITESSIER, professeur à la faculté de médecine de Montpellier. Paris, 1866, in-18 de 366 p. avec 41 fig. et 3 pl. photographiques. 7 fr.

MOITESSIER Recherches sur la salicine et les composés salicyliques. Montpellier, 1864, in-4 de 78 pages. 2 fr. 50

— **Recherches sur la dilatation du soufre**. Montpellier, 1864, in-4 de 32 pages avec 1 planche. 2 fr.

ORFILA (A.-F.). De la chaleur dans les phénomènes chimiques. Paris, 1853, in-4 de 100 pages. 1 fr. 50

PALLAS (E.). De l'influence de l'électricité atmosphérique et terrestre sur l'organisme. Paris, 1847, in-8 (6 fr.). 3 fr. 50

PAYEN. Théorie de l'action du charbon animal : 1° sur les matières colorantes ; 2° dans son application au raffinage du sucre. Paris, 1822, in-8, 55 pages. 2 fr.

PELTIER (A.). Météorologie, observations et recherches expérimentales sur les causes qui concourent à la formation des trombes. Paris, 1840, in-8, 441 p. avec 4 planches. 6 fr.

— **Notice sur la vie** et les travaux scientifiques de J. C. A. PELTIER. Paris, 1847, in-8, 472 p. avec un portrait (4 fr.). 2 fr.

PERSOZ. Introduction à l'étude de la chimie moléculaire. Paris, 1839, 1 vol. in-8, fig. (12 fr.). 3 fr.

PIESSE. Des odeurs, des parfums et des cosmétiques, histoire naturelle, composition chimique, préparation, recettes, industrie, effets physiologiques et hygiène des poudres, vinaigres, dentifrices, pommades, fards, savons, eaux aromatiques, essences, infusions, teintures, alcoolats, sachets, etc., par S. PIESSE, chimiste parfumeur à Londres, édition française publiée avec le consentement et le concours de l'auteur, par O. REVEIL, professeur agrégé à l'École de pharmacie. Paris, 1865, in-18 jésus de 527 pages, avec 86 figures. 7 fr.

PIETRA-SANTA. Essai de climatologie théorique et pratique, par P. de PIETRA-SANTA. Paris, 1865, in-8, 370 pages avec 47 fig. 7 fr.

POGGIALE. Traité d'analyse chimique par la méthode des volumes, comprenant l'analyse des gaz et des métaux, la chlorométrie, la sulfhydrométrie, l'acidimétrie, l'alcalimétrie, la saccharimétrie, etc., par A.-B. POGGIALE, professeur de chimie à l'École de médecine militaire du Val-de-Grâce, pharmacien en chef de l'hôpital, membre de l'Académie de médecine, etc. Paris, 1854, in-8 de 606 pages avec 171 figures. 9 fr.

QUETELET (Ad.). Anthropométrie ou mesure des différentes facultés de l'homme. 1871, in-8 de 580 pages avec 2 planches. 12 fr.

— **Météorologie de la Belgique,** comparée à celle du globe. Paris, 1867, 1 vol. in-8 de 505 pages avec figures. 10 fr.

— **Physique sociale** ou essai sur le développement des facultés de l'homme. Tome II, 1869, in-8 de 485 pages. 10 fr.

RASPAIL. Nouveau système de chimie organique, fondé sur les nouvelles méthodes d'observations, précédé d'un Traité complet sur l'art d'observer et de manipuler en grand et en petit dans le laboratoire et sur le porte-objet du microscope, par F.-V. RASPAIL. 2° édition. Paris, 1838, 3 vol. in-8 et atlas in-4 de 20 planches. 30 fr.

REISET (J.). Recherches pratiques et expérimentales sur l'agronomie. Paris, 1863, in-8, 252 p. avec 6 pl. 6 fr.

ROBIN (Ch.). **Traité du microscope,** son mode d'emploi, ses applications à l'étude des injections, à l'anatomie humaine et comparée, à l'anatomie médico-chirurgicale, à l'histoire naturelle animale et végétale, et à l'économie agricole, par Ch. ROBIN, professeur à la Faculté de médecine de Paris, membre de l'Institut. Paris, 1871, 1 vol. in-8, 1028 pages avec 317 fig. et 3 pl. cart. 20 fr.

— **Mémoire sur les objets qui peuvent être conservés** en préparations microscopiques, transparentes et opaques. Paris, 1856, in-8, 64 pages avec fig. 2 fr.

ROBIN (Ch.) et **VERDEIL. Traité de chimie anatomique et physiologique,** normale et pathologique, ou des principes immédiats normaux et morbides qui constituent le corps de l'homme et des mammifères, par Ch. ROBIN et F. VERDEIL. Paris, 1853, 3 vol. in-8, avec atlas de 45 pl. en partie coloriées. 36 fr.

ROBIN (ÉDOUARD). **Précis élémentaire de chimie générale,** minérale et organique, expérimentale et raisonnée. Paris, 1853-1854, 2 parties in-8, formant ensemble 340 pages. 4 fr. 50

— Séparément, Iʳᵉ partie, in-18 de 164 pages. 2 fr.

— **Compendio de filosofia quimica** o de quimica general experimental y razonada : I. Leges que regen las propiedales fisicas. Santa-Cruz de Tenerife, 1865, in-8, 286 pages. 12 fr.

SCOUTETTEN (H.). **De l'électricité** considérée comme une cause principale de l'action des eaux minérales sur l'organisme. Paris, 1864, 1 vol. in-8 de 420 pages. 6 fr.

— **Évolution médicale,** ou de l'électricité du sang chez les animaux vivants. Metz, 1870, in-8 de 105 pages. 2 fr. 50

SECCHI. La météorologie et le météorographe à l'Exposition universelle. Paris, 1867, in-8, 32 p., une planche. 2 fr.

SESTIER. De la foudre, de ses formes et de ses effets sur l'homme, les animaux, les végétaux et les corps bruts, des moyens de s'en préserver et des paratonnerres, par le docteur F. SESTIER, professeur agrégé de la Faculté de médecine; rédigé sur les documents laissés par M. Sestier et complété par le docteur C. MÉHU, pharmacien en chef de l'hôpital Necker. Paris, 1866, 2 vol. in-8. 15 fr.

SOUBEIRAN. Nouveau Dictionnaire des falsifications et des altérations des aliments, des médicaments et de quelques produits employés dans les arts, l'industrie et l'économie domestique; exposé des moyens scientifiques et pratiques d'en reconnaître le degré de pureté, l'état de conservation, de constater les fraudes dont ils sont l'objet, par J. Léon SOUBEIRAN, professeur à l'École supérieure de pharmacie de Montpellier. Paris, 1874, 1 beau vol. gr. in-8 de 640 p. avec 218 fig. Cart. 14 fr.

THELMIER. Des accidents dans les laboratoires de chimie, par le docteur J.-A. THELMIER (THOLOMIER). Paris, 1866, in-8, 76 pages. 2 fr.

THOMSON (Th.). **Chemistry of organic bodies.** Vegetables. London, 1838, 1 vol. gr. in-8 de 1076 pages, cart. (30 fr.). 15 fr.

VIOLETTE. Emploi des capsules enfumées dans l'analyse chimique. Lille, 1857, in-8 de 6 p. avec une planche. 50 c.

WALFERDIN. Échelles thermométriques aujourd'hui en usage. Abaissement du zéro de l'échelle centigrade. Paris, 1855, in-4 de 20 p.   1 fr.

WALKER. Manipulations électro-typiques ou **Traité de galvanoplastie**, contenant la description des procédés les plus faciles pour dorer, argenter, graver sur cuivre et sur acier, reproduire les médailles, les épreuves daguerriennes, métalliser les statuettes de plâtre, etc., au moyen du galvanisme. Traduit de l'anglais sur la 13e édition, par J. Fau, 7e *édition*. Paris, 1866, in-18 jésus, xii-184 p. avec fig.   2 fr.

WUNDT. Traité élémentaire de physique médicale, par le docteur W. Wundt, professeur à l'Université de Heidelberg. Traduit avec de nombreuses additions, par le docteur Ferdinand Monoyer, professeur agrégé de physique médicale à la Faculté de médecine de Nancy. Paris, 1871, 1 vol. in-8 de 704 p. avec 396 fig., y compris une pl. en chromolithographie.   12 fr.

La démonstration des lois physiques et la description des instruments qui les vérifient, l'exposé des caractères des corps et des procédés de préparation, toutes ces notions, indispensables au médecin, devraient être formulées à peu près comme des théorèmes de géométrie, et ne sauraient comporter de longs développements. Tout ce qui est superflu devrait être éloigné avec le plus grand soin comme étouffant ce qui est nécessaire. La mémoire humaine n'étant pas un réservoir d'une capacité indéfinie, le bon sens indique de la meubler méthodiquement de tout ce qui peut concourir à la meilleure pratique possible d'une profession déterminée.

L'auteur allemand était beaucoup trop exclusivement théorique, l'intelligent traducteur français a su donner à l'ouvrage le plus haut degré d'utilité pratique. On peut dire que ce livre, écrit dans le cabinet, M. Monoyer l'a fait sien dans son laboratoire, en y ajoutant les explications et les développements réclamés par les étudiants dont il dirigeait les manipulations. Il aurait pu, sans doute, en remaniant le texte original, et moyennant les additions que lui suggérait son expérience du professorat, il aurait pu nous offrir l'œuvre sous son propre nom ; il s'est modestement contenté du rôle de traducteur ; il a fait le contraire d'un plagiat ; mais il appartient à la critique de dévoiler l'excès de sa probité scientifique et de proclamer que les additions très-nombreuses et très-importantes dont il a enrichi l'ouvrage original dépassent de beaucoup ce qui eût été jugé suffisant pour en justifier, à son profit, l'expropriation. En vérité, je ne serais pas étonné que la traduction de M. Monoyer ne fût à son tour traduite en allemand, et qu'elle ne déplaçât la clientèle du professeur de Heidelberg.

Les planches intercalées dans le texte, au nombre de 396, réalisant tout ce que l'art de la gravure typographique a fait de mieux jusqu'à ce jour pour la vulgarisation des sciences. Après les schémas destinés à faire comprendre les théories et les principes, on trouve les appareils eux-mêmes, et l'on apprend à s'en servir. Un grand nombre de figures inédites ont été gravées exprès pour l'ouvrage. Toutes les gravures grossières et médiocres de l'ouvrage allemand ont été refaites. — (J. Jeannel, *Union médicale,* 19 décembre 1874.)

WURTZ. Mémoire sur les ammoniaques composés, par C.-A. Wurtz, professeur et doyen de la Faculté de médecine de Paris. Paris, 1851, in-4 de 68 pages.   3 fr.

— De l'insalubrité des résidus provenant des distilleries, et sur les moyens proposés pour y remédier. Paris, 1859, in-8.   1 fr. 25

ZIEGLER (Martin). **Atonicité et zoïcité**, applications physiques, physiologiques et médicales. Paris, 1874, in-12 de 180 p. avec pl.   3 fr. 50

BIBLIOTHÈQUE DE L'ÉLÈVE EN MÉDECINE

ANATOMIE, HISTOLOGIE ET PHYSIOLOGIE

ANGER. Nouveaux Éléments d'anatomie chirurgicale, par Benjamin Anger, chirurgien des hôpitaux, professeur agrégé à la Faculté de médecine de Paris, lauréat de l'Institut (Académie des sciences). 1 vol. in-8 de 1055 pages avec 1079 figures et atlas, in-4 de 12 planches coloriées avec texte explicatif. . . . . 40 fr.
    Séparément, le texte. 1 vol. in-8. . . . . 20 fr.
    Séparément, l'atlas. 1 vol. in-4. . . . . 25 fr.

BEAUNIS et BOUCHARD. Nouveaux éléments d'anatomie descriptive et d'embryologie, par H. Beaunis, professeur à la Faculté de médecine de Nancy, et H. Bouchard, professeur agrégé à la Faculté de médecine de Strasbourg, médecin-major. *Deuxième édition.* 1 vol. gr. in-8 de xvi-1103 pages, avec 421 figures dessinées d'après nature. Cartonné. 18 fr.

CRUVEILHIER (J.). Traité d'anatomie pathologique générale. *Ouvrage complet.* 5 vol. in-8. . . . . 55 fr.

KUSS et DUVAL. Cours de physiologie, d'après l'enseignement du professeur Kuss, par le docteur Mathias Duval, professeur à la Faculté de médecine de Paris. *Deuxième édition,* complétée par l'exposé des travaux les plus récents. 1 vol. in-18 jésus de viii-624 pages, avec 152 figures. Cartonné. Prix. . . . . 7 fr.

MALGAIGNE. Traité d'anatomie chirurgicale et de chirurgie expérimentale, par J.-F. Malgaigne, professeur à la Faculté de médecine de Paris. *Deuxième édition.* 2 vol. in-8. . . . . 18 fr.

MASSE. Traité pratique d'anatomie descriptive, par J.-N. Masse, professeur d'anatomie. 1 vol. in-12 de 700 pages. Cartonné à l'anglaise. . . . . 7 fr.

MOREL. Traité élémentaire d'histologie humaine, précédé d'un exposé des moyens d'observer au microscope par C. Morel, professeur à la Faculté de médecine de Nancy. 1 vol. in-8 de 200 pages, avec un atlas de 34 planches dessinées d'après nature par le docteur A. Villemin, professeur à l'École d'application de médecine militaire du Val-de-Grâce. . 12 fr.

MULLER. Manuel de physiologie, par J. Muller, prof. d'anatomie et de physiologie à l'Université de Berlin. *Deuxième édition,* revue et annotée par E. Littré, membre de l'Institut. 2 vol. gr. in-8 de chacun 800 pages, avec 320 figures. . . . . 20 fr.

RINDFLEISCH Traité d'histologie pathologique, par E. Rindfleisch, professeur à l'Université de Bonn, traduit par le docteur Gross, professeur agrégé à la Faculté de médecine de Nancy. 1 vol. in-8 de 740 avec 260 figures . . . . 14 fr.

ROBIN. Traité du microscope, son mode d'emploi, ses applications à l'étude des injections, à l'anatomie humaine et comparée, à l'anatomie médico-chirurgicale, à l'histoire naturelle animale et végétale, et à l'économie agricole, par Ch. Robin, professeur à la Faculté de médecine de Paris, membre de l'Institut et de l'Académie de médecine. 1871. 1 vol. in-8 de 1028 pages, avec 317 figures et 3 planches, cartonné. . . . . 20 fr.

ROBIN (Ch.). Programme d'histologie, par Ch. Robin, professeur à la Faculté de médecine. *Seconde édition.* 1 vol. in-8, 500 pages. . . . . 6 fr.

PATHOLOGIE EXTERNE

CORRE. La pratique de la chirurgie d'urgence, par le docteur A. Corre. 1 vol. in-18 de viii-216 pages, avec 51 fig. . . . . 2 fr.

GALEZOWSKI (X.). Traité des maladies des yeux, par X. Galezowski, professeur d'ophthalmologie à l'École pratique. 1 vol. in-8 de 800 pages, avec 397 figures. . . 20 fr.

GAUJOT et SPILLMANN. Arsenal de la chirurgie contemporaine; description, mode d'emploi et appréciation des appareils et instruments en usage pour le diagnostic et le traitement des maladies chirurgicales, l'orthopédie, la prothèse, les opérations simples, générales, spéciales et obstétricales, par G. Gaujot, médecin principal, professeur à l'École du Val-de-Grâce, et E. Spillmann, médecin-major, professeur agrégé à l'École de médecine du Val-de-Grâce. 2 vol. in-8 de 800 p., avec 1855 fig. . . . . 32 fr.

GOSSELIN. Clinique chirurgicale de l'hôpital de la Charité, par L. Gosselin, professeur de clinique chirurgicale à la Faculté de médecine de Paris, membre de l'Académie de médecine. 2 vol. in-8, avec figures. . . . . 24 fr.

GUYON. Éléments de chirurgie clinique, comprenant le diagnostic chirurgical, les opérations en général, l'hygiène, le traitement des blessés et des opérés, par le docteur Félix Guyon, agrégé de la Faculté de médecine, chirurgien de l'hôpital Necker. 1 vol. in-8 de xxxviii-672 pages, avec 163 figures. . . . . 12 fr.

SÉDILLOT et **LEGOUEST. Traité de médecine opératoire,** bandages et appareils, par Ch. Sédillot, membre de l'Académie des sciences, ancien médecin inspecteur des armées, et L. Legouest, médecin principal des armées, professeur à l'École du Val-de-Grâce. *Quatrième édition.* 2 vol. in-8, avec figures intercalées dans le texte et en partie coloriées. . . 20 fr.

VIDAL. Traité de pathologie externe et de médecine opératoire, avec des résumés d'anatomie des tissus et des régions, par A. Vidal (de Cassis), chirurgien de l'hôpital du Midi, professeur agrégé à la Faculté de médecine de Paris, etc. *Cinquième édition* revue, corrigée, avec des additions et des notes, par S. Fano, professeur agrégé à la Faculté de médecine de Paris. 5 vol. in-8 de chacun 850 pages, avec 761 figures. . . . . 40 fr.

PATHOLOGIE INTERNE ET GÉNÉRALE

BOUCHUT. Nouveaux Éléments de pathologie générale et de sémélologie, comprenant la nature de l'homme, l'histoire générale de la maladie, les différentes classes de maladies, l'anatomie pathologique générale et l'histologie pathologique, le pronostic, la thérapeutique générale, les éléments du diagnostic par l'étude des symptômes, et l'emploi des moyens physiques, par E. Bouchut, professeur agrégé de la Faculté de médecine de Paris, médecin de l'hôpital des Enfants malades, etc. *Troisième édition,* 1 beau vol. gr. in-8 de x-1032 pages, avec 282 figures Broché: 18 fr. Cartonné. . . . . 20 fr.

CORLIEU. Aide-mémoire de médecine, de chirurgie et d'accouchements. Vade-mécum du praticien, par le docteur A. Corlieu. *Deuxième édition.* 1 vol. in-18 jésus de 624 pages, avec 430 figures. Cartonné. . . . . 6 fr.

DAREMBERG. Histoire des sciences médicales, comprenant l'anatomie, la physiologie, la médecine, la chirurgie et les doctrines de pathologie générale, par Ch. Daremberg, professeur d'histoire de la médecine à la Faculté de médecine. 2 vol. in-8 avec figures. . . 20 fr.

RACLE. Traité de diagnostic médical. Guide clinique pour l'étude des signes caractéristiques des maladies, contenant un Précis des procédés physiques et chimiques d'exploration clinique, par V.-A. Racle, médecin des hôpitaux, professeur agrégé à la Faculté de médecine. 5e *édition* présentant l'exposé des travaux les plus récents. 1 vol. in-18 de 800 pages, avec 64 fig. . . . . 7 fr.

TROUSSEAU. Clinique médicale de l'Hôtel-Dieu de Paris, par A. Trousseau, professeur de la Faculté de médecine de Paris, médecin de l'Hôtel-Dieu. *Quatrième édition,* publiée par les soins de M. M. Peter. 3 vol. in-8 avec portrait de M. Trousseau. . . . . . 32 fr.

VALLEIX. Guide du médecin praticien, résumé général de pathologie interne et de thérapeutique appliquée, par F.-L.-I. Valleix, médecin de l'hôpital de la Pitié. *Cinquième édition,* entièrement refondue, par P. Lorain, professeur agrégé à la Faculté de médecine, médecin de l'hôpital Saint-Antoine. 5 vol. in-8 de chacun 800 pages, avec figures. . . . 50 fr.

ACCOUCHEMENTS

BOIVIN. Mémorial de l'art des accouchements, par madame Boivin, sage-femme en chef de la Maternité. *Quatrième édition.* 2 vol. in-8, avec 143 fig. . . . . 6 fr.

CHAILLY. Traité pratique de l'art des accouchements, par Chailly-Honoré, membre de l'Académie de médecine. *Cinquième édition.* 1 vol. in-8 de xxiv-1036 pages, avec 282 figures. . . . . 10 fr.

CHURCHILL (Fleetwood). **Traité pratique des maladies des femmes,** hors l'état de grossesse, pendant la grossesse et après l'accouchement, par Fleetwood Churchill, professeur à l'Université de Dublin. Traduit de l'anglais, par MM. Alexandre Wieland et Jules Dubrisay. *Deuxième édition,* contenant l'Exposé des travaux français et étrangers les plus récents, par M. le docteur A. Leblond. 1 vol. grand in-8, xvi-1254 p., avec 337 fig. 18 fr.

NAEGELÉ. Traité pratique de l'art des accouchements, par H.-F. Naegelé et W.-L. Grenser, annoté et mis au courant des derniers progrès de la science, par G.-A. Aubenas, ouvrage précédé d'une introduction par J.-A. Stoltz, doyen de la Faculté de médecine de Nancy. 1 vol. gr. in-8 de xxviii-724 pages, avec 1 planche sur acier, et 207 fig. . . 12 fr.

PENARD. Guide pratique de l'accoucheur et de la sage-femme, par Lucien Penard, professeur d'accouchements à l'École de médecine de Rochefort. *Quatrième édition,* In-18, xx-551 pages, avec 142 figures. 4 fr.

HISTOIRE NATURELLE MÉDICALE, MATIÈRE MÉDICALE ET THÉRAPEUTIQUE

ANDOUARD. Nouveaux Éléments de pharmacie, par Andouard, professeur à l'École de médecine de Nantes. 1 vol. gr. in-8 de 880 pages avec 120 figures. . . . . . . 14 fr.

BÉCLU (H.). Nouveau manuel de l'herboriste, ou traité des propriétés médicinales des plantes exotiques et indigènes du commerce. 1 vol. in-12 de xiv-256 pag. avec 55 fig. 3 fr. 50

CAUVET. **Nouveaux Éléments d'histoire naturelle médicale**, comprenant des notions générales sur la zoologie, la botanique et la minéralogie, l'histoire et les propriétés des animaux et des végétaux utiles ou nuisibles à l'homme, soit par eux-mêmes, soit par leurs produits, par D. CAUVET, professeur à l'École supérieure de pharmacie de Nancy, 2 vol. in-18 jésus, avec 790 figures. 12 fr.

Codex medicamentarius. Pharmacopée française rédigée par ordre du gouvernement, la commission de rédaction étant composée de professeurs de la Faculté de médecine et de l'École supérieure de pharmacie de Paris, et de membres de l'Académie de médecine et de la Société de pharmacie de Paris. 1 fort vol. gr. in-8, cartonné à l'anglaise. . . . . . 9 fr. 50

Le nouveau *Codex medicamentarius, Pharmacopée française*, édition de 1866, sera et demeurera obligatoire pour les pharmaciens à partir du 1er janvier 1867. (*Décret du 5 décembre 1866.*)

Commentaires thérapeutiques du Codex medicamentarius, ou histoire de l'action physiologique et des effets thérapeutiques des médicaments inscrits dans la Pharmacopée française, par AD. GUBLER, médecin de l'hôpital Beaujon, professeur de thérapeutique à la Faculté de médecine. *Deuxième édition.* 1 vol. gr. in-8 de 758 pages. Cartonné. 15 fr.

FERRAND. **Aide-mémoire de pharmacie,** vade-mecum du pharmacien à l'officine et au laboratoire, par E. FERRAND, pharmacien à Paris, ex-interne lauréat des hôpitaux. 1 vol. in-18 jésus de 700 p. avec 181 fig.; cart. . . . . 6 fr.

GERVAIS ET VAN BENEDEN. **Zoologie médicale,** comprenant la description des espèces employées en médecine, de celles qui sont venimeuses et de celles qui sont parasites de l'homme et des animaux, par PAUL GERVAIS, professeur au Muséum d'histoire naturelle, et J. VAN BENEDEN, professeur à l'Université de Louvain. 2 vol. in-8, avec 198 figures. . . . . . 15 fr.

GIACOMINI. **Traité philosophique et expérimental de matière médicale et de thérapeutique,** par A. GIACOMINI, professeur à l'Université de Padoue. Traduit par MOJON et ROGNETTA. 1 vol. in-8 de 600 pages à deux colonnes. . . . . 5 fr.

GUIBOURT. **Histoire naturelle des drogues simples**, par J.-B. GUIBOURT, professeur à l'École de pharmacie, membre de l'Académie de médecine, *sixième édition*, par G. PLANCHON, professeur à l'École de pharmacie. 4 forts vol. in-8, avec 1024 figures. 36 fr.

MOQUIN-TANDON. **Éléments de botanique médicale,** contenant la description des végétaux utiles à la médecine et des espèces nuisibles à l'homme, vénéneuses ou parasites, par A. MOQUIN-TANDON, professeur d'histoire naturelle médicale à la Faculté de médecine de Paris, membre de l'Institut. *Deuxième édition.* 1 vol. in-18 jésus, avec 128 fig. . . 6 fr.

MOQUIN-TANDON. **Éléments de zoologie médicale,** comprenant la description des animaux utiles à la médecine et des espèces nuisibles à l'homme, particulièrement des venimeuses et des parasites, par A. MOQUIN-TANDON. *Deuxième édition.* 1 vol. in-18, avec 150 fig. 6 fr.

WUNDT. **Traité élémentaire de physique médicale,** par W. WUNDT, professeur à l'Université de Heidelberg traduit par F. MONOYER, professeur agrégé à la Faculté de médecine de Nancy. 1 vol. in-8, 704 pages, avec 396 fig. et 1 planche chromolithographiée. 12 fr.

HYGIÈNE, MÉDECINE ET CHIMIE LÉGALES

BRIAND. **Manuel complet de médecine légale,** par J. BRIAND et ERNEST CHAUDÉ, et contenant un Manuel de chimie légale par J. BOUIS, professeur à l'École de pharmacie de Paris. *Neuvième édition.* 1 vol. gr. in-8 de 1048 pages, avec 3 planches et 34 figures. . . . . 18 fr.

LÉVY. **Traité d'hygiène publique et privée,** par MICHEL LÉVY, directeur de l'École du Val-de-Grâce. *Cinquième édition.* 2 vol. gr. in-8, ensemble 1900 pag. avec fig. 20 fr.

SOUBEIRAN (J.-LÉON). **Nouveau Dictionnaire des falsifications et des altérations** des aliments, des médicaments et de quelques produits employés dans les arts, l'industrie et l'économie domestique. Exposé des moyens scientifiques et pratiques d'en reconnaître le degré de pureté, l'état de conservation, de constater les fraudes dont ils sont l'objet, par J.-LÉON SOUBEIRAN, professeur à l'École supérieure de pharmacie de Montpellier. 1 vol. gr. in-8 de 534 pages, avec 218 figures intercalées dans le texte. Cartonné. . . . . 14 fr.

TARDIEU (A.). **Étude médico-légale et clinique sur l'empoisonnement,** avec la collaboration de Z. ROUSSIN, pharmacien-major de 1re classe, professeur agrégé à l'École du Val-de-Grâce, pour la *partie de l'expertise médico-légale relative à la recherche chimique des poisons.* In-8 de XXII-1072 pages, avec 53 figures et 2 planches. . . . . 14 fr.

— **Étude médico-légale sur la folie.** 1 vol. in-8 de 500 pages avec 105 pages de fac-simile d'écriture d'aliénés. . . . . 7 fr.

— **Étude médico-légale sur la pendaison, la strangulation et la suffocation.** 1 vol. in-8 de XII-552 pages, avec planches. . . . . 5 fr.

— **Étude médico-légale sur les attentats aux mœurs.** *Sixième édition.* In-8 de 520 pages, avec 4 pl. gravées. . . . . 4 fr. 50

— **Étude médico-légale sur l'avortement.** *Troisième édition.* 1 vol. in-8 de VIII-280 pages. . . . . 4 fr.

— **Étude médico-légale sur l'infanticide.** 1 vol. in-8 avec 3 pl. coloriées. . 6 fr.

www.ingramcontent.com/pod-product-compliance
Lightning Source LLC
Chambersburg PA
CBHW051247060726
47596CB00001B/14